Alexander W. Wehr

Imagegestaltung in der Automobilindustrie

DUV Wirtschaftswissenschaft

ebs Forschung
Schriftenreihe der
EUROPEAN BUSINESS SCHOOL
Schloß Reichartshausen
Herausgeber: Prof. Dr. Georg H. Küster

Band 31

Alexander W. Wehr

Imagegestaltung in der Automobilindustrie

Eine kausalanalytische Untersuchung zur Quantifizierung von Imagetransfereffekten

Mit einem Geleitwort von Prof. Dr. Rolf Caspers

Deutscher Universitäts-Verlag

Die Deutsche Bibliothek – CIP-Einheitsaufnahme

Wehr, Alexander W.:
Imagegestaltung in der Automobilindustrie : Eine kausalanalytische Untersuchung zur Quantifizierung von Imagetransfereffekten / Alexander W. Wehr. Mit einem Geleitw. von Rolf Caspers.
– 1. Aufl.. – Wiesbaden : Dt. Univ.-Verl., 2001
(Ebs-Forschung ; Bd. 31) (DUV : Wirtschaftswissenschaft)
Zugl.: Oestrich-Winkel, Europ. Business School, Diss., 2001,
u. d. T.: Internationale Markenpositionierung und -führung globaler (Firmen-)Dachmarken: Dargestellt am Beispiel eines Unternehmens der Automobilindustrie

1. Auflage Oktober 2001

Lektorat: Ute Wrasmann / Gereon Roeseling

Der Deutsche Universitäts-Verlag ist ein Unternehmen der Fachverlagsgruppe BertelsmannSpringer.
www.duv.de

Gedruckt auf säurefreiem und chlorfrei gebleichtem Papier

ISBN 978-3-8244-0600-5 ISBN 978-3-663-05624-9 (eBook)
DOI 10.1007/978-3-663-05624-9

meinen Eltern

Geleitwort

Die globale Automobilindustrie ist auf absehbare Zeit durch stagnierende Absatzmärkte gekennzeichnet. Will ein Anbieter wachsen, kann er dies im Verdrängungswettbewerb nur zu Lasten anderer Wettbewerber erreichen. Eine Differenzierung gegenüber dem Wettbewerb und eine Profilierung bei dem Verbraucher kann jedoch aufgrund der zunehmenden Homogenisierung der Produktsubstanz und Leistungsfähigkeit automobiler Güter nur über immaterielle Nutzendimensionen gelingen. Die zielgerichtete Gestaltung ausgewählter Imagegrößen, mit deren Hilfe der Anbieter unmittelbar seine ökonomischen Zielgrößen beeinflussen kann, wird als „Imagepositionierung" bezeichnet.

In Anlehnung an die „klassische", an ökonomischen Zielgrößen orientierte strategische Marketingplanung entwirft der Verfasser ein Planungsmodell (MIMP) und eine Entscheidungsheuristik (HIMP) einer auf Imagegrößen basierten Marketingplanung. Aufgabe des Modells ist die systematische Analyse ausgesuchter Imagegrößen, Aufgabe der Heuristik ist deren situative Gestaltung. Die Zielebene wird dabei ex definitione aus Imagegrößen gestellt. Die Aktionsparameter entnimmt der Verfasser zum Einen dem Absatzmarktprogramm des Integrativ-Prozessualen Marketingansatzes, zum Anderen der Standardisierungs-/Differenzierungsdiskussion des internationalen Marketing. Die den Zielerreichungsgrad moderierenden Rahmenbedingungen der Entscheidungssituation bestimmt er im Rahmen einer empirischen Situationsanalyse.

Zu diesem Zweck wird das Modell einer quantitativen empirischen Forschungsstrategie unterzogen. Neben einer umfangreichen und detaillierten Analyse der untersuchungsrelevanten Imagegrößen stehen deren Wirkungsbeziehungen in der Form sog. Imagetransfereffekte im Mittelpunkt der Betrachtung. Zu ihrer Operationalisierung wird das Modell imagebasierter Marketingplanung in ein entsprechendes Methodenmodell übersetzt. Die empirische Schätzung der Wirkungsbeziehungen im Anwendungsfall wird mithilfe des AMOS-Ansatzes der Kausalanalyse vorgenommen. Auf Grundlage der empirischen Ergebnisse werden die zuvor entworfene Heuristik einer imagebasierten Marketingplanung ausgeplant und entsprechende Gestaltungsempfehlungen im Anwendungsfall gegeben.

Dem Verfasser ist erstens das Verdienst zu bescheinigen, der zunehmenden Bedeutung des Imagephänomens durch die Konzeption einer auf Imagegrößen basierten strategischen Marketingplanung im Allgemeinen und der Entwicklung eines Modells und einer Heuristik imagebasierter Marketingplanung im Besonderen Rechnung zu tragen. Zweitens ist es ihm gelungen, mit Imagetransfereffekten erstmalig auch solche assoziativen Wechselwirkungen zwischen ausgesuchten Beurteilungsobjekten kausalanalytisch quantifiziert zu haben, die sich bislang einer empirischen Messung entzogen und auf rein qualitativ-experimenteller Ebene zum Gegenstand von Vermutungen gemacht wurden. Mit diesen Erkenntnissen wird diese Abhandlung zu einer interessanten Lektüre sowohl für den wirtschaftswissenschaftlichen Forscher als auch für den Entscheidungsverantwortlichen in einem Automobilunternehmen, wenn es ausgesuchte Imagegrößen zieladäquat zu gestalten gilt.

Prof. Dr. Rolf Caspers

Vorwort

Der Auslöser für das vorliegende Forschungsvorhaben ist in einem Phänomen zu sehen, das mich von Anbeginn meiner beruflichen Tätigkeit im Produktmanagement der Automobilindustrie zu intensivem Nachdenken anregte: Entgegen der strengen ökonomischen Maßstäbe, die dort an die Produktentscheidung sog. „Volumenmodelle" angelegt werden, vermögen von Zeit zu Zeit auch sog. „Nischenmodelle" mit relativ niedriger Stückzahl und - angesichts nahezu unverminderter Forschungs- und Entwicklungsaufwendungen - vergleichsweise schlechter Wirtschaftlichkeit den Produktentstehungsprozess bis zur Markteinführung zu durchlaufen. Diesem der gegenwärtigen, rezessiven Wirtschaftslage unbeirrt trotzenden Phänomen liegt die Vermutung zugrunde, dass sich die Attraktivität einer Marke für den Konsumenten und deren Profilierung gegenüber dem Wettbewerb maßgeblich aus dem Auftreten produkt- und vermarktungsseitig außergewöhnlicher „High-End-Automobile" (sog. *„Imagecarrier"* oder *„Brandshaper"*) ableiten. Obwohl diese qualitative Argumentation in praxi häufig angeführt wird, konnte bislang quantitativ nicht nachgewiesen werden, dass die Entscheidung für ein aus rein betriebswirtschaftlicher Sicht wenig bzw. nicht rentables Fahrzeugkonzept aus Unternehmensgesamtsicht unter Umständen dennoch positiv beurteilt werden kann, wenn der aus ihm resultierende „Imagegewinn" in dessen Wirtschaftlichkeitsrechnung mit einbezogen wird.

Ziel der vorliegenden Arbeit ist es deshalb, ein hierfür geeignetes Vorgehen und Instrumentarium zu entwerfen: Sie sollen die vielfältigen Imagebeziehungen einer Firmendachmarke operationalisieren und quantifizieren lassen. Weiteres Ziel ist es, dem Manager ein Planungsmodell und eine entsprechende Entscheidungsheuristik zur Verfügung zu stellen: Sie erlauben es ihm, imagerelevante Sachverhalte zu erfassen (deskriptiver Anspruch), zu analysieren (explikativer Anspruch) und zu gestalten (normativer Anspruch). Mit diesen Zielen richtet sich die vorliegende Arbeit an Wissenschaftler und Praktiker gleichermaßen: Dem Wissenschaftler seien an dieser Stelle insbesondere die auf dem Integrativ-Prozessualen Marketingansatz aufbauende theoretische Konzeption und die kausalanalytische empirische Validierung des Modells nahegelegt. Dem Praktiker seien vor allem das Modell und die Heuristik einer imagebasierten strategischen Marketingplanung als Problementdeckungs- bzw. Problemlösungsinstrument an die Hand gegeben.

Das Forschungsvorhaben habe ich parallel zu meiner beruflichen Tätigkeit vom Herbst 1997 bis zum Frühjahr 2001 durchgeführt. Es wäre ohne die Unterstützung zahlreicher Personen sicherlich nicht in der Ende Februar diesen Jahres dem Promotionsausschuss der European Business School als Dissertation vorgelegten Form möglich gewesen. Mein ausdrücklicher Dank gilt in diesem Zusammenhang an erster Stelle meinem Doktorvater, Herrn Prof. Dr. Rolf Caspers, der mir einerseits ausreichend Freiraum ließ, um meine Gedanken inhaltlich und methodisch umzusetzen und mir andererseits jederzeit das notwendige akademische Geleit gab, wenn sich meine Gedanken in übertriebenem Maße von dem geplanten Erkenntnispfad entfernten.

Bei der Niederschrift meiner Gedanken ist eine Arbeit mit nicht unwesentlichem Umfang und - wie ich hoffe - auch Inhalt entstanden, die den teils voluntierten, teils designierten Korrekturlesern meinen höchsten Respekt und Dank abverlangt. Im Einzelnen betrifft dies Frau Dipl.-Kffr. Virginie Estelle Briand und die Herren Dipl.-Inf. (FH) Patrick Jürgen Habertag, Matthias Michael Lind MBA, Dipl.-Kfm. Sania Alexander de Miroschedji, Dr. Andreas Padberg und cand. rer. oec. Markus Wust. Sie alle haben mir neben formalen Hinweisen wertvolle inhaltliche Denkanstöße gegeben, die meine Forschungsanstrengungen nicht selten in mir zu jener Zeit unbekannte Richtungen zu bewegen vermochten. Ebenso danke ich sämtlichen Doktoranden, wissenschaftlichen Mitarbeitern und Dozenten des Lehrstuhls für Außenwirtschaft und Internationales Management, unter ihnen im Besonderen Frau Dr. Petra Kreis-Hoyer, für die konstruktiv kritischen Kommentare, die ich innerhalb unserer regelmäßig stattfindenden Doktorandenkolloquien zu argumentieren hatte.

Überaus wertvolle Impulse konnte ich desweiteren aus einem Forschungsaufenthalt als Research Assistant bzw. Visiting Fellow an ausgewählten US-amerikanischen Universitäten gewinnen, den ich zwischen Oktober 1998 und März 1999 an der Harvard Business School (Harvard University), der Kellogg Graduate School of Management (Northwestern University) und der Carlson School of Management (University of Minnesota) absolvierte. Für diese außergewöhnliche Möglichkeit möchte ich mich vor allem bei Frau Carin-Isabel Knoop MBA, Hr. Prof. Philip Kotler und Frau Prof. Deborah Roedder John bedanken. Die mit den Professoren der entsprechenden Marketingfakkultäten geführten Diskussionen lieferten mir insbesondere bei der notwendigen Eingrenzung des Untersuchungsgegenstandes, der Bestimmung der methodischen Vorgehensweise und der Anwendung multivariater statistischer Analyseverfahren wertvolle inhaltliche Anregungen. Zu großem Dank verpflichtet bin ich in diesem Zusammenhang insbesondere den Herren Prof. John A. Deighton, Prof. Stephen A. Greyser, Prof. Alvin J. Silk, Prof. Gerald Zaltman (alle Harvard Business School), Prof. Gregory S. Carpenter, Prof. Dipak Jain, Prof. Lakshman Krishnamurthi und cand. Ph.D. Vishal P. Singh (alle Kellogg Graduate School of Management) sowie Frau Prof. Barbara Loken, Frau Prof. Deborah Roedder John und Herrn Prof. Akshay Rao (alle Carlson School of Management).

Last but not least danke ich meiner Familie und meinen Freunden dafür, dass sie ein fast unzumutbares Maß an Verständnis aufgebracht und meine soziale Absenz während der letzten dreieinhalb Jahre entschuldigt haben. Hervorheben möchte ich in diesem Zusammenhang vor allem meine Eltern und Großeltern, die mich weit über finanzielle Zuwendungen hinaus in den rechten Augenblicken psychologisch zu motivieren wussten und die bisweilen mehr an mich geglaubt haben, als ich selbst; ihnen gebühren mein herzlicher Dank und meine tiefe Liebe.

Alexander W. Wehr

Inhaltsübersicht

Inhaltsverzeichnis

Abbildungsverzeichnis

Abbildungsverzeichnis des Anhangs

Tabellenverzeichnis

Tabellenverzeichnis des Anhangs

Abkürzungsverzeichnis

(A)GFI	(Adjusted) Goodness-of-Fit-Index
a.V.	abhängige Variable(n)
Abb.	Abbildung(en)
AG	Aktiengesellschaft(en)
AMA	American Marketing Association
AMOS	Analysis of Moment Structures
AMP	Absatzmarktprogramm(e)
ANOVA	Analysis of Variance
Aufl.	Auflage(n)
Bd.	Band/Bände
bez.	bezüglich
bspw.	beispielsweise
BtoS	Bartlett Test of Sphericity
bzw.	beziehungsweise
ca.	circa
CI	Corporate Image(s)
CoO	Country-of-Origin-Effekt(e)
Cw-Wert	Luftwiderstandsbeiwert(e)
D	Deutschland
d.h.	das heißt
DB	Deckungsbeitrag/-träge
Diss.	Dissertation(en)
durchges.	durchgesehen/-e/-s/-r/-n
E	Spanien
EEP	Erlöserhöhungspotenzial(e)
erg.	ergänzt/-e/-s/-r/-n
erw.	erweitert/-e/-s/-r/-n
et al.	et alteri
etc.	et cetera
EU	Europäische Gemeinschaft
F	Frankreich

F&E	Forschung und Entwicklung
f.	folgend/-e/-s/-r/-n
FA	Faktorenanalyse(n)
FN	Fußnote(n)
FS	Factor Score(s)
G	Großbritannien
GfK	Gesellschaft für Konsum-, Markt- und Absatzforschung
ggf.	gegebenenfalls
GKL	große Automobilklasse
GLS	Generalized Least Squares
H	Hypothese(n)
Habil.	Habilitation(en)
HH	Haushalt(e)
HIMP	Heuristik einer imagebasierten Marketingplanung
Hrsg.	Herausgeber
I	Italien
i.a.	im Allgemeinen (neue Rechtschreibung)
i.d.R.	in der Regel
i.d.Z.	in diesem Zusammenhang
i.e.	das heißt (lateinisch)
i.e.S.	im engeren Sinne
i.S.	im Sinne
i.S.d.	im Sinner des/der
i.S.v.	im Sinne von
i.w.S.	im weiteren Sinne
IMA	Internationales Management
IMI	Intra-Marken-Imagestruktur (-Modell)
Inc.	Incorporated
IPM	Integrativ-Prozessualer-Marketingansatz
Jetztfzg.	Jetztfahrzeug(e)
Jg.	Jahrgang/-gänge
k.A.	keine Angabe(n)
KKL	kleine Automobilklasse

KKV	Komparative(r) Konkurrenzvorteil(e)
KMK	Kaiser-Meyer-Olkin-Kriterium
korr.	korrigiert/-e/-s/-r/-n
KQS	Kleinste-Quadrate-Schätzung(en)
KS	Kolmogorov-Smirnov-Anpassungstest(s)
KSP	Kostensenkungspotenzial(e)
LISREL	Linear Structural Relationship
LZS	Langzeitspeicher
m.a.W.	mit anderen Worten
MarkenG	Markengesetz
Max.	Maximum/-a
MI	Markenimage(s)
MIMP	Modell einer imagebasierten Marketingplanung
Min.	Minimum/-a
Mio.	Million(en)
MKL	mittlere Automobilklasse
ML	Maximum Likelihood
MSA	Measure of Sampling Adequacy
MV	Missing Value(s)
MW	Markenwert(e)
neugest.	neugestaltet/-e/-s/-r/-n
NIÖ	Neue Institutionenökonomik
Nm	Newtonmeter
Nr.	Nummer(n)
o.	oben/ohne
o.J.	ohne Jahr
o.Jg.	ohne Jahrgang
o.Nr.	ohne Nummer
o.S.	ohne Seite(n)
o.V.	ohne Verfasser
OLS	Ordinary Least Squares
PC	Personal Computer
PD	Produktimage-Dimension

PI	Produktimage(s)
PIMS	Profit Impact of Market Strategies
PKW	Personenkraftwagen
PM	Partialmodell(e)
PR	Public Relations
PS	Pferdestärke(n)
R&D	Research and Development
resp.	respektive
RKL	Roadsterklasse (Automobilklasse)
RoI	Return on Investment
S.	Seite(n)
s.o.	siehe oben
SEM	Structural Equation Model (-s/-ing)
SEP	Strategische Erfolgsposition(en)
SGE	Strategische Geschäftseinheit(en)
SGF	Strategisches Geschäftsfeld(er)
SMC	Squared Multiple Correlation(s)
sog.	sogenannt/-e/-s/-r/-n
Sp.	Spalte(n)
SPSS	Superior Performing Software System
SSB	Sum of Squares Between the Groups
SST	Sum of Squares Total
SSW	Sum of Squares Within the Groups
STLA	Studie-Land-Kombination(en)
Tab.	Tabelle(n)
TV	Television
u.	und
u.a.	und andere/-s/-r/-n
u.ä.	und ähnliche/-s/-r/-n
u.E.	unter Einschränkung(en)
u.U.	unter Umständen
u.V.	unabhängige Variable(n)
überarb.	überarbeitet/-e/-s/-r/-n

UI	Unternehmensimage(s)
UK	United Kingdom
UKL	untere Automobilklasse
unwes.	unwesentlich/-e/-s/-r/-n
USP	Unique Selling Proposition(s)
usw.	und so weiter
UZS	Ultra-Kurzzeitgedächtnis
v.a.	vor allem
veränd.	verändert/-e/-s/-r/-n
verb.	verbessert/-e/-s/-r/-n
vgl.	vergleiche
vollst.	vollständig/-e/-s/-r/-n
vs.	versus
(un)wesentl.	(un)wesentlich/-e/-s/-r/-n
WISA	Wettbewerbs-Image-Struktur-Analyse
WiSt	Wirtschaftswissenschaftliches Studium
WZG	Warenzeichengesetz
z.B.	zum Beispiel
z.Zt.	zur Zeit
ZG	Zielgruppe(n)
ZMET	Zaltman Metaphor Elicitation Technique

1 Einleitung

1.1 Problemstellung der Arbeit

Die gegenwärtigen **Marktverhältnisse** sind durch eine rezessive Wirtschaftslage in der Form eines weitgehend erschöpften Marktpotenzials und durch von ihrer physischen Beschaffenheit und Leistungsfähigkeit tendenziell ausgereifte und vielfach austauschbare Marktleistungen charakterisiert:[1]

- Angebotsseite: Das dem Verdrängungswettbewerb immanente Nullsummenspiel hat zur Folge, dass ein Marktanteilswachstum eines Anbieters nur zulasten anderer Wettbewerber möglich wird. Da eine Differenzierung aufgrund funktionaler Produkteigenschaften bei vollständig substituierbaren Produkten wenig erfolgversprechend ist, erscheinen immaterielle Nutzendimensionen (Images) als die letztendlich verbleibenden Erfolgsfaktoren.[2]
- Nachfrageseite: Da Qualitätsunterschiede konkurrierender Marken als unwesentlich wahrgenommen werden, zeichnen sich die Verbraucher bei der Kaufentscheidung durch ein geringes Involvement und eine geringe Aktivierung aus. Die Produktprofilierung muss deshalb vornehmlich über eine psychologische Differenzierung (Images) vom Wettbewerb erfolgen.[3]

Mit der Bevorzung psychologischer Differenzierungsmerkmale sowohl auf Anbieter- als auch auf Nachfragerseite geht für beide Marktakteure gleichermaßen eine wachsende **Bedeutung des Imagephänomens** einher:

- Angebotsseite: Images vermögen die Anonymität zwischen Produzenten und Konsumenten zu beseitigen und das Produkt gegenüber dem Konkurrenzumfeld zu differenzieren.[4] Über die Differenzierung des eigenen Images kann der Anbieter eine positive (Erwartungs-) Haltung beim Verbraucher schaffen. Diese resultiert günstigstenfalls im (Wieder-) Kaufverhalten des Konsumenten und sichert darüber die langfristige Überlebensfähigkeit des Unternehmens. Die Gestaltung eines strategiekonformen Images wird damit zu einem mittelbaren Ziel jeder Unternehmung. Diese Gestaltung hat so zu erfolgen, dass der Zielerreichungsgrad des übergeordneten Prinzips der Gewinnmaximierung optimiert wird.[5]
- Nachfrageseite: Für Konsumenten erfüllen Images eine Orientierungs-, Selbstbestätigungs-, Wertausdrucks- und Anpassungsfunktion:[6] Insbesondere dann, wenn sich Konsumenten einer Vielzahl konkurrierender homogener Leistungsangebote gegenübersehen, erfüllen Images ei-

---

1 Vgl. Kroeber-Riel/Weinberg (1996), S. 125; Trommsdorff/Zellerhoff (1994), S. 351; Trommsdorff (1992a), S. 458; Meffert (1984), S. 38.

2 Vgl. Trommsdorff (1992b), S. 322f.

3 Vgl. Kroeber-Riel/Weinberg (1996), S. 128f.

4 Vgl. Mayerhofer (1995), S. 56f.

5 Vgl. Meffert (1992), S. 135. Das PIMS-Projekt zur Erforschung kritischer Erfolgsfaktoren von Geschäftsfeldstrategien weist in diesem Zusammenhang die subjektiv wahrgenommene Qualität (Image) explizit als die wichtigste singuläre Einflussgröße für den strategischen Erfolg eines Unternehmens aus. Über einen gesteigerten Marktanteil beeinflusst sie maßgeblich den RoI eines SGF bzw. des Unternehmens. Vgl. Trommsdorff (1992b), S. 324f. und S. 328; derselbe (1992a), S. 458; Aaker (1991), S. 88. Auf die Bedeutung des Images für ökonomische Marketingziele weist auch eine Vielzahl weiterer Autoren hin. Vgl. hierzu bspw. Park et al. (1986), S. 135; Haedrich/Tomczak (1990), S. 96f.; Herbig/Milewicz (1993), S. 21.

6 Vgl. Mayer/Mayer (1987), S. 13; Mayerhofer (1995), S. 57; Crawford (1992), S. 16-19.

ne Orientierungsfunktion.[7] Diese basiert auf einem unvollständigen Informationsstand; wird das Beschaffen weiterer Informationen als zu zeit- und/oder kostenintensiv empfunden, greift der Verbraucher auf sog. Informationssubstitute bspw. in der Form von Images zurück.[8] Auf diese Weise wird die Entscheidungskomplexität reduziert.[9] Die Selbstbestätigungsfunktion erlaubt es dem Konsumenten, „[...] die passenden Produkte zu kaufen, die zur Stützung des eigenen Selbstbildes beitragen und zugleich dazu geeignet sind, mögliche Spannungen zwischen Selbstbild und Idealbild abzubauen".[10] Die Wertausdrucksfunktion ermöglicht es dem Konsumenten, sich selbst darzustellen und (mit) der Umwelt zu kommunizieren. Dabei wird das mit einem „[...] Produkt assoziierte Image auf ihn übertragen". Mit Hilfe der Anpassungsfunktion kann sich der Verbraucher schließlich den Einstellungen der von ihm präferierten Bezugsgruppe anpassen, mit dem Ziel, von ihr akzeptiert zu werden.[11]

Entgegen der zunehmenden Bedeutung des Imagephänomens bedienen sich sowohl die Marketing-Wissenschaft als auch die Unternehmenspraxis innerhalb der strategischen **Marketingplanung** bislang weitgehend ausschließlich ökonomischer Zielgrößen wie bspw. Marktanteils-, Umsatz- oder Gewinnkennzahlen.[12] Nach wie vor werden außerökonomische Ziele „[...] mehr oder weniger als Beschränkungen [...]" und damit als Rahmenbedingungen interpretiert.[13] Demzufolge besitzen theoretische Ansätze der strategischen Marketingplanung „[...] schon in der Anlage Defizite, da sie in der Regel ‚klassische' ökonomische Zielgrößen (wie z.B. Cash flow, ROI) als einzige Entscheidungskriterien heranziehen".[14] Zur Behebung dieses Defizits stellt STEFFENHAGEN die zentrale Bedeutung von Imagegrößen für die strategische Marketingplanung heraus und empfiehlt deren Verwendung als strategische Zielgrößen:

> „Als Zielformulierungen [...] bieten sich Image-Zielprofile (als Sollvorstellungen) oder die Angabe von Zielpositionen im Urteilsraum der Zielpersonen an. [...] Es wird ja seit langem in der Marketing-Literatur dafür plädiert, neben ökonomischen Zielinhalten gerade in der Marketingplanung handlungsnähere Zielinhalte ins Auge zu fassen, wie [...] insbesondere Ausprägungen der psychischen Prädisposition der Abnehmer [...]."[15]

Der begründeten Forderung nach der Berücksichtigung der handlungskritischen Bedeutung von Imagegrößen auf Nachfragerseite einerseits und der resultierenden erfolgskritischen Bedeutung auf Anbieterseite andererseits soll im Rahmen der vorliegenden Arbeit nachgekommen werden: Zu diesem Zweck wird ein Modell imagebasierter strategischer Marketingplanung (MIMP) entwickelt und auf seine empirische Tragfähigkeit hin überprüft. Entscheidungsunterstützung leistet eine entsprechende Heuristik imagebasierter strategischer Marketingplanung (HIMP).[16]

---

7 Vgl. Rosenstiel/Ewald (1979), S. 38.

8 Vgl. Simon (1985), S. 7.

9 Vgl. Rosenstiel/Ewald (1979), S. 38.

10 De Chernatony/McWilliam (1990), S. 112.

11 Mayer/Mayer (1987), S. 15f.

12 Vgl. bspw. Haedrich et al. (1989), S. 11-18; dieselben (1990), S. 205-222.

13 Veit (1974), S. 82.

14 Haedrich/Tomczak (1990), S. 84.

15 Steffenhagen (1982), S. 52 und S. 71 [Hervorhebungen im Original].

16 Die Begriffe „imagebasierte strategische Marketingplanung" und „imagebasierte Marketingplanung" werden im Folgenden synonym gebraucht. Der strategische Charakter des MIMP wird an späterer Stelle argumentiert.

1.2 Zielsetzungen der Arbeit

Die Zielsetzungen der vorliegenden Arbeit lassen sich aus dem forschungslogischen Prozess wissenschaftlicher Untersuchungen im Allgemeinen und der gewählten Themenstellung im Besonderen ableiten: Der forschungslogische Prozess wissenschaftlicher Untersuchungen wird durch den Entdeckungs-, Begründungs- und Verwertungszusammenhang eines Untersuchungsgegenstandes beschrieben. Unter einem Entdeckungszusammenhang wird der Anlass verstanden, „[...] der zu dem Forschungsobjekt geführt hat". Dieser wurde in der Form der untersuchungsrelevanten Problemstellung erläutert. Der Begründungszusammenhang umfasst die methodologische Vorgehensweise zu deren Bewältigung. Der Verwertungszusammenhang zeigt schließlich den Beitrag zur Lösung des am Anfang der Untersuchung gestellten Problems auf.[17] Mit dem Begründungs- und Verwertungszusammenhang sollen nun der Forschungsprozess bzw. -beitrag im Anwendungsfall spezifiziert und entsprechende Zielsetzungen definiert werden:

1. Die im Rahmen der Problemstellung erhobene Forderung nach einer an Imagegrößen ausgerichteten strategischen Marketingplanung verlangt grundlegende strukturelle und inhaltliche Anpassungen „klassischer", an ökonomischen Zielgrößen orientierter Planungsmodelle hinsichtlich imagerelevanter Besonderheiten. Die erste Zielsetzung dieser Arbeit besteht darin, diese Anpassungen in der Form definierter Soll-Vorgaben in ein **Anforderungsprofil** eines Modells imagebasierter Marketingplanung zu übersetzen.

2. Die zweite Zielsetzung ist eine den aktuellen Forschungsstand abbildende **Bestandsaufnahme** mit dem Problemgegenstand verwandter wissenschaftlicher Ansätze (Ist). Diese soll Aufschluss darüber geben, in welchem Umfang „klassische" Modelle strategischer Marketingplanung zur Erfüllung der formulierten Anforderungen (Soll) beitragen können. Außerdem kann der aus einem Soll-Ist-Vergleich resultierende **Forschungsbedarf** ermittelt werden.

3. Aus dieser wissenschaftlichen Erkenntnislücke lassen sich die notwendigen Anpassungen der existierenden Ansätze ableiten und als dritte Zielsetzung ein **Modell** imagebasierter Marketingplanung (MIMP) konzipieren. Über die gängige Definition des Modellbegriffs und die vereinfachende Deskription der Realität hinaus, bildet das MIMP die untersuchungsrelevanten Zusammenhänge in der Form kausaler Wirkungsketten ab.[18] Als Planungsmodell stellt es die Grundlage für die Ableitung marketing-strategischer Handlungsempfehlungen dar.

4. Mit der Überführung des MIMP in einen normativen Gestaltungsrahmen kann als vierte Zielsetzung eine **Heuristik** imagebasierter Marketingplanung (HIMP) entwickelt werden. Durch die Zerlegung des Entscheidungsproblems in sog. Subsysteme soll sie den modellierten Lösungsraum alternativer Ziel- und Maßnahmensysteme imagebasierter Fragestellungen sinnvoll und systematisch einschränken und damit der Entscheidungsunterstützung dienen.

5. Die fünfte Zielsetzung besteht in der **empirischen Validierung** der unterstellten Modellzusammenhänge im Rahmen einer Situationsanalyse. Diese gibt Aufschluss darüber, inwiefern das Modell die untersuchungsrelevante Wirklichkeit abzubilden vermag. Wird die Modellqualität als hinreichend beurteilt, soll den interessierenden Fragestellungen und formulierten Untersuchungshypothesen im Anwendungsfall nachgegangen werden.

---

17 Friedrichs (1980), S. 50f.

18 „Unter einem Modell versteht man [...] das Ergebnis einer vereinfachenden Abbildung eines Sachverhaltes." Homburg (1998), S. 31. Zu einer Systematisierung von Modelltypen vgl. ebenda, S. 32 und S. 34.

6. Die aus der empirischen Hypothesenprüfung gewonnenen Erkenntnisse gehen schließlich in die zuvor entworfene Planungsheuristik (HIMP) ein. Als solche liefert sie die Ansatzpunkte für die sechste Zielsetzung der exemplarischen **Gestaltung** einer imagebasierten Marketingstrategie im Anwendungsfall einer globalen (Firmen-) Dachmarke der Automobilindustrie.

Neben diesen primär inhaltlichen Zielsetzungen soll im Rahmen dieser Arbeit eine weitere, methodologische Zielsetzung verfolgt werden: In Vorwegnahme der Beschreibung theoriewissenschaftlicher Grundlagen zum Problemgegenstand wird bereits an dieser Stelle auf die Existenz sog. Imagetransfereffekte hingewiesen. Damit gemeint sind wechselseitige Assoziationsübertragungen in der Form reziproker Imageeffekte zwischen unterschiedlichen Beurteilungsobjekten. Es wird davon ausgegangen, dass sich die Wahrnehmungen hinsichtlich mehrerer über eine identische Assoziationsbrücke verbundener Meinungsgegenstände gegenseitig beeinflussen (können). Versieht bspw. eine Unternehmung sämtliche der von ihr angebotenen Marken mit ein und derselben Kennzeichnung, wird unterstellt, dass der einer Marke ausgesetzte Betrachter (z.B. Nachfrager) deren Beurteilung u.a. auch auf Grundlage der im Zusammenhang mit anderen Marken desselben Anbieters gesammelten Erfahrungen vornimmt. In entgegengesetzter Wirkungsrichtung muss angenommen werden, dass der (neuartige) Eindruck einer Marke gleichermaßen eine Überprüfung und ggf. Korrektur der existenten Wissensstruktur bezüglich der etablierten Marken hervorruft.[19]

Mit der gewählten Fokussierung auf eine (Firmen-) Dachmarke, die eine u.E. identische Namensgebung der Unternehmens-, Dach- und Produktmarke(n) impliziert, gewinnt dieser Sachverhalt eine besondere Relevanz: So wird bspw. einerseits die Wahrnehmung der institutionellen Organisation (Unternehmung) durch die Qualität der von ihr angebotenen Marktleistungen beeinflusst, andererseits wird die subjektiv empfundene Qualität des Angebots nicht unabhängig von der mit einem Anbieter assoziierten Kompetenz zur Her- bzw. Bereitstellung der zu beurteilenden Produkte bzw. Dienstleistungen sein.[20]

7. Seit der Mitte der 90er Jahre ist eine intensive marketingwissenschaftliche Auseinandersetzung mit (wechselseitigen) **Imagetransfereffekten** festzustellen. Ihren Ursprung fand diese Entwicklung in entsprechenden Phänomenen der Unternehmenspraxis. Allerdings konnte die Existenz dieser Effekte bislang u.E. empirisch nicht nachgewiesen werden.[21] In der vorliegenden Arbeit soll deshalb als siebte Zielsetzung der Versuch unternommen werden, reziproke Imagetransfereffekte am Beispiel einer (Firmen-) Dachmarke und im Anwendungsfall empirisch zu quantifizieren.

---

19 Vgl. Sattler (1997), S. 27-29; Simon (1985), S. 32; Mayer/Mayer (1987), S. 26 und S. 34-46; Reiter (1991), S. 213; Meffert (1994), S. 189; derselbe (1992), S. 147-149; Meffert/Heinemann (1990), S. 6; Schweiger (1982), S. 6-11; derselbe (1983a), S. 157-166; derselbe (1987), S. 71-80; Dawar (1993), S. 1; Hätty (1989), S. 295-297; Aaker/Keller (1990), S. 27-41; Tauber (1981), S. 36-41; Ries/Trout (1986), S. 392-398; Romeo (1991), S. 399-406; Loken/Roedder John (1993), S. 71-84; Keller/Sood (1997); Keller/Aaker (1992b), S. 35-50; Roedder John et al. (1998), S. 19-32; dieselben (1995); Sullivan (1990), S. 309-329; Gürhan-Canli/Maheswaran (1998), S. 464-473; Park et al. (1993), S. 28-33.

20 Vgl. Mayer/Mayer (1987), S. 36-42; Simon (1985), S. 118; Brown/Dacin (1997), S. 68-84; Wansink (1989), S. 399-406; Belch/Belch (1987), S. 232-236; Carlson (1963), S. 24-47; Cohen (1963), S. 48-63; Keller/Aaker (1994); dieselben (1992b), S. 35-50; Hardy (1970), S. 70-76; Shimp/Bearden (1982), S. 38-46.

21 Vgl. Aaker/Keller (1990), S. 40; Gürhan-Canli/Maheswaran (1998), S. 464; Sattler (1997), S. 162f.; Keller/Aaker (1992b), S. 43; Mayerhofer (1995), S. 130; Loken/Roedder John (1993), S. 71f.; Boush/Loken (1991), S. 16; Keller/Sood (1997), S. 10f.; Aaker (1991), S. 227; Ries/Trout (1986), S. 101-103.

1.3 Gang der Untersuchung

Aus den sieben definierten Zielsetzungen dieser Arbeit soll nun ein geeignetes methodologisches Vorgehen zu deren Erreichung abgeleitet werden:[22] In einem einführenden Teil werden zunächst die theoretischen **Grundlagen** des Forschungsgegenstandes geschaffen (KAPITEL 2). Dabei sollen die untersuchungsrelevanten Begrifflichkeiten geklärt und die für die Verfolgung des Erkenntnisziels bedeutsamen theoretischen Zusammenhänge aufgezeigt werden. Im Einzelnen betrifft dies das Image- und Einstellungskonstrukt, die Markierung bzw. Marke und die strategische Marketing- bzw. Imageplanung. Die Grundzüge und Phasen der strategischen Marketing- bzw. Imageplanung stellen die Basis für die sich anschließenden Untersuchungsschritte dar (a).

In deren Verbindung mit der gewählten Forschungsproblematik soll zunächst ein geeigneter theoretischer **Bezugsrahmen** konstruiert werden (KAPITEL 3).[23] Dieser beinhaltet neben der Grundlegung des Wissenschaftsverständnisses eine problemgerichtete Analyse des Forschungsgegenstandes. Aus dieser Analyse lässt sich eine Zielvision der Forschungsbemühungen ableiten. Dies geschieht in der Form eines **Anforderungsprofils** an ein Modell imagebasierter Marketingplanung (Soll). Im nächsten Schritt muss geklärt werden, inwiefern existente wissenschaftliche Ansätze zur Realisierung dieser Zielvision beitragen können (Ist). Aus einer Gegenüberstellung der Zielvision (Soll) einerseits und der **Bestandsaufnahme** (Ist) andererseits lässt sich eine wissenschaftliche **Erkenntnislücke** identifizieren (b). Deren Schließung bedeutet den Anspruch des vorliegenden Forschungsvorhabens.[24]

Auf Grundlage des definierten Anforderungsprofils können sodann ein **Modell** (MIMP) und eine **Heuristik** (HIMP) imagebasierter Marketingplanung entwickelt werden (KAPITEL 4). Das Modell soll in einem nächsten Schritt auf seine empirische Validität geprüft und anhand eines Beispielfalls angewandt werden (KAPITEL 5). Zu diesem Zweck wird das Modell einer **quantitativen empirischen Forschungsstrategie** unterzogen (c). Der in die Empirie eingehende Datensatz eines global agierenden Unternehmens der Automobilindustrie dient in diesem Zusammenhang v.a. der Plausibilisierung der hypothesierten Forschungsinhalte und des konzipierten Planungsprozesses. Dieser Teil stellt den Schwerpunkt der vorliegenden Untersuchung dar: Neben einer umfangreichen und detaillierten Analyse der untersuchungsrelevanten Imagegrößen stehen dabei deren Wirkungsbeziehungen in der Form sog. **Imagetransfereffekte** im Mittelpunkt der Betrachtung. Zu ihrer Operationalisierung wird zunächst das in KAPITEL 4 konstruierte deskriptive Modell imagebasierter Marketingplanung (MIMP) in ein entsprechendes Methodenmodell übersetzt. Die empirische Schätzung der Wirkungsbeziehungen im Anwendungsfall wird anschließend mithilfe des AMOS-Ansatzes der Kausalanalyse vorgenommen. Eine Zusammenfassung der gewonnenen Erkenntnisse schließt den empirischen Teil dieser Arbeit ab.

---

22 Die Ausführungen beziehen sich dabei auf die schematische Darstellung in Abbildung 1-1 auf Seite 6.

23 „Gedankliche Bezugsrahmen sind Ordnungsschemata für erkenntnisbezogene und handlungsbezogene Vorstellungen über die Realität." Grochla (1978), S. 65. Zu den Ausprägungen, Funktionen und Inhalten gedanklicher Bezugsrahmen vgl. ebenda, S. 61-65.

24 Die festgelegten Untersuchungsschritte entsprechen den Grundzügen eines allgemeinen theoretischen Bezugsrahmens: „Gedankliche Bezugsrahmen stecken den Handlungsspielraum bei Problemlösungen durch das Aufzeigen der relevanten Aktionsparameter und der zu beachtenden Restriktionen ab. Sie haben darüber hinaus aber auch eine forschungsleitende Funktion. Als theoretische Schemata zeigen sie einem Forscher, an welchen Stellen er zusätzliche Forschungsbemühungen einzusetzen hat und wo möglicherweise Revisionen bisher erarbeiteter Aussagen erforderlich sind." Ebenda, S. 65.

Auf deren Grundlage können im Folgenden die zuvor entworfene Heuristik einer imagebasierten Marketingplanung (HIMP) ausgeplant (d) und entsprechende **Gestaltungsempfehlungen** im Anwendungsfall gegeben werden (KAPITEL 6). Da der Fokus der vorliegenden Arbeit primär auf der Plausibilisierung methodischer Aspekte eines imagebasierten Marketingplanungsprozesses liegt, kann dieser Untersuchungsschritt lediglich exemplarischen Charakter annehmen; die Interpretation der gewonnenen Erkenntnisse kann deshalb nur ansatzweise erfolgen. Eine kritische **Würdigung** der Ergebnisse, deren **Implikationen** für die Unternehmenspraxis und ein **Ausblick** beenden den forschungslogischen Prozess dieser Arbeit (KAPITEL 7). Die folgende Abbildung veranschaulicht das methodologische Vorgehen der Untersuchung:

Abb. 1-1: Gang der Untersuchung

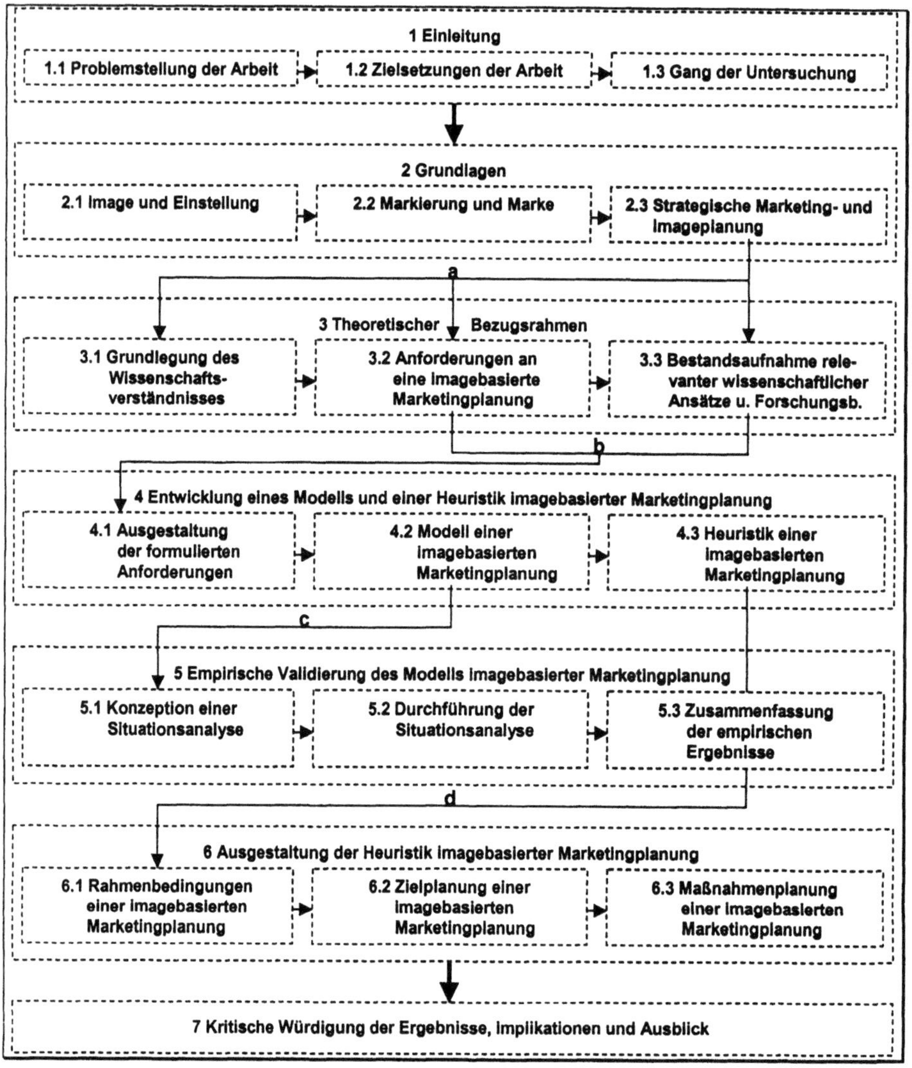

Quelle: Eigene Darstellung.

2 Grundlagen

2.1 Image und Einstellung

2.1.1 Begriffsinhalte und -definitionen

Seinen Eingang in die marktpsychologische Forschung fand der **Imagebegriff** 1955 mit der Arbeit „*The Product and the Brand*" von GARDNER und LEVY.[25] Deren Aussage bestand darin, „[...] daß [!] Produkte neben einer rein physikalischen Natur auch soziale und psychologische Aspekte aufweisen [..., die] für das Kauf- und Markenwahlverhalten von Bedeutung sind".[26] Diesen Gedanken liegen zwei Beobachtungsdimensionen zugrunde: Einerseits versuchten die Autoren, Wesen und Eigenschaften des Imagekonstrukts zu beschreiben und zu erklären. Andererseits machten die Autoren bereits auf den verhaltenssteuernden Einfluss des Konstrukts aufmerksam, indem sie das Image als eine intervenierende Variable definieren, die zwischen beobachtbaren Reizen der menschlichen Umwelt und beobachtbaren menschlichen Verhaltensweisen moderiert.[27]

Auf Grundlage von GARDNERS und LEVYS Arbeit hat sich seit den 50er Jahren eine Vielfalt von Imagedefinitionen herausgebildet: In der Mehrzahl stellen die Autoren dabei Merkmalskataloge zusammen, die den Begriff charakterisieren und abgrenzen.[28] Im Kern verstehen deren Verfasser Image darin als subjektives Abbild eines objektiven Reizes in der Psyche eines Menschen.[29] Damit basieren die Definitionsansätze v.a. auf dem „*imago*" als lateinischem Ursprung des Image-Begriffs; dieses kennzeichnet im übertragenen Sinne das Vorstellungsbild, das ein Mensch von einem Meinungsgegenstand - Objekt oder Subjekt - in seiner Psyche entwirft (Bildhaftigkeit des Images).[30] Diese Vorstellung beinhaltet zum Einen das subjektive Wissen, das der Verbraucher von einem Gegenstand besitzt (kognitive Komponente), zum Anderen die subjektive Beurteilung, die er mit dem Gegenstand verbindet (affektive Komponente).[31] Beide Komponenten stellen Voraussetzungen für die Verhaltensrelevanz des Images dar (konative Komponente).[32]

Auch zur Klärung des **Einstellungsbegriffs** existiert eine Vielzahl von Definitionen.[33] Einig sind sich sämtliche Autoren jedoch dahingehend, dass eine Einstellung ein relativ überdauerndes, gegenstandsbezogenes, erlerntes, verhaltenswirksames und strukturiertes Konstrukt darstellt.[34]

---

25 Vgl. Gardner/Levy (1955), S. 33-39. Vgl. auch Schreiner (1992), S. 60f.

26 Mayerhofer (1995), S. 49 [Ergänzungen durch den Verfasser].

27 Vgl. Gardner/Levy (1955), S. 35. Vgl. auch Schreiner (1992), S. 60f. Aus den beiden genannten Betrachtungsweisen haben sich in der Folge zwei Forschungsrichtungen der Auseinandersetzung mit dem Image-Konstrukt entwickelt: Abhängig vom angestrebten Erkenntnisziel kann zwischen marktpsychologisch orientierten Imagetheorien einerseits und ökonomisch orientierten Theorien andererseits unterschieden werden, je nachdem ob eher der deskriptive und explikative Aspekt (Beschreibung und Erklärung) oder eher der normative Aspekt (Verhaltensrelevanz) des Images im Vordergrund der Betrachtung steht. Vgl. Trommsdorff (1980), S. 118f.

28 Insbesondere der von Johannsen zusammengestellte Thesenkatalog bestehend aus den 18 (!) wichtigsten Eigenschaften des Imagekonstruktes hat in diesem Zusammenhang große Bedeutung erlangt. Zum Thesenkatalog Johannsens vgl. Johannsen (1968), S. 64-67. Ähnliche Thesenkataloge liefern Bergler und Kleining. Vgl. Bergler (1966), S. 108-110 bzw. Kleining (1969), S. 444.

29 Vgl. Schreiner (1992), S. 57f.

30 Vgl. Berth (1959), S. 124; Gutjahr (1972), S. 64; Wiswede (1992), S. 72.

31 Vgl. Kroeber-Riel/Weinberg (1996), S. 196f.; Trommsdorff/Zellerhoff (1994), S. 352.

32 Vgl. Johannsen (1968), S. 64-67.

33 Vgl. Meinefeld (1988), S. 123.

Die vermutlich gängigste Definition der Einstellung orientiert sich an ihrem Entstehungsprozess: Demnach wird sie als „[...] subjektiv wahrgenommene Eignung eines Gegenstandes zur Befriedigung einer Motivation [...]" bezeichnet.[35] Dieser Definition des Einstellungsbegriffs liegt die sog. Ziel-Mittel-Analyse (*means-end-analysis*) von ROSENBERG zugrunde.[36] Sie geht davon aus, dass ein Gegenstand (Mittel) nach seiner Eignung zur Erfüllung einer Motivation (Ziel) beurteilt wird. Damit setzt sich das Konstrukt Einstellung aus einer Motivation und einer subjektiven Gegenstandsbeurteilung zusammen: Die Motivation markiert die Zielerwartungen, die Beurteilung bringt die empfundene Maßhaltigkeit zum Ausdruck, mit der ein Gegenstand zur Zielerfüllung geeignet erscheint.[37] Auf diese Weise kann eine starke positive Einstellung nur dann verzeichnet werden, wenn sowohl die Motivation als auch die Eignungsbeurteilung eines Gegenstandes sehr positiv empfunden werden. Deutlich wird dies an einem Beispiel: Nur wenn das Bedürfnis, ein sicheres Auto zu erwerben, bei einem Verbraucher relativ stark ausgeprägt ist (Bedingung 1: Motivation) <u>und</u> die mit einer Marke bzw. einem Produkt assoziierte Sicherheit relativ stark positiv empfunden wird (Bedingung 2: Eignung gemäß gespeicherter Information), resultiert eine ganzheitlich positive Einstellung gegenüber der Marke bzw. dem Produkt.[38]

Mit den angeführten Überlegungen wird deutlich, dass dem Imagebegriff im Wesentlichen dieselben Merkmale zugesprochen werden wie dem Einstellungskonstrukt.[39] Dies betrifft insbesondere deren kognitive, affektive und konative Komponenten, den sozialen, personalen und evaluativen Charakter sowie deren Zielsetzung der Orientierung des Individuums in seiner (sozialen) Umwelt.[40] Entsprechend der Tendenz in der Marketing-Literatur wird deshalb auch in der vorliegenden Arbeit eine **Begriffsidentität** von Image und Einstellung zugrunde gelegt, wie sie v.a. von TROMMSDORFF postuliert wird.[41]

34 Vgl. Six (1975), S. 271.

35 Kroeber-Riel/Weinberg (1996), S. 168. In Analogie zu der vorangestellten Imagedefinition kann ein „Gegenstand" sowohl ein Objekt (Unternehmen, Marke, Produkt etc.) als auch ein Subjekt (Person) umfassen.

36 Vgl. Rosenberg (1956), S. 367-372.

37 Vgl. Kroeber-Riel/Weinberg (1996), S. 168; Herzig (1991), S. 2; Fishbein (1970), S. 219. Zu unterschiedlichen Ansätzen der Erklärung des Einstellungskonstrukts vgl. die grundlegenden kognitiven Strukturmodelle von Rosenberg (*Expectancy-Value-Model*), Fishbein (*Belief-Evaluation-Model*) und Trommsdorff (Imagedifferenzial).

38 Vgl. Kroeber-Riel/Weinberg (1996), S. 168.

39 Vgl. ebenda (1996), S. 196f.; Schreiner (1992), S. 62; Roth (1967), S. 38.

40 Vgl. Johannsen (1968), S. 59; Kroeber-Riel/Weinberg (1996), S. 196f.

41 Vgl. Trommsdorff (1976), S. 28-32; Kroeber-Riel/Weinberg (1996), S. 197; Rosenstiel/Neumann (1991), S. 125; Andritzky (1976), S. 214f.; Winkler (1973), S. 147-149; Schnedlitz (1983), S. 497; Wiswede (1978), S. 138. Abweichende Auffassungen im Sinne einer Trennung des Image- und Einstellungsbegriffs vertreten bspw. Schweiger (1988), S. 25; Mazanec (1978); Spiegel (1961); Bergler (1966 und 1986); Mazanec (1978); Thurstone (1970), S. 127-129; Müller/Beeskow (1982), S. 403; Beeskow et al. (1983), S. 624; Bergler (1966), S. 85; derselbe (1974), S. 77; Hofer (1991), S. 14f. Weitere Image-Konzepte finden sich zusammenfassend bei Lohrer (1994), S. 13-16 und Mayerhofer (1995), S. 52-57. Auf verwandte Begriffe der Konsumentenverhaltensforschung soll an dieser Stelle nicht näher eingegangen werden. Zu Definitionsansätzen und Abgrenzungsvorschlägen der Konstrukte Vorurteil, Stereotyp, Meinung, Wert bzw. Werthaltung, Bewertung, *Belief* bzw. Eindruck, Überzeugung und *Attitude* vgl. z.B. Wiswede (1985), S. 119; Johannsen (1968), S. 45 und S. 120; Wolf (1966), S. 12; Roth (1967), S. 49-52; Trommsdorff/Schuster (1981), S. 721f.; Friedrichs (1968), S. 73; Rokeach (1973), S. 7; Silberer (1983), S. 541; Schnedlitz (1985), S. 55; Trommsdorff (1975), S. 49; Six (1975), S. 277; Stroebe (1980), S. 142; Fishbein/Ajzen (1975), S. 11f. *Attitude* und Einstellung sollen in der vorliegenden Arbeit synonym verwendet werden. Zu dieser (gängigen) Gleichsetzung vgl. u.a. Trommsdorff (1975), S. 7 und Mittenecker (1964), S. 477.

Wird im Weiteren von Image bzw. Einstellung gesprochen, soll in Anlehnung an KROEBER-RIEL deshalb folgende, vereinfachte Begriffsdefinition zugrunde gelegt werden:

> *Image bzw. Einstellung ist die subjektive Wahrnehmung von Verbrauchern bezüglich Produkten, Marken und Unternehmen.*[42]

Lediglich hinsichtlich der Trägerschaft und der Struktur soll zwischen Image und Einstellung unterschieden werden:

- **Trägerschaft**: Während Objekte wie bspw. Produkte zwar ein Image, aber keine Einstellung besitzen können, formen Konsumenten in ihrer Wahrnehmung dieses Objektimage aus und besitzen darauf aufbauend eine Einstellung gegenüber dem Objekt.[43] Mit dieser Unterscheidung einher geht das Maß der Beeinflussbarkeit von Images bzw. Einstellungen durch eine Unternehmung: Es wird davon ausgegangen, dass eine Beeinflussbarkeit beider Konstrukte zwar grundsätzlich gegeben ist, sie jedoch mittelbar über die Gestaltung des Meinungsgegenstandes (Unternehmung, Produkt etc.) erfolgt. GREGORY/WIECHMANN differenzieren in diesem Zusammenhang zwischen Identität (= Image) und Einstellung.[44] Während die Identität einer Unternehmung bzw. eines Produktes von ihrem „Schöpfer" (Unternehmen) direkt über unternehmens- und marketingpolitische Maßnahmen gestaltet werden kann, liegt die Einstellung letztlich im subjektiven Ermessensbereich ihres Betrachters (indirekte Beeinflussung).[45]
- **Struktur**: Der zweite Unterschied besteht darin, dass Images mehrdimensionale Konstrukte darstellen, während Einstellungen eindimensionalen Charakter besitzen.[46] Dieser Unterscheidung liegen sog. einstellungspsychologisch orientierte Imagekonzepte zugrunde, die Image als nach Merkmalen differenzierte Struktur einer global gemessenen Einstellung verstehen.[47] Die Globalität des Einstellungsbegriffs äußert sich dabei in eindimensional wertenden, d.h. von „gut" bis „schlecht" in einem Wert skalierten Eindrücken. Dagegen umfasst das Image differenzierte qualitative Eindrücke, die zur Formung einer Einstellung beitragen.[48] Dieser Betrachtungsweise liegen kognitive Einstellungsmodelle zugrunde.[49] Diese Modelle gehen davon aus, dass zwischen einzelnen subjektiv wahrgenommenen Merkmalen eines Objekts und dessen Gesamtbeurteilung eine konsistente Beziehung besteht; dabei stellt die Einstellung das Ergebnis eines kognitiven Verarbeitungsprozesses dar, der mehrere Merkmalsurteile (Imagedimensionen/Eindrücke) algebraisch zu einem gesamthaften, eindimensionalen Wert (Einstellung) aggregiert (kognitive Algebra).[50]

---

42 Vgl. ähnlich bei Kroeber-Riel/Weinberg (1996), S. 196. Zu alternativen Definitionsansätzen insbesondere im angelsächsischen Raum vgl. bspw. Jain/Etgar (1976), Lindquist (1974), Marks (1976), May (1974), James et al. (1976), Hirschman et al. (1978), Arons (1961), Martineau (1958) und Oxenfeldt (1974).

43 Vgl. Müller/Beeskow (1982), S. 403.

44 Vgl. Gregory/Wiechmann (1991), S. 63-67; dieselben (1997), S. 8f.

45 Vgl. Lohrer (1994), S. 38.

46 Vgl. Kroeber-Riel/Weinberg (1996), S. 196f.

47 Vgl. Trommsdorff (1980), S. 121; derselbe (1995), Sp. 2056.

48 Vgl. derselbe (1992a), S. 458.

49 Zu kognitiven Einstellungsmodellen vgl. v.a. Fishbein (1967), S. 389-393 und Rosenberg (1956), S. 367-369.

50 Vgl. Lilly (1983), S. 424 und das neobehavioristische Einstellungs-Image-Modell nach Trommsdorff in Abbildung A-1 im Anhang. Die Eindimensionalität der Einstellung und die Mehrdimensionalität des Images sind bei

2.1.2 Operationalisierung und Messung

Sowohl Einstellungen als auch Images stellen nicht beobachtbare theoretische **Konstrukte** dar, die in der Psyche der Verbraucher gebildet werden. Zu deren Operationalisierung muss in einem ersten Schritt Klarheit darüber geschaffen werden, welcher Sachverhalt unter einem theoretischen Konstrukt zu subsumieren ist. In einem nächsten Schritt sind geeignete Maßstäbe festzulegen, um die psychologischen Größen in ihren (qualitativen oder quantitativen) Ausprägungen messen zu können.[51] Unter einer Messung wird in diesem Zusammenhang „[...] das systematische Beobachten und Aufzeichnen von empirischen Sachverhalten, also die Datenerhebung [....]" verstanden.[52] Da jedoch solche Merkmale, die sich in der Psyche der Verbraucher befinden, nicht beobachtbar und damit per se nicht unmittelbar messbar sind, müssen sog. **Indikatoren** zu deren Erfassung erhoben werden. Sie stellen Merkmale dar, die nach sachlogischen Erwägungen ausgewählt werden und den gesuchten Sachverhalt bestmöglich erklären sollen.[53]

Neben psychobiologischen Werten, die bspw. aus Messungen der Pulsfrequenz oder der elektrodermalen Reaktion der Verbraucher abgeleitet werden, und Beobachtungswerten, die auf nichtreaktives Verhalten der Probanden abstellen, existieren desweiteren sog. Erfahrungswerte zur Einstellungs- bzw. Imagemessung. Über die von einem Probanden in verbaler oder nichtverbaler Form explizit geäußerten Urteile kann dabei eine Messung der interessierenden Konstrukte vorgenommen werden. Zur verbalen Erhebungsart wird die **Befragung** gezählt, die die am stärksten verbreitete Erhebungsmethode der empirischen Einstellungsforschung darstellen dürfte.[54] Bei der Befragung werden Einstellungen vorgegebene Werte (Ausprägungen) zugeordnet, die einer Skala zu entnehmen sind.[55]

Am häufigsten finden in diesem Zusammenhang mit den sog. **Ratingskalen** eindimensionale Zuordnungsskalen Verwendung. Bei diesen zumeist grafisch dargestellten Skalen ordnet der Proband seine Antworten einer Ausprägung einer abgestuften diskreten Skala zu. Werden die Extremwerte der Skala mit gegensätzlichen Begriffspaaren (Sachverhalten) von Bedeutungsinhalten versehen, handelt es sich um eine zweipolige oder bi-polare Skala.[56]

---

der Messung der Konstrukte zu berücksichtigen. Vgl. Kroeber-Riel/Weinberg (1996), S. 196f. Uneinigkeit besteht in diesem Zusammenhang darüber, wie die Aggregation der in ihrer Skalierung und Ausprägung unterschiedlichen Attributseinschätzungen erfolgt. Eine Übersicht über die in der Literatur existenten Basismodelle findet sich in Kroeber-Riel/Weinberg (1996), S. 196-202.

51 Vgl. Mattmüller (2000), S. 90f.

52 Kroeber-Riel/Weinberg (1996), S. 188.

53 Vgl. Mattmüller (2000), S. 92. Zur Entwicklung geeigneter Messinstrumentarien für die Erfassung von hypothetischen Konstrukten in der Marketingwissenschaft vgl. bspw. Churchill (1979).

54 Vgl. Kroeber-Riel/Weinberg (1996), S. 190f.; Berekoven et al. (1991), S. 89.

55 Vgl. ebenda, S. 192f.; Ahrens (1988), S. 446. Eine Skala stellt ein Instrument dar, „[...] durch das es - indem es die Position einer Einheit auf dem Kontinuum oder einer Stufenfolge angibt - möglich ist, die (erlebten) Eigenschaften eines Objektes zu messen bzw. deren jeweiligen Ausprägungsgrad zu schätzen". Müller (1971), S. 99f. Zu unterschiedlichen Ansätzen der Skalierung vgl. bspw. Kroeber-Riel/Weinberg (1996), S. 194-196.

56 Vgl. ebenda, S. 192f.; Berekoven et al. (1991), S. 73; Böhler (1977), S. 91; Mazanec et al. (1976), S. 431; Ahrens (1977), S. 129; Sixtl (1982), S. 28. Zu einem fiktiven Beispiel einer eindimensionalen zweipoligen Ratingskala siehe Abbildung A-2 im Anhang.

Der zentrale **Nachteil** eindimensionaler Ratingskalen allerdings besteht darin, dass diese mit der ausschließlichen Berücksichtigung eines Indikators lediglich einen Aspekt des zu untersuchenden Sachverhalts abdecken können.[57] Vermutlich dürfte jedoch die Beurteilung bspw. eines Automobils mehrdimensional sein und die Erhebung einer Vielzahl von Indikatoren (z.B. Qualität, Wirtschaftlichkeit, Design, Exklusivität) verlangen. Damit verbunden ist die Frage, ob Einstellungen eindimensional, d.h. über lediglich einen Indikator (eindimensionale bzw. multiattributive Einstellungsmessung), oder mehrdimensional über zugleich mehrere Indikatoren (mehrdimensionale Einstellungsmessung) zu erfassen sind.[58] Letztgenannte Modelle sind dann zu bevorzugen, wenn die Struktur einer Einstellung erfasst werden soll und der Forscher an einer differenzierten Betrachtung interessiert ist.[59] In diesem Fall sollten mehrere Skalen Verwendung finden, die mit unterschiedlichen Statements bzw. Items mehrere Aspekte eines Sachverhalts abdecken.[60]

Dementsprechend greifen sog. **Skalierungsverfahren** den mehrdimensionalen Charakter des Imagebegriffs auf und versuchen, differenzierte Wahrnehmungen mittels mehrerer Stimuli (Skalen) in der Form verbaler Aussagen (Statements oder Items) abzubilden.[61] Aufgabe eines Skalierungsverfahrens ist es im Anschluss an die empirische Erhebung, die Antworten der Probanden bezüglich der unterschiedlichen Stimuli (Skalen) mittels algebraischer Operation zu einem kompakten Einstellungswert zu verdichten.[62]

In der Unternehmenspraxis kommt zur mehrdimensionalen Skalierung produktspezifischer Attribute wie auch der übergeordneten (Dach-) Marken- und Unternehmensimages i.d.R. das sog. **semantische Differenzial** zum Einsatz.[63] Dieses wurde von OSGOOD/SUCI/TANNENBAUM zur Messung von Wortbedeutungen entwickelt und später in die Marketing-Wissenschaft übertragen:[64]

---

57 Vgl. Müller-Hagedorn (1986), S. 182f.

58 Vgl. ebenda, S. 182f. Zur eindimensionalen Einstellungsmessung vgl. bspw. Lambert/Lambert (1973), S. 25. Zur mehrdimensionalen Einstellungsmessung vgl. bspw. Freter (1976), S. 163-165. Die Unterscheidung zwischen ein- und mehrdimensionalen Methoden der Datenerhebung wird kontrovers diskutiert: Eine Möglichkeit der Einteilung stellt auf die Dimensionalität der Messergebnisse ab. Freter geht davon aus, dass eine Erhebung mehrerer Item-Dimensionen, die zu einem Globalwert verdichtet werden, noch keine mehrdimensionale Messung darstelle. Vgl. Freter (1976), S. 18 und die diesbezügliche Diskussion bei Trommsdorff (1976), S. 28-32. Vgl. auch Mazanec et al. (1976), S. 431f. und Böhler (1977), S. 92 und S. 240. Gebräuchlicher allerdings ist eine Einteilung anhand der Anzahl der in die Erhebung aufzunehmenden Image-Dimensionen: Böhler ordnet sämtliche Modelle der Einstellungsforschung mehrdimensionalen Verfahren zu, die die Abbildung mehrerer Merkmale eines Meinungsgegenstandes in einem mehrdimensionalen (Image-) Raum zum Ziel haben. Vgl. Böhler (1977), S. 240. Vgl. auch Green/Rao (1972), S. 5 und Aaker (1971), S. 257.

59 Vgl. Müller-Hagedorn (1986), S. 182f.

60 Vgl. Kroeber-Riel/Weinberg (1996), S. 194.

61 Vgl. ebenda, S. 192f. und S. 197f.; Mazanec et al. (1976), S. 431; Ahrens (1977), S. 129; Sixtl (1982), S. 28; Schreiner (1992), S. 81f.

62 Vgl. Kroeber-Riel/Weinberg (1996), S. 192f.; Berekoven et al. (1991), S. 73; Böhler (1977), S. 91. Aufgrund dieser Aufgabe werden Skalierungsverfahren den kompositionellen Methoden zugerechnet; zu ihnen gehört die Faktorenanalyse, die an späterer Stelle zu dem genannten Zweck Anwendung finden wird. Vgl. Werner (1982), S. 387; Böhler/Stölzel (1977), S. 21; Mazanec/Wiegele (1977), S. 49; Schobert (1979), S. 40.

63 Vgl. Lohrer (1994), S. 34. Das semantische Differenzial wird als ‚Königsweg der Imageforschung' bezeichnet. Armbrecht et al. (1993), S. 62. Anwendungsbeispiele der (Produkt-) Imagemessung mittels des semantischen Differenzials im angelsächsischen Raum finden sich bspw. bei Birdwell (1968), Munson/Spivey (1981), Ross (1971), Samli/Sirgy (1981), Sirgy (1979, 1980 und 1981) und Sirgy/Danes (1981).

64 Zu den Grundlagen des Semantischen Differenzials vgl. Osgood et al. (1957).

Bei dem semantischen Differenzial wird eine Wortbedeutung bzw. ein marketingrelevanter Sachverhalt mittels mehrerer Assoziationen standardisiert erfasst. Die Standardisierung äußert sich dabei zum einen in der Vorgabe expliziter Assoziationen, auf deren Auswahl der Befragte unmittelbar keinen Einfluss nehmen kann und die er hinsichtlich der gesuchten Wortbedeutung bzw. des gesuchten Sachverhalts zu beurteilen hat. Zum anderen erfolgt die Beurteilung anhand einer vorgegebenen (Rating-) Skala, die in gleiche numerische Distanzen unterteilt, Abstufungen des subjektiven Werturteils zwischen Zustimmung und Ablehnung zulassen und die Stärke einer Assoziation erfassen soll.[65]

Die klassische Form des semantischen Differenzials bedient sich zur Erklärung einer Wortbedeutung mehrerer jeweils semantisch gegensätzlicher Begriffspaare, die an den Polen der Skala abgetragen werden.[66] Dementsprechend werden die Skalen als Polaritäten bezeichnet.[67] Die Beurteilung der Polaritäten kann anhand ausschließlich affektiver (emotionaler) Größen, ausschließlich kognitiver (sachlicher) Aspekte oder einer Kombination beider erfasst werden.[68] Da die Erhebungen beider Komponententypen in der empirischen Forschungspraxis jedoch zumeist nicht eindeutig voneinander getrennt werden können, sollten beide Aspekte in die Erhebung einfließen.[69] Mithilfe der grafischen Verbindung der (individuellen oder aggregierten) Beurteilungswerte über sämtliche Polaritäten zu einer „Kurve" (Polaritäten- oder Imageprofil nach HOFSTÄTTER)[70] oder mittels der Berechnung der Korrelationen bzw. Distanzen kann die Ähnlichkeit der Imagebeurteilung der erhobenen Meinungsgegenstände (Automobile etc.) ermittelt werden.[71]

Im Ergebnis werden mit der Auswahl der Assoziationen die Dimensionen einer Beurteilung festgelegt, mit der Skala wird die Stärke der Beurteilungen erfasst. Ein standardisiertes semantisches Differenzial existiert allerdings nicht; je nach Forschungsgegenstand ist im Einzelfall ein geeigneter Skalensatz festzulegen.[72]

---

65 Vgl. Kroeber-Riel/Weinberg (1996), S. 197f.; Schreiner (1992), S. 81f.

66 Vgl. Kroeber-Riel/Weinberg (1996), S. 197f.; Schreiner (1992), S. 82f. Die Benennung der Skalenpole mit nichtmetaphorischen, d.h. bspw. produkt- bzw. markenspezifischen Eigenschaftsausprägungen wird streng genommen nicht dem semantischen Differenzial zugesprochen; vielmehr handelt es sich dabei um sog. Multi-Attribut-Modelle. Vgl. Kroeber-Riel/Weinberg (1996), S. 199, FN 5. Nichtsdestotrotz soll in der vorliegenden Arbeit der Terminologie der empirischen Forschungspraxis gefolgt werden und auch in diesem Fall von einem semantischen Differenzial gesprochen werden.

67 Vgl. Schreiner (1992), S. 85.

68 Vgl. Kroeber-Riel/Weinberg (1996), S. 197-199; Schreiner (1992), S. 84. Als dritter Merkmalstyp kann außerdem die verhaltenssteuernde Dimension des Einstellungs- bzw. Imagekonstrukts (konative Komponente) erfasst werden. Allerdings ist deren Erhebung „[...] nicht unumstritten, da sie eher als resultierende und weniger als bestimmende Größe zu betrachten ist". Mattmüller (2000), S. 92.

69 Vgl. Klapprott (1975), S. 210; Mayerhofer (1995), S. 60.

70 Vgl. ebenda, S. 85; Gierl (1995), S. 61f.; Herzig (1991), S. 9f.

71 Vgl. Kroeber-Riel/Weinberg (1996), S. 197-199; Schreiner (1992), S. 84; Rosenstiel/Ewald (1979), S. 40; Schadenhofer (1982), S. 31. Abbildung A-3 im Anhang gibt einen fiktiven grafischen Profilverlauf auf Basis aggregierter Daten wider. Zur räumlichen Darstellung der Imageprofile werden geometrisch-mehrdimensionale Positionierungs- bzw. Imageräume herangezogen. Vgl. Trommsdorff/Zellerhoff (1994), S. 352f. Eine entsprechende Darstellung hierzu findet sich in Kapitel 3.3 dieser Arbeit.

72 Vgl. Schreiner (1992), S. 85.

Jedoch erfüllt das semantische Differenzial mit den Kriterien der Gültigkeit, Zulänglichkeit, Vollständigkeit, Empfindlichkeit und Zuverlässigkeit die statistischen Anforderungen, die an ein Messinstrument gestellt werden.[73] Es soll aus den genannten Gründen an späterer Stelle zur Operationalisierung der Firmen-, Dach- und Produktmarkenimages eines global agierenden Unternehmens der Automobilindustrie herangezogen werden. Auf diese Weise bildet es die Grundlage der empirischen Validierung des zu entwickelnden Modells imagebasierter Marketingplanung.

2.2 Markierung und Marke

2.2.1 Begriffsinhalte und -definitionen

Eine Unternehmung, die Güter auf einem Markt anbieten möchte, steht vor der grundsätzlichen Entscheidung, sie zu kennzeichnen oder nicht. Im Falle der Kennzeichnung wird aus einem anonymen Gut ein markiertes, identifizierbares Produkt.[74] Gekennzeichnete, d.h. markierte Angebote werden im Sprachgebrauch und Schrifttum gemeinhin als markierte Waren, Markenwaren, Marken oder Markenartikel bezeichnet.[75] Durch die Begriffsvielfalt und den uneinheitlichen, teils differenzierenden, teils synonymen Gebrauch dieser Begriffe ist zwangsläufig eine sprachliche Verwirrung entstanden, die es im Folgenden aufzulösen gilt:[76]

Unter rein formalen Aspekten und damit gleichzeitig im weitesten Sinne wird unter einer Marke ein Kennzeichen verstanden, das der Markierung von Produktions- und Dienstleistungen dient.[77] **Markierung** bedeutet, dass auf einem Produkt bzw. einer Dienstleistung (Marken-) Zeichen angebracht werden, die auf die Herkunft des Angebotes hinweisen. Unter einer Marke wird demnach ein Kennzeichen verstanden, „[...] das dem Verbraucher die Herkunft der mit ihm versehenen Ware zu erkennen gibt".[78] Im Gegensatz zum umgangssprachlichen Gebrauch der Terminologie und zur betriebswirtschaftlichen Literatur spricht der Gesetzgeber demgegenüber nicht von Marken, sondern von (Waren-) Zeichen. Zur Marke wird ein (Waren-) Zeichen erst dadurch, dass es in die Zeichenrolle des Deutschen Patentamtes in München eingetragen wird, aber auch dadurch, dass es sich - ohne Eintragung - im „Verkehr" durchsetzt (§ 25 WZG).[79] Ausgehend von einer Markenrechtsreform, definiert das 1995 in Kraft getretene Markengesetz (MarkenG) in § 3 Absatz 1 eine Marke wie folgt:

---

73 Vgl. Schreiner (1992), S. 88-91.

74 Vgl. Hätty (1989), S. 5; Latour (1996), S. 20. Der Vorgang der Kennzeichnung im prozessualen Sinne wird als Markierung, dessen Ergebnis als Marke bezeichnet. Vgl. Angehrn (1974), Sp. 1227; Matt (1988), S. 5. Seitdem Märkte bestehen, existieren auch gekennzeichnete Produkte. Das Markieren von Erzeugnissen ist somit kein neuzeitliches Phänomen, sondern hat ökonomische Tradition. Vgl. Rüschen (1994), S. 122. Zu der historischen Entwicklung des Markenartikels vgl. bspw. Dichtl (1992), S. 2-4 und Hart/Murphy (1998), S. 13-23.

75 Vgl. Hätty (1989), S. 6. Der Begriff „Marke" stammt vom französchen „*marque*" und bedeutet so viel wie „[...] auf einer Ware aufgebrachtes Zeichen, Kennzeichen". Behrens (1994), S. 201. Zu einer etymologischen und semiotischen Darstellung des Markenbegriffs vgl. Kelz (1989), S. 22-42. Zur symbolischen Bedeutung von Marken vgl. bspw. Elliott (1994), S. S13-S19.

76 In diesem Zusammenhang wird auch von einer „babylonischen Sprachverwirrung im Bereich des Markenwesens" gesprochen. Kronz (1985), S. 125, zitiert nach Kelz (1989), S. 20.

77 Vgl. Irmscher (1997), S. 6; Höhl (1982), S. 11; Hartmann (1966), S. 39.

78 Thurmann (1961), S. 21.

79 Vgl. Dichtl (1992), S. 6f.; Latour (1996), S. 181.

„Als Marke können alle Zeichen, insbesondere Wörter einschließlich Personennamen, Abbildungen, Buchstaben, Zahlen, Hörzeichen, dreidimensionale Gestaltungen einschließlich der Form einer Ware oder ihrer Verpackung sowie sonstige Aufmachungen einschließlich Farben und Farbzusammenstellungen geschützt werden, die geeignet sind, Waren oder Dienstleistungen eines Unternehmens von denjenigen anderer Unternehmen zu unterscheiden.“[80]

Die Definition des Markengesetzes geht von einer sehr engen, formalen Betrachtungsweise der Marke aus.[81] Sie versteht eine Marke primär als ein technisches Instrument zur Kennzeichnung einer Ware. Mit dem symbolischen Zeichen steht dabei v.a. die „äußerlich erkennbare, markentechnische Substanz" im Mittelpunkt dieser Perspektive. Eine ausschließlich technisch-formale Betrachtung, die eine Trennung zwischen Produkt und Marke voraussetzt, soll für den Zweck der vorliegenden Arbeit demhingegen um die absatzwirtschaftliche Funktion der Marke ergänzt werden. Die Erweiterung des Markenbegriffs ist deshalb notwendig, da Verbraucher keine Trennung zwischen einem Produkt und der betreffenden Marke vornehmen. Stattdessen verbinden sie mit einer Marke neben dem Markennamen selbst eine Vielzahl von Assoziationen (Image). In diesem Zusammenhang wird die Marke zum Träger der Vorstellungen, Gefühle und Wünsche der Nachfrager.[82] BEREKOVEN bemerkt treffend:

„Die individuelle Markierung eines Produktes ist zwar eine erste notwendige Voraussetzung für die Schaffung einer Marke, doch mehr auch nicht.“[83]

In Ergänzung dazu übernimmt eine **Marke** eine „Inhaltsaussage“ bezüglich des physischen und psychologischen Leistungspotenzials des mit der Markierung versehenen Objekts (hinreichende Bedingung).[84] Unter diesem Gesichtspunkt werden Marken als Eigenschaftsbündel betrachtet,[85] die in funktionale und nichtfunktionale Attributgruppen zerlegt werden können.[86] Bei funktionalen Eigenschaften handelt es sich um objektive Qualitätseigenschaften wie bspw. die chemische Zusammensetzung eines Produktes, die die Funktionsleistung der Marke erst ermöglichen. Nichtfunktionale Eigenschaften repräsentieren im Gegensatz dazu subjektive, immaterielle Gütereigenschaften. Zu ihnen zählen u.a. Image, Bekanntheit, Service, Verfügbarkeit etc.[87] Dieser Definition des Markenbegriffs folgt auch JONES:

---

80 Bruhn (1995), Sp. 1446 [Hervorhebungen durch den Verfasser]. Das Markenrecht wird als „[...] subjektives absolutes, d.h. gegenüber jedem Verletzer wirkendes Recht“ bezeichnet. Kraft (1978), S. 95. Vgl. auch derselbe (1992), S. 255. Der Schutz eines Zeichens entsteht nach dem MarkenG durch dessen Eintragung in das Markenregister (§ 4 Nr. 1 MarkenG), Benutzung (Verwendung beim Handeln im geschäftlichen Verkehr) oder Verkehrsgeltung (Geltung innerhalb beteiligter Verkehrskreise, § 4 Nr. 2 MarkenG). Vgl. Wahlert (1994), S. 1755 f. Entscheidend für die Eintragungsfähigkeit der Marke ist deren Unterscheidungskraft gegenüber anderen Marken, wobei ältere Zeichen grundsätzlich Priorität genießen. Vgl. Kur (1994), S. 1861-1889. Zur Schutzfähigkeit von Zeichen und einer Interpretation des deutschen Markenrechts vgl. bspw. Latour (1996), S. 169-175.

81 Vgl. Nolte (1976), S. 6.

82 Vgl. Huber (1988), S. 10f.

83 Berekoven (1992), S. 38.

84 Vgl. Koppelmann (1994), S. 222.

85 Vgl. Lancaster (1966), S. 132-157.

86 Vgl. Irmscher (1997), S. 8f.

87 Vgl. Becker (1993), S. 133; Vershofen (1940), S. 66-69.

> *"A brand is a product that provides functional benefits* *__plus__* *added values that some consumers value enough to buy."*[88]

Nach JONES stellt der Zusatznutzen („*added value*") sogar das entscheidende Merkmal der Marke dar. Er kann sowohl durch Gebrauchs- und Verbrauchserfahrung der Nachfrager mit der Marke als auch durch die Erscheinung der Marke selbst, d.h. deren Markierung, Verpackung und Werbung, entstehen. Der Bestand an „*added values*" wird umso höher sein, je etablierter (älter) und erfolgreicher eine Marke ist.[89]

2.2.2 Unternehmens-Markenstrategietypen

Im bisherigen Verlauf dieser Arbeit wurden u.a. die Eigenschaften und Funktionen von Marken herausgestellt. Es wurde darauf verwiesen, dass grundsätzlich alle Leistungen markiert werden können und als solche für deren Anbieter bestimmte Funktionen wahrnehmen sollen. Zur Erfüllung der mit den Marken verbundenen unternehmerischen Zielsetzungen bieten sich einem Anbieter unterschiedliche Markierungs- oder Markenstrategien an. MEFFERT definiert Markenstrategien allgemein als „[...] längerfristige, bedingte Verhaltenspläne der Markengestaltung zur Erreichung von Wettbewerbsvorteilen".[90] Dem Entscheidungsproblem markenstrategischer Optionen inhärent ist die Identifikation, Bewertung und Auswahl von Markierungsalternativen:

> „In einer gegebenen Entscheidungssituation (Unternehmens-, Markt- und Umweltsituation) sind die markenpolitischen Alternativen (Markenstrategien, Optionen, Aktionsparameter) im Hinblick auf die angestrebten Ziele (Unternehmens-, Marketing- und Markenziele) zu bewerten und ‚optimale' bzw. ‚gute' Lösungen als zu realisierende Handlungsprogramme auszuwählen."[91]

Auf Unternehmensleitungsebene ist diesbezüglich eine Reihe verschiedener markenpolitischer Grundsatzentscheidungen zu treffen:[92] Neben der Auswahl der zu bearbeitenden Marktsegmente (Kompetenzhöhe) und der Bestimmung der geografischen Verbreitung der Marken (Kompetenztiefe) kommt dabei insbesondere deren produktbezogenem Anwendungsbereich eine vorrangige Bedeutung zu. Mit ihm verbunden ist die Definition des Umfangs der mit ein und derselben Markierung gekennzeichneten Waren und Dienstleistungen (Kompetenzbreite).[93] Die Unternehmung kann hierbei zwischen unterschiedlichen Strategien auswählen:[94]

---

88 Jones (1986), S. 29.

89 Vgl. ebenda, S. 30-32.

90 Meffert (1994), S. 180. Eine Übersicht markenstrategischer Grundtypen findet sich bei ebenda, S. 181.

91 Ebenda, S. 174.

92 Zu einer Klassifikation vgl. Bruhn (1995), Sp. 1447 und die Tabelle A-1 im Anhang. Nachstehend sollen ausschließlich die für den weiteren Verlauf dieser Arbeit relevanten Markierungsdimensionen diskutiert werden. Dies betrifft im Einzelnen die Anzahl der markierten Güter und die Objekte der Markierung. Die geografische Reichweite von Marken wird an späterer Stelle im Zusammenhang mit einer internationalen Marktbearbeitung erörtert (Kapitel 4.1).

93 Vgl. Becker (1994), S. 468f.

94 Nachfolgend sollen ausschließlich die markenstrategischen „Basisformen" dargestellt werden; die „Mischform" der Mehrmarkenstrategie wird dabei ausgeklammert. Sie umfasst die parallele Führung mehrerer Marken eines Produktbereichs ohne segmentspezifischen Differenzierungszusammenhang. Vgl. Bruhn (1995), Sp. 1449. Zur Mehrmarkenstrategie vgl. bspw. Meffert (1994), S. 183f. und derselbe (1992), S. 139f.

- Bei der **Einzelmarkenstrategie**, auch Monomarken- oder Solitärmarkenstrategie genannt, ist der Hersteller bestrebt, nach dem Prinzip „eine Marke = ein Produkt = ein Produktversprechen" für einzelne Produkte jeweils eine eigene Marke zu schaffen.[95] Damit ist die Einzelmarkenstrategie auf die Schaffung einer eigenständigen und unverwechselbaren Markenpersönlichkeit ausgerichtet. Sie bietet sich vor allem dann an, wenn Unternehmen heterogene Leistungen anbieten oder Leistungen generell unterschiedlich positionieren möchten, um eine breite (-re) Zielgruppe ansprechen und mehrere Märkte bzw. Marktsegmente gleichzeitig und differenziert bearbeiten zu können.[96] Insbesondere für innovative Marktleistungen, die ein eigenständiges Marktfeld besetzen, erscheint die Einzelmarkenstrategie als geeignet.[97]
- Bei der **Markenfamilienstrategie** wird jeweils für eine bestimmte Produktgruppe oder Produktlinie eine identische Markierung gewählt, neben der mindestens eine weitere Einzelmarke und/oder Markenfamilie existiert.[98] Sie wird dann gewählt, wenn mehrere (bedarfs-) verwandte Produkte eines heterogenen Programms zu nicht miteinander konkurrierenden Produktlinien zusammengefasst bzw. über bestehende Leitprodukte Potenziale in (neuen) Teilmärkten ausgeschöpft werden sollen. Die Familienmarken werden dabei häufig unter einer speziellen Philosophie im Sinne eines Nutzenversprechens (Nutzenklammer) geführt (bspw. NIVEA-Pflegephilosophie).[99]
- **Dachmarkenstrategien** beinhalten im Gegensatz dazu das Angebot sämtlicher Produkte oder Dienstleistungen eines Anbieters unter einer einheitlichen Marke.[100] Im Vordergrund der Profilierungsbemühungen steht dabei die Unternehmung und ihre Kompetenz bzw. das Vertrauen in sie, oder aber der Firmeninhaber selbst (RODENSTOCK, HENNESSY, DARBOVEN, FERRARI etc.).[101] Empirische Studien belegen insbesondere bei dieser Strategie hohe Umsatz- und Renditezuwächse.[102] Sie wird insbesondere dann angewandt, wenn sich die (angestrebten) Positionierungen der anzubietenden Produkte nicht bzw. lediglich marginal voneinander unterscheiden und/oder sich eine Einzelmarkenstrategie ökonomisch als nicht sinnvoll erweist.[103]

---

95 Vgl. Becker (1994), S. 470; Meffert (1992), S. 137; Sattler (1997), S. 19.

96 Vgl. Meffert (1992), S. 138; Müller (1994), S. 142.

97 Vgl. Becker (1994), S. 470-472.

98 Vgl. Sattler (1997), S. 20.

99 Vgl. Becker (1994), S. 474-476; Bunk (1991), S. 46f.

100 Vgl. Meffert (1994), S. 186; Bruhn (1995), Sp. 1449; Sattler (1997), S. 20.

101 Aus diesem Grund ist häufig der Firmen- mit dem Dachmarkennamen identisch. Vgl. Müller (1994), S. 143.

102 Vgl. Meffert (1994), S. 186f.; derselbe (1992), S. 144f.; Bunk (1991), S. 46f.

103 Vgl. Becker (1994), S. 472-473; Meffert (1992), S. 144f. Bewertung und Auswahl der verfügbaren (Basis-) Strategien sind in Abhängigkeit von der spezifischen situativen Ausgangssituation einer Unternehmung sowie in Verbindung mit deren Zielfunktion vorzunehmen. Bei der Beurteilung einzelner Markenstrategien müssen ihre Vor- und Nachteile anhand nachstehender Kriterien geprüft werden: „Aufbau von Markteintrittsbarrieren, Kosten und Ressourcenbedarf, Ausstrahlungseffekte, Fähigkeit zur segmentspezifischen Ansprache, Aufbau einer Markenpersönlichkeit, Marktausschöpfung, Gefahr von Substitutionsbeziehungen, Realisierbarkeit von Skaleneffekten, Potenziale der Synergienutzung, Akzeptanz beim Handel, Koordinationsbedarf der Marketing-Maßnahmen". Bruhn (1995), Sp. 1449. Zu einer entsprechenden Bewertung der dargestellten Markenstrategietypen siehe die Tabellen A-2 bis A-5 im Anhang.

Um die Leistungsangebote einer Dachmarke trotz einer identischen Markierung dennoch differenzieren und individuell positionieren zu können, wird im Zusammenhang mit Dachmarkenstrategien letztlich vermehrt auf Untermarken, sog. **Submarken** (*sub-brands*), zurückgegriffen.[104] In der Form einer symbolischen Markenhierarchie wird dabei eine übergeordnete Dachmarke (*header*) mit einer untergeordneten Produktmarke (*modifier*) verknüpft.[105] Als Zielsetzung verbindet die *Sub-Branding*-Strategie die Vorteile einer reinen Dachmarkierung (Imageausstrahlungseffekte) mit denen einer reinen Einzelmarkenstrategie (produktspezifische Positionierung) zu einer kombinierten Markenstrategie. Sie kann als Spezialfall der Dachmarkenstrategie angesehen werden.[106] BUNK spricht von einer „Tandemmarke".[107] Anwendung findet die *Sub-Branding*-Strategie nahezu durchgängig in der Automobilindustrie, indem eine zumeist langjährig etablierte Dachmarke (*header*) mit spezifisch positionierten Produktmarken (*modifier*) verknüpft wird.

Ein weiteres Entscheidungskriterium der Markenstrategiewahl betrifft das Objekt der Markierung. Neben einzelnen Marktleistungen sind auch Leistungsgruppen und Institutionen wie bspw. eine Unternehmung markierbar. Diese Differenzierung führt zu Produkt-, Produktgruppen- und Firmenmarken.[108] Werden die Unternehmung und sämtliche der von ihr angebotenen Leistungen identisch markiert, wird von einer **Firmen-(dach-)marke** gesprochen. Deren Bedeutung nimmt in letzter Zeit stetig zu;[109] auch und insbesondere in der Automobilindustrie findet die (Firmen-) Dachmarkenstrategie in Kombination mit untermarkierten Produktmarken (*sub-brands*) große Verbreitung. Mit der Wahl einer Firmendachmarkenstrategie weisen die Markenzeichen automobiler Güter eine hierarchische Struktur auf: Sie setzen sich üblicherweise aus einer gemeinsamen Dachmarke und einer spezifischen Produktmarke zusammen. Meistens ist die Dachmarke mit dem Namen eines Herstellers identisch, wie etwa bei AUDI, BMW oder TOYOTA, oder sie entspricht einer Division des Herstellers, wie bspw. BUICK.[110] Die Produktmarken stellen modellspezifische Kennzeichnungen dar, die i.d.R. ein Indiz für Abmessungen und Preisstellung beinhalten (bspw. AUDI A4, BMW 320 etc.).

2.2.3 Transfermarkenstrategie und Imagetransfereffekte

Neben den Markierungsentscheidungen auf Gesamtunternehmensebene stellt sich einem Hersteller immer dann ein neues Entscheidungsproblem, wenn ein neues Produkt in den Markt eingeführt werden soll.[111] Bei einer Neuprodukteinführung bestehen die Hauptalternativen - wird der Verzicht auf eine Markierung ausgeklammert - in der Neumarken- und Markentransferstrategie:

104 Vgl. Müller (1994), S. 144; Mayerhofer (1995), S. 111.

105 Vgl. Sullivan (1998), S. 154f.

106 Vgl. Keller/Sood (1997), S. 5-7 und S. 15.

107 Vgl. Bunk (1991), S. 46f.

108 Vgl. Irmscher (1997), S. 21.

109 Vgl. De Chernatony (1996), S. 17.

110 Vgl. Sullivan (1998), S. 154f.

111 Vgl. Sattler (1997), S. 26-29.

Die Neumarkenstrategie umfasst die Schaffung eines neuen und eigenständigen Markennamens für das einzuführende Produkt, die Markentransferstrategie bedient sich dabei eines bereits eingeführten Markennamens.[112] Ist - wie im Falle der vorliegenden Arbeit - eine (Firmen-) Dachmarkenstrategie vorgegeben, werden neu einzuführende Marktleistungen automatisch unter der bestehenden Dachmarke vertrieben (**Markentransfer- oder Transfermarkenstrategie**).[113]

Mit der identischen Markierung sämtlicher Produkte eines Herstellers im Sinne einer Dach- bzw. Transfermarkenstrategie verbunden sind vielfältige (wechselseitige) Beziehungen zwischen den Marktleistungen: Dies betrifft sowohl generische Substitutionseffekte aufgrund identischer Positionierungen zwischen dem Neuprodukt und anderen vom Unternehmen angebotenen Produkten als auch Formen des Bedarfs- und Beschaffungsverbunds.[114]

Im Zusammenhang mit einer Markentransferstrategie wird darüber hinaus vor allem dem **Informationsverbund** eine gewichtige Bedeutung beigemessen: Er tritt dann auf, wenn Nachfrager Wissen und Emotionen bezüglich eines Markierungsobjekts (bspw. der Dachmarke) auf ein anderes Markierungsobjekt (desselben Anbieters) übertragen (z.B. das Neuprodukt). Diese transferierten Kenntnisse können eigenen Erfahrungen oder denen Dritter entstammen oder vom Anbieter mit Hilfe von Marketinginstrumenten vermittelt werden. Der Wissenstransfer erfolgt dabei i.d.R. über das formale, beiden Markierungsobjekten gemeinsame Markenzeichen.[115] Die Effekte können sich sowohl zwischen den einzelnen Marktleistungen eines Anbieters vollziehen als auch zwischen unterschiedlichen Ebenen der Markenhierarchie wirken; dies betrifft im Einzelnen Wechselwirkungen zwischen den Produktmarken und der Dachmarke, den Produktmarken und der Firmenmarke sowie zwischen der Dachmarke und der Firmenmarke. Sie treten in positiver (Imagestärkung) oder negativer Art (Imageschädigung) und in beiden Richtungen auf.[116]

Diese wahrnehmungsrelevanten Auswirkungen der (durch eine Firmendachmarke vorgegebenen) Markentransferstrategie werden als **Imagetransfereffekte** bezeichnet. Die zentrale Voraussetzung für die Übertragung von Wissensbestandteilen und damit für die Existenz von Imagetransfereffekten ist eine „imagemäßige Affinität zwischen der Haupt- und Transfermarke".[117] Die Affinität kann dabei entweder auf einer Übereinstimmung sachhaltiger (denotativer) oder emotionaler (konnotativer) Assoziationen oder einer Kombination beider beruhen.

---

112 Vgl. Aaker (1991), S. 208; Reddy et al. (1994), S. 243f.

113 Vgl. Sattler (1997), S. 26f. Im Falle einer Einzelmarkenstrategie erscheint eine Transferstrategie nur dann als geeignet, wenn es sich bei der Neuprodukteinführung um ein Folgeprodukt einer bestehenden Marktleistung handelt. Ein Entscheidungsproblem zwischen einer Neumarken- und einer Markentransferstrategie ist hingegen nur bei Verfolgung einer Markenfamilienstrategie gegeben. Vgl. ebenda, S. 26f. Im Folgenden soll primär auf die mit einer Transfermarkenstrategie verbundenen Imagetransfereffekte eingegangen werden. Eine umfassende Bewertung der Transfermarkenstrategie findet sich in den Tabellen A-6 bis A-8 im Anhang.

114 „Zwei Produkte sind bedarfsverbunden, wenn der Nutzen des einen Produktes von der Verfügbarkeit des anderen Produktes abhängt. Steigt der Grenznutzen des ersten Gutes mit zunehmender Verfügbarkeit des zweiten, so liegt Bedarfskomplementarität vor; sinkt der Grenznutzen, so sind die beiden Produkte bedarfssubstitutiv." Simon (1985), S. 25. „Unter Beschaffungsverbund verstehen wir eine Konzentration der Beschaffung verschiedener Produkte auf einen Anbieter. Ein Käufer wird eine derartige Konzentration vornehmen, wenn der Nutzen bei verbundener Beschaffung größer ist als die Summe der Nutzen bei getrennter Beschaffung (in verschiedenen Unternehmen)." Ebenda, S. 29. Zum Bedarfs- und Beschaffungsverbund vgl. bspw. ebenda, S. 25-32.

115 Vgl. Sattler (1997), S. 27f.

116 Vgl. ebenda, S. 28f.; Mayer/Mayer (1987), S. 34-46; Reiter (1991), S. 213.

117 Meffert (1994), S. 189.

Im Falle eines Automobils lassen sich demgemäß sowohl denotative Assoziationen wie bspw. dessen objektiv nachprüfbare Fahreigenschaften als auch konnotative Assoziationen wie z.B. der ihm beigemessene Prestigewert übertragen.[118] Entsprechend definiert SCHWEIGER Imagetransfer als

> *„[...] die Übertragung von [...] emotionalen und sachhaltigen [...] Imagebestandteilen [...] mit Hilfe des gemeinsamen Markennamens“.*[119]

Allerdings wird der Imagetransfereffekt in der Literatur nicht einheitlich definiert: HÄTTY spricht bspw. vom „Markentransfer“, SIMON vom „Goodwill-Transfer“, ASSAEL vom *„attitude change“*, und AAKER/KELLER sprechen von *„line* bzw. *brand extensions“*.[120] Andere Autoren verwenden hingegen die Begriffe des *„Imagespillover“* und „Partizipationseffekts“.[121]

Während eine Vielzahl von Autoren Imagetransfereffekte auf die Wechselbeziehungen zwischen mehreren Produkten einer (Firmen-) Dachmarke beschränkt,[122] weisen u.a. MAYER und MAYER auch auf die Existenz von Imagetransfereffekten im Zusammenhang mit Dach- und Firmenmarken explizit hin.[123] Dieser Ausweitung des Wirkungsbereichs von Imagetransfereffekten schließt sich der Verfasser an, da nicht nachvollziehbar erscheint, dass die Übertragung wahrnehmungsrelevanter Sachverhalte in der Form eines Informationsverbunds auf Produkte begrenzt bleiben sollte.[124] Grundsätzlich können Verbraucher Vorstellungsbilder (Images) von sämtlichen Meinungsgegenständen entwerfen und sie - sofern ein gedanklicher Zusammenhang zwischen ihnen besteht (bspw. via eine identische Markierung) - auf andere Beurteilungsobjekte übertragen.[125]

Insbesondere beim Erwerb von Automobilen spielen Unternehmens- und Markenimages eine herausragende Rolle. Diese Tatsache versuchen Hersteller von Automobilen zu nutzen, indem sie „ihre“ Firmen- und Dachmarke mit aus Nachfragersicht möglichst positiven Assoziationen „aufladen“ und auf sämtliche unter ihnen angebotenen Produktmarken (*sub-brands*) übertragen. Im Umkehrschluss soll der von den Produktmarken ausgehende, imagemäßige Rückkopplungseffekt durch das Lancieren außergewöhnlicher Fahrzeugkonzepte verstärkt werden; die Dach- und Firmenmarke sollen dadurch einen „Imageimpuls“ erhalten.

---

118 Vgl. Meffert (1994), S. 189; derselbe (1992), S. 147-149; Mayer/Mayer (1987), S. 26.

119 Schweiger (1982, 1983a und 1987), o.S., zitiert nach Mayerhofer (1995), S. 123. Das Übertragungspotenzial von Marken und Produkten hängt dabei von der Auswahl, Stärke und Vielfalt der mit ihnen assoziierten denotativen und konnotativen Dimensionen ab. Vgl. Dawar (1993), S. 1.

120 Vgl. Reiter (1991), S. 212; Tauber (1981), S. 36f. *Brand* und *product line extensions* stellen Ausprägungen von Markentransferstrategien dar: Bei beiden werden Neuprodukteinführungen unter einer bereits existenten Marke vertrieben. Bei der *brand extension* gehört das Neuprodukt einer bislang nicht bearbeiteten Produktkategorie an, bei der *line extension* einer bereits bearbeiteten Produktkategorie. Vgl. Erdem (1998), S. 339; Mayerhofer (1995), S. 106. Zu Ausprägungen von Markentransferstrategien vgl. Sattler (1997), S. 38f.

121 Vgl. o.V. (1997), S. 3521; Möhlenbruch (1995), Sp. 2547.

122 Vgl. Meffert/Heinemann (1990), S. 5-10; Schweiger (1982), S. 6-11; derselbe (1983a), S. 157-166; derselbe (1987), S. 71-80.

123 Vgl. Mayer/Mayer (1987), S. 36-42.

124 Zu einer ähnlichen Auffassung vgl. Aaker/Keller (1990), S. 28; o.V. (1997), S. 3521; Reiter (1991), S. 213.

125 Dieser Zusammenhang stellt die Grundlage für die Entwicklung des Modells imagebasierter Marketingplanung im Anwendungsfall einer globalen (Firmen-) Dachmarke dar. Vgl. hierzu das Kapitel 4.1 dieser Arbeit.

Bspw. wurde mit den Markteinführungen der CHEVROLET CORVETTE und des MX-5 die Anstrengung verbunden, das Dachmarken- und Unternehmensimage von GENERAL MOTORS bzw. MAZDA positiv zu beeinflussen.[126] Über eine assoziative Rückübertragung des „aufgeladenen" Dachmarken- und Unternehmensimages auf die unter diesen angebotenen Fahrzeugmodelle kann sich u.U. schließlich eine positive Beeinflussung der Produktimages der restlichen Fahrzeugmodelle eines Modellprogramms ergeben:

> „So erklärt Bruno Pravade, Chef von VAG France, die VW-Erfolge der Jahre 1980 und 1981 in Frankreich u.a. damit, daß [!] der Golf GTI die gesamten Modelle mit nach oben gezogen habe."[127]

Wie gezeigt wurde, treten Imagetransfereffekte zwischen sämtlichen Bestandteilen einer Marke auf, die sich durch eine identische bzw. größtenteils gleiche Markierung auszeichnen. Im Falle einer Firmendachmarke trifft dies auf die Firmenmarke, die Dachmarke sowie auf die ihnen untergeordneten Produktmarken zu. Dabei können Imagetransfereffekte in wechselseitiger Wirkungsrichtung sowie in positiver und negativer Wirkungsart vorliegen. Im Zusammenhang mit einer imagebasierten Marketingplanung nehmen diese Imageinterdependenzen eine zentrale Stellung ein, sind sie doch bei der Ausplanung einer geeigneten Imagestrategie explizit zu berücksichtigen. Sie werden im weiteren Verlauf dieser Arbeit als Rahmenbedingungen der Strategieformulierung definiert und operationalisiert und als solche in die Entwicklung eines Modells imagebasierter Marketingplanung aufgenommen.

2.3 Strategische Marketing- und Imageplanung

2.3.1 Begriffsinhalte und -definitionen

Planung wird dann als strategisch bezeichnet, wenn sie als Ziel die langfristige Zukunftssicherung eines Unternehmens durch die Schaffung von Erfolgspotenzialen verfolgt.[128] Die strategische Unternehmensplanung hat demgemäß die globale Analyse der Erfolgsquellen und die Entwicklung langfristig ausgerichteter Konzepte zur Unternehmenssicherung zum Gegenstand.[129] Da der langfristige Erfolg eines Unternehmens letztlich das Bestehen auf seinen Absatzmärkten voraussetzt, „[...] stellt die strategische Marketingplanung das Kernstück der strategischen Unternehmensplanung dar".[130] Diese wird verstanden als „[...] systematische gedankliche Vorwegnahme künftigen Absatzgeschehens durch problemorientierte Alternativensuche, -beurteilung und -auswahl unter Zugrundelegung bestimmter Annahmen über künftige Umweltsituationen".[131]

---

126 Vgl. Ferris et al. (1986) bzw. Greyser/Klein (1990).

127 Simon (1985), S. 118.

128 Vgl. Gälweiler (1986), S. 149; Meffert/Werle (1983), S. 50. Zu alternativen Definitionsansätzen vgl. Hanssmann (1985).

129 Vgl. Gälweiler (1974), S. 133-137 und S. 229-231.

130 Kuß/Tomczak (1998), S. 95. Vgl. auch Koch (1975), S. 148.

131 Diller (1998), S. 6. Zu den Funktionen der Marketingplanung siehe Tabelle A-9 im Anhang.

Wird Marketing generisch als das Agieren im Markt verstanden, greift diese Definition allerdings dann zu kurz, wenn sie sich mit „künftigem Absatzgeschehen" ausschließlich an verhaltensrelevanten Marktreaktionen orientiert. In der Konsequenz muss die vorangestellte Definition um eine zusätzliche Komponente erweitert werden, die auch außerökonomische Aspekte der Marktreaktion von Verbrauchern, wie bspw. Einstellungsgrößen, berücksichtigt. Für die vorliegende Arbeit soll deshalb folgende Definition zugrunde gelegt werden:

> ***Strategische Marketingplanung*** *ist die systematische gedankliche Vorwegnahme künftigen Marktgeschehens in der Form von ökonomischen und außerökonomischen Marktreaktionen durch problemorientierte Alternativensuche, -beurteilung und -auswahl unter Zugrundelegung bestimmter Annahmen über künftige Umweltsituationen.*

Die ausschließliche Berücksichtigung außerökonomischer Aspekte im Rahmen der strategischen Marketingplanung wird als strategische Imageplanung oder imagebasierte Marketingplanung bezeichnet. Bei ihr stellen verbraucherseitige Wahrnehmungsreaktionen die Zielgrößen einer marketingstrategischen Planung dar, die mit dem (kombinierten) Einsatz zieloptimierter Handlungsalternativen (Maßnahmen) bestmöglich zu erfüllen sind. Die Umweltsituationen kennzeichnen die Restriktionen der Planung und sind als solche im Planungs- und Entscheidungsprozess explizit zu berücksichtigen;[132] allerdings sind sie zum Zeitpunkt der Planung nicht mehr (kurzfristig) beeinflussbar.[133] In Anpassung an die Definition der strategischen Marketingplanung lässt sich die imagebasierte Marketingplanung (Imageplanung) deshalb wie folgt definieren:

> ***Imagebasierte Marketingplanung*** *ist die systematische gedankliche Vorwegnahme künftigen Marktgeschehens in der Form verbraucherseitiger Wahrnehmungsreaktionen durch problemorientierte Alternativensuche, -beurteilung und -auswahl unter Zugrundelegung bestimmter Annahmen über künftige Umweltsituationen.*

Wird die strategische Unternehmensplanung als zieladäquate langfristige Steuerung einer Unternehmung verstanden, wird vor dem Hintergrund eines dynamischen Wandels des Systems und der dieses umgebenden Umwelt deutlich, dass eine Aufspaltung der abstrakten Unternehmung in überschaubare Teilbereiche notwendig ist.[134] Diese Teilbereiche als Gegenstände der Planungsaktivität sind die **strategischen Geschäftsfelder** (SGF) einer Unternehmung. Sie stellen die Ansatzpunkte der strategischen Marketing- bzw. Imageplanung dar.[135]

Zur Grobsystematisierung potenzieller unternehmerischer Betätigungsfelder existiert eine Vielzahl von Ansätzen. Innerhalb derer nimmt der von ABELL entwickelte Ansatz zur **Abgrenzung** strategischer Geschäftsfelder eine herausragende Stellung ein.[136] Er spannt den Betätigungsrahmen unternehmerischen Handelns (Gesamtmarkt) nach drei Dimensionen auf: den potenziellen Nachfragesektoren, den Funktionen und den Technologien einer Produkt-Markt-Leistung.[137]

---

132 Vgl. Graf (1974), S. 10.

133 Vgl. Diller (1998), S. 7.

134 Hinterhuber spricht von einer „Aufteilung des Schlachtfeldes". Hinterhuber (1980), S. 221f.

135 Vgl. Trommsdorff (1992b), S. 326; Haedrich/Tomczak (1990), S. 14.

136 Zu alternativen und ergänzenden Ansätzen vgl. Buzzell (1979), Day (1981), derselbe (1984), Walters (1984), Meffert (1986b), Kotler (1982) und Waltermann (1989).

137 Vgl. Abell (1980), S. 14-18.

Den zu bearbeitenden Ausschnitt des Gesamtmarktes bezeichnet ABELL als *served market.*[138] Relative Wettbewerbsvorteile können nun dadurch realisiert werden, dass entweder eine neue Abnehmer-Funktions-Technologie-Kombination (AFT) geschaffen oder eine bereits existente besser und/oder effizienter bearbeitet wird.[139] Mit Hilfe der zielgerichteten Beeinflussung der strategischen Erfolgsfaktoren des gewählten Marktsegmentes können langfristige Erfolgspotenziale gesichert werden.[140] Konsequenterweise sind sämtliche Marketing-Aktivitäten auf die gewählte AFT-Kombination auszurichten.[141] Je präziser die Abgrenzung strategischer Geschäftsfelder vorgenommen wird, desto überschneidungsfreier und überlegener kann das Unternehmen den *served market* bedienen.[142]

Allerdings existiert für die Geschäftsfeldabgrenzung kein allgemein gültiger Lösungsweg; vielmehr wird sie von dem von der Unternehmensleitung als notwendig erachteten Differenzierungsgrad beeinflusst.[143] So obliegt die Entscheidung jedem Unternehmen selbst, ob einzelne Produkte, mehrere Produkte bzw. ein Produktprogramm oder mehrere Programme zu einem strategischen Geschäftsfeld zusammengefasst werden.[144]

In der Konsumgüter-Industrie wird eine AFT-Kombination meistens mit einer **Marke** gleichgesetzt.[145] Dementsprechend verwenden bspw. HAEDRICH und TOMCZAK die Begriffe strategisches Geschäftsfeld und Marke synonym. Der korrespondierende Forschungsbereich der strategischen Markenführung (*brand management*) konzentriert sich mit klar definierten und abgegrenzten Marken deshalb immer auch auf strategische Geschäftsfelder. Mit eigenständigen Marktaufgaben versehen, stellen sie unabhängige Einheiten strategischer Marketing- bzw. Imageplanung dar.[146] Dieser Konvention wird in der vorliegenden Arbeit insofern entsprochen, als Produkt-, Dach- und Firmenmarken als eigenständige strategische Geschäftsfelder interpretiert werden.

2.3.2 Grundzüge und Phasen der strategischen Marketingplanung

Der **Prozess** der strategischen Marketingplanung lässt sich in einen Analyseblock (Situationsanalyse) und in zwei Entscheidungsblöcke (Ziel- und Maßnahmenplanung) zerlegen. Diese drei Phasen des Marketingprozesses bauen sachlogisch aufeinander auf und sind über vielfältige Rückkopplungen miteinander verbunden:

---

138 Vgl. Abell (1980), S. 23f. Vgl. auch Wind/Mahajan (1981), S. 32 und Kreilkamp (1987), S. 96 und S. 108.

139 Vgl. Porter (1986), S. 59.

140 Vgl. Kreilkamp (1987), S. 176; Hinterhuber (1989), S. 27; Wilde (1989), S. 53; Gälweiler (1981), S. 85-87.

141 Vgl. Wind/Mahajan (1981), S. 32; Kreilkamp (1987), S. 32; Steinmann/Schreyögg (1991), S. 131.

142 Vgl. Kotler (1982), S. 86.

143 Vgl. Mattmüller/Tunder (1998), S. 590; Hinterhuber (1989), S. 13f.; Kreilkamp (1987), S. 317. „Im Vordergrund steht dabei die Identifizierung von Produkten, die dadurch miteinander im Wettbewerb stehen, daß [!] sie sich gegenseitig (weitgehend) ersetzen können." Kuß/Tomczak (1998), S. 49.

144 Vgl. Tomczak (1989), S. 49f. Zu den Anforderungskriterien an die Abgrenzung strategischer Geschäftsfelder siehe Tabelle A-10 im Anhang. Entsprechend der formulierten Kriterien soll für den weiteren Verlauf dieser Arbeit folgende Definition zugrunde gelegt werden: *Strategische Geschäftsfelder (SGF) repräsentieren voneinander abgegrenzte, in sich homogene, untereinander heterogene Tätigkeitsfelder eines Unternehmens mit eigenständigen Marktaufgaben.*

145 Vgl. Gälweiler (1979), S. 259.

146 Vgl. Haedrich/Tomczak (1990), S. 29.

Initiiert wird der Prozess durch eine strategische Standortbestimmung, welche die Umwelt- (externe Analyse) und Unternehmenssituation (interne Analyse) möglichst umfassend analysiert und zu Planungszwecken in die Zukunft extrapoliert (Prognose). Dabei geben die formulierten Marketingziele den Gegenstand der Analyse vor. Die aus der Situationsanalyse gewonnenen Erkenntnisse fließen in die Ziel- und Maßnahmenplanung ein. Diesen dient die Umweltanalyse als Entscheidungsgrundlage.[147]

Die Methoden der **Situationsanalyse** lassen sich nach dem Analysegegenstand in Methoden der internen und Methoden der externen Analyse unterscheiden. Zur ersten Gruppe zählen bspw. die Stärken/Schwächenanalyse oder die Wertkettenanalyse.[148] Zur zweiten Gruppe gehören u.a. die Branchenstruktur-Analyse, die Analyse strategischer Gruppen oder die Positionierungsanalyse.[149] Die Portfolio-Analyse versucht beide Sichtweisen miteinander zu verbinden.[150] Außerdem kann eine Szenario-Analyse herangezogen werden, um Voraussagen bezüglich der relevanten internen und externen Faktoren ableiten zu können.[151]

Die **interne Unternehmensanalyse** soll in der vorliegenden Arbeit nicht explizit problematisiert werden, da nicht die Unternehmung als organisatorische Institution im Mittelpunkt der Untersuchung steht (interne Perspektive), sondern vielmehr die marktlichen, verbraucherseitigen Wahrnehmungen ihrer Marken (externe Perspektive).

Die **externe Umweltanalyse** gibt Aufschluss über die gegenwärtige marktliche Situation, in der sich eine Unternehmung respektive die von ihr angebotenen Marken befinden. Sie identifiziert die Chancen und Risiken der Marktbearbeitung. Da weder Chancen noch Risiken kurzfristig vom Planer beeinflusst werden können, müssen sie als Konstante in die Planung aufgenommen und bei der Entscheidungsfindung berücksichtigt werden. Als Rahmenbedingungen stecken sie den Handlungsspielraum des Unternehmens ab und lassen Informationen darüber zu, welche der möglichen Handlungsalternativen unter den gegebenen Umständen vermutlich am ehesten zum gewünschten Erfolg führt.[152] Aus der methodisch-rationalen Analyse der Problemsituation ergibt sich somit logisch eine Entscheidung.[153] Darüber hinaus ermöglicht eine Situationsanalyse mittels einer Vielzahl von Methoden des Soll/Ist-Vergleichs eine Kontrolle der marketing-strategischen Entscheidungen der Vergangenheit.[154]

147 Vgl. Diller (1998), S. 34f.

148 Zur Stärken-/Schwächenanalyse vgl. bspw. Hammer (1982) und Gaitanides (1994). Zur Wertkettenanalyse vgl. Porter (1986).

149 Zur Branchenstruktur-Analyse vgl. Porter (1980). Zur Analyse strategischer Gruppen vgl. derselbe (1990d). Die Positionierungsanalyse wird an späterer Stelle dieser Arbeit ausführlich diskutiert, da sie die Grundlage der sich anschließenden empirischen Situationsanalyse darstellt. Vgl. hierzu die Kapitel 3.3 und 5 dieser Arbeit.

150 Zur Portfolio-Analyse im (internationalen) Marketing vgl. bspw. Markovitz (1969), Diller/Götz (1990), Hedley (1977), Antoni/Riekhof (1989), Hax/Majluf (1988), Kuß/Tomczak (1998), Homburg (1998), Segler (1986), Schadenhofer (1982) und Wind (1982).

151 Vgl. Diller (1998), S. 39. Zur Szenario-Analyse vgl. Reibnitz (1992), Kreilkamp (1987) und Homburg (1998).

152 Vgl. Diller (1998), S. 10-12 und S. 39; Graf (1974), S. 47; Kreilkamp (1987), S. 70f.; Luck/Ferrell (1985), S. 188-190; Cravens (1982), S. 29 und S. 32; Hinterhuber (1982), S. 23.

153 Vgl. Graf (1974), S. 18.

154 Vgl. Diller (1998), S. 11f.

Sind die strategischen Geschäftsfelder definiert und ihre gegenwärtige Marktsituation analysiert, müssen ihnen entsprechende Aufgaben in der Form von operationalen Zielen zugewiesen werden (**Zielplanung**).[155] Dabei erfolgt nicht eine singuläre Planungsaktivität, sondern vielmehr ein gleitendes Nachjustieren der formulierten Ziele (Anpassungsprozess).[156] Dieser Prozess verläuft parallel zur Situationsanalyse und Maßnahmenverwirklichung und wird mit jeder neuen Information implizit oder explizit und je nach dem Wert der Information jeweils neu angestoßen.[157] Die strategische Marktanalyse als Kontext umweltlicher Rahmenbedingungen bildet die Ausgangssituation der Zielplanung.[158]

Im Hinblick auf die **Art** zu formulierender Marketingziele kann zwischen Formal- und Sachzielen unterschieden werden:[159] Formalziele wie bspw. das Gewinnmaximierungsziel stellen grundsätzliche, übergeordnete Ziele dar (Oberziele), die ohne eine weitere Detaillierung oder Operationalisierung nicht notwendigerweise erkennen lassen, wie sie zu erfüllen sind. Sachziele geben im Gegensatz dazu mit sog. „singulären Imperativen" konkrete Handlungsalternativen vor, wie die Ziele zu erreichen sind. Sie orientieren sich dabei am Leistungsprogramm des Unternehmens.[160] Sach- und Formalziele bedingen sich wechselseitig: Während sich Sachziele an den ihnen übergeordneten Formalzielen ausrichten müssen, haben Formalziele das Leistungsprogramm des Anbieters in die Zielplanung mit einzubeziehen.[161]

Hinsichtlich der **Inhalte** zu formulierender Marketingziele kann zwischen Leistungs- und Interaktionszielen unterschieden werden. Leistungsziele orientieren sich an den Potenzialen, Prozessen und Ergebnissen der Marketingaktivität. Sie operationalisieren so bspw. das fachspezifische Wissen der Mitarbeiter (Potenzial), die Produktentwicklungsdauer (Prozess) oder die geleistete Produktqualität (Ergebnis). Die Kombination der drei genannten Faktoren trägt zur Erfüllung der Interaktionsziele bei, die die interne Leistungsdimension mit der externen Marktsituation verbinden. Diese Ziele können sowohl qualitativ (Qualität der Geschäftsbeziehungen) als auch quantitativ (Anzahl der Geschäftsbeziehungen) ausgeprägt sein. Mittels der graduellen Erfüllung der Leistungs- und Interaktionsziele werden Kundenbedürfnisse mehr oder weniger gut erfüllt, die ihrerseits in sog. Kundenzielen zu operationalisieren sind. Zu diesen zählen bspw. die Kundenzufriedenheit, Kundenbindung oder die Wahrnehmung der Produkte, Marken und des Unternehmens selbst (Images). Münden die erreichten Kundenziele in ein verhaltenswirksames Marktgeschehen, werden Marktziele in der Form von Umsatz- oder Absatzzielen erreicht. Diese führen in letzter Instanz zur Erfüllung übergeordneter formaler Ertragsziele (Gewinn, Rentabilität etc.).[162]

---

155 Vgl. Haedrich/Tomczak (1990), S. 88. Die strategische Zielplanung beinhaltet „[...] alle Arbeitsschritte zur Auswahl, Ordnung und präzisen sowie verbindlichen Festlegung von Marketingzielen nach Maßgabe der subjektiven Zielpräferenzen des/der Entscheider(s) und der jeweils aktuellen objektiven Rahmenbedingungen". Diller (1998), S. 163.

156 Vgl. Lamperstorfer (1974), S. 133.

157 Vgl. Thummel (1972), S. 11; Lamperstorfer (1974), S. 10 und S. 77f.

158 Vgl. Koppelmann (1995), S. 57. Zu den Funktionen von Marketingzielen siehe Tabelle A-11 im Anhang.

159 Vgl. Pümpin (1968), S. 28-31; Bidlingmaier (1973), S. 25f. Zu Sach- und Formalzielen der Marketingplanung vgl. bspw. Lamperstorfer (1974), S. 128-131.

160 Vgl. Diller (1998), S. 164.

161 Vgl. Graf (1974), S. 28.

162 Vgl. Diller (1998), S. 164-166. Zu einer Systematik von Marketingzielen siehe die Abbildung A-4 im Anhang.

Werden Ziele formuliert, sind diese anhand der folgenden vier **Dimensionen** auszuplanen:[163]

1. Qualitative Dimension (Zielinhalt): Aus einer gegebenen Zielhierarchie müssen Ziele ausgewählt, inhaltlich präzisiert und methodisch operationalisiert werden (Effektivität).[164] Ein Ziel ist dann als „operational" zu bezeichnen, wenn eine Messvorschrift existiert, mit deren Hilfe seine Erreichung überprüft werden kann.
2. Quantitative Dimension (Zielausmaß): Mit Hilfe der Zieloperationalisierung kann der angestrebte Zielerreichungsgrad exakt quantifiziert werden (Effizienz). Dabei wird der theoretisch mögliche Grad der Zielerfüllung durch interne und externe Rahmenbedingungen beeinflusst.
3. Zeitliche Dimension (Zeitraum): Es ist der Zeitpunkt/Zeitraum festzulegen, bis zu dem bzw. innerhalb dessen der gewünschte Zielerreichungsgrad zu realisieren ist.
4. Objektbezogene Dimension (Zielobjekt): Mit den Zielobjekten sind die Adressaten (Marktakteure oder -segmente), der räumliche Bezug (Marktauswahl/Marktsegment) und die Maßnahmen zur Zielerreichung (Aktionsparameter/Instrumentalbereich) zu bestimmen.

Im Anschluss an die strategische Zielplanung sind die marketingstrategischen Aktivitäten auszuplanen, die die Erreichung der gesetzten Ziele gewährleisten sollen (**Maßnahmenplanung**). Die Marketingstrategie gibt dabei den grundsatzstrategischen Rahmen vor. Ökonometrische Verfahren in der Form sog. Marktreaktionsprognosen ermöglichen in diesem Zusammenhang die Abschätzung der Wirkungsart, -richtung und -stärke alternativer Kombinationen der Marketing-Maßnahmen und stellen die Grundlage für rationale Entscheidungen dar.[165]

Annahmen bezüglich der relevanten Umweltsituation sowie der Zusammenhänge zwischen den verfügbaren Marketingmaßnahmen und den übergeordneten Zielgrößen müssen nachfolgend in ein Planungsmodell überführt und in entsprechenden Untersuchungshypothesen ausformuliert werden. Die empirische Validierung des Modells bzw. der ihm zugrunde liegenden Hypothesen erlaubt in nächster Instanz die Durchführung einer (strategischen) Zielkontrolle in der Form eines **Marketing-Audits**.[166] Dieses besteht im Kern darin, „[...] die Ausrichtung aller Aktivitäten an den festgelegten Zielen sicherzustellen und aus Erfahrungen systematisch zu lernen, um Maßnahmen verbessern zu können".[167]

163 Vgl. Haedrich/Tomczak (1990), S. 80f.; Kuß/Tomczak (1998), S. 97f.; Rühli (1971), S. 31; Borchers (1988), S. 37; Heinen (1972), S. 99; derselbe (1971), S. 45; Ulrich (1968), S. 187; Magyar (1969), S. 116; Lamperstorfer (1974), S. 134-148.

164 Zur Operationalisierung von Marketingzielen vgl. Lamperstorfer (1974), S. 162f; Graf (1974), S. 36; Gäfgen (1968), S. 110-112 und S. 142; Heinen (1971), S. 115-117; Schmidt-Sudhoff (1967), S. 125-127; Strasser (1966), S. 12f.; Kirsch (1971), S. 145.

165 Vgl. Diller (1998), S. 14-16. Ansätze und Optionen der strategischen Marketingplanung im Allgemeinen bzw. der (strategischen) Maßnahmenplanung im Besonderen sollen an dieser Stelle nicht dargestellt werden. Sie werden in den Kapiteln 3.3 und 4.1 ausführlich thematisiert.

166 Vgl. Diller (1998), S. 34f. Eine Darstellung des Audits im Marketing liefert Schwarz (1979). Im Rahmen dieser Arbeit wird die Modellkonzeption in Kapitel 4, deren empirische Validierung in Kapitel 5 vorgenommen.

167 Kuß/Tomczak (1998), S. 204.

Über die kurzfristige Kontrolle der Marketing-Entscheidungen der Vorperiode hinaus ermöglicht ein strategisches Audit der relevanten Zielgrößen eine langfristige Kontrolle der marketingpolitischen Grundsatzstrategie.[168] Die Implementierung und Kontrolle der Maßnahmenplanung schließen den Prozess der Marketingplanung ab.[169]

2.3.3 Grundzüge und Phasen der imagebasierten Marketingplanung

Planung wurde dann als strategisch bezeichnet, wenn sie als Ziel die langfristige Zukunftssicherung eines Unternehmens durch die Schaffung von Erfolgspotenzialen verfolgt. Die imagebasierte Marketingplanung ist auf dieses Ziel ausgerichtet: Da sich die „[...] Marktrealität nicht in der (objektiven) Qualität und Preiswürdigkeit eines Angebots erschöpft, sondern von einer Vielzahl subjektiver Faktoren mitbestimmt wird [...]", tragen die analytische Erkennung und zielgerichtete Gestaltung dieser Faktoren in der Form verbraucherseitiger Wahrnehmungen (Images) ebenso zu den übergeordneten Unternehmenszielen bei wie die Beeinflussung verhaltenswirksamer Marktreaktionen. Durch die Reduzierung von Negativa und/oder die Verstärkung von Positiva der mit einem Angebot verbundenen Assoziationen kann ein aus Unternehmenssicht günstiger Kaufentscheid herbeigeführt werden.[170] Wettbewerbsvorteile können dadurch realisiert werden, dass auf Grundlage einer übergeordneten strategischen (Geschäftsfeld-) Planung der Marketing-Einsatz hinsichtlich der definierten Imageziele koordiniert wird. Die daraus erlangten Erfolgspotenziale sichern den langfristigen Unternehmensbestand.[171]

Dem **Prozess** einer imagebasierten Marketingplanung liegen im Wesentlichen dieselben Phasen zugrunde, die auch eine an ökonomischen Zielgrößen ausgerichtete strategische Marketingplanung konstituieren. Aus diesem Grund sollen im Folgenden ausschließlich diejenigen Planungsschritte und Aufgaben der strategischen Imageplanung gesondert herausgestellt werden, die sich von denen einer „herkömmlichen" Marketingplanung grundsätzlich unterscheiden und/oder für die Formulierung einer Imagestrategie unumgänglich sind:[172]

1. In einem ersten Schritt sind die Beziehungen zwischen den zu gestaltenden Imagegrößen auszuplanen (Unternehmensimage, Dachmarkenimage, Produktimages etc.). Dabei ist festzulegen, ob die relevanten Größen aus Verbrauchersicht identisch oder differenziert wahrgenommen werden sollen. Hinsichtlich des Differenzierungsgrades existieren graduelle Abstufungen. Einen ersten notwendigen Rahmen geben die gewählte **Markenstrategie** und die aus ihr resultierende **Imagehierarchie** vor.[173]
2. In dem sich anschließenden Schritt einer (empirischen) **Situationsanalyse** muss untersucht werden, wie die relevanten Unternehmen, Marken und Produkte im definierten Wettbewerbsumfeld wahrgenommen werden (Ist) und welche Faktoren auf diese Imagegrößen einwirken.

---

168 Vgl. Diller (1998), S. 17.

169 Vgl. Kuß/Tomczak (1998), S. 15.

170 Haedrich/Tomczak (1990), S. 156.

171 Vgl. Gälweiler (1981), S. 85-87.

172 Vgl. Trommsdorff (1992b), S. 327-329. Dort findet sich auch ein integriertes Modell strategischer Marketing- bzw. Imageplanung. Vgl. auch derselbe (1992a), S. 460.

173 Vgl. Trommsdorff (1992b), S. 327-329.

Sie stellen die zu berücksichtigenden Rahmenbedingungen einer imagebasierten Marketingplanung dar.[174] Die Kenntnis der relevanten Dimensionen und der relativen Wettbewerbsvorteile entlang dieser Faktoren liefert zum Einen wichtige Anhaltspunkte für eine strategische imagebasierte Marketingplanung im Allgemeinen und für taktische Erwägungen insbesondere hinsichtlich produkt- bzw. markenspezifischer Erwägungen im Speziellen (Funktionalstrategien). Zum Anderen ermöglicht sie eine gezielte Profilierung gegenüber den Wettbewerbermarken, da die Situationsanalyse ebenso deren relative Stärken und Schwächen aufdeckt.[175]

3. Auf Grundlage der aus der Situationsanalyse gewonnenen Ergebnisse gilt es in einem nächsten Schritt, Soll-Vorgaben für die Marktbearbeitungsstrategie der anstehenden Planungsperiode abzuleiten (**Zielplanung**).[176] Als operationale Marketingziele stellen diese einerseits die angestrebte Erfolgsqualität des geplanten Maßnahmeneinsatzes dar, andererseits erlauben sie dessen ex-post Kontrolle zu einem späteren Zeitpunkt.[177] Die Ausplanung der Marketing- bzw. hier der Markenziele hat dabei prinzipiell im Hinblick auf die unternehmerische Zielhierarchie, die zur Verfügung stehenden Budgetmittel, die Wirkungsart-, richtung und -stärke der disponiblen Marketingmaßnahmen sowie *last not least* die Verbraucherbedürfnisse zu erfolgen.[178]
4. Um die formulierten Positionierungsziele einer imagebasierten Marketingplanung in qualitativer, quantitativer, zeitlicher und objektbezogener Hinsicht erfüllen zu können, setzt der Anbieter die ihm zur Verfügung stehenden Marketingmaßnahmen ein. Es sind insbesondere solche Maßnahmen festzulegen, die eine differenzierte Imagestrategie nach Marktsegmenten, Imagepositionen und Kommunikationsgrundaussagen zulassen. Bei der Prognose ihrer Wirkungsart, -richtung und -stärke hat der Planer dabei den moderierenden Einfluss der als statistisch signifikant identifizierten Rahmenbedingungen zu berücksichtigen. Dieser Schritt entspricht der **Maßnahmenplanung** der an ökonomischen Zielgrößen orientierten strategischen Marketingplanung.[179]
5. In Ergänzung zu einem fortlaufenden Image-Tracking erfolgt nach Ablauf der Planungsperiode ein Soll/Ist-Vergleich zur **Kontrolle** der gewählten Imagestrategie.[180] In diesem Zusammenhang können erstens relative Wettbewerbsnachteile aufgedeckt und geeignete Unterstützungsmaßnahmen eingeleitet werden. Zweitens können mit relativen Wettbewerbsvorteilen sog. strategische Fenster identifiziert und weiter ausgebaut werden.[181] Drittens kann die Maßnahmenplanung der vorangegangenen Planungsperiode hinsichtlich ihres Zielerreichungsgrades überprüft werden.[182]

174 Vgl. Trommsdorff (1992b), S. 329.

175 Vgl. Diller (1998), S. 47.

176 Vgl. Trommsdorff (1992b), S. 327; Koppelmann (1995), S. 57.

177 Vgl. Haedrich/Tomczak (1990), S. 75.

178 Vgl. Barich/Srinivasan (1991), S. 2f.; Haedrich/Tomczak (1990), S. 76 und S. 84.

179 Vgl. Trommsdorff (1992b), S. 327.

180 Vgl. Trommsdorff (1992b), S. 327.

181 Zum Konzept der strategischen Fenster vgl. Abell (1978), S. 21-26.

182 Vgl. Barich/Kotler (1991), S. 94 und S. 104; Kühn/Fasnacht (1998), S. 22f.

Der voranstehende Planungsprozess stellt den idealtypischen Ablauf einer Imagestrategieformulierung dar. Der weitere Verlauf dieser Arbeit orientiert sich an diesem Ablaufschema. Dies betrifft insbesondere die theoretische Konzeption (1. Markenstrategie und Imagehierarchie), empirische Validierung (2. Situationsanalyse) und normative Gestaltung (3. Zielplanung bzw. 4. Maßnahmenplanung) des zu entwickelnden Modells imagebasierter Marketingplanung (MIMP). Eine Kontrolle (5.) kann im Rahmen dieser Arbeit nicht durchgeführt werden, da die Ausgangssituation in der Form Normal-Null besteht und keine Aussagen bezüglich des in der Vergangenheit gewählten Maßnahmeneinsatzes im Anwendungsfall vorliegen. Zunächst soll jedoch ein geeigneter Bezugsrahmen konstruiert werden, der eine Modellkonzeption, -validierung und -gestaltung erst ermöglicht.

> „Insgesamt gewährleistet dieses Ablaufschema eine theoretisch begründete und praktisch angemessene Berücksichtigung des Imageeinflusses auf den strategischen Erfolg.“[183]

[183] Trommsdorff (1992a), S. 460.

3 Theoretischer Bezugsrahmen

3.1 Grundlegung des Wissenschaftsverständnisses

3.1.1 Der (radikale) Konstruktivismus

Der (radikale) Konstruktivismus stellt eine erkenntnistheoretische Position der Metaebene dar, die im Gegensatz zu klassischen epistemologischen Ansätzen unmittelbar aus wissenschaftlichen Forschungszweigen hervorgegangen ist. Entsprechend zählen zu seinen Hauptvertretern Wissenschaftler unterschiedlichster Disziplinen und keine Philosophen im herkömmlichen Sinne. Unter ihnen sind insbesondere ERNST VON GLASERSFELD (Psychologe), HEINZ VON FOERSTER (Kybernetiker) und HUMBERTO MATURANA (Biologe) anzuführen.[184] Das Verständnis, dass Wirklichkeit nicht als bloße Abbildung einer objektiven Realität zu interpretieren ist, sondern als individuelle mentale Konstruktion des menschlichen Erkenntnisprozesses, stellt das gedankliche Zentrum des (radikalen) Konstruktivismus dar:[185]

> „Der Konstruktivismus ist keine Theorie des Seins, formuliert keine Aussagen über die Existenz der Dinge an sich, sondern ist eine Theorie der Genese des Wissens von den Dingen, eine genetische Erkenntnistheorie. Für den Konstruktivismus ist Wissen [...] eine Funktion des Erkenntnisprozesses."[186]

und:

> „Der Konstruktivismus lehrt, daß [!] unsere Erkenntnis durch Konstrukte zustandekommt, er macht damit keine Aussage über das Seiende."[187]

Diesem Verständnis liegt die Annahme zugrunde, dass der Mensch seine Umwelt nicht unfehlbar erkennen kann. Diese Überzeugung jedoch besteht erst seit jüngeren Datums: Seit der frühen Neuzeit griechischer Philosophen wurde hingegen von der Existenz einer objektiven Wirklichkeit ausgegangen, die - wenn auch nur unvollkommen - vom Menschen selbstverständlich erfasst werden kann.[188] VON GLASERSFELD widerlegt diese Behauptung, indem er die Koordinaten Raum und Zeit als Anschauungsweisen der menschlichen Erfahrung versteht und solche Eindrücke, die außerhalb dieser Ordnungsprinzipien der menschlichen Vernunft stehen, konsequenterweise aus der Welt des Erlebens ausschließt [189]

---

184 Vgl. v.a. Glasersfeld (1995), Foerster (1985) und Maturana (1982).

185 Vgl. Richards/Glasersfeld (1987), S. 192. Die Termini „Konstruktivimus" und „Radikaler Konstruktivismus" werden in der Literatur weitgehend synonym verwendet. Von Glasersfeld, der als „Gründervater" des rationalen Konstruktivismus gilt, nennt den radikalen Konstruktivismus "[...] deswegen *radikal*, weil er mit der Konvention bricht und eine Erkenntnistheorie entwickelt, in der die Erkenntnis nicht mehr eine ‚objektive', ontologische Wirklichkeit betrifft, sondern ausschließlich die Ordnung und Organisation von Erfahrungen in unserer Umwelt des Erlebens". Glasersfeld (1991b), S. 23 [Hervorhebung im Original]. Für einen Überblick und eine Kritik vgl. Watzlawick (1991 und 1985), Nüse et al. (1991) und v.a. Schmidt (1995, 1992a,b und 1987a,b).

186 Schulmeister (1996), S. 67.

187 Floyd (1997), S. 110.

188 Vgl. Kranz (1997), S. 25.

189 Vgl. Glasersfeld (1991b), S. 23.

Mit diesem Ausschluss unterstellt VON GLASERSFELD die kognitive Konstruktion einer subjektiv wahrgenommenen Wirklichkeit (phänomenale Welt) anstelle der Abbildung einer ontologischen, nicht erfahrbaren Realität (transphänomenale Welt).[190] Der konventionelle Begriff der ontologischen (ordnenden) Wahrheit wird dabei ersetzt durch den Begriff der erfahrbaren Viabilität (Gangbarkeit, Zulässigkeit).[191] Sie steht in deutlichem Widerspruch zu dem klassischen Verständnis von der Existenz einer absoluten Wirklichkeit. Auch VON FOERSTER relativiert das klassische Verständnis, indem er den subjektiv kognitiven Charakter der Wahrnehmung zum Ausdruck bringt:

„Die Umwelt, so wie wir sie wahrnehmen, ist unsere Erfindung."[192]

Die Überzeugung, dass der subjektiven Erkenntnisgewinnung Vorrang vor einem irrealistischen, objektiven Wahrheitsbild einzuräumen ist, findet ihren Ursprung in der Tatsache, dass menschliche Erkenntnisgewinnung grundsätzlich Konstruktionen des menschlichen Geistes entspringt. Sie hat das erfolgreiche, zweckorientierte Überleben zum Ziel, nicht aber die objektive Wahrheitsfindung.[193] Die Rolle des Wissens besteht folgerichtig darin, uns zu befähigen, in unserer Erlebniswelt zu handeln und Ziele zu erreichen.[194] Darüber hinaus besitzt das menschliche Gehirn nicht ausreichend kognitive Kapazitäten, um die Welt des Erlebens vollumfänglich abzubilden.[195] Vielmehr wird die Wahrnehmung einer selektiven Wirklichkeit - u.U. unbewusst und ungewollt - von Vorurteilen in der Form eigener Ziele und Wünsche und den gesammelten Erfahrungen beeinflusst.[196] Im Sinne der Leitidee ***„perception is reality"*** sind wir in dem, was wir sehen und wie wir sehen, gewissermaßen prädeterminiert, d.h. subjektiv vorgeprägt. Aus dieser Leitidee lässt sich die Tatsache ableiten, dass andere Menschen andere Realitäten besitzen (können).[197] Daraus ergeben sich insbesondere zwei Konsequenzen:

„Erstens die Toleranz für die Wirklichkeiten anderer - denn dann haben die Wirklichkeiten anderer genausoviel Berechtigung als meine eigene. Zweitens ein Gefühl der absoluten Verantwortlichkeit. Denn wenn ich glaube, daß [!] ich meine eigene Wirklichkeit herstelle, bin ich für diese Wirklichkeit verantwortlich, kann ich sie nicht jemandem anderen in die Schuhe schieben."[198]

Diese zunächst rein (wissenschafts)theoretischen und allgemeinen Erkenntnisse hinterlegt ROTH mit neurobiologischen Forschungsergebnissen und Theorieansätzen. Ihnenzufolge entstehen Sinnesqualitäten i.S.v. Erkenntnissen bzw. Bedeutungen nicht durch die Sinnesdaten selbst (Reize oder Stimuli der Außenwelt), sondern durch deren kognitive Interpretation.

---

190 Vgl. Glasersfeld (1991b), S. 35; Watzlawick (1992), S. 123; Foerster (1992), S. 40.

191 Vgl. Lipski (1993), S. 27. Von Foerster grenzt die Ontologie von der Erkenntniswissenschaft (Epistemologie) wie folgt ab: „Ontologie erklärt die Beschaffenheit der Welt, Epistemologie erklärt die Beschaffenheit unserer Erfahrung von dieser Welt." Foerster (1993), S. 102.

192 Derselbe (1985a), S. 40.

193 Vgl. Ulrich (1994), S. 20-22.

194 Vgl. Lipski (1993), S. 27.

195 Vgl. Malik (1984), S. 20 und die Grundlagen in Roth (1992a,c und 1987b). Vgl. auch Maturana/Varela (1987); Maturana (1987) und Varela (1987).

196 Vgl. Ulrich (1994), S. 22f.

197 Vgl. Lipski (1993), S. 27f.

198 Watzlawick/Kreuzer (1982), S. 31.

Das Gehirn - verstanden als kognitiv abgeschlossenes System - erzeugt umweltinduzierte Bedeutungsgehalte in diesem Zusammenhang rein intern und auf der Grundlage einer semantischen Wissensstruktur.[199] Dieser Funktionsweise des menschlichen Gehirns ordnet ROTH die Begrifflichkeit **„selbstreferenzielles System"** zu und schafft mit ihr eine Verbindung zu dem systemtheoretischen Ansatz MATURANAS. So verstehen beide Autoren unter selbstreferenziellen Systemen kognitive Strukturen und Prozesse, die ihre Gegenwartszustände mittels rekursiver oder zirkulärer Schlussfolgerungen aus früheren Zuständen der Vergangenheit ableiten; sie werden dadurch gewissermaßen selbst bestimmt.[200] Im neurobiologischen Kontext bedeutet dies, dass wahrgenommene Stimuli (Reize) der Außenwelt erst durch ihre kognitive Verarbeitung mit der existenten Wissensstruktur in Informationen transferiert und als solche gespeichert werden können. Änderungen bzw. Anpassungen der Wissensstruktur sind die Folge dieser Auseinandersetzung. VON GLASERSFELD merkt an, „[...] dass alles Wissen, wie immer man es auch definieren mag, nur in den Köpfen von Menschen existiert und dass das denkende Subjekt sein Wissen nur auf der Grundlage eigener Erfahrungen konstruieren kann. [und:] Was wir aus unserer Erfahrung machen, das allein bildet die Welt, in der wir bewusst leben".[201]

Für den Untersuchungsgegenstand der vorliegenden Arbeit erscheint die (radikal-) konstruktivistische Erkenntnistheorie als besonders geeignet: Mit der Problematisierung einer imagebasierten Marketingplanung wird vornehmlich auf Verbraucherwahrnehmungen und nicht auf die objektiven, technischen Eigenschaften von Gütern bzw. deren quantitativ ökonomische Marktreaktionen abgestellt. Die zentrale Annahme des radikalen Konstruktivismus einer subjektiv erfahrbaren Wirklichkeit entspricht diesem Forschungsziel insofern, als „[...] nicht die objektive Beschaffenheit einer Ware die Realität in der Marktpsychologie ist, sondern einzig die Verbrauchervorstellung".[202] Gemäß der (radikal-) konstruktivistischen Überzeugung unterliegt dieses Vorstellungsbild einer individuellen, kognitiven Interpretation des sog. „anschaulich Angetroffenen", das von „Wertungen, Stimmungen, Wunschdenken und individuellen Erfahrungen" geprägt ist.[203] Dementsprechend richtet ein Individuum seine Entscheidungen gegenüber einem Meinungsgegenstand nicht danach, „[...] wie dieser ist, sondern danach, wie es glaubt, daß [!] er wäre".[204]

3.1.2 Der situative Forschungsansatz

Wie in KAPITEL 2.3 dargelegt wurde, hängt der Zielerreichungsgrad einer (imagebasierten) strategischen Marketingplanung bei gegebenem Mitteleinsatz von dem Einfluss situativer Faktoren ab. Anbieterseitig wird dieser bspw. von den institutionellen bzw. persönlichen Zielsetzungen und von den menschlichen Eigenschaften des Planers moderiert, nachfragerseitig u.a. von den Verhaltensweisen und Einstellungen der Verbraucher.

199 Vgl. Roth (1987b), S. 229; vgl. auch derselbe (1997).

200 Vgl. derselbe (1987a), S. 256.

201 Glasersfeld (1995), S. 22 [Ergänzung durch den Verfasser].

202 Spiegel (1961), S. 29.

203 Schreiner (1992), S. 57f. Vgl. auch Spiegel/Nowak (1974), S. 966f.; Lilli (1983), S. 404-406; Salcher (1978), S. 133f.; Henseler (1977), S. 45.

204 Spiegel (1961), S. 29. Vgl. auch Boulding (1956), S. 6.

STAEHLE postuliert, dass insbesondere immer dann allgemein gültige Aussagen problematisch sind, wenn die - per definitionem - nichtdeterministischen Verhaltensweisen der Akteure einen Zielerreichungsgrad bestimmen.[205] Diese Voraussetzung ist im Falle einer (imagebasierten) strategischen Marketingplanung zweifellos gegeben.[206] Letztlich dürfte diese Tatsache verantwortlich dafür zeichnen, dass der situative Forschungsansatz in der Marketing-Wissenschaft zunehmend gefordert wird.[207] Auch ZEITHAMEL/VARADARAJAN/ZEITHAMEL sehen den situativen Ansatz explizit für die Ausgestaltung von Marketing-Entscheidungsproblemen bezüglich Organisations-Umweltbeziehungen vor.[208] Dieser der **Organisationstheorie** zuzuordnende Ansatz erklärt die erfolgreiche Gestaltung und Verhaltensweise des Managements mit den Besonderheiten der jeweiligen Situation, wie bspw. mit der Art der Produkte, der Größe der Unternehmung, der externen Umweltdynamik usw.[209]

Bei der Bestimmung der für einen Forschungsgegenstand relevanten **Situationsvariablen** wird unterstellt, dass eine Relevanz eines situativen Faktors immer dann gegeben ist, wenn er einen Einfluss auf die Stärke der Beziehung zwischen dem gewählten Maßnahmeneinsatz einerseits und dem erzielten Strategieerfolg andererseits ausübt.[210] Kennt der Planer diesen Einfluss, kann er ihn sich zunutze machen und mit der Wahl und Ausgestaltung der Maßnahmen positiv auf dessen Wirkungsgrad einwirken. Dieser Überlegung liegt die Erkenntnis zugrunde, dass sich die Konsistenz („Fit") der gewählten Strategie mit den Anforderungen der Unternehmensumwelt positiv auf den Erfolgsgrad auswirkt.[211] Ihren Ursprung findet diese Erkenntnis in sog. kontingenz- oder bedingtheitstheoretischen Ansätzen, die die Grundlage des situativen Ansatzes darstellen.[212]

Die zentrale Aufgabe **kontingenztheoretischer Ansätze** besteht in der Identifikation der im Einzelfall relevanten Situationsvariablen eines Entscheidungsproblems.[213] Findet der situative Forschungsansatz im Marketing Verwendung, unterscheiden sich die identifizierten Kontextvariablen je nach Fragestellung und Abstraktionsniveau der Entscheidungsproblematik.

---

205 Vgl. Staehle (1985), S. 76.

206 Vgl. Welge (1985), S. 92.

207 Vgl. stellvertretend für andere Fritz (1990), S. 103 und Meffert (1986b), S. 18f. Über die Entwicklung des situativen Forschungsansatzes berichteten in der deutschsprachigen Literatur zuerst Staehle und Hill et al. Die Autoren untersuchen die Beziehungen zwischen den Zielen, Instrumenten und Bedingungen der Organisationsgestaltung. Dabei legen sie als situationsbestimmende Faktoren Größe, Umwelt, Technologie, Berufscharakteristika und den sozio-kulturellen Hintergrund der Organisationsmitglieder zugrunde. Vgl. Staehle (1973 und 1971) bzw. Hill et al. (1974). Einen Überblick über den Einsatz des situativen Forschungsansatzes im Marketing liefern Zeithamel et al. (1988), S. 50-54 und Tomczak (1989), S. 8.

208 Vgl. Zeithamel et al. (1988), S. 41f.

209 „Der situative Ansatz gilt als grundlegendes *Forschungsparadigma der Organisationsforschung*." Welge (1985), S. 91 [Hervorhebungen im Original]. Zu einer Vertiefung organisationstheoretischer Ansätze vgl. bspw. Kieser (1999). Die Zusammenhänge sind dabei möglichst empirisch überprüfbar zu formulieren, so dass situationsadäquate Empfehlungen auf der Grundlage empirisch bewährter Hypothesen abgeleitet werden können. Vgl. Grochla (1978), S. 137. Der situative Ansatz grenzt sich damit gegen pauschale „Rezepte" ohne empirisch fassbaren Gehalt ab.

210 Vgl. Prescott (1986), S. 340.

211 Vgl. Welge (1985), S. 92.

212 Vgl. Homburg/Simon (1995), Sp. 2760.

213 Vgl. Dülfer (1996), S. 183.

Entsprechend unüberschaubar ist die Anzahl potenziell relevanter Faktoren.[214] So stellt letztlich nahezu jede kontingenztheoretische Erhebung andere Einflussgrößen in das Zentrum ihrer Betrachtung, und es lässt sich keine Analyse finden, die gleichermaßen und abschließend sämtliche Faktoren berücksichtigt.[215]

Hier setzt der **Hauptkritikpunkt** an kontingenztheoretischen bzw. situativen Forschungsdesigns an: Dieser geht davon aus, dass die Fülle situativer Einflussgrößen kaum mehr überschaubar sei und die Annahme, in einer bestimmten Situation sei eine bestimmte Gestaltung oder Führungsstrategie zwangsläufig als erfolgreich zu beurteilen, zu starr sei.[216] Folgerichtig bleibt zu erwähnen, dass eine Untersuchung niemals alle potenziell relevanten Bestimmungsfaktoren einbeziehen kann. Es muss letztlich dem Bearbeiter überlassen bleiben, die nach seiner Auffassung für die gestellte Problematik entscheidenden Situationsmerkmale zu identifizieren.[217] So erweist sich letztlich auch die Auswahl der Zielgrößen und Gestaltungsvariablen als situative Entscheidung.

Ein weiterer **Problemgegenstand** situativer Ansätze resultiert aus deren Wirkungsart und Eigenschaften: So muss u.U. weniger von eindimensionalen Wirkungsverläufen der Situationsvariablen ausgegangen werden als vielmehr von „kombinierten Einflüssen", deren methodische Isolierung sich im Einzelfall als überaus schwierig erweisen kann.[218] Darüber hinaus sind insbesondere qualitative Situationsvariablen häufig nur schwer messbar und einer Operationalisierung nicht unmittelbar zugänglich. Entgegengesetzt werden kann dieser Kritik das Argument, dass eine exakte Quantifizierung situativer Faktoren indes gar nicht nötig erscheint, da die Funktion situativer Ansätze in einer verbesserten Problemorientierung und einer praxisnahen Entscheidungsfindung besteht.[219] So stellt MINTZBERG fest:

> „[...] there are important things to be learned from contingency studies, especially those that focused on tangible variables in clearly defined contexts."[220]

Bereits die Identifizierung systematischer Zusammenhänge zwischen den Situations- und Gestaltungsvariablen bedeutet einen wichtigen Fortschritt in Richtung eines differenzierten Entscheidungsverhaltens. Die dem situativen Ansatz inhärente Bedingungsabhängigkeit allerdings präjudiziert, dass nicht <u>die</u> richtige, optimale Lösung existiert, sondern abhängig von den Umständen einer Entscheidungssituation geeignete, zweckadäquate Ziele zu formulieren und entsprechende Gestaltungsempfehlungen abzuleiten sind.[221]

---

214 Vgl. Zeithamel et al. (1988), S. 54. Ein historischer Abriss der Entwicklung kontexttheoretischer Ansätze findet sich bei Dülfer (1996), S. 186-199.

215 Vgl. Child/Mansfield (1972), S. 370.

216 Zu dieser und weiterführender Kritik an situativen Ansätzen vgl. Hasse (1996), S. 67-74; Bea/Haas (1995), S. 448f.; Ebers (1992), Sp. 1831f.; Kieser/Kubicek (1992), S. 410-428; Picot (1991), S. 156-159; Staehle (1988), S. 158-160 und S. 163; Kieser/Segler (1981), S. 179-183; Schoonhoven (1981), S. 350-354; Pennings (1975), S. 393-406; Child (1972), S. 173-176.

217 Vgl. Tebbe (1990), S. 170f.

218 Vgl. Hauschildt (1997), S. 36.

219 Vgl. Staehle (1976), S. 36.

220 Mintzberg (1979), S. 226.

221 Diesem Umstand entsprechend muss mit der Wahl des situativen Forschungsansatzes im Rahmen der vorliegenden Arbeit auf die Verfolgung algorithmisch-optimierender Methoden realistischerweise verzichtet werden.

Dabei löst sich der situative Ansatz von einem inhaltlichen, sachbezogenen Kontext ab und verdrängt den Anspruch allgemein gültiger Aussagen zugunsten situativ bedingter. RAFFÉE bezeichnet diese methodische Leitidee als „**Prinzip der situativen Bedingtheit**".[222] Die Konsequenz der situativen Bedingtheit beschreibt STAEHLE:

> „Es gibt nicht eine generell gültige Handlungsalternative, sondern mehrere situationsbezogen angemessene."[223]

Aus den skizzierten Grundzügen des situativen Forschungsansatzes lässt sich nun dessen Drei-Ebenen-Struktur ableiten, die sich aus drei Variablentypen konstituiert:[224]

1. **Kontext- bzw. Situationsvariablen**: Diese spiegeln die Situation wider, in der Ziele formuliert und Maßnahmen festgelegt werden. Da Kontextvariablen bestenfalls mittelbar durch den Planer zu beeinflussen sind, stellen sie - zumindest kurzfristig - unabhängige Größen des Entscheidungsproblems dar. Entsprechend der Terminologie eines theoretischen Bezugsrahmens werden sie als Rahmen- oder Randbedingungen bezeichnet. Im Anwendungsfall umfassen die Situationsvariablen diejenigen Größen, die einerseits zwar den Zielerreichungsgrad und damit den Erfolg einer (imagebasierten) strategischen Marketingplanung beeinflussen, andererseits aber nur u.E. durch den Planer gesteuert werden können.

2. **Gestaltungsvariablen**: Dieser Variablentyp bildet den Aktionsspielraum ab, der einem Entscheider bei der Formulierung der Ziele und der Festlegung der Maßnahmen zur Verfügung steht. Diese auf die Erfüllung der gesetzten Ziele ausgerichteten Größen besitzen wie auch die Kontextvariablen unabhängigen, d.h. erklärenden Charakter. In der Terminologie eines theoretischen Bezugsrahmens werden sie deshalb als Aktionsparameter tituliert. Die aktive Eigenschaft dieser Größen bringt zum Ausdruck, dass sie im Gegensatz zu den exogen vorgegebenen Rahmenbedingungen unmittelbar vom Planer zu beeinflussen sind. Im Anwendungsfall stellen die Gestaltungsvariablen das Marketing-Instrumentarium des Entscheiders dar, das ihm zur Zielerreichung zur Verfügung steht.

3. **Erfolgsvariablen**: Diese repräsentieren mit Effizienz- und/oder Effektivitätskriterien die eigentlichen Zielgrößen einer Planungsaktivität. Als zu erklärende Größen nehmen die Erfolgsvariablen eine abhängige Stellung im Planungsprozess ein. Auf sie ist der Einsatz der Maßnahmen ausgerichtet. In dem Anwendungsfall einer imagebasierten Marketingplanung finden ausgewählte Verbraucherwahrnehmungen (Images) hinsichtlich der Produkte, Marke(n) und der Unternehmung eines Automobilherstellers als Erfolgsvariablen Berücksichtigung.

Aus der Zusammenführung des in KAPITEL 2.3 dargestellten inhaltlichen Prozesses einer (imagebasierten) strategischen Marketingplanung (Situationsanalyse, Zielplanung und Maßnahmenplanung) einerseits und der methodischen Struktur des situativen Forschungsansatzes (Kontextvariablen, Erfolgsvariablen und Gestaltungsvariablen) andererseits kann der **theoretische Bezugs-**

Stattdessen soll mit heuristischen Problemlösungstechniken in dem nachfolgenden Kapitel eine forschungsangepasste Planungsmethodik vorgestellt werden.

222 Vgl. Raffée (1989), S. 38.

223 Staehle (1985), S. 79.

224 Zu folgenden Ausführungen vgl. derselbe (1976), S. 36-38; derselbe (1985), S. 79-82. Die Definition der Variablentypen des situativen Forschungsansatzes orientiert sich an den Komponenten einer allgemeinen Problemsituation: Anfangszustand, Zielzustand und Operatoren. Vgl. Scheuch (1977), S. 26-29.

rahmen dieser Arbeit abgeleitet werden. Entsprechend diesem theoretischen Bezugsrahmen erfolgt die weitere Abhandlung der vorliegenden Untersuchung: Demgemäß werden sowohl die an ein Modell einer imagebasierten Marketingplanung zu stellenden Anforderungen (KAPITEL 3.2) und die Bestandsaufnahme für den Problemgegenstand relevanter wissenschaftlicher Ansätze (KAPITEL 3.3) als auch die Entwicklung des MIMP und der HIMP selbst (KAPITEL 4) entlang der drei Variablentypen des situativen Ansatzes strukturiert. Die sich anschließende Situationsanalyse dient der empirischen Bestimmung der im Anwendungsfall wirkenden Kontextvariablen (KAPITEL 5). Schließlich orientiert sich auch die exemplarische Gestaltung einer imagebasierten Marketingstrategie an den drei Variablentypen des situativen Ansatzes (KAPITEL 6). ABBILDUNG 3-1 veranschaulicht den theoretischen Bezugsrahmen der vorliegenden Arbeit:

Abb. 3-1: Der theoretische Bezugsrahmen der vorliegenden Arbeit

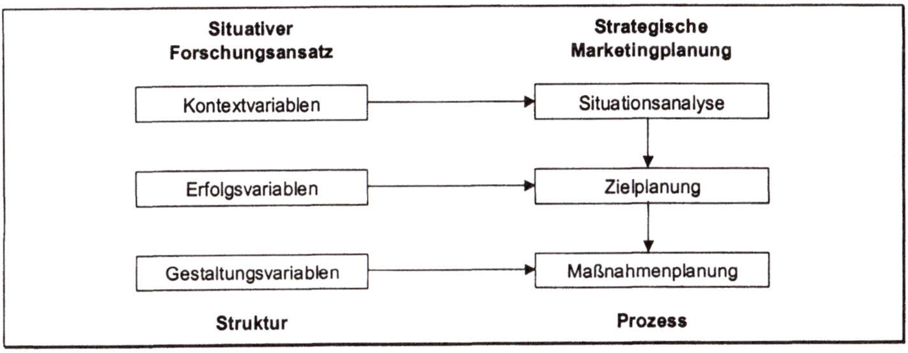

Quelle: Eigene Darstellung.

3.1.3 Heuristische Planungsmodelle

Die Betriebswirtschaftslehre als anwendungsorientierte Wissenschaft versucht, aus deskriptiven Aussagensätzen und explikativen Erklärungszusammenhängen normative Gestaltungsempfehlungen für praxeologische Fragestellungen zu liefern.[225] Dabei stellen deskriptive Aussagensysteme und explikative Erklärungszusammenhänge Zieltypen angewandter Forschung dar. Sie sind Voraussetzungen, um allgemein gültige Aussagen zum Forschungsgegenstand ableiten zu können.[226] Damit besteht die Aufgabe der angewandten Forschung m.a.W. in der „Unternehmens-Beratung“,[227] das Hauptziel primär in der Gewinnung verwertbarer und nutzenstiftender Handlungsempfehlungen für die Unternehmenspraxis.[228] Zur Zielerreichung stehen dem Planer zwei **Methoden**[229] zur Verfügung, die auf unterschiedliche Weise zum Ergebnis führen; sie sollen im Folgenden erläutert werden:

225 Vgl. Grochla (1978), S. 68-71.

226 Vgl. Kubicek (1977), S. 5.

227 Vgl. bspw. Walger (1995), S. 139f.

228 Vgl. Kirsch (1990), S. 2; Ulrich (1987), S. 3.

229 „Methoden sind definiert als geordnete Vorgehensweisen (Regelsysteme), die eine Folge von Schritten (Operationen) beschreiben.“ Pfohl (1980), Sp. 1918.

Die strategische Marketing- bzw. Imageplanung ist den komplexen Entscheidungsproblemen zuzurechnen.[230] Die Objekte dieses **Problemlösungsprozesses** sind die Ziel- und Maßnahmenplanung einer Marktbearbeitungsstrategie. Beide Entscheidungsprobleme verlangen eine Reihe von Planungsaktivitäten, die jeweils eine effiziente und effektive Entscheidungsfindung ermöglichen (sollen). Zu diesen gehören bspw. die Problemdefinition, die Informationsbeschaffung sowie die Identifizierung und Selektion von Alternativen. Als effizient ist eine Entscheidungsfindung dann zu bezeichnen, wenn durch den wiederholten Ablauf eines Entscheidungstyps Rationalisierungspotenziale der Entscheidungsfindung umgesetzt werden können, die sich durch das Erlernen des Problemlösungsprozesses ergeben.[231]

Ist das Erlernen eines Entscheidungsproblems formal-analytisch abbildbar, lassen sich sog. Algorithmen zu dessen Lösung aufstellen, die nicht nur den spezifischen Verfahrensprozess vorgeben, sondern auch die Entscheidungsfindung selbst provozieren.[232] Ist die Formulierung quantitativ-normativer Algorithmen hingegen nicht möglich, kann der Entscheidungsfindungsprozess letztlich nur dadurch unterstützt werden, dass dem Planer eine systematische Strukturierung des Entscheidungsproblems an die Hand gegeben wird. Eine Problemlösung kann in diesem Fall nur durch die Anwendung heuristischer Prinzipien herbeigeführt werden.[233] Die genannten Techniken unterscheiden sich dabei v.a. hinsichtlich ihrer Lösungsmächtigkeit (heuristischen Kraft):[234]

- **Quantitative Optimierungsmodelle** bringen formal-analytische Gesetze (Algorithmen) hervor, welche es dem Planer i.d.R. erlauben, normative Aussagen zum Problemgegenstand abzuleiten.[235] Sie dienen damit letztlich der Entscheidungsvorbereitung.[236] Das analytische Vorgehen dieser Modelle strebt eine Optimierung des Entscheidungsproblems an (Optimalitätsstreben). Dessen Quantifizierbarkeit stellt damit eine notwendige Voraussetzung für den Einsatz dieser Methoden dar. Da insbesondere quantitative Optimierungsmodelle einen großen Ressourcenbedarf bedingen, werden an deren statt häufig Methoden mit geringerer Lösungsmächtigkeit (Heuristiken) angewandt.[237]

---

230 Vg. Pümpin (1970), S. 23.

231 Vgl. Hauschildt (1989), S. 377-397; Hauschildt/Petersen (1987), S. 1043-1062.

232 Vgl. Klein (1971), S. 33. Beispiele für eine computergestützte, d.h. algorithmische Entscheidungsfindung in der Marketingpraxis sind die Regalplatzoptimierung im Einzelhandel, die Tourenplanung innerhalb eines Logistikkonzepts oder die quantitative Mediaplanung. Vgl. Kuß/Tomczak (1998), S. 180. Zu algorithmischen Lösungsmethoden vgl. v.a. Müller-Merbach (1996, 1990, 1986, 1977 und 1963).

233 Vgl. Diller (1998), S. 4. Zu heuristischen Lösungsmethoden vgl. bspw. Müller-Merbach (1981); Adam (1996).

234 Vgl. Kühn (1979), S. 15. „Bei der *Lösungsmächtigkeit* oder *heuristischen Kraft* einer Methode werden im allgemeinen [!] mindestens zwei Dimensionen unterschieden. Unter *Lösungsqualität* versteht man die Güte der mit Hilfe einer Methode gefundenen Lösung im Vergleich zur bestmöglichen (optimalen) Lösung. *Optimierungsmethoden* lassen sich danach unterscheiden, ob sich mit ihnen die absolut bestmögliche unter allen zulässigen Lösungen (Optimallösung) ermitteln läßt [!] oder ob man mit ihrer Hilfe Lösungen erhält, mit denen man der Optimallösung beliebig nahe kommen kann, oder ob die Methode i.a. nur eine als zulässig zu bezeichnende Lösung liefert. Die *Lösungswahrscheinlichkeit* ist die Wahrscheinlichkeit, mit Hilfe einer Methode eine Lösung bestimmter Qualität zu finden. Ist diese Wahrscheinlichkeit gleich 1, so besteht Lösungsgarantie. Eine Problemlösungsmethode mit Lösungsgarantie bezeichnet man als *exakte Methode* oder *Algorithmus*." Pfohl (1980), Sp. 1919 [Hervorhebungen im Original].

235 Vgl. Steffenhagen (1988), S. 225f.

236 Vgl. Homburg (1998), S. 42.

237 Vgl. Pfohl (1980), Sp. 1919f.

- **Heuristische Verfahren** (Heuristiken) erlauben eine systematische Komplexitätsreduktion in der Form vereinfachender Lösungsprinzipien. Sie führen zwar zu keinem garantierten (optimalen) Ergebnis, ermöglichen aber die Bestimmung guter und praktikabler Lösungen.[238] Auf diese Weise kann der Aufwand der Alternativenbewertung und -auswahl erheblich verringert werden.[239] Die zentrale Zielsetzung heuristischer Verfahren besteht in der sinnvollen Einschränkung des Lösungsraums alternativer Ziel- und Maßnahmensysteme durch eine Zerlegung des Entscheidungsproblems in sog. Subsysteme.[240]

Zusammenfassend sind heuristische Entscheidungsansätze zwar einerseits „schneller", andererseits aber auch ungenauer als formal-analytische Verfahren und führen nicht notwendigerweise zu einer Lösung.[241] Wird dennoch ein Ergebnis ausgewiesen, entspricht es einem „guten" i.S.v. geeigneten und zweckmäßigen Lösungsvorschlag, welcher das (hypothetische) Optimum - falls existent - bestmöglich approximieren soll.[242] Auch wenn keine (Optimal-) Lösungsgarantie besteht, kann der Einsatz heuristischer Ansätze unter praxeologischen Gesichtspunkten trotzdem zumeist als brauchbar eingestuft werden:

> „Heuristics do not guarantee optimal solutions; in fact they do not guarantee any solution at all; all that can be said for a usefull heuristic is that it offers solutions which are good enough most of the time."[243]

Ein weiterer Nachteil heuristischer Planungs- und Entscheidungsmodelle ist in ihrer wissenschaftstheoretischen „Begründungslücke" zu sehen, da Heuristiken im strengen Sinne der Logik weder eindeutig verifizierbar noch falsifizierbar sind.[244]

Die Alternative, untersuchungsrelevante Fragestellungen quantitativ bzw. formal-analytisch zu lösen, weist im Vergleich dazu insbesondere folgenden Nachteil auf: Durch die vollständige Formulierung eines Entscheidungsproblems wird das entsprechende formal-analytische Modell zunehmend komplexer und u.U. sogar unlösbar. In jedem Fall aber widerspricht es dem Vereinfachungsprinzip der Modelldefinition selbst: Demgemäß sind geeignete Annahmen zu treffen, die das Modell in seiner Komplexität reduzieren. Die Annahmen setzen bspw. die Linearität von Erklärungszusammenhängen oder die Unabhängigkeit von Modellgrößen voraus.[245] Da diese Prämissen den Eigenschaften marketingstrategischer Entscheidungsprobleme zuwiderlaufen (können), werden die Modelle schließlich unrealistisch.[246]

238 Vgl. Scheuch (1977), S. 33f.; Pfohl (1980), Sp. 1921.

239 Vgl. Steffenhagen (1988), S. 225f.; Pfohl (1980), Sp. 1921.

240 Vgl. Becker (1988), S. 592; Pfohl (1980), Sp. 1922.

241 Vgl. Klein (1971), S. 36.

242 Vgl. Bäuerle (1989), S. 185 und S. 187.

243 Feigenbaum/Feldman (1963), S. 5.

244 Vgl. Steffenhagen (1988), S. 226 und S. 229; Meffert (1986b), S. 523.

245 Vgl. ebenda, S. 534.

246 Vgl. Homburg (1998), S. 48f.; Lamperstorfer (1974), S. 32 und S. 56.

In der Form eines Dilemmas steht die mathematische Lösbarkeit analytischer Modelle damit deren Realitäts- und mithin Verwendungsgrad diametral entgegen: Sofern mathematisch lösbar, erreichen formal-analytische Modelle häufig einen Komplexitätsgrad, der den Anforderungen der Praxis nach zu bewältigenden Lösungsverfahren nicht gerecht zu werden vermag.[247] Existieren diese Modelle in der Konsequenz lediglich zum Selbstzweck (als *l'art pour l'art*) und unterbleibt ihr Einsatz, kann das wirtschaftswissenschaftliche Ziel der normativen Gestaltung nicht erfüllt werden. LITTLE bringt diese Problematik analytischer Modelle treffend zum Ausdruck:

> „The big problem with management science models is that managers practically never use them."[248]

Das Entscheidungsproblem, die für den jeweiligen Forschungsgegenstand „richtige" Planungsmethode zu bestimmen, wird der Meta-Ebene der Planungstheorie zugerechnet. Bei ihr wird die Planungsaktivität selbst zum Gegenstand der Planung.[249] Die Wahl der geeigneten Methode hängt letztlich davon ab, ob die Entscheidungsaufgabe vollständig formuliert werden kann oder nicht. Eine vollständige **Problemformulierung** setzt neben der (1) formal-analytischen Abbildung des Entscheidungsproblems, (2) der Formulierung intersubjektiv eindeutiger Ziele und (3) der Existenz und Anwendbarkeit geeigneter Rechenoperationen zur Problemlösung (4) ein Kriterium voraus, das die Zieleignung alternativer Handlungsoptionen eindeutig beurteilen lässt. Sind diese Voraussetzungen erfüllt, kann eine algorithmische Problemlösung angestrebt werden. Eine unvollständig formulierte Entscheidungssituation zeichnet sich hingegen dadurch aus, dass (1) „wesentliche Elemente der Aufgabenstellung" unbekannt sind oder sich einer (formal-analytischen) Erfassung entziehen, (2) kein intersubjektiv eindeutiges Lösungskriterium existiert, das den Zielerreichungsgrad unmissverständlich nachvollziehen lässt, und/oder sich (3) der Entscheidungsprozess eher mit der Formulierung und Lösung von Subproblemen beschäftigt denn mit dem Streben nach einer abschließenden und mathematisch unangreifbaren Optimallösung des ganzheitlichen Entscheidungsproblems. In diesem Fall kann kein algorithmisches Lösungsverfahren angewandt werden, vielmehr ist eine Heuristik als Problemlösungstechnik zu wählen.[250]

Im Anwendungsfall einer imagebasierten Marketingplanung erweist sich der Einsatz algorithmischer Lösungsmechanismen deshalb als nicht geeignet bzw. möglich, da sowohl die Ziel- als auch die Maßnahmenplanung einer (imagebasierten) Marktbearbeitungsstrategie keine eindeutige, vollständige und damit „wohldefinierte" Problemformulierung zulassen.[251] Selbst wenn theoretisch denkbar, würde die Abbildung sämtlicher Problemumstände in mathematischen Algorithmen solch komplizierte Modelle hervorbringen, dass sie ihrer Aufgabe einer vereinfachenden Darstellung der Realität nicht mehr gerecht würden. Realitätsgetreue Totalmodelle der Marketingplanung entbehren jeglicher Handhabbarkeit und widersprechen damit dem definierten Modellcharakter per se.[252]

---

247 Vgl. Lamperstorfer (1974), S. 199.

248 Little (1970), S. B466. Zu einer umfassenden Kritik an algorithmischen Entscheidungsmodellen im Marketing vgl. Lazer (1965), S. 40f.

249 Vgl. Diller (1998), S. 4.

250 Vgl. Scheuch (1977), S. 30-32.

251 Eine Übersicht der dafür verantwortlichen Eigenschaften marketing-strategischer Entscheidungsprobleme findet sich in der Tabelle A-12 im Anhang.

252 Vgl. Bäuerle (1989), S. 180 und S. 185; Imboden et al. (1978), S. 295.

Da die meisten Planungstechniken auf Modellen aufbauen, sind sie letztlich vom Modellcharakter abhängig. Sie finden in der Praxis nur dann Anwendung, wenn sie einerseits nicht zu komplex sind und andererseits dem Planer die Möglichkeit der Einflussnahme zugestehen.[253] Demgegenüber suchen heuristische Ansätze einen Mittelweg zwischen mathematischer Eindeutigkeit und Vollständigkeit einerseits und anwendungsbezogenem Freiraum der Entscheidungsfindung andererseits. Sie erscheinen vor dem Hintergrund des gewählten Forschungsgegenstandes und unter den genannten Umständen als geeigneter.[254] Folgerichtig soll in KAPITEL 4.2 zunächst ein deskriptives Modell imagebasierter Marketingplanung entwickelt werden. Dieses soll dann in ABSCHNITT 4.3 in eine Planungstechnik in der Form einer Heuristik überführt werden.

3.2 Anforderungen an eine imagebasierte Marketingplanung

3.2.1 Zielebene (Erfolgsvariablen)

Sowohl die Marketing-Wissenschaft als auch die Unternehmenspraxis bedienen sich innerhalb der strategischen Marketingplanung bislang weitgehend ausschließlich **ökonomischer Zielgrößen** wie bspw. Marktanteils-, Umsatz- oder Gewinnkennzahlen.[255] In der Vergangenheit wurden außerökonomische Ziele „[...] mehr oder weniger als Beschränkungen [...]“ und mithin als Rahmenbedingungen interpretiert.[256] Eine Ausnahme stellt die Nutzung psychologischer Einstellungskonstrukte als Werbeziele im Rahmen der Kommunikationspolitik dar. Dem langfristigen Charakter der Werbewirkung wird auf diese Weise eher entsprochen als bei Verwendung kurzfristigen Umsatz- oder Marktanteilswachstums als Erfolgsmaßstab.[257] Jedoch auch über die Kommunikationspolitik hinaus wird dem Image innerhalb der langfristigen Unternehmensplanung im Allgemeinen eine zentrale Bedeutung beigemessen:[258]

Mit der zunehmenden Diskussion der Kaufverhaltensrelevanz von Einstellungsvariablen treten diese letztlich vermehrt in den Mittelpunkt des Interesses, wenn es das Verhalten von Konsumenten zu beschreiben und zu erklären gilt.[259] In einer empirischen Studie von FRITZ, FÖRSTER, WIEDEMANN, RAFFÉE „[...] konnte nachgewiesen werden, daß [!] *‚klassischen‘ ökonomischen Zielen* - und hier vor allem dem Gewinnziel - *keine übergeordnete Bedeutung* in den Zielsystemen der Unternehmen zukommt“.[260] In diesem Zusammenhang stellte sich heraus, dass der „[...] Stellenwert sogenannter *außerökonomischer bzw. qualitativer Zieldimensionen* [...] augenscheinlich im Zeitablauf zugenommen“ hat.[261]

---

253 Vgl. Diller (1998), S. 24f.

254 Vgl. Bäuerle (1989), S. 185f.; Kühn (1979), S. 1-46 und derselbe (1984), S. 185-202.

255 Vgl. hierzu bspw. Haedrich et al. (1989), S. 11-18; dieselben (1990), S. 205-222; vgl. auch Tomczak (1989).

256 Veit (1974), S. 82.

257 Vgl. Mayer/Mayer (1987), S. 18f.

258 Vgl. stellvertretend für andere Meissner (1988), S. 75; Meyer (1996a), S. 76 und Johannsen (1974), Sp. 823.

259 Vgl. Diller (1998), S. 80.

260 Haedrich/Tomczak (1990), S. 84 [Hervorhebungen im Original]. Der Studie zufolge nimmt in der Automobilindustrie das „Ansehen in der Öffentlichkeit“ (Image) nach der „Wettbewerbsfähigkeit“ (Rang 1) und der „Qualität des Angebots“ (Rang 2) mit Rang drei noch vor der „Sicherung des Unternehmensbestandes“ (Rang 4) einen relativ hohen Stellenwert in der Zielhierarchie der Unternehmen ein. Vgl. Fritz et al. (1988), S. 572.

261 Haedrich/Tomczak (1990), S. 84 [Hervorhebungen im Original].

Entgegen dieser praxeologischen Entwicklung besitzen nach HAEDRICH und TOMCZAK theoretische Ansätze der strategischen Marketingplanung „[...] schon in der Anlage Defizite, da sie in der Regel ‚klassische' ökonomische Zielgrößen (wie z.B. Cash flow, ROI) als einzige Entscheidungskriterien heranziehen".[262] Zur Behebung dieses Defizits stellt STEFFENHAGEN die zentrale Bedeutung von Imagegrößen für die strategische Marketingplanung heraus und empfiehlt diesbezüglich deren Verwendung als strategische Zielgrößen:

> „Als Zielformulierungen [...] bieten sich Image-Zielprofile (als Sollvorstellungen) oder die Angabe von Zielpositionen im Urteilsraum der Zielpersonen an. [...] Es wird ja seit langem in der Marketing-Literatur dafür plädiert, neben ökonomischen Zielinhalten gerade in der Marketingplanung handlungsnähere Zielinhalte ins Auge zu fassen, wie [...] insbesondere Ausprägungen der psychischen Prädisposition der Abnehmer [...]."[263]

Auch JOHANNSEN fordert, „[...] die Bedeutung des Image-Konzeptes auch im Bereich von Absatzwirtschaft und Marketing noch deutlicher zu erkennen und Images systematisch zu planen, aufzubauen, zu überprüfen und zu verbessern bzw. zu verändern".[264] Mit der Verwendung von **Images als Zielgrößen** strategischer Marketingplanung werden diese zu einer Art „integrierenden Klammer" für den Einsatz sämtlicher marketingpolitischer Aktionsparameter.[265] So ist bspw. die Preisgestaltung neben der Berücksichtigung der unternehmensindividuellen Kostenstruktur und Gewinnvorstellungen sowie der wettbewerbsrelevanten Unternehmensumwelt unbedingt und letztlich konsequent auf die Akzeptanz des Verbrauchers und mithin auf dessen subjektive Preiswahrnehmung auszurichten.[266] Hinsichtlich der Produktgestaltung geben Imagegrößen Aufschluss über die wettbewerbsrelative Stellung im Markt und liefern damit eine unmittelbare Erfolgskontrolle vorgenommener Produktmaßnahmen.[267] In diesem Zusammenhang wird jüngst vermehrt die Forderung erhoben, noch vor der eigentlichen Produktgestaltung die Positionierung festzulegen und im relevanten Verbraucherumfeld zu testen.[268] Mit dieser Forderung verbunden ist die Notwendigkeit, Imagezielgrößen so weit handlungsnah zu gestalten, dass sie konkrete Gestaltungsempfehlungen das Produkt betreffend zulassen.[269]

Mit der Verwendung von Images als Zielgrößen strategischer Marketingplanung sind im Wesentlichen folgende zwei **Vorteile** verbunden:

- Erstens ist die Vorgabe außerökonomischer Zielgrößen anstelle ökonomischer zumeist **„operationaler"**, da die Zurechnung der Wirkungen absatzpolitischer Anstrengungen auf Einstellungsgrößen weniger schwierig ist. Ein Grund dafür ist darin zu sehen, dass sich marketingpolitische Maßnahmen zunächst in verhaltensvorgelagerten Einstellungsgrößen niederschlagen, bevor sie in ökonomischen Größen wie Absatz oder Gewinn wirksam werden.[270]

262 Haedrich/Tomczak (1990), S. 84.

263 Steffenhagen (1982), S. 52 und S. 71 [Hervorhebungen im Original].

264 Johannsen (1974), Sp. 823.

265 Vgl. Mayer/Mayer (1987), S. 17.

266 Vgl. ebenda, S. 21.

267 Vgl. ebenda, S. 17.

268 Vgl. Meyer (1996a), S. 76.

269 Vgl. Barich/Kotler (1991), S. 98.

270 Vgl. Kroeber-Riel/Weinberg (1996), S. 211.

- Ein zweiter Vorteil von Imagezielgrößen liegt in der zeitlichen **Stabilität** dieser Konstrukte im Gegensatz zu kurzfristigen Marktanteils-, Umsatz- oder Gewinnveränderungen begründet. Allerdings setzen Imageaufbau und -gestaltung damit einen relativ langfristigen Planungshorizont voraus und stellen hohe Ansprüche an die Budgetverwendungsentscheidungen. In der Konsequenz „[...] muß [!] der allgemein empfohlene Ablauf der strategischen Marketingplanung um Module der Imageplanung ergänzt und dafür spezifiziert werden".[271] Im Rahmen einer Imageplanung kann sich die Ressourcenzuweisung am Ausbau von Positionierungsstärken und/oder am Abbau identifizierter Imageschwächen orientieren.[272]

Werden Imagegrößen als Erfolgsmaßstäbe innerhalb der strategischen Marketingplanung verankert, kann eine langfristige und wirksame Erfolgskontrolle allerdings nur dann erreicht werden, wenn die Zielgrößen bzw. deren Entwicklungen in Richtung und Stärke einer kontinuierlichen und systematischen Beobachtung unterzogen werden:[273]

> „[...] the monitoring of *changes* in positioning is of utmost importance."[274]

Da die einmalige Aufnahme eines Image-Zustandes (Positionierung) lediglich statischen Charakter besitzt und keine Aussagen über Imageausprägungen unter veränderten Rahmenbedingungen zulässt, wird die Forderung nach einer längerfristig angelegten Analyse (**Längsschnittanalyse**) von Imagevariablen anstelle einer diskreten Querschnittanalyse erhoben.[275] Ausgangspunkt dieser Überlegung ist ein gesteigertes Maß der Dynamik und Komplexität der unternehmensrelevanten Umweltveränderungen. Es begründet insofern ein Dilemma für die betroffene Unternehmung, als der Notwendigkeit eines frühzeitigen Erkennens bedrohlicher wie erfolgversprechender Umweltveränderungen (Risiken bzw. Chancen) ein Höchstmaß an Unsicherheit bezüglich deren Eintretens gegenübersteht. Soll reaktives Krisenmanagement vermieden und dem Strategiebegriff entsprechend vorausschauend aktiv gehandelt werden, bedarf es eines **Frühwarnsystems** zur Aufdeckung strategischer Diskontinuitäten im Unternehmensumfeld.[276]

---

271 Trommsdorff (1992b), S. 327.

272 Vgl. Steffenhagen (1982), S. 53.

273 Vgl. Werner (1983), S. 380.

274 Wind (1982), S. 95 [Hervorhebung im Original].

275 Vgl. Werner/Alvensleben (1982), S. 202; Werner (1983), S. 380.

276 Vgl. Haag (1993), S. 261. Hahn definiert strategische Frühwarnsysteme als „[...] a special type of information system which, by means of its specific output in the form of early-warning information, draws attention to threats and risks, which, although already present, have not yet been generally recognized as such". Hahn (1986), S. 173. Als Informationssystem stellt das Frühwarnsystem ein wichtiges Prognoseinstrument der strategischen Marketingplanung dar. Vgl. Meissner (1988), S. 119. Als solches ist es der strategischen Marketingkontrolle zuzurechnen. Vgl. Kühn/Fasnacht (1998), S. 22. Zur Konzeption eines Früherkennungssystems vgl. Schadenhofer (1982), S. 139-170. Zur Integration eines Früherkennungssystems in die strategische Planung vgl. Haag (1993), S. 270-273 und Hammer (1998), S. 171-174. Zu (den drei Generationen von) strategischen bzw. operativen Frühwarnsystemen der strategischen Unternehmens- bzw. Marketingplanung vgl. Abell (1978), Ansoff (1976), Brixle/Haag (1993), Hasselberg (1989), Krystek/Müller-Stewens (1993), Kühn (1980), Kühn/ Fasnacht (1992), Kühn/Walliser (1978), Schreyögg/Steinmann (1985), Steinmann/Schreyögg (1986), Trux et al. (1984), Haag (1993), Schadenhofer (1982), Ansoff (1976), Hahn/Klausmann (1986), Hammer (1988), Kreilkamp (1987), Krystek (1981), derselbe (1990), Krystek/Müller-Stewens (1990), Malik (1991), Muchna (1989), Müller-Stewens (1990), Müller (1981), Rieser (1989), Schmidt (1990) und Simon (1986).

Dem Gedanken der Einrichtung eines Frühwarnsystems liegt die zentrale Annahme zugrunde, dass sich Diskontinuitäten der Unternehmensumwelt nicht abrupt vollziehen, sondern sich bereits im Vorfeld und mit zunehmender Präsenz durch sog. „schwache Signale" ankündigen.[277] Werden diese frühzeitig erkannt, können Risiken abgewandt und Chancen ausgenützt werden.[278] I.d.R. dienen **Indikatoren** dem frühzeitigen „Aufspüren" schwacher Signale. Voraussetzung für die Auswahl geeigneter Indikatoren ist deren Abhängigkeitsbeziehung mit den interessierenden Größen. Außerdem sollten die Indikatoren über einen möglichst langen zeitlichen Vorlauf verfügen, der die Existenz von Diskontinuitäten bereits bedeutend früher erkennen lässt als die Zielgrößen selbst.[279]

Entsprechend den erhobenen Anforderungen an eine auf Imagegrößen aufbauende (imagebasierte) strategische Marketingplanung soll die erste Ebene des situativen Bezugsrahmens dieser Arbeit ausgestaltet und ihr weiterer Verlauf ausgerichtet werden: Neben der Erhebung der unternehmensrelevanten Imagegrößen zu **Erfolgsmaßstäben** eines Marketingplanungssystems (KAPITEL 4.1) betrifft dies im Weiteren deren kontinuierliche Beobachtung auf der Grundlage einer empirischen **Längsschnittanalyse** (KAPITEL 5). Im Sinne eines kybernetischen Managementprozesses fließen die Ergebnisse dieser Studien idealerweise in die Konzeption zukünftiger Marketingmaßnahmen ein. Dabei gilt es insbesondere die ermittelten Diskontinuitäten der Unternehmensumwelt in der Form identifizierter Imageveränderungen zu berücksichtigen. Auf diese Weise fungieren Imagegrößen als dem Kaufverhalten vorgelagerte Indikatoren eines strategischen **Frühwarnsystems**. Darüber hinaus gilt es, die Imagegrößen so weit **operational** zu gestalten, dass sie konkrete Handlungsempfehlungen bezüglich der Maßnahmenplanung (KAPITEL 6.3) im Allgemeinen und der Objektgestaltung im Besonderen zulassen.

3.2.2 Aktionsebene (Gestaltungsvariablen)

Auf der zweiten Ebene des situativen Bezugsrahmens dieser Arbeit werden in dem nun folgenden Abschnitt sechs allgemein gültige Anforderungen formuliert, die an die Ausgestaltung einer zeitgerechten und problemgerichteten (imagebasierten) Marketingplanung zu stellen sind. Dies betrifft im weiteren Sinne den der Modellkonzeption zugrunde zu legenden Marketingansatz, im engeren Sinne die aus diesem abzuleitenden Gestaltungsdimensionen (Aktionsparameter). Der Entwurf eines entsprechenden Anforderungsprofils stützt sich dabei einerseits auf das **Selbstverständnis** des Marketings qua Definition, andererseits auf dessen **historische Entwicklung** im Rahmen einer stetigen Veränderungen unterworfenen Unternehmensumwelt. Da auch das Selbstverständnis des Marketings diesen Veränderungen unterliegt, soll zunächst die z.Zt. aktuelle Phase des Marketings in Kürze skizziert werden:[280]

[277] Zum Konzept der schwachen Signale vgl. Ansoff (1976), S. 129-152 und Mattmüller (1998), S. 315f.

[278] Vgl. Muchna (1990), S. 116; Kühn/Fasnacht (1998), S. 22; Kreilkamp (1987), S. 255f.

[279] Vgl. Homburg (1998), S. 112; Hahn/Klausmann (1986), S. 276.

[280] Ein historischer Abriss des Marketings und eine Darstellung dessen vier vergangener Entwicklungsstufen findet sich in den Tabellen A-13 und A-14 im Anhang. Gemeinsam ist sämtlichen Phasen, dass sie - induziert durch einen kontinuierlichen Wandel organisationsinterner wie -externer Rahmenbedingungen - jeweils wechselnde Forschungsschwerpunkte sowohl der strategischen Unternehmens- als auch der strategischen Marketingplanung herausgebildet haben. Vgl. Mattmüller (2000), S. 20 und Wehrle (1981), S. 6.

Die sich in verstärktem Maße seit den 90er Jahren durchsetzende und bis dato andauernde Phase der **Integrierten Marketingorientierung** basiert nach der Betrachtungsperspektive auf folgenden zwei Aspekten: Einerseits treten mit der Forderung nach sozialer, politischer, ökologischer und technologischer Verantwortung der Unternehmung zunehmend auch solche Anspruchsgruppen einer Organisation in Erscheinung, die nicht den Nachfragern deren Marktleistungen zuzurechnen sind (Zielgruppen), sondern sich vielmehr durch ein allgemeines oder spezifisches Interesse an deren unternehmerischer Tätigkeit auszeichnen (Interessen- oder Bezugsgruppen). Andererseits setzt sich vermehrt die Überzeugung durch, dass durch die ausschließliche Spezialisierung von Funktion(-sbereich-)en nurmehr marginale Produktivitätssteigerungen zu erwarten sind und die Integration insbesondere betrieblicher Prozesse großes Effizienz- und Effektivitätspotenzial offenbart.[281] Nach dem Verständnis einer integrierten Marketingorientierung kann ein dauerhafter Unternehmenserfolg demzufolge nur dann gewährleistet werden, wenn mit gleichermaßen externer (Ziel- und Bezugsgruppen) wie interner (Prozesse) Integration sowohl die Interessen externer wie auch interner Anspruchsgruppen Berücksichtigung erfahren und ein Abgleich zwischen ihnen vorgenommen wird.[282]

Aus den Grundzügen dieser z.Zt. aktiven Phase lassen sich die ersten zwei von insgesamt sechs Anforderungen an die Dimensionalität der Aktionsebene einer imagebasierten Marketingplanung ableiten: Die erste Dimension stellt dabei auf die Integration sämtlicher Anspruchsgruppen einer (erwerbs-) wirtschaftlichen Organisation ab:

> „Neueren Untersuchungen ist zu entnehmen, daß [!] die Bedeutung der gesellschaftspolitischen Umwelt für den Unternehmenserfolg mit steigender Tendenz zunimmt. Eine rechtzeitige Sensibilisierung für gesellschaftliche Belange stellt nicht nur eine ethisch-moralische Herausforderung (Notwendigkeit) dar, sondern ist als Bestandteil einer aktiven, Markt und Umwelt mitgestaltenden Unternehmens- und Marketingstrategie der Zukunft aufzufassen."[283]

und:

> „Diese Entwicklungen [zu einer Integrationsorientierung] erfordern eine stärkere ganzheitliche Sicht des Marketing durch eine Integration der [...] Interessen aller relevanten Zielgruppen und Bezugsgruppen eines Unternehmens [...]."[284]

Die Zitate verdeutlichen, dass eine vollumfänglich personenbezogene **integrierende Dimension** einer (imagebasierten) Marketingplanung nur dann erfolgreich verwirklicht werden kann, wenn sie gleichermaßen die Marktpartner ökonomischer Austauschprozesse (Zielgruppen) und die Vertreter außerökonomischer Belange (Bezugsgruppen) berücksichtigt und in einem iterativen, kontinuierlichen Interessenabgleich zusammenführt.[285]

---

281 Vgl. Mattmüller (2000), S. 23-27; Meyer/Mattmüller (1999), S. 812; Mattmüller/Tunder (1997), S. 44.

282 Vgl. Mattmüller (2000), S. 24; Meyer/Mattmüller (1999), S. 812; Mattmüller/Tunder (1997), S. 44 und Bruhn (1990), S. 15f.

283 Haedrich/Tomczak (1990), S. 5.

284 Mattmüller/Tunder (1997), S. 44 [Ergänzungen durch den Verfasser].

285 Vgl. Mattmüller (2000), S. 24; Mattmüller/Tunder (1997), S. 44.

Dabei darf diese Integrationsorientierung jedoch auch „[...] vor dem Marketing selbst nicht halt machen“.[286] Gefordert wird damit einerseits, dass auf interdisziplinärem und hierarchiestufenunabhängigem Weg ein einheitliches und funktionsübergreifendes Marketingverständnis geschaffen wird (Stichwort: Marketing als Querschnittfunktion). Andererseits betrifft die Integration die strategische und operative Festlegung der Marketingaktivitäten, deren sich eine Unternehmung bedienen kann (aktivitätenbezogene Integration);[287] so sind diese weniger isoliert festzulegen, als vielmehr koordiniert in ein durchgängiges und holistisches Marketingkonzept zu überführen (**integrative Dimension**).[288] Dieser integrative Gedanke wird jedoch - zumindest in der Marketing-Literatur - nach wie vor zugunsten einer isolierten Betrachtung einzelner Instrumente vernachlässigt:[289]

> „The issue is *not* to determine how each of the individual marketing activities can be best pursued to cause sales [or image]. The issue is how to develop an integrated course of marketing action to create decisive consumer value. To create decisive consumer value, it is necessary to get all the marketing parts work together in synergy with one another. [...] marketing programs must be conceived of as integrated entities.“[290]

Insbesondere für die Ausgestaltung einer imagebasierten Marketingplanung besitzt die Integration sämtlicher Anspruchsgruppen einer Organisation (**integrierende Dimension**) einen herausragenden Stellenwert: Während der eigentliche Abschluss eines rechtsgültigen Tauschgeschäfts formaljuristisch an eine Vertragspartei in der Form einer Person bzw. Personengruppe gebunden ist, unterliegt die menschliche Wahrnehmung und mithin die Ausformung eines Images weder einer vertraglichen Bindung noch setzt sie die Kenntnis des Imageobjekts (Unternehmung) voraus. Bei undifferenzierter Betrachtung können deshalb zunächst sämtliche Individuen - ob Beteiligte an ökonomischen Austauschprozessen (Käufer) oder ob Vertreter außerökonomischer Interessen (Nicht-Käufer) - zu den Zielgruppen einer imagebasierten Marketingplanung gerechnet werden. Jedoch selbst dann, wenn im Sinne einer differenzierten Betrachtungsweise eine Zielgruppendefinition nach bspw. der Kaufwahrscheinlichkeit vorgenommen wird, müssen auch die angrenzenden Personengruppen Berücksichtigung finden, nehmen sie doch u.U. (entscheidenden) Einfluss auf das Verhalten anderer Marktteilnehmer. Beispielhaft kann dies „[...] die Meinung Bekannter sein [oder] die Tätigkeit von Konsumentenschutzorganisationen“.[291] SIMON spricht in diesem Zusammenhang von „interpersonellem Goodwill-Transfer“.[292]

In der Literatur wird relativ unstrittig davon ausgegangen, dass - neben diversen (unkontrollierbaren) Rahmenbedingungen - vor allem die Marktbearbeitungsaktivitäten einer Unternehmung und mithin deren aktives Auftreten in der Gesellschaft wesentliche Einflussgrößen auf die Wahrnehmung ihrer Organisation, Marken und Produkte darstellen:[293]

---

286 Mattmüller/Tunder (1997), S. 45.

287 Vgl. Bruhn (1990), S. 14; Mattmüller (2000), S. 23, S. 27 und S. 64.

288 Vgl. Mattmüller/Tunder (1997), S. 45.

289 Vgl. Becker (1988), S. 439-441.

290 Weilbacher (1993), S. 126 [Hervorhebung im Original; Ergänzung durch den Verfasser].

291 Herzig (1991), S. 138 [Ergänzung durch den Verfasser].

292 Simon (1985), S. 22 und S. 24.

293 Vgl. stellvertretend für viele Mayerhofer (1995), S. 56; Mayer/Mayer (1987), S. 16f.; Herzig (1991), S. 6 und S. 138; Johannsen (1974), Sp.819f.; Selame/Selame (1988), S. 3.

Nach gängigem Verständnis formieren sich die dem Image zugrunde liegenden Eindrücke, Vorstellungen, Ideen und Gefühle im Rahmen eines subjektiven kognitiven wie affektiven Verarbeitungsprozesses in der Psyche des Verbrauchers zu einer „strukturierten Ganzheit".[294] M.a.W. kann Image in diesem Zusammenhang interpretiert werden als „[...] the net result of the interaction of a person's beliefs, ideas, feelings and impressions about an object".[295] Die Zielsetzung, diesen „Saldo" im Interesse der Unternehmung zu optimieren, verlangt denn eher nach einer koordinierten und durchgängigen als nach einer isolierten Ausgestaltung von Marketingaktivitäten und unterstreicht damit die Bedeutung der **integrativen Dimension** eines imagebasierten Marketingplanungssystems:

> „Das Image bildet somit als Zielsetzung die ‚integrierende Klammer' für den Einsatz aller geeignet erscheinenden Marketinginstrumente."[296]

Das **Selbstverständnis** des Marketings setzt an der Institution Markt selbst und mithin an den Tauschbeziehungen zwischen Anbietern und Nachfragern von Tauschobjekten an.[297] Die inhaltlichen Gegenstandsbereiche der Marketingwissenschaft konkretisieren sich damit sowohl in der Analyse dieser Beziehung als auch in deren „aktiver Teilnahme" i.S. einer Gestaltung des dieser Beziehung zugrunde liegenden Tauschprozesses.[298] Entsprechend diesen Gegenstandsbereichen umfasst das Marketing „marktorientiertes Denken und Handeln".[299] Diese konsequent marktwirtschaftliche Ausrichtung entspricht dem dem angelsächsischen Sprachraum entstammenden Aktivitätencharakter eines ‚to go into the market'. In diesem Sinne können sowohl Anbieter als auch Nachfrager von Tauschobjekten ihrem Absatz- bzw. Beschaffungsanliegen mittels Marketings nachkommen.[300] Absatz- und Beschaffungsanliegen sind in diesem Zusammenhang als (Haupt-) Funktionen des Marketings zu interpretieren (**funktionale Dimension**). Um eine Funktionserfüllung zu erreichen, müssen letztlich Anbieter zu Absetzern (Verkäufern) und Nachfrager zu Beschaffern (Käufern) werden. Neben der Realisierung eines Tauschprozesses setzt dies im Vorfeld jedenfalls eine Vorbereitung der Marktteilnahme (Informationsaufnahme etc.), eine Marktkommunikation i.S. einer (ersten) Kontaktherstellung und einen rechtsverbindlichen Abschluss der Transaktion (bspw. Kaufvertrag) voraus.

Diese vier (Teil-) Funktionen des Transaktionsprozesses stellen die eigentlichen Aufgaben des Marketings beider Tauschakteure dar.[301] Nach diesem „dyadischen Verständnis zwischen Anbieter und Nachfrager" konstituieren beide Marktpartner mittels der sukzessiven Erfüllung ihrer phasenspezifischen Aufgaben im Rahmen einer sich qualifiziert fortentwickelnden Austauschbeziehung einen dynamischen Transaktionsprozess (**prozessuale Dimension**).[302]

---

294 Vgl. Rosenstiel/Ewald (1982), S. 212.

295 Dowling (1986), S. 110.

296 Mayer/Mayer (1987), S. 17.

297 Vgl. Meyer (1996b), S. 23; Mattmüller (2000), S. 29.

298 Vgl. Mattmüller/Tunder (1997), S. 5; Meyer (1996b), S. 23; Mattmüller (2000), S. 29.

299 Meyer/Mattmüller (1999), S. 812.

300 Vgl. Mattmüller/Tunder (1997), S. 6.

301 Vgl. Meyer (1996b), S. 23-26.

302 Vgl. Mattmüller/Tunder (1997), S. 47.

Eine MCKINSEY-Studie greift diesen prozessualen Charakter des Marketings auf und fordert seine konsequente Implementierung innerhalb der Unternehmensorganisation:

> „Some marketing practices are certain to need reform. One approach is to treat marketing as a process, rather than as a department."[303]

Aufgrund der Unabdingbarkeit der genannten Teilfunktionen für die Etablierung, Weiterentwicklung und Vollendung einer Tauschbeziehung (auf Absatzmärkten) ist die **funktionale Betrachtungsweise** des Transaktionsprozesses von jedwedem Marketingansatz explizit einzunehmen, damit auch von dem des in die Entwicklung eines Modells imagebasierter Marketingplanung eingehenden. Das Gleiche gilt für die **Prozesshaftigkeit** der Anbieter-Nachfrager-Beziehung, stellen doch die ihr zugrunde liegenden Phasen (Teilfunktionen) unterschiedliche Ansprüche an den Integrationsgrad und die Aufgabenerfüllung der Beteiligten. Vor dem Hintergrund verbraucherseitig wahrnehmungsrelevanter Sachverhalte (Images) erscheint diese funktionale und prozessuale Orientierung über die Realisierung eines Tauschgeschäftes hinaus als geeignet: Denn Images können sich vom Zeitpunkt der ersten Informationsaufnahme (Vorbereitung) über die Kontaktanbahnung (Marktkommunikation) bis zur Realisierung über den gesamten Transaktionsprozess formieren, und es muss nicht zwangsläufig zu einem Abschluss bzw. einer Realisierung der Transaktion kommen.

Wie verdeutlicht wurde, vollzieht sich die Anbieter-Nachfrager-Beziehung entlang mehrerer qualitativ differenzierter Kontaktstellen (Teilfunktionen), innerhalb derer von beiden Marktpartnern jeweils spezifische Aufgaben zu erfüllen sind, um die Geschäftsbeziehung aufrechtzuerhalten. Die Ausführung dieser Aufgaben obliegt dabei weitestgehend den Beteiligten selbst, sind diese doch relativ frei in der Wahl der Methoden und Instrumente zur Funktionserfüllung. Der sich den Marktpartnern in diesem Zusammenhang bietende Alternativenraum konstituiert per se ein Entscheidungsproblem, das einer systematischen Planung bedarf.[304] Dieser Entscheidungsproblematik kann nur mittels gedanklicher Antizipation zukünftiger Umweltbedingungen und Handlungskonsequenzen (Konzeption), systematischer Planung, professioneller Ausführung und laufender Kontrolle in ausreichendem Maße entsprochen werden. Im Zusammenwirken begründen diese vier aufeinander aufbauenden und ineinander übergehenden Phasen letztlich einen strategischen Managementprozess (**strategische Dimension**), der - verstanden als kybernetischer Kreislauf - einer fortwährenden Überprüfung bedarf.[305]

> „Strategische Fragestellungen wurden [...] lange Zeit weitgehend vernachlässigt. Von wenigen Ausnahmen abgesehen, herrschte primär ein instrumentelles, eher kurzfristiges Denken vor [...]. Den im Zeitalter sich rasch wandelnder Märkte dringend notwendig gewordenen Integrationserfordernissen von strategischen und taktischen Aspekten der Marketingplanung konnte damit allerdings nicht mehr ausreichend Rechnung getragen werden."[306]

---

303 Brady/Davis (1993), S. 27.

304 Vgl. Bruhn (1990), S. 14.

305 Vgl. Mattmüller/Tunder (1997), S. 54.

306 Meyer/Mattmüller (1999), S. 828.

Imagebezogenen Fragestellungen wird dieser **strategische Charakter** relativ unstrittig zugesprochen.[307] Im Zusammenhang mit einer imagebasierten Marketingplanung rät JOHANNSEN deshalb ausdrücklich an, „[...] Images systematisch zu planen, aufzubauen, zu überprüfen und zu verbessern bzw. zu verändern".[308] Insbesondere der Kontrollaspekt nimmt einen zentralen Stellenwert innerhalb einer imagebasierten Marketingplanung ein:[309] Während die Zielgrößen einer verhaltensbasierten bzw. an betriebswirtschaftlichen Kennzahlen wie Umsatz-, Gewinn- oder Marktanteilsgrößen orientierten Marketingplanung ihren unmittelbaren Niederschlag im betrieblichen Rechnungswesen einer Unternehmung finden, müssen Imagegrößen explizit und aktiv erhoben werden. Um eine kontinuierliche Überwachung dieser Größen im Sinne eines *Monitoring* oder *Tracking* sicherstellen und eine dem strategischen Managementprozess entsprechende fortlaufende Überprüfung der strategischen Marktbearbeitung gewährleisten zu können, müssen Verbraucherwahrnehmungen in der Form operationaler Indikatoren zum Gegenstand eines strategischen Frühwarnsystems gemacht werden.[310]

Vor dem Hintergrund der zunehmenden Auslandstätigkeit von Unternehmen erfährt insbesondere der strategische Gedanke des Marketings eine grundlegende Ergänzung: Mit der Ausweitung einer (zunächst ausschließlich) nationalen auf eine internationale Marktbearbeitung steigt deren Problemkomplexität insofern drastisch an, als dem Handlungsraum marketingpolitischer Entscheidungen eine weitere Dimension hinzugefügt wird (**internationale Dimension**). Die aus dieser Systemerweiterung abzuleitende Verknüpfung der beiden Dimensionen (strategisch und international) erfolgt idealiter im Rahmen sog. internationaler Marketing-Strategien.[311] Dementsprechend führt MEISSNER aus:

> „Internationales Marketing stellt damit weitgehend Strategisches Internationales Marketing dar. Diese strategische Komponente des Internationalen Marketing ist [allerdings] bisher in der betriebswirtschaftlichen Literatur nicht hinreichend berücksichtigt worden. Stattdessen stehen dort die operativen und die taktischen Entscheidungen über Preise und Rabatte, Vertriebslogistik und Kommunikationspolitik im Vordergrund."[312]

Über diese tendenziell eher kurzfristig angelegten Instrumentalentscheidungen hinaus definieren MACHARZINA/OESTERLE unter primär strategisch-langfristigen Gesichtspunkten eines internationalen Marketings „[...] Strategien zum internationalen Wachstum, Wettbewerb, Innovations bzw. Technologie-Entscheidungen, [sowie] eine internationale Marktabdeckung und Marktbearbeitung [...]".[313] Insbesondere letztgenanntem Aspekt einer internationalen Marktbearbeitung wird dabei von Theorie und Praxis gleichermaßen eine vorrangige Bedeutung attestiert:[314]

307 Vgl. bspw. Simon (1985), S. 8.

308 Johannsen (1974), Sp. 823.

309 Vgl. Wind (1982), S. 95.

310 Vgl. Diller (1998), S. 17; Werner (1983), S. 380; Kroeber-Riel/Weinberg (1996), S. 211.

311 Vgl. Macharzina/Oesterle (1997b), S. 271.

312 Meissner (1988), S. 78 [Ergänzung durch den Verfasser].

313 Macharzina/Oesterle (1997b), S. 273 [Ergänzung durch den Verfasser].

314 Vgl. Meissner (1988), S. 90f.; Meffert (1986c), S. 442; Kreutzer (1989), S. 31.

Mit dieser verbunden ist die zentrale Frage, ob unterschiedliche Ländermärkte mittels standardisierter (international einheitlicher) oder differenzierter (national bzw. regional angepasster) Marketingstrategien zu bearbeiten sind (**Standardisierungs-/Differenzierungsproblematik**).[315] Im Hinblick auf eine imagebasierte Marketingplanung hängt die Beantwortung dieser Frage letztlich davon ab, ob und ggf. inwiefern sich die zu bearbeitenden Ländermärkte und mithin Kulturen voneinander abgrenzen (lassen). Dieser Überlegung liegt die Annahme zugrunde, dass kulturelle Wertvorstellungen einen maßgeblichen Einfluss auf die Beurteilung von Unternehmen, Marken und Produkten ausüben.[316] Eine Reihe empirischer Länderstudien bestätigt diese Vermutung: So verwenden z.B. Verbraucher unterschiedlicher Kulturzugehörigkeit nicht notwendigerweise identische Kriterien zur Objektbeurteilung, noch messen sie diesen zwangsläufig dieselbe Bedeutung bei.[317] In der internationalen Konsumentenforschung wird relativ unstrittig von einer zumindest partiellen Divergenz kultureller Wertvorstellungen ausgegangen.[318] Diesem Umstand ist sowohl im Rahmen eines internationalen Marketings im Allgemeinen (1.) als auch innerhalb einer internationalen imagebasierten Marketingplanung im Speziellen (2.) gesondert Rechnung zu tragen:

1. „Die Bedeutung, die die internationale Konsumentenforschung sowohl für die Entscheidungen international agierender Unternehmen als auch für die Marketing-Theorie hat, wurde bisher [jedoch] nicht in ausreichendem Maße berücksichtigt [...].“[319]

2. „[...] international marketers must explore how cultural and socioeconomic characteristics affect the performance of [...] image strategies.“[320]

Die voranstehenden Ausführungen haben sechs Anforderungen identifiziert, die an eine zeitgemäße und problemgerichtete (imagebasierte) Marketingplanung zu stellen sind. Diese Dimensionen werden in der Folge als D1 bis D6 gekennzeichet. Nach einer sich in KAPITEL 3.3 anschließenden Bestandsaufnahme relevanter theoretischer Konzepte zur Aktionsebene eines Marketingplanungssystems soll in KAPITEL 4.1 ein den formulierten Anforderungen entsprechender Gestaltungsrahmen entwickelt werden. Dazu bedient sich der Autor einerseits des Integrativ-Prozessualen Marketingverständnisses von MATTMÜLLER, andererseits des Forschungsbereichs des internationalen Marketings: Der Integrativ-Prozessuale Marketingansatz deckt dabei zunächst die **funktionale (D1)**, **integrierende (D2)**, **integrative (D3)**, **prozessuale (D4)** und **strategische (D5)** Dimension einer (imagebasierten) Marketingplanung ab. Der Forderung nach der Berücksichtigung **internationaler** Aspekte der Marktbearbeitung **(D6)** wird an späterer Stelle mit Hilfe der Standardisierungs-/Differenzierungsproblematik nachgekommen.

---

315 Vgl. Meffert (1986a), S. 694; Levitt (1983), S. 93; Meissner (1988), S. 90f.; Hollensen (1998), S. 332; Macharzina/Oesterle (1997b), S. 272; Kuß/Tomczak (1998), S. 86.

316 Vgl. Meissner (1988), S. 99.

317 Vgl. hierzu vor allem die Studie von Pitts/Woodside, die den beschriebenen Zusammenhang von grundsätzlichen Wertvorstellungen und Produktbeurteilungen bzw. den zur Produktbeurteilung herangezogenen Kriterien für drei verschiedene Produktklassen (Automobile, Deodorants und Wochenendreiseziele) nachweisen konnten. Vgl. Pitts/Woodside (1983), S. 37-40; vgl. auch Henry (1976), S. 121-123; Scott/Lamont (1974), S. 283-288; Vinson/Munson (1977), S. 313-316; Pitts (1977); Vinson et al. (1977), S. 44-46; Wiedmann (1984), S. 1-3.

318 Vgl. Heald et al. (1981), S. 229-231; Munson (1977), S. 313-316.

319 Meissner (1988), S. 100 [Ergänzung durch den Verfasser].

320 Roth (1995), S. 164.

3.2.3 Rahmenbedingungen (Kontextvariablen)

Die dritte Ebene des situativen Bezugsrahmens dieser Arbeit stellt auf die Rahmenbedingungen (Kontext- oder Situationsvariablen) einer imagebasierten Marketingplanung ab. Damit gemeint sind sämtliche Faktoren aus der Umwelt einer Unternehmung, die den Erfolgsgrad einer (Image-) Strategie beeinflussen (können). Sie spiegeln die Situation wider, in der Ziele formuliert und Maßnahmen festgelegt werden. Da **Kontextvariablen** (häufig) außerhalb des direkten Aktionsradius einer Unternehmung liegen, sind sie bestenfalls mittelbar durch den Planer zu beeinflussen. Aufgrund dessen stellen sie - zumindest kurzfristig - unabhängige Größen des Entscheidungsproblems dar.[321] Bei der Bestimmung der im Einzelfall relevanten Kontextvariablen wird unterstellt, dass eine Relevanz eines situativen Faktors immer dann gegeben ist, wenn er einen Einfluss auf die Stärke der Beziehung zwischen dem gewählten Maßnahmeneinsatz einerseits (Gestaltungsvariablen oder Aktionsparameter) und dem erzielten Erfolg der (Image-) Strategie (Zielgrößen oder Erfolgsvariablen) andererseits auszuüben vermag. PRESCOTT hat diesen Zusammenhang auf der Grundlage der PIMS-Datenbank empirisch nachgewiesen.[322] Besitzt der Planer Kenntnis bezüglich (der Richtung und Stärke) dieses Einflusses, kann er sich dieses Wissen zunutze machen und mit der Wahl und Ausgestaltung geeigneter Maßnahmen positiv auf deren Effizienzgrad einwirken. Dieser Überlegung liegt die in KAPITEL 3.1 angeführte Erkenntnis zugrunde, dass sich die Konsistenz („Fit") der gewählten Strategie mit den Anforderungen der Unternehmensumwelt positiv auf das Erfolgsniveau einer Strategie auswirkt.[323]

Die zentrale Aufgabe kontingenztheoretischer Ansätze besteht - wie erwähnt - in der Identifikation der im Einzelfall relevanten Kontextvariablen eines Entscheidungsproblems.[324] Diese allerdings sind keiner allgemein gültigen Bestimmung zugänglich, sondern variieren mit der konkreten Fragestellung und dem festgelegten Abstraktionsniveau eines Entscheidungsproblems. Entsprechend unüberschaubar ist die Anzahl potenziell situativer Faktoren.[325] Ein erster und weit verbreiteter **Systematisierungsansatz** kontextueller Dimensionen geht auf KIESER und KUBICEK zurück. Sie unterscheiden externe (exogene) von internen (endogenen) Rahmenbedingungen:[326] Während externe Faktoren „Eigenschaften der Umwelt" kennzeichnen, repräsentieren interne Faktoren „Eigenschaften der Organisation" (Unternehmensziele, Organisationsstruktur, Ressourcenverfügbarkeit usw.). Eigenschaften der externen Unternehmensumwelt sind vom Planer zwar in die Entscheidungsfindung mit einzubeziehen, von ihm jedoch unmittelbar nicht beeinflussbar. Gleichermaßen sind interne Faktoren bei der Entscheidungsfindung zu berücksichtigen, unterliegen aber im Gegensatz zu externen Situationen einem unmittelbaren Einfluss durch den Planer bzw. die durchgeführten Marketingaktivitäten vorhergehender Planungsperioden.[327]

321 Vgl. Staehle (1976), S. 36-38; derselbe (1985), S. 79-82.

322 Vgl. Prescott (1986), S. 340.

323 Vgl. Homburg/Simon (1995), Sp. 2760.

324 Vgl. Dülfer (1996), S. 183.

325 Vgl. Zeithamel et al. (1988), S. 54.

326 Vgl. Kieser/Kubicek (1983), S. 221-225. Eine ähnliche Systematisierung situativer Einflussfaktoren findet sich bei Hadaschik (1979), S. 64-71.

327 Vgl. Kieser/Kubicek (1983), S. 221-225. Vgl. auch Haas (1976), S. 55; Stahr (1979a), S. 23-25; Albaum et al. (1989), S. 5.

Im Zusammenhang mit marketing-strategischen Entscheidungen wird insbesondere die Bedeutung **externer Faktoren** herausgestellt:

> „Es gilt, die Unternehmung-Umwelt-Beziehungen [...] in den Vordergrund der Informationsbeschaffung für den Planungs-, Entscheidungs- und Durchführungsprozeß [!] zu stellen. Strategische Entscheidungen beziehen sich in erster Linie auf externe und weniger auf interne Probleme des Unternehmens."[328]

Auch im Rahmen einer **internationalen Marketingplanung** stellen empirische Untersuchungen vornehmlich auf externe Einflussgrößen ab. Letztlich dürfte die Bevorzugung externer Kontextfaktoren vor internen Unternehmensbedingungen auf die mit Ersteren verbundene, erhöhte Unsicherheit zurückzuführen sein. Dies betrifft im Einzelnen „[...] ökonomische, politisch-rechtliche und kulturelle bzw. konsumentenverhaltensbezogene Einflußgrößen [!] [...]".[329] Selbst wenn die angeführten Dimensionen als abschließend unterstellt würden, können diese jeweils für sich eine theoretisch unendliche Anzahl situativer Ausprägungen annehmen. Deren vollumfängliche Erfassung erscheint daher unmöglich. Das Postulat der Vollständigkeit ist in diesem Zusammenhang lediglich als Leitidee zu verstehen.[330]

Im Sinne eines pragmatischen Forschungsverständnisses bleibt es letztlich dem Bearbeiter überlassen, die nach seiner Auffassung für die gestellte Problematik entscheidenden Situationsmerkmale zu identifizieren.[331] KUß und TOMCZAK weisen in diesem Zusammenhang darauf hin, dass es „[...] meist besser ist, wenige wichtige Faktoren möglichst sorfältig als eine Fülle von mehr oder minder relevanten Aspekten auf oberflächliche Weise zu untersuchen".[332] Im Anwendungsfall einer imagebasierten Marketingplanung gilt es deshalb, diejenigen „wichtigen" Faktoren zu identifizieren, die einen moderierenden Einfluss auf den Wirkungszusammenhang zwischen den einer Unternehmung zur Verfügung stehenden Marketingmaßnahmen einerseits und den relevanten Imagegrößen auf Verbraucherseite (hier: Unternehmens-, Marken- und Produktimages) andererseits ausüben. Auch und insbesondere im Rahmen einer internationalen Marktbearbeitung wird dieser Einfluss v.a. situativen Variablen der **externen Unternehmensumwelt** zugesprochen:

> „In international markets, environmental characteristics are likely to moderate the image-performance relationship."[333]

---

328 Schadenhofer (1982), S. 1 und S. 3. Vgl. auch Paul (1998), S. 198.

329 Ebenda, S. 198. Zu externen Einflussfaktoren im Einzelnen vgl. ebenda, S. 198f.

330 Vgl. Backhaus et al. (1996), S. 31.

331 Vgl. Tebbe (1990), S. 170f.

332 Kuß/Tomczak (1998), S. 42.

333 Roth (1995), S. 164.

Verbraucherwahrnehmungen als Zielgrößen einer imagebasierten Marketingplanung werden sowohl von den Marketing-Aktivitäten des Anbieters bzw. dessen Wettbewerberunternehmen als auch durch die Kontextvariablen einer Entscheidungssituation beeinflusst.[334] Die marketingpolitischen Aktivitäten des Anbieters werden innerhalb der Aktionsebene des gewählten theoretischen Bezugsrahmens dieser Arbeit erfasst.[335] Sie können vom Planer unmittelbar beeinflusst werden und sind deshalb per definitionem von den externen situativen Faktoren des Entscheidungsproblems strikt zu trennen. Die Marketing-Aktivitäten des Wettbewerbs sind aus Sicht des Anbieters als Kontextvariablen zu verstehen; sie finden im Erhebungsdesign der anstehenden Situationsanalyse gesonderte Berücksichtigung.[336] Im Folgenden sollen deshalb die für eine imagebasierte Marketingplanung relevanten Faktoren der externen marktlichen Unternehmensumwelt identifiziert werden:

Im Hinblick auf die (externen) Rahmenbedingungen eines Marketingplanungsprozesses wurde in KAPITEL 3.1 darauf verwiesen, dass diese nicht zwangsläufig einen eindimensionalen Wirkungsverlauf aufweisen müssen, sondern sich u.U. durch einen „kombinierten Einfluss" auszeichnen.[337] Diesem Umstand soll in der vorliegenden Untersuchung insofern Rechnung getragen werden, als isolierte von integrierten Kontextvariablen abgegrenzt werden: Isolierte Situationsvariablen werden im Sinne dieser Arbeit dementsprechend als solche Einflussgrößen definiert, die ausschließlich auf jeweils nur eine der festgelegten Erfolgsvariablen einwirken bzw. deren Einfluss auf eine Zielvariable von dem auf andere Erfolgsgrößen methodisch strikt zu trennen ist. Demgegenüber werden integrierte Rahmenbedingungen als solche Variablen verstanden, die sich in ihrer Wirkung auf mehrere Zielgrößen zugleich erstrecken bzw. sich zwischen diesen vollziehen. Die getrennte Behandlung beider Typen basiert damit zum einen auf den unterschiedlichen Eigenschaften isolierter und integrierter Situationsvariablen. Zum anderen berücksichtigt sie deren differenzierte Ansprüche an den Einsatz statistischer Verfahren zum Zwecke deren Beschreibung (deskriptiver Anspruch) und Erklärung (explikativer Anspruch).

Bezüglich der im Rahmen dieser Arbeit unter **isolierte Rahmenbedingungen** zu subsumierenden Kontextvariablen kommt für internationale Verbraucherwahrnehmungen vor allem kulturellen Eigenheiten eine zentrale Aufmerksamkeit zu.[338] In diesem Zusammenhang wird der **Kulturdimension** innerhalb der internationalen Marketingplanung ein moderierender Einfluss auf die Beziehung zwischen der Strategiewahl und dem Erfolgsgrad bescheinigt; ihm gilt es deshalb bei der Strategieformulierung explizit Rechnung zu tragen:

> „[...] it is important for managers to recognize that cross-national differences should be taken into account."[339]

[334] Vgl. Mayerhofer (1995), S. 56; Herzig (1991), S. 6. Insbesondere zum Einfluss marketingpolitischer Aktivitäten des Anbieters auf die aus Unternehmenssicht relevanten Imagegrößen vgl. Mayer/Mayer (1987), S. 16f.; Johannsen (1974), Sp. 819f.; Herzig (1991), S. 138; Huber (1988), S. 153. Zum Einfluss der Werbung im Imagebildungsprozess vgl. bspw. Reynolds/Gutman (1984), S. 27-37.

[335] Vgl. hierzu die Ausführungen in Kapitel 4.1 dieser Arbeit.

[336] Vgl. hierzu die Ausführungen in Kapitel 5.1 dieser Arbeit.

[337] Vgl. Hauschildt (1997), S. 36.

[338] Vgl. Friedman (1986), S. 97-104; Ricks (1986), S. 107-129; DuPreez et al. (1995), S. 38-51.

[339] Roth/Romeo (1992), S. 494.

Die Bedeutung und der kontextuelle Charakter der Kulturdimension werden von einer Reihe theoretischer sowie empirischer Studien der internationalen Marketingplanung bestätigt.[340] Dem an späterer Stelle noch zu definierenden Kulturkonstrukt immanent ist seine dynamische Entwicklung über die **Zeit**;[341] in der Konsequenz sind Verbraucherwahrnehmungen letztlich auch schon deshalb als zeitabhängig zu erachten.[342] Als die ersten zwei von vier zu berücksichtigenden und auf einzelne Image-Zielgrößen isoliert einwirkenden Rahmenbedingungen sind daher die Raum- (Kultur) und Zeitdimension einer imagebasierten internationalen Marketingplanung abzuleiten.[343]

Neben dieser genannten Zwei-Dimensionalität externer isolierter Rahmenbedingungen wird insbesondere den Eigenschaften der **Verbraucher als Imageträger** sowie ihrem Bezug zum Beurteilungsobjekt (Besitzstatus) ein kontextueller Einfluss auf den Erfolgsgrad einer Imagestrategie attestiert: In diesem Zusammenhang kommt den Menschen als Imageträgern eine herausragende Bedeutung zu, stellen sie doch quasi individuell-situative Faktoren aus Unternehmenssicht dar.[344] Zu Zwecken einer ökonomisch vertretbaren Marktbearbeitung werden sie - zumeist anhand sozio-demografischer Merkmale wie des Geschlechts, des Alters, des Einkommens oder der Berufsstellung - zu Gruppen zusammengefasst.[345] DOWLING bestätigt den kontextuellen Einfluss des Verbrauchers im Allgemeinen bzw. definierter Zielgruppen im Speziellen:

> „[...] it is unlikely that all the groups with which an organzation interacts will have the same image at a particular point in time."[346]

Der **Besitzstatus** der Nachfrager unterscheidet Besitzer (*owner*) von Nicht-Besitzern (*non-owners*) und stellt den Bezug des Nachfragers zu einem Objekt dar.[347] Da die Marke als Untersuchungseinheit der vorliegenden Arbeit gewählt wurde, ist dieser Zusammenhang im übertragenen Sinne zu verstehen, da eine Markierung immer an ein Objekt gebunden sein muss und für sich ob ihres immateriellen Charakters nicht physisch besessen werden kann. Es wird daher dann von einem Markenbesitz gesprochen, wenn der Nachfrager ein mit einer Marke versehenes Produkt erwirbt. So kann der Besitzstatus sowohl auf ein Produkt, als auch auf die Dach- und Firmenmarke eines Unternehmens bezogen werden. Die für die Einstellungsforschung im Allgemeinen und für den vorliegenden Forschungsgegenstand im Speziellen zentrale Problematik besteht in der Frage, ob *owner* einer Marke diese allein auf Grundlage des „physischen" Besitzes besser beurteilen als *non-owners*. Ist dies der Fall, wird von einem sog. (*mere*) *ownership effect* gesprochen:

> „[...] mere possession of a product increases liking, a phenomenon termed the mere ownership effect [...]."[348]

---

340 Vgl. bspw. Voß (1989), S. 111 und Hodgetts/Luthans (1994), S. 60. Vgl. auch Moore (1993); Owen (1993); Heald et al. (1981), S. 229-231; Munson (1977), S. 313-316; Meissner (1988), S. 99 und Segler (1986), S. 77.

341 Vgl. ebenda, S. 78.

342 Vgl. Herbig/Milewicz (1993), S. 20; Jain (1996), S. 238; Ronen (1986), S. 17; Cateora (1983), S. 97.

343 Vgl. Lüscher (1992), S. 8.

344 Vgl. Johannsen (1974), Sp. 819f.; Mayerhofer (1995), S. 56; Herzig (1991), S. 138.

345 Vgl. Stahr (1979a), S. 13; Althans (1982), S. 115; Meffert (1977), S. 438.

346 Dowling (1986), S. 112.

347 Vgl. Kirmani et al. (1999), S. 89.

348 Dieselben (1997), S. 3.

Dem *ownership effect* zugrunde liegt die Vermutung, dass der Besitz an einer Marke mit einem erhöhten Involvement einhergeht:[349] Die Entscheidung für den Kauf einer Marke integriert diese nach gängigem Forschungsverständnis in die private Sphäre des Käufers und lässt diesen eine quasi-persönliche Beziehung zu ihr aufbauen. Im Idealfall unterstützt die Marke den Konsumenten bei dessen Bestreben nach Selbstverwirklichung und trägt zur Selbstidentifikation des Konsumenten bei.[350] Der Konsument wird demzufolge nur solche Marken wählen, die ihn aus seiner Sicht gewissermaßen „in einem besseren Licht dastehen lassen“:

> „To satisfy the desire to see oneself in a favorable light, people will overvalue an object associated with the self, namely, an owned object.“[351]

Im Zusammenhang mit einer (Firmen-) Dachmarke resultiert aus einem *ownership effect* eine gewichtige Relevanz für die Gestaltung einer imagebasierten Marketingplanung: Wird eine Marke tatsächlich ausschließlich aufgrund ihres Besitzes von einem Nachfrager positiv beurteilt, liegt die Vermutung nahe, dass die Beurteilungsqualität auf sämtliche Markenbestandteile (Unternehmung, Dachmarke und Produkte) übertragen wird.[352] In Anbetracht dessen überrascht, dass sich die wirtschaftswissenschaftliche Forschung bislang nur in geringem Maße mit dem *ownership effect* auseinander gesetzt zu haben scheint:

> „Despite its managerial importance, however, the effects of ownership status on consumers‘ responses [...] are largely unresearched.“[353]

Gemäß den voranstehenden Ausführungen sollen die **Kultur-** und **Zeitdimension**, der Verbraucher selbst (**Imageträger**) sowie dessen Bezug zum Beurteilungsobjekt (**Besitzstatus**) als isolierte Rahmenbedingungen einer internationalen imagebasierten Marketingplanung fungieren.

Mit der Auswahl einer (Firmen-) Dachmarke als Untersuchungsgegenstand ist eine Markenstrategie verbunden, die ein identisches Markierungselement für eine Firmen- und Dachmarke und die unter ihnen angebotenen Produktmarken vorsieht. Sie werden im Sinne dieser Arbeit jeweils für sich als eigenständige Geschäftsfelder definiert. Wie in KAPITEL 2.2 gezeigt wurde, unterliegt insbesondere diese Strategie sog. **Imagetransfereffekten**, die als Wechselwirkungen zwischen den verbraucherseitigen Wahrnehmungen hinsichtlich der Markenbestandteile (Unternehmensimage, Markenimage und Produktimage) zu verstehen sind. Diese mit einer (Firmen-) Dachmarkenstrategie einhergehenden Imagetransfereffekte stellen aus Sicht der Unternehmung **integrierte kontextuelle Faktoren** dar, die es bei der Strategieformulierung explizit zu berücksichtigen gilt; integriert in dem Sinne, dass Imagetransfereffekte aufgrund ihrer wechselseitigen Beziehungen zwischen den Image-Zielgrößen untereinander in ihrer Wirkung auf einzelne Imageebenen nicht ohne Weiteres zu isolieren sind. Dennoch wird in der Marketing-Wissenschaft wie -Praxis nach wie vor eine isolierte Betrachtung strategischer Geschäftsfelder (hier: Produkte) angestellt:

349 Vgl. Kirmani et al. (1999), S. 89.

350 Vgl. dieselben (1997), S. 5; Beggan (1992), S. 229.

351 Ebenda, S. 235.

352 Vgl. Kirmani et al. (1999), S. 89.

353 Dieselben (1997), S. 1.

„Much of the marketing literature [...] assumes that firms make decisions about products individually and one at a time, that is, in isolation from what is happening to other products that the firm makes."[354]

und:

„The fate of companies is determined largely by how they handle [...] large numbers of products in their range. When putting on new products, modifying products and deleting products, managers have to keep in mind the effects [...] on the rest of the products that they make."[355]

Mit Image-Zielgrößen, die die Position einer Produkt-, Dach- oder Firmenmarke innerhalb des relevanten Wettbewerbsumfeldes oder gegenüber den Idealvorstellungen der Verbraucher zum Ausdruck bringen, lässt sich feststellen, inwiefern ein relativer Wettbewerbsvorteil/-nachteil eines Geschäftsfeldes besteht. Diese geschäftsfeldspezifische, isolierte Betrachtung ist nach HINTERHUBER um die Synergieattraktivität eines SGF zu erweitern, um auch die Erfolgspotenziale eines SGF zu berücksichtigen, die sich im Rahmen einer Horizontalstrategie über mehrere oder alle SGF erstrecken.[356] Im Ergebnis sollte diese Horizontalstrategie zu einem optimalen Image-Mix aller zu bearbeitenden strategischen Geschäftsfelder (hier: Produkte) führen:

„Conceptually, the product offering of a firm should lead to an optimal mix of product positioning by market segments, i.e., the product positioning of any given product should not be designed and evaluated in isolation from the positioning of the firm's other products and the market segments at which they are aimed."[357]

Über die Betrachtung der Produktebene im Rahmen einer Horizontalstrategie hinaus verlangt die (Firmen-) Dachmarkenstrategie dagegen eine vertikale Integriertheit der mit der (Firmen-) Dachmarke verbundenen Unternehmens-, Marken- und Produktimages. Aufgrund der (großteils) identischen Markierung werden die Unternehmung, Marke(n) und Produkte als eine Einheit wahrgenommen und dürfen als solche nicht isoliert werden.[358] Diese Wechselwirkungen allerdings haben allgemein bislang relativ wenig Aufmerksamkeit erfahren und sind selten zum Gegenstand empirischer Untersuchungen gemacht worden:

„Issues such as associative strength and overlap between the [...] knowledge representations [Unternehmensimage, Markenimage und Produktimage], [and] potential biasing effects of one representation on the other [...] warrant detailed empirical exploration."[359]

Dementsprechend hat sich die Markenliteratur vornehmlich auf die Behandlung isolierter Markenausprägungen konzentriert und sog. Markenkonglomerate bislang weitgehend vernachlässigt:

„The work on brands often focuses on isolated brands and does not think in terms of the larger issues of forming corporate or multibrand identities."[360]

---

354 Kent (1986), S. 5.

355 Ebenda, S. 6.

356 Vgl. Hinterhuber (1989), S. 116-119. Zur Horizontalstrategie vgl. Porter (1986), S. 405-407.

357 Wind (1982), S. 79.

358 Vgl. Mayerhofer (1995), S. 170.

359 Biehal/Sheinin (1998), S. 109 [Ergänzungen durch den Verfasser].

360 Schmitt/Simonson (1997), S. 17f.

Allerdings dürfen die im Falle von Markenkonglomeraten wie bspw. einer (Firmen-) Dachmarke existenten Interaktionen zwischen den Komponenten nicht außen vor bleiben.[361] Folgende Aussagen deuten auf die Existenz wahrnehmungsrelevanter Beziehungsgeflechte zwischen den (vertikalen) Ebenen einer (Firmen-) Dachmarkenhierarchie hin. Die in eckigen Klammern mit Hilfe einer Pfeilsymbolik ausgewiesenen Beziehungen geben dabei Beteiligte (PI: Produktimage/s, MI: Markenimage und UI: Unternehmens- bzw. Firmenimage), Art (einseitig oder wechselseitig) und Richtung der unterstellten Imageeffekte wider:

- „Das Nestlé-Image wird u.a. durch die Images der Nestlé-Produkte mit konstituiert und beeinflußt seinerseits die Nestlé-Produkt-Images."[362] [PI←→MI bzw. UI]

- "[...] the company's name established by the present products."[363] [PI→UI]

- „[...] die große Bedeutung [...], die die Erfahrung der Verbraucher ... mit den Erzeugnissen des Unternehmers für das ... Unternehmensimage besitzt."[364] [PI→UI]

- „Sortimentsimage als Ganzheit, deren Teile die Images der im Sortimentsverbund angebotenen Produkte sind."[365] [k.A.]

- „Ein Unternehmen, das ... interessante Produkte auf den Markt bringt, verbessert und stärkt sein Image."[366] [PI→UI]

- „Das positive Markenimage kann [...] das Vertrauensverhältnis zwischen der Marke und dem Konsumenten stärken und zur Verbesserung des Unternehmensimages beitragen."[367] [MI→UI]

- „Es wird nicht bestritten, daß [!] es auch ein Produktimage gibt, das u.U. Einfluß [!] auf das Markenimage nehmen kann."[368] [PI→MI]

- „Die Reputation einer Firma ist im wesentlichen [!] ein Resultat zufriedenstellender [!] früherer Erfahrungen mit Produkten dieser Firma [...]. Somit repräsentiert Firmenreputation eine *Akkumulation* der mit *einzelnen* Produkten in der Vergangenheit gemachten Erfahrungen."[369] [PI→UI]

- „Die einzelnen Produkte tragen also zum Goodwill der Produktlinie bei und empfangen umgekehrt Goodwill von dieser."[370] [PI←→MI]

---

361 Vgl. Mayerhofer (1995), S. 293.

362 Johannsen (1971), S. 74, zitiert nach Simon (1985), S. 103.

363 Dean (1951), S. 28, zitiert nach Simon (1985), S. 103.

364 Gutenberg (1976), S. 532, zitiert nach Simon (1985), S. 103.

365 Müller (1971), S. 197, zitiert nach Simon (1985), S. 103.

366 Sandler (1977b) o.S., zitiert nach Simon (1985), S. 103.

367 Meffert (1994), S. 177.

368 Mayerhofer (1995), S. 168.

369 Simon (1985), S. 36 [Hervorhebungen im Original].

370 Ebenda, S. 102.

Wie die angeführten Zitate belegen, werden vielfältige wechselseitige Beziehungen zwischen den Ebenen Produkt, Marke und Unternehmung bzw. deren Images in einem Multimarkenfall (hier: Firmen-/Dachmarke) vermutet. Eine imagebasierte Marketingplanung verlangt die Berücksichtigung dieser **Imagetransfereffekte.**[371] Sie sollen deshalb als integrierte Rahmenbedingungen in die Konzeption eines Modells imagebasierter Marketingplanung aufgenommen werden.

Zu einem Überblick über den aktuellen Stand der Forschung bezüglich insbesondere des Imagetransfereffekts wird in KAPITEL 3.3 zunächst eine Bestandsaufnahme relevanter wissenschaftlicher Ansätze vorgenommen und der resultierende Forschungsbedarf ermittelt. An späterer Stelle geht der Imagetransfereffekt als integrierte Rahmenbedingung neben den vier isolierten Kontextvariablen Raum (Kultur) und Zeit (Jahr) der Erhebung sowie Sozio-Demografika und Besitzstatus der Nachfrager in die Entwicklung eines Modells imagebasierter Marketingplanung ein (KAPITEL 4.1). Dabei werden dem situativen Bezugsrahmen dieser Arbeit im Allgemeinen und den Anforderungen an die Operationalisierung der Kontextvariablen im Besonderen entsprechend, Untersuchungshypothesen formuliert und in der sich anschließenden Situationsanalyse auf ihre empirische Tragfähigkeit an einem Datensatz hin überprüft (KAPITEL 5). An dieser Stelle soll jedoch nochmals darauf hingewiesen werden, dass die Auswahl der zu berücksichtigenden Rahmenbedingungen nicht als positiv definit i.S.v. abschließend erachtet werden kann, sondern vor dem Hintergrund des gewählten Forschungsvorhabens als geeignet erscheint.

3.3 Bestandsaufnahme relevanter wissenschaftlicher Ansätze und Forschungsbedarf

3.3.1 Zielebene (Erfolgsvariablen)

Bislang vernachlässigen gängige Methoden der strategischen Marketingplanung wie bspw. die Portfolioanalyse die Abbildung wettbewerbsrelativer Images eines Anbieters bzw. deren strategischer Geschäftsfelder aus Verbrauchersicht.[372] Insbesondere wird der Einfluss der verbraucherrelevanten Wahrnehmungen auf die Wettbewerbsstärke eines SGF nicht ausreichend berücksichtigt. In der Konsequenz eignen sich diese Verfahren nicht für die Gestaltung einer zielgerichteten Imagepolitik.[373]

Die Bedeutung von Verbraucherwahrnehmungen (Images) in rezessiven Märkten mit technisch homogenen Produkten einerseits sowie die Vernachlässigung dieser Erfolgsfaktoren in den gebräuchlichen Verfahren der strategischen Marketingplanung andererseits verlangen nach Modellen und Methoden, die Imagegrößen explizit als Bestandteile marketingstrategischer Überlegungen ausweisen.[374] Mit sog. „klassischen" Positionierungsmodellen und der Wettbewerbs-Image-Struktur-Analyse (WISA) von TROMMSDORFF werden in der Folge zwei Modelltypen vorgestellt, die diesem Bedarf explizit Rechnung tragen:

371 Vgl. Simon (1985), S. 23.

372 Vgl. Haedrich/Tomczak (1990), S. 84.

373 Vgl. Trommsdorff (1992b), S. 326f.

374 Vgl. Steffenhagen (1982), S. 52 und S. 71.

Die Repräsentation von gespeichertem Wissen im menschlichen Gedächtnis wird mithilfe sog. „semantischer (propositionaler) Netzwerke" abgebildet.[375] Wird ein Verbraucher mit Reizen aus seiner Umwelt konfrontiert, ordnet er die aus ihnen gewonnenen Eindrücke im Anschluss an eine erste kognitive Beurteilung nach Art, Intensität und Richtung in sein individuelles Assoziationengeflecht (Netzwerk) ein.[376] Dabei wird das Beurteilungssubjekt bzw. -objekt in Beziehung zu bestehenden Assoziationsinhalten der vorhandenen Wissensstruktur gesetzt.[377] Aus dieser relativen Evaluierung lassen sich das Grundverständnis des marketingpolitischen Terminus der **Positionierung** ableiten und der Begriff wie folgt definieren:

> *„Unter Positionierung versteht man den Vorgang, daß [!] der Verbraucher ein Produkt geistig auf ganz bestimmte Weise einordnet, oder anders, daß [!] sich das Produkt im Geiste des Verbrauchers einen bestimmten Platz sucht. Man kann es auch so ausdrücken, Positionierung ist ganz einfach der Nettoeindruck, den der Verbraucher von einem Produkt oder einer Marke hat. Was offenbar das erste ist, woran der Verbraucher denkt."*[378]

Im Umfeld sämtlicher relevanter, über das semantische Netzwerk mit dem Meinungsgegenstand in Verbindung stehender Assoziationen erhält das Betrachtungssubjekt bzw. -objekt eine relative Beurteilung.[379] Diese kann sowohl an den Erwartungen an und/oder an den Erfahrungen mit real existierenden Produkten und Marken (des Wettbewerbs) oder aber an den idealtypischen Ausprägungen von Produkten und Marken aus Sicht des Betrachters festgemacht werden.[380] In erstgenanntem Fall wird von Realpositionierung, im zweiten Fall von Idealpositionierung gesprochen.[381] Die Idealpositionierung kennzeichnet „[...] die idealtypische Ausprägung der relevanten Eigenschaften bei einem Objekt (aus Nachfragersicht)".[382] Sie kann entweder von der Einschätzung einer fiktiven, typischen Ausprägung einer Produktkategorie oder von einem speziellen, realen Produkt (z.B. das meistbevorzugte, letztgekaufte oder meistbekannte) geprägt sein.[383] Über die Entfernung des Meinungsgegenstandes von Real- und Idealpositionen erhält dieser seine Koordinaten im subjektiven Wahrnehmungsraum seines Betrachters.[384]

---

375 Vgl. Kroeber-Riel/Weinberg (1996), S. 228-230. Zur Abbildung semantischer Netze existieren unterschiedliche Modelle: Vgl. bspw. Best (1999), S. 185-187; Anderson (1988), S. 112-115 und insbesondere S. 188. Zur Rolle von Gedächtnisinhalten im Rahmen von Kaufentscheidungsprozessen vgl. Alba et al. (1991), S. 1-49.

376 Vgl. Kroeber-Riel/Weinberg (1996), S. 228.

377 Vgl. ebenda, S. 230f. Eine detaillierte Darstellung kognitiver Prozesse der Informationsverarbeitung findet sich bei ebenda, S. 225-228.

378 Peddie (1983), S. 22, zitiert nach Meyer (1996a), S. 77 [Hervorhebungen durch den Verfasser].

379 Die Denkbasis der Produktpositionierung geht auf das sozialwissenschaftliche Feldmodell von Lewin zurück, das von dem Marktpsychologen Spiegel auf Marken übertragen wurde und in diesem Sinne die Positionierung als Abbildung eines Marktes versteht. Vgl. hierzu Lewin (1961), Lewin/Cartwright (1963) und Spiegel (1961). Zur praktischen Relevanz von Positionierungsmodellen vgl. Salcher (1978), S. 324.

380 Vgl. Schreiner (1992), S. 84. Vgl. auch Rosenstiel/Ewald (1979), S. 40.

381 Vgl. Kroeber-Riel/Weinberg (1996), S. 197-199. Das Konstrukt „Idealvorstellung von einem Meinungsgegenstand" wurde erstmalig von Berth eingeführt und in dessen Marktmodell operationalisiert. Vgl. Berth (1960), S. 811-814. Zu Problemen der Messung von Idealimages vgl. Cohen (1967), S. 32f. und Day (1972), S. 283f.

382 Meyer/Mattmüller (1999), S. 843.

383 Vgl. Selnes (1993), S. 47.

384 Vgl. Kroeber-Riel/Weinberg (1996), S. 216-219; Trommsdorff (1992b), S. 330; derselbe (1995), Sp. 2060.

Die grafische Darstellung von Verbraucherwahrnehmungen (Images) in einem mehrdimensionalen **Imageraum** (*perceptual mapping*)[385] geht auf das sozialwissenschaftliche Feldmodell LEWINS zurück, das von dem Marktpsychologen SPIEGEL später auf Produktmarken übertragen wurde:[386]

Mittels der Überführung psychischer Differenzierungen hinsichtlich der einen Markt konstituierenden Marken in räumliche Distanzen hat das psychologische Marktmodell SPIEGELS die Abbildung eines Gesamtmarktes zum Ziel. SPIEGEL benennt diesen Imageraum als „soziales Feld“ und begrenzt dieses in seiner Erstfassung auf zwei Koordinaten (Imagedimensionen).[387] Dieser (geringdimensionale) Imageraum oder euklidische Merkmalsraum wird anhand der in der betrachteten Produktkategorie bevorzugungsrelevante(-ste-)n Merkmale (Attribute) aufgespannt.[388] Die Position entlang dieser Attribute liefert ein Indiz für die Wettbewerbsintensität.[389] Die Wettbewerbsintensität wird „[...] als Gesamtähnlichkeit von Marken bzw. als Distanz zwischen ihren Positionen ermittelt“.[390] Mit der Abbildung dieser Beziehungen wird eine Verbindung zwischen der externen Umwelt und der internen Unternehmensumwelt geschaffen.[391] Über die Abgrenzung des relevanten Marktes mittels der Festlegung alternativer Produkte und Marken hinaus bestehen die weiteren Aufgaben einer Ist-Positionierung in der Bestimmung der relevanten Beurteilungsdimensionen sowie letztlich in der Messung der Imageausprägungen.[392]

---

385 Zum *perceptual mapping* als geometrischer Darstellung von Verbraucherwahrnehmungen vgl. Hooley (1980), Malholtra (1994), Shocker/Srinivasan (1979), Horton (1984) und Soutar (1981). Neuere Methoden zur Abbildung von Assoziationsstrukturen (semantischen Netzwerken) sind bspw. sog. *Concept Maps* oder die *Zaltman Metaphor Elicitation Technique* (ZMET), die - im Gegensatz zu klassischen Verfahren - Wissensstrukturen in der Form verbundener Assoziationen nicht direkt beim Probanden erfragen, sondern im Rahmen qualitativer Versuchsanordnungen mittelbar zu erfassen versuchen. Zum *Concept Mapping* vgl. z.B. Joiner (1998), S. 311-317. Zum ZMET vgl. Zaltman/Coulter (1995), S. 35-53; Zaltman (1997), S. 424-437; derselbe (1996), S. 13-20 und Zaltman et al. (1995).

386 Vgl. hierzu v.a. Lewin (1961), Lewin/Cartwright (1963) und Spiegel (1961). Zur praktischen Relevanz von Positionierungsmodellen vgl. Salcher (1978), S. 324.

387 Vgl. Schreiner (1992), S. 64. Zum Marktmodell Spiegels vgl. v.a. Spiegel (1961) und Schreiner (1992), S. 64-74. Zur Feldtheorie Lewins vgl. Lewin (1961) und Lilli (1983), S. 424. Zu einem Überblick über die historische Entwicklung von Positionierungsmodellen vgl. Trommsdorff/Zellerhoff (1994), S. 363-372.

388 Vgl. Trommsdorff (1992b), S. 329; Trommsdorff/Zellerhoff (1994), S. 351; Lohrer (1994), S. 41. Zu Positionierungsmodellen im allgemeinen vgl. Wind (1982), Keon (1983) und Nommensen (1990). Mit Hilfe einer Faktorenanalyse, Diskriminanzanalyse und multiattributiver dekompositioneller Modelle von Imageprofilen, mittels einer mehrdimensionalen Skalierung von Ähnlichkeitsdaten können Positionierungsräume relativ leicht erzeugt werden. Es reichen zumeist zwei oder drei Dimensionen aus. Eine maximal dreidimensionale Modellierung ermöglicht die grafische Abbildung des Wahrnehmungsraums. Vgl. Trommsdorff (1992a), S. 460 und Keon (1983), S. 380.

389 Vgl. Kroeber-Riel/Weinberg (1996), S. 216-219; Trommsdorff (1992b), S. 330; derselbe (1995), Sp. 2060.

390 Derselbe (1992a), S. 460. Die Abbildungen A-5 und A-6 im Anhang veranschaulichen zwei fiktive Beispiele dreidimensionaler klassischer Positionierungsmodelle im euklidischen Merkmalsraum.

391 Vgl. Diller (1998), S. 47.

392 Vgl. Trommsdorff (1995), Sp. 2059.

Neben der wettbewerbsrelativen Abbildung des Markensystems einer Unternehmung („analytische Komponente") besitzt die Positionierung als Kernfunktion einer imagebasierten Marketingplanung eine zweite Interpretationsperspektive: Sie problematisiert die „[...] Strategien und Maßnahmen des Produktmanagements, die zu gezielten Veränderungen dieses Systems führen (strategische Komponente)".[393] Dementsprechend lässt sich folgende, ergänzende Definition des Positionierungsbegriffs aufstellen:

> *„Positionierung ist die* aktive *Planung, Gestaltung und Kontrolle der Außenwahrnehmung von Unternehmenseinheiten."*[394]

Die **strategische Komponente** basiert auf den Erkenntnissen der Positionierungsanalyse (analytische Komponente).[395] Sie geben den Referenzrahmen für die Gestaltung der relevanten Imagegrößen vor.[396] Zentrale Aufgabe der Positionierungs- bzw. Imagestrategie ist es demnach, die zukünftige Stellung eines Leistungsangebots im Markt bzw. Wettbewerb festzulegen und die Richtung für einen effizienten Marketingeinsatz zur Erfüllung der ökonomischen Unternehmensziele vorzugeben.[397] Bei den Objekten der Positionierung kann es sich um Unternehmen, Marken, Produkte u.ä. handeln.[398] Die Adressaten der Positionierung sind die Zielgruppen der Unternehmung im Allgemeinen und deren strategischer Geschäftsfelder im Besonderen.[399] Anlässe ergeben sich aus der Planung einer neu in den Markt einzuführenden Marke oder der Veränderung der Marktstellung einer existenten Marke.[400]

Aus der grafischen Darstellung des Imageraums einerseits und den theoretischen Ausführungen hinsichtlich der strategischen Komponente des Positionierungsbegriffs andererseits lassen sich drei grundsätzliche, idealtypische **Imagestrategien** ableiten:

- Erstens kann eine Unternehmung bestrebt sein, eine bislang unbelegte, eigenständige Position (Marktnische) innerhalb des etablierten Wettbewerbsumfelds zu belegen (Wettbewerbsdifferenzierung i.S. einer wettbewerbsorientierten Neupositionierung). Erfolgt die Umsetzung dieser Strategie auf der Grundlage einer bislang unberücksichtigten, d.h. atypischen Merkmalsdimension, die das Produkt bzw. die Marke gewissermaßen aus dem etablierten Merkmalsraum ‚herauspositioniert', wird von *Positioning* (Alleinstellung) gesprochen.[401]

---

393 Trommsdorff/Zellerhoff (1994), S. 351.

394 Trommsdorff (1995), Sp. 2056 [Hervorhebungen durch den Verfasser].

395 Vgl. Trommsdorff/Zellerhoff (1994), S. 351; Kuß/Tomczak (1998), S. 106; Aaker/Shansby (1982), S. 56; Bailey (1982), S. 37.

396 Vgl. Aaker/Shansby (1982), S. 56; Aaker (1991), S. 110.

397 Vgl. Kuß/Tomczak (1998), S. 106. Die Termini „Positionierung", „Positionierungsstrategie", „Imagestrategie", „Imagepolitik" und „Imageprofilierung" werden in der Literatur weitgehend synonym verwendet. Letztlich sind auch ihre theoretischen und messmethodischen Grundlagen identisch. Vgl. Trommsdorff (1995), Sp. 2056.

398 Vgl. Diller (1998), S. 47; Trommsdorff (1995), Sp. 2056.

399 Vgl. ebenda, Sp. 2057.

400 Vgl. Trommsdorff/Zellerhoff (1994), S. 353f.

401 Vgl. Trommsdorff (1992b), S. 330f.; derselbe (1992a), S. 460; Wind (1982), S. 97; Trommsdorff (1995), Sp. 2057f.; Kuß/Tomczak (1998), S. 109. Der aus dieser Alleinstellung resultierende Wettbewerbsvorteil wird u.a. *Unique-Selling-Proposition* (USP), *Komparativer-Konkurrenz-Vorteil* (KKV) oder *Strategische Erfolgsposition* (SEP) genannt.

- Zweitens kann das Unternehmen versuchen, die Wahrnehmung des eigenen strategischen Geschäftsfeldes in Richtung der Idealposition zu bewegen (Verbraucherprofilierung i.S. einer nachfrageorientierten Repositionierung).[402] Die beiden erstgenannten Strategien führen jedoch zu einer Parallelbewegung aller Marktakteure, da diesen dieselben Strategien zur Verfügung stehen und diese nach „[...] denselben Kriterien optimieren".[403]

- Drittens kann das Unternehmen versuchen, die Verbraucherwahrnehmungen dergestalt zu beeinflussen, dass die Idealposition der Unternehmensposition näher rückt.[404] Allerdings dürfte der Aufwand, der mit der Veränderung von Verbraucherbedürfnissen verbunden ist, diese Strategie nur in den seltensten Fällen als lohnenswert erscheinen lassen.[405]

Die Fixierung der angestrebten Marktposition - und damit letztlich die Verfolgung der drei genannten Positionierungsstrategien - geht auf eine Typologie von ANSOFF zurück, die vier strategische Optionen aus der Gegenüberstellung der Bearbeitung gegenwärtiger oder neuer Märkte mit vorhandenen oder neuen Produkten ableitet. Das marktfeld-strategische Schema von ANSOFF setzt an der Unternehmensgesamtebene an und liefert Grundsatzstrategien dafür, ob das Portfolio strategischer Geschäftsfelder beizubehalten oder zu verändern ist.[406] Diese Systematik lässt sich in analoger Weise auch auf die Ebene strategischer Geschäftsfelder i.S.v. Marken übertragen. In der Konsequenz können folgende marketing-strategischen Grundsatzentscheidungen für die Führung einer Marke bzw. deren Positionierung nach der Strategie-Variation (Änderungsgrad der Marketingstrategie) unterschieden werden:[407]

1. **Beibehaltung** der Markenposition: Diese Option hat zum Ziel, die erreichte Position einer Marke aufrecht zu erhalten. Ein komparativer Konkurrenzvorteil bei der aktuellen Zielgruppe ist verankert, und/oder die Zielgruppe erweist sich nach wie vor als wirtschaftlich tragfähig; grundsatzstrategische Veränderungen werden nicht vorgenommen. Marginale Anpassungen des Markenauftritts (Veränderungen auf instrumentellem Niveau) indes dienen der Aktualisierung der Marke und der Bindung der Zielgruppe an sie.

2. **Umpositionierung** der Marke (*Revival*): Eine Umpositionierung ist immer dann vorzunehmen, wenn sich der Markt absolut verkleinert hat (Schrumpfung des Marktsegments), wenn sich Wachstums- und/oder Ertragsziele im angestammten Marktsegment nicht mehr realisieren lassen, wenn sich die Bedürfnisse oder Wahrnehmungen der Zielgruppe(n) im Zeitverlauf verändert haben, wenn die Zielgruppe(n) abgewandert ist/sind oder wenn die eigene Marke erfolgreich nachgeahmt wurde. Bei einem *Revival* wird eine Marke dann durch das Ersetzen oder Ergänzen einer oder mehrerer Positionierungseigenschaften (zumeist kommunikationspolitisch) partiell neu ausgerichtet. Dabei können marketing-strategische Aktivitäten darauf abzielen, den Markenauftritt zu verändern oder aber die Zielgruppe(n) umzudefinieren bzw. um Randzielgruppen zu erweitern.

---

402 Vgl. Trommsdorff (1992b), S. 330f.; derselbe (1992a), S. 460; Wind (1982), S. 97; Trommsdorff (1995), Sp. 2057f.; Kuß/Tomczak (1998), S. 109.

403 Trommsdorff (1992b), S. 330f. Vgl. auch Kuß/Tomczak (1998), S. 110.

404 Vgl. Wind (1982), S. 97; Kuß/Tomczak (1998), S. 109.

405 Vgl. Trommsdorff (1995), Sp. 2057.

406 Vgl. bspw. Ansoff (1966).

407 Vgl. Kuß/Tomczak (1998), S. 130-135.

3. **Neupositionierung** der Marke (*Relaunch*): Eine Neupositionierung ist immer dann sinnvoll, wenn die gegenwärtige Position im Markt keinen zukünftigen Erfolg mehr erwarten lässt, weil sich die Verbraucherbedürfnisse bzw. -wahrnehmungen verändert haben oder die eigene Marke keine ausreichende Differenzierung vom Wettbewerb und/oder keinen überlegenen Kundenvorteil mehr bietet. Ist die Umpositionierung einer Marke alleine in diesem Fall nicht erfolgversprechend und werden grundsatzstrategische Optionen als notwendig erachtet, wird eine generelle Neupositionierung durchgeführt. Dabei sind aktiv neue Positionierungsdimensionen zu suchen bzw. eine Neuprodukteinführung zu erwägen.

Der zentrale Vorteil der grafischen Darstellung wettbewerbsrelativer Imagepositionen im Rahmen „klassischer" **Positionierungsmodelle** besteht in deren Anschaulichkeit und Didaktik; diese werden durch „[...] die plausible Analogie, dass Distanzen im Imageraum Wettbewerbsintensitäten entsprechen", erreicht.[408] Allerdings steht diesem Vorteil eine Vielzahl an Schwächen „klassischer" Positionierungsmodelle gegenüber, die in der Folge skizziert werden sollen:[409]

- Die Beschränkung der Darstellung auf einen **dreidimensionalen** Wahrnehmungsraum entspricht nicht notwendigerweise den tatsächlichen Marktgegebenheiten, können doch vier oder mehr Merkmale das Beurteilungsraster eines Marktes aus Verbrauchersicht abbilden.
- Es erscheint höchst fraglich, dass sämtlichen Wettbewerbern aus Verbrauchersicht dieselben **Merkmale** zugesprochen werden. Liegt bspw. eine Alleinstellung (*Positioning*) einer Marke bzw. eines Produktes vor, ist diese Annahme nicht mehr zu rechtfertigen.
- Es werden sämtliche der zu berücksichtigenden Dimensionen als **gleichgewichtet** ausgewiesen. Vor dem Hintergrund unterschiedlicher Bedürfnis- und Präferenzstrukturen der Konsumenten dürfte diese Prämisse wohl kaum aufrechtzuerhalten sein.
- Die Stellung einer Marke bzw. eines Produkts im Wettbewerb wird einzig auf deren Merkmalseigenschaften zurückgeführt; von **Wettbewerbereinflüssen** wird abstrahiert. Diese konzeptionelle Beschränkung klassischer Positionierungsmodelle läuft der definitorischen Basis der Positionierung grundlegend zuwider, basiert diese doch auf einer (wettbewerbs-) relativen Einordnung in der Psyche des Verbrauchers.
- Die Annahme, räumliche Distanzen zwischen Real- und Idealpositionen entsprächen **Wettbewerbsintensitäten**, ist nicht in jedem Falle aufrecht zu erhalten: „Es kann sich auch um Anlehnung oder friedliche Marktaufteilung handeln."[410]
- Es existiert ein Trend zu einer **parallelen Strategieführung** der Wettbewerber, da ihnen dieselben Marktinformationen und Strategiealternativen zugänglich sind und sie nach denselben Kriterien optimieren. So stellen Marktnischen und Idealpositionen letztlich die Bezugspunkte marketing-strategischer Entscheidungen <u>aller</u> Marktakteure dar.

408 Trommsdorff (1992a), S. 460. Vgl. auch derselbe (1992b), S. 330f. und S. 333.

409 Vgl. bspw. Trommsdorff/Zellerhoff (1994), S. 369f.; Trommsdorff (1995), Sp. 2061; Schadenhofer (1982), S. 33; Kuß/Tomczak (1998), S. 110f.; Park et al. (1986), S. 139.

410 Trommsdorff (1995), Sp. 2061.

- Die **vergangenheitsorientierte** Abbildung der Marktpositionen ist rein reaktiv und trägt dynamischen Kundenbedürfnissen und Marktverhältnissen keinesfalls ausreichend Rechnung. Diese reine IST-Betrachtung lässt die Abbildung zukünftiger Potenziale, wie bspw. bislang nicht berücksichtigter Merkmalsdimensionen, i.S. eines *Positioning* nicht zu.
- Die bei den Verbrauchern abgefragte **Idealposition** innerhalb eines Marktes (Produktkategorie) entspringt einem „Status-quo-Denken" und vernachlässigt Erfolg versprechende Innovationen und zukünftige Trends.
- Aufgrund der mangelnden Berücksichtigung dynamischer Entwicklungen geben herkömmliche Positionierungsstrategien wenig Aufschluss darüber, wie Imagegrößen langfristig optimal zu **gestalten** und aufrechtzuerhalten sind.

Einen Ansatz zur Überwindung der skizzierten Probleme klassischer, geometrischer Positionierungsmodelle legt TROMMSDORFF mit der Konzeption einer sog. **Wettbewerbs-Image-Struktur-Analyse (WISA)** vor.[411] Sie trägt der Bedeutung des Image-Konstruktes weitumfänglich Rechnung, indem sie dieses explizit und integrativ in ein ganzheitliches Modell strategischer Marketing- und Imageplanung mit einbezieht.[412] Auf diese Weise verbindet sie die Erkenntnisse klassischer Imageforschung und strategischer Marketingforschung zu einem Imagemodell der dritten Generation.[413] Im Rahmen der WISA wurden die Grundzüge klassischer Positionierungsmodelle wie folgt erweitert:[414]

- Erstens wird eine **zukunftspotenzialorientierte Sichtweise** zugrunde gelegt, indem auch diejenigen Dimensionen berücksichtigt werden, die Ansatzpunkte für eine potenzialorientierte Imagepolitik i.S. einer zukünftigen Alleinstellung erlauben. Dabei werden auch solche Unternehmen, Marken und Produkte berücksichtigt, die sich zukünftig in den Wettbewerb „hineinpositionieren" könnten.
- Zweitens wird die Gleichgewichtung sämtlicher innerhalb eines Markt(segment)es relevanter Merkmalsdimensionen dadurch überwunden, dass deren **Relevanz** jeweils im Einzelfall empirisch geschätzt wird.
- Drittens werden mit sog. „**Querwirkungen**" auch solche Effekte erfasst, die sich durch den Imageeinfluss relevanter Wettbewerbermarken auf die Wahrnehmung eigener Marken ergeben. Diesem Einfluss liegt die zentrale Annahme der Positionierung zugrunde, dass Verbraucher grundsätzlich relative Beurteilungen eines Meinungsgegenstandes anstellen.

---

411 Vgl. Trommsdorff (1992b), S. 332; derselbe (1992a), S. 462. Um die Kritikpunkte klassischer Positionierungsmodelle zu überwinden, wurde an die WISA eine Reihe von Anforderungen gestellt; siehe hierzu den Anforderungskatalog in Tabelle A-15 im Anhang.

412 Vgl. derselbe (1992b), S. 327.

413 Vgl. derselbe (1992a), S. 462. „Nach der qualitativen Phase der Imageforschung bis in die 70er Jahre (erste Generation, z.B. Domitzlaff, Johannsen) und der quantitativen Phase der 70er und 80er Jahre (zweite Generation, z.B. Fishbein, Trommsdorff) ist die WISA die Imageforschung der dritten Generation." Trommsdorff (1992a), S. 462. Auf Grundlage des WISA-Modells von Trommsdorff hat das Marktforschungsinstitut GfK mit dem sog. Target-System ein modulbasiertes und methodengestütztes Positionierungsmodell entwickelt, das die geschilderten Nachteile herkömmlicher Positionierungsmodelle umgehen soll. Vgl. Rother/Link (1994), S. 62-67.

414 Vgl. Trommsdorff (1992b), S. 332-334; derselbe (1992a), S. 462.

Im Ergebnis liefert die WISA Antworten auf folgende Fragestellungen:[415]

- Welche Einstellungsdimensionen sind in einem gegebenen Markt(segment) aus Verbrauchersicht generell relevant?
- Wie hoch ist die Erklärungskraft dieser Einstellungsdimensionen für die Präferenz, Kaufabsicht und den Marktanteil der eigenen wie auch der Wettbewerbermarken?
- In welcher Richtung und mit welcher Stärke wirken diese Einstellungsdimensionen auf die Präferenz, Kaufabsicht und den Marktanteil der eigenen wie auch der Wettbewerbermarken?
- Welche Bedeutung hat der Imagewettbewerb generell in dem betrachteten Markt(-segment)?
- Welche Strategien lassen sich zur Stärkung der eigenen Wettbewerbsposition ableiten?[416]

Es wurde deutlich, dass sich klassische geometrische Positionierungsmodelle nur u.E. für die Ableitung imagebasierter Marketingstrategien eignen; darüber hinaus weisen sie eine Reihe konzeptioneller Schwachstellen auf. Die Wettbewerbs-Image-Struktur-Analyse TROMMSDORFFS umgeht die Schwachstellen dieser Modelle, indem sie den Abhängigkeiten zwischen Wettbewerbermarken und der unterschiedlichen Relevanz einzelner Imagedimensionen Rechnung trägt. Allerdings muss auch TROMMSDORFFS Modell ein zentraler Kritikpunkt entgegengehalten werden:So geht dieser von einem monodirektionalen Erklärungszusammenhang zwischen den Wettbewerberpositionen und der eigenen Imageposition aus. Stattdessen jedoch muss angenommen werden, dass nicht nur die Imagepositionen des Wettbewerbs die eigene Imageposition bestimmen, sondern dass dieser Zusammenhang einer **wechselseitigen Beeinflussung** unterliegt (methodischer Aspekt). Neben dieser methodischen Kritik steht der Verwendung der WISA im Rahmen der vorliegenden Arbeit darüber hinaus ein inhaltlicher Aspekt entgegen: So stellt die vorliegende Untersuchung im Gegensatz zu der rein marktlich orientierten Wettbewerbsbetrachtung der WISA auf die Intra-Marken-Beziehungen ausgesuchter Imagegrößen einer (Firmen-) Dachmarke ab. Entsprechend sind zunächst deren elementare Bestandteile zu identifizieren und in eine **Intra-Marken-Struktur** in der Form einer Image-Zielhierarchie zu überführen. Den genannten Anforderungen wird im Rahmen der Modellentwicklung in KAPITEL 4.1 nachgekommen.

3.3.2 Aktionsebene (Gestaltungsvariablen)

Seit Anfang der 60er Jahre hat sich mit einer grundlegenden Veränderung der Marktverhältnisse in Form einer Wandlung von Verkäufer- in Käufermärkte zunehmend die Forderung nach einem systematischen, planungsbasierten und zielgerichteten Marketing durchgesetzt.[417] Mit dieser Forderung einher ging die Entwicklung einer Reihe unterschiedlicher Marketingansätze: An dieser Stelle seien beispielhaft der instrumentelle Ansatz MCCARTHYS, der funktionale Ansatz SCHÄFERS, der integrierte Ansatz MEYERS, der aktionsorientierte Ansatz LEITHERERS und der verhaltenswissenschaftliche Ansatz KROEBER-RIELS genannt.[418]

---

415 Vgl. Kroeber-Riel/Weinberg (1996), S. 223; Trommsdorff (1992b), S. 335f.

416 Zu einem fiktiven Beispiel einer Wettbewerbs-Image-Struktur-Analyse siehe Abbildung A-7 im Anhang.

417 Vgl. hierzu die Ausführungen in Kapitel 3.2 dieser Arbeit.

418 Zum funktionalen Marketingansatz (Schäfers) vgl. Schäfer (1966), S. 22-24; derselbe (1974), Sp. 186-189; vgl. auch Meyer (1996b), S. 23f.; derselbe (1973), S. 55-57. Zur Weiterentwicklung des funktionalen Marketingver-

Der auf MCCARTHY zurückgehende, **instrumentelle Marketingansatz** fand in den 60er Jahren zunächst Verbreitung im angelsächsischen Raum; mittlerweile stellt er den in „Theorie und Praxis vorherrschenden" Ansatz dar.[419] Aus diesem Grund soll das auch nach seinem Instrumentenrepertoire (*product, price, promotion, place*) als „4p-" oder „Marketing-Mix-Ansatz" bezeichnete Marketingverständnis MCCARTHYS[420] einer eingehenden Prüfung unterzogen werden. Die in KAPITEL 3.2 aufgestellten Anforderungen an eine zeitgemäße und problemgerichtete (imagebasierte) Marketingplanung fungieren dabei als Beurteilungskriterien. Vorab soll der instrumentelle Ansatz jedoch in seinen Grundzügen komprimiert erläutert werden:[421]

Eine erste Annäherung an das instrumentelle Marketingverständnis MCCARTHYS wird mit Hilfe einer Analyse seiner **Dimensionalität** erreicht. Sie stellt dem instrumentellen Charakter des Konzeptes entsprechend auf die einer Unternehmung zur Verfügung stehenden Einsatzmittel und Maßnahmen (**Instrumente**) zur Marktbearbeitung ab. Nicht zuletzt aufgrund deren Unterschiedlich- und Vielschichtigkeit bietet sich eine Systematisierung der Instrumente mittels einer Gruppenbildung in sog. „Sub-Mixes" an.[422] MCCARTHYS generische Version differenziert diesbezüglich zwischen Produkt, Preis, Distribution und Kommunikation.[423] Dieser Einteilung schließt sich auch die Mehrzahl marketingwissenschaftlicher Autoren an.[424] KENT bemerkt treffend:

> „The mnemonic of the four Ps [...] has now become so familiar that it is written in tablets of stone. Textbook writers typically just accept this way of dividing up the world and include one chapter on each."[425]

BECKER reduziert die klassische Systematik auf drei Gruppen: den Angebots- (*product* und *price*), Distributions- (*place*) und Kommunikations-Sub-Mix (*promotion*).[426] Eine detailliertere Abgrenzung nimmt BORDEN vor, der die Markenstrategie (*Branding*) neben zehn anderen Instrumenten explizit als Marketing-Instrument ausweist.[427] Außerdem existiert eine Vielzahl weiterer Systematisierungsansätze, die an dieser Stelle nicht diskutiert werden sollen.[428]

---

ständnisses hin zum integrierten Marketingansatz vgl. Meyer (1996b); derselbe (1978), S. 13-31; derselbe (1976), S. 13-31. Zum aktionsorientierten Ansatz Leitherers und verhaltenswissenschaftlichen Ansatz Kroeber-Riels vgl. Hermanns/Meyer (1984), S. 12f.

419 Meyer/Mattmüller (1999), S. 813. Vgl. auch Mattmüller/Tunder (1997), S. 45.

420 Vgl. Mattmüller (2000), S. 42.

421 Zu einer vertiefenden Auseinandersetzung mit dem Marketing-Mix-Ansatz vgl. u.a. Mellerowicz (1970), S. 205-216; Wind (1982), S. 377-392; Shapiro (1977), S. 37-47; Kaas (1992), S. 682-686; Becker (1988), S. 441-445; derselbe (1993); Borden (1968), S. 542f.; Berger (1974), S. 595-614; derselbe (1978), S. 61-71; Topritzhofer (1974), Sp. 1247; Haedrich et al. (1990), S. 207-209; Numrich (1979); Kühn (1979), S. 3.

422 Vgl. hierzu bspw. Lazer (1971); Stern (1975), S. 36f.; Steffenhagen (1988), S. 123-125 und die dort angeführte Problematik zu Systematisierungsversuchen in der Marketingliteratur.

423 Vgl. McCarthy (1960). Vgl. auch Bruhn (1990), S. 26-28 und die Abbildung A-8 im Anhang. Kotler nimmt eine Ergänzung der vier Instrumente McCarthy's um „Power" und „Publicity" vor. Vgl. Meffert (1999), S. 39.

424 Vgl. u.a. Assael (1993); Kaas (1992), S. 682-686; Meffert (1986b); Gutenberg (1967), S. 496-500.

425 Kent (1986), S. 6.

426 Vgl. Becker (1988), S. 441-445; vgl. auch derselbe (1993).

427 Vgl. Borden (1968), S. 542f.

428 Vgl. hierzu bspw. Berger (1974), S. 595-614; derselbe (1978), S. 61-71; vgl. auch Haedrich/Berger (1982).

War in den bisherigen Ausführungen von dem Begriff „Mix“ die Rede, betraf dies ausschließlich die Zusammensetzung des marketingpolitischen Instrumentariums, gewissermaßen den „Baukasten“ der Marktbearbeitung. Ein weiterer Aspekt dieses Terminus stellt hingegen auf den aktivitätenbezogenen Charakter des Mix (-ens) ab:

Er versteht die zielgerichtete **Kombination** der Instrumente als Strategieinhalt.[429] Letztgenannte Betrachtungsperspektive des Marketing-Mix-Gedankens lässt sich auf BORDEN zurückführen.[430] Dieser greift die von CULLITON formulierte Idee auf, den mit der strategischen Ausplanung einer Marketing-Strategie beauftragten Manager als *„mixer of ingredients“* zu bezeichnen.[431] Diese Titulierung lässt in übertragenem Sinne vermuten, dass erst der koordinierte Einsatz der zur Verfügung stehenden Marketing-Instrumente ein Höchstmaß an Effizienz und Effektivität der Marktleistung hervorbringen kann.[432]

Mit der Verfolgung dieses Koordinationsanspruches wird die Ausplanung einer Marketingstrategie unwillkürlich in ein komplexes **Entscheidungsproblem** transformiert.[433] Die Entscheidung selbst ist dabei zweckorientiert zu treffen, d.h., die Kombination der Marketing-Instrumente hat im Hinblick auf die Ziele der übergeordneten Marketing-Strategie zu erfolgen.[434] M.a.W. ist der Einsatz unternehmerischer Marktbeeinflussungsmaßnahmen so zu optimieren, dass deren manipulative Wirkung auf die Zielgruppe(n) zu einem höchstmöglichen Erfüllungsgrad (außer-) ökonomischer Marketing-Ziele führt.[435] TOPRITZHOFER definiert den Marketing-Mix dementsprechend als die „[...] zu einem bestimmten Zeitpunkt eingesetzte (nicht notwendigerweise optimale) Kombination [...]“ von Marketing-Instrumenten.[436]

Der Alternativenraum, der sich aus den Kombinationsmöglichkeiten der zur Verfügung stehenden Marketing-Instrumente ergibt, erreicht einen relativ hohen Komplexitätsgrad: Dies liegt zum einen in einer verhältnismäßig großen Anzahl dispositiver Instrumente und Subinstrumente der Marketingplanung begründet.[437] DILLER quantifiziert in diesem Zusammenhang „[...] Dutzende, wenn nicht Hunderte von Aktionsparametern“.[438] Zum anderen besitzt jedes dieser (Sub-) Instrumente ein nahezu unüberschaubares Alternativenpotenzial qualitativer Ausgestaltungsmöglichkeiten. Wird zu Illustrationszwecken bspw. von (lediglich) neun Instrumenten inkl. Sub-Instrumenten mit jeweils (lediglich) fünf Ausprägungen (Gestaltungsalternativen) ausgegangen, entstehen bereits $5^9 = 1.953.125$ theoretische Kombinationsmöglichkeiten.[439]

---

429 Vgl. Weinhold-Stünzi (1964), S. 19.

430 Vgl. Borden (1964), S. 2-7.

431 Vgl. ebenda, S. 2.

432 Vgl. Borden (1964), S. 4; Kuß/Tomczak (1998), S. 153.

433 Vgl. Kuß/Tomczak (1998), S. 177.

434 Vgl. Becker (1988), S. 440.

435 Vgl. Steffenhagen (1988), S. 121; Heinen (1985), S. 98-101; Meffert (1971), S. 22-24; Magyar (1969), S. 271f.

436 Topritzhofer (1974), Sp. 1247.

437 Vgl. Kuß/Tomczak (1998), S. 177.

438 Diller (1998), S. 19.

439 Vgl. Becker (1988), S. 457f.

Gegenwärtig existieren weder ein geeignetes Modell noch eine zweckmäßige Methodik zur Ableitung eines **optimalen Marketing-Mix** bei gegebenem Zielsystem und spezifizierten Unternehmenssituationen. Die Gründe für dieses konzeptionelle Defizit sind in einer realiter niemals abschließend erfassbaren Anzahl und Qualität möglicher Unternehmensumwelten und dispositiver Gestaltungsalternativen zu sehen.[440]

Selbst unter der gänzlich unrealistischen Annahme einer vollumfassenden Kenntnis sämtlicher Instrumente sowie deren qualitativer wie quantitativer Ausprägungen (universaler Aspekt) bleibt die Frage nach dem optimalen Marketing-Mix offen:[441] So ist des Weiteren zu klären, welche der zur Verfügung stehenden Instrumente in einer gegebenen Situation zum Einsatz kommen sollen (selektiver Aspekt) und wie diese im Einzelnen auszugestalten sind (qualitativer Aspekt). Außerdem muss festgelegt werden, in welcher Intensität (quantitativer Aspekt) und Reihenfolge (zeitlicher Aspekt) und vor allem in welcher Kombination (kombinativer Aspekt) der Maßnahmeneinsatz erfolgen soll.[442]

Insbesondere die letztgenannte Entscheidungsproblematik erweist sich als überaus komplex, da die Maßnahmen bei kombiniertem und selbst zeitlich versetztem Einsatz vielfältige **Interdependenzen** in der Form funktionaler, temporaler und hierarchischer Instrumentalbeziehungen in ihren Wirkungen mit sich bringen. In diesem Zusammenhang können sich die Wirkungen einzelner Maßnahmen gegenseitig bedingen (konditionale Beziehung), positiv oder negativ beeinflussen (komplementäre bzw. konkurrierende Beziehung) oder sogar gegeneinander aufheben (substituierende Beziehung).[443] Erst durch die Berücksichtigung dieser Interdependenzen kann der kombinierte, d.h. integrative und synergetische Einsatz des Marketing-Instrumentariums einen höchstmöglichen Zielerreichungsgrad gewährleisten.[444] Darüber hinaus setzt die Wirkung einzelner Instrumente u.U. erst zu einem späteren Zeitraum ein (*lag effect*) bzw. erstreckt sich über einen längeren Zeitraum als die eigentliche Planungsperiode (*carry-over effect*).[445] Weiterhin bestehen nicht nur zwischen den einzelnen Marketing-Instrumenten Interdependenzen, sondern auch Wirkungen auf andere Sach- (Unternehmung, Marken und/oder Produkte) und Raumbezüge (Märkte und/oder Marktsegmente) der Planung. Diese übergreifenden Wirkungen werden als Ausstrahlungseffekte bezeichnet.[446]

---

440 Vgl. Köhler (1988), S. 37f.; Kuß/Tomczak (1998), S. 180. Einen Ansatz zur Gestaltung des Marketing-Mix stellt das BRANDAID-Modell von Little dar. In der Form eines Marktreaktionsmodells behandelt es den Einfluss der Kommunikation, Distribution und Preisstellung auf Markterfolgsgrößen und implementiert das Modell im Rahmen der strategischen Marketingplanung. Vgl. Little (1975), S. 628-673; Wind (1982), S. 375-377.

441 Vgl. Becker (1988), S. 439-441; Kühn (1995), Sp. 1247f; Mattmüller (2000), S. 42.

442 Vgl. Becker (1988), S. 439-441. Zu den hypothetischen Voraussetzungen für die Gestaltung eines optimalen Marketing-Mix vgl. Kuß/Tomczak (1998), S. 177f.

443 Vgl. Becker (1988), S. 450-457; Haedrich/Tomczak (1990), S. 138-144; Haedrich et al. (1990), S. 207-209; Hill/Rieser (1990), S. 453 und S. 462f.; Linssen (1975), S. 3; Numrich (1979), S. 113; Steffenhagen (1978); Kuß/Tomczak (1998), S. 178f.

444 Vgl. Diller (1998), S. 16; Kühn (1979), S. 3; Numrich (1979), S. 113; Steffenhagen (1978); Stern (1975), S. 37f.

445 Vgl. Diller (1998), S. 189.

446 Vgl. ebenda, S. 189f.

Zur Bewältigung des mit einem optimalen Marketing-Mix verbundenen Komplexitätsproblems wurde unlängst vermehrt die Forderung erhoben, das Alternativenpotenzial mittels einer übergeordneten **Grundsatzstrategie** marketingpolitischer Entscheidungen zieloptimiert einzuschränken und zu kanalisieren. Mittels der Festlegung genereller Verhaltensweisen insbesondere gegenüber externen Zielgruppen werden Auswahl und Ausgestaltung verhaltensadäquater Instrumente vorgegeben und das Suchfeld eingegrenzt.[447]

Der praxeologische wie akademische Beitrag des instrumentellen Marketingansatzes kann trotz seiner Kritik unzweifelhaft als hochbedeutsam und richtungweisend eingestuft werden.[448]

> „Gleichwohl birgt seine Fixierung auf die einzelnen Instrumente die Gefahr der Vernachlässigung strategischer Fragestellungen und prozessualer Beziehungen bzw. Abhängigkeiten sowie und vor allem der notwendigen Durchgängigkeit der Gesamtbetrachtung über die instrumentelle Ebene hinaus, mit der Folge von Integrationsdefiziten."[449]

Diese **Unzulänglichkeiten** McCarthys Marketingverständnis in integrierender (D2), integrativer (D3), prozessualer (D4) und strategischer (D5) Hinsicht sollen nachfolgend skizziert werden:

- Linnert stellte bereits 1973 fest, dass sich Marketing nicht ausschließlich in der systematischen Gestaltung des absatzpolitischen Instrumentariums erschöpfen könne, wie es die Konzeption des Marketing-Mix-Ansatzes propagiere.[450] Vielmehr erfordere Marketing die Integration sämtlicher Teilbereiche einer Unternehmung in einer ganzheitlichen Betrachtungsweise (**integrierende Dimension**).[451] Deren Leitgedanke versteht Marketing als die „[...] Führung des Unternehmens vom Markt her".[452]
- Die Ausrichtung auf die singulären Instrumente Produkt, Preis, Kommunikation und Distribution vernachlässigt u.a. die zwischen ihnen auftretenden Inderdependenzen in sachlicher, zeitlicher und räumlicher Hinsicht; eine Durchgängigkeit i.S. einer ganzheitlichen und koordinierten Marktbearbeitung kann auf diese Weise nicht erreicht werden (**integrative Dimension**).[453]
- Ein weiterer Kritikpunkt resultiert aus der Aktionsperspektive des Ansatzes: So darf der Einsatz des marketingpolitischen Instrumentariums nicht - wie im Falle des Marketing-Mix-Verständnisses - lediglich monodirektional aus Sicht der Unternehmung und zeitlich diskret ausgeplant werden, da die Maßnahmeneffekte der wechselseitigen Austauschbeziehung zwischen Anbietern und Nachfragern unterliegen. Diese dyadische, wechselseitige Beeinflussung vollzieht sich über den gesamten Transaktionsprozess hinweg und muss als solche berücksichtigt werden (**prozessuale Dimension**). Die statische Betrachtung des instrumentellen Marketingansatzes wird dieser Forderung nicht gerecht.[454]

---

447 Vgl. Haedrich/Tomczak (1990), S. 97 und S. 137-177; Becker (1988), S. 111-113; Graf (1974), S. 30f.

448 Vgl. Mattmüller (2000), S. 42; Meyer/Mattmüller (1999), S. 813.

449 Ebenda, S. 813f.

450 Vgl. Linnert (1973), S. 46.

451 Vgl. Fischer (1964), S. 71; Pearce (1970), S. 24f.; Simmons (1959), S. 14f.

452 Linnert (1973), S. 22. Vgl. auch Weinhold-Stünzi (1970), S. 13.

453 Vgl. Mattmüller (2000), S. 44f.; Mattmüller/Tunder (1997), S. 45f.

454 Vgl. Mattmüller (2000), S. 44 und S. 51; Mattmüller/Tunder (1997), S. 46.

- Dem instrumentellen Charakter von McCARTHYS Marketingverständnis liegt bereits qua Konzeption eine tendenziell eher kurzfristige Ausrichtung der Marktbearbeitung zugrunde. Allerdings liefert der Ansatz explizit keine Anhaltspunkte, wie diese primär taktischen Entscheidungen in eine übergeordnete Marketingstrategie zu integrieren sind (**strategische Dimension**).[455]

Die voranstehenden Ausführungen dürften deutlich gemacht haben, dass die exklusiv instrumentelle Ausrichtung des „4p-Ansatzes" den in KAPITEL 3.2 formulierten Anforderungen an eine zeitgemäße und problemgerichtete (imagebasierte) Marketingplanung nicht vollumfänglich gerecht zu werden vermag. Dies betrifft insbesondere die Forderungen nach einer integrierenden (D2), integrativen (D3), prozessualen (D4) und strategischen (D5) Dimensionalität. Folgerichtig kann dieser Marketingansatz nicht zur Entwicklung eines Modells imagebasierter Marketingplanung herangezogen werden. Vielmehr soll mit dem Integrativ-Prozessualen Marketingverständnis MATTMÜLLERS und Aspekten des internationalen Marketings in KAPITEL 4.1 die Aktionsebene des zu entwickelnden Modells einer imagebasierten Marketingplanung definiert werden.

3.3.3 Rahmenbedingungen (Kontextvariablen)

In diesem Abschnitt sollen die Beiträge der bisherigen Forschung bezüglich der unter 3.2 identifizierten Rahmenbedingungen einer imagebasierten Marketingplanung ansatzweise zusammengefasst werden. Dabei wird ausschließlich auf die integrierte Situationsvariable des **Imagetransfers** abgestellt. Die isolierten Rahmenbedingungen Kultur (Raum) und Zeit sowie Sozio-Demografika und der Besitzstatus der Nachfrager bleiben bei dieser Betrachtung unberücksichtigt. Der Grund für diese Einschränkung ist darin zu sehen, dass theoretische und empirische Befunde die isolierten Rahmenbedingungen betreffend zumeist deskriptiven Charakter besitzen und sich - bis auf die Hervorhebung von deren Relevanz - nicht verallgemeinern lassen. Darüber hinaus wurde die Isolierung von Imagetransfereffekten explizit als die methodische Zielsetzung dieser Arbeit ausgewiesen.

Der Euphorie der Ausweitung etablierter Markennamen auf neu einzuführende Produkte eines Anbieters seit etwa Mitte der 80er Jahre ist gegen Mitte der 90er Jahre eine Ernüchterung im Hinblick auf die **Transferstrategie** und ihre Wirkungen gefolgt: Diese basierte im Wesentlichen auf der Erkenntnis, dass die durch eine Markentransferstrategie ausgelösten Imageeffekte nicht grundsätzlich den gewünschten Erfolg hinsichtlich der Verbraucherbeurteilungen der Transfermarken mit sich brachten: Die bisherige Imagetransferforschung hat gezeigt, dass Konsumenten u.a. das Image einer (Firmen-) Dachmarke nutzen, um unter dieser neu eingeführte Produkte zu beurteilen. Diese Tatsache, die im Falle eines positiv wahrgenommenen (Firmen-) Dachmarkenimages aus dem genannten Grund einer Imagesynergiewirkung unzweifelhaft als vorteilhaft anzusehen ist, kann sich u.U. allerdings auch negativ auf die (1) Beurteilung des Transferprodukts auswirken, so bspw. wenn die Markenerweiterung aus Sicht des Konsumenten als nicht plausibel empfunden wird oder dem Hersteller keine ausreichende Kompetenz in dem Transferproduktbereich zugestanden wird. Darüber hinaus kann die wahrgenommene Qualität des Transferprodukts (2) in umgekehrter Wirkungsrichtung (negativ) auf das Dachmarkenimage „zurückstrahlen".

455 Vgl. Mattmüller (2000), S. 43f.; Meyer/Mattmüller (1999), S. 828.

Aufgabe des Marketing Managers muss es deshalb sein, mögliche negative Rückkopplungseffekte auszuschließen bzw. zu minimieren und positive Ausstrahlungseffekte zu verstärken.[456]

Die im deutschsprachigen und angelsächsischen Sprachraum angestellten und auf Imagetransfereffekte fokussierenden **Studien** unterscheiden sich grundlegend in ihren Zielsetzungen und Methoden; sie können anhand dreier Dimensionen kategorisiert werden:

1. Art der Untersuchung: konzeptionell, experimentell und ökonometrisch[457]
2. Untersuchte Wirkungsbeziehung: Produktimage und Produktimage, Produktimage und Dachmarkenimage, Produktimage und Firmenmarkenimage
3. Untersuchte Wirkungsrichtung: Einfluss Stammmarkenimage (Ursache) auf Transfermarkenimage (Wirkung) und Transfermarkenimage (Ursache) auf Stammmarkenimage (Wirkung)

Die dem **deutschsprachigen Raum** entstammenden Untersuchungen sind überwiegend konzeptioneller Art und stellen vornehmlich auf die Wirkungsbeziehung eines Stammproduktimages auf ein Transferproduktimage ab. Der Schwerpunkt dieser Studien hat zum Ziel, geeignete Produkte und Produktkategorien einer Markentransferstrategie zu identifizieren und deren **Erfolg** zu prognostizieren. Die Arbeiten befassen sich hauptsächlich mit Ausweitungen auf von dem betrachteten Unternehmen bislang noch nicht bearbeitete Gütergattungen (*brand extensions*). Assoziative Rückwirkungen der Transfermarke(n) auf die Stammmarke (*feedback effects*) wurden in diesem frühen Stadium der Imagetransferforschung nicht berücksichtigt:

SCHWEIGER ET AL. leisteten Pionierarbeit, indem sie bereits 1978 ein erstes sog. Imagetransfermodell entwickelten, das für sich den Anspruch erhebt, Transferproduktbereiche für Marken ausfindig zu machen und Einflussfaktoren des Transferpotenzials aufzuzeigen.[458] Die Autoren stützen sich dabei auf die Assoziationskreise der technischen (denotativen) und emotionalen (konnotativen) Verwandtschaft (Affinität) zwischen Güter(kategorie)n. Dem Modell liegt die zentrale Annahme zugrunde, dass der Erfolg einer Markentransferstrategie positiv von der empfundenen Ähnlichkeit der Transferpartner in denotativer und konnotativer Hinsicht abhängt.[459] Einerseits muss dieses Modell insbesondere für Entscheidungsträger bestechend wirken, da es bei streng standardisiertem Untersuchungsablauf zu einem konkreten Ergebnis führt. Andererseits leistet es keinen eigentlich befriedigenden Problemlösungsbeitrag, da die theoretische Fundierung und empirische Validität des Konstrukts als unzureichend zu bezeichnen sind.[460] Trotz der verdienstvollen Auflistung einer Reihe von Fallbeispielen handelt es sich bei der Publikation von MAYER/ MAYER aus dem Jahre 1987 lediglich um eine leicht modifizierte Aufbereitung des Ansatzes von SCHWEIGER.[461]

---

456 Vgl. Gürhan-Canli/Maheswaran (1998), S. 464.

457 Ökonometrische Modelle der Imagetransferforschung versuchen den Einfluss von Imageeffekten auf ökonomische Zielgrößen (Marktanteil, Markenwert etc.) nachzuweisen. Sie sollen deshalb im Rahmen dieser Arbeit vernachlässigt werden. Der Leser sei stattdessen auf einschlägige Literatur verwiesen. Vgl. bspw. Diller (1998); Jarrell/Peltzman (1985), S. 512-536; Sullivan/DeGraba (1995), S. 229-248; Simon (1985); Kitchener/Rowland (1971); Smith/Park (1992); Reddy et al. (1994); Lane/Jacobsen (1995); Sullivan (1992).

458 Vgl. Schweiger (1995), Sp. 925-926.

459 Vgl. Mayerhofer (1995), S. 160.

460 Vgl. Hätty (1989), S. 152-155.

461 Vgl. Mayer/Mayer (1987).

Einen weiteren Meilenstein in der deutschsprachigen Imagetransferforschung liefert der entscheidungsorientierte Ansatz HÄTTYS (1989). Auch dieser beschäftigt sich mit den Determinanten des Transferpotenzials und versucht, Messmöglichkeiten zu dessen Operationalisierung aufzuzeigen. Aus der Erkenntnis heraus, dass das Markenimage als die zentrale Transferdeterminante zu gelten habe, und ausgehend von einer von HÄTTY durchgeführten heuristischen Leitstudie werden auf der Grundlage eines psychologischen Erklärungsmodells verschiedene Imagestrukturtypen und deren Konsequenzen für das Imagetransferpotenzial abgeleitet.[462]

MAYERHOFER (1995) wendet eine Korrespondenzanalyse an, um Beurteilungsobjekte (Marken, Produkte und Regionen) in einem gemeinsamen Assoziationenfeld („Erlebniswelt") abtragen zu können. Aus der Ähnlichkeit von Marken, Produkten und Regionen - interpretiert als räumliche Nähe der Beurteilungsobjekte zueinander - werden Empfehlungen für Erfolg versprechende Kombinationen abgeleitet, die sich für einen Imagetransfer eignen.[463] Erstmalig gelingt es SATTLER 1997, das Imagetransferpotenzial eines Produktes in die finanzielle Bewertung von Marken zu integrieren. Daneben entwickelt er ein praktisch einsetzbares Expertensystem, mit dem sich Erfolg versprechende Transfermärkte „aufspüren" lassen.[464]

Der unzweifelhaft wertvolle **Beitrag** dieser Studien besteht in ihrem normativen Charakter und ihrer unmittelbaren Umsetzbarkeit in die Unternehmenspraxis. Allerdings sind die aus den Modellen ableitbaren Gestaltungsempfehlungen ausschließlich auf konzeptionelle Überlegungen begründet und lassen ihre empirische Überprüfung durchweg vermissen. Darüber hinaus abstrahieren sie von der in KAPITEL 3.2 postulierten Wechselseitigkeit von Image(transfer)effekten und unterstellen einen eindirektionalen Einfluss der Stammmarke auf die Transfermarke.

Die dem **angelsächsischen Sprachraum** entstammenden Untersuchungen stellen im Gegensatz zu den genannten Studien des deutschsprachigen Raums auf die **Ursachen** von Imagetransfereffekten ab und nehmen deren empirische Validierung zumeist im Rahmen experimenteller Forschungsdesigns vor.[465] Allerdings stehen auch in diesen Fällen v.a. die Beziehungen zwischen Produkten unterschiedlicher Kategorien (*brand extensions*) im Mittelpunkt der Betrachtung.[466] Auf eine ausführliche Darstellung der Vielzahl entwickelter Modelle und Methoden soll an dieser Stelle verzichtet werden.[467] Stattdessen sollen lediglich die Kernaussagen und Ergebnisse behandelt und eine Einschränkung auf den aktuellen Forschungsstand vorgenommen werden. Im Zentrum des Interesses stehen dabei vor allem folgende fünf Untersuchungsschwerpunkte:[468]

---

462 Vgl. Hätty (1989).

463 Vgl. Mayerhofer (1995).

464 Vgl. Sattler (1997).

465 Vgl. Reddy et al. (1994), S. 257.

466 Vgl. ebenda, S. 243.

467 Eine umfangreiche Zusammenstellung und Systematisierung der untersuchten Hypothesen und entsprechenden Befunde sowie Informationen zu den einzelnen Erhebungen liefert Sattler. Vgl. Sattler (1997), S. 136-165.

468 Vgl. Reddy et al. (1994), S. 245; Keller/Sood (1997), S. 1.

1. Bestimmung der statistisch signifikanten **Einflussgrößen** der Transfermarkenbeurteilung.[469]
2. Untersuchungen bezüglich der wahrgenommenen **Ähnlichkeit** (Konsistenz, *similarity* oder *typicality* in der Form eines empfundenen *fit*) zwischen dem/der Stamm- und Transferprodukt/-kategorie als Einflussgröße der Transfermarkenbeurteilung.[470]
3. Untersuchungen bezüglich der **Qualität** bzw. des **Images** der Stammmarke als Einflussgröße der Transfermarkenbeurteilung.[471]
4. Untersuchungen bezüglich des **Unternehmensimages** als Einflussgröße der Transfermarkenbeurteilung.[472]
5. Bei (empirischen) Studien jüngeren Datums stehen vor allem **Rückkopplungseffekte** (*feedback* oder *reciprocal effects*) im Vordergrund, die den Einfluss der Transfer- auf die Stammmarke und/oder übergeordnete Imagekategorien abbilden.[473]

ad 1.) Im Rahmen der ersten Forschungswelle dem angelsächsischen Sprachraum entstammender Studien wurden solche Faktoren untersucht, denen ein vermeintlicher Einfluss auf die Verbraucherbeurteilung der Transfermarke zugesprochen wird (**Einflussgrößen**):[474]

- Die am häufigsten untersuchte Einflussgröße ist die wahrgenommene **Ähnlichkeit** (*fit*) zwischen dem/der Stammprodukt/-kategorie und dem/der Transferprodukt/-kategorie. Die dabei zugrunde liegende und zumeist bestätigte Hypothese unterstellt, dass bei einem höherem Maß der empfundenen Ähnlichkeit die Verbraucherbeurteilungen hinsichtlich des Transferobjekts relativ besser ausfallen als bei größerer Unterschiedlichkeit der Transferpartnerprodukte bzw. -kategorien.[475]

---

469 Vgl. hierzu die Arbeiten von Aaker (1991), Farquhar (1989), Keller (1993), Aaker/Keller (1990), Agarval/Rao (1992), Boush/Loken (1991), Boush et al. (1987), Bridges (1992), Chakravarti et al. (1990), Sunde/Brodie (1993), Broniarczyk/Alba 1994, Dacin/Smith 1994, Keller/Aaker (1992a), dieselben (1992b), Nijssen et al. (1995), Park et al. (1991), Rangaswamy et al. (1993), Boush/Loken (1993), Dawar/Anderson (1994), Park et al. (1993), Boush (1993), Kardes/Allen (1991) und Nakamoto et al. (1993).

470 Vgl. hierzu die Arbeiten von Aaker/Keller (1990), Chakravarti et al. (1990), Park et al. (1991), Boush/Loken (1991), Bridges (1989), Keller/Aaker (1992), Minnesota Consumer Behavior Seminar (1987), Fry (1967), Rangaswamy et al. (1989), Tauber (1988), Aaker/Keller (1991), Boush et al. (1990), Broniarczyk/Alba (1994), Boush et al. (1987), Bridges (1990), Herr et al. (1990), Park et al. (1990), Albion (1985), Smith/Park (1990), Agarval/Rao (1992), Bridges (1992), Sunde/Brodie (1993), Dacin/Smith (1994), Keller/Aaker (1992a), dieselben (1992b), Nijssen et al. (1995) und Park et al. (1991).

471 Vgl. hierzu die Arbeiten von MacInnis/Nakamoto (1991), Minnesota Consumer Behavior Seminar (1987), Keller/Sood (1997), Keller/Aaker (1992), Boush et al. (1987), Boush/Loken (1991), Herr et al. (1990), Park et al. (1996), Aaker/Keller (1990), Broniarczyk/Alba (1994a), Dacin/Smith (1994), Park et al. (1991), Rangaswamy et al. (1993), Reddy et al. (1994), Erdem (1998) und Sunde/Brodie (1993).

472 Vgl. hierzu die Arbeiten von Brown/Dacin (1997), Belch/Belch (1987), Carlson (1963), Cohen (1963), Keller/Aaker (1994), Wansink (1989), Hardy (1970), Shimp/Bearden (1982) und Keller/Aaker (1992b).

473 Vgl. hierzu die Arbeiten von Aaker/Keller (1990), Tauber (1981), Ries/Trout (1986), Kardes/Allen (1991), Romeo (1991), Loken/John (1993), Keller/Sood (1997), Keller/Aaker (1992b), Loken/Roedder John (1993), Roedder John et al. (1997), Romeo (1990), Sullivan (1990), Gürhan-Canli/Maheswaran (1998), Park et al. (1996), Park et al. (1993) und Roedder John et al. (1995).

474 Vgl. Sattler (1997), S. 153.

475 Vgl. ebenda, S. 157.

- Eine zweite Einflussgröße der Transferbeurteilung stellt das **Image** bzw. die wahrgenommene **Qualität** der Stammmarke dar. Bei den diesbezüglich durchgeführten Studien zeigen sich erwartungsgemäß symmetrische Effekte derart, dass eine relativ positive/negative Einschätzung der Stammmarke auch eine relativ positive/negative Beurteilung der Transfermarke mit sich bringt.[476]

Den zwei genannten Einflussgrößen der empfundenen Ähnlichkeit zwischen der Stamm- und der Transfermarke (*fit*) einerseits und der Qualitätsbeurteilung der Stammmarke (Image) andererseits kommt eine vorrangige Bedeutung in der Imagetransferforschung zu. Sie sollen deshalb nachstehend in ihren Grundzügen unter ad 2. (Ähnlichkeit) und ad 3. (Stammmarkenimage allgemein) bzw. ad 4. (Unternehmensimage) skizziert werden.[477] Im Anschluss daran soll mit Studien mögliche Imagerückkopplungseffekte (*feedback* oder *reciprocal effects*) betreffend unter ad 5. der aktuelle Stand und jüngste Schwerpunkt der Imagetransferforschung vorgestellt werden:

ad 2.) Unter *similarity* oder *typicality* wird die wahrgenommene graduelle **Ähnlichkeit** zwischen dem/der Stamm- und Transferprodukt/-kategorie anhand ausgesuchter (relevanter) konkreter wie abstrakter Attribute verstanden.[478] Je geringer bzw. größer die Gemeinsamkeiten (*fit*) empfunden werden, desto weniger bzw. eher wird der Verbraucher nach gängiger Meinung (auch) die Stammmarke zur Beurteilung des Transferobjektes heranziehen.[479]

BOUSH und LOKEN weisen entgegen dieser unterstellten Linearität darauf hin, dass weder ein extrem niedriger noch ein extrem hoher *fit* einen maximalen Imagetransfer auslöst. Vielmehr findet gemäß ihren Befunden bei moderater Ähnlichkeit das größte Maß der Assoziationsübertragung statt.[480] Allerdings weisen einige Autoren darauf hin, dass die Stärke dieses Zusammenhangs durch weitere Faktoren moderiert wird: KELLER und SOOD führen in diesem Kontext die Stärke, Beurteilungsgüte (positiv/negativ), Relevanz und Art der Assoziationen (spezifisch vs. global bzw. konkret vs. abstrakt) der Stammmarke an.[481] Ferner hängt der empfundene *fit* zwischen den Transferpartnern von der Anzahl und wahrgenommenen Ähnlichkeit der unter der Stammmarke angebotenen Produkte ab.[482] Außerdem beeinflussen das verbraucherseitige Involvement sowie kommunikationspolitische Maßnahmen des Anbieters den wahrgenommenen *fit* zwischen einer Stamm- und einer Transfermarke.[483]

---

476 Vgl. Sattler (1997), S. 157f. und S. 162.

477 Zu weiteren Einflussgrößen der Transfermarkenbeurteilung vgl. Mayerhofer (1995), S. 124-157; Sattler (1997), S. 136-163.

478 Vgl. Keller/Sood (1997), S. 7. Zu alternativen Ansätzen der Operationalisierung wie bspw. der Komplementarität, Substitutionalität u.ä. vgl. Aaker/Keller (1990), Albion (1985), Boush et al. (1987), Smith/Park (1990), Loken/Ward (1990). Zur Struktur des *Typicality*-Phänomens vgl. bspw. Rosch et al. (1976), S. 491-502 und Barsalou (1985), S. 629-654.

479 Vgl. Keller/Sood (1997), S. 7.

480 Vgl. Sattler (1997), S. 162.

481 Vgl. Keller/Sood (1997), S. 1.

482 Vgl. Boush/Loken (1991), S. 17.

483 Vgl. Sattler (1997), S. 157 und S. 161.

ad 3.) Die Untersuchung der **Qualität** der Stammmarke (**Image**) als Einflussgröße der Transfermarkenbeurteilung stellt den „*baseline case*" der Imagetransferforschung dar.[484] Diesem liegt, analog dem generischen Imagetransfereffekt, die zentrale Annahme zugrunde, dass Verbraucherwahrnehmungen zumindest teilweise auf gespeicherten Informationen bezüglich bestehender und mit dem Beurteilungsobjekt assoziativ verknüpfter Markennamen basieren. Mittels gedanklicher Übertragung werden sie auf das zu bewertende Transferobjekt projiziert und beeinflussen so dessen subjektive Einschätzung.[485] Ausmaß und Umfang dieser Übertragungsleistung hängen dabei im Wesentlichen von der Auswahl der Assoziationen der Stammmarke, anhand derer der Verbraucher die Transfermarke beurteilt (*salience*: welche?), ihrer Bedeutung für den Verbraucher im spezifischen Markenausweitungskontext (*relevance*: wichtig?) sowie von der Bevorzugungswürdigkeit der Assoziationen im speziellen Beurteilungsfall (*favorability*: gut?) ab. Der erste Aspekt setzt an der Information an, die zur Beurteilung zur Verfügung steht, die beiden letztgenannten an der Wissensverarbeitung des Verbrauchers.[486] Darüber hinaus besitzt die Art der übertragenen Assoziationen eine entscheidende Bedeutung: KELLER und SOOD unterscheiden diesbezüglich spezifische und globale bzw. konkrete und abstrakte Informationsinhalte.[487] Es wird angenommen, dass abstrakte (immaterielle) i.S.v. symbolischen Attributen wie Stil, Exklusivität etc. größeres i.S.v. breiteres Transferpotenzial besitzen als konkrete (materielle) i.S.v. funktionalen Attributen physischer Produkt (-kategorie)eigenschaften:[488]

> „This suggests that symbolic brand concepts may exist at a higher (superordinate) level of categorization than functional concepts [...]."[489]

Die Übertragung der mit der Stammmarke verbundenen Qualitätsassoziationen auf die Transfermarke hängt dabei wiederum von der wahrgenommenen Ähnlichkeit zwischen den Transferpartnern ab. Allerdings besteht keine einstimmige Meinung bezüglich der auf diesen Zusammenhang einwirkenden moderierenden Variablen.[490] STANGL/KÜTHE zeigen jedoch, dass er in Abhängigkeit von der Zielgruppe variiert.[491] Als bestimmende Faktoren wurden außerdem das markenspezifische Wissen, das mit der Marke verbundene Involvement und die Innovationsbereitschaft der Konsumenten identifiziert.[492] Die untersuchten Markenerweiterungen wurden auch dann besser beurteilt, wenn Verbraucher davon ausgingen, dass Produkte der neuen Kategorie schwierig herzustellen sind, und sie dem betrachteten Unternehmen die Kompetenz zu deren Herstellung zubilligten. Nicht zuletzt dürfte auch diese Kompetenzeinschätzung von der Qualitätserfahrung im Hinblick auf die etablierten Marktleistungen des betrachteten Unternehmens bestimmt sein.[493]

---

484 Vgl. Keller/Sood (1997), S. 8.

485 Vgl. Mayerhofer (1995), S. 125.

486 Vgl. Keller/Sood (1997), S. 3f.; Keller/Aaker (1992b), S. 36.

487 Vgl. Keller/Sood (1997), S. 1; Keller/Aaker (1992b), S. 36.

488 Vgl. Aaker/Keller (1990), S. 39; Sharp (1993), S. 13; Walchli (1996), S. 40f.

489 Ebenda, S. 41.

490 Vgl. Sattler (1997), S. 157f. und S. 162.

491 Vgl. Stangl/Küthe (1982), S. 14.

492 Vgl. Mayerhofer (1995), S. 124.

493 Vgl. Aaker/Keller (1990), S. 36; Leuthesser (1988), S. 19.

ad 4.) Erst 1992 hat das MARKETING SCIENCE INSTITUTE die Bedeutung der Erforschung des **Unternehmensimages** herausgestellt, um ein besseres Verständnis hinsichtlich dieses Konstrukts zu gewinnen. Obwohl Markentheoretiker den Einfluss des Unternehmensimages auf die Wahrnehmung der von einer Unternehmung angebotenen Produkte unermüdlich betonen und Praktiker an diesen Zusammenhang unbeirrt glauben, wurde bislang wenig Forschungsarbeit in diesem Feld geleistet und keine befriedigende und empirisch abgesicherte Lösung des Problems erreicht.[494] Die Autoren, die den Einfluss der Firmenmarkenqualität auf die entsprechenden Produktmarken einer Unternehmung untersucht haben, gelangen zu unterschiedlichen, teils widersprüchlichen Ergebnissen: Während einige Autoren einen positiven Einfluss nachweisen (Belch/Belch 1987, Carlson 1963, Cohen 1963, Keller/Aaker 1994, dieselben 1992b, Wansink 1989), haben andere einen negativen Einfluss (bspw. Hardy 1970) des Unternehmensimages auf die Produktmarkenimages identifiziert. Wieder andere Verfasser konnten gar keinen Einfluss feststellen (Bearden/ Shimp 1982). Diese inkonsistenten Ergebnisse lassen den Marketing Manager mit der gefühlsmäßigen Einsicht zurück, dass „[...] a good image is probably better than a bad image [...]".[495]

ad 5.) Die Problematisierung **reziproker Imageeffekte** (*reciprocal* oder *feedback effects*) ist zu dem gegenwärtig meist hinterfragten Sachverhalt internationaler Imagetransferforschung geworden und stellt deren aktuellen Stand dar. Folgende Zitate belegen die Notwendigkeit einer theoretischen und vornehmlich empirischen Behandlung von positiven (Verstärkung: *enhancement*) und negativen (Schädigung: *dilution*) Rückkopplungseffekten der Transfermarke auf die Stammmarke (Produkt-, Dach- oder Firmenmarke) einer Markenausweitungsstrategie:

- „Equally - if not more - important to marketers [than the effects of the parent brand on the extension] is the effect of the introduction of a brand extension on knowledge about the parent brand, i.e., the amount and nature of ‚feedback effects'."[496]

- „Gaps in our knowledge exist in predicting the flow from brand extension back to original brand; there is little theory or methodology here to guide us."[497]

- „[...] understanding feedback effects is important given the managerial priority placed on preserving brand equity and the relatively weak and mixed pattern of results found in the academic literature [...]."[498]

- „[...] the process by which brand names are diluted or enhanced are [!] not understood clearly."[499]

Obwohl die Imagetransfertheorie sowohl von positiven als auch von negativen Rückkopplungseffekten der Transfer- auf die Stammmarke ausgeht,[500] sind die empirischen Erkenntnisse der seit etwa Mitte der 90er Jahre etablierten **Feedback-Forschung** bis dato uneinheitlich:

494 Vgl. Brown/Dacin (1997), S. 68f. und S. 71f.

495 Ebenda, S. 70.

496 Keller/Sood (1997), S. 10 [Ergänzungen durch den Verfasser].

497 Leuthesser (1988), S. 26.

498 Keller/Sood (1997), S. 2.

499 Gürhan-Canli/Maheswaran (1998), S. 464.

500 Vgl. Aaker/Keller (1990), S. 40.

Während einige Autoren Rückkopplungseffekte nachweisen konnten, haben andere Verfasser keine derartigen Wirkungen feststellen können.[501] Gemeinhin wird die Existenz insbesondere negativer Feedbackeffekte auf Produkt-, Dach- und Firmenmarken infrage gestellt. Sofern überhaupt existent, werden vielmehr positive Wirkungsbeziehungen der geschilderten Art vermutet; in einigen wenigen empirischen Studien konnten sie nachgewiesen werden.[502] Demgegenüber haben KELLER und AAKER negative Rückkopplungseffekte für den Fall isolieren können, dass ein niedriger *Fit* zwischen Stamm- und Transfermarke besteht.[503] In diametraler Aussage hat ROMEO negative Feedbackeffekte für ein relativ hohes Maß an Ähnlichkeit der Transferpartner identifiziert.[504] LOKEN und ROEDDER JOHN (1995) konnten demhingegen negative Feedbackeffekte dann nachweisen, wenn sich die Produktkategorien auf relativ mittelmäßigem Niveau unterscheiden.[505] Ein vergleichbares Ergebnis reproduzieren ROEDDER JOHN/LOKEN/JOINER (1997).[506]

Im Rahmen der genannten Untersuchungen wurden Probanden im Anschluss an die Präsentation und Beurteilung einer existenten, ihnen bekannten und zumeist bevorzugungswürdigen (positiven) Stammmarke mit solchen hypothetischen Transferprodukten bzw. -kategorien konfrontiert, die sie als tendenziell unvorteilhaft (negativ) und/oder inkonsistent (Moderatorvariable: ***fit***) im Vergleich mit dem Stammprodukt bzw. der Stammproduktkategorie empfinden sollten. Mittels einer wiederholten, abschließenden Beurteilung der Stammmarke wurden die Einstellungsveränderungen der Konsumenten experimentell erfasst.[507] Die gewonnenen Erkenntnisse liefern einen Beleg dafür, dass die Stammmarke auf den manipulierten Markeneigenschaften (*attributes*) zwar u.U. negativ beeinflusst wurde, die holistische Einstellung gegenüber der Stammmarke insgesamt jedoch unberührt von der Wirkung des Stimulus blieb.[508]

Während die bisher angeführten Studien ausschließlich den Einfluss des Ähnlichkeitsgrades von Stamm- und Transfermarkenassoziationen (*fit*) auf die Existenz von Imagetransfereffekten untersuchen, weisen KELLER/SOOD diese darüber hinaus in Abhängigkeit von der gewählten Markenstrategie (Familien- bzw. Dachmarken-, Einzelmarken- und Sub-Branding-Strategie) nach.[509] Mit der Wahl einer unternehmerisch gesetzten Markenstrategie (Moderatorvariable: **brand strategy**) verbunden ist das Ausmaß der assoziativen Inferenzen zwischen den Bestandteilen der entsprechenden Markenhierarchie durch mehr oder minder gleiche Namenskomponenten. Je ähnlicher sich die Markennamen der Transferpartner sind, desto stärker sind die Assoziations(-rück-)übertragungen zwischen ihnen. Im Falle einer Einzelmarkenstrategie erfolgt keine Übertragung, weil der Konsument i.d.R. keinen symbolischen Zusammenhang zwischen den Marken erkennen kann.

501 Vgl. Gürhan-Canli/Maheswaran (1998), S. 464.

502 Vgl. Sattler (1997), S. 162f.

503 Vgl. Keller/Aaker (1992b), S. 43.

504 Vgl. Mayerhofer (1995), S. 130.

505 Vgl. Loken/Roedder John (1993), S. 71f. und S. 81. Vgl. auch Boush/Loken (1991), S. 16.

506 Vgl. Keller/Sood (1997), S. 10f.; Aaker (1991), S. 227. Auch vielfältige Beispiele aus der Praxis deuten auf die Existenz negativer Imagerückkopplungseffekte hin. Vgl. Ries/Trout (1986), S. 101-103.

507 Vgl. Sattler (1997), S. 295.

508 Vgl. Morrin (1999), S. 517; Reddy et al. (1994), S. 245.

509 Vgl. Keller/Sood (1997), S. 1f.

Im Falle einer (Firmen-) Dachmarke hingegen, bei der sämtliche Marken mit einem identischen Symbol versehen sind, wird die Übertragungsleistung *ceteris paribus* maximiert.[510]

Wie die bisherigen Ausführungen gezeigt haben, hat sich die Imagetransferforschung insbesondere während der letzten fünf Jahre entlang aufeinander aufbauender und ineinander greifender Fragestellungen weiterentwickelt. Der Bestimmung relevanter Einflussgrößen der Beurteilung einer Transfermarke sowie der diesen Zusammenhang moderierenden Variablen folgte eine differenzierte Auseinandersetzung v.a. mit den Einflussgrößen der Ähnlichkeit zwischen der Stamm- und der Transfermarke (*fit*) und der Qualität der Stammmarke (Image). Dabei wurde in jüngster Vergangenheit speziell dem Unternehmensimage als Einflussgröße auf die Wahrnehmung der Transfer(-produkt)marken eine zentrale Bedeutung beigemessen.

Den derzeit aktuellen Stand der Imagetransferforschung repräsentieren solche Untersuchungen, die auf die Rückwirkungen (*feed-back effects*) der Transfermarke auf die Stammmarke abstellen. Die dazu gelieferten Befunde allerdings deuten auf eine bislang unzureichende und uneinheitliche theoretische Substanz und vor allem auf eine mangelnde empirische Absicherung der Erkenntnisse hin. Insbesondere sind den durchgeführten Studien folgende inhaltliche bzw. methodische **Kritikpunkte** entgegenzuhalten und nachstehender **Forschungsbedarf** abzuleiten:

- Zur Absicherung der internen Validität wurden ausschließlich Untersuchungen innerhalb eines kontrollierten Forschungsdesigns in der Form von Experimenten (*forced exposure*) angestellt. Den Gegebenheiten einer großteils unkontrollierbaren Realität kann auf diese Weise methodisch nicht entsprochen werden. In der Konsequenz mehrt sich die Forderung nach der Berücksichtigung tatsächlicher Marktdaten (*real-life data*) des unternehmerischen Umfeldes (*natural exposure*) im Rahmen kausalanalytischer Modelle.[511]

- Mit der Anwendung experimenteller Forschungsdesigns einher geht die Durchführung statischer Querschnittanalysen (*single exposure*), da eine dynamische Umwelt in deren Verlauf nicht modellierbar ist. Vor dem Hintergrund stetigen und situativen Veränderungen unterliegender Verbraucherwahrnehmungen (Images) ist hingegen eine dynamische Betrachtungsweise in der Form von Längsschnittanalysen geboten (*repeated exposure*), um diesen zeitlichen Vorgängen in ausreichendem Maße Rechnung tragen zu können.[512]

- Dabei sollten diese nicht - wie bisher - auf der Grundlage fiktiver Marken vorgenommen werden, sondern existente und dem Verbraucher bekannte Marken in die Untersuchung einbeziehen. Die mit einer hypothetischen Stamm- bzw. Transfermarke verbundene Limitierung der zur Verfügung stehenden Informationen kann nur auf diese Weise umgangen und die Wirklichkeit hinsichtlich konsumentenbezogener Assoziationsnetzwerke in ihrer Komplexität realitätsgetreu erfasst werden.[513]

---

510 Vgl. Keller/Sood (1997), S. 5f.; Park et al. (1996), S. 464f.

511 Vgl. Loken/Roedder John (1993), S. 82; Boush/Loken (1991), S. 26.

512 Vgl. Gürhan-Canli/Maheswaran (1998), S. 472; Park et al. (1996), S. 464.

513 Vgl. Brown/Dacin (1997), S. 73.

- Die dem Probanden im Rahmen experimenteller Untersuchungsdesigns vorgegebenen Informationen reichen nicht zur Abbildung der tatsächlichen Wissensstrukturen der Verbraucher aus; die Stimuli sind dabei als unzureichend und/oder als zu schwach zu charakterisieren (*artificial setting*). Stattdessen müssen die (langfristigen) Erfahrungen mit (bspw. der Verwendung) und Informationen über (Werbung etc.) die zu analysierenden Marken dem wirklichkeitsgetreuen Umstand der Studienteilnehmer entsprechend berücksichtigt werden (*natural setting*).[514]
- Wie im Zusammenhang mit Rückkopplungseffekten von Markentransferstrategien gezeigt wurde, liegen vielfältige unterschiedliche und zum Teil sogar widersprüchliche Befunde hinsichtlich deren Existenz vor. In Ausnahmefällen konnten negative Feedback-Effekte nachgewiesen werden, derart positive Rückwirkungen jedoch wurden bislang weder ausreichend problematisiert noch hinlänglich validiert. Keller und Sood formulieren die derzeit wohl umstrittenste Fragestellung der Imagetransferforschung wie folgt:

  „Can a [...] brand strategy ever lead to more favorable parent brand evaluations resulting from an extension introduction?"[515]

- In der Vergangenheit der Imagetransferforschung wurden bis dato ausschließlich Feedback-Effekte zwischen Produkten (unterschiedlicher Kategorien) untersucht. Wie die bisherigen Ausführungen jedoch verdeutlicht haben, vollzieht sich die Übertragung von Imagebestandteilen zwischen sämtlichen Beurteilungsobjekten, sofern sie mittels einer identischen Markierung einen assoziativen Zusammenhang erlauben. In der Konsequenz gilt es deshalb, auch solche Effekte zu überprüfen, die auf den vielfältigen und wechselseitigen Beziehungen zwischen Produkt-, Dach- und Firmenimages einer gemeinsamen (Firmen-) Dachmarke basieren. Im Gegensatz zu der Mehrzahl vergangener Forschungsbemühungen, die lediglich Rückwirkungen differenzierter Art auf Attribute der Stammmarke untersucht haben und nachweisen konnten, sollte dabei auch der Effekt auf globale Imagegrößen analysiert werden.[516]

Die skizzierten Kritikpunkte verlangen nach einer Ausweitung empirischer Imagetransferstudien hinsichtlich jeweils dreier **inhaltlicher** (I1 bis I3) und **methodischer** Aspekte (M1 bis M3):

- Unter primär inhaltlichen Gesichtspunkten sind dem Primat einer möglichst wirklichkeitsgetreuen empirischen Forschung entsprechend sämtliche Assoziationen der Probanden in Richtung und Stärke sowie im Hinblick auf den zu beurteilenden Meinungsgegenstand zu erfassen (I1). Im Einzelnen betrifft dies die Erfahrungen mit und Informationen über das Beurteilungsobjekt auf Seiten des Verbrauchers. Deren differenzierte Erhebung ist in diesem Zusammenhang nicht zwingend erforderlich; vielmehr kann eine einzelne Einstellungsvariable die Vielzahl an Assoziationen zu einem globalen Beurteilungswert verdichten. Soll die theoretische Konzipierung und deren empirische Validierung - gemäß etymologischen Grundsätzen - die wissenschaftliche Substanz (der Imagetransferforschung) vollumfänglich in die Modellierung aufnehmen, sind neben der Berücksichtigung sämtlicher möglicher Imageeffekte zwischen al-

514 Vgl. Keller/Sood (1997), S. 11; Loken/Roedder John (1993), S. 82f.; Keller/Aaker (1992b), S. 48f.; Boush/Loken (1991), S. 26.

515 Keller/Sood (1997), S. 30. Vgl. auch Loken/Roedder John (1993), S. 82f.

516 Vgl. Reddy et al. (1994), S. 245 und S. 257.

len mit einer identischen Markierung versehenen Markenbestandteilen (I2: Unternehmens-, Dach-, Produktmarken bzw. deren Images) gleichermaßen negative wie auch positive Rückwirkungen (I3) zwischen diesen zu untersuchen. Die explizite Einbeziehung der genannten inhaltlichen Anforderungen erfolgt im Rahmen der theoretischen Entwicklung eines Modells imagebasierter Marketingplanung in KAPITEL 4.1.

- Um die relevanten Zusammenhänge an einer großteils unkontrollierbaren Wirklichkeit überprüfen zu können, müssen die in die empirische Validierung eingehenden Imagedaten einer realen Grundgesamtheit entnommen (M1: *real-life data*) und ob ihres psychologischen Charakters unmittelbar am Probanden erhoben werden. Die Berücksichtigung der mit einem Meinungsgegenstand verbundenen vollumfänglichen Assoziationsinhalte (I1) verlangt darüber hinaus die Wahl existenter Marken als Beurteilungsobjekte (M2), da die Vorgabe fiktiver Marken mit einer Limitierung des Informationsangebotes einhergeht. Letztlich sind die zu untersuchenden Imagekonstrukte im Rahmen einer Längsschnittanalyse anhand zumindest zweier Zeitpunkte zu erheben, um deren dynamische Betrachtung gewährleisten und Veränderungen der Beurteilungsart und -güte identifizieren zu können (M3). Die methodischen Aspekte finden ihren Niederschlag in der Konzeption des empirischen Erhebungsdesigns in KAPITEL 5.1.

4 Entwicklung eines Modells und einer Heuristik imagebasierter Marketingplanung

4.1 Ausgestaltung der formulierten Anforderungen

4.1.1 Zielebene (Erfolgsvariablen)

4.1.1.1 Zielgrößen einer imagebasierten Marketingplanung

Im Grundlagenteil dieser Arbeit wurde Image vereinfachend als subjektive Wahrnehmung von Meinungsgegenständen definiert. Damit gemeint ist der „[...] net result of the interaction of a person's beliefs, ideas, feelings and impressions about an object".[517] Der Terminus „object" ist in diesem Zusammenhang unbestimmt und fungiert i.w.S. für sämtliche Objekte, Subjekte und Regionen, die ein Image besitzen (können) und hinsichtlich derer ein Verbraucher eine Beurteilung vornehmen kann.[518] Dementsprechend hat sich in der betriebswissenschaftlichen Literatur eine Vielzahl an **Imagetypen** entwickelt, die an dieser Stelle nicht vollumfänglich dargestellt werden können und sollen. Ausprägungen mit erwerbswirtschaftlicher Relevanz sind das Unternehmens- (*corporate image*) bzw. Geschäftsstättenimage (*store image*), Markenimage (*marketing image*), Produktgruppenimage (*product image*), Produktimage (*brand image*), Käufer- bzw. Verwenderimage (*buyer* bzw. *user image*), Branchenimage (*extrabrand image*) und das Herkunftslandimage (*country-of-origin image*).[519]

Mit der Definition des Imagebegriffs und der diesem inhärenten Variabilität des Objektbezugs erscheint eine Spezifikation sämtlicher angeführter Imagearten als überflüssig. Lediglich die für die Entwicklung eines Modells imagebasierter Marketingplanung bedeutsamen Ausprägungen sollen in der Folge skizziert werden: Dies betrifft im Einzelnen das Produkt-, Marken- und Unternehmensimage; sie stellen die Bestandteile der Zielebene einer imagebasierten Marketingplanung dar (Erfolgsvariablen). Zu Beginn soll jedoch zunächst die abweichende **Terminologie** des angelsächsischen Sprachraums hinsichtlich des Marken-, Produktgruppen- und Produktimages herausgestellt werden, die der oben angeführten Aufzählung zu entnehmen ist:

- Angelsächsische Autoren wie z.B. BARICH, SRINIVASAN und KOTLER verwenden anstelle des Markenimagebegriffs den Terminus eines sog. *Marketing-Images*.[520]
- Das *Product Image* meint im Gegensatz zu dem im deutschsprachigen Raum gebräuchlichen Begriff des Produktimages eine Produktkategorie (Gattung von Produkten der gleichen Branche unter Einbeziehung aller Marken).[521]
- Das *Brand Image* hingegen meint die Wahrnehmung eines bestimmten Leistungsangebots in der Form eines Produktes oder einer Dienstleistung.[522]

---

[517] Dowling (1986), S. 110.

[518] Vgl. ebenda, S. 110.

[519] Vgl. Schweiger (1995), Sp. 918f.; Mayerhofer (1995), S. 57.

[520] Vgl. Barich/Kotler (1991), S. 95f.; Barich/Srinivasan (1991), S. 2f.

[521] Vgl. Barich/Kotler (1991), S. 95.

[522] Vgl. ebenda, S. 95.

NEWMAN definiert das **Produktimage** gemäß angelsächsischer Sprachregelung wie folgt:

> *"Broadly speaking, the brand image consists of everything people associate with the brand."*[523]

Diese weite Definition entspricht der vorne angestellten, verbalen Operationalisierung des generischen Imagebegriffs. MAYERHOFER rechnet dem Produktimage darüber hinaus das Image des Herkunftslandes (Länderimage), das Image der Produktgruppe (Produktgruppenimage), das Firmenimage und das Markenimage zu.[524] Die Aussage jedoch lässt offen, ob der Autor die genannten Imagearten inhaltlich gleichsetzt oder als interdependente Systeme versteht. Der ersten Interpretation kann aus Sicht des Verfassers aufgrund derart unterschiedlicher Beurteilungsobjekte (Land, Produktgattung, Unternehmung, Marke) einerseits sowie der vorn präsentierten Definition andererseits nicht zugestimmt werden. Die zweite Interpretationsalternative wird im Rahmen der theoretischen Modellierung und empirischen Validierung an späterer Stelle hinreichend zu untersuchen sein. Die Untersuchung der Interdependenz unterschiedlicher Imagekonstrukte ist ausgewiesene Zielsetzung dieser Arbeit. Darüber hinaus besitzt das Produktimage wie auch alle anderen Imagearten als mehrdimensionales Konstrukt der Einstellung eine Reihe von Attributen, die auf eine differenzierte Betrachtung des Objektes bzw. Subjektes abstellen. Diese Attribute repräsentieren Unterkategorien des übergeordneten, gesamthaften Produktimages. Sie werden in der Folge als **Produktimagedimensionen** bezeichnet.[525]

Wie bereits erwähnt, setzen BARICH und SRINIVASAN das **Markenimage** terminologisch einem sog. Marketing-Image gleich. Dieses beschreibt die Verbraucherwahrnehmungen hinsichtlich des Leistungsangebotes und des gesamthaften Marketing-Auftritts eines Unternehmens im Vergleich zum Wettbewerb.[526] Dabei ist dieses einerseits umfassender als das einzelne Produktimage, andererseits aber enger definiert als das Unternehmensimage. So deckt Letzteres u.a. auch das Unternehmen als Arbeitgeber, Mitglied der Gesellschaft oder Umweltschützer ab.[527] Trotz inhaltlicher Kongruenz soll dennoch der deutschen Sprachregelung entsprechend in der Folge der Terminus „Markenimage" Verwendung finden. Analog der Mehrdimensionalität des Produktimage-Konstrukts wird auch im Zusammenhang mit einem Markenimage die Existenz einer Reihe von Attributen unterstellt; sie werden im weiteren Verlauf der Arbeit als **Markenwerte** bezeichnet.

Die Existenz und Bedeutung eines **Unternehmensimages** wurde bereits von GUTENBERG anerkannt, als dieser darauf hinwies, dass das auf dem sog. *akquisitorischen Potenzial* einer Unternehmung begründete Ansehen derselben einen maßgeblichen Einfluss auf die Kaufentscheidung von Nachfragern ausüben könne.[528]

---

523 Newman (1957), S. 60, zitiert nach Lindquist (1974), S. 30 [Hervorhebungen durch den Verfasser].

524 Vgl. Mayerhofer (1995), S. 57.

525 Vgl. Kroeber-Riel/Weinberg (1996), S. 202.

526 Vgl. Barich/Srinivasan (1991), S. 2f.; Barich/Kotler (1991), S. 95.

527 Vgl. Barich/Srinivasan (1991), S. 2f. Auch Barich und Kotler grenzen das Marketing-Image strikt vom Unternehmensimage ab. Vgl. Barich/Kotler (1991), S. 96.

528 Vgl. Gutenberg (1955), S. 243, zitiert nach Simon (1985), S. 7. Zu einem Überblick über die historische Entwicklung des Unternehmensimages in den Sozialwissenschaften vgl. Johnson/Zinkhan (1990), Kennedy (1977) und Mertes (1971).

SIMON setzt dieses Ansehen dem Begriff *Goodwill* gleich:[529]

> *„Als Goodwill [Ansehen oder Reputation] bezeichnen wir das ‚Vertrauenskapital', über das eine Unternehmung bei ihren aktuellen und potentiellen [!] Kunden verfügt."*[530]

ARMBRECHT ET AL. erweitern diese Definition auf sämtliche Anspruchsgruppen („Teilöffentlichkeiten") einer Unternehmung und verstehen die kontinuierliche und wechselseitige Auseinandersetzung dieser Gruppen mit der Organisation als Motor für die Bildung des Firmenimages.[531]

> „Jede der [...] Gruppen bewertet das Unternehmen aus einer anderen Pespektive und zieht somit unterschiedliche Image-Facetten als Grundlage für ihr Verhalten heran. So wird bei Abnehmern dem Marken-Image eine gesteigerte Bedeutung zukommen, während die Mitarbeiterschaft ihre Beziehung zum Unternehmen anhand des Arbeitgeber-Images bemißt [!], und etwa Umweltschutzgruppen sich insbesondere für das ‚Öko-Image' des betreffenden Unternehmens interessieren."[532]

Neben der Bestätigung des mehrdimensionalen Charakters des (Firmen-) Images weist auch diese Definition auf einen Zusammenhang zwischen dem Marken- und Unternehmensimage hin. Wie bereits erwähnt wird diese Beziehung an späterer Stelle eingehend untersucht. Für die Bezeichnung des Ansehens einer Organisation werden im weiteren Verlauf der Arbeit die Termini Unternehmensimage, Reputation und Firmenimage synonym gebraucht. Die für die Ausformulierung einer Zielebene imagebasierter Marketingplanung als notwendig erachteten Größen Unternehmensimage (UI), Markenimage (MI) sowie Produktimage (PI) sollen in nachstehendem Kapitel in ein mehrdimensionales Zielsystem in der Form einer Imagehierarchie überführt werden.

4.1.1.2 Imagehierarchie als Zielsystem einer imagebasierten Marketingplanung

Abhängig von der gewählten Markenstrategie kann zwischen unterschiedlichen Intensitätsstufen des Zusammenhangs zwischen den angeführten Imagegrößen unterschieden werden.[533] Im Anwendungsfall betrifft dies das Beziehungsgefüge von Unternehmens-, (Dach-)Marken- und Produktimages. Nachfolgend werden zwei gebräuchliche **Systematisierungsansätze** vorgestellt. Die erste Klassifikation stellt dabei auf den Integrationsgrad von Firmen-, (Dach-)Marken- und Produktimages ab und identifiziert vier Intensitätsstufen der Marken- bzw. Imagehierarchie:[534]

---

529 Vgl. Simon (1985), S. 7. Die Begriffe Unternehmensimage und Reputation werden in der Literatur zumeist synonym verwendet. Vgl. hierzu bspw. Garone (1998), S. 5 und Sobol et al. (1992). Weitere Begrifflichkeiten zur Umschreibung des Ansehens einer (industriellen) Unternehmung lauten „akquisitorisches Potential [!]" (Gutenberg 1976), „Firmenimage" (Bergler 1963, Johannsen 1971), „*Consumer Franchise*" (Peckham 1973, Strang 1975), „*Capital notorieté*" (Lambin 1970, Bultez 1975) oder „*Corporate Image*" (Easton 1966) dar. Vgl. Simon (1985), S. 15. Bei der Begriffswahl zur Beschreibung des Ansehens eines Handelsbetriebs hat sich in der wirtschaftswissenschaftlichen Literatur der Terminus „Geschäftsstättenimage" (*store image*) durchgesetzt. Martineau definiert das Geschäftsstättenimage: „It is [...] the way in which the store is defined in the shopper's mind, partly by its functional qualities and partly by an aura of psychological attributes." Martineau (1958), S. 47, zitiert nach Lindquist (1974), S. 30. Zum *store image* vgl. bspw. ebenda, S. 29-38.

530 Simon (1985), S. 15 [Hervorhebungen und Ergänzungen durch den Verfasser].

531 Vgl. Armbrecht et al. (1993), S. 19.

532 Ebenda, S. 76.

533 Zu den Ausprägungen von Markenstrategien vgl. Kapitel 2.2 dieser Arbeit.

534 Zu den folgenden Ausführungen vgl. Schweiger (1995), Sp. 918f.; Johannsen (1974), Sp. 818f. und Mayer/ Mayer (1987), S. 37-42.

- **Vollständige Identität:** Firmen-, Marken- und Produktimages sind formal sowie inhaltlich weitgehend deckungsgleich. Häufig anzutreffen ist dieser Fall in der Investitionsgüterindustrie, bei Ein-Produkt-Unternehmen der Konsumgüterindustrie (bspw. KÖNIG PILSENER) und bei Unternehmen, deren Firmenidentität maßgeblich durch deren Produkte geprägt ist (LAMY oder BRAUN). Dabei werden Produkt- und Markenidentitäten zu einem wesentlichen Bestandteil der Unternehmensidentität und umgekehrt.

- **Positive Integration:** Firmen-, Marken- und Produktimages sind nicht identisch, besitzen jedoch eine relativ enge Beziehung. Diese Beziehung baut auf entscheidenden psychologischen Gemeinsamkeiten der Imagegrößen auf und ist deshalb nur bei deren Existenz Erfolg versprechend umsetzbar. In der Wahrnehmung der Verbraucher konstituieren Produkt- und Markenimages entscheidend das ihnen übergeordnete Firmenimage. Dieses fungiert gewissermaßen als eine integrierende Klammer und Markendach. Dabei tritt der Hersteller (-name) als „Qualitätsgarant und Vertrauensquelle" für die von ihm angebotenen Marken und Produkte auf, indem er die mit ihm assoziierte Kompetenz an Marken und Produkte weitergibt (Imagetransfer). In entgegengesetzter Wirkungsrichtung profitiert er wiederum von deren Profilierung bei den Verbrauchern (Rückkopplungseffekt).

- **Negative Integration:** Dieser Desintegrationsstrategie liegt der Versuch zugrunde, heterogene psychologische Qualitäten über die Firma, Marken und Produkte miteinander zu vereinigen. Scheitert diese Anstrengung, muss ein entsprechendes Element abgespalten werden. Häufig betrifft dies (Firmen-) Marken, die aufgrund ihrer inhaltlichen Ausrichtung nur eine begrenzte Anzahl weiterer Marken und/oder Produkte aufnehmen und glaubhaft verkörpern können. In diesem Fall besteht die einzige formale Gemeinsamkeit der Produkte, Marken und Firma in der gesetzlichen Kennzeichnungspflicht des Herstellers. Auf diese Weise werden die Nachteile der positiven Integrationsstrategie weitgehend vermieden (Ausstrahlungseffekte zwischen den Markenbestandteilen).

- **Vollständige Isolation:** Es wird eine strikte Trennung zwischen Firmen-, Marken- und Produktimages angestrebt. Häufig anzutreffen ist diese Strategie, wenn der Hersteller möglichst anonym bleiben will (bspw. PROCTER & GAMBLE) und/oder es sich um denotativ bzw. konnotativ unverträgliche, gefährliche (Medizin, Chemie etc.) oder konkurrierende (substitutive) Produkte desselben Anbieters handelt. Um die gesetzliche Kennzeichnungspflicht des Herstellers zu umgehen, wird u.U. eine neue Unternehmung gegründet bzw. auf eine andere zurückgegriffen.

Die zweite Klassifikation unterscheidet zwischen einer monolithischen („*monolithic*": fugenlose Bauweise in der Form einer „Säule"), übertragenden („*endorsed*") und gemischten („*hybrid*") Marken- bzw. Imagehierarchie:[535]

- Im Rahmen einer **monolithischen** Markenarchitektur steht die Unternehmensmarke im Zentrum. Sämtliche unter dieser Unternehmensmarke angebotenen Produkte und Dienstleistungen besitzen denselben Markennamen, dieselbe Markenbedeutung und identische Markenassoziationen. Die Zielsetzung und der wesentliche Vor- bzw. Nachteil dieser Strategie besteht in einem übergangslosen Imagetransfer zwischen den einzelnen Markenebenen und -elementen.

535 Zu den folgenden Ausführungen vgl. Hart/Murphy (1998), S. 65f. Zu den Übersetzungen der Bedeutungsgehalte ins Deutsche vgl. Wissenschaftlicher Rat der Dudenredaktion (1997).

- Die Gestaltungsalternative der **übertragenden** Markenarchitektur besitzt als Zielsetzung die (einseitige) Übertragung der Unternehmensmarkenwerte auf die unter ihr angebotenen Produkte und Dienstleistungen. Diese Strategie kann die Form einer (Firmen-)Dachmarke annehmen, bei der, ggf. unter Verwendung einer bzw. mehrerer Untermarken (***sub-brands***), eine engere oder weitere Verbindung zwischen den Markenebenen der Unternehmung einerseits und der Produkte und Dienstleistungen andererseits angestrebt werden kann. Automobilhersteller wie bspw. die Unternehmung FORD MOTOR COMPANY verwenden eine ***endorsed architecture*** und differenzieren zwischen der Unternehmensmarkenebene und der Ebene der einzelnen Produktmarken.
- Werden auf Produkt- bzw. Dienstleistungsebene mehrere Marken als sog. *banner brands* (Familienmarken) zusammengefasst, spricht dies für eine **gemischte** (hybride) Markenarchitektur, die die Vorteile der beiden erstgenannten Strukturen miteinander in Einklang zu bringen versucht.

Die vorliegende Arbeit fokussiert auf die Untersuchung einer globalen Firmendachmarke. Wie in KAPITEL 2.2 gezeigt wurde, bedient sich diese Markenstrategie eines weltweit einheitlichen Markennamens, der gleichermaßen auf die Organisation (Firma), Marke(n) und Produkte übertragen wird. Mit dieser Strategie einher geht die Bestrebung, positive Assoziationsinhalte insbesondere in der Form einer langfristig bewährten Herstellerkompetenz auf Marken und Produkte dieser Unternehmung zu transferieren (Imagetransfer- oder Ausstrahlungseffekte). Im Zusammenhang mit den oben angeführten Systematisierungsansätzen kann in diesem Fall deshalb von einer positiven Integration von Unternehmens-, Marken- und Produktimages bzw. von einer übertragenden (*endorsed*) Markenarchitektur gesprochen werden.

ABBILDUNG 4-1 auf der nächsten Seite veranschaulicht die übertragende Markenarchitektur als eine nach dem Aggregationsniveau aufgebaute **Imagehierarchie** in der Form einer Pyramide:

- An der oberen Spitze der Pyramide findet sich auf höchstem Aggregationsniveau die Unternehmensmarke bzw. das **Unternehmensimage** (UI)
- Die Dachmarke - verstanden als integrierende Klammer der unter ihr angebotenen Produkte - bzw. das gesamtheitliche (Dach-) **Markenimage** (MI) findet sich auf mittlerem Niveau.
- Die der Dachmarke zugrunde liegenden **Markenwerte** strukturieren das ganzheitliche Markenimage (MI) nach den aus Verbrauchersicht relevanten Imagefacetten.
- Gewissermaßen „eingebettet" in das holistische Konstrukt MI bzw. dessen Qualitätsdimensionen (Markenwerte) sind die **Produkte** bzw. deren Images ($PI_{1...n}$) und **Imagedimensionen**. Durch diese grafische „Einbettung" der Produktimages in das ihnen übergeordnete Markenimage soll der relativ hohe Integrationsgrad dieser beider Imageebenen zum Ausdruck kommen, der aus der Verwendung einer Dachmarkenstrategie resultiert. Die Überschneidungen symbolisieren dabei die psychologischen Gemeinsamkeiten, die beide Imageebenen miteinander verbinden.

Abb. 4-1: Dreistufige Imagehierarchie einer Firmen-Dachmarke

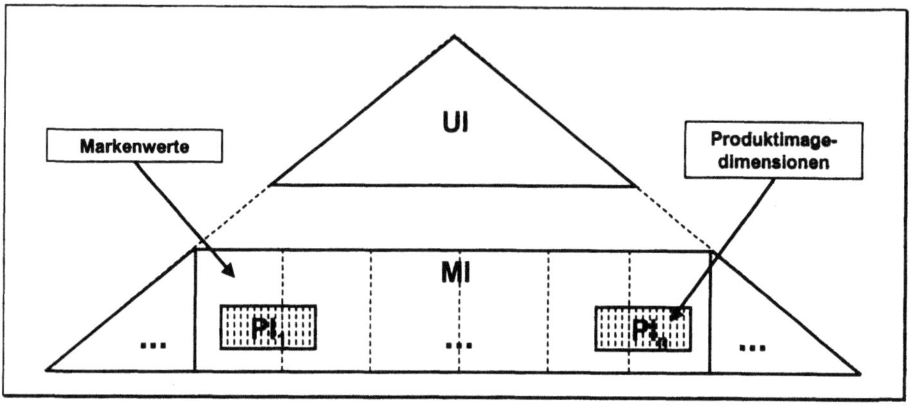

Quelle: Eigene Darstellung.

Die **Drei-Ebenen-Struktur** der visualisierten Imagehierarchie soll für den weiteren Verlauf der Arbeit beibehalten werden; sie fungiert als mehrdimensionales Zielsystem des zu entwickelnden Modells imagebasierter Marketingplanung. Die Erfolgsmaßstäbe der Zielelemente stellen die Effektivität und Effizienz der Aktionsparameter dar. Effektive Maßnahmen zeichnen sich dadurch aus, dass sie sich als geeignet erweisen, die Zielgrößen generell zu beeinflussen. Der Zielerreichungsgrad als Maß für den Erfolg bringt die Effizienz einer Gestaltungsentscheidung zum Ausdruck.[536] Voraussetzung für die Effizienzmessung ist die Vorgabe operationaler Ziel(system)e.[537] Deren Operationalität wird im Rahmen einer sich anschließenden empirischen Untersuchung dieser Arbeit herbeigeführt. Dabei werden die im vorangegangenen Abschnitt gelieferten, theoretischen Definitionen der Zielgrößen PI, MI und UI (Realdefinitionen) in operationale Definitionen (Nominaldefinitionen) überführt, die eine Messung der relevanten Sachverhalte ermöglichen.[538]

536 Vgl. Grabatin (1981), S. 17f.; Tomczak (1989), S. 75. Zur Effektivität vgl. Diller (1998), S. 167.

537 Vgl. Staehle (1989), S. 412.

538 Vgl. Green/Tull (1982), S. 151.

4.1.2 Aktionsebene (Gestaltungsvariablen)

4.1.2.1 Integrativ-Prozessualer Marketingansatz

4.1.2.1.1 Grundzüge

Mit dem Integrativ-Prozessualen Marketingansatz (IPM) von MATTMÜLLER soll in der Folge ein Konzept vorgestellt werden, das die in KAPITEL 3.2 aufgestellten Anforderungen an eine imagebasierte Marketingplanung in höherem Maße erfüllt als der instrumentelle Marketingansatz MCCARTHYS. Der wesentliche Vorteil des IPM besteht in diesem Zusammenhang in der Verknüpfung des aus dem funktionalen Marketingverständnis weiterentwickelten Gedankens integrierter Marketingfunktionen mit den Erkenntnissen der Neuen Institutionenökonomie/-k (NIÖ).[539] Wie nachstehend noch zu zeigen sein wird, ermöglichen insbesondere die funktionale (D1), integrierende (D2), integrative (D3), prozessuale (D4) und strategische Dimensionalität (D5) des IPM dessen Verwendung im Rahmen einer imagebasierten Marketingplanung, wie sie in dieser Arbeit zu konzipieren ist:[540]

(D1) Der **funktionale Marketingansatz** als Grundlage des IPM stellt mit der Organisation (erwerbs-) wirtschaftlichen Handelns in die Unternehmensfunktionen Beschaffung, Leistungserstellung, Absatz und Leitung den institutionellen Rahmen der Marketingaktivitäten dar (**funktionale Dimension**).[541] Während die Leistungserstellung (Produktion) sowie die Leitung (Koordination) eher nach innen gerichtet sind (Hierarchie), beinhalten die Beschaffung und der Absatz den Kontakt zu externen Marktpartnern (Markt).[542] Marketing, verstanden als „marktorientiertes Denken und Handeln", besitzt dementsprechend per definitionem eine unternehmensexterne Orientierung und fokussiert auf die Gestaltung der marktlichen Beziehungen zu Partnern auf der Beschaffungs- und Absatzseite.[543]

(D2) Auf dieser funktionalen und externen Orientierung aufbauend, besteht der Grundgedanke eines **integrierten Marketings** in einem kontinuierlichen Abgleich der Interessenlagen sämtlicher relevanter Anspruchsgruppen (Ziel- und Bezugsgruppen) einer Unternehmung auf Beschaffungs- und Absatzmärkten, sowohl innerhalb der Unternehmung selbst als auch innerhalb der Unternehmensumwelt (**integrierende Dimension**).[544] Die Berücksichtigung sämtlicher Anspruchsgruppen impliziert dabei gleichermaßen die Ausrichtung an ökonomischen Austauschprozessen mit den Marktpartnern (Abschluss eines Kauf- oder Dienstleistungsvertrags etc.) sowie auch an deren außerökonomischen Interessen (Belange der Kommune, Umweltverbände etc.).[545]

---

539 Vgl. Mattmüller (2000), S. 57; Mattmüller/Tunder (1997), S. 46. Mattmüller und Tunder bezeichnen den IPM als „[...] neue paradigmatische Grundlage für die Marketingwissenschaft". Ebenda, S. 3.

540 Die Aktionsebene einer imagebasierten Marketingplanung wird in einem der folgenden Kapitel mit Aspekten des internationalen Marketings um eine internationale Dimension (D6) erweitert.

541 Meyer bezeichnet sie als „Hauptfunktionen". Vgl. Meyer (1996b), S. 25f. Vgl. auch Mattmüller (2000), S. 45.

542 Vgl. Meyer/Mattmüller (1999), S. 814.

543 Vgl. Meyer (1996c), S. 6; Meyer/Mattmüller (1999), S. 812.

544 Vgl. Mattmüller/Tunder (1997), S. 45; Mattmüller (2000), S. 24.

545 Vgl. Mattmüller/Tunder (1997), S. 44; Mattmüller (2000), S. 53f.

(D3) Neben dieser allumfassenden zielgruppenbezogenen Eingliederung beinhaltet **integriertes Marketing** darüber hinaus eine aktivitätenbezogene Komponente dergestalt, dass im Gegensatz zu der monoistisch instrumentellen Marktbearbeitung in McCarthy's Ansatz eine Durchgängigkeit sämtlicher Maßnahmen und Aufgaben in der Form eines ganzheitlichen Vermarktungskonzeptes zu gewährleisten ist (**integrative Dimension**). Diese Durchgängigkeit setzt eine holistische Betrachtungsweise der Organisation voraus und verlangt nach einer koordinierten anstelle einer isolierten Ausgestaltung der verfügbaren Aktionsparameter und -bereiche.[546]

(D4) Im Zentrum des Integrativ-Prozessualen Marketingansatzes steht die eigentliche Austauschbeziehung zwischen Anbieter und Nachfrager. Deren Art, Beteiligte und Zweck definieren nach **neoinstitutionalistischem Verständnis** eine Transaktion, das Zusammenwirken selbst einen Transaktionsprozess:

„*Unter Transaktionen werden sämtliche wechselseitigen Aktivitäten zwischen Anbietern und Nachfragern zum Zwecke der Vereinbarung und Abwicklung des ökonomischen Austausches von Objekten verstanden, die zusammengefaßt [!] den Transaktionsprozeß [!] definieren.*“[547]

Der Prozesscharakter spiegelt sich in der dynamischen Fortentwicklung der Austauschbeziehung wider und lässt sich anhand auftretender Schnittstellen der Interaktion nachvollziehen (**prozessuale Dimension**). Diese Kontaktpunkte geben beiden Marktakteuren jeweils spezifische Aufgaben vor, deren Erfüllung eine unabdingbare Voraussetzung für die konsensuale Weiterführung des Transaktionsprozesses darstellt.[548] Entgegen dem weit verbreiteten Verständnis, nach dem dem Nachfrager erst zum Zeitpunkt des Vertragsabschlusses Kosten entstehen, geht die Transaktionskostentheorie von der Existenz auch solcher Kosten aus, die für Nachfrager wie Anbieter bereits während des Transaktionsprozesses zur Überwindung der Schnittstellen zum Tragen kommen. Diese Kosten lassen sich in transaktionaler Folge in Such-, Informations-, Verhandlungs-, Entscheidungs-, Überwachungs- und Durchsetzungskosten unterscheiden.[549] Neben monetären Ausprägungen können Transaktionskosten auch in der Form nichtmonetärer Nachteile (z.B. Aufwendungen der Mühe und Zeit) auftreten.[550] Den Kosten gegenüber stehen Nutzenkomponenten auf Anbieter- und Nachfragerseite: Neben dem unmittelbar mit dem Transaktionsabschluss in Verbindung stehenden Gewinn des Anbieters und den erfüllten Bedürfnissen des Nachfragers treten auch während des Transaktionsprozesses Nutzenerscheinungen auf, die den Beteiligten in der Form erworbenen Wissens oder gewonnener Erfahrungen unmittelbar oder zu einem späteren Zeitpunkt - möglicherweise in einer vergleichbaren (Handlungs-) Situation - zum Vorteil gereichen können.[551] Aus der Gegenüberstellung von Transaktionskosten und -nutzen lässt sich im Einzelfall und für beide Marktpartner ein spezifischer Transaktions-

546 Vgl. Mattmüller (2000), S. 45. Zur Integrationsorientierung des Marketing vgl. Mattmüller (2000), S. 53-56.

547 Mattmüller/Tunder (1997), S. 36.

548 Vgl. ebenda, S. 47.

549 Vgl. bspw. Richter/Furubotn (1996), S. 35; Mattmüller (2000), S. 50.

550 Vgl. Mattmüller/Tunder (1997), S. 37; Mattmüller (2000), S. 49f.

551 Vgl. Mattmüller/Tunder (1997), S. 37f.; Mattmüller (2000), S. 55f.

wert bestimmen. Voraussetzung für die Fortführung bzw. den Abschluss einer Transaktion ist ein positiver Transaktionswert sowohl auf Anbieter- als auch auf Nachfragerseite.[552]

> „Im Sinne des integrierten Marketing sollte demnach jede Schnittstelle von den Anbietern so ausgestaltet werden, daß [!] den Nachfragern bei der Erfüllung ihrer transaktionsspezifischen Aufgaben ein möglichst hoher Transaktionsnutzen möglichst niedrigen Transaktionskosten gegenübersteht."[553]

Dieser normative Regelkreis setzt jedoch eine eindeutige Bestimmung der Schnittstellen in „voneinander klar diskriminierbare Phasen" voraus.[554] Diesbezüglich ist nach der Beteiligung des Nachfragers zwischen der pretransaktionalen Phase der Vorbereitung (Marktforschung) einerseits (Beteiligung möglich) und den transaktionalen Phasen der Anbahnung (Aufnahme einer Beziehung zum Nachfrager), des Abschlusses (Begründung eines Schuldverhältnisses mit dem Nachfrager) und der Realisierung (Beendigung der Transaktion und ggf. Beginn einer neuen Transaktion) andererseits (Beteiligung notwendig) zu unterscheiden.[555]

(D5) Die **strategische Dimension** des IPM kommt schließlich in dem ihm zugrunde liegenden, kybernetischen **Managementprozess** und dessen Orientierung an der Entscheidungsproblematik wirtschaftlichen Handelns zum Tragen:[556]

> „Die Verwirklichung eines Transaktionskreislaufes erfordert von den Transaktionsparteien zahlreiche Entscheidungsvorgänge und - insbesondere von den Anbietern - ein in sich stimmig durchdachtes Vorgehen, welches sich in einem Managementprozeß [!] widerspiegelt. Letzterer wird durch vier aufeinander aufbauende Managementphasen bzw. -aufgaben bestimmt."[557]

Die Managementphasen werden üblicherweise in Konzeption, Planung, Ausführung und Kontrolle unterschieden. Strategische Überlegungen der konzeptionellen Phase bilden die Ausgangsbasis für die Ziel- und Maßnahmenplanung und damit für das weitere Vorgehen der Marktbearbeitung. Diese Überlegungen werden in der sich anschließenden Planungsphase konkretisiert und in der Ausführungsphase operationalisiert (SOLL). Die Kontrolle überwacht in einem kontinuierlichen Prozess die Kongruenz der strategischen Ziele mit den tatsächlich erreichten Ergebnissen (IST). Wird der Managementkreislauf im Sinne eines aufeinander aufbauenden, dynamischen Prozesses stetig über die vier Teilfunktionen (Schnittstellen bzw. Phasen) mit ihren jeweiligen Unterfunktionen (Aufgaben) gelegt, ist eine strategische Vorgehensweise gewährleistet.[558]

---

552 Vgl. Mattmüller/Tunder (1997), S. 38; Mattmüller (2000), S. 56.

553 Ebenda, S. 47.

554 Ebenda, S. 48. Da sich die Phasen jeweils innerhalb der Hauptfunktionen Absatz- und Beschaffungsmarktbearbeitung vollziehen, werden sie als „Teilfunktionen" bezeichnet. Vgl. Meyer (1996b), S. 25f.; Meyer/Mattmüller (1999), S. 814.

555 Vgl. Mattmüller/Tunder (1997), S. 48f. Zu einer detaillierten Darstellung der einzelnen Transaktionsphasen vgl. ebenda, S. 48-52 und v.a. Mattmüller (2000).

556 Vgl. ebenda, S. 57.

557 Mattmüller/Tunder (1997), S. 54.

558 Vgl. Mattmüller (2000), S. 57f.; Mattmüller/Tunder (1997), S. 54f.. Vgl. auch Meyer (1996b), S. 27f.

Mit der Erfüllung der in KAPITEL 3.2 aufgestellten Anforderungen (1) bis (5) an die Aktionsebene einer imagebasierten Marketingplanung erscheint der IPM für den Forschungsgegenstand und -zweck dieser Arbeit als geeignet. Nach der Formulierung einer Image-Zielhierarchie stellt der IPM den zweiten Baustein einer auf der Grundlage des situativen Forschungsansatzes spezifizierten Modellentwicklung dar. In der Folge werden deshalb Ablauf (insbesondere Vorbereitungsphase) und Bestandteile (insbesondere Absatzmarktprogramm) des IPM aus Sicht des Anbieters und am Beispiel der Absatzmarktbearbeitung (**Hauptfunktion**) - soweit erforderlich - dargelegt und geeignete Aktionsparameter abgeleitet.[559]

Vorab sollen jedoch Struktur und Prozess des IPM in nachstehender Abbildung visualisiert werden. Dabei finden sich im äußeren Kreis die **Managementfunktionen**, im mittleren Kreis die Transaktionsphasen (**Teilfunktionen**) und im inneren Feld die transaktionsphasenspezifischen Aufgaben (**Unterfunktionen**). Auch den beiden letztgenannten Funktionstypen liegen jeweils die Managementfunktionen zugrunde, leisten diese doch Hilfestellung bei deren Entscheidung und Realisierung.[560] Im Zentrum steht dabei jederzeit die Anbieter-Nachfrager-Beziehung, die den theoretischen Bezugsrahmen des IPM vorgibt:[561]

Abb. 4-2: Der Integrativ-Prozessuale Marketingansatz (IPM)

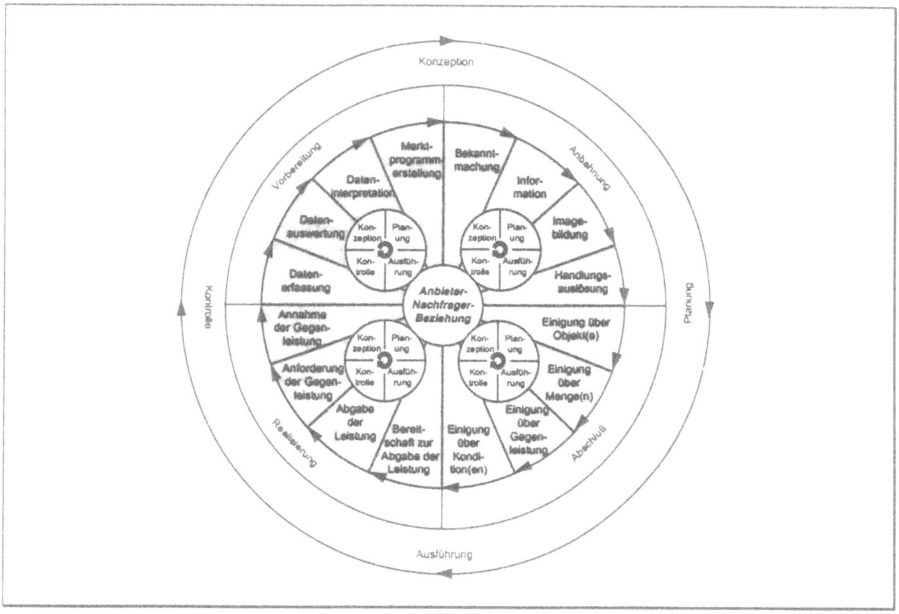

Quelle: Mattmüller/Tunder (1997), S. 56.[562]

[559] Zu einer vertiefenden Auseinandersetzung mit dem Integrativ-Prozessualen Marketingansatz sei der Leser auf die Arbeiten von Mattmüller verwiesen. Zur Umsetzung des IPM vgl. insbesondere derselbe (2000), S. 62-67.

[560] Vgl. Meyer (1996b), S. 31.

[561] Vgl. Mattmüller/Tunder (1997), S. 46.

[562] Zu einer geringfügig abgeänderten Darstellung des IPM vgl. dieselben (1999), S. 445.

4.1.2.1.2 Absatzmarktprogramm

Noch im Vorfeld der Etablierung einer Geschäftsbeziehung verschafft sich der Anbieter im Rahmen der **Vorbereitungsphase** (1. Teilfunktion der Hauptfunktion Absatz) einen Überblick über potenzielle Nachfrager und deren Bedürfnisse einerseits sowie über den relevanten Wettbewerb und dessen Leistungsangebote andererseits.[563] Bei dieser Tätigkeit bedient sich der Anbieter mit der Datenerfassung (1. Unterfunktion), -auswertung (2. Unterfunktion) und -interpretation (3. Unterfunktion) der klassischen **Marktforschung**.[564] Deren zentrale Aufgaben bestehen in der Selektion und Strukturierung relevanter Informationen, dem rechtzeitigen Erkennen unternehmerischer Chancen und Risiken und damit letztlich in der Unsicherheitsreduktion der Entscheidungsträger.[565] Die gewonnenen Erkenntnisse dienen als Informationsgrundlage der Angebotsdefinition sowie der folgenden Transaktionsgestaltung und Marktbearbeitung.[566]

Die vierte Unterfunktion innerhalb der Vorbereitungsphase ist das sog. **Absatzmarktprogramm** (AMP), das mit der Zusammenführung der unternehmerischen Zielsetzungen einerseits und der Ergebnisse der Marktforschungsaktivitäten andererseits den konzeptionellen Rahmen der Marktbearbeitung darstellt.[567] Als ein solcher bildet das AMP den Ausgangspunkt für die Anbahnung (2. Teilfunktion), den Abschluss (3. Teilfunktion) und die Realisierung (4. Teilfunktion) der Anbieter-Nachfrager-Beziehung.[568] M.a.W. repräsentiert das AMP im übertragenen Sinn den strategischen Ankerpunkt jeglicher Marketingüberlegungen und -aktivitäten:

> *„Absatzmarktprogramme sind schriftliche oder gedankliche Zusammenstellungen von Marketingentscheidungen, die die zukünftige Ausgestaltung aller Absatzmarktfunktionen einer Einzelwirtschaft determinieren (programmieren).“*[569]

Der wesentliche **Vorteil** des AMP aus Unternehmenssicht liegt erstens in dessen Koordinations- (entscheidungssteuernd) und Richtliniencharakter (handlungssteuernd), der gleichermaßen Stringenz und Konsequenz über alle Unter- und Teilfunktionen der Marktbearbeitung gewährleisten soll. Zweitens wird das mit einer unternehmerischen Entscheidung auf der Basis unvollständiger Information bezüglich situativer Rahmenbedingungen verbundene Risiko im Rahmen des AMP durch eine systematische und zukunftsbezogene Planung reduziert. Drittens erlaubt die konzeptionelle Ausrichtung des AMP eine zielgenauere Prognose hinsichtlich des für die Entscheidungsrealisierung notwendigen Ressourcenbedarfs und ermöglicht so zuverlässigere Budgetrahmenentscheidungen.[570]

[563] Vgl. Mattmüller/Tunder (1997), S. 50.

[564] Vgl. Meyer (1996b), S. 32.

[565] Vgl. Meyer/Mattmüller (1999), S. 816.

[566] Vgl. Mattmüller/Tunder (1997), S. 50. Vgl. auch Meyer (1996b), S. 32; Meyer/Mattmüller (1999), S. 829.

[567] Vgl. Meyer (1996a), S. 52 und S. 54.

[568] Vgl. ebenda, S. 54.

[569] Ebenda, S. 54 [Hervorhebungen durch den Verfasser].

[570] Vgl. ebenda, S. 54.

Das AMP setzt sich aus der Angebotsprogrammstruktur, dem Objekt- und Zielgruppenprogramm sowie der auf diesen aufbauenden, zielgruppenspezifischen Objektpositionierung zusammen.[571] Über die Gestaltung dieser konstitutiven **Bestandteile** hinaus sind mit den sog. Programmvorgaben die Zielsetzungen und erste Grundsatzentscheidungen bezüglich der einzelnen Leistungsangebote (SGF) festzulegen. Darüber hinaus bestimmen die zu treffenden Budgetentscheidungen die Ressourcenverwendung hinsichtlich der spezifizierten Programme. Programmvorgaben und Budgetentscheidungen definieren den Rahmen für die Vorbereitung, Anbahnung, den Abschluss und die Realisierung einer Transaktion.[572]

Die Struktur des AMP verdeutlicht dessen **strategischen Charakter**: Fehlentscheidungen, die zu diesem frühen, die Transaktion einleitenden Zeitraum getroffen werden, wirken sich auf alle folgenden Phasen und Funktionen aus und sind im Nachhinein kaum mehr korrigierbar. Insofern bedingen sorgfältige analytische und strategische Überlegungen den Erfolg eines AMP.[573] Die nachstehende Abbildung visualisiert die Struktur des Absatzmarktprogramms:

Abb. 4-3: Struktur des Absatzmarktprogramms (AMP)

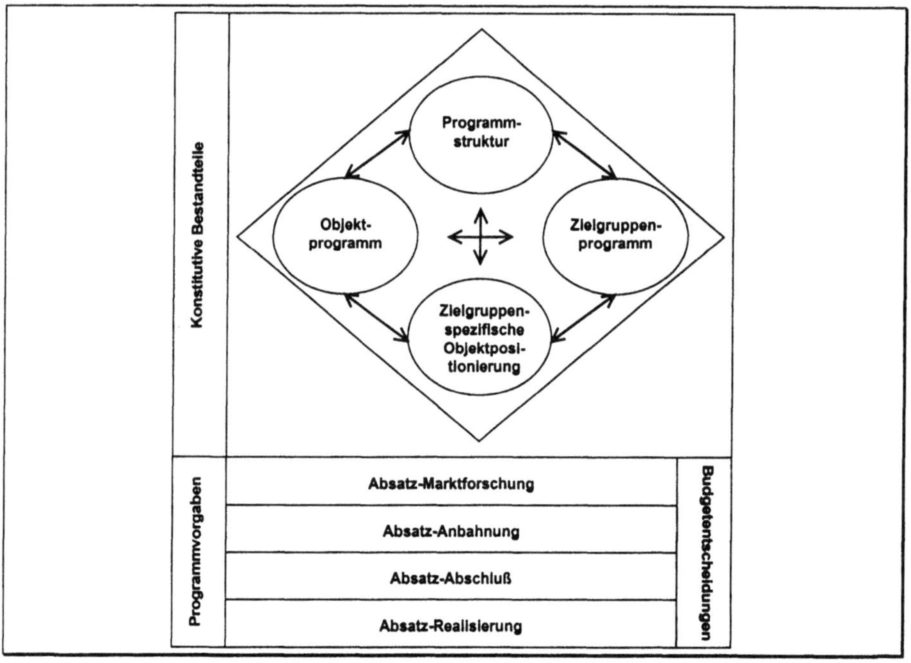

Quelle: Meyer (1996a), S. 56.

Den inhaltlichen Schwerpunkt dieser Arbeit bilden mit abnehmendem Konkretisierungsgrad die **Konzeption** und die (Aus-) **Planung** eines imagebasierten Marketingplanungssystems:

[571] Vgl. Meyer/Mattmüller (1999), S. 829.

[572] Vgl. Meyer (1996a), S. 54.

[573] Vgl. ebenda, S. 59.

- Die **Konzeption** findet sich mit der Entwicklung eines Modells imagebasierter Marketingplanung (MIMP) in diesem Abschnitt. Das MIMP versteht sich als theoretischer Bezugsrahmen zur Gestaltung dem Nachfragerverhalten vorgelagerter Wahrnehmungskonstrukte (Images). Neben dem Entwurf eines entsprechenden Image-Zielsystems sowie der Berücksichtigung relevanter Rahmenbedingungen bedient sich der Autor des Integrativ-Prozessualen Marketingansatzes zur Ableitung zweckgerichteter Gestaltungsdimensionen.
- Die **Planungsgrundlage** bildet die in KAPITEL 5 durchzuführende Situationsanalyse (externe Komponente). Sowohl die Ziel- als auch die Maßnahmenplanung selbst allerdings müssen im Einzelfall und vor dem Hintergrund unternehmensspezifischer Voraussetzungen (Unternehmens- und Marketingziele, Ressourcenausstattung etc.) vorgenommen werden. Das Handlungsspektrum kann in der Konsequenz nur systematisch aufgezeigt, Handlungsempfehlungen lediglich ansatzweise diskutiert werden (KAPITEL 6.2 bzw. 6.3).

Die gewählten Zielsetzungen und die mit ihnen verbundenen Einschränkungen lassen eine detaillierte Abhandlung der Transaktionsphasen Anbahnung, Abschluss und Realisierung als inhaltlich nicht zweckadäquat und nicht unabdingbar sowie vor dem Hintergrund des begrenzten Umfangs dieser Arbeit darüber hinaus als nicht möglich erscheinen. Die folgenden Ausführungen konzentrieren sich dementsprechend auf die Transaktionsphase der **Absatzvorbereitung** im Allgemeinen und die Erstellung eines **Absatzmarktprogramms** im Speziellen.[574] Aus der funktionalen Betrachtungsweise des für das vorliegende Forschungsvorhaben gewählten IPM „[...] erfolgt die Formulierung von Marketing-Strategien im Rahmen der [Absatz-] Marktprogrammerstellung [...]“.[575] Dessen zentrale Bedeutung für die Konstruktion eines theoretischen Bezugsrahmens einer imagebasierten Marketingplanung lässt sich darauf zurückführen, „[...] daß [!] es sich bei ihm [dem AMP] um die Festlegung bzw. Entscheidung von grundsätzlichen und konkreten strategischen Maßnahmen handelt, die das zukünftige Handeln [...] der Einzelwirtschaft im Absatzmarkt determinieren“.[576] Nicht zuletzt die strategischen Geschäftsfelder als Planungsobjekte einer strategischen imagebasierten Marketingplanung rechtfertigen die Fokussierung auf das Absatzmarktprogramm der Unternehmung.

Der Struktur des AMP sollen mit dessen konstitutiven Bestandteilen konsequenterweise solche Aktionsparameter entnommen werden, die den allgemeinen Handlungsrahmen einer imagebasierten Marketingplanung vorgeben können und sich im Einzelfall zielgerichtet ausplanen lassen. Dies betrifft einerseits die übergeordnete Gestaltung des Geschäftsfeldportfolios auf Unternehmensgesamtebene, andererseits die Ausplanung einzelner Produkt-Markt-Kombinationen auf Geschäftsfeldebene. Nachfolgend sollen die aus dem AMP abzuleitenden fünf Gestaltungsdimensionen G1 bis G5 zunächst soweit nötig diskutiert werden, um an späterer Stelle in die Struktur des Modells imagebasierter Marketingplanung einzugehen.[577]

574 Eine detaillierte Abhandlung der Transaktionsphasen Anbahnung, Abschluss und Realisierung findet der Leser bei Meyer/Mattmüller (1999), S. 845-863; Schineis (1996), S. 108-141; Muser (1996), S. 142-171; Burghold (1996), S. 172-195; Mattmüller/Tunder (1997), S. 48-53.

575 Meyer/Mattmüller (1999), S. 829 [Ergänzung durch den Verfasser].

576 Hermanns (1978), S. 44, zitiert nach Meyer (1996a), S. 59 [Ergänzungen durch den Verfasser].

577 Aus den konstitutiven Bestandteilen des AMP sind fünf Gestaltungsdimensionen abzuleiten. Sie werden später durch die Dimension „Standardisierungsgrad der Marktbearbeitung“ des Internationalen Marketings ergänzt.

4.1.2.1.3 Gestaltungsdimensionen des Absatzmarktprogramms

Der erste Schritt bei der Entwicklung eines AMP besteht in der Festlegung der „Art der Aktivitäten" innerhalb der Programmstruktur (Gestaltungsdimension 1) und letztlich damit in der Auswahl der zu bearbeitenden strategischen Geschäftsfelder.[578] Dabei sind sowohl die unternehmerischen Ziele und Grundsätze (Unternehmensleitbild und -wertesystem) als auch die aus ihnen abzuleitenden programmspezifischen Vorgaben (Marketingziele und -grundsätze) zu berücksichtigen.[579] Mittels intern wie extern ausgerichteter strategischer Analysen wie der SWOT-Analyse, der Wettbewerbsanalyse nach PORTER und einer Vielzahl weiterer gängiger Portfolioanalysemethoden (BOSTON CONSULTING GROUP-, MCKINSEY-Portfolio u.a.) werden im Vorfeld der Angebotsdefinition die Chancen und Risiken das eigene Unternehmen betreffend eruiert und das Marktumfeld sondiert (Positionsbestimmung mittels Situationsanalyse).[580] Parallel zur Strategieformulierung werden dieser entsprechende Budgetrahmenentscheidungen bezüglich der Ressourcenverwendung getroffen.[581]

Die definierten Marketingziele und -grundsätze (Programmvorgaben) können je nach Ausprägung unterschiedliche strategische Konsequenzen für die restlichen Bestandteile des AMP auslösen: Zum einen können sie Auswirkungen auf die Programmstruktur selbst und damit auf Anzahl und Auswahl der Geschäftsfelder nach sich ziehen. Zum anderen können Programmvorgaben mit abnehmender strategischer Konsequenz auf das Objekt-/Zielgruppenprogramm und/oder auf die zielgruppenspezifische Objektpositionierung einer (erwerbs-) wirtschaftlichen Organisation einwirken. Während Änderungen der Programmstruktur selbst die Ebene der Gesamtunternehmung betreffen, bezieht sich die Gruppe letztgenannter Änderungen auf die Ebene des (singulären) strategischen Geschäftsfelds.[582] Diese dem Unternehmen mittels Programmvorgaben zur Verfügung stehenden Gestaltungsalternativen unterschiedlichen Aktivitätengrades werden nun im Einzelnen diskutiert:

Auf höchstem die geschäftsfeldübergreifende Ebene der Gesamtunternehmung betreffendem Aggregationsniveau steht die **Programmstruktur (G1)** des generischen Angebots in der Form ausgewählter Produkt-Markt-Kombinationen zur Disposition. Die sich der Unternehmensleitung dabei bietenden Alternativen werden ihrem grundlegenden und zukunftsweisenden Charakter entsprechend als **strategische Marketingoptionen** bezeichnet. In diesem Zusammenhang wird zwischen der Beibehaltungsstrategie einerseits und den vier Änderungsstrategien der Diversifikation, Reduktion, Konversion und Multiplikation andererseits unterschieden:[583]

578 Vgl. Mattmüller (2000), S. 138 und S. 141; Meyer (1996a), S. 59.

579 Vgl. Mattmüller (2000), S. 138; Meyer (1996a), S. 59.

580 Vgl. Meyer/Mattmüller (1999), S. 829.

581 Vgl. Meyer (1996a), S. 59.

582 Vgl. ebenda, S. 60f.

583 Vgl. Mattmüller (2000), S. 141; Meyer/Mattmüller (1993), S. 25. Die marketing-strategischen Optionen sollen an dieser Stelle lediglich in ihren Grundzügen dargestellt werden. Detaillierte Ausführungen bezüglich der Motive, Formen und Phasen findet der Leser in den voranstehenden Quellen.

- Die **Beibehaltungsstrategie**, auch als Strukturfortschreibung tituliert, besteht in einem beabsichtigten Festhalten an der aktuellen Struktur der Geschäftsfeldmatrix. Die Absicht äußert sich dabei in einem bewussten, der Strategiewahl vorausgehenden Entscheidungsprozess auf der Grundlage strategischer Überlegungen.[584] Die Wahl einer Beibehaltungsstrategie bleibt von strategischen wie taktischen Veränderungen innerhalb des SGF unberührt.[585]

- Die **Diversifikationsstrategie** bezweckt den Aufbau eines neuen, additiven Geschäftsfelds in Ergänzung zu den bereits bestehenden Objekt-Zielgruppenkombinationen.[586] Klassische Motive der Diversifikation liegen in der Renditeverbesserung und Risikostreuung.[587] Nach der Wirkungsebene (Leistungsangebot und/oder Zielgruppe/-n) kann die Diversifikation ein- bzw. zweidimensional erfolgen. Bei der eindimensionalen Diversifikation wird unter Beibehaltung einer Achse (bspw. der Zielgruppenachse) lediglich die eine verbleibende Dimension modifiziert (neues Angebot an bestehende Zielgruppe/-n oder bestehendes Angebot an neue Zielgruppe/-n).[588] Ein Beispiel für eine eindimensionale Diversifikation auf Angebotsebene ist in dem Bestreben eines Automobilherstellers zu sehen, neben dem Angebot existenter PKW-Produktlinien zusätzlich einen Kleinwagen an eine bekannte Zielgruppe zu veräußern. Bei einer zweidimensionalen Diversifikation werden hingegen beide Achsen verändert (neues Angebot für neu definierte Zielgruppe/-n). Das Neuangebot des Modells A2 der AUDI AG an neue Kunden (im Vergleich zu den bisherig bearbeiteten Privatkunden) stellt ein Exempel für eine zweidimensionale Diversifikation dar. Aufgrund des doppelten Neuigkeitscharakters der zweidimensionalen Diversifikation ist diese als relativ risikoreich einzustufen. Zur Umsetzung einer Diversifikation existiert eine Reihe von Alternativen, die von der Akquisition bis zum Eigenaufbau strategischer Geschäftsfelder reichen.[589]

- Die **Reduktionsstrategie** als der Diversifikation entgegengesetzt verlaufende Option verfolgt die Elimination eines Geschäftsfelds.[590] Mögliche Zielsetzungen sind die Straffung der Wertschöpfungskette, die Schließung eines unprofitablen Geschäftsbereiches oder die Reaktion auf eine Marktstagnation oder -schrumpfung.[591] Analog zur Diversifikation kann auch die Reduktion ein- oder zweidimensional erfolgen: Die Entscheidung eines Automobilherstellers, in einem bestimmten Geschäftsfeld zukünftig keine Firmenkunden mehr zu adressieren, stellt ein Beispiel für eine eindimensionale Reduktion auf Zielgruppenebene dar. Das Einstellen der BMW 8er Reihe steht repräsentativ für eine zweidimensionale Diversifikation. Für die Umsetzung einer Reduktionsstrategie eignen sich bspw. der Verkauf, das *Downsizing* oder der *Ma-*

584 Vgl. Mattmüller (2000), S. 142; Meyer (1996a), S. 62f.

585 Vgl. Mattmüller (2000), S. 142; Meyer/Mattmüller (1999), S. 832.

586 Vgl. Mattmüller/Tunder (1998), S. 591; Mattmüller (2000), S. 143.

587 Vgl. Mattmüller/Tunder (1998), S. 595; Mattmüller (2000), S. 148f.

588 Vgl. Grassy (1993), S. 33. Zu den Dimensionen im Einzelnen vgl. Mattmüller (2000), S. 144-147.

589 Vgl. Mattmüller (2000), S. 149f.; Mattmüller/Tunder (1998), S. 596. Im Allgemeinen lässt sich die Diversifikation auf autonome, kooperative oder akquisitorische Weise umsetzen. Die autonome Diversifikation wird durch den Eigenaufbau, den Lizenzerwerb oder die Aufnahme bspw. von Handelsware ermöglicht. Die kooperative Diversifikation kann in der Form eines Joint-Ventures oder mittels Lizenzvergabe realisiert werden. Die akquisitorische Diversifikation kann schließlich über Konzernbildung oder Unternehmensfusionen vollzogen werden. Vgl. Grassy (1993), S. 48f.

590 Vgl. Mattmüller (2000), S. 150f.; Trautmann (1993), S. 142.

591 Vgl. ebenda, S. 151 und S. 155.

nagement-Buy-Out eines Geschäftsfelds.[592] Allerdings ist zu berücksichtigen, dass eine Reduktion keinesfalls kostenneutral vonstatten geht, entstehen doch aufgrund vollzogener Mitarbeiterfreisetzungen, zu entrichtender Abfindungen, ausstehender Garantieleistungen und/oder durch den Abbau von Fabriken Kosten für die die Reduktion vollziehende Unternehmung.[593]

- Die **Konversionsstrategie** ist als Kombination von Diversifikation und Reduktion zu interpretieren:[594]

> *„Konversion bezeichnet eine Unternehmensstrategie mit dem Ziel, bisher bearbeitete Geschäftsfelder aufgrund veränderter Rahmenbedingungen in einem ein- oder mehrstufigen Prozeß [!] ganz oder teilweise durch neue Geschäftsfelder zu substituieren. Konstitutives Kennzeichen ist, daß [!] die frei werdenden Ressourcen der nicht mehr zu bearbeitenden Geschäftsfelder die Basis für die neuen Geschäftsfelder bilden, d.h., die Unternehmenskapazitäten sollen im wesentlichen [!] erhalten bleiben.“*[595]

  Dabei kann auch die Konversion nach der Wirkungsebene ein- oder zweidimensional vollzogen werden. Insbesondere vor dem Hintergrund einer zunehmenden Anwendung der Komponentenfertigung (sog. Plattformstrategie) erscheinen Konversionen in der Automobilindustrie als durchaus realistisch. So ist bspw. vorstellbar, dass eine PKW-Modellreihe eingestellt wird, auf der bestehenden Plattform im Anschluss jedoch eine neue Fahrzeugreihe mit identisch definierter Zielgruppe angeboten wird (eindimensionale bzw. partielle Konversion auf Angebotsebene). Würde in dem genannten Beispiel (zusätzlich) eine neue Zielgruppe definiert, handelte es sich um eine zweidimensionale bzw. vollständige Konversion.[596] Klassische Motive der Konversion liegen in zunehmendem Wettbewerbsdruck, neuen gesetzlichen Rahmenbedingungen oder einer veränderten Nachfragesituation begründet. Neben den genannten unternehmensexternen Faktoren können interne Motive den strategischen Anstoß für eine Konversion geben. Hierzu zählt bspw. die Neuausrichtung der Unternehmensvision und -philosophie. Für die Umsetzung der Konversion kommt im Gegensatz zur Diversifikation ausschließlich der Eigenaufbau eines strategischen Geschäftsfeldes in Betracht: Dabei wird im Sinne der Konversion auf die aus einer Geschäftsfeldschließung frei gewordenen Ressourcen zum Aufbau des neuen SGF zurückgegriffen.[597]

- Während die bislang erwähnten strategischen Alternativen der Diversifikation, Reduktion und Konversion den sog. kernverändernden, d.h. die Struktur eines SGF modifizierenden Optionen zuzuordnen sind, handelt es sich bei der **Multiplikationsstrategie** um eine sog. rahmenverändernde strategische Marketingoption. Rahmenverändernd deshalb, weil im Gegensatz zu

592 Während unter dem Begriff des *Downsizing* die „Gesundschrumpfung“ eines Unternehmens bzw. einzelner Unternehmensteile subsumiert wird, beschreibt der *Management-Buy-Out* den Aufkauf von Unternehmen oder Unternehmensteilen durch das eigene Management. Weiterhin kann eine Reduktion durch eine von der Unternehmensleitung gestützten Abspaltung von Unternehmensteilen - bezeichnet als *sponsored-spin-off* - vollzogen werden. Auch der Verkauf oder die Stilllegung von Unternehmen oder einzelnen strategischen Geschäftsfeldern sind den Umsetzungsalternativen der Reduktion zuzurechnen. Vgl. Trautmann (1993), S. 170.

593 Vgl. ebenda, S. 164-166. Zu den Austrittsbarrieren einer Reduktion vgl. Mattmüller (2000), S. 154f.

594 Vgl. Mattmüller/Tunder (1998), S. 601f.; Mattmüller (2000), S. 156.

595 Brixle (1993), S. 92 [Hervorhebungen durch den Verfasser].

596 Vgl. Brixle (1993), S. 97; Mattmüller (2000), S. 156f.

597 Vgl. Brixle (1993), S. 102f.; Mattmüller (2000), S. 156f.

den bisher genannten Strategien weder die Angebots- noch die Zielgruppendimension verändert werden; stattdessen werden sie in Kombination identisch vervielfältigt.[598] Denkbare Motive für eine Multiplikation können bspw. in einem Wachstum des potenziellen Marktes oder in erwarteten Skaleneffekten liegen.[599] Bei einer eindimensionalen Multiplikation auf Angebotsebene wird der bislang bearbeitete Markt (i.S.v. Zielgruppe) durch die Errichtung neuer Verkaufsstellen in höherem Maße ausgeschöpft. Dies könnte beispielsweise durch den Aufbau neuer, herstellereigener Niederlassungen im bisherigen Marktgebiet erreicht werden (Filialisierung). Eine Verstärkung der Marketingaktivitäten zur Attrahierung von Zielgruppen aus bisher noch nicht bearbeiteten geografischen Regionen ist Konsequenz der eindimensionalen Multiplikation auf Zielgruppenebene. Die zweidimensionale Multiplikation ist mit einer Marktausweitung gleichzusetzen. Bei ihr werden in bislang nicht bearbeiteten Märkten durch den Aufbau neuer Verkaufsstellen bisher noch nicht bearbeitete Zielgruppen attrahiert, wobei sich diese neuen Zielgruppen lediglich hinsichtlich ihres geografischen Merkmals von den bisher bearbeiteten unterscheiden.[600] Hier wäre der Aufbau einer Handelsorganisation in einem neuen Markt, wie bspw. einem neuen Bundesland, möglich.

Die folgende Abbildung soll die Dimensionalität und Typen strategischer Marketingoptionen zusammenfassend verdeutlichen:

Abb. 4-4: Dimensionalität der Strategischen Marketingoptionen

	Wirkungsebene / Strategische Option	Leistungsangebot	Zielgruppe
kernverändernd	Diversifikation	Eindimensionale Diversifikation auf Angebotsebene	Eindimensionale Diversifikation auf Zielgruppenebene
		Zweidimensionale Diversifikation	
	Reduktion	Eindimensionale Reduktion auf Angebotsebene	Eindimensionale Reduktion auf Zielgruppenebene
		Zweidimensionale Reduktion	
	Konversion	Eindimensionale Konversion auf Angebotsebene	Eindimensionale Konversion auf Zielgruppenebene
		Zweidimensionale Konversion	
rahmenverändernd	Multiplikation	Eindimensionale Multiplikation auf Angebotsebene	Eindimensionale Multiplikation auf Zielgruppenebene
		Zweidimensionale Multiplikation	

Quelle: Meyer/Mattmüller (1993), S. 26.

Während Veränderungen innerhalb der Programmstruktur Umfang und Zusammensetzung des Geschäftsfeldportfolios betreffen, stellen das Objekt- und Zielgruppenprogramm wie auch die zielgruppenspezifische Objektpositionierung auf einzelne Produkt-Markt-Kombinationen (SGF) ab. Diese Gestaltungskomponenten auf Geschäftsfeldebene werden im Folgenden erläutert.

598 Vgl. Hübner (1993), S. 193; Mattmüller (2000), S. 159.

599 Vgl. Hübner (1993), S. 204f; Mattmüller (2000), S. 159f.

600 Vgl. Hübner (1993), S. 199f.; Mattmüller (2000), S. 159-162.

Das **Objektprogramm** fokussiert auf das Versorgungsobjekt selbst und umfasst dabei sowohl sich gegenwärtig im Angebot befindliche Objekte als auch zukünftig anzubietende Leistungen.[601] Es setzt sich aus zwei Elementen zusammen: der Programmgestaltung und der Objektgestaltung. Die Programmgestaltung beinhaltet sämtliche Entscheidungen und Maßnahmen, die die Struktur des Objektprogramms beeinflussen. Die Objektgestaltung hingegen bezieht sich auf die Ausformung einzelner Objekte innerhalb des Objektprogramms.[602]

Die **Programmgestaltung (G2)** definiert sich über die Breite (additive Auswahl) und Tiefe (alternative Auswahl) eines Programms.[603] Auf beiden Ebenen kann jeweils entweder eine Beibehaltungsstrategie i.S. einer Strukturfortschreibung gewählt oder eine Änderung der Angebotsstruktur in Form einer Straffung oder Erweiterung vorgenommen werden.[604] Die nachstehende Abbildung verdeutlicht die Dimensionalität und die möglichen Ausprägungen der Programmgestaltung:

Abb. 4-5: Standardmaßnahmen der Angebotsstruktur-Gestaltung

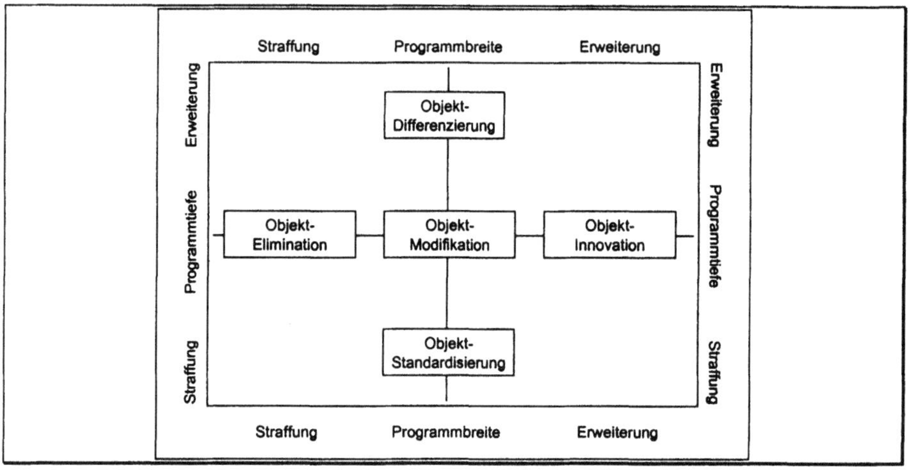

Quelle: Meyer/Mattmüller (1999), S. 834.

Auf horizontaler Ebene der **Programmbreite** findet der Nachfrager eine additive Auswahl an Objektgruppen vor.[605] Am Beispiel der Automobilindustrie manifestiert sich dies bspw. in Fahrzeugen unterschiedlicher Karosserieform innerhalb einer Baureihe (MERCEDES-BENZ C-KLASSE Limousine, Coupé und Kombi).[606]

601 Vgl. Mattmüller (2000), S. 165; Meyer (1996a), S. 65.

602 Vgl. Mattmüller (2000), S. 165; Meyer (1996a), S. 65.

603 Vgl. Meyer/Mattmüller (1999), S. 833; Mattmüller (2000), S. 167.

604 Vgl. Meyer (1996a), S. 66; Mattmüller (2000), S. 168.

605 Vgl. Meyer/Mattmüller (1999), S. 833; Mattmüller (2000), S. 167.

606 Produktlinien (sog. Baureihen in der Automobilindustrie) werden im Sinne der vorliegenden Arbeit als unterschiedliche strategische Geschäftsfelder abgegrenzt. Deren Karosserievarianten markieren die Programmbreite, die Motorisierungsvarianten die Programmtiefe. Diese Dimensionsbelegung ist subjektiv und orientiert sich an der Überlegung, welche Dimensionen innerhalb einer Produktlinie tendenziell additiven und welche eher alter-

Mögliche strukturverändernde Maßnahmen die Programmbreite betreffend sind die Objektinnovation (Erweiterung) und -elimination (Straffung).[607] Eine Objektinnovation stellt exemplarisch das Angebot einer weiteren Karosserieform innerhalb einer bestimmten Fahrzeugreihe dar, wie z.B. das eines C-KLASSE Cabriolets. Analog dazu käme die Beendigung eines Angebotes des MERCEDES-BENZ C-KLASSE Coupés in dem gewählten Beispiel einer Objektelimination gleich. Mögliche Veränderungen vollziehen sich dabei grundsätzlich innerhalb eines strategischen Geschäftsfelds. Lediglich in dem Fall, dass im Rahmen einer Objekteliminations- bzw. -innovationsstrategie ein existentes SGF geschlossen bzw. neu eröffnet wird, wirken sich diese Änderungen auch auf die nächsthöhere Ebene des Absatzmarktprogramms aus (Reduktion bzw. Diversifikation innerhalb des Geschäftsfeldportfolios und mithin auf Gesamtunternehmenebene).[608] Würden z.B. mit dem angeführten Neuangebot eines MERCEDES-BENZ C-KLASSE Cabriolets darüber hinaus völlig neue Zielgruppen adressiert, entspräche diese Maßnahme der strategischen Option einer Diversifikation; ein neues SGF würde entstehen.

Auf vertikaler Ebene der **Programmtiefe** befindet sich dementgegen eine aus Kundensicht alternative Auswahl.[609] Am Beispiel Automobil verdeutlicht, umfasst dies bspw. die Anzahl der angebotenen Motorisierungsvarianten eines Karosserietyps innerhalb einer Baureihe (BMW 3ER REIHE Limousine 316i, 323i, 328i etc.). Die Erweiterung bzw. Straffung der Variantenanzahl auf der Ebene der Programmtiefe entspricht einer Objektdifferenzierung bzw. -standardisierung.[610]

Unter dem Begriff der **Objektmodifikation** werden schließlich sämtliche Aktivitäten subsumiert, die in der Form einer Veränderung, Verbesserung oder des Austauschs bestehender Objekte ohne Auswirkungen auf Programmtiefe und -breite bleiben. Ihre Zielsetzung besteht in einer Anpassung der Marktleistungen an situative Markterfordernisse.[611] Beispielhaft sei die in der automobilen Unternehmenspraxis übliche Modellüberarbeitung eines bestehenden Fahrzeugmodells genannt (*Face-Lift*).[612] Auch entsprechen Nachfolgeprodukte (Objektsubstitution) der Modifikationsstrategie. Bei dieser wird ein bislang im Angebot eines Herstellers geführtes Erzeugnis durch eine neue Marktleistung vollständig ersetzt, d.h., mit der Einführung der neuen Marktleistung werden Produktion und Vertrieb der abgelösten Marktleistung abschließend eingestellt.

---

nativen Charakter besitzen. Während primär Karosserievarianten unterschiedliche Verbraucherbedürfnisse ansprechen und als solche eine tendenziell additive Auswahl repräsentieren, korrelieren die angebotenen Motorisierungsvarianten mit differenzierten Preislagen; sie stellen eine konkurrierende (alternative) Auswahl dar.

607 Vgl. Meyer (1996a), S. 66; Mattmüller (2000), S. 168.

608 Im Unterschied zu der zuvor beschriebenen strategischen Option der Diversifikation, die zwangsläufig zum Aufbau eines neuen Geschäftsfeldes führt, vollziehen sich Objektinnovationen, -differenzierungen und -modifikationen innerhalb eines SGF. Erst wenn bspw. durch eine Objektinnovation eine derartig signifikante Heterogenität zu bestehenden Geschäftsfeldern entsteht, erscheint der Aufbau eines neuen SGF als gerechtfertigt. Vgl. hierzu Grassy (1993), S. 34f.

609 Vgl. Mattmüller (2000), S. 167; Meyer/Mattmüller (1999), S. 834.

610 Vgl. Meyer (1996a), S. 66; Mattmüller (2000), S. 169f.

611 Vgl. Meyer/Mattmüller (1999), S. 834f; Mattmüller (2000), S. 170.

612 Die Modellüberarbeitung (*Face-Lift*) wird den primär marktgetriebenen Anpassungsentwicklungen automobiler Produkte zugerechnet. Dabei werden „[...] bestimmte Merkmale des Produkts (häufig das Fahrzeugdesign) im Verlauf des Vermarktungsprozesses einer Überarbeitung unterzogen [...]". Seidel (1996), S. 177.

Eine derartige Produktfolgepolitik findet sich in zahlreichen Branchen. Besonders verbreitet sind die Modellwechsel in der Automobilindustrie und bei Investitionsgütern (z.B. Computern).[613]

Die **Objektgestaltung (G3)** bezieht sich auf Aktivitäten, die an einzelnen Charakteristika eines Versorgungsobjekts vorgenommen werden.[614] Diese Eigenschaften sind der Objektkern, die Objektgrundmerkmale sowie die Objektzusatzmerkmale:[615]

Abb. 4-6: Ebenen und Parameter der Objektgestaltung

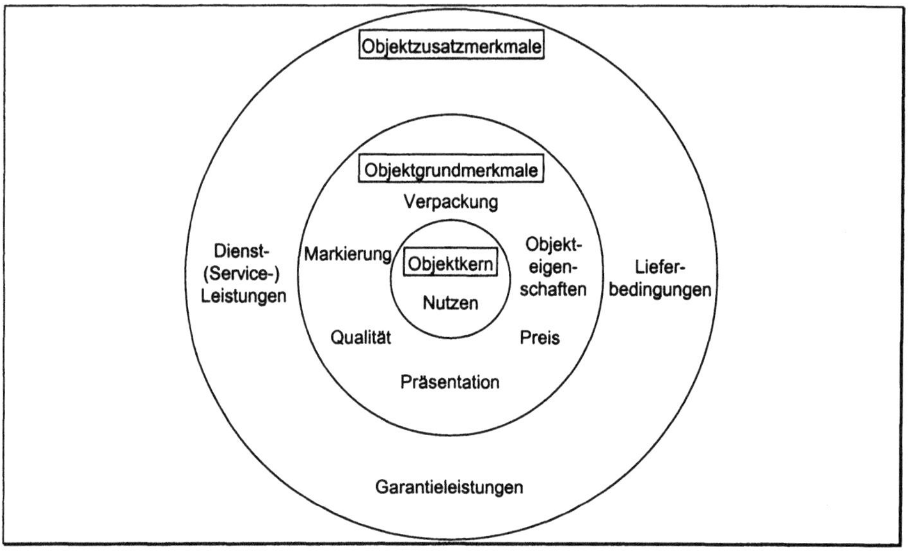

Quelle: Meyer (1996a), S. 68.

Im Zentrum jedes Versorgungssystems (Objekts) steht das mit ihm verbundene Nutzenversprechen gegenüber dem Nachfrager in der Form des sog. **Objektkerns**. Dabei sind dem Nutzen verschiedene Ebenen immanent, die situativ und in Abhängigkeit vom Objekt von unterschiedlicher Bedeutung für einen Nachfrager sein können.[616]

Während unterschiedliche Versorgungsobjekte identische Nutzenversprechen offenbaren können, stehen die **Objektgrundmerkmale** in zwingender Abhängigkeit zu der Art der angebotenen Leistung. Neben den direkten Objekteigenschaften (Größe, Farbe usw.) betrifft dies den Preis, die Markierung (Markenname, -zeichen, -strategie etc.), die Qualität, die Verpackung sowie die Präsentation.[617]

---

613 Vgl. Simon (1985), S. 183f. Vgl. auch Mattmüller (2000), S. 170.

614 Vgl. ebenda, S. 171; Meyer (1996a), S. 67.

615 Mattmüller (2000), S. 171.

616 Vgl. Meyer/Mattmüller (1999), S. 836. Die Autoren unterteilen den zentralen Nutzen in vier Kategorien: den Grundnutzen, den persönlichen Nutzen, den soziologischen Nutzen und den magischen Nutzen. Zu dieser Unterscheidung vgl. auch Mattmüller (2000), S. 172f.

617 Vgl. Meyer (1996a), S. 67-68; Mattmüller (2000), S. 173f.

Die nicht in unmittelbarem Zusammenhang mit dem Objekt stehenden **Zusatzmerkmale** umfassen das Angebot ergänzende Dienst- und Garantieleistungen sowie Lieferbedingungen.[618] Sie beinhalten „[...] die Gesamtheit der Vorteile, die der Käufer durch den Erwerb des formalen Produktes erhält oder erfährt".[619] Die Objektgestaltung selbst soll im Rahmen dieser Arbeit nicht spezifisch ausgeplant werden. Die Übersetzung der Positionierungsziele in Objektgestaltungsparameter erfolgt innerhalb der Maßnahmenplanung und muss im Einzelfall entschieden werden.

Dem **Zielgruppenprogramm** eines strategischen Geschäftsfeldes werden die Zielgruppenprogrammstruktur und die Zielgruppenbestimmung untergeordnet:[620] Während die Zielgruppenprogrammstruktur Umfang und Zusammensetzung des Zielgruppenprogramms abbildet, bezweckt die Zielgruppenbestimmung die Identifikation relevanter und zu bearbeitender Kundengruppen.

Analog zur Angebotsstruktur lässt sich die **Zielgruppenprogrammstruktur (G4)** in die Ebenen der Programmtiefe und -breite aufgliedern.[621] Dabei umfasst die Programmbreite sog. Finalzielgruppen, die Programmtiefe sog. subfinale Zielgruppen.[622] Bei finalen Zielgruppen handelt es sich um Endverbraucher, d.h. um jene letzten Nachfrager respektive Verwender, die im Hinblick auf ihre nachfragerelevanten Eigenschaften heterogen sind.[623] Die Programmtiefe bezieht sich auf die Gestaltung der Absatzwege i.S.v. subfinalen Zielgruppen (Händler, Meinungsführer u.a.). Sie zeichnen sich durch Homogenität hinsichtlich der einflussrelevanten Merkmale aus.[624]

Abb. 4-7: Standardmaßnahmen der Zielgruppenprogramm-Struktur-Gestaltung

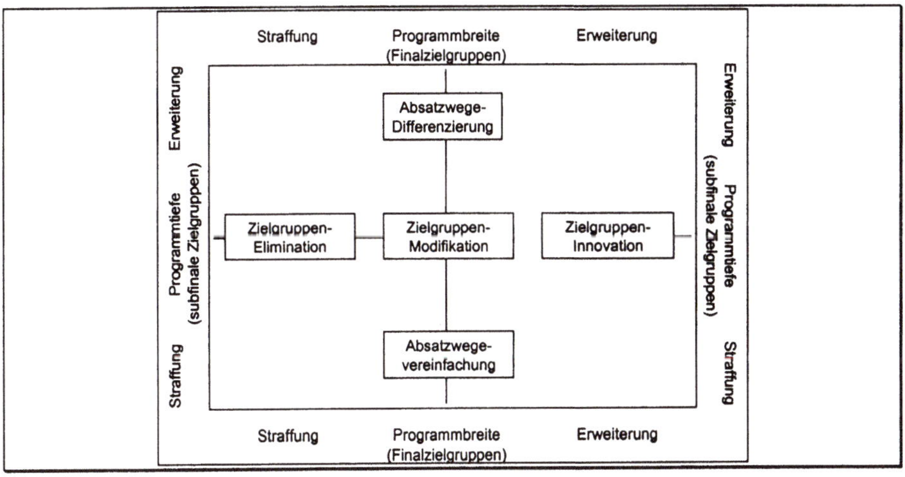

Quelle: Meyer/Mattmüller (1999), S. 839.

618 Vgl. Meyer/Mattmüller (1999), S. 838.

619 Kotler (1995), S. 660, zitiert nach Meyer (1996a), S. 69.

620 Vgl. Meyer/Mattmüller (1999), S. 838.

621 Vgl. Mattmüller (2000), S. 198; Meyer/Mattmüller (1999), S. 839.

622 Vgl. Meyer (1996a), S. 71; Mattmüller (2000), S. 198.

623 Vgl. Meyer/Mattmüller (1999), S. 838; Mattmüller (2000), S. 197f.

624 Vgl. Meyer/Mattmüller (1999), S. 839; Mattmüller (2000), S. 198.

Die Straffung bzw. Erweiterung der **Programmbreite** (horizontale Ebene) kommt vergleichbar zur Angebotsstruktur einer Zielgruppenelimination bzw. -innovation gleich.[625] Reduziert sich das Geschäftsfeldportfolio auf der Basis einer fundamentalen Straffung um z.B. eine Produkt-Markt-Kombination bzw. entsteht durch die Umsetzung einer grundlegenden Erweiterungsstrategie ein gänzlich neues SGF, wirkt sich diese Maßnahme nun nicht mehr innerhalb des Zielgruppenprogramms selbst aus, sondern auf der übergeordneten Ebene der Programmstruktur (Gesamtunternehmensebene). Als Beispiel für eine Zielgruppeninnovation sei die Entscheidung eines Automobilherstellers genannt, eine bestimmte Fahrzeugreihe zukünftig und zum ersten Mal auch jüngeren Nachfragern anzubieten. Auch hier gilt wie bei der Programmgestaltung: In dem Moment, in dem die Zielgruppeninnovation Auswirkungen auf die Existenz eines SGF und damit auf die Programmstruktur besitzt, handelt es sich nicht mehr um eine Zielgruppeninnovation innerhalb einer Produkt-Markt-Kombination, sondern um eine eindimensionale Diversifikation auf Zielgruppenebene. Eine Abgrenzung beider Strategien kann allerdings nicht allgemein gültig erfolgen: Vielmehr ist fallweise zu entscheiden, ob eine Zielgruppeninnovation/-elimination derart signifikante Konsequenzen (i.S. der Bearbeitung eines klar abgrenzbaren Kundenproblems und einer eigenständigen Marktbearbeitung) mit sich bringt, dass es sinnvoll erscheint, ein neues SGF zu eröffnen bzw. ein existentes zu schließen.[626]

Veränderungen auf der vertikalen Ebene (**Programmtiefe**) die subfinalen Zielgruppen betreffend problematisieren die Standardisierung und Differenzierung der Absatzwege und lassen sich übertragend interpretieren;[627] sie sollen an dieser Stelle nicht eigens thematisiert werden, da sich (Objekt-) Positionierungsentscheidungen in erster Linie auf finale Zielgruppen beziehen.[628] Straffung und Erweiterung von Zielgruppen beziehen sich jeweils auf die Variation der Anzahl der bestehenden finalen und/oder subfinalen Zielgruppen. Bei der **Zielgruppenmodifikation** hingegen handelt es sich um eine Veränderung bei bestehender Anzahl der Zielgruppen in der Form einer Feinsegmentierung.[629] Die Modifikation bezieht sich damit auf die Art der Beschreibung und der Bearbeitung bestehender Zielgruppen, ohne dass an der „Substanz" der Zielgruppendefinition eine Veränderung vorgenommen wird.[630] So ist bspw. denkbar, dass die Zielgruppe/-n des JAGUAR S-TYPE im Sinne einer Feinsegmentierung nunmehr verstärkt nach life-style-typologischen Aspekten denn nach herkömmlichen, sozio-demografischen Merkmalen differenziert werden.

Im Rahmen der **Zielgruppenbestimmung (G5)** stellt sich die Frage, welche Zielgruppen (Definition der relevanten Zielgruppen) wie (Art der zielgruppenspezifischen Marktbearbeitung) zu bearbeiten sind. Ausgangspunkt dieser Überlegungen ist die Abgrenzung des relevanten Marktes bzw. die Marktsegmentierung.[631]

---

625 Vgl. Meyer (1996a), S. 71; Mattmüller (2000), S. 199.

626 Analog zu der weiter oben ausgeführten Unterscheidung zwischen einer Objektinnovation, -differenzierung und -modifikation ist auch die Abgrenzung auf Zielgruppenebene zu sehen. Führen Entscheidungen innerhalb des Zielgruppenprogramms - bspw. durch eine Neusegmentierung bestehender Zielgruppen - zu einem veränderten Auftreten des Unternehmens am Markt, wird noch keine Diversifikation ausgelöst. Vgl. Grassy (1993), S. 34f.

627 Vgl. Meyer (1996a), S. 71; Mattmüller (2000), S. 200.

628 Vgl. Meyer (1996a), S. 76.

629 Vgl. Meyer/Mattmüller (1999), S. 839.

630 Vgl. ebenda, S. 839.

631 Vgl. Meyer (1996a), S. 72f.

Die **Zielgruppendefinition** erfolgt anhand der gängigen geografischen, demografischen, soziografischen und/oder psychografischen Merkmale. Auch neuere Ansätze wie Lifestyle-Typologien oder die Milieuforschung, die der psychografischen Marktsegmentierung zuzurechnen sind, können zur Definition der Zielgruppen herangezogen werden.[632] Neben diesen genannten, personenbezogenen Segmentierungskriterien existieren außerdem sog. verhaltensbezogene Merkmale, die das Informations-, Kauf- und Verwendungsverhalten der Nachfrager operationalisieren.[633]

Über die Zielgruppendefinition hinaus ist die **Art der zielgruppenspezifischen Marktbearbeitung** festzulegen. In diesem Zusammenhang bieten sich der Unternehmensleitung zwei mal zwei Alternativen: Einerseits ist zwischen einer vollständigen und teilweisen Abdeckung des Marktes zu wählen (quantitative Entscheidung). Andererseits ist zu entscheiden, ob der anvisierte (vollständige oder partielle) Markt auf undifferenzierte oder mittels Zielgruppensegmentierung differenzierte Weise zu bearbeiten ist (qualitative Entscheidung).[634] Den Entscheidungsraum der zielgruppenspezifischen Marktbearbeitung visualisiert folgende Matrix:[635]

Abb. 4-8: Arten der zielgruppenspezifischen Marktbearbeitung

Grad der Differenzierung / Abdeckung des Marktes	Undifferenziert	Differenziert
Vollständig	a) Undifferenzierte Marktbearbeitung	b) Differenzierte Marktbearbeitung (Gesamtmarkt)
Teilweise	c) Konzentrierte Marktbearbeitung	d) Selektiv-differenzierte Marktbearbeitung (ausgewählte Segmente)

Quelle: Meyer (1996a), S. 77.

(a) Im Falle einer undifferenzierten Marktbearbeitung („Massenmarktstrategie") wird der gesamte Markt unter Segmentierungsverzicht mit einem standardisierten Angebot und einer einheitlichen Zielgruppenansprache adressiert. Dieser Fall dürfte in der Automobilindustrie - nach Wissen des Verfassers - z.Zt. allerdings nicht vorzufinden sein.

(b) Wird der Gesamtmarkt in Teilmärkte zerlegt und werden sämtliche dieser Segmente von einem Hersteller differenziert bearbeitet, so handelt es sich um eine differenzierte Marktbearbeitung. Diese Art der Bearbeitung praktiziert bspw. die Ford Motor Co., die mit unterschiedlichen Marken (Ford, Jaguar, Landrover etc.) alle Segmente des Markts adressiert.

632 Vgl. Meyer/Mattmüller (1999), S. 840.

633 Vgl. Meyer (1996a), S. 74-76. Zu den Abgrenzungskriterien im Einzelnen vgl. Mattmüller (2000), S. 207-211.

634 Vgl. Meyer/Mattmüller (1999), S. 841.

635 Vgl. ebenda, S. 841.

(c) Bei der konzentrierten Marktbearbeitung erfolgt die Auswahl eines Teilmarktes (Segment) und dessen gleichermaßen ausschließliche wie intensive Bearbeitung. Dieser Fall dürfte den Bereich klassischer Nischenanbieter, wie bspw. FERRARI, repräsentieren.

(d) Die selektiv-differenzierte Marktbearbeitung entspricht in ihrer Grundausrichtung der differenzierten Marktbearbeitung, allerdings mit dem Unterschied, dass mindestens zwei, höchstens jedoch n-1 Segmente bearbeitet werden. Die BMW Group mit ihren Marken BMW, MINI und ROLLS-ROYCE deckt zwar unterschiedliche Segmente, nicht aber den vollständigen Gesamtmarkt ab.[636]

Die **zielgruppenspezifische Objektpositionierung** als viertes konstitutives Element eines vollständigen und durchgängigen AMP basiert schließlich auf den zuvor beschriebenen drei Bestandteilen Programmstruktur, Objekt- und Zielgruppenprogramm.[637] Wie in KAPITEL 3.3 gezeigt wurde, meint der Terminus der Positionierung sowohl die Abbildung exogener Nachfragerwahrnehmungen und -präferenzen in einem mehrdimensionalen Imageraum (Positionierung als Ergebnis: Zieldimension) hinsichtlich eigener Produkte und Marken, Produkten und Marken des Wettbewerbs sowie im Hinblick auf Idealobjekte bzw. -marken als auch sämtliche endogenen unternehmerischen Strategien und Maßnahmen, die auf die Veränderung dieser Positionen im Imageraum ausgerichtet sind (Positionierung als Aktionsparameter: Handlungsdimension):

- Positionierung verstanden als Ergebnis (**Erfolgsvariable**) unternehmensseitig durchgeführter Marktbeeinflussungsmaßnahmen und nicht kurzfristig veränderbare Stellung im Merkmalsraum wird im Rahmen dieser Arbeit als systemische Zielgröße einer imagebasierten Marketingplanung begriffen; als solche wurde sie in KAPITEL 4.1 theoretisch hergeleitet und konzeptionell operationalisiert. In der Form einer Zielhierarchie geht sie erstens in die Entwicklung des MIMP ein. Zweitens werden die Ergebnisse einer in KAPITEL 5 durchzuführenden Situationsanalyse positionierungsrelevanter Eigenschaften des Image-Konstrukts als IST-Werte in den Planungsfeldern der HIMP abgetragen und stellen damit die Grundlage der sich anschließenden Ziel- und Maßnahmenplanung einer imagebasierten Marketingplanung dar.
- Positionierung verstanden als (strategischer) **Aktionsparameter** baut auf den vorhergehend aus dem Absatzmarktprogramm einer Unternehmung abgeleiteten Gestaltungsdimensionen auf. So lassen sich letztlich auch die in KAPITEL 3.3 identifizierten Grundsatzentscheidungen der Positionierung (Beibehaltung bzw. Um- und Neupositionierung) auf Entscheidungen der Programmstruktur und des Objekt- und Zielgruppenprogramms zurückführen. Das Verständnis, Positionierung selbst als strategischen Aktionsparameter zu begreifen, erscheint im Rahmen einer imagebasierten Marketingplanung insofern als nicht gegenstandsadäquat, „[...] since all elements of the marketing program can potentially affect the position [...]“.[638] Sämtliche Aktivitäten, die die Wahrnehmung von Verbrauchern bewusst oder unbewusst beeinflussen (können), besitzen per se den Charakter eines Aktionsparameters. In der Positionierung, die aus Verbrauchersicht definiert wird, manifestiert sich letztlich der Erfolg der durchgeführten Marktbeeinflussungsmaßnahmen. In der Konsequenz wird in der Folge Positionierung eher als Ziel- denn als Handlungsgröße verstanden.

636 Vgl. Meyer/Mattmüller (1999), S. 842.

637 Vgl. ebenda, S. 842.

638 Aaker/Shansby (1982), S. 56.

4.1.2.2 Marketing im internationalen Kontext

4.1.2.2.1 Internationale Marketing- und Markenstrategien

Wie im vorangegangenen Kapitel gezeigt wurde, erfüllt der Integrativ-Prozessuale Marketingansatz MATTMÜLLERS fünf der sechs unter 3.2 formulierten Anforderungen (funktionale, integrierende, integrative, prozessuale und strategische Dimension) an eine (imagebasierte) Marketingplanung. Er erweist sich deshalb als für dieses Forschungsvorhaben in erster Instanz als geeignet. Folgerichtig konnten dem Absatzmarktprogramm des IPM fünf Gestaltungsdimensionen (G1 bis G5) entnommen werden, die als Aktionsparameter in die Modellierung eingehen. Aufgrund der gewählten Themenstellung dieser Arbeit einerseits und der wachsenden Bedeutung einer internationalen Marketingplanung andererseits soll die Aktionsebene des zu entwickelnden Modells nun um eine internationale Dimension erweitert werden. Dazu bedient sich der Verfasser des internationalen Marketings im Allgemeinen sowie der Standardisierungsproblematik im Besonderen. Letztere stellt die sechste Gestaltungsdimension (Aktionsparameter G6) des Modells imagebasierter Marketingplanung (MIMP) dar.

Die zunehmende Bedeutung einer **internationalen Marktbearbeitung** und mithin Marketingplanung dürfte unstrittig sein:[639] Eine Ursache für diese Entwicklung ist in einem sich stetig beschleunigenden technologischen Fortschritt zu sehen. Zum einen ermöglichen Fortschritte in der Verkehrs- und Kommunikationstechnik eine Intensivierung des Informationsaustausches zwischen den Wirtschaftssubjekten unterschiedlicher Regionen und die rasche Verbreitung von Produkten und Ideen auch über große geografische Distanzen hinweg.[640] Darüber hinaus weist der technologische Fortschritt selbst zumeist eine internationale Dimension auf, werden doch die notwendigen Forschungs- und Entwicklungsarbeiten neuer Technologien im Rahmen multinationaler Kooperationen und nicht selten über internationale Produktionsstandorte abgewickelt.[641] Zum anderen führt die mit einem technologischen Fortschritt verbundene erhöhte Obsolenzgeschwindigkeit zu kürzeren nationalen Produktlebenszyklen und fordert damit eine (internationale) Marktausweitung, um eine Amortisation des eingesetzten Kapitals sicherzustellen. Eine weitere Ursache der zunehmenden internationalen Verflechtung der Weltwirtschaft liegt in dem verstärkten Wettbewerb begründet. Unterstützt wird diese Entwicklung durch wirtschaftliche Deregulierungsmaßnahmen auf den nationalen Güter-, Dienstleistungs- und Kapitalmärkten. Weiterhin tragen Veränderungen des politischen Umfelds zur wachsenden Internationalisierung bei: In diesem Zusammenhang sind insbesondere die Etablierung eines gemeinsamen Europäischen Binnenmarktes (EU), die Öffnung osteuropäischer Staaten sowie die dynamischen Entwicklungstendenzen in den USA und Japans zu sehen.[642]

Zur zielgerichteten Gestaltung einer (internationalen) Marktbearbeitung bedienen sich Unternehmungen (**internationaler**) **Marketingstrategien**. Diese stellen Grundsatzregelungen dar, welche den Aktivitätenrahmen und die Ausrichtung unternehmerischen Handelns (auf Auslandsmärkten) bestimmen.[643]

---

639 Vgl. stellvertretend für andere Perlitz (2000) und Terpstra/Sarathy (1991).

640 Vgl. Bea (1997), S. 419.

641 Vgl. Gerybadze et al. (1997), S. 1.

642 Vgl. Meissner (1994), S. 674; Bea (1997), S. 419.

643 Vgl. Picot (1981), S. 529; Becker (1988), S. 120.

Letztlich legen sie damit die Stoßrichtung für das zukünftige Auftreten in (Auslands-) Märkten fest.[644] Im Unterschied zu rein nationalen Strategien orientieren sich internationale Marketingstrategien an internationalen strategischen Marketingzielen und geben den grundlegenden Weg zu ihrer Erfüllung vor.[645] Im Einzelnen handelt es sich dabei um „*internationale Marktziele* (Marktanteile, Image etc.), *internationale Ertragsziele* (Gewinn, Rentabilität etc.) und *internationale Leistungsziele* (Angebotsqualität, soziale und ökologische Verantwortung etc.)".[646] Dieses mehrdimensionale Zielsystem verlangt weniger nach einer singulär universellen Strategie denn vielmehr nach einer Reihe strategischer Entscheidungen: Neben den strategischen Basisentscheidungen der „Marktselektion", der „Marktimplantation" und des „Marktverhaltens" existieren mit der „Positionierungsstrategie", der „Standardisierungsstrategie" und der „Timingstrategie" drei strategische Instrumentalentscheidungen.[647]

Insbesondere der **Standardisierungsstrategie** wird von Theorie und Praxis gleichermaßen eine vorrangige Bedeutung zugesprochen.[648] Mit dieser Strategie verbunden ist die zentrale Frage, ob unterschiedliche Ländermärkte mittels standardisierter (international einheitlicher) oder differenzierter (national bzw. regional angepasster) Marketingstrategien zu bearbeiten sind.[649] MEISSNER versteht die Standardisierungsstrategie als strategische Hauptentscheidung im internationalen Marketing.[650] Sie wird im folgenden Abschnitt als internationaler Rahmen einer imagebasierten Marketingplanung zur Operationalisierung der sechsten Gestaltungsdimension herangezogen.

Sowohl die Standardisierungsstrategie als auch sämtliche weiteren Basis- und Instrumentalentscheidungen eines internationalen Marketings basieren auf einer von der grenzüberschreitend tätigen Unternehmung festgelegten **Länderphilosophie**.[651] Sie bringt zum Ausdruck, ob und ggf. inwiefern international agierende Unternehmen hinsichtlich der Marktbearbeitung unterschiedlicher Ländermärkte differenzieren. In Anlehnung an das von PERLMUTTER entworfene EP(R)G-Schema kann eine Klassifizierung in eine tendenziell eher ethno- (E), poly- (P), regio- (R) und geozentrische (G) Orientierung vorgenommen werden; den Klassen entsprechend wird in eine (inter-) nationale, multinationale, regionale bzw. globale Marketingstrategie unterschieden.[652]

---

644 Vgl. Hermanns (1995), S. 51.

645 Zu den Grundzügen der strategischen Marketingplanung im Allgemeinen vgl. Kapitel 2.3 dieser Arbeit.

646 Macharzina/Oesterle (1997b), S. 271 [Hervorhebungen im Original].

647 Vgl. ebenda, S. 272f. Strategieentscheidungen bezüglich der Marktselektion, der Marktimplementierung und des Marktverhaltens werden im Rahmen dieser Arbeit nicht gesondert problematisiert; stattdessen werden sie als gegeben unterstellt. Die Positionierungsstrategie soll auf der Grundlage des Integrativ-Prozessualen Marketingansatzes ausgeplant werden. Deren Einbettung in einen internationalen Kontext soll mittels der in der Folge zu erläuternden Standardisierungsstrategie vorgenommen werden. Sie liefert damit schließlich die sechste Gestaltungsdimension (G6) einer internationalen imagebasierten Marketingplanung. Die Timingstrategie erfährt keine explizite Berücksichtigung.

648 Vgl. Meissner (1988), S. 90f.; Meffert (1986c), S. 442; Kreutzer (1989), S. 31.

649 Vgl. Meffert (1986a), S. 694; Levitt (1983), S. 93; Meissner (1988), S. 90f.; Hollensen (1998), S. 332; Macharzina/Oesterle (1997b), S. 272; Kuß/Tomczak (1998), S. 86.

650 Vgl. Meissner (1987), S. 90-92 und S. 108-111.

651 Vgl. Segler (1986), S. 153.

652 Zur Länderphilosophie bzw. zum EP(R)G-Schema vgl. bspw. Perlmutter (1973), S. 53-66; Wind et al. (1973), S. 14f.; Chakravarthy/Perlmutter (1985), S. 3-10; Perlitz (1993), S. 137-141; Perlmutter (1969), S. 9-18; Perlmutter/Heenan (1986), S. 136-152; Welge (1992), S. 570-572.

Da im Rahmen der vorliegenden Arbeit der internationalen Markenführung als integralem Bestandteil internationaler Marketingstrategien vorrangige Bedeutung zukommt, soll das EP(R)G-Schema in den nun folgenden Ausführungen auf das Markenportfolio einer international tätigen Unternehmung übertragen werden. Demgemäß kann zwischen nachstehenden Markenstrategien differenziert werden:[653]

- **(Inter-) nationale Markenstrategie**: Die ethnozentrisch (EZ) orientierte, (inter-) nationale Markenstrategie ist durch eine dominante Ursprungslandausrichtung gekennzeichnet.[654] Unter Verzicht auf eine Anpassung an lokale Besonderheiten erfolgt eine undifferenzierte Übertragung der Marken in die Zielmärkte.[655]
- **Multinationale Markenstrategie**: Die polyzentrisch (PZ) orientierte multinationale Markenstrategie umfasst das Angebot individueller Markenkonzepte (*local brands*) für die jeweils zu bearbeitenden Auslandsmärkte. Diese Markendifferenzierung ermöglicht eine optimale Anpassung an länderspezifische Besonderheiten.[656] In der Praxis sind die Einzelmarken jedoch zumeist in eine länderübergreifende Dachmarkenstrategie integriert. Dabei wird das Markenzeichen beibehalten, der produktspezifische Markenname wird adaptiv variiert.[657]
- **Regionale Markenstrategie**: Die regiozentrisch (RZ) orientierte, regionale Markenstrategie stellt als Kombination aus einheitlichen und differenzierten Markierungsstrategien einen Sonderfall des EP(R)G-Schemas dar. Die Kombination resultiert aus einer gleichzeitigen Ausrichtung an mehreren untereinander heterogenen, innerhalb homogenen Ländergruppen. Die zentrale Motivation zur Umsetzung einer regionalen Strategie begründet sich in der Möglichkeit, die Vorteile der Extremalausprägungen eines standardisierten und differenzierten Markenkonzepts miteinander zu verbinden.[658] Die Bearbeitung des europäischen Binnenmarkts mittels Bündelung sämtlicher Mitgliedsstaaten zu einem Länderverbund stellt ein Beispiel für eine - in diesem Fall - eurozentrische Markenstrategie dar (Stichwort: *euro brands*).[659]

---

653 Zu den folgenden Ausführungen vgl. bspw. Meissner (1994), S. 675-677; Paul (1998), S. 46f.; Meffert (1992), S. 149-152. Meffert nimmt eine Einteilung in die Klassen „multinationale Markenstrategie", „globale Markenstrategie" und „gemischte Markenstrategie" vor. Vgl. Meffert (1992), S. 149-152. Einen komprimierten Überblick über die Ergebnisse empirischer Studien zur Standardisierung bzw. Differenzierung von Markenstrategien liefern Sandler und Shani. Vgl. Sandler/Shani (1993), S. 61. Ist in diesem Kapitel von „Markenstrategien" die Rede, meint dies in erster Linie die Markierungsentscheidung im internationalen Kontext. Die Begriffe „Markenstrategie" und „Markierungsstrategie" werden dementsprechend synonym verwendet. Im nächsten Abschnitt befasst sich der Autor dann mit internationalen Marktbearbeitungsstrategien.

654 Vgl. Berekoven (1985), S. 23.

655 Vgl. Meffert et al. (1984), S. 46f.

656 Vgl. Meffert (1992), S. 149f.

657 Vgl. Meffert et al. (1984), S. 46f.

658 Vgl. Meffert (1992), S. 151f.

659 Zu europäischen Marken (-strategien) vgl. bspw. Hart/Murphy (1998), S. 135-151. Zu Problemen der Markenstrategieformulierung insbesondere für den asiatisch-pazifischen Raum vgl. Schmitt/Pan (1994), S. 32-48. Zu Marketingstrategien für ost-europäische Länder vgl. bspw. Schweiger/Friederes (1994), S. 512-515.

- **Globale Markenstrategie**: Die geozentrisch (GZ) orientierte, globale Markenstrategie bedient sich idealtypisch eines weltweit einheitlichen, standardisierten Markenkonzepts (Weltmarke oder *global brand*). Dessen Umsetzung erfolgt dabei ohne Rücksicht auf nationale Unterschiede. Im Mittelpunkt dieser länderunabhängigen Orientierung steht die Profilierung einer globalen Markenidentität.[660] Das zentrale Charakteristikum einer Weltmarke ist ihr weltweit identischer Markenname.[661] Länderspezifische Unterschiede hinsichtlich Nachfragerpräferenzen und Marktverhältnissen lassen eine globale Markenstrategie vorerst insbesondere für standardisierbare Dienstleistungen, hochtechnologische Produkte und Luxusgüter als geeignet erscheinen. Jedoch dürften selbst in den genannten Fällen länderspezifische Anpassungen vorzunehmen sein.[662]

Die **Entscheidung** für bzw. gegen eine der vier aus dem EP(R)G-Schema abgeleiteten Markierungsstrategien hängt letztlich von der beurteilten Ähnlichkeit der zu bearbeitenden internationalen Zielmärkte ab. Geht die Unternehmensleitung von grundlegenden (kulturellen) Unterschieden zwischen den Ländermärkten aus, bietet sich im Allgemeinen eine multinationale Strategie polyzentrischer Orientierung (PZ) an. Lassen sich hingegen homogene Märkte zu Ländergruppen zusammenfassen, erscheint eine regionale Markenstrategie als geeignet (RZ). Eine globale Markierungsstrategie wird schließlich dann gewählt, wenn nach Auffassung des Managements keine (wesentlichen) Unterschiede zwischen den Zielmärkten bestehen und Ländergrenzen als vernachlässigbar unterstellt werden können.[663] Die voranstehenden Ausführungen verdeutlichen, dass eine internationale Länderanalyse für die Alternativenwahl jedenfalls unerlässlich ist.[664]

Die dezidierte Klasseneinteilung auf Grundlage des EP(R)G-Schemas darf letztlich jedoch nicht darüber hinwegtäuschen, dass es sich bei den identifizierten Markierungsstrategien lediglich um idealtypische Ausprägungen auf einem Kontinuum zwischen einer rein lokalen und einer rein globalen Strategievariante handelt. Die Entscheidungsalternativen müssen deshalb im Einzelfall sorgfältig analysiert und bewertet werden. Dabei sind „[...] die markenrelevanten Schlüsselfaktoren vor allem hinsichtlich der Standardisierungs- und Differenzierungsvorteile bzw. -nachteile vor dem Hintergrund differenzierter politisch-rechtlicher, ökonomischer, technologischer, soziodemografischer und sozio-kultureller Rahmenbedingungen zu untersuchen".[665]

Die Festlegung einer geeigneten Markierungsstrategie gibt einen ersten formalen Rahmen für die Marketingplanung vor und bringt die Länderphilosophie einer internationalen Unternehmung zum Ausdruck. Als solche beeinflusst sie die nachgelagerte Strategieformulierung der Marktbearbeitung im Allgemeinen und deren Standardisierungsgrad im Besonderen.[666] Dieser soll in dem nachfolgenden Kapitel problematisiert werden und an späterer Stelle als sechste Gestaltungsdimension einer imagebasierten Marketingplanung in die Modellierung des MIMP eingehen.

---

660 Vgl. Meissner (1994), S. 675-677; Meffert (1992), S. 150f.

661 Vgl. De Simone (1998), S. 92. Zu den Funktionen und Vorteilen einer Weltmarkenpolitik vgl. Kelz (1989), S. 251-270.

662 Vgl. Meffert (1992), S. 150f.; Kuß/Tomczak (1998), S. 86f.

663 Vgl. Segler (1986), S. 153.

664 Vgl. Meissner (1988), S. 81.

665 Meffert (1992), S. 153. Vgl. auch Meissner (1994), S. 678f.

666 Vgl. Segler (1986), S. 153.

4.1.2.2.2 Standardisierungsgrad als Gestaltungsdimension

Mit der Entscheidung für eine Ausweitung der Unternehmenstätigkeit auf internationale Märkte schließt sich eine zentrale Frage des strategischen internationalen Marketings an: Soll die Marktbearbeitung länderspezifisch differenziert oder weltweit standardisiert gestaltet werden?[667] Mit dieser Frage einher geht ein in der internationalen Marketingwissenschaft und -praxis umfangreich diskutierter Zielkonflikt.[668] Ein reges Aufleben hat diese Fachdiskussion durch die im Jahre 1983 von THEODORE LEVITT veröffentlichte Arbeit „*The Globalization of Markets*" erfahren. Darin vertritt LEVITT die Hypothese eines weltweit einheitlichen Marketings (*global marketing*) auf weltweit einheitlichen Märkten (*global markets*).[669] Den Wahrheitsgehalt dieser sog. **Homogenitätshypothese** stützt LEVITT auf eine aus technologischen Entwicklungen resultierende Konvergenz der Weltmärkte (Konvergenzthese):[670]

> „A powerful force drives the world toward a converging commonality, and that force is technology. It has proletarianized communication, transport, and travel. It has made isolated places and impoverished peoples eager for modernity's allurements. Almost everyone everywhere wants all the things they have heard about, seen, or experienced via the new technologies."[671]

Während US-amerikanische grenzüberschreitend tätige Konzerne LEVITTS These entsprechend in der Vergangenheit zumeist eine international standardisierte Marktbearbeitung verfolgt haben, orientierten sich europäische und darunter insbesondere deutsche international agierende Unternehmen dagegen zum Großteil an länderspezifischen Unterschieden und haben eine tendenziell eher differenzierte Strategie der Marktbearbeitung gewählt.[672] Diese Entwicklungen haben sich in jüngster Vergangenheit umgekehrt: So verfolgen internationale US-amerikanische wie auch japanische Unternehmen mittlerweile vermehrt eine nach Ländermärkten differenzierte Strategie, europäische Unternehmen hingegen propagieren eine weltweit standardisierte Marktbearbeitung. Deutsche Unternehmen versuchen dabei zunehmend eine international einheitliche Unternehmensidentität herauszustellen.[673] Letztlich ist die Entscheidung, eine internationale Marktbearbeitung zu standardisieren oder zu differenzieren, jedoch keiner allgemein gültigen Lösung zugänglich, sondern muss unternehmensindividuell entschieden werden.[674]

---

667 Vgl. Meissner (1988), S. 90f.; Meffert (1986a), S. 694; Levitt (1983), S. 93; Hollensen (1998), S. 332.

668 Vgl. Douglas/Wind (1987), S. 19; Meffert/Bolz (1992), S. 658. Zu einem Überblick über die Standardisierungs- vs. Differenzierungs-Diskussion im internationalen Marketing vgl. bspw. Aulakh/Kotabe (1993).

669 Vgl. Kuß/Tomczak (1998), S. 87. „The global corporation operates with resolute constancy [...] as if the entire world [...] were a single entity; it sells the same things in the same way everywhere." Meloan/Graham (1998), S. 13.

670 Vgl. Meffert (1986a), S. 694; Levitt (1983), S. 93; Hollensen (1998), S. 332. Um die Homogenitätshypothese Levitts hat sich eine zum Teil sehr kontrovers geführte wissenschaftliche Diskussion entwickelt. Zu einer Kritik an Levitts Hypothese einer Vereinheitlichung der Weltmärkte sowie dazu konträren Argumenten vgl. bspw. Meffert (1986a), S. 689; Walters (1986), S. 55; Cateora (1983), S. 215-218; Terpstra (1983), S. 69f.; Kornadt (1986), S. 104; Ohmae (1985), S. 216.

671 Levitt (1983), S. 92.

672 Vgl. Meissner (1987), S. 90f.; Mühlbacher/Beutelmeyer (1984), S. 247. Vgl. auch die empirische Studie von Boddewyn, Soehl und Picard in Boddewyn et al. (1986), S. 69-72.

673 Vgl. Meissner (1988), S. 90f.

674 Vgl. ebenda, S. 92.

Der **Zielkonflikt** zwischen Standardisierung und Differenzierung kann dabei aus drei Betrachtungsebenen beurteilt werden: der Objektdimension (inhaltlich), der räumlichen Dimension und der kontextuellen Dimension:[675]

- Nach der **Objektdimension** wird zwischen der Standardisierung von Marketing-Programmen und von Marketing-Prozessen unterschieden.[676] Die Programm-Standardisierung stellt auf die Marketingsubstanz und im Sinne dieser Arbeit auf die konstitutiven Bestandteile des Absatzmarktprogramms einer Unternehmung ab. In diesem Zusammenhang wird insbesondere der Objektgestaltung eine besondere Bedeutung beigemessen:[677]

  „The key decision that must be taken in international product planning is whether to produce standardized products suitable for all markets or to differentiate products to meet the particular needs of all markets".[678]

  Neben der Gestaltung der Objekte selbst betrifft dies gleichermaßen die Aktionsparameter der Programmgestaltung, der Zielgruppenprogrammstruktur sowie der Zielgruppenbestimmung. Die Programmstruktur als Planungsebene der Gesamtunternehmung fokussiert auf die Festlegung der zu bearbeitenden Geschäftsfelder in Anzahl und Auswahl und erfolgt losgelöst vom Standardisierungsgrad der Marktbearbeitung. Die Prozess-Standardisierung hat die „[...] einheitliche Strukturierung und ablauforganisatorische Angleichung von Marketingprozessen zum Ziel".[679] Sie stellt eine Voraussetzung für die Standardisierung von Marketingprogrammen dar.[680]

- Die **räumliche Dimension** von Standardisierungentscheidungen bezieht sich auf die geografische Lage der zu bearbeitenden Zielmärkte und bezweckt deren Bündelung zu homogenen Ländergruppen. Sie bestimmt, welche Märkte einheitlich und welche differenziert zu bearbeiten sind, und gibt den Bezugsraum des Einsatzes der Aktionsparameter vor.[681] In der sich mit der Standardisierungsproblematik auseinander setzenden Literatur nimmt sie eine vorrangige Stellung ein:

---

675 Vgl. Bolz (1992), S. 5; Meloan/Graham (1998), S. 35f.

676 Vgl. Paul (1998), S. 190f.; vgl. auch Welge (1990), S. 80.

677 Vgl. Paul (1998), S. 190f. und dort Tabelle 14 auf S. 203; vgl. auch Welge (1990), S. 81; Sandler/Shani (1993), S. 60; Ohmae (1985), S. 35f. Zum Standardisierungspotenzial der einzelnen Marketing-Instrumente vgl. Paul (1998), S. 191-194; Dülfer (1996), S. 436-440; Tostmann (1985), S. 57; Keegan (1995), S. 554-569; Albaum et al. (1989), S. 336-346; Hollensen (1998), S. 333f. Darüber hinaus existiert eine Reihe empirischer Untersuchungen, die das Standardisierungspotenzial einzelner Marketing-Instrumente nachzuweisen versuchen. Vgl. Sorenson/Wiechmann (1975), S. 38-54, insbesondere S. 39; Meyer (1978), S. 82-88, insbesondere S. 82; Althans (1980), S. 197; Mühlbacher/Beutelmeyer (1984), S. 245-257; Wind et al. (1973), S. 17; Boddewyn et al. (1986), S. 73; Takeuchi/Porter (1986), S. 128.

678 Channon/Jalland (1979), S. 269. Die Akzeptanz und Verbreitung neuer Produkte (Innovationen) in unterschiedlichen Kulturräumen bzw. Ländern wird mittels sog. internationaler Diffusionsmodelle erfasst. Auf Grundlage ermittelter Innovations- und Imitationsmuster des kulturspezifischen Kaufverhaltens geben sie Anhaltspunkte für Eignung, Art, Umfang und Zeitpunkt einer Standardisierungs- bzw. Differenzierungsstrategie. Vgl. hierzu bspw. Jain/Maesincee (1995); Heeler/Hustad (1980); Gatignon et al. (1989); Sultan et al. (1990); Takada/Jain (1991); Helsen et al. (1993); Ganesh et al. (1997), S. 214-228; Gatignon et al. (1989), S. 231-247.

679 Paul (1998), S. 195.

680 Vgl. Welge (1990), S. 82; Paul (1998), S. 195f.

681 Vgl. ebenda, S. 196f.

„In most of the relevant literature, the implicit reference point for the standardization discussion is regiocentric'."[682]

- Die **kontextuelle Dimension** basiert auf der aus der situativen Organisationsforschung abgeleiteten Erkenntnis, dass Standardisierungsentscheidungen, insbesondere im Hinblick auf die Marketing-Substanz (Aktionsparameter einer Marketingplanung), dem Einfluss moderierender Rahmenbedingungen ausgesetzt sind. In Fortführung dieses Gedankens kann folgerichtig dann ein umso höherer Standardisierungsgrad der Marktbearbeitung sinnvoll umgesetzt werden, als je ähnlicher sich die zu bearbeitenden Ländermärkte bezüglich der unternehmensrelevanten Kontextvariablen erweisen.[683] Letztlich stellt die kontextuelle Dimension damit die Grundlage für die Identifizierung homogener Ländergruppen dar (räumliche Dimension).

Unter *Ceteris-Paribus*-Bedingung wird eine Unternehmung aus Kostengesichtspunkten (Stichwort: Größendegressionseffekte) bestrebt sein, eine möglichst weit gehende Standardisierung der internationalen Marktbearbeitung umzusetzen.[684]

„Other things being equal, companies usually opt for standardization."[685]

Diese eingeschränkte und ausschließlich kostenorientierte Beurteilung allerdings vermag der Dimensionalität des Standardisierungs-/Differenzierungs-Konflikts nicht vollumfänglich Rechnung zu tragen: Denn bei genauerer Betrachtung weisen beide Strategien sowohl **Kostensenkungs- (KSP)** als auch **Erlöserhöhungspotenziale (EEP)** auf.[686] Damit orientieren sie sich letztlich beide an weltweiten Effizienz- und Effektivitätszielen.[687] Die ABBILDUNG 4-9 auf der nächsten Seite stellt die Kostensenkungs- (KSP) und Erlöserhöhungspotenziale (EEP) der Standardisierungs- bzw. Differenzierungsstrategie stichpunktartig gegenüber:

682 Walters (1986), S. 59, zitiert nach Paul (1998), S. 197.

683 Vgl. ebenda, S. 197.

684 Vgl. Macharzina/Oesterle (1997b), S. 279.

685 Jain (1996), S. 451.

686 Vgl. Segler (1986), S. 211.

687 Vgl. Paul (1998), S. 190f. und die dort angegebene Literatur. Zur Effizienz der Standardisierungsstrategie vgl. Takeuchi/Porter (1989), S. 132f.; Quelch/Hoff (1986), S. 60; Douglas/Craig (1989), S. 56; Levitt (1983), S. 93. Zur Effektivität der Standardisierungsstrategie vgl. Buzzel (1968), S. 105-107; Sorenson/Wiechmann (1975), S. 48; Robbins (1992), S. 255; Douglas/Craig (1986), S. 160; Kux/Rall (1990), S. 78; Meffert/Bolz (1992), S. 661f.; Takeuchi/Porter (1989), S. 134. Zur Effektivität der Differenzierung vgl. Müller-Heumann (1972), S. 89; Pausenberger (1982), S. 1026; Tinnin (1982), S. 191.

Abb. 4-9: Kostensenkungs- (KS) und Erlöserhöhungspotenziale (EEP) der Standardisierungs- bzw. Differenzierungsstrategie

	Standardisierung	Differenzierung
KSP	• Verringerung von Planungs- und Entwicklungskosten • Effektivere Koordination und Kontrolle • Zeitersparnis • Problemloser Transfer von Personal	• Anpassung der Produktqualität nach „unten" • Verringerung von Serviceproblemen • Einsparungen in der Forschung und Entwicklung
EEP	• Einheitliches Produkt-, Marken- und Firmenimage • Nutzung von Ausstrahlungseffekten • Erleichterung des Know-how-Transfers • Chance zur Homogenisierung von Ländermärkten • Durchsetzung eines dominanten Designs (siehe FN)	• Erhöhung von Kauf- und Preisbereitschaft durch Anpassung an Kundenbedürfnisse • Möglichkeit der Bedienung von Randmärkten

Quelle: Eigene Darstellung in Anlehnung an Segler (1986), S. 213.[688]

Die bisherigen Ausführungen haben deutlich gemacht, dass die Entscheidung für bzw. gegen die Idealtypen Standardisierung bzw. Differenzierung von dem Standardisierungspotenzial der Marketingsubstanz (inhaltliche Dimension), der Homogenität der Ländermärkte (räumliche Dimension), den unternehmensrelevanten Rahmenbedingungen (kontextuelle Dimension) sowie von den mit einer Strategiealternative verbundenen Effizienz- und Effektivitätsvorteilen (Kostensenkungs- und Erlöserhöhungspotenziale) abhängt. Die Strategiewahl ist konsequenterweise keiner „[...] pauschalen ‚entweder-oder Lösung' zugänglich [...]".[689] Vielmehr sind die Idealtypen einer vollkommenen Standardisierung und einer vollkommenen Differenzierung als Extremalausprägungen eines dichotomen Kontinuums zu interpretieren, zwischen denen eine infinite Anzahl unterschiedlicher Strategien (Adaptionsformen) ausgeplant werden kann:[690]

> „The decision of standardization is not a dichotomous one between complete standardization and customization. Rather, there can be degrees of standardization."[691]

---

688 „Unter dominantem Design werden Produktbestandteile oder ganze Produkte verstanden, bei denen sich eine bestimmte Ausgestaltung als ‚das Gängige' herauskristallisiert hat." Segler (1986), S. 227, FN 40. „Ein Dominantes Design ist eine von den meisten Marktteilnehmern akzeptierte Produktarchitektur oder Konstruktionsweise." Gassmann/Zedtwitz (1996), S. 107. Zum Modell des dominanten Designs vgl. bspw. ebenda, S. 107-110; Utterback (1994), S. 23-56. Zu Kostensenkungs- und Erlöserhöhungspotenzialen insbesondere der Standardisierung internationaler Marketingstrategien vgl. auch Welge (1990), S. 78f.; Paul (1998), S. 189f.; Meffert (1986a), S. 696 und S. 698; Pausenberger (1982), S. 1031; Fröhlich (1974), S. 132; Pausenberger/Volkmann (1978), S. 8f.; Buzzell (1968), S. 104f.; Majaro (1977), S. 86; Kreutzer (1985b), S. 148; derselbe (1985a), S. 518-521; Walters (1986), S. 55-57; Henry (1985), S. 31-33; Quelch/Hoff (1986), S. 59-62.

689 Paul (1998), S. 200. Vgl. auch Lipski (1993), S. 2 und Sandler/Shani (1993), S. 59.

690 Vgl. Macharzina/Oesterle (1997b), S. 279; Sandler/Shani (1993), S. 59.

691 Jain (1989), S. 71.

Auch in der internationalen Unternehmenspraxis sind die Idealtypen einer vollkommen standardisierten bzw. vollkommen differenzierten Marktbearbeitung nur selten in Reinform vorzufinden. Vielmehr sind Kompromisse in der Form von Mischstrategien zwischen den Extremformen anzutreffen.[692] Ihnen werden gemeinhin größere Erfolgschancen zugesprochen als den Idealtypen.[693] DOUGLAS und WIND propagieren in diesem Zusammenhang sog. *„hybrid strategies"*:

> „Hybrid strategies [...] enable a company to take advantage of the benefits of standardization, and potential synergies from operating on an international scale, while at the same time not losing those afforded by adaptation to specific country characteristics and customer preferences."[694]

In jedem Fall verlangt die Strategiewahl (inhaltliche Dimension) einen hohen Sensibilisierungsgrad hinsichtlich länderspezifischer Besonderheiten (kontextuelle Dimension).[695] Spezielle Aufmerksamkeit muss dabei den Einstellungen unterschiedlicher **Kulturen** zukommen.[696] Werden diese im Sinne einer imagebasierten Marketingplanung als Erfolgskriterien berücksichtigt, bietet sich auch hierbei neben den extremen Strategiealternativen einer vollends weltweit einheitlichen (standardisierten) und einer gänzlich lokal angepassten (differenzierten) Marktbearbeitungsstrategie eine Vielzahl intermediärer Lösungen an. WALTERMANN unterscheidet zwischen modularen und konzeptionell gebündelten **Mischstrategien** internationaler Marktbearbeitung:[697]

- Existieren lediglich geringe Einstellungsunterschiede zwischen den Ländermärkten bzw. Kulturen bspw. hinsichtlich eines Produktes eines international agierenden Unternehmens, bietet sich eine **modulare Marktbearbeitungsstrategie** an. Dabei wird zunächst ein länderübergreifend homogen wahrgenommener Kernnutzen identifiziert und in standardisierter Form in die Marktbearbeitungsstrategie aufgenommen. Dieser bildet gewissermaßen den Grundstock der Strategie. Ergänzt wird der Kernnutzen um länderspezifisch differenziert wahrgenommene Nutzenkomponenten. Sie fungieren als periphere, sozusagen kultureigene Marktbearbeitungselemente. Empirische Studien in der Automobilindustrie haben bspw. gezeigt, dass die Produkteigenschaft „Langlebigkeit" eines Automobils in den Ländermärkten Deutschland, Frankreich und Großbritannien relativ homogen wahrgenommen wird, während Verbrauchereinstellungen im Hinblick auf die Fortschrittlichkeit der eingesetzten Technologie verhältnismäßig geringe, bezüglich der Fahrzeuggröße relativ markante Unterschiede aufweisen. In diesem Fall bietet sich die Langlebigkeit eines PKW als Kernnutzen an, der in die Marktbearbeitung sämtlicher der genannten Ländermärkte aufzunehmen ist. Die Produktattribute der eingesetzten Technologie und der PKW-Größe hingegen sollten länderspezifisch angepasst kommuniziert werden.[698]

---

692 Vgl. Macharzina/Oesterle (1997b), S. 279; Sandler/Shani (1993), S. 59; Meissner (1988), S. 90f.

693 Vgl. Barwise/Robertson (1992), S. 279.

694 Douglas/Wind (1987), S. 27, zitiert nach Paul (1998), S. 200. Macharzina und Oesterle sprechen im Zusammenhang mit einer Hybridstrategie von „Adaptionen". Vgl. Macharzina/Oesterle (1997b), S. 279f. Welge formuliert den Begriff einer „Sowohl-als-auch-Strategie". Vgl. Welge (1990), S. 75.

695 Vgl. Meissner (1988), S. 90f.

696 Vgl. Beuttel (1981), S. 183.

697 Vgl. Meffert (1992), S. 151f.

698 Vgl. ebenda, S. 149-152.

- Eine **konzeptionell gebündelte Marktbearbeitungsstrategie** eignet sich immer dann, wenn zwischen den zu bearbeitenden Ländermärkten zwar insgesamt gravierende Einstellungsunterschiede bestehen, sich zwischen einzelnen Ländern jedoch identische Einstellungsmuster identifizieren lassen. Diese Ländermärkte können zu homogenen *„Länderclustern“* zusammengefasst werden. Die Marktbearbeitung wird dann für diese Ländergruppen jeweils identisch gestaltet.[699] Werden keine Erhebungen bezüglich der Einstellungen unterschiedlicher Zielmärkte vorgenommen, können *Ländercluster* u.a. nach dem Pro-Kopf-Einkommen, der Marktgröße, der Kultur, der Sprache, gesetzlichen Bestimmungen, nationalen Normen oder der geografischen Lage der Länder gebildet werden. Insbesondere die geografische Lage stellt ein häufig verwendetes Kriterium der *Länderclusterung* dar und baut auf der räumlichen Betrachtungsweise des Standardisierungs-Differenzierungs-Konfliktes auf:

  „Geography is a clustering criteria of great significance. Countries that are close to each other have proximity in common.“[700]

  Bei geografisch nah beieinander liegenden Ländern bzw. Kulturen wird von einer psychologischen Nähe (*„proximity“*) ausgegangen, die eine standardisierte Marktbearbeitung für diese Länder- bzw. Kulturgruppe(n) rechtfertigen kann.[701] Ein wesentlicher Faktor, der die psychologische Nähe bestimmt, ist neben unterschiedlichen Sprachen, Bildungsniveaus, industriellen Entwicklungsniveaus und Geschäftspraktiken nach JOHANSON und VAHLNE der Kulturunterschied. BEUTTEL unterscheidet wirtschaftliche, naturgegebene, sozio-kulturelle, politische und rechtliche Kulturdimensionen.[702] Im Sinne einer nach einem steigenden Differenzierungsgrad sukzessiven Marktbearbeitung sollten zunächst die Länder(gruppen) ausgeplant und bearbeitet werden, die die größte psychologische Nähe zum Ursprungsland aufweisen:

  „[...] exporting tends to begin with the psychologically closest country and then extends progressively to countries that are psychologically more-and-more distant.“[703]

Die Entscheidung über den Standardisierungsgrad einer internationalen Marktbearbeitungsstrategie hängt damit wesentlich von der **Homogenität** im Sinne der psychologischen Nähe der Zielmärkte hinsichtlich der marktbearbeitungsrelevanten Einstellungen ab.[704] Voraussetzung für die Bestimmung des Homogenitätsgrades sind sog. „ländermärktevergleichende Analysen“ oder - einfacher - **Länderanalysen.**[705] Sie erfordern im Gegensatz zu sog. „einzelmarktbezogenen Analysen“ eine größere Quantität und höhere Qualität der zu analysierenden Informationen und sollten im Idealfall durch das Unternehmen selbst und unmittelbar in den Zielmärkten vorgenommen werden.[706] Diese Anforderungen dürften für die in der Marketing-Wissenschaft und Unternehmenspraxis nur spärlichen Durchführungen von Länderanalysen verantwortlich sein:

---

699 Vgl. Meffert (1992), S. 149-152.

700 Keegan (1995), S. 33f.

701 Vgl. Beuttel (1981), S. 34.

702 Vgl. ebenda, S. 34.

703 Bilkey (1978), S. 36, zitiert nach Beuttel (1981), S. 34.

704 Vgl. Segler (1986), S. 215; Sorenson/Wiechmann (1975), S. 44; Meffert (1980a), S. 388; Althans (1980), S. 2.

705 Dülfer (1996), S. 421f. Vgl. auch Meissner (1988), S. 81.

706 Derselbe (1994), S. 679.

„Whether to standardize marketing programs across the various countries a firm enters, or tailor a unique marketing program for each country, has engendered a good deal of discussion, although, unfortunately, not quite the same intensity of empirical studies.“[707]

Eine zentrale **Aufgabe** des strategischen internationalen Marketings besteht in der Schaffung einer umfangreichen Informationsbasis zur Entscheidungsunterstützung.[708] Auf der Grundlage dieser Informationen aus der Länderanalyse können in einem nächsten Schritt mögliche Strategiealternativen identifiziert und die Strategiewahl getroffen werden.[709]

Der hohe **Stellenwert**, der der Standardisierungsproblematik im Rahmen internationaler Marktbearbeitungsstrategien beigemessen wird, tritt insbesondere bei der Vermarktung imagebetonter Prestige- und Luxusgüter sowie bei mit dem Image ihres Herkunftslandes eng verbundenen Unternehmen, Marken und Produkten deutlich zutage:[710]

- So bietet sich für Hersteller von der physischen Produktsubstanz relativ stark abstrahierender Prestige- und Luxusgüter (bspw. Parfums) einerseits zwar ein hoher Standardisierungsgrad der Objekt(programm)gestaltung an.[711] Andererseits jedoch gilt es, länder- bzw. kulturspezifischen Besonderheiten Rechnung zu tragen. Häufig erweisen sich sog. Imagedachmarken (*umbrella brand image*) als erfolgreich, die einen weltweit einheitlichen Kernnutzen der Produktlinie bzw. Marke oder die Herstellerkompetenz als solche als eine Art übergeordnete Klammer in die Marktbearbeitung aufnehmen und gleichzeitig produktspezifische Nutzenkomponenten in länderspezifisch angepasster Form herausstellen. Auf diese Weise vermag die Imagedachstrategie sowohl den gewünschten Standardisierungserfordernissen des Herstellers als auch den notwendigen Differenzierungserfordernissen der Verbraucher gleichermaßen gerecht zu werden.[712]
- Existiert eine wahrnehmbare Identifikation einer Unternehmung, deren Marke(n) und Produkten oder einer gesamten Produktkategorie (Automobile aus Deutschland, Parfums aus Frankreich, Designermöbel aus Italien etc.) mit dem Herkunftsland (*country-of-origin*), wird von einem *country-of-origin-effect* (CoO) gesprochen.[713] Je nach Qualität der mit dem Herkunftsland verbundenen Assoziationen in den ausländischen Zielmärkten kann der CoO-Effekt ei-

707 Sandler/Shani (1993), S. 59.

708 Vgl. Meissner (1988), S. 83. Zu den Entscheidungsproblemen des internationalen Marketings vgl. u.a. Kuß/Tomczak (1998), S. 76-89.

709 Vgl. Meissner (1988), S. 81.

710 Vgl. derselbe (1994), S. 681.

711 Vgl. Beuttel (1981), S. 212f.

712 Vgl. Meissner (1994), S. 681.

713 Vgl. derselbe (1987), S. 75. Das Image eines Landes (Länderimage) umschreibt das Vorstellungsbild bestimmter Personengruppen von den wirtschaftlichen, gesellschaftlichen und kulturellen Eigenheiten eines Landes, seinen Institutionen und Einwohnern. Merkmalskategorien des Länderimages sind u.a. Branchen, Unternehmen, Marken und Produkte der in einem Land ansässigen Industrie. Zum Länderimage bzw. *country-of-origin*-Effekt (CoO) sowie einer Übersicht relevanter Studien vgl. u.a. Roth/Romeo (1992), S. 477-497; Papadopoulos/Heslop (1993); Samiee (1994); Keegan (1995), S. 486-489; Hollensen (1998), S. 356. Zur Bedeutung des Länderimages im Zusammenhang mit Markenausweitungsstrategien vgl. Mayerhofer (1995), S. 140-157. Zum Länderimage Deutschlands vgl. bspw. Kühn (1993); Weber (1991). Die bisherige Forschung liefert Beleg dafür, dass die Ausprägung eines Länderimages mit unterschiedlichen Produktkategorien variieren kann. Vgl. Roth/Romeo (1992), S. 493. Insbesondere die nationale Automobilindustrie wird mit dem Länderimage Deutschlands in Verbindung gebracht. Vgl. Rueß (1995), S. 61.

ner standardisierten Marktbearbeitung dann zuwiderlaufen, wenn das Stammland in den Zielmärkten unterschiedlich wahrgenommen und u.U. einen verhältnismäßig schlechten Ruf genießt.[714] Wird das Herkunftsland hingegen positiv beurteilt, überträgt der Verbraucher im Rahmen des CoO-Effekts diese positive Beurteilung auf dessen Hersteller, Marken und Produkte und entwickelt eine Präferenz für sie. In einer im angelsächsischen Sprachraum weit verbreiteten Werbekampagne wirbt die AUDI AG bspw. mit dem deutschsprachigen Slogan „Vorsprung durch Technik", um das positiv aufgeladene Automobil-Image Deutschlands für seine Zwecke zu nutzen.[715]

Die voranstehenden Ausführungen dürften verdeutlicht haben, dass die Festlegung eines sinnvollen Standardisierungsgrades internationaler Marktbearbeitung v.a. von der Homogenität der Zielmärkte abhängig ist. Das Ausmaß der Länderhomogenität beruht dabei im Wesentlichen auf der psychologischen Nähe und mithin den Einstellungsunterschieden zwischen den Ländern bzw. Kulturen. Folglich muss eine zielgerichtete und internationale imagebasierte Marketingplanung diesen identifizierten Einstellungsunterschieden in ausreichendem Maße Rechnung tragen. Dementsprechend wird in vorliegender Arbeit nachfolgend eine Situationsanalyse angestellt (KAPITEL 5), die im Beispielfall Aufschluss über einstellungsabhängige Kulturunterschiede der untersuchten Ländermärkte geben soll (kontextuelle Dimension der Marktbearbeitung). Besteht die Möglichkeit, als homogen erkannte Ländermärkte zu Ländergruppen zusammenzufassen (räumliche Dimension der Marktbearbeitung), sollen diese *Cluster* im Sinne WALTERMANNS mit einer konzeptionell gebündelten Marktbearbeitungsstrategie addressiert werden. Existieren lediglich geringe Unterschiede zwischen den zu untersuchenden Ländermärkten, wird eine modulare Marktbearbeitungsstrategie gewählt. Im Einzelfall ist der Standardisierungsgrad einer Marktbearbeitung entsprechend anzupassen. Er stellt schließlich die sechste Gestaltungsdimension (G6) einer internationalen, imagebasierten Marketingplanung dar und geht in die Entwicklung des MIMP ein.

4.1.3 Rahmenbedingungen (Kontextvariablen)

4.1.3.1 Isolierte Rahmenbedingungen

In KAPITEL 3.2 wurden die Raum- (Kultur) und Zeitdimension sowie Sozio-Demografika und der Besitzstatus der Nachfrager als isolierte Rahmenbedingungen einer imagebasierten Marketingplanung identifiziert. Als zu berücksichtigende Kontextvariablen gehen sie in die Modellierung eines entsprechenden Modells ein. Zur Formulierung des konkreten Entscheidungsproblems und zu der sich anschließenden Ausgestaltung einer situativ angemessenen Marketingstrategie auf der Grundlage des IPM einerseits und der Festlegung des Standardisierungsgrades der Marktbearbeitung andererseits müssen die isolierten Rahmenbedingungen im Vorfeld operationalisiert und empirisch bestimmt werden. Deren konzeptionelle Operationalisierung und die Ableitung geeigneter Untersuchungshypothesen soll in dem nun folgenden Abschnitt vorgenommen werden. Die Überprüfung der unterstellten Zusammenhänge wird an späterer Stelle im Rahmen einer Situationsanalyse und anhand eines realen Datensatzes durchgeführt (KAPITEL 5).

---

714 Vgl. Paul (1998), S. 199; Keegan (1972), S. 70; Seebauer (1977), S. 8; Meyer (1980), S. 203; Sorenson/Wiechmann (1975), S. 43; Meyer (1978), S. 88; Hill/Still (1984), S. 94.

715 Vgl. Kreutzer (1985b), S. 148.

4.1.3.1.1 Kulturelle Unterschiede und zeitliche Veränderungen

In dem vorangegangenen Abschnitt wurde deutlich, dass dem Kulturkonstrukt innerhalb der internationalen Marketingforschung eine besondere Aufmerksamkeit zuteil wird: Initiiert durch die Diskussion, ob Kulturen im Zeitablauf tendenziell eher zu einer Konvergenz (Annäherung) oder Divergenz (Auseinandergehen) neigen, gewinnt dieser Sachverhalt v.a. im Hinblick auf die Standardisierungsproblematik einer internationalen Marktbearbeitung seine überragende Relevanz.[716] Auch darüber hinaus wird die Bedeutung kultureller Faktoren für unternehmerische Entscheidungen im Allgemeinen weder von der Theorie noch von der Praxis internationalen Managements ernsthaft in Frage gestellt:[717]

> „The analysis of cultural differences is necessary for the formulation of international marketing strategy."[718]

und:

> „[...] it is important for managers to recognize that cross-national differences should be taken into account."[719]

Im Zusammenhang mit einer imagebasierten Marketingplanung wird davon ausgegangen, dass Einstellungs- und Verhaltensmuster von Verbrauchern maßgeblich durch den jeweiligen Kulturkreis beeinflusst werden, in dem eine Person aufwächst und lebt.[720] MEISSNER reklamiert, dass diesem Umstand in Marketingtheorie und -praxis bislang nicht ausreichend Beachtung geschenkt wurde und verweist dabei auf einen sich andeutenden Wandel.[721] Nach seiner Auffassung gehören internationale Verbraucherstudien in der Form sog. Länderanalysen zum „selbstverständlichen Bestandteil des Strategischen Internationalen Marketing".[722] Auch ROTH stellt die zentrale Bedeutung des Kultureinflusses für imagebasierte Marketingentscheidungen heraus:[723]

> „[...] international marketers must explore how cultural and socioeconomic characteristics affect the performance of brand image strategies."

und:

> „In international markets, environmental characteristics are likely to moderate the image-performance relationship."

KROEBER und KLUCKHOHN (1952) verstehen **Kultur** als die „Übereinstimmung der Verhaltensmuster vieler Individuen" einer sozialen Einheit. Dementsprechend definieren sie den Kulturbegriff wie folgt:

---

716 Vgl. Segler (1986), S. 79 und die dort angegebene Literatur. Zur Kultur-Konvergenz bzw. -Divergenz vgl. z.B. Ronen (1986), S. 235-239.

717 Vgl. Segler (1986), S. 77.

718 Jain (1996), S. 231.

719 Roth/Romeo (1992), S. 494.

720 Vgl. Meissner (1988), S. 99.

721 Vgl. ebenda, S. 100.

722 Ebenda, S. 101.

723 Roth (1995), S. 164.

„Kultur besteht aus expliziten und impliziten Denk- und Verhaltensmustern, die durch Symbole erworben und weitergegeben werden und eine spezifische, abgrenzbare Errungenschaft menschlicher Gruppen bilden. Einzuschließen sind auch die in den geschaffenen materiellen Gütern zum Ausdruck kommenden Errungenschaften. Kernstück jeder Kultur sind die durch Tradition weitergegebenen Ideen..., insbesondere Werte. Kulturelle Systeme können einerseits als das Ergebnis von Handlungen, andererseits als bedingende Elemente für weitere zukünftige Handlungen betrachtet werden.“[724]

KROEBER-RIEL/WEINBERG (1996) definieren Kultur als „[...] Hintergrundphänomen, das unser Verhalten prägt, ohne daß [!] wir uns dieses Einflusses bewußt sind“. Aufgrund dieser Tatsache werden kulturelle Divergenzen erst durch einen Vergleich unterschiedlicher kultureller Normen sichtbar. Das Phänomen Kultur umfasst dabei „[...] gesellschaftlich übereinstimmende Muster in Denken, Fühlen und Handeln [...]“ und trägt einerseits zu deren Ausprägungen bei, andererseits wird es selbst durch diese fortentwickelt. Bezüglich menschlicher Verhaltensweisen wird der Kultureinfluss als die bedeutendste soziale Determinante angesehen.[725] Die dem Kulturkonstrukt zugrunde liegenden Dimensionen werden in der Mehrzahl kultureller Studien anhand folgender Systematisierung HOFSTEDES differenziert: Individualismus-Kollektivismus, akzeptiertes Machtungleichgewicht in Organisationen, der Grad der individuellen Sicherheitsbedürfnisse, die Rollenteilung zwischen den Geschlechtern und die Nonverbalität der Kommunikation.[726]

Jüngere Forschungsergebnisse der Kulturpsychologie belegen, dass sich die symbolische Bedeutung und Nutzung einer Marke zwischen verschiedenen Kulturen erheblich unterscheidet. So werden Marken in individualistischen Kulturen, die sich durch Unabhängigkeit, Autonomie und Einzigartigkeit auszeichnen, zum Ausdruck individualistischen Lebens und zur Abgrenzung gegenüber anderen Menschen desselben Kulturkreises genutzt. In kollektivistischen Kulturen hingegen, in denen gegenseitige Abhängigkeit, Konformität und Ähnlichkeit (Gleichheit) hoch geschätzt werden, dienen Marken dem Ausdruck der Zugehörigkeit zu einer sozialen Gruppe.[727]

---

[724] Kroeber/Kluckhohn (1952), S. 181, zitiert nach Kroeber-Riel/Weinberg (1996), S. 541 [Hervorhebungen durch den Verfasser]. Die vorgestellte Definition soll jedoch nicht darüber hinwegtäuschen, dass sich zahlreiche Autoren mit dem Kulturbegriff auseinander gesetzt haben, die sich bislang auf keine einheitliche Definition einigen konnten. Veranschaulichend dürfte in diesem Zusammenhang die Aufzählung von 152 Definitionsansätzen von Kroeber/Kluckhohn sein. Vgl. Kroeber/Kluckhohn (1963); Lindzey/Aronson (1985), S. 994. „Die meisten Autoren stimmen jedoch darin überein, dass Wertvorstellungen und grundsätzliche Überzeugungen zu den wesentlichen Bestandteilen einer Kultur zählen; einige Verfasser setzen sogar Wertvorstellungen mit der Kultur gleich und ziehen diese daher als Maßstab für Kulturmessungen und -vergleiche heran.“ Voß (1989), S. 112, FN 1; vgl. hierzu auch Park (1983), S. 32-34.

[725] Kroeber-Riel/Weinberg (1996), S. 542. Vgl. auch Ronen (1986), S. 17f.

[726] Auf die genannten Dimensionen soll an dieser Stelle nicht näher eingegangen werden. Der Leser sei verwiesen auf Segler (1986), S. 83-90 und die dort aufgeführte Literatur, insbesondere Hofstede (1983), S. 75-89. Zur Interpretation und Beurteilung von Hofstedes Modell vgl. Punnett/Shenkar (1996), S. 163-165; Hodgetts/Luthans (1994), S. 67-79; Mead (1994), S. 64-77; Johannson (1997), S. 76-79; Hollensen (1998), S. 179-181. Roth nutzt Hofstedes Kulturdimensionen der *Power Distance*, *Uncertainty Avoidance* und *Individualism* zur Entwicklung eines Modells globaler Image-Strategie und verwendet diese Dimensionen als moderierende Faktoren des Zusammenhangs zwischen funktionalen, sozialen und sensorischen Imagepositionierungsstrategien (siehe Park et al. 1986) und dem Erfolg in der Form des Marktanteils. Roth weist einen signifikanten Einfluss der Dimensionen *Power Distance* und *Individualism* nach. Vgl. Roth (1995), S. 163-175.

[727] Vgl. Aaker (1997), S. 355; vgl. auch Aaker/Maheswaran (1997), S. 315-328.

Dieser Einfluss kultureller Wertvorstellungen auf die Beurteilung einer Marke wird durch eine Vielzahl empirischer Studien nachgewiesen:[728]

> „Personen mit unterschiedlichem kulturellem Hintergrund und divergierenden Wertvorstellungen ziehen bspw. zur Produktbeurteilung unterschiedliche Kriterien heran oder messen den einzelnen Kriterien zumindest unterschiedliche Bedeutung bei und entwickeln so letztendlich auch unterschiedliche Präferenzen für verschiedene Marken, Produktklassen und Produkte."[729]

Aufgrund dieser Tatsachen erstaunt nicht, dass in unterschiedlichen Kulturräumen zum Teil stark divergierende Images identischer Beurteilungsobjekte festgestellt werden können.[730] So zeigen MOORE und OWEN bspw. relativ große Unterschiede in der Wahrnehmung einer Marke in einem Inter-Ländervergleich.[731] Nicht zuletzt auf Basis vielfältiger empirischer Befunde kann relativ unstrittig davon ausgegangen werden, dass die Kulturdimension als eine zentrale Einflussgröße menschlicher Einstellungen erachtet werden kann.[732] Zur Aufstellung einer entsprechenden Untersuchungshypothese allerdings bedarf es desweiteren einer zumindest provisorisch konzeptionellen Operationalisierung des Kulturkonstrukts.[733]

Um kulturelle Imageunterschiede identifizieren zu können, müssen die relevanten Größen auf gesellschaftlich aggregierter Ebene erhoben werden. Mittels eines Vergleichs der gemessenen Ausprägungen können dann kulturelle Muster der Verbraucherwahrnehmungen ermittelt werden.[734] Die dem Kulturkonstrukt implizite „Populationsdimension" ermöglicht dessen geforderte Erhebung auf gesellschaftlich aggregierter Ebene. Denkbare und managementrelevante populationsabgrenzende Merkmale sind bspw. „[...] Nationen, Völker, Stämme, Rassen, Sprachen, Religionen und umfassende Kulturkreise".[735] Auch WELGE bestätigt, dass „[...] kulturspezifische Besonderheiten der Märkte [...] räumlich einzuordnen" sind.[736] Eine Literaturanalyse offenbart, dass insbesondere die Termini „Kultur" und „Nation" in Theorie und Praxis synonym gebraucht werden.[737] Nach gängiger Forschungsmeinung sind demgemäß signifikante Differenzen zwischen unterschiedlichen Länderstichproben mit kulturellen Unterschieden gleichzusetzen. Im Rahmen anzustellender Inter-Ländervergleiche ist ein Land i.S. eines segmentierten Kulturkreises somit methodisch als kategorial-skalierte unabhängige Variable zu behandeln.[738]

---

728 Vgl. hierzu v.a. die Studie von Pitts und Woodside, die den beschriebenen Zusammenhang von grundsätzlichen Wertvorstellungen und Produktbeurteilungen bzw. den zur Produktbeurteilung herangezogenen Kriterien für drei unterschiedliche Produktklassen (Automobile, Deodorants und Wochenendreiseziele) nachweisen konnten. Vgl. Pitts/Woodside (1983), S. 37-42; vgl. auch Henry (1976), S. 121-123; Scott/Lamont (1974), S. 283-288; Vinson/Munson (1977), S. 313-316; Pitts (1977); Vinson et al. (1977), S. 44-46; Wiedmann (1984), S. 1-3.

729 Voß (1989), S. 111

730 Vgl. Heald et al. (1981), S. 229-231; Munson (1977), S. 313-316.

731 Vgl. Moore (1993); Owen (1993).

732 Vgl. Hodgetts/Luthans (1994), S. 60.

733 Eine operationale Definition des Kulturbegriffs im Sinne der vorliegenden Arbeit wird an späterer Stelle im Rahmen des Erhebungsdesigns der durchzuführenden Situationsanalyse vorgenommen.

734 Vgl. Kroeber-Riel/Weinberg (1996), S. 544; Ronen (1986), S. 17.

735 Segler (1986), S. 78.

736 Welge (1990), S. 88.

737 Vgl. Punnett/Shenkar (1996), S. 37f. und S. 162. Zur Kritik an der Gleichstellung vgl. Ronen (1986), S. 43-45.

738 Vgl. Punnett/Shenkar (1996), S. 162f. und S. 165.

Ebendiese methodische Forderung in Verbindung mit den oben angeführten inhaltlichen Ausführungen hinsichtlich des unterstellten Einflusses des Kulturkonstruktes auf die Wahrnehmungen von Verbrauchern erlaubt nun die Formulierung einer ersten Untersuchungshypothese H_{01}. Die relevanten Imagegrößen sind der Zielhierarchie des zu entwickelnden Modells imagebasierter Marketingplanung zu entnehmen. Im Einzelnen handelt es sich dabei um das Produkt-, Dachmarken- und Unternehmensimage. Sie stellen jeweils für sich die abhängige Variable der zu untersuchenden Wirkungsbeziehung dar. Da die Wirkungsart (positiv/negativ) vom spezifischen Einzelfall abhängt und nicht verallgemeinert werden kann, wird sie konsequenterweise nicht in die Hypothese aufgenommen:

H_{01}: Unterschiedliche Ausprägungen der Variable Land verursachen unterschiedliche Ausprägungen der Variablen Produkt- bzw. Dachmarken- bzw. Unternehmensimage.

Mittels großvolumig angelegter quantitativer Länderanalysen wird eine Bestimmung der Kulturdistanz zwischen unterschiedlichen Ländern angestrebt.[739] In diesem Zusammenhang wird insbesondere auf die Bedeutung primärstatistischer Erhebungen hingewiesen.[740] Methodische Probleme ergeben sich bei deren Erhebung dabei vor allem aus dem sprachlichen und sozialen Abstand zwischen dem Forscher und den Forschungssubjekten sowie aus der problembehafteten Vergleichbarkeit interkultureller Datensätze.[741] Dennoch gehören sie mittlerweile unzweifelhaft zum Standardrepertoire internationaler Marktforschung:[742]

> „A [...] major form of comparative analysis is the intracompany cross-national comparison. This comparison is based upon the conclusion that there is enough similarity between two or more countries to justify cross-national comparison of performance and potential. [...] Comparative cross-national analysis raises questions and suggests areas for investigation and is, therefore, a valuable analytical tool."[743]

Im Anschluss an die Identifikation kultureller Muster wird eine globale bzw. internationale Marktsegmentierung vorgenommen.[744] Dabei erweist es sich als vorteilhaft, einzelne Ländermärkte zu homogenen Gruppen zusammenzufassen, die sich selbst wiederum signifikant voneinander unterscheiden sollten (Bedingung interner Homogenität und externer Heterogenität). Die Aggregation ähnlicher Märkte zu *Länderclustern* kann sowohl anhand von qualitativen (Kultur, Sprache, geografische Lage etc.) als auch mithilfe von quantitativen Kriterien (Pro-Kopf-Einkommen, Einwohnerzahl usw.) vorgenommen werden.[745] Bei der Verwendung quantitativer Merkmale leisten neuere statistische Analysemethoden wie bspw. die Clusteranalyse, die Kontrastgruppenanalyse und die mehrdimensionale Skalierung eine wertvolle Unterstützung.[746]

---

739 Vgl. Punnett/Shenkar (1996), S. 166.

740 Vgl. Meissner (1994), S. 679.

741 Vgl. Kroeber-Riel/Weinberg (1996), S. 550.

742 Vgl. Meissner (1988), S. 101.

743 Keegan (1995), S. 247.

744 Vgl. ebenda, S. 258 und S. 267f. „Global market segmentation may be defined as the process of identifying groups or sets of potential customers at either the national or subnational level who are likely to exhibit similar buying behavior." Ebenda, S. 258.

745 Vgl. Segler (1986), S. 63f.; Keegan (1995), S. 33f.

746 Vgl. Segler (1986), S. 63f. Der wohl bekannteste Ansatz zur Clusterbildung von Ländern ist der von Ronen und Shenkar, die folgende Ländergruppen identifizieren: arabisch, nah-östlich, fern-östlich, nordisch, germanisch,

Neben der Populationsdimension wird dem Kulturkonstrukt auch eine **Zeitdimension** zugesprochen.[747] SIMON führt diesen zeitlichen Einfluss auf einen „Informationstransfer von der Vergangenheit in die Gegenwart" zurück. In dessen Verlauf überträgt der Konsument in bisherigen Situationen gesammelte Erfahrungen auf aktuelle Beurteilungen von Produkten und Marken. Durch diesen Informationstransfer ausgelöst, findet eine stetige Korrektur des assoziativen Netzwerks und mithin der Einstellungen des Verbrauchers statt.[748] Dieser Umstand verdeutlicht die in der marketingwissenschaftlichen Forschung relativ unstrittige Annahme der funktionalen Abhängigkeit des Imagekonstrukts von der Zeit[749] und erlaubt die Ableitung einer zweiten, die isolierten Rahmenbedingungen betreffenden Hypothese (H_{02}). Da die Wirkungsart (positiv/negativ) auch hierbei vom spezifischen Einzelfall abhängt und nicht verallgemeinert werden kann, wird sie konsequenterweise nicht in die Hypothese aufgenommen:

***H_{02}**: Unterschiedliche Ausprägungen der Variable Studie verursachen unterschiedliche Ausprägungen der Variablen Produkt- bzw. Dachmarken- bzw. Unternehmensimage.*

Die Zeitdimension in der Form der Variablen „Studie" wird über das Jahr operationalisiert, in dem eine (primär-) statistische Erhebung durchgeführt wurde.[750] Idealerweise werden dabei zumindest zwei Erhebungszeitpunkte ausgewählt, um eine dynamische und kontinuierliche Betrachtung des Imagekonstrukts (Image-Monitoring) gewährleisten zu können. Eine diskrete, einmalige Imageanalyse bspw. in der Form eines semantischen Differenzials stellt demgegenüber lediglich eine Momentaufnahme der Imagesituation dar und wird dem veränderlichen Charakter von Verbraucherwahrnehmungen nicht gerecht.[751] Letztlich wird deshalb vermehrt die Forderung erhoben, Imagegrößen im Rahmen dynamischer Längsschnittanalysen anstelle von statischen Querschnittanalysen zu erfassen.[752] Den Schwerpunkt der bisherigen Untersuchungen bilden jedoch nach wie vor Querschnittvergleiche auf Länder- oder Unternehmensebene. Längsschnittstudien sind dabei weitaus seltener vorzufinden, weil sie i.d.R. einen außergewöhnlich hohen Erhebungsaufwand verlangen.[753]

angelsächsisch, latein-europäisch, latein-amerikanisch sowie die unabhängigen Länder Brasilien, Japan, Indien und Israel. Vgl. Ronen/Shenkar (1985), S. 449. Zu den einzelnen Clustern vgl. auch Ronen (1986), S. 262-267.

747 Vgl. Segler (1986), S. 78.

748 Vgl. Simon (1985), S. 7.

749 Vgl. Herbig/Milewicz (1993), S. 20; Jain (1996), S. 238; Ronen (1986), S. 17; Cateora (1983), S. 97; Meissner (1988), S. 125.

750 Vgl. hierzu Kapitel 5.1 dieser Arbeit.

751 Vgl. Mayerhofer (1995), S. 66f.

752 Vgl. Dülfer (1996), S. 220. Zu einer Systematisierung der Marktforschung im Allgemeinen und einer Unterscheidung zwischen Quer- und Längsschnittanalysen im Speziellen vgl. Joas (1996), S. 32.

753 Zu den Grundlagen kulturvergleichender Managementforschung vgl. Keller (1982).

4.1.3.1.2 Sozio-Demografika und Besitzstatus der Nachfrager

In KAPITEL 3.2 wurde darauf hingewiesen, dass der Mensch als Imageträger einen entscheidenden Einfluss auf den Zielerreichungsgrad einer Imagestrategie auszuüben vermag. Er stellt damit einen quasi individuell-situativen Faktor der externen Unternehmensumwelt dar.[754] Diese situative Abhängigkeit der verbraucherbezogenen Wahrnehmungen von der Persönlichkeitsstruktur des Nachfragers bedingt eine gewissermaßen natürliche Unterschiedlichkeit zu erhebender Imagegrößen nach Individuen bzw. sozialen Einheiten (Zielgruppen):

> „[...] it is unlikely that all the groups with which an organzation interacts will have the same image at a particular point in time."[755]

Die Operationalisierung der Persönlichkeitsstruktur kann im Wesentlichen anhand zweier Merkmalstypen vorgenommen werden: Die in diesem Zusammenhang am häufigsten genutzte Kategorie stellen die sog. **Sozio-Demografika** der Nachfrager dar.[756] Sie umfassen Merkmale wie „[...] Geschlecht, Alter, Familienstand, Anzahl und Alter von Kindern, Haushaltsgröße, Wohnort (geografische Region, Stadt/Land), Religion, ethnische Herkunft und Nationalität".[757] Der zentrale Vorteil sozio-demografischer Merkmale besteht in ihrer relativ unproblematischen Erhebung und Messung.[758] Aufgrund ihres tendenziell objektivistischen und quantifizierbaren Charakters erlauben diese Merkmale eine gute Vergleichbarkeit im Rahmen länderübergreifender Imageanalysen.[759] Der wichtigste mit ihnen verbundene Nachteil ist die relativ niedrige Prognosekraft für das tatsächliche Kaufverhalten der Marktakteure.[760] KOTLER verdeutlicht die Kritik an sozio-demografischen Segmentierungsvariablen anhand eines eingängigen Beispiels:

> „[...] the Ford Motor Company used buyers' ages in developing its target market for its Mustang automobile; the car was designed to appeal young people who wanted an inexpensive sporty automobile. But Ford found that the car was being purchased by all age groups. It then realized that its target market was not the chronologically young but the psychologically young."[761]

Das angeführte Beispiel stellt die Überleitung zur zweiten Kategorie segmentierungsrelevanter Kriterien dar und veranschaulicht deren Bedeutung für eine (imagebasierte) Marketingplanung: Bei diesen handelt es sich um psychografische Merkmale, wie „[...] Einstellungen, Lebensgewohnheiten, Erwartungen, Wünsche, Neigungen, Motive, Selbsteinschätzungen, kognitive Dissonanzen, Wahrnehmungs- und Lernverhalten".[762] Der Gehalt insbesondere des psychologischen Einstellungskonstrukts (Image) für eine (imagebasierte) Marketingplanung wurde im bisherigen Verlauf der Arbeit hinreichend dargelegt. Sein wesentlicher Vorteil ist im Gegensatz zu sozio-demografischen Merkmalen in der unmittelbaren Verhaltensrelevanz dieses Konstrukts zu sehen.

---

754 Vgl. Johannsen (1974), Sp. 819f.; Mayerhofer (1995), S. 56; Herzig (1991), S. 138.

755 Dowling (1986), S. 112.

756 Vgl. Althans (1982), S. 115; Meffert (1977), S. 438.

757 Stahr (1979a), S. 13. Vgl. auch Althans (1982), S. 115 und Meffert (1977), S. 438.

758 Vgl. Freter (1983), S. 57.

759 Vgl. Althans (1982), S. 117.

760 Vgl. Meffert (1977), S. 438.

761 Kotler (1984), S. 257.

762 Groh (1974), Sp. 1414.

Die zentrale Problematik der (primär-) statistischen Erhebung untersuchungsrelevanter Imagegrößen ergibt sich v.a. aus Schwierigkeiten bezüglich ihrer Messung sowie aus dem mit ihrer Erhebung verbundenen finanziellen Aufwand.[763]

Da das Einstellungskonstrukt im Rahmen des in der vorliegenden Arbeit gewählten Forschungsgegenstands einer imagebasierten Marketingplanung als Zielgröße und mithin als abhängige Variable vorgegeben ist, kommen als Einflussgrößen in der Form isolierter Rahmenbedingungen ausschließlich sozio-demografische Merkmale der Verbraucher in Betracht. Dabei sollen die mit diesen verbundenen Nachteile bewusst in Kauf genommen werden. Bei unterstellter Relevanz sämtlicher sozio-demografischer Faktoren hängt die Auswahl entsprechender Merkmale letztlich von den zu untersuchenden Fragestellungen und den Gegebenheiten des empirischen Datensatzes ab. Im Vorgriff auf die Ausformulierung bzw. Beschreibung dieser beiden Aspekte in KAPITEL 5.1 legt der Verfasser an dieser Stelle die sozio-demografischen Merkmale Geschlecht, Alter, Berufsstellung und Einkommen der Verbraucher als unabhängige Variablen fest. Aus der Bestimmung dieser auf die ausgesuchten Imagegrößen einwirkenden Variablen lassen sich nun vier weitere Untersuchungshypothesen (H_{03} bis H_{06}) ableiten. Da die Wirkungsart (positiv/negativ) auch hierbei vom spezifischen Einzelfall abhängt und nicht verallgemeinert werden kann, wird sie konsequenterweise nicht in die Hypothese aufgenommen:

***H_{03}**: Unterschiedliche Ausprägungen der Variable Geschlecht verursachen unterschiedliche Ausprägungen der Variablen Produkt- bzw. Dachmarken- bzw. Unternehmensimage.*

***H_{04}**: Unterschiedliche Ausprägungen der Variable Alter verursachen unterschiedliche Ausprägungen der Variablen Produkt- bzw. Dachmarken- bzw. Unternehmensimage.*

***H_{05}**: Unterschiedliche Ausprägungen der Variable Berufsstellung verursachen unterschiedliche Ausprägungen der Variablen Produkt- bzw. Dachmarken- bzw. Unternehmensimage.*

***H_{06}**: Unterschiedliche Ausprägungen der Variable Einkommen verursachen unterschiedliche Ausprägungen der Variablen Produkt- bzw. Dachmarken- bzw. Unternehmensimage.*

Der **Besitzstatus** der Nachfrager stellt auf eine Klassifikation von Besitzern (*owners*) und Nicht-Besitzern (*nonowners*) eines Objekts (hier: Marke) ab und differenziert nach dem Umstand, ob sich eine Marke - im übertragenen Sinne - zum Zeitpunkt der Erhebung im „Besitz" des Nachfragers befindet oder nicht. Unterstellt wird der Besitz, wenn der Nachfrager die Marke im Zusammenhang mit einem Produkt erworben hat. Der Besitzstatus hat sowohl theoretische als auch praktische Relevanz für die Einstellungsforschung:

- Aus theoretischer Sicht wird davon ausgegangen, dass sich Besitzer von Nicht-Besitzern hinsichtlich markenbezogener/-m Bekanntheit, Wissen, Involvement, und Präferenzen grundlegend voneinander unterscheiden. Ein erhöhtes Involvement und eine gesteigerte Präferenz lassen sich dabei v.a. auf die Anschaffung (bspw. Kauf), die direkte Erfahrung mit und den bloßen Besitz an einem Produkt zurückführen.[764] Der Erwerb eines Produktes und mithin dessen Besitz sowie die direkte Erfahrung mit ihm erzeugen in erster Instanz Produktwissen

[763] Vgl. Meffert (1977), S. 438.

[764] Vgl. Kirmani et al. (1999), S. 89.

und Involvement, welche sich in einer wie auch immer gearteten Beurteilung des Objekts (Präferenz) wiederfinden. Insbesondere hinsichtlich des Produktwissens dürften gravierende Unterschiede zwischen Besitzern und Nicht-Besitzern bestehen, da letztlich der Besitzstatus Umfang und Qualität der direkten Erfahrung mit einem Produkt bestimmt.[765]

- Die praktische Relevanz des Besitzstatus resultiert aus der Fragestellung, ob sich die mit einem Besitz (*ownership*) verbundenen Umstände eines erhöhten Bekanntheitsgrades, Wissensstandes und Involvements sowie einer erhöhten Präferenz auf sämtliche unter einer Marke angebotenen Produkte im Allgemeinen erstrecken und ob sie sich auf Neuprodukteinführungen unter der (Dach-) Marke im Besonderen übertragen lassen.[766]

Nach aktuellem Forschungsstand wird davon ausgegangen, dass ein Besitzer eines Objekts dieses als eine Art soziale Entität betrachtet und eine psychologische Beziehung zu ihm aufbaut. BEGGAN untersucht, ob und ggf. inwiefern der bloße Besitz an einem Objekt dazu führt, dass dieses von seinem Besitzer besser beurteilt wird als von Nicht-Besitzern (*mere ownership effect*). BEGGAN bestätigt diesen Zusammenhang und zeigt, dass sich der Effekt nicht darauf zurückführen lässt, dass der Beurteiler bzw. Besitzer dem zu beurteilenden Objekt häufiger oder intensiver ausgesetzt ist als der Nicht-Besitzer. Er geht vielmehr davon aus, dass Personen Objekte *ceteris paribus* dann besser beurteilen, wenn sie sie selbst besitzen (*owners*), als wenn sie sie nicht besitzen (*non-owners*).[767] KIRMANI ET AL. führen in diesem Zusammenhang aus, dass Besitzobjekte auf der Grundlage erhöhten Involvements eine Erweiterung der eigenen Persönlichkeit (*self concept*) darstellen und sich in ihrer Beurteilung in erweitertem Sinne auf die Person selbst beziehen (*self-enhancement effect*):[768]

> „[...] owners are more likely than nonowners to incorporate the brand into their self-concept [...]".

bzw.

> „In situations where owners may identify with a brand's image, ownership of these brands may fulfill self-enhancement needs."

Konsumenten werden ihre Kaufentscheidung dementsprechend auch darauf ausrichten, inwiefern das Produkt dem Streben nach Selbstverwirklichung gerecht zu werden vermag. In diesem Kontext wird insbesondere symbolischen Gütern im Vergleich zu funktionalen ein gesteigertes Maß an *self-enhancement* zugesprochen.[769] So werden bspw. Prestigegüter zur Befriedigung des Bedürfnisses nach Status erworben. In der logischen Schlussfolgerung bewerten Besitzer (Käufer) dieser Güter deren Status höher als Nicht-Besitzer (-Käufer). Konsequenterweise beurteilen Besitzer diese Güter selbst relativ besser als Nicht-Besitzer.[770]

---

765 Vgl. Kirmani et al. (1997), S. 5f.

766 Vgl. ebenda, S. 3; dieselben (1999), S. 89.

767 Vgl. Beggan (1992), S. 229 und S. 234f. Zum *mere ownership effect* vgl. bspw. Hoorens et al. (1990) und Nuttin (1985 und 1987).

768 Kirmani et al. (1997), S. 1 bzw. S. 5.

769 Vgl. Beggan (1992), S. 234f.

770 Vgl. Kirmani et al. (1999), S. 89.

Aus den genannten Überlegungen lässt sich die zentrale Hypothese des Besitzstatus im Rahmen einer imagebasierten Marketingplanung ableiten:

> „[...] the general hypothesis [...] is that a target object will be rated more favorably by an owner than by a non-owner."[771]

Entsprechend dieser von BEGGAN aufgestellten Vermutung soll auch die für den vorliegenden Forschungsgegenstand relevante Untersuchungshypothese (H_{07}) abgeleitet werden. Da die Wirkungsart (positiv/negativ) auch hierbei vom spezifischen Einzelfall abhängt und nicht verallgemeinert werden kann, wird sie konsequenterweise nicht in die Hypothese aufgenommen:

***H*₀₇**: *Unterschiedliche Ausprägungen der Variable Besitz verursachen unterschiedliche Ausprägungen der Variablen Produkt- bzw. Dachmarken- bzw. Unternehmensimage.*

In Ergänzung zu der allgemein markenbezogenen Differenzierung nach Besitzern und Nicht-Besitzern soll eine weitere Spezifizierung des Marken- bzw. Produktbesitzes vorgenommen werden. Sie stellt auf die Karosserieform des sich im Besitz eines Nachfragers befindlichen Automobils ab. In der automobilen Unternehmenspraxis wird v.a. diesem Kriterium eine zentrale Bedeutung für die Beurteilung von Produkten, Dach- und Firmenmarken zugesprochen. Dabei wird davon ausgegangen, dass der Besitz insbesondere aus emotionalen Gründen bevorzugter PKW-Modelle (Cabriolets, Coupés etc.) einen entscheidenden Einfluss auf die relevanten Imagegrößen auszuüben vermag. Aus primär sachlichen Erwägungen getroffenen Kaufentscheidungen hingegen (Limousine, Großraumlimousine etc.) wird eine relativ schwache Wahrnehmungskraft bescheinigt. Auch wenn diesem vermuteten Wirkungszusammenhang über die automobile Unternehmenspraxis hinaus in der marketingwissenschaftlichen Forschung bislang relativ wenig Beachtung geschenkt wurde, soll er doch in der Form einer achten isolierten Rahmenbedingung einer imagebasierten Marketingplanung berücksichtigt werden. Die Ausprägungen der Variable (Fahrzeug-) Typ bestimmen sich dabei anhand der in der Automobilindustrie gebräuchlichen Karosserieformen von PKW-Modellen.[772] Aus dem unterstellten Wirkungszusammenhang zwischen dem Besitz einer bestimmten Karosserieform und der Beurteilung untersuchungsrelevanter Einstellungsgrößen kann eine achte Hypothese (H_{08}) abgeleitet werden. Da die Wirkungsart (positiv/negativ) auch hierbei vom spezifischen Einzelfall abhängt und nicht verallgemeinert werden kann, wird sie konsequenterweise nicht in die Hypothese aufgenommen:

H_{08}: *Unterschiedliche Ausprägungen der Variable Typ verursachen unterschiedliche Ausprägungen der Variablen Produkt- bzw. Dachmarken- bzw. Unternehmensimage.*

Die acht formulierten Untersuchungshypothesen (H_{01} bis H_{08}) sollen innerhalb der in KAPITEL 5 durchzuführenden Situationsanalyse einer imagebasierten Marketingplanung auf ihre empirische Tragfähigkeit hin überprüft werden. Die daraus gewonnenen Erkenntnisse liefern einerseits einen relativ umfassenden Überblick hinsichtlich der relevanten Einstellungsgrößen sowie deren statistisch signifikanter Einflussvariablen, andererseits unterstützen sie die Ziel- und Maßnahmenplanung in den ABSCHNITTEN 6.2 bzw. 6.3.

---

[771] Beggan (1992), S. 229.

[772] Sie werden in Kapitel 5.1 im Einzelnen aufgeführt.

4.1.3.2 Integrierte Rahmenbedingungen

In KAPITEL 3.2 wurde der **Imagetransfereffekt** als die integrierte Kontextvariable einer imagebasierten Marketingplanung identifiziert. Als solche muss auch sie neben den genannten isolierten Rahmenbedingungen Berücksichtigung finden, wenn Imagegrößen gezielt und situationsbedingt beeinflusst werden sollen. Eine Bestandsaufnahme der bisherigen Forschungsbemühungen Imagetransfereffekte betreffend hat Aufschluss über die teils mangelhaften, teils unzureichenden inhaltlichen Befunde und methodischen Vorgehensweisen der bis dato durchgeführten Studien gegeben (KAPITEL 3.3). Wie gezeigt wurde, weisen insbesondere die auf Imagerückkopplungseffekte (*feedback effects*) abstellenden Untersuchungen gravierende Schwächen auf. Es wurde deutlich, dass über eine unzulängliche empirische Validierung reziproker Imageeffekte hinaus, v.a. die wissenschaftliche Substanz nach wie vor erhebliche Lücken offenbart. Aus diesem Grund soll in dem nun folgenden Abschnitt zunächst ein theoretisches Gerüst konstruiert werden, das eine konzeptionell valide Abbildung der zu untersuchenden Imagetransfereffekte erlaubt. Dabei bedient sich der Verfasser v.a. verhaltenswissenschaftlicher Grundlagen und überträgt sie auf den relevanten Forschungsgegenstand. Im Anschluss daran wird mit einem **Intra-Marken-Imagestruktur-Modell (IMI)** ein deskriptives Imagesystem entwickelt, das die postulierten Wirkungsbeziehungen zwischen den interessierenden Imagegrößen problematisiert und die Formulierung entsprechender Untersuchungshypothesen ermöglicht. Diese werden dann im Rahmen einer Situationsanalyse und anhand eines konkreten Beispiels auf ihre empirische Tragfähigkeit hin überprüft (KAPITEL 5).

4.1.3.2.1 Verhaltenswissenschaftliche Grundlagen

Gegenstand der Kognitionswissenschaft oder Wissenspsychologie sind die Informationsaufnahme, -verarbeitung und -speicherung von Eindrücken aus der Umwelt eines Individuums sowie Eindrücken seiner selbst.[773] Gemäß dem sog. **Drei-Speicher-Modell** von ATKINSON/SHIFFRIN werden diese aus der Umwelt eines Individuums mittels der menschlichen Sinnesorgane aufgenommenen Eindrücke in einem visuellen sensorischen Speicher (Ultrakurzzeitgedächtnis), einem Kurz- und einem Langzeitspeicher hierarchisch und prozessual eingeordnet.[774] Die aus der Umwelt aufgenommenen Reize (Stimuli) werden in bioelektrische Impulse umgewandelt und als passive Sinneseindrücke zuerst im Ultrakurzzeitgedächtnis abgelegt (Wahrnehmungsvorgang).[775]

In Abhängigkeit vom Aktivierungsgrad des Individuums mobilisiert das Ultrakurzzeitgedächtnis die in ihm temporär präsenten Eindrücke und übersetzt sie in kognitiv verfügbare Informationen (Beurteilungsvorgang). Zu ihrer gedanklicher Organisation und Speicherung greift der sog. Kurzzeitspeicher auf die aus der Vergangenheit im Langzeitspeicher (Gedächtnis) abgelegten Informationen zurück.

---

[773] Vgl. Kroeber-Riel/Weinberg (1996), S. 224-228; Behrens (1994), S. 206. Zur Struktur des Wissenskonstruktes vgl. bspw. Alba/Hutchinson (1987), S. 411-454.

[774] Vgl. Kroeber-Riel/Weinberg (1996), S. 224-228; Behrens (1994), S. 206. Zum Drei-Speicher-Modell vgl. insbesondere Atkinson/Shiffrin (1968), S. 89-195; dieselben (1971), S. 82-90.

[775] Vgl. Kroeber-Riel/Weinberg (1996), S. 224-228; Behrens (1994), S. 206. „Wahrnehmung ist eine allgemeine und umfassende Bezeichnung für den Prozeß [!] der Informationsgewinnung aus Umweltreizen (dazu gehören beispielsweise wahrgenommene Gegenstände, Lärm, Wärme) und Körperreize (z.B. Schmerzen, Wohlbefinden) einschließlich der damit verbundenen emotionalen Prozesse." Behrens (1994), S. 201.

Auf diese Weise verknüpft der Kurzzeitspeicher Gegenwart und Vergangenheit der Wissensverarbeitung.[776] Sind Aktivierung und Involvement des Konsumenten stark genug, werden die Eindrücke als Informationen im Langzeitspeicher (Gedächtnis) abgelegt und gespeichert.[777]

Die Organisation der aus der Umwelt (neu) aufgenommenen Informationen (kognitives Bezugssystem) wird häufig mittels sog. propositionaler oder semantischer **Netzwerkmodelle** des Langzeitspeichers visualisiert.[778] Dabei werden die etablierten Wissensstrukturen des Gedächtnisses mittels Knoten („Begriffe, Situationen, Ereignisse") und Verbindungen zwischen diesen Knoten (Relationen) dargestellt. Die Verbindungen geben Aufschluss über die Art, Richtung und Intensität (Stärke) einer Verbindung (Assoziation).[779]

> „Beispielsweise ist der Begriff Auto verbunden mit Begriffen wie Straße, Verkehr, Ambulanz, der Begriff Ambulanz dagegen wieder mit Blut, Krankheit, Krankenhaus usw."[780]

Werden neue Reize aufgenommen und als Informationen in die bestehende Organisation des Langzeitspeichers integriert, entsteht ein Lernprozess. Dieser kommt dadurch zustande, dass die neue Information die Wissensstruktur des Langzeitspeichers insofern verändert, als sie im propositionalen Netzwerk einen oder mehrere Knoten hinzufügt oder aber lediglich bestehende Verbindungen zwischen den Knoten in Art, Richtung oder Stärke modifiziert (Kodierungen). Auf diese Weise wird Lernen als „intervenierender, psychischer Vorgang" verstanden, der sich in letzter Instanz in verändertem Verhalten niederschlagen kann, aber nicht muss.[781] Auf jeden Fall aber bedeutet der Lernvorgang einen „Aufbau von Wissensstrukturen" im Langzeitspeicher.[782] Im Hinblick auf eine mögliche Verhaltensrelevanz wird Lernen definiert als „[...] Veränderung des Verhaltens, die auf Erfahrung beruht".[783]

Der Umfang der netzwerkbezogenen Veränderungen (Verarbeitungs- oder Kodierungstiefe) ist davon abhängig, wie gleich- oder neuartig ein wahrgenommener Reiz im Vergleich zu denen ist, die zum Aufbau der existenten Wissensstruktur in der Vergangenheit beigetragen haben.[784] Die (Reiz-) **Generalisierung**[785] geht in diesem Zusammenhang davon aus, dass gleiche oder zumindest ähnliche Reize nicht zu einer Veränderung der Wissensstruktur führen (Stimulusgeneralisierung). Darüber hinaus wird ein identischer Stimulus nicht grundsätzlich identische Verhaltensweisen zur Folge haben, jedoch zumindest ähnliche (Reaktionsgeneralisierung).

776 Vgl. Kroeber-Riel/Weinberg (1996), S. 224-228.

777 Vgl. ebenda, S. 316 und S. 334. Abbildung A-9 im Anhang veranschaulicht die Prozesskonstrukte und Abläufe im Drei-Speicher-Modell von Atkinson und Shiffrin.

778 Vgl. ebenda, S. 224-228 und Kroeber-Riel (1992), S. 322. Zu semantischen Netzwerkmodellen vgl. bspw. Collins/Quillian (1972); Kintsch (1988); Ellis/Hunt (1992); Anderson (1993 und 1976).

779 Vgl. Kroeber-Riel/Weinberg (1996), S. 224-228; Behrens (1994), S. 207f.

780 Wiswede (1992), S. 79.

781 Vgl. Kroeber-Riel/Weinberg (1996), S. 316 und S. 334.

782 Vgl. Lindsay/Norman (1981), S. 379.

783 Kroeber-Riel (1992), S. 322. Zum Prozess des Lernens auf der Grundlage in der Vergangenheit erworbener Erfahrungen vgl. bspw. Hoch/Deighton (1989), S. 1-20 und Huffman/Houston (1993), S. 190-207.

784 Vgl. Kroeber-Riel/Weinberg (1996), S. 334 und nachfolgende FN.

785 Zur *stimulus generalization* (Reizgeneralisierung) vgl. bspw. Bierley et al. (1985); McSweeney/Bierley (1984).

Für das Konsumentenverhalten ist insbesondere die Stimulusgeneralisierung von Bedeutung: Ihr zufolge reagiert der Konsument auf ähnliche Reize so, als ob identische Reize vorlägen. Dieses Verhaltensmuster geschieht dabei auf der Grundlage einer Reizgeneralisierung (Verallgemeinerung), bei der aufgenommene Stimuli aus der Vergangenheit verallgemeinert und auf neu wahrgenommene ähnliche Reize übertragen werden. Eine Ähnlichkeit wird dann unterstellt, wenn jeweils zwei Reize identische Merkmale (Elemente) und eine inhaltlich mit diesen gefüllte fiktive Schnittmenge aufweisen. Diese Schnittmenge muss einen Mindestgehalt an Informationen besitzen, damit von einer Ähnlichkeit gesprochen werden kann.[786]

Neben der Imitation erfolgreicher Produktkonzepte bedient sich auch die Produktlinien- und Dachmarkenpolitik des Prinzips der Reizgeneralisierung. Dabei wird über eine notwendige produkt- und marktspezifische Differenzierung hinaus ein Mindestmaß an Ähnlichkeit einer Produktlinie bzw. der unter einer Dachmarke angebotenen Produkte angestrebt. Das Ziel besteht in der Übertragung positiver Assoziationen und Präferenzen hinsichtlich der etablierten Produkte eines Modellprogramms bzw. der übergeordneten Dachmarke auf das neu gestaltete und zu vermarktende Produkt. Die mit dieser Übertragung verbundene Vereinfachung des verbraucherseitigen Lernprozesses bei der Wahrnehmung und Speicherung neuer, ähnlicher Reize auf der Grundlage in der Vergangenheit gesammelter Erfahrungen in Form einer Reizwahrnehmung und -speicherung bzw. einer Generalisierung wird als Übungstransfer (positiver Transfer) bezeichnet.[787] Er stellt eine notwendige Voraussetzung für die Existenz von Imagetransfereffekten dar.[788]

Aus den gespeicherten Informationen des Langzeitspeichers bilden sich mit sog. **Schemata**[789] standardisierte Vorstellungen heraus, wie ein Gegenstand, eine Person, ein Sachverhalt oder ein Ereignis typischerweise (*typicality*)[790] beschaffen ist bzw. sein sollte. Schemata stellen die wichtigsten Eigenschaften eines Gegenstandsbereiches dar und sind hierarchisch organisiert, was ihre Abbildung in der Form eines semantischen Netzwerkes erlaubt. Mit der Idealtypologisierung (Schematisierung) erhalten die Informationsaufnahme, -verarbeitung und -speicherung einen kognitiven Orientierungspunkt, der die Denkvorgänge vereinfacht und organisiert.[791] Mittels der Gegenüberstellung bspw. einer (erstmalig) wahrgenommenen Marke mit dem Markenschema (Mustervergleich) nimmt der Verbraucher eine relative Beurteilung der Marke vor:[792] Entspricht die Wahrnehmung der Marke dem gespeicherten Schema, schließt er auf die dem Schema zugrunde liegenden Eigenschaften und überträgt sie auf das Beurteilungsobjekt (Analogieschluss).

786 Vgl. Kroeber-Riel/Weinberg (1996), S. 320-322.

787 Vgl. Behrens (1994), S. 209f.

788 Dementsprechend baut die Entwicklung des Intra-Marken-Imagestruktur-Modells (IMI) in dem nachfolgenden Kapitel hauptsächlich auf dem Prinzip der Reizgeneralisierung auf.

789 Zur Schema-Theorie im Allgemeinen vgl. bspw. Bobrow/Norman (1975); Tesser/Conlee (1975), S. 262-270; Eysenck/Keane (1990), S. 270-286.

790 Zum Typicality-Konstrukt vgl. Smith et al. (1974); Loken/Ward (1990).

791 Vgl. Kroeber-Riel/Weinberg (1996), S. 232f. und S. 337. Wiswede versteht Schlüsselinformationen wie bspw. die Marke (-nqualität) als Schema. Vgl. Wiswede (1992), S. 74.

792 Vgl. Kroeber-Riel/Weinberg (1996), S. 232f., S. 268 und S. 337; Behrens (1994), S. 201f. und Kroeber-Riel (1992), S. 322.

Weicht die neu hinzugewonnene Information hingegen von dem stereotypen Eigenschaftsbündel eines Schemas ab, entsteht eine schema-inkongruente Information. Sie resultiert in einer gesteigerten Aufmerksamkeit und in einer sensibleren Wahrnehmung und ist mit einer zusätzlichen gedanklichen Leistung verbunden.[793] Dieser zusätzliche kognitive Aufwand umfasst dabei entweder die neuerliche Zuordnung der inkongruenten Information oder die Neudefinition eines Schemas insgesamt, um die empfundene Distanz zu überwinden.[794] Sofern die neu gewonnene Information aus Sicht des Individuums allerdings zu stark von den gespeicherten Standards abweicht und den aktivierten Bereich des mentalen Netzwerks gewissermaßen „verlässt“, tritt ein sog. **Kontrasteffekt** (*contrast effect*) auf, der das zu beurteilende Subjekt bzw. Objekt einem anderen Ort des Netzwerks zuordnet oder einen neuen Knoten „eröffnet“.[795] In diesem Fall empfindet der Verbraucher die Information als Ausnahme und verändert sein Schema nicht.[796]

Beeinflussende **Sozialtechniken** können nun erstens darin bestehen, Marken und Produkte einem gegebenen Schema anzupassen. Zweitens kann der Versuch unternommen werden, das existente Produkt- bzw. Markenschema so zu verändern, dass dadurch die Beurteilung eines Produktes bzw. einer Marke im Mustervergleich besser ausfällt.[797]

Wie die bisherigen Ausführungen zeigen, ist Wahrnehmung ein grundsätzlich relativer Vorgang, d.h., das zu beurteilende Subjekt bzw. Objekt wird immer im Vergleich zu anderen Subjekten bzw. Objekten beurteilt.[798] In Ergänzung zu dieser Relativität einer Wahrnehmung und den Erkenntnissen des Schemakonzepts postuliert die sog. **Gestaltheorie** mit einem unterstellten Einfluss der Umwelt eines Reizes auf dessen Wahrnehmung einen *Wahrnehmungszusammenhang*.

---

793 Vgl. Kroeber-Riel/Weinberg (1996), S. 232f. und S. 337; Mayerhofer (1995), S. 17.

794 Vgl. ebenda, S. 19-21.

795 Vgl. Brown/Dacin (1997), S. 76f. „Early psychological theories concerning cognitive consistency stress the need by individuals to resolve incongruities perceived [Kontraste] in the world around them.“ Walchli (1996), S. 42 [Ergänzung durch den Verfasser]. Diese Tatsache liegt dem sog. Kontrasteffekt zugrunde. Eine Diskussion darüber, ob Kategorien wohl definierte Grenzen besitzen (*categorization theory*) oder graduelle, fließende Übergänge besitzen (*fuzzy set theory*), findet sich bei Viswanathan/Childers (1999), S. 75-94.

796 In der relevanten Literatur lassen sich drei Modelle der Schemaveränderung aufgrund neuer, (in)kongruenter Informationen finden. Neben dem geschilderten *subtyping-model*, bei dem die neue Information ab einem bestimmten Grad an Atypikalität einem anderen Schema (Kategorie) zugeordnet wird, existieren ferner ein sog. *bookkeeping-* und *conversion-model*. Das *bookkeeping-model* unterstellt grundsätzlich eine (inkrementale) Veränderung des Schemas mit jeder neuen Information unabhängig vom Grad der Typikalität. Das *conversion-model* unterstellt hingegen eine funktionale Abhängigkeit der Schema-Veränderung von der wahrgenommenen Inkongruenz: Je größer die wahrgenommene Inkongruenz zum Schema, desto mehr Veränderung. Je ähnlicher das Schema und die neu gewonnene Information empfunden werden, desto weniger Schema-Veränderung. Vgl. Gürhan-Canli/Maheswaran (1998), S. 465; Loken/Roedder John (1993), S. 72f. und S. 79f.; Weber/Crocker (1983), S. 975-977. Im Zusammenhang mit der Brand-Extension-Forschung konnten sowohl das *subtyping-* als auch das *bookkeeping-model* empirisch belegt werden. Gürhan-Canli und Maheswaran weisen nach, dass in High-Involvement-Situationen jede verfügbare Information genutzt wird (*bookkeeping-model*), während in Low-Involvement-Situationen empfundene Inkonsistenzen durch eine im Vergleich zur Schemaänderung leichtere Umstrukturierung des Netzwerks erfolgt, indem ein Knoten hinzugefügt wird oder die neue Information an anderer Stelle eingeordnet wird. Vgl. Gürhan-Canli/Maheswaran (1998), S. 465 und S. 471. Zum Kontext- bzw. Kontrasteffekt vgl. Brown/Dacin (1997), S. 68-84 und die dort zitierte Literatur; Johnson (1986), S. 47-60 und die dort zitierte Literatur; Herr et al. (1983), S. 323-340; Martin (1986), S. 493-504; Herr (1986), S. 1106-1115.

797 Vgl. Kroeber-Riel/Weinberg (1996), S. 291f. Vgl. auch die Ausführungen zur Positionierung in Kapitel 3.3.

798 Vgl. ebenda, S. 268.

Sie geht davon aus, dass bereits die Veränderung eines einzigen Elements aus dem Umfeld eines Wahrnehmungszusammenhangs auch die Wahrnehmung aller restlichen Elemente beeinflussen kann.[799] Als Beispiel sei die Wahrnehmung eines Markennamens im Zusammenhang mit dem zu beurteilenden Reiz eines vorgestellten PKW genannt. Mit der Aktivierung des Markennamens wird ein etabliertes Markenschema angesprochen und ein Mustervergleich ausgelöst. Das Ergebnis dieses Vergleichs findet schließlich seinen Niederschlag in der Produktbeurteilung durch den Verbraucher.[800]

Werden das Schemakonzept und die Gestalttheorie zusammengeführt, entsteht folgendes Aussagensystem: Ein Schema beschreibt die typische Ausprägung eines Gegenstandsbereichs und ist über bestimmte Assoziationsknoten des semantischen Netzwerks hierarchisch organisiert. An einem Beispiel verdeutlicht, könnte ein Verbraucher Personenkraftwagen (PKW) als Schema allgemeiner Verkehrssysteme begreifen, eine Limousine als Schema der PKW, ein bestimmtes Modell einer bestimmten Marke als Schema der Limousinen usw. Die Hierarchisierung kommt in diesem Zusammenhang darin zum Ausdruck, dass Verbraucher auf jedem möglichen Aggregationsniveau eines Gegenstandsbereichs ein Schema besitzen. Diese unterschiedlichen Aggregationsniveaus werden als taxonomische **Kategorien**[801] bezeichnet. Ihre Aufgabe besteht darin, generische Ähnlichkeiten (*similarities*) zwischen Subjekten und Objekten der realen Welt zu organisieren.[802]

> „A category exists whenever two or more distinguishable objects are treated equivalently."[803]

Dabei besitzen Kategorien eine variierende Anzahl unterschiedlicher Sub-Kategorien mit jeweils mehr oder weniger typischen (*graded structure*)[804] Elementen (Exemplare). Dasjenige Element, das mit einer Kategorie am stärksten assoziiert wird und diese gewissermaßen repräsentiert, wird als **Prototyp** bezeichnet.[805] Übertragbar ist dieser Zusammenhang auch auf den Markenkontext:

---

799 Vgl. Kroeber-Riel/Weinberg (1996), S. 285f.

800 Vgl. ebenda, S. 291.

801 Zur Kategorisationstheorie vgl. bspw. Cohen/Basu (1987), S. 455-472; Fiske (1982); Fiske/Pavelchak (1986); Sujan (1985); Alba/Hutchinson (1987); Rosenzweig/Porter (1981), S. 89-116; Cohen (1982); Fiske (1982); Medin/Smith (1984); Mervis/Rosch (1981); Rosch/Mervis (1975), S. 573-605; Smith/Medin (1981); Rosch (1978), S. 27-48. In der Marketingliteratur wird die Kategorisationstheorie häufig als Bezugsrahmen für die Erklärung von Image(-transfer-)effekten herangezogen. Vgl. bspw. Boush/Loken (1991); Bridges (1989); Chakravarti et al. (1990); Park et al. (1991); Boush/Loken (1991), S. 27; Mayerhofer (1995), S. 30.

802 Vgl. Wiswede (1992), S. 78; Kroeber-Riel/Weinberg (1996), S. 300; Sujan (1985), S. 31.

803 Mervis/Rosch (1981), S. 89.

804 Zur Hierarchie von Kategorien (*graded structure*) vgl. bspw. Barsalou (1985); Mervis/Rosch (1981).

805 Vgl. Aaker/Keller (1990), S. 39; Grassl (1999), S. 316 und S. 326; Sujan (1985), S. 32. „By prototypes of categories we have generally meant the clearest cases of category membership defined operationally by people's judgments of goodness of membership in the category." Rosch (1978), S. 36. „So, for example, the prototype of the furniture category might be the chair exemplar [...]" und „The crucial proposal of the prototype view is that categories are organised around central prototypes." Eysenck/Keane (1990), S. 263. Eine Diskussion darüber, ob neue Informationen im Rahmen eines Mustervergleichs anhand abstrakter Eigenschaften der Kategorien (*category-based process*) oder spezifischer Eigenschaften der Exemplare (*exemplar-based process*) beurteilt werden, liefert Gregan-Paxton (o.J.).

So stellt eine (Firmen-) Dachmarke bspw. eine (Marken-) Kategorie dar (***brand category***), die unter ihr angebotenen Produkte entsprechen deren Elementen.[806] Prototypen werden durch solche Marken verkörpert, die einem Gattungsbegriff entsprechen. Einschlägige Beispiele dafür sind die Marken WALKMAN (SONY), TEMPO und KLEENEX (PROCTER & GAMBLE).[807]

Die beschriebenen verhaltenswissenschaftlichen Grundlagen im Allgemeinen und die Reizgeneralisierung im Besonderen dienen in dem nachfolgenden Abschnitt der Entwicklung eines Intra-Marken-Imagestruktur-Modells (IMI). Dieses bildet die assoziativen Beziehungen (Imageeffekte) zwischen den Zielgrößen einer imagebasierten Marketingplanung in einem deskriptiven Modell ab und operationalisiert sie als im Rahmen eines Marketingplanungsprozesses zu berücksichtigende integrierte Rahmenbedingungen. Als solches liefert das IMI die Basis für die Formulierung entsprechender Untersuchungshypothesen und komplettiert die Bestandteile eines zu entwickelnden Modells strategischer imagebasierter Marketingplanung (MIMP).

4.1.3.2.2 Intra-Marken-Imagestruktur-Modell (IMI)

Die voranstehenden Ausführungen haben verdeutlicht, dass Verbraucher ihren Erfahrungsschatz dadurch erweitern, dass sie lernen. Der Lernvorgang umfasst dabei in jedem Fall eine Veränderung der kognitiven Wissensstruktur, ggf. eine Verhaltensänderung. Die (Veränderung der) Wissensstruktur selbst wird mithilfe der Kategorisierung und der Bildung idealtypischer Schemata organisiert.[808] Wird der Verbraucher mit für ihn neuen Marken konfrontiert, kann dadurch eine kognitive Entlastung bei deren Beurteilung herbeigeführt werden, dass sie in einen relativen Beziehungszusammenhang zu gleichartigen Assoziationen der vorhandenen Wissensstruktur gesetzt, d.h. kategorisiert werden.[809] Die wesentliche Voraussetzung für die Zuordnung gleichartiger Beurteilungsobjekte zu einer Kategorie ist ein gemeinsames **Identifikationsmerkmal**, das beide Objekte aufweisen müssen; dieses stellt gewissermaßen eine gedankliche Brücke zwischen den Beurteilungsobjekten dar. Darüber hinaus muss diese Gemeinsamkeit von den Verbrauchern wahrgenommen werden.[810] Im Zusammenhang mit Imagetransfereffekten wird die geforderte Identifikationsfunktion insbesondere von symbolischen Markennamen erfüllt.[811] Auf diese Weise nehmen Marken die Form von Kategorien an, die sämtliche mit der betrachteten Marke in Verbindung stehenden real-existierenden Ereignisse (Organisation, Produkte etc.) und gedanklichen Assoziationen in einem interdependenten und hierarchischen Netzwerk zusammenführen:

> „A brand is conceptualized as a semantic category [...]."[812]

---

806 Vgl. Loken/Roedder John (1993), S. 72; Boush/Loken (1991), S. 16; Mayerhofer (1995), S. 22; Dawar/Anderson (1994), S. 120.

807 Vgl. Aaker/Keller (1990), S. 39; Grassl (1999), S. 316 und S. 326; Aaker (1991), S. 223. Zur Marke als Prototyp bzw. Exemplar im Rahmen der Kategorisationstheorie vgl. bspw. Nedungadi/Hutchinson (1985); Maoz/Tybout (1998). Zu negativen Folgewirkungen der als *„genericide"* bezeichneten Gleichsetzung einzelner Produkte/Marken mit einer Güterkategorie vgl. Oakenfull/Gelb (1996), S. 65-72.

808 Vgl. Kroeber-Riel/Weinberg (1996), S. 316 und S. 334.

809 Vgl. Howard (1989), S. 28.

810 Vgl. Simon (1985), S. 24.

811 Vgl. ebenda, S. 24f.

812 Dawar (1993), S. 2.

Im Falle einer **Firmendachmarke** stellen deren Bestandteile einer Firmen- und Dachmarke sowie diverser Produktmarken jeweils für sich eigenständige Kategorien dar, werden darüber hinaus jedoch auch von einer allübergreifenden Kategorie gemeinsam erfasst. Gemäß dem Hierarchisierungsprinzip sind die Firmen-, Dach- und Produktmarken mit abnehmender Hierarchiestufe zu interpretieren. Die Dachmarke repräsentiert dabei eine der Firmenmarke untergeordnete, den Produktmarken übergeordnete Kategorie.[813] Besteht wie im Falle einer Firmendachmarkenstrategie eine semiotische (Wortzeichen) und/oder symbolische Verknüpfung (grafische Zeichen) zwischen den Markierungen einer Unternehmung, deren Produktlinien und Produkten, werden bei der Aktivierung der jeweils mit einer Marke verbundenen Assoziationen unwillkürlich auch die im Zusammenhang mit den restlichen Marken gespeicherten Informationen gedanklich hervorgerufen. Auf diese Weise vermögen die gespeicherten Informationen als eine Art Standard oder Kontext die Aufnahme und Beurteilung neuer Informationen zu lenken und zu beeinflussen.[814]

Nach FISHBEIN und AJZEN existieren drei Arten von **Eindrücken**: beschreibende („*descriptive beliefs*"), übertragende („*inferential beliefs*") und informationelle („*informational beliefs*"). Obwohl alle drei der genannten Typen auf unterschiedliche Weise geformt werden, tragen sie doch alle zur Beurteilung eines Objekts/Subjekts bei. Beschreibende Eindrücke entstehen aus der unmittelbaren Erfahrung mit einer Marke ohne Beeinflussung von „außen". Informationelle Eindrücke hingegen werden durch externe Informationsquellen verursacht; dies kann beispielsweise eine Werbeanzeige oder ein Gespräch mit Freunden sein. Übertragende Eindrücke kommen dadurch zustande, dass der Konsument Erfahrungen aus der Vergangenheit in die Gegenwart überträgt, sobald er eine Verbindung eines aktuellen Stimulus mit vergangenen Reizverarbeitungsprozessen empfindet. So kann ein Eindruck hinsichtlich eines neuen dachmarkierten Produktes dadurch entstehen, dass der Verbraucher seine Erfahrungen aus der Vergangenheit mit anderen Produkten derselben Dachmarke nutzt, um das neue, bislang unbekannte Produkt zu beurteilen.[815] VON WEIZSÄCKER spricht hier vom „Prinzip der generalisierenden Extrapolation".[816]

Es sind die **übertragenden Eindrücke**, die einen Imagetransfereffekt erst ermöglichen bzw. ihm zugrunde liegen. Der Organisation gedanklicher Wissensstrukturen nach Kategorien und der Gestalttheorie folgend, können diese Eindrucksübertragungen (Wahrnehmungszusammenhänge) sowohl innerhalb einer Kategorie auf horizontaler Ebene als auch zwischen mehreren Kategorien auf vertikaler Ebene vonstatten gehen.[817] Dabei wird einschränkend allerdings davon ausgegangen, dass unmittelbare Wahrnehmungszusammenhänge ausschließlich zwischen direkt über die Schema-Hierarchie verbundenen unterschiedlichen Ebenen (*levels*) existieren und sich sozusagen über den kleinsten gemeinsamen Nenner (bspw. die Dachmarke) der Exemplare einer Kategorie (Produkte der Dachmarke) vollziehen.[818]

---

813 Vgl. Park et al. (1986), S. 137, FN 2.

814 Vgl. Brown/Dacin (1997), S. 71. Dieser Zusammenhang wird später für die Ausgestaltung der integrierten Rahmenbedingungen (Imagetransfereffekte) von zentraler Bedeutung sein.

815 Vgl. Erickson et al. (1984), S. 695.

816 Vgl. Simon (1985), S. 7.

817 Vgl. Wiswede (1992), S. 78; Kroeber-Riel/Weinberg (1996), S. 300.

818 Vgl. Herbig/Milewicz (1993), S. 22.

„[...] a brand name linkage acts as a medium through which consumers spread or generalize preferences and loyalties from one category of products to another [...].“[819]

Ermöglicht wird eine Imagetransferstrategie damit erst durch die Verknüpfung zweier Produktimages über das übergeordnete Marken- oder Unternehmensimage (*image bundling*).[820] Auf diese Weise entstehen Image-Synergieeffekte zwischen den Produkten und dem übergeordneten Marken- bzw. Unternehmensimage in unmittelbarer Form sowie zwischen den Produkten selbst in mittelbarer Form über die übergeordnete Imagekategorie.[821] Gemäß dem Gedanken einer **systemischen Markenbeurteilung** systematisiert WISWEDE Imagetransfereffekte anhand der folgenden Wirkungsbeziehungen:[822]

1. Ein einzelner Eindruck wird auf die Wahrnehmung einer übergeordneten Ebene übertragen (**Detaildominanz**).
2. Die Wahrnehmung einer übergeordneten Ebene wird auf einen einzelnen Eindruck übertragen (**Halo-Effekt**).
3. Ein Eindruck wird auf einen anderen Eindruck derselben Kategorie übertragen (**Irradiation**).

Ein Eindruck kennzeichnet in diesem Zusammenhang eine „elementare Wahrnehmungseinheit“ auf jeweils untergeordneter Hierarchieebene.[823] Exemplarisch sei hier eine spezifische Produktinformation genannt. Die Wahrnehmung auf übergeordneter Ebene könnte in diesem Beispiel die gesamthafte Produktbeurteilung darstellen. Fall 1 beschreibt sog. „schematische Schlüsse“, die bspw. vom Preis auf die Qualitätsbeurteilung eines Produktes gezogen werden (**Detaildominanz** des Preises).[824] In umgekehrter Wirkungsrichtung beschreibt Fall 2 bspw. die Übertragung eines übergeordneten Produktimages auf die Wahrnehmung einzelner Produktimagedimensionen wie die Qualität. Dieser Effekt wird als **Halo-Effekt**[825] bezeichnet. Ihm liegt folgende Annahme zugrunde: Beurteilt eine Person einen Gegenstand ganzheitlich als positiv, wird sie auch dazu neigen, sämtliche dem Gegenstand inhärenten Eigenschaften tendenziell als positiv zu beurteilen.[826]

Die Konklusionen beider Wirkungsrichtungen (Fälle 1 und 2) basieren auf sog. **Schlüsselinformationen** (*information chunks*), die dadurch eine Vereinfachung einer komplexen Beurteilung herbeiführen, dass sie vom Verbraucher auf Elemente einer über- bzw. untergeordneten Kategorie übertragen werden:[827]

---

819 Fry (1967), o.S., zitiert nach Walchli (1996), S. 35.

820 Vgl. Park et al. (1986), S. 143.

821 Vgl. ebenda, S. 144.

822 Vgl. Wiswede (1992), S. 78.

823 Vgl. Kroeber-Riel/Weinberg (1996), S. 300.

824 Vgl. ebenda, S. 300. Zum Preis als Schlüsselinformation zur Beurteilung der gesamthaften Produktqualität vgl. bspw. Monroe (1976a). Petroshius und Monroe untersuchen den Einfluss der Preisstruktur einer Produktlinie auf die Beurteilung ihrer Produkte. Vgl. Petroshius/Monroe (1987), S. 511-519.

825 Zur formalanalytischen Darstellung des Halo-Effekts vgl. Petzold (1992), S. 180-182.

826 Vgl. Kroeber-Riel/Weinberg (1996), S. 305.

827 Vgl. ebenda, S. 300.

„In diesem Prozeß [!] übernehmen Marken- und Firmennamen die Rolle von ‚information chunks'. Hierunter versteht man eine Vedichtung von Einzelinformationen zu integrierten Informationskomplexen, die - im Vergleich zu ihren Bestandteilen - größere Entscheidungsrelevanz besitzen sowie leichter gespeichert und abgerufen werden können."[828]

Wenn eine umfassende Beurteilung eines Meinungsgegenstandes durch den Verbraucher bewusst unterlassen wird oder ihm aufgrund unzureichender Informationen als nicht möglich erscheint, fungieren Schlüsselinformationen gewissermaßen als „Indikatoren" oder „Signale" der Objektqualität. Zur Funktionserfüllung des Imagetransfers müssen sie nicht notwendigerweise mit der technischen Güte des Beurteilungsobjekts korrelieren:

„[...] this transfer of meaning does not depend on physical similarity".[829]

Nach der indikatorengestützten Qualitätsbeurteilung fließen durch den Verbraucher in der Vergangenheit gesammelte Erfahrungen im Hinblick auf einen Meinungsgegenstand zunächst in ein komprimiertes Qualitätssignal ein und werden in der Folge auf assoziativ bzw. kategorial verbundene Objekte bzw. Subjekte übertragen. Gemäß dem Generalisationsprinzip setzt dies jedoch einen hinreichend gleichartigen Stimulus voraus.[830]

Sowohl Fall 1 (Detaildominanz) als auch Fall 2 (Halo-Effekt) beschreiben Wahrnehmungszusammenhänge zwischen unterschiedlichen Kategorien. Diese werden - wie bekannt - als Wahrnehmungs- oder Imagetransfereffekte bezeichnet. **Irradiationen** hingegen verstehen Wahrnehmungszusammenhänge <u>innerhalb</u> einer Kategorie; sie werden als Wahrnehmungs- oder Imagespillovereffekte tituliert. Sie liegen entsprechend dem Fall 3 bspw. dann vor, wenn die Exklusivitätsbeurteilung eines PKW dessen subjektiv empfundenen Wiederverkaufswert beeinflusst. Diese Irradiationen sind u.a. dann umso größer, wenn beide Eindrücke „[...] erlebnismäßig miteinander verknüpft sind".[831]

Wie jedoch zu Eingang dieses Kapitels gezeigt wurde, treten Imageeffekte nach gängiger Forschungsmeinung generell nicht unmittelbar innerhalb einer Ebene, sondern vielmehr mittelbar über eine den Transferpartnern gemeinsame **Supra-Kategorie** auf. Dabei kann diese analog zu den voranstehenden Ausführungen durch Schlüsselinformationen in der Form von Markennamen repräsentiert sein:

„Die Generalisation erfolgt weniger über direkte Assoziationen zwischen einzelnen Produkten als vielmehr über eine verdichtete Zwischenvariable (‚information chunk'), in die alle bisherigen Erfahrungen mit den Produkten eines Herstellers einfließen."[832]

Nach dem Gedanken der Gestaltpsychologie führen einerseits Veränderungen sog. Subimages untergeordneter Kategorien Veränderungen des gesamthaften Images übergeordneter Kategorien herbei (Detaildominanz).[833]

---

828 Simon (1985), S. 32-34.

829 Kerby (1967), S. 314, zitiert nach Simon (1985), S. 33.

830 Vgl. ebenda, S. 32-34.

831 Kroeber-Riel/Weinberg (1996), S. 304.

832 Simon (1985), S. 102.

833 Vgl. Pöhlmann (1967), S. 7.

Andererseits werden die Eigenschaften einer übergeordneten Kategorie auf die untergeordneten Schemata übertragen (Halo-Effekt):[834]

> „Die einzelnen Produkte tragen also zum Goodwill der Produktlinie bei und empfangen umgekehrt Goodwill von dieser."[835]

Unter Zugrundelegung einer **dynamischen Betrachtungsweise** wird angenommen, dass zunächst (neu eingeführte) Produkte von dem Image der ihnen übergeordneten Dachmarke profitieren, bevor sie ein eigenständiges Image herausbilden und ihre Dachmarke in umgekehrter Wirkungsrichtung beeinflussen werden.[836] Allerdings betrifft diese Reziprozität imagebasierter Wirkungsbeziehungen nicht ausschließlich den Zusammenhang zwischen der übergeordneten Dachmarke und den ihr untergeordneten Produktmarken. Vielmehr sind dem in KAPITEL 3.3 ermittelten Forschungsbedarf entsprechend auch diejenigen potenziellen Imagetransfereffekte zu berücksichtigen, die sich zwischen Produkt- und Unternehmensimages sowie Marken- und Unternehmensimages vollziehen. Dies betrifft neben globalen Einstellungsgrößen auch die ihnen immanenten Imagedimensionen.

Deren grafische Visualisierung wurde in der Form einer Image (-ziel-) hierarchie vorgenommen. In sie sollen nachstehend die vermuteten Wirkungsbeziehungen zwischen den interessierenden Imagegrößen eingetragen werden. Als integrierte Rahmenbedingungen stellen sie zentrale Kontextvariablen dar, die innerhalb einer imagebasierten Marketingplanung zu berücksichtigen sind. In dem sich anschließenden Kapitel soll dieser Komplex dann Eingang in das sukzessive aufgebaute Modell einer imagebasierten Marketingplanung (MIMP) finden. Dessen empirische Validierung erfolgt im Rahmen einer einzelfallspezifischen Situationsanalyse in ABSCHNITT 5. Die Notwendigkeit einer theoretischen Konzipierung und empirischen Validierung von (wechselseitigen) Imagetransfereffekten dürfte nach den vorangegangenen Ausführungen als unstrittig erscheinen. So weisen auch ERICKSON ET AL. und SIMON auf diesen Forschungsbedarf explizit hin:

- „As these examples indicate, image variables may have inferential effects on product beliefs. Little work has been done in this area. While Huber and McCann (1982) have shown that inferences can affect how people evaluate products, we need empirical work studying inferential processes. In particular, we need to know whether inferences are made based on country of origin, brand name, or other image variables."[837]

- „Es gibt bisher kein Modell, das diese Phänomene in operationaler und ökonometrisch meßbarer [!] Weise erfaßt [!]."[838]

Im Vorgriff auf das für die vorliegende Untersuchung zur Verfügung stehende Datenmaterial einerseits sowie die Operationalisierung des Markenimagekonstrukts andererseits muss in dieser Arbeit von der reziproken Wirkungsbeziehung zwischen dem Produkt- und Markenimage entgegen der postulierten Forderung abstrahiert werden.[839]

---

834 Vgl. Mayerhofer (1995), S. 17.

835 Simon (1985), S. 102f.

836 Vgl. ebenda, S. 102.

837 Erickson et al. (1984), S. 695.

838 Simon (1985), S. 102.

839 Vgl. hierzu die Ausführungen in den Kapiteln 5.1 und 5.2 dieser Arbeit.

Dessen ungeachtet sollen im Folgenden geeignete **Hypothesen** bezüglich wechselseitiger Imagetransfereffekte zwischen Produktimage(dimensionen) bzw. Markenimage(dimensionen) und dem Unternehmensimage formuliert werden. Sie stützen sich erstens auf die gelieferten theoretischen Grundlagen und zweitens auf die bisherigen empirischen Befunde der Imagetransferforschung. Deren Grundlage stellen das in nachstehender Abbildung visualisierte Intra-Marken-Imagestruktur-Modell (IMI) und insbesondere die in ihm abgetragenen Wirkungsbeziehungen dar:

Abb. 4-10: Intra-Marken-Imagestruktur-Modell (IMI)

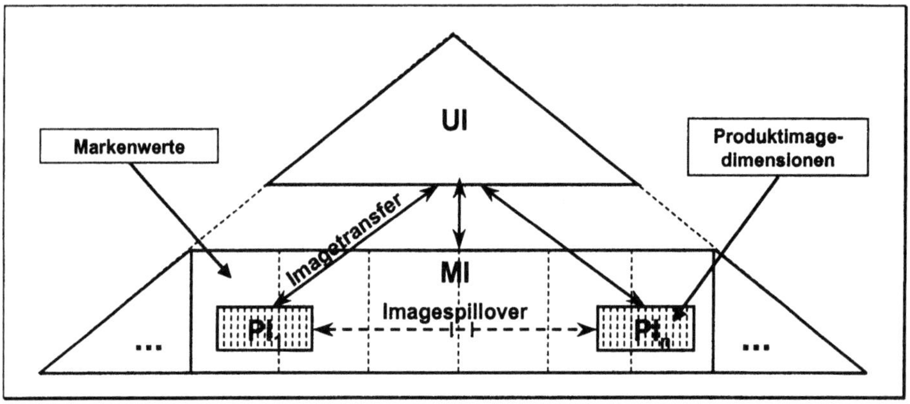

Quelle: Eigene Darstellung.

Die Abbildung veranschaulicht im Wesentlichen die konzipierte Zielhierarchie einer imagebasierten Marketingplanung mit ihren drei Ebenen Produkt- (PI), Marken- (MI) und Unternehmensimage (UI) sowie den ihnen jeweils zugrunde liegenden Imagedimensionen (Produktimagedimensionen bzw. Markenwerte).[840] Gemäß der gewählten Themenstellung der vorliegenden Arbeit stellt die Auswahl und Ausprägung der spezifizierten Größen ausschließlich auf Marken einer Unternehmung und deren wechselseitige Beziehungen ab. Dem Einfluss von Wettbewerbermarken wird an späterer Stelle im Rahmen des Erhebungsdesigns der zu berücksichtigenden Studien Rechnung getragen; sie gehen implizit in die Operationalisierung der Imagegrößen ein.[841] Die zu untersuchenden **Imagetransfereffekte** zwischen Produktimage (-dimensionen) bzw. Markenimage (Markenwerten) und Unternehmensimage finden sich als beidseitig gerichtete Pfeile zwischen den entsprechenden Imageebenen (unterschiedliche Kategorien). Irradiationen in der Form von **Imagespillovereffekten** sind mittels eines unterbrochenen horizontalen Pfeils (innerhalb einer Imageebene bzw. Kategorien) zwischen Produktimages bzw. Produktimagedimensionen und Markenwerten angedeutet. Aufgrund des substanzwissenschaftlichen Ausschlusses unmittelbarer Wirkungsbeziehungen zwischen Elementen (Exemplaren) einer Imageebene (Kategorie) werden diese jedoch weder hypothesiert noch analysiert. Stattdessen muss anhand des Nachweises von Detaildominanz (Imagetransfer der Richtung *bottom-up*) und Halo-Effekt (Imagetransfer der Richtung *top-down*) auf deren Vorhandensein geschlossen werden.

840 Das Unternehmensimage (UI) wird im Rahmen der vorliegenden Arbeit als globale Größe erfasst. Zu einer entsprechenden Argumentation vgl. die Kapitel 5.1 und insbesondere 5.2 dieser Arbeit.

841 Vgl. Kapitel 5.1 dieser Arbeit.

Im Anschluss an einen - nach Wissen des Verfassers bis dato noch nicht gelieferten - ökonomischen Beleg bezüglich der realen Existenz wechselseitiger Imagetransfereffekte (*feedback effects*) verlangt die **Operationalisierung** des konzipierten Intra-Marken-Imagestruktur-Modells nach der Beantwortung der folgenden Fragenstellungen:[842]

- Wie beeinflusst eine übergeordnete Imageebene eine ihr untergeordnete Imageebene (Halo-Effekt)?
- Wie beeinflusst eine untergeordnete Imageebene eine ihr übergeordnete Imageebene (Detaildominanz)?

Aus den genannten Fragestellungen lassen sich nun operationale Untersuchungshypothesen für die anstehende Situationsanalyse ableiten. Dabei werden die Konstrukte Produktimage (1), Produktimagedimensionen (2), Markenimage (3) und Markenwerte (4) als Variablen x_1 bis x_4 ausgewiesen. Die erste, **reziproke Wirkungsbeziehungen** betreffende Hypothese, geht unmittelbar aus der gelieferten Bestandsaufnahme relevanter wissenschaftlicher Ansätze und empirischer Befunde der Imagetransferforschung hervor:[843]

H_1: Es existiert eine wechselseitige Wirkungsbeziehung zwischen den Variablen x_1 bis x_4 und der Variablen Unternehmensimage (UI).

Die zweite Hypothese fokussiert auf den **Halo-Effekt** der Richtung Unternehmensimage (UI) auf x_1 bis x_4. Es wird unterstellt, dass eine langfristige Überlebensfähigkeit einer erwerbswirtschaftlichen Organisation nur dann gewährleistet ist, wenn die Qualitäts- i.S.v. Nutzenbeurteilung des Unternehmens (UI) durch die Nachfrager aggregiert und saldiert überwiegend positiv ausfällt. In der Konsequenz müssen auch die von der Firmenmarke ausgehenden Imageeffekte - sofern vorhanden - eine zumindest global konzentriert positive Wirkungsart aufweisen:[844]

H_2: Der Einfluss der Variablen Unternehmensimage (UI) auf die Variablen x_1 bis x_4 ist positiv.

Eine Sonderstellung innerhalb der Variablen x_1 bis x_4 nimmt das Markenimage (MI) ein: Während die Wirkungsart (positiv/negativ) einer **Detaildominanz** der Produktimages, Produktimagedimensionen und Markenwerte als nicht verallgemeinerungsfähig vermutet werden kann, soll im Falle des Markenimages die Annahme getroffen werden, dass die langfristige Überlebensfähigkeit einer erwerbswirtschaftlichen Organisation nur dann gewährleistet werden kann, wenn die von ihr vertriebenen Marktleistungen von ihren Abnehmern überwiegend positiv wahrgenommen werden (MI). In der Konsequenz müssen auch die von der Dachmarke ausgehenden Imageeffekte - sofern vorhanden - eine aggregiert und saldiert überwiegend positive Wirkungsart aufweisen.

Wäre dies nicht der Fall und die von einer Unternehmung angebotenen Marktleistungen würden auf eine überwiegend ablehnende Reaktion der Verbraucher stoßen, müsste die Unternehmung die Auswahl der zu bearbeitenden strategischen Geschäftsfelder überdenken und einen Marktaustritt u.U. in Betracht ziehen bzw. hätte sie diesen bereits (zwangsweise) vollzogen.

842 Vgl. ähnlich bei Simon (1985), S. 103.

843 Vgl. die Ausführungen in Kapitel 3.3 dieser Arbeit hinsichtlich wechselseitiger Imagetransfereffekte.

844 Vgl. die Ausführungen in Kapitel 3.3 dieser Arbeit hinsichtlich des Einflusses des Unternehmensimages (UI) auf ausgesuchte Transfermarken.

Um die an späterer Stelle aufzugreifende Systematisierung der Hypothesenkennzeichnung nicht unnötig zu stören, wird die mit der Detaildominanz des Markenimages verbundene Hypothese mit dem Index „$_{3a}$" versehen:[845]

H_{3a}: *Der Einfluss der Variablen Markenimage (MI) auf die Variable Unternehmensimage (UI) ist positiv.*

Auch eine weitere Hypothese stellt auf den imagemäßigen Beziehungszusammenhang zwischen der Dach- und Firmenmarke einer Unternehmung ab: Wie der einführende allgemeine Teil dieses Abschnitts gezeigt hat, unterstellt insbesondere SIMON einen dynamischen Beeinflussungseffekt zwischen (Dach-) Marken- und Unternehmensimage dergestalt, dass neu eingeführte Produkte und Marken in der anfänglichen Etablierungsphase eines Lebenszyklus zunächst stärker von einem übergeordneten - positiven - Firmenimage profitieren als umgekehrt.[846] Diese Beeinflussungsrelation verändert sich nach SIMON mit dem weiteren Verlauf des Lebenszyklus zunehmend zugunsten des Unternehmensimages. Dabei bilden die neu eingeführten Produkte und Marken sukzessive ein eigenständiges (überwiegend positives oder negatives) Image heraus und tragen ihrereseits in steigender Überlegenheit stärker zu diesem bei, als sie in umgekehrter Wirkungsrichtung von ihm „zehren".

Wird - realistischerweise - angenommen, dass sich die von einer Unternehmung vertriebenen Marken und Produkte zu einem gegebenen Zeitpunkt in jeweils unterschiedlichen Phasen ihres Lebenszyklus befinden, muss dieser Zusammenhang zumindest uneingeschränkt für die Summe der angebotenen Marktleistungen gelten. In der Konsequenz ist zu einem willkürlichen Zeitpunkt (t_0) davon auszugehen, dass das an die vertriebenen physischen Marktleistungen gebundene Markenimage das ihm übergeordnete, von diesen Marktleistungen „entferntere" Unternehmensimage stärker beeinflusst als umgekehrt. Wird der Saldo der Wirkungsbeziehung MI←→UI als *„net effect"* definiert, fällt dieser aus Sicht des MI prämissengerecht positiv aus. Die dieser Annahme entsprechende Untersuchungshypothese bezüglich der Wirkungsstärke einer potenziellen Detaildominanz des Markenimages wird aus Kennzeichnungszwecken mit dem Index „$_{3b}$" versehen:

H_{3b}: *Der Einfluss der Variablen Markenimage (MI) auf die Variable Unternehmensimage (UI) ist stärker als umgekehrt.*

Die Prognose einer potenziellen Detaildominanz der Variablen Produktimage (x_1), Produktimagedimensionen (x_2) und Markenwerte (x_4) erscheint als ungleich schwieriger: Aus dem folgenden Grund soll dennoch ein jeweils aggregiert und saldiert überwiegend negativer *„net effect"* zulasten der Variablen x_1 bis x_3 unterstellt werden: Wie in Verbindung mit der voranstehenden Hypothese H_{3b} postuliert, ist davon auszugehen, dass sich die von einer Unternehmung angebotenen Produkte und Marken in jeweils unterschiedlichen Lebenszyklusphasen befinden. Um eine konstante Attraktivität der Marktleistungen sicherzustellen, wird eine Unternehmung bestrebt sein, in möglichst kurzen Intervallen möglichst viele neuartige Produkte und Marken vorzustellen (Management des Produkt- bzw. Markenportfolios):[847]

---

845 Vgl. die Ausführungen in Kapitel 3.3 dieser Arbeit hinsichtlich Imagerückkopplungseffekten.

846 Vgl. Simon (1985), S. 102.

847 Vgl. Sabisch (1991), S. 1. „Aus dem Konzept des Produktlebenszyklus lassen sich verschiedene Implikationen ableiten. Danach weisen alle Produkte nur eine eingeschränkte Lebensdauer auf, wobei der Absatzverlauf durch

- „Eine hohe Produktinnovationsrate zeugt von einem ausgeglichenen Produktportfolio u. mithin von einem geringen Unternehmensrisiko, sie gilt als ein verläßlicher [!] Indikator für zukünftiges, stetiges Unternehmenswachstum."[848]

- „Basierend auf der Theorie des Produktlebenszyklus weisen nicht innovierende Unternehmen langfristig eine überalterte Produktpalette auf, verlieren an Wettbewerbsfähigkeit u. sterben schließlich ab."[849]

- „Langfristig erfolgreiche Unternehmen wie Hewlett Packard erzielen in einzelnen Geschäftsbereichen 60-70% ihres Umsatzes mit Produkten, die im jeweils vorhergehenden Jahr im Markt eingeführt wurden."[850]

Getrieben wird diese Entwicklung durch zunehmend anspruchsvolle und kritische Nachfrager.[851] Darüber hinaus kann in reifen gesättigten Märkten mit Produkt- und Markeninnovation das Kräfteverhältnis zwischen den Wettbewerbern grundlegend zu eigenen Gunsten beeinflusst werden.[852] Die stetige Portfolioerneuerung hat das Ziel, als sog. „Innovationsleader" einen signifikanten Vorsprung vor der Konkurrenz zu erlangen (*first mover advantage*).[853]

Mit einer stetigen Verkürzung der Marktlebenszyklen kommt der Einführungsphase ein relativ steigender Zeitanteil und mithin eine vorrangige Bedeutung für die Wirkungsrelation („*net effect*") von Imagetransfereffekten zu.[854] Da sich insbesondere in dieser frühen Phase neu eingeführte Produkte und Marken noch keine klar profilierte und eigenständige Stellung in der Wahrnehmung der Verbraucher (Image) verschaffen konnten, werden sie - wie erörtert - zunächst maßgeblich durch das ihnen übergeordnete Unternehmensimage und durch die mit der erwerbswirtschaftlichen Organisation assoziierte Kompetenz beeinflusst.[855] In diesem Zusammenhang fällt der „*net effect*" damit aggregiert und saldiert zuungunsten von Produktimage(-dimensionen) und den mit einer Dachmarke verbundenen Imagedimensionen (Markenwerten) aus. Aus dieser Überzeugung heraus lässt sich eine vorerst letzte Untersuchungshypothese ableiten:

---

zunächst steigende und später sinkende Grenzumsätze gekennzeichnet ist. Weiterhin leitet sich aus dem Werden und Vergehen von Produkten die Notwendigkeit einer ständigen Erneuerung des Produktprogramms ab. Zur Sicherung eines gleichmäßigen Unternehmenswachstums ist außerdem eine ausgewogene Mischung von sich in unterschiedlichen Lebenszyklusphasen befindlichen Produkten notwendig." Milling/Maier (1996), S. 30-38.

848 Graumann (1993), S. 197f. So wird bspw. in der Automobilindustrie die Wachstumsrate der PKW-Neuzulassungen maßgeblich und insbesondere durch solche Modelle positiv beeinflusst, die längstens zwei Jahre im Markt eingeführt sind. Dies betrifft gleichermaßen das Marktanteilswachstum, das zusätzlich auch von solchen Produkten positiv beeinflusst wird, die jünger als ein Jahr sind. Vgl. ebenda, S. 331-337.

849 Ebenda, S. 198.

850 Gassmann/Zedtwitz (1996), S. 36. Zu Produktinnovationsraten im Automobilgüterbereich vgl. ebenda, S. 271-274. „Im Durchschnitt waren 50% der Produktpalette der Pkw-Hersteller unter 4 Jahren alt, 5% unter einem Jahr und jeweils ca. 15% zwischen 1-2, 2-3 und 3-4 Jahren. Die mittlere Lebenszyklusdauer betrug knapp fünf Jahre." Ebenda, S. 331. In den Geschäftsjahren bzw. Zeitintervallen 1975/76, 1978/79, 1983-85 und 1988-90 hat die Porsche AG bspw. ihren gesamten Umsatz mit PKW-Modellen verbucht, die längstens vier Jahre im Markt eingeführt waren. Vgl. ebenda, S. 287-294.

851 Vgl. Gassmann/Zedtwitz (1996), S. 17-19; Kinast (1995), S. 36-39; Wehrmann (1988), S. 42f.

852 Vgl. Gassmann/Zedtwitz (1996), S. 23-26; Witt (1996), S. V.

853 Vgl. Gassmann/Zedtwitz (1996), S. 105f.; Graumann (1993), S. 53f.

854 Vgl. Sabisch (1991), S. 15.

855 Vgl. Simon (1985), S. 102.

H_3: Der Einfluss der Variablen Unternehmensimage (UI) auf die Variablen x_1, x_2 und x_4 ist stärker als umgekehrt.

Dem in KAPITEL 3.3 ermittelten Forschungsbedarf in der Form inhaltlicher Anforderungen an die Operationalisierung eines geeigneten Imagetransfermodells wurde mit dem entwickelten **Intra-Marken-Imagestruktur-Modell** sowie den fünf abgeleiteten **Hypothesen** innerhalb dieses Abschnitts entsprochen. Das IMI geht in unveränderter Form in das Modell einer imagebasierten Marketingplanung (MIMP) ein und trägt der Berücksichtigung der identifizierten integrierten Rahmenbedingungen (Imagetransfereffekte) explizit Rechnung. Die formulierten Hypothesen werden im Rahmen einer sich in KAPITEL 5 anschließenden Situationsanalyse empirisch überprüft. Dazu wird das deskriptive MIMP in ein operationales Methodenmodell übersetzt, das eine Messung der wechselseitigen Imagetransfereffekte erst ermöglicht. Den Gegebenheiten des Methodenmodells entsprechend müssen die aufgestellten Hypothesen schließlich angeglichen werden. Dabei wird an ihrer Kennzeichnung größtenteils festgehalten.

4.2 Modell einer imagebasierten Marketingplanung (MIMP)

Für die vorliegende Arbeit wurde der situative Forschungsansatz zur Konstruktion eines theoretischen Bezugsrahmens gewählt (KAPITEL 3.1). Dementsprechend wurden die Bestandsaufnahme für den spezifischen Untersuchungsgegenstand relevanter wissenschaftlicher Ansätze (KAPITEL 3.3) einerseits sowie die Entwicklung eines Modells imagebasierter Marketingplanung (KAPITEL 4.1) andererseits nach drei Ebenen strukturiert: der Zielebene (Erfolgsvariablen), der Aktionsebene (Gestaltungsvariablen) und den Rahmenbedingungen (Kontextvariablen). Deren integrative Zusammenführung ermöglicht nun die Ableitung eines Modells imagebasierter Marketingplanung (MIMP). Da die einzelnen der drei Modellbestandteile für sich sowie die Interdependenzen zwischen ihnen im bisherigen Verlauf dieser Arbeit bereits hinreichend diskutiert wurden, soll an dieser Stelle nicht nochmals ihre inhaltliche Darstellung vorgenommen werden. Vielmehr soll die Modellstruktur in ihrer Gesamtheit erläutert und die verwendete Symbolik erklärt werden. Die ABBILDUNG 4-11 auf der nächsten Seite veranschaulicht das konzipierte Modell einer strategischen internationalen imagebasierten Marketingplanung:

Am Kopfende der Abbildung findet sich das zuvor entwickelte **Intra-Marken-Imagestruktur-Modell**. Es beinhaltet die spezifizierten Zielgrößen einer imagebasierten Marketingplanung in der Form einer **Imagezielhierarchie**. Im Einzelnen handelt es sich dabei um die Produktimages ($PI_{1...n}$), das Markenimage (MI) und das Unternehmensimage (UI) einer globalen (Firmen-) Dachmarke sowie um die ihnen zugrunde liegenden Imagedimensionen (Produktimagedimensionen bzw. Markenwerte). Die zwischen unterschiedlichen Imageebenen (Kategorien) vermuteten reziproken Imagetransfereffekte sind mittels beidseitig gerichteter Pfeile abgetragen. Die Existenz wechselseitiger Imagespillovereffekte innerhalb einer Imageebene (PI und MI) wird durch einen gestrichelten, unterbrochenen Pfeil angedeutet, da eine derart unmittelbare Imagebeeinflussung innerhalb einer Kategorie aufgrund theoriewissenschaftlicher Überlegungen explizit ausgeschlossen wurde.

Abb. 4-11: Modell einer imagebasierten Marketingplanung (MIMP)

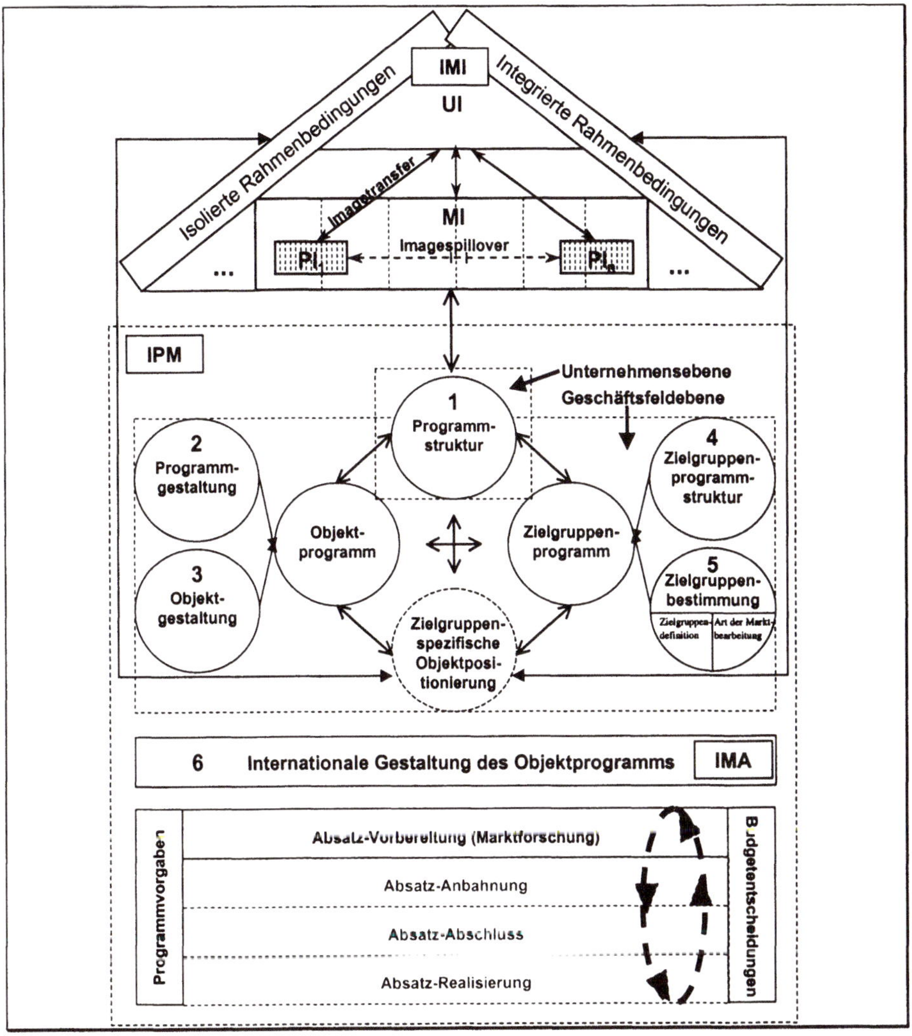

Quelle: Eigene Darstellung.

Die Ausführungen in KAPITEL 3.2 haben gezeigt, dass der Zielerreichungsgrad imagebasierter Marketingstrategien durch eine Vielzahl isolierter und integrierter **Situationsvariablen** moderiert wird. Deren Einfluss rahmt damit gewissermaßen die Zielebene des Modellsystems ein und wird mithilfe seitlich angelehnter Balken dargestellt. Im Einzelnen betrifft dies kulturelle Unterschiede und zeitliche Veränderungen von Verbraucherwahrnehmungen sowie Sozio-Demografika und den Besitzstatus der Nachfrager. Darüber hinaus wird den identifizierten Imagetransfereffekten ein moderierender Einfluss zugesprochen. Sowohl die isolierten als auch die integrierten Rahmenbedingungen sind als solche unbedingt zu berücksichtigen, wenn eine imagebasierte Marketingstrategie ausgeplant und in ihren Wirkungen prognostiziert werden soll.

Die **Aktionsebene** des MIMP entspricht im Wesentlichen dem dem Integrativ-Prozessualen Marketingansatz entnommenen Absatzmarktprogramm. Die aus ihm in KAPITEL 4.1 abgeleiteten Gestaltungsdimensionen sind mit den Ziffern 1 bis 5 gekennzeichnet. Im Einzelnen handelt es sich dabei um die Programmstruktur (1), die Programmgestaltung (2), die Objektgestaltung (3), die Zielgruppenprogrammstruktur (4) und die Zielgruppenbestimmung (5). Die zielgruppenspezifische Objektpositionierung wird durch die Zielebene des Modells repräsentiert und stellt weniger eine Gestaltungsdimension denn eine Erfolgsdimension dar. Zu Zwecken der Berücksichtigung einer internationalen Unternehmensaktivität wurden die fünf Gestaltungsdimensionen des IPM mit dem Standardisierungsgrad der Marktbearbeitung um einen sechsten Aktionsparameter ergänzt. Dieser wurde dem Internationalen Management bzw. Marketing im Allgemeinen und der Standardisierungs-/Differenzierungsdiskussion im Besonderen entliehen.

Das **MIMP** dient als Grundlage der sich anschließenden Situationsanalyse, Ziel- und Maßnahmenplanung. Ein besonderer Stellenwert wird dabei der empirischen Validierung der im Zusammenhang mit den identifizierten Kontextvariablen abgeleiteten Hypothesen beigemessen. Die umfangreiche und detaillierte Bestimmung und Analyse untersuchungsrelevanter Rahmenbedingungen stellt eine notwendige Voraussetzung für die Zielformulierung und Ausgestaltung einer imagebasierten Marketingplanung dar. Die Ergebnisse der durchzuführenden Studien fließen in eine Heuristik imagebasierter Marketingplanung (HIMP) ein. Diese bildet die Basis des weiteren Planungsprozesses und soll deshalb in dem nachstehenden Abschnitt konzeptionalisiert werden.

4.3 Heuristik einer imagebasierten Marketingplanung (HIMP)

Wie die Ausführungen in KAPITEL 3.1 dieser Arbeit verdeutlicht haben, kann im Zusammenhang mit Entscheidungsproblemen der strategischen (imagebasierten) Marketingplanung nicht auf (allgemein gültige) Lösungsalgorithmen zurückgegriffen werden. Vielmehr sind im Einzelfall geeignete heuristische Lösungsprinzipien zu verfolgen. Der Entscheidungsfindung ist dabei eine Analyse, methodische Organisation und inhaltliche Strukturierung des Forschungsgegenstandes zugrunde zu legen. In dem gewählten Beispielfall der vorliegenden Untersuchung wird die Analyse des Entscheidungsproblems sowohl mit Hilfe einer Aufarbeitung der relevanten theoretischen Grundlagen als auch im Rahmen einer empirischen Standortbestimmung realisiert. Der methodischen Organisation des Entscheidungsproblems soll mit einem **heuristischen Gestaltungsrahmen** nachgekommen werden. Er gibt die dem Problem inhärenten einzelfallspezifischen Zielgrößen, Aktionsparameter und Kontextvariablen in der Form einer mehrdimensionalen Matrix wider. Diese verschafft dem Planer einen komprimierten Überblick über die Ausgangssituation und erleichtert dadurch erheblich die eigentliche Wahl einer Entscheidungsalternative. Die inhaltliche Strukturierung des Problems konkretisiert sich schließlich in der Übertragung der aus der empirischen Situationsanalyse gewonnenen Erkenntnisse in das entworfene Entscheidungsfeld (Planungsheuristik).

Die Konstruktion einer für den vorliegenden Untersuchungsgegenstand geeigneten **Planungsheuristik** orientiert sich an der Struktur und mithin an den Bestandteilen des MIMP. Dies betrifft im Einzelnen die Ziel- und die Aktionsebene sowie die identifizierten Rahmenbedingungen einer imagebasierten Marketingplanung. Sie stellen die relevanten organisatorischen Dimensionen des vorliegenden Entscheidungsproblems dar.

Die zu ermittelnden Ergebnisse der geplanten empirischen Analysen belegen die variaten Entscheidungsfelder und liegen der Heuristik als inhaltliche Dimension zugrunde. Die folgende Abbildung veranschaulicht die Heuristik einer imagebasierten Marketingplanung (HIMP):

Abb. 4-12: Heuristik einer imagebasierten Marketingplanung (HIMP)

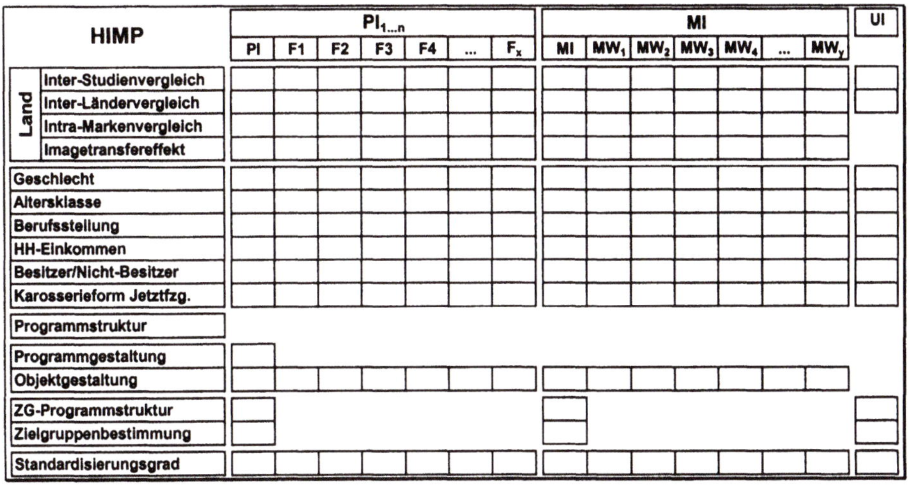

Quelle: Eigene Darstellung.

Die horizontale Dimension (Spalten) wird mit den interessierenden **Imagezielgrößen** Produktimage (PI), Produktimagedimensionen (F_1 bis F_x), Markenimage (MI), Markenwerte (MW_1 bis MW_y) und Unternehmensimage (UI) belegt. Da die Darstellung auf einen zweidimensionalen Raum beschränkt ist, müssen die verbleibenden Dimensionen auf vertikaler Achse (Zeilen) abgetragen werden. Dabei handelt es sich um die anzustellenden **Untersuchungen** als Bezugspunkte der inhaltlichen Dimension sowie um die (isolierten) **Rahmenbedingungen** und **Aktionsparameter**.

Die Ausgangsstudie der Situationsanalyse fokussiert zunächst auf die Bestimmung der relevanten Einflussgrößen der interessierenden Erfolgsvariablen. Neben den definierten, isolierten **Kontextvariablen** Geschlecht, Alter, Berufsstellung, Einkommen, Besitzstatus und der Karosserieform des aktuellen Fahrzeugbesitzes (Jetztfahrzeugs) betrifft dies die geografische Lage eines Landes als Operationalisierungskriterium des Kulturkonstruktes sowie das Erhebungsintervall als Operationalisierungskriterium der Zeit.

Lassen sich - wie in der Form der Untersuchungshypothesen H_{01} und H_{02} unterstellt - Kultur und Zeit als bestimmende Faktoren identifizieren, sollen sie gemäß der erhobenen Forderung nach einer ländermärktevergleichenden Analyse im weiteren Verlauf der Empirie Berücksichtigung finden. Dies geschieht mit Hilfe von Inter-Länder- und Inter-Studienvergleichen. Erstere stellen auf kulturelle Unterschiede hinsichtlich der spezifizierten Imagegrößen zwischen ausgewählten Ländern ab. Mittels eines Inter-Studienvergleichs kann der Frage nachgegangen werden, wie sich die zuerst bestimmten Verbraucherwahrnehmungen resp. deren kulturelle Unterschiede im Zeitverlauf verändert haben.

Entsprechend der auf eine Intra-Marken-Perspektive fixierten Themenstellung erfolgt darüber hinaus eine vergleichende Analyse der interessierenden Produktimages und des Dachmarken- und Unternehmensimages der beispielhaften Firmendachmarke eines global agierenden Automobilherstellers (Intra-Markenvergleich). Schließlich sollen die postulierten Imagetransfereffekte auf ihre empirische Gültigkeit hin überprüft werden.[856]

Die **Gestaltungsdimensionen** (Aktionsparameter) einer imagebasierten Marketingplanung finden sich im unteren Bereich der Heuristik. Sie bieten dem Entscheidungsträger Handlungsoptionen an, die in Abhängigkeit von den empirisch ermittelten und in die zentralen Matrizenfelder eingetragenen Ergebnissen der Situationsanalyse (Rahmenbedingungen) sowie in Hinblick auf die zu verfolgenden Zielqualitäten (Erfolgsvariablen) auszuplanen sind. Die Programmstruktur als Gestaltungsdimension auf Unternehmensgesamtebene abstrahiert von der Gestaltung einzelner strategischer Geschäftsfelder (hier: Produktmarken) und betrachtet das Marktleistungsportfolio aus einer übergeordneten Perspektive. Die dabei zur Verfügung stehenden strategischen Optionen einer Beibehaltungs-, Innovations-, Diversifikations-, Eliminations- und Modifikationsstrategie betreffen insofern die Anzahl und Auswahl zukünftig zu bearbeitender Geschäftsfelder i.S.v. Produktmarken. Demgegenüber setzt die Programmgestaltung an einzelnen SGF's an. Im Gegensatz zur Objektgestaltung, die sowohl differenzierte Eigenschaften der Marktleistung als auch deren gesamthafte Gestaltung zum Gegenstand der Planungsaktivität macht, fokussiert die Programmgestaltung auf ganzheitliche Produkt-Markt-Kombinationen. Dementsprechend bietet die Heuristik im Falle der Objektgestaltung Planungsfelder für sämtliche Produktimagedimensionen ($F_{1...x}$) und Markenwerte ($MW_{1...y}$) an, während sich die Konzeption der Programmgestaltung auf jeweils nur ein Planungsfeld (PI bzw. MI) beschränkt. Bei der Gestaltung einzelner Produktimagedimensionen kommen solche objektbezogenen Maßnahmen in Betracht, die sich maßgeblich auf nur eine der Wahrnehmungsdimensionen beziehen. Im Anwendungsfall automobiler Güter sei an dieser Stelle exemplarisch an den Verbau einer neuen Airbagtechnologie gedacht. Diese Maßnahme wird sich vermutlich eher auf die Sicherheitsbeurteilung eines PKW denn auf die Wahrnehmung von dessen Fahrleistungswerten auswirken.

Im Gegensatz dazu versucht die Objektgestaltung auf Dachmarkenebene die nach Markenwerten differenzierte Verbrauchereinschätzung im Hinblick auf die Gesamtheit der unter der Dachmarke angebotenen Objekte zu beeinflussen. Bspw. sei hier an den Einsatz einer sparsamen Motorengeneration gedacht, die produktübergreifend in sämtlichen Modellen eines Herstellers Verwendung findet. So wird diese umfassende Maßnahme primär auf die Wirtschaftlichkeitsbeurteilung der gesamten Produktpalette eines Automobilherstellers einwirken.

Sowohl die Zielgruppen-Programmstruktur als auch die eigentliche Zielgruppenbestimmung beziehen sich analog der Programmgestaltung ausschließlich auf die Ausplanung ganzheitlicher, strategischer Geschäftsfelder bzw. Marken, da deren isolierte technische Eigenschaften für sich (Karosserie, Motor, Ausstattung etc.) im Allgemeinen nicht vertrieben werden (können). Vielmehr konstituieren sie erst in einem Verbund die zu vermarktende Leistung. In der Konsequenz erscheint eine zielgruppenbezogene Imagegestaltung auf der Ebene differenzierter Objektmerkmale als sinnlos.[857]

---

856 Die Zielsetzungen der empirischen Situationsanalyse werden zu Eingang des Kapitels 5 detailliert erörtert.

857 Vgl. hierzu die Ausführungen in Kapitel 4.1 dieser Arbeit.

Der sechste Aktionsparameter einer imagebasierten Marketingplanung wird schließlich durch den Standardisierungsgrad einer Marktbearbeitung gestellt. In diesem Zusammenhang wird der Frage nachgegangen, ob die grenzüberschreitend zu vermarktenden Leistungen international eher standardisiert oder differenziert werden sollen. Dieses Problem betrifft sowohl die Gestaltung der Marktleistung als Ganze als auch deren differenzierte technische Eigenschaften. So ist zum einen bspw. denkbar, dass in den zu bearbeitenden Ländermärkten lediglich Differenzierungen hinsichtlich des Ausstattungsumfangs eines PKW vorgenommen werden, dieser sich darüber hinaus aber in seinen Ländervarianten vollends gleicht (Differenzierung auf Ebene der Objektdimensionen). Zum anderen ist es möglich, dass sich ein Hersteller gänzlich gegen den Vertrieb eines Automobils in einem Land entscheidet (Differenzierung auf Objektebene). Mit der Standardisierungsproblematik verbunden ist weiterhin das Kalkül, ob und ggf. welche Länder zu homogenen Gruppen (*Clustern*) der Marktbearbeitung zusammenzufassen sind bzw. zusammengefasst werden können.[858]

Selbstverständlich setzt die Auswahl und Ausgestaltung geeigneter Marketingmaßnahmen eine zumindest in Grundzügen vorhandene Kenntnis ihrer Wirkungsart, -richtung und -stärke voraus. Die Bestimmung dieser Parameter ist vom Einzelfall und den Gegebenheiten der Entscheidungssituation abhängig. Deren Erfassung trägt im Rahmen der vorliegenden Arbeit weder zur Erreichung des angestrebten Erkenntnisziels bei, noch ist sie der Einhaltung des gebotenen Umfangs dieser Untersuchung zuträglich. Sie wird infolgedessen dem Anwender überlassen und in KAPITEL 6.3 lediglich in Ansätzen problematisiert.

[858] Vgl. hierzu die Ausführungen in Kapitel 4.1 dieser Arbeit.

5 Empirische Validierung des Modells imagebasierter Marketingplanung

5.1 Konzeption einer Situationsanalyse

5.1.1 Untersuchungsziele

> „[...] good theory needs to be grounded in the empirically-researched real world of practitioners [...]. Theoretical ideas and empirical data need to come together in a mutually-supporting capacity [...].“[859]

Das zentrale Anliegen dieser Arbeit besteht in der theoretischen Entwicklung und empirischen Überprüfung eines Modells imagebasierter Marketingplanung: Das Attribut „imagebasiert“ kennzeichnet in diesem Zusammenhang ein auf Imagegrößen aufbauendes Zielsystem. Die strategische Marketingplanung gibt den zu dessen Gestaltung notwendigen Managementprozess vor. Dieser Prozess beginnt idealiter mit einer Situationsanalyse, die den gegenwärtigen Zustand des Zielsystems beschreibt. Aus den gewonnenen Erkenntnissen kann das Management das Zielsystem für die sich anschließende Periode ausplanen (Zielplanung) und entsprechende Maßnahmen zur Planerfüllung festlegen (Maßnahmenplanung). Dabei sind die Erkenntnisse der Situationsanalyse als Rahmenbedingungen zu berücksichtigen, da diese bei *ceteris paribus* gleichem Mitteleinsatz den Zielerreichungsgrad determinieren. M.a.W. hängt der Erfolg einer strategischen Marketingplanung von situativen Einflüssen des Entscheidungsproblems ab. Diesem Umstand wurde mit der Auswahl des situativen Forschungsansatzes Rechnung getragen: Mit der Verknüpfung konzeptioneller Grundlagen der strategischen Marketingplanung einerseits sowie des situativen Forschungsansatzes andererseits wurde der theoretische Bezugsrahmen dieser Arbeit inhaltlich und methodisch strukturiert (KAPITEL 3). Dabei wurden die Kontext-, Erfolgs- und Gestaltungsvariablen des situativen Ansatzes für den Anwendungsfall spezifiziert und als Anforderungen an eine imagebasierte Marketingplanung definiert (Struktur). Sie wurden in der Folge der Situationsanalyse, Ziel- und Maßnahmenplanung der strategischen Marketingplanung zugrunde gelegt (Prozess). Aus dieser Integration konnten in KAPITEL 4 ein deskriptives Modell (MIMP) und eine präskriptive Heuristik (HIMP) imagebasierter Marketingplanung entwickelt werden. Sowohl das deskriptive MIMP als auch die präskriptive HIMP besitzen dem theoretischen Bezugsrahmen entsprechend eine Drei-Ebenen-Ordnung: Mittels der inhaltlich spezifizierten Kontextvariablen (Ebene der Rahmenbedingungen) kann eine Situationsanalyse vollzogen werden. Die Erfolgsvariablen (Zielebene) sind Gegenstand der Zielplanung. Die Maßnahmenplanung zur Erfüllung der Zielplanung orientiert sich an den definierten Gestaltungsvariablen (Aktionsebene).

Das Zielsystem einer imagebasierten Marketingplanung wurde in der Form eines Intra-Marken-Imagestruktur-Modells (IMI) konzeptionalisiert. Dieses fand Eingang in die Entwicklung des MIMP. Mit den Zielgrößen PI, MI und UI stellt es die zu gestaltenden Parameter einer imagebasierten Marketingplanung dar. Der Maßnahmenkatalog, dessen zielgerichteter Einsatz eine bestmögliche Erfüllung der Zielplanung sicherstellen soll, wurde dem integrativ-prozessualen Marketingansatz entnommen. Bevor jedoch (einzelne) Zielgrößen ausgeplant und im Rahmen einer Maßnahmenplanung gestaltet werden können, muss dafür zunächst die Situationsanalyse eine fundierte Planungsbasis schaffen.

---

[859] Kent (1986), S. 5.

Die Situationsanalyse stellt den Gegenstand der sich anschließenden empirischen Forschungsschritte dar. Sie orientiert sich dabei an den im Zusammenhang mit einer imagebasierten Marketingplanung identifizierten Kontextvariablen. Diese werden entsprechend dem MIMP-Modell in isolierte und integrierte Rahmenbedingungen unterschieden. Während isolierte Rahmenbedingungen ausschließlich eine Zielgröße betreffen, berücksichtigen integrierte Rahmenbedingungen die (wechselseitigen) Beziehungen zwischen den Zielgrößen.

Als isolierte Kontextvariablen wurden in den vorangegangenen Kapiteln die qualitative, geografische und zeitliche Dimension der Imagegrößen PI, MI und UI definiert. Ebenso zählen die (sozial)statistischen Einflussvariablen der Zielgrößen zu den isolierten Rahmenbedingungen. Da die vorliegende Arbeit eine Intra-Marken-Betrachtung einer globalen (Firmen-) Dachmarke anstellt, werden die Images der unter einer Dachmarke geführten Produkte darüber hinaus in ihren Ausprägungen innerhalb eines Landes miteinander verglichen. Die Ergebnisse dieses Intra-Markenvergleichs stellen eine weitere Kategorie isolierter Rahmenbedingungen dar, die bei einer imagebasierten Marketingplanung zu berücksichtigen sind. Aus den vier genannten, isolierten Rahmenbedingungen leiten sich die ersten vier Untersuchungsziele der anstehenden Situationsanalyse ab:

(1) Bestimmung der relativen Beurteilung der Variablen PI. Damit verbunden ist die Frage, wie unterschiedliche Produktmarken einer gegebenen Dachmarke innerhalb eines Landes im Vergleich beurteilt werden (**Intra-Markenvergleich**).

(2) Bestimmung der (sozial)statistischen Einflussstruktur der Variablen PI, MI und UI. Damit verbunden ist die Frage, welche der betrachteten (sozial)statistischen Variablen für die zu untersuchenden Zielgrößen verantwortlich zeichnen (**Inter-Variablenvergleich**).

(3) Bestimmung der kulturellen Unterschiedlichkeit der Variablen PI, MI und UI. Damit verbunden ist die Frage, wie sich die zu untersuchenden Zielgrößen im Kulturen- bzw. Ländervergleich unterscheiden (**Inter-Ländervergleich**).

(4) Bestimmung der zeitlichen Veränderlichkeit der Variablen PI, MI und UI. Damit verbunden ist die Frage, wie sich die zu untersuchenden Zielgrößen im Zeitvergleich verändern (**Inter-Studienvergleich**).

Als integrierte Rahmenbedingungen wurden die Wechselwirkungen zwischen den Zielgrößen verstanden. Auch sie sind bei der Ausplanung eines imagebasierten Marketingprogramms zu berücksichtigen. Mittels der Analyse der Beziehungen zwischen den Zielgrößen des IMI soll die Kausalstruktur innerhalb einer globalen (Firmen-) Dachmarke ermittelt werden. Dementsprechend kann das fünfte Untersuchungsziel der anstehenden Situationsanalyse formuliert werden:

(5) Bestimmung potenzieller Imageeffekte zwischen Produkt- bzw. Markenimages und dem übergeordneten Unternehmensimage. Damit verbunden ist die Frage, ob und ggf. wie Verbraucherwahrnehmungen hinsichtlich Produkten, Marken und Unternehmen voneinander abhängen (**Imagetransfereffekte**).

ABBILDUNG 5-1 auf der nächsten Seite weist die formulierten Untersuchungsziele (1) bis (5) im Kontext eines idealtypischen Ablaufs strategischer Marketingplanung aus:

Zusammen mit der Operationalisierung der Zielgrößen (0) stellen sie die Bausteine der Situationsanalyse dar.[860] Dieser ist eine Auswahl des Zielsystems vorausgegangen. Auf der Grundlage einer erhobenen Datenbasis und mithilfe der Operationalisierung der Variablen PI, MI und UI können die den Untersuchungszielen zugrunde liegenden Vermutungszusammenhänge auf ihre empirische Gültigkeit hin überprüft werden und als Rahmenbedingungen Eingang in eine imagebasierte Marketingplanung finden.

Abb. 5-1: Strukturierung und Untersuchungsziele der empirischen Validierung des MIMP-Modells im Kontext strategischer Marketingplanung

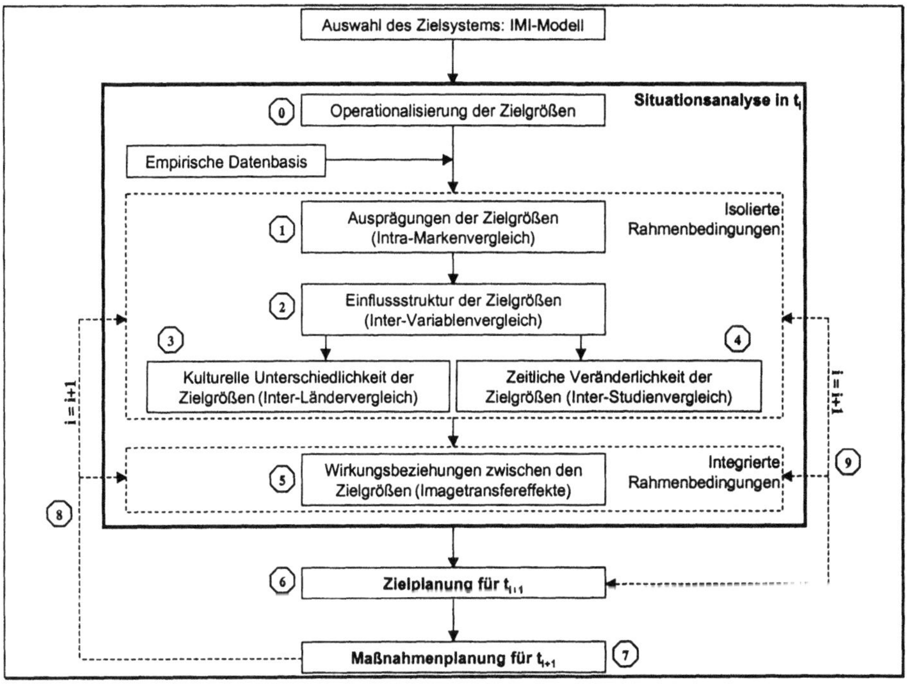

Quelle: Eigene Darstellung.

Die im theoretischen Teil dieser Arbeit aufgeworfenen Fragestellungen und die zu ihrer Beantwortung sachlogisch abgeleiteten Hypothesen sollen vor dem Hintergrund und mithilfe der empirischen Analyse der isolierten und integrierten Rahmenbedingungen einer Falsifikationsstrategie unterzogen werden. Auf der Grundlage der Situationsanalyse können im Anschluss das Zielsystem für die anstehende Periode (t_{i+1}) ausgeplant und geeignete Maßnahmen zur Planerfüllung festgelegt werden. Zu diesem Zweck werden die Ergebnisse der Situationsanalyse in eine Heuristik imagebasierter Marketingplanung (HIMP) übertragen, um dem Anwender eine strukturierte und ganzheitliche Problemdarstellung zu liefern.

860 Im Rahmen der Operationalisierung werden die theoretischen Definitionen der IMI-Zielgrößen (Realdefinitionen) in operationale Definitionen (Nominaldefinitionen) überführt; sie ermöglichen die Messung der relevanten Sachverhalte. Vgl. Green/Tull (1982), S. 151.

Die Ziel- (6) und Maßnahmenplanung (7) werden in den KAPITELN 6.2 bzw. 6.3 der vorliegenden Arbeit lediglich ansatzweise thematisiert, da sie von den (situativen) Besonderheiten des Einzelfalles abhängig sind. Die durch die Maßnahmenplanung bewirkten Veränderungen der isolierten wie integrierten Rahmenbedingungen in t_{i+1} (8) sowie die Kontrolle der aufgestellten Zielplanung in t_{i+1} (9) können deshalb nicht problematisiert werden.

5.1.2 Forschungsansatz

Das **Forschungsobjekt** der vorliegenden Arbeit wurde im einleitenden theoretischen Teil bereits ausführlich dargelegt:[861] Wird der institutionelle Ausschnitt der Realität, der wissenschaftlich untersucht werden soll, als Erfahrungsobjekt verstanden, so kommen im Anwendungsfall weltweit agierende Unternehmen der Automobilindustrie in Betracht, die auf internationalen Märkten und unter einer globalen Firmenmarke eine bestimmte Anzahl (firmen-) dachmarkierter Fahrzeugmodelle anbieten. Das Erkenntnisobjekt, verstanden als Bezugsrahmen der gedanklichen Konzentration auf die relevanten Fragestellungen und als inhaltliche Präzisierung des Erfahrungsobjektes, stellen in diesem Zusammenhang die Verbraucherwahrnehmungen hinsichtlich der PKW-Modelle sowie der Dach- bzw. Firmenmarke eines derartigen Unternehmens dar. Sie sollen als Zielgrößen einer imagebasierten Marketingplanung Gegenstand der folgenden empirischen Forschungsschritte sein.

Die **Forschungsziele** einer wissenschaftlichen Arbeit werden allgemein in deskriptive (beschreibende), explikative (erklärende) und präskriptive (gestalterische) Typen unterschieden. Auf der Grundlage deskriptiver Aussagensysteme zum Forschungsgegenstand wurden in dem vorhergehenden Kapitel die explikativen Untersuchungsziele der nachfolgenden Empirie aufgestellt. Im Kern geht es dabei um die Identifizierung und Quantifizierung der Eigenschaften von und Beziehungen zwischen ausgesuchten Imagegrößen. Aus der Zusammenführung der deskriptiven Aussagensysteme des theoretischen Teils und der explikativen Erkenntnisse des empirischen Teils soll letztlich eine präskriptive Heuristik imagebasierter Marketingplanung abgeleitet werden.

Im Rahmen einer substanzwissenschaftlichen Bestandsaufnahme in KAPITEL 3.3 wurde im Hinblick auf die anstehende Empirie allerdings festgestellt, dass nur relativ wenige, gesicherte theoretische Erkenntnisse darüber vorliegen, warum Verbraucher Objekte/Subjekte so bewerten, wie sie sie bewerten. Mit der Lerntheorie und der Erfahrungswissenschaft fällt die Beschäftigung mit dieser Frage primär in den Bereich der (sozial-) psychologischen Forschung.

- Bei der Untersuchung der Eigenschaften von ausgewählten Imagekonstrukten scheint die Praxis der Theorie bezüglich aller drei wissenschaftlichen Erkenntnisarten weit vorausgeeilt zu sein: Die Analyse der Einflussgrößen von Verbraucherwahrnehmungen (Images) zählt gegenwärtig zum Tagesgeschäft mittelständischer und großer Unternehmen. Sie ermöglicht u.a. einen Soll-Ist-Vergleich hinsichtlich der Positionierung der hauseigenen Produkte und Dienstleistungen (deskriptiv) sowie eine entsprechende Ursachenforschung (explikativ). Die gewonnenen Erkenntnisse fließen idealerweise in zukünftige Angebotsentwicklungen ein und werden zur Maßgabe kommunikationspolitischer Vermarktungsaktivitäten (präskriptiv).

---

861 Das „Forschungsobjekt“ steht als Oberbegriff für die Termini „Erfahrungsobjekt“ und „Erkenntnisobjekt“. Vgl. Thommen (1983), S. 31.

- Für die Auseinandersetzung mit den Beziehungen zwischen Imagegrößen bestand bis in die jüngste Vergangenheit nicht die notwendige Akzeptanz, bis heute fehlt es darüber hinaus häufig an dem erforderlichen methodischen Rüstzeug. Der Praxis voraus hat die Wissenschaft letztlich vermehrt die Anstrengung unternommen, Interaktionen zwischen Verbraucherwahrnehmungen im Rahmen kontrollierter Versuchsanordnungen (Experimente) zu isolieren.[862] Ungeachtet dessen werden Imagetransfereffekte in der Unternehmenspraxis - wenngleich bis dato nicht nachgewiesen - als existent unterstellt.[863]

Der Ansatz einer integrativen Betrachtung der Einflußgrößen von und Beziehungen zwischen Imagegrößen scheiterte jedoch bislang am Fehlen eines gesicherten theoretischen Fundaments, das - in Ergänzung zu allgemein gültigen deskriptiven Aussagensystemen - einen signifikanten Erklärungsbeitrag zum Forschungsgegenstand leistet und die Ableitung einzelfallspezifischer, zieloptimierter Gestaltungsempfehlungen zulässt. Mit dem Entwurf eines Modells (MIMP) und einer Heuristik imagebasierter Marketingplanung (HIMP) soll dieser Forschungsbedarf in der vorliegenden Arbeit in seinen Zielgrößen, Aktionsparametern und Rahmenbedingungen systematisch erfasst und inhaltlich wie methodologisch weiterentwickelt werden. Auf der Grundlage von existenten deskriptiven Aussagensystemen zum Forschungsgegenstand (konzeptionelle Vervollkommnung) sollen im Anwendungsfall über ein qualitativ-experimentelles **Forschungsdesign** (empirische Absicherung) hinaus, formal-analytische Gesetze ermittelt werden (quantitatives empirisches Forschungsdesign), die eine strukturierte und fundierte Ableitung präskriptiver Handlungsempfehlungen ermöglichen (instrumentelle Verarbeitung). Damit werden alle drei wissenschaftlichen Zieltypen im Sinne der vorliegenden Arbeit als komplementär interpretiert (mehrstufiger Entwicklungsprozess von Theorien).[864]

Nach der ausschließlich deduktiv-nomologischen **Forschungsmethode** des theoretischen Teils dieser Arbeit werden im empirischen Teil daher v.a. induktiv-probabilistische Erkenntnisse angestrebt. Während der erste Ansatz versucht, von einer Allgemeingültigkeit im Sinne der Logik auf den Einzelfall zu schließen, wählt der induktiv-probabilistische Ansatz die umgekehrte Vorgehensweise und projiziert einen singulären Sachverhalt auf eine übergeordnete Gesamtheit.[865] In den Naturwissenschaften erlauben deterministische Gesetze einen zweifellosen Rückschluss vom Speziellen auf das Allgemeine. In den Sozialwissenschaften hingegen können diese Rückschlüsse nicht unfehlbar gezogen werden, da menschliche Verhaltensweisen selbst bei Unterstellen rationalen Handelns der Akteure niemals als streng genommen deterministisch zu bezeichnen sind.

Aus diesem Grund bedient sich die sozialwissenschaftliche Forschung statistischer Analysemethoden, um über induktiv ermittelte statistische Regelmäßigkeiten ein Indiz für die Tragfähigkeit der Vermutungszusammenhänge zu gewinnen. Diese Inklusion jedoch ist im strengen Sinne der Logik niemals uneingeschränkt gültig, sondern höchstens wahrscheinlich im Sinne der Statistik.

862 In einem Experiment wird die Auswirkung der Veränderung einer Größe unter Konstanz der übrigen Größen studiert: „An *experiment* involves the manipulation of one or more variables by an experimenter in order to determine the effect of this manipulation on another variable." Kirk (1982), S. 3 [Hervorhebung im Original]. Zu experimentellen Designs in der Marktforschung vgl. Schäfer/Knoblich (1978), S. 321-324; Hüttner (1989), S. 125-127; Kirk (1982); Keppel (1991); Mattmüller (2000), S. 113-117.

863 Vgl. Greyser/Klein (1990) bzw. Ferris et al. (1986).

864 Vgl. Grochla (1978), S. 68f.

865 Zum induktiv-empiristischen Erkenntnisweg vgl. Eberhard (1987), S. 32. Zu einer Gegenüberstellung des Deduktivismus und Induktivismus vgl. Popper (1994), S. 6-32.

In der Konsequenz können aufgestellte Hypothesen über den gewählten Forschungsgegenstand niemals abschließend verifiziert, sondern nur so lange als standhaft bezeichnet werden, bis ein Sachverhalt im Verlauf eines „*Trial-and-Error*"-Vorgehens eindeutig widerlegt (falsifiziert) werden kann.[866]

Die im ersten Teil dieser Arbeit geschaffenen, (real-) deskriptiven Grundlagen und theoretisch-deduktiv abgeleiteten Hypothesen sollen dementsprechend in der Folge einer induktiv-probabilistischen, empirischen Überprüfung unterzogen und in explikative Aussagen überführt werden.[867] Das in KAPITEL 4 entwickelte MIMP-Modell sowie die ihm zugrunde liegenden Zusammenhänge werden dabei mit der Realität „konfrontiert", um aus diesem Soll-Ist-Vergleich einen Erkenntnisgewinn zu erlangen.[868] In diesem Zusammenhang soll von einer bestimmten Menge von Beobachtungswerten (Stichprobe) auf die Allgemeinheit (Grundgesamtheit) abstrahiert und die Gültigkeit i.S. einer Nicht-Verwerfung der hypothesierten Zusammenhänge einer Falsifikationsstrategie unterzogen werden.[869]

Mit der Wahl einer Falsifikationsstrategie als **Forschungsstrategie** besteht das Forschungsziel in der Hypothesenüberprüfung auf Basis einer relativ großen Anzahl von Beobachtungswerten und einem relativ hohen Abstraktionsniveau. Der Frage nach statistischer Repräsentativität und damit der Übertragbarkeit der empirisch gewonnenen Ergebnisse wird im Rahmen einer Falsifikationsstrategie mit den Gütemaßen der Validität (Gültigkeit) und Reliabilität (Zuverlässigkeit) nachgegangen.[870]

---

866 Vgl. Popper (1994), S. 9; Schreyögg/Steinmann (1980), Sp. 2397.

867 Zu den Aussagentypen einer empirischen Forschungsstrategie vgl. Grochla (1978), S. 78-80.

868 „Die *Analytische Wissenschaftstheorie* hat ihre Wurzeln im Positivismus; sie teilt mit den ‚naiven' Induktivisten [...] die Auffassung, daß [!] sich (real-)wissenschaftliche Aussagen an der Realität als ‚wahr' zu erweisen haben [...]." Schreyögg/Steinmann (1980), Sp. 2397 [Hervorhebungen im Original]. Zu den Ansätzen der Analytischen Wissenschaftstheorie zählen bspw. der Logische Empirismus und der Kritische Rationalismus.

869 „Die empirische Überprüfung von Aussagen mittels Falsifizierung ihrer Inhalte ist Gegenstand des kritischen Rationalismus. Dieser stellt den gegenwärtig verbreitetsten wissenschaftstheoretisch-methodischen Ansatz betriebswirtschaftlicher Forschung dar. Im angelsächsischen Bereich geht der kritische Rationalismus insbesondere auf Popper, im deutschsprachigen Raum maßgeblich auf Albert zurück. Im Zentrum dieses Ansatzes steht ein iterativer Erkenntnisprozess, der sich auf die Spekulation empirisch gehaltvoller (informativer) wissenschaftlicher Aussagen und deren empirische (meist statistische) Überprüfung stützt." Grochla (1978), S. 60f. Zum Kritischen Rationalismus siehe auch Andersson (1991), S. 22-30. Zur Methode der empirischen Falsifikation vgl. Popper (1994), S. 432-436.

870 Die Reliabilität sagt etwas über die Zuverlässigkeit eines Messinstruments aus. Es liefert dann reliable (zuverlässige) Ergebnisse, wenn es bei wiederholten Messungen an denselben oder hinsichtlich des zu messenden Tatbestands vergleichbaren Personen jeweils unter identischen Bedingungen keine systematischen Fehler liefert. Vgl. Green/Tull (1982), S. 185; Churchill (1979), S. 65f.; Scharf (1994), S. 355; Berekoven et al. (1991), S. 86; Gierl (1995), S. 29f. Die Validität betrifft schließlich die Frage, ob das Messinstrumentarium auch tatsächlich das misst, was es zu messen vorgibt. Ein Messinstrumentarium ist demnach vollkommen valide, wenn die Resultate, die es liefert, unmittelbar und fehlerfrei Rückschluss auf jenen Tatbestand zulassen, dessen Ausprägung Gegenstand der Messung ist. Vgl. Lienert (1969), S. 16; Churchill (1979), S. 65f.; Atteslander (1993), S. 333. Mit der Reliabilitäts- und Validitätsprüfung wird jenem grundlegenden Postulat der Wissenschaftstheorie Rechnung getragen, dass alle erfahrungswissenschaftlichen Aussagen intersubjektiv nachprüfbar sein müssen. Vgl. Popper (1973), S. 18-21.

Für den vorliegenden Forschungsgegenstand scheint die Befragung, neben der Beobachtung und Inhaltsanalyse eine von drei Erhebungstechniken empirischer Sozialforschung, die geeignete Methode der Felduntersuchung zu sein, da mit Wahrnehmungen Meinungen von Verbrauchern abzufragen sind, die weder (fehlerfrei) beobachtet noch in ausreichendem Maße nachgelesen werden können.[871] Die folgende Abbildung veranschaulicht den bei der empirischen Validierung des MIMP-Modells zugrunde gelegten Forschungsansatz:

Abb. 5-2: Forschungsansatz der empirischen Validierung des MIMP-Modells

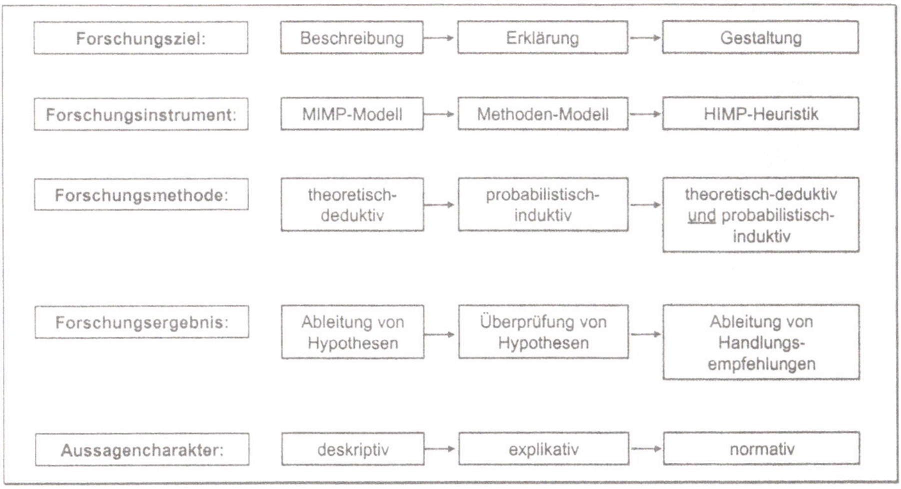

Quelle: Eigene Darstellung.

5.1.3 Vorgehensweise

Noch vor der Durchführung der empirischen Situationsanalyse einer imagebasierten Marketingplanung soll zunächst ein Überblick über die in die Untersuchung einzubeziehende **Datenbasis** geschaffen werden. Vorab werden aus den unter KAPITEL 5.1.1 formulierten Zielsetzungen und dem unter KAPITEL 5.1.2 gewählten Forschungsansatz strukturelle und inhaltliche Anforderungen an das Datenmaterial gestellt. Diese Anforderungen aufgreifend und erfüllend, werden im Folgenden Erhebungsdesign und -inhalte der verwendeten Studien skizziert; damit einher geht die Frage nach dem Wie, Was, Wo und Wann sowie den Untersuchungszwecken und Einschränkungen der Erhebung. Im Anschluss daran werden Umfang und Struktur der Stichprobe dargelegt und die Proportionalisierung der Stichprobe erläutert. In einem nächsten Schritt werden die erhobenen Merkmale durch Operationalisierung in metrische und nicht-metrische Variablen überführt und mit Hilfe deskriptiver Statistik aufbereitet. Die empirische Konzeption abschließend, soll das **Untersuchungsdesign** der geplanten Situationsanalyse dargestellt werden, um die Vorgehensweise und den Methodeneinsatz des Forschungsvorhabens zu verdeutlichen (5.1.5).

---

[871] Die Befragung stellt „[...] die am häufigsten angewandte und wichtigste Erhebungsmethode im Rahmen der Primärforschung [...]" dar. Berekoven et al. (1991), S. 89. Vgl. auch Kroeber-Riel/Weinberg (1996), S. 190f.

Vor dem Hintergrund des gewählten Forschungsansatzes und des entwickelten Untersuchungsdesigns einerseits sowie auf Grundlage der verfügbaren Datenbasis andererseits werden in KAPITEL 5.2 die Untersuchungsziele 1 bis 5 empirisch analysiert. In diesem Zusammenhang werden in KAPITEL 5.2.1 zunächst die **isolierten Rahmenbedingungen** einer imagebasierten Marketingplanung getrennt nach den IMI-Modellebenen Produkt-, Marken- und Unternehmensimage untersucht. Dabei wird jeweils zu Anfang die relevante Imagegröße operationalisiert. Aus den gemessenen Imagewerten auf der Produktebene lassen sich erste Einblicke im Hinblick auf die relative Beurteilung unterschiedlicher Fahrzeugmodelle einer identischen Dachmarke gewinnen (Untersuchungsziel 1). Bei der darauf folgenden Bestimmung statistisch signifikanter Einflüsse auf die IMI-Modellkonstrukte PI, MI und UI werden die verfügbaren Variablen zu Sozio-Demografika und Fahrzeugbesitz der Befragten sowie die Dimensionsvariablen „Studie" und „Land" eingesetzt (Untersuchungsziel 2). Die mittels (mehrfaktorieller) Varianzanalysen und (schrittweiser) Regressionsanalysen identifizierten Einflussvariablen dienen der Segmentierung und Interpretation der weiteren Forschungsschritte. Varianzanalytische Inter-Länder- und Inter-Studienvergleiche auf Modellebene geben Aufschluss über die kulturelle und zeitliche Abhängigkeit der Produkt-, Marken- und Unternehmensimages (Untersuchungsziele 3 und 4) und schließen die empirische Validierung der isolierten Rahmenbedingungen ab.

In KAPITEL 5.2.2 soll mit Hilfe des AMOS-Ansatzes der Kausalanalyse die Ursache-Wirkungs-Struktur einer globalen (Firmen-) Dachmarke analysiert werden, um Effekte zwischen einzelnen Modellelementen in Richtung und Stärke bestimmen zu können (Untersuchungsziel 5). Diese Effekte stellen die **integrierten Rahmenbedingungen** einer imagebasierten Marketingplanung dar. Zu diesem Zweck werden Zielgrößen (Erfolgsvariablen) und Rahmenbedingungen (Kontextvariablen) des MIMP in entsprechende Methodenmodelle der Kausalanalyse übersetzt (Modellspezifikation), statistisch geschätzt, auf ihre Modellgüte hin beurteilt und anwendungsbezogen interpretiert.[872]

Mit der empirischen Validierung der isolierten und integrierten Rahmenbedingungen ist die Situationsanalyse eines imagebasierten Marketingprozesses abgeschlossen. KAPITEL 5.3 liefert eine **Zusammenfassung** der aus den Untersuchungsblöcken 1 bis 5 gewonnenen Ergebnisse.[873] Darauf aufbauend kann in KAPITEL 6.1 die theoretisch deduzierte, allgemeine Heuristik imagebasierter Marketingplanung (HIMP) im Anwendungsfall konkretisiert werden. Sie stellt den Ausgangspunkt der Ziel- und Maßnahmenplanung einer imagebasierten Marketingplanung dar. ABBILDUNG 5-3 auf der nächsten Seite veranschaulicht die Vorgehensweise bei der empirischen Validierung des in KAPITEL 4 entwickelten Modells imagebasierter Marketingplanung (MIMP):

---

872 „Grundsätzlich können Marketing-Modelle verbal, grafisch und mathematisch dargestellt werden. In der Regel bildet ein verbales und/oder grafisches Modell die Grundlage zur mathematischen Formulierung. Erst in einer zweiten Phase erfolgt die Transformation in mathematische Gleichungen und Ungleichungen. Zweck der Modellbildung ist die Wirkungsprognose und/oder Entscheidungsfindung." Rüfenacht (1979), S. 16.

873 Das geschilderte Vorgehen entspricht in seinen Grundzügen einem idealtypischen Ablauf einer Marktuntersuchung. Vgl. hierzu u.a. Kuß/Tomczak (1998), S. 40.

Abb. 5-3: Vorgehensweise bei der empirischen Validierung des MIMP-Modells

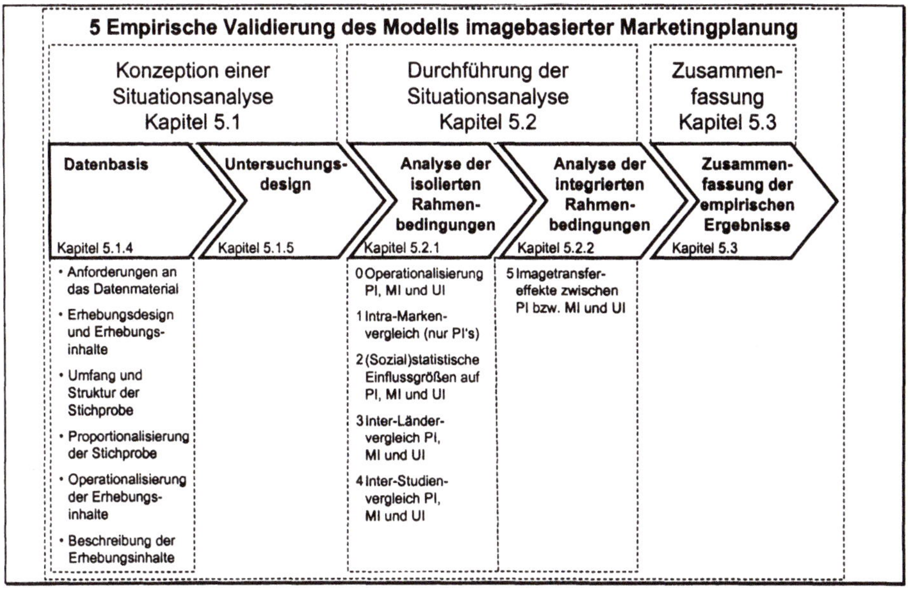

Quelle: Eigene Darstellung.

5.1.4 Datenbasis

5.1.4.1 Anforderungen an das Datenmaterial

Damit die als Untersuchungsziele formulierten Fragestellungen 1 bis 5 empirisch überprüft werden können, bedarf es der Erfüllung von vier strukturellen und vier inhaltlichen Anforderungen (A1 bis A8) an das in die empirische Validierung einzubeziehende Datenmaterial:[874]

1. Um kulturelle Eigenheiten von Verbraucherwahrnehmungen hinsichtlich der Produkte, der (Dach-) Marke und des Unternehmens eines global agierenden Automobilherstellers herauszuarbeiten zu können (Querschnittanalyse: Inter-Ländervergleich), müssen die zu untersuchenden Imagegrößen in mindestens zwei geografischen Räumen (Ländern) unabhängig voneinander und zeitgleich erhoben werden (A1).[875]

2. Um zeitliche Veränderungen der Zielgrößen PI, MI und UI erfassen zu können (Längsschnittanalyse: Inter-Studienvergleich), müssen mindestens zwei auseinander liegende Erhebungszeitpunkte (Studien) gegeben sein (A2). Dabei sollten jeweils Erhebungsdesign und -inhalte der Studien miteinander vergleichbar sein.

---

874 Technische Anforderungen, die durch die Wahl (multivariater) statistischer Analyseverfahren vorgegeben werden, sollen an dieser Stelle nicht explizit behandelt werden. Sie werden im Rahmen der Beschreibung methodischer Grundlagen bzw. der Anwendung statistischer Methoden hinreichend diskutiert.

875 Im Sinne der vorliegenden Arbeit definieren staatsrechtliche Landesgrenzen eigenständige Kulturräume. Eine identische Abgrenzung nimmt bspw. Beuttel vor. Vgl. Beuttel (1981), S. 36.

3. Um sowohl die zeitlichen Veränderungen der IMI-Modellelemente selbst als auch die Entwicklung kultureller Eigenheiten bei deren Wahrnehmung isoliert erfassen zu können, müssen die in die Untersuchung einzubeziehenden Länder in ihrer Auswahl über sämtliche Studien identisch sein (A3).
4. Um eine kulturelle wie zeitliche Vergleichbarkeit der erhobenen Daten zu gewährleisten, müssen die untersuchten Märkte letztlich in ihrer Struktur (Segmente) über Länder und Studien zumindest partiell kongruent sein (A4).

Die folgende Tabelle fasst die strukturellen Anforderungen A1 bis A4 an die in die empirische Validierung des Forschungsgegenstandes einzubeziehende Datenbasis nochmals zusammen:

Tab. 5-1: Strukturelle Anforderungen an die Datenbasis

Strukturelle Anforderungen:	Kriterium:	Erfüllungsgrad:
A1	Anzahl Länder > 1	total
A2	Anzahl Erhebungen > 1	total
A3	$\text{Länder}_{t1} = \text{Länder}_{t2} = \ldots = \text{Länder}_{tn}$	total
A4	$\text{Segmente Land}_{1t1} = \text{Segmente Land}_{mtn}$	partiell

Quelle: Eigene Darstellung.[876]

In Ergänzung zu den vier strukturellen Anforderungen A1 bis A4 sind die nachstehenden vier inhaltlichen Anforderungen A5 bis A8 an eine gegenstands- und zweckadäquate Datenbasis zu stellen:

5. Sowohl zur isolierten Untersuchung der Zielgrößen des IMI (PI, MI und UI) als auch zur integrierten Analyse der Beziehungen zwischen diesen Elementen sind unter den strukturellen Voraussetzungen (A1 bis A4) inhaltliche Aussagen darüber zu erheben, wie die Befragten das Unternehmen, die Marke und die Produkte einer global agierenden (Firmen-) Dachmarke der Automobilindustrie bewerten (A5).
6. Die Zielgruppen der empirischen Erhebung(en) stellen Endverbraucher automobiler Produkte dar, da diese als sog. „*source of sales*" Ertrags- und Gewinngrößen der gewöhnlichen Geschäftstätigkeit eines Unternehmens maßgeblich beeinflussen; primär auf sie ist die Gestaltung der Marketingpolitik ausgerichtet. Wie in den theoretischen Ausführungen zum Imagekonstrukt beschrieben, stellt Image als psychologische Größe ein personenspezifisches Werturteil dar, das demzufolge auf der Ebene des Individuums erhoben werden muss (A6).
7. Da im Rahmen der empirischen Validierung des MIMP statistisch signifikante Einflussgrößen auf die Imageebenen PI, MI und UI ermittelt werden und im weiteren Verlauf der Untersuchung als Segmentierungskriterien fungieren sollen, sind sog. „Schichtungsvariablen" zum Fahrzeugbesitz sowie zu den Sozio-Demografika der Befragten zu erheben (A7).
8. Um der Interpretation der empirisch gewonnenen Ergebnisse repräsentative Aussagen zugrunde legen zu können, muss die Stichprobe entsprechend den Verhältnissen der Grundgesamtheit (PKW-Markt eines Landes) gewichtet, d.h. proportionalisiert werden (A8).

[876] Der Index „n" markiert in diesem Zusammenhang die Anzahl zu berücksichtigender Studien, der Index „m" die Anzahl zu berücksichtigender Länder.

Die folgende Tabelle fasst die inhaltlichen Anforderungen A5 bis A8 an die in die empirische Validierung des Forschungsgegenstandes einzubeziehende Datenbasis nochmals zusammen:

Tab. 5-2: Inhaltliche Anforderungen an die Datenbasis

Inhaltliche Anforderungen:	Kriterium:	Erfüllungsgrad:
A5	Erhebung UI, MI, PI	total
A6	Endverbraucherbefragung	total
A7	Segmentierungsvariablen	partiell
A8	Proportionalisierung der Stichprobe	total

Quelle: Eigene Darstellung.

Die Erfüllung der formulierten vier strukturellen und vier inhaltlichen Anforderungen genügt den allgemeinen Abgrenzungskriterien einer realen statistischen Grundgesamtheit in zeitlicher, räumlicher und sachlicher Hinsicht.[877] Darüber hinaus ermöglicht sie im Speziellen die Verfolgung der definierten Untersuchungsziele 1 bis 5 der empirischen Validierung des Modells einer imagebasierter Marketingplanung. Auf der Grundlage der im Anwendungsfall definierten Anforderungen kann in der Folge entsprechendes Datenmaterial organisatorisch beschafft, statistisch aufbereitet, inhaltlich beschrieben und empirisch analysiert werden.

5.1.4.2 Erhebungsdesign und Erhebungsinhalte

Aus den an die empirische Datenbasis gestellten strukturellen und inhaltlichen Anforderungen leitet sich ein erheblicher Bedarf an quantitativen internationalen Daten zu Unternehmens-, Marken- und Produktimages einer globalen (Firmen-) Dachmarke der Automobilindustrie ab. Insbesondere die strukturelle Forderung nach der Erhebung einer internationalen Zeitreihe (A1 und A2) impliziert einen immensen Erhebungsaufwand in zeitlicher wie monetärer Hinsicht. Darüber hinaus stellen die in der empirischen Ausarbeitung zur Anwendung kommenden multivariaten statistischen Analyseverfahren hohe technische Anforderungen an Umfang und Güte der Daten.[878]

Da mit den Erkenntnisobjekten PI, MI und UI einer globalen (Firmen-) Dachmarke psychologische Konstrukte von Endverbrauchern abzufragen sind, kommen als potenzielle Merkmalsträger zunächst sämtliche Individuen in Betracht, die dem geografischen Raum einer Erhebung - wie auch immer - zuzuordnen sind. Eine Vollerhebung der Grundgesamtheit als Summe aller potenziellen Merkmalsträger[879] erscheint in der Konsequenz als ökonomisch nicht vertretbar bzw. als praktisch nicht durchführbar.[880]

877 Vgl. Bleymüller et al. (1998), S. 2.

878 Multivariate Verfahren sind dadurch gekennzeichnet, dass die gegenseitigen Beziehungen von mindestens drei Variablen untersucht werden. Vgl. Hartung/Elpelt (1984), S. 2f.

879 Als Grundgesamtheit wird in diesem Zusammenhang mit der Summe aller PKW-Besitzer bzw. -nutzer die „autofahrende" Bevölkerung eines Landes verstanden. Die Untersuchung fokussiert damit auf die Verwender des Produktes „Automobil", unabhängig davon, wer die Kaufentscheidung getroffen und den Kauf letztlich getätigt hat.

880 Vgl. Meyer/Mattmüller (1999), S. 824.

Aus diesem Grund soll im Rahmen einer **Teilerhebung** lediglich eine Auswahl (Teilmasse) der potenziellen Merkmalsträger (Stichprobe, Sample) in die Untersuchung aufgenommen werden.[881] Die Primärstatistik[882] erweist sich in diesem Zusammenhang letztlich deshalb als nicht praktikabel, da insbesondere die Forderung nach einer wiederholten empirischen Erhebung (A2: Zeitreihe) im Rahmen eines Promotionsvorhabens mit einer erheblichen Verzögerung des Erkenntnisfortschritts einherginge. Darüber hinaus stellt sie hohe Ansprüche an die zeitlichen und finanziellen Möglichkeiten des studentischen und unabhängigen Autors. Aus forschungspragmatischen und -ökonomischen Gründen soll deshalb für die vorliegende Arbeit geeignetes **Sekundärdatenmaterial** herangezogen werden.

Die in die folgenden empirischen Analysen eingehende Datenbasis entstammt dem Primärstudienbestand eines global operierenden Automobilkonzerns mit Stammsitz in der Bundesrepublik Deutschland.[883] Er hat dem Autor Einblick in das erhobene Datenmaterial gewährt und es ihm unter der Maßgabe der Vertraulichkeit zur Verwendung in der vorliegenden Arbeit überlassen.

Bei den in den nachfolgenden Untersuchungen berücksichtigten Feldstudien handelt es sich um sog. **Positionierungs-** oder **Imagestudien.**[884] Mithilfe der verbraucherseitigen Abfrage entsprechender Imagegrößen erlauben diese eine Beurteilung hinsichtlich Unternehmen, Marken und Produkten des Herstellers sowohl im definierten Wettbewerbsumfeld (Realpositionierung: „Wo stehen wir?") als auch gegenüber den Idealvorstellungen der Verbraucher (Idealpositionierung: „Wo wollen wir hin?").[885] Auf diese Weise können einerseits solche Verbrauchertypen identifiziert werden, die als Anhängerschaft des Unternehmens bzw. seiner Marke(-n) und/oder als Käuferschicht der Produkte eines Herstellers bezeichnet werden können. Andererseits kann das akquisitorische Potenzial (Eroberungspotenzial) einer Herstellermarke aufgedeckt werden.[886] Die Ergebnisse dieser Studien unterstützen insbesondere die strategische Planung in den Bereichen der Produktkonzeption und der Kommunikationspolitik.

881 Als Stichprobe wird die Anzahl der Merkmalsträger bezeichnet, die aus der Grundgesamtheit zum Untersuchungszweck (zufällig oder nicht zufällig) ausgewählt wurden. Das Merkmal selbst ist dabei diejenige charakteristische Eigenschaft, die es zu beschreiben gilt. Zu einer Darstellung und Bewertung unterschiedlicher Verfahren zur Auswahl einer (repräsentativen) Stichprobe vgl. bspw. Mattmüller (2000), S. 98-102.

882 „Die Instrumente der Primärerhebung (*field research*) ermöglichen eine erstmalige Informationsgewinnung. Von einer Sekundärerhebung (*desk research*) ist die Rede, wenn auf bestehendes Datenmaterial zurückgegriffen wird." Schreiner (1992), S. 80 [Hervorhebungen im Original]. Vgl. auch Meffert (1986b), S. 185. „Während Markteintrittsentscheidungen und die entsprechende Strategiewahl in erster Linie aufgrund von Sekundäranalysen getroffen werden, kommt die Primärforschung bei der Auswahl von Marktbearbeitungsstrategien zum Zuge." Meissner (1988), S. 99. Vgl. auch derselbe (1980), S. 104.

883 Entsprechend der Themenstellung und der im Branchenspiegel der Automobilindustrie verbreiteten Markenstrategie der Firmendachmarkierung vertreibt auch das in die Untersuchung eingebundene Herstellerunternehmen sämtliche Produkte des Kerngeschäftsfeldes „Personenkraftwagen" (PKW) unter einer Firmendachmarke. Sie gehört dem Premiumsegment des Weltautomobilmarktes an und wird aus Vertraulichkeitsgründen im Folgenden als „Marke-1" bezeichnet.

884 Image- und Positionierungsstudien werden in der Unternehmenspraxis terminologisch häufig synonym verwendet; dem soll in der vorliegenden Arbeit gefolgt werden.

885 Vgl. Wind (1982), S. 94.

886 „Mit dem Begriff *akquisitorisches Potenzial* wird eine Bedingungskonstellation erfasst, bei der eine Unternehmung ihre Leistungen prinzipiell unter horizontalen Konkurrenzbedingungen offeriert, aber durch das Anbieten echter Leistungsvorteile über ein „Privatmonopol" verfügt." Kuß/Tomczak (1998), S. 107 [Hervorhebungen im Original]. Vgl. auch Gutenberg (1976), S. 246f. und Simon (1992), S. 74-77.

Um Anhaltspunkte für die Beurteilung der Erfolgsaussichten einer länderübergreifenden Positionierungsstrategie (*global marketing/branding*) gewinnen zu können, werden Positionierungsstudien zeitgleich in mehreren geografischen Absatzmärkten (Ländern) erhoben. Mit der Zielsetzung, Veränderungen in Unternehmens-, Marken- und Produktpositionierungen frühzeitig zu erkennen (i.S. eines Frühwarnsystems), werden Positionierungsstudien im Abstand mehrerer Jahre wiederholt.[887] Sowohl Anzahl und Auswahl der in die Primärerhebung einzubeziehenden Länder als auch die Studienintervalle hängen u.a. von der Relevanz des Untersuchungsgegenstandes, der Bedeutung der zu berücksichtigenden Märkte für die Unternehmensstrategie sowie vom zeitlichen und finanziellen Erhebungsaufwand ab.[888]

Vor dem Hintergrund der allgemeinen Erhebungspraxis internationaler Imagestudien einerseits und den zu Eingang dieser Empirie aufgestellten strukturellen Anforderungen andererseits konnten Positionierungsstudien des kooperierenden Herstellerunternehmens der Jahre **1992 und 1997** in die Untersuchung einbezogen werden. Annähernd identische Erhebungsdesigns und -inhalte beider Studien erlauben mittels dynamischer Betrachtung einen Zeitvergleich des Erhebungsgegenstandes (A2 erfüllt).[889] Absatzmärkte, die im Rahmen beider zur Verfügung stehender Studien bezüglich der relevanten Forschungsinhalte vergleichbar abgefragt und in die vorliegende Untersuchung aufgenommen wurden, sind **Deutschland, Großbritannien, Frankreich, Italien und Spanien** (A1 und A3 erfüllt). Bei diesen Ländern waren die abgefragten Marktsegmente zumindest partiell innerhalb einer Studie als auch über beide Studien hinweg identisch (A4 erfüllt). Die Festlegung der in die Untersuchung einzubeziehenden Studien und Länder gibt die zeitliche und räumliche Dimension (Marktabgrenzung) der empirischen Validierung des MIMP vor und erfüllt die aufgestellten strukturellen Anforderungen A1 bis A4.

Damit die den Untersuchungszielen zugrunde liegenden statistischen Analysen (Einflussstruktur- und Kausalanalyse) und Vergleiche (Intra-Marken-, Inter-Länder- und Inter-Studienvergleiche) angestellt und interpretiert werden können, muss neben der Erhebung identischer Fragestellungen (inhaltlicher Aspekt) die Verwendung standardisierter Instrumente für deren Erhebung vorausgesetzt werden (methodischer Aspekt).[890] Außerdem muss die (sachliche) Abgrenzung des relevanten Marktes sowohl innerhalb einer Studie als auch über beide Studien hinweg vergleichbar sein (marktlicher Aspekt).[891] Die folgenden Ausführungen beschreiben zunächst die **Erhebungsinhalte und -instrumente** der in die empirische Validierung des MIMP aufgenommenen Positionierungsstudien:

887 Vgl. Trommsdorff (1995), Sp. 2067; Sattler (1997), S. 289.

888 So sind die mit einer empirischen Primärerhebung in Entwicklungsländern verbundenen Kosten erheblich höher als in Industrienationen. Vgl. Jain (1996), S. 337.

889 Zu den Erhebungsinhalten vgl. Kapitel 5.1.4.

890 Zu diesen Forderungen vgl. Punnett/Shenkar (1996), S. 44. Die Standardisierung der Befragung (Durchführungsobjektivität) in Verbindung mit genau festgelegten Regeln der Auswertung (Auswertungsobjektivität) erfüllt die Kriterien an ein objektives Messinstrumentarium. Vgl. hierzu Lienert (1969), S. 13; Gierl (1995), S. 30; Scheuch (1989), S. 234; Berekoven et al. (1991), S. 84f.

891 Zu den sog. Äquivalenzbedingungen länderbezogener Datensätze bei multinationaler Marketingforschung vgl. Dülfer (1996), S. 422-424.

Sämtliche Befragungsteilnehmer hatten sich einheitlich über alle fünf Länder und beide Studien zu Automobilunternehmen allgemein (UI) sowie zu den sich von ihnen zum Zeitpunkt der Erhebung geführten Marken (MI) und Produkten (PI) zu äußern (A5 erfüllt). Dabei wurden sowohl das auftraggebende Unternehmen als auch seine definierten Wettbewerber berücksichtigt. Darüber hinaus wurden Informationen zu Fahrzeugbesitz und -nutzung sowie Sozio-Demografika zu den Probanden erhoben (A7 erfüllt).

Das Unternehmensimage wurde über eine globale Frage skaliert erfasst. Dabei hatten die Befragten eine Auswahl international tätiger Automobilhersteller hinsichtlich ihrer Idealvorstellung von einem Unternehmen dieser Branche zu beurteilen (Idealpositionierung). Außerdem hatten sämtliche Befragten die Marken ausgesuchter Hersteller anhand vorgegebener qualitativer Imageattribute (Statement-Batterien) in Relation zueinander zu bewerten (Realpositionierung). Analog dazu wurden die Produktimages der sich zum Zeitpunkt der Befragung im Angebot der vorgegebenen Hersteller befindlichen Fahrzeugmodelle im Konkurrenzumfeld mittels der Abfrage expliziter skalierter Imageattribute erfasst (Realpositionierung).[892] Die vergleichende Abfrage sowohl der Unternehmens- als auch der Marken- und Produktimages mit entsprechenden Wettbewerberunternehmen, -marken und -produkten implizieren Ähnlichkeits-, Präferenz- und Substitutionsurteile vonseiten der Verbraucher und eignen sich als solche für die Positionierungsproblematik der vorliegenden Untersuchung.[893]

Insbesondere bei der Erhebung der Marken- und Produktimages bestand das zentrale Problem in der Aufgabe, Messbarkeit und Vergleichbarkeit der abgefragten Attribute über Länder und Studien sicherzustellen, ohne dabei die Besonderheiten nationaler Märkte einzuebnen. Eine internationale Vergleichbarkeit erscheint insbesondere dann gegeben, wenn es sich um quantitative Realgrößen handelt, wie z.B. Neuzulassungen, Wanderungsbeziehungen zwischen Marken und Modellen (Kohortenanalysen), Hubraum- oder PS-Klassen.[894] Es ergeben sich dann Schwierigkeiten, wenn sog. „weiche" Daten - wie im vorliegenden Fall Imagegrößen - erhoben werden, die in hohem Maße durch länderspezifische Besonderheiten kultureller Art beeinflusst werden und per se nicht messbar sind.[895] Hinzu kommt die Problematik, die sich durch die Übersetzung der Fragenformulierungen ergibt, da selbst bei gleicher Semiotik eine andere Semantik einer Aussage entstehen kann.[896] Diese Tatsache begründet die Forderung nach einer semantischen Äquivalenz der Fragenerhebung.[897]

---

892 Zur Operationalisierung der Erhebungsinhalte vgl. Kapitel 5.1.4.

893 Vgl. Trommsdorff (1995), Sp. 2060.

894 Vermutlich dürfte kein Markt hinsichtlich der Realgrößen eine so hohe Markttransparenz bieten wie der Weltautomobilmarkt. Vgl. Graumann (1993), S. 142-146.

895 Scharf bemerkt treffend: „Bei quantitativen Größen wie etwa dem [...] Alter eines Abnehmers ist die Formulierung eines operationalen Maßstabs, [...], unproblematisch. Als äußerst schwierig erweist sich jedoch die Operationalisierung qualitativer, nicht-beobachtbarer Merkmale, sog. hypothetischer Konstrukte wie Einstellung, Image, Lebensstil usw." Scharf (1994), S. 350. Um auch für letztgenannte Größen Messwerte zu erhalten, müssen entsprechende Indikatoren herangezogen werden. Vgl. Bruhn (1990), S. 91; Gierl (1995), S. 27.

896 Vgl. Punnett/Shenkar (1996), S. 44; Ronen (1986), S. 52. Die Semantik als Teilgebiet der Linguistik (Sprachwissenschaft) ist die Lehre von den Bedeutungen sprachlicher Zeichen und Zeichenfolgen, während die Semiotik als zweite Disziplin der Sprachwissenschaft die Lehre vom Ausdruck meint. Vgl. Wissenschaftlicher Rat der Dudenredaktion (1997). Auf die Notwendigkeit einer „semiotisch orientierten Marktforschung" weist Meissner hin. Vgl. Meissner (1994), S. 680.

897 Vgl. Dülfer (1996), S. 432f.

Das Erhebungsdesign bestand letztlich aus einem für alle Länder und Studien einheitlichen Raster, das in seiner Endfassung standardisierte Erhebungsinstrumente vorsah. Trotz dieser Standardisierung blieb jedoch genügend Spielraum, um sozio-kulturellen Besonderheiten Rechnung zu tragen. Hierzu wurden vor den quantifizierenden Erhebungen in jedem Land Vorstudien (*Pretests*) in der Form psychologischer Basisstudien durchgeführt:[898] In durchschnittlich etwa sechs Gruppendiskussionen pro Land, die jeweils mit acht bis zehn Teilnehmern besetzt waren, wurde das Problemumfeld sondiert und ein qualitativer Statement-Pool generiert (Itemselektion),[899] der die relevanten Beurteilungsdimensionen zu Marken und Produkten auf Landesebene beinhaltete.[900] Dieses flexibel-standardisierte Vorgehen weist im Vergleich zur üblichen normierten Erhebungspraxis internationaler Positionierungsstudien insbesondere folgende Vorteile auf:[901]

- Die Statement-Batterien entstehen auf jeweils nationaler empirischer Basis und reflektieren diejenigen Kategorien, die von den Autofahrern/-besitzern in dem betrachteten Land zur Beurteilung von PKW-Marken und -modellen genutzt werden (inhaltliche Äquivalenz).
- Die Statements werden originär in der entsprechenden Landessprache formuliert und sind somit frei vom Makel des Informationsverlustes oder der Sinnverzerrung durch Übersetzung (sprachliche Äquivalenz).[902]

Gegenüber dem verbreiteten Vorgehen bei der Durchführung internationaler Positionierungsstudien, wonach von einem die Erhebung koordinierenden Marktforschungsinstitut eine normierte Statement-Batterie entwickelt wird, die dann - über eine dritte Sprache - in die Landessprachen übertragen wird, erscheint dieser Ansatz authentischer und damit präziser.[903] Mit der Zielsetzung, die länderspezifischen Statement-Pools soweit möglich zu einem inhaltlich identischen Instrument zu verschmelzen, wurden in der Folge sämtliche Statements im Koordinierungsinstitut gesichtet, geordnet und bewertet; jedes Statement wurde hinsichtlich seines Inhalts erklärt und abgegrenzt. So entstand eine Matrix, deren Zeilen von den Dimensionen und deren Spalten von den Ländern gebildet wurden. Das letztendlich verwendete Instrument stellte sicher, dass alle relevanten Dimensionen in einem Land abgedeckt wurden.[904]

Bei der sprachlichen Formulierung und Präzisierung der Statements ergab sich das Dilemma, entweder alle inhaltlichen Facetten eines Sachverhaltes vorzugeben oder diesen nur relativ abstrakt zu beschreiben. Während der erste Fall zu einer unüberschaubaren Anzahl von Statements führt, liefert der zweite Fall immer dann indefinite „Worthülsen", wenn nicht transparent gemacht werden kann, was der Verbraucher unter den ausgewählten Attributen versteht.

898 „Das Vortesten von Fragebögen stellt eine grundlegende Notwendigkeit dar. [...] Das Pretesting setzt fast immer schon ein, wenn die vorgesehenen Fragen Mitarbeitern vorgelegt werden." Green/Tull (1982), S. 119.

899 Die Itemselektion im Rahmen qualitativer Vorstudien mit Hilfe einer Stichprobenerhebung vorzunehmen, wird von Trommsdorff vorgeschlagen. Vgl. Trommsdorff (1975), S. 99-102.

900 Zur Methodik empirischer Image-Analysen vgl. Freitag (1975), S. 185-196.

901 Vgl. Barich/Srinivasan (1991), S. 4; Punnett/Shenkar (1996), S. 40-44. Zur (organisatorischen) Erhebungspraxis internationaler Marktforschungsstudien vgl. bspw. Keegan (1995), S. 250f.; Jain (1996), S. 338-362.

902 Dieses Vorgehen zur Beibehaltung semiotischer und semantischer Besonderheiten wird von Trommsdorff postuliert. Vgl. Trommsdorff (1975), S. 110-112; vgl. auch Dülfer (1996), S. 432. Zur sprachlichen Gestaltung von Fragebögen internationaler Marktforschungsstudien vgl. Punnett/Shenkar (1996), S. 45-47.

903 Zu unterschiedlichen Erhebungsmethoden internationaler Marktforschung vgl. bspw. ebenda, S. 38-145.

904 Zu den in die Untersuchung eingehenden Statements (Image-Items) vgl. Kapitel 5.1.4 dieser Arbeit.

Erkannte Verbraucherbedürfnisse lassen sich allerdings nur dann in Handlungsanweisungen umsetzen, wenn hinreichend bekannt ist,

- was ein Verbraucher meint, wenn er bspw. von „Exklusivität" spricht und welche Erwartungen und Bedürfnisse er damit verbindet,
- welche Erscheinungsformen von „Exklusivität" der Verbraucher akzeptiert und welche nicht und
- woran sich „Exklusivität" an einem Automobil bzw. einer Marke manifestiert.

Um auch in diesem Punkt den höchstmöglichen Anwendungsnutzen zu gewährleisten, wurde das Verbraucherverständnis intransparenter bzw. doppeldeutiger Statements mit Hilfe offener Fragen geklärt. Diese Maßnahme lieferte wertvolle Informationen über das subjektive Begriffsverständnis der Befragten. Mit der sequenziellen Anwendung der offenen Methode zur Statementgenerierung und der geschlossenen Methode zur Statementerhebung im Rahmen eines mehrstufigen Prozesses werden die Vorteile beider Testverfahren primärstatistischer Erhebungen miteinander verbunden.[905] Das folgende Ablaufdiagramm fasst den fünfstufigen Prozess zur Generierung und Abfrage operationaler Image-Attribute zusammen:

Abb. 5-4: Fünfstufiger Prozess zur Generierung und Abfrage von Image-Statements

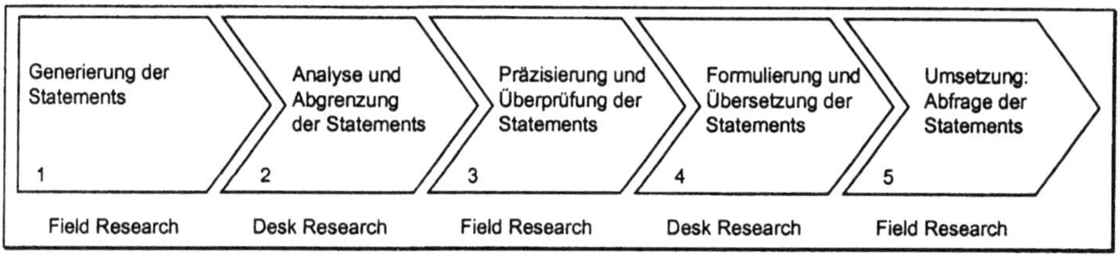

Quelle: Eigene Darstellung.

Bei der sachlichen **Abgrenzung des relevanten Marktes** war erstens die Auswahl der Referenzunternehmen, -marken und -modelle festzulegen, mit denen Unternehmen, Marke und Produkte des auftraggebenden Herstellers verglichen werden sollten (Angebotsseite). Zweitens mussten die Zielpersonen bestimmt werden, an die sich die Untersuchung richten sollte (Nachfrageseite). Die Abgrenzung des relevanten Marktes in räumlicher (Deutschland, Frankreich, Italien, Spanien und Großbritannien) und zeitlicher Hinsicht (Erhebungsintervalle 1992 und 1997) wird durch die in die Untersuchung einzubeziehenden Positionierungsstudien vorgeben.

Der Gedanke an einen fest vorgegebenen Referenzrahmen, bestehend aus einheitlich definierten Wettbewerberunternehmen, -marken und -modellen über sämtliche Länder und Studien, wurde aufgrund der sehr unterschiedlichen und veränderlichen Marktstrukturen und -teilnehmer der berücksichtigten Länder zugunsten einer Betrachtung des länderspezifisch relevanten Wettbewerbs verworfen.[906]

---

905 Vgl. Schreiner (1992), S. 81.

906 Vgl. De Chernatony (1996), S. 17. Die Definition der Angebotsseite des relevanten Marktes spielt im Rahmen der vorliegenden Arbeit insofern keine Rolle, als ausschließlich die Images des Unternehmens, der Dachmarke und der unter ihr angebotenen Modelle des auftraggebenden Herstellers untersucht werden sollen; Wettbewerber werden bei der Intra-Marken-Betrachtung bewusst ausgegrenzt.

Die zur Abfrage der Produktimages berücksichtigten Marktsegmente i.S.v. PKW-Klassen wurden für den Zweck der Untersuchung gemäß der Branchenpraxis über den Verkaufspreis und die Fahrzeugdimensionen (Länge, Höhe, Breite) definiert.[907] Dementsprechend lassen sich u.a. die große Klasse (GKL), die mittlere Klasse (MKL), die kleine Klasse (KKL) sowie die untere Klasse (UKL) mit in der genannten Reihenfolge abnehmendem Verkaufspreis und reduzierten Abmessungen unterscheiden, wobei die Grenzen zwischen den Klassen im Zeitverlauf und verändertem Wettbewerbsumfeld unterschiedlich festgelegt sein können.[908] Eine Ausnahme zu der angeführten Systematik der PKW-Klasseneinteilung bildet das Segment der so genannten „Roadster" (RKL);[909] hierbei wurde die Klasse einzig nach dem Konzeptgedanken dieser Fahrzeuggattung definiert und umfasst in der Folge Fahrzeuge unterschiedlicher Preisniveaus. Die folgende Tabelle gibt die Abgrenzung des relevanten Marktes nach PKW-Klassen und anhand ausgesuchter PKW-Modelle exemplarisch wieder:

Tab. 5-3: Klassifizierung von PKW-Klassen anhand ausgesuchter PKW-Modelle

Klasse:	UKL	KKL	MKL	GKL	RKL
Modell:	Audi A3	Audi A4	Audi A6	Audi A8	Audi TT roadster
	BMW 3er compact	BMW 3er Reihe	BMW 5er Reihe	BMW 7er Reihe	BMW Z3 roadster
	Mercedes A-Klasse	Mercedes C-Klasse	Mercedes E-Klasse	Mercedes S-Klasse	Mercedes SLK roadster
	Ford Focus	Ford Mondeo	Opel Omega	Jaguar XJR/XKR	Alfa Romeo spider
	Opel Astra	Opel Vectra	Volvo S70/V70/S80	Toyota Lexus	Porsche Boxster
	u.a.	u.a.	u.a.	u.a.	u.a.

Quelle: Eigene Darstellung.

Auf der Nachfrageseite wurde die relevante Zielgruppe eindeutig über den Fahrzeugbesitz definiert. Die mit der Erhebung der internationalen Positionierungsstudien beauftragten nationalen Marktforschungsinstitute haben Endverbraucher (A6 erfüllt) in einer disproportionalen Stichprobe[910] nach folgenden Quotenmerkmalen gemäß der Vorgabe durch den auftraggebenden Automobilhersteller rekrutiert:[911]

907 Die zur Zielgruppenabgrenzung bzw. Marktsegmentierung herangezogenen Kriterien können von einem Unternehmen frei gewählt werden. Jedoch wird es dabei bestrebt sein, solche Zielgruppen bzw. Marktanteile zusammenzufassen, die sich durch ein möglichst homogenes Verhalten bezüglich der Produkt-Markt-Leistung des Unternehmens auszeichnen. Vgl. Becker (1988), S. 227. Zur Segmentierung im Automobilmarkt vgl. Freter/ Barzen (1988), S. 87-92.

908 Vgl. Heidrich (1981), S. 123. Die vorgenommene Klasseneinteilung orientiert sich an der Segmentierung des PKW-Marktes von Smith. Vgl. Smith (1988), S. 45. Eine ähnliche Klassifizierung nimmt Evans vor; er unterscheidet zwischen „subcompact" (UKL), „compact" (KKL), „intermediate" (MKL) und „full size or standard" (GKL). Vgl. Evans (1983), S. 7. Zu einer aktuelleren Segmentierung des globalen Automobilmarktes vgl. stellvertretend für andere Barton (1999), S. 12.

909 Ein „Roadster" ist ein offenes, zweisitziges und höhergradig motorisiertes Automobil mit einer relativ langen Front (Motorhaube), einer relativ niedrigen, in Richtung Hinterachse zurückversetzten Sitzposition und einem relativ einfachen Verdeckprinzip. Vgl. Leif (1996), S. V3/1; Seifert (1987), S. 1.

910 Unter einer disproportional angelegten Stichprobe werden die Konzeption und Durchführung einer empirischen Teilerhebung verstanden, die in ihrer Struktur absichtlich nicht den Gegebenheiten der Grundgesamtheit entspricht. In der Praxis werden (Teil-) Stichprobenumfänge durch Quotenvorgaben insbesondere für solche Produkte bzw. Segmente festgelegt, die für das auftraggebende Unternehmen von besonderem Interesse sind; zumeist liegt der Stichprobenanteil dieser Produkte bzw. Segmente über dem Anteil in der Grundgesamtheit. In diesem Zusammenhang wird auch von „*boosted samples*" gesprochen.

911 „A quota sample is designed by taking known characteristics of the universe and including respondents in the sample in the same proportion as they occur in the known characteristic universe." Keegan (1995), S. 243. Zu

- Marke und Modell des gefahrenen PKW („Jetztfahrzeug“),
- Zielperson ist amtlich eingetragener Halter bzw. Hauptnutzer des Fahrzeugs,
- Fahrzeug wurde innerhalb der vergangenen 36 Monate erstmals amtlich zugelassen,
- Firmenfahrzeuge werden nur dann berücksichtigt, wenn der hauptsächliche Nutzer die Wahl zwischen mehreren Marken und Modellen hatte („*User Chooser*“).

Der disproportionale Quotenansatz der Stichprobe wurde durch einen im Nachhinein eingeführten Gewichtungsfaktor korrigiert, um repräsentative Aussagen über den PKW-Gesamtmarkt bzw. Marktsegmente eines Landes ableiten zu können (A8 erfüllt).[912] Unabhängig davon, welchem PKW-Segment der Befragte aufgrund seines aktuellen Fahrzeugbesitzes zuzurechnen war, mussten je Land und Studie vorgegebene Automobilunternehmen und -marken von sämtlichen Probanden beurteilt werden. Anzahl und Auswahl der zu beurteilenden Unternehmen und Marken waren zum Teil unterschiedlich über Länder und Studien, beinhalteten jedoch in jedem Fall Unternehmen und Marke des auftraggebenden Automobilherstellers. Dementgegen wurde bei der Bewertung der Produkte nach dem aktuellen Fahrzeugbesitz des Interviewten unterschieden: Hierbei hatten die Befragten jeweils drei Modelle - darunter eines des Auftraggebers sowie zwei des definierten Wettbewerbsumfeldes - des PKW-Segments zu beurteilen, dem sie aufgrund ihres Fahrzeugbesitzes zugerechnet wurden. Dies schloss je Klasse jeweils die Personengruppen ein,

- die zum Zeitpunkt der Befragung (zumindest) eines der jeweils drei zu beurteilenden Fahrzeuge besaßen bzw. überwiegend nutzten und/oder
- die die zu beurteilenden Fahrzeuge als Kaufalternativen im Rahmen eines vergangenen Kaufentscheidungsprozesses berücksichtigt haben könnten bzw. im Falle eines anstehenden Kaufentscheidungsprozesses mit Verbleib im angestammten Segment in Erwägung ziehen dürften (*relevant set*).[913]

Die Fahrzeugmodelle der jeweils anderen PKW-Klassen wurden nicht beurteilt. Diese Einschränkung liegt einerseits darin begründet, dass die Befragten mit der Beurteilung der Marke-1- bzw. Wettbewerberprodukte mehrerer Fahrzeugklassen kapazitativ überfordert gewesen wären. Andererseits wäre mit der Ausweitung des Fragenkatalogs ein erheblich größerer Erhebungsaufwand verbunden gewesen. Mit dieser Einschränkung einher geht das vorläufige Verständnis, dass Produktimages die produktbezogenen Wahrnehmungen ausschließlich derjenigen Personen sind, die demselben PKW-Segment zugerechnet werden, dem auch das zu beurteilende PKW-Modell angehört. Diese zielgruppenbezogene Limitierung schließt sog. Segmentauf- und -absteiger aus der Produktbeurteilung aus und widerspricht damit der Definition des theoretischen Teils dieser Arbeit, wonach sämtliche PKW-Besitzer eines Landes ein Produktimage konstituieren. Im weiteren Verlauf der Arbeit müssen dementsprechend auch solche PKW-Besitzer Berücksichtigung finden, die anderen Marktsegmenten als dem des betrachteten PKW-Modells angehören.[914]

Problemen der Stichprobenauswahl im Rahmen internationaler Marktforschungsstudien vgl. Punnett/Shenkar (1996), S. 47-50.

912 Zur Proportionalisierung der Stichprobe vgl. Kapitel 5.1.4 dieser Arbeit.

913 Es wird davon ausgegangen, dass ausschließlich zwischen den Produkten bzw. Marken des *evoked set* kaufrelevanter Wettbewerb besteht. Vgl. Kroeber-Riel/Weinberg (1996), S. 223.

914 Zur Berücksichtigung und Lösung dieser Problematik vgl. Kapitel 5.2 dieser Arbeit.

Eine weitere Einschränkung der Aussagefähigkeit der einbezogenen Positionierungsstudien ergibt sich daraus, dass nicht sämtliche Marktsegmente eines nationalen PKW-Marktes in die Untersuchung aufgenommen wurden, sondern maximal diejenigen, in denen der auftraggebende Hersteller mit Produkten seiner Modellreihen zum Zeitpunkt der Erhebung vertreten war. Selbst wenn in einem Marktsegment eines Landes zum Erhebungszeitpunkt kein Angebot des Herstellers gegeben war, hätten die Befragten jedoch - insbesondere vor dem Hintergrund grenzüberschreitender Informationsdiffusion und der gestiegenen Verbreitung moderner Kommunikationstechnologien - auch dann Fahrzeuge beurteilen können, wenn sie ihnen innerhalb ihres Landes nicht physisch zugänglich gewesen wären. Im Zentrum des Interesses stand jedoch die Forderung, dass Verbraucher sich mit den Produkten, die sie zu beurteilen hatten, bereits intensiv auseinander gesetzt haben und sie zu ihrem *relevant set* zählen sollten. Dies wurde dann unterstellt, wenn die befragten Verbraucher,

- erstens rein technisch die Möglichkeit gehabt hätten, ein Produkt über die Handelsorganisation ihres Landes physisch zu erwerben,
- und damit zweitens dieses Produkt im Rahmen einer vergangenen/anstehenden Kaufentscheidung in Erwägung ziehen konnten/könnten.

Gründe, Marktsegmente trotz Belegung mit einem Produkt des Marke-1-Unternehmens dennoch nicht abzufragen, waren:

- Das Produkt war zum Zeitpunkt der Erhebung erst seit relativ kurzer Zeit (< 6 Monate) im Markt eingeführt und eine hinreichende Verbraucherkenntnis des/der Modells/Modelle konnte nicht vorausgesetzt werden und/oder
- das Marktsegement wurde vor dem Hintergrund einer Kosten-/Nutzenanalyse aus der Untersuchung ausgeschlossen.

Untersuchungsobjekt ist mithin nicht zwangsläufig der gesamte PKW-Markt eines Landes, sondern es sind lediglich die aus Sicht des auftraggebenden Unternehmens relevanten Marktsegmente. Auf diese Weise bildet die Angebotspolitik des auftraggebenden Unternehmens unter den genannten Einschränkungen die Definition des relevanten Marktes. In der Konsequenz können Aussagen aus der vorliegenden Datenstruktur nicht grundsätzlich auf den PKW-Gesamtmarkt eines Landes übertragen werden, sondern beziehen sich ausschließlich auf die abgefragten Segmente bzw. deren Summe. Dies stellt unzweifelhaft eine Einschränkung der Interpretationskraft der Stichprobe dar, da Anteile der Auto fahrenden Bevölkerung (PKW-Gesamtmarkt) künstlich aus der Untersuchung ausgeschlossen wurden.[915]

Die Interviews wurden anonym als persönliche mündliche Einzelgespräche durchgeführt. Dabei waren den Interviewern die Reihenfolge der (geschlossenen) Fragen sowie die Fragenformulierungen durch einen strukturierten Fragebogen vorgegeben. Auch formalinhaltlich war damit eine Vergleichbarkeit der Studien sichergestellt.[916]

---

915 Nichtsdestotrotz soll im Folgenden vom PKW-Gesamtmarkt i.S.v. „relevantem PKW-Markt" aus Sicht des auftraggebenden Herstellerunternehmens gesprochen werden.

916 Gemäß der Klassifikation von Atteslander handelt es sich im vorliegenden Fall demnach um ein mündliches, stark strukturiertes Einzelinterview mit einem standardisierten Fragebogen, der hauptsächlich (hier: ausschließlich) geschlossene Fragen enthält. Vgl. Atteslander (1993), S. 153-155.

Die Feldarbeiten für beide in die Untersuchung aufgenommenen Positionierungsstudien wurden im zweiten Halbjahr 1992 bzw. zwischen August 1996 und Mai 1997 durchgeführt:

Tab. 5-4: Erhebungszeiträume der Stichprobe

Land:	Deutschland (D)		Frankreich (F)		Spanien (E)		Italien (I)		Großbritannien (G)	
Studie:	1992	1997	1992	1997	1992	1997	1992	1997	1992	1997
Feldarbeit:	09-11/92	08-10/96*)	10/92	03-05/97	10-12/92	03-05/97	10-11/92	04-05/97	09-10/92	03-05/97

*) = Deutschland wurde 1997 zeitlich vorgezogen, um als Pilotstudie für die folgenden Länder-Stichproben zu fungieren.

Quelle: Eigene Darstellung.

5.1.4.3 Umfang und Struktur der Stichprobe

Mit den für diese Untersuchung zur Verfügung stehenden Studien (1992, 1997) und der Auswahl der zu berücksichtigenden Länder (D, F, E, I, G) wird ein Rahmen für Umfang und Struktur der Stichprobe vorgegeben, der die Datenbasis räumlich und zeitlich eingrenzt.

Da aus Sicht des auftraggebenden Automobilherstellers die zentrale Zielsetzung der Primärstudien in der Erhebung der Produktimages bestand, wurden solche Marktsegmente eines Landes aus der Untersuchung ausgeschlossen, in denen der Hersteller zum Zeitpunkt der Erhebung gar nicht bzw. erst seit relativ kurzer Zeit (< 6 Monate) mit eigenen Produkten vertreten war:

- Dies trifft im Falle der ersten Studie (1992) auf die untere PKW-Klasse (UKL) und die Roadsterklasse (RKL) zu. Die kleine Klasse (KKL), mittlere Klasse (MKL) und die große Klasse (GKL) wurden vom auftraggebenden Automobilhersteller in diesem Erhebungszeitraum mit jeweils einem Produkt seiner Modellpalette besetzt.[917]
- Im Erhebungszeitraum 1996/97 wurden vor erweitertem produktpolitischem Hintergrund in der Form von insbesondere zwei Produktneueinführungen des auftraggebenden Automobilunternehmens über die Berücksichtigung der KKL, MKL und GKL hinaus die Segmente UKL und RKL abgefragt. Gemäß den genannten Einschränkungen wurden folgende Segmente trotz Belegung mit herstellereigenen Produkten aus der Primärerhebung 1997 ausgeschlossen: In Frankreich und Spanien wurde die große Klasse (GKL), in Spanien und Großbritannien die Roadsterklasse (RKL) nicht abgefragt.

Im Rahmen der in die Untersuchung einbezogenen Stichproben haben sich in Deutschland (D), Frankreich (F), Spanien (E), Italien (I) und Großbritannien (G) insgesamt 5.710 Endverbraucher zu Unternehmens-, Marken- und Produktimages verschiedener Hersteller geäußert.[918] Die folgende TABELLE 5-5 auf der nächsten Seite liefert einen Überblick über den Umfang und die Struktur der erhobenen Stichprobe:

[917] Die Bezeichnungen der Produkte orientieren sich im weiteren Verlauf der Arbeit an den entsprechenden Klassenbezeichnungen.

[918] Im Ergebnis verblieben 5.710 Fälle nach Ausschluss der ungültigen Fragebögen.

Tab. 5-5: Umfang und Struktur der ungewichteten Stichprobe (tatsächliche Fallzahlen)

Land:	Deutschland (D)		Frankreich (F)		Spanien (E)		Italien (I)		Großbritannien (G)	
Studie:	1992	1997	1992	1997	1992	1997	1992	1997	1992	1997
gesamt:	599	819	598	410	586	450	600	450	608	590
UKL		179		121		151		81		159
KKL	299	230	309	155	316	200	300	169	311	188
MKL	200	267	208	102	200	99	200	130	201	165
GKL	100	105	81		70		100	21	96	78
RKL		38		32				49		

Quelle: Eigene Darstellung.

5.1.4.4 Proportionalisierung der Stichprobe

Für die Erhebung der Positionierungsstudien 1992 und 1997 wurde den ausführenden nationalen Marktforschungsinstituten vom auftraggebenden Automobilhersteller ein Quotenansatz (bewusste Auswahl im Gegensatz zu einer Zufallsauswahl) für die Rekrutierung der Probanden vorgegeben.[919] Im Rahmen dieses Quotenansatzes wurden zunächst die Stichprobenumfänge je Land und Marktsegment festgelegt. Die Umfänge wurden dabei so gewählt, dass sie einerseits die Bedeutung eines Landes bzw. eines Marktsegmentes für das Unternehmen reflektierten, andererseits jedoch groß genug waren, um die Anwendung (multivariater) statistischer Analyseverfahren zuzulassen und vielfältige (Unter-) Segmentierungen dieser Verfahren zu ermöglichen.

Das Kriterium für die Quotierung bildete der Fahrzeugbesitz der Befragten und damit die Zugehörigkeit zu einem Marktsegment des Automobilmarktes eines Landes. In diesem Zusammenhang lag das Augenmerk ausschließlich auf solchen Autofahrern/-innen, die aufgrund ihres Fahrzeugbesitzes den Marktsegmenten zuzurechnen waren, die der auftraggebende Automobilhersteller im Zeitraum der Primärerhebung mit Modellen der eigenen Fahrzeugpalette besetzte. Innerhalb dieser Segmente wurden Vorgaben gemacht, zu welchen Anteilen die Fahrer der auftraggebenden Herstellermarke sowie ausgesuchter Wettbewerbermarken in die Untersuchung eingehen sollten.

Da für den auftraggebenden Hersteller primär die Besitzer der eigenen Marke von Interesse waren, wurden diese überproportional stark berücksichtigt. Die Vorgabe weiterer Anteile bezog sich auf die Auswahl designierter Wettbewerbsfahrer, um im Rahmen statistischer Analyseverfahren das Eroberungspotenzial der eigenen Marke identifizieren zu können. Die verbleibenden Stichprobenumfänge konnten von den ausführenden nationalen Marktforschungsinstituten frei auf die Wettbewerbsfahrer dieses Marktsegments verteilt werden. Die durch den quotierten Ansatz entstehende Stichprobe wurde durch das angewandte Verfahren verzerrt und spiegelt nicht die Verteilung in der Grundgesamtheit (i.S. eines nationalen Automobilmarktes) wider.

> „Since the units that are selected in a quota sample do not have an equal or even a known chance of being selected, the results of a quota sample cannot be projected with any statistical reliability to the universe."[920]

---

[919] Zu den Quotierungskriterien vgl. Kapitel 5.1.4 dieser Arbeit.

[920] Keegan (1995), S. 242.

Um nichtsdestotrotz repräsentative Aussagen aus der gewonnenen Stichprobe ableiten zu können, musste die Stichprobe in der Folge proportionalisiert werden.[921] Die Grundlage der Proportionalisierung stellte der durch den Probanden zu Beginn des Interviews angegebene Fahrzeugbesitz nach Marke und Modell dar.[922] Durch die Relation des Anteils eines Modells an der Stichprobe (A_S) zum Anteil dieses Modells an der Grundgesamtheit (A_G) sollte ermittelt werden, ob ein in die Untersuchung einbezogenes Modell im Sample unter-, gleich- oder überproportional repräsentiert war. Diese Verzerrung sollte durch die Einführung eines Gewichtungsfaktors (G_i) je Modell/Marke bereinigt werden:

$$G_i = \frac{A_G}{A_S}$$
$$mit\ i = 1 \ldots n$$

Zu diesem Zweck wurden die 5.710 Fälle (n) der Gesamtstichprobe jeweils mit dem errechneten Gewichtungsfaktor (G_i) multipliziert, der sicherstellt, dass sämtliche Fahrzeuge mit ihrem Anteil an der Stichprobe ihrem Anteil an der Grundgesamtheit entsprechen und damit die Repräsentativität der Stichprobe auf Länderebene gewährleistet ist.[923] Mit Hilfe der Einführung des Gewichtungsfaktors ist es nun möglich, Länder gesamthaft innerhalb einer Studie sowie über beide Studien hinweg miteinander zu vergleichen: Die Struktur innerhalb einer Länderstichprobe repräsentiert die Struktur des tatsächlichen PKW-Marktes eines Landes.[924]

Mit dieser Korrektur ist allerdings ein technischer Makel verbunden: Durch die Gewichtung der einzelnen Fälle wurde zwar der Umfang der Länderstichproben insgesamt nicht berührt (denn auch in der auf Landesebene definierten Grundgesamtheit summieren sich die Anteile der in ihr beinhalteten Modelle zu 100% auf), die Stichprobenumfänge einzelner Modelle, Marken und Segmente jedoch differieren in ihren tatsächlich erhobenen Fallzahlen nun von denen der durch die Einführung des Gewichtungsfaktors bewirkten korrigierten Fallzahlen (F_K).

921 „Die für die Marktforschung zentrale Forderung nach Repräsentativität ist immer dann erfüllt, wenn die Verteilung der relevanten Merkmale in der zahlenmäßig kleineren Stichprobe mit denen in der größeren Grundgesamtheit übereinstimmt." Meyer/Mattmüller (1999), S. 825.

922 Sofern sich mehrere Fahrzeuge zum Zeitpunkt der Erhebung im Besitz des Interviewten befanden, waren Marke und Modell des Fahrzeugs maßgeblich, das vom Probanden zeitlich überwiegend genutzt wurde.

923 Eine repräsentative Stichprobe wird hergestellt, wenn alle relevanten statistischen Merkmale der Stichprobe den Gegebenheiten in der Grundgesamtheit entsprechen. Vgl. Schäfer/Knoblich (1978), S. 250f.

924 Analog hierzu wird ein weiterer Gewichtungsfaktor eingeführt, der eine Proportionalisierung auf Studienebene bewirkt: Die berücksichtigten Länder werden unter Beibehaltung ihrer inneren Struktur (G_i) entsprechend ihrem Anteil an den amtlichen Zulassungszahlen „Europa" - verstanden als Aggregation der fünf Märkte Deutschland, Frankreich, Spanien, Italien und Großbritannien - proportionalisiert. Dieser zweite Gewichtungsfaktor wird über die Verknüpfung (Multiplikation) des Intra-Länder-Gewichtungsfaktors (Gi) und des Anteils eines Landes an den europäischen Zulassungszahlen eines Erhebungszeitraums bestimmt. Die Einführung dieses zweiten Gewichtungsfaktors ermöglicht einen gesamthaften „Europa-Vergleich" zwischen den beiden Studien 1992 und 1997.

Tab. 5-6: Umfang und Struktur der gewichteten Stichprobe (korrigierte Fallzahlen)

Land:	Deutschland (D)		Frankreich (F)		Spanien (E)		Italien (I)		Großbritannien (G)	
Studie:	1992	1997	1992	1997	1992	1997	1992	1997	1992	1997
gesamt:	599	819	598	411*)	586	450	600	451*)	608	590
UKL		378		233		265		232		291
KKL	403	304	461	144	495	160	430	146	479	243
MKL	172	115	132	33	85	25	163	64	116	50
GKL	24	13	5		6		7	2	13	6
RKL		9		1				7		

*) = Unstimmigkeit aufgrund Rundung.

Quelle: Eigene Darstellung.

Dies hat zwei Auswirkungen:

1. Aufgrund der Gewichtung werden die aus den Fallzahlen errechneten Konfidenzintervalle zur Schätzung der Parameter in der Grundgesamtheit auf der Grundlage der korrigierten Teilstichprobenumfänge ermittelt. Da diese Fallzahlen nicht den Gegebenheiten der Erhebung entsprechen, weichen die auf Basis der korrigierten Fallzahlen (F_K) errechneten Konfidenzintervalle von den tatsächlichen Konfidenzintervallen ab und die Parameter der Grundgesamtheit können nicht korrekt geschätzt werden.
2. Es kann passieren (insbesondere bei Vorliegen einer quotierten Stichprobe), dass durch die Gewichtung der Teilstichproben so niedrige Fallzahlen entstehen, dass sie in der Folge nicht zu (multivariaten) statistischen Analyseverfahren herangezogen werden können.[925]

Es muss daher sichergestellt werden, dass die tatsächlich erhobenen Teilstichprobenumfänge der Primärerhebung (F_T) auch auf den Subebenen innerhalb eines Landes wiederhergestellt werden und dabei die Struktur der Grundgesamtheit und mithin die Repräsentativität der Stichprobe gewahrt bleibt. Dies wird mittels eines Korrekturfaktors (K_i) erreicht.

$$K_i = G_i \times \left(\frac{F_T}{F_K} \right)$$
$$mit\ F_K = F_T \times G_i$$

Die Korrektur bezieht sich auf sämtliche Variablen, die innerhalb eines Landes zum Tragen kommen. Es handelt sich hierbei um die Segmentierungsvariablen zum Fahrzeugbesitz sowie um die Sozio-Demografika zu den Befragten. Anwendung findet der Korrekturfaktor damit bei sämtlichen Analysen der Subebenen innerhalb eines Landes (Intra-Markenvergleich), über mehrere Länder einer Studie (Inter-Ländervergleich) sowie zwischen den Studien (Inter-Studienvergleich). Durch die vorgenommene Proportionalisierung bzw. Korrektur sind die Repräsentativität und die Vergleichbarkeit der zu berücksichtigenden Studien gewährleistet.

925 Siehe hierzu Tab. 5-6 und die Klassen GKL und RKL mit Fallzahlen bis zu 1 in Frankreich 1997 (RKL).

5.1.4.5 Operationalisierung der Erhebungsinhalte

Mit der Vergabe standardisierter Fragebögen an die Interviewer wurden sowohl die inhaltlichen Fragestellungen der Erhebung als auch deren Abfolge strikt festgelegt. Damit sollte die Vergleichbarkeit der erhobenen Länderdaten sowohl innerhalb einer Studie als auch über beide Studien sichergestellt werden. Mittels der ausschließlichen Verwendung geschlossener Fragen und vorgegebener Antwortmöglichkeiten sollten die Anwendung (multivariater) statistischer Analyseverfahren ermöglicht sowie Auswertung und Interpretation der gewonnenen Daten vereinfacht und strukturiert werden.[926]

Einheitlich über die in der vorliegenden Arbeit berücksichtigten Studien 1992 und 1997 und die Länder Deutschland, Frankreich, Spanien, Italien und Großbritannien wurde eine skalierte Beurteilung von Unternehmen und Produkten abgefragt. Das Markenimage wurde qualitativ-nominal erhoben. Im Verlauf des persönlichen Interviews wurden einführend Fragen zu Fahrzeugbesitz und -nutzung gestellt, abschließend Sozio-Demografika zu den Befragten ermittelt.[927] Für die vorliegende Untersuchung fungieren die Beurteilungen der Unternehmens-, Marken- und Produktimages als aktiv d.h. inhaltliche Variablen. Sie operationalisieren den Untersuchungsgegenstand. Informationen zum Fahrzeugbesitz und Sozio-Demografika zu den Befragten dienen als Schichtungs- und Segmentierungsvariablen (passive Variablen).[928]

Mit der Frage nach der Marke und dem Modell des Jetztfahrzeugs werden mehrere Zielsetzungen miteinander verbunden: Erstens soll durch diese Angabe ein Filter entsprechend der durch den auftraggebenden Automobilhersteller geforderten Quotenvorgabe gesetzt werden. Zweitens dient diese Auskunft dazu, den Befragten gemäß seinem Fahrzeugbesitz in eine der vorgegebenen Fahrzeugklassen einzuteilen und darüber im Rahmen der Ermittlung der Produktimages nur die drei vorgegebenen Fahrzeugmodelle dieses PKW-Segments beurteilen zu lassen. Für die vorliegende Arbeit wird drittens der Zweck erfüllt, aus der gegebenen Information zum Fahrzeugbesitz zwei weitere relevante Variablen abzuleiten: die Marke des Jetztfahrzeugs und die Information, ob der Befragte zu den Besitzern bzw. Fahrern der auftraggebenden Herstellermarke gehört („*owner*") oder nicht („*non-owner*").

Für die folgenden empirischen Analysen werden die **Herstellermarken** in folgende Gruppen eingeteilt: die Herstellermarke des auftraggebenden Automobilunternehmens („Marke-1"), die zwei aus Sicht des auftraggebenden Automobilunternehmens engsten Wettbewerber („Marke-2" und „Marke-3") sowie weitere Herstellermarken („Andere").[929] Die Frage zum Fahrzeugbesitz an den Probanden lautete hierbei wie folgt: „*[...] nun zu Ihrem jetzigen Auto. Bitte nennen Sie mir Marke und Modell Ihres Autos.*"

---

926 Vgl. Schreiner (1992), S. 80f. Die Marktforschung liefert grundsätzlich zwei alternative Testverfahren für Primärerhebungen, die sich durch die Form der Fragestellung - offen vs. geschlossen - unterscheiden. Im Gegensatz zu offenen Fragen, bei denen der Befragte frei assoziieren und antworten kann, sind bei geschlossenen Fragen Qualität (Ausprägung bzw. verbale Formulierung) und Quantität (Anzahl) der Antwortmöglichkeiten strikt vorgegeben. Vgl. Hammann/Erichson (1990), S. 83-86.

927 In der Folge werden ausschließlich die Fragestellungen erläutert, die im Rahmen der vorliegenden Arbeit Verwendung finden.

928 Vgl. das Untersuchungsdesign dieser Empirie (Kapitel 5.1.5).

929 „In most cases, there will be a primary group of competitors and one or more secondary competitors." Aaker/ Shansby (1982), S. 59.

Damit verbunden war die Frage nach der **Karosserieform** des Jetztwagens. Hier lautete die Frage an den Interviewten: *„[...] was für eine Karosserie hat Ihr Wagen, handelt es sich um eine Limousine mit Stufenheck, eine Limousine mit Heckklappe, einen Kombi, ein Coupé, ein(en) Cabriolet/Roadster oder um eine andere Karosserieform?"* Entsprechend den Antwortmöglichkeiten wurden die Variablenausprägungen definiert.

Zum Schluss der Befragung nahm der Interviewer das **Geschlecht** des Befragten auf und erkundigte sich nach **Alter**, **Beruf** und **Einkommen** des Probanden. Die Fragen hierzu lauteten wie folgt: *„[...] darf ich fragen, wie alt Sie sind?"*, *„[...] welchen Beruf üben Sie aus?"* und *„[...] wie hoch ist das monatliche Nettoeinkommen Ihres Haushalts insgesamt? Ich meine damit die Summe, die sich ergibt aus Lohn, Gehalt, Einkommen aus selbständiger Tätigkeit, Rente oder Pension, jeweils nach Abzug der Steuern und Sozialversicherungsbeiträge. Rechnen Sie bitte auch die Einkünfte aus öffentlichen Beihilfen, Einkommen aus Vermietung und Verpachtung, Wohngeld, Kindergeld und sonstige Einkünfte hinzu."*

Die Antworten zum Alter, Berufsstand und Einkommen wurden vom Autor in folgende über Länder und Studien einheitliche Klassen eingeteilt:[930]

- **Alter**: „18 bis 25 Jahre", „26 bis 30 Jahre", „31 bis 35 Jahre", „36 bis 40 Jahre", „41 bis 45 Jahre", „46 bis 50 Jahre", „51 bis 55 Jahre", „56 bis 60 Jahre", „61 bis 65 Jahre" und „66 Jahre und älter". Außerdem wurde eine zweite Altersvariable eingeführt („ALTER2"), der jeweils der Klassenmittelwert zugeordnet wird; sie nimmt damit quasi metrischen Charakter an.[931]
- **Berufsstand**: „Selbstständige und freie Berufe", „Angestellte und Beamte" sowie „andere" Berufe. Zu der Klasse der Selbstständigen und freien Berufe zählen freie Berufe/selbstständige Akademiker, größere Selbstständigkeit, mittlere Selbstständigkeit, kleinere Selbstständigkeit und selbstständige vollerwerbswirtschaftliche Landwirte. Zur Gruppe der Angestellten bzw. Beamten gehören leitende Angestellte, qualifizierte Angestellte und ausführende Angestellte bzw. Beamte im höheren Dienst, Beamte im gehobenen Dienst und Beamte im mittleren/einfachen Dienst. Zur Klasse der anderweitig Beschäftigten zählen Facharbeiter/Meister, Arbeiter sowie sämtliche anderen Berufsstände.
- **Einkommen**: „niedrig", „mittel" und „hoch". Zur Klasse der niedrigen Einkommen zählen monatliche Netto-Einkommen bis unter DM 2.500, zur Klasse der mittleren Einkommen werden Einkommen zwischen DM 2.500 und unter DM 5.000 gerechnet, und zur Gruppe der Per-

930 Während die Gruppierung eines diskreten Merkmals dann sinnvoll ist, wenn viele Merkmalsträger unterschiedliche, sich jeweils wiederholende Merkmalsausprägungen aufweisen, sollte eine Klassierung immer dann vorgenommen werden, wenn sehr viele Merkmalsträger eine große Anzahl unterschiedlicher Merkmalsausprägungen annehmen, die ihrerseits jedoch nicht oder nur in wenigen Fällen identisch sind; zudem reduziert die Bildung von Klassen die Variablenausprägungen und damit die Komplexität dergestalt, dass (internationale) Vergleiche auch dann möglich werden, wenn unterschiedliche Merkmalsausprägungen bspw. in verschiedenen Ländern (Beruf, Einkommen) auftreten. Bei einer Untersuchung des (diskreten) Merkmals „Alter" oder „Beruf" kann erwartungsgemäß davon ausgegangen werden, dass sich die verschiedenen Merkmalsausprägungen relativ ähnlich sind und daher Mehrfachnennungen auftreten. In solchen Fällen erweist es sich als sinnvoll, anstelle von Gruppen Klassen zu bilden, innerhalb derer sich die Merkmalsausprägungen zwischen bestimmten Intervallgrenzen bewegen. Bezüglich dieser Klassen ist ebenfalls ein Ordnungskriterium (hier: Alter, Berufsstellung und Höhe des verfügbaren Nettohaushaltseinkommen) vonnöten, anhand dessen eine Klassifizierung vorzunehmen ist. Vgl. Bleymüller et al. (1998), S. 9.

931 Zur Schätzung des repräsentativen künstlichen Klassenmittelwertes einer nicht-metrischen Variablen vgl. ebenda, S. 9.

sonen mit hohem Einkommen gehören Einkommen ab DM 5.000 (Muster: Deutschland-Fragebogen Studie 1997).[932]

Die für den Forschungsgegenstand und Untersuchungszweck notwendige Abfrage der **Produktimages** wurde mittels der Beurteilung verschiedener Modelle unterschiedlicher Hersteller abgedeckt. Hierbei hatte jeder Befragte jeweils drei Automodelle der Klasse zu beurteilen, der er aufgrund seines aktuellen Fahrzeugbesitzes selbst zuzurechnen war. Von diesen drei zu beurteilenden Fahrzeugmodellen je Klasse gehörte jeweils eines der Produktpalette des auftraggebenden Automobilunternehmens an, die verbleibenden zwei Modelle stellten jeweils von Karosseriekonzept (RKL) und Preisstellung bzw. Größe (UKL, KKL, MKL, GKL) vergleichbare Modelle des näheren Wettbewerbsumfeldes dar. Die Auswahl der Modelle des auftraggebenden Unternehmens wurde hierbei durch Umfang und Struktur der Programmpalette vorgegeben, die Wettbewerbermodelle wurden auf der Grundlage subjektiver Einschätzungen des Auftraggebers bestimmt.[933] Um rationale wie emotionale Aspekte der Modellbeurteilung zu erfassen, wurden den Befragten explizite Statement-Batterien vorgelegt, die sie auf einer 6-poligen bipolaren Skala zu beurteilen hatten.[934] Bei der Beurteilung wurde die Skala an ihren Endpolen (1 und 6) mit der Zustimmung bzw. Ablehnung einer Aussage bezüglich des zu beurteilenden Modells versehen.

Produktimages einer Klasse wurden über folgende Formulierung abgefragt: *„[...] im weiteren wollen wir uns auf bestimmte Modelle beschränken: Den [Modell 1], den [Modell 2] und den [Modell 3]. Ich lese Ihnen jetzt eine Reihe verschiedener Eigenschaften vor. Ich bitte Sie, anhand dieser sechsstufigen Skala jeweils zu entscheiden, wie sehr die betreffende Aussage auf jedes dieser 3 Automodelle zutrifft. Der Skalenwert 1 bedeutet 'Diese Aussage trifft ganz und gar nicht zu'; der Skalenwert 6 bedeutet 'Diese Aussage trifft voll und ganz zu'. Mit den Werten dazwi-*

932 Da sich einerseits die Niveaus der Nominaleinkünfte im Zeitraum von 1992 bis 1997 veränderten und sich andererseits die Kaufkraft im Ländervergleich stark unterscheidet, wurde in den berücksichtigten Ländern und Zeitpunkten der Erhebung jeweils eine standardisierte Lorenzkurve der Einkommensverteilung zugrunde gelegt und die einheitlich abgefragten neun Einkommensklassen in Landeswährung so aufgeteilt, dass die unteren drei Einkommensschichten jeweils der Klasse der niedrigen Einkommen, die mittleren vier Einkommensschichten jeweils der Klasse der mittleren Einkommen und die obersten zwei Einkommensklassen jeweils der hohen Einkommensgruppe zugeschlüsselt wurden.

933 Die Abfrage der Wettbewerbermodelle wird hier nur der Vollständigkeit halber erwähnt; sie bleiben bei der Intra-Marken-Betrachtung der Herstellermarke des Studienauftraggebers unberücksichtigt.

934 Ob eine einpolige (unipolare) oder zweipolige (bipolare) Skala zu verwenden ist, wird grundsätzlich durch die zu messende Variable bestimmt. So lassen sich Variablen, die durch Ablehnung bzw. Zustimmung diametral ausgeprägt sein können, mittels zweipoliger Skalen messen. Vgl. Sixtl (1982), S. 145-147; Green/Tull (1982), S. 162f. Um die Gefahr eines bevorzugten Ankreuzens der Mittelkategorie bei einer ungeraden Abstufungszahl von vornherein auszuschalten, soll hier eine gerade Zahl verwendet werden; in Anlehnung an Heemeyer soll die Abstufungszahl sechs betragen. Vgl. Heemeyer (1981), S. 179. Streng genommen ist im Falle der entwickelten Skala die Forderung nach Äquidistanz zwischen den Skalenstufen nicht aufrechtzuerhalten; die mittels *„rating"* gewonnenen Daten besitzen lediglich ordinales Skalenniveau. Arithmetische Operationen, wie sie für alle gängigen statistischen Analysemethoden durchzuführen sind, verlangen jedoch zumindest intervall-skalierte Messergebnisse, d.h., die Distanzen zwischen den Skalenstufen müssen gleich sein. Werden die mittels *„rating"* gewonnenen Daten wie intervall-skalierte Messergebnisse behandelt, so müssen die Abstufungsdistanzen von den Versuchspersonen zumindest als äquidistant empfunden werden. Eine Möglichkeit hierzu stellt die verbale Verankerung der Skala an den Extrema dar. Vgl. Wettschureck (1974), S. 296. Dabei ist eine Kombination der sachlichen und wertenden (emotionalen) Dimension notwendig, um von einer Beurteilung sprechen zu können. Die ausschließliche Berücksichtigung sachlicher Eindrücke liefert demgegenüber eine bloße Beschreibung des Gegenstandsbereiches. Vgl. Kroeber-Riel/Weinberg (1996), S. 306.

schen können Sie Ihr Urteil abstufen. Bitte beurteilen Sie ganz aus Ihrem Gefühl heraus. Sagen Sie mir also bei jeder Aussage, die ich Ihnen vorlese, den jeweiligen Skalenwert von 1 bis 6.“

Abb. 5-5: 6-polige Skala zur Abfrage expliziter Produktimage-Statements

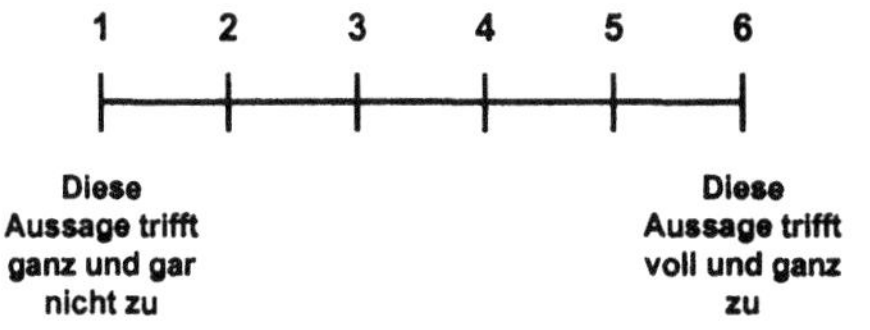

Quelle: Eigene Darstellung.

Zur Beurteilung der ausgewählten Fahrzeugmodelle wurden je nach Studie und Land bis zu 40 Image-Items vorgegeben. Um sowohl eine zeitliche (Inter-Studienanalyse) als auch eine kulturelle Vergleichbarkeit (Inter-Länderanalyse) der Antworten sicherzustellen, wurden in die vorliegende Untersuchung nur solche Items aufgenommen, die in beiden Studien und über sämtliche fünf Länder abgefragt wurden. Ferner mussten die Items in ihrer Semantik gleich sein; dies wurde bereits durch die qualitativen Vorstudien sichergestellt. Unter den genannten Voraussetzungen konnten 15 Items in die Untersuchung einbezogen werden. Diese Items sind:

Tab. 5-7: In die Untersuchung aufgenommene Produktimage-Statements

“[...] ein Auto[,] ...	Modell 1	Modell 2	Modell 3
(01) ... auf das man sich immer verlassen kann.“	1...6	1...6	1...6
(02) ... mit hervorragender Beschleunigung.“	...	...	...
(03) ... das auf Sicherheit ausgelegt ist.“	...	...	...
(04) ... das mit hochwertigen, edlen Materialien ausgestattet ist.“	...	...	...
(05) ... mit einem unverwechselbaren Aussehen.“	...	...	...
(06) ... mit ausgeprägtem Fahrkomfort.“	...	...	...
(07) ... das sehr direkt auf Gasgeben und Lenkmanöver reagiert.“	...	...	...
(08) ... mit hohem Wiederverkaufswert.“	...	...	...
(09) ... das ausgezeichnet auf der Straße liegt.“	...	...	...
(10) ... das besonders fortschrittliche Technik bietet.“	...	...	...
(11) ... das sportliche Eleganz ausstrahlt.“	...	...	...
(12) ... das sich nicht jeder leisten kann.“	...	...	...
(13) ... das klassischen Stil hat.“	...	...	...
(14) ... das selbstbewusst dasteht.“	...	...	...
(15) ... das auch für Familien geeignet ist.“	...	...	...

Quelle: Eigene Darstellung.

Das **Markenimage** - i.S.d. vorliegenden Arbeit zu verstehen als übergreifende Verbraucherwahrnehmung bezüglich der Gesamtheit der Produkte eines Herstellers, die unter einer (Dach-) Marke angeboten werden - bildet das zweite Modellelement des IMI, das es zu untersuchen gilt. Im Gegensatz zur Erhebung der Produktimages wurde das Markenimage allerdings erstens in keiner der beiden Studien skaliert (metrisch), sondern qualitativ-nominal erfasst:

Vorgegebene Statements zu ausgesuchten Herstellermarken mussten vom Befragten binär mit Zustimmung (1) oder Ablehnung (0) versehen werden.[935] Zweitens unterscheiden sich die abgefragten Marken-Statements in Anzahl und Auswahl erheblich über Länder und Studien, so dass keine Vergleichbarkeit gegeben ist. Drittens sind die erhobenen Marken-Dimensionen nicht mit denen identisch, die zur Erhebung der Produktimages verwendet wurden. Dies wird allerdings im weiteren Verlauf eine Bedingung dafür sein, um Beziehungen zwischen Produkten und Marken untersuchen zu können. Zusammenfassend kann festgehalten werden, dass Erhebungsmethodik und -inhalte der zur Verfügung stehenden Studien bezüglich der Abfrage der Markenimages nicht zur Operationalisierung dieser Imagegröße herangezogen werden können.

Die Beurteilung der Automobilhersteller (**Unternehmensimage**) erfolgte durch die skalierte Abfrage einer globalen Frage: „*[...] wir möchten Sie nun am Ende des Interviews bitten, noch einmal alles in Erwägung zu ziehen, was wir bisher zum Thema 'Auto' erörtert haben. Auf dieser Liste stehen verschiedene Automobilhersteller. Nehmen wir einmal an, es gäbe einen Hersteller, der alles, was Ihnen in Sachen Auto wichtig ist, hundertprozentig erfüllt und der deshalb für diese exzellente Leistung 100 Punkte bekommen würde. Wie viele Punkte erhalten im Gegensatz zu diesem idealen Hersteller die einzelnen hier aufgeführten Autohersteller? Bitte sagen Sie mir für jeden Hersteller die Punktzahl, die er - gemessen am idealen Hersteller - verdient.*“

Abb. 5-6: 100-Punkte-Skala zur Abfrage des Unternehmensimages (UI)

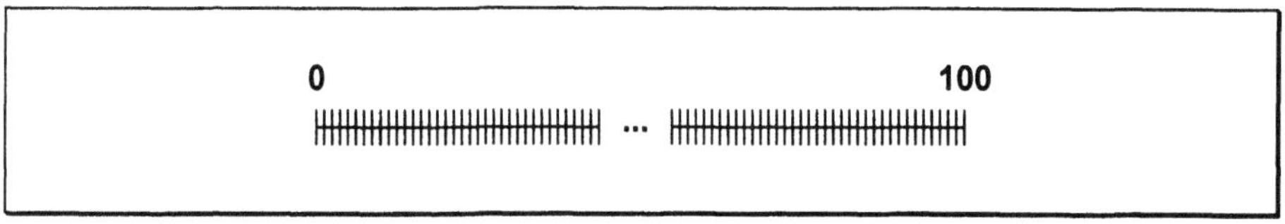

Quelle: Eigene Darstellung.

Diese skalierte Abfrage der Herstellerimages bezieht sich auf die Einschätzung des auftraggebenden Automobilherstellers sowie ausgesuchter Wettbewerber.[936]

5.1.4.6 Beschreibung der Erhebungsinhalte

Im Rahmen der in der vorliegenden Arbeit berücksichtigten Studien wurden über zwei Zeiträume und fünf Länder (Dimensionsvariablen) insgesamt 5.710 Endverbraucher zu ihren Einschätzungen bezüglich Unternehmen, Marken und Produkten ausgesuchter Automobilhersteller befragt (Inhaltsvariablen). Über die Inhaltsvariablen hinaus haben sich alle Befragten zu ihrem aktuellen Fahrzeugbesitz, Alter, Berufsstellung und Einkommen geäußert, das Geschlecht wurde vom Interviewer erhoben (Segmentierungs- oder Schichtungsvariablen).

---

935 Mit dieser Erhebungsmethodik werden die Anforderungen an die Skalierung der Daten für die Verwendung im Rahmen kausalanalytischer Verfahren nicht erfüllt. Vgl. hierzu Kapitel 5.1.5 dieser Arbeit.

936 Für den weiteren Verlauf der Untersuchung - analog zur Ermittlung der Produktimages - wird ausschließlich die Beurteilung des auftraggebenden Automobilherstellers berücksichtigt. Da es sich um eine Intra-Marken-Betrachtung handelt, wird auch hier der Wettbewerb bewusst ausgeschlossen. Eine Übersicht über die Skalenniveaus der Untersuchungsvariablen findet sich in der Tabelle A-16 im Anhang.

Um zunächst einen Überblick über die nachfrageseitige Stichprobenzusammensetzung zu schaffen, werden nun die **nicht-metrischen** Segmentierungs- oder Schichtungsvariablen beschrieben:

Hierzu zählen die Segmentzuordnung (PKW-Klasse), die Markenzugehörigkeit und die Karosserieform des Jetztwagens, die aus dem aktuellen Fahrzeugbesitz des Interviewten abgeleitet werden, sowie Geschlecht, Alter, Berufsstellung und Einkommen der Befragten. Diese nicht-metrischen Daten dienen zum Einen der Bestimmung der Einflussstruktur der Zielgrößen Produkt-, Marken- und Unternehmensimage, zum Anderen der Segmentierung inhaltlicher Fragestellungen im Zusammenhang mit der Analyse der Modellebenen und -beziehungen des IMI. Charakteristika und Verteilung jeder Variablen werden in der Folge verbal erläutert:[937]

- Entsprechend dem aktuellen Fahrzeugbesitz der Studienteilnehmer wurde die Stichprobe strukturiert und proportionalisiert. Damit kommt der **Segmentzuordnung** die maßgebliche Rolle für die Bestimmung der Angebotsseite und mithin der zu beurteilenden Vergleichsprodukte zu. Darüber hinaus stellt die Zuordnung der Probanden zu einzelnen Marktsegmenten das Kriterium für die Quotenvorgabe durch das auftraggebende Automobilunternehmen dar. Ausschlaggebend war in diesem Zusammenhang die Segmentbelegung durch Produkte des kooperierenden Herstellerunternehmens. 1992 wurden die Segmente KKL, MKL und GKL, 1997 darüber hinaus die Segmente UKL und RKL besetzt. Über die gesamte Studie ergibt sich damit eine Verteilung wie folgt: Mit fast der Hälfte der Befragten (44%) nimmt die kleine Klasse das mit Abstand größte Marktsegment ein, gefolgt von der mittleren Klasse mit ca. 31%. Die untere und große Klasse nehmen etwa ähnlich große Anteile in Anspruch (12% bzw. 11%), die Roadsterklasse stellt mit 2% das kleinste Marktsegment dar.
- Die **Karosserieform** des Jetztfahrzeugs stellt ein weiteres Kriterium dar, um die Zielgruppe der Befragung zu charakterisieren und im Rahmen der Ursachenforschung und Interpretation auf diese Segmentierung zurückgreifen zu können. Sehr deutlich wird die Dominanz der Limousinen mit Stufenheck (64%) bzw. mit Heckklappe (18%). Zusammen nehmen damit die Limousinen-Varianten bereits einen Anteil von 82% ein. Die verbleibenden Anteile gehen etwa zu gleichen Teilen auf Kombis und Coupés (jeweils 7%) sowie mit 4% auf offene Fahrzeugkonzepte zurück. Bei Letzteren erfolgte die Zuordnung im Falle der Roadster entsprechend dem Karosseriekonzept zum Marktsegment RKL, während die Cabriolets entsprechend ihrer Preisstellung und Größe dem UKL, KKL, MKL oder GKL zugerechnet wurden.
- Über die Angabe von **Jetztmarke** und **-modell** konnte jedem Befragten genau ein Marktteilnehmer der Angebotsseite zugeordnet werden: Mit 2.134 Befragten, die ein Modell aus der Programmpalette des auftraggebenden Automobilherstellers besitzen bzw. überwiegend nutzen, nimmt die Marke-1 den größten auf eine einzelne Marke konzentrierten Anteil der Stichprobe ein. Zu etwa gleichen Teilen (11% bzw. 12%) gehen die Wettbewerbermarken Marke-2 sowie Marke-3 in die Untersuchung ein. Die verbleibenden 40% werden durch andere Marken des erweiterten Wettbewerbsumfeldes abgedeckt. Damit machen Besitzer („*owner*") der Auftraggebermarke 37%, Nicht-Besitzer i.S.v. Wettbewerbsfahrern 63% aller Befragten aus.

---

[937] Zu einer grafischen Darstellung der Verteilung der nicht-metrischen Variablen siehe Abbildung A-10 im Anhang. Hierbei finden sich neben den jeweiligen Merkmalsausprägungen in Klammern die absoluten Häufigkeiten, darunter die gerundeten relativen Häufigkeiten in %.

- **Geschlecht**: Mit lediglich 1.208 weiblichen Befragten kam den Männern anteilsmäßig (79%) die überragende Rolle bei dieser Stichprobe zu.
- Die **Altersverteilung** entspricht tendenziell der Gaussschen Normalverteilung: Zu jeweils etwa 15% gehen gleichermaßen Verbraucher, die 30 Jahre oder jünger sind, wie Verbraucher, die 56 Jahre und älter sind, in die Untersuchung ein. Verbraucher im Alter zwischen 31 und 55 Jahren stellen mit ca. 70% die größte Gruppe der Befragten dar.
- Bezüglich der **Berufsstellung** hat die überwiegende Mehrzahl der Befragten angegeben, selbstständig zu sein bzw. einen freien Beruf auszuüben (46%). Angestellte bzw. Beamte gehen zu 36% in die Untersuchung ein. Die verbleibenden 18% gehen anderen Berufen nach.
- Bezüglich der abgefragten **Einkommensklassen** fallen zunächst die niedrigen absoluten Häufigkeiten der Merkmalsausprägungen auf: Während im Rahmen der ´97er Studie in den Ländern Italien und Großbritannien auf die Erhebung der Einkommen verzichtet wurde, stellt diese Variable darüber hinaus ein Merkmal dar, zu dem sich generell relativ wenige Verbraucher geäußert haben (ca. 74%). Diejenigen Befragten, die die Frage nach ihrem Ermessen beantwortet haben, zählen sich zu 40% zu höheren Einkommensklassen, zu 43% zu mittleren und lediglich zu 17% zu niedrigeren Einkommensklassen.

Eine der Voraussetzungen, die von den im weiteren Verlauf der Arbeit zur Anwendung kommenden statistischen Analyseverfahren (Regressions-, Varianz- und Kausalanalyse) an das Datenmaterial gestellt werden, ist die (lineare) Unabhängigkeit der erklärenden Variablen. Diese Forderung nach der so genannten Unkorreliertheit der Variablen (Ausschluss von Multikollinearität) verlangt, dass sich keine der unabhängigen Variablen aus einer Linearkombination weiterer unabhängiger Variablen herstellen lassen darf. Diese Forderung betrifft die nicht-metrischen Merkmale dieser Untersuchung, die als Schichtungsvariablen zur Erklärung der abhängigen und zu erklärenden Variablen Unternehmens-, Marken- und Produktimages herangezogen werden.

Mit dem sog. ***Chi-Quadrat-Unabhängigkeitstest***, einem häufig verwendeten nicht-parametrischen Verteilungstest, soll in der Folge geprüft werden, ob die nominal- bzw. ordinal-skalierten Segmentierungsmerkmale voneinander unabhängig sind oder nicht.[938] Hierzu werden jeweils zwei der betrachteten Variablen mit ihren jeweiligen Merkmalsausprägungen in einer so genannten Kontingenz- bzw. Kreuztabelle in ihren absoluten Häufigkeiten der Stichprobe gegenübergestellt. Sofern mehr als zwei unabhängige Variablen untersucht werden sollen, müssen sämtliche bivariaten Kombinationen der Merkmale dargestellt werden.[939]

Dabei wird bspw. die Abhängigkeit der Variablen „Geschlecht“ von der Variablen „Studie“ untersucht und damit exemplarisch der Frage nachgegangen, ob sich der unterschiedliche Männeranteil der Studie 1992 gegenüber der Studie 1997 auf reine Zufallseinflüsse zurückführen lässt oder nicht. Der Chi-Quadrat-Unabhängigkeitstest errechnet für jede der (Kombinationen-) Zellen der Kontingenztabelle eine erwartete Häufigkeit unter der Annahme, dass die betrachteten Variablen unabhängig voneinander sind (Nullhypothese).

---

[938] Parametrische Tests dienen der Überprüfung von Hypothesen, die bezüglich der Merkmale einer statistischen Grundgesamtheit aufgestellt wurden. Nicht-parametrische Testverfahren prüfen hingegen bspw. die Verteilung einer Stichprobe (Verteilungshypothesen). Vgl. Bleymüller et al. (1998), S. 127.

[939] Vgl. ebenda, S. 130-132. Zu Kreuztabellen und dem Chi-Quadrat-Unabhängigkeitstest vgl. bspw. Brosius/Brosius (1996), S. 347-376.

Diese erwartete Häufigkeit ergibt sich aus dem Produkt der Randsummen (Zeilen- und Spaltensummen der Kreuztabelle), dividiert durch die Gesamtsumme der gemeinsamen Beobachtungswerte der berücksichtigten Variablen. Die so errechnete erwartete Häufigkeit wird der tatsächlich beobachteten Häufigkeit der Stichprobe gegenübergestellt, die Differenz gebildet, diese quadriert und in einem zweiten Schritt durch die erwartete Häufigkeit dividiert. Die Summierung der Abweichungen der Quadratdifferenzen jeder Zelle ergibt den Chi-Quadrat-Wert.[940] Je größer der Chi-Quadrat-Wert, desto größer ist die Abweichung der beobachteten von den erwarteten Häufigkeiten. Im Falle identischer Beobachtungs- und Erwartungswerte nimmt der Chi-Quadrat-Wert den Wert null an. Wird davon ausgegangen, dass in Wahrheit kein Zusammenhang besteht (H_0), wie groß ist dann die Wahrscheinlichkeit, einen Chi-Quadrat-Wert in mindestens der errechneten Größe zu erhalten? Wird ein Chi-Quadrat-Signifikanzwert kleiner als 0,1% ausgewiesen, ist es unter der Annahme der Unabhängigkeit in der Grundgesamtheit sehr unwahrscheinlich, einen Chi-Quadrat-Wert in mindestens der errechneten Höhe zu erhalten. D.h., die beobachteten Häufigkeiten weichen überzufällig stark von den erwarteten Häufigkeiten ab, so dass ein Zusammenhang bzw. eine Abhängigkeit zwischen den Variablen angenommen werden kann und damit signifikante Unterschiede zwischen den Variablenausprägungen einer Variablen bestehen.[941]

Im vorliegenden Fall ergeben sich statistisch signifikante Abhängigkeiten zwischen sämtlichen in der Untersuchung berücksichtigten nicht-metrischen Variablen, so dass Multikollinearität zwischen den exogenen Variablen nicht ausgeschlossen werden kann.[942]

Im Rahmen der vorliegenden Arbeit soll das Produktimage über 15 explizit abgefragte Image-Statements, das Unternehmensimage über eine globale „100-Punkte-Frage" metrisch-skaliert erfasst werden. Einfachen Häufigkeitsauszählungen kann entnommen werden, dass 1,3% aller Probanden keines der produktspezifischen Items beurteilt, 91,6% hingegen sämtliche 15 Statements auf Produkte bezogen und bewertet haben. Dies entspricht 5.232 Befragten.[943] 5.635 Probanden haben mindestens auf eines der 15 Image-Items geantwortet. Die TABELLE A-20 im ANHANG gibt Aufschluss über die Anzahl der Befragten (N), die sich zu einem bestimmten der 15 Produktimage-Statements bzw. zum Unternehmensimage allgemein geäußert haben, den Rang nach dem arithmetischen Mittelwert der Itemausprägungen, Median, Modus, Standardabweichung, Varianz, Schiefe und Kurtosis sowie die niedrigste („Min") bzw. höchste („Max") genannte Merkmalsausprägung.

940 Vgl. Brosius/Brosius (1996), S. 354f.

941 Der im Rahmen des Chi-Quadrat-Unabhängigkeitstests berücksichtigte dichotome Variablenfall findet sich auch in der Errechnung bivariater Korrelationskoeffizienten wieder; bei Vorliegen einer statistischen Abhängigkeit der Variablen nach Pearson wird sich über den Korrelationskoeffizienten eine signifikante Korrelation zwischen den Variablen ableiten lassen. Vgl. ebenda, S. 356f.

942 Aufgrund der ermittelten Abhängigkeiten zwischen den nicht-metrischen Merkmalen muss eine Verzerrung der Schätzergebnisse der folgenden erklärenden multivariaten Analyseschritte in Kauf genommen werden; die Ergebnisse lassen sich deshalb nicht als ideal, dennoch als u.E. brauchbar bezeichnen. Aus den errechneten Abhängigkeiten zwischen den Segmentierungsvariablen wurden zu Interpretationszwecken jeweils eine Stichprobenzusammensetzung nach dem Fahrzeugbesitz und den Sozio-Demografika der Befragten tabellarisch zusammengestellt; sie finden sich in den Tabellen A-17 bis A-19 im Anhang.

943 Unter Beibehaltung der Defaulteinstellungen des statistischen Programmsystems SPSS® Base 9.0, das im Rahmen dieser Untersuchung Anwendung findet, werden Befragte, die nicht sämtliche Image-Statements beurteilt haben (578 Fälle weisen fehlende Werte auf), aus den Analysen zu Marken- und Produktimages ausgeschlossen (listenweiser Fallausschluss).

Entsprechend der Rangordnung nach arithmetischem Mittelwert wurden die Produkte des auftraggebenden Herstellers (Marke-1) durchschnittlich am besten in Bezug auf die Fortschrittlichkeit der eingesetzten Technik (P10), das direkte Ansprechverhalten des Motors bzw. Fahrwerks (P07) und die Beschleunigungskraft (P02) beurteilt. Am schlechtesten wurden Marke-1-Modelle hinsichtlich klassischen Stils (P13), Familientauglichkeit (P15) und des Wiederverkaufswertes (P08) eingeschätzt:

Abb. 5-7: Arithmetische Mittelwerte der Marke-1-Produktimage-Item-Beurteilung

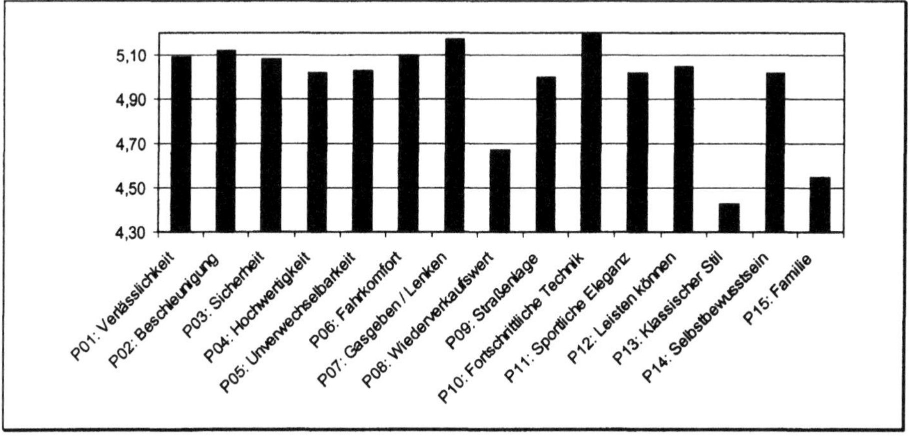

Quelle: Eigene Darstellung.

Das auftraggebende Herstellerunternehmen wurde durchschnittlich mit einem Wert von 80,58 auf einer 100-Punkte-Skala beurteilt.

Parametrische Tests wie die Regressions-, Varianz-, Faktoren- oder Kausalanalyse legen die Annahme zugrunde, dass die Grundgesamtheit einer Stichprobe der *Gaussschen-Normalverteilung* zu entsprechen habe. Diese auch als *Gausssche Glocken- oder Fehlerkurve* bezeichnete Funktion ist eine stetige Verteilung mit symmetrischen (Dichte-) Eigenschaften. Lage und Form (Streuung) der Funktion hängen vom arithmetischen Mittelwert (μ) und der Varianz (σ^2) der Verteilung ab.[944]

Der sog. ***Kolmogorov-Smirnov-Anpassungstest*** **(KS)** prüft, ob die vorliegende Zufallsstichprobe einer normalverteilten Grundgesamtheit entspricht oder nicht. Voraussetzung für die Anwendung des Tests ist, dass die zu untersuchenden Variablen auf Intervall- oder Verhältnis-Messniveau quantitativ sind; diese Voraussetzung ist im Falle der metrischen (Inhalts-) Variablen erfüllt. Die KS-Statistik quantifiziert den Unterschied zwischen der Stichprobenverteilung und der Standardnormalverteilung mit den Parametern $\mu = 0$ und $\sigma^2 = 1$, indem aus der größten Differenz (in Absolutwerten) zwischen der beobachteten und der theoretischen kumulativen Verteilungsfunktion ein sog. *Kolmogorov-Smirnov-Z-Wert* (KS-Z) errechnet wird. Je höher dieser Z-Wert, desto größer ist die Abweichung von der Idealverteilung.

944 Vgl. Bleymüller et al. (1998), S. 60.

Aus dem KS-Z wird ein p-Wert errechnet, der die Wahrscheinlichkeit dafür angibt, dass die empirische Verteilung der Stichprobe einer standardnormalverteilten Grundgesamtheit entstammt. Mit anderen Worten beantwortet der p-Wert die folgende Frage: Bei zufälligem Ziehen einer empirischen Stichprobe aus einer Gaussschen Grundgesamtheit, wie hoch ist die (p-) Wahrscheinlichkeit dafür, eine Stichprobe zu erhalten, die sich mindestens so stark von der Gaussschen Normalverteilung unterscheidet wie die errechnete Stichprobe? D.h., wenn die Stichprobe tatsächlich normalverteilt wäre, wie hoch ist dann die Wahrscheinlichkeit dafür, dass eine zufällig gezogene Stichprobe gleicher Fallzahl eine mindestens gleich große KS-Abweichung von der Normalverteilung aufweist?[945]

Mit errechneten p-Werten von durchgängig 0,000% liefert der Kolmogorov-Smirnov-Test für sämtliche 15 Produktimage-Items als auch für das Unternehmensimage statistisch signifikante Abweichungen von der Standardnormalverteilung. Da der Kolmogorov-Smirnov-Test als recht sensibler Test angesehen wird, soll ergänzend der sog. *Chi-Quadrat-Anpassungstest* auf Normalverteilung für die metrischen Variablen gerechnet werden. Mit einer dem KS-Test vergleichbaren Fragestellung und der zur Prüfung auf Unabhängigkeit der nicht-metrischen Variablen geschilderten Methodik überprüft der Chi-Quadrat-Anpassungstest das Maß der Güte der Anpassung der Stichprobenverteilung an die Standardnormalverteilung. Ein beobachtetes Chi-Quadrat-Signifikanzniveau < 0,1 zeigt an, dass das Modell relativ schlecht an die theoretische Verteilung angepasst ist. Mit Werten von einheitlich 0,000% liefert der Chi-Quadrat-Anpassungstest analog zum KS-Test im Ergebnis nicht standardnormalverteilte Ausgangsvariablen.

Wie die Ergebnisse der durchgeführten nicht-parametrischen statistischen Tests auf Normalverteilung zeigen, sind die metrischen Variablen nicht ideal (standard)normalverteilt und erfüllen so streng genommen die Anforderungen multivariater parametrischer Tests nicht bzw. nur graduell. Da sich jedoch der sog. *F-Test* als eine Prüfstatistik sämtlicher in dieser Arbeit zur Anwendung kommender multivariater statistischer Analysemethoden gegenüber Abweichungen von der Normalverteilung als relativ robust erweist, führen Verfahren wie die Regressions-, Varianz- und Kausalanalyse „[...] auch dann noch zu brauchbaren Ergebnissen, wenn die Modellannahme einer normalverteilten Grundgesamtheit [...] nicht exakt erfüllt ist".[946] Nichtsdestotrotz haben nicht ideal normalverteilte Ausgangsvariablen zur Folge, dass im Rahmen anstehender Analyseverfahren suboptimale Schätzer errechnet werden und so bspw. die Faktorenstruktur nicht ideal der Datenstruktur anzupassen sein wird oder Korrelationen zwischen den metrischen Variablen nicht in der Stärke nachzuweisen sein werden, wie sie sich bei normalverteilten Variablen ergeben hätten. Diesem Umstand ist bei der Interpretation der folgenden Ergebnisse Rechnung zu tragen. Obgleich eine suboptimale Verteilungsfunktion der zu untersuchenden Daten aus Sicht eines Forschers niemals wünschenswert ist, stellt eine (standard)normalverteilte Stichprobe in praxi wohl eher den Ausnahmefall denn die Regel dar.[947]

945 Zum Kolmogorov-Smirnov-Test vgl. u.a. Bleymüller et al. (1998), S. 133-135; Brosius/Brosius (1996), S. 517-519.

946 Bleymüller et al. (1998), S. 124.

947 Um eine Annäherung (Approximation) an die Gausssche Normalverteilungsform zu erreichen, werden an späterer Stelle solche Extremwerte jeder metrischen Variable aus dem Datensatz entfernt, die die Verteilungsfunktion unnötig verzerren (*outlier detection*). Vgl. hierzu Kapitel 5.2 dieser Arbeit.

5.1.5 Untersuchungsdesign

Die zunehmende Verbreitung multivariater **statistischer Analyseverfahren** (z.B. Faktoren-, Regressions- oder Kausalanalyse) liefert die notwendigen methodischen Voraussetzungen für eine systematische Imagepolitik.[948] Die aus deren Anwendung gewonnenen quantitativen Ergebnisse unterstützen als informatorische Grundlage imagebasierte Entscheidungsprobleme.[949] Da die Statistik eine Vielzahl von Methoden zur Verfügung stellt, deren Anwendung indes an die Erfüllung einer Reihe von Kriterien gebunden ist, soll zunächst ein Überblick über die z.Zt. gebräuchlichsten multivariaten Analyseverfahren gegeben werden. Im Anschluss daran sind geeignete Methoden für die vorliegende Arbeit auszuwählen.

Abb. 5-8: Verfahrensübersicht der Multivariatenanalyse

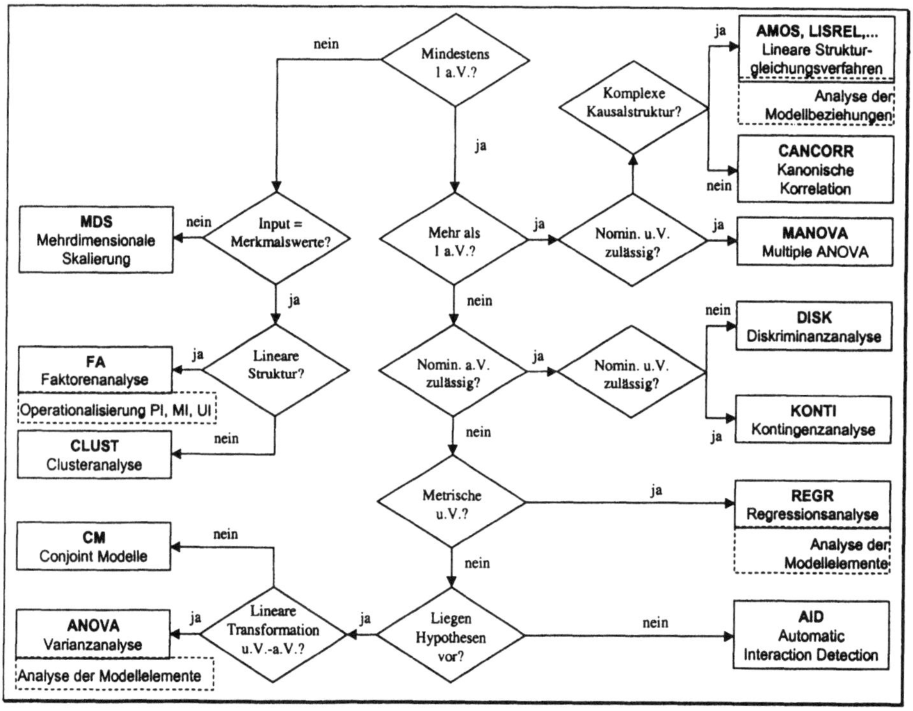

Quelle: Eigene Darstellung.[950]

---

948 „Für die Positionierungsanalyse sind fast alle Multivariatenanalyseverfahren nützlich. Mit der Clusteranalyse können Zielkunden oder Marken zusammengefaßt [!] werden, mit der Faktorenanalyse und der Diskriminanzanalyse können Image-Items zu Dimensionen verdichtet werden, mit der Mehrdimensionalen Skalierung und der Korrespondenzanalyse können Ähnlichkeits- oder Präferenzdaten in Dimensionswerte überführt werden, mit der Regressionsanalyse und der Kausalanalyse können multivariate Beziehungen zwischen Image-, Einstellungs- und Verhaltenswerten quantifiziert werden. Conjoint Measurement kann vielfältig genutzt werden, u.a. zur experimentellen Untersuchung der Beziehung zwischen kategorialen Imageausprägungen und Einstellungs- oder Präferenzwerten." Trommsdorff (1995), Sp. 2063.

949 Vgl. derselbe (1992b), S. 322.

950 In Abbildung 5-8 werden die geplanten Untersuchungsschritte bereits ausgewählten Verfahren zugeordnet.

Mithilfe der empirischen Validierung der isolierten und integrierten Rahmenbedingungen (Kontextvariablen) des MIMP im Beispielfall wird eine ganzheitliche Image-Untersuchung des Erfahrungsobjektes angestellt. Sie soll differenzierte Handlungsanweisungen für eine imageoptimierte Marketingplanung des betrachteten Unternehmens zulassen. Die in ABSCHNITT 5.1.1 formulierten Untersuchungsziele 1 bis 5 der sich anschließenden Situationsanalyse geben dabei den inhaltlichen Rahmen vor. Die den fünf Zielsetzungen zugrunde liegenden Vermutungszusammenhänge (Hypothesen) werden mittels einer induktiv-probabilistischen Forschungsmethode auf ihre Gültigkeit überprüft. Damit verbunden ist die Anwendung multivariater statistischer Analyseverfahren, die die zu untersuchenden Variablenbeziehungen algebraisch quantifizieren und empirisch validieren sollen. Die algebraische **Quantifizierung** hat die Errechnung der Richtung und Stärke einer Abhängigkeit zum Gegenstand. Die empirische **Validierung** geht der Frage nach, ob bzw. inwiefern die in den erhobenen Befragungsdaten ermittelten Zusammenhänge auf die Grundgesamtheit übertragbar und mithin valide (gültig) sind. Widersprechen die gewonnenen Erkenntnisse den theoretisch vermuteten Zusammenhängen, sind die Hypothesen entsprechend der gewählten Falsifikationsstrategie zu verwerfen.

Im Wesentlichen bestimmt sich das geeignete Verfahren durch die Anzahl und das Skalenniveau der abhängigen bzw. unabhängigen Modellgrößen sowie durch die unterstellte Form der Abhängigkeit.[951] Außerdem werden strukturen-entdeckende von strukturen-prüfenden Methoden unterschieden. Während Letzteren Hypothesen darüber zugrunde liegen müssen, welche Variablen erklärend und welche zu erklären sind, versuchen strukturen-entdeckende Verfahren Abhängigkeiten explorativ, d.h. hypothesenfrei, zu identifizieren. Aus der Gegenüberstellung der technischen Voraussetzungen der multivariaten statistischen Analysemethoden einerseits und der inhaltlichen Anforderungen der Untersuchungsziele andererseits lassen sich die zweckadäquaten Verfahren bestimmen und den Schritten der sich anschließenden Situationsanalyse zuordnen:

- Die **Faktorenanalyse** wird den strukturen-entdeckenden statistischen Analysemethoden zugerechnet.[952] Sie dient im Folgenden der Operationalisierung der Verbraucherwahrnehmungen Produkt- und Markenimage (Untersuchungsschritt 0). Dabei werden die 15 empirisch erhobenen Image-Items auf lineare Zusammenhänge hin untersucht. Linear abhängige Statements lassen sich mathematisch auseinander reproduzieren und deuten in der Interpretation auf einen gemeinsamen, hinter ihnen „stehenden" Sachverhalt hin.[953] Dieser wird in der Terminologie der Faktorenanalyse als hypothetisches Konstrukt bezeichnet.[954] Durch die Aggregation sinnverwandter Image-Items soll sowohl auf die Produktimages der unter der Dachmarke des auftraggebenden Herstellers angebotenen Fahrzeugmodelle als auch auf die Wahrnehmung der Marke-1 insgesamt (Markenimage) geschlossen werden. Anhand der faktorenanalytisch ermittelten Produktimages der Marke-1-Fahrzeugmodelle unterschiedlicher PKW-Klassen eines Landes soll zunächst eine relative Beurteilung dieser Klassen vorgenommen werden (Untersuchungsziel 1).

951 Eine Übersicht der Skalenniveaus der Untersuchungsvariablen findet sich in der Tabelle A-16 im Anhang.

952 Vgl. Backhaus et al. (1996), S. XXI.

953 Vgl. Überla (1971), S. 2.

954 Vgl. Backhaus et al. (1996), S. 195.

- Im Anschluss daran wird die Einflussstruktur der IMI-Zielgrößen mithilfe der **Varianz-** bzw. **Regressionsanalyse** isoliert nach Modellebenen ermittelt (Untersuchungsziel 2). Die identifizierten (sozial-) statistischen Variablen sollen im Rahmen weiterer Analyseschritte als Segmentierungskriterien fungieren. Zum Abschluss der Empirie sollen sie darüber hinaus herangezogen werden, um die Ausgestaltung einer imagebasierten Marketingplanung zu unterstützen.
- Kulturelle Unterschiedlichkeiten (Untersuchungsziel 3) und zeitliche Veränderungen (Untersuchungsziel 4) der Zielgrößen PI, MI und UI werden mittels einer mehrfaktoriellen **Varianzanalyse** bestimmt. Identifizierte kulturelle Unterschiedlichkeiten sollen u.a. Aufschluss darüber geben, ob und ggf. wie die imagebasierte Marketingplanung länderübergreifend zu gestalten ist. Zeitliche Veränderungen sollen als Frühwarnindikatoren eine aktive Gestaltung unterstützen und rechtzeitig auf erodierende Images aufmerksam machen.
- Die integrierten Rahmenbedingungen einer imagebasierten Marketingplanung definieren die IMI-Modellgrößen als wechselseitig abhängig. Das Verfahren, das zur Schätzung dieser komplexen Modellbeziehungen zur Anwendung kommen wird (Untersuchungsziel 5), ist der sog. **AMOS-Ansatz der Kausalanalyse**. Im Gegensatz zur (linearen) Regressionsanalyse erlaubt er die Definition mehrerer abhängiger Variablen und die Modellierung komplexer i.S. wechselseitiger Zusammenhänge.

Sowohl die Varianz- und Regressionsanalyse als auch die Kausalanalyse werden den strukturenprüfenden, multivariaten statistischen Analyseverfahren zugerechnet.[955] Die folgende Abbildung veranschaulicht das Untersuchungsdesign dieser Empirie und ordnet die als geeignet identifizierten statistischen Verfahren den einzelnen Untersuchungsschritten zu:

Abb. 5-9: Untersuchungsdesign der empirischen Validierung des MIMP-Modells

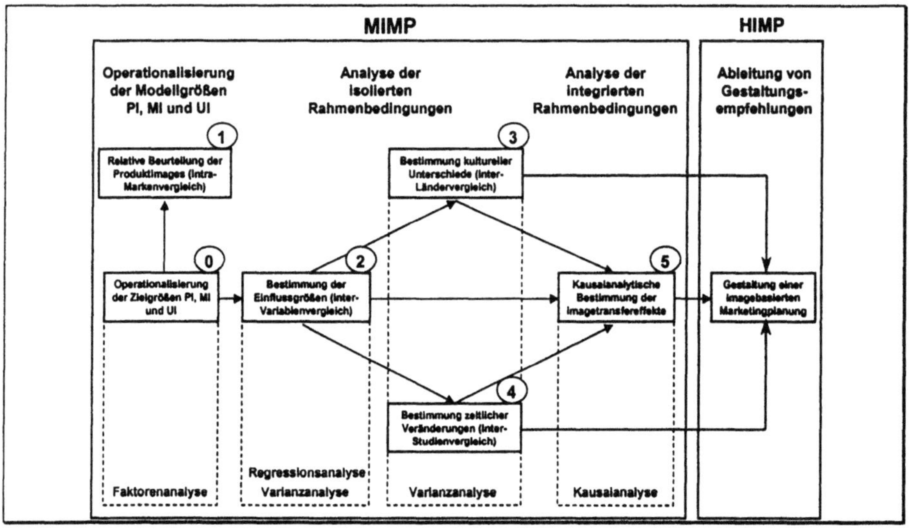

Quelle: Eigene Darstellung.

955 Vgl. Backhaus et al. (1996), S. XVIIIf.

5.2 Durchführung der Situationsanalyse

5.2.1 Analyse der isolierten Rahmenbedingungen

In diesem Abschnitt werden die Elemente des IMI-Zielsystems Produktimage (PI), Markenimage (MI) und Unternehmensimage (UI) unabhängig voneinander untersucht, um die isolierten Rahmenbedingungen einer imagebasierten Marketingplanung im Anwendungsfall zu bestimmen. Die Wirkungszusammenhänge zwischen diesen Größen werden in KAPITEL 5.2.2 thematisiert. Nach einer jeweils einleitenden Operationalisierung der IMI-Modellvariablen (Untersuchungsschritt 0) werden zunächst die Images der unter der Dachmarke des betrachteten Unternehmens (Marke-1) angebotenen Produkte innerhalb eines Landes miteinander verglichen. Dieser Intra-Markenvergleich soll Aufschluss über die differenzierte, verbraucherseitige Wahrnehmung des Produktportfolios des Unternehmens geben (Untersuchungsziel 1). Daran anschließend soll jeweils ermittelt werden, welche der in die Untersuchung aufgenommenen (sozial)statistischen Merkmale und Dimensionsvariablen („Studie" und „Land") einen statistisch signifikanten Einfluss auf einzelne Modellelemente ausüben (Untersuchungsziel 2). Darauf folgend werden kulturelle Unterschiede (Untersuchungsziel 3) und zeitliche Veränderungen (Untersuchungsziel 4) von Unternehmens-, Marken- und Produktimages erfasst.

Die Operationalisierung der untersuchungsrelevanten Produkt- und Markenimages verlangt die Anwendung der **Faktorenanalyse**. Zur Bestimmung der Einflussstruktur der faktorenanalytisch gewonnenen hypothetischen Imagekonstrukte bedient sich der Forscher der **Regressions-** und der **Varianzanalyse**. Letztere hat darüber hinaus die Aufgabe, statistisch signifikante Unterschiede zwischen Ländern bzw. Studien in Bezug auf die IMI-Zielgrößen aufzudecken. Da bei der Analyse der Modellelemente inhaltliche Aussagen und nicht der methodische Aspekt im Vordergrund stehen und außerdem eine profunde Sachkenntnis (multivariater) statistischer Analysemethoden des Lesers vorausgesetzt wird, sollen die genannten Verfahren nur insofern beschrieben werden, als sie im speziellen Anwendungsfall Anpassungen an die Standardkonfiguration der Multivariaten erfordern.[956]

5.2.1.1 Das Produktimage

5.2.1.1.1 Problematiken der Datenbasis

Die für den geplanten Untersuchungszweck verfügbaren Positionierungsstudien des kooperierenden Herstellerunternehmens können in ihrer Rohfassung nicht unmittelbar in die empirische Situationsanalyse einer imagebasierten Marketingplanung eingehen: Eine strukturelle und eine technische Problematik stehen der uneingeschränkten Verwendung dieses Datenmaterials entgegen. Die genannten Mängel und die aus ihnen resultierenden Konsequenzen werden in der Folge beschrieben. In dem sich anschließenden Kapitel werden die Mängel dann künstlich behoben.

---

[956] Zu einer vertiefenden Auseinandersetzung mit den genannten Methoden sei der Leser auf einschlägige Literatur verwiesen: Zur Faktorenanalyse vgl. Backhaus et al. (1996), S. 189-260; Brosius/Brosius (1996), S. 815-846; Aaker (1981), S. 161-182; Überla (1971) und jeweils die dort angegebene Literatur. Zur Regressionsanalyse vgl. Backhaus et al. (1996), S. 1-55; Brosius/Brosius (1996), S. 471-504 und S. 921-928; Bleymüller et al. (1998), S. 139-180; Aaker (1981), S. 5-30 und jeweils die dort angegebene Literatur. Zur Varianzanalyse vgl. Backhaus et al. (1996), S. 56-89; Brosius/Brosius (1996), S. 417-448; Bleymüller et al. (1998), S. 119-126 und jeweils die dort angegebene Literatur.

- **Strukturelle Problematik der Datenbasis**: Im Rahmen der empirischen Erhebung der Produktimages hatte jeder Proband jeweils nur das Marke-1-Modell zu beurteilen, das demselben Marktsegment zugerechnet wird, dem auch der Befragte selbst aufgrund seines aktuellen Fahrzeugbesitzes bzw. seiner hauptsächlichen Nutzung angehört. Damit einher geht der Umstand, dass die Studienteilnehmer (eines Landes) produktseitig unterschiedliche Objekte zu beurteilen hatten. Während Analysen innerhalb einer PKW-Klasse von dieser Einschränkung unberührt bleiben, sind Vergleiche unterschiedlicher Marktsegmente weder sachlogisch argumentierbar noch technisch umsetzbar, da die Beurteilungen in diesem Fall an verschiedenen Subjekten erhoben wurden. Eine Intra-Markenbetrachtung (Untersuchungsziel 1) wäre in der Konsequenz bspw. nicht durchführbar. Die strukturelle Problematik der Datenbasis macht darüber hinaus eine Analyse der Wirkungsbeziehungen zwischen differenziellen Produktimages und dem übergeordneten Unternehmensimage (Untersuchungsziel 5) unmöglich. Beide Vorhaben stellen Untersuchungsschritte der empirischen Situationsanalyse dar.
- **Technische Problematik der Datenbasis**: Eine zweite Unzulänglichkeit des zur Verfügung stehenden Datenmaterials hat sich aus der für Interpretationszwecke notwendigen Proportionalisierung der Stichprobe ergeben: Die aufgrund des gewählten Quotenansatzes selektiv ohnehin relativ geringen Stichprobenumfänge auf Segment- bzw. Modellebene haben sich durch die angestellte Gewichtung teilweise noch weiter reduziert. In einigen Länderstichproben sind dadurch absolut so niedrige korrigierte Fallzahlen (F_K) entstanden, dass (multivariate) statistische Analysemethoden gar nicht oder nur unter Inkaufnahme einer begrenzten Aussagefähigkeit eingesetzt werden können.[957] Eine Repräsentativität der Stichproben ist unter diesen Umständen trotz Proportionalisierung nicht durchgängig gewährleistet.

Die uneingeschränkte Verwendung des vorliegenden Datenmaterials im Rahmen dieser Arbeit ist unter den vorne genannten Voraussetzungen nicht haltbar: Sowohl die strukturelle als auch die technische Problematik stehen jeweils für sich der Erfüllung der gesetzten Forschungsziele entgegen. Im Folgenden werden deshalb die wahrscheinlichen Beurteilungen der Marke-1-Modelle je Beobachtungsfall geschätzt, die der Proband im Verlauf der Befragung selbst nicht abgegeben hat. Auf diese Weise wird einerseits eine vollständige - teils tatsächliche, teils hypothetische - Bewertung des Produktprogramms des auftraggebenden Automobilherstellers für sämtliche Studienteilnehmer erreicht (Heilung der strukturellen Problematik). Andererseits wird dadurch die Fallzahl der Produktbeurteilungen je PKW-Klasse künstlich erhöht. Der Umfang der Stichprobe in Summe und auf Länderebene bleibt hierbei unverändert (Heilung der technischen Problematik).

Dieser künstliche Eingriff in die Datenbasis der zur Verfügung stehenden Positionierungsstudien ist deshalb als zulässig zu erachten, da die zu ermittelnden wahrscheinlichen Produktimage-Items auf der Grundlage tatsächlicher Beurteilungen empirisch geschätzt werden. Dabei macht sich der Autor die Prognosefunktion der Regressionsanalyse zunutze, indem er aus der Einflussstruktur eines Image-Statements Werte einzelner Beobachtungsfälle schätzt. Da sowohl die Probanden, deren Einflussstruktur empirisch ermittelt wurde, als auch die Personen, denen die Image-Items regressionsanalytisch zugeordnet werden, ein und derselben Grundgesamtheit entstammen, ist von einer identischen Einflussstruktur beider Gruppen im Sinne der Statistik auszugehen.

[957] Zu den korrigierten Fallzahlen der (Teil-) Stichproben nach Proportionalisierung vgl. Kapitel 5.1 dieser Arbeit.

Mit der Schätzung der jeweils fehlenden Image-Werte für sämtliche Beobachtungsfälle (Studienteilnehmer) wird *ceteris paribus* unterstellt, dass diese bei Befragung und identischen Variablenausprägungen der erklärenden Merkmale dieselben skalierten Antworten abgegeben hätten wie die Probanden, die das betrachtete Modell tatsächlich zu bewerten hatten. Technische Voraussetzung für dieses Vorgehen ist erstens die hinreichende Erklärungskraft der in die Regressionsrechnungen aufgenommenen Variablen und mithin die Güte des Regressionsmodells. Zweitens muß sichergestellt sein, dass dieser Erklärungszusammenhang auch für die Grundgesamtheit gilt (Validität). Die beiden technischen Voraussetzungen für dieses Vorgehen werden im folgenden Abschnitt auf ihre Gültigkeit hin überprüft.

5.2.1.1.2 Technische Korrektur der Datenbasis

Wie in KAPITEL 5.1 dargestellt wurde, sollen die zu untersuchenden Produktimages für die geplante empirische Validierung des MIMP über fünfzehn, mittels semantischen Differenzials explizit abgefragter Image-Items erfasst werden.[958] Anzahl (15) und Auswahl dieser Dimensionen waren im Rahmen der durchgeführten Positionierungsstudien 1992 und 1997 vorgegeben und für sämtliche Studienteilnehmer (Subjekte) identisch. Maßgabe des Erhebungsdesigns war die Beschränkung der Produktbeurteilung auf lediglich ein Fahrzeugmodell (Objekt) des auftraggebenden Automobilherstellers (Marke-1) je Interview und Befragtem.[959] Mit der Vorgabe der anbieterseitigen Segmentbelegung als Kriterium für Anzahl und Auswahl der in den empirischen Erhebungen abzufragenden PKW-Klassen ergeben sich bis zu fünf Ziel (-unter) gruppen je Länderstichprobe. Abhängig von ihrem zum Zeitpunkt der Felduntersuchungen aktuellen Fahrzeugbesitz hatten die Befragten das Marke-1-Produkt einer der zur Disposition stehenden Marktsegmente UKL, KKL, MKL, GKL <u>oder</u> RKL zu bewerten.[960] Eine Beurteilung der jeweils anderen Marke-1-Produkte wurde nicht erhoben. Damit liegen Einschätzungen sämtlicher, je nach Studie-Land-Kombination bis zu fünf Modellreihen des auftraggebenden Automobilherstellers an <u>unterschiedlichen</u> Subjekten (Studienteilnehmern) vor.

Die Zielgruppen der Produktimage-Abfrage waren m.a.W. jeweils ausschließlich Besitzer/Fahrer des betrachteten Modells selbst oder eines von Preisstellung, Dimensionen (Abmessungen) und Konzept vergleichbaren PKW-Modells derselben Klasse. Unter der Voraussetzung des Verbleibs im angestammten Marktsegment wird damit zwar dem Ersatzbedarf loyalisierter Wiederholungskäufer des zu beurteilenden Produktes sowie dem Eroberungspotenzial bei Wettbewerbsfahrern der korrespondierenden PKW-Klasse Rechnung getragen. Die Einstellungen von Angehörigen aller restlichen Marktsegmente (potenzielle Segmentauf- bzw. -absteiger) bleiben bei dieser Betrachtung allerdings unberücksichtigt. In der Konsequenz sind die erhobenen Produktbeurteilungen zwar segmentspezifisch repräsentativ, verallgemeinernde Aussagen über den Gesamt-PKW-Markt eines Landes hingegen sind nicht zulässig.

---

958 Zur faktoranalytischen Operationalisierung der Produktimages vgl. das nachfolgende Kapitel.

959 Obwohl des Weiteren zwei Fahrzeugmodelle des designierten Segmentwettbewerbs und mehrere konkurrierende Automobilanbieter abgefragt wurden, sollen im weiteren Verlauf der Arbeit ausschließlich Marke-1-Produkte und das auftraggebende Herstellerunternehmen selbst Berücksichtigung finden.

960 Die Struktur der Datenbasis und die abgefragten Marktsegmente je Länderstichprobe finden sich in Kapitel 5.1.

Auf der Grundlage der tatsächlich abgegebenen Produkteinschätzungen je Segmentgruppe werden im Folgenden die wahrscheinlichen Beurteilungen der Marke-1-Modelle je Beobachtungsfall empirisch geschätzt, die nicht explizit abgefragt wurden. Hierzu wird die Einflussstruktur der beurteilten Image-Items je PKW-Klasse anhand der empirisch erhobenen Skalenwerte regressionsanalytisch ermittelt. Um die vorgegebene Datenmatrix vervollständigen und so jedem Beobachtungsfall (Probanden) drei (1992) bzw. bis zu fünf (1997) Produktimages zuordnen zu können, müssen pro Befragten über die tatsächlich erhobenen fünfzehn Image-Items hinaus für jedes weitere, in der entsprechenden Studie-Land-Kombination berücksichtigte, Marke-1-Modell jeweils fünfzehn Image-Items in ihren Ausprägungen geschätzt werden. Im Ergebnis entsteht eine Matrix, die als Spalten 75 Beobachtungswerte der Imagedimensionen (5 Klassen x 15 Items) je Studienteilnehmer (Zeilen) vorsieht. Wurde ein Marktsegment in einem Land bzw. einer Studie aus der Erhebung ausgeschlossen, wurden die entsprechenden Felder der Produktbeurteilungsdimensionen als *Missing Values* (MV) deklariert. Auf diese Weise wird die Authentizität der Stichprobe nicht in Frage gestellt. Die folgende Tabelle gibt die Struktur der Datenmatrix wider:

Tab. 5-8: Struktur der Datenmatrix

	UKL			KKL			MKL			GKL			RKL		
Beobachtungsfall	Item 01	...	Item 15	Item 01	...	Item 15	Item 01	...	Item 15	Item 01	...	Item 15	Item 01	...	Item 15
1	x	x	x												
2	x	x	x												
3	x	x	x												
4	x	x	x												
5	x	x	x												
6				x	x	x									
7				x	x	x									
8				x	x	x									
9				x	x	x									
10				x	x	x									
11							x	x	x						
12							x	x	x						
13							x	x	x						
14							x	x	x						
15							x	x	x						
16										x	x	x			
17										x	x	x			
18										x	x	x			
19										x	x	x			
20										x	x	x			
21													x	x	x
22													x	x	x
23													x	x	x
...													x	x	x
5710													x	x	x

x empirisch erhobene Beobachtungswerte der Produktimage-Items 1 bis 15 je Fahrzeugmodell Marke 1
(schattiert) zu schätzende Beobachtungswerte der Produktimage-Items 1 bis 15 je Fahrzeugmodell Marke1

Quelle: Eigene Darstellung.

Im Gegensatz zu strukturen-entdeckenden Methoden der Statistik setzt die (lineare) **Regressionsanalyse** als strukturen-prüfendes Verfahren ein a priori sachlogisch abgeleitetes Verständnis darüber voraus, welche Größen einen Einfluss auf die zu erklärende Variable ausüben (Ursachenanalyse).[961]

[961] Vgl. Backhaus et al. (1996), S. XVIIIf. Weitere (technische) Prämissen des linearen Regressionsmodells umfassen die Normalverteilung der Residuen, die Linearität zwischen der abhängigen und der/den unabhängigen Variablen, keine Multikollinearität zwischen den unabhängigen Variablen, keine Autokorrelation zwischen den Residuen, keine Korrelation zwischen unabhängiger Variablen und der Streuung der Residuen. Vgl. Schneeweiß (1990), S. 134-148; Kmenta (1986), S. 292-298 u. S. 352-355; Fröhlich/Becker (1972), S. 480-482.

Diese postulierte Wirkungsrichtung im Sinne einer „Je-desto"-Beziehung ist im regressionsanalytischen Ansatz nicht umkehrbar.[962] Dementsprechend wurden im theoretischen Teil dieser Arbeit Hypothesen darüber aufgestellt, welche Größen auf das hypothetische Konstrukt Image allgemein und im speziellen Anwendungsfall Automobil einwirken:

1. Aus der Erarbeitung theoretischer und empirischer Befunde zum Forschungsgegenstand wurde dabei erstens davon ausgegangen, dass Image als vermeintlich zeitpunkt- und zeitraumbezogene Größe sowohl vom **kulturellen Umfeld** als auch von dem **Erhebungszeitpunkt** einer empirischen Erhebung abhängt (Hypothesen H_{01} und H_{02}).

2. Darüber hinaus wurde für das gewählte Beispiel zweitens hypothesiert, dass insbesondere Variablen zum **Fahrzeugbesitz** einen Effekt auf zu erklärende Imagegrößen ausüben, da diese inhaltlich in relativ engem Zusammenhang mit dem zu beurteilenden Fahrzeugmodell stehen und eine persönliche Verbindung des Befragten zum Beurteilungsobjekt herstellen (Hypothese H_{07}). Diese Vermutung gilt insbesondere für die Klassifizierung der Interviewten in Besitzer bzw. Nicht-Besitzer der zu beurteilenden Marken und Modelle („*Owner/Non-owner*-Problematik").

3. Drittens wurden sog. **Ausstrahlungseffekte** (Irradiationen) zwischen unterschiedlichen Beurteilungsdimensionen eines identischen Objekts (Fahrzeugmodell) thematisiert. Demzufolge ist bspw. davon auszugehen, dass die Einschätzung des subjektiv empfundenen Wiederverkaufswerts eines Fahrzeugmodells nicht unabhängig von dessen wahrgenommener Produktqualität sowie dem Herstellerimage des produzierenden Unternehmens sein wird (Ausstrahlungseffekte wurden nicht hypothesiert).

4. Viertens wurde unterstellt, dass auch die **Persönlichkeitsmerkmale** der Probanden selbst einen Einfluss darauf ausüben, wie Marken und Produkte beurteilt werden (Hypothesen H_{03} bis H_{06}).

Gemäß diesen theoretisch-deduktiv abgeleiteten Wirkungsbeziehungen sollen die in der Datenbasis entsprechenden Variablen herangezogen und im Rahmen einer linearen Regressionsanalyse bezüglich ihres Einflusses auf die 15 zu schätzenden Produktimage-Items je PKW-Klasse hin untersucht werden: Im Einzelnen umfasst dies die Dimensionsvariablen („Studie", „Land"), die Variablen zum Fahrzeugbesitz („Segmentzugehörigkeit", „Markenzugehörigkeit", „Karosserieform Jetztwagen"), die Inhaltsvariablen (15 Statements zur Produktbeurteilung und eine skalierte Ausprägung des Unternehmensimages) und die Sozio-Demografika zu den Befragten („Geschlecht", „Alter", „Beruf" und „Einkommen") soweit vorhanden.

Die Dimensionsvariablen und die Variablen zum Fahrzeugbesitz gehen vollständig und unverändert als erklärende Größen in die Untersuchung ein; bei ihnen kann eine eindeutige Wirkungsrichtung angenommen werden. Bezüglich der Interaktionen von Imagegrößen (Ausstrahlungseffekte) demgegenüber wurde eine wechselseitige Ursache-Wirkungsbeziehung (Bi-Kausalität) unterstellt.[963]

962 Vgl. Backhaus et al. (1996), S. 3.

963 Vgl. hierzu Kapitel 4.1 dieser Arbeit.

Bei der anstehenden Reproduktion repräsentativer Image-Items wird in der Konsequenz die Forderung der Regressionsanalyse nach einem eindeutigen, unidirektionalen Ursache-Wirkungszusammenhang dadurch verletzt, dass ein Image-Item sowohl die Stellung einer erklärenden (Regressor) als auch (bei Schätzung der jeweils anderen Statementwerte) einer zu erklärenden Größe (Regressand) eines bivariaten Zusammenhangs annimmt. Die Verwendung jeweils einer Regressionsgleichung pro zu schätzendem Image-Item schafft diesem Umstand keine Abhilfe. Bi-Kausalität i.S. einer simultanen Schätzung beider Wirkungsrichtungen kann von der Regressionsanalyse nicht abgebildet werden.[964] Eine Möglichkeit, die bi-kausale Modellstruktur zu umgehen, besteht in der Aufspaltung deren Beziehung und separaten Schätzung beider Wirkungsrichtungen. Auf diese Weise kann eine lineare Regressionsanalyse je Wirkungsrichtung auf Grundlage einer Kleinste-Quadrate-Schätzung (KQS) durchgeführt werden. Wie ASHER anhand einer vergleichenden Untersuchung jedoch nachweist, unterscheidet sich mit dem standardisierten Regressionskoeffizienten die Einflussstärke eines Regressors bei singulärer Schätzung erheblich von der bei simultaner Schätzung.[965] Da die Zielsetzung der Produktimage-Reproduktion jedoch nicht in der Analyse einzelner, bi-kausaler Wirkungsbeziehungen zwischen endogenen und exogenen Imagegrößen besteht, sondern in einem größtmöglichen **Erklärungsgehalt** des Regressionsmodells als Ganzem, sollen der geschilderte Verstoß gegen die Annahmen der Regressionsanalyse an dieser Stelle in Kauf genommen und die zu schätzenden Image-Items auch durch die jeweils 14 verbleibenden Statements erklärt werden.

Als vierte Variablengruppe werden Sozio-Demografika zu den Befragten in die regressionsanalytische Herleitung repräsentativer Image-Items aufgenommen. Neben Geschlecht und Alter wird die Berufsstellung des Interviewten berücksichtigt. Wie die deskriptive Statistik zu den nicht-metrischen Variablen gezeigt hat, wurde das Einkommen der Probanden in einigen Ländern nicht abgefragt. Darüber hinaus hat eine Vielzahl der Befragten keine Aussage zu ihrer Einkommenssituation gemacht. Die technische Behandlung dieser fehlenden Beobachtungswerte (*Missing Values*) erfolgt in dem zur Anwendung kommenden statistischen Programmsystem SPSS® 9.0 standardmäßig mittels eines listenweisen Fallausschlusses; d.h., sobald ein fehlender Beobachtungswert einer Variablen (Spalte) auftritt, wird der gesamte Datensatz (Studienteilnehmer als Zeilen der Datenmatrix) aus der Untersuchung ausgeschlossen. Diese Methode soll für die in dieser Arbeit geplanten Auswertungen beibehalten werden.

Die relativ hohe Anzahl von *Missing Values* im Falle der Variablen **„Einkommen“** legt aus forschungspragmatischen Gründen den Ausschluss dieser Variablen nahe. Da die isolierte Einflussstärke der Variablen Einkommen nicht im Vordergrund der Auswertung steht, sondern die in der Summe bestmögliche Schätzung hypothetischer Image-Items (Gesamtmodell), erscheint dieser Ausschluss nach Abwägen der Vor- bzw. Nachteile eines (marginalen) zusätzlichen Erklärungsgehaltes bzw. einer stark reduzierten Datenbasis als begründet.[966]

964 Vgl. Backhaus et al. (1996), S. 3.

965 Vgl. Asher (1983), S. 64.

966 Bei der Analyse zur Identifikation der relevanten Einflussgrößen auf die interessierenden Imagevariablen PI, MI und UI hingegen wird das Einkommen der Befragten als erklärende Größe der Vollständigkeit halber Berücksichtigung finden.

Zweifelsohne stellt die ausschließliche Berücksichtigung o.g. **Faktoren** zur Erklärung von Produktimages eine Vereinfachung dar. Unter KAPITEL 3.2 wurden theoretische und empirische Befunde dafür geliefert, dass eine Vielzahl weiterer Größen berücksichtigt werden sollte. Nicht zuletzt situative Faktoren können eine Beurteilung maßgeblich prägen. Da bei diesem methodischen Eingriff jedoch nicht die vollständige Erklärung eines Ursache-Wirkungszusammenhangs im Vordergrund steht, sondern die bestmögliche Reproduktion hypothetischer Produktimage-Items, soll diese Einschränkung bewusst in Kauf genommen werden. Darüber hinaus steht mit dem gegebenen Datenmaterial nur eine begrenzte Anzahl an Erklärungsvariablen zu Verfügung.

Die zentrale technische Voraussetzung für die Anwendung der (linearen) Regressionsanalyse besteht in der Forderung, dass sowohl die abhängige (zu erklärend/endogen) als auch die unabhängige(n) Variable(n) (erklärend/exogen) metrisches Skalenniveau aufweisen müssen.[967] Bei Vorliegen nicht-metrischer Skalenniveaus der relevanten Variablen besteht letztlich die Möglichkeit, diese in binäre (zweiwertige) Variablen („*dummy variables*") mit den Merkmalsausprägungen 0 und 1 zu transformieren. Auf diese Weise werden nicht-metrische Variablen wie metrische behandelt („metrisiert") und können in die Analyse aufgenommen werden.[968] Die in einer nicht-metrisch verteilten Variable enthaltene Information wird hierzu in dichotome Partikel aufgebrochen (**Binärtransformation**).

Die Binär-Codierung eines Merkmals mit lediglich zwei Zuständen (Kategorien) wie bspw. das Geschlecht der Befragten mit den Ausprägungen „männlich" und „weiblich" wird über die Zustandscodierung 0 und 1 vorgenommen.[969] Bei der Codierung von Variablen mit n Merkmalsausprägungen werden n-1 Dummy-Variablen benötigt, um sämtliche Kategorien der Variablen zu erfassen. Bei diesem Vorgehen wird jeder mögliche Zustand der interessierenden Variablen als eigene Dummy-Variable verstanden und über die Binärcodierung 0 und 1 ins Verhältnis zu einer festgelegten Referenzkategorie der Variablen gesetzt. Bei Auftreten eines Zustandes, der nicht dem der Referenzkategorie entspricht, wird die Variable mit 1 codiert. Die Referenzkategorie selbst wird dadurch aktiviert, dass alle anderen Zustände den Wert 0 annehmen. Bei der Vergabe von n Dummy-Variablen bei Vorliegen einer Variablen mit n Kategorien entstünde durch die Doppelbelegung einer Merkmalsinformation Multikollinearität; Aussagen könnten aus dem Modell nicht abgeleitet werden. Die Information, die eine n-te Dummy-Variable zu liefern vermag, ist in den n-1 verbleibenden Größen bereits vollständig enthalten.[970]

Mit Ausnahme der Inhaltsvariablen und der mittels der Bildung des Klassenmittelwertes in eine „quasi-metrische" Variable überführten Größe „Alter2" besitzen sämtliche in dieser Untersuchung zu berücksichtigenden (sozial)statistischen Variablen nicht-metrisches Skalenniveau; auf sie wird eine Binärtransformation angewandt.

---

967 Vgl. Backhaus et al. (1996), S. 2. Die Forderung nach metrisch skalierten abhängigen <u>und</u> unabhängigen Variablen stellt das zentrale Abgrenzungskriterium gegenüber der Varianz-, Diskriminanz- und Kontingenzanalyse dar. Vgl. ebenda, S. XIX.

968 Vgl. Ebenda, S. 1f. Bei der Transformation von ordinal-skalierten Variablen (z.B. der Einkommensvariable) in Dummy-Variablen ist zu beachten, dass die Tranformation nur unter Informationsverlust der Rangfolge der einzelnen Ausprägungen durchgeführt werden kann.

969 Vgl. Opp/Schmidt (1976), S. 23.

970 Zur Binärtransformation (Dichotomisierung) vgl. bspw. Backhaus et al. (1996), S. 279f.

Im Gegensatz zur Varianzanalyse, die, abgesehen vom ermittelten absoluten Umfang der Quadratsummen der Abweichungen der Beobachtungswerte von ihren Schätzwerten (*Mean Squares*), keinen Hinweis auf die Stärke eines Variablen-Einflusses gibt, ist dies bei der Regression selbst bei Vorliegen nominal-skalierter Variablen nach Binärtransformation möglich. Über die Formulierung einer Variablen (Dummy-Größe) je Merkmalsausprägung ist die Aussagekraft bezüglich der Stärke des Zusammenhangs ausschließlich im Zusammenhang mit der Referenzkategorie der nominal-verteilten Variablen zu sehen. Ist das Vorzeichen des Regressionsparameters (β) positiv, ist der Einfluss des Dummies auf den Regressanden stärker als der der Referenzkategorie, bei negativem Vorzeichen umgekehrt.

Wie unter KAPITEL 5.1 mit der Beschreibung der nicht-metrischen Variablen gezeigt wurde, sind die vorgegebenen Größen relativ stark miteinander korreliert. Um Multikollinearität der erklärenden Variablen als auszuschließende Voraussetzung der (linearen) Regressionsanalyse zu vermeiden, wurde eine schrittweise multiple Regression angewandt (***Stepwise Regression***). Auf diese Weise geht zunächst die Variable in die Regressionsgleichung ein, die den höchsten Erklärungsgehalt zur Varianzaufklärung der endogenen Größe liefert. Schrittweise werden weitere Variablen mit abnehmendem Erklärungsgehalt in die Regressionsgleichung aufgenommen, wobei solche Variablen ausgeschlossen werden, die keine zusätzliche Aufklärung der Streuungsabweichungen der Beobachtungswerte der zu erklärenden Größen (Image-Items) leisten. Der Grund hierfür kann entweder darin liegen, dass die Variable generell in keinem Ursache-Wirkungszusammenhang mit der endogenen Größe steht oder sich zu einer oder mehreren bereits berücksichtigten Regressoren kollinear verhält. In diesem Fall lässt sich die Variable als Linearkombination einer oder mehrerer im Modell bereits berücksichtigter Regressoren darstellen. Sie erbringt keinen zusätzlichen Erklärungsgehalt.[971]

Nachdem aus theoretischen Vorabüberlegungen sowohl die endogenen metrischen als auch die binärtransformierten exogenen Variablen definiert wurden und ein eindeutiger Ursache-Wirkungszusammenhang zwischen ihnen festgelegt wurde, kann das Regressionsmodell zur Image-Item-Schätzung aufgestellt werden. Um die Geradenanpassung in die Streuungswolke der Beobachtungswerte und mithin die Modellqualität zu verbessern, wurde im Rahmen der Modellschätzung ein iterativer Ausschluss von Extremwerten vorgenommen (sog. ***Outlier detection***).[972] In diesem Zusammenhang wurden aus den Regressionsrechnungen diejenigen Beobachtungswerte je Variable entfernt, die absolut um mehr als drei Standardabweichungen um den arithmetischen Mittelwert eines Merkmals streuen. Obwohl die Extremwerte („Ausreißer") inhaltlich begründet sein könnten, werden in diesen Fällen insbesondere Beobachtungs- und/oder Messfehler bei der Erhebung unterstellt. Ein Ausschluss erscheint daher aus forschungspragmatischen Gesichtspunkten als gerechtfertigt.

---

971 Vgl. Backhaus et al. (1996), S. 45-47. Statistisches Kriterium für die Aufnahme exogener Variablen in die Regressionsgleichung ist im vorliegenden Fall ein F-Wert ≤ 0,05, Kriterium für den Variablenausschluss ein F-Wert ≥ 0,10; dies entspricht den Standardeinstellungen des Programmsystems SPSS® 9.0.

972 Dieses Vorgehen ist im Rahmen der empirischen Forschungspraxis weit verbreitet. Vgl. bspw. Brown/Dacin (1997), S. 68-84.

Da der Zweck der an dieser Stelle vorgenommenen linearen Regressionsanalyse primär in der bestmöglichen Schätzung der Image-Items zu sehen ist und nicht in der Ermittlung der Einflussstärken exogener Variablen auf die im Modell zu erklärende endogene Größe, wird im Gegensatz zu einer stochastischen von einer deskriptiven Regression gesprochen. [973] Deren Ziel ist die maximale Varianzaufklärung der abhängigen Größe durch die berücksichtigten Regressoren in %. Das daraus abgeleitete Gütemaß zur Prüfung der Modellqualität ist das sog. Bestimmtheitsmaß R^2. Dieses ist auf das geschlossene Intervall [0;1] normiert.

Die im vorliegenden Fall nach der Bereinigung um Extremwerte im Ergebnis erreichten R^2-Werte belegen eine im Vergleich zu ähnlichen empirischen Untersuchungen respektable Modellqualität: Die je nach PKW-Klasse durchschnittlich aufgeklärten Varianzanteile der 15 zu schätzenden Image-Items betragen 50,75% für die UKL, 44,0% für die KKL, 45,2% für die MKL, 53,5% für die GKL sowie 56,3% für die RKL. Allgemein wird in der *„Scientific Community“* je nach Untersuchungszweck und -gegenstand ab etwa 30% von einem passablen Niveau der Modellqualität gesprochen.[974]

Die Anzahl der in die 75 schrittweisen Regressionsgleichungen jeweils aufgenommenen Variablen beläuft sich je nach Marktsegment und zu schätzendem Image-Item auf bis zu 16. Da die Höhe des Bestimmtheitsmaßes per definitionem mit der Aufnahme weiterer - selbst irrelevanter - Regressoren nur zu- aber nicht abnehmen kann, bedient sich die Statistik einer Korrekturgröße, die der Anzahl der exogenen Variablen und mithin der Zahl der Freiheitsgrade Rechnung trägt. Bei dieser Korrekturgröße zum einfachen Bestimmtheitsmaß (R^2) handelt es sich um das sog. *korrigierte Bestimmtheitsmaß* R^2_{KORR}.[975]

Aufgrund der Tatsache, dass das einfache gegenüber dem korrigierten Bestimmtheitsmaß im Ergebnis der 75 Regressionsmodelle um jeweils maximal 1% nach oben abweicht, sieht sich der Forscher in der sachlogisch abgeleiteten Auswahl der erklärenden Größen und in der Formulierung des zugrunde liegenden Regressionsmodells bestätigt. Der Vorwurf einer unkontrollierten Aufnahme von für den Ursache-Wirkungszusammenhang (ir-)relevanter Größen (*Overfitting*) zur „Schönung“ des einfachen Bestimmtheitsmaßes ist unter diesen Umständen nicht haltbar.[976]

Neben der Prüfung der Modellqualität gilt es im Weiteren zu untersuchen, ob die für die Stichprobe gültigen Ursache-Wirkungszusammenhänge in gleicher Form auch für die Grundgesamtheit gelten. Nur unter dieser Bedingung dürfen die aus der Teilerhebung gewonnenen Ergebnisse interpretativ auf die Grundgesamtheit übertragen werden. Eine statistisch aussagekräftige Antwort auf diese Frage liefert der *F-Test*.[977]

---

973 Vgl. Backhaus et al. (1996), S. 13.

974 Mindestanforderungen an die Höhe des Bestimmtheitsmaßes (R^2_{korr}) können nicht allgemein gültig aufgestellt werden. Vgl. ebenda, S. 39.

975 Vgl. ebenda, S. 25.

976 Zum *Overfitting* vgl. ebenda, S. 31.

977 Eine sog. *Nullhypothese* (H_0) unterstellt, dass realiter in der Grundgesamtheit kein systematischer Zusammenhang zwischen den vermeintlichen Einflussgrößen (Regressoren) und der zu erklärenden Variablen (Regressand) besteht, obwohl die Ergebnisse der Stichprobenuntersuchung einen solchen über das ermittelte R^2 nahe legen. In diesem Fall sind sowohl die in der Stichprobe identifizierten Zusammenhänge als auch das Bestimmtheitsmaß rein zufällig. Die Aufgabe des F-Tests ist die Überprüfung der Nullhypothese: Eine im Vorhinein festgelegte Irrtumswahrscheinlichkeit, die das Vertrauen des Forschers in die Verlässlichkeit seiner Testergebnisse

Mit F-Signifikanzwerten sämtlicher 75 Regressionsmodelle von 0,00 und einer vorgegebenen Irrtumswahrscheinlichkeit von 0,05 wird die Nullhypothese (H_0) für den gewählten Anwendungsfall durchgängig abgelehnt: Die in der Stichprobe regressionsanalytisch ermittelten Zusammenhänge besitzen damit auch für die Grundgesamtheit Gültigkeit.

Zusammenfassend lässt sich Folgendes feststellen:

- Erstens führt der im Rahmen der entwickelten Regressionsmodelle unterstellte lineare Zusammenhang der Stichprobe zu einer befriedigenden Erklärung der zu schätzenden Image-Items (**Modellqualität**).
- Zweitens stellt er eine brauchbare Schätzfunktion für den „wahren“ Zusammenhang in der Grundgesamtheit dar. In der Konsequenz erweist sich die im theoretischen Teil dieser Arbeit allgemein gültig abgeleitete und zu Anfang dieses Kapitels auf den speziellen Anwendungsfall übertragene Identifikation relevanter Einflussgrößen auf das hypothetische Konstrukt Image über die Stichprobe hinaus auch für die Grundgesamtheit i.S. eines nationalen PKW-Marktes als empirisch gerechtfertigt (**Modellvalidität**).
- Drittens wurden durch die regressionsanalytische Schätzung repräsentativer Image-Items die thematisierten strukturellen wie inhaltlich-technischen Problematiken der Datenbasis behoben: Einerseits wurde eine vollständige - teils tatsächliche, teils hypothetische - Bewertung des Produktprogramms des auftraggebenden Automobilherstellers für sämtliche Studienteilnehmer erreicht,[978] andererseits wurde dadurch die Fallzahl der Produktbeurteilungen je PKW-Klasse künstlich erhöht. Der Umfang der Stichprobe in Summe und auf Länderebene bleibt hiervon unberührt (**Heilung der strukturellen und technischen Problematik**).

Sowohl die Heilung der strukturellen und technischen Problematik der Datenbasis als auch die Schätzgenauigkeit (Qualität) und -gültigkeit (Validität) der entwickelten Modelle stellen notwendige Bedingungen für die weitere Verfolgung der gesetzten Forschungsziele dar. Mit der Erfüllung aller vier Konditionen sollen die regressionsanalytisch ermittelten Zusammenhänge die Ausgangsbasis der folgenden Untersuchungsschritte bilden.

5.2.1.1.3 Operationalisierung des Produktimages

Zur Operationalisierung von (Produkt-) Images aufgrund empirisch erhobener Einstellungswerte stellt die Marketingwissenschaft mit der Faktorenanalyse, Diskriminanzanalyse, multiattributiv dekompositionellen Modellen sowie der multidimensionalen Skalierung eine Reihe von Techniken zur Verfügung, die den Forscher bei Positionierungsentscheidungen unterstützen sollen.

---

zum Ausdruck bringen soll, gibt Aufschluss darüber, mit wie viel prozentiger Wahrscheinlichkeit davon ausgegangen werden kann, dass die Ablehnung der Nullhypothese zu Recht erfolgt. Üblicherweise werden in diesem Zusammenhang Vertrauens- bzw. Irrtumswahrscheinlichkeiten von 95 oder 99% bzw. 5 oder 1% angenommen; im vorliegenden Fall wurden die Standardeinstellungen des Programmsystems SPSS® 9.0 einer 95%-igen Vertrauens- bzw. 5%-igen Irrtumswahrscheinlichkeit beibehalten. Aus dem Vergleich eines empirisch ermittelten mit einem tabellierten, theoretischen F-Wert errechnet die Teststatistik mit der vorgegebenen Irrtumswahrscheinlichkeit einen F-Signifikanzwert. Ist dieser kleiner als die Irrtumswahrscheinlichkeit, kann die Nullhypothese verworfen werden, d.h., es kann angenommen werden, dass zumindest eine der erklärenden Variablen einen Einfluss auf die abhängige Größe ausübt. Vgl. Backhaus et al. (1996), S. 25f.

978 Die regressionsanalytisch ermittelten Image-Item-Ausprägungen werden mit Hilfe Rundung der in Kapitel 5.1 vorgestellten diskreten Skalierung dieser Merkmale angepasst.

Der **Faktorenanalyse** liegt idealtypischerweise eine dreidimensionale Eingangsdatenmatrix zugrunde, die die Beurteilungswerte einzelner Probanden (Subjekte) hinsichtlich unterschiedlicher Meinungsgegenstände (Objekte) und Eigenschaften (Attribute) beinhaltet.[979] Die zwei wesentlichen Vorteile der Faktorenanalyse für die Positionierung bestehen erstens in der Möglichkeit, sowohl subjektive i.S.v. funktionale als auch objektive i.S.v. emotionale Attribute in die Untersuchung einzubeziehen, und zweitens in der relativ leichten Identifikation der Positionierungsdimensionen über die ermittelten Faktorladungen. Ein Nachteil besteht allerdings darin, dass diese Dimensionen aus den Rohdaten der erfragten Attribute abgeleitet werden und sich dem Universum einer unmittelbaren und assoziativ freien Bewertung durch den Verbraucher entziehen.[980]

Im Rahmen der erhobenen Positionierungsstudien wurden - einheitlich über beide Erhebungszeiträume und jeweils fünf Länder - 15 Aspekte (Image-Items) zu ausgesuchten PKW-Modellen bei Endverbrauchern persönlich abgefragt. Es sei unterstellt, dass jede dieser Dimensionen für sich eine Relevanz für die Beurteilung eines Automobilproduktes besitzt. Eine Antwortskala von eins bis sechs gab den Probanden hierbei die Möglichkeit, ihr produktspezifisches Urteil zu qualifizieren (semantisches Differenzial).[981]

Über diese empirisch erhobenen Statements sollen zunächst die Produktimages der Marke-1-Modelle operationalisiert werden.[982] Ein mögliches Verfahren hierzu stellt die Faktorenanalyse dar: Als strukturen-entdeckende statistische Analysemethode ist es die Aufgabe der Faktorenanalyse, Abhängigkeiten zwischen einer Menge vorgegebener Größen einer Kategorie explorativ zu ermitteln. Explorativ in dem Sinne, dass ein profundes Vorverständnis über die Variablenzusammenhänge a priori nicht bestehen muss. Sachlogisch abgeleitete und zu prüfende Hypothesen müssen nicht vorliegen.[983] Die Zielsetzung dieses Vorgehens besteht darin, redundante Informationen aus einer gegebenen Variablenstruktur herauszufiltern, um auf diese Weise die Anzahl der (für die Durchführung weiterer Untersuchungen notwendigen) Größen auf eine geringere Zahl unabhängiger Variablen zu reduzieren.[984] Hierdurch wird erstens der Entstehung von Multikollinearität voneinander abhängiger Variablen bei späteren erklärenden Untersuchungen vorgebeugt und damit die Wahrscheinlichkeit, unbefriedigende Schätzergebnisse zu erhalten, verringert. Zweitens wird durch eine geringere Anzahl erklärender Größen der empirische Forschungsaufwand erheblich gemindert.[985]

979 Vgl. Backhaus et al. (1996), S. 192f.

980 Vgl. Keon (1983), S. 380f. Auf die Verwendung der anderen Verfahren soll an dieser Stelle nicht näher eingegangen und der Leser auf einschlägige Fachliteratur verwiesen werden. Vgl. bspw. ebenda, S. 380f. und die dort angegebene Literatur.

981 Vgl. hierzu Kapitel 5.1 dieser Arbeit. Zum Einsatz des semantischen Differenzials im Rahmen von empirischen Positionierungsanalysen vgl. bspw. Aaker (1981), S. 173-176.

982 Da das Marke-1-Markenimage (MI) nicht skaliert erhoben wurde, wird an späterer Stelle auch dieses über die 15 abgefragten Image-Items operationalisiert. Die Berechnung einer ganzheitlichen eindimensionalen Produktbeurteilung aus einzelnen Eindrücken (Teilurteilen) ist Gegenstand der sog. „kognitiven Algebra". Entsprechende Modelle werden als Multi-Attribut-Modelle bezeichnet. Vgl. bspw. Kroeber-Riel/Weinberg (1996), S. 292 und S. 305-311. Ein Vergleich unterschiedlicher Ansätze der algebraischen Verrechnung findet sich bei Bettman et al. (1975), S. 151-164.

983 Vgl. Überla (1971), S. 2f.; Backhaus et al. (1996), S. XXI und S. 190.

984 Vgl. Böhler (1977), S. 210; Backhaus et al. (1996), S. 190.

985 Vgl. ebenda, S. 190. Die Abhängigkeiten zwischen den zu untersuchenden Ausgangsgrößen werden über Korrelationen erfasst. Voraussetzung für die Bestimmung des Korrelationskoeffizienten (r) als Maß für die Abhän-

Wie sich aus der dargestellten Übersicht der 15 Produktimage-Items und deren Interpretation vermuten lässt, wird bspw. die Sicherheit eines Automobils (Item Nr. 03) nicht gänzlich unabhängig von einer zum Einsatz kommenden (fortschrittlichen) Technik des PKW (Item Nr. 10) sein, da insbesondere (moderne) Fahrwerkregelsysteme, die dem letzten Stand der Technik entsprechen, einen maßgeblichen Einfluss auf die aktive Sicherheit eines Automobils ausüben. Ebenso wird der Fahrkomfort eines Automobils (Item Nr. 06) nicht völlig unabhängig von dessen Straßenlage (Item Nr. 09) sein. Wird davon ausgegangen, dass eine gute Straßenlage den wahrgenommenen Fahrkomfort beeinflusst, müsste sich auch hier eine relativ starke positive Abhängigkeit der Variablen aufdecken lassen.[986]

In der Tat stellt sich im bivariaten Vergleich im ersten Fall eine Korrelation von 0,519, im zweiten Fall von 0,492 ein. In der empirischen Forschungspraxis wird ab etwa einem Wert von 0,300 von einer Abhängigkeit zwischen zwei zu untersuchenden Größen ausgegangen. Im bivariaten Kreuzvergleich der 15 relevanten Image-Items zeigen sich Korrelationen von Werten zwischen 0,150 und 0,550. Um aus diesen (Un-) Abhängigkeiten in sich stark korrelierte Variablenbündel (Faktoren oder Komponenten) zu identifizieren, wird die Faktorenanalyse angewandt. Die gewonnenen, extrahierten Faktoren markieren hypothetische Konstrukte in der Form verbaler Sammelbegriffe, die „hinter" den Ausgangsvariablen stehen und sie in ihren Ausprägungen beeinflussen. Damit wird unterstellt, dass eine dritte, nicht explizit abgefragte Größe für die beobachteten Merkmalswerte und Korrelationen der Gruppenmitglieder verantwortlich ist.[987]

Hat der Forscher ein solides Vorverständnis über die Existenz der Größen, die zu einem Variablenbündel verdichtet werden sollen, und gibt er diese als Faktor(en) vor, wird von einer konfirmatorischen Faktorenanalyse gesprochen. Diese hat rein bestätigenden Charakter und operationalisiert die Faktoren gemäß Vorgabe. Im vorliegenden Fall kann von einem solchen Vorverständnis nicht ausgegangen werden. Damit kommt der Datenstruktur die Aufgabe zu, solche Variablen zu identifizieren, die als „zusammengehörig" erachtet werden können. In diesem Zusammenhang wird von einer **exploratorischen Faktorenanalyse** gesprochen.[988] Sie soll nun angewandt werden. Vor dem Einsatz der Faktorenanalyse ist jedoch zunächst die **Eignung** der verfügbaren Datenbasis für faktoranalytische Zwecke zu überprüfen:[989]

gigkeit sind mindestens intervall-skalierte Ausgangsvariablen. Vgl. Backhaus et al. (1996), S. 194f. und S. 235. Diese Forderung wird von den zu untersuchenden Produktimage-Items erfüllt. Durch die Berechnung des Korrelationskoeffizienten kann die Stärke eines Beobachtungszusammenhangs zwischen zwei Variablen x_1 und x_2 beurteilt werden. Tendiert r dabei gegen +1, wird von hoher positiver Korrelation gesprochen, d.h., hohen (niedrigen) Werten von x_1 stehen hohe (niedrige) Werte von x_2 gegenüber. Ein Korrelationskoeffizient von -1 deutet demhingegen auf eine enge gegenläufige Beziehung hin. Bewegt sich r gegen null, besteht kein Zusammenhang zwischen den Variablen. Vgl. ebenda, S. 331.

986 Selbst wenn bei den genannten Beispielen über Kausalitäten argumentiert wurde, soll dies bei der Untersuchung möglicher Abhängigkeiten zwischen den Ausgangsvariablen nicht geschehen; der Korrelationskoeffizient berücksichtigt keine Ursache-Wirkungsbeziehungen zwischen den relevanten Größen.

987 Vgl. Backhaus et al. (1996), S. 195.

988 Vgl. Lilien et al. (1992), S. 86f.; Backhaus et al. (1996), S. 252f.

989 Zu den Eignungskriterien im Einzelnen vgl. ebenda, S. 202-207.

- Einen ersten Anhaltspunkt dafür liefert die **Korrelationsmatrix**, die die vorhandenen Merkmale bivariat in ihren (Un-) Abhängigkeiten gegenüberstellt.[990] Da die Möglichkeit besteht, dass die ermittelten Korrelationen der Stichprobe rein zufällig entstanden sind und tatsächlich gleich null sind, wird ein Signifikanztest der Korrelationen durchgeführt.[991] Die Wahrscheinlichkeit, irrtümlich falsche Korrelationen angenommen zu haben, beträgt in dem vorliegenden Beispiel durchgängig 0,00%. Die Datenmatrix erweist sich damit in einem ersten Schritt als geeignet.
- Ein zweites Prüfkriterium auf Eignung der Datenbasis für faktoranalytische Zwecke ergibt sich aus der **Inversen der Korrelationsmatrix**: Hier deuten Werte möglichst nahe bei null der nicht-diagonalen Elemente auf eine positive Eignung hin. Ein objektives Kriterium im Sinne eines Wertebereichs liegt nicht vor.[992] Im Anwendungsfall nehmen sämtliche Werte relativ niedrige Ausprägungen von maximal (-0,545) an. Der Eignung des vorliegenden Datenmaterials kann daher nicht widersprochen werden.
- Als drittes Eignungskriterium überprüft der sog. ***Bartlett-Test of Sphericity*** *(BtoS)* die Hypothese, dass die Stichprobe einer Grundgesamtheit entstammt, in der sämtliche Variablen unkorreliert sind. Dieser falsifikatorische Ansatz entspricht dem Vorgehen der Regressionsanalyse zur Überprüfung der Nullhypothese (H_0). Die ermittelten Signifikanzwahrscheinlichkeiten geben Aufschluss darüber, wie hoch die Wahrscheinlichkeit ist, dass H_0 mit Recht abzulehnen ist.[993] Das errechnete Signifikanzniveau nach BARTLETT beträgt im vorliegenden Fall 0,000, d.h. die Nullhypothese auf keinen Zusammenhang in der Grundgesamtheit ist zu 100% abzulehnen.
- Das vierte Prüfinstrument auf Eignung der Korrelationsmatrix stellt die **Anti-Image-Kovarianz-Matrix** nach GUTTMANN dar. Während das Image den Teil der Varianz einer Variablen erfasst, der durch die (in diesem Fall 14) verbleibenden Größen regressionsanalytisch erklärt werden kann, stellt das Anti-Image den unerklärten Teil der Varianz dar. Dieser sollte für die Eignung möglichst zu null tendieren. DZIUBAN und SHIRKEY schlagen vor, dann von einer Eignung der Datenmatrix für faktoranalytische Zwecke auszugehen, wenn weniger als 25% der Nicht-Diagonal-Elemente der Anti-Image-Kovarianz-Matrix Werte ≤ 0,09 aufweisen.[994] Mit einem entsprechenden Anteil von 8,6% ist im vorliegenden Fall von einer Eignung des Datenmaterials auszugehen.

990 Die Berechnung der Korrelationsmatrix erfolgt i.d.R. nach dem Bravais-Pearson'schen Korrelationskoeffizienten. Vgl. Bleymüller et al. (1985), S. 145f.

991 Vgl. Backhaus et al. (1996), S. 203. Zur Durchführung von Signifikanztests vgl. Hüttner (1989), S. 129.

992 Vgl. Backhaus et al. (1996), S. 204.

993 Vgl. ebenda, S. 204f.

994 Vgl. ebenda, S. 205f.

- Auf der Anti-Image-Korrelations-Matrix beruht auch die fünfte Prüfgröße auf eine faktoranalytische Eignung. KAISER, MEYER und OLKIN haben das auch nach ihnen benannte Kriterium (*KMK*) eines ***Measure of Sampling Adequacy** (MSA)* entwickelt und machen Vorgaben zur Eignung durch eine Klassenbildung der Anti-Image-Korrelationswerte. Sowohl die Eignung der Datenmatrix als Ganze als auch die Eignung einzelner Variablen kann mithilfe des MSA ermittelt werden. Der Wertebereich des MSA befindet sich zwischen 0 und 1.[995] Im Ergebnis zeigen sich im vorliegenden Fall MSA-Werte von 0,951 für die Korrelationsmatrix insgesamt sowie für die 15 Image-Item-Variablen von durchgängig > 0,9. KAISER und RICE bezeichnen MSA-Werte als Maß der Stichprobeneignung ≥ 0,9 als „*marvelous*" („erstaunlich").

Werden sämtliche fünf Prüfgrößen berücksichtigt, erscheint eine faktoranalytische Eignung der vorliegenden Stichprobe uneingeschränkt gegeben. In der Konsequenz können unabhängige Faktoren aus der Menge der 15 Image-Items exploratorisch gewonnen (extrahiert) werden. Hierzu muss zunächst eine Methode der Faktorextraktion gewählt werden.[996] Die in diesem Zusammenhang am stärksten verbreiteten Verfahren sind die Hauptkomponenten- und Hauptachsenanalyse. Die rechentechnische Abarbeitung des iterativen Extraktionsprozesses beider Verfahren basiert auf dem Fundamentaltheorem der Faktorenanalyse und ist für beide Methoden identisch.[997]

Die Zielsetzung der Hauptachsenmethode besteht darin, die Ausgangsvariablen durch hypothetische Größen kausal zu erklären. Sie geht hierbei davon aus, dass nicht die gesamte Varianz der Ausgangsvariablen aufgeklärt werden kann. Die Hauptkomponentenmethode hingegen versucht die gesamte Streuungsabweichung der zu bündelnden Variablen abzudecken. Sie strebt keine kausale Erklärung der Variablen an, sondern fasst einzelne Größen zu einem sog. Sammelbegriff (Komponente) zusammen.[998] Da die Anwendung der Faktorenanalyse in der vorliegenden Untersuchung Konstrukte ermitteln soll, die für den weiteren Verlauf der Arbeit die relevanten Modellebenen Produkt- und Markenimage optimal im Sinne einer größtmöglichen Varianzaufklärung operationalisieren sollen, wird die **Hauptkomponentenmethode** der Faktorgewinnung für das vorliegende Untersuchungsanliegen der Hauptachsenmethode vorgezogen.[999]

---

995 Vgl. Backhaus et al. (1996), S. 206.

996 Die Aufgabe der Faktorextraktion besteht darin, die Faktoren so auszuwählen, dass der von ihnen erklärte Varianzanteil maximal wird. Vgl. Schreiner (1992), S. 97.

997 Vgl. Backhaus et al. (1996), S. 223. Zum Fundamentaltheorem und zur grafischen Interpretation der Faktorenanalyse vgl. bspw. ebenda, S. 208-219.

998 Vgl. ebenda, S. 223.

999 Die Problematik der Verfahrenswahl stellt sich im vorliegenden Untersuchungsfall insofern nur bedingt, dass Green/Tull gezeigt haben, dass sich beide Verfahren in ihren Ergebnissen dann tendenziell angleichen, wenn die Anzahl der zugrunde gelegten Variablen ca. 15 übersteigt. Vgl. Green/Tull (1982), S. 408.

Neben dem analytischen Vorgehen lässt sich die Faktorenanalyse gleichfalls grafisch abbilden: Dabei werden die Ausprägungen der Ausgangsvariablen entweder als Vektoren oder als Punkte in einem Koordinatenkreuz abgetragen. Die Faktoren (Komponenten), die diese erklären sollen, werden in die Vektorenbündel bzw. Punktwolken der Ausgangsvariablen gelegt. Dabei nehmen die Komponenten die Stellung einer Resultanten ein. Unter der Prämisse der Unabhängigkeit der Faktoren als Ziel der Faktorenanalyse stehen sie in einem 90°-Winkel orthogonal aufeinander.[1000] Die Interpretation kann unter Beibehaltung der Unabhängigkeit nun u.U. dadurch verbessert werden, dass das Koordinatensystem einer rechtwinkligen Rotation (Drehung) unterzogen wird.[1001]. Bei schiefwinkligen Drehungen des Koordinatenkreuzes wird die Unabhängigkeitsprämisse aufgegeben. Dadurch wird einerseits die Interpretation der gewonnenen Faktoren erschwert, andererseits werden technische Anforderungen einiger multivariater statistischer Analysemethoden wie bspw. der Kausalanalyse dadurch nicht erfüllt.[1002]

Aus den genannten Gründen soll im vorliegenden Fall mit der gebräuchlichen **Varimax-Rotation** eine rechtwinklige Drehung des Koordinatensystems angewandt werden. Diese ermöglicht eine deutlichere Ladungsstruktur der Faktoren, indem niedrige/hohe Faktorladungen tendenziell verkleinert/vergrößert werden.[1003] Für die Bestimmung der Anzahl der zu extrahierenden Faktoren steht eine Vielzahl von Kriterien zur Verfügung.[1004] Letztlich sollte aber immer die Interpretierbarkeit der Ergebnisse den Ausschlag für oder gegen eines dieser Kriterien geben. Die Interpretation der Faktoren obliegt dem Forscher und stellt den Nutzen der Faktorenanalyse dar.[1005] Dieser ist dann gleich null, wenn die Faktoren im speziellen Anwendungsfall nicht interpretierbar sind und nicht weiter eingesetzt werden können. Bei manuell vorgegebener Anzahl der zu extrahierenden Faktoren als ein zulässiges Verfahren zur Faktorextraktion ergeben sich aus Sicht des Forschers bei **sechs Komponenten** die plausibelsten Ergebnisse. Diese werden in der Folge beschrieben:

In TABELLE 5-9 auf der nächsten Seite befinden sich in den Spalten die extrahierten Faktoren (Komponenten) I bis VI, in den Zeilen die Ausgangsvariablen (Image-Items) 1 bis 15, die zu sechs Faktoren „verdichtet“ wurden. In den Feldern der Komponentenmatrix werden mit den rotierten Faktorladungen die Korrelationskoeffizienten zwischen den Ausgangsgrößen und den Komponenten eingetragen. Sie stellen ein Maß für die Güte der Abbildung eines Image-Items durch einen Faktor dar. Werte kleiner als 0,3 wurden in der Ausgabe unterdrückt, Werte ≥ 0,3 der Größe nach abnehmend je Faktor dargestellt.

[1000] Der Cosinus des 90°-Winkels markiert hierbei einen Korrelationskoeffizienten von null.

[1001] Zur grafischen Darstellung des (Rotations-) Prinzips der Faktorenanalyse siehe Abbildung A-11 im Anhang.

[1002] Vgl. Backhaus et al. (1996), S. 229f. Zum Rotationsproblem der Faktorenanalyse vgl. bspw. Überla (1971), S. 167-237.

[1003] Vgl. Schreiner (1992), S. 103. Trommsdorff/Zellerhoff bezeichnen voneinander unabhängige Faktoren (für die Positionierung) als *Idealfall*. Vgl. Trommsdorff/Zellerhoff (1994), S. 361.

[1004] Zu einer Übersicht der Kriterien vgl. bspw. Backhaus et al. (1996), S. 242.

[1005] Vgl. Schreiner (1992), S. 100.

Tab. 5-9: Rotierte Komponentenmatrix des Sechs-Faktoren-Modells

	Komponente					
	1	2	3	4	5	6
Item Nr. 01	,772					
Item Nr. 03	,730					
Item Nr. 09	,654					
Item Nr. 06	,597					
Item Nr. 10	,548					
Item Nr. 04	,517					
Item Nr. 02		,726				
Item Nr. 11		,705				
Item Nr. 07		,603				
Item Nr. 05			,785			
Item Nr. 14			,577			
Item Nr. 13				,807		
Item Nr. 15				,746		
Item Nr. 12					,929	
Item Nr. 08						,917

Extraktionsmethode: Hauptkomponentenanalyse.
Rotationsmethode: Varimax mit Kaiser-Normalisierung.

Quelle: Outputfile des Programmsystems SPSS® 9.0.

Mit den ermittelten rotierten Faktorladungen weist die Komponentenmatrix im vorliegenden Fall eine **positive Einfachstruktur** auf, d.h., die Ausgangsvariablen laden ausschließlich positiv und jeweils nur auf einen Faktor hoch, auf die verbleibenden fünf Faktoren niedrig. Um die zu bündelnden Image-Items dem einen oder dem anderen Faktor zuordnen zu können, bedarf es Konventionen: Das wohl gängigste Kriterium sieht hierzu Faktorladungen von mindestens 0,5 vor. Ein strengeres Kriterium verlangt neben relativ hohen Faktorladungen ≥ 0,5, dass sich die Abhängigkeiten (Korrelationskoeffizient) zwischen einer betrachteten Ausgangsvariablen und dem Faktor, auf den die Variable am höchsten lädt, und der Komponente, auf die die Variable am zweithöchsten lädt, um mindestens 0,2 unterscheiden.[1006] Mit der technisch relativ eindeutigen Lösung im vorliegenden Fall werden beide Kriterien gleichermaßen erfüllt. Eine Situation, in der eine Variable auf mehrere Faktoren gleich hoch lädt, ist nicht vorhanden.

Im Ergebnis zeigt sich, dass bereits Faktor I sechs Variablen (Items Nr. 01, 03, 09, 06, 10, 04) auf sich vereinigt. Der Grund hierfür ist das Bestreben der Faktorenanalyse, möglichst zahlreiche Ausgangsgrößen durch die erste Komponente zu erfassen und damit eine maximale Gesamtvarianz der Daten zu erklären. Im Hintergrund steht die zunächst interpretationsunabhängige Zielsetzung, möglichst wenige Faktoren zu extrahieren. Items Nr. 12 und 08 weisen keine starken Abhängigkeiten mit anderen Ausgangsvariablen und Einfachladungen auf; sie werden als eigenständige Faktoren definiert.

[1006] Vgl. Backhaus et al. (1996), S. 229.

Über eine technisch relativ eindeutige Lösung hinaus ist für die geplanten Untersuchungszwecke vor allem eine plausible **Interpretation** der Faktorenstruktur notwendig. Diese ist aus Sicht des Forschers mit dem entwickelten Sechs-Faktoren-Modell gegeben.[1007] Die extrahierten Komponenten bzw. deren Interpretation werden in diesem Zusammenhang als geeignet angesehen, um die wesentlichen Beurteilungsdimensionen eines Automobils abzudecken. TABELLE 5-10 gibt Aufschluss über die als zusammengehörig identifizierten Image-Items 1 bis 15 sowie die vom Forscher subjektiv festgelegten Faktordefinitionen I bis VI in der Form verbaler Sammelbegriffe:

Tab. 5-10: Das Sechs-Faktoren-Modell der Produktimage-Dimensionen

Faktor:	Bezeichnung:	"[...] ein Auto[,] ...
I	Qualität	(01) ... auf das man sich immer verlassen kann."
		(03) ... das auf Sicherheit ausgelegt ist."
		(09) ... das ausgezeichnet auf der Straße liegt."
		(06) ... mit ausgeprägtem Fahrkomfort."
		(10) ... das besonders fortschrittliche Technik bietet."
		(04) ... das mit hochwertigen, edlen Materialien ausgestattet ist."
II	Dynamik	(02) ... mit hervorragender Beschleunigung."
		(11) ... das sportliche Eleganz ausstrahlt."
		(07) ... das sehr direkt auf Gasgeben und Lenkmanöver reagiert."
III	Design	(05) ... mit einem unverwechselbaren Aussehen."
		(14) ... das selbstbewußt dasteht."
IV	Raumangebot	(13) ... das klassischen Stil hat."
		(15) ... das auch für Familien geeignet ist."
V	Exklusivität	(12) ... das sich nicht jeder leisten kann."
VI	Wiederverkaufswert	(08) ... mit hohem Wiederverkaufswert."

Quelle: Eigene Darstellung.

Durch die Verdichtung der 15 Image-Items auf lediglich sechs Faktoren entsteht ein Informationsverlust, da die extrahierten Komponenten die Streuung der Ausgangsvariablen nicht zur Gänze (100%) abdecken können. Dieser Informationsverlust findet sich mit den sog. **Kommunalitäten** und den sog. **Eigenwerten** der Faktoren in zwei unterschiedlichen Gütekriterien wieder:

- Die Erklärungskraft sämtlicher Faktoren für eine Ausgangsvariable wird als Kommunalität bezeichnet und beträgt je nach Image-Item im vorliegenden Fall zwischen 56,1% (Image-Item Nr. 09) und 97,5% (Image-Item Nr. 08) nach Faktorextraktion.

[1007] Inhaltsanalytische Untersuchungen zeigen, dass auch in anderen Branchen bzw. Produktkategorien zumeist nicht mehr als sechs Positionierungs-Dimensionen belegt werden. Vgl. Diller (1998), S. 359. Darüber hinaus stimmen die ermittelten Faktoren mit den faktorenanalytischen Ergebnissen einer vergleichbaren Untersuchung des EMNID-Institutes überein. Drei von vier der von EMNID ermittelten Faktoren (Qualität, Fahrleistung bzw. Dynamik und Repräsentativität/Prestige bzw. Exklusivität) stimmen inhaltlich mit den in dieser Arbeit abgeleiteten Komponenten überein. Vgl. Borg (1974), S. 147-149. Sieben Faktoren identifiziert Sabel an einem Automobilbeispiel. Vgl. Sabel (1990), S. 755.

- Die Erklärungskraft eines Faktors für sämtliche Ausgangsgrößen wird demhingegen als Eigenwert (*Eigenvalue*) bezeichnet.[1008] Faktor I bspw. erklärt mit einem Eigenwert von 3,18 nach Rotation einen Gesamt-Varianzanteil der Ausgangsdaten von ca. 21%.

In der Summe erklären sämtliche sechs Komponenten die Ausgangsdaten zu ca. 70%. Sowohl die ermittelten Kommunalitäten als auch die errechneten Eigenwerte des Sechs-Faktoren-Modells deuten mit den genannten Werten auf eine respektable Modellqualität hin. TABELLE 5-11 gibt Aufschluss über die Eigenwerte und die erklärten Varianzanteile der Komponenten jeweils vor Durchführung der Faktorextraktion sowie vor bzw. nach Rotation des Koordinatensystems:

Tab. 5-11: Eigenwerte und erklärte Gesamtvarianz des Sechs-Faktoren-Modells

	Anfängliche Eigenwerte		Summen von quadrierten Faktorladungen für Extraktion		Rotierte Summe der quadrierten Ladungen	
Komponente	Gesamt	% der Varianz	Gesamt	% der Varianz	Gesamt	% der Varianz
1	6,292	41,944	6,292	41,944	3,187	21,246
2	1,058	7,056	1,058	7,056	1,998	13,317
3	,917	6,110	,917	6,110	1,636	10,903
4	,828	5,522	,828	5,522	1,490	9,935
5	,777	5,179	,777	5,179	1,213	8,087
6	,648	4,323	,648	4,323	,997	6,646
7	,614	4,090				
8	,585	3,901				
9	,553	3,688				
10	,507	3,380				
11	,498	3,319				
12	,470	3,136				
13	,447	2,978				
14	,411	2,738				
15	,395	2,635				

Extraktionsmethode: Hauptkomponentenanalyse.

Quelle: Outputfile des Programmsystems SPSS® 9.0.

Für die sich anschließenden empirischen Analysen zur Verfolgung der Untersuchungsziele 1 bis 5 bleibt letztlich zu klären, wie die Verbraucher die vorgegebenen PKW-Modelle hinsichtlich der sechs extrahierten hypothetischen Dimensionen (Faktoren) beurteilt hätten, wären diese (anstelle der 15 Image-Items) explizit abgefragt worden. Mit dieser inhaltlichen Frage geht die technische Notwendigkeit einher, jedem Beobachtungsfall (Studienteilnehmer) jeweils eine Ausprägung je gewonnener Komponente (Produktimage-Dimension) zuzuordnen. Dies ist die Voraussetzung dafür, um mit den ermittelten Faktoren weiterarbeiten zu können. Dabei müssen die Ausprägungen der Komponenten aus einer dem Faktorenmodell entsprechenden Aggregation der Ausgangsvariablen (Image-Items) abgeleitet werden. Diese Aggregation wird in der Form der sog. **Faktorwerte** (*Factor Scores*: FS) regressionsanalytisch ermittelt. Sie stellen die Koordinatenwerte hinsichtlich der extrahierten Faktoren dar.[1009] Die Faktorwerte werden mittels einer multiplen regressionsanalytischen Schätzung bestimmt und geben relative Beurteilungswerte der Komponen-

[1008] Vgl. Backhaus et al. (1996), S. 196, 202 und S. 220-222.

[1009] Vgl. Schreiner (1992), S. 104; Backhaus et al. (1996), S. 197 und S. 232-234.

ten durch die Subjekte (Probanden) an. Die relative Aussagekraft der Faktorwerte lässt sich auf die Standardisierung der Ausgangsdaten zurückführen; diese sind mit ihren Abweichungen von dem auf null normierten Mittelwert eines Merkmals (Image-Items) in die Untersuchung eingegangen.[1010] Aufgrund der Normierung der Ausgangsvariablen weisen auch die Faktorwerte als standardisierte Größen einen Mittelwert von null und eine Standardabweichung von eins auf.[1011]

In der Konsequenz deuten positive Faktorwerte auf überdurchschnittliche Ausprägungen, negative *Factor Scores* auf unterdurchschnittliche Ausprägungen eines Faktors hin. Aus den ermittelten Faktorladungen und den aus ihnen identifizierten Variablenbündeln werden in der technischen Aufbereitung der Datenbasis in der Folge Faktorwerte je Beobachtungsfall errechnet, die die hypothetische Beurteilung der extrahierten Komponenten durch die Befragten zum Ausdruck bringen. Sie finden im weiteren Verlauf der Arbeit Verwendung.[1012]

Obwohl die Faktorenanalyse keine zwingenden Verteilungsprämissen an die Ausgangsdaten stellt, sind sowohl die Korrelationen zwischen den zu untersuchenden Größen als auch die Faktorlösung selbst abhängig vom **Homogenitätsgrad** der Stichprobe. Dieser wurde im Rahmen der Faktorenanalyse nicht explizit ermittelt. Um im vorliegenden Fall nichtsdestotrotz eine verlässliche und übertragbare Faktorenlösung zu erhalten und auf Heterogenität der Stichprobe zu testen, wurden isolierte exploratorische Faktorenanalysen für Untergruppen der Stichprobe isoliert angestellt (Kreuzvalidierung):[1013] Trotz den in geringerem Umfang abweichenden Faktorladungen blieb die Zuordnung ausgewählter Image-Items zu Komponenten des Sechs-Faktoren-Modells bei Betrachtung unterschiedlicher Studien, Länder und Marktsegmente sowohl innerhalb eines Landes als auch über sämtliche Länder einer Studien unverändert. Des Weiteren erbrachte die Einschaltung des Gewichtungsfaktors G_i keine veränderte Interpretation. Letztendlich wäre es auch schwierig zu begründen, warum gerade die Variablen „Studie“, „Land“, „Klasse“ oder der Gewichtungsfaktor auf Grundlage des Fahrzeugbesitzes die Abhängigkeiten zwischen den Ausgangsgrößen beeinflussen sollten. Diese willkürliche Auswahl entbehrt jeder sachlogischen Argumentation. Positiver Nebeneffekt der heuristisch ermittelten Homogenität der Stichprobe ist die Tatsache, dass durch dieselbe Anzahl der Faktoren sowie durch die identische Variablenzuordnung zu den Komponenten Inter-Länder- und Inter-Studienvergleiche der Modellebenen ermöglicht werden, da die definitorische Basis i.S. identisch definierter Faktoren über Länder und Studien vollständig übereinstimmt.

1010 Zum Zwecke der Interpretations- und Rechenerleichterung wurde die Ausgangsdatenmatrix standardisiert: Die Differenz zwischen den Beobachtungswerten und dem arithmetischen Mittelwert einer Variablen wird durch die Standardabweichung dividiert. Durch diese „Normierung“ ergibt sich ein Mittelwert von null und eine Standardabweichung von eins. Die Werte der standardisierten Datenmatrix werden in der Folge deshalb nicht mehr mit x bzw. y, sondern mit z bezeichnet.

1011 Vgl. Backhaus et al. (1996), S. 232f.

1012 Vgl. ebenda, S. 197. Eine Darstellung der Untersuchungsobjekte (Marke-1-Modelle) nach Faktorwerten in einem mehrdimensionalen Merkmalsraum (Positionierungsmodell) unterbleibt in diesem Fall, da sich der dazu notwendige sechs-dimensionale Raum grafisch nicht darstellen lässt. Eine entsprechende Positionierungsbetrachtung der Marke-1-Modelle wird im weiteren Verlauf als Untersuchungsziel (1) adressiert.

1013 Unter einer Kreuzvalidierung wird die zusätzliche Absicherung empirischer Untersuchungsergebnisse mit Hilfe einer weiteren Stichprobe oder einer Aufsplittung und separaten Analyse der bestehenden Stichprobe verstanden. Vgl. Diller (1992), S. 1179. Da aus forschungsökonomischen Gründen die Überprüfung eines Modells anhand einer neuen Stichprobe häufig nicht möglich ist, wird die Kreuzvalidierung i.d.R. auf eine Teilung der Stichprobe beschränkt, sofern der Stichprobenumfang dies erlaubt. Vgl. Homburg (1989), S. 53.

Die faktorenanalytisch ermittelten Komponenten I bis VI operationalisieren mit den unabhängigen **Dimensionen** Qualität, Dynamik, Design, Raumangebot, Exklusivität und Wiederverkaufswert die Maßstäbe, anhand derer die Verbraucherbeurteilungen ausgesuchter PKW-Modelle für die vorliegenden Untersuchungszwecke festgemacht werden. Im Sinne der vorliegenden Arbeit sollen diese als positiv definit, d.h. als abschließend und vollständig angenommen werden. Wird dem klassischen ökonomischen Denken der Haushaltstheorie und der sog. kognitiven Algebra folgend verbraucherseitig eine Kosten-/Nutzen-Analyse der zu bewertenden Objekte als Beurteilungstechnik unterstellt, decken die gewonnenen Komponenten zunächst wesentliche Nutzendimensionen eines Automobils ab.[1014]

Die Kostenseite in Form des Anschaffungspreises sowie laufender Unterhaltungskosten (negativer Nutzen) bleiben bei dieser Betrachtung unberücksichtigt. Ansatzweise werden sie über den eingeschätzten Wiederverkaufswert erfasst. Für den weiteren Verlauf dieser Arbeit sollen ausschließlich die ermittelten sechs Nutzendimensionen in aggregierter Form das gesamthafte Produktimage eines Automobils konstituieren. Aus dieser Festlegung lässt sich die Definition des Produktimages ableiten:

> *Das **Produktimage** eines Automobils stellt die Aggregation der von einem Verbraucher subjektiv empfundenen Beurteilungswerte der Dimensionen Qualität, Dynamik, Design, Raumangebot, Exklusivität und Wiederverkaufswert hinsichtlich eines gegebenen PKW-Modells dar.*

Die folgende Abbildung veranschaulicht den der Definition zugrunde liegenden Zusammenhang grafisch:

Abb. 5-10: Beurteilungsdimensionen des Produktimages

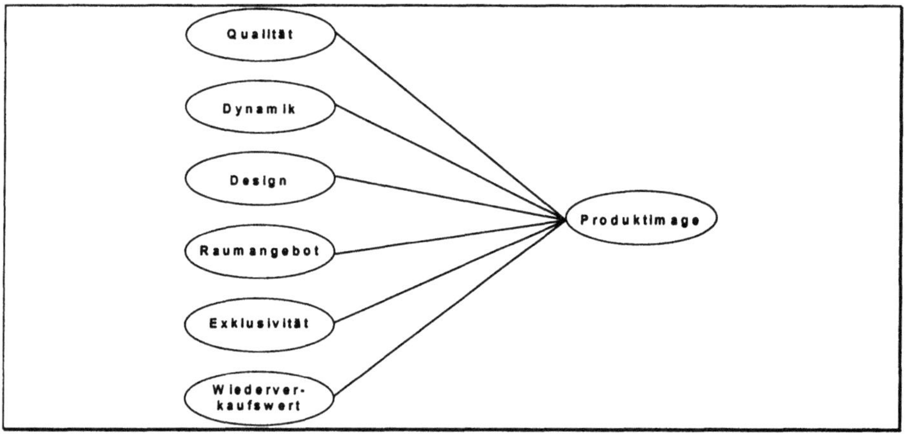

Quelle: Eigene Darstellung.

[1014] Faktisch bedeutet dies, dass dem Preis-/Leistungsverhältnis die überragende Auswirkung auf den Wahrnehmungsprozess zukommt, wobei sich die Leistung nur durch den technischen Stand der Produkte, der abstrakt als ein Qualitätsindikator zu interpretieren ist, ausdrückt. Vgl. Kroeber-Riel/Weinberg (1996), S. 376f.; Müller (1981), S. 42.

Nach der inhaltlichen Definition bleibt die Frage der technischen Aggregation (Operationalisierung) des Produktimages zu klären. Hierzu werden zwei Alternativen diskutiert:

- Eine erste Möglichkeit besteht darin, die ermittelten Faktorwerte der Beurteilungsdimensionen I bis VI je Marke-1-Modell auf einen einzigen Faktor (PI) zu verdichten. Dieses Vorgehen entspricht dem der konfirmatorischen **Faktorenanalyse** und verlangt ein solides Vorabverständnis darüber, welche Variablen (i.S. der Faktoren I bis VI) auf einen Faktor zu laden sind. Dieses Verständnis kann im vorliegenden Fall unterstellt werden, da die definitorische Basis des Produktimages die Bündelung sämtlicher Komponenten des Sechs-Faktoren-Modells zu einem Faktor „Produktimage" explizit vorsieht. Dabei werden die Komponenten Qualität, Dynamik, Design, Raumangebot, Exklusivität und Wiederverkaufswert zu einem einzigen Faktor zusammengeführt (Ein-Faktoren-Modell).

- Eine zweite Möglichkeit aus einer gegebenen Anzahl unabhängiger Ausgangsdaten (Beurteilungsdimensionen I bis VI) eine gesamthafte Größe wie bspw. das Produktimage zu gewinnen, besteht darin, die Skalenwerte sämtlicher sechs Faktoren je PKW-Modell und Beobachtungsfall aufzusummieren. Voraussetzung für diese **Summenbildung** sind metrisch skalierte Merkmale, die mittels identischer Skalen abgefragt wurden.[1015] Die genannten Bedingungen treffen auf die zu untersuchenden Ausgangsvariablen zu. Ein mittels Reliabilitätsanalyse errechnetes *Cronbach-Alpha* von 0,8914 belegt die technische Eignung der Summenbildung für die Aggregation der sechs Faktoren zu einer aggregierten Größe.[1016]

Im Ergebnisvergleich der Faktoren- vs. der Summenbildung ergibt sich ein Korrelationsniveau der Produktimage(-faktor-)werte von 0,996 mit statistischer Signifikanz. Damit erscheinen beide Verfahren zur Produktimagedefinition als technisch gleich gut geeignet. ABBILDUNG 5-11 auf der nächsten Seite veranschaulicht die statistische Abhängigkeit der Ergebnisse der beiden Verfahren grafisch:

1015 Zu Summenskalen in der Psychologie vgl. Lienert (1969), Likert (1932), Fishbein (1967), Summers (1970) und Hamman/Erichson (1994).

1016 Das *Cronbach Alpha* (CA) ist ein Maß für die Eignung von Indikatoren zur Operationalisierung einer hypothetischen Größe und liefert mit einem Maß für die interne Konsistenz ein Indiz dafür, wie gut die berücksichtigten Indikatoren zusammenpassen, um die gesuchte Größe abzubilden. Der Wertebereich des CA liegt zwischen 0 und 1,0. Werte größer als 0,5 stellen ein verlässliches Maß der Eignung dar: „[...] reliabilities of .50 to .60 suffice [...]", „[...] increasing reliabilities beyond .80 is probably wasteful." Churchill (1979), S. 68, FN 1. Auf Faktorenebene durchgeführte Summenbildungen der entsprechenden Image-Items liefern Cronbach-Alphas von 0,8518 für den Faktor Qualität, 0,7085 für den Faktor Dynamik, 0,6383 für den Faktor Design sowie 0,5295 für den Faktor Raumangebot; für die Faktoren V und VI, die aus jeweils nur einem Image-Item bestehen, kann keine Reliabilitätsanalyse berechnet werden.

Abb. 5-11: Korrelation zwischen Faktor- und Summenwerten des Produktimages

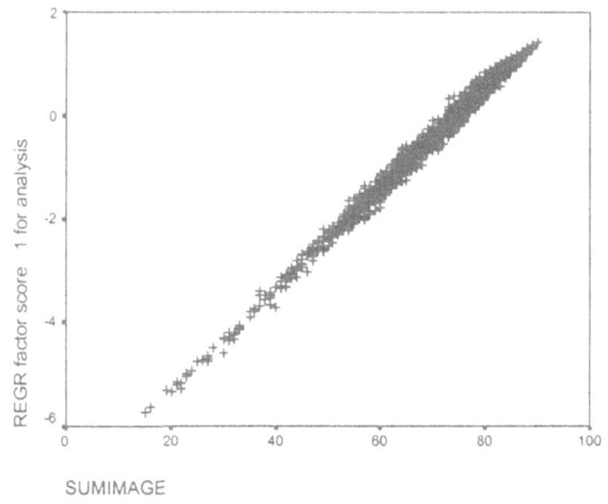

Quelle: Outputfile des Programmsystems SPSS® 9.0.

Die vornehmlich in den Sozialwissenschaften zum Einsatz kommende Methodik der Summenbildung hat allerdings den Nachteil, dass bei dem Vorliegen von *Missing Values* eine Vergleichbarkeit der gewonnenen Summengrößen nicht mehr gewährleistet ist, da fehlende Werte einen relativ reduzierenden Einfluss auf die absolute Merkmalsausprägung der aggregierten Größe (Produktimage) besitzen. Darüber hinaus würde selbst bei einem listenweisen Fallausschluss eine Vergleichbarkeit der Daten dadurch beeinträchtigt, dass im Gegensatz zu den mittels eines faktoranalytischen Modells errechneten Faktorwerten bei der Summenbildung sämtliche der Beurteilungsdimensionen gleichgewichtet in die Produktimagedefinition eingingen.

Diesem Umstand kann unter sachlogischen Erwägungen sowie unter Berücksichtigung der Erkenntnisse aus der faktoranalytischen Ableitung der Produktimagedefinition nicht beigepflichtet werden. In der Konsequenz wird der Ansatz der Summenbildung zugunsten der faktoranalytischen Herleitung des Produktimages für den vorliegenden Untersuchungszweck abgelehnt. Er bestätigt dessen ungeachtet die technische Validität der Faktorenanalyse zur Definition der Produktimagedimensionen und des Produktimages selbst. Im Ergebnis werden damit jedem Befragten je Studie-Land-Kombination bis zu fünf Produktimage-Werte mit jeweils sechs Produktimage-Dimensionen zugeordnet.

5.2.1.1.4 Intra-Markenvergleich des Produktimages

Im vorangegangenen Kapitel wurden die Produktimages und Produktimage-Dimensionen der Marke-1-Modelle operationalisiert. Mit den errechneten PI-Faktorwerten liegen gesamthafte Beurteilungswerte der Marke-1-Produkte der UKL, KKL, MKL, GKL und RKL vor. Die Faktorwerte der Produktimage-Dimensionen ermöglichen außerdem eine differenzierte Betrachtung der Marke-1-Modelle nach den Merkmalen Qualität (F1), Dynamik (F2), Design (F3), Raumangebot (F4), Exklusivität (F5) und Wiederverkaufswert (F6). Die sich anschließende Analyse soll Aufschluss darüber geben, ob und ggf. inwiefern Verbraucher ihr Urteil hinsichtlich der Wahrnehmung unterschiedlicher Produkte einer identischen Dachmarke abstufen.

Mit diesem Intra-Markenvergleich wird das erste Untersuchungsziel dieser Empirie verfolgt. Im Kern geht es dabei um die Frage, welche Produkte aus einer vorgegebenen Modellpalette in den Augen der Konsumenten besonders positiv und welche besonders negativ wahrgenommen werden. Die Beantwortung dieser Frage liefert erste Anhaltspunkte dafür, welche Produkte zum Gegenstand einer imagebasierten Marketingplanung gemacht werden sollten. Die differenzierte Betrachtung der einem Produktimage zugrunde liegenden Beurteilungsdimensionen kann ein Indiz dafür liefern, welche Faktoren für die gesamthafte Wahrnehmung eines Automobils verantwortlich zeichnen. Eine aktive Ziel- und Maßnahmenplanung kann in diesem Zusammenhang einerseits darauf ausgerichtet sein, die identifizierte Imageschwäche eines Produktes zu beheben. Sie kann aber auch andererseits die Imagestärke eines Produktes gezielt unterstützen. Auf diese Weise finden die Ergebnisse des Intra-Markenvergleichs als erste Kategorie der isolierten Rahmenbedingungen Eingang in die Heuristik imagebasierter Marketingplanung (HIMP).

Da sich - wie noch zu zeigen ist - Verbraucherwahrnehmungen über Länder und Studien unterscheiden können, soll für die anstehende Analyse das Datenmaterial nach den Variablen „Land" und „Studie" segmentiert werden. Dementsprechend werden die Beurteilungswerte der Produktimages und Produktimage-Faktoren jeweils nach Studie-Land-Kombinationen ausgewiesen. Zur Darstellung wird eine Sternsymbolik verwendet, die die faktorenanalytisch ermittelten Werte in ihrer Größe spaltenweise hierarchisiert. Die Anzahl an Sternen gibt hierbei den Rang einer Produktimage- bzw. Faktorenbewertung innerhalb eines Landes an. Derart symbolisieren fünf Sterne (*****) z.B. die höchste Beurteilung eines Landes, niedrigere Anzahlen implizieren abnehmende Werturteile.

In den hierarchisierten Werturteilen der Produktimages und Produktimage-Dimensionen finden implizit Wettbewerbseinflüsse Berücksichtigung: Dabei wurden die Produktimages mittelbar, die Produktimage-Dimensionen unmittelbar aus den empirisch erhobenen Image-Statements abgeleitet. Da diesen jeweils relative Ausprägungen hinsichtlich eines Marke-1-Modells im Konkurrenzumfeld zweier designierter Wettbewerbermodelle zugeordnet wurden, liegen auch den Faktorwerten der Produktimages und Produktimage-Dimensionen relative Ausprägungen zugrunde. So bedeuten fünf Sterne (*****) im Zusammenhang mit einem Marke-1-Modell bspw., dass dieses in seinem marktsegmentspezifischen Wettbewerbsumfeld besser beurteilt wurde, als jedes andere Marke-1-Modell in seinem marktsegmentspezifischen Wettbewerbsumfeld. TABELLE 5-12 auf der nächsten Seite weist die Ergebnisse des Intra-Markenvergleichs aus:

Tab. 5-12: Intra-Markenvergleich der Produktimages und Produktimage-Faktoren

D92	PI	F1	F2	F3	F4	F5	F6
UKL							
KKL	*****	****	*****	***	*****	***	*****
MKL	***	***	****	****	****	****	***
GKL	****	*****	***	*****	***	*****	****
RKL							

D97	PI	F1	F2	F3	F4	F5	F6
UKL	**	****	**	*	****	**	**
KKL	***	***	***	*****	**	***	****
MKL	*	**	****	****	*	****	***
GKL	*****	*	*****	***	***	*****	*****
RKL	****	*****	*	**	*****	*	*

F92	PI	F1	F2	F3	F4	F5	F6
UKL							
KKL	***	***	****	***	***	*****	***
MKL	****	****	*****	****	****	***	*****
GKL	*****	*****	***	*****	*****	****	****
RKL							

F97	PI	F1	F2	F3	F4	F5	F6
UKL	**	*****	***	**	***	***	**
KKL	****	***	*****	****	****	****	***
MKL	***	**	****	***	*****	**	*****
GKL							
RKL	*****	****	**	*****	**	*****	****

E92	PI	F1	F2	F3	F4	F5	F6
UKL							
KKL	***	***	***	***	*****	*****	***
MKL	*****	****	*****	*****	****	****	****
GKL	****	*****	****	****	***	***	*****
RKL							

E97	PI	F1	F2	F3	F4	F5	F6
UKL	***	*****	***	***	***	****	***
KKL	****	****	****	*****	****	*****	****
MKL	*****	***	*****	****	*****	***	*****
GKL							
RKL							

I92	PI	F1	F2	F3	F4	F5	F6
UKL							
KKL	***	****	***	***	****	*****	***
MKL	*****	***	*****	*****	*****	****	****
GKL	****	*****	****	****	***	***	*****
RKL							

I97	PI	F1	F2	F3	F4	F5	F6
UKL	**	**	*	*****	****	*****	****
KKL	****	****	**	***	***	**	*
MKL	***	***	***	****	**	****	**
GKL	*	*	*****	*	*	*	*****
RKL	*****	*****	****	**	*****	***	***

G92	PI	F1	F2	F3	F4	F5	F6
UKL							
KKL	****	***	****	****	*****	*****	****
MKL	*****	****	***	*****	****	****	*****
GKL	***	*****	*****	***	***	***	***
RKL							

G97	PI	F1	F2	F3	F4	F5	F6
UKL	***	**	**	*****	*****	***	*****
KKL	****	****	***	***	**	*****	****
MKL	*****	*****	****	****	***	****	***
GKL	**	***	*****	**	****	**	**
RKL							

***** relativ **beste** Beurteilung innerhalb einer Studie-Land-Kombination
**** relativ **zweitbeste** Beurteilung innerhalb einer Studie-Land-Kombination
*** relativ **drittbeste** Beurteilung innerhalb einer Studie-Land-Kombination
** relativ **viertbeste** Beurteilung innerhalb einer Studie-Land-Kombination
* relativ **fünftbeste** Beurteilung innerhalb einer Studie-Land-Kombination

Quelle: Eigene Darstellung.

Die Ergebnisse des Intra-Markenvergleichs der Marke-1-Produktimages und -Produktimage-Dimensionen gehen als isolierte Rahmenbedingungen unverändert, unmittelbar und in der dargestellten differenzierten Form in die Heuristik einer imagebasierten Marketingplanung ein, um die Ausgestaltung eines zieloptimierten Marketingprogramms im Anwendungsfall zu unterstützen.

Ungeachtet dessen soll die folgende ABBILDUNG 5-12 auf der nächsten Seite zu Veranschaulichungszwecken abschließend einen Überblick über die länderübergreifende (durchschnittliche) und relative Beurteilung (Rang) der Marke-1-Produktimages geben. Dabei wird nach den Erhebungszeiträumen (1992, 1997) unterschieden. Symbolik und Interpretation der Darstellung entsprechen denen der TABELLE 5-12.

Abb. 5-12: Intra-Markenvergleich der Marke-1-Produktimages in gemittelter Form

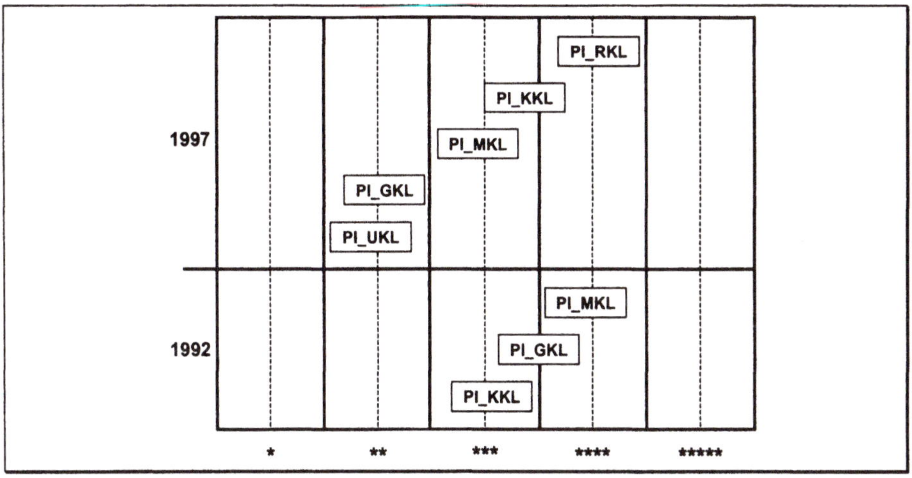

Quelle: Eigene Darstellung.

5.2.1.1.5 Einflussgrößen auf das Produktimage

Anschließend sollen die statistisch signifikanten Einflussvariablen auf die Produktimages der Marke-1-Modelle identifiziert werden (Untersuchungsziel 2). Als erklärende Größen fungieren die Dimensions- und Schichtungsvariablen der verfügbaren Datenbasis: Im Einzelnen handelt es sich dabei um die Variablen „Studie", „Land", „Markenbesitz", „Karosserieform", „Geschlecht", „Alter2", „Beruf" und „Einkommen".[1017] Die ermittelten Einflussfaktoren dienen zum einen der Segmentierung weiterer inhaltlicher Fragestellungen und empirischer Analysen. Zum anderen finden sie bei der Interpretation der gewonnenen Ergebnisse und im Rahmen der Ziel- und Maßnahmenplanung in KAPITEL 6 Verwendung. Als zweite Kategorie isolierter Rahmenbedingungen sind die signifikanten Einflussgrößen bei der zieloptimierten Gestaltung von Produkt-, Marken- und Unternehmensimages zu berücksichtigen.

Methodisch bedient sich der Forscher bei diesem Vorgehen zweier statistischer Verfahren: der **Varianz-** und der **Regressionsanalyse**. Mithilfe der Varianzanalyse soll jeweils einleitend ermittelt werden, welche Variablen gesamthaft für die Ausprägung der abhängigen Variablen (Produktimages) isoliert verantwortlich zeichnen bzw. welche statistisch signifikanten Wechselwirkungen (Interaktionen) zwischen den erklärenden Größen bestehen. In einem zweiten, regressionsanalytischen Schritt sollen Stärke und Richtung eines Einflusses auf die Produktimages im Variablenverbund, d.h. bei simultaner Berücksichtigung mehrerer Größen, quantifiziert und interpretiert werden.

[1017] Die Schichtungsvariable „PKW-Klasse" hat im Rahmen der Produktimage-Untersuchung per definitionem keine Bedeutung, da die Produktimages jeweils auf Grundlage der tatsächlich abgegebenen Image-Statement-Beurteilungen der Angehörigen einer Klasse für die Probanden der jeweils anderen PKW-Segmente regressionsanalytisch geschätzt wurden. Damit würde die Variable „PKW-Klasse" nur eine Merkmalsausprägung je Produktimage aufweisen; ein Mittelwertvergleich würde unmöglich und die Varianzanalyse redundant.

In Analogie zur Regressionsanalyse besteht die Aufgabe der **Varianzanalyse** darin, einen Erklärungszusammenhang zwischen einer oder mehreren unabhängigen und einer abhängigen Variablen herzustellen (eindimensionale Varianzanalyse).[1018] Die unabhängigen Variablen werden im Rahmen der Varianzanalyse als *Faktoren*, ihre Merkmalsausprägungen (Kategorien) als Faktorstufen oder Ebenen benannt.[1019] Die simultane Berücksichtigung mehrerer Faktoren wird als mehrfaktorielle Varianzanalyse bezeichnet.[1020] Sie soll mit der Einbeziehung der Dimensions- und Schichtungsvariablen in der vorliegenden Untersuchung zur Anwendung kommen. Im Gegensatz zur Regressionsanalyse verlangt die Varianzanalyse für die unabhängigen Größen (Faktoren) lediglich Nominalskalenniveau, die abhängige Größe muss metrisch skaliert sein.[1021] Diese Forderungen werden von den einzubeziehenden statistischen Größen erfüllt. Da das Programmsystem SPSS® 9.0 nur eine begrenzte Anzahl von fünf Faktoren nebst sog. Kovariaten (metrisch-skalierte erklärende Größen) für die Varianzanalyse zulässt,[1022] werden Dimensions- und Schichtungsvariablen in einem zweistufigen Prozess auf ihren Einfluss auf die abhängigen Größen untersucht. Mit den Variablen „Studie", „Land", „Markenbesitz" und „Karosserieform" werden die Dimensionen der Erhebung in zeitlicher wie räumlicher Hinsicht und die Merkmale zum Fahrzeugbesitz erfasst. In einem folgenden, zweiten Schritt werden die Variablen „Geschlecht", „Alter2" (Kovariat), „Beruf" und „Einkommen" berücksichtigt. Auf diese Weise entsteht ein 2 x 5 x 4 x 5 bzw. 2 x 3 x 3 faktorielles Design mit 200 bzw. 18 Teilstichproben (ohne Kovariat).

Die Aufgabe der ANOVA besteht darin, die Mittelwertunterschiede innerhalb als auch zwischen diesen Gruppen (Teilstichproben) auf systematische und zufällige Einflüsse zu testen. Mittels einer Streuungszerlegung in eine durch die unabhängigen Variablen (Faktoren bzw. Kovariate) verursachte erklärte und eine durch Zufallseinflüsse bedingte unerklärte Streuung soll ermittelt werden, ob ein Einfluss eines einzelnen Faktors bzw. Kovariates auf die zu erklärende Größe gegeben ist und ob Wechselwirkungen (Interaktionen) zwischen den Faktoren bestehen.[1023] Als strukturen-prüfendes Instrument der Statistik fordert die Varianz- wie auch die Regressionsanalyse ein a priori sachlogisch deduziertes Verständnis hinsichtlich des zu prüfenden Erklärungszusammenhangs.[1024] Dieses wurde im theoretischen Teil der Arbeit geliefert und in die Untersuchungshypothesen H_{01} („Land") und H_{02} („Zeit") überführt. Technische Voraussetzungen für die Anwendung der Varianzanalyse sind die Unabhängigkeit der zu vergleichenden (Teil-) Stichproben sowie die Normalverteilung und Varianzhomogenität (Homoskedastizität, Homoskedasie) der abhängigen metrischen Variablen.[1025]

1018 Vgl. Backhaus et al. (1996), S. 56. Darüber hinaus bietet die Varianzanalyse die Möglichkeit, mehrere abhängige Variablen simultan zu untersuchen; auf eine Darstellung des Algorithmus der sog. mehrdimensionalen Varianzanalyse soll an dieser Stelle jedoch verzichtet werden. Vgl. hierzu bspw. Ahrens/Läuter (1981).

1019 Bleymüller et al. (1998), S. 119.

1020 Vgl. Brosius/Brosius (1996), S. 435.

1021 Vgl. Bleymüller et al. (1998), S. 119.

1022 Vgl. Brosius/Brosius (1996), S. 442.

1023 Vgl. Backhaus et al. (1996), S. 59f.

1024 Vgl. ebenda, S. 56.

1025 Vgl. Bleymüller et al. (1998), S. 119; Brosius/Brosius (1996), S. 435-437.

Die Unabhängigkeit der Stichproben wird aufgrund unterschiedlicher Erhebungszeiträume und -länder im vorliegenden Fall unterstellt. Varianzhomogenität wurde durch die Standardisierung der Ausgangsvariablen erreicht. Diese weisen eine Standardabweichung von eins auf. Mit der Festlegung der Streuung unterscheiden sich die (Teil-) Stichproben-Verteilungen nur durch ihre Lage. Diese wird durch das arithmetische Mittel μ der Stichprobe bestimmt und soll im Rahmen der ANOVA untersucht werden. Die Normalverteilung der metrischen Variablen wurde in KAPITEL 5.1 untersucht und negativ beschieden. Die Varianzanalyse führt jedoch „[...] auch dann noch zu brauchbaren Ergebnissen, wenn die Modellannahme einer normalverteilten Grundgesamtheit [...] nicht exakt erfüllt ist".[1026] Vergleichbar der Regressionsanalyse prüft der sog. *F-Test* die Varianzstatistik auf Annahme bzw. Ablehnung der Nullhypothese. Als robuste Prüfstatistik ist der F-Test verhältnismäßig robust gegenüber Abweichungen von der Normalverteilung.[1027]

TABELLE 5-13 stellt die arithmetisch gemittelten Faktorwerte der Marke-1-Produktimages beispielhaft nach Studie-Land-Segmenten dar. Die Variablen „Studie" und „Land" fungieren dabei zu Veranschaulichungszwecken als einzige Faktoren zur Erklärung des Produktimages:

Tab. 5-13: Arithmetisch gemittelte Faktorwerte der Produktimage-Beurteilungen

		F	D	I	E	G
PI_UKL	1992					
	1997	-0,3479016	-0,2793006	0,3301502	-0,0784000	-0,1937517
PI_KKL	1992	-0,2469632	-0,1037178	0,0203700	-0,3307607	-0,5573248
	1997	-0,2699001	-0,2743034	0,3307447	-0,0500000	-0,1828687
PI_MKL	1992	-0,1974093	-0,1233567	0,0608400	-0,0025192	-0,5171031
	1997	-0,2806421	-0,2931605	0,3304097	-0,0372000	-0,1789568
PI_GKL	1992	-0,1816445	-0,1132567	0,0222700	-0,3093974	-0,5616534
	1997		-0,2453032	0,3057202		-0,1978284
PI_RKL	1992					
	1997	-0,2332990	-0,2618272	0,3468569		

(grau unterlegt) = aus der empirischen Erhebung ausgeschlossen

Quelle: Eigene Darstellung.

Sowohl zwischen den Ebenen des Faktors „Studie" (1992, 1997) als auch zwischen den Stufen des Faktors „Land" (F, D, I, E, G) unterscheiden sich die errechneten Mittelwerte der Produktimages augenscheinlich. Die Aufgabe der Varianzanalyse besteht nun darin, herauszufinden, ob die vorliegenden Mittelwertunterschiede auf systematische Einflüsse der Faktoren „Studie" und/ oder „Land" zurückzuführen oder rein zufälliger Natur sind. Wird vereinfachend davon ausgegangen, dass

1. keine „äußeren" (zufälligen) Effekte auf die Produktimage-Beurteilungen einwirkten <u>und</u>
2. auch die Faktoren „Studie" und „Land" keinen systematischen Einfluss auf sie ausübten,

[1026] Bleymüller et al. (1998), S. 124.

[1027] Vgl. ebenda, S. 124.

so müssten die Studienmittelwerte je Land und Spalte wie auch die Ländermittelwerte je Studie und Zeile identische Größen aufweisen.[1028] Unter Beibehaltung nur der ersten Annahme (Ausschluss zufälliger Schwankungen) deuten die aus TABELLE 5-13 entnehmbaren Unterschiede zwischen den Faktorstufen (*between groups*) der Variablen „Studie" und „Land" allerdings auf einen systematischen Einfluss dieser Größen hin. Die Tatsache, dass TABELLE 5-13 mit arithmetisch gemittelten Werten der Produktimage-Beurteilungen lediglich das rechnerische Zentrum einer Verteilung angibt, lässt darüber hinaus vermuten, dass die Ausgangsdaten um den Lageparameter (μ) einer Studie-Land-Teilstichprobe streuen (*within groups*). Diese Streuungsabweichungen sind per definitionem auf andere Einflussgrößen als „Land" und „Studie" zurückzuführen.[1029]

Damit lassen sich zusammenfassend zwei Niveaus der **Streuungsabweichung** unterscheiden: Einerseits weichen die rechnerischen Mittelwerte zwischen den Faktorstufen (*between groups*) voneinander ab, andererseits streuen innerhalb einer Faktorstufe die Beobachtungswerte um ihren arithmetischen Mittelwert (*within groups*). Die Varianzanalyse legt die Annahme zugrunde, dass sich die Streuungsabweichungen innerhalb der Faktorstufen (*within groups*) bis auf zufällige Schwankungen nicht voneinander unterscheiden. Systematische Einflüsse werden für sämtliche Faktorstufen als konstant unterstellt. Diese Prämisse ist der Grund dafür, dass die Varianzanalyse als das klassische Instrument bei der Auswertung von Experimenten (Versuchsanordnungen in kontrolliertem Forschungsumfeld) betrachtet wird. Unter der gesetzten Annahme verbleibt die Frage zu klären, inwiefern sich die Mittelwertunterschiede zwischen einzelnen Gruppen (*between groups*) auf systematische und zufällige Einflüsse zurückführen lassen. Durch die geforderte Varianzhomogenität bestimmt alleine der Lageparameter μ die Stellung und das rechnerische Zentrum der Verteilung. Je weiter sich der Mittelwert der Grundgesamtheit i.S.v. Teilstichprobe vom Gesamtmittelwert über alle Faktorstufen entfernt, desto größer ist der Einfluss eines Faktors auf die abhängige Größe.[1030]

Analog zum Vorgehen der Regressionsanalyse formuliert die ANOVA eine Nullhypothese (H_0), die keine Unterschiede der Mittelwerte einzelner Faktorstufen postuliert. In diesem Fall liegen alle Mittelwerte geografisch aufeinander, statistisch signifikante Effekte bestehen nicht. Die Alternativhypothese (H_A) geht davon aus, dass mindestens zwei Faktorstufen unterschiedliche Verteilungszentren aufweisen und ein signifikanter Einfluss des betrachteten Faktors existiert. Zur Hypothesenprüfung werden zunächst die Abweichungen der Stichprobenmittel je Faktorstufe vom Gesamtmittelwert über sämtliche Ebenen eines Faktors berechnet; diese Abweichungen werden als „wahre Effekte" bezeichnet.[1031]

Um systematische von zufälligen Schwankungen trennen zu können, wird eine Streuungszerlegung vorgenommen. Die Gesamtstreuung (SST = *Sum of Squares Total*) ergibt sich aus der Summe der Streuungsabweichungen eines Beobachtungsfalls von seinem Mittelwert je Faktorstufe und Faktor.

1028 Vgl. Backhaus et al. (1996), S. 59.

1029 Vgl. ebenda, S. 60.

1030 Vgl. Bleymüller (1998), S. 121f.

1031 Vgl. ebenda, S. 121. Die Gesamtmittelwerte der Faktoren „Studie" und „Land" je untersuchter PKW-Klasse sind in der Tabelle 5-13 nicht eingetragen; sie ergeben sich aus der rechnerischen Mittlung der Faktorstufen der Variable „Studie" über Spalten bzw. der Variablen „Land" über Zeilen jeweils eines Produktimages (PI-Klasse) unter Berücksichtigung der Proportionalisierung mittels des Gewichtungsfaktors (G_i).

Sie setzt sich aus einer systematischen erklärten Streuung (SSB = *Sum of Squares Between the Groups*) und einer zufälligen nicht erklärten (Rest-) Streuung (SSW = *Sum of Squares Within the Groups*) zusammen. Es bestehen keine „wahren Effekte" und mithin keine Mittelwertunterschiede zwischen den Ebenen eines Faktors, wenn SSB und SSW bis auf Zufallsabweichungen identisch sind. In der Konsequenz muss die Nullhypothese angenommen und davon ausgegangen werden, dass der betrachtete Faktor keinen statistisch signifikanten Einfluss auf die zu untersuchende abhängige Variable ausübt. Bei Vorhandensein „wahrer Effekte" und der Dominanz systematischer Einflüsse wird SSB größer als SSW sein, bei primär zufälligen Einflüssen umgekehrt. Analog zur Regressionsanalyse prüft der *F-Test* die Varianzstatistik auf Annahme bzw. Ablehnung der Nullhypothese.[1032]

In der Folge sollen diejenigen Größen varianzanalytisch ermittelt werden, die einen systematischen Einfluss auf die Produktimages der Marke-1-Modelle der fünf zu untersuchenden PKW-Klassen ausüben. Mit Ausnahme des Erhebungszeitraumes („Studie") gehen sämtliche Dimensions- und Segmentierungsvariablen („Land", Merkmale zum Fahrzeugbesitz sowie Sozio-Demografika zu den Befragten) als Faktoren in die Untersuchung aller fünf Produktimages ein. Die Variable „Studie" wird ausschließlich für die Produktimages der Klassen KKL, MKL und GKL berücksichtigt. In den Fällen UKL und RKL wird dieser Faktor ausgeschlossen, weil die betrachteten Marke-1-Modelle 1992 noch nicht im Markt eingeführt und deshalb nicht Bestandteil der ersten Erhebungswelle waren. Mit der Aufnahme eines Faktors mit nur einer Faktorstufe wird die Varianzanalyse redundant, da mit nur einem Lageparameter Mittelwertvergleiche unmöglich sind.

Abgesehen vom ermittelten absoluten Umfang der Quadratsummen der Abweichungen der Beobachtungswerte von ihren Schätzwerten (*Sum of Squares*) gibt die Varianzanalyse keinen Hinweis auf die Stärke eines Variablen-Einflusses.[1033] Demgegenüber sind Richtung und Stärke der Effekte bei der Regressionsanalyse selbst bei Vorliegen nominal-skalierter Variablen nach Binärtransformation ablesbar. Aus diesem Grund soll ergänzend zur mehrfaktoriellen Varianzanalyse eine multiple Regressionsanalyse Marke-1-Modell Aufschluss über die Einflussstruktur der zu untersuchenden Produktimages liefern. Im Gegensatz zur Varianzanalyse bildet sie darüber hinaus sämtliche verfügbaren Einflussgrößen simultan und nicht isoliert ab.

Die als erklärende Größen (Regressoren) berücksichtigten Variablen sind mit denen der varianzanalytischen Untersuchung identisch. Analog zu der Herleitung repräsentativer Produktimage-Items soll eine schrittweise multiple Regression angewandt werden, um einer Multikollinearität zwischen den unabhängigen Größen vorzubeugen. Da sowohl die Dimensions- als auch die Segmentierungsvariablen ausnahmslos nicht-metrisches Skalenniveau aufweisen, die Regressionsanalyse jedoch im Gegensatz zur Varianzanalyse metrisch-skalierte Daten vorsieht,[1034] werden die erklärenden Größen zunächst mit Hilfe einer Binärtransformation in quasi-metrische Variablen überführt.

1032 Vgl. Backhaus et al. (1996), S. 62-66. Zur rechentechnischen Ableitung der Werte SST, SSB und SSW vgl. stellvertretend für andere Bleymüller et al. (1998), S. 119-124.

1033 Die ermittelten *sum of squares* geben lediglich einen Hinweis auf die relative Einflussstärke eines Faktors, die Effekte einzelner Faktorstufen können in ihrer Stärke nicht quantifiziert werden. Vgl. ebenda, S. 124.

1034 Vgl. Backhaus et al. (1996), S. 2.

Aufgrund der Definition jeweils einer Dummy-Größe je Merkmalsausprägung der Dimensions- und Segmentierungsvariablen ist die Aussagekraft bezüglich der Stärke eines Effektes allerdings ausschließlich im Zusammenhang mit der Referenzkategorie der nominal-verteilten Variablen zu sehen. Ist das Vorzeichen des Regressionsparameters (β) positiv, ist der Einfluss des Dummies auf den/die Regressanden stärker als der der Referenzkategorie, bei negativem Vorzeichen umgekehrt.[1035]

Für beide Methoden der Ursachenanalyse wird eine Vertrauenswahrscheinlichkeit in die Teststatistik (*F-Test*) in Höhe von 95% vorgegeben. Im Ergebnis werden nur statistisch signifikante Einflussgrößen dargestellt. Diese werden für beide Analyseverfahren je Marke-1-Modell tabellarisch gegenübergestellt. Unterschiedlich identifizierte Einflussgrößen der Varianz- bzw. der Regressionsanalyse sind wie folgt zu interpretieren:

- Faktoren, die im Rahmen der varianzanalytischen Untersuchung als Einflussgrößen identifiziert werden, vom regressionsanalytischen Ansatz jedoch nicht als solche ausgewiesen werden, sind zwar gesamthaft als beeinflussend zu charakterisieren, die Merkmalsausprägungen (Dummy-Variablen) selbst allerdings üben jeweils für sich keinen statistisch signifikanten Effekt auf das Produktimage aus.
- Werden bei der varianzanalytischen Ermittlung Interaktionen zwischen zwei oder mehreren Faktoren ausgewiesen und finden sich diese bei dem regressionsanalytischen Ansatz nicht wider, kann die der Wechselwirkung zwischen den Faktoren zugrunde liegende Multikollinearität der Variablen als wahrscheinliche Erklärungsursache herangezogen werden.
- Identifiziert die Regressionsanalyse hingegen Variablen als Einflussgrößen, die sich im varianzanalytischen Ansatz nicht wiederfinden, ist dies u.U. darauf zurückzuführen, dass zwar die ermittelte Dummy-Variable als Merkmalsausprägung bzw. Faktorstufe einen Einfluss auf das untersuchte Produktimage ausübt, nicht jedoch die nominal-skalierte Variable als Ganze.

Der letztgenannte Fall tritt bspw. bei der Analyse des Produktimages des Marke-1-Modells der unteren Klasse (PI_UKL) hinsichtlich der Variablen „Typ" und „Beruf" auf. Die folgende Tabelle stellt die varianz- und regressionsanalytische Einflussstruktur des PI_UKL gegenüber:

Tab. 5-14: Einflussgrößen auf das Produktimage des Marke-1-Modells der UKL

Methode:	Mehrfaktorielle Varianzanalyse	Schrittweise Regressionsanalyse
Einflussgröße:	LAND	~~LAND~~
	MARKE/BESITZ x TYP	MARKE/BESITZ
	~~TYP~~	TYP
	~~BERUF~~	BERUF
	~~EINKOMMEN~~	~~EINKOMMEN~~
	~~GESCHLECHT~~	~~GESCHLECHT~~
	~~ALTER~~	~~ALTER~~

Quelle: Eigene Darstellung.

Nachstehend werden die zentralen Ergebnisse der Einflussstruktur-Analyse des PI_UKL stichpunktartig zusammengefasst:

[1035] Zur Binärtransformation (Dichotomisierung) vgl. bspw. Backhaus et al. (1996), S. 279f.

- Die **Marke** („Marke/Besitz“) und die **Karosserieform** („Typ“) des aktuellen Fahrzeugs eines Verbrauchers stellen gemäß beiden Verfahren statistisch signifikante Einflussgrößen auf das PI_UKL dar. Während im varianzanalystischen Ansatz eine statistisch signifikante Interaktion (x) der genannten Variablen ausgewiesen wird, ermittelt die Regressionsanalyse mit dem Markenbesitz und der Karosserieform unabhängige Einflussgrößen. In diesem Zusammenhang wird von Marke-1-Besitzern eine bessere Beurteilung vorgenommen als von Nicht-Besitzern. Im Hinblick auf die Karosserieform haben sowohl Besitzer offener Fahrzeuge (Cabriolets und Roadster) als auch Besitzer von Limousinen mit Heckklappe das PI_UKL signifikant schlechter bewertet als Fahrer von Limousinen mit Stufenheck. Diese Erkenntnis ist insofern überraschend, als es sich bei dem Marke-1-Modell der UKL selbst um eine Limousine mit Heckklappe handelt. Im Ergebnis scheint zwar die Markenzugehörigkeit positiv, der eigentliche Fahrzeugbesitz allerdings relativ negativ beurteilt zu werden.
- Nach varianzanalytischer Ermittlung ist für die Einschätzung des PI_UKL darüber hinaus der **Kulturraum** („Land“) entscheidend.
- Der regressionsanalytische Ansatz weist eine im Vergleich zu anderen **Berufsgruppen** relativ schlechte Bewertung durch Angestellte und Beamte aus.
- „**Alter**“, „**Geschlecht**“ und „**Einkommen**“ üben keinen statistisch signifikanten Einfluss auf das Produktimage des Marke-1-Modells der UKL aus.

Die folgende Tabelle stellt die varianz- und regressionsanalytische Einflussstruktur des Produktimages des Marke-1-Modells der kleinen Klasse (PI_KKL) gegenüber:

Tab. 5-15: Einflussgrößen auf das Produktimage des Marke-1-Modells der KKL

Methode:	Mehrfaktorielle Varianzanalyse	Schrittweise Regressionsanalyse
Einflussgröße:	STUDIE x LAND	LAND
	MARKE/BESITZ x TYP	MARKE/BESITZ
	~~TYP~~	TYP
	BERUF	~~BERUF~~
	EINKOMMEN	EINKOMMEN
	~~GESCHLECHT~~	~~GESCHLECHT~~
	~~ALTER~~	~~ALTER~~

Quelle: Eigene Darstellung.

Nachstehend werden die zentralen Ergebnisse der Einflussstruktur-Analyse des PI_KKL stichpunktartig zusammengefasst:

- Unter der Annahme, dass die Variable „**Studie**“ aufgrund entstehender Multikollinearität mit zumindestens der Variablen „**Land**“ aus dem Regressionsmodell ausgeschlossen wurde, gleichen sich die Ergebnisse beider Verfahren mit Ausnahme des Faktors „Beruf“. Die varianzanalytisch ermittelte Interaktion zwischen den Faktoren „Studie“ und „Land“ liefert Beleg dafür, dass sie einen untrennbaren Effekt auf die Beurteilung des PI_KKL ausüben.
- Mit einer identifizierten Wechselwirkung der Variablen zum **Markenbesitz** und zur **Karosserieform** des Jetztwagens im varianzanalytischen Ansatz versus dem Ausweis beider Faktoren als unabhängige Einflussgrößen im regressionsanalytischen Ansatz entspricht dieses Ergebnis dem der Produktimage-Beurteilung des Marke-1-Modells der UKL. Auch in diesem Fall haben Marke-1-Besitzer das KKL_Modell relativ gut, Cabriolet/Roadster-Fahrer relativ

schlecht beurteilt. Eine relativ schlechte Bewertung durch Fahrer von Limousinen mit Heckklappe wurde hingegen nicht ausgewiesen.

- Weiterhin lässt sich eine im Vergleich zu Beziehern mittlerer **Einkommen** relativ schlechte Beurteilung durch Angehörige niedriger Einkommensklassen ausmachen.
- „**Geschlecht**" und „**Alter**" üben keinen statistisch signifikanten Einfluss auf das Produktimage des Marke-1-Modells der KKL aus.

Die folgende Tabelle stellt die varianz- und regressionsanalytische Einflussstruktur des Produktimages des Marke-1-Modells der mittleren Klasse (PI_MKL) gegenüber:

Tab. 5-16: Einflussgrößen auf das Produktimage des Marke-1-Modells der MKL

Methode:	Mehrfaktorielle Varianzanalyse	Schrittweise Regressionsanalyse
Einflussgröße:	STUDIE x LAND	LAND
	MARKE/BESITZ x TYP	MARKE/BESITZ
	~~TYP~~	TYP
	BERUF	BERUF
	EINKOMMEN	EINKOMMEN
	~~GESCHLECHT~~	~~GESCHLECHT~~
	~~ALTER~~	~~ALTER~~

Quelle: Eigene Darstellung.

Nachstehend werden die zentralen Ergebnisse der Einflussstruktur-Analyse des PI_MKL stichpunktartig zusammengefasst:

- Die varianzanalytisch ermittelte Einflussstruktur des PI_MKL ist mit der des PI_KKL vollständig identisch. Mit Ausnahme der erklärenden Variablen „Beruf" trifft die Übereinstimmung auch auf die regressionsanalytisch ermittelten Ergebnisse mit identischer Richtung und vergleichbarer Stärke zu.
- Bezüglich der **Berufsstellung** der Befragten wurden von Zugehörigen „anderer" Berufsgruppen statistisch signifikant bessere Beurteilungen des PI_MKL abgegeben als von Selbstständigen/Freiberuflern und Angestellten/Beamten.
- „**Geschlecht**" und „**Alter**" üben keinen statistisch signifikanten Einfluss auf das Produktimage des Marke-1-Modells der MKL aus.

Die folgende Tabelle stellt die varianz- und regressionsanalytische Einflussstruktur des Produktimages des Marke-1-Modells der großen Klasse (PI_GKL) gegenüber:

Tab. 5-17: Einflussgrößen auf das Produktimage des Marke-1-Modells der GKL

Methode:	Mehrfaktorielle Varianzanalyse	Schrittweise Regressionsanalyse
Einflussgröße:	STUDIE x LAND	LAND
	MARKE/BESITZ x TYP	MARKE/BESITZ
	~~TYP~~	TYP
	BERUF	BERUF
	EINKOMMEN	EINKOMMEN
	~~GESCHLECHT~~	~~GESCHLECHT~~
	~~ALTER~~	~~ALTER~~

Quelle: Eigene Darstellung.

Sowohl die varianzanalytisch ermittelten Ergebnisse als auch die regressionsanalytisch abgeleitete Einflussstruktur der Produktimagebeurteilung des Marke-1-Modells der GKL stimmen vollständig mit den Ergebnissen der MKL-Analyse überein; neben gleich gerichteten Effekten sind auch die Einflussstärken nahezu identisch.

Die folgende Tabelle stellt die varianz- und regressionsanalytische Einflussstruktur des Produktimages des Marke-1-Modells der Roadsterklasse (PI_RKL) gegenüber:

Tab. 5-18: Einflussgrößen auf das Produktimage des Marke-1-Modells der RKL

Methode:	Mehrfaktorielle Varianzanalyse	Schrittweise Regressionsanalyse
Einflussgröße:	LAND	LAND
	MARKE/BESITZ x TYP	MARKE/BESITZ
	~~TYP~~	TYP
	~~BERUF~~	BERUF
	~~EINKOMMEN~~	~~EINKOMMEN~~
	~~GESCHLECHT~~	~~GESCHLECHT~~
	~~ALTER~~	~~ALTER~~

Quelle: Eigene Darstellung.

Das varianzanalytische Ergebnis bezüglich des Produktimages des Marke-1-Modells der RKL entspricht vollständig der varianzanalytischen Einflussstruktur des PI_UKL. Mit Ausnahme der erklärenden Variablen „Land" trifft die Übereinstimmung auch auf die regressionsanalytisch ermittelten Ergebnisse mit identischer Richtung und vergleichbarer Stärke zu.

Nachstehend werden die zentralen Ergebnisse der Einflussstruktur-Analyse der Marke-1-Modelle der PKW-Klassen UKL, KKL, MKL, GKL und RKL stichpunktartig zusammengefasst:

- Die **varianzanalytische Ermittlung** der Einflussstrukturen des **PI_UKL** und **PI_RKL** weist identische Ergebnisse auf: Die Variablen „Land", „Markenbesitz" und „Karosserieform" werden als statistisch signifikante Einflussgrößen identifiziert; zwischen den beiden letztgenannten besteht eine signifikante Zweifach-Interaktion.
- Die **regressionsanalytische Ermittlung** der Einflussstrukturen des **PI_UKL** und **PI_RKL** weist mit Ausnahme der Variablen „Land" identische Ergebnisse auf: Die Faktoren „Markenbesitz", „Karosserieform" und „Beruf" werden als statistisch signifikante Einflussgrößen ermittelt.
- Die **varianzanalytische Ermittlung** der Einflussstrukturen des **PI_KKL**, des **PI_MKL** und des **PI_GKL** weist identische Ergebnisse auf: Die Variablen „Studie", „Land", „Markenbesitz", „Karosserieform", „Beruf" und „Einkommen" werden als statistisch signifikante Einflussgrößen identifiziert; zwischen den Faktoren „Studie" und „Land" bzw. „Markenbesitz" und „Karosserieform" bestehen jeweils signifikante Zweifach-Interaktionen.
- Die **regressionsanalytische Ermittlung** der Einflussstrukturen des **PI_KKL, PI_MKL** und **PI_GKL** weist mit Ausnahme der Variablen „Beruf" identische Ergebnisse auf: Die Faktoren „Land", „Markenbesitz", „Karosserieform" und „Einkommen" werden als durchgängig statistisch signifikante Einflussgrößen identifiziert.
- Sowohl die varianz- als auch die regressionsanalytische Ermittlung der Einflussstrukturen des **PI_MKL** und des **PI_GKL** weisen identische Ergebnisse auf.

- **Varianzanalytisch** werden die Faktoren „**Studie**“ und „**Land**“ bei sämtlichen Produktimages der Marke-1-Modelle nach PKW-Klassen - soweit vorhanden (Ausnahmen: PI_UKL, PI_-RKL) - als signifikante Zweifach-Interaktion ausgewiesen. Die Variablen „Beruf“ und „Einkommen“ werden als isolierte Einflussgrößen des PI_KKL, des PI_MKL und des PI_GKL ermittelt.
- **Regressionsanalytisch** werden die Variablen zum **Markenbesitz** und zur **Karosserieform** bei sämtlichen Produktimages der Marke-1-Modelle nach PKW-Klassen als Einflussgrößen identifiziert. Die Variablen „Land“ und „Einkommen“ werden darüber hinaus durchgängig in den PKW-Klassen KKL, MKL und GKL, die Variable „Beruf“ sowohl in der UKL als auch in der RKL als statistisch signifikante Effekte ermittelt.
- Die Variablen „**Geschlecht**“ und „**Alter**“ werden in keiner der untersuchten fünf PKW-Klassen als Einflussgrößen auf das Produktimage des entsprechenden Marke-1-Modells ausgewiesen.

Hinsichtlich der IMI-Modellebene PI bestand das zweite Untersuchungsziel in der Identifikation der **Einflussstrukturen** der Marke-1-Produktimages. Diesem Analyseschritt liegen zwei Motivationen zugrunde: Erstens sollte ermittelt werden, ob die Variablen „Land“ und „Studie“ jeweils für sich einen statistisch signifikanten Einfluss auf die Marke-1-Produktimages ausüben. Wäre dieser Einfluss nicht gegeben, würden sowohl die geplanten Inter-Ländervergleiche (Untersuchungsziel 3) als auch die Inter-Studienvergleiche (Untersuchungsziel 4) insofern redundant, als sich in diesem Fall die Verbraucherwahrnehmungen hinsichtlich der Marke-1-Modelle nicht über Länder unterschieden bzw. zeitlich nicht veränderten. Da beide Größen jedoch u.E. durchgängig als statistisch signifikant ausgewiesen wurden, können die Untersuchungsziele 3 und 4 im Anschluss verfolgt werden. Zweitens sollte festgestellt werden, welche der im theoretischen Teil dieser Arbeit als erklärend vermuteten Variablen zum Fahrzeugbesitz und zu den Sozio-Demografika der Verbraucher tatsächlich einen signifikanten Einfluss auf die Marke-1-Produktimages ausüben. Als eine Kategorie isolierter Rahmenbedingungen soll die jeweils ermittelte Einflussstruktur in die Ziel- und Maßnahmenplanung einer imagebasierten Marketingplanung einfließen. Damit einher geht die Frage, inwiefern das Jetztfahrzeug und die persönlichen Merkmale der Konsumenten bei der Ausplanung eines Marketingprogramms zu berücksichtigen sind. Anzahl bzw. Auswahl der auf einen Einfluss zu untersuchenden Erklärungsvariablen könnten in diesem Zusammenhang unzweifelhaft erweitert bzw. variiert werden. Mit den vorgegebenen Variablen zum Fahrzeugbesitz und den sozio-demografischen Merkmalen der Probanden sollen jedoch ausschließlich diejenigen Größen in die Untersuchung aufgenommen werden, die aufgrund sachlogischer Erwägungen einen Erklärungszusammenhang vermuten lassen (Hypothesen H_{03} bis H_{07}).

Außerdem sollte die Modellkomplexität nicht durch eine unüberschaubare Vielzahl weiterer Segmentierungskriterien unnötig gesteigert werden. Je nach Bedarf kann die Methodik im Anwendungsfall auf beliebige Schichtungen und Fragestellungen übertragen werden. Aus diesem Grund wurden die Einflussstrukturen auf die Marke-1-Produktimages länder- und studienübergreifend ermittelt. In der vorliegenden Arbeit begrenzt der Autor die Einflussstrukturanalyse damit auf die Identifikation genereller und gesamthafter Erklärungsgrößen. Differenzierte Effekte wie bspw. die mehrerer Ausprägungen einer Variablen wurden zwar zu Interpretationszwecken herangezogen, sollen aber nicht explizit Eingang in die Heuristik einer imagebasierten Marketingplanung finden.

Im Anschluss sollen deshalb die Ergebnisse der varianzanalytischen Ableitung qualitativer Einflussgrößen auf die Marke-1-Produktimages zusammenfassend dargestellt werden. Sie geben Aufschluss darüber, welche der Variablen generell (studien- und länderübergreifend), unabhängig (isoliert) und in Summe (gesamthaft) einen statistisch signifikanten Effekt auf die zu untersuchende IMI-Modellgröße PI nach PKW-Klassen ausüben. Die folgende Tabelle weist die Ergebnisse der Varianzanalyse in aggregierter Form aus:

Tab. 5-19: Varianzanalytische Einflussstruktur der Marke-1-Produktimages

KKL, MKL, GKL	UKL, RKL
Studie x Land	Land
Marke/Besitz x Typ	Marke/Besitz x Typ
Beruf	~~Beruf~~
Einkommen	~~Einkommen~~
~~Geschlecht~~	~~Geschlecht~~
~~Alter~~	~~Alter~~

Quelle: Eigene Darstellung.

Nach der varianzanalytischen Untersuchung zeigen die Produktimages der kleinen, mittleren und großen Klasse bzw. der unteren und Roadsterklasse jeweils eine identische Einflussstruktur auf: So wird erstgenannte Gruppe der Marke-1-Produktimages durch die Variablen zum Fahrzeugbesitz („Markenzugehörigkeit“, „Besitz“ und „Karosserieform“) sowie durch die sozialstatistischen Größen „Beruf“ und „Einkommen“ beeinflusst. Darüber hinaus sind der Erhebungszeitpunkt und -raum der Befragung in Kombination entscheidend.

Die Interaktion der Variablen „Studie“ und „Land“ konnte bei den Produktimages der UKL und der RKL allerdings deshalb nicht getestet werden, da für sie lediglich ein Erhebungspunkt vorlag. Der Erhebungsraum der Befragung ist allerdings auch in diesen Fällen signifikant. Während analog zu den Produktimage-Beurteilungen der Marke-1-Modelle der KKL, MKL und GKL auch im Rahmen der Ermittlung der Einflussstrukturen der UKL- und RKL-Produkte der aktuelle Fahrzeugbesitz der Befragten als entscheidend ausgewiesen wurde, spielen diesbezüglich weder die Berufsstellung noch die Einkommenssituation der Probanden eine maßgebliche Rolle bei der Einschätzung dieser Marke-1-Modelle. Letztlich sind alle Marke-1-Produktimages unabhängig von Alter und Geschlecht der Befragten.

Für die Ausgestaltung einer imagebasierten Marketingplanung sind in der Konsequenz insbesondere folgende Aspekte zu berücksichtigen:

1. In unterschiedlichen Kulturräumen (i.S.v. Ländern) werden Marke-1-Produkte unterschiedlich wahrgenommen.
2. Die Verbraucherwahrnehmungen hinsichtlich der untersuchten Marke-1-Produkte verändern sich u.E. im Zeitverlauf.
3. Die Verbraucherwahrnehmungen im Hinblick auf die untersuchten Marke-1-Produkte hängen entscheidend davon ab, welcher Marke das aktuelle Fahrzeug des Konsumenten angehört und welche Karosserieform dieses besitzt. Dabei sind insbesondere Marke-1-Besitzer von Besitzern anderer Marken (Nicht-Besitzer) zu unterscheiden.

4. Während die Berufsstellung und die Einkommenssituation der Befragten bei herkömmlichen Limousinen-Varianten mit Stufenheck (Marke-1-Modelle der KKL, MKL und GKL) ausschlaggebend für die Beurteilung der Marke-1-Produkte sind, differieren die Produktimages der UKL und RKL-Modelle nicht zwischen diesen Segmenten.

5. Die Verbraucherwahrnehmungen hinsichtlich der untersuchten Marke-1-Produkte unterscheiden sich nicht hinsichtlich des Geschlechts oder der Altersgruppe der Befragten.

In den sich anschließenden Analysen soll nun untersucht werden, inwiefern sich die Verbraucherwahrnehmungen bezüglich der zu untersuchenden Marke-1-Produktimages zwischen einzelnen Ländern unterscheiden (Aspekt 1.) und wie sich diese Wahrnehmungen im Zeitverlauf verändern (Aspekt 2.). Die Aspekte 3. bis 5. gehen als isolierte Rahmenbedingungen unverändert und unmittelbar in die Heuristik einer imagebasierten Marketingplanung im Anwendungsfall ein.

5.2.1.1.6 Inter-Ländervergleich des Produktimages

Nachdem in die Beurteilungswerte gesamthafter Produktimages sowie der diesen zugrunde liegenden Produktimage-Dimensionen in der Form von *Factor Scores* faktorenanalytisch errechnet wurden, soll in der Folge überprüft werden, ob und ggf. wie stark sich diese Beurteilungswerte zwischen einzelnen Ländern einer Studie unterscheiden (Untersuchungsziel 3: Inter-Ländervergleich). Zur Bestimmung statistisch signifikanter Mittelwertunterschiede zieht der Forscher die Varianzanalyse heran. Diese wurde im Zusammenhang mit der Bestimmung der Einflussstruktur der Marke-1-Produktimages ausführlich behandelt. Das im Rahmen des varianzanalytischen Inter-Ländervergleichs verwendete Segmentierungskriterium ist die Variable „Land". Andere Einflüsse werden entsprechend den Annahmen der Varianzanalyse *ceteris paribus* ausgeschlossen. Für die Erhebungszeiträume 1992 und 1997 werden jeweils unabhängige Inter-Ländervergleiche angestellt. In der Summe ergeben sich damit zehn (4+3+2+1) kombinatorische Mittelwertanalysen je Studie. Die Interpretation der Inter-Ländervergleiche erfolgt studienweise auf der Ebene jeweils eines Produktimages der zu untersuchenden Marke-1-Modelle der PKW-Klassen UKL, KKL, MKL, GKL und RKL. Dabei werden die gewonnenen Ergebnisse jedenfalls im Rahmen der folgenden drei Untersuchungsschritte strukturiert ausgewiesen:

1. Jeweils zu Anfang wird ermittelt, ob das betrachtete Marke-1-Modell von Befragten unterschiedlicher Länder tendenziell ähnlich (homogen) oder unähnlich (heterogen) wahrgenommen wird. Diese Bewertung soll anhand des zahlenmäßigen Verhältnisses von statistisch signifikanten Mittelwertunterschieden (heterogen) zu statistisch insignifikanten Mittelwertunterschieden (homogen) der Länder-Kombinationen (einer Studie) vollzogen werden. Als tendenziell ähnlich empfundene Produkte lassen eher eine standardisierte Marketingplanung zu als tendenziell unähnlich empfundene Modelle der Marke-1-Produktpalette.

2. Auf der Grundlage dieser Erkenntnisse wird jeweils in einem nächsten Schritt untersucht, welche der sechs unabhängigen Dimensionen Qualität, Dynamik, Design, Raumangebot, Exklusivität und Wiederverkaufswert im Vergleich zu der (in-) homogenen Beurteilung des entsprechenden gesamthaften Produktimages unter- bzw. überdurchschnittlich ähnlich wahrgenommen werden. Bei dieser differenzierten Betrachtung können diejenigen Produktimage-Dimensionen identifiziert werden, die für die tendenziell (un-) ähnliche Einschätzung eines Marke-1-Modells verantwortlich sind. Primär an diesen sollte eine imagebasierte Marketingplanung ansetzen.

3. Die Inter-Länderanalyse eines Produktimages der Marke-1-Modellpalette abschließend, werden jeweils die Länderkombinationen herausgestellt, die sich durch eine besonders homogene bzw. heterogene Wahrnehmung auszeichnen. Mit diesen lässt sich die Entscheidung für oder gegen eine standardisierte Marketingplanung länderspezifisch konkretisieren.

Zum Ende dieses Abschnitts wird eine zusammenfassende Interpretation der Ergebnisse des Inter-Ländervergleichs über sämtliche Marke-1-Produktimages bzw. -Produktimagedimensionen geliefert. Als isolierte Rahmenbedingungen finden diese Ergebnisse Eingang in die Konkretisierung der Heuristik einer imagebasierten Marketingplanung (HIMP). Diese dienen der Ableitung zieloptimierter Gestaltungsempfehlungen im Anwendungsfall. Eine detaillierte Überprüfung der Produktimage-Dimensionen auf kulturelle Unterschiede hinsichtlich der Verbraucherwahrnehmungen findet sich in grafischer, analytischer und verbaler Form in den TABELLEN A-21 bis A-55 im ANHANG.

Die zu vergleichenden arithmetisch gemittelten Beurteilungswerte sollen zunächst grafisch gegenübergestellt werden. In der Grafik werden die entsprechenden Lageparameter μ der Produktimage-Verteilungen abgetragen. Da die Mittelwerte aus Zufallsstichproben mit einer jeweils begrenzten Anzahl von Merkmalsträgern (Probanden) errechnet wurden, ist vergleichbar mit der Regressionsanalyse zunächst ein sog. Repräsentationsschluss auf den tatsächlichen Parameter μ der Grundgesamtheit vorzunehmen. Aufgrund der Tatsache, dass die Beobachtungswerte der Ausgangsvariablen Zufallsschwankungen um den jeweiligen Mittelwert unterliegen und nicht punktgenau geschätzt werden können, soll eine sog. Intervallschätzung Auskunft darüber geben, in welchen Grenzen sich der gesuchte Parameter (μ) mit einer gegebenen Wahrscheinlichkeit befindet.[1036] Dieser Vertrauensbereich wird als **Konfidenzintervall** bezeichnet. Da sich mit steigender Fallzahl die Schätzgenauigkeit des Lageparameters μ verbessert, verkleinert sich das Konfidenzintervall mit zunehmendem Stichprobenumfang.[1037]

Die vorgegebene Vertrauenswahrscheinlichkeit sei im vorliegenden Fall 95%. Neben den arithmetischen Mittelwerten sollen die entsprechenden Konfidenzintervalle in die grafischen Darstellungen aufgenommen werden. In ihren Grenzen bewegt sich der aus der Stichprobe ermittelte Lageparameter μ mit der vorgegebenen Wahrscheinlichkeit von 95%. In der Konsequenz ist annäherungsweise nur dann von einem statistisch signifikanten Unterschied zwischen zwei Produktimage-Beurteilungen auszugehen, wenn sich die Konfidenzintervalle nicht bzw. nur in geringem Umfang überschneiden. Eine präzise analytische Auswertung findet sich in den ABBILDUNGEN A-12 bis A-41 und in den TABELLEN A-21 bis A-55 im ANHANG. Auf sie wird bei der Interpretation der Ergebnisse an geeigneter Stelle eingegangen.

Zu Beginn soll die ABBILDUNG 5-13 auf der nächsten Seite die kulturellen Unterschiede der Verbraucherwahrnehmungen hinsichtlich des Marke-1-Produkts der UKL visualisieren:[1038]

1036 Vgl. Bleymüller et al. (1998), S. 85f.

1037 Zum Konfidenzintervall für das arithmetische Mittel vgl. ebenda, S. 85-88.

1038 Da das Produktimage des Marke-1-Modells der UKL 1992 nicht erhoben wurde, kann nur ein Inter-Ländervergleich des Jahres 1997 angestellt werden.

Abb. 5-13: Inter-Ländervergleich des Produktimages des Marke-1-Modells der UKL

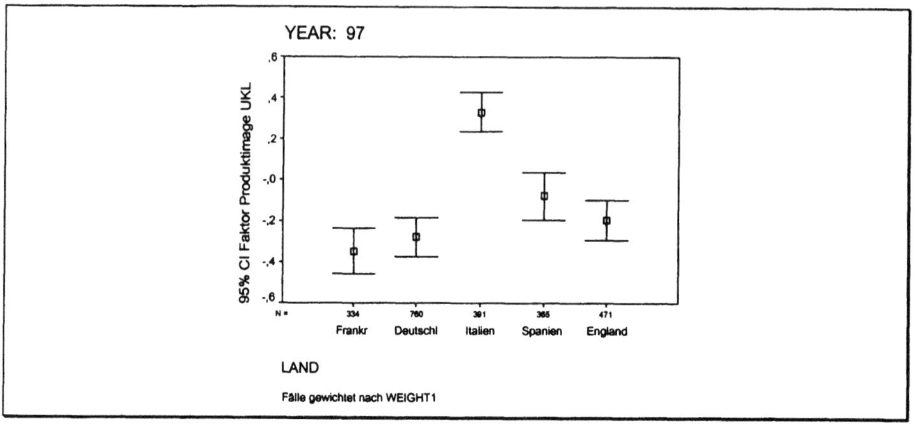

Quelle: Outputfile des Programmsystems SPSS® 9.0.

Da das Marke-1-Modell der UKL im Zeitraum zwischen den Erhebungswellen 1992 und 1997 weltweit in den Markt eingeführt wurde, konnte das entsprechende Produktimage erst im Rahmen der jüngeren Studie abgefragt werden.

1. In diesem Zusammenhang fiel die Beurteilung in Italien mit Abstand am besten aus: Es ergeben sich statistisch signifikante Unterschiede zu sämtlichen anderen Ländern. Dabei ist der Abstand in Faktorwerten zu Frankreich am größten (0,68). Statistisch signifikante Unterschiede in geringerem Ausmaß weisen die Ländervergleiche Frankreich/Spanien (0,27) und Deutschland/Spanien (0,20) auf. Die Analyse der Länderkombinationen Frankreich/Deutschland, Frankreich/Großbritannien, Deutschland/Großbritannien und Spanien/Großbritannien liefert keine statistisch signifikanten kulturellen Unterschiede in der Verbraucherwahrnehmung bezüglich des Marke-1-Modells der UKL.
2. Dieses wurde 1997 gesamthaft in vier von zehn Länderpaarungen und Mittelwertvergleichen statistisch identisch beurteilt. Entsprechend der in Klammern ausgewiesenen Anzahl statistisch identischer Mittelwertvergleiche wurden die Dynamik (3), das Design (2), das Raumangebot (3), die Exklusivität (1) und der Wiederverkaufswert (1) damit unterdurchschnittlich ähnlich, die Qualität (5) hingegen überdurchschnittlich ähnlich im Ländervergleich beurteilt.
3. Die größte Anzahl identischer Beurteilungen hinsichtlich der sechs Produktimagedimensionen bzw. des Produktimages selbst im Erhebungszeitraum 1997 konnte im Ländervergleich Spanien/Großbritannien (5), keine identischen Ergebnisse konnten zwischen Frankreich/Italien, Deutschland/Italien, Italien/Spanien sowie Italien/Großbritannien ausgemacht werden.

In der Folge soll das Produktimage des Marke-1-Modells der KKL einer varianzanalytischen Untersuchung auf kulturelle Unterschiede in den Verbraucherwahrnehmungen unterzogen werden. Hierbei sind im Gegensatz zur UKL zwei Erhebungszeiträume (1992 und 1997) isoliert zu betrachten:[1039]

[1039] Zeitliche Veränderungen werden im Rahmen des Inter-Studienvergleichs behandelt.

Abb. 5-14: Inter-Ländervergleich des Marke-1-Modells der KKL

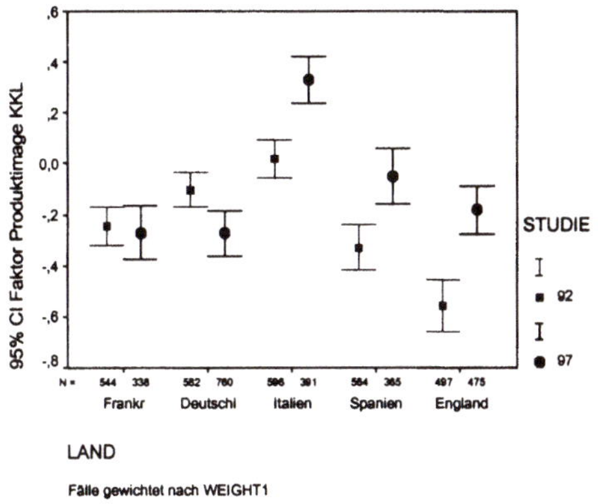

Quelle: Outputfile des Programmsystems SPSS® 9.0.

1. Die Beurteilung des Marke-1-Modells der KKL fiel **1992** in Italien mit Abstand am besten aus: Es ergeben sich statistisch signifikante Unterschiede zu sämtlichen anderen Ländern. Dabei ist der Abstand zu Großbritannien am größten (0,58). Mit Ausnahme des Ländervergleichs Frankreich/Spanien weisen auch sämtliche anderen Länderkombinationen statistisch signifikante Unterschiede auf. Analog der UKL-Bewertung zeigt Italien auch im Jahre **1997** das höchste Mittelwertniveau auf. Im Vergleich zu Italien ergeben sich statistisch signifikante Unterschiede zu sämtlichen anderen Ländern. Mit einer Betragsdifferenz der gemittelten Faktorwerte von 0,61 ist der Abstand zu Deutschland am größten. Da die Länderkombinationen Frankreich/Deutschland, Frankreich/Großbritannien, Deutschland/Großbritannien sowie Spanien/Großbritannien im zweiten Erhebungszeitraum keine statistisch signifikanten Mittelwertunterschiede aufzeigen, ist im Vergleich zu 1992 im Jahr 1997 von einer bedeutend „kulturähnlicheren" i.S. einer relativ homogenen Beurteilung des Marke-1-Modells der KKL auszugehen.

2. Mit lediglich fünf statistisch insignifikanten Mittelwertunterschieden der zwanzig Länderkombinationen erscheint die Wahrnehmung des Produktimages des Marke-1-Modells der KKL im Vergleich zum Marke-1-Modell der UKL tendenziell unähnlicher. Mit vier identischen Beurteilungen der untersuchten Länderpaarungen 1997 vs. einer im Erhebungszeitraum 1992 zeigt sich ein Auseinanderdriften der Verbraucherwahrnehmungen bezüglich des Produktimages des Marke-1-Modells der KKL im Zeitverlauf. Dabei wurde die Qualität (5) als durchschnittlich ähnlich, die Dynamik (4) und das Design (2) als unterdurchschnittlich ähnlich und das Raumangebot (8), die Exklusivität (6) und der Wiederverkaufswert (12) des betrachteten Modells als überdurchschnittlich ähnlich beurteilt.

3. Die größte Anzahl identischer Beurteilungen bez. der sechs Produktimagedimensionen bzw. des Produktimages selbst über beide Studien konnte im Ländervergleich Spanien/Großbritannien (7), die geringste im Ländervergleich Frankreich/Italien (1) ausgemacht werden.

Im Anschluss soll zunächst ein grafischer Überblick die kulturellen Unterschiede der Verbraucherwahrnehmungen hinsichtlich des Marke-1-Produktes der MKL visualisieren:

Abb. 5-15: Inter-Ländervergleich des Marke-1-Modells der MKL

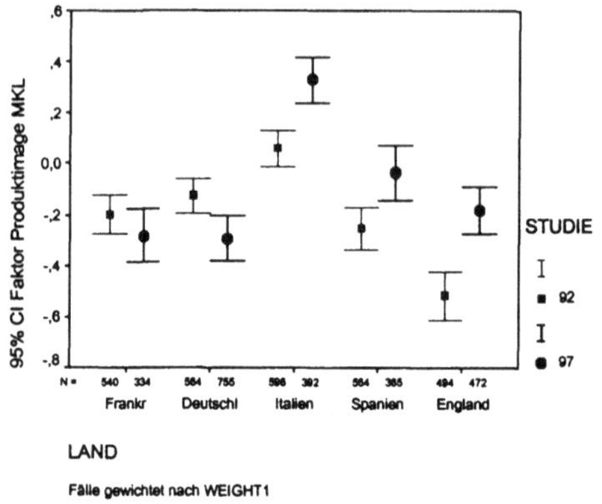

Quelle: Outputfile des Programmsystems SPSS® 9.0.

1. **1992** wurde das Produktimage des Marke-1-Modells der MKL, analog der UKL- und KKL-Gesamtbeurteilung, in Italien mit Abstand am besten bewertet. Es ergeben sich statistisch signifikante Unterschiede zu sämtlichen anderen Ländern. Dabei ist die Differenz zwischen Italien und Großbritannien am größten (0,58). Auf mittlerem Niveau stellen sich statistisch einheitliche, durchschnittliche Beurteilungswerte der Länder Deutschland, Frankreich und Spanien ein. Alle anderen Länderkombinationen unterscheiden sich statistisch signifikant voneinander, was die Bewertung des Marke-1-Modells der MKL gesamthaft betrifft. Auch **1997** fiel die Bewertung des MKL-Modells in Italien am höchsten aus. Im Mittelwertvergleich mit sämtlichen anderen Ländern treten statistisch signifikante Unterschiede auf, wobei der Abstand zu Deutschland am größten ausfällt (0,62). Weitere signifikante Unterschiede ergeben sich bei den Länderkombinationen Frankreich/Spanien und Deutschland/Spanien. Sämtliche anderen varianzanalytischen Mittelwertvergleiche liefern statistisch gleiche Ergebnisse.

2. Mit sieben statistisch insignifikanten Mittelwertunterschieden der zwanzig Länderkombinationen erscheint die Wahrnehmung des Produktimages des Marke-1-Modells der MKL im Vergleich zu den Marke-1-Modellen der UKL und KKL tendenziell ähnlicher. Mit vier identischen Beurteilungen der untersuchten Länderpaarungen 1997 versus drei im Erhebungszeitraum 1992 zeigt sich keine wesentliche Änderung der Verbraucherwahrnehmungen bezüglich des Produktimages des Marke-1-Modells der MKL im Zeitverlauf. Die Beurteilungsdimensionen Qualität (3), Dynamik (4), Design (2) und das subjektiv empfundene Raumangebot (4) wurden nach der Anzahl identischer Ergebnisse der bilateralen Mittelwertvergleiche unterdurchschnittlich ähnlich, die Exklusivität (8) und der Wiederverkaufswert (8) des betrachteten Modells als überdurchschnittlich ähnlich beurteilt.

3. Die größte Anzahl identischer Beurteilungen hinsichtlich der sechs Produktimagedimensionen bzw. des Produktimages selbst über die Studien konnte in den Ländervergleichen Frankreich/Deutschland (6) und Frankreich/Spanien (6), die geringste in den Ländervergleichen Frankreich/Italien (2) und Italien/Großbritannien (2) ausgemacht werden.

Im Anschluss soll ein grafischer Überblick die kulturellen Unterschiede der Verbraucherwahrnehmungen hinsichtlich des Marke-1-Modells der GKL visualisieren:

Abb. 5-16: Inter-Ländervergleich des Marke-1-Modells der GKL

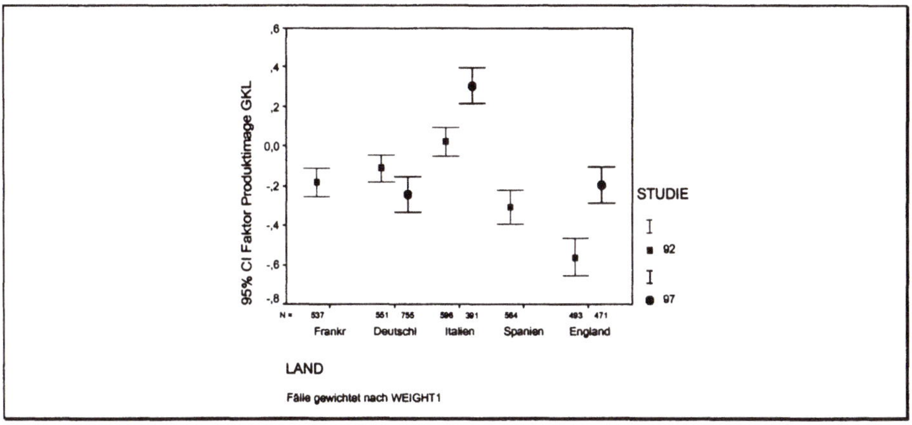

Quelle: Outputfile des Programmsystems SPSS® 9.0.

1. Die Beurteilung des Marke-1-Modells der GKL fällt im Jahre **1992** in Italien am besten aus. Dies entspricht den Ergebnissen der KKL- und MKL-Untersuchung. Es existieren statistisch signifikante Unterschiede zu allen anderen Ländern. Der Abstand zu Großbritannien ist am größten (0,58). Ausgenommen die statistisch gleiche Beurteilung durch die Kombination Frankreich/Deutschland auf relativ hohem Niveau, ergeben sich zwischen sämtlichen verbleibenden Ländern vielfältige statistisch signifikante Unterschiede, die in der Summe auf eine relativ heterogene Einschätzung des GKL-Produktimages schließen lassen. Im Rahmen der zweiten Erhebungswelle wurde das Produktimage der großen Klasse nur in Deutschland, Italien und Großbritannien berücksichtigt, Frankreich und Spanien wurden nicht abgefragt. Aus der Menge dieser drei Länder wurde Italien **1997** die mit Abstand höchste Produktbeurteilung zugeordnet. Damit unterscheidet sich Italien signifikant sowohl von Deutschland (0,55) als auch von Großbritannien (0,50). Die beiden letztgenannten Länder befinden sich statistisch auf übereinstimmendem Mittelwertniveau.

2. Mit lediglich zwei statistisch insignifikanten Mittelwertunterschieden der dreizehn Länderkombinationen (Frankreich und Spanien wurden 1997 nicht abgefragt) erscheint die Wahrnehmung des Produktimages des Marke-1-Modells der GKL im Vergleich zu den Marke-1-Modellen der UKL und KKL tendenziell unähnlicher. Dabei wurden die Dynamik als durchschnittlich ähnlich, die Dimensionen Qualität (1) und Raumangebot (1) als unterdurchschnittlich ähnlich und die Faktoren Design (3), Exklusivität (5) und Wiederverkaufswert (3) als überdurchschnittlich ähnlich beurteilt.

3. Die größte Anzahl identischer Beurteilungen hinsichtlich der sechs Produktimagedimensionen bzw. des Produktimages selbst über beide Studien konnte im Ländervergleich Deutschland/Großbritannien (5), keine in den Ländervergleichen Frankreich/Italien, Frankreich/Großbritannien, Italien/Spanien und Spanien/Großbritannien ausgemacht werden.

Im Anschluss soll ein grafischer Überblick die kulturellen Unterschiede der Verbraucherwahrnehmungen hinsichtlich des Marke-1-Modells der RKL visualisieren:[1040]

Abb. 5-17: Inter-Ländervergleich des Marke-1-Modells der RKL

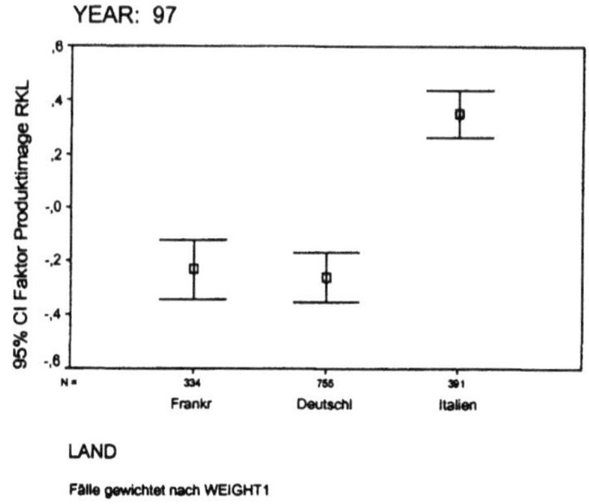

Quelle: Outputfile des Programmsystems SPSS® 9.0.

Da das entsprechende Marke-1-PKW-Modell der RKL zum Zeitpunkt der ersten Verbraucherbefragungen noch nicht im Markt eingeführt war, beziehen sich sämtliche Produktimage-Beurteilungen auf das Jahr 1997. Dabei wurden ausschließlich die Länder Frankreich, Deutschland und Italien berücksichtigt.

1. Bei der Analyse des Produktimages des Marke-1-Modells der RKL stellt sich heraus, dass auch dieses von italienischen Probanden mit Abstand am besten beurteilt wurde. Ein statistisch signifikanter Unterschied ist sowohl gegenüber Frankreich (0,58) als auch gegenüber Deutschland (0,61) gegeben. Französische und deutsche Studienteilnehmer haben keine statistisch signifikant unterschiedlichen Beurteilungen abgegeben.

2. Die einzigen statistisch insignifikanten Mittelwertunterschiede bezüglich der Beurteilung des Marke-1-Modells der RKL haben sich im Ländervergleich Frankreich/Deutschland hinsichtlich der subjektiv wahrgenommenen Qualität, Dynamik sowie des Designs des betrachteten Modells ergeben. Die Bewertung des Raumangebotes, der Exklusivität und des Wiederverkaufswertes fiel auch in diesen Ländern statistisch signifikant unterschiedlich aus.

Nach den Inter-Ländervergleichen der Marke-1-Modelle auf Klassenebene wird nun eine Zusammenfassung der gewonnenen Erkenntnisse angestellt. Dabei werden sowohl die gesamthaften (totalen) Produktimages als auch die differenzierten Produktimage-Dimensionen berücksichtigt. Die TABELLE 5-20 auf der nächsten Seite weist zunächst die Ergebnisse der Inter-Länderbetrachtung hinsichtlich der gesamthaften Marke-1-Modelle nach der Rangordnung kulturenspezifischer Beurteilungswerte sowie nach statistisch <u>in</u>signifikanten Mittelwertunterschieden i.S.v. identischen, d.h. homogenen Wahrnehmungen unterschiedlicher Kulturen aus.

[1040] Da das Produktimage des Marke-1-Modells der RKL 1992 nicht erhoben wurde, kann nur ein Inter-Ländervergleich des Jahres 1997 angestellt werden.

Steigende Rangordnungen von eins (1) bis vier (4) geben in diesem Zusammenhang abnehmende Produktimage-Werte an. Werden in unterschiedlichen Kulturräumen (Ländern) statistisch übereinstimmende Werturteile festgestellt, werden den entsprechenden Ländern gleiche Ziffern zugeordnet. In diesen Fällen liegt eine Standardisierung produktspezifischer, imagebasierter Marketingplanung nahe.

Tab. 5-20: Die Marke-1-Produktimages im Inter-Ländervergleich nach Rangordnung

1997	Deutschland	Frankreich	Spanien	Italien	England
PI_UKL	3	3	2	1	2, 3
PI_KKL	3	3	2	1	2, 3
PI_MKL	3	3	2	1	2, 3
PI_GKL	2			1	2
PI_RKL	2	2		1	

1992	Deutschland	Frankreich	Spanien	Italien	England
PI_KKL	2	3	3	1	4
PI_MKL	2	2	2	1	3
PI_GKL	2	2	3	1	4

Quelle: Eigene Darstellung.

Bei einer ersten Betrachtung fällt auf, dass in Italien durchgängig über sämtliche Marke-1-Modelle die höchste, d.h. beste Produktimage-Beurteilung vorgenommen wird. Statistisch signifikante Mittelwertunterschiede hinsichtlich der gemittelten Faktorwerte aller anderen Länder deuten auf eine Alleinstellung der Verbraucherwahrnehmungen italienischer Probanden hin und lassen eine den italienischen Absatzmarkt einschließende Standardisierung der Marketingpolitik als ungeeignet erscheinen. Darüber hinaus bleibt im Einzelfall zu klären, ob der italienische Markt ob seiner in positivem Sinne herausragenden Stellung überhaupt zum Gegenstand marketingpolitischer Anstrengungen gemacht werden muss.

Die Marke-1-Produktimages des UKL-, KKL- und MKL-Modells werden 1997 jeweils in Spanien und England bzw. in England, Deutschland und Frankreich auf statistisch einheitlichem Niveau beurteilt. Über den Markt Großbritannien wird eine mittelbare Verbindung beider Gruppen hergestellt. Die Verbindung deutet auf lediglich geringfügig unterschiedliche Mittelwertniveaus der genannten Produktimages in den vier Absatzmärkten hin. Letztlich muss vom Management entschieden werden, ob die Länder im Rahmen einer standardisierten Marketingplanung bearbeitet werden sollen oder nach den identifizierten Gruppen homogener Beurteilungen isoliert.

Die Produktimages der Marke-1-Modelle der GKL und RKL wurden 1997 jeweils in nur drei Ländern abgefragt. Mit Ausnahme Italiens unterscheiden sich die Mittelwertniveaus der Produktimage-Beurteilung in den zwei jeweils verbleibenden Absatzmärkten nicht. Eine standardisierte Marketingplanung erscheint für die Absatzmärkte in den genannten Ländern als angebracht.[1041]

Unabhängig davon, ob die Entscheidung hinsichtlich einer zieloptimierten Ausgestaltung marketingpolitischer Aktivitäten im Einzelfall zugunsten der Standardisierung oder Differenzierung der Marktbearbeitung ausfällt, sind die Dimensionen der Produktimage-Beurteilung zu berücksichtigen:

[1041] Die Interpretation der Ergebnisse des ersten Studienzeitraums bleibt an dieser Stelle dem Leser überlassen.

- Im Falle einer **standardisierten Marketingpolitik** geben sie Aufschluss darüber, welche Dimensionen die erfolgversprechendsten Ansatzpunkte für eine übertragbare Strategie darstellen. Eine Standardisierung auf gesamthafter Produktebene kann u.U. dann als nicht zielführend erachtet werden, wenn sich die zu Standardisierungszwecken ausgewählten Gestaltungsdimensionen nicht für eine solche eignen, da diese im Ländervergleich selbst tendenziell unähnlich (heterogen) wahrgenommen werden.
- Im Falle einer **differenzierten Marketingpolitik** kann die Analyse differenzierter Produktimage-Dimensionen des Weiteren Informationen darüber bereitstellen, welche Faktoren in einem zu bearbeitenden Land als besonders positiv oder negativ empfunden werden. In diesem Zusammenhang obliegt es dem Management, im Einzelfall zu entscheiden, ob eine identifizierte Imageschwäche gestützt oder eine beobachtete Imagestärke weiter ausgebaut werden soll.

Die folgende Tabelle fasst die Ergebnisse des Inter-Ländervergleichs der Produktimage-Dimensionen je Marke-1-Fahrzeugmodell und PKW-Klasse zusammen. Dabei wird ausschließlich angezeigt, welche der sechs unabhängigen Dimensionen Qualität, Dynamik, Design, Raumangebot, Exklusivität und Wiederverkaufswert im Vergleich zu der (in-) homogenen Beurteilung des entsprechenden gesamthaften Produktimages unter- („heterogen") bzw. überdurchschnittlich ähnlich („homogen") wahrgenommen werden. Bei einer differenzierten Betrachtung können diejenigen Produktimage-Dimensionen identifiziert werden, die für die tendenziell (un-) ähnliche Einschätzung eines Marke-1-Modells verantwortlich sind. Primär an diesen sollte eine imagebasierte Marketingplanung ansetzen. Eine detaillierte Überprüfung der Produktimage-Dimensionen auf kulturelle Unterschiede hinsichtlich der Verbraucherwahrnehmungen findet sich in grafischer, analytischer und verbaler Form in den ABBILDUNGEN A-12 bis A-41 und in den TABELLEN A-21 bis A-55 im ANHANG.

Tab. 5-21: Die Marke-1-Produktimage-Dimensionen im Inter-Ländervergleich

	homogen	durchschnittlich	heterogen
PI_KKL	Raumangebot	Qualität	Dynamik
	Exklusivität		Design
	Wiederverkaufswert		
PI_MKL	Exklusivität		Qualität
	Wiederverkaufswert		Dynamik
			Design
			Raumangebot
PI_GKL	Design	Dynamik	Qualität
	Exklusivität		Raumangebot
	Wiederverkaufswert		
PI_UKL	Qualität		Dynamik
			Design
			Raumangebot
			Exklusivität
			Wiederverkaufswert
PI_RKL			Qualität
			Dynamik
			Design
			Raumangebot
			Exklusivität
			Wiederverkaufswert

Quelle: Eigene Darstellung.

Bei den Marke-1-Modellen der KKL, MKL und GKL wurden über die untersuchten fünf Länder insbesondere die Beurteilungsdimensionen Exklusivität und Wiederverkaufswert tendenziell homogen wahrgenommen. Damit erscheinen diese für eine standardisierte Marketingplanung als besonders geeignet. Da jedoch die Tatsache, dass die genannten Faktoren tendenziell ähnlich wahrgenommen werden, noch nichts über das tatsächliche Niveau der Beurteilung aussagt, muss zunächst überprüft werden, ob die Verbraucher der zu bearbeitenden Ländermärkte diesen relativ positiv oder negativ gegenüberstehen. Entsprechende Aussagen lassen sich aus den Rangfolgen der länderspezifischen Mittelwerte der Produktimage-Beurteilungen ableiten. Sie finden sich in den TABELLEN A-21 BIS A-55 im ANHANG.

Da sämtliche Dimensionen der Produktimage-Beurteilung der Marke-1-Modelle der UKL und RKL mit Ausnahme des Faktors Qualität des PI_UKL tendenziell heterogen (unähnlich) wahrgenommen werden, eignen sich diese wie auch die entsprechenden Marke-1-Produkte selbst in der Konsequenz nicht für eine standardisierte Marktbearbeitung mehrerer Absatzregionen. Vor dem Hintergrund einer relativ ausgeprägten länderspezifischen Wahrnehmung dieser Produkte sollte die Maßnahmenplanung zur Gestaltung der entsprechenden PI-Zielgrößen auf differenzierte Art vorgenommen werden. Auch in diesem Fall muss zunächst ermittelt werden, welche der betrachteten Dimensionen in welchen Ländern relativ positiv und welche relativ negativ empfunden werden. Auf der Grundlage dieser Erkenntnisse kann in der Folge länderspezifisch entschieden werden, ob im Rahmen einer differenzierten Marktbearbeitung beobachtete Imageschwächen ausgeräumt oder aber identifizierte Imagestärken weiter ausgebaut werden sollen.

Sowohl die Inter-Ländervergleiche auf gesamthafter Produktimage-Ebene als auch die Inter-Ländervergleiche auf differenzierter Ebene der Produktimage-Dimensionen werden als isolierte Rahmenbedingungen in die Heuristik einer imagebasierten Marketingplanung aufgenommen. Sie geben insbesondere Anhaltspunkte dafür, ob einzelne Produkte der Marke-1-Modellpalette bzw. die ihnen zugrunde liegenden Dimensionen mittels einer standardisierten oder differenzierten Marktbearbeitung zu gestalten sind. Darüber hinaus geben sie Aufschluss darüber, welche Absatzmärkte (Länder) in eine standardisierte Marktbearbeitung einzubeziehen sind.

5.2.1.1.7 Inter-Studienvergleich des Produktimages

In diesem Kapitel soll untersucht werden, ob und ggf. wie sich die Produktimages der Marke-1-Modelle sowie die ihnen jeweils zugrunde liegenden sechs Faktoren i.S.v. Beurteilungsdimensionen im Zeitraum von 1992 (Studie 1) bis 1997 (Studie 2) verändert haben (Untersuchungsziel 4). Die Ermittlung dieser zeitlichen Veränderungen der IMI-Zielgröße PI gibt an, ob sich die Verbraucherwahrnehmungen hinsichtlich eines Marke-1-Modells im Beobachtungszeitraum verbessert oder verschlechtert haben oder ob sie konstant geblieben sind. Die Beantwortung dieser Frage erlaubt insbesondere die Ableitung nachstehender Aussagen zum Forschungsgegenstand:

- Mit einem **Soll/Ist-Vergleich** lässt sich zunächst feststellen, ob und ggf. in welchem Ausmaß die Zielplanung der vorherigen Periode (Soll) mit der Zielsituation der aktuellen Periode (Ist) übereinstimmt (deskriptiver Anspruch). Das Ergebnis dieses Soll/Ist-Vergleichs liefert einen ersten Anhaltspunkt dafür, inwiefern die Maßnahmenplanung der vorherigen Periode bei der Zielerfüllung erfolgreich gewesen ist. Da jedoch neben der internen Gestaltung der Zielgrößen auch externe Effekte einen Einfluss auf sie ausüben, kann dieser Schluss nicht zweifelsfrei gezogen werden.

- Eine **Ursachenanalyse** soll deshalb aufzeigen, welche Anteile die eingesetzten Gestaltungsvariablen und externen Einflüsse an der Veränderung der Zielgrößen haben (explikativer Anspruch).
- Die gewonnenen Erkenntnisse - insbesondere bezüglich des Wirkungsgrades - der zur Verfügung stehenden Aktionsparameter dienen der **Ziel-** und **Maßnahmenplanung** der anstehenden Planungsperiode (normativer Anspruch).

Da die Ziel- und Maßnahmenplanung des die vorliegenden Positionierungsstudien in Auftrag gebenden Automobilherstellers in der vorliegenden Arbeit nicht problematisiert werden, können die erhobenen Daten weder im Rahmen eines Soll/Ist-Vergleichs bewertet noch einer Ursachenanalyse unterzogen werden. In der Konsequenz können die Ursachen einer identifizierten zeitlichen Veränderung nicht erfasst werden. Die Beantwortung der Frage, ob und wie sich eine IMI-Zielgröße verändert hat, dient in der Folge deshalb ausschließlich der Situationsanalyse. Dabei werden die ermittelten (negativen) Veränderungen der Zielgrößen als Frühwarnindikatoren eines imagebasierten Planungssystems verstanden. Sie fließen in die Ziel- und Maßnahmenplanung der sich anschließenden Periode ein.

Bei der Isolierung zeitlicher Effekte bedient sich der Forscher wiederholt der Varianzanalyse. Die Negierung „äußerer“ Effekte als grundlegende Annahme der ANOVA lässt die Anwendung dieses multivariaten statistischen Analyseverfahrens als das Geeignete erscheinen. Während bei den im vorangegangenen Abschnitt durchgeführten Inter-Ländervergleichen der Einfluss der Variablen „Land“ isoliert wurde, soll im Rahmen der Inter-Studienvergleiche die Größe „Studie“ als diskriminierender Faktor fungieren. Andere Einflüsse werden *ceteris paribus* ausgeschlossen. Die erste Positionierungsstudie wurde zwischen September und Dezember 1992 erhoben. Das Erhebungsintervall der zweiten Studienwelle lag zwischen August 1996 (Deutschland als Pilotstudie) und Mai 1997 (Frankreich, Italien, Spanien und Großbritannien).

Die varianzanalytischen Mittelwertvergleiche ziehen die errechneten Faktorwerte der gesamthaften Produktimages sowie der diesen zugrunde liegenden sechs Produktimage-Dimensionen in arithmetisch gemittelter Form nach Studie-Land-Kombinationen heran. Da 1992 keine Produktimagebeurteilungen des UKL- und RKL-Modells des auftraggebenden Herstellers erhoben wurden, können in der Folge ausschließlich die Veränderungen der Marke-1-Produkte der KKL, MKL und GKL analysiert werden. In diesem Zusammenhang sollen jeweils isoliert die Veränderungen auf Länderebene (D, F, E, I und G) sowie in für den die fünf Länder in der Summe repräsentativen PKW-Gesamtmarkt in aggregierter Form „Europa“ (EU) erfasst werden.

Die ermittelten zeitlichen Veränderungen auf Länderebene geben insbesondere im Falle negativer Veränderungen im Sinne erodierender Produktimages einen ersten Anhaltspunkt dafür, welche Absatzmärkte bevorzugt zum Gegenstand einer imagebasierten Marketingplanung gemacht werden sollten. Darüber hinaus werden die zeitlichen Veränderungen der IMI-Zielgröße PI auf Faktorenebene interpretativ ausgewiesen. Sie geben an, welche der sechs Beurteilungsdimensionen je Marke-1-Modell für die veränderte Wahrnehmung des gesamthaften Produktimages verantwortlich sind. Auf diese Weise stellen sie die Ansatzpunkte zur Gestaltung der gesamthaften Produktimages dar.

Aufgrund der Standardisierung der Ausgangsvariablen erfolgt der Ausweis der zeitlichen Unterschiede nach der errechneten Betragsdifferenz der Faktorwerte in absoluten Werten. Jeweils einleitend soll eine grafische Darstellung die zeitlichen Veränderungen der Verbraucherwahrnehmungen auf Länder- wie auf Gesamtmarktebene („Europa") visualisieren. Die Stärke statistisch signifikanter Mittelwertunterschiede wird im Rahmen der sich anschließenden Interpretation in Klammern ausgewiesen. Darauf folgend soll ein tabellarischer Überblick eine differenziertere Betrachtung der zeitlichen Veränderungen der Produktimagedimensionen (Faktoren) des betrachteten Marke-1-Modells ermöglichen. Statistisch insignifikante Mittelwertvergleiche der Zeitreihe werden mit einem Pfeil der Form ➔ versehen. Statistisch signifikante zeitliche Veränderungen, die eine Verschlechterung der Verbraucherwahrnehmungen implizieren, werden mit dem Symbol 🡇, positive Veränderungen mit 🡅 gekennzeichnet. Neben der Indikation der Richtung einer statistisch signifikanten Mittelwertentwicklung wird die Stärke einer Veränderung entsprechend der ermittelten Betragsdifferenz der Faktorwerte (FS) eingetragen.

Zunächst soll die zeitliche Veränderung der Verbraucherwahrnehmungen hinsichtlich des Marke-1-Modells der KKL grafisch dargestellt werden:

Abb. 5-18: Inter-Studienvergleich des Marke-1-Modells der KKL

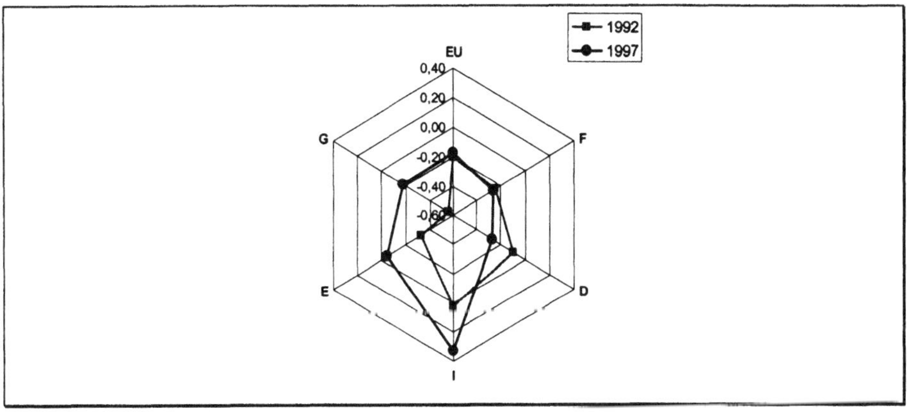

Quelle: Eigene Darstellung.

Wie die Grafik vermuten lässt, haben sich auf der Ebene des aggregierten Gesamtmarktes (EU) sowie in Frankreich keine statistisch signifikanten Veränderungen eingestellt. In Deutschland hat sich die Einschätzung des Marke-1-Modells der KKL um (🡇 0,17 *Factor Scores*) signifikant verschlechtert. Die Länder Großbritannien (🡅 0,37), Italien (🡅 0,31) und Spanien (🡅 0,28) haben sich mit in der genannten Reihenfolge abnehmender Stärke verbessert. Eine differenzierte Betrachtung der Verbraucherwahrnehmungen bezüglich statistisch signifikanter zeitlicher Veränderungen der Produktimage-Dimensionen soll die Übersicht auf der nächsten Seite ermöglichen:

Tab. 5-22: Inter-Studienvergleich des Marke-1-Modells der KKL nach Faktoren

Faktor:	(I) Qualität		(II) Dynamik		(III) Design	
Land:	Richtung	Stärke (FS)	Richtung	Stärke (FS)	Richtung	Stärke (FS)
EU	→		↓	**0,13**	↑	**0,15**
D	↓	0,13	↓	0,38	→	
F	→		→		→	
E	↑	0,25	↑	0,28	↑	0,39
I	↑	0,27	↑	0,16	↑	0,42
G	↑	0,34	↑	0,19	↑	0,44

Faktor:	(IV) Raumangebot		(V) Exklusivität		(VI) Wiederverkaufswert	
Land:	Richtung	Stärke (FS)	Richtung	Stärke (FS)	Richtung	Stärke (FS)
EU	↓	**0,06**	↑	**0,24**	↑	**0,10**
D	→		→		→	
F	↓	0,32	→		→	
E	→		↑	0,43	↑	0,28
I	↑	0,39	↑	0,14	↑	0,26
G	→		↑	0,47	↑	0,44

Quelle: Eigene Darstellung.

- Aus **Länderperspektive** zeigt sich im Falle Deutschlands eine großteils gleich bleibende Beurteilung mit Ausnahme der Faktoren Qualität (↓ 0,13) und Dynamik (↓ 0,38), die sich statistisch signifikant verschlechtert haben.

- Frankreich weist eine über fünf Faktoren unveränderte Beurteilung auf; das wahrgenommene Raumangebot des Marke-1-Modells der KKL allerdings hat sich statistisch signifikant verschlechtert (↓ 0,32).

- Mit Ausnahme ebendieses Faktors haben sich die Einschätzungen sowohl spanischer als auch englischer Probanden hinsichtlich sämtlicher anderer Dimensionen statistisch signifikant verbessert. Die Beurteilung durch italienische Studienteilnehmer hat sich über alle Faktoren statistisch signifikant verbessert.

- Die Veränderungen der Verbraucherwahrnehmungen auf aggregierter Ebene (EU) zeigen eine differenzierte Konstellation auf: Während sich die Einschätzungen der Produktdynamik (↓ 0,13) und des Raumangebotes (↓ 0,06) statistisch signifikant verschlechtert haben, weisen die Faktoren III (Design: ↑ 0,15), V (Exklusivität: ↑ 0,24) und VI (Wiederverkaufswert: ↑ 0,10) 1997 höhere Beurteilungswerte als noch 1992 auf. Die Qualität wurde unverändert beurteilt.

- Die vertikale Interpretation der Tabelle nach **Faktoren** liefert zusammenfassend die folgenden Ergebnisse: Die häufigsten statistisch signifikanten Veränderungen finden sich bei den Faktoren I (Qualität) und II (Dynamik). Wird zu Interpretationszwecken eine Gleichgewichtung der Märkte (D, F, E, I, G) unterstellt,[1042] verbessern sich drei Länder (E, I, G), jeweils eines verschlechtert sich (D) bzw. bleibt gleich (F). Die Faktoren III (Design), V (Exklusivität)

[1042] Der künstlich geschaffene Gesamtmarkt „Europa" (EU) soll bei dieser Betrachtung unberücksichtigt bleiben, da er sich aus der Aggregation der fünf geografischen Erhebungsräume (D, F, E, I und G) definiert und bei der Spaltenanalyse nach Faktoren doppelt „gezählt" würde.

und VI (Wiederverkaufswert) besitzen nicht nur dieselbe Anzahl statistischer (In-) Signifikanzen (2), auch die Auswahl der Länder bezüglich der identifizierten Veränderungen stimmt überein: Drei Länder verbessern sich (E, I, G), in jeweils zwei Ländern bleibt die Beurteilung unverändert (D, F). Der Faktor IV (Raumangebot) lässt unter Abzug von drei Insignifikanzen (D, E, G) mit jeweils einer verbesserten (I) bzw. einer verschlechterten Ländereinschätzung (F) ein relativ diffuses Bild dieser Produktimagedimension zurück.

Wird die Veränderung der Zielgröße Produktimage als Frühwarnindikator verstanden, legt vor allem die schwächere bzw. gleich bleibende Beurteilung **deutscher und französischer Verbraucher** eine zielgerichtete Imagepolitik zur Verbesserung der subjektiven Wahrnehmungen des Marke-1-Modells der KKL nahe. Bezüglich einzelner Produktimage-Dimensionen fallen die Faktoren **Dynamik** (II), **Raumangebot** (IV) und **Qualität** (I) durch eine abnehmende Wertschätzung der Studienteilnehmer auf und liefern Anhaltspunkte für eine imagebasierte Marketingplanung, die die Aufwertung insbesondere dieser Faktoren zum Gegenstand hat. Letztlich bleibt es jedoch dem Anwender vor dem Hintergrund begrenzter Budgetmittel überlassen, positive Verbraucherwahrnehmungen durch eine aktive Maßnahmenplanung weiter zu verstärken oder relativ schlechte bzw. sich in ihren Ausprägungen zurückentwickelnde Beurteilungen aufzubessern. Die Ergebnisse des Inter-Studienvergleichs des Marke-1-Modells der KKL gehen aus diesem Grund sämtlich in die Heuristik einer imagebasierten Marketingplanung (HIMP) ein.

Im Folgenden soll das Produktimage des Marke-1-Modells der MKL eingehend auf zeitliche Veränderungen untersucht werden:

Abb. 5-19: Inter-Studienvergleich des Marke-1-Modells der MKL

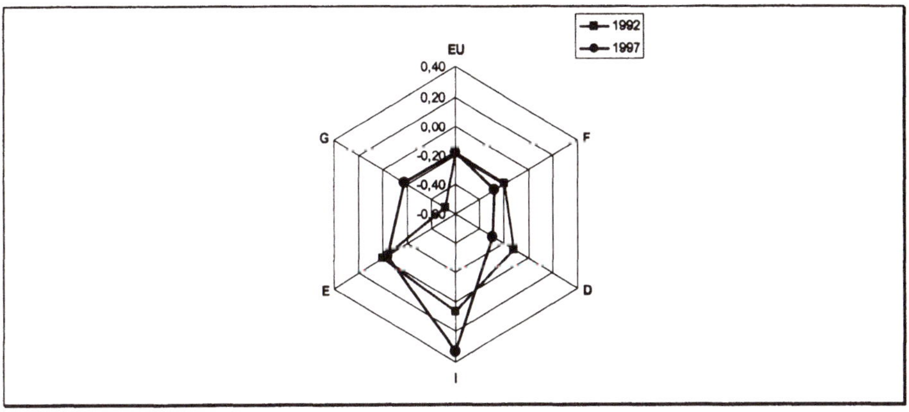

Quelle: Eigene Darstellung.

Wie sich aus der Grafik erkennen lässt, haben sich analog zum Produktimage des KKL-Modells auf der Ebene des aggregierten Gesamtmarktes (EU) sowie in Frankreich keine statistisch signifikanten Veränderungen eingestellt. Auch im Falle der MKL hat sich in Deutschland die Einschätzung des Marke-1-Modells um (↓ 0,17 *Factor Scores*) signifikant verschlechtert. Die Länder Großbritannien (↑ 0,34), Italien (↑ 0,27) und Spanien (↑ 0,03) haben sich mit in der genannten Reihenfolge abnehmender Stärke verbessert.

Eine differenzierte Betrachtung der Verbraucherwahrnehmungen bezüglich statistisch signifikanter zeitlicher Veränderungen der Produktimage-Dimensionen soll die folgende Übersicht ermöglichen:

Tab. 5-23: Inter-Studienvergleich des Marke-1-Modells der MKL nach Faktoren

Faktor:	(I) Qualität		(II) Dynamik		(III) Design	
Land:	Richtung	Stärke (FS)	Richtung	Stärke (FS)	Richtung	Stärke (FS)
EU	→		↓	0,15	→	
D	↓	0,12	↓	0,33	↓	0,13
F	→		↓	0,13	→	
E	↑	0,23	↑	0,15	↑	0,23
I	↑	0,27	→		↑	0,37
G	↑	0,33	↑	0,23	↑	0,32

Faktor:	(IV) Raumangebot		(V) Exklusivität		(VI) Wiederverkaufswert	
Land:	Richtung	Stärke (FS)	Richtung	Stärke (FS)	Richtung	Stärke (FS)
EU	→		↑	0,15	→	
D	→		→		↓	0,19
F	↓	0,20	→		→	
E	→		↑	0,22	↑	0,23
I	↑	0,26	↑	0,34	↑	0,25
G	↑	0,23	↑	0,39	↑	0,30

Quelle: Eigene Darstellung.

- Aus **Länderperspektive** zeigt sich im Falle Deutschlands ein überwiegend negatives Bild: Während sich die Qualität (↓ 0,12), die Dynamik (↓ 0,33), das Design (↓ 0,13) und der Wiederverkaufswert (↓ 0,19) des betrachteten Marke-1-Modells statistisch signifikant verschlechtert haben, weisen das Raumangebot und die Exklusivität gleich bleibende Beurteilungen im Zeitvergleich auf.

- Frankreich liefert eine über vier Faktoren unveränderte Bewertung (Faktoren I, III, V und VI); die subjektiv empfundene Dynamik (↓ 0,13) sowie das wahrgenommene Raumangebot (↓ 0,20) des Marke-1-Modells der MKL allerdings haben sich statistisch signifikant verschlechtert.

- Mit nur zwei Ausnahmen haben sich die Einschätzungen sowohl spanischer und italienischer als auch die englischer Probanden hinsichtlich sämtlicher Dimensionen statistisch signifikant verbessert. In Italien wurde die Dynamik, in Spanien das Raumangebot unverändert zu 1992 beurteilt.

- Die Veränderungen der Verbraucherwahrnehmungen auf aggregierter Ebene (EU) zeigen tendenziell gleich bleibende Imagewerte auf: In diesem Zusammenhang werden unverändert zu 1992 auch 1997 die Qualität, das Design, das Raumangebot und der Wiederverkaufswert des MKL-Modells erachtet. Die Dynamik stellt sich nach Ablauf des betrachteten Zeitraums von fünf Jahren statistisch signifikant schlechter (↓ 0,15), die Exklusivität signifikant besser (↑ 0,15) auf Europa-Ebene dar.

- Die vertikale Interpretation der Tabelle nach **Faktoren** liefert zusammenfassend die folgenden Ergebnisse: Die mit vier häufigsten statistisch signifikanten Veränderungen finden sich bei den Faktoren I (Qualität) und II (Dynamik), analog der Untersuchung der KKL, sowie bei den Faktoren III (Design) und VI (Wiederverkaufswert). In den Fällen der Produktimage-Dimensionen I, III und VI verschlechtert sich (Deutschland) jeweils eine Länderbewertung bzw. bleibt unverändert (Frankreich). Die Dimension Dynamik weist zwei positive (E, G) und zwei negative Entwicklungen (D, F) auf. Die Faktoren Raumangebot und Exklusivität liefern jeweils drei statistisch signifikante Unterschiede, zwei Länderbeurteilungen erweisen sich als zeitstabil.

Wird die Veränderung der Zielgröße Produktimage als Frühwarnindikator verstanden, legt erneut vor allem die schwächere bzw. gleich bleibende Beurteilung **deutscher und französischer Verbraucher** eine zielgerichtete Imagepolitik zur Verbesserung der subjektiven Wahrnehmung des Marke-1-Modells der MKL nahe. Bezüglich einzelner Produktimage-Dimensionen fällt insbesondere der Faktor **Dynamik** (II) durch eine abnehmende Wertschätzung der Studienteilnehmer auf und liefert damit Anhaltspunkte für eine imagebasierte Marketingplanung, die die Aufwertung insbesondere dieses Faktors zum Gegenstand hat. Letztlich bleibt es jedoch dem Anwender vor dem Hintergrund begrenzter Budgetmittel überlassen, positive Verbraucherwahrnehmungen durch eine aktive Maßnahmenplanung weiter zu verstärken oder relativ schlechte bzw. sich in ihren Ausprägungen zurückentwickelnde Beurteilungen aufzubessern. Die Ergebnisse des Inter-Studienvergleichs des Marke-1-Modells der MKL gehen aus diesem Grund sämtlich in die Heuristik einer imagebasierten Marketingplanung (HIMP) ein.

Im Anschluss soll das Produktimage des Marke-1-Modells der GKL eingehend auf zeitliche Veränderungen untersucht werden:

Abb. 5-20: Inter-Studienvergleich des Marke-1-Modells der GKL

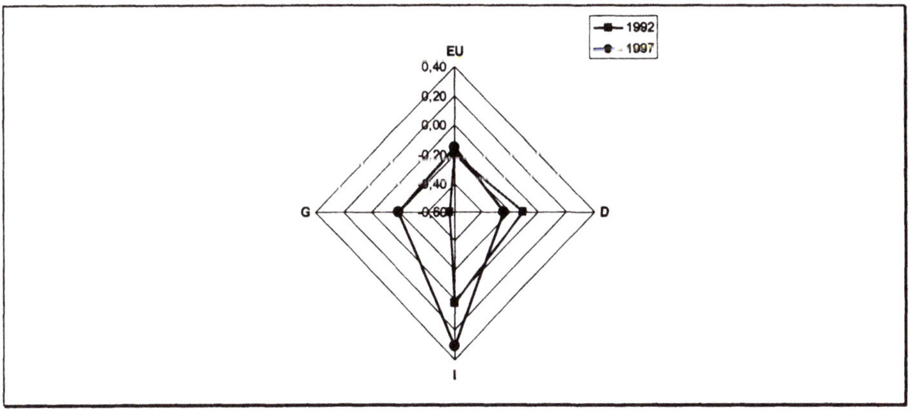

Quelle: Eigene Darstellung.

Da im Rahmen der zweiten Erhebungswelle (1997) das Produktimage des Marke-1-Modells der GKL ausschließlich in Deutschland, Italien und Großbritannien abgefragt wurde, liegen keine Beobachtungswerte der Länder Frankreich und Spanien vor. Für die Inter-Studienvergleiche der verbleibenden Märkte ergeben sich die folgenden Ergebnisse:

Wie die Grafik bereits vermuten lässt, hat sich analog zu den Produktimages des KKL- und MKL-Modells auf der Ebene des aggregierten Gesamtmarktes (EU) keine statistisch signifikante Veränderung eingestellt. Auch im Falle der GKL hat sich in Deutschland die Einschätzung des Marke-1-Modells um (↓ 0,13 *Factor Scores*) signifikant verschlechtert. Die Länder Großbritannien (↑ 0,36) und Italien (↑ 0,28) haben sich mit in der genannten Reihenfolge abnehmender Stärke signifikant verbessert. Eine differenzierte Betrachtung der Verbraucherwahrnehmungen bezüglich statistisch signifikanter zeitlicher Veränderungen der Produktimagedimensionen soll die folgende Übersicht ermöglichen:

Tab. 5-24: Inter-Studienvergleich des Marke-1-Modells der GKL nach Faktoren

Faktor:	(I) Qualität		(II) Dynamik		(III) Design	
Land:	Richtung	Stärke (FS)	Richtung	Stärke (FS)	Richtung	Stärke (FS)
EU	→		→		→	
D	↓	0,21	↓	0,13	↓	0,17
F	[redacted]	[redacted]	[redacted]	[redacted]	[redacted]	[redacted]
E	[redacted]	[redacted]	[redacted]	[redacted]	[redacted]	[redacted]
I	↑	0,17	↑	0,26	↑	0,34
G	↑	0,27	↑	0,38	↑	0,36

Faktor:	(IV) Raumangebot		(V) Exklusivität		(VI) Wiederverkaufswert	
Land:	Richtung	Stärke (FS)	Richtung	Stärke (FS)	Richtung	Stärke (FS)
EU	↑	0,23	↑	0,11	→	
D	↑	0,11	→		→	
F	[redacted]	[redacted]	[redacted]	[redacted]	[redacted]	[redacted]
E	[redacted]	[redacted]	[redacted]	[redacted]	[redacted]	[redacted]
I	↑	0,51	↑	0,24	↑	0,41
G	↑	0,57	↑	0,23	↑	0,27

Quelle: Eigene Darstellung.

- Aus **Länderperspektive** zeigt sich im Falle Deutschlands ein differenziertes Bild: Während sich die Qualität (↓ 0,21), die Dynamik (↓ 0,13) und das Design (↓ 0,17) des betrachteten Marke-1-Modells statistisch signifikant verschlechtert haben, weisen die Exklusivität und der Wiederverkaufswert gleich bleibende Beurteilungen im Zeitvergleich auf. Einzig das Raumangebot hat sich statistisch signifikant verbessert (↑ 0,11).

- Die Einschätzungen italienischer und englischer Probanden haben sich hinsichtlich sämtlicher Dimensionen statistisch signifikant verbessert; die relativ größte Steigerung wurde in beiden Ländern bezüglich des empfundenen Raumangebotes (↑) erreicht.

- Die Veränderungen der Verbraucherwahrnehmungen auf aggregierter Ebene (EU) zeigen tendenziell gleich bleibende Imagewerte auf: In diesem Zusammenhang werden unverändert zu 1992 auch 1997 die Qualität, Dynamik, das Design und der Wiederverkaufswert des MKL-Modells erachtet. Das Raumangebot (↑ 0,23) und die Exklusivität (↑ 0,11) stellen sich nach Ablauf des betrachteten Zeitraumes von fünf Jahren statistisch signifikant besser auf Europa-Ebene dar.

- Die vertikale Interpretation der Tabelle nach **Faktoren** liefert zusammenfassend die folgenden Ergebnisse: Die mit drei häufigsten statistisch signifikanten Veränderungen finden sich bei den Faktoren I (Qualität) und II (Dynamik), analog zu den Untersuchungen der KKL und MKL, sowie bei dem empfundenen Raumangebot und dem Design des Marke-1-Modells der GKL. Die Faktoren Exklusivität und Wiederverkaufswert liefern in den Ländern Italien und Großbritannien jeweils zwei statistisch signifikante Unterschiede positiver Art.

Wird die Veränderung der Zielgröße Produktimage als Frühwarnindikator verstanden, legt erneut vor allem die großteils abnehmende Wertschätzung **deutscher Verbraucher** eine zielgerichtete Imagepolitik zur Verbesserung der subjektiven Wahrnehmungen insbesondere der Dimensionen Qualität (I), Dynamik (II) und Design (III) des Marke-1-Modells der GKL nahe. In den Ländern Italien und Großbritannien verbessert sich die Verbraucherwahrnehmung hinsichtlich des Marke-1-Modells der GKL demhingegen über sämtliche Produktimage-Dimensionen. Auch die Ergebnisse des Inter-Studienvergleichs des Marke-1-Modells der GKL gehen sämtlich in die Heuristik einer imagebasierten Marketingplanung (HIMP) ein.

5.2.1.2 Das Markenimage

5.2.1.2.1 Operationalisierung des Markenimages

Das Markenimage (MI) stellt die zweite IMI-Zielgröße dar, die es im Rahmen der Situationsanalyse im Weiteren zu untersuchen gilt. Dabei wird zwischen einem übergeordneten gesamthaften Konstrukt **Markenimage** und den diesem zugrunde liegenden Beurteilungsdimensionen (**Markenwerten**) unterschieden. Entsprechend den theoretischen Ausführungen des ersten Teils dieser Arbeit versteht das Markenimage die subjektiv empfundenen Verbraucherwahrnehmungen hinsichtlich einer gegebenen Dachmarke. Sie besteht aus den unter ihr angebotenen Produkten identischer (Dach-) Markierung. Damit bringt das Markenimage die aggregierte Beurteilung der Konsumenten bezüglich der Summe der dachmarkierten Produkte zum Ausdruck. Im Anwendungsfall betrifft dies die Marke-1-Modellpalette. Die Markenwerte finden ihren Ursprung in den Produktimage-Dimensionen. So wird der Markenwert „Qualität" bspw. aus den Qualitätsbeurteilungen aller Marke-1-Produkte errechnet und meint damit die subjektiv empfundene Qualität der Marke-1-Modellpalette insgesamt.

In den folgenden Kapiteln soll analog der Produktimage-Analyse mit den Untersuchungszielen 2 bis 4 ermittelt werden, welche Variablen einen statistisch signifikanten Einfluss auf das Markenimage ausüben (Inter-Variablenvergleich) und wie sich das Markenimage und die ihm zugrunde liegenden Markenwerte zwischen Ländern (Inter-Ländervergleich) und Studien (Inter-Studienvergleich) unterscheiden.

Da sowohl die Marke als gesamthaftes Konstrukt als auch die ihr zugrunde liegenden Beurteilungsdimensionen (Markenwerte) im Rahmen der in der vorliegenden Untersuchung berücksichtigten Studien nicht skaliert abgefragt wurden, dies aber eine Voraussetzung für den Einsatz einiger multivariater statistischer Analysemethoden wie bspw. der Kausalanalyse ist, werden die ermittelten Produktimages und Produktimage-Dimensionen zur Operationalisierung des Markenkonstruktes und der Markenwerte herangezogen.

In diesem Zusammenhang soll die Marke als eine nach dem PKW-Markt eines Landes proportionalisierte, aggregierte Größe der unter ihr angebotenen Produkte bzw. deren Images verstanden werden, die Markenwerte als Aggregation der entsprechenden Produktimage-Faktoren. Das Markenimage wird über die faktorenanalytische Verdichtung sämtlicher Produktimages einer Studie-Land-Kombination auf einen Faktor „Markenimage" erfasst. Die Markenwerte werden mithilfe der faktoranalytischen Zusammenführung der korrespondierenden Produktimage-Dimensionen über alle verfügbaren PKW-Klassen je Beobachtungsfall ermittelt. Im Ergebnis werden damit jedem Befragten ein Faktorwert zum Markenimage sowie sechs *Factor Scores* zu den Markenwerten Qualität (I), Dynamik (II), Design (III), Raumangebot (IV), Exklusivität (V) und Wiederverkaufswert (VI) zugeordnet. Die folgende Abbildung veranschaulicht die faktorenanalytische Herleitung des Konstruktes Markenimage grafisch:

Abb. 5-21: Operationalisierung des Markenimages

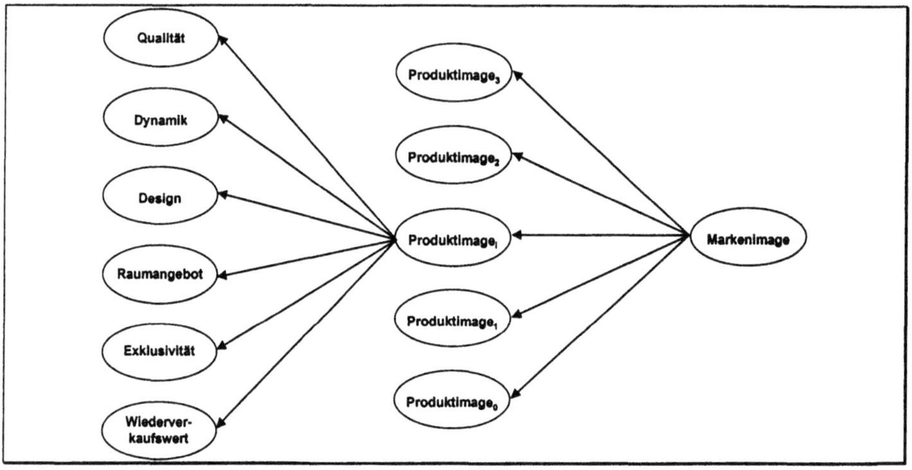

Quelle: Eigene Darstellung.[1043]

Aus dieser inhaltlichen Festlegung lässt sich die Definition des Markenimages (MI) im Sinne der vorliegenden Arbeit ableiten:

> *Das **Markenimage** einer (globalen) Dachmarke der Automobilindustrie stellt die Aggregation der von einem Verbraucher subjektiv empfundenen Beurteilungswerte (Produktimages) aller unter der betrachteten Dachmarke angebotenen PKW-Modelle dar.*

Die Beurteilungsdimensionen der (Dach-) Marke werden von den Produktimage-Faktoren vorgegeben: Sie setzen sich aus den Komponenten Qualität (I), Dynamik (II), Design (III), Raumangebot (IV), Exklusivität (V) und Wiederverkaufswert (VI) zusammen. Aufgrund dieser Vorgabe ist es unmittelbar einsichtig, dass sich die Dimensionen der Produkte und der ihnen übergeordneten (Dach-) Marke entsprechen müssen. Diese Tatsache ermöglicht die Vergleichbarkeit von Produkten und Marke(n).

[1043] Die Darstellung folgt dabei der üblichen Notation der Faktorenanalyse, wonach gerichtete Pfeile von dem zu operationalisierenden hypothetischen Konstrukt auf die zu dessen Messung eingesetzten Indikatoren zeigen.

ABBILDUNG 5-22 veranschaulicht die faktorenanalytische Herleitung der Markenwerte beispielhaft am Markenwert „Qualität“:

Abb. 5-22: Operationalisierung des Markenwertes Qualität

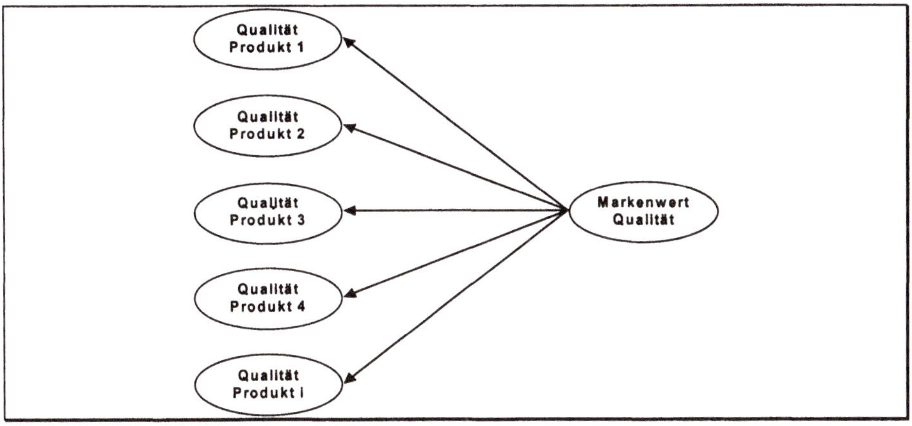

Quelle: Eigene Darstellung.

Aus dieser inhaltlichen Festlegung lässt sich die Definition der Markenwerte im Sinne der vorliegenden Arbeit ableiten:

> *Der **Markenwert** einer (globalen) Dachmarke der Automobilindustrie stellt die Aggregation der von einem Verbraucher subjektiv empfundenen Beurteilungswerte jeweils einer der Dimensionen Qualität, Dynamik, Design, Raumangebot, Exklusivität und Wiederverkaufswert (Produktimage-Dimensionen) über sämtliche unter der betrachteten Dachmarke angebotenen Produkte dar.*

Die Definitionen machen deutlich, dass die Marke im Sinne der vorliegenden Arbeit auf Länderebene definiert wird. Dies liegt darin begründet, dass die Marke entsprechend einer (länderspezifisch) abgegrenzten Produktpalette definiert wird, welche sich zwar zwischen, nicht aber innerhalb von Ländern unterscheidet. Diese Annahme findet sich im Erhebungsdesign der durchgeführten Studien bzw. dem Umfang und der Struktur der Stichprobe wieder.[1044]

5.2.1.2.2 Einflussgrößen auf das Markenimage

Forschungsansatz und Methodik der Bestimmung der qualitativen Einflussstruktur der Modellelemente Produkt-, Marken- und Unternehmensimage wurden exemplarisch erläutert. Eine Abweichung vom Vorgehen der varianz- und regressionsanalytischen Ermittlung der Einflussgrößen auf das Produktimage ergibt sich insofern, als bei der Untersuchung der Einflussstruktur des Markenimages die Variable „PKW-Klasse“ berücksichtigt werden soll, da sie mit fünf Marktsegmenten (UKL, KKL, MKL, GKL und RKL) fünf Merkmalsausprägungen besitzt, die in ihrer Gesamtheit und/oder ihren jeweils einzelnen Faktorstufen einen statistisch signifikanten Erklärungs-

[1044] Vgl. hierzu Kapitel 5.1 dieser Arbeit.

beitrag des Markenimages leisten könnten. Darstellung und Interpretation der Ergebnisse erfolgen analog zur Produktimage-Analyse. Die folgende Tabelle stellt die varianz- und regressionsanalytische Einflussstruktur des MI gegenüber:

Tab. 5-25: Einflussgrößen auf das Markenimage

Methode:	Mehrfaktorielle Varianzanalyse	Schrittweise Regressionsanalyse
Einflussgröße:	STUDIE x LAND	LAND
	MARKE/BESITZ x TYP	MARKE/BESITZ
	KLASSE	KLASSE
	BERUF	BERUF
	EINKOMMEN	EINKOMMEN
	~~GESCHLECHT~~	~~GESCHLECHT~~
	~~ALTER~~	~~ALTER~~

Quelle: Eigene Darstellung.

Die Auswertungen mit Hilfe mehrfaktorieller Varianzanalyse und schrittweiser multipler Regressionsanalyse liefern nahezu identische Ergebnisse:

- Im Unterschied zu der varianzanalytischen Herleitung der Einflussgrößen, die eine statistisch signifikante Zweifach-Interaktion der Faktoren „**Studie**" und „**Land**" bzw. „**Markenbesitz**" und „**Karosserietyp**" des Jetztfahrzeugs der Befragten errechnet, weist die Regressionsanalyse zwar die Variablen „Land" und „Markenbesitz" als Einflussgrößen aus, „Studie" und „Karosserieform" jedoch werden nicht als diskriminierend charakterisiert. Vermutlich ist die der varianzanalytisch ermittelten Zweifach-Interaktion der betrachteten Variablen zugrunde liegende Multikollinearität für diesen Umstand verantwortlich.
- Neben den erwähnten Wechselwirkungen der Faktoren „Studie" und „Land" bzw. „Markenbesitz" und „Karosserietyp" liefern beide Verfahren mit den Variablen „**PKW-Klasse**", „**Beruf**" und „**Einkommen**" drei weitere statistisch signifikante Einflussgrößen, die isoliert auf das Markenimage wirken.
- Regressionsanalytisch zeigt sich bei englischen Probanden ein relativ schlechteres, bei italienischen Befragten ein relativ besseres Markenimage im Vergleich zu deutschen Studienteilnehmern (Referenzkategorie).
- Darüber hinaus ergibt sich eine im Vergleich zu Angehörigen der KKL (Referenzkategorie) relativ bessere MI-Bewertung durch Zugehörige der MKL und GKL, eine relativ schlechtere Einschätzung des Markenimages durch RKL-Fahrer.
- Bezüglich des Marke-1-Besitzes erweisen sich analog zu den Produktimage-Beurteilungen die Marke-1-Besitzer als stärker mit der Marke verbunden als Nicht-Besitzer.
- Interviewteilnehmer, die sich als Selbstständige bzw. Freiberufler oder Angestellte bzw. Beamte klassifiziert haben, bewerten das Marke-1-Image relativ schlechter als Angehörige „anderer" Berufsgruppen.
- Letztlich weisen Bezieher niedriger Einkommen eine im Vergleich zu Durchschnittsverdienern relativ schlechte Beurteilung des Markenimages auf.
- Die Variablen „Geschlecht" und „Alter" üben - wie auch im Falle der Produktimages - keine statistisch signifikanten Effekte auf das Markenimage aus.

Für die Ausgestaltung einer imagebasierten Marketingplanung sind in der Konsequenz insbesondere folgende Aspekte zu berücksichtigen:

1. In unterschiedlichen Kulturräumen (Ländern) lassen sich unterschiedliche Marke-1-Markenimages feststellen.
2. Die Verbraucherwahrnehmungen hinsichtlich des untersuchten Marke-1-Markenimages verändern sich u.E. im Zeitverlauf.
3. Die Verbraucherwahrnehmungen hinsichtlich des untersuchten Marke-1-Markenimages hängen entscheidend davon ab, welcher Marke das aktuelle Fahrzeug des Konsumenten angehört und welche Karosserieform dieses besitzt. Dabei sind insbesondere Marke-1-Besitzer von Besitzern anderer Marken (Nicht-Besitzer) zu unterscheiden.
4. Die Verbraucherwahrnehmungen hinsichtlich des untersuchten Marke-1-Markenimages hängen entscheidend davon ab, welchem PKW-Segment der Befragte aufgrund seines aktuellen Fahrzeugbesitzes zugerechnet wird.
5. Die Verbraucherwahrnehmungen hinsichtlich des untersuchten Marke-1-Markenimages hängen entscheidend von der Berufsstellung und Einkommenssituation der Befragten ab.
6. Die Verbraucherwahrnehmungen hinsichtlich des untersuchten Marke-1-Markenimages unterscheiden sich nicht hinsichtlich des Geschlechts oder der Altersgruppe der Befragten.

In den sich anschließenden Analysen soll untersucht werden, inwiefern sich die Verbraucherwahrnehmungen bezüglich des zu untersuchenden Marke-1-Markenimages zwischen Ländern unterscheiden (Aspekt 1.) und wie sich diese Wahrnehmungen im Zeitverlauf verändern (Aspekt 2.). Die Aspekte 3. bis 6. gehen als isolierte Rahmenbedingungen unverändert und unmittelbar in die Heuristik einer imagebasierten Marketingplanung im Anwendungsfall ein.

5.2.1.2.3 Inter-Ländervergleich des Markenimages

Analog zu den Inter-Ländervergleichen der Produktimages der Marke-1-Modelle der fünf PKW-Klassen UKL, KKL, MKL, GKL und RKL soll in der Folge überprüft werden, ob und wie stark sich das Markenimage des auftraggebenden Automobilherstellers zwischen einzelnen Ländern einer Studie unterscheidet. Zur Bestimmung statistisch signifikanter Mittelwertunterschiede zieht der Forscher wiederholt die Varianzanalyse heran. Als isolierte Rahmenbedingungen finden die ermittelten kulturellen Unterschiede der MI-Verbraucherwahrnehmungen Eingang in die Konkretisierung der Heuristik einer imagebasierten Marketingplanung. Sie dienen der Ableitung zieloptimierter Gestaltungsempfehlungen im Anwendungsfall. Eine detaillierte Überprüfung der Markenwerte auf kulturelle Unterschiede hinsichtlich der Verbraucherwahrnehmungen findet sich in grafischer, analytischer und verbaler Form in den TABELLEN A-56 bis A-62 im ANHANG.

Das im Rahmen der Varianzanalyse zur Anwendung kommende Segmentierungskriterium ist die Variable „Land“. Andere Einflüsse werden entsprechend den Annahmen der Varianzanalyse *ceteris paribus* ausgeschlossen. Für die Erhebungszeiträume 1992 und 1997 werden jeweils unabhängige Inter-Ländervergleiche angestellt. In Summe ergeben sich damit zehn kombinatorische Mittelwertanalysen je Studie. Die Interpretation der Ergebnisse erfolgt studienweise auf Ebene des hypothetischen Konstrukts Markenimage bzw. auf Ebene der ihm zugrunde liegenden sechs Beurteilungsdimensionen (Markenwerte).

Die zu vergleichenden arithmetisch gemittelten Beurteilungswerte inklusive Konfidenzintervalle sollen jeweils einleitend den Sachverhalt visualisieren. Im Folgenden soll das Marke-1-Markenimage gesamthaft im Ländervergleich beurteilt werden:

Abb. 5-23: Inter-Ländervergleich des Marke-1-Markenimages

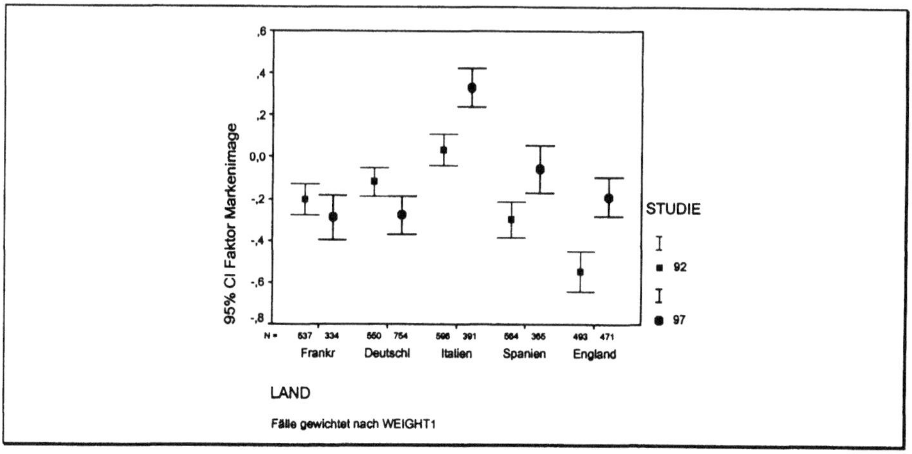

Quelle: Outputfile des Programmsystems SPSS® 9.0.

- Die Einschätzung des gesamthaften (Dach-) Markenimages des auftraggebenden Herstellerunternehmens fiel **1992** in Italien mit Abstand am besten aus: Es ergeben sich statistisch signifikante Unterschiede zu sämtlichen anderen Ländern. Der Abstand zu Großbritannien ist am größten (0,58). Mit Ausnahme der Ländervergleiche Frankreich/Deutschland und Frankreich/Spanien weisen auch alle anderen Länderkombinationen statistisch signifikante Unterschiede auf.

- Auch im Jahre **1997** zeigt Italien das höchste Mittelwertniveau auf: Im Vergleich ergeben sich statistisch signifikante Unterschiede zu sämtlichen anderen Ländern. Mit einer Betragsdifferenz der gemittelten Faktorwerte von 0,62 ist der Abstand zu Frankreich am größten. Da die Länderkombinationen Frankreich/Deutschland, Frankreich/Großbritannien, Deutschland/Großbritannien und Spanien/Großbritannien im zweiten Erhebungszeitraum keine statistisch signifikanten Mittelwertunterschiede aufzeigen, ist im Vergleich zu 1992 im Jahre 1997 von einer bedeutend „kulturähnlicheren" i.S. einer relativ homogenen Beurteilung des Marke-1-Markenimages auszugehen.

- Damit ähneln die Ergebnisse des Marke-1-Markenimage-Vergleichs denen aus der Produktimage-Inter-Länderanalyse der KKL in hohem Maße. Nachvollziehbar wird dies aufgrund der Tatsache, dass die KKL aufgrund ihrer zu beiden Erhebungszeiträumen relativ großen Marktanteilswerte überproportional zur Definition des Markenimages beigetragen hat.

- Mit lediglich sechs statistisch insignifikanten Mittelwertunterschieden der insgesamt zwanzig Länderkombinationen (2 Studien x 10 Ländervergleiche) erscheint die Wahrnehmung des Markenimages der Marke-1 tendenziell unähnlich. Mit vier identischen Beurteilungen der untersuchten Länderpaarungen 1997 vs. zwei im Erhebungszeitraum 1992 zeigt sich ein Auseinanderdriften der Verbraucherwahrnehmungen bezüglich der Marke-1 im Zeitverlauf.

- Dabei wurden die Dynamik (6) und das Raumangebot (6) als durchschnittlich ähnlich, die Qualität (5) und das Design (3) als unterdurchschnittlich ähnlich und die Exklusivität (10) sowie der Wiederverkaufswert (9) der Marke-1 als überdurchschnittlich ähnlich beurteilt.
- Die größte Anzahl an identischen Beurteilungen hinsichtlich der sechs Markenwerte bzw. des Markenimages über beide Studien konnte in den Ländervergleichen Frankreich/Deutschland (8) und Frankreich/Spanien (8), die geringste zwischen Italien und Spanien (2) bzw. Italien und Großbritannien (2) ausgemacht werden.

Sowohl die Inter-Ländervergleiche auf gesamthafter Markenimage-Ebene als auch die Inter-Ländervergleiche auf differenzierter Ebene der Markenwerte werden als isolierte Rahmenbedingungen in die Heuristik einer imagebasierten Marketingplanung aufgenommen. Sie geben insbesondere Anhaltspunkte dafür, ob das Marke-1-Markenimage bzw. die ihm zugrunde liegenden Markenwerte im Rahmen einer standardisierten oder differenzierten Marktbearbeitung zu gestalten sind. Darüber hinaus geben sie Aufschluss darüber, welche Absatzmärkte (Länder) in eine standardisierte Marktbearbeitung einzubeziehen sind.

5.2.1.2.4 Inter-Studienvergleich des Markenimages

In diesem Abschnitt wird untersucht, ob und ggf. wie sich das Markenimage und die ihm zugrunde liegenden, sechs Faktoren (Markenwerte) i.S.v. Beurteilungsdimensionen im Zeitraum 1992 bis 1997 verändert haben. Bei der Isolierung zeitlicher Effekte bedient sich der Forscher abermals der Varianzanalyse. Die Negierung „äußerer" Effekte als grundlegende Annahme der ANOVA lässt die Anwendung dieses multivariaten statistischen Analyseverfahrens als das Geeignete erscheinen. Während bei den im vorangegangenen Abschnitt durchgeführten Inter-Ländervergleichen der Einfluss der Variablen „Land" isoliert wurde, soll im Rahmen der Inter-Studienvergleiche die Größe „Studie" als diskriminierender Faktor fungieren. Andere Einflüsse werden *ceteris paribus* ausgeschlossen.

Die varianzanalytischen Mittelwertvergleiche berücksichtigen die ermittelten Faktorwerte des gesamthaften Markenimages sowie der ihm zugrunde liegenden sechs Markenimage-Dimensionen in arithmetisch gemittelter Form. In diesem Zusammenhang werden jeweils isoliert die Veränderungen auf Länderebene (D, F, E, I und G) sowie in dem für die fünf Länder in der Summe repräsentativen PKW-Gesamtmarkt in aggregierter Form (EU) erfasst. Aufgrund der Standardisierung der Ausgangsvariablen erfolgt der Ausweis der zeitlichen Unterschiede nach der errechneten Betragsdifferenz der Faktorwerte in absoluten Werten.

Einleitend soll eine grafische Darstellung die zeitlichen Veränderungen der Verbraucherwahrnehmungen auf Länder- wie auf Gesamtmarktebene (Europa) visualisieren. Die Stärke statistisch signifikanter Mittelwertunterschiede wird im Rahmen der sich anschließenden Interpretation in Klammern ausgewiesen. Darauf folgend soll ein tabellarischer Überblick eine differenzierte Betrachtung der zeitlichen Veränderungen der Markenwerte (Faktoren) ermöglichen. Statistisch insignifikante Mittelwertvergleiche der Zeitreihe werden mit einem Pfeil der Form ➔ versehen. Statistisch signifikante zeitliche Veränderungen, die eine Verschlechterung der Verbraucherwahrnehmung implizieren, werden mit dem Symbol 🡇, positive Veränderungen mit 🡅 gekennzeichnet. Neben der Indikation der Richtung einer signifikanten Mittelwertentwicklung wird die Stärke der Veränderung entsprechend der ermittelten Betragsdifferenz der Faktorwerte (FS) eingetragen:

Abb. 5-24: Inter-Studienvergleich des Marke-1-Markenimages

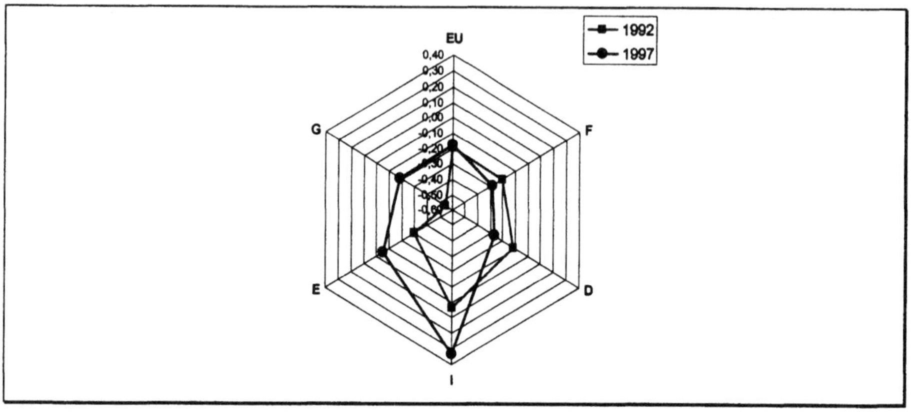

Quelle: Eigene Darstellung.

GRAFIK 5-24 lässt eine starke Verbesserung des Markenimages in Italien, Spanien und Großbritannien vermuten. In der Tat stellen sich 1997 in den genannten Beispielen statistisch signifikant bessere Werte ein als 1992: So hat sich die subjektive Empfindung des Markenimages bei englischen (↑ 0,36), italienischen (↑ 0,30) und spanischen (↑ 0,24) Verbrauchern in dem betrachteten Zeitraum von fünf Jahren statistisch signifikant verbessert. Auf aggregierter Ebene (EU) sowie in Frankreich lassen sich keine zeitlichen Veränderungen feststellen. In Deutschland hat sich das Markenimage gesamthaft (↓ 0,16) verschlechtert.

Tab. 5-26: Inter-Studienvergleich der Marke-1-Markenwerte

Faktor:	(I) Qualität		(II) Dynamik		(III) Design	
Land:	Richtung	Stärke (FS)	Richtung	Stärke (FS)	Richtung	Stärke (FS)
EU	→		↓	**0,13**	→	
D	↓	0,14	↓	0,33	↓	0,15
F	→		↓	0,14	→	
E	↑	0,24	↑	0,15	↑	0,28
I	↑	0,24	↑	0,15	↑	0,41
G	↑	0,31	↑	0,25	↑	0,42

Faktor:	(IV) Raumangebot		(V) Exklusivität		(VI) Wiederverkaufswert	
Land:	Richtung	Stärke (FS)	Richtung	Stärke (FS)	Richtung	Stärke (FS)
EU	→		↑	**0,19**	→	
D	→		→		↓	0,20
F	↓	0,62	↑	0,13	→	
E	↑	0,15	↑	0,45	↑	0,23
I	↑	0,51	↑	0,41	↑	0,39
G	↑	0,35	↑	0,42	↑	0,48

Quelle: Eigene Darstellung.

- Aus **Länderperspektive** zeigt sich im Falle Deutschlands eine tendenziell negative zeitliche Veränderung der Markenimage-Beurteilung: Die Faktoren Qualität (↓ 0,14), Dynamik (↓ 0,33), Design (↓ 0,15) und Wiederverkaufswert (↓ 0,20) haben sich im betrachteten Untersuchungszeitraum statistisch signifikant verschlechtert. Die Dimensionen Raumangebot und Exklusivität zeigen keine Veränderung auf.
- Frankreich weist eine über drei Faktoren (I, III, VI) unveränderte Beurteilung auf. Das wahrgenommene Raumangebot (↓ 0,62) und die subjektiv empfundene Dynamik (↓ 0,14) haben sich statistisch signifikant verschlechtert. Lediglich der Faktor Exklusivität (↑ 0,13) hat sich in Frankreich geringfügig verbessert.
- Die Einschätzungen spanischer, italienischer und englischer Probanden haben sich über sämtliche Markenwerte statistisch signifikant verbessert.
- Die Analyse der Verbraucherwahrnehmungen auf aggregierter Ebene (EU) zeigt ein überwiegend konstantes Bild auf: Während sich die Einschätzung der Markendynamik (↓ 0,13) statistisch signifikant verschlechtert und die empfundene Exklusivität (↑ 0,19) signifikant verbessert hat, liefern die restlichen vier Faktoren unveränderte Ergebnisse.
- Die vertikale Interpretation der Tabelle nach **Faktoren** liefert zusammenfassend die folgenden Ergebnisse: Statistisch signifikante Veränderungen über sämtliche der fünf Länder finden sich bei dem Faktor II (Dynamik); wird zu Interpretationszwecken eine Gleichgewichtung der Märkte (D, F, E, I, G) unterstellt,[1045] verbessern sich drei Länder (↑ E, I, G), zwei verschlechtern sich (↓ D, F). Die Faktoren I (Qualität), III (Design) und VI (Wiederverkaufswert) besitzen nicht nur dieselbe Anzahl statistischer (In-) Signifikanzen, auch die Auswahl der Länder bezüglich der identifizierten statistisch signifikanten Veränderungen stimmt überein: Spanien, Italien und Großbritannien verbessern sich, Deutschland verschlechtert sich, und Frankreich weist unveränderte Imagewerte auf. Das Raumangebot und die Exklusivität der Marke-1 liefern neben einer zeitlich gleich bleibenden Beurteilung deutscher Probanden jeweils vier Länder mit statistisch signifikant veränderten Verbraucherwahrnehmungen.

Wird die Veränderung der Zielgröße Markenimage als Frühwarnindikator verstanden, legt vor allem die großteils abnehmende bzw. gleich bleibende Wertschätzung deutscher und französischer Verbraucher eine zielgerichtete Imagepolitik zur Verbesserung der subjektiven Wahrnehmungen insbesondere des Markenwertes Dynamik (II) nahe. Die Ergebnisse des Inter-Studienvergleichs des Marke-1-Markenimages gehen als isolierte Rahmenbedingungen sämtlich in die Heuristik einer imagebasierten Marketingplanung (HIMP) ein.

1045 Der künstlich geschaffene Gesamtmarkt „Europa" (EU) soll bei dieser Betrachtung außen vor bleiben, da er sich aus der Aggregation der fünf geografischen Erhebungsräume (D, F, E, I und G) definiert und bei der Spaltenanalyse doppelt „gezählt" würde.

5.2.1.3 Das Unternehmensimage

5.2.1.3.1 Operationalisierung des Unternehmensimages

Im Rahmen der zur Verfügung stehenden Positionierungsstudien wurde das Unternehmensimage (UI) mittels einer globalen Frage skaliert erfasst. Dabei hatten die Studienteilnehmer eine Auswahl vorgegebener PKW-Hersteller im Verhältnis zu einem aus ihrer Sicht idealen Automobilunternehmen zu bewerten (Idealpositionierung). Der Beurteilungswert des fiktiven idealen Herstellers wurde mit 100 Punkten vorgegeben. Über eine Differenzierung von der Idealposition eines fiktiven Herstellers konnten die Probanden ihre Einschätzung hinsichtlich des betrachteten (Marke-1-) Unternehmens quantifizieren und abstufen. Der Ansatz, das hypothetische Konstrukt Unternehmens- bzw. Firmenimage eindimensional zu erfassen, wird in der Literatur kontrovers diskutiert:

> „[...] there is no general agreement on how to measure it [the corporate image], but there is general agreement that it is important."[1046]

> „Rarely will a single factor completely reflect the ‚personality' of an organization."[1047]

Als Operationalisierungskriterien des Unternehmensimages identifizieren BARICH und KOTLER folgende Größen, die sie anhand jeweils mehrerer Attribute zu messen versuchen: *Corporate Business Conduct, Corporate Social Conduct, Corporate Contributions Conduct, Corporate Employees Conduct, Product, Communications, Price, Support, Service, Distribution Channels* und *Salesforce.*[1048] Das amerikanische Magazin FORTUNE erfragt jährlich die Unternehmensimages der größten US-Firmen anhand folgender Kriterien, die jeweils auf einer Skala von 0 (schlecht) bis 19 (exzellent) zu bewerten sind: *Financial Soundness, value as a long-term investment, wise use of corporate assets, innovativeness, ability to attract, develop, and keep talented people, quality of products or services, quality of management, community and environmental responsibility.*[1049] Insbesondere finanzwissenschaftliche Kennzahlen (*earnings per share, price/earnings ratio, average yield* u.a.) werden diesbezüglich in akademischen Studien zitiert.[1050]

Mit der Marketing-, Umwelt-, Sozial- und Personalpolitik eines Unternehmens seien an dieser Stelle nur einige der Faktoren genannt, die einen Einfluss auf die Verbraucherwahrnehmungen hinsichtlich einer institutionellen Organisation ausüben. Idealerweise sind bei der Operationalisierung eines Firmenimages sämtliche dieser Größen zu berücksichtigen. Erstens erscheint jedoch eine Positiv-Definition sämtlicher Einflussgrößen auf das Unternehmensimage als nicht praktikabel. Zweitens ergeben sich vielfältige Messprobleme bei deren empirischer Erhebung. Aus den genannten Gründen soll im Rahmen der vorliegenden Arbeit die erläuterte Methode der eindimensionalen Operationalisierung als abschließendes Messinstrument des Unternehmensimages betrachtet werden.[1051]

1046 Sobol et al. (1992), S. 19 [Ergänzungen durch den Verfasser].

1047 Dowling (1986), S. 112. Zu einer Auswahl relevanter Unternehmensimage-Dimensionen vgl. ebenda, S. 113.

1048 Zu einer entsprechenden Übersicht vgl. Barich/Kotler (1991), S. 97.

1049 Vgl. Sobol et al. (1992), S. 12.

1050 Vgl. ebenda, S. 27f.

1051 Zu den Einflussgrößen des Unternehmensimages im Allgemeinen vgl. bspw. Fritschle/Frey (1996).

Der Vorteil dieses eindimensionalen Ansatzes besteht zunächst darin, dass über eine globale Frage sämtliche aus Sicht des beurteilenden Verbrauchers relevanten Aspekte der Unternehmensimage-Bewertung implizit erfasst werden. Ein zweiter Vorteil ergibt sich aus der Idealpositionierung: Da Beurteilungen eines Automobilunternehmens im Wettbewerbsumfeld konkurrierender Herstellerfirmen (Realpositionierung) eine relative, aber keine subjektiv absolute Einschätzung hervorbringen, ist die Idealpositionierung für den gewählten Forschungsansatz und -gegenstand die geeignete und soll deshalb nachfolgend Verwendung finden.

5.2.1.3.2 Einflussgrößen auf das Unternehmensimage

Forschungsansatz und Methodik der Bestimmung der qualitativen Einflussstruktur auf die Modellelemente Produkt-, Marken- und Unternehmensimage wurden exemplarisch erläutert. Eine Abweichung vom Vorgehen der varianz- und regressionsanalytischen Ermittlung der Einflussgrößen auf das Produktimage ergibt sich insofern, als bei der Untersuchung der Einflussstruktur des Unternehmensimages die Variable „PKW-Klasse" berücksichtigt werden soll, da sie mit fünf Marktsegmenten (UKL, KKL, MKL, GKL und RKL) fünf Merkmalsausprägungen besitzt, die in ihrer Gesamtheit und/oder einzelnen Faktorstufen einen statistisch signifikanten Erklärungsbeitrag des Unternehmensimages leisten könnte. Darstellung und Interpretation der Ergebnisse erfolgen analog zur Produkt- und Markenimage-Analyse.

Tab. 5-27: Einflussgrößen auf das Unternehmensimage

Methode:	Mehrfaktorielle Varianzanalyse	Schrittweise Regressionsanalyse
Einflussgröße:	STUDIE x LAND	LAND
	MARKE/BESITZ	MARKE/BESITZ
	EINKOMMEN	EINKOMMEN
	~~BERUF~~	BERUF
	~~KLASSE~~	~~KLASSE~~
	~~TYP~~	~~TYP~~
	~~GESCHLECHT~~	~~GESCHLECHT~~
	~~ALTER~~	~~ALTER~~

Quelle: Eigene Darstellung.

Mit Ausnahme der Variablen „**Studie**" und „**Beruf**" weisen die varianz- und die regressionsanalytische Bestimmung statistisch signifikanter Einflussgrößen auf das Unternehmensimage keine Unterschiede auf. Auch in diesem Fall ist davon auszugehen, dass die Variable „Studie" im Rahmen der Regressionsanalyse deshalb nicht als diskriminierende Größe ausgewiesen wurde, weil die der varianzanalytisch errechneten Zweifach-Interaktion der Faktoren „Studie" und „Land" zugrunde liegende Multikollinearität zwischen den Variablen den Ausschluss dieser Größe aus dem Regressionsmodell bewirkt haben dürfte.

Nachstehend werden die zentralen Ergebnisse der Einflussstruktur-Analyse des Marke-1-Unternehmensimages stichpunktartig zusammengefasst:

- Französische Probanden haben das Unternehmensimage durchschnittlich um etwa 8 Punkte, italienische Befragte um etwa 3 Punkte und englische Studienteilnehmer um etwa 2 Punkte schlechter beurteilt als deutsche Adressaten der empirischen Erhebung.

- Marke-1-Besitzer demhingegen haben das auftraggebende Herstellerunternehmen mit durchschnittlich ca. 10 Punkten besser eingeschätzt als Nicht-Besitzer.
- Bezüglich der Einkommensstruktur der Befragten haben Bezieher niedriger Einkommen das Marke-1-Automobilunternehmen um durchschnittlich ca. 2 Punkte schlechter bewertet als die Angehörigen mittlerer Einkommensklassen.
- Während die varianzanalytische Ermittlung der qualitativen Einflussgrößen den Faktor „Beruf" nicht als isolierte diskriminierende Größe ausgewiesen hat, bewirkt im Rahmen der Regressionsanalyse die Gruppe der Angestellten und Beamten einen statistisch signifikanten Effekt: Diese haben das Unternehmensimage des auftraggebenden Automobilproduzenten um durchschnittlich ca. 1,4 Punkte besser beurteilt als Angehörige „anderer" Berufsklassen.
- Die Zugehörigkeit zu einer der fünf untersuchten Marktsegmente („PKW-Klasse"), der Besitz eines Automobils einer bestimmten Karosserieform („Typ"), das Geschlecht sowie das Alter der Befragten spielen keine statistisch signifikante Rolle bei der Unternehmensimage-Bewertung.

Für die Ausgestaltung einer imagebasierten Marketingplanung sind in der Konsequenz insbesondere folgende Aspekte zu berücksichtigen:

1. In unterschiedlichen Kulturräumen (Ländern) wird das Marke-1-Unternehmensimage unterschiedlich wahrgenommen.
2. Die Verbraucherwahrnehmungen hinsichtlich des Marke-1-Unternehmensimages verändern sich u.E. im Zeitverlauf.
3. Die Verbraucherwahrnehmungen hinsichtlich des Marke-1-Unternehmensimages hängen entscheidend davon ab, welcher Marke das aktuelle Fahrzeug des Konsumenten angehört. Dabei sind insbesondere Marke-1-Besitzer von Besitzern anderer Marken (Nicht-Besitzer) zu unterscheiden.
4. Die Verbraucherwahrnehmungen hinsichtlich des Marke-1-Unternehmensimages hängen entscheidend davon ab, welcher Einkommensklasse der Befragte zugerechnet wird.
5. Die Verbraucherwahrnehmungen hinsichtlich des Marke-1-Unternehmensimages sind u. E. unabhängig von der Berufsstellung des Befragten.
6. Die Verbraucherwahrnehmungen hinsichtlich des Marke-1-Unternehmensimages sind unabhängig davon, welchem PKW-Segment der Befragte aufgrund seines aktuellen Fahrzeugbesitzes zugerechnet wird.
7. Die Verbraucherwahrnehmungen hinsichtlich des Marke-1-Unternehmensimages sind unabhängig von der Karosserieform des Jetztfahrzeugs des Befragten.
8. Die Verbraucherwahrnehmungen hinsichtlich des Marke-1-Markenimages unterscheiden sich nicht hinsichtlich des Geschlechts oder der Altersgruppe der Befragten.

In den sich anschließenden Analysen soll untersucht werden, <u>inwiefern</u> sich die Verbraucherwahrnehmungen bezüglich des zu untersuchenden Marke-1-Unternehmensimages zwischen Ländern unterscheiden (Aspekt 1.) und <u>wie</u> sich diese Wahrnehmungen im Zeitverlauf verändern (Aspekt 2.). Die Aspekte 3. bis 8. gehen als isolierte Rahmenbedingungen unverändert und unmittelbar in die Heuristik einer imagebasierten Marketingplanung im Anwendungsfall ein.

5.2.1.3.3 Inter-Ländervergleich des Unternehmensimages

Im Rahmen eines Inter-Ländervergleiches sollen in der Folge kulturelle Unterschiede in den länderspezifischen Verbraucherwahrnehmungen bezüglich des auftraggebenden Automobilherstellers erarbeitet werden. Das der zum Einsatz kommenden Varianzanalyse zugrunde liegende Segmentierungskriterium ist die Variable „Land". Andere Einflüsse werden entsprechend den Annahmen der Varianzanalyse *ceteris paribus* ausgeschlossen. Für die Erhebungszeiträume 1992 und 1997 werden jeweils unabhängige Inter-Ländervergleiche angestellt. In der Summe ergeben sich damit zehn kombinatorische Mittelwertanalysen je Studie.

Die Interpretation der Ergebnisse erfolgt studienweise. Die zu vergleichenden arithmetisch gemittelten Beurteilungswerte sowie die über einen Repräsentationsschluss geschätzten Vertrauensbereiche des Lageparameters μ sollen zunächst grafisch gegenübergestellt werden. Eine präzise, analytische Auswertung findet sich in der TABELLE A-63 im ANHANG. Die folgende Darstellung visualisiert die kulturellen Unterschiede in der Unternehmensimage-Bewertung grafisch:

Abb. 5-25: Inter-Ländervergleich des Marke-1-Unternehmensimages

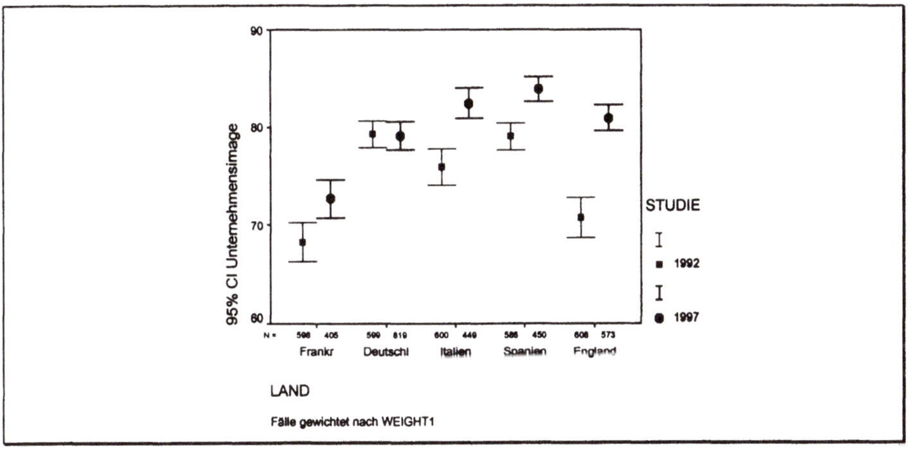

Quelle: Outputfile des Programmsystems SPSS® 9.0.

- Im Jahr **1992** weist Deutschland mit einem Stichprobenmittelwert von ca. 79 einer auf 100 Punkte begrenzten Skala das höchste Beurteilungsniveau auf. Auf die Frage nach statistischer Signifikanz der Mittelwertunterschiede allerdings zeigt sich eine gleiche Beurteilung deutscher und spanischer Probanden, die einen ähnlich hohen Stichprobenmittelwert vorgeben. Beide Länder unterscheiden sich statistisch signifikant von sämtlichen anderen Absatzmärkten. Auf dem zweiten Rang und mit einem Stichprobenmittelwert von ca. 76 Punkten findet sich Italien; der Unterschied zu Frankreich (68,24) bzw. Großbritannien (70,73), die sich auf statistisch gleichem Niveau befinden, liefert signifikante Ergebnisse.
- **1997** finden sich auf statistisch gleichem und höchstem Niveau die Länder Spanien (83,92) und Italien (82,39). Statistisch identische Mittelwerte weisen darüber hinaus die Länderkombinationen Deutschland/Großbritannien und Italien/Großbritannien auf. Die schlechteste Beurteilung wurde 1997 wie auch 1992 von französischen Studienteilnehmern geäußert (72,69).

- Mit nur zwei statistischen **Insignifikanzen** 1992 bzw. drei identischen Kombinationen 1997 weist das Unternehmensimage eine relativ kulturabhängige Bewertung auf. Mit lediglich fünf statistisch insignifikanten Mittelwertunterschieden der zwanzig Länderkombinationen (2 Studien x 10 Ländervergleiche) erscheint die Wahrnehmung des Unternehmensimages im Ländervergleich sowohl 1992 (2) als auch 1997 (3) tendenziell unähnlich.

Die Ergebnisse der Inter-Ländervergleiche des Marke-1-Unternehmensimages werden als isolierte Rahmenbedingungen in die Heuristik einer imagebasierten Marketingplanung aufgenommen. Sie geben insbesondere Anhaltspunkte dafür, ob das Marke-1-Unternehmensimage im Rahmen einer standardisierten oder differenzierten Marktbearbeitung zu gestalten ist. Darüber hinaus geben sie Aufschluss darüber, welche Absatzmärkte (Länder) in eine standardisierte Marktbearbeitung einzubeziehen sind.

5.2.1.3.4 Inter-Studienvergleich des Unternehmensimages

Nun sollen die zeitlichen Veränderungen der Verbraucherwahrnehmungen bezüglich des Unternehmensimages des auftraggebenden Automobilherstellers im Zeitraum von 1992 bis 1997 isoliert werden. Der Ausweis der Richtung einer Veränderung erfolgt mit der bereits eingeführten Pfeilsymbolik, die Stärke wird im Gegensatz zu den Analysen der Produktimages und des Markenimages in Prozent (%) angegeben. Die folgende Tabelle gibt Aufschluss über die arithmetischen Stichprobenmittelwerte der Marke-1-Unternehmensimage-Bewertung, den länderspezifischen Rangplatz nach dem Mittelwert sowie die Veränderungen im Erhebungsintervall.

Tab. 5-28: Inter-Studienvergleich des Marke-1-Unternehmensimages

Studie:	1992	Rang ´92	1997	Rang ´97	Richtung	Stärke (%)
EU	75,05		78,91		↑	5,14
D	79,22	1	79,09	4	→	
E	79,02	2	83,92	1	↑	6,20
I	75,92	3	82,39	2	↑	8,52
G	70,73	4	80,92	3	↑	14,41
F	68,24	5	72,69	5	↑	6,52

Quelle: Eigene Darstellung.

Bei der Betrachtung der Mittelwertübersicht wird deutlich, dass sich die Beurteilung des auftraggebenden Automobilherstellers von 1992 nach 1997 - mit Ausnahme Deutschlands - in sämtlichen Ländern verbessert hat. Spanien, Italien und Großbritannien haben sich je um einen Rangplatz verbessert. Diese Entwicklung geht zulasten Deutschlands, das sich vom 1. auf den 4. Rang verschlechtert hat. Trotz Steigerung des arithmetischen Mittelwertes verbleibt Frankreich auf der letzten (5.) Stelle. ABBILDUNG 5-26 auf der nächsten Seite gibt Aufschluss über die zeitlichen Veränderungen der Marke-1-Unternehmensimage-Bewertung:

Abb. 5-26: Inter-Studienvergleich des Marke-1-Unternehmensimages

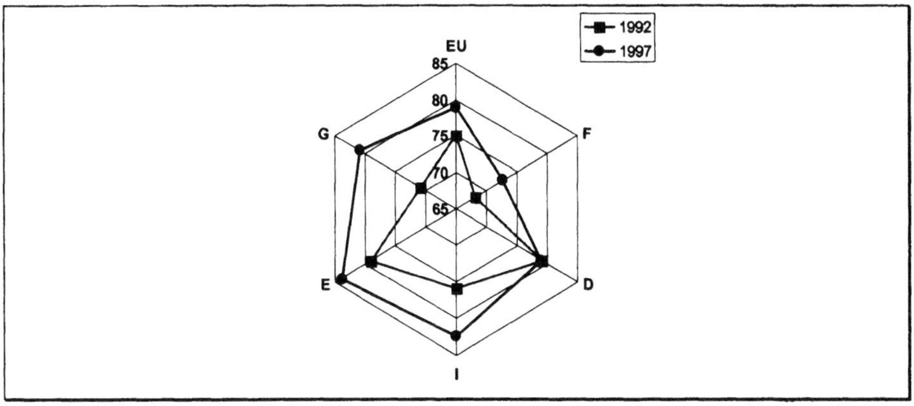

Quelle: Eigene Darstellung.

Während Spanien (↑ 6,20%), Frankreich (↑ 6,52%) und Italien (↑ 8,52%) ähnliche Steigerungsraten aufweisen, hat sich das Unternehmensimage im selben Zeitraum in Großbritannien deutlich stärker verbessert (↑ 14,41%). Mit einem arithmetischen Mittelwert von 75,05 im Jahre 1992 und 78,91 im Jahre 1997 hat sich das Marke-1-Unternehmensimage in Europa im Zeitraum von fünf Jahren um 5,14% verbessert.

5.2.2 Analyse der integrierten Rahmenbedingungen

Im Rahmen der Entwicklung eines Modells imagebasierter Marketingplanung (MIMP) wurden Hypothesen bezüglich (sozial-) statistischer Einflussgrößen, kultureller Differenzierung und zeitlicher Veränderlichkeit von Produkt-, Marken- und Unternehmensimages einer globalen (Firmen-) Dachmarke aufgestellt. Die formulierten Hypothesen wurden mittels einer Falsifikationsstrategie und im Verlauf der vergangenen Kapitel der empirischen Validierung auf ihre Tragfähigkeit hin überprüft. Die aus der Ablehnung bzw. Annahme der untersuchten Hypothesen gewonnenen Erkenntnisse verbessern einerseits das Verständnis des psychologischen Konstrukts Image allgemein, andererseits liefern sie als isolierte Rahmenbedingungen einer imagebasierten Marketingplanung erste Anhaltspunkte dafür, wie diese Imagegrößen gezielt beeinflusst werden können. Darüber hinaus wurden die Beziehungen zwischen den genannten Imagegrößen postuliert und in ein sog. Intra-Marken-Imagestruktur-Modell (IMI) überführt. Diese dem IMI zugrunde liegenden Vermutungen über Kausalzusammenhänge der Modellbestandteile PI, MI und UI in der Form sog. Imagetransfereffekte sollen in der Folge einer empirischen Überprüfung unterzogen werden, um die integrierten Rahmenbedingungen einer imagebasierten Marketingplanung zu operationalisieren.

5.2.2.1 Methodische Grundlagen

Die auf der Grundlage des IMI formulierten Untersuchungshypothesen problematisieren wechselseitige Ursache-Wirkungsbeziehungen zwischen den Modellelementen Produkt-, Marken- und Unternehmensimage einer globalen (Firmen-) Dachmarke. Mit unterstellten reziproken Kausalbeziehungen implizieren die berücksichtigten Imagegrößen jeweils Ursache und Wirkung eines Variablenzusammenhangs. Auf diese Weise trägt jede Imagegröße zur Erklärung der jeweils anderen Variablen bei und wird gleichzeitig umgekehrt von diesen beeinflusst.

Wie die bisherigen Ausführungen gezeigt haben, kann eine Regressionsanalyse zur Identifikation einer Ursache-Wirkungsbeziehung jedoch nur dann herangezogen werden, wenn die zu berücksichtigenden Größen eindeutig als abhängige oder unabhängige Variablen definiert werden können. Sobald eine Größe sowohl als erklärende als auch als zu erklärende Variable fungiert, kommen sog. Strukturgleichungsmodelle (***Structural Equation Modeling*: SEM**) zum Einsatz, die die zu untersuchenden Variablenbeziehungen in mehreren linear unabhängigen Gleichungen abbilden und mittels algebraischer Iteration zu lösen versuchen. Da die Zeitpräzedenz reziproker Effekte nicht per se eindeutig bestimmt werden kann, erfolgt die Schätzung der Strukturgleichungen simultan. Aus diesem Grund wird im Zusammenhang mit SEM von simultanen Gleichungssystemen gesprochen.[1052]

Ein statistisches Verfahren, das auf Strukturgleichungsmodellen basiert, ist die **Kausalanalyse**. Sie wurde erstmals 1963 von BLALOCK wissenschaftlich thematisiert. Anfang der 80er Jahre begann eine zunehmende Verbreitung dieses Verfahrens auch in der Marketingwissenschaft. In der Zwischenzeit wurden über konzeptionelle Weiterentwicklungen hinaus statistische Softwarepakete veröffentlicht, die Methodenunterstützung in der kausalanalytischen Forschung liefern sollen. Stellvertretend für andere seien an dieser Stelle der von JÖRESKOG und SÖRBOM entwickelte Ansatz der „LInear Structural RELationship" (LISREL) oder der von SMALLWATERS INC. entwikkelte Ansatz der „Analysis of MOment Structures" (AMOS) genannt.

Nach einer allgemeinen Beschreibung und einer einzelfallspezifischen Beurteilung der Kausalanalyse soll diese bei der methodischen Abbildung der reziproken Variablenbeziehungen des IMI Verwendung finden. Zuvor soll jedoch die Begrifflichkeit der Kausalität eingehend geklärt werden, da sie den Ausgangspunkt der weiteren kausalanalytischen Untersuchungen darstellt.

5.2.2.1.1 Kausalität

Die im IMI unterstellten Zusammenhänge zwischen Produkt-, Marken- und Unternehmensimages einer globalen (Firmen-) Dachmarke unterstellen, dass jeweils zwischen zwei Modellelementen wechselseitig beeinflussende Beziehungen bestehen (Imagetransfereffekte). In dem gewählten Anwendungsbezug bedeutet dies beispielsweise, dass die Beurteilung eines Automobilunternehmens als organisatorische Institution - bewusst oder unbewusst - durch die Einschätzung seiner Produkte beeinträchtigt wird (PI➔UI bzw. MI➔UI), während andererseits gleichfalls die Wahrnehmung der Produkte (PI bzw. MI) von der Bewertung des Unternehmens beeinflusst wird (PI🡐UI bzw. MI🡐UI).

[1052] Zum *Structural Equation Modeling* vgl. bspw. Aaker (1981), S. 31-70 und die Grundlagen in Johnston (1972) und Pindyck/Rubinfeld (1998).

Hierbei sind sowohl das UI als auch das PI bzw. MI Ursache <u>und</u> Wirkung zugleich; solche Beziehungen werden als „bi-kausal" bezeichnet. Bevor auf Bi-Kausalität näher eingegangen wird und die Beziehungen des IMI zum Gegenstand empirischer Forschungsschritte gemacht werden können, muss zunächst ein klar definierter, operationaler Kausalitätsbegriff zugrunde gelegt werden.

Auch wenn Ursache-Wirkungsbeziehungen außerhalb naturwissenschaftlicher Forschung streng genommen nicht beweisbar sind, soll für die vorliegende Arbeit die in der empirischen Sozialforschung vorherrschende Definition des Kausalitätsbegriffs übernommen werden.[1053] Demgemäß wird Kausalität zwischen einer verursachenden Variablen X und einer wirkenden Variablen Y (X➔Y) dann als wahrscheinlich angenommen, wenn folgende Voraussetzungen erfüllt sind:

1. die Beziehung zwischen den Variablen X und Y muss theoretisch begründet sein, d.h., der Forscher muss noch vor der empirischen Überprüfung eines Kausalzusammenhangs ein sachlogisch deduziertes Hypothesensystem über die Beziehung aufgestellt haben,
2. die Variablen X und Y müssen miteinander kovariieren, d.h., eine Veränderung von X muss eine Veränderung von Y bewirken,
3. es muss eine temporale Asymmetrie zwischen X und Y vorliegen, d.h., die abhängige Variable Y läuft als Wirkung der verursachenden Variablen X zeitlich nach,
4. es wirken keine Drittvariableneffekte auf die abhängige Variable Y, und es fließen keine systematischen, sondern ausschließlich zufällige Fehler ein.[1054]

Im Folgenden soll vertiefend auf die Bedingungen 1. bis 4. eingegangen werden:

Die erste Voraussetzung (1.) für die Interpretation kausaler Variablenbeziehungen ist die sachlogische Ableitung eines **theoretisch fundierten Bezugsrahmens**, der neben der Definition, Darstellung, Abgrenzung, Kategorisierung, Präzisierung und Systematisierung der Zielgrößen (abhängige Variablen), Aktionsparameter (unabhängige Variablen) und Randbedingungen (Drittvariablen) Vermutungen hinsichtlich möglicher Zusammenhänge zwischen den genannten Größen enthält.[1055] Diese Zusammenhänge sollen die vermuteten Ursache-Wirkungsbeziehungen zwischen den Modellvariablen zum Ausdruck bringen.[1056] Selbst wenn die Beziehungen im Vorfeld der Modellschätzung in ihrer Stärke nicht abschließend quantifiziert werden können, sollte zumindest eine Vermutung bezüglich der Richtung der Effekte und der Wirkungsart (positiv oder negativ) bestehen.[1057] Erst die vollständige theoretisch-deskriptive Modellentwicklung erlaubt eine empirische Hypothesenprüfung und -präzisierung. In diesem Zusammenhang muss sowohl die Aufnahme vermeintlich relevanter Größen als auch deren Ausschluss explizit argumentiert werden. Dies gilt auch für solche Parameter (bspw. Drittvariablen), die nicht primär im Interesse des Forschers stehen.[1058]

1053 Zu konkurrierenden Kausalitätskonzeptionen vgl. Muliak/James (1995), S. 118-137; Hodapp (1984), S. 10-12; Bagozzi (1980), S. 10-54.

1054 Vgl. Kenny (1979), S. 3f.; Hildebrandt (1983), S. 21f.

1055 Zur Ableitung des Bezugsrahmens vgl. Kapitel 3.1 dieser Arbeit.

1056 Vgl. Fornell (1986), S. 3.

1057 Vgl. Opp/Schmidt (1976), S. 91-93.

1058 Vgl. Asher (1983), S. 13.

Die Erfüllung dieser inhaltlichen Voraussetzung stellt zwar keine hinreichende Bedingung für die Identifikation von Kausalstrukturen dar, aber eine notwendige. In Ergänzung dazu sind die nachfolgenden drei technischen (formalen) Anforderungen an den Beziehungszusammenhang zwischen einer Variablen X und einer Variablen Y zu erfüllen, um von einem kausalen Zusammenhang im Sinne einer Je-Desto-Beziehung sprechen zu können.

Bedingung 2. verlangt, dass Variationen einer Variablen X Variationen einer Variablen Y produzieren.[1059] Erfasst wird diese Anforderung formal über die empirische **Kovarianz** s(x,y):[1060]

$$s(x,y) = \frac{1}{K-1}\sum_k (x_k - \bar{x}) \times (y_k - \bar{y})$$

mit:

x_k = Ausprägung der Variablen x bei Objekt k

$\bar{x}$ = Mittelwert der Ausprägungen von Variable x über alle Objekte k (k=1,..., K)

y_k = Ausprägung der Variablen y bei Objekt k

$\bar{y}$ = Mittelwert der Ausprägungen von Variable y über alle Objekte k (k=1, ..., K)

Kovarianzwerte nahe dem Wert null deuten darauf hin, dass keine systematische i.S.v. linearer Beziehung zwischen den Variablen X und Y besteht; mögliche Kovarianzen sind rein zufällig. Werte größer als null sagen aus, dass sich die Variablen X und Y in dieselbe Richtung bewegen, negative Kovarianzen implizieren Bewegungen in entgegengesetzter Richtung. Da der Wertebereich der Kovarianz weder definiert noch normiert ist, kann aus dem Kovarianzniveau nicht auf die Stärke eines Zusammenhangs zwischen den Variablen geschlossen werden.[1061] Mithilfe der Streuung der X- bzw. Y-Beobachtungswerte um den jeweiligen arithmetischen Mittelwert wird die Kovarianz deshalb auf das Intervall zwischen (-1) und (+1) normiert. Hierzu wird die Kovarianz durch die Standardabweichungen der X- und Y-Variablen dividiert. Das Ergebnis liefert den Korrelationskoeffizienten r(x,y):

$$r_{x,y} = \frac{s(x,y)}{s_x \times s_y}$$

mit:

$s(x,y)$ = Kovarianz zwischen den Variablen x und y

$s_x = \sqrt{\frac{1}{K-1}\sum_k (x_k - \bar{x})^2}$ = Standardabweichung der Variablen x

$s_y = \sqrt{\frac{1}{K-1}\sum_k (y_k - \bar{y})^2}$ = Standardabweichung der Variablen y

Sind die Variablen statistisch unabhängig, nimmt der Korrelationskoeffizient den Wert null an. Je näher der Wert bei (-1) bzw. (+1) liegt, desto größer ist die statistische Abhängigkeit der Variablen. Tendiert r(x,y) gegen (-1) bzw. (+1), bedeutet dies, dass hohen positiven X-Werten hohe negative bzw. positive Y-Werte gegenüberstehen und umgekehrt.

1059 Vgl. Blalock (1962), S. 25.

1060 Vgl. Backhaus et al. (1996), S. 330.

1061 Vgl. ebenda, S. 330.

Weder die Kovarianz noch der Korrelationskoeffizient allerdings sagen etwas darüber aus, ob zwischen den betrachteten Variablen eine Ursache-Wirkungs-Beziehung besteht, lassen doch die ermittelten Abhängigkeiten (Korrelationen) fünf Interpretationsmöglichkeiten offen:

Tab. 5-29: Interpretationsmöglichkeiten einer empirisch ermittelten Korrelation r(x,y)

Fall	Notation	Bedeutung	Interpretation
1	$x \rightarrow y$	x verursacht y	kausal
2	$x \leftarrow y$	y verursacht x	kausal
3	$x \rightleftarrows y$	x verursacht y, y verursacht y	bi-kausal
4	$z \rightarrow x$, $z \rightarrow y$	z verursacht x und y	nicht kausal
5	$z \rightarrow x$, $z \rightarrow y$, $x \rightarrow y$	z verursacht x und y, x verursacht y	partiell kausal

Quelle: Eigene Darstellung.

Die Fälle 1 und 2 geben kausal interpretierbare Korrelationen wieder: Im ersten Fall ist die Variable X verursachende, die Variable Y wirkende Größe. Je absolut größer damit X, desto absolut größer auch Y. Umgekehrt verhält es sich in Fall 2. Fall 3 stellt eine sog. bi-kausal interpretierbare Korrelation dar: Die Variablen X und Y beeinflussen sich wechselseitig (reziprok) und implizieren damit beide jeweils Ursache <u>und</u> Wirkung ihrer Variablenbeziehung.[1062] Fall 4 stellt die Ausgangssituation der Faktorenanalyse dar: Eine exogene hypothetische Größe (Faktor) beeinflusst die Variablen X und Y als Indikatoren einer nicht kausal interpretierbaren Korrelation. Der Zusammenhang zwischen X und Y ist dabei einzig und alleine auf Z zurückzuführen. Überprüft werden kann diese Behauptung dadurch, dass der partielle Korrelationskoeffizient r(x,y) bei konstantem Z berechnet wird.[1063] Begründet sich die Korrelation zwischen X und Y ausschließlich auf Z, muss r(x,y) den Wert null annehmen.[1064] Im anderen Fall eines r(x,y) ungleich null (Fall 5) kann die Korrelation teilweise kausal erklärt werden, da Y nicht nur von X, sondern direkt und indirekt (über X) auch von Z beeinflusst wird.[1065]

Die dritte Bedingung einer **temporalen Asymmetrie** zwischen einer verursachenden Variablen X und einer wirkenden Variablen Y geht davon aus, dass bei einer Veränderung von Y <u>vor</u> einer Veränderung von X, die Variable X nicht die Ursache für die Veränderung von Y gewesen sein kann: Eine Wirkung kann ihrer Ursache nicht vorausgehen.

[1062] Auf die Abbildung bi-kausaler Variablenbeziehungen wird im Zusammenhang mit nichtrekursiven Kausalmodellen gesondert eingegangen.

[1063] Der partielle Korrelationskoeffizient gibt die Korrelation zwischen zwei Variablen unter der Bedingung an, dass der Einfluss von Drittvariablen konstant gehalten wird. Vgl. Backhaus et al. (1996), S. 332.

[1064] Zur Berechnung des partiellen Korrelationskoeffizienten vgl. ebenda, S. 332.

[1065] Vgl. ebenda, S. 335.

Während diese Anforderung bei der Durchführung von Experimenten praktikabel erscheint, können im Rahmen von Sekundär- oder Felddatenanalysen oftmals keine eindeutigen Aussagen darüber gemacht werden, welche Variablen verursachenden und welche wirkenden Charakter besitzen.[1066] Darüber hinaus sind insbesondere in der empirischen Sozialforschung Variablen selten eindeutig verursachend oder wirkend; oftmals bestehen wechselseitige Beziehungen, bei denen sich die Richtung der Asymmetrie umkehren und bspw. eine verursachende Variable gleichzeitig wirkend sein kann (Fall 3).[1067] Da hierbei die Variationen einer Variablen simultane Veränderungen der jeweils anderen Variablen hervorrufen, ist eine zeitliche Asymmetrie nicht ausmachbar und daher nicht messbar.[1068] Aus diesem Grund werden im Vorfeld insbesondere nichtexperimenteller empirischer Untersuchungen Annahmen darüber aufgestellt, welche Variable einer anderen als Wirkung zeitlich nachläuft (kausal) bzw. welche Beziehungen als simultan wechselseitig zu definieren sind (bi-kausal).[1069] Diese Forderung entspricht der ersten Bedingung an die Existenz kausaler Beziehungen in der Form eines durch den Forscher a priori aufzustellenden sachlogisch deduzierten theoretischen Bezugsrahmens.

Die vierte Bedingung (4.) begründet sich auf einen Ausschluss nicht kausal interpretierbarer (Fall 4) und nur partiell kausal interpretierbarer Korrelationen (Fall 5). Sie verlangt, dass die Beziehung zwischen einer X- und einer Y-Variablen nicht durch **Drittvariableneffekte** (Z) beeinflusst werden darf. Ist eine Drittvariable dennoch ursächlich für den beobachteten Zusammenhang zweier Variablen verantwortlich, kann diese Beziehung nicht als kausal interpretiert werden. Das genannte Phänomen wird als sog. „Scheinkorrelation“ oder „konfundierender Effekt“ bezeichnet. Bereinigt werden kann die Beziehung zwischen zwei korrelierenden Größen um Drittvariableneffekte durch den partiellen Korrelationskoeffizienten. Allerdings ergeben sich dadurch Probleme, dass neben exogenen Drittvariableneffekten Beobachtungs- und Messfehler einer empirischen Beobachtung nicht zur Gänze ausgeschlossen werden können.[1070] Die nicht im Hypothesensystem beinhalteten Drittvariableneffekte sowie Beobachtungs- und Messfehler werden deshalb vergleichbar mit der Regressionsanalyse in einer Residualgröße zusammengefasst.[1071] Das Hypothesensystem sollte dabei so konstruiert sein, dass aus der sachlogischen Argumentation theoretischer Befunde zum Forschungsgegenstand möglichst sämtliche inhaltlichen Drittvariablen und methodischen Fehler berücksichtigt werden.

In der empirischen Forschungspraxis lassen sich vor allem die beiden letztgenannten Bedingungen an die Existenz kausaler Beziehungen nur annäherungsweise erfüllen. Häufig ist - insbesondere bei Nichtvorliegen eines Panel-Datensatzes[1072] - die Voraussetzung des zeitlichen Nachlaufs einer abhängigen Variablen nicht nachzuweisen bzw. nicht existent (3. Bedingung). Darüber hinaus liegt u.U. keine vollumfängliche Drittvariablenkontrolle vor (4. Bedingung).

1066 Vgl. Hildebrandt (1983), S. 22.

1067 Vgl. ebenda, S. 22.

1068 Vgl. Saris/Stronkhorst (1984), S. 18f.

1069 Vgl. Hildebrandt (1983), S. 22.

1070 Vgl. ebenda, S. 22.

1071 Vgl. Berry (1984), S. 14.

1072 Ein Panel stellt eine regelmäßig wiederholte Messung derselben Variablen bei denselben Erhebungseinheiten dar. Übliche Formen sind Haushalts- und Handelspanels.

Aufgrund dieser Einschränkungen wird im Rahmen kontrollierter Versuchsanordnungen (Experimente) der Versuch unternommen, Kausalitäten absolut nachzuweisen. Durch das Aufstellen von strengen Anforderungen an die Manipulation der unabhängigen Variablen und der Drittvariablenkontrolle wird eine hohe interne Validität erreicht, jedoch geht dies zulasten der externen Validität.[1073] Im Rahmen angestellter Sekundär- bzw. Felddatenanalysen soll Kausalität demgegenüber relativ nachgewiesen werden. Hierzu muss entsprechend der ersten Bedingung an die Existenz kausaler Wirkungszusammenhänge noch vor der Durchführung empirischer Forschungsschritte ein theoretisch fundiertes, sachlogisch deduziertes Hypothesensystem aufgestellt werden (konfirmatorisches Vorgehen). Dabei müssen auch solche Größen problematisiert und in die Modellierung aufgenommen werden, die nicht unmittelbar im Interesse des Forschers stehen, nichtsdestotrotz aber Wirkungen auf die abhängige bzw. zwischen den unabhängigen Variablen verursachen (Komplexität). Letztlich muss das vollständige Modell darauf geprüft werden, ob die Daten seiner Gültigkeit widersprechen (Totalität). Die Kausalanalyse versucht den Anforderungen an die Existenz relativer Kausalität Rechnung zu tragen. Sie soll in der Folge dargestellt werden.

5.2.2.1.2 Kausalmodelle

Nachdem im vorangegangenen Abschnitt aufgezeigt wurde, was unter Kausalität in der empirischen Forschung zu verstehen ist und welche Anforderungen an die Existenz kausaler Variablenbeziehungen gestellt werden, soll nun auf die Modellierung kausaler Zusammenhänge eingegangen werden. Zu diesem Zweck soll die **Kausalanalyse** als ein Verfahren des *Structural Equation Modeling* (SEM) in ihren Grundzügen allgemein dargestellt und vor dem Hintergrund des beabsichtigten Forschungsvorhabens bewertet werden. Die folgenden Ausführungen dienen damit der kausalanalytischen Abbildung der Modellbeziehungen des IMI und dessen Überführung in ein ihm entsprechendes, operationales Methodenmodell, das einer einzelfallspezifischen empirischen Untersuchung unterzogen werden kann, um die inhaltlichen Rahmenbedingungen einer imagebasierter Marketingplanung zu bestimmen.

Die sich anschließende Darstellung der Kausalanalyse soll sich am idealtypischen Ablauf dieses Verfahrens orientieren:[1074]

Abb. 5-27: Ablaufschritte einer vollständigen Kausalanalyse

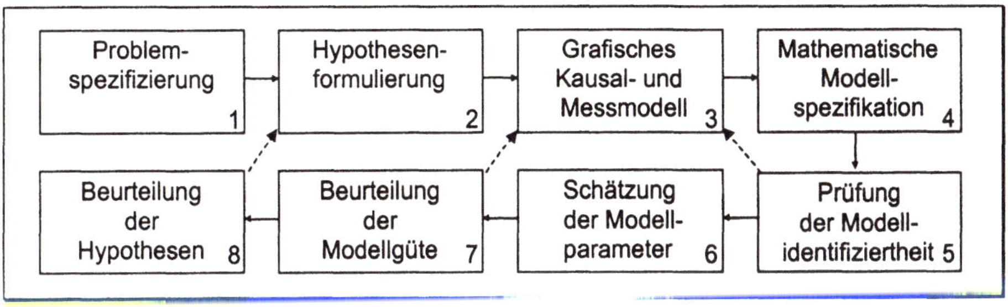

Quelle: Eigene Darstellung.

[1073] Picot (1972), S. 86-90; Kirk (1982), S. 20-23.

[1074] Zur idealtypischen Vorgehensweise der Kausalanalyse vgl. bspw. Homburg (1992b), S. 507.

Die Modellbeziehungen des IMI postulieren mit unterstellten Wenn-dann- bzw. Je-desto-Beziehungen kausale Interdependenzen zwischen den Modellelementen PI, MI und UI. Um diese Beziehungen jedoch als kausal interpretieren zu können, bedarf es im Vorfeld der empirischen Validierung einer durch den Forscher aufzustellenden substanzwissenschaftlichen Theorie (1: Problemspezifizierung) und entsprechender Untersuchungshypothesen (2: Hypothesenformulierung).[1075] Damit zählt die Kausalanalyse wie auch die Regressionsanalyse zu den konfirmatorischen, d.h. strukturen-prüfenden multivariaten statistischen Analysemethoden.[1076]

Die Überführung der formulierten Hypothesen bezüglich einer Kausalstruktur theoretischer Ausgangsgrößen in eine grafische Darstellung in der Form eines Pfad- bzw. Pfeildiagramms (3: Grafisches Kausal- und Messmodell) und/oder in ein analytisches Modell in der Form linearer (simultaner) Strukturgleichungen (4: Mathematische Modellspezifikation) wird als Kausalmodell bezeichnet.[1077] Die Gültigkeit eines auf diese Weise abgeleiteten Modells wird - sofern technisch möglich (5: Prüfung der Modellidentifiziertheit) - anhand eines gegebenen Datensatzes konkreter Beobachtungswerte empirisch überprüft.[1078]

Damit besteht die **Zielsetzung** der Kausalanalyse erstens darin, das durch den Forscher theoretisch deduzierte Modell auf mathematisch iterativem Wege bestmöglich an die empirische Datenbasis anzupassen (6: Schätzung der Modellparameter). Zweitens soll im Anschluss daran mit Hilfe sog. Gütemaße festgestellt werden, ob die im Rahmen der Modellschätzung in den empirischen Daten ermittelten (Ko-) Varianzmuster konsistent mit der Spezifikation des Strukturgleichungsmodells sind (7: Beurteilung der Modellgüte) und das Modell angenommen werden kann. Anderenfalls müssen das Modell - entsprechend dem Leitgedanken des Falsifikationismus - abgelehnt und die formulierten Untersuchungshypothesen - unter Beachtung des Primats der Theorie vor der Empirie - ggf. angepasst werden (8: Beurteilung der Hypothesen).

Im Rahmen der empirischen Modellvalidierung bedient sich die Kausalanalyse der Pfad- bzw. (multiplen) Regressionsanalyse sowie der konfirmatorischen Faktorenanalyse.[1079] Beide Verfahren versuchen auf der Grundlage einer aus empirischen Ausgangsgrößen abgeleiteten Kovarianzmatrix Aussagen über theoretische Zusammenhänge zwischen den spezifizierten Modellvariablen zuzulassen.[1080] Zielsetzung hierbei ist die bestmögliche Rekonstruktion der empirischen Kovarianzmatrix durch die hypothetisch zugrunde liegende Kausalstruktur. Die Pfad- bzw. (multiple) Regressionsanalyse hat das Ziel, von empirischen Kovarianzen auf kausale Beziehungen zwischen den spezifizierten Modellvariablen zu schließen. Aufgabe der Faktorenanalyse hingegen ist es, Zusammenhänge zwischen nicht beobachteten bzw. nicht-beobachtbaren Faktoren und beobachteten Messgrößen herzustellen.

[1075] Vgl. Blalock (1963), S. 53-62.

[1076] Vgl. Cliff (1983), S. 117f; Bollen (1989), S. 67-72.

[1077] Zur Pfadanalyse vgl. Hermann (1984), S. 12-15 und die dort angegebene Literaturübersicht.

[1078] Vgl. Backhaus et al. (1996), S. 323. In diesem Zusammenhang sollte allerdings berücksichtigt werden, dass selbst bei Einklang der empirischen Validierung mit dem ihr zugrunde liegenden theoretischen Modell nicht eine positive Bestätigung, sondern allenfalls eine Nichtablehnung der Theorie geschlussfolgert werden darf. Vgl. Cliff (1983), S. 117f.

[1079] Vgl. Hildebrandt (1983), S. 44-58; Homburg (1989), S. 13-17; Bollen (1989), S. 4-9.

[1080] Aus diesem Grund wird die Kausalanalyse auch als Kovarianzstrukturanalyse bezeichnet. Vgl. Backhaus et al. (1996), S. 326f.

Die Möglichkeit, neben direkt gemessenen (manifesten) Variablen auch **hypothetische Größen** (Konstrukte) in die Modellierung aufnehmen zu können, die nicht unmittelbar beobachtet und gemessen werden können (latente Variablen), stellt eine erste Besonderheit der Kausalanalyse dar.[1081] Dementsprechend werden die in einem Kausalmodell berücksichtigten Variablen nach ihrer Messbarkeit in manifeste und latente Variablen unterschieden.[1082] Manifeste Größen wie bspw. Alter und Größe eines Probanden können direkt gemessen werden. Latente Konstrukte wie z.B. Einstellungs- und Imagegrößen hingegen entziehen sich einer direkten Messbarkeit:

> „Hypothetische Konstrukte sind durch abstrakte Inhalte gekennzeichnet, bei denen sich nicht unmittelbar entscheiden lässt, ob der gemeinte Sachverhalt in der Realität vorliegt oder nicht."[1083]

Zur Kategorie latenter Konstrukte zählen ausnahmslos die Variablen, die als Modellelemente Eingang in das IMI gefunden haben (PI, MI und UI). Um latente Variablen operationalisieren und einer kausalanalytischen Untersuchung unterziehen zu können, müssen geeignete Messgrößen (Indikatoren: *„observed variables"*, *„manifest variables"* oder *„reference variables"*) für die relevanten hypothetischen Konstrukte herangezogen werden, die das gesuchte Merkmal bestmöglich erfassen.[1084] Indikatoren werden definiert als

> *„[...] unmittelbar meßbare [!] Sachverhalte, welche das Vorliegen der gemeinten, aber nicht direkt erfaßbaren [!] Phänomene [...] anzeigen."*[1085]

Mittels einer (konfirmatorischen) Faktorenanalyse werden aus den vorhandenen Indikatoren die gesuchten latenten Modellvariablen (Faktoren i.S.v. hypothetischen Konstrukten: *„factors"* oder *„unobserved constructs"*) abgeleitet und im Rahmen eines sog. Messmodells operationalisiert. Dieser Untersuchungsschritt wurde für die latenten Größen des IMI (PI und MI) bereits vorgenommen. Auf der Grundlage eines theoretisch deduzierten Bezugsrahmens und vom Forscher a priori formulierter Untersuchungshypothesen werden die gewonnenen Faktoren im Anschluß daran in ein kausalanalytisches Beziehungsgeflecht (Strukturmodell) überführt und regressionsanalytisch geschätzt.

Die **Aufgabe** der Kausalanalyse besteht damit aus zwei wesentlichen Analyseschritten: Erstens müssen die Messmodelle der latenten Größen auf ihre Gültigkeit überprüft werden. Zweitens muss das Strukturmodell an die (Ko-) Varianzstruktur (-matrix) der empirischen Daten angepasst werden.[1086] Ersteres wird durch eine konfirmatorische Faktorenanalyse erreicht, letzteres durch eine Pfadanalyse mit latenten Variablen. Damit bilden die Faktorenanalyse und die (multiple) Regressionsanalyse die wesentlichen methodischen Bausteine der Kausalanalyse.[1087]

1081 Vgl. Blalock (1963), S. 53-62.

1082 Manifeste Größen werden in der üblichen Notation der Kausalanalyse als rechteckige Objekte mit lateinischer Kleinbuchstabenbezeichnung, latente Variablen als ovale Objekte mit griechischer Kleinbuchstabenbezeichnung dargestellt. Vgl. Backhaus et al. (1996), S. 324f. und Wottawa (1980), S. 199.

1083 Kroeber-Riel (1992), S. 28, zitiert nach Backhaus et al. (1996), S. 325.

1084 Vgl. Bruhn (1990), S. 91; Gierl (1995), S. 27. Zur Operationalisierung hypothetischer Marketingkonstrukte vgl. bspw. Churchill (1979).

1085 Kroeber-Riel (1992), S. 28, zitiert nach Backhaus et al. (1996), S. 325.

1086 Vgl. Kline (1998), S. 343-364.

1087 Vgl. Hildebrandt (1983), S. 44-58.

Nach der Art der Variablenbeziehungen werden Kausalmodelle in **rekursive und nichtrekursive Modelle** unterschieden, je nachdem, ob die vermuteten Zusammenhänge ausschließlich eindeutige Ursache-Wirkungs-Beziehungen i.S.v. Mono-Kausalität postulieren (rekursiv) oder sich unter ihnen auch wechselseitige Kausalbeziehungen i.S.v. Bi-Kausalität befinden (nichtrekursiv).[1088] Eine von BAUMGARTNER und HOMBURG zusammengestellte Übersicht kausalanalytischer Untersuchungen sozialwissenschaftlicher Forschung liefert einen Beleg dafür, dass in der empirischen Forschungspraxis fast ausschließlich rekursive Kausalmodelle Anwendung finden.[1089] Lediglich in Ausnahmefällen werden wechselseitige kausale Beziehungen zwischen den interessierenden Größen thematisiert.[1090] Erscheint der unterstellte, eindeutige Ursache-Wirkungs-Zusammenhang rekursiver Kausalmodelle im Umfeld naturwissenschaftlicher Forschung aufgrund existenter Determinismen empirischer Realgrößen noch einsichtig, mutet die im Rahmen vieler sozialwissenschaftlicher Anwendungsbeispiele hypothesierte Eindeutigkeit höchst zweifelhaft an, ist doch a priori - insbesondere im Fall zeitgleich erhobener Querschnittdaten - nur in den seltensten Fällen eine eindeutige Richtung der Effekte anzunehmen.

Die Berücksichtigung (bi-kausaler) **reziproker Variablenbeziehungen** stellt eine zweite Besonderheit der Kausalanalyse dar; sie grenzt sich damit grundsätzlich von den strengen Annahmen des einfachen Regressionsmodells ab. Im Gegensatz zur Regressionsanalyse, bei der Variablen eindeutig entweder abhängig (Regressand) oder unabhängig (Regressor) sind, ist diese Unterscheidung bei Kausalmodellen deshalb zu verwerfen, da bei Vorliegen eines nichtrekursiven Kausalmodells ein und dieselbe Variable in unterschiedlichen Erklärungszusammenhängen (Regressionen) verschiedene Stellungen (abhängig/unabhängig) annehmen kann. Aus diesem Grund wird für die Titulierung einer Variablen im Rahmen kausalanalytischer Forschung das Begriffspaar endogen (zu erklärend) und exogen (erklärend) gewählt. Exogene, d.h. nicht im Modell erklärte, sondern von außen in das Modell injizierte Variablen sind generell als unabhängig („determinierend“/„erklärend“) im Modellzusammenhang und dem daraus abgeleiteten Gleichungssystem anzusehen. Endogene, d.h. im Modell erklärte bzw. zu erklärende Variablen können sowohl eine linear (von anderen Variablen) abhängige („determiniert“/„erklärt“) als auch eine unabhängige Stellung („determinierend“/„erklärend“) in unterschiedlichen Gleichungen einnehmen und damit andere endogene Variablen bedingen.[1091]

Die im Modell zu erklärenden endogenen Größen unterliegen fallspezifischen Abweichungen von ihrem rechnerischen Mittelwert; diese Abweichungen in Form der empirischen Varianz einer Ausgangsvariablen zu erklären ist die Aufgabe der berücksichtigten determinierenden Modellgrößen. Da insbesondere bei der Modellierung hypothetischer Konstrukte nicht davon ausgegangen werden kann, dass die gesamte Streuung und mithin 100% der empirischen Varianz einer Variablen aufgeklärt werden kann, wird analog zur Regressionsanalyse ein Störterm bzw. eine **Residualgröße** (e) je zu erklärender Größe (endogene latente Größen sowie Indikatoren) eingeführt.

[1088] Vgl. Strotz/Wold (1985), S. 125-136; Duncan (1975), S. 25-50 und S. 67-80. Nichtrekursive Kausalmodelle werden auch als nichthierarchische Modelle, Feedback- oder Simultan-Modelle bezeichnet. Vgl. Kenny (1979), S. 96.

[1089] Vgl. Baumgartner/Homburg (1996), S. 139-161.

[1090] Vgl. dazu die Literaturangaben bei Berry (1984), S. 9.

[1091] Vgl. Hildebrandt (1983), S. 25f.

Sie berücksichtigt neben Beobachtungs- und Messfehlern auch solche Drittvariableneffekte, die im Modell und dem ihm zugrunde liegenden Hypothesensystem nicht problematisiert werden.[1092] Je mehr Indikatoren zur Messung eines hypothetischen Konstrukts Verwendung finden, desto niedriger wird daher tendenziell der Einfluss von Drittvariableneffekten bzw. Messfehlern sein. Dies ist insofern von Bedeutung, als die Stärke dieser Effekte maßgeblichen Einfluss auf die Güte der Modellschätzung hat. Die Möglichkeit der expliziten Modellierung von **Drittvariableneffekten** und **Messfehlern** stellt eine dritte Besonderheit der Kausalanalyse dar.

Die folgende Abbildung soll die bislang beschriebenen, wesentlichen Eigenschaften der Kausalanalyse am Beispiel eines vollständigen Kausalmodells und in der Form einer grafischen Modellspezifikation verallgemeinernd darstellen. Der Autor bedient sich dabei der gebräuchlichen Notation der LISREL-Kausalanalyse:[1093]

Abb. 5-28: Vollständiges rekursives LISREL Kausalmodell

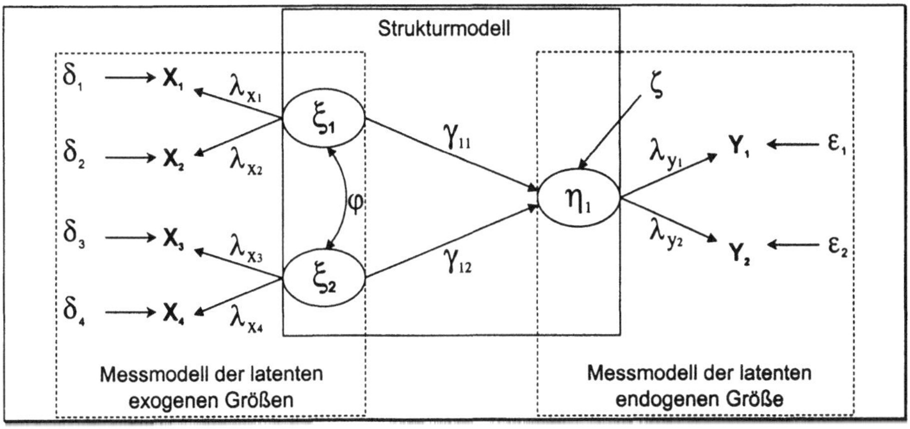

Quelle: Eigene Darstellung.

ABBILDUNG 5-28 verdeutlicht den Zusammenhang zwischen dem Mess- und Strukturmodell eines vollständigen LISREL-Kausalmodells mit zwei latenten exogenen Variablen $\xi_{1,2}$ sowie der zu erklärenden latenten endogenen Größe η_1. Die latent exogenen Größen werden über die Indikatoren x_1 bis x_4 empirisch messbar erfasst. Diese aus einer (konfirmatorischen) Faktorenanalyse abgeleiteten Beziehungen zwischen den Indikatorvariablen und den latenten hypothetischen Konstrukten sind nicht kausal interpretierbar. Sie stellen vielmehr mit den Faktorladungen die Korrelationskoeffizienten zwischen dem hypothetischen verursachenden Konstrukt und den zu seiner Messung herangezogenen Indikatorvariablen dar.[1094] Die Parameter λ_{x1} bis λ_{x4} spiegeln die Validität der Indikatoren für die Erfassung der hypothetischen Konstrukte wider.

1092 Vgl. Berry (1984), S. 14.

1093 Zur LISREL-Kausalanalyse vgl. stellvertretend für andere Backhaus et al. (1996), S. 322-430; zur Bezeichnung und Bedeutung der Variablen eines vollständigen LISREL-Kausalmodells vgl. ebenda, S. 345.

1094 Da die latente Größe als für die Merkmalsausprägungen der Indikatoren verursachend verstanden wird und nicht umgekehrt, zeigen die gerichteten Pfeile von dem latenten hypothetischen Konstrukt auf die Messgröße und nicht umgekehrt. Vgl. Backhaus et al. (1996), S. 347.

Um Beobachtungs- und Messfehler der Indikatoren einerseits sowie auf die exogenen Variablen wirkende, nicht explizit in das Modell integrierte Drittvariableneffekte andererseits zu berücksichtigen, werden den Indikatoren der exogenen Variablen ob ihrer per definitionem unvollständigen Erklärungskraft die Errorterme δ_1 bis δ_4 zugeordnet. Der gekrümmte Doppelpfeil zwischen den latent exogenen Größen ξ_1 und ξ_2 bringt zum Ausdruck, dass ein kausaler Zusammenhang zwischen diesen Variablen ausgeschlossen wird;[1095] eine unterstellte Korrelation wird über den Parameter φ erfasst.[1096] Die latent endogene Größe η_1 wird mit Hilfe der Indikatoren y_1 und y_2 operationalisiert.[1097] Die Stärke dieses Zusammenhangs wird über die Koeffizienten λ_{y1} und λ_{y2} bestimmt. Die Residualgrößen $\varepsilon_{1,2}$ fassen auch hier die unerklärte Varianz der Messvariablen zusammen. Die Störgröße ζ deckt die unaufgeklärte Varianz der endogenen Variablen selbst ab. Der im Strukturmodell unterstellte Ursache-Wirkungszusammenhang zwischen den latent exogenen und der latent endogenen Größe wird über die Pfadkoeffizienten γ_{11} bzw. γ_{12} erfasst.[1098]

Mit der Definition der latenten Variablen über die Messmodelle einerseits und der Kausalbeziehungen zwischen exogenen und endogenen Variablen andererseits (Strukturmodell) ist das Kausalmodell hinreichend (grafisch) spezifiziert. In der Folge kann dieses in ein (analytisches) System (simultaner) linearer Strukturgleichungen überführt und regressionsanalytisch geschätzt werden. Auf eine weiterführende Darstellung der LISREL-Kausalanalyse muss an dieser Stelle verzichtet und der Leser auf einschlägige Literatur verwiesen werden.[1099]

Die beschriebenen Eigenschaften allgemeiner Kausalmodelle sollen nun auf die Problemspezifizierung des einführenden theoretischen Teils dieser Arbeit (**Ablaufschritt 1**) und die im Rahmen der IMI-Konzeption formulierten Untersuchungshypothesen (**Ablaufschritt 2**) exemplarisch vereinfachend angewandt werden. Zur Verdeutlichung insbesondere reziproker Variablenbeziehungen werden dazu ein rekursives und ein nichtrekursives Kausalmodell im Vergleich jeweils grafisch und mathematisch spezifiziert (**Ablaufschritte 3 und 4**). Unter dem Begriff der Spezifikation soll hier die Festlegung der kausalen Ordnung eines Kausalmodells auf der Grundlage eines theoretisch deduzierten Hypothesensystems sowie dessen Übersetzung in eine mathematische Formalstruktur verstanden werden. Die Überführung des Hypothesensystems in ein Pfaddiagramm dient mit der Visualisierung der Modellstruktur der besseren Verständlichkeit und leichteren Ableitung des analytischen Strukturgleichungssystems; zur Durchführung einer Kausalanalyse ist es streng genommen nicht notwendig.[1100]

1095 Vgl. Wottawa (1980), S. 199.

1096 Die Symbolisierung des gekrümmten Doppelpfeils und die Parameterbezeichnung φ (sprich: phi) sind bei Korrelationsbeziehungen zwischen endogenen Variablen identisch; ist der Zusammenhang zwischen den endogenen Größen ferner kausal interpretierbar, wird der entsprechende Pfadkoeffizient mit β (sprich: beta) bezeichnet.

1097 Bei der Messung einer latenten Größe durch mehrere Indikatorvariablen werden Messfehler einzelner Indikatoren minimiert.

1098 Parameter, die Beziehungen zwischen zwei Variablen bezeichnen, werden doppelt indiziert: Der erste Index entspricht der Variablen, bei der der Pfeil ankommt (determinierte Variable), und der zweite Index entspricht jener Variablen, von der der Pfeil ausgeht (determinierende Variable). Vgl. Homburg (1992a), S. 542.

1099 Vgl. bspw. Backhaus et al. (1996), S. 322-430; Hayduk (1987); Pfeifer/Schmidt (1987); Long (1983).

1100 Zu Vorteilen der grafischen Darstellung vgl. Backhaus et al. (1996), S. 334.

Im Folgenden wird ein einfaches **rekursives** Kausalmodell mit zwei latenten Größen in der üblichen Notation der Pfadanalyse veranschaulicht. Es postuliert einen direkten Ursache-Wirkungs-zusammenhang zwischen dem Produktimage (Zp) einer gegebenen Fahrzeugklasse (j) am Objekt (i) und dem Unternehmensimage (Zu) am Objekt (i). Hierbei wird das PI als exogene, d.h. erklärende Variable definiert, das UI als endogene, d.h. zu erklärende Größe. Der Variablenpräfix (Z) bringt zum Ausdruck, dass die Variablen nicht in ihren beobachteten Ausprägungen in die Analyse eingehen, sondern mit standardisierten Werten. Dazu werden die Variablen zunächst dadurch „zentriert", dass ihre fallspezifischen Abweichungen vom arithmetischen Mittelwert berechnet werden. Durch die Division dieser Abweichungen mit der Standardabweichung werden die Variablen dann standardisiert. Sie verfügen damit über eine Varianz von 1 und einen rechnerischen Mittelwert von 0.[1101] Die Irrtumsgröße e_u fasst Übertragungs- und Verständnisfehler bei der empirischen Erhebung und nicht im Modell berücksichtigte Drittvariableneffekte mit ein.[1102] Indikatoren zur Messung der modellierten latenten Größen sollen an dieser Stelle unberücksichtigt bleiben.

Abb. 5-29: Rekursives Kausalmodell mit den latenten Variablen PI und UI

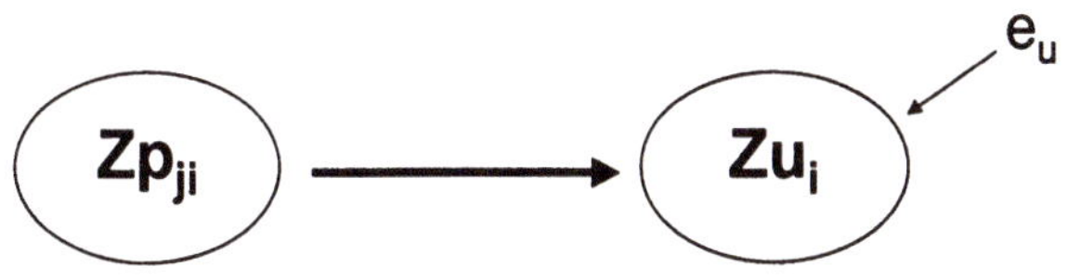

Quelle: Eigene Darstellung.

Die Überführung der Modellbeziehung in eine lineare Strukturgleichung liefert folgenden Formalausdruck:[1103]

$$Zu_i = p_{up} \times Zp_{ji} + p_{ueu} \times e_u$$

Die zu schätzenden standardisierten Pfadkoeffizienten p_{up} und p_{ueu} bilden die Einflussrichtung und -stärke der auf das UI als endogene Variable (Zu_i) wirkenden Größen PI (Zp_{ji}) und Störterm e_u ab. Sie können regressionsanalytisch oder mithilfe des Fundamentaltheorems der Pfadanalyse direkt über die Kovarianz- bzw. Korrelationsmatrix ermittelt werden.[1104]

1101 Zur Z-Standardisierung von Variablen vgl. Backhaus et al. (1996), S. 335f. Durch die Standardisierung der Modellvariablen entfällt das absolute Glied der Regressionsgleichung; dies vereinfacht einerseits die Schätzung, andererseits wird die (Güte der) Schätzung dadurch nicht beeinträchtigt. Vgl. Asher (1983), S. 15. Ferner ergibt sich aus der Standardisierung eine Entsprechung von Kovarianz und Korrelation.

1102 Vgl. Berry (1984), S. 14.

1103 Zur Überführung der Modellbeziehung(en) in eine lineare Strukturgleichung/ein Strukturgleichungssystem sind genau so viele Strukturgleichungen zu formulieren, wie endogene Variablen in das Modell aufgenommen werden. Die Indices der - ebenfalls standardisierten - Pfadkoeffizienten (p) einer Strukturgleichung geben an erster Stelle den Index der wirkenden, an zweiter Stelle den Index der verursachenden Variablen an. Vgl. Backhaus et al. (1996), S. 334.

1104 Bei einer regressionsanalytischen Schätzung unter Verwendung der Kleinste-Quadrate-Methode sind neben allgemeinen Voraussetzungen insbesondere die Annahmen über die Verteilung der Residualgrößen zu beachten. Den Bedingungen der Regressionsanalyse über die Variablenverteilungen wird an gegebener Stelle der anwen-

Aufgrund der vorgenommenen Variablenstandardisierung unterscheiden sich die Kovarianz- und die Korrelationsmatrix nicht voneinander.[1105] Im Fall einer regressionsanalytischen Ableitung entsprechen die Schätzparameter den standardisierten Regressionskoeffizienten (*beta weights*). Die dem Kausalmodell zugrunde liegende Arbeitshypothese unterstelle bspw. einen nicht umkehrbaren, positiven Ursache-Wirkungs-Zusammenhang zwischen dem PI und dem UI. Dies bedeutet: Je besser die Beurteilung eines gegebenen Fahrzeugmodells eines Herstellers ausfällt, desto besser ist auch die Beurteilung des Herstellerunternehmens selbst. Diese angenommene Beziehung zwischen den latenten Variablen PI und UI steht jedoch im Gegensatz zu den im IMI abgeleiteten wechselseitigen Beziehungen. Grundlage hierfür war im theoretischen Teil dieser Arbeit die Vermutung, dass zwar die Beurteilung eines Herstellerunternehmens von den Images der von ihm angebotenen Produkte beeinflusst wird, umgekehrt aber auch die Beurteilungen der Produkte von der Wertschätzung des Unternehmens bestimmt werden. Für sämtliche Beziehungen zwischen den Modellelementen des IMI werden diese reziproken Zusammenhänge unterstellt.

Wie zu Anfang dieses Kapitels ausgeführt, erlauben **nichtrekursive** Kausalmodelle im Gegensatz zu rekursiven Modellen die Abbildung reziproker Wirkungszusammenhänge. Entsprechend den Hypothesen über Wirkungszusammenhänge zwischen den Modellelementen des IMI wurde ABB. 5-29 insofern leicht modifiziert, als die vorher monodirektionale Beziehung in eine bidirektionale überführt wurde. Hierzu wurde ein weiterer Pfad umgekehrter Wirkungsrichtung vom UI auf das PI hinzugefügt und ein Störterm der nun ebenfalls endogenen, d.h. zu erklärenden Größe PI aufgenommen, um Mess- und Beobachtungsfehler als auch nicht modellierte Drittvariableneffekte auf das Produktimage zu erfassen. Auch in diesem Fall sollen Indikatoren zur Messung der modellierten latenten Größen unberücksichtigt bleiben.

Abb. 5-30: Nichtrekursives Kausalmodell mit den latenten Variablen PI und UI

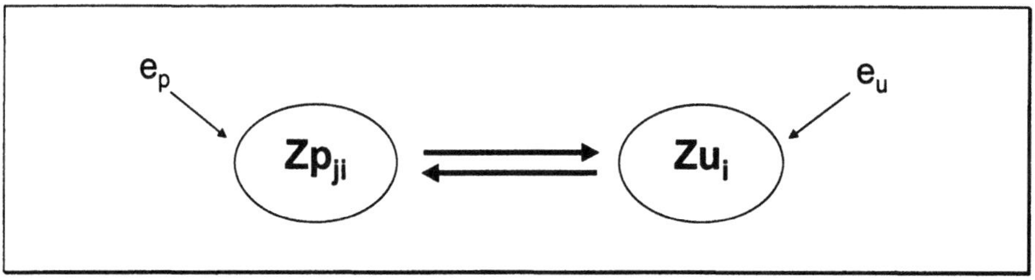

Quelle: Eigene Darstellung.

Aus diesem vereinfachten Pfaddiagramm kann nun ein simultanes Gleichungssystem abgeleitet werden, mit

$$Zu_i = p_{up} \times Zp_{ji} + p_{ueu} \times e_u$$

$$Zp_{ji} = p_{pu} \times Zu_i + p_{pep} \times e_p$$

dungsbezogenen Kausalstruktur Rechnung getragen. Zur Regressionsanalyse und den ihr zugrunde liegenden Annahmen vgl. Kapitel 5.2.1 dieser Arbeit und Backhaus et al. (1996), S. 32-36. Zum Fundamentaltheorem der Pfadanalyse vgl. derselbe, S. 335-341 und Überla (1971), S. 50-54.

1105 Vgl. Backhaus et al. (1996), S. 338.

Die in ABBILDUNG 5-30 dargestellte reziproke Ursache-Wirkungs-Beziehung spiegelt die im IMI geforderten, wechselseitigen Einflussstrukturen zwischen den Modellelementen beispielhaft wider: Während das Unternehmensimage ursächlich vom Produktimage beeinflusst wird (PI ➔UI), wird dieses umgekehrt von der Beurteilung des Automobilherstellers bestimmt (PI🡐UI). Auf diese Weise nehmen beide Variablen sowohl die Stellung einer zu erklärenden als auch einer erklärenden Größe ein und stellen damit gleichermaßen Ursache <u>und</u> Wirkung einer Variablenbeziehung dar. Da eine Zeitpräzedenz dieser wechselseitigen Effekte per se nicht auszumachen ist, müssen die entsprechenden Strukturgleichungen simultan geschätzt werden. Die Alternative, die in ABB. 5-30 visualisierte reziproke Kausalbeziehung in zwei eindirektionale Kausalbeziehungen zu zerlegen, widerspricht erstens der theoriewissenschaftlichen Substanz und läuft zweitens den Annahmen der Regressionsanalyse unter Verwendung einer Kleinste-Quadrate-Schätzung (KQS) zuwider, da diese a priori einen eindeutigen und mithin nicht umkehrbaren Zusammenhang zwischen den Variablen verlangen. Wie empirische Untersuchungen zu einer Aufspaltung einer reziproken Kausalstruktur gezeigt haben, führen singuläre Schätzungen im Gegensatz zu simultanen überdies zu falschen Parameterschätzern.[1106] Wie den Strukturgleichungen des nichtrekursiven Modells (ABB. 5-30) entnommen werden kann, stellen die zu schätzenden Pfadkoeffizienten p_{up} bzw. p_{pu} die Kausaleffekte dar, die von einer latenten Größe auf die jeweils andere ausgeübt werden. Hinzu kommt jeweils eine Residualgröße pro endogener Variable, die über den zu schätzenden Parameter e Aufschluss über den nicht aufgeklärten Teil der Varianz der betrachteten endogenen Größen liefert. Diese Vielzahl zu schätzender Koeffizienten erhöht sich bei gegebener Anzahl exogener Variablen proportional mit der Anzahl endogener Variablen, die in ein Kausalmodell aufgenommen werden. Dies trifft in hohem Maße auf nichtrekursive Kausalmodelle zu, da sich durch die Abbildung reziproker Variablenbeziehungen im Vergleich zu einem identischen rekursiven Modell die Anzahl zu schätzender Parameter um mindestens zwei erhöht.[1107]

Um mit der Parameterschätzung eine interpretierbare Lösung des strukturellen Gleichungssystems zu ermöglichen, müssen ausreichend Gleichungen bzw. exogene Variablen zur Verfügung stehen. Ist dies nicht der Fall, hat das Gleichungssystem unendlich viele Lösungen und ist mathematisch nicht eindeutig bestimmbar; es ist damit nicht identifiziert.[1108] Die Problematik der Identifikation stellt sich ausschließlich bei nichtrekursiven Kausalmodellen, da insbesondere durch die Abbildung reziproker Zusammenhänge mehr Modellparameter zu schätzen sind als im rekursiven Fall, der keine reziproken Zusammenhänge zulässt.[1109] Rekursive Modelle sind im Gegensatz dazu über die Annahmen der Kleinste-Quadrate-Schätzung unkorrelierter Modell- und Residualgrößen grundsätzlich identifiziert.[1110] In der Konsequenz sind nichtrekursive Kausalmodelle immer auf ihre Identifiziertheit zu überprüfen (**Ablaufschritt 5**).

1106 Vgl. Asher (1983), S. 64.

1107 Vgl. Hildebrandt (1983), S. 37; Asher (1983), S. 27.

1108 Vgl. ebenda, S. 53. Zur inhaltlichen Interpretation der Identifikation vgl. Pearal (1997), S. 29f.

1109 Zur Prüfung eines (nichtrekursiven) Strukturgleichungssystems vgl. stellvertretend für andere: Berry (1984), S. 62-65. Auf die ausführliche Darstellung der Identifikationsmethodik soll an dieser Stelle mit Rücksicht auf Anspruch und Umfang dieser Arbeit verzichtet werden; nichtsdestotrotz wird im Rahmen der empirischen Validierung des anwendungsbezogenen Kausalmodells der Identifikation Rechnung getragen.

1110 Vgl. Asher (1983), S. 54. Zu den Annahmen der KQS vgl. Backhaus et al. (1996), S. 31-36.

Im Rahmen einer sich anschließenden Parameterschätzung (**Ablaufschritt 6**) wird auf mathematisch iterativem Wege versucht, die aus der spezifizierten Modellstruktur abgeleitete theoretische Korrelationsmatrix bestmöglich an die empirische Korrelationsmatrix der Ausgangsdaten anzupassen. Hierzu gehen sämtliche Indikatorvariablen des spezifizierten Kausalmodells in standardisierter Form in die Berechnung einer empirischen Korrelations- bzw. Kovarianzmatrix ein.[1111] Sie dient als Eingabematrix zur Schätzung der Modellparameter.[1112] Die Startwerte der mathematischen Iteration werden entweder vom System automatisch errechnet oder vom Anwender vorgegeben. Die Anfangslösung wird anschließend in einem iterativen Schätzprozess bestmöglich an die empirische Kovarianzmatrix angepasst. Gängige Verfahren der Kausalanalyse wie LISREL oder AMOS stellen dem Anwender für diesen Schritt eine Reihe unterschiedlicher Schätzverfahren zur Verfügung.[1113] Die Anwendbarkeit der Schätzverfahren hängt im Wesentlichen von den Annahmen über die Verteilung der Ausgangsvariablen sowie von der Größe der Stichprobe ab und muss deshalb im Einzelfall entschieden werden.[1114]

Nach erfolgter Schätzung und Auffinden eines Minimums besteht der nächste Schritt in der Beurteilung der Schätzergebnisse sowohl im Hinblick auf das Gesamtmodell als auch im Hinblick auf die spezifizierten Messmodelle und das Strukturmodell (**Ablaufschritt 7**).[1115] Sog. „*Goodness-of-Fit-Tests*" sollen dem Forscher einen Anhaltspunkt dafür geben, ob das untersuchte Modell anzunehmen oder abzulehnen ist. Zur Modellbeurteilung stellen sowohl LISREL als auch AMOS eine Vielzahl von unterschiedlichen Gütemaßen zur Verfügung, so dass sich der Forscher im speziellen Anwendungsfall für geeignete Fit-Maße entscheiden muss.[1116] Grundsätzlich sollte allerdings noch vor der Beurteilung der Gesamtstruktur eine Plausibilitätsprüfung vorgenommen werden, um unsinnige Schätzergebnisse wie z.B. standardisierte Koeffizienten mit Ausprägungen größer 1, negative Varianzen, hohe Standardfehler oder extrem hohe Korrelationen > 0,9 zu identifizieren und auf fehlspezifizierte (Teil-) Modelle schließen zu können.[1117]

Die TABELLE 5-30 auf der nächsten Seite gibt einen Überblick über die in der sozialwissenschaftlichen Forschungspraxis gebräuchlichsten Gütemaße zur Beurteilung eines kausalanalytischen Gesamtmodells:

1111 Korrelationen und Kovarianzen sind bei Verwendung standardisierter Variablen identisch. Vgl. Backhaus et al. (1996), S. 338.

1112 Vgl. Jöreskog/Sörbom (1995).

1113 Vgl. Arbuckle (1997), S. 1. Vgl. auch die ausführlichen Darstellungen bei Jöreskog/Sörbom (1989), S. 17-24.

1114 Die Auswahl eines geeigneten Schätzverfahrens für die vorliegende Untersuchung wird an späterer Stelle ausführlich diskutiert und einzelfallspezifisch entschieden.

1115 Vgl. Homburg (1992b), S. 504.

1116 Vgl. Jöreskog/Sörbom (1993), S. 120-131.

1117 Vgl. Backhaus et al. (1996), S. 393. Zu Gründen für das Auftreten von Fehlspezifikationen in Kausalmodellen vgl. Bagozzi (1980), S. 96.

Tab. 5-30: Gütemaße zur Beurteilung eines kausalanalytischen Gesamtmodells

(A)GFI	(Adjusted) Goodness-of-Fit-Index	$GFI = 1 - \frac{F(S,\Sigma(\Theta))}{F(S,\Sigma(0))}$	Varianz-Kovarianz-Aufklärung des Modells - (adjusted = um Freiheitsgrade korrigiert) - (0 < (A)GFI < 1; akzeptabel ab 0,8 aufwärts)
RMR	Root-Mean-Squared-Residual	$RMR = \left(2\sum_{i=1}^{q}\sum_{j=1}^{i} \frac{(s_{ij} - \hat{\sigma}_{ij})^2}{q(q+1)} \right)^{-\frac{1}{2}}$	Durchschnitt der Varianz und Kovarianz der Residuen (möglichst gering)
NFI	Normed-Fit-Index	$NFI = \frac{\chi^2_{M_i} - \chi^2_{M_k}}{\chi^2_{M_i}}$	Maß zur Beurteilung zweier Modelle - (M_i, M_k) 0 < NFI < 1, - (M_i akzeptabel ab 0,8 aufwärts)
AIC	Akaike-Information-Criterion	$AIC = F_{ML}(S,\Sigma(\Theta)) + \frac{2p}{n}$	Maß zum Vergleich verschiedener Modelle - Berücksichtigung der Parameter als „Strafterm" - Modelle mit geringstem AIC bevorzugt
CHI2	Chi-Quadrat-Test	$\log L_0 = -\frac{N-1}{2}\left\{ \log\lvert\hat{\Sigma}\rvert + tr\left(\hat{\Sigma}^{-1} S\right)\right\}$	Allgemeiner Test, ob die spezifizierte Varianz-Covarianz-Matrix der beobachteten entspricht (alle Residuen sind null)

Quelle: Eigene Darstellung.

Zur Beurteilung der **Gesamtstruktur** werden im Anschluss ausschließlich die Gütemaße *„Goodness-of-Fit-Index"* (GFI) und *„Adjusted Goodness-of-Fit-Index"* (AGFI) beschrieben, da sie Standardgütemaße sozialwissenschaftlicher und kausalanalytischer Forschungspraxis darstellen und als die Beurteilungskriterien der vorliegenden Modellschätzung im weiteren Verlauf der Arbeit Verwendung finden. Zur Auseinandersetzung mit alternativen Gütekriterien sei der Leser auf einschlägige Literatur verwiesen.[1118]

Der **GFI** gibt Aufschluss über den Anteil erklärter Varianz des Gesamtmodells und entspricht dem Bestimmtheitsmaß (R^2) der Regressionsanalyse. Während der GFI die Anzahl der Freiheitsgrade (*„degrees of freedom"*) der Modellschätzung unberücksichtigt lässt, wird der **AGFI** um sie bereinigt (*„adjusted"*). Dementsprechend größer ist der Informationsgehalt des AGFI gegenüber dem GFI, da Letzterer bei der Aufnahme weiterer Modellgrößen niemals kleiner werden kann, sondern tendenziell steigen bzw. zumindest gleich bleiben wird. Zu Vergleichen unterschiedlicher Schätzmodelle sollte deshalb immer dem AGFI Vorrang vor der Verwendung des GFI gegeben werden, da ansonsten *ceteris paribus* Modelle mit mehr Parametern solchen mit weniger Parametern vorgezogen würden.[1119] Beide Gütemaße zeigen sich relativ robust gegenüber geringeren Abweichungen von der Prämisse normalverteilter Ausgangsvariablen und hängen in ihrer Höhe nur in geringem Umfang von der Stichprobengröße ab.[1120] Der Wertebereich des (A)GFI liegt zwischen null und eins, wobei größere Werte ein Indiz für eine bessere Modellgüte sind. In der Forschungspraxis werden Modelle angenommen, bei denen der (A)GFI größer als 0,8 ist.

1118 Zum Chi-Quadrat-Test („CHI2") vgl. Hildebrandt (1983), S. 95-105; Backhaus et al. (1996), S. 398; Bagozzi (1980), S. 105; Jöreskog/Sörbom (1989), S. 28; Homburg (1989), S. 48; Brosius/Brosius (1996), S. 507-510. Zum *Root-Mean-Square-Residual-Index* („RMR") vgl. bspw. Fritz (1992), S. 126; Hu/Bentler (1995), S. 98.

1119 Vgl. bspw. Homburg/Baumgartner (1995b), S. 166.

1120 Vgl. Balderjahn (1986b), S. 9; Hu/Bentler (1995), S. 92.

Die Beurteilung der **Modellteilstrukturen** untergliedert sich zum Einen in die Beurteilung der Messmodelle, zum Anderen in die Beurteilung des Strukturmodells.[1121] Eine Reliabilitäts- und Validitätsbetrachtung der Messmodelle wird durch die Berücksichtigung der Indikatorreliabilität, der durchschnittlich erfassten Varianz, der Konstruktreliabilität sowie der Diskriminanzvalidität erreicht.[1122] Da die in der vorliegenden Arbeit Verwendung findenden latenten Imagegrößen PI, MI und UI bereits im Rahmen angestellter konfirmatorischer Faktorenanalysen operationalisiert und bewertet wurden, soll an dieser Stelle auf eine erneute Beurteilung der Messmodelle verzichtet werden.

Die technische Beurteilung des Strukturmodells erfolgt mithilfe der quadrierten multiplen Korrelation („*Squared Multiple Correlation*": **SMC**) der latenten endogenen Variablen. Mit der SMC wird die Stärke der Kausalbeziehungen des Strukturmodells gemessen. Anders formuliert gibt die SMC den Anteil der Varianz einer latenten endogenen Variablen an, der durch sämtliche im Modell spezifizierten latenten Größen erklärt wird. Die SMC wird wie folgt berechnet:

$$SMC(\eta_i) = 1 - \frac{\mathrm{var}(\zeta_i)}{\mathrm{var}(\eta_i)}$$

mit: ζ_i = Fehlervariable der latenten Variablen η_i

Der unerklärte Varianzanteil fällt der Residual- bzw. Fehlervariablen der zu erklärenden latenten Größe ζ_i zu. Da die Zielsetzung der folgenden Modellschätzungen nicht in der bestmöglichen Varianzaufklärung der latenten endogenen Größen PI, MI und UI, sondern in der Überprüfung der unterstellten Kausalzusammenhänge dieser Variablen besteht, soll kein absoluter Mindestwert der SMC vorgegeben werden. Nach HOMBURG und BAUMGARTNER sei die SMC in einem solchen Fall lediglich zur Kenntnis zu nehmen.[1123] Eine primär inhaltliche Beurteilung des Strukturmodells erfolgt anhand der Vorzeichen der gewonnenen Parameterschätzer; stimmen diese nicht mit den hypothesierten Richtungen der Kausalzusammenhänge überein, muss auf ein fehlspezifiziertes Kausalmodell geschlossen werden. Sofern die ermittelte Modellgüte der Gesamt- wie auch der Teilstrukturen zu einer Annahme des untersuchten Kausalmodells geführt haben sollte, können in der Folge die Schätzergebnisse interpretiert und die Untersuchungshypothesen ggf. angepasst werden (**Ablaufschritt 8**).

1121 Vgl. Homburg (1992b), S. 504.

1122 Zur Indikatorreliabilität vgl. stellvertretend für andere Hildebrandt (1984), S. 47; Fritz (1992), S. 131; Homburg/Baumgartner (1995b), S. 170; Balderjahn (1986a), S. 117. Zur durchschnittlich erklärten Varianz vgl. bspw. Bagozzi/Baumgartner (1994), S. 402; Balderjahn (1986a), S. 118; Homburg/Baumgartner (1995b), S. 170 und die jeweils angegebene Literatur. Zur Konstruktreliabilität vgl. u.a. Fritz (1992), S. 134; Homburg/Baumgartner (1995b), S. 170; Churchill (1979), S. 70. Balderjahn hält dagegen bereits ein Konstruktreliabilitätssmaß ≥ 0,3 für akzeptabel. Vgl. Balderjahn (1986a), S. 118. Vgl. auch Lücking (1995), S. 78; Homburg/Giering (1996), S. 11. Zur Diskriminanzvalidität vgl. bspw. Balderjahn (1986a), S. 171; Fritz (1992), S. 137f.; Fornell/Larcker (1981), S. 46; Lücking (1995), S. 80; Homburg/Giering (1996), S. 11; Churchill (1979), S. 70-72.

1123 Vgl. Homburg/Baumgartner (1995b), S. 170.

Die gewonnenen Parameterschätzer eines empirisch validierten Kausalmodells werden in der Form standardisierter Pfadkoeffizienten („*standardized regression weights*“) ausgegeben. Sind die Ausgangsvariablen mit standardisierten Werten in die Korrelationsmatrix eingegangen, drükken die standardisierten Pfadkoeffizienten jeweils aus, wie sich die Standardabweichung einer wirkenden (determinierten) Variablen bei der Anpassung der verursachenden (determinierenden) Variablen um eine Standardabweichung verändert. Damit ist der direkte Effekt zwischen zwei betrachteten Variablen unmittelbar aus dem Systemoutput ablesbar. Verläuft ein Effekt allerdings über eine oder mehrere Drittvariablen, so ist zu dem direkten Effekt noch der indirekte Effekt hinzuzuaddieren, um den totalen Effekt einer Variablenbeziehung bestimmen zu können. Der indirekte Effekt wird mittels Multiplikation der entsprechenden Pfadkoeffizienten gewonnen.[1124]

Im Falle nichtrekursiver Kausalmodelle muss ferner zwischen sog. Basis- und **Feedbackeffekten** unterschieden werden.[1125] Während Basiseffekte im Sinne rekursiver Kausalbeziehungen einen eindeutigen monodirektionalen Zusammenhang unterstellen, ergeben sich Feedback- bzw. Rückkopplungseffekte durch die Abbildung reziproker Beziehungen. Bei bivariater Betrachtung hat die simultane Wirkung zweier Effekte in umgekehrter Wirkungsrichtung zur Folge, dass sich eine der zwei endogenen Größen über die jeweils andere endogene Größe mittelbar selbst beeinflusst. In dem gewählten Anwendungsbeispiel heißt dies bspw., dass sich bei gegebener Bi-Kausalität der Variablenbeziehung PI und UI das Produktimage mittelbar über das Unternehmensimage gewissermaßen selbst beeinflusst.

Abb. 5-31: Kausaler Kreislauf nichtrekursiver Kausalmodelle

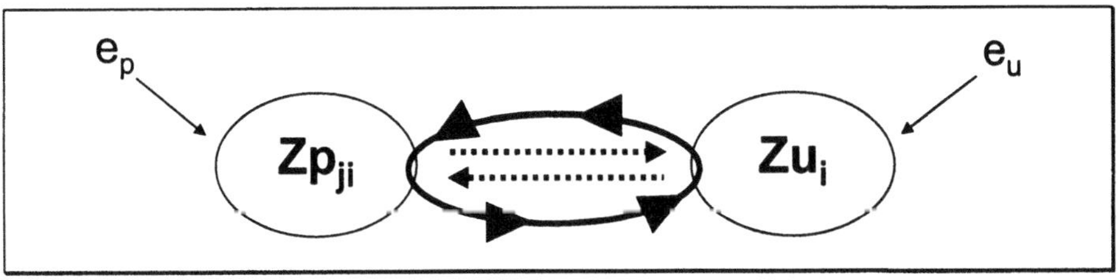

Quelle: Eigene Darstellung.

Abgebildet werden kann dieser kausale Kreislauf durch eine unendliche geometrische Reihe multiplikativer indirekter Beeinflussungseffekte. Diese ist mathematisch nur dann berechenbar, wenn sie konvergiert. Voraussetzung für die Konvergenz ist ein stabiles Modell.[1126] Eigenwerte kleiner als eins stellen ein hinreichendes Kriterium für Konvergenz dar. Aus diesem Grund liefern softwareunterstützte Verfahren der Kausalanalyse wie LISREL oder AMOS mit dem sog. Stabilitätsindex (*Stability Index*) jeweils den größten Eigenwert eines Kausalmodells. Ist dieser kleiner als eins, sind die totalen Effekte begrenzt und die reziproke Kausalität ist stabil. Aus diesem Grund sollte zur Beurteilung der Schätzergebnisse bei nichtrekursiven Kausalmodellen zusätzlich zu den verwendeten Gütemaßen immer der Stabilitätsindex herangezogen werden.

1124 Vgl. dazu die Beispiele bei Backhaus et al. (1996), S. 390 und Bollen (1989), S. 36-39.

1125 Eine ausführliche Darstellung der Berechnung totaler Effekte in nichtrekursiven Kausalmodellen findet sich bei Hayduk (1987), S. 247-264 sowie Bollen (1989), S. 376-382.

1126 Vgl. Jöreskog/Sörbom (1989), S. 33.

Eine Berücksichtigung der multiplikativen Wirkung durch Feedback ist bei der Bestimmung aller Pfadkoeffizienten notwendig, die Variablen verbinden, welche an reziproken Beziehungen beteiligt sind. Mit der Interpretation der Ergebnisse der Modellschätzung und - falls notwendig - einer Überarbeitung der substanzwissenschaftlichen Theorie zum Forschungsgegenstand ist die Kausalanalyse abgeschlossen.

Wie die einführenden allgemeinen Erläuterungen zur Kausalanalyse gezeigt haben, besitzt diese im Vergleich zur (einfachen) Regressionsanalyse insbesondere folgende Vorteile:

1. Modellierung mehrerer abhängiger Variablen
2. Modellierung wechselseitiger Variablenbeziehungen
3. Berücksichtigung nichtlinearer Variablenbeziehungen
4. Berücksichtigung korrelierter unabhängiger Variablen
5. Explizite Einbeziehung von Messfehlervariablen bzw. Störtermen
6. Modellierung (multipler) latenter Variablen durch (multiple) Indikatoren
7. Die Möglichkeit, über Koeffiziententests hinaus, Modelle ganzheitlich zu testen
8. Benutzerfreundliche grafische Oberfläche zahlreicher Softwareprogramme zum SEM

Mit vermuteten reziproken Ursache-Wirkungszusammenhängen unterstellen die im Rahmen der Entwicklung des IMI formulierten Untersuchungshypothesen wechselseitige Kausalbeziehungen zwischen den latenten Variablen PI, MI und UI. Da sich diese Größen als hypothetische Konstrukte einer direkten Messung entziehen, müssen zu ihrer Operationalisierung (multiple) Indikatoren herangezogen werden. Letztlich können aber auch diese Indikatoren die nicht beobachtbaren latenten Variablen nicht gänzlich in ihrer empirischen Varianz erklären. Aus diesem Grund werden Drittvariableneffekte sowie Beobachtungs- und Messfehler der Operationalisierung explizit mittels sog. Messfehlervariablen bzw. Störterme erfasst.

Während die genannten Eigenschaften 1, 2, 5 und 6 die Anwendung der Kausalanalyse für das beabsichtigte Forschungsvorhaben erforderlich machen, lassen die relativen Vorteile 3, 4, 7 und 8 die Kausalanalyse im konkreten Anwendungsfall darüber hinaus als geeignet erscheinen. In der Konsequenz soll die Kausalanalyse als methodisches Instrument für die folgenden Untersuchungsschritte Verwendung finden. Zu weiterführender und vertiefender Auseinandersetzung mit der Kausalanalyse sei der Leser auf einschlägige Literatur verwiesen.[1127]

Häufig wird die von KARL G. JÖRESKOG und DAG SÖRBOM entwickelte Kovarianzstrukturanalyse LISREL dem Gattungsbegriff (sozial-) wissenschaftlicher Kausalmodelle gleichgesetzt.[1128] TABELLE 5-31 auf der nächsten Seite soll der Vollständigkeit halber alternative Verfahren der Kausalanalyse, deren Entwickler sowie die Vor- und Nachteile der jeweiligen Methoden aufzeigen:

[1127] Vgl. bspw. Bagozzi (1980), Hildebrandt (1983), Förster (1983), Balderjahn (1986b), Homburg (1989), Baumgartner/Homburg (1996) und Fritz (1992).

[1128] Vgl. Homburg/Sütterlin (1990), S. 181.

Tab. 5-31: Alternative Verfahren der Kausalanalyse

Verfahren:	Entwickler:	Vorteile:	Nachteile:
LISREL[1129]	Jöreskog, Sörbom	- Berücksichtigung von Messfehlern - Maximum-Likelihood-Schätzer - hohe Präzision der Schätzung - (nicht-) rekursive Kausalstrukturen - viele Fit-Maße der Modellqualität - hohe Akzeptanz / Verbreitung	- hohe Komplexität - starke Empfindlichkeit - unzureichende Oberfläche
Amos[1130]	SPSS Inc., Smallwa-ters	- Berücksichtigung von Messfehlern - (nicht-) rekursive Kausalstrukturen - Anbindung an SPSS-Software - benutzerfreundliche Oberfläche	- (hoher Neuigkeitsgrad)
EQS[1131]	Bentler	- viele alternative Schätzer (GLS) - hoher Allgemeinheitsgrad - benutzerfreundliche Oberfläche	- geringe Anzahl an Fit-Maßen - ungeeignet für komplexe Modelle
CALIS	SAS Inc.	- Integration neuer Verfahren - viele Fit-Maße der Modellqualität	- geringe Erfahrung / Verbreitung
PLS[1132]	Wold	- schnelle Schätzung - für explorative Phasen geeignet	- lediglich 1 Schätzverfahren - geringe Anzahl an Fit-Maßen

Quelle: Eigene Darstellung.

Eine Metaanalyse kausalanalytischer Forschung aus dem Jahr 1995 belegt neben der wachsenden Bedeutung der Kausalanalyse im Allgemeinen die überwiegende Anwendung des LISREL-Ansatzes im Rahmen kausalanalytischer (Sozial-) Forschung. In der Konsequenz überrascht nicht, dass LISREL zu einem Synonym kausalwissenschaftlicher Forschung geworden ist und das einschlägige Literaturangebot vornehmlich auf LISREL konzentriert ist. Während im Rahmen des LISREL-Ansatzes allerdings selbst in der aktuellen Version 9.0 die Modellspezifikation nach wie vor mittels einer Befehlssyntax vorgenommen werden muss, bietet der AMOS-Ansatz hingegen zu diesem Zweck eine benutzerfreundliche grafische Oberfläche; vor allem diese anwendungsbezogene Schnittstelle unterstützt die zunehmende Verbreitung von AMOS.[1133]

Da sowohl LISREL als auch AMOS auf den Grundlagen des *Structural Equation Modeling* beruhen und sich *ceteris paribus* nicht hinsichtlich ihrer Annahmen und Vorgehensweise unterscheiden, soll aufgrund der anwendungsbezogenen Vorteile des AMOS-Ansatzes diesem der Vorrang vor der LISREL-Kausalanalyse für das vorliegende Forschungsvorhaben eingeräumt werden. Der Autor bedient sich der aktuellen Programmversion AMOS 3.6.

1129 Der LISREL Ansatz der Kausalanalyse liegt als PC-Software, mittlerweile in der Version 9 vor. Vgl. Jöreskog/ Sörbom (1998).

1130 Zum AMOS-Ansatz der Kausalanalyse vgl. bspw. Arbuckle (1997).

1131 Zum EQS-Ansatz (*EQuations based Structural program*) vgl. Bentler (1985). Ein Vergleich zwischen LISREL und EQS findet sich bei Homburg/Sütterlin (1990), S. 181-191.

1132 Zum PLS-Ansatz (*Partial Least Square*) vgl. Wold (1982).

1133 Vgl. Kline (1998), S. 343-364.

Auf eine weiterführende Darstellung der LISREL-Kausalanalyse wird deshalb an dieser Stelle verzichtet und der Leser auf einschlägige Literatur verwiesen.[1134]

5.2.2.2 Modellspezifikation

Die Modellspezifikation versteht die Überführung theoretischer Hypothesen zum Forschungsgegenstand in ein analytisches Strukturgleichungsmodell und/oder grafisches Pfaddiagramm. Zu diesem Zweck stellt AMOS eine anwendungsbezogene Schnittstelle zur Verfügung, die eine Modellspezifikation sowohl mittels einer Befehlssyntax (AMOS Text) als auch über eine grafische Benutzeroberfläche (AMOS Graphics) erlaubt. Die Visualisierung der Pfadstruktur vereinfacht die Modellspezifikation; die ihr zugrunde liegende Algebra entspricht der der Eingabe mittels einer Befehlssyntax.

Die Spezifikation des Kausalmodells in AMOS (*Graphics*) orientiert sich an der theoretischen Modellierung der formulierten Untersuchungshypothesen. Dabei sind zunächst die relevanten Modellvariablen auszuwählen und in manifeste und latente Größen zu unterscheiden. Die zu berücksichtigenden latenten Größen sind mithilfe geeigneter Indikatoren zu operationalisieren. Die Beziehungen zwischen den latenten Konstrukten und ihren Indikatoren sind in der Folge in entsprechende Messmodelle zu übertragen. Jedem Indikator (i) ist jeweils ein Errorterm (e_i) zuzuordnen, um Beobachtungs- und Messfehler der empirischen Erhebung zu berücksichtigen.

Anschließend wird das Strukturmodell dadurch spezifiziert, dass mit den auf der Grundlage theoretischer Vorabüberlegungen vermuteten Kausalbeziehungen, ob mono- oder bi-direktional, Verbindungen zwischen den modellierten Variablen in der Form gerichteter Pfeile hergestellt werden. Mit diesem Schritt werden die definierten Größen in exogene und endogene Modellvariablen aufgeteilt. Die (latent) endogenen Variablen werden durch das Modell respektive die exogenen Variablen erklärt. Der unaufgeklärte Anteil der empirischen Varianz wird möglichen Drittvariableneffekten zugeschrieben und über die Residualgröße e_j erfasst. Da die exogenen Größen selbst per definitionem nicht durch das Modell erklärt werden, sondern als determinierende Variablen fungieren, muss ihnen keine Störgröße zugeordnet werden.

Mit der Modellierung der die latenten Größen operationalisierenden Messmodelle und dem die Kausalzusammenhänge abbildenden Strukturmodell ist die Modellspezifikation abgeschlossen. Im Anschluss daran kann eine Modellschätzung vorgenommen werden.

[1134] Vgl. bspw. Backhaus et al. (1996), S. 322-430; Hayduk (1987); Pfeifer/Schmidt (1987); Long (1983).

5.2.2.2.1 Totalmodell

Sämtliche im Rahmen der Entwicklung des IMI modellierten Zielgrößen (Produkt-, Marken- und Unternehmensimage einer globalen Dachmarke) stellen hypothetische Konstrukte per se dar und sind demzufolge mit Hilfe geeigneter Indikatoren zu operationalisieren.[1135] Dies ist bereits im einführenden empirischen Teil geschehen: Die Grundlage der Operationalisierung sowohl des PI als auch des MI bilden 15 explizit abgefragte sog. Image-Items, anhand derer die Produkte des Marke-1-Unternehmens zu beurteilen waren. Da jeder Proband dabei jedoch nur das Marke-1-Produkt der PKW-Klasse zu beurteilen hatte, der er selbst aufgrund seines aktuellen Fahrzeugbesitzes zuzurechnen ist, mussten die i.S. der Stochastik wahrscheinlichen Beurteilungen der jeweils anderen Marke-1-Produkte regressionsanalytisch und fallweise geschätzt werden. So bestimmt sich die Anzahl der Image-Items je Befragtem aus der Anzahl der in einer Studie-Land-Kombination abgefragten PKW-Klassen multipliziert mit der Anzahl der generischen Produktimage-Items (15). Im Ergebnis lagen Beurteilungswerte der 15 Image-Items für sämtliche Marke-1-Produkte und Beobachtungsfälle vor.

Mittels exploratorischer Faktorenanalyse wurden aus diesen im Anschluss die relevanten Produktimagedimensionen Qualität (I), Dynamik (II), Design (III), Raumangebot (IV), Exklusivität (V) und Wiederverkaufswert (VI) abgeleitet. Die Benennung der Faktoren verknüpft jeweils eine Beurteilungsdimension mit einer PKW-Klasse. So kennzeichnet die Variable „F1_KKL" bspw. die subjektiv empfundene Qualität des Marke-1-Modells der kleinen Klasse. Mit der Definition des Produktimages als Aggregation der sechs gewonnenen Beurteilungsdimensionen eines Automobils wurden in einem zweiten Schritt rechnerische Werte für das PI ermittelt. Bei der Operationalisierung des PI mittels konfirmatorischer Faktorenanalyse konnte mit einer Varianzaufklärung von ca. 84% ein relativ hohes Schätzniveau erreicht und das hypothetische Konstrukt Produktimage entsprechend gut erklärt werden. Die exemplarische Bezeichnung „PI_KKL" zeigt im Folgenden das Produktimage des Marke-1-Modells der kleinen Klasse an.[1136]

Das Markenimage (MI) drückt nach der Definition der vorliegenden Arbeit die verbraucherseitige Wertschätzung der Produktpalette eines Unternehmens aus. Es wird daher als Aggregation der Images einer Marke zugehöriger Produkte verstanden. Dementsprechend wurde das MI aus den gewonnenen PI's mittels konfirmatorischer Faktorenanalyse ermittelt und zu ebenfalls etwa 84% erklärt. Markenwerte kennzeichnen die Beurteilung einer Dimension des MI. Auch diese wurden aus den extrahierten Faktoren der Produktbeurteilung analog der Gewinnung der Produktimages faktorenanalytisch bestimmt. Dabei gingen jeweils die Faktorwerte einer Dimension über sämtliche PKW-Modelle in die Berechnung ein. Die Interpretation des Markenwerts „F1" kennzeichnet damit bspw. die Qualität der Marke-1-Produkte insgesamt.

[1135] Wie in den vorangegangenen empirischen Untersuchungen sollen auch im Rahmen der sich anschließenden Kausalanalysen ausschließlich Produkte, Marke und Unternehmen des die Feldstudien in Auftrag gebenden Automobilherstellers berücksichtigt werden; diese werden wie bisher durch die Bezeichnung „Marke-1" kenntlich gemacht.

[1136] Zur Operationalisierung des Produktimages vgl. Kapitel 5.2.1 dieser Arbeit.

Im Ergebnis aus den faktorenanalytischen Untersuchungen stellen sowohl die Produktimagedimensionen, die Produktimages und Markenwerte als auch das Markenimage hypothetische Konstrukte (Faktoren) dar. Die ihnen zugrunde liegenden empirischen Werte entsprechen den aus den Faktorenanalysen abgeleiteten *Factor Scores.*[1137] Das Unternehmensimage wird direkt aus der Frage nach dem „Idealen Hersteller“ mittels einer Skala von 1 bis 100 empirisch erfasst.[1138]

Während die Messung der Produktimagedimensionen aus 15 tatsächlich abgefragten Image-Items als methodisch einwandfrei zu bewerten ist, muss die Operationalisierung der per se hypothetischen Konstrukte Produktimages, Markenwerte und Markenimage mit dem beschriebenen Vorgehen zweifellos als kritisch beurteilt werden: Mit der faktorenanalytischen Ableitung der Produktimages und Markenwerte aus den Produktimagedimensionen bzw. des Markenimages aus den Produktimages fungieren streng genommen hypothetische Größen als Indikatoren.

Die diesen nicht direkt beobachteten Variablen damit zugebilligte Funktion erscheint höchst fragwürdig, sind sie doch maximal als mittelbar- oder quasi-empirisch zu charakterisieren. Alternativ hätten sowohl die Produktimages und Markenwerte als auch das Markenimage selbst aus den direkt erhobenen Image-Items operationalisiert werden müssen. Mit diesem Vorgehen allerdings wären insbesondere folgende zwei Nachteile verbunden: Erstens würde die Anzahl zu modellierender Größen bei bis zu 75 Messvariablen (5 PKW-Klassen x 15 Items) plus jeweils einer Fehlervariablen ein kaum zu bewältigendes Problem bei der Parameterschätzung darstellen. Zweitens würden die genannten Variablen dann kaum mehr interpretierbar, wenn sich unterschiedliche hypothetische Konstrukte aus identischen Messgrößen ableiten. Aus diesem Grund soll der im strengen Sinne der Kausalanalyse methodische Verstoß bei der Modellierung der Messmodelle zugunsten einer plausibleren inhaltlichen Interpretierbarkeit und besseren technischen Umsetzbarkeit bewusst in Kauf genommen werden. Die Validität der konfirmatorischen Faktorenanalysen zur Gewinnung der Produktimages, Markenwerte und des Markenimages sichert dieses Vorgehen methodisch ab.

Eine zweite Einschränkung der geplanten Modellspezifikation des IMI ergibt sich ausschließlich aus den formulierten technischen Erwägungen: Um die Komplexität der Messmodelle im Speziellen und des Gesamtmodells im Allgemeinen überschaubar zu halten, sollen die hypothetischen Konstrukte Produktimagedimensionen, Produktimages und Markenwerte trotz des beschriebenen Vorgehens als manifeste Größen interpretiert werden. Mit bis zu 30 Indikatoren im Falle der Produktimages bzw. Markenwerte (5 PKW-Modelle x je 6 Produktimagedimensionen bzw. 6 Markenwerte x je 5 PKW-Modellen) und bis zu 75 Indikatoren im Falle der Produktimagedimensionen (5 PKW-Modelle x 15 Image-Items zur Operationalisierung der Faktoren) würden die Messmodelle anderenfalls zu komplex. Wird desweiteren jeweils ein Störterm (e_i) je Indikatorvariable berücksichtigt, würde das Modell aufgrund der hohen Anzahl zu schätzender Parameter (bis zu 150 in der Summe) darüber hinaus vermutlich (weiter) unteridentifiziert und mathematisch nicht lösbar. Die Definition der per se latenten Größen Produktimagedimensionen, Produktimages und Markenwerte als manifeste Variablen erscheint dennoch als gerechtfertigt, da diese sich zumindest mittelbar aus empirisch erhobenen Daten ableiten.

[1137] Zur Operationalisierung des Markenimages vgl. Kapitel 5.2.1 dieser Arbeit.

[1138] Zur Operationalisierung des Unternehmensimages vgl. Kapitel 5.2.1 dieser Arbeit.

Mit der faktorenanalytischen Ableitung der Produktimagedimensionen, Produktimages und Markenwerte im einführenden empirischen Teil dieser Arbeit wurde die Operationalisierung der entsprechenden Messmodelle vorweggenommen. Auf sie soll im Rahmen der sich anschließenden kausalanalytischen Untersuchungen konsequenterweise verzichtet werden. Das Markenimage wird mithilfe der gewonnenen Produktimages gemessen. Aufgrund der geringeren Anzahl an Indikatoren (maximal 5 je nach der Anzahl abgefragter PKW-Klassen bzw. Marke-1-Modelle) kann die Definition des MI als latente Größe u.E. auch in den Kausalmodellen aufrechterhalten werden. Die Operationalisierung des MI bleibt dabei unberührt, da im Rahmen der kausalanalytischen Untersuchungen die Ergebnisse der konfirmatorischen Faktorenanalyse lediglich reproduziert werden. Das Unternehmensimage wird aus der empirisch beobachteten Variablen „pbmwn" („Idealer Hersteller"-Frage) erfasst. Es stellt ebenfalls eine latente Größe dar. TABELLE 5-32 gibt einen Überblick über Variablentyp, -bezeichnung und Indikatoren der Modellgrößen des IMI:

Tab. 5-32: Variablentyp, -bezeichnung und Indikatoren der Modellgrößen des IMI

Variablentyp:	Variablenbezeichnung:	Indikatoren:
manifest	Produktimagedimensionen	
	Produktimages	
	Markenwerte	
latent	Markenimage	Produktimages
	Unternehmensimage	Variable "pbmwn"

Quelle: Eigene Darstellung.

Den Indikatoren der latenten Variablen MI und UI wird angesichts ihrer unvollständigen Erklärungskraft jeweils ein Störterm (e_i) zugeordnet, um Beobachtungs- und Messfehler bei ihrer Erhebung berücksichtigen zu können.

Die im IMI unterstellten Kausalbeziehungen sind ausschließlich wechselseitiger Natur. In diesem Zusammenhang wurden in KAPITEL 4.1 reziproke Variablenbeziehungen zwischen den folgenden Größen vermutet:

1. Markenimage und Unternehmensimage
2. Markenwerte und Unternehmensimage
3. Produktimagedimensionen und Unternehmensimage
4. Produktimages und Unternehmensimage

Die Zusammenhänge zwischen den Variablen Markenimage, Markenwerte, Produktimages und Produktimagedimensionen untereinander wurden über die angestellten (konfirmatorischen) Faktorenanalysen erfasst. Eine kausalanalytische Untersuchung dieser Beziehungen macht insofern keinen Sinn, als sämtliche dieser Größen aus identischen Indikatoren (Image-Items) abgeleitet wurden. Sie stellen damit sowohl inhaltlich als auch methodisch unterschiedliche Definitionen einer gemeinsamen empirischen Basis dar und müssten deshalb in der Folge streng genommen in unabhängigen Modellen abgebildet werden.[1139]

[1139] Mit den nachfolgend spezifizierten Partialmodellen I bis IV wird diesem Umstand Rechnung getragen.

Mit den bi-kausalen Ursache-Wirkungsbeziehungen (1.) bis (4.) stehen die Variablen Markenimage, Markenwerte, Produktimages und Produktimagedimensionen jeweils in einem wechselseitig abhängigen Verhältnis zum Unternehmensimage. Die methodische Abbildung dieser Beziehungen verlangt deshalb ein **nichtrekursives Kausalmodell**. Im Strukturmodell werden sämtliche Variablen des IMI als endogene Größen definiert. Aufgrund der Nichtrekursivität der Effekte nehmen die genannten Variablen in unterschiedlichen Erklärungszusammenhängen sowohl die Stellung einer zu erklärenden (determinierten) als auch die einer erklärenden (determinierenden) Größe ein.

Im Einzelnen werden folgende Spezifikationen des Strukturmodells vorgenommen:

- Auf die endogenen Modellvariablen Markenimage (MI), Markenwerte ($MW_{1...y}$), Produktimages ($PI_{1...x}$) und Produktimagedimensionen ($F1_x$ bis $F6_x$) wird jeweils eine Residualgröße (e_j) gerichtet, um auch nicht explizit erfasste Drittvariableneffekte abzudecken.
- Das Unternehmensimage wird als sog. *Single-Indicator-Variable* messfehlerfrei aus der Variable „pbmwn" („Idealer Hersteller"-Frage) bestimmt und erhält deshalb keine Restgröße. Per definitionem wird daher die Korrelation zwischen dem UI und der Variable „pbmwn" auf den Wert 1 gesetzt (*„constrained parameter"*). Da mit dieser Annahme keine unerklärte Streuung der Variablen UI verbleibt, erhält diese keine Restgröße (e_j); der nicht erklärte Varianzanteil der Variablen UI wird über den Errorterm (e_i) der Indikatorvariablen „pbmwn" erfasst. Genau genommen ist das Unternehmensimage damit nicht als latente Größe zu betrachten.

ABBILDUNG 5-32 auf der nächsten Seite fasst die theoretische Modellspezifikation des IMI in einem vollständigen **kausalanalytischen Methodenmodell** grafisch zusammen. Dabei werden im Unterschied zu den theoretischen Ausführungen folgende Änderungen zu Veranschaulichungszwecken vorgenommen:

- Erstens werden die Modellgrößen des IMI gemäß ihrer Operationalisierung erfasst. Die Einschränkung, die Variablen Produktimagedimensionen, Produktimages und Markenwerte als manifest zu definieren, soll an dieser Stelle vorerst unberücksichtigt bleiben.[1140]
- Zweitens soll aus Gründen der Übersichtlichkeit auf die Residualvariablen (e_j) der endogenen Größen und auf die Störterme der Indikatorvariablen (e_i) verzichtet werden.

[1140] Die Einschränkung wird im weiteren Verlauf der Arbeit ausführlich argumentiert.

Abb. 5-32: Totalmodell auf Grundlage des Intra-Marken-Imagestruktur-Modells

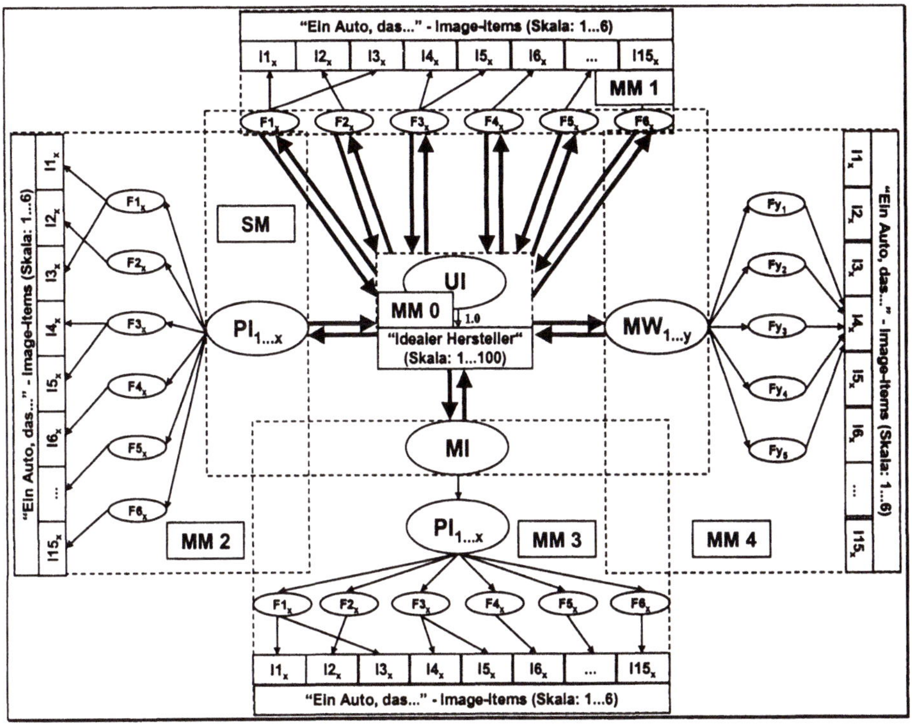

Quelle: Eigene Darstellung.

ABBILDUNG 5-32 stellt die Modellbeziehungen des IMI mit fünf Messmodellen (MM 0 bis MM 4) und einem Strukturmodell (SM) vollständig dar. Dabei markieren eckige Figuren Indikatoren, ovale Figuren symbolisieren (latente) endogene Größen. Das Unternehmensimage (UI) wird über die „Idealer Hersteller"-Frage auf einer Skala von 1 bis 100 messfehlerfrei erfasst (MM 0). Der Korrelationskoeffizient wird mit 1.0 entsprechend fixiert.

Die Operationalisierung der Variablen Produktimagedimensionen ($F1_x$) bis ($F6_x$), Produktimages ($PI_{1...x}$), Markenimage (MI) und Markenwerte ($MW_{1...y}$) findet sich in den Messmodellen MM 1 bis MM4. Die empirisch beobachteten Ausgangsgrößen sind dabei mit den 15 explizit abgefragten Image-Items zu ausgesuchten Fahrzeugmodellen als Indikatoren in jedem Fall identisch. Der Index (x) gibt die PKW-Klasse und mithin das betrachtete Marke-1-Modell wieder. Der Index (y) repräsentiert die Produktimagedimensionen. Die Pfeile, die von den latenten Größen auf deren Indikatoren gerichtet sind, entsprechen der üblichen Notation der Faktorenanalyse, nach der ein hypothetisches Konstrukt (Faktor) die es ausdrückenden Messgrößen (Indikatoren) bestimmt und nicht umgekehrt. Die Zuordnung der latenten Größen zu den Indikatoren (Image-Items) erfolgt an dieser Stelle willkürlich. Die Operationalisierung hypothetischer Konstrukte durch latente Merkmale wurde in den vorangegangenen Erläuterungen explizit inhaltlich und methodisch argumentiert und für die vorliegende Untersuchung eingeräumt.

Die Produktimagedimensionen Qualität (I), Dynamik (II), Design (III), Raumangebot (IV), Exklusivität (V) und Wiederverkaufswert (VI) werden mit Hilfe der 15 empirisch beobachteten Image-Items exploratorisch ermittelt (MM 1).[1141] Die Produktimages ($PI_{1...x}$) leiten sich konfirmatorisch und faktorenanalytisch aus diesen ab, wobei jeweils alle sechs Faktoren eines Marke-1-Modells zum Tragen kommen, um die differenzierte Wahrnehmung eines Automobils gesamthaft zu erfassen (MM 2). Das Markenimage wird mittels konfirmatorischer Faktorenanalyse in einem zweistufigen Prozess über die Produktimagedimensionen aus den Images der unter der Marke-1 geführten Produkte (1...x) in seinen *Factor Scores* errechnet (MM 3). Die Ableitung der PI's wird analog (MM 2) vorgenommen. Die Markenwerte ($MW_{1...y}$) entsprechen inhaltlich den Produktimagedimensionen. Allerdings beziehen sie sich jeweils auf die gesamte Produktpalette und mithin alle unter der Marke-1 geführten Produkte. Sie werden demgemäß jeweils aus einem Faktor über sämtliche PKW-Klassen bzw. Marke-1-Modelle konfirmatorisch und faktorenanalytisch aggregiert (MM 4).

Die Variablen Produktimagedimensionen, Produktimages, Markenimage und Markenwerte stehen jeweils in einer bi-kausalen Beziehung zum Unternehmensimage. Gerichtete Pfeile geben dabei die Richtung der wechselseitigen Effekte an und komplettieren damit das Strukturmodell (SM) des nichtrekursiven Modellzusammenhangs. Beziehungen zwischen den genannten endogenen Größen werden trotz unterschiedlicher Definitionen aufgrund ihrer identischen empirischen Basis ausgeschlossen. Da Indikatoren im Sinne der Faktorenanalyse zu erklärende Größen darstellen und sämtliche in einer nichtrekursiven Beziehung stehenden Variablen ex definitione auch determinierte Größen verkörpern, umfasst das vorliegende Kausalmodell ausschließlich endogene Variablen. Residualgrößen (e_j) bzw. Errorterme (e_i) und sozialstatistische Variablen werden zur Komplettierung später in die Modellierung aufgenommen; sie repräsentieren exogene Modellgrößen.

Mit Ausnahme der Residual- und Störvariablen ist das auf Grundlage des IMI abgeleitete Kausalmodell vollständig. Die Parameterschätzung des Modells muss jedoch aus folgenden inhaltlichen und methodischen Gründen verworfen werden:

- Von einer empirischen Validierung des zu Dokumentationszwecken spezifizierten Kausalmodells muss erstens deshalb abgesehen werden, da die Modelldarstellung mit den Variablen Produktimagedimensionen ($F1_x$) bis ($F6_x$), Produktimages ($PI_{1...x}$), Markenimage (MI) und Markenwerte ($MW_{1...y}$) unterschiedliche Konstrukte suggeriert. Diese Annahme allerdings ist vor dem Hintergrund einer identischen empirischen Basis und mithin identischer Indikatoren (siehe MM 1 bis MM 4) weder zutreffend noch haltbar. Wie die gelieferten theoretischen Befunde zu den genannten Imagekonstrukten belegen und deren vom Autor festgelegte Definitionen postulieren, existieren aus der Sicht der Verbraucher fundamentale Unterschiede in der Wahrnehmung von Produktimagedimensionen, Produktimages, Markenwerten und Marken. Eine Operationalisierung dieser Größen mittels identischer Indikatoren kann deshalb nicht als angemessen erachtet werden. Der Forderung, die im Rahmen des IMI unterstellten wechselseitigen Variablenbeziehungen in unabhängigen nichtrekursiven Kausalmodellen abzubilden, soll aus diesem primär inhaltlichen Gesichtspunkt in der Folge nachgekommen werden.

1141 Zur Zuordnung der Faktoren I bis VI zu den Indikatoren (Image-Items) vgl. Kapitel 5.2.1 dieser Arbeit.

- Darüber hinaus ist zweitens eine mathematische Schätzung des visualisierten Pfaddiagramms bzw. des ihm zugrunde liegenden Strukturgleichungssystems in der dargestellten Form nicht möglich. Als nichtrekursive Modellstruktur mit ausschließlich (latent) endogenen Variablen ist das algebraische System ex definitione unteridentifiziert. Der Informationsgehalt der erklärenden (determinierenden) Modellgrößen reicht m.a.W. nicht aus, um die formulierten Gleichungen und gesuchten Modellparameter eindeutig zu schätzen; das Gleichungssystem ist nicht lösbar. In dieser Situation bedarf es sog. Instrumentalvariablen, die die variierenden Größen gewissermaßen „festhalten". Ihre Aufgabe ist es, die in umgekehrter Richtung verlaufenden Effekte zwischen zwei endogenen Variablen voneinander zu trennen, um den (konvergierenden) kausalen Kreislauf einer reziproken Variablenbeziehung systematisch zu unterbrechen. Mit der Erklärung der Streuungsabweichungen einer Modellvariablen in bivariater, wechselseitiger Abhängigkeit durch eine weitere exogene Größe kann der Effekt der zweiten endogenen Variablen bestimmt und das Gleichungssystem gelöst werden. Eine Aufnahme zusätzlicher (exogener) Modellgrößen (Drittvariablen) sollte dabei selbstverständlich primär aus theoretischen Überlegungen motiviert sein.
- Da drittens der Einschluss weiterer sachlogisch begründeter (exogener) Modellvariablen einem letztlich endlichen substanzwissenschaftlichen Fundus relevanter empirischer Einflussgrößen unterworfen ist, müsste selbst im Falle einer theoretischen Identifikation durch die Aufnahme weiterer (zahlreicher) Instrumentalvariablen aufgrund der relativ großen Anzahl bi-kausaler Beziehungen und Schätzparameter von einer empirischen Unteridentifikation ausgegangen werden.

In der Konsequenz soll die visualisierte Modellstruktur des IMI nachfolgend in vier unabhängige, nichtrekursive **Partialmodelle** übertragen werden. Die Aufspaltung des Totalmodells in inhaltlich eigenständige Partialmodelle folgt dabei den in KAPITEL 4.1 formulierten Fragestellungen zum Forschungsgegenstand.[1142] Die aus den Problembereichen des IMI abgeleitete Untersuchungshypothese H_1 thematisiert in diesem Kontext jeweils bivariate Erklärungszusammenhänge der Modellgrößen Markenimage, Markenwerte, Produktimages und Produktimagedimensionen einerseits sowie des Unternehmensimages andererseits.

Da die Zielsetzung der kausalanalytischen Validierung dieser Zusammenhänge nicht in der bestmöglichen Erklärung des Unternehmensimages besteht, ist diesem Vorgehen nicht nur aus inhaltlichen Erwägungen, sondern auch aus schätztechnischen Gesichtspunkten zuzustimmen. ABBILDUNG 5-33 auf der nächsten Seite gibt einen Überblick über die empirisch zu überprüfenden Fragestellungen und mithin die Struktur der Partialmodelle (PM) I bis IV. Dabei soll die förmliche Kennzeichnung der Modellvariablen aus dem Totalmodell beibehalten werden:

[1142] Dieses Vorgehen entspricht dem Vorschlag von Schneeweiß, die Konstruktion insbesondere quantitativer (Entscheidungs-) Modelle in zwei Stufen zu vollziehen: In einem ersten Schritt („Abstraktion") wird ein sog. Realmodell (*master model*), in diesem Fall das Totalmodell, konstruiert. Im Rahmen der sog. „*Relaxation*" wird das Realmodell (Obermodell) zu Vereinfachungs- und Operationalisierungzwecken in Untermodelle, in diesem Fall in die Partialmodelle I bis IV, aufgespalten. Vgl. Schneeweiß (1984 und 1987).

Abb. 5-33: Aufspaltung des Totalmodells in die Partialmodelle I bis IV

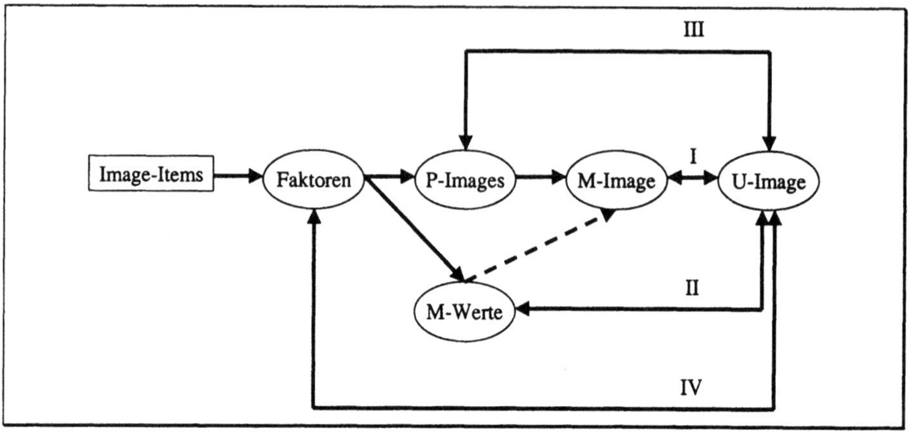

Quelle: Eigene Darstellung.

Die mit I bis IV markierten Variablenbeziehungen problematisieren den bivariaten wechselseitigen Erklärungszusammenhang der Modellgrößen Markenimage (PM I), Markenwerte (PM II), Produktimages (PM III) und Produktimagedimensionen (PM IV) einerseits sowie des Unternehmensimages andererseits und greifen damit insbesondere nachstehende Fragen auf:

- Existiert generell eine wechselseitige (bi-kausale) Abhängigkeit (Imagetransfereffekt)?
- Falls nein, existiert eine monodirektionale Beeinflussung und in welche Richtung verläuft der Effekt?
- Falls ja, welche Art der Beeinflussung liegt den Effekten zugrunde (positiv/negativ) und wie stark sind die Effekte im Verhältnis zueinander?

Da sowohl das Markenimage, die Markenwerte und die Produktimages mittelbar als auch die Produktimagedimensionen unmittelbar über die 15 empirisch erhobenen Image-Items zu ausgesuchten Fahrzeugmodellen aus Verbraucherbeurteilungen einzelner Automobile abgeleitet werden, wird mit den Partialmodellen I bis IV letztlich der Frage nachgegangen, inwiefern unter einer (Firmen-) Dachmarke angebotene Produkte das ihnen übergeordnete Unternehmensimage zu beeinflussen vermögen bzw. wie stark sie von diesem „zehren". Wird das Ansehen eines (Automobil-) Herstellers bei Verbrauchern als (mittelbares) Unternehmensziel verstanden, das es ergebnisoptimal zu gestalten gilt, so kann die Beantwortung der o.g. Frage einen wichtigen Aufschluss darüber geben, *wie* dies zu vollziehen ist. Die empirische Validierung der Partialmodelle I bis IV lässt damit insofern Handlungsempfehlungen zu, als der Anwender mit dem Wissen um die relative Beeinflussungsstärke und mithin um die Bedeutung einzelner Produktimagedimensionen, wie z.B. des Wiederverkaufswertes, Produktimages, Markenwerte und das Image einer Marke im Allgemeinen ziel- und ressourcenoptimal steuern kann. Sollten sich Imagetransfereffekte darüber hinaus im Einzelfall empirisch nachweisen lassen, lässt sich ferner durch die Multiplikatorwirkung des kausalen Kreislaufs das Nutzenpotenzial entsprechender (produktpolitischer) Maßnahmen in weiterem Maße steigern.

Auf der anderen Seite erlauben Beeinflussungseffekte vom Unternehmensimage auf produktbezogene Wahrnehmungen den gezielten Einsatz der *Brand Equity* zur Unterstützung der Produktprofilierung gegenüber dem Wettbewerb und/oder dem Verbraucher. Insbesondere in einem frühen Stadium des Produktlebenszyklus, zu dem das Produkt noch nicht ausreichend publik gemacht (*awareness*)[1143] und flächendeckend verbreitet ist (*diffusion*), könnte die (un-) mittelbare Assoziation mit der (Firmen-) Dachmarke beim Verbraucher die Aufmerksamkeit steigern und Akzeptanz schaffen. Sowohl bei der Gestaltung des Unternehmensimages als auch bei der Gestaltung produktbezogener Imagegrößen lassen sich *ceteris paribus* neben der Verbesserung der verbraucherseitigen Beurteilung von Unternehmen, Marken und Produkten über die Kaufverhaltenstrilogie quantitative Wertgrößen der Unternehmenszielhierarchie steigern.

Nachfolgend werden die Partialmodelle I bis IV auf Grundlage des IMI spezifiziert, um sie einer einzelfallspezifischen empirischen Validierung unterziehen zu können. Dabei werden die bei der Ableitung des Totalmodells gemachten Einschränkungen wieder aufgehoben: Auf diese Weise wird für sämtliche Partialmodelle erstens die Definition der Produktimagedimensionen ($F1_x$) bis ($F6_x$), Produktimages ($PI_{1...x}$) und Markenwerte ($MW_{1...y}$) als manifeste Größen eingeführt. Zweitens werden sowohl Störterme (e_i) der Indikatorvariablen als auch Residualgrößen (e_j) der endogenen Modellvariablen in die Spezifikation aufgenommen.

Darüber hinaus sollen sachlogisch begründete Instrumentalvariablen die Identifikation der nichtrekursiven Modellstruktur ermöglichen. Um die ihnen beigemessene Funktion erfüllen zu können, müssen die Instrumentalvariablen diskriminierend i.S.v. eindeutig zuordenbar sein. Bei deren Auswahl bedient sich der Autor der auf ihren Einfluss varianz- und regressionsanalytisch untersuchten sozialstatistischen Variablen „Geschlecht", Alter („Alter2"), Beruf („Beruf"), Einkommen („Einkommen") sowie des Merkmals Fahrzeugbesitz („Besitz"). Das Kriterium für die Aufnahme eines Merkmals stellt dabei entgegen dem Vorgehen im einführenden empirischen Teil nicht die 95%-ige Vertrauenswahrscheinlichkeit der Schätzung dar, sondern der Tatbestand der Einflussnahme im Allgemeinen.

Da aus den kategorialen Merkmalen Geschlecht, Beruf, Einkommen und Besitz keine Kovarianzen/Korrelationen berechnet werden können, gehen sie in dichotomisierter Form in die Analyse ein. In der Konsequenz können damit auch solche Variablen aufgenommen werden, die zwar auf der Ebene des Merkmals gesamthaft als nicht beeinflussend identifiziert wurden, aber mit den definierten Dummy-Variablen beeinflussende Ausprägungen aufweisen. Die Variable „Alter2" hat quasi-metrischen Charakter und geht als solche in unveränderter Form ein.

Mit der Integration (sozial-) statistischer Variablen erhöht sich *ceteris paribus* tendenziell die Erklärungskraft des Schätzmodells sowie dessen Stabilität. Dieser Effekt zusätzlicher Parameter wird durch den *Adjusted Goodness-of-Fit* Index im Rahmen der Modellbeurteilung ausbalanciert.

1143 Zu den Operationalisierungsalternativen der Markenbekanntheit (*brand awareness*) und der Beziehung zwischen ihnen vgl. Laurent et al. (1995), S. G170-G179.

5.2.2.2.2 Partialmodell I

ABB. 5-34 visualisiert den reziproken Ursache-Wirkungszusammenhang zwischen dem Markenimage (MI) und dem Unternehmensimage (UI) einer globalen (Firmen-) Dachmarke (PM I):

Abb. 5-34: Partialmodell I auf Grundlage des Intra-Marken-Imagestruktur-Modells

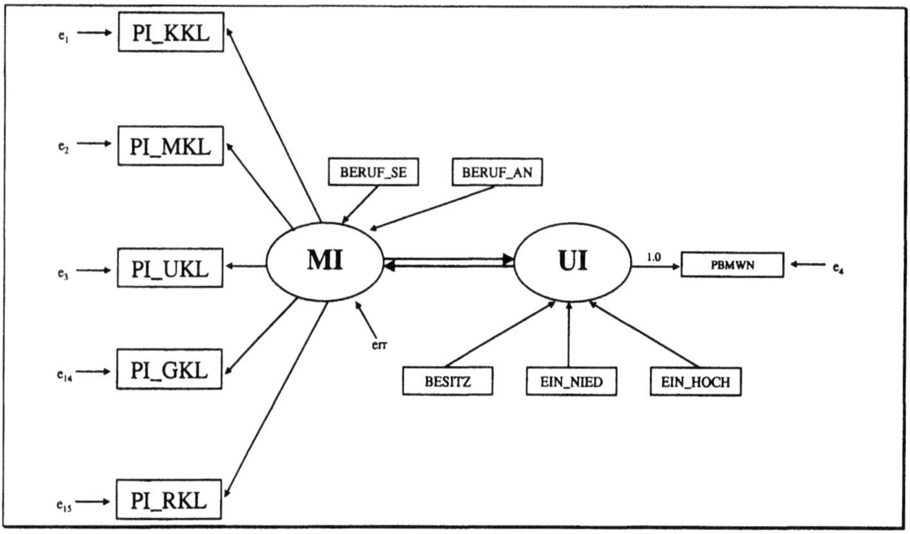

Quelle: Eigene Darstellung.

Darstellung und Interpretation des Partialmodells wurden im Rahmen der Vorstellung des Totalmodells und im Verlauf der vorangegangenen Ausführungen geliefert; auf sie soll an dieser Stelle nicht erneut eingegangen werden. Ergänzend dazu wurde je ein Errorterm der Indikatoren des MI (e_1, e_2, e_3, e_{14}, e_{15}) sowie des UI (e_4) in die Modellierung aufgenommen. Unerklärte Varianzanteile der endogenen Größe MI werden über die Residualvariable (err) erfasst. Das UI wird messfehlerfrei (1.0) aus der Variablen „pbmwn" operationalisiert. Die (sozial)statistischen Größen Beruf, Einkommen und Besitz diskriminieren hinsichtlich ihrer Einflussstruktur zwischen dem MI und dem UI: Die eindeutige Zuordnung des Merkmals Beruf zum MI sowie der Merkmale Einkommen und Besitz zum UI ermöglicht die Modellidentifikation. Die Instrumentalvariablen werden mit eckigen Figuren (manifeste Variablen) gekennzeichnet. Diskriminierende Variablen auf beide endogenen Größen zu richten ist im Sinne des *Structural Equation Modeling* streng genommen nicht notwendig. Weitere Drittvariableneffekte werden nicht explizit in die Modellierung aufgenommen, da einerseits die Zielsetzung der sich anschließenden Kausalanalysen nicht in der bestmöglichen Erklärung der endogenen Größen besteht, sondern in der Überprüfung unterstellter Ursache-Wirkungsbeziehungen zwischen diesen Variablen. Zweitens gibt die dem Autor zur Verfügung stehende empirische Datenbasis keine Anhaltspunkte für weitere Drittvariablen.

Die bei der Entwicklung des IMI formulierten allgemeinen Untersuchungshypothesen sollen nachfolgend im Hinblick auf den wechselseitig beeinflussenden Modellzusammenhang des MI und des UI konkretisiert und im Rahmen einer sich anschließenden kausalanalytischen Validierung empirisch überprüft werden.

Die Einflussstruktur der (sozial-) statistischen Erklärungsvariablen bleibt bei der Ableitung der Hypothesen unberücksichtigt, da diese nicht im primären Fokus dieser Untersuchung steht.[1144] Die bei der Validierung der Partialmodelle Verwendung findende Datenbasis entspricht der des einführenden empirischen Teils dieser Arbeit zur Identifikation der (sozial-) statistischen Einflussstruktur, kulturellen Unterschiedlichkeit sowie zeitlichen Veränderlichkeit der Imagegrößen PI, MI und UI. Aus inhaltlichen Gesichtspunkten wird auch im Zusammenhang mit den anstehenden kausalanalytischen Untersuchungen eine Aufteilung des Gesamtdatensatzes in unabhängige Studie-Land-Kombinationen vorgenommen, um kulturelle Unterschiede und zeitliche Veränderungen von Imagetransfereffekten identifizieren zu können. Mit zwei Beobachtungszeitpunkten (Studien 1992 und 1997) und jeweils fünf geografischen Erhebungsräumen (Deutschland, Spanien, Frankreich, Großbritannien und Italien) ergeben sich 10 Kausalanalysen je formuliertem Partialmodell. Aus methodischer Betrachtung kommt die Ziehung von 10 (Teil-) Stichproben je Partialmodell einer sog. Kreuzvalidierung gleich, nach der empirische Untersuchungsergebnisse mithilfe einer weiteren Stichprobe oder der Aufsplittung und separaten Analyse der bestehenden Stichprobe abgesichert werden sollten.[1145]

Die folgenden Hypothesen problematisieren Existenz, Richtung, Art und Stärke des im IMI unterstellten Kausalzusammenhangs der Variablen Marken- (MI) und Unternehmensimage (UI). Die Systematisierung der Effekte erfolgt bei sämtlichen Partialmodellen auf analoge Weise. Dabei gibt der erste Hypothesenindex das betrachtete Partialmodell, der zweite die zu untersuchende Hypothese selbst wieder.

H_{11}: *Es existiert ein bi-kausaler Zusammenhang zwischen den Variablen Markenimage (MI) und Unternehmensimage (UI).*

H_{12}: *Der Einfluss der Variablen Unternehmensimage (UI) auf die Variable Markenimage (MI) ist positiv.*

H_{13}: *Der Einfluss der Variablen Markenimage (MI) auf die Variable Unternehmensimage (UI) ist positiv.*

H_{14}: *Der Einfluss der Variablen Markenimage (MI) auf die Variable Unternehmensimage (UI) ist stärker als umgekehrt.*

Die Hypothesen H_{12} bis H_{14} gilt es im Rahmen einer kausalanalytischen Untersuchung mittels AMOS empirisch zu validieren.

1144 Zur Einflussstruktur der (sozial-) statistischen Erklärungsvariablen vgl. Kapitel 5.2.1 dieser Arbeit.

1145 Vgl. Diller (1992), S. 1179.

5.2.2.2.3 Partialmodell II

ABB. 5-35 visualisiert den reziproken Ursache-Wirkungszusammenhang zwischen den Markenwerten ($F_{1...6}$) und dem Unternehmensimage (UI) einer globalen (Firmen-) Dachmarke (PM II):

Abb. 5-35: Partialmodell II auf Grundlage des Intra-Marken-Imagestruktur-Modells

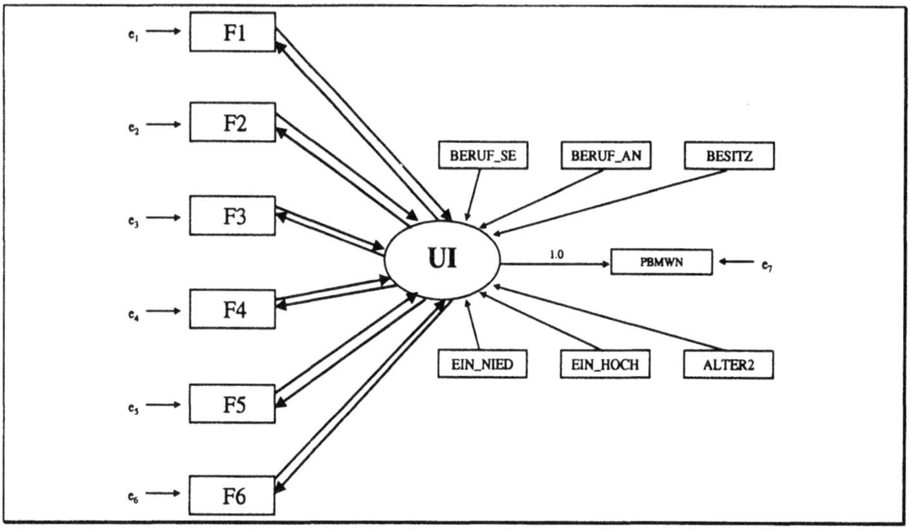

Quelle: Eigene Darstellung.

Darstellung und Interpretation des Partialmodells wurden im Rahmen der Vorstellung des Totalmodells und im Verlauf der vorangegangenen Ausführungen geliefert; auf sie soll an dieser Stelle nicht erneut eingegangen werden. Da die Markenwerte dementsprechend als manifest endogene Größen in die Modellierung eingehen, wurde diesen je eine Residualvariable (e_1 bis e_6) zur Abdeckung nicht explizit erfasster Drittvariableneffekte zugeordnet. Die Markenwerte werden mit rechteckigen Figuren (manifest) gekennzeichnet. Die Indikatorvariable des UI („pbmwn") erhält den Errorterm (e_7). Die (sozial-) statistischen Variablen Alter, Beruf, Einkommen und Besitz ermöglichen die Modellidentifikation. Weitere Drittvariableneffekte werden nicht explizit in die Modellierung aufgenommen, da einerseits die Zielsetzung der sich anschließenden Kausalanalysen nicht in der bestmöglichen Erklärung der endogenen Größen besteht, sondern in der Überprüfung unterstellter Ursache-Wirkungsbeziehungen zwischen diesen Variablen. Zweitens gibt die dem Autor zur Verfügung stehende empirische Datenbasis keine Anhaltspunkte für weitere Drittvariablen.

Die bei der Entwicklung des IMI formulierten allgemeinen Untersuchungshypothesen sollen nachfolgend im Hinblick auf den wechselseitig beeinflussenden Modellzusammenhang der Markenwerte und des Unternehmensimages konkretisiert und im Rahmen einer sich anschließenden kausalanalytischen Validierung empirisch überprüft werden.

Die Einflussstruktur der (sozial-) statistischen Erklärungsvariablen bleibt auch in diesem Fall bei der Ableitung der Hypothesen unberücksichtigt.[1146] Die folgenden Hypothesen problematisieren Existenz, Richtung, Art und Stärke des im IMI unterstellten Kausalzusammenhangs der Variablen Markenwerte ($F_{1...6}$) und Unternehmensimage (UI):

H_{21}: *Es existiert ein bi-kausaler Zusammenhang zwischen den Variablen Markenwerte ($F_{1...6}$) und Unternehmensimage (UI).*

H_{22}: *Der Einfluss der Variablen Unternehmensimage (UI) auf die Variablen Markenwerte ($F_{1...6}$) ist positiv.*

H_{23}: *Der Einfluss der Variablen Unternehmensimage auf die Variablen Markenwerte ($F_{1...6}$) ist stärker als umgekehrt.*

Da sich auf der Grundlage theoretischer Argumente der IMI-Entwicklung weder Richtung noch Stärke der Einflüsse der Variablen Markenwerte ($F_{1...6}$) auf die Variable Unternehmensimage (UI) absolut vermuten lassen, kann dieser Zusammenhang in der Konsequenz nicht hypothesiert werden. Die einzelfallspezifischen Ergebnisse der sich anschließenden Kausalanalysen bezüglich der genannten Wirkungsrichtung sollen daher lediglich zur Kenntnis genommen werden.

Die Hypothesen H_{21} bis H_{23} gilt es im Rahmen einer kausalanalytischen Untersuchung mittels AMOS empirisch zu validieren.

[1146] Zur Einflussstruktur der (sozial-) statistischen Erklärungsvariablen vgl. Kapitel 5.2.1 dieser Arbeit.

5.2.2.2.4 Partialmodell III

ABB. 5-36 visualisiert den reziproken Ursache-Wirkungszusammenhang zwischen den Produktimages ($PI^{1...5}$) und dem Unternehmensimage (UI) einer globalen (Firmen-) Dachmarke (PM III):

Abb. 5-36: Partialmodell III auf Grundlage des Intra-Marken-Imagestruktur-Modells

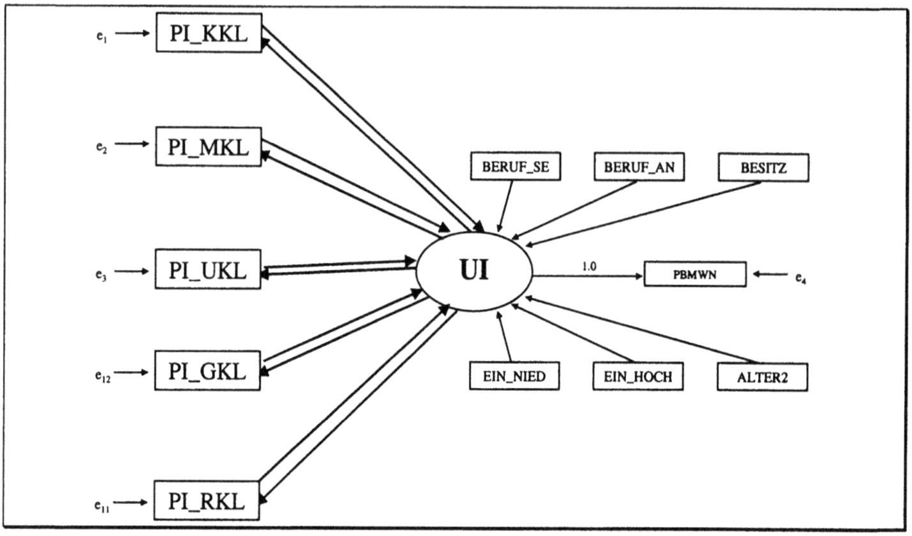

Quelle: Eigene Darstellung.

Darstellung und Interpretation des Partialmodells wurden im Rahmen der Vorstellung des Totalmodells und im Verlauf der vorangegangenen Ausführungen geliefert; auf sie soll an dieser Stelle nicht erneut eingegangen werden. Da die Produktimages dementsprechend als manifest endogene Größen in die Modellierung eingehen, wurde diesen je eine Residualvariable (e_1, e_2, e_3, e_{11} und e_{12}) zur Abdeckung nicht explizit erfasster Drittvariableneffekte zugeordnet. Die Produktimages werden mit rechteckigen Figuren (manifest) gekennzeichnet. Die Indikatorvariable des UI („pbmwn") erhält den Errorterm (e_4). Die (sozial-) statistischen Variablen Alter, Beruf, Einkommen und Besitz ermöglichen die Modellidentifikation. Weitere Drittvariableneffekte werden nicht explizit in die Modellierung aufgenommen, da zum Einen die Zielsetzung der sich anschließenden Kausalanalysen nicht in der bestmöglichen Erklärung der endogenen Größen besteht, sondern in der Überprüfung unterstellter Ursache-Wirkungsbeziehungen zwischen diesen Variablen. Zum Anderen gibt die dem Autor zur Verfügung stehende empirische Datenbasis keine Anhaltspunkte für weitere Drittvariablen.

Die bei der Entwicklung des IMI formulierten allgemeinen Untersuchungshypothesen sollen nachfolgend im Hinblick auf den wechselseitig beeinflussenden Modellzusammenhang der Produktimages und des Unternehmensimages konkretisiert und im Rahmen einer sich anschließenden kausalanalytischen Validierung empirisch überprüft werden.

Die Einflussstruktur der (sozial-) statistischen Erklärungsvariablen bleibt auch in diesem Fall bei der Ableitung der Hypothesen unberücksichtigt.[1147]

Die folgenden Hypothesen problematisieren Existenz, Richtung, Art und Stärke des im IMI unterstellten Kausalzusammenhangs der Variablen Produktimages ($PI^{1...5}$) und Unternehmensimage (UI):

H_{31}: *Es existiert ein bi-kausaler Zusammenhang zwischen den Variablen Produktimages ($PI^{1...5}$) und Unternehmensimage (UI).*

H_{32}: *Der Einfluss der Variablen Unternehmensimage (UI) auf die Variablen Produktimages ($PI^{1...5}$) ist positiv.*

H_{33}: *Der Einfluss der Variablen Unternehmensimage auf die Variablen Produktimages ($PI^{1...5}$) ist stärker als umgekehrt.*

Da sich auf der Grundlage theoretischer Argumente der IMI-Entwicklung weder Richtung noch Stärke der Einflüsse der Variablen Produktimages ($PI^{1...5}$) auf die Variable Unternehmensimage (UI) absolut vermuten lassen, kann dieser Zusammenhang in der Konsequenz nicht hypothesiert werden. Die einzelfallspezifischen Ergebnisse der sich anschließenden Kausalanalysen bezüglich der genannten Wirkungsrichtung sollen daher lediglich zur Kenntnis genommen werden.

Die Hypothesen H_{31} bis H_{33} gilt es im Rahmen einer kausalanalytischen Untersuchung mittels AMOS empirisch zu validieren.

[1147] Zur Einflussstruktur der (sozial-) statistischen Erklärungsvariablen vgl. Kapitel 5.2.1 dieser Arbeit.

5.2.2.2.5 Partialmodell IV

ABB. 5-37 visualisiert den reziproken Ursache-Wirkungszusammenhang zwischen den Produktimagedimensionen ($F_{1...6}^{1...5}$) und dem Unternehmensimage (UI) einer globalen (Firmen-) Dachmarke (PM IV):

Abb. 5-37: Partialmodell IV auf Grundlage des Intra-Marken-Imagestruktur-Modells

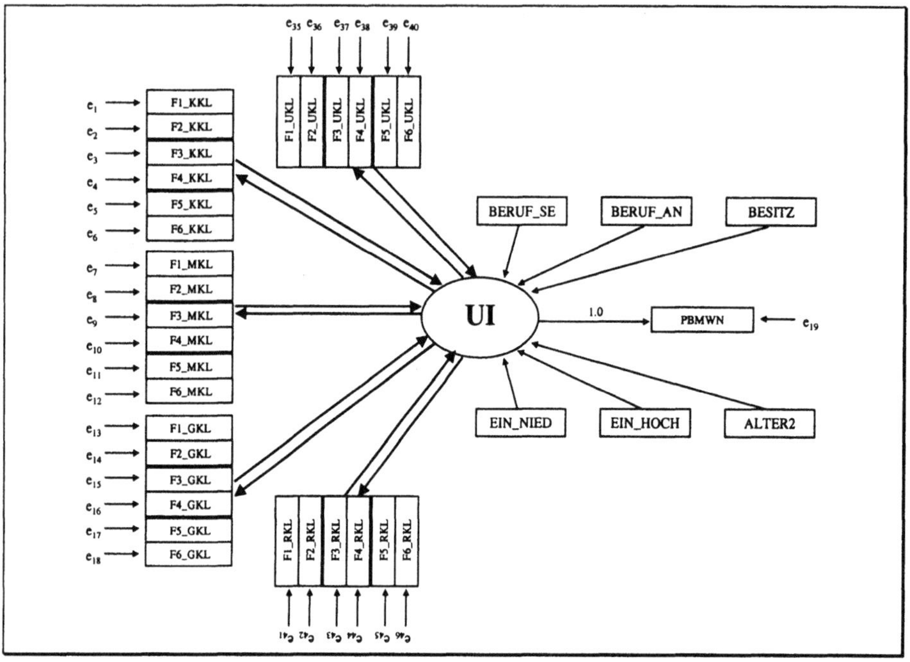

Quelle: Eigene Darstellung.

Darstellung und Interpretation des Partialmodells wurden im Rahmen der Vorstellung des Totalmodells und im Verlauf der vorangegangenen Ausführungen geliefert; auf sie soll an dieser Stelle nicht erneut eingegangen werden. Da die Produktimagedimensionen dementsprechend als manifest endogene Größen in die Modellierung eingehen, wurde diesen je eine Residualvariable (e_1 bis e_{18} und e_{35} bis e_{46}) zur Abdeckung nicht explizit erfasster Drittvariableneffekte zugeordnet. Die Produktimagedimensionen werden mit rechteckigen Figuren (manifest) gekennzeichnet; die Darstellung ihrer reziproken Beziehungen zum UI mittels gerichteter Pfeile erfolgt dabei symbolisch und willkürlich. Bei der Modellierung in AMOS GRAPHICS stehen sämtliche Produktimagedimensionen in einer wechselseitigen Abhängigkeit zum UI. Die Indikatorvariable des UI („pbmwn") erhält den Errorterm (e_{19}). Die (sozial-) statistischen Variablen Alter, Beruf, Einkommen und Besitz ermöglichen die Modellidentifikation. Weitere Drittvariableneffekte werden nicht explizit in die Modellierung aufgenommen, da einerseits die Zielsetzung der sich anschließenden Kausalanalysen nicht in der bestmöglichen Erklärung der endogenen Größen besteht, sondern in der Überprüfung unterstellter Ursache-Wirkungsbeziehungen zwischen diesen Variablen. Zweitens gibt die dem Autor zur Verfügung stehende empirische Datenbasis keine Anhaltspunkte für weitere Drittvariablen.

Die bei der Entwicklung des IMI formulierten allgemeinen Untersuchungshypothesen sollen nachfolgend im Hinblick auf den wechselseitig beeinflussenden Modellzusammenhang der Produktimagedimensionen und des Unternehmensimages konkretisiert und im Rahmen einer sich anschließenden kausalanalytischen Validierung empirisch überprüft werden. Die Einflussstruktur der (sozial-) statistischen Erklärungsvariablen bleibt auch in diesem Fall bei der Ableitung der Hypothesen unberücksichtigt.[1148]

Die folgenden Hypothesen problematisieren Existenz, Richtung, Art und Stärke des im IMI unterstellten Kausalzusammenhangs der Variablen Produktimagedimensionen ($F_{1...6}^{1...5}$) und Unternehmensimage (UI):

H_{41}: *Es existiert ein bi-kausaler Zusammenhang zwischen den Variablen Produktimagedimensionen ($F_{1...6}^{1...5}$) und Unternehmensimage (UI).*

H_{42}: *Der Einfluss der Variablen Unternehmensimage (UI) auf die Variablen Produktimagedimensionen ($F_{1...6}^{1...5}$) ist positiv.*

H_{43}: *Der Einfluss der Variablen Unternehmensimage auf die Variablen Produktimagedimensionen ($F_{1...6}^{1...5}$) ist stärker als umgekehrt.*

Da sich auf Grundlage theoretischer Argumente der IMI-Entwicklung weder Richtung noch Stärke der Einflüsse der Variablen Produktimagedimensionen ($F_{1...6}^{1...5}$) auf die Variable Unternehmensimage (UI) absolut vermuten lassen, kann dieser Zusammenhang in der Konsequenz nicht hypothesiert werden. Die einzelfallspezifischen Ergebnisse der sich anschließenden Kausalanalysen bezüglich der genannten Wirkungsrichtung sollen daher lediglich zur Kenntnis genommen werden.

Die Hypothesen H_{41} bis H_{43} gilt es im Rahmen einer kausalanalytischen Untersuchung mittels AMOS empirisch zu validieren.

5.2.2.3 Modellschätzung

Im Rahmen der Modellschätzung wird auf mathematisch iterativem Wege versucht, die aus der spezifizierten Modellstruktur abgeleitete theoretische Kovarianz- bzw. Korrelationsmatrix bestmöglich an die empirische Korrelationsmatrix der Ausgangsdaten anzupassen. Mit der grafischen Spezifikation der Partialmodelle I bis IV werden in AMOS die entsprechenden theoretischen Kovarianz- bzw. Korrelationsmatrizen automatisch bestimmt. Die Indikatorvariablen der Partialmodelle dienen der Ableitung einer empirischen Kovarianz- bzw. Korrelationsmatrix.[1149] Sie gehen in standardisierter Form in die Berechnung ein. Da sich mit der Verwendung standardisierter Variablen Kovarianz- und Korrelationsmatrix nicht voneinander unterscheiden, soll in der Folge nur noch von Korrelationsmatrizen gesprochen werden. Die empirische Korrelationsmatrix fungiert als Eingabematrix zur Schätzung der Modellparameter.[1150]

[1148] Zur Einflussstruktur der (sozial-) statistischen Erklärungsvariablen vgl. Kapitel 5.2.1 dieser Arbeit.

[1149] Korrelationen und Kovarianzen sind bei Verwendung standardisierter Variablen identisch. Vgl. Backhaus et al. (1996), S. 338.

[1150] Vgl. Jöreskog/Sörbom (1995).

Noch vor der eigentlichen Schätzung ist die Identifikation des der spezifizierten Modellstruktur zugrunde liegenden Gleichungssystems zu überprüfen. Da das Programm AMOS auch diesen Untersuchungsschritt automatisch vollzieht, wird nach gängiger Forschungspraxis dann die Identifikation aller Matrizen unterstellt, wenn das System nicht „protestiert". AMOS bricht im Gegensatz zu LISREL die Berechnung ab, wenn keine eindeutige Lösung des Gleichungssystems existiert. Im Anschluss sind die freien Modellparameter zu schätzen. Die Startwerte der mathematischen Iteration werden dabei entweder vom System automatisch errechnet oder vom Anwender vorgegeben. Nach der Festlegung der Anfangslösung wird diese in einem iterativen Schätzprozess bestmöglich an die empirische Korrelationsmatrix angepasst. Die Schätzung der standardisierten Pfadkoeffizienten kann sowohl mit Hilfe des Fundamentaltheorems der Pfadanalyse als auch regressionsanalytisch vorgenommen werden.[1151] Die im Rahmen der Regressionsanalyse übliche Schätzmethode ist die Kleinste-Quadrate-Schätzung (*Ordinary Least Squares*: OLS). Bei deren Anwendung ist allerdings eine Reihe von Anforderungen insbesondere an die Residualvariablen zu berücksichtigen:[1152]

1. Die Residuen haben einen Mittelwert von 0, d. h. $E(z_k) = 0$.
2. Die Residuen haben eine konstante Varianz (Homoskedastizität), d. h. $E(z_k^2) = K$.
3. Die Residuen sind paarweise unkorreliert, d. h. $E(e_i e_k) = 0$.
4. Die Residuen der determinierten Variablen z_i sind mit allen determinierenden Variablen z_k unkorreliert, d. h. $E(e_i z_k) = 0$.[1153]

Die Voraussetzungen (1.) und (2.) sind ex definitione durch die Tatsache erfüllt, dass alle Modellgrößen einschließlich der Fehlervariablen in standardisierter Form in die Modellschätzung eingehen. Sie weisen damit einen arithmetischen Mittelwert von 0 und eine Varianz von 1 auf. Die Bedingungen (3.) und (4.) ergeben sich aus der aufgestellten Forderung, dass beobachtete Korrelationen nicht auf die Existenz von Drittvariableneffekten zurückgeführt werden dürfen, um von einem kausalen Erklärungszusammenhang sprechen zu können.

Im Anwendungsbeispiel erscheint die 3. Voraussetzung als unhaltbar: Da mit der Modellierung dichotomisierter (sozial-) statistischer Variablen unterschiedliche Ausprägungen *eines* kategorialen Merkmals untersucht werden, können identische Beobachtungs- und Messfehler bei deren Erhebung nicht gänzlich ausgeschlossen werden. Die Forderung nach unkorrelierten Residuen der determinierten und determinierenden Variablen (4.) kann in nichtrekursiven Kausalmodellen per definitionem letztlich generell nicht erfüllt werden, weil „[...] jede endogene Variable für jede andere endogene Variable sowohl determinierte als auch determinierende sein kann".[1154] Konsequenterweise ist die OLS-Schätzmethode für nichtrekursive Kausalmodelle im Allgemeinen sowie für die vorliegende Untersuchung im Speziellen zu verwerfen. Gängige Statistikprogramme zur Kausalanalyse wie LISREL oder AMOS stellen dem Anwender deshalb eine Vielfalt unterschiedlicher Schätzverfahren zur Verfügung.[1155]

1151 Vgl. Backhaus et al. (1996), S. 335f.

1152 Zu den (allgemeinen) Bedingungen der Kleinste-Quadrate-Schätzung (KQS) vgl. ebenda, S. 32-36.

1153 Zu den Bedingungen einer OLS-Schätzung an die Residualgrößen vgl. Asher (1983), S. 26.

1154 Ebenda, S. 27. Vgl. auch Long (1983), S. 35 und Hildebrandt (1983), S. 37.

1155 Vgl. Arbuckle (1997), S. 1.

Die Anwendbarkeit dieser Schätzverfahren hängt im Wesentlichen von der Verteilung der Ausgangsvariablen sowie von der Größe der Stichprobe ab. Das international am weitesten verbreitete Verfahren zur Schätzung (nicht-) rekursiver Kausalmodelle ist die sog. Maximum-Likelihood-Methode (ML).[1156] Sie besitzt im Vergleich zu konkurrierenden Schätzverfahren wesentliche inhaltliche und technische Vorteile:[1157] In diesem Kontext erweist sich die ML-Schätzung u.a. als relativ robust gegenüber nicht ideal normalverteilten Ausgangsvariablen und damit für die vorliegende Untersuchungssituation als geeignet.[1158] Den Vorteilen einer ML-Schätzung steht allerdings die Forderung nach einer relativ hohen Fallzahl entgegen: So wird die Anwendung erst ab einer Stichprobengröße von etwa 200 empfohlen.[1159] Da diese Bedingung mit einer durchschnittlichen Fallzahl von 600 je Studie-Land-Kombination von der empirischen Datenbasis dieser Arbeit erfüllt wird, soll die ML-Schätzung im Rahmen der kausalanalytischen Validierung des IMI in der Folge Verwendung finden.[1160]

Die Schätzung der freien Parameter der Partialmodelle I bis IV mithilfe des Maximum-Likelihood-Verfahrens nimmt AMOS automatisch vor. Die Ergebnisse der Schätzung finden sich im ANHANG in den TABELLEN A-64 bis A-71. Dabei werden die gewonnenen Pfadkoeffizienten in standardisierter Form ausgewiesen und entsprechen als solche den standardisierten Regressionskoeffizienten („*beta weights*") der Regressionsanalyse. In AMOS werden sie als sog. „*standardized regression weights*" benannt. Sie drücken aus, wie sich die Standardabweichung einer wirkenden (determinierten) Variablen bei einer Anpassung der verursachenden (determinierenden) Variablen um eine Standardabweichung verändert. Die Darstellung erfolgt nach Studien und Partialmodellen bzw. den in deren Rahmen spezifizierten Variablenbeziehungen (Zeilen) sowie nach Ländern (Spalten). In die Zellen werden die standardisierten Pfadkoeffizienten („*standardized regression weights estimates*" in AMOS) eingetragen. Sind die Regressionskoeffizienten auf dem 5%-Niveau statistisch signifikant (95%-iges Signifikanzniveau), werden sie in ihren jeweiligen Werten ausgewiesen. Statistisch insignifikante Regressionskoeffizienten sind mit dem Symbol „*" gekennzeichnet.[1161] Die Interpretation der Ergebnisse erfolgt nach eingehender Modellbeurteilung.

5.2.2.4 Modellbeurteilung

Im Anschluss an die Parameterschätzung sind sowohl das Gesamtmodell als auch dessen Teilmodelle (Messmodelle und Strukturmodell) auf ihre formale Güte zu überprüfen. Auf die Vorgehensweise der Kausalanalyse übertragen, soll mit der Modellbeurteilung festgestellt werden, wie erfolgreich die mathematische Iteration zur Anpassung der modellspezifizierten theoretischen an

[1156] Vgl. Homburg/Baumgartner (1995a), S. 1102.

[1157] Zur Vorteilhaftigkeit der ML-Schätzung gegenüber anderen Verfahren vgl. Hildebrandt (1983), S. 88.

[1158] Vgl. Boomsma (1983), S. 191.

[1159] Vgl. ebenda, S. 113. Außerhalb des LISREL-Ansatzes wird bei ML-Schätzungen eine Stichprobengröße von n = 60 als ausreichend erachtet, damit die vorteilhaften Eigenschaften vorliegen. Vgl. Eliason (1993), S. 8 und S. 83.

[1160] Zu Grundlagen der ML-Schätzung vgl. Kmenta (1986), S. 175-183.

[1161] Mit der „*Critical Ratio*" (C.R.) weist AMOS den Wert der Prüfgröße t aus. Werte kleiner als 1,96 bedeuten dabei einen Fehler von größer als 5% (95%iges Signifikanzniveau) und zeigen einen insignifikanten Regressionskoeffizienten an.

die empirische Korrelationsmatrix der Ausgangsdaten durch das System vollzogen werden konnte.[1162] Noch im Vorfeld einer inhaltlichen Interpretation der Ergebnisse verlangt dieser Schritt damit die schätztechnische Bewertung des spezifizierten Kausalmodells. Entsprechen Gesamtmodell und/oder Teilstrukturen nicht der geforderten formalen Güte, ist das Kausalmodell ganzheitlich abzulehnen, anderenfalls anzunehmen.

Nach einer die Modellbeurteilung einleitenden Plausibilitätsbetrachtung sind Gesamtmodell und Teilstrukturen auf ihre empirische Validität zu untersuchen. Hierzu steht dem Forscher eine Vielzahl unterschiedlicher Gütekriterien (*Goodness-of-Fit-Indices*) zur Verfügung. Mit dem (A)GFI ((*Adjusted*) *Goodness-of-Fit-Index*) bzw. der SMC (*Squared Multiple Correlation*) wurden ausgewählte Beurteilungsmaßstäbe eines kausalanalytischen Gesamt- bzw. Strukturmodells vorgestellt. Während im Zusammenhang mit dem (A)GFI Werte kleiner als 0,8 nach gängiger Forschungspraxis die Ablehnung eines Gesamtmodells veranlassen sollten, sei der SMC-Wert des Strukturmodells immer dann konsequenzlos zur Kenntnis zu nehmen, wenn die Zielsetzung einer kausalanalytischen Untersuchung lediglich in der Überprüfung unterstellter Variablenbeziehungen bestehe. Unabhängig davon wird in der angewandten Sozialforschung bei Werten bis 0,06 von einer schwachen, bei Werten zwischen 0,07 und 0,14 von einer mittleren und bei Werten größer 0,14 von einer starken Erklärungskraft einer Modellvariablen ausgegangen. Um in einem nächsten Schritt die totalen Effekte eines nichtrekursiven Kausalmodells mathematisch bestimmen und inhaltlich interpretieren zu können, wurde mit der Konvergenz des unendlichen wechselseitigen kausalen Kreislaufs reziproker Variablenbeziehungen die Stabilität des Gesamtmodells verlangt. Diese wird über den Stabilitätsindex (*Stability Index*) erfasst und sollte den Wert von 1,0 nicht übersteigen, um inhaltliche Interpretationen der gewonnenen Schätzparameter zuzulassen.

Bei der Beurteilung der Gesamtstruktur der Partialmodelle I bis IV soll aufgrund der spezifischen Modellkonstruktion einerseits sowie der Größe und Verteilung der zugrunde liegenden Stichproben andererseits einzig der AGFI Verwendung finden: Von einer identischen Auswahl exogener (sozial-) statistischer Variablen abgesehen, beinhalten die nichtrekursiven Partialmodelle I bis IV gleichfalls ausschließlich endogene Modellgrößen. Da diese ohne Ausnahme in wechselseitigen Abhängigkeiten zueinander stehen, bedingt *ceteris paribus* eine größere Anzahl (endogener) Modellgrößen eine überproportional höhere Anzahl zu schätzender Parameter. So bringt bspw. *eine* zusätzliche in bi-kausaler Abhängigkeit stehende endogene Variable mit zwei weiteren Pfadkoeffizienten und einer weiteren Residualgröße drei zusätzlich zu schätzende Parameter mit sich. Im Gegensatz zum GFI trägt der AGFI mit der Berücksichtigung der Freiheitsgrade diesem Umstand Rechnung. Auf diese Weise ermöglicht er darüber hinaus eine Vergleichbarkeit der Partialmodelle (nach Studie-Land-Kombinationen). Da letztlich die empirische Datenbasis die geforderte Größe von mindestens 200 je (Teil-) Stichprobe aufweist und die Normalverteilungsannahme der Ausgangsdaten, wie unter 5.1 gezeigt, nicht aufrechterhalten werden kann, soll dem AGFI Vorrang bei der gesamthaften Beurteilung der Partialmodelle I bis IV vor dem GFI gegeben werden. Die formale Qualität der entsprechenden Strukturmodelle soll über den SMC-Wert der Outputvariablen „pbmwn" erfasst werden, da diese, abgesehen von den (sozial)statistischen Größen, als einzige keinen unmittelbaren Rückkopplungseffekten unterworfen ist. Zusammenfassend stellen damit der AGFI und der SMC die technischen Kriterien zur Beurteilung der Validität der Partialmodelle I bis IV dar.

[1162] Der iterative Schätzprozess wird in AMOS in der sog. „*Minimization History*" protokolliert.

Wie argumentiert, sind mit der Parameterschätzung (ausschließlich) nichtrekursiver Variablenbeziehungen der Partialmodelle I bis IV die totalen Beeinflussungseffekte allerdings noch nicht ermittelt: Um den kausalen Kreislauf einer wechselseitigen Variablenbeziehung mathematisch bestimmen zu können, muss die ihm zugrunde liegende, unendliche geometrische Reihe i.S. eines stabilen Zusammenhangs konvergieren. Hinreichende Bedingung für die Konvergenz und Stabilität des Modells ist ein niedriger Wert des sog. Stabilitätsindex. Da die Stabilität eines nichtrekursiven Kausalmodells eine notwendige Voraussetzung für die Interpretation der Schätzergebnisse darstellt, soll diese als ein weiteres technisches Kriterium bei der Beurteilung der Partialmodelle I bis IV fungieren.[1163]

Bei der Festlegung des Kriterienkatalogs zur Validitäts- und Stabilitätsbeurteilung der im vorliegenden Fall zu untersuchenden Partialmodelle I bis IV soll den Konventionen gängiger kausalanalytischer Forschungspraxis entsprochen werden, nach denen ein Modell dann als valide bzw. stabil gilt, wenn der AGFI > 0,8 bzw. der Stabilitätsindex < 1,0 ist. Unter diesen Konditionen kann ein Modell formal angenommen und inhaltlich interpretiert werden. Der SMC-Wert dient darüber hinaus als Anhaltspunkt für die schätztechnische Güte des Strukturmodells. Da die Zielsetzung dieser Untersuchung in der Überprüfung vermuteter Ursache-Wirkungsbeziehungen besteht und nicht in der bestmöglichen Erklärung einer oder mehrerer Modellgrößen, soll der SMC-Wert nicht über Annahme oder Ablehnung eines Partialmodells entscheiden. Die folgende Tabelle stellt die bei der Beurteilung der Partialmodelle I bis IV Verwendung findenden Gütekriterien mit ihren geforderten Ausprägungen zusammen:

Tab. 5-33: Kriterienkatalog zur Validitäts- und Stabilitätsbeurteilung

Messdimension:	Modellbezug:	Kriterium:	Wert:
Validität	Gesamtmodell	AGFI	> 0,8
	Strukturmodell	SMC	k.V.
Stabilität	Gesamtmodell	Stability Index	< 1,0

Quelle: Eigene Darstellung.

Eine erste Begutachtung der aus der ML-Schätzung gewonnenen (standardisierten) Pfadkoeffizienten (siehe ANHANG) liefert keine Anhaltspunkte, die auf fehlspezifizierte Modelle hindeuten könnten, und erscheint *prima facie* plausibel. Im Ergebnis der Modellbeurteilung erweisen sich sämtliche Partialmodelle über jeweils alle 10 Studie-Land-Kombinationen außerdem als empirisch valide und stabil: Ein AGFI-Wert von durchgängig 1,0 belegt eine maximale Validität der Gesamtmodelle. Eine Modellgüte in der genannten Höhe kennzeichnet eine ideale Anpassung der modelltheoretischen an die empirische Korrelationsmatrix der Ausgangsdaten („*perfect fit*") und ist damit Beweis für die empirische Relevanz der theoretischen Modellzusammenhänge.

[1163] Die Bestimmung der totalen Beeinflussungseffekte der Partialmodelle I bis IV erfolgt im Rahmen der Modellinterpretation.

Die Erklärungskraft der Strukturmodelle demhingegen deckt mit SMC-Werten zwischen 1% und 38% eine relativ große Bandbreite ab. Während die Studie-Land-Kombinationen der Partialmodelle I und III eine überwiegend starke (> 14%) und nur in Ausnahmefällen mittlere Varianzaufklärung (7-14%) der Outputvariablen „pbmwn" liefern, erklären die Kombinationen Frankreich und Großbritannien 1992 der Partialmodelle II und IV nur einen relativ geringen Anteil der modellspezifischen Streuungsabweichung (1-6%). Die übrigen Studie-Land-Kombinationen der Partialmodelle II und IV weisen eine überwiegend hohe Erklärungskraft auf. Im Durchschnitt werden die Partialmodelle nach Studie-Land-Kombinationen zu 17% erklärt. Dies entspricht nach gängiger Forschungspraxis einer relativ starken Erklärungskraft. Die Stabilitätswerte der Partialmodelle I bis IV nehmen über sämtliche Kausalmodelle Werte < 1,0 an und betragen im arithmetischen Mittel 0,58. Damit kann die Stabilität der untersuchten Partialmodelle unterstellt werden. Mit durchgängigen AGFI-Werten > 0,8 und durchgängigen Stabilitätswerten < 1,0 können sämtliche Partialmodelle angenommen und die Schätzergebnisse im Anschluss interpretiert werden.[1164]

5.2.2.5 Modellinterpretation

Nach der Beurteilung der technischen Güte der Partialmodelle I bis IV können die aus der ML-Schätzung gewonnenen Pfadkoeffizienten inhaltlich interpretiert werden. Als standardisierte Parameterschätzer entsprechen sie den standardisierten Regressionskoeffizienten („*beta weights*") der Regressionsanalyse. In AMOS werden sie als sog. „*standardized regression weights*" bezeichnet. Die standardisierten Pfadkoeffizienten drücken aus, um wie viele Standardabweichungen sich eine wirkende (determinierte) Variable bei einer Anpassung der verursachenden (determinierenden) Variablen um eine Standardabweichung verändert. Damit ist der direkte Effekt zwischen zwei betrachteten Variablen unmittelbar aus dem AMOS Systemoutput ablesbar. In den Fällen der nichtrekursiven Partialmodelle I bis IV ist mit den direkten Effekten allerdings der totale Beeinflussungseffekt noch nicht vollständig erfasst: Bei bivariater Betrachtung hat die simultane Wirkung zweier Effekte in umgekehrter Wirkungsrichtung zur Folge, dass sich eine endogene Größe über die jeweils andere endogene Größe aus ihrem eigenen direkten Effekt mittelbar selbst beeinflusst. Dieser indirekte Effekt wird mittels Multiplikation der entsprechenden Pfadkoeffizienten gewonnen.[1165] Um den totalen Effekt einer nichtrekursiven Variablenbeziehung bestimmen zu können, sind die indirekten Effekte den direkten hinzuzuaddieren.

Die totalen Effekte der Partialmodelle I bis IV wurden mithilfe einer konvergierenden geometrischen Reihe errechnet.[1166] Sie sollen in der Folge interpretiert werden. Stimmen die aus der Interpretation der standardisierten Pfadkoeffizienten gewonnenen Erkenntnisse nicht mit den sachlogisch deduzierten theoretischen Modellzusammenhängen bzw. den zu ihrer Überprüfung abgeleiteten Untersuchungshypothesen H_{11} bis H_{43} überein, sind die theoretische Modellspezifikation substanzwissenschaftlich zu hinterfragen und die Untersuchungshypothesen ggf. anzupassen.

[1164] Die Tabelle A-72 im Anhang fasst sämtliche Ausprägungen der gewählten formalen Kriterien zur Modellbeurteilung (Spalten) nach Partialmodellen und Studie-Land-Kombinationen (Zeilen) zusammen.

[1165] Vgl. dazu die Beispiele bei Backhaus et al. (1996), S. 390 und Bollen (1989), S. 36-39.

[1166] Die totalen Effekte der Partialmodelle I bis IV finden sich in den Tabellen A-73 bis A-81 im Anhang.

5.2.2.5.1 Partialmodell I

Partialmodell I hatte einen Erklärungszusammenhang zwischen dem Markenimage (MI) und dem Unternehmensimage (UI) im Anwendungsbeispiel (Marke-1) unterstellt. Vermutungen bezüglich des Typs dieser Variablenbeziehung (nicht-kausal, partiell kausal, mono-kausal oder bi-kausal) sowie der Art (positiv oder negativ) und relativen Stärke der Einflüsse wurden in den Untersuchungshypothesen H_{11} bis H_{14} problematisiert:

H_{11}: Es existiert ein bi-kausaler Zusammenhang zwischen den Variablen Markenimage (MI) und Unternehmensimage (UI).

H_{12}: Der Einfluss der Variablen Unternehmensimage (UI) auf die Variable Markenimage (MI) ist positiv.

H_{13}: Der Einfluss der Variablen Markenimage (MI) auf die Variable Unternehmensimage (UI) ist positiv.

H_{14}: Der Einfluss der Variablen Markenimage (MI) auf die Variable Unternehmensimage (UI) ist stärker als umgekehrt.

Im Ergebnis erweisen sich 19 der 20 standardisierten Pfadkoeffizienten (2 Wirkungsrichtungen x 5 Länder x 2 Studien) mit Ausnahme der Variablenbeziehung MI➔UI der Studie-Land-Kombination Frankreich 1992 („*") als statistisch signifikant (95%-iges Signifikanzniveau).[1167] Dies belegen entsprechende t-Werte > 1,96 der Schätzparameter in den AMOS Systemoutputs.[1168] Die 19 signifikanten standardisierten Pfadkoeffizienten beider Wirkungsrichtungen implizieren die wechselseitige (bi-kausale) Abhängigkeit der Variablenbeziehung MI⇠➔UI in neun von zehn STLA-Kombinationen (F92 = „*"). Der statistisch insignifikante Pfadkoeffizient der Variablenbeziehung MI➔UI F92 verhindert das Zustandekommen eines zehnten bi-kausalen Kreislaufs zwischen MI und UI. *Untersuchungshypothese H_{11} muss in der Konsequenz in neun von zehn Fällen nicht abgelehnt werden (**H_{11}** ✓).*

Im Zusammenhang mit dem Beeinflussungseffekt eines (physisch „produktfreien") Unternehmensimages auf die von dem Unternehmen unter einer Dachmarke (Marke-1) geführten Produkte (MI⇠UI) wird von einem sog. „Halo-Effekt" gesprochen. Er verkörpert das Potenzial, das die Reputation eines Unternehmens auf die Verbraucherwahrnehmungen seiner Produkte auszuüben vermag. Dabei überträgt die (größtenteils) identische Markierung (Marke) sowohl des Unternehmens als auch der Produkte die mit dem Unternehmen verbundenen Assoziationen auf die Produkte selbst. Positive Halo-Effekte lassen sich für sämtliche 10 kausalanalytischen Untersuchungen des Partialmodells I feststellen. *Mit einem (über sämtliche 10 STLA-Kombinationen) durchgängig positiven Effekt des UI auf das MI (MI⇠UI) muss Untersuchungshypothese H_{12} in keinem Fall verworfen werden (**H_{12}** ✓).* ABBILDUNG 5-38 auf der nächsten Seite veranschaulicht den Halo-Effekt nach Studie-Land-Kombinationen:

1167 Siehe hierzu die Tabellen A-73 und A-74 im Anhang mit den totalen Effekten des Partialmodells I.

1168 Zum t-Test bzw. t-Wert vgl. bspw. Brosius/Brosius (1996), S. 401-416.

Abb. 5-38: Halo-Effekt PM I (MI←UI) nach Studie-Land-Kombinationen

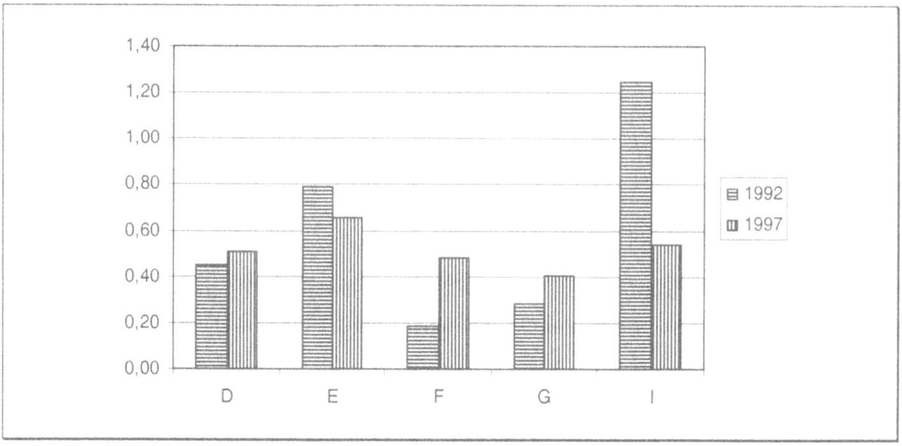

Quelle: Eigene Darstellung.

Die absolute Stärke des Einflusses MI←UI (Betragswert der totalen Effekte) wird in ABB. 5-38 durch die Höhe der Balken je Studie-Land-Kombination wiedergegeben. So erhöht sich bspw. im Falle Großbritanniens 1997 (G97) das MI um ca. 0,4 Standardabweichungen bei einer Steigerung des UI-Wertes um eine Standardabweichung.

Während der Halo-Effekt 1992 in Italien am höchsten ausfällt, zeigt sich 1997 im Ländervergleich in Spanien der stärkste Effekt des Unternehmens- auf das Markenimage. Die geringste Beeinflussung ergibt sich 1992 in Frankreich, 1997 in Großbritannien. Im Gegensatz zu den Ländern Deutschland, Frankreich und Großbritannien, in denen der Halo-Effekt von 1992 nach 1997 zunimmt, reduziert er sich in den Ländern Spanien und Italien. Insbesondere in Italien fällt diese Veränderung relativ deutlich aus.

Der Beeinflussungseffekt in umgekehrter Wirkungsrichtung (MI→UI) gibt die Bedeutung des Marken- für das Unternehmensimage wieder und beantwortet damit die Frage, inwiefern die Verbraucher ihr Werturteil bezüglich eines Unternehmens (UI) von den von ihm angebotenen Produkten (MI) abhängig machen. Dieser dem Halo (MI←UI) entgegenlaufende Effekt MI→UI soll nachfolgend als „MI-Relevanz" bezeichnet werden. Mit lediglich einem statistisch insignifikanten Pfadkoeffizienten („*") der Wirkungsrichtung MI→UI (F92) kommt die MI-Relevanz bei 90% aller STLA-Kombinationen zum Tragen. *Da sie sich mit Ausnahme Frankreichs 1992 („*") als durchgängig positiv erweist, ist Untersuchungshypothese H_{13} analog H_{11} in der Konsequenz in neun von zehn Fällen nicht abzulehnen (**H_{13}** ✓).* ABBILDUNG 5-39 auf der nächsten Seite veranschaulicht die MI-Relevanz nach Studie-Land-Kombinationen:

Abb. 5-39: MI-Relevanz PM I (MI→UI) nach Studie-Land-Kombinationen

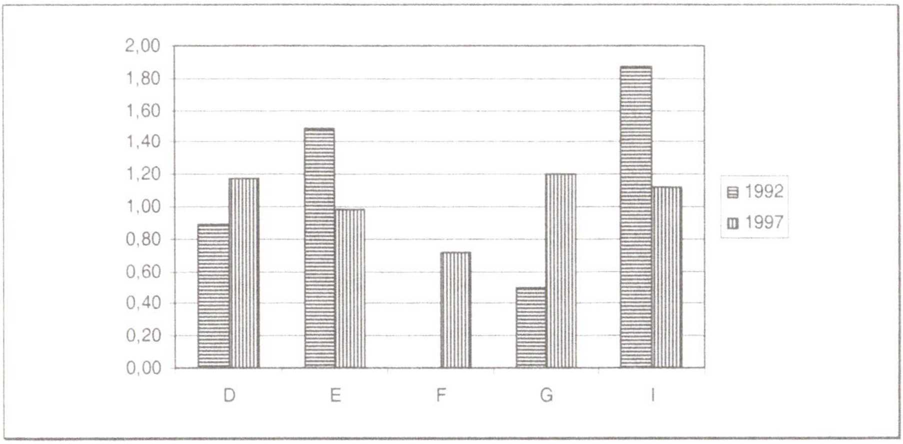

Quelle: Eigene Darstellung.

Die absolute Stärke des Einflusses MI→UI (Betragswert der totalen Effekte) wird auch in ABB. 5-39 durch die Höhe der Balken je Studie-Land-Kombination wiedergegeben. So erhöht sich z.B. im Falle Großbritanniens 1997 (G97) das UI um ca. 1,2 Standardabweichungen bei einer Steigerung des MI-Wertes um eine Standardabweichung.

Während die MI-Relevanz 1992 analog dem Halo-Effekt in Italien am größten ausfällt, zeigt sich im Ländervergleich 1997 in Großbritannien der stärkste Einfluss des Marken- auf das Unternehmensimage. Dort ergab sich 1992 hingegen noch die geringste Beeinflussung. 1997 fällt die MI-Relevanz in Frankreich am geringsten aus. Im Gegensatz zu den Ländern Deutschland, Frankreich und Großbritannien, in denen die MI-Relevanz von 1992 nach 1997 zunimmt, hat sich die Bedeutung der Produktpalette für die Verbraucherwahrnehmung des Unternehmensimages in den Ländern Spanien und Italien absolut fast halbiert.

Als logische Schlussfolgerung aus der Gültigkeit der Untersuchungshypothesen H_{12} (positiver Halo) und H_{13} (positive MI-Relevanz) ist von einem sich selbst verstärkenden *positiven* kausalen Kreislauf in der Form Halo-Effekt + MI-Relevanz zwischen dem Marken- und Unternehmensimage im Marke-1-Fall auszugehen. Da mit der Wirkungsrichtung (MI←→UI) und -art (positiv) noch nichts über die Stärke des Kausalzusammenhangs ausgesagt ist, soll diese mit der Untersuchungshypothese H_{14} im Anwendungsfall problematisiert werden. Dabei gilt das primäre Interesse dem Verhältnis der Effekte zueinander und der damit Frage, ob das Markenimage das Unternehmensimage stärker beeinflusst, als es selbst von diesem beeinflusst wird, oder nicht. Ausgedrückt wird die relative Effektstärke des MI auf das UI in dem sog. „*net effect* MI", der das Verhältnis des totalen Einflusses MI→UI zu MI←UI angibt (MI-Quotient). Da bei der Analyse des „*net effect* MI" die relative Stärke eines Beeinflussungseffektes im Vordergrund steht und nicht die Art (positiv/negativ) seiner Wirkung, bleiben die Vorzeichen der standardisierten Pfadkoeffizienten bzw. totalen Effekte unberücksichtigt; der „*net effect* MI" wird demzufolge in seinem mathematischen Betrag interpretiert. Nimmt der „*net effect* MI" absolute Werte größer als eins an, ist von einem übergewichtigen Effekt des MI auf das UI auszugehen (Zähler: MI→UI > Nenner: MI←UI).

Zu einem solchen Effekt kommt es in sämtlichen Studie-Land-Kombinationen des Partialmodells I mit Ausnahme Frankreichs 1992 („*"). Das UI strahlt damit absolut schwächer auf das MI ab, als es selbst von diesem beeinflusst wird. Diese Erkenntnis stützt Untersuchungshypothese H_{14} und deutet in neun von zehn Fällen (90%) auf die übergewichtige Wirkung der Produktpalette für das übergeordnete Unternehmensimage hin. *H_{14} muss in der Konsequenz in neun von zehn Fällen nicht abgelehnt werden (H_{14}✓).* In den TABELLEN A-73 und A-74 im ANHANG, die die totalen Beeinflussungseffekte darstellen, werden die entsprechenden Werte des „*net effect* MI" ausgewisen. Die folgende Abbildung veranschaulicht die relative Effektstärke des MI im Verhältnis zum UI nach Studie-Land-Kombinationen:

Abb. 5-40: „*Net effect* MI" PM I nach Studie-Land-Kombinationen

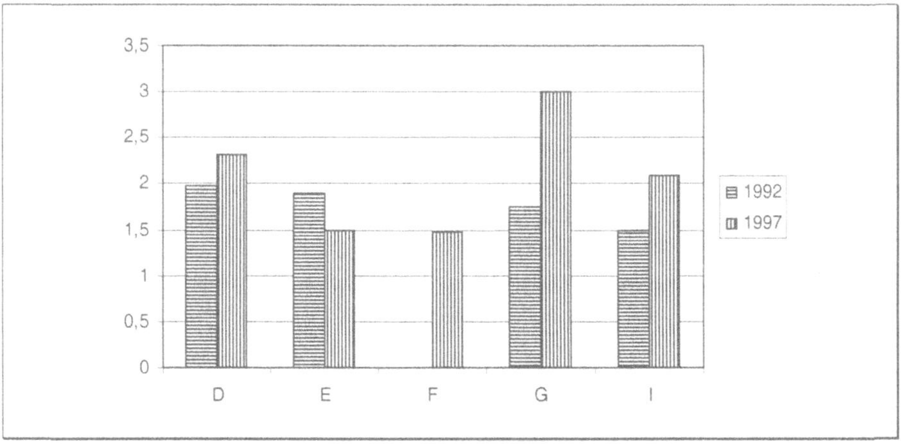

Quelle: Eigene Darstellung.

Das Vielfache der Stärke, in der der Markenimage-Effekt den Halo-Effekt übersteigt, wird in der ABBILDUNG 5-40 durch die Höhe der Balken je Studie-Land-Kombination wiedergegeben. So bedeutet bspw. im Falle Großbritanniens 1997 (G97) eine Balkenhöhe von 3,00 einen dreimal so starken Effekt MI➔UI im Vergleich zu MI🡐UI („*net effect* MI" = 3). Verbessert sich das MI in Großbritannien um eine Standardabweichung, erhöht sich dadurch simultan der UI-Wert um drei Standardabweichungen.

Während der „*net effect* MI" und mithin die Bedeutung der Produktpalette für das Unternehmensimage 1992 in Deutschland am höchsten ausfällt, zeigt sich im Ländervergleich 1997 in Großbritannien der stärkste Effekt. Das geringste Übergewicht des MI über das UI ergab sich im Jahr 1992 in Italien, 1997 in Frankreich. Mit Ausnahme Spaniens hat sich im Zeitverlauf in sämtlichen Ländern eine zunehmende relative Stärke des MI vollzogen.

Von den getesteten (sozial-) statistischen Variablen liefert vor allem das Merkmal Besitz einen bedeutsamen Erklärungsbeitrag des Unternehmensimages. Alter, Beruf und Einkommen zeigen nur sporadische, schwache Effekte. Ein durchgängiges Muster über sämtliche Studie-Land-Kombinationen ist nicht erkennbar.

5.2.2.5.2 Partialmodell II

Partialmodell II hatte einen Erklärungszusammenhang zwischen den Markenwerten ($F_{1...6}$) und dem Unternehmensimage (UI) im Anwendungsbeispiel (Marke-1) unterstellt. Vermutungen bezüglich des Typs dieser Variablenbeziehungen (nicht kausal, partiell kausal, mono-kausal oder bi-kausal) sowie der Art (positiv oder negativ) und relativen Stärke der Einflüsse wurden in den Untersuchungshypothesen H_{21} bis H_{23} problematisiert:

H_{21}: Es existiert ein bi-kausaler Zusammenhang zwischen den Variablen Markenwerte ($F_{1...6}$) und Unternehmensimage (UI).

H_{22}: Der Einfluss der Variablen Unternehmensimage (UI) auf die Variablen Markenwerte ($F_{1...6}$) ist positiv.

H_{23}: Der Einfluss der Variablen Unternehmensimage auf die Variablen Markenwerte ($F_{1...6}$) ist stärker als umgekehrt.

Im Ergebnis erweisen sich 111 der 120 standardisierten Pfadkoeffizienten (6 Markenwerte x 2 Wirkungsrichtungen x 5 Länder x 2 Studien) als statistisch signifikant (95%iges Signifikanzniveau).[1169] Dies belegen entsprechende t-Werte > 1,96 der Schätzparameter in den AMOS Systemoutputs. 8 Parameter der Richtung $F_{1...6}$→UI deuten auf keine Beeinflussung des UI durch die Markenwerte hin. Die STLA-Kombination E97 gibt darüber hinaus keinen Halo-Effekt vom UI auf den Markenwert F3 (Design) wieder. Die 111 signifikanten standardisierten Pfadkoeffizienten beider Wirkungsrichtungen implizieren in 51 der 60 nichtrekursiven Untersuchungseinheiten (6 Markenwerte x 5 Länder x 2 Studien) eine wechselseitige (bi-kausale) Abhängigkeit der Variablenbeziehungen $F_{1...6}$←→UI (85% der Fälle). Da die statistisch insignifikanten Pfadkoeffizienten (9) in unterschiedliche nichtrekursive Kausalbeziehungen eingehen, verhindern sie jeweils das Zustandekommen eines bi-kausalen Kreislaufs zwischen $F_{1...6}$ und UI. *Untersuchungshypothese H_{21} muss in der Konsequenz in 51 von 60 Fällen nicht abgelehnt werden (**H_{21}** ✓).*

Statistisch signifikante Halo-Effekte vom Unternehmensimage (UI) auf die sechs Markenwerte ($F_{1...6}$) lassen sich bei 59 der 60 untersuchten Kausalzusammenhänge nach STLA-Kombinationen des Partialmodells II der Form $F_{1...6}$←UI nachweisen (ca. 98% der Fälle). Der Markenwert Dynamik (F2) unterliegt im Falle Spaniens 1997 keinem Beeinflussungseffekt durch das UI (Halo). *Mit einem außer E97 („*") durchgängig positiven Effekt des UI auf die Markenwerte ($F_{1...6}$ ←UI) muss Untersuchungshypothese H_{22} in 59 von 60 Fällen nicht verworfen werden (**H_{22}** ✓).* ABBILDUNG 5-41 auf der nächsten Seite veranschaulicht den Halo-Effekt nach Markenwerten, Studien und Ländern:

[1169] Siehe hierzu die Tabellen A-75 und A-76 im Anhang mit den totalen Effekten des Partialmodells II.

Abb. 5-41: Halo-Effekt PM II ($F_{1...6}$←UI) nach Studie-Land-Kombinationen

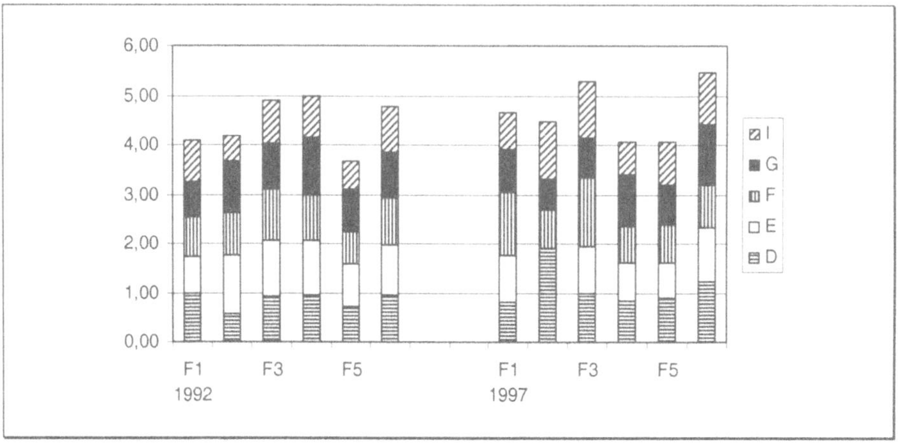

Quelle: Eigene Darstellung.

Die absolute Stärke des Einflusses $F_{1...6}$←UI (Betragswert der totalen Effekte) wird in ABB. 5-41 wie bislang durch die Höhe der Balken je Studie-Land-Kombination wiedergegeben. So erhöht sich z.B. im Falle Deutschlands 1997 (D97) der Faktorwert der Dimension Dynamik (F2) um fast zwei Standardabweichungen bei einer Steigerung des UI-Wertes um eine Standardabweichung.

Während 1992 die Markenwerte Raumangebot (F4), Design (F3) und Wiederverkaufswert (F6) länderübergreifend am stärksten vom UI beeinflusst werden, fällt der Halo-Effekt 1997 insbesondere bei den beiden letztgenannten Faktoren am größten aus. Die geringste Beeinflussung ergibt sich 1992 bei der Dimension Exklusivität (F5), 1997 bei den Markenwerten Raumangebot (F4) und Exklusivität (F5). Im Zeitvergleich 1992/1997 nimmt der Beeinflussungseffekt des Unternehmensimages auf die Markenwerte bei sämtlichen Faktoren mit Ausnahme des Raumangebots (F4) zu; in diesem Fall reduziert sich der Halo-Effekt relativ deutlich.

Hypothesen bezüglich der Beeinflussungseffekte in umgekehrter Wirkungsrichtung ($F_{1...6}$→UI) wurden bei der Spezifikation der Partialmodelle I bis IV nicht aufgestellt, da diese aus der sachlogischen, theoretischen Argumentation zum Forschungsgegenstand im Allgemeinen und dem konkreten Anwendungsbeispiel im Besonderen nicht abzuleiten waren. Kausaleinflüsse einzelner Markenwerte auf das Unternehmensimage zu unterschiedlichen Zeitpunkten und in unterschiedlichen Ländern a priori zu vermuten, erfordert eine Ursachenanalyse des Einflusspotenzials ausgesuchter Faktoren im Einzelfall. Diese soll bei dem gebotenen Umfang der vorliegenden Arbeit nicht vorgenommen werden. Nichtsdestotrotz werden die Ergebnisse der Modellschätzungen anschließend vorgestellt, um aus der Relevanz einzelner Markenwerte zusätzliche Anhaltspunkte für eine zieloptimierte Gestaltung einer imagebasierten Marketingplanung gewinnen zu können. Bei den 60 angestellten Kausalzusammenhängen (6 Markenwerte x 5 Länder x 2 Studien) der Form $F_{1...6}$→UI erweisen sich 52 der gewonnenen standardisierten Pfadkoeffizienten als statistisch signifikant (ca. 86%). ABBILDUNG 5-42 auf der nächsten Seite veranschaulicht die Relevanz der Markenwerte F1 bis F6 (MW-Relevanz) in der Form totaler Effekte ($F_{1...6}$→UI) nach Faktoren und Studie-Land-Kombinationen:

Abb. 5-42: MW-Relevanz PM II ($F_{1...6}$➔UI) nach Studie-Land-Kombinationen

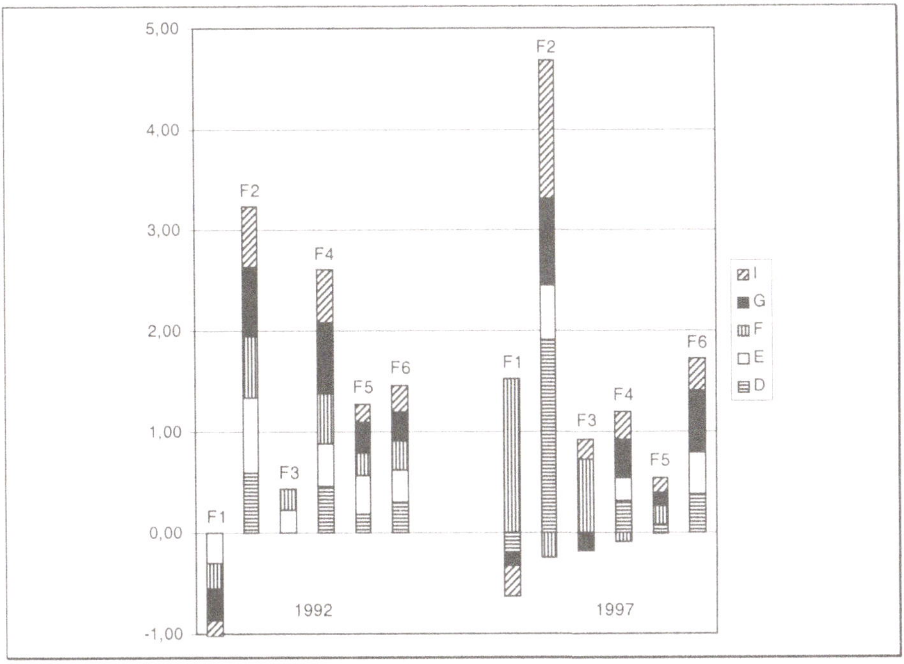

Quelle: Eigene Darstellung.

Die absolute Stärke des Einflusses $F_{1...6}$➔UI (Betragswert der totalen Effekte) wird auch in ABB. 5-42 wie bisher durch die Höhe der Balken je Studie-Land-Kombination wiedergegeben. So erhöht sich bspw. im Falle Deutschlands 1997 (D97) das UI um fast zwei Standardabweichungen bei einer Steigerung des Faktorwertes Dynamik (F2) um eine Standardabweichung. Dabei werden positive Beeinflussungseffekte der Form $F_{1...6}$➔UI (positives Vorzeichen der totalen Effekte) im Bereich oberhalb der 0,00-Achse, negative Beeinflussungseffekte (negatives Vorzeichen der totalen Effekte) im Bereich unterhalb Normal Null ausgewiesen.

Bei einer ersten länderübergreifenden Betrachtung fallen die negativen Effekte der Markenwerte Qualität (F1) in Studie 1992 sowie Qualität (F1), Dynamik (F2), Design (F3), Raumangebot (F4) und Exklusivität (F5) in Studie 1997 auf.

Während 1992 ausschließlich der Faktor Qualität (I, G, F, E) einen negativen Einfluss auf das Unternehmensimage ausübt, tragen 1997 die Dimensionen Qualität (I, D, G), Dynamik (F), Design (G), Raumangebot (F) und Exklusivität (E) partiell nach Ländern negativ zum UI bei. Alle anderen Markenwerte beeinflussen das UI gesamthaft positiv: Dabei fallen 1992 insbesondere die Faktoren Dynamik (F2) und Raumangebot (F4) durch eine relativ starke positive Beeinflussung des UI auf. In Studie 1997 wirkt der Faktor Dynamik (F2) mit Ausnahme Spaniens (negativ) mindestens dreimal so positiv auf das UI wie alle anderen Markenwerte. Auch der Wiederverkaufswert (F6) trägt 1997 überproportional stark positiv zum UI bei. Der auf niedrigerem Niveau relativ starke positive Effekt des Faktors Qualität (F1) ist 1997 demgegenüber ausschließlich auf Frankreich zurückzuführen.

Während bei länderübergreifender Analyse der Markenwerte im Zeitvergleich die Faktoren Qualität (F1), Dynamik (F2), Design (F3) und Wiederverkaufswert (F6) in ihrer Relevanz für das UI zunehmen, reduziert sich diese im Falle der Dimensionen F4 (Raumangebot) und F5 (Exklusivität).

Mit der Bestätigung der Hypothesen H_{21} ($F_{1...6}$←→UI) bzw. H_{22} ($F_{1...6}$←UI) in der Mehrzahl der Untersuchungseinheiten (85% bzw. ca. 98%) sowie den aufgezeigten Beeinflussungseffekten der Markenwerte F1 bis F6 in 52 von 60 Fällen (ca. 86%) zeigt sich analog PM I (MI←→UI) auch bei PM II eine wechselseitige (bi-kausale) Abhängigkeit der betrachteten Modellgrößen. Im Gegensatz zu PM I allerdings weist PM II positive wie negative kausale Kreisläufe der Variablenbeziehungen $F_{1...6}$←→UI auf. Bei Vorliegen eines negativen kausalen Kreislaufes sind die Effekte in ihrer Wirkungsart konträr (positiv vs. negativ). Dabei stehen durchgängig positive Beeinflussungseffekte der Form $F_{1...6}$←UI (H_{22}) negativen Beeinflussungseffekten der Form $F_{1...6}$→UI entgegen.

Unabhängig von dem Typ eines Variablenzusammenhangs bzw. eines kausalen Kreislaufs steht bei der Analyse des *„net effect* $F_{1...6}$" die relative Stärke der Beeinflussungseffekte $F_{1...6}$→UI im Verhältnis zu $F_{1...6}$←UI im Vordergrund. Demgemäß bleiben die Vorzeichen der standardisierten Pfadkoeffizienten bzw. totalen Effekte der Variablenbeziehungen ($F_{1...6}$→UI) unberücksichtigt. Der *„net effect* $F_{1...6}$" wird schlusslogisch in seinem mathematischen Betrag interpretiert. Nimmt dieser absolute Werte kleiner (größer) als eins an, ist von einem untergewichtigen (übergewichtigen) Effekt eines Markenwertes auf das Unternehmensimage auszugehen. Der *„net effect* $F_{1...6}$" wird in den TABELLEN der totalen Effekte A-75 und A-76 im ANHANG ausgewiesen.

H_{23} unterstellt absolute Betragswerte des *„net effect* $F_{1...6}$" < 1 und damit einen untergewichtigen Einfluss der Markenwerte auf das Unternehmensimage. Dieser Fall trifft 1992 mit Ausnahme des Faktors Dynamik (D, I) sowie der Dimensionen Qualität (F) und Dynamik (D, G, I; E = „*") in Studie 1997 auf sämtliche verbleibenden Markenwerte und Studie-Land-Kombinationen zu. Damit überwiegen die Halo-Effekte des Unternehmensimages auf die Markenwerte ($F_{1...6}$←UI) die Effekte umgekehrter Wirkungsrichtung ($F_{1...6}$→UI) in 53 von 60 Fällen (ca. 88%). Das UI strahlt damit mehrheitlich absolut stärker auf die Markenimagedimensionen F1 bis F6 ab, als es selbst von diesen beeinflusst wird. *Untersuchungshypothese H_{23} muss in der Konsequenz in 53 von 60 Fällen nicht abgelehnt werden (**H_{23}** ✓).*

ABBILDUNG 5-43 auf der nächsten Seite veranschaulicht den *„net effect* $F_{1...6}$" nach Studie-Land-Kombinationen:

Abb. 5-43: „*Net effect* $F_{1...6}$" PM II nach Studie-Land-Kombinationen

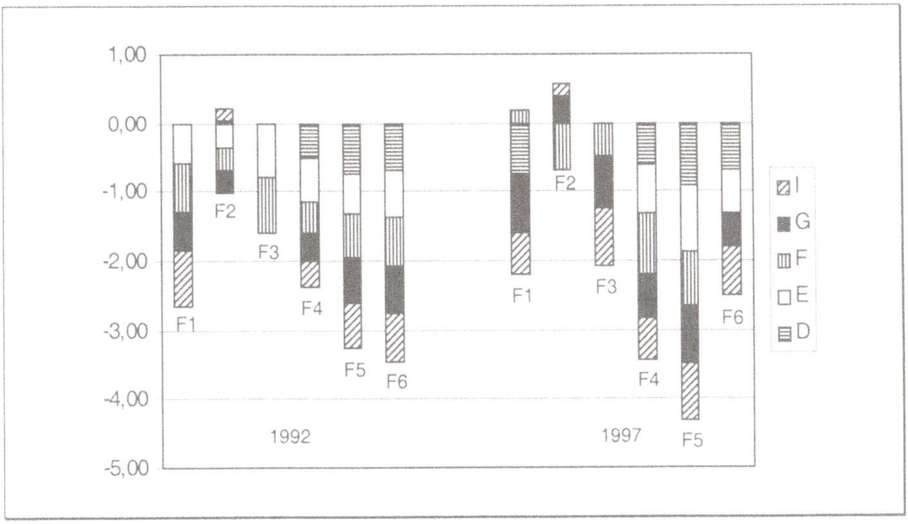

Quelle: Eigene Darstellung.

In ABB. 5-43 finden sich im positiven Bereich oberhalb der 0,00-Achse die Studie-Land-Kombinationen, in denen ein bestimmter Markenwert (F1 bis F6) einen übergewichtigen Einfluss auf das UI wahrnimmt („*net effect*" > 1). Dieser Fall trifft 1992 ausschließlich auf den Faktor Dynamik (D, I), 1997 auf die Dimensionen Qualität (F) und Dynamik (D, G, I) zu. Das Vielfache der Stärke (in %), in der der Markenwert- den Halo-Effekt übersteigt, wird dabei durch die Höhe der Balken je Studie-Land-Kombination wiedergegeben. Zu diesem Zweck wurden die „*net effects* $F_{1...6}$" in ihren Betragswerten jeweils absolut um 1 reduziert, um einen gleichgewichtigen Effekt $F_{1...6}$➔UI zu $F_{1...6}$🡐UI („*net effects* $F_{1...6}$" = 1) auf null zu normieren. So bedeutet eine Balkenhöhe von 1,00 bspw. einen doppelt so starken Effekt $F_{1...6}$➔UI zu $F_{1...6}$🡐UI bezüglich einer Studie-Land-Kombination (+ 100%). Im negativen Bereich unterhalb der 0,00-Achse finden sich die Studie-Land-Kombinationen, in denen ein bestimmter Markenwert (F1 bis F6) einen untergewichtigen Einfluss auf das UI wahrnimmt („*net effect*" < 1). Je größer dabei die eingetragenen Balken, desto niedriger ist der Markenwert- im Vergleich zum Halo-Effekt. Wird in diesem Zusammenhang bspw. ein Balken mit einer Höhe von 0,5 ausgewiesen, so heißt das, dass der Markenwerteffekt um 50% (die Hälfte) geringer ausfällt als der entsprechende Halo-Effekt. Damit ist der Wertebereich einzelner STLA-Kombinationen unterhalb der x-Achse auf Werte zwischen 0 (0% bei „*net effect*" = 1) und 1 (100% bei „*net effect*" = 0) begrenzt. In letztgenanntem Fall ist der Markenwerteffekt 100% kleiner als der entsprechende Halo-Effekt und m.a.W. nicht existent. Je größer der MW-Effekt wird, desto näher „wächst" der Balken (einzelner STLA-Kombinationen) in Richtung x-Achse und positiven Bereich.

Dieser Fall trifft auf sämtliche anderen Markenwerte und Studie-Land-Kombinationen zu. Bei einer ersten länderübergreifenden Betrachtung fallen 1992 insbesondere die Dimensionen Exklusivität (F5) und Wiederverkaufswert (F6) auf, die über dreimal so stark vom UI beeinflusst werden, wie sie dieses selbst zu beeinflussen vermögen. 1997 wirkt der Halo-Effekt ($F_{1...6}$🡐UI) auf die Faktoren Raumangebot (F4) und Exklusivität (F5) am deutlichsten.

Der Markenwert Dynamik (F2) wird sowohl 1992 als auch 1997 vom UI am geringsten beeinflusst bzw. nimmt sogar einen übergewichtigen Einfluss auf das UI wahr (1992: D, I; 1997: D, G, I). Während der Halo-Effekt im Zeitvergleich auf die gesamthaften Markenwerte Qualität (F1), Dynamik (F2) sowie Wiederverkaufswert (F6) zunimmt, schwächt er sich im Falle der Dimensionen Design (F3), Raumangebot (F4) und Exklusivität (F5) von 1992 nach 1997 absolut ab.

Die getesteten (sozial-) statistischen Variablen Alter, Beruf, Einkommen und Besitz zeigen nur sporadische, schwache Effekte. Ein durchgängiges Muster über sämtliche Studie-Land-Kombinationen ist nicht erkennbar.

5.2.2.5.3 Partialmodell III

Partialmodell III hatte einen Erklärungszusammenhang zwischen den Produktimages ($PI^{1...5}$) und dem Unternehmensimage (UI) im Anwendungsbeispiel (Marke-1) unterstellt. Vermutungen bezüglich des Typs dieser Variablenbeziehungen (nicht kausal, partiell kausal, mono-kausal oder bi-kausal) sowie der Art (positiv oder negativ) und relativen Stärke der Einflüsse wurden in den Untersuchungshypothesen H_{31} bis H_{33} problematisiert:

H_{31}: Es existiert ein bi-kausaler Zusammenhang zwischen den Variablen Produktimages ($PI^{1...5}$) und Unternehmensimage (UI).

H_{32}: Der Einfluss der Variablen Unternehmensimage (UI) auf die Variablen Produktimages ($PI^{1...5}$) ist positiv.

H_{33}: Der Einfluss der Variablen Unternehmensimage auf die Variablen Produktimages ($PI^{1...5}$) ist stärker als umgekehrt.

Im Ergebnis erweisen sich sämtliche der 72 standardisierten Pfadkoeffizienten (3 bis 5 Produktimages x 2 Wirkungsrichtungen x 3 bis 5 Länder x 1 bis 2 Studien) als statistisch signifikant (95%iges Signifikanzniveau).[1170] Dies belegen entsprechende t-Werte > 1,96 der Schätzparameter in den AMOS Systemoutputs. Die 72 signifikanten standardisierten Pfadkoeffizienten der beiden Wirkungsrichtungen implizieren in allen 36 nichtrekursiven Untersuchungseinheiten eine wechselseitige (bi-kausale) Abhängigkeit der Variablenbeziehungen $PI^{1...5} \leftrightarrow UI$ (100% der Fälle). *Untersuchungshypothese H_{31} muss in der Konsequenz in 36 von 36 Fällen nicht abgelehnt werden (**H_{31}** ✓).*

Statistisch signifikante Halo-Effekte vom Unternehmensimage (UI) auf die fünf Produktimages ($PI^{1...5}$) lassen sich bei sämtlichen 36 untersuchten Kausalzusammenhängen nach STLA-Kombinationen des Partialmodells III der Form $PI^{1...5} \leftarrow UI$ nachweisen (100% der Fälle). *Mit einem durchgängig positiven Effekt des UI auf die Produktimages* ($PI^{1...5} \leftarrow$ *UI) muss Untersuchungshypothese H_{32} in 36 von 36 Fällen nicht verworfen werden (**H_{32}** ✓).* ABBILDUNG 5-44 auf der nächsten Seite veranschaulicht den Halo-Effekt nach Produktimages, Studien und Ländern:

1170 Siehe hierzu die Tabellen A-77 und A-78 im Anhang mit den totalen Effekten des Partialmodells III.

Abb. 5-44: Halo-Effekt PM III (PI$^{1...5}$←UI) nach Studie-Land-Kombinationen

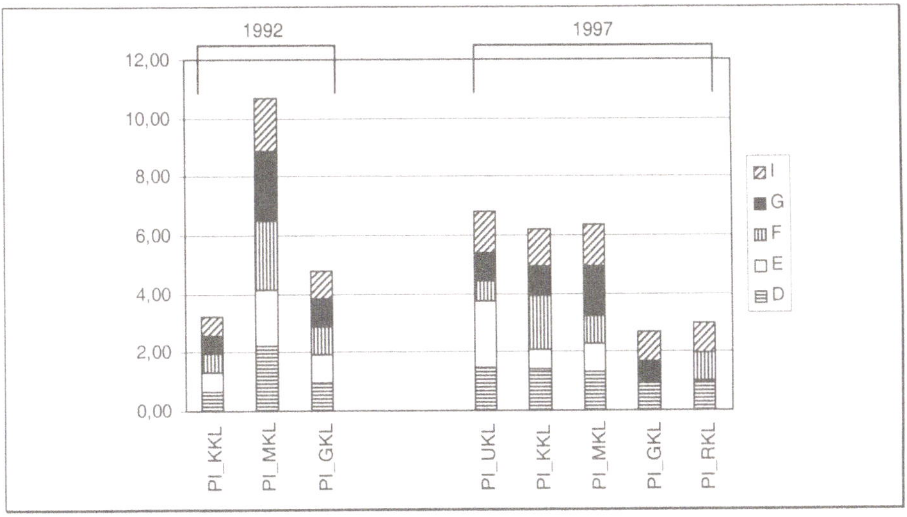

Quelle: Eigene Darstellung.

Die absolute Stärke des Einflusses PI$^{1...5}$←UI (Betragswert der totalen Effekte) wird in ABB. 5-44 wie bisher durch die Höhe der Balken je Studie-Land-Kombination wiedergegeben. So erhöht sich bspw. im Falle Deutschlands 1992 (D92) das Produktimage des Marke-1-Modells der mittleren Klasse (PI_MKL) um über zwei Standardabweichungen bei einer Steigerung des UI-Wertes um eine Standardabweichung.

Während 1992 insbesondere das Produktimage des Marke-1-Modells der mittleren PKW-Klasse (PI_MKL) länderübergreifend am stärksten vom UI beeinflusst wird, fällt der Halo-Effekt 1997 nahezu gleichermaßen bei den Marke-1-Modellen der unteren, kleinen und mittleren PKW-Klasse am höchsten aus. Die geringste Beeinflussung ergibt sich 1992 bei dem Marke-1-Modell der kleinen Klasse (PI_KKL), 1997 bei den Produktimages der Marke-1-Modelle der großen und Roadsterklasse auf ähnlichem Niveau. Während im Zeitvergleich von 1992 zu 1997 der Beeinflussungseffekt des Unternehmensimages auf das Marke-1-Modell der kleinen Klasse zunimmt, reduziert sich der Halo-Effekt im Falle der Marke-1-Modelle der mittleren und großen Klasse. Insbesondere die Veränderung des PI_MKL fällt dabei relativ deutlich aus.

Hypothesen bezüglich der Beeinflussungseffekte umgekehrter Wirkungsrichtung (PI$^{1...5}$→UI) wurden bei der Spezifikation der Partialmodelle I bis IV nicht aufgestellt, da sie aus der sachlogischen theoretischen Argumentation zum Forschungsgegenstand im Allgemeinen und dem konkreten Anwendungsbeispiel im Besonderen nicht abzuleiten waren. Kausaleinflüsse einzelner Produktimages auf das Unternehmensimage zu unterschiedlichen Zeitpunkten und in unterschiedlichen Ländern a priori zu vermuten, erfordert eine Ursachenanalyse des Einflusspotenzials ausgesuchter Produktimages im Einzelfall. Diese soll bei dem gebotenen Umfang der vorliegenden Arbeit nicht vorgenommen werden. Dennoch werden die Ergebnisse der Modellschätzungen anschließend vorgestellt, um aus der Relevanz der einzelnen Produktimages zusätzliche Anhaltspunkte für die zieloptimierte Gestaltung einer imagebasierten Marketingplanung zu gewinnen.

Bei den 36 angestellten Kausalzusammenhängen der Form $PI^{1...5}$➔UI erweisen sich sämtliche 36 gewonnenen standardisierten Pfadkoeffizienten als statistisch signifikant (100%). Die folgende Abbildung veranschaulicht die Relevanz der Produktimages PI_UKL bis PI_RKL (PI-Relevanz) in der Form totaler Effekte ($PI^{1...5}$➔UI) nach Produktimages und Studie-Land-Kombinationen:

Abb. 5-45: PI-Relevanz PM III ($PI^{1...5}$➔UI) nach Studie-Land-Kombinationen

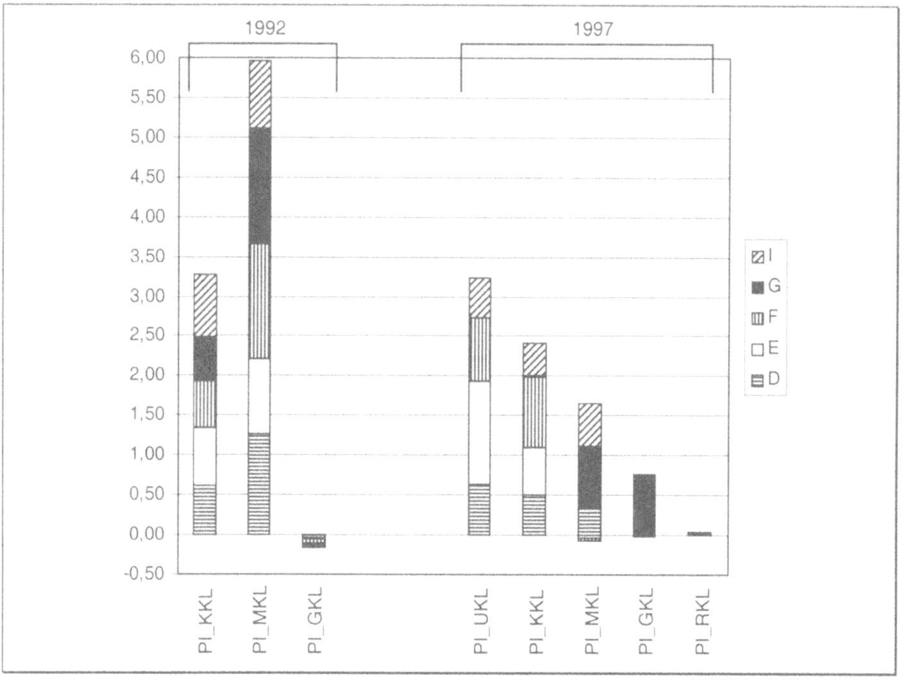

Quelle: Eigene Darstellung.

Die absolute Stärke des Einflusses $PI^{1...5}$➔UI (Betragswert der totalen Effekte) wird auch in ABBILDUNG 5-45 wie bisher durch die Höhe der Balken je Studie-Land-Kombination wiedergegeben. So erhöht sich bspw. im Falle Deutschlands 1992 (D92) das UI um ca. 1,26 Standardabweichungen bei der Steigerung des PI-Faktorwertes des Marke-1-Modells der mittleren PKW-Klasse um eine Standardabweichung. Dabei werden positive Beeinflussungseffekte der Form $PI^{1...5}$➔UI (positives Vorzeichen der totalen Effekte) im Bereich oberhalb der 0,00-Achse, negative Beeinflussungseffekte (negatives Vorzeichen der totalen Effekte) im Bereich unterhalb Normal-Null ausgewiesen.

Bei einer ersten länderübergreifenden Betrachtung fallen die negativen Effekte des Marke-1-Modells der großen Klasse (PI_GKL) in Studie 1992 sowie der Marke-1-Modelle der unteren (PI_-UKL), mittleren (PI_MKL) und der großen PKW-Klasse (PI_GKL) in Studie 1997 auf. Während 1992 ausschließlich das Marke-1-Modell der großen Klasse - dies allerdings über alle Länder - einen negativen Einfluss auf das Unternehmensimage ausübt, tragen 1997 die Marke-1-Modelle der unteren (G), mittleren (E, F) und großen PKW-Klasse (D, I) partiell nach Ländern negativ zum UI bei. Alle anderen Produktimages beeinflussen das UI gesamthaft positiv:

Dabei fällt 1992 insbesondere das Produktimage des Marke-1-Modells der mittleren Klasse (PI_-MKL) durch eine relativ starke positive Beeinflussung des UI auf. In der Studie 1997 wirken die Produktimages der Marke-1-Modelle mit zunehmender Karosseriegröße (in der Reihenfolge PI_-UKL, PI_KKL, PI_MKL, PI_GKL) mit abnehmend positiver Stärke auf das UI. Eine Ausnahme stellt nur das PI_RKL dar, das sich mit totalen Effekten um 0,01 durch eine lediglich marginale Beeinflussung des UI auszeichnet. Während bei länderübergreifender Analyse der Produktimages die Marke-1-Modelle der PI_KKL und -_MKL in ihrer Relevanz für das UI zurückgehen, erhöht sich diese im Falle des PI_GKL insbesondere in Großbritannien. Dort hat sich ein negativer in einen relativ starken positiven Effekt umgewandelt. Auffallend ist weiterhin die relativ deutliche Abnahme der PI-Relevanz des Marke-1-Modells der mittleren Klasse (PI_MKL), die sich in dem Zeitraum von 1992 nach 1997 in totalen Effekten etwa gedrittelt hat.

Mit der Bestätigung der Hypothesen H_{31} (PI$^{1...5}$$\leftarrow\rightarrow$UI) bzw. H_{32} (PI$^{1...5}$$\leftarrow$UI) in sämtlichen Untersuchungseinheiten (100%) sowie den aufgezeigten Beeinflussungseffekten der Produktimages PI_UKL bis PI_RKL in 36 von 36 Fällen (100%) zeigt sich analog PM I (MI$\leftarrow\rightarrow$UI) auch bei PM III eine wechselseitige (bi-kausale) Abhängigkeit der betrachteten Modellgrößen. Im Gegensatz zu PM I allerdings weist PM III positive wie negative kausale Kreisläufe der Variablenbeziehungen PI$^{1...5}$$\leftarrow\rightarrow$UI auf. Bei Vorliegen eines negativen kausalen Kreislaufes sind die Effekte in ihrer Wirkungsart konträr (positiv vs. negativ). Dabei stehen durchgängig positive Beeinflussungseffekte der Form PI$^{1...5}$$\leftarrow$UI ($H_{32}$) negativen Beeinflussungseffekten der Form PI$^{1...5}$$\rightarrow$UI entgegen.

Unabhängig von dem Typ eines Variablenzusammenhangs bzw. eines kausalen Kreislaufs steht bei der Analyse des *„net effect* PI$^{1...5}$" die relative Stärke der Beeinflussungseffekte PI$^{1...5}$$\rightarrow$UI im Verhältnis zu PI$^{1...5}$$\leftarrow$UI im Vordergrund. Demgemäß bleiben die Vorzeichen der standardisierten Pfadkoeffizienten bzw. totalen Effekte der Variablenbeziehungen (PI$^{1...5}$$\rightarrow$UI) unberücksichtigt. Der *„net effect* PI$^{1...5}$" wird schlusslogisch in seinem mathematischen Betrag interpretiert. Nimmt dieser absolute Werte kleiner (größer) als eins an, ist von einem untergewichtigen (übergewichtigen) Effekt eines Produktimages auf das Unternehmensimage auszugehen. Der *„net effect* PI$^{1...5}$" wird in den TABELLEN der totalen Effekte A-77 und A-78 im ANHANG ausgewiesen.

H_{33} unterstellt absolute Betragswerte des *„net effect* PI$^{1...5}$" < 1 und damit einen untergewichtigen Einfluss der Produktimages auf das Unternehmensimage. Dieser Fall trifft mit Ausnahme des PI_KKL (E, I) in Studie 1992 sowie der PI_UKL (F) und PI_GKL (G) in Studie 1997 auf alle verbleibenden Produktimages und Studie-Land-Kombinationen zu. Damit überwiegen die Halo-Effekte des Unternehmensimages auf die Produktimages (PI$^{1...5}$$\leftarrow$UI) die Effekte umgekehrter Wirkungsrichtung (PI$^{1...5}$$\rightarrow$UI) in 32 von 36 Fällen (ca. 89%). Das UI strahlt damit mehrheitlich absolut stärker auf die Produktimages PI_UKL bis PI_RKL ab, als es selbst von diesen beeinflusst wird. *Untersuchungshypothese H_{33} muss in der Konsequenz in 32 von 36 Fällen nicht abgelehnt werden (**H_{33}** ✓).*

ABBILDUNG 5-46 auf der nächsten Seite veranschaulicht den *„net effect* PI$^{1...5}$" nach Studie-Land-Kombinationen:

Abb. 5-46: „*Net effect* PI$^{1...5}$" PM III nach Studie-Land-Kombinationen

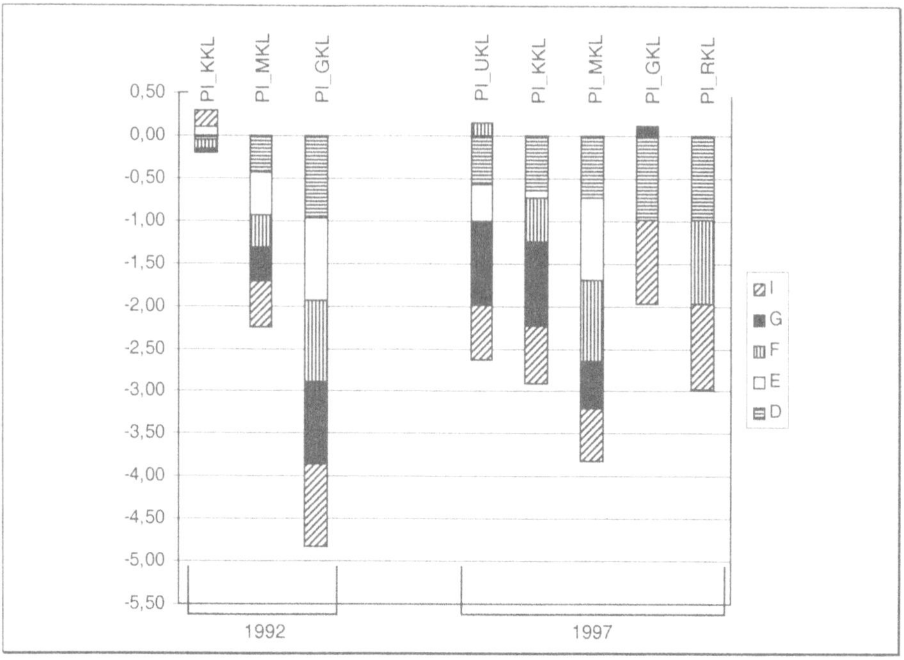

Quelle: Eigene Darstellung.

In ABB. 5-46 finden sich im positiven Bereich oberhalb der 0,00-Achse die Studie-Land-Kombinationen, in denen ein bestimmtes Produktimage (PI_UKL bis PI_RKL) eines Marke-1-Modells einen übergewichtigen Einfluss auf das UI wahrnimmt („*net effect*" > 1). Dieser Fall trifft 1992 ausschließlich auf das Marke-1-Modell der kleinen PKW-Klasse (E, I), 1997 auf die Marke-1-Modelle der unteren (F) und großen Klasse (G) zu. Das Vielfache der Stärke (in %), in der der Produktimage- den Halo-Effekt übersteigt, wird dabei durch die Höhe der Balken je nach Studie-Land-Kombination wiedergegeben. Zu diesem Zweck wurden die „*net effects* $F_{1...6}$" in ihren Betragswerten jeweils absolut um 1 reduziert, um einen gleichgewichtigen Effekt PI$^{1...5}$→UI zu PI$^{1...5}$←UI („*net effects* PI$^{1...5}$" = 1) auf null zu normieren. So bedeutet eine Balkenhöhe von 1,00 bspw. einen doppelt so starken Effekt PI$^{1...5}$→UI zu PI$^{1...5}$←UI bezüglich einer Studie-Land-Kombination (+ 100%). Im negativen Bereich unterhalb der 0,00-Achse finden sich die Studie-Land-Kombinationen, in denen ein bestimmtes Produktimage (PI_UKL bis PI_RKL) einen untergewichtigen Einfluss auf das UI wahrnimmt („*net effect*" < 1). Je größer dabei die eingetragenen Balken, desto niedriger ist der Produktimage- im Vergleich zum Halo-Effekt. Wird bspw. ein Balken mit einer Höhe von 0,5 ausgewiesen, so heißt das, dass der Produktimageeffekt um 50% (die Hälfte) geringer ausfällt als der entsprechende Halo-Effekt. Damit ist der Wertebereich einzelner STLA-Kombinationen unterhalb der x-Achse auf Werte zwischen 0 (0% bei „*net effect*" = 1) und 1 (100% bei „*net effect*" = 0) begrenzt. In letztgenanntem Fall ist der Produktimageeffekt 100% kleiner als der entsprechende Halo-Effekt und m.a.W. nicht existent. Je größer der PI-Effekt wird, desto näher „wächst" der Balken (einzelner STLA-Kombinationen) in Richtung der x-Achse und des positiven Bereichs.

Dieser Fall trifft auf sämtliche anderen Produktimages und Studie-Land-Kombinationen zu. Bei einer ersten länderübergreifenden Betrachtung fällt in 1992 insbesondere das Produktimage des Marke-1-Modells der großen Klasse (PI_GKL) auf, das über fünfmal so stark vom UI beeinflusst wird, wie es dieses selbst zu beeinflussen vermag. In 1997 wirkt der Halo-Effekt ($PI^{1...5}$←UI) auf das Produktimage des Marke-1-Modells der mittleren Klasse (PI_MKL) am deutlichsten. 1992 wird das PI_KKL vom UI am geringsten beeinflusst bzw. nimmt in einigen Ländern sogar einen übergewichtigen Einfluss auf das UI wahr (E, I), 1997 das PI_GKL. Während der Halo-Effekt im Zeitvergleich auf die gesamthaften Produktimages PI_KKL und PI_MKL zunimmt, schwächt er sich im Fall des Produktimages des Marke-1-Modells der großen PKW-Klasse (PI_GKL) in dem Zeitraum von 1992 nach 1997 absolut ab.

Die getesteten (sozial-) statistischen Variablen Alter, Beruf, Einkommen und Besitz zeigen nur sporadische, schwache Effekte. Ein durchgängiges Muster über sämtliche Studie-Land-Kombinationen ist nicht erkennbar.

5.2.2.5.4 Partialmodell IV

Partialmodell IV hatte einen Erklärungszusammenhang zwischen den Produktimagedimensionen ($F_{1...6}{}^{1...5}$) und dem Unternehmensimage (UI) im Anwendungsbeispiel (Marke-1) unterstellt. Vermutungen bezüglich des Typs dieser Variablenbeziehungen (nicht kausal, partiell kausal, monokausal oder bi-kausal) sowie der Art (positiv oder negativ) und relativen Stärke der Einflüsse wurden in den Untersuchungshypothesen H_{41} bis H_{43} problematisiert:

H_{41}: *Es existiert ein bi-kausaler Zusammenhang zwischen den Variablen Produktimagedimensionen ($F_{1...6}{}^{1...5}$) und Unternehmensimage (UI).*

H_{42}: *Der Einfluss der Variablen Unternehmensimage (UI) auf die Variablen Produktimagedimensionen ($F_{1...6}{}^{1...5}$) ist positiv.*

H_{43}: *Der Einfluss der Variablen Unternehmensimage auf die Variablen Produktimagedimensionen ($F_{1...6}{}^{1...5}$) ist stärker als umgekehrt.*

Im Ergebnis erweisen sich 400 der 432 standardisierten Pfadkoeffizienten (3 bis 5 Produktimages x 6 Markenwerte x 2 Wirkungsrichtungen x 3 bis 5 Länder x 1 bis 2 Studien) als statistisch signifikant (95%iges Signifikanzniveau).[1171] Dies belegen entsprechende t-Werte > 1,96 der Schätzparameter in den AMOS Systemoutputs. 32 Parameter der Richtung $F_{1...6}{}^{1...5}$→UI deuten auf keine Beeinflussung des UI durch die Produktimagedimensionen hin. Die 400 signifikanten standardisierten Pfadkoeffizienten beider Wirkungsrichtungen implizieren in 200 der 216 nichtrekursiven Untersuchungseinheiten eine wechselseitige (bi-kausale) Abhängigkeit der Variablenbeziehungen $F_{1...6}{}^{1...5}$←→UI (ca. 93% der Fälle). Da die statistisch insignifikanten Pfadkoeffizienten (32) in unterschiedliche nichtrekursive Kausalbeziehungen eingehen, verhindern sie jeweils das Zustandekommen eines bi-kausalen Kreislaufs zwischen $F_{1...6}{}^{1...5}$ und UI. *Untersuchungshypothese H_{41} muss in der Konsequenz in 200 von 216 Fällen nicht abgelehnt werden (**H_{41}** ✓).*

[1171] Siehe hierzu die Tabellen A-79 bis A-81 im Anhang mit den totalen Effekten des Partialmodells IV.

Statistisch signifikante Halo-Effekte vom Unternehmensimage (UI) auf die sechs Produktimagedimensionen ($F_{1...6}^{1...5}$) lassen sich bei allen 216 untersuchten Kausalzusammenhängen nach ST-LA-Kombinationen des Partialmodells IV der Form $F_{1...6}^{1...5} \leftarrow UI$ nachweisen (100% der Fälle). *Mit einem durchgängig positiven Effekt des UI auf die Produktimagedimensionen ($F_{1...6}^{1...5} \leftarrow UI$) muss Untersuchungshypothese H_{42} in sämtlichen 216 Fällen nicht verworfen werden (**H_{42}** ✓).* Die ABBILDUNGEN A-48, A-51, A-54, A-57 und A-60 im ANHANG veranschaulichen den Halo-Effekt nach Produktimages, Produktimagedimensionen, Studien und Ländern. Die Interpretation entspricht dabei der der Partialmodelle I bis III.

Hypothesen bezüglich der Beeinflussungseffekte umgekehrter Wirkungsrichtung ($F_{1...6}^{1...5} \rightarrow UI$) wurden bei der Spezifikation der Partialmodelle I bis IV nicht aufgestellt, da sie aus der sachlogischen, theoretischen Argumentation zum Forschungsgegenstand im Allgemeinen und dem konkreten Anwendungsbeispiel im Besonderen nicht abzuleiten waren. Kausaleinflüsse einzelner Produktimagedimensionen auf das Unternehmensimage zu unterschiedlichen Zeitpunkten und in unterschiedlichen Ländern a priori zu vermuten, erfordert eine Ursachenanalyse des Einflusspotenzials ausgesuchter Produktimagefaktoren im Einzelfall. Diese soll bei dem gebotenen Umfang der vorliegenden Arbeit nicht vorgenommen werden. Bei den 216 angestellten Kausalzusammenhängen (3 bis 5 Produktimages x 6 Markenwerte x 3 bis 5 Länder x 1 bis 2 Studien) der Form $F_{1...6}^{1...5} \rightarrow UI$ erweisen sich 184 der gewonnenen standardisierten Pfadkoeffizienten als statistisch signifikant (ca. 85%). Die ABBILDUNGEN A-49, A-52, A-55, A-58 und A-61 im ANHANG veranschaulichen die Relevanz der Produktimagedimensionen F1_UKL bis F6_RKL (PD-Relevanz) in der Form totaler Effekte ($F_{1...6}^{1...5} \rightarrow UI$) nach Produktimages, Produktimagedimensionen und Studie-Land-Kombinationen. Die Interpretation entspricht dabei der der Partialmodelle I bis III.

Mit der Bestätigung der Hypothesen H_{41} ($F_{1...6}^{1...5} \leftarrow\rightarrow UI$) bzw. H_{42} ($F_{1...6}^{1...5} \leftarrow UI$) in der Mehrzahl der Untersuchungseinheiten (ca. 93% bzw. 100%) sowie den aufgezeigten Beeinflussungseffekten der Produktimagedimensionen F1_UKL bis F6_RKL in 184 von 216 Fällen (ca. 85%) zeigt sich analog PM I ($MI \leftarrow\rightarrow UI$) auch bei PM IV eine wechselseitige (bi-kausale) Abhängigkeit der betrachteten Modellgrößen. Im Gegensatz zu PM I allerdings weist PM IV positive wie negative kausale Kreisläufe der Variablenbeziehungen $F_{1...6}^{1...5} \leftarrow\rightarrow UI$ auf. Bei Vorliegen eines negativen kausalen Kreislaufes sind die Effekte in ihrer Wirkungsart konträr (positiv vs. negativ). Dabei stehen durchgängig positive Beeinflussungseffekte der Form $F_{1...6}^{1...5} \leftarrow UI$ (H_{42}) negativen Beeinflussungseffekten der Form $F_{1...6}^{1...5} \rightarrow UI$ entgegen.

Unabhängig vom Typ des Variablenzusammenhangs bzw. eines kausalen Kreislaufs steht bei der Analyse des „*net effect* $F_{1...6}^{1...5}$" die relative Stärke der Beeinflussungseffekte $F_{1...6}^{1...5} \rightarrow UI$ im Verhältnis zu $F_{1...6}^{1...5} \leftarrow UI$ im Vordergrund. Dementsprechend bleiben die Vorzeichen der standardisierten Pfadkoeffizienten bzw. totalen Effekte der Variablenbeziehungen ($F_{1...6}^{1...5} \rightarrow UI$) unberücksichtigt. Der „*net effect* $F_{1...6}^{1...5}$" wird schlusslogisch in seinem mathematischen Betrag interpretiert. Nimmt dieser absolute Werte kleiner (größer) als eins an, ist von einem untergewichtigen (übergewichtigen) Effekt eines Markenwertes auf das Unternehmensimage auszugehen. Der „*net effect* $F_{1...6}^{1...5}$" wird in den TABELLEN der totalen Effekte A-79 bis A-81 im ANHANG ausgewiesen.

H_{43} unterstellt absolute Betragswerte des „*net effect* $F_{1...6}^{1...5}$" < 1 und damit einen untergewichtigen Einfluss der Produktimagedimensionen auf das Unternehmensimage. Dieser Fall trifft mit Ausnahme des Faktors Raumangebot des Marke-1-Modells der Roadsterklasse (F_4^5) in Deutschland 1997 („*") auf sämtliche Produktimages, Produktimagedimensionen und Studie-Land-Kombinationen zu. Damit überwiegen die Halo-Effekte des Unternehmensimages auf die Produktimagedimensionen ($F_{1...6}^{1...5}$←UI) die Effekte umgekehrter Wirkungsrichtung ($F_{1...6}^{1...5}$→UI) in 215 von 216 Fällen (ca. 100%). Das UI strahlt damit mehrheitlich absolut stärker auf die Produktimagedimensionen F1_UKL bis F6_RKL ab, als es selbst von ihnen beeinflusst wird. *Untersuchungshypothese H_{43} muss in der Konsequenz in 215 von 216 Fällen nicht abgelehnt werden (**H_{43}** ✓).* Die ABBILDUNGEN A-50, A-53, A-56, A-59 und A-62 im ANHANG veranschaulichen den „*net effect* $F_{1...6}^{1...5}$" nach Produktimages, Produktimagedimensionen und Studie-Land-Kombinationen. Die Interpretation entspricht dabei der der Partialmodelle II und III.

Die getesteten (sozial-) statistischen Variablen Alter, Beruf, Einkommen und Besitz zeigen nur sporadische, schwache Effekte. Ein durchgängiges Muster über sämtliche Studie-Land-Kombinationen ist nicht erkennbar.

5.3 Zusammenfassung der empirischen Ergebnisse

Die im Rahmen der durchgeführten Situationsanalyse angestellten Studien haben eine Vielzahl an Ergebnissen geliefert, so dass deren Zusammenfassung an dieser Stelle als geboten erscheint. Der Verfasser orientiert sich dabei an den gesetzten Untersuchungszielen des empirischen Teils dieser Arbeit einerseits und den theoriewissenschaftlich abgeleiteten Hypothesen andererseits. Die inhaltliche Interpretation der gewonnenen Erkenntnisse erfolgt in KAPITEL 6.1 als Grundlage für die Ausgestaltung der Ziel- und Maßnahmenplanung im Anwendungsfall. Nachstehend sollen deshalb lediglich eine unkommentierte Darstellung der wesentlichen Ergebnisse der einzelnen Analyseschritte vorgenommen sowie Aussagen bezüglich der Bestätigung bzw. Ablehnung der jeweils relevanten Untersuchungshypothesen gemacht werden. Die Ausführungen stützen sich aus didaktischen Gründen - soweit adäquat - ausschließlich auf die Ergebnisse des zweiten Erhebungsintervalls (1997), da dessen Gegenwartsnähe eine relativ größere Relevanz für die Ausgestaltung einer zukunftsgerichteten imagebasierten Marketingstrategie impliziert:

Der die Empirie einleitende **Intra-Markenvergleich** (Untersuchungsschritt 1) nach Studie-Land-Kombinationen liefert uneinheitliche Ergebnisse. In einer Durchschnittsbetrachtung zeigt sich, dass dem Produktimage des Marke-1-Modells der RKL 1997 die relativ beste Verbrauchereinschätzung zuteil wird. Die Modelle der KKL und MKL wurden tendenziell durchschnittlich, die Marke-1-Modelle der GKL und UKL eher unterdurchschnittlich beurteilt. Obwohl dem Intra-Markenvergleich wegen seines Einzelfallcharakters keine Hypothesen zugrunde gelegt wurden, dienen die gewonnenen Ergebnisse dennoch einer ersten Einschätzung der Verbraucherpräferenzen hinsichtlich der Produktmarken des beispielhaften Automobilherstellers. Sie geben Einblick in die Bevorzugungswürdigkeit einzelner PKW-Modelle aus Nachfragersicht und unterstützen gewissermaßen als eine nach Produkten differenzierte Standortbestimmung des länderspezifischen Portfolios die integrative Imagegestaltung eines Produktmarkenprogramms.

Da nicht zuletzt die Ausgangssituation der intra-marken-relativen Marktstellung einzelner Produkte sowohl den Wirkungsgrad der Marketingmaßnahmen als auch den Zielerreichungsgrad der abhängigen Imagegrößen maßgeblich beeinflussen wird, ist diese gleichfalls als isolierte Kontextvariable in die Heuristik einer imagebasierten Marketingplanung aufzunehmen.[1172]

Im Rahmen eines sich anschließenden **Inter-Variablenvergleichs** (Untersuchungsschritt 2) wurden die Dimensionsvariablen „Studie" und „Land" sowie die Sozio-Demografika („Geschlecht", „Alter", „Berufsstellung" und „Einkommen") und der Besitzstatus („Besitz", „Typ") der Nachfrager auf ihren Einfluss auf die Imagezielgrößen hin untersucht. Die varianzanalytisch ermittelte Einflussstruktur der Marke-1-Produktimages lieferte dabei folgende Aussagen: Während sich alle der untersuchten **Produktimages** u.E. sowohl von den Dimensionsvariablen „Land" (H_{01}✓) und „Studie" (H_{02}✓)[1173] als auch von den Variablen zum Fahrzeugbesitz (H_{07}✓ und H_{08}✓) als abhängig erweisen, zeigt sich ein statistisch signifikanter Unterschied hinsichtlich des Einflusses soziodemografischer Merkmale der Verbraucher: Auf die Produktimages der Marke-1-Modelle der UKL und RKL übt keines der sozio-demografischen Kriterien einen statistisch signifikanten Einfluss aus. In diesen Fällen sind die Hypothesen H_{03} bis H_{06} konsequenterweise abzulehnen. Demgegenüber werden die Produktimages der Marke-1-Modelle der KKL, MKL und GKL zwar von den Variablen „Berufsstellung" (H_{05}✓) und „Einkommen" (H_{06}✓), nicht aber von den Variablen „Geschlecht" (H_{03}) und „Alter" (H_{04}) statistisch signifikant beeinflusst.

Die varianzanalytisch ermittelte Einflussstruktur des **Dachmarkenimages** weist sämtliche der definierten Größen mit Ausnahme der Variablen „Geschlecht" (H_{03}) und „Alter" (H_{04}) als Einflussfaktoren aus. In diesem Fall sind die Hypothesen H_{01} und H_{02} sowie H_{05} und H_{06} folgerichtig nicht zu verwerfen. Hiermit entspricht die Einflussstruktur des Markenimages der der Produktimages der Marke-1-Modelle der KKL, MKL und GKL. Darüber hinaus besitzen die definierten PKW-Marktsegmente („Klasse") einen statistisch signifikanten Einfluss auf das Dachmarkenimage. Deren Einfluss wurde jedoch nicht hypothesiert.

Die varianzanalytisch ermittelte Einflussstruktur des **Unternehmensimages** weist statistisch signifikante Effekte der Faktoren „Land" (H_{01}✓), „Studie" (H_{02}✓), „Besitz" (H_{07}✓) und „Einkommen" aus (H_{06}✓). Die Variablen „Geschlecht", „Alter", „Berufsstellung" und „Typ" stehen hingegen in keinem statistisch signifikanten Zusammenhang zu dem operationalisierten Unternehmensimage. Dementsprechend sind die Hypothesen H_{03} bis H_{05} und H_{08} abzulehnen. Dies trifft gleichermaßen auf die PKW-Marktsegmente (Variable „Klasse") zu.[1174] Deren Einfluss wurde jedoch auch in diesem Fall nicht hypothesiert. Die aus dem Inter-Variablenvergleich gewonnenen Erkenntnisse gehen als isolierte Rahmenbedingungen in die Heuristik einer imagebasierten Marketingplanung ein.

1172 Vgl. die Ausführungen in Kapitel 5.2.1 dieser Arbeit.

1173 Die Marke-1-Produktimages der UKL und RKL konnten aufgrund lediglich eines Erhebungszeitpunktes nicht auf den Einfluss der Zeitdimension hin analysiert werden.

1174 Vgl. die Ausführungen in Kapitel 5.2.1 dieser Arbeit. Die Bestimmung der Einflussstruktur einzelner Produktimagedimensionen und Markenwerte wurde dabei nicht vorgenommen, da sie weder dem Erkenntnisziel noch der Einhaltung des gebotenen Umfangs dieser Arbeit zuträglich gewesen wäre.

Die innerhalb des **Inter-Ländervergleichs** (Untersuchungsschritt 3) angestellten Analysen sind vom spezifischen Einzelfall und dessen situativen Gegebenheiten abhängig; in der Konsequenz konnten hierzu weder Vermutungen aufgestellt noch entsprechende Hypothesen abgeleitet werden. Im Ergebnis zeigen sich teils signifikante Länderunterschiede, teils identische Ländermuster des vorgenommenen Kulturvergleichs hinsichtlich der Wahrnehmung der untersuchungsrelevanten Zielgrößen. So kann im zweiten Erhebungsintervall im Gegensatz zur ersten Studienwelle eine vergleichsweise homogenere Beurteilung der Marke-1-**Produktimages** nach Ländermärkten konstatiert werden. Im Wesentlichen lassen sich dabei drei Ländergruppen unterscheiden: Wie 1992 grenzt sich auch 1997 Italien durch relativ beste Beurteilungswerte statistisch signifikant von sämtlichen anderen Ländermärkten ab (Gruppe 1). Die Marke-1-Modelle der UKL, KKL und MKL werden in Spanien am relativ zweitbesten (Gruppe 2), in Deutschland und Frankreich auf identischem Niveau am relativ drittbesten beurteilt (Gruppe 3). Zwischen den Ländergruppen 2 und 3 befindet sich wertmäßig Großbritannien, das sowohl ein identisches Beurteilungsniveau zur Gruppe 2 (Spanien) als auch zu den Ländermärkten Deutschland und Frankreich (Gruppe 3) aufweist. Wird eine (nach Regionen) standardisierte Marktbearbeitung gewählt, muss entschieden werden, welcher der Ländergruppen der englische Markt zugeordnet werden soll. In den Fällen der Marke-1-Modelle der GKL und RKL ist mit Ausnahme Italiens eine identische Produktimage-Beurteilung in sämtlichen anderen abgefragten Märkten festzustellen. Sie können zu Standardisierungszwecken zu einer einzigen homogenen Ländergruppe zusammengefasst werden.

Analog der Beurteilung der Marke-1-Modelle der UKL, KKL und MKL können auch im Fall der **Markenimagebeurteilung** drei Ländergruppen identifiziert werden. Dies betrifft erwartungsgemäß Italien auf relativ höchstem Beurteilungsniveau (Gruppe 1). Darunter findet sich die Einschätzung spanischer Probanden, die das zu bewertende Marke-1-Dachmarkenimage im Ländervergleich am relativ zweitbesten beurteilt haben (Gruppe 2). Die dieser nach Mittelwerten untergeordnete Ebene belegen die Ländermärkte Frankreich und Deutschland (Gruppe 3), die sich hinsichtlich der Einschätzung der Marke-1-Dachmarke statistisch nicht voneinander unterscheiden. Zwischen den Ländergruppen 2 und 3 befindet sich erneut Großbritannien, das sowohl ein identisches Beurteilungsniveau zur Gruppe 2 (Spanien) als auch zu den Ländermärkten Deutschland und Frankreich (Gruppe 3) aufweist. Wird eine standardisierte Marktbearbeitung gewählt, muss auch hier entschieden werden, welcher der Gruppen der englische Markt zugeordnet werden soll.

Das **Unternehmensimage** (UI) der zu untersuchenden Firmendachmarke wurde 1997 von französischen Probanden mit Abstand am schlechtesten beurteilt. Deren Einschätzung grenzt sich statistisch signifikant von denen sämtlicher anderer Ländermärkte ab. Es ist deshalb nahe liegend, Frankreich als eigenständiges *Cluster* zu definieren (Gruppe 1). Auf relativ höherem Beurteilungsniveau finden sich die Ländermärkte Deutschland, Großbritannien, Italien und Spanien, die eine verkettete Abhängigkeit aufweisen. So entsprechen sich in statistischem Sinne die Urteile deutscher und englischer, englischer und italienischer sowie italienischer und spanischer Probanden mit jeweils steigenden Imagewerten. Die Bildung eines bzw. mehrerer homogener *Ländercluster* erscheint aus dieser Interdependenz heraus als überaus schwierig bzw. u.U. als nicht sinnvoll.[1175]

[1175] Eine detaillierte Darstellung des Inter-Ländervergleichs und seiner Ergebnisse findet sich in Kapitel 5.2.1. Die Analyse kultureller Unterschiede und Gemeinsamkeiten der differenzierten Produktimagedimensionen und Markenwerte findet sich im Anhang in den Abbildungen A-12 bis A-47 und den Tabellen A-21 bis A-62.

Die Rangordnung der Verbraucherwahrnehmungen hinsichtlich der interessierenden Zielgrößen nach Ländermärkten sowie deren ermittelte kulturelle Unterschiede/Gemeinsamkeiten gehen als isolierte Rahmenbedingungen in die Heuristik einer imagebasierten Marketingplanung ein.

Der sich anschließende **Inter-Studienvergleich** (Untersuchungsschritt 4) stellt auf die zeitlichen Veränderungen der interessierenden Imagegrößen ab. Da die Modelle der UKL und der RKL im Rahmen der ersten Studienwelle (1992) nicht abgefragt wurden, konzentriert sich die Auswertung auf die Produktimages der Modelle der KKL, MKL und GKL sowie auf das Dachmarken- und Firmenimage des Automobilherstellers. Auf länderübergreifend aggregierter Ebene (EU) lassen sich im Zeitraum 1992-1997 keine Veränderungen der genannten Produktimages feststellen. Dies trifft auch auf das relevante Dachmarkenimage zu. Lediglich das Unternehmensimage hat sich auf Gesamtmarktebene um ca. 5% statistisch signifikant verbessert. Mit Ausnahme Deutschlands gilt dieser Zusammenhang auch für die Verbraucherwahrnehmungen in sämtlichen anderen der untersuchten Märkte. Eine länderspezifische Betrachtung der Produktimages und des ihnen übergeordneten Dachmarkenimages offenbart eine identische Einflussstruktur: Demnach werden die genannten Imagegrößen in Frankreich unverändert, in Deutschland signifikant schlechter und in den Ländern Großbritannien, Italien und Spanien durchweg besser beurteilt als noch 1992.[1176]

Die dem Inter-Studienvergleich immanente Dynamik kommt der Forderung nach einer kontinuierlichen Beobachtung der relevanten Imagegrößen im Sinne eines strategischen Frühwarnsystems nach. Die darin ermittelten Veränderungen positiver wie negativer Art deuten auf die sich einer Unternehmung hinsichtlich einer imagebasierten Marketingplanung bietenden Chancen und Risiken hin und ermöglichen deren rechtzeitige Antizipation. Auf diese Weise tragen sie zu einer sprichwörtlich strategischen und zielgerichteten Ausgestaltung einer geeigneten Marketingstrategie bei. Als isolierte Rahmenbedingungen sollen deshalb auch sie Eingang in die Heuristik einer imagebasierten Marketingplanung finden.

Der fünfte Untersuchungsschritt der durchgeführten Situationsanalyse gilt der empirischen Validierung der im Rahmen der IMI-Modellkonstruktion vermuteten wechselseitigen Wirkungsbeziehungen zwischen den bestimmten Imagegrößen in der Form von **Imagetransfereffekten** und der ihnen zugrunde liegenden Hypothesen. Zu deren Überprüfung wurde das IMI zunächst in ein theoretisches Totalmodell übersetzt. Aus didaktischen und methodischen Gründen wurde dieses nachfolgend in vier Partialmodelle (PM I bis PM IV) aufgeteilt. Sie bilden die untersuchungsrelevanten Wirkungsbeziehungen ab. Im Einzelnen handelt es sich dabei um die Zusammenhänge zwischen dem Dachmarken- und Unternehmensimage (I), den Markenwerten und dem Unternehmensimage (II), den Produktimages und dem Unternehmensimage (III) und den Produktimagedimensionen und dem Unternehmensimage (IV). Neben der Bestimmung der von den Imagetransfereffekten betroffenen Imagegrößen wurde die Art und Stärke der Beziehungen hypothesiert. Im Sinne eines iterativen empirischen Forschungsdesigns wurden zunächst die in KAPITEL 4.1 formulierten Hypothesen H_1, H_2, H_{3a}, H_{3b} und H_3 der spezifischen Struktur der Partialmodelle (Index „x“) sowie den zu untersuchenden Fragestellungen (Index „y“) angepasst.[1177]

[1176] Zum Inter-Studienvergleich vgl. die Ausführungen in Kapitel 5.2.1 dieser Arbeit. In diesem Abschnitt wurden ferner die ermittelten zeitlichen Veränderungen der Produktimagedimensionen und Markenwerte dargestellt.

[1177] Vgl. hierzu die Ausführungen in Kapitel 5.2.2 dieser Arbeit.

Die im Zusammenhang mit Imagetransfereffekten relevanten Fragestellungen umfassen die Isolierung (Nachweis der Existenz) und Quantifizierung (Bestimmung der Stärke) bi-kausaler Wirkungsbeziehungen zwischen unterschiedlichen Imageebenen sowie der ihnen zugrunde liegenden Halo-Effekte (*top-down*) und Detaildominanzen (*bottom-up*). Darüber hinaus sollte das Einflussverhältnis Detaildominanz (Relevanz) zu Halo in der Form des sog. „*net effect*“ ermittelt werden. Bei der Verfolgung dieser Fragestellungen wurde jeweils nach den Partialmodellen differenziert. Eine Übersicht der entsprechenden Untersuchungshypothesen sowie die Ergebnisse deren empirischer Validierung liefert die folgende Tabelle. Dabei wird jeweils die absolute Anzahl und relative Häufigkeit bestätigter Hypothesen dargestellt. Deren quantitative Bezugsgröße bilden die pro Partialmodell und Untersuchungsgegenstand durchgeführten Studien. Der Umfang abzulehnender Hypothesen ergibt sich aus der absoluten Differenz und dem relativen Anteil statistisch insignifikanter und/oder widersprüchlicher Ergebnisse an der Grundgesamtheit der vorgenommenen Auswertungen:

Tab. 5-34: Ergebnisse der Hypothesenprüfungen der Partialmodelle I bis IV

		Bi-Kausalität			Halo-Effekt			Relevanz			"net effect"		
		H_{xy}	absolut	relativ	H_{xy}	absolut	relativ	H_{xy}	absolut	relativ	H_{xy}	absolut	relativ
PM I	MI	H_{11}	9/10	90%	H_{12}	10/10	100%	H_{13}	9/10	90%	H_{14}	9/10	90%
PM II	$MW_{1...6}$	H_{21}	51/60	85%	H_{22}	59/60	98%		52/60	86%	H_{23}	53/60	88%
PM III	$PI_{1...5}$	H_{31}	36/36	100%	H_{32}	36/36	100%		36/36	100%	H_{33}	32/36	88%
PM IV	$PD_{1...6}^{1...5}$	H_{41}	200/216	93%	H_{42}	216/216	100%		184/216	85%	H_{43}	215/216	100%

Quelle: Eigene Darstellung.

Aus der tabellarischen DARSTELLUNG 5-34 lassen sich die zentralen Ergebnisse der im Zusammenhang mit Imagetransfereffekten durchgeführten Analysen ableiten:

1. Die **Bi-Kausalität** von Imagebeziehungen der Form X←→Y (Imagetransfereffekte) konnte im Anwendungsfall u.E. empirisch nachgewiesen werden (H_{11} bis H_{41}✓).
2. Die Existenz von **Halo-Effekten** der Form X→Y konnte im Anwendungsfall u.E. empirisch nachgewiesen werden (H_{12} bis H_{42}✓).
3. Die **Detaildominanz** (Relevanz) der Form X←Y einzelner Imagegrößen konnte im Anwendungsfall u.E. empirisch nachgewiesen werden (H_{13}✓).

Darüber hinaus konnten die Hypothesen bezüglich der relativen Stärke nichtrekursiver Imagewirkungen in der Form des „*net effect*“ im Anwendungsfall u.E. empirisch bestätigt werden (H_{14} und H_{23} bis H_{43}✓). Sofern statistisch signifikant und inhaltlich entsprechend sollen die aus ihnen gewonnenen Erkenntnisse als integrierte Rahmenbedingungen in die Heuristik einer imagebasierten Marketingplanung aufgenommen werden. Die Richtung und Stärke der ermittelten Imagetransfereffekte werden dazu jeweils vorweg in die Entscheidungsfelder der entwickelten Planungsheuristik eingetragen und anhand eines Beispielfalls interpretiert (KAPITEL 6.1). Im Anschluss daran fließen diese in die Ausgestaltung einer imagebasierten Ziel- und Maßnahmenplanung ein.

6 Ausgestaltung der Heuristik imagebasierter Marketingplanung

6.1 Rahmenbedingungen einer imagebasierten Marketingplanung

Die für eine imagebasierte Marketingplanung relevanten Rahmenbedingungen wurden zunächst in KAPITEL 3.2 identifiziert und im Zuge der Modellentwicklung an späterer Stelle operationalisiert (KAPITEL 4.1). Innerhalb der empirischen Situationsanalyse in ABSCHNITT 5 wurden die entsprechenden Kontextvariablen dann anschließend in Richtung und Stärke ihres Einflusses auf die Imagezielgrößen statistisch quantifiziert. Die daraus gewonnenen Erkenntnisse sollen nun in die Ziel- und Maßnahmenplanung einer imagebasierten Marktbearbeitungsstrategie einfließen. Dazu werden die ermittelten Ergebnisse der angestellten Analysen vorab in die unter 4.3 entworfene Heuristik einer imagebasierten Marketingplanung übertragen. TABELLE 6-1 auf der übernächsten Seite stellt die bezüglich des Produktimages des Marke-1-Modells der MKL, des Marke-1-Dachmarkenimages sowie des Marke-1-Unternehmensimages entdeckten Zusammenhänge exemplarisch dar.[1178]

In den Spalten finden sich die genannten Zielgrößen in aggregierter (PI, MI bzw. UI) und differenzierter Form (Produktimagedimensionen bzw. Markenwerte F1 bis F6), in den Zeilen die durchgeführten Studien nach Ländern, die Typen der berücksichtigten Kontextvariablen sowie die dem Absatzmarktprogramm des IPM entnommenen Aktionsparameter. Die ermittelten Einflussrichtungen (Vorzeichen) und -stärken (Werte) der situativen Faktoren sind in die korrespondierenden Entscheidungsfelder der Matrix abgetragen. Dabei werden die auf Grundlage der Daten des ersten Erhebungsintervalls (1992) gewonnenen Ergebnisse zugunsten derer der zweiten Erhebungswelle (1997) vernachlässigt, da Letztere der aktuellen Situation des auszuplanenden Entscheidungsproblems zeitlich näher kommen. Die Ergebnisse entstammen den Untersuchungsschritten der empirischen Situationsanalyse und sind wie folgt gekennzeichnet:

- Zeitliche Veränderungen der Verbraucherwahrnehmungen von 1992 nach 1997 wurden im Rahmen eines **Interstudienvergleichs** erfasst: Im Sinne eines Frühwarnsystems gibt die verwendete Pfeilsymbolik einen Anhaltspunkt für den im Hinblick auf eine spezifische Zielgröße festgestellten Trend und zeigt damit an, ob sich eine Imagegröße in der Wahrnehmung der Verbraucher eines Landes verbessert (➚) oder verschlechtert (➘) hat oder ob sie nach wie vor unverändert eingeschätzt wird (➔).
- Kulturelle Unterschiede bzw. Gemeinsamkeiten der Verbraucherwahrnehmungen wurden mit Hilfe eines **Inter-Ländervergleichs** identifiziert. Über die Zuordnung der Werte 1 bis 5 werden zugleich zwei Funktionen erfüllt: Erstens bringt sie mit steigenden Zahlenwerten abnehmende Verbraucherurteile zum Ausdruck (1 = im Ländervergleich beste Beurteilung). Zweitens lässt sie statistisch signifikante kulturelle Unterschiede bzw. Gemeinsamkeiten erkennen. Die Zuordnung gleicher Zahlenwerte zu unterschiedlichen Ländermärkten deutet in diesem Zusammenhang darauf hin, dass sich diese auf statistisch identischem Mittelwertniveau der Verbraucherurteile befinden und sich nicht in der Einschätzung einer bestimmten Imagegröße voneinander unterscheiden.

[1178] Die vollständig ausgefüllte Planungsheuristik mit sämtlichen der gewonnenen Ergebnisse findet sich im Anhang in den Tabellen A-82 bis A-84.

- Die Stellung eines Produktes bzw. einer Produktdimension innerhalb des gesamthaften Marke-1-Produktprogramms aus länderspezifischer Verbrauchersicht wurde mittels eines **Intra-Markenvergleichs** abgebildet. Eine Sternsymbolik gibt dabei den Rang einer Produktimage- bzw. Faktorenbewertung innerhalb eines Landes an; niedrigere Anzahlen von Sternen signalisieren abnehmende Werturteile. So bedeuten bspw. fünf Sterne (*****) im Zusammenhang mit einem Marke-1-Modell, dass dieses in seinem marktsegmentspezifischen Wettbewerbsumfeld besser beurteilt wurde als jedes andere Marke-1-Modell in seinem marktsegmentspezifischen Konkurrenzumfeld.
- Die Wechselwirkungen zwischen einzelnen Imagegrößen wurden in der Form von **Imagetransfereffekten** operationalisiert und quantifiziert. Die ausgewiesenen Werte entsprechen dem sog. „*net effect*", d.h. der Relation Detaildominanz (Relevanz) zu Halo-Effekt. Ist diese kleiner/größer als eins, liegt ein negativer/positiver „*net effect*" vor. Der verzeichnete Wert gibt die relative Stärke (in %) der Unter- bzw. Überlegenheit der Detaildominanz im Vergleich zum Halo-Effekt einer Imagegröße an. Wird kein Wert ausgewiesen, besitzt die Detaildominanz bzw. der Halo-Effekt keine statistische Signifikanz. Das Vorzeichen des „*net effect*" gibt Aufschluss über die Richtung der Detaildominanz und zeigt an, ob eine Imagegröße eine andere absolut positiv (+) oder negativ (-) beeinflusst.
- Die Einflussstruktur der gesamthaften Image-Zielgrößen PI, MI und UI wurde mithilfe eines **Inter-Variablenvergleichs** anhand der Sozio-Demografika und des Besitzstatus der Nachfrager festgestellt. Das Symbol **O** kennzeichnet einen varianzanalytisch nicht nachweisbaren Effekt, das Symbol **X** bringt einen statistisch signifikanten Einfluss einer Variablen zum Ausdruck. Die Einflussstruktur der differenzierten Imagegrößen Produktimagedimensionen bzw. Markenwerte wurde nicht untersucht.

Am unteren Ende der HIMP finden sich die sechs Gestaltungsdimensionen einer imagebasierten Marketingplanung. Dies betrifft im Einzelnen die Programmstruktur, die Programmgestaltung, die Objektgestaltung, die Zielgruppen-Programmstruktur, die Zielgruppenbestimmung sowie den Standardisierungsgrad der Marktbearbeitung. Die entsprechenden Gestaltungsfelder der HIMP sind frei gelassen und stellen den Handlungsspielraum des Entscheiders in der Form der unter 4.1.2 spezifizierten Optionen dar. Deren Auswahl und Ausgestaltung hat einerseits im Hinblick auf die zu formulierenden Zielniveaus der auszuplanenden Imagegrößen zu erfolgen, andererseits sind die identifizierten Rahmenbedingungen als Ausgangssituation zu berücksichtigen. Die Festlegung einer Zielhierarchie sowie der Soll-Niveaus einzelner Imagegrößen wird in der nachfolgenden Zielplanung konzeptionalisiert. Eine exemplarische Maßnahmenplanung findet sich in KAPITEL 6.3. Sie soll anhand der Ergebnisse bezüglich des PI MKL als Beispielfall durchgeführt werden. Die entsprechenden Rahmenbedingungen werden der HIMP aus TABELLE 6-1 auf der nächsten Seite entnommen:[1179]

[1179] In der Heuristik weisen jene Felder der Kombination Zielgröße (Spalte) und Untersuchungsschritt (Zeile) eine graue Markierung auf, die im Rahmen der zur Verfügung stehenden Studien keine Aussage zulassen. Dabei handelt es sich um die Interstudienvergleiche der Marke-1-Modelle der UKL und RKL sowie um sämtliche Analysen der Marke-1-Modelle der GKL und RKL im Falle der Ländermärkte Frankreich (F) und Spanien (E) bzw. Spanien (E) und Großbritannien (G).

Tab. 6-1: Heuristik einer imagebasierten Marketingplanung im Marke-1-Fall (gekürzt)

HIMP		PI MKL							MI							UI
		PI	F1	F2	F3	F4	F5	F6	MI	F1	F2	F3	F4	F5	F6	
D	Inter-Studienvergleich	↘	↘	↘	↘	→	→	↘	↘	↘	↘	↘	→	↗	→	→
	Inter-Ländervergleich	3	3	2	3	3	3	3	3	4,5	2	3	2	2	3	3
	Intra-Markenvergleich	*	**	****	****	*	****	***								
	Imagetransfereffekt	0,28	0,19	0,05	-0,01	0,02	0,04	-0,01	2,31	-0,26	1,00		0,38	0,09	0,32	
F	Inter-Studienvergleich	→	→	↘	→	↘	→	→	→	→	↘	→	↘	↗	→	↗
	Inter-Ländervergleich	3	3	2	4	4	2	2	3	3,5	2	4	3	1	3	4
	Intra-Markenvergleich	***	**	****	***	*****	**	*****								
	Imagetransfereffekt	-0,05	-0,39	-0,22	-0,12	-0,04			1,48	1,19	-0,32	0,52	-0,13	0,24		
E	Inter-Studienvergleich	↗	↗	↗	↗	→	↗	↗	↗	↗	↗	↗	↗	↗	↗	↗
	Inter-Ländervergleich	2	2	2	2	2	2	1	2	2,3	2	2	2	1	2	1
	Intra-Markenvergleich	*****	***	*****	****	*****	***	*****								
	Imagetransfereffekt	-0,03	-0,37	-0,24	-0,13	-0,05	-0,06		1,50				0,30	-0,02	0,37	
I	Inter-Studienvergleich	↗	↗	→	↗	↗	↗	↗	↗	↗	↗	↗	↗	↗	↗	↗
	Inter-Ländervergleich	1	1	1	1	1	1	1	1	1	1	1	1	1	1	1,2
	Intra-Markenvergleich	***	***	***	****	**	****	**								
	Imagetransfereffekt	0,38	0,24	0,08	0,09	0,07	0,04	-0,04	2,08	-0,40	1,19	0,18	0,41	0,16	0,31	
UK	Inter-Studienvergleich	↗	↗	↗	↗	↗	↗	↗	↗	↗	↗	↗	↗	↗	↗	↗
	Inter-Ländervergleich	2,3	2	3	3	2	1	2	2,3	2,4	3	3	2	1	3	2,3
	Intra-Markenvergleich	*****	*****	****	****	***	****	***								
	Imagetransfereffekt	0,44	0,32	0,10	0,03	0,02	0,03	0,07	3,00	-0,13	1,39	-0,23	0,36	0,16	0,51	
Geschlecht		O							O							O
Altersklasse		O							O							O
Berufsstellung		X							X							O
HH-Einkommen		X							X							X
Besitzer/Nicht-Besitzer		X							X							X
Karosserieform Jetztfzg.		X							X							O
Programmstruktur																
Programmgestaltung																
Objektgestaltung																
ZG-Programmstruktur																
Zielgruppenbestimmung																
Standardisierungsgrad																

Quelle: Eigene Darstellung.

Wird das Produktimage des Marke-1-Modells der MKL (PI MKL) zu Veranschaulichungszwecken als Beispielfall herangezogen, lassen sich der HIMP folgende Ergebnisse entnehmen:

- Der Inter-Studienvergleich zeigt eine tendenziell negative (gleich bleibende) Entwicklung der Verbraucherwahrnehmungen in Deutschland (Frankreich), eine überwiegend positive Veränderung in den Ländermärkten Spanien, Italien und Großbritannien.
- Im Ländervergleich wurden die relativ besten Einschätzungen des Marke-1-Modells der MKL sowie seiner Dimensionen in Italien vorgefunden, am zweit-/drittbesten fast durchweg in Spanien/Deutschland. Diese Länder weisen grundlegend verschiedene kulturelle Muster hinsichtlich der PI MKL-Beurteilung auf. Auf gesamthaft gleichem Mittelwertniveau des PI MKL zu Deutschland befinden sich Frankreich und Großbritannien. Auch zwischen Letzterem und Spanien konnte diesbezüglich kein statistisch signifikanter kultureller Unterschied festgestellt werden. Je nach den Beurteilungsdimensionen F1 bis F6 ergeben sich darüber hinaus vielfältige kulturelle Gemeinsamkeiten insbesondere im Zusammenhang mit den Ländermärkten Frankreich und Großbritannien.

- Der Intra-Markenvergleich liefert einen Beleg dafür, dass das gesamthafte Produktimage des Marke-1-Modells der MKL im Vergleich zu sämtlichen anderen durch die betrachtete Unternehmung angebotenen Fahrzeugkonzepten, in den Ländermärkten Spanien und Großbritannien am relativ besten wahrgenommen wurde, in Frankreich und Italien eher durchschnittlich und in Deutschland am relativ schlechtesten. Die relativen Beurteilungen der differenzierten Produktimagedimensionen F1 bis F6 weisen vielfältige unterschiedliche Ergebnisse auf und sollen an dieser Stelle nicht im Einzelnen diskutiert werden. Letztlich entsprechen sie jedoch der Tendenz der gesamthaften Produktimage-Beurteilung.
- Die im Zusammenhang mit Imagetransfereffekten belegten Entscheidungsfelder deuten auf eine Unterlegenheit der Detaildominanz des Marke-1-Modells der MKL sowie dessen Produktimagedimensionen im Vergleich zu den entsprechenden Halo-Effekten hin. M.a.W. heißt dies, dass sowohl das gesamthafte Produktimage PI MKL als auch die diesem zugrunde liegenden Imagedimensionen stärker von dem ihnen beiden übergeordneten Unternehmensimage (UI) beeinflusst werden, als sie dieses in umgekehrter Wirkungsrichtung zu beeinflussen vermögen. Auf der Grundlage der Einschätzungen französischer und spanischer Probanden konnte in den Fällen der Faktoren Exklusivität (F5) und Wiederverkaufswert (F6) bzw. Wiederverkaufswert (F6) gar kein statistisch signifikanter Einfluss auf das UI festgestellt werden (Detaildominanz). Mit einem durchschnittlichen *„net effect“* von 0,13 ist darüber hinaus von einer relativ hohen Überlegenheit des Halo-Effekts im Vergleich zur Detaildominanz (Relevanz) auszugehen. In den Ländermärkten Deutschland, Italien und Großbritannien fällt demgegenüber eine relativ starke Detaildominanz des gesamthaften PI MKL und der Beurteilungsdimension „Qualität“ auf. Die Ländermärkte Frankreich und Spanien weisen zwar einen nur relativ geringen Einfluss des PI MKL insgesamt, dafür aber relativ starke Detaildominanzen der Faktoren „Qualität“ (F1) und „Dynamik“ (F2) auf. Während sowohl das gesamthafte PI MKL als auch die ihm zugrunde liegenden Imagedimensionen in den Ländermärkten Deutschland, Italien und Großbritannien mit lediglich drei statistisch insignifikanten Ausnahmen (Deutschland: F3 und F6; Italien: F6) positiv auf das UI einwirken, verursachen sie in Frankreich und Spanien einen ausschließlich negativen Einfluss auf das Unternehmensimage. Insbesondere von den Faktoren F1 (Qualität), F2 (Dynamik) und F3 (Design) geht eine relativ starke „Schädigung“ des Firmendachmarkenimages der betrachteten Marke-1-Unternehmung aus.
- Die Bestimmung der Einflussstruktur des PI MKL (Inter-Variablenvergleich) weist die Variablen Berufsstellung, Einkommen, Besitz und Karosserieform des Jetztfahrzeugs als statistisch signifikante Faktoren aus. Geschlecht und Alter der Befragten haben sich im Gegensatz dazu nicht auf die Beurteilung des Produktimages des Modells der MKL ausgewirkt.

Wie die voranstehenden Ausführungen anhand eines Beispielfalls verdeutlicht haben, liefern die angestellten Untersuchungen eine Vielzahl unterschiedlicher Detailergebnisse. Die Zielsetzung der empirischen Situationsanalyse bestand vorrangig in der Überprüfung und Quantifizierung des Einflusses der identifizierten Rahmenbedingungen. Sofern statistisch signifikant, trägt deren Berücksichtigung unzweifelhaft zur situativen Angemessenheit einer auszuplanenden imagebasierten Marktbearbeitungsstrategie bei. Dennoch sind deren Auswahl und Gewichtung im Rahmen der Maßnahmenplanung vom spezifischen Einzelfall abhängig; sie können deshalb nicht allgemein gültig vorgenommen werden. Letztlich entscheidet der Planer, welche der Kontextvariablen relevant sind und welche Bedeutung ihnen beigemessen werden soll.

6.2 Zielplanung einer imagebasierten Marketingplanung

Auf der Grundlage der Ergebnisse einer unternehmens- bzw. geschäftsfeldspezifischen Standortbestimmung in der Form einer (empirischen) Situationsanalyse (Ist-Zustand) gilt es nun in einem nächsten Schritt, Soll-Vorgaben für die Marktbearbeitungsstrategie der anstehenden Planungsperiode abzuleiten. Als operationale Marketingziele stellen sie einerseits die angestrebte Erfolgsqualität des geplanten Maßnahmeneinsatzes dar, andererseits erlauben sie dessen ex-post Kontrolle zu einem späteren Zeitpunkt.[1180]

Die sequenzielle Abarbeitung der Standortbestimmung und Zielplanung im Rahmen dieser Arbeit darf jedoch nicht darüber hinwegtäuschen, dass die gesetzten Ziele einer kontinuierlichen Überprüfung bedürfen. Dabei erfolgt nicht eine singuläre Planungsaktivität, sondern ein gleitendes Nachjustieren der formulierten Ziele (Anpassungsprozess).[1181] Dieser Prozess verläuft parallel zur Situationsanalyse und Maßnahmenverwirklichung und wird mit jeder neuen Information implizit oder explizit und je nach dem Wert der Information jeweils neu angestoßen.[1182] Dabei bildet grundsätzlich die Marktanalyse als Kontext umweltlicher Rahmenbedingungen die Ausgangssituation der Zielplanung.[1183]

Die Ausplanung der Marketing- bzw. hier der Markenziele hat prinzipiell im Hinblick auf die unternehmerische Zielhierarchie, die zur Verfügung stehenden Budgetmittel, die Wirkungsart-, -richtung und -stärke der disponiblen Marketingmaßnahmen sowie *last not least* der Verbraucherbedürfnisse zu erfolgen:

- Als „derivative Handlungsmaximen" besitzen Ziele auf der Markenebene keinen originären Charakter, vielmehr sind sie aus übergeordneten Marketing- und Unternehmenszielen abzuleiten.[1184] Einen entsprechenden Bezugsrahmen stellt die **Zielhierarchie** der Unternehmung dar. Die derivative Funktion von Markenzielen ist dabei „[...] sowohl durch den engeren Objektbezug (Marke versus Unternehmen), durch den geringeren inhaltlichen Umfang (z.B. Produktdeckungsbeitrag versus Gewinn) als auch durch die zu beobachtenden Ursache-Wirkungs-Zusammenhänge (Zweck-Mittel-Prinzip) begründet".[1185]
- Darüber hinaus ergeben sich u.U. vielfältige Zielkonflikte hinsichtlich des Zielobjektes selbst. So muss im Anwendungsfall bspw. entschieden werden, welche Produkte bzw. Produktattribute zu gestalten sind und ob eher auf die Korrektur ihrer Schwächen oder auf den Ausbau ihrer Stärken fokussiert werden sollte. Die Optimierung der Verbraucherwahrnehmungen hinsichtlich sämtlicher Attribute eines Produktes ist vor dem Hintergrund der dafür notwendigen **Budgetmittel** allerdings als „unrealistisch" einzuschätzen. Die konsequenterweise gebotene Auswahl zu forcierender Attribute setzt einerseits die Kenntnis der **Verbraucherbedürfnisse**, andererseits das Wissen um die **Elastizitäten** entsprechender Marketingmaßnahmen vor-

---

1180 Vgl. Haedrich/Tomczak (1990), S. 75.

1181 Vgl. Diller (1998), S. 166; Lamperstorfer (1974), S. 133.

1182 Vgl. Thummel (1972), S. 11; Lamperstorfer (1974), S. 10 und S. 77f.

1183 Vgl. Koppelmann (1995), S. 57.

1184 Vgl. Haedrich/Tomczak (1990), S. 84.

1185 Ebenda, S. 76.

aus.[1186] BARICH und SRINIVASAN liefern ein Modell, das sowohl die Verbraucherrelevanz einzelner Attribute als auch die Budgetbedingungen des Unternehmens berücksichtigt. Dabei werden die marktliche Bedeutung einzelner Image-Dimensionen mittels des *Conjoint-Measurement*, die Ressourcenausstattung bzw. die Maßnahmenelastizitäten gemäß Managementvorgaben operationalisiert.[1187] Die Zielsetzung der Gegenüberstellung externer Anforderungen und interner Möglichkeiten besteht in der Auswahl derjenigen Imagegrößen und Marketingmaßnahmen, die den höchsten Grenznutzen erwarten lassen.[1188] Die Funktion dieses Ansatzes besteht letztlich in der Priorisierung von Image-Zielgrößen.[1189]

Da im vorliegenden Beispielfall der Marke-1-Unternehmung und -Marken weder eine hinreichende Kenntnis der unternehmerischen Zielhierarchie noch der zur Verfügung stehenden Budgetmittel sowie der Elastizitäten der disponiblen Marketingmaßnahmen vorhanden ist, kann die Zielplanung lediglich allgemeinen Charakter besitzen. Jedoch eignen sich die ermittelten aktuellen Einstellungswerte selbst dann nicht als Vorgaben für eine zukunftsgerichtete imagebasierte Marketingpolitik: Die erhobenen Image-Werte spiegeln absatzpolitische Wirkungen des Maßnahmeneinsatzes der Vergangenheit wider und stellen den Ist-Zustand der Zielgrößen dar. Somit besitzen diese Werte keinen normativen Gehalt und deuten nicht unmittelbar auf einen gewünschten Soll-Zustand hin. Ansatzpunkte bestehen nun darin, die Zielgrößen im Sinne der Unternehmung so zu beeinflussen, dass sich die mit der marketingpolitischen Beeinflussung einhergehenden Imageveränderungen zugunsten der übergeordneten Marketing- und Unternehmensziele positiv auswirken.[1190] Potenzielle Optionen der Imagegestaltung zum Zwecke der Zielformulierung sollen nun diskutiert und - soweit möglich - auf das Produktimage des Marke-1-Modells der MKL exemplarisch angewandt werden.

Im Rahmen dieser Arbeit wurde mit einer Intra-Marken-Perspektive eher auf eine interne Betrachtungsweise des Marke-1-Portfolios denn auf dessen externe Wettbewerbsverhältnisse abgestellt. Zwar sind die Einflüsse relevanter konkurrierender Marken in die Beurteilungen der Marke-1-Produkte implizit mit eingeflossen, die Wettbewerbspositionen sowie die Idealposition jedoch wurden nicht explizit erhoben. Aussagen primär aus Marktsicht bezüglich der Erfolgswahrscheinlichkeit einer Strategie der Wettbewerbsdifferenzierung bzw. eines *Positioning*, einer Verbraucherprofilierungsstrategie und der Einflussnahme auf die verbraucherseitige Wahrnehmung der Idealposition können deshalb nicht vorgenommen werden.[1191] Dennoch bieten sich dem Planer unter der gegebenen Konstellation strategische Positionierungsoptionen aus Unternehmenssicht. Dabei handelt es sich um die Beibehaltung der aktuellen Position, die Um- und die Neupositionierung.[1192]

1186 Vgl. Barich/Srinivasan (1991), S. 2f.

1187 Vgl. ebenda, S. 1.

1188 Vgl. ebenda, S. 3.

1189 Vgl. ebenda, S. 1.

1190 Vgl. Kroeber-Riel/Weinberg (1996), S. 216-218.

1191 Zu den genannten Grundsatzstrategien vgl. bspw. Trommsdorff (1992b), S. 330f; derselbe (1992a), S. 460; Wind (1982), S. 97; Trommsdorff (1995), Sp. 2056-2058; Kuß/Tomczak (1998), S. 109f. Vgl. auch Kapitel 3.3 dieser Arbeit.

1192 Zu strategischen Positionierungsoptionen vgl. Kuß/Tomczak (1998), S. 130-135 und Kapitel 3.3 dieser Arbeit.

Hinsichtlich der beiden letztgenannten Veränderungsstrategien bietet WISWEDE mit den Strategien der Konzentrierung, Dezentrierung, Harmonisierung, Anreicherung und Verlagerung fünf differenzierte Strategietypen der Imagegestaltung an:[1193]

- **Konzentrierung des Images**: Diese Strategie empfiehlt sich v.a. dann, wenn eine Imagegröße an Profilierung und Prägnanz verloren hat. Dies mag bspw. durch eine Ausweitung auf unterschiedliche, im Extremfall nicht miteinander vereinbare Zielgruppen auftreten. Die Zielsetzung der Konzentrierung besteht dann in der Schaffung bzw. Wiederherstellung eines klar profilierten und unverwechselbaren Markenbildes. Allerdings kann sie auf Kosten der Breite der Zielgruppen gehen und sich damit letztlich auch auf ökonomische Zielgrößen auswirken.
- **Dezentrierung des Images**: Diese Strategie erscheint im Gegensatz zur Konzentrierung dann als die geeignete, wenn eine Imagegröße als zu prägnant und „abgeschlossen" wahrgenommen wird. Soll z.B. aus ökonomischen Motiven eine breitere Zielgruppe angesprochen werden, muss die Attraktivität einer Marke auch bei neuen, bisher nicht bearbeiteten Zielgruppen geschaffen und/oder das Nutzenversprechen dieser Marke ausgedehnt werden. Wird die Marke allerdings zu weit ausgedehnt, besteht die Gefahr einer Verwässerung des Markenbildes.
- **Harmonisierung des Images**: Diese Strategie setzt an der Imagestruktur eines Markenbildes an und versucht herausragend negativ wahrgenommene und/oder widersprüchliche Faktoren des Markenbildes zu „harmonisieren". Mittels der Veränderung oder Eliminierung einzelner Produktattribute sollen eine gesamthafte Imagekonvergenz erreicht und bestehende Dissonanzen der Verbraucherwahrnehmung reduziert werden. Bei dem Eingriff in ein etabliertes Markenschema treten dann Probleme auf, wenn zwischen den Dimensionen einer übergeordneten Imagegröße wechselseitige Beeinflussungswirkungen (Irradiationen) bestehen.
- **Anreicherung des Images**: Diese Strategie ist dann zu wählen, wenn das Markenbild insgesamt aus Verbrauchersicht keine ausreichend profilierenden positiven Dimensionen aufweist. In diesem Fall ist die Imagegröße um entsprechende Assoziationen zu ergänzen, die das Markenbild stärker von Wettbewerbermarken abheben lassen und/oder zu einer höheren Wertschätzung auf Seiten der Nachfrager führen. In diesem Zusammenhang bietet es sich an, neben gänzlich neuartigen Bedeutungsinhalten existente, vornehmlich „eigenschaftszentrierte" Merkmale deutlicher in das mit der Marke verbundene Nutzenversprechen zu integrieren oder in ihrer Aussage stärker zu „emotionalisieren".
- **Verlagerung des Images**: Eine Verlagerung eines Images im Sinne einer Neupositionierung erscheint insbesondere dann als geboten, wenn die Marke zukünftig keine oder lediglich eine geringe Verbraucherakzeptanz erwarten lässt und/oder die Marktverhältnisse die (weitere) Profilierung der Imagegröße verhindern. Allerdings treten dann Schwierigkeiten auf, wenn sich das betroffene Markenbild nicht problemlos verlagern lässt. In diesem Fall kann eine Elimination der Marke bzw. eine Neuprodukteinführung oder eine Namensänderung Erfolg versprechender sein.

1193 Vgl. Wiswede (1992), S. 92-94.

Um die genannten Strategieoptionen der Um- (Konzentrierung, Dezentrierung, Harmonisierung und Anreicherung) bzw. Neupositionierung (Verlagerung) in operationale Positionierungsziele zu transformieren, müssen sie anhand der unter 2.3.2 angeführten Dimensionen spezifiziert werden. Im Einzelnen handelt es sich dabei um den Zielinhalt (qualitative Dimension), das Zielausmaß (quantitative Dimension), den Zeitraum der Zielerfüllung (zeitliche Dimension) und um das Zielobjekt (objektbezogene Dimension):[1194]

- Wird im Anwendungsfall einer imagebasierten Marketingplanung von einer exemplarischen und isolierten Betrachtung des Produktimages des Marke-1-Modells der MKL ausgegangen, ist damit der **Zielinhalt** bereits hinreichend spezifiziert und operationalisiert.[1195] Sowohl das gesamthafte PI MKL als auch die ihm zugrunde liegenden Imagedimensionen F1 bis F6 stellen hierbei den Gegenstand der Imagegestaltung dar.
- Hinsichtlich des **Zielausmaßes** lässt die Tatsache, dass externe wie interne Umweltbedingungen die absolute Ausprägung des Zielerreichungsgrades nach unten bzw. nach oben begrenzen können, in der Praxis sog. „Wachstumsziele" vor absoluten Maximal- bzw. Optimalitätszielen Verwendung finden. Dieser Zieltyp gibt kein eigenständiges Zielausmaß vor, sondern bezieht sich auf identifizierte Ausprägungen des Status quo.[1196] In dem gewählten Beispielfall wäre die Zielvorgabe einer um einen bestimmten Prozentsatz verbesserten Verbraucherwahrnehmung des PI MKL denkbar.
- Der **Zeitraum der Zielerfüllung** sollte so gewählt werden, dass die formulierten Marketingziele ihren Funktionen hinreichend nachkommen können und dass die Zielerreichung innerhalb des gesetzten Zeitraums als ausreichend realistisch erscheint.[1197] Im Anwendungsfall bietet sich das Erhebungsintervall der durchzuführenden Positionierungsstudien an, da eine detaillierte Zielkontrolle erst auf der Grundlage einer umfangreichen Neuerfassung der relevanten Imagegrößen möglich ist.
- Die **objektbezogene Dimension** stellt insbesondere auf den räumlichen Geltungsbereich und die Adressaten der Zielformulierung ab. Da sich die Verbraucherwahrnehmungen im Hinblick auf das gesamthafte PI MKL sowie auf die diesem zugrunde liegenden Imagedimensionen in den Ländermärkten Italien und Großbritannien während der vergangenen fünf Jahre fast ausnahmslos verbessert haben, eine im Ländervergleich relativ hohe Wertschätzung erfahren, im Vergleich zu den Imagegrößen der verbleibenden Marke-1-Modelle durchschnittlich bis gut beurteilt werden und auch durchweg positiv auf das Marke-1-Unternehmensimage einwirken, erscheint in diesen Märkten kein unmittelbarer Handlungsbedarf gegeben. Anders verhält es sich in den Ländermärkten Spanien, Deutschland und Frankreich: Obwohl die betrachtete Imagegröße PI MKL inkl. ihrer Faktoren in Spanien aus den verschiedenen Untersuchungsperspektiven heraus überwiegend positiv beurteilt wird, fällt ihre negative Beeinflussung des Firmendachmarkenimages auf (Imagetransfer). Dies betrifft v. a. die Faktoren F1 (Qualität), F2 (Dynamik) und F3 (Design). Diese stellen erste Ansatzpunkte einer image-

1194 Vgl. Diller (1998), S. 166; Haedrich/Tomczak (1990), S. 80f.; Kuß/Tomczak (1998), S. 97f.; Rühli (1971), S. 31; Borchers (1988), S. 37.

1195 Zur Operationalisierung der Produktimages der Marke-1-Modelle vgl. Kapitel 5.2.1 dieser Arbeit.

1196 Vgl. Diller (1998), S. 163f.

1197 Zu den Funktionen von Marketingzielen vgl. Kapitel 2.3 dieser Arbeit und die Tabelle A-11 im Anhang.

basierten Marketingplanung dar. Gleiches trifft auf die Wahrnehmungen französischer Verbraucher zu; auch in diesem Markt verursacht das Marke-1-Modell der MKL eine Schädigung des Firmendachmarkenimages (UI) v.a. auf den Dimensionen Qualität, Dynamik und Design. Darüber hinaus weist das PI MKL in Frankreich eine überwiegend stagnierende Tendenz im Zeitverlauf auf (Inter-Studienvergleich) und stellt damit einen zweiten möglichen Ansatzpunkt der Imagegestaltung dar. Schließlich zeigt sich in Deutschland eine im Zeitverlauf tendenziell verschlechterte Verbraucherwahrnehmung hinsichtlich des PI MKL sowie dessen Faktoren. Außerdem wird dieses in Deutschland im Produktvergleich lediglich durchschnittlich bis schlecht beurteilt (Intra-Markenvergleich) und trägt auf den Dimensionen F3 bis F6 relativ schwach positiv, teils negativ zum Firmendachmarkenimage bei. Auch die Verbraucherwahrnehmungen des PI MKL in Deutschland lassen somit eine zielgerichtete Gestaltung der betrachteten Imagegröße(n) als sinnvoll erscheinen. Da die sozio-demografischen Variablen Geschlecht und Alter keinen statistisch signifikanten Einfluss auf die betrachtete Imagegröße ausüben, sollte die Imagegestaltung des PI MKL vornehmlich nach der Berufsstellung, dem Haushaltseinkommen und dem Besitzstatus der Nachfrager differenzieren.

Aus den voranstehenden Ausführungen lassen sich beispielhaft folgende Marketingziele ableiten:

1. *Die Wahrnehmung des Marke-1-Modells der MKL und dabei insbesondere dessen Qualität, Dynamik und Designs (qualitative Dimension) soll in Spanien (objektbezogene Dimension) im Zeitraum von y Jahren (zeitliche Dimension) um (mindestens) x % (quantitative Dimension) verbessert werden.*

2. *Die Wahrnehmung des Marke-1-Modells der MKL und dabei insbesondere dessen Qualität, Dynamik und Designs (qualitative Dimension) soll in Frankreich (objektbezogene Dimension) im Zeitraum von y Jahren (zeitliche Dimension) um (mindestens) x % (quantitative Dimension) verbessert werden.*

3. *Die Wahrnehmung des Marke-1-Modells der MKL und dabei insbesondere dessen Designs, Raumangebotes, Exklusivität und Wiederverkaufswertes (qualitative Dimension) soll in Deutschland (objektbezogene Dimension) im Zeitraum von y Jahren (zeitliche Dimension) um (mindestens) x % (quantitative Dimension) verbessert werden.*

Selbstverständlich muss die Auswahl der formulierten Marketingziele an dieser Stelle als willkürlich und exemplarisch bezeichnet werden, ist sie doch im Einzelfall von einer Vielzahl unternehmensinterner wie -externer Einflussfaktoren abhängig. Wie gezeigt, betrifft dies maßgeblich die unternehmerische Zielhierarchie, die zur Verfügung stehenden Budgetmittel, die Elastizitäten der disponiblen Marketingmaßnahmen und die relevanten Verbraucherbedürfnisse auch über die erfragten Imagegrößen hinaus. Außerdem muss eine Gewichtung der Bedeutung einzelner Typen isolierter wie integrierter Rahmenbedingungen vorgenommen werden und der Stellenwert der einzelnen Ländermärkte für eine internationale Marktbearbeitungsstrategie festgelegt werden. Dennoch soll zu Veranschaulichungszwecken die dritte Zielsetzung als Grundlage für die sich anschließende Maßnahmenplanung aufgegriffen und ein entsprechendes Marketingprogramm ausgeplant werden. Dazu bedient sich der Verfasser der in KAPITEL 4.1 dieser Arbeit abgeleiteten Gestaltungsdimensionen.

6.3 Maßnahmenplanung einer imagebasierten Marketingplanung

Um die formulierten Positionierungsziele einer imagebasierten Marketingplanung in qualitativer, quantitativer, zeitlicher und objektbezogener Hinsicht erfüllen zu können, setzt der Anbieter die ihm zur Verfügung stehenden Marketingmaßnahmen ein. Bei der Prognose deren Wirkungsart, -richtung und -stärke hat der Planer den moderierenden Einfluss der als statistisch signifikant identifizierten Rahmenbedingungen zu berücksichtigen. Da die Auswahl und Ausplanung der Aktionsparameter branchen-, unternehmens- und aufgrund der intervenierenden Kontextvariablen letztlich situationsabhängig sind existiert nicht der optimale Ressourceneinsatz. Um den Handlungsspielraum strategisch planender Unternehmen dennoch zielgerichtet einschränken zu können, stellen Marketing-Literatur und -Praxis eine Reihe von Ansätzen zur Verfügung, die mit Hilfe der Typologisierung von Versorgungssystemen bzw. Branchen einerseits sowie von Waren bzw. Produkten andererseits versuchen, Schwerpunkte bezüglich des Maßnahmeneinsatzes zu ermitteln. In diesem Zusammenhang werden je nach Versorgungssystem bzw. Branche und Ware bzw. Produkt jeweils die Maßnahmen ausgewiesen, die einen tendenziell geringen Einfluss auf den Zielerreichungsgrad ausüben, versus solchen, die eine diesbezüglich relativ hohe Bedeutung besitzen. Die Zielsetzung dieser Typologisierungen besteht in der Ableitung geeigneter Normstrategien des Marketing-Einsatzes je nach Versorgungssystem bzw. Branche und Ware bzw. Produkt.[1198] Dass es sich bei diesen Ansätzen nicht um allgemein gültige „Rezepte" der strategischen Marketingplanung handelt, belegen Einzelfälle, die trotz oder gerade wegen der Abweichung von der formulierten Normstrategie erfolgreiche Marketingstrategien umgesetzt haben.[1199]

Typologisierungsansätze auf der Ebene der angebotenen Marktleistung bedienen sich einer bestimmten Anzahl von Systematisierungskriterien, um die betrachteten Waren anhand vergebener Punktwerte auf einem Kontinuum differenziert abzutragen[1200] oder aber in Gruppen mit z.T. relativ willkürlicher Abgrenzung einzuteilen.[1201] Beide Systematisierungskonzepte werden den sog. waren-analytischen Ansätzen (*commodity approaches*) der Marketingwissenschaft zugerechnet:[1202]

So unternimmt MIRACLE bei der Entwicklung seines Produktklassen-Konzeptes bspw. die Anstrengung, Produkte anhand von neun entwickelten Merkmalen fünf klassifizierten Warengruppen zuzuordnen. Die dabei berücksichtigten Charakteristika sind der objektivierte Warenwert, die subjektive Bedeutung des Kaufs für den Verbraucher, die von ihm in Kauf genommenen Transaktionskosten, die Häufigkeit von technischen bzw. modischen Änderungen, die technische Komplexität, die Servicebedürftigkeit, die Kauffrequenz, der Zeitraum des Ge- bzw. Verbrauchs und die Variabilität eines Produktes.

1198 Systematisierungsansätze von Versorgungssystemen bzw. Branchen finden sich bspw. bei Böcker/Thomas (1981), S. 283f.; Berger (1974), S. 605; Bantleon et al. (1976), S. 224; Nieschlag et al. (1988), S. 849.

1199 Vgl. Haedrich/Tomczak (1990), S. 142; Becker (1988), S. 466.

1200 Zu diesen Ansätzen vgl. bspw. die waren-analytische Analogiemethode von Lipson et al. (1970), S. 34-44 und Lipson/Darling (1971), S. 604-613. Der waren-analytischen Methode bedient sich auch Meffert (1986b). Eine grafische Darstellung einer entsprechenden Marketing-Normstrategie findet sich bei Becker (1988), S. 477.

1201 Vgl. hierzu bspw. das Produktklassen-Konzept von Miracle. Vgl. Miracle (1965), S. 18-24 und die Tabelle 6-2 auf der nächsten Seite. Vgl. auch Shapiro (1977), S. 68f.

1202 Ansätze dieser Kategorie finden sich bspw. bei Copeland (1924), Aspinwall (1962), Schäfer (1950), Koppelmann (1969), derselbe (1974) und Knoblich (1969).

Als Variabilität wird die Übertragbarkeit des Leistungsangebotes auf neue Zielgruppen und weitere Verwendungsmöglichkeiten verstanden.[1203] Dem Anwendungsbezug entsprechend stuft MIRACLE Personenkraftwagen folgendermaßen ein:

Tab. 6-2: PKW-Charakterisierung anhand des Produktklassenkonzepts von MIRACLE

Eigenschaft	Ausprägung
objektivierter Warenwert	hoch
Bedeutung des Kaufs	hoch
Transaktionskosten	hoch
Änderungsfrequenz	hoch
Technische Komplexität	hoch
Servicebedürftigkeit	hoch
Kauffrequenz	gering
Zeitraum Ge-/Verbrauch	gering
Variabilität der Nutzung	gering bis mittel

Quelle: Eigene Darstellung in Anlehnung an Miracle (1965), S. 20.

Da sämtliche waren-analytischen Ansätze auf empirischen Beobachtungen und Erfahrungen aufbauen, besitzen sie eher heuristisches denn analytisches Erkenntnispotenzial.[1204] Ungeachtet dessen können sie eine wertvolle Unterstützung für eine imagebasierte Marketingplanung leisten, stellen sie doch wesentliche Charakteristika und Besonderheiten eines Produkttypus - bspw. eines PKW - heraus. Die aus einer Branchentypologisierung abgeleiteten Normstrategien hingegen erweisen sich für den vorliegenden Forschungsgegenstand als ungeeignet, da sie vornehmlich auf dem instrumentellen Marketingansatz basieren und als solche die Forderung nach einer integrierenden, integrativen, prozessualen und strategischen Dimensionalität der Marktbearbeitung außer Acht lassen.[1205] Der Entwicklung des Modells einer imagebasierten Marketingplanung entsprechend (KAPITEL 4) soll stattdessen das integrativ-prozessuale Verständnis des IPM zugrunde gelegt werden, um eine exemplarische Maßnahmenplanung des Produktimages des Marke-1-Modells der MKL zu vollziehen. Auswahl und Ausplanung der Gestaltungsparameter orientieren sich dabei an folgender unter 6.2 formulierten Zielsetzung (3.):

3. *Die Wahrnehmung des Marke-1-Modells der MKL und dabei insbesondere dessen Designs, Raumangebotes, Exklusivität und Wiederverkaufswertes (qualitative Dimension) soll in Deutschland (objektbezogene Dimension) im Zeitraum von y Jahren (zeitliche Dimension) um (mindestens) x % (quantitative Dimension) verbessert werden.*

Bei den im Sinne einer imagebasierten Marketingplanung relevanten sechs Gestaltungsdimensionen handelt es sich im Einzelnen um die dem Absatzmarktprogramm des IPM entnommene Programmstruktur (G1), Programm- (G2) und Objektgestaltung (G3), Zielgruppen-Programmstruktur (G4), Zielgruppenbestimmung (G5) sowie um den Standardisierungsgrad (G6) einer internationalen Marktbearbeitung.[1206]

[1203] Vgl. Miracle (1965), S. 20; vgl. auch Shapiro (1977), S. 68f.

[1204] Vgl. Meffert (1986b), S. 519-525.

[1205] Vgl. hierzu die Ausführungen in Kapitel 3.3 dieser Arbeit.

[1206] Vgl. hierzu die Ausführungen in Kapitel 4.1 dieser Arbeit.

Nun soll beispielhaft und ansatzweise diskutiert werden, ob und ggf. wie diese Aktionsparameter zur Erfüllung des Positionierungsziels (3.) beitragen können. Dazu werden zunächst diejenigen Dimensionen ausgeschlossen, die aufgrund des Zielinhalts (G1), unzureichender Informationen (G4 und G5) sowie des räumlichen Zielbezugs (G6) keine Ansatzpunkte für eine imagebasierte Maßnahmenplanung im Anwendungsfall liefern:

- Da das oben angeführte Positionierungsziel mit der Verbraucherwahrnehmung hinsichtlich des Marke-1-Modells der MKL als qualitative Zieldimension ausschließlich auf ein einzelnes strategisches Geschäftsfeld fokussiert, kommt eine Gestaltung der **Programmstruktur** (G1) im Anwendungsfall nicht in Betracht. Darüber hinaus verlangt insbesondere diese Gestaltungsdimension ob ihrer strategischen Reichweite eine klare Priorisierung der zu verfolgenden Unternehmensziele und der zu berücksichtigenden Rahmenbedingungen sowie eine hinreichende Kenntnis der disponiblen Budgetmittel. Aus den genannten Gründen werden Anzahl und Auswahl der zu bearbeitenden strategischen Geschäftsfelder als konstant unterstellt.
- Da die Zielgruppendefinition der Marke-1-Unternehmung im Allgemeinen wie auch die des Marke-1-Modells der MKL im Besonderen im Rahmen dieser Untersuchung nicht problematisiert wurden, gelten sie als unbekannt. Dies gilt gleichermaßen für die finalen wie für die subfinalen Zielgruppen. Eine Gestaltung der **Zielgruppenprogrammstruktur** (G4) und die **Zielgruppenbestimmung** (G5) selbst müssen deshalb aus der Betrachtung ausgeschlossen werden. Sowohl der Umfang und die Zusammensetzung des Zielgruppenprogramms als auch die Identifikation relevanter und zu bearbeitender Nachfragergruppen werden als konstant unterstellt.
- Die Festlegung des **Standardisierungsgrades** (G6) einer internationalen Marktbearbeitungsstrategie ergibt sich im Beispielfall insofern nicht, als sich die angestrebte Imagegestaltung einzig auf den deutschen Absatzmarkt beschränkt und mithin eine nationale Positionierung thematisiert. Die Möglichkeiten einer länderübergreifenden Übertragung der nachstehend auszuplanenden Positionierungsstrategie lassen sich aus den Erkenntnissen des Inter-Ländervergleichs dieser Untersuchung ableiten.[1207]

Unter den geschilderten Umständen verbleiben im Marke-1-Anwendungsfall ausschließlich die Gestaltungsdimensionen G2 (Programmgestaltung) und G3 (Objektgestaltung). Deren Erfolgspotenzial im Hinblick auf die Erfüllung des gesetzten exemplarischen Positionierungsziels soll nachfolgend diskutiert werden. Dabei sind gestalterische Optionen aufzuzeigen und entsprechende Empfehlungen auszusprechen. Eine eindeutige „Lösung" kann nicht geliefert werden.

Die **Programmgestaltung** definiert sich über die Breite (additive Auswahl) und Tiefe (alternative Auswahl) eines Programms.[1208] Auf beiden Ebenen kann jeweils entweder eine Beibehaltungsstrategie i.S. einer Strukturfortschreibung gewählt oder eine Änderung der Angebotsstruktur in Form einer Straffung oder Erweiterung vorgenommen werden.[1209] Auf horizontaler Ebene der Programmbreite findet der Nachfrager eine additive Auswahl an Objektgruppen vor.[1210]

1207 Vgl. hierzu die Ausführungen in Kapitel 5.2.1 dieser Arbeit.

1208 Vgl. Meyer/Mattmüller (1999), S. 833.

1209 Vgl. Meyer (1996a), S. 66.

1210 Vgl. Meyer/Mattmüller (1999), S. 833.

Am Beispiel der Automobilindustrie kann sich dies bspw. in Fahrzeugen unterschiedlicher Karosserieform innerhalb einer Baureihe manifestieren. Mögliche strukturverändernde Maßnahmen die Programmbreite betreffend sind die Objektinnovation (Erweiterung) und -elimination (Straffung).[1211] Auf vertikaler Ebene der Programmtiefe befindet sich demgegenüber eine aus Kundensicht alternative Auswahl.[1212] Am Automobil verdeutlicht, umfasst dies z.B. die Anzahl der angebotenen Motorisierungsvarianten eines Karosserietyps innerhalb einer Baureihe. Die Erweiterung bzw. Straffung der Variantenanzahl entspricht einer Objektdifferenzierung bzw. -standardisierung.[1213]

Wird im Beispielfall von der vorgestellten Definition der Angebotsstruktur in Breite (Karosserievarianten) und Tiefe (Motorisierungsvarianten) ausgegangen, bieten sich im Zusammenhang mit dem formulierten Positionierungsziel v.a. Änderungen im Hinblick auf die Programmbreite an.[1214] Bezüglich einer Veränderung auf horizontaler Ebene ist bspw. eine **Objektinnovation** in Gestalt eines Fahrzeugs mit neuartigem Karosseriekonzept denkbar, das gleichermaßen die geforderten Dimensionen Design, Raumangebot, Exklusivität und Wiederverkaufswert betont und sie in der Wahrnehmung der Verbraucher positiv zu profilieren vermag. Eine weitere Möglichkeit, den gesamthaften Auftritt der zu gestaltenden Produktmarke im Hinblick auf die genannten Faktoren zu optimieren, kann sich daraus ergeben, solche Karosserievarianten aus dem Angebot zu eliminieren (**Objektelimination**), die der Profilierung einer oder mehrerer der geforderten Dimensionen grundsätzlich entgegenstehen.[1215] Eine dritte Alternative besteht in der **Objektmodifikation**, bei der im Rahmen eines *Face-Lifts* oder eines Modellwechsels (Nachfolgeprodukt) gezielt auf die geforderten Attribute eingegangen werden könnte. Die Struktur des strategischen Geschäftsfeldes bleibt von dieser Strategie unberührt.

Im Gegensatz zur Programmgestaltung, die auf die Elemente (hier: Fahrzeugmodelle) eines SGF abstellt, setzt die **Objektgestaltung** (G3) unmittelbar an den Charakteristika einer Marktleistung an.[1216] Als Gestaltungsgrößen kommen der Objektkern (Nutzen), die Objektgrundmerkmale und die Objektzusatzmerkmale in Betracht.[1217] Im Anwendungsfall können die Eigenschaft „Exklusivität" dem soziologischen Nutzentypus, die Eigenschaften „Design", „Raumangebot" (Größe) und „Wiederverkaufswert" den Objektgrundmerkmalen zugeordnet werden.

1211 Vgl. Meyer (1996a), S. 66.

1212 Vgl. Meyer/Mattmüller (1999), S. 834.

1213 Vgl. Meyer (1996a), S. 66.

1214 Es sei unterstellt, dass das Angebot unterschiedlicher Motorisierungsvarianten (Programmtiefe) keinen Einfluss auf die Verbraucherwahrnehmungen hinsichtlich des Designs, Raumangebots, der Exklusivität und des Wiederverkaufswerts eines Automobils ausübt.

1215 In dem Fall, dass im Zuge einer Objekteliminations- bzw. -innovationsstrategie ein SGF geschlossen bzw. neu eröffnet wird, kommt dies der strategischen Option der Reduktion bzw. Diversifikation auf Gesamtunternehmensebene gleich. Damit einher geht eine Veränderung der Programmstruktur in quantitativer Hinsicht (Straffung bzw. Erweiterung). Vgl. Grassy (1993), S. 34f. Da in dem gewählten Beispiel sämtliche Fahrzeugmodelle einer Baureihe zu einem SGF zusammengefasst werden, tritt eine Veränderung auf Ebene der Programmstruktur nur dann auf, wenn sämtliche der in einem SGF geführten Fahrzeugmodelle eliminiert werden. Mit dieser SGF-Definition wird eine Zielgruppenhomogenität innerhalb eines SGF unterstellt und dem additiven Charakter der Programmbreite entsprochen.

1216 Vgl. Meyer (1996a), S. 67.

1217 Vgl. Meyer/Mattmüller (1999), S. 838; vgl. auch die Ausführungen in Kapitel 4.1 dieser Arbeit.

Das zentrale Problem der Objektgestaltung besteht in der Transformation abstrakter, psychologischer Objektmerkmale (Exklusivität etc.) in konkrete, physische Produkteigenschaften und in deren Kombination zu einer aus Verbrauchersicht bevorzugungswürdigen, ganzheitlichen Marktleistung.[1218] DAHL ET AL. stellen einen normativen Ansatz dafür bereit, wie mithilfe der Integration relevanter Nachfragergruppen in die frühe Phase der Produktentwicklung immaterielle Objektmerkmale (Attribute) in materielle Produkteigenschaften übersetzt werden können, um eine positionierungsadäquate Produktion der Marktleistung sicherstellen und eine größtmögliche Konsumentenzufriedenheit gewährleisten zu können.[1219] Auch der Ansatz von MYERS/SHOCKER hat die Dekomposition des Konsumentennutzens in physische Objektmerkmale zum Gegenstand. Auf Basis einer Klassifikation von Produkteigenschaften unterscheiden die Autoren in *characteristics*, *benefits* und *imageries*. Bezogen auf ein Automobil könnte unter einem *imagery* bspw. die Sportlichkeit eines Fahrzeugmodells verstanden werden, die sich über die *benefits* „hohe Fahrleistung" und „sportliches Design" in Charakteristika wie hohe Motorleistung (PS), hohes Drehmoment (Nm), funktionale Linienführung (Cw-Wert) und einen Heckspoiler konkretisieren lässt.[1220]

Im Anschluss an eine erste marktlich unabhängige Objektgestaltung ist im Rahmen einer Eignungsanalyse zu prüfen, wie die Erfolgschancen der gestalteten Marktleistung aus der Sicht der Marktattraktivität und des Unternehmenspotenzials zu beurteilen sind. Während die klassische, primär an ökonomischen Zielgrößen orientierte Marketingplanung eine Rentabilitätsanalyse anstellt, um den voraussichtlichen Gewinn des Produktes abschätzen zu können, fokussiert die imagebasierte Marketingplanung vornehmlich auf eine grundsätzliche qualitative Beurteilung der Marktleistung.[1221] Kann diese mit entsprechendem Vorlauf zur Markteinführung vorgenommen werden, bieten sich dem Anbieter sog. (qualitative) **Produktkliniken oder Konzepttests** an.[1222]

> „In Konzepttests wird eine Produktidee erstmals Marktpartnern (meist Konsumenten und Handel) vorgestellt, um zu erkennen, ob die Idee verständlich und glaubwürdig ist, welche Vor- und Nachteile mit ihr assoziiert werden und ob ein solches Produkt überhaupt als kaufwürdig erachtet wird."[1223]

Das in den USA entwickelte und erprobte Verfahren zielt darauf ab, bereits vor der Markteinführung neuer Fahrzeugmodelle erste Hinweise auf deren Akzeptanz bei den relevanten Zielgruppen zu erlangen.[1224] Neben wertvollen Entscheidungshilfen für die Festlegung neuer Modellkonzeptionen liefern diese Tests konkrete Ansatzpunkte für die Detailgestaltung der Produkte sowie für

---

1218 Vgl. Trommsdorff/Zellerhoff (1994), S. 351. Ergänzende Ausführungen bezüglich der imageadäquaten Kombination von Gestaltungsmitteln finden sich bei Mayer (1984), S. 262-265.

1219 Vgl. Dahl et al. (1999), S. 18-28.

1220 Vgl. Myers/Shocker (1981), S. 211-236. Ein weiteres Modell zur Übertragung von Kundenwünschen in technische Produktmerkmale ist das sog. *Quality Function Deployment* (QFD). Vgl. hierzu Homburg (1998), S. 210-212. Alternative Ansätze zur Objektgestaltung finden sich bei Lilien et al. (1992), S. 238-240.

1221 Vgl. Witt (1996), S. 33-38.

1222 Vgl. Wind (1973), S. 2f. Zu Produkttests vgl. bspw. ebenda; vgl. auch Reitter (1969), S. 179-183. In der Automobilindustrie finden die Begriffe „*Car-Clinics*" oder „Produktklinik" Verwendung. Vgl. Nowak (1983), S. 74. Die Wortendung „-klinik" bzw. „-clinic" lässt sich darauf zurückführen, dass die Konsumenten (Probanden) zu den Untersuchungsleitern kommen und nicht umgekehrt: „Die Befragten werden quasi stationär behandelt" - wie in einer Klinik." Finsel/Bach (1993), S. 54.

1223 Gierl (1995), S. 504.

1224 Vgl. Nowak (1983), S. 74.

die Planung geeigneter Markteinführungsstrategien.[1225] In diesem relativ frühen Stadium des Konzepttests empfehlen sich insbesondere qualitative Verfahren der Marktforschung wie bspw. Gruppendiskussionen oder Einzelinterviews mit verbalen Beschreibungen und Visualisierungen des Produktkonzepts.[1226] In deren Verlauf sollten v.a. folgende Fragen adressiert werden:[1227]

1. Wie reagiert der Proband auf das Produktkonzept (Reaktion)? Welche Dimensionen sind dem Verbraucher bei der Produktbeurteilung am wichtigsten? Wie groß ist der potenzielle Markt (Schätzung)?
2. Wie viele Marktsegmente existieren (Markt), und wie sind sie charakterisiert (demografisch, sozio-ökonomisch, psychografisch und verwendungsbezogen)?
3. Welches Wettbewerbsumfeld (Wettbewerb) stellt sich aus Sicht des Konsumenten dar, und welche Positionierungsstrategie lässt sich aus ihm ableiten?

Hat die Fahrzeugidee das Stadium des Konzepttests „bestanden“, schließen sich zu einem späteren Zeitpunkt sog. Produkttests an. In deren Verlauf werden ausgewählte Konsumenten um eine Beurteilung der dann marktreifen Erzeugnisse und/oder deren Attribute gebeten.[1228] Dabei werden Präferenzdaten der Nachfrager über Beobachtungen und Befragungen erfasst.[1229] Eine besondere Schwierigkeit der Konzept- und Produkttests ergibt sich immer dann, wenn keine vergleichbaren (Wettbewerber-) Angebote existieren. In diesem Fall gilt es zu klären, welche Produktmerkmale von relativ größter Bedeutung für die Kaufentscheidung der Nachfrager sind und welche Merkmalsausprägungen den Idealanforderungen der Verwender am ehesten entsprechen. Handelt es sich bei der zu gestaltenden Marktleistung um gänzlich neuartige Güter, mit denen potenzielle Nachfrager noch keinerlei Erfahrungen sammeln konnten, lassen sich die Verwenderurteile mittels fiktiver Idealprodukte abfragen. Allerdings verlangt diese Methode relativ aufwendige Erhebungen der Primärstatistik.[1230]

[1225] Vgl. Nowak (1983), S. 85. Zur Durchführung einer Autoklinik als zeitliches Optimierungsproblem zwischen dem Spielraum der Produktgestaltung und der prognostischen Valenz (Dilemma) vgl. ebenda, S. 83; vgl. auch Finsel/Bach (1993), S. 56.

[1226] Vgl. Gierl (1995), S. 504.

[1227] Vgl. Wind (1973), S. 2f.

[1228] Vgl. Nieschlag et al. (1991), S. 726.

[1229] Vgl. Gierl (1995), S. 504.

[1230] Vgl. Kinast (1995), S. 79.

7 Kritische Würdigung der Ergebnisse, Implikationen und Ausblick

Den in ABSCHNITT 1.2 definierten Zielsetzungen dieser Arbeit wurde auf der Grundlage eines in KAPITEL 3 entworfenen theoretischen Bezugsrahmens nachgegangen. Dazu wurden die Ablaufschritte der strategischen (imagebasierten) Marketingplanung (Situationsanalyse, Ziel- und Maßnahmenplanung) mit den Komponenten des situativen Forschungsansatzes (Kontext-, Erfolgs- und Gestaltungsvariablen) verbunden und in eine Drei-Ebenen-Struktur überführt. Sie stellte die Basis der sich anschließenden Untersuchungsschritte dar.

Mit der Konzeption eines geeigneten Anforderungsprofils wurden zunächst Soll-Vorgaben an die Ausgestaltung der drei Ablaufschritte bzw. Komponenten einer idealtypischen imagebasierten Marketingplanung hergeleitet (1. Zielsetzung ✓). Eine Bestandsaufnahme für den Forschungsgegenstand relevanter wissenschaftlicher Ansätze offenbarte, dass eine Reihe von strukturellen und inhaltlichen Anpassungen „klassischer" strategischer Marketingmodelle vorzunehmen sind, um ein dem Anforderungsprofil entsprechendes Modell imagebasierter Marketingplanung entwikkeln zu können. Neben der der Problemstellung impliziten Definition der hier interessierenden Imagegrößen als Erfolgsvariablen betrifft dies die zu berücksichtigenden Rahmenbedingungen und einzusetzenden marketingpolitischen Maßnahmen. Die identifizierten notwendigen Anpassungen bedeuteten den Forschungsbedarf der vorliegenden Untersuchung (2. Zielsetzung ✓).

Zur Erfüllung der fomulierten Anforderungen wurden gemäß der Drei-Ebenen-Struktur des theoretischen Bezugsrahmens eine Imagehierarchie abgeleitet (Zielsystem), Gestaltungsdimensionen des Integrativ-Prozessualen Marketingansatzes und internationalen Managements festgelegt (Aktionsparameter) und zu berücksichtigende isolierte und integrierte Rahmenbedingungen bestimmt und operationalisiert (Kontextvariablen). Aus der Zusammenführung dieser drei ausgestalteten Ebenen konnten ein Modell (3. Zielsetzung ✓) und eine Heuristik imagebasierter Marketingplanung (4. Zielsetzung ✓) entwickelt werden. Die empirische Validierung der Modellzusammenhänge (Situationsanalyse) belegte im Anwendungsfall durchgängig eine akzeptable Modellqualität und bestätigte darüber hinaus überwiegend die aufgestellten Untersuchungshypothesen (5. Zielsetzung ✓). Die dabei gewonnenen Erkenntnisse lassen sich nach den durchgeführten Studien stichpunktartig wie folgt zusammenfassen:

- Die von einem Anbieter geführten Produkte werden aus Verbrauchersicht selbst bei nahezu gleicher Markierung z.T. sehr unterschiedlich wahrgenommen (Intra-Markenvergleich).
- Unternehmens-, Dachmarken- und Produktimages eines Anbieters erweisen sich als z.T. statistisch hochgradig abhängig vom Zeitpunkt („Studie") und geografischen Raum („Land") ihrer Erhebung sowie vom Besitzstatus der Probanden („Besitz" und „Typ"). Die Berufsstellung und Einkommensklasse der Befragten zeigten nur bei den klassischen Limousinenvarianten des Herstellers einen statistisch signifikanten Einfluss auf. Die Beurteilungen sowohl der Produkte als auch der Dach- und Firmenmarke waren unabhängig vom Geschlecht und Alter der Studienteilnehmer (Inter-Variablenvergleich).
- Bei länderübergreifender Betrachtung stellten sich z.T. gravierende kulturelle Unterschiede der Verbraucherwahrnehmungen hinsichtlich der Firmen-, Dach- und Produktmarken heraus. Dennoch ließen sich homogene Ländergruppen identifizieren. Die klassischen Limousinenmodelle wurden insbesondere hinsichtlich ihrer Exklusivität und ihres Wiederverkaufswertes relativ ähnlich beurteilt. Demgegenüber wurden die Produktimages der Marke-1-Modelle der UKL und RKL fast durchweg sehr heterogen empfunden (Inter-Ländervergleich).

- Eine dynamische Betrachtung unterstrich die z.T. starke Zeitabhängigkeit von Verbraucherwahrnehmungen im Anwendungsfall. Während diese in Deutschland im Jahre 1997 überwiegend schlechter ausfielen als noch 1992, haben sie sich in Spanien, Italien und Großbritannien fast durchgängig verbessert. Lediglich in Frankreich konnten keine gravierenden Veränderungen festgestellt werden (Inter-Studienvergleich).

Des Weiteren konnten Imagetransfereffekte empirisch-quantitativ nachgewiesen werden (7. Zielsetzung ✓). Die formulierten Untersuchungshypothesen bezüglich der unterstellten Bi-Kausalität der Wirkungszusammenhänge sowie der Existenz von Halo-Effekten und Detaildominanzen (Relevanz) konnten je nach Partialmodell in 85 bis 100% der durchgeführten Analysen bestätigt werden:

- Dabei zeigte sich, dass der Einfluss der Produktpalette auf das Unternehmensimage im Anwendungsfall stärker wiegt als der Effekt in umgekehrter Wirkungsrichtung des Unternehmens- auf das (Dach-) Markenimage (positiver „*net effect*"). Demgegenüber erwiesen sich sowohl die Produktimages und Produktimagedimensionen als auch die Markenwerte stärker vom Unternehmensimage abhängig als umgekehrt (negativer „*net effect*"). Letztgenannte Ergebnisse deuten auf eine zentrale Stellung des Unternehmensimages für die Wahrnehmung der unter ihm angebotenen und identisch markierten (Firmen-Dachmarkenstrategie) Marken und Produkte hin. Die entsprechenden Untersuchungshypothesen konnten in 88 bis 100% der durchgeführten Studien bestätigt werden.

Mit diesen im Rahmen der empirischen Situationsanalyse gewonnenen Ergebnissen konnte der Aktivitätenraum des gewählten Entscheidungsproblems systematisch eingeschränkt und die Heuristik einer imagebasierten Marketingplanung inhaltlich hinterlegt werden. In Verbindung mit der Vorgabe operationaler Positionierungsziele und auf Grundlage der dem Absatzmarktprogramm entnommenen Aktionsparameter konnten im Anwendungsfall letztlich geeignete Gestaltungsempfehlungen in der Form marketingpolitischer Maßnahmen gegeben werden (6. Zielsetzung ✓).

Da im Verlauf der vorliegenden Untersuchung eine Vielzahl vereinfachender Annahmen getroffen wurde, sind dem forschungslogischen Prozess und den durch ihn hervorgebrachten Erkenntnissen eine Reihe methodischer bzw. inhaltlicher Kritikpunkte entgegenzuhalten. Obwohl die mit diesen verbundenen Nachteile bewusst in Kauf genommen wurden, relativieren sie dennoch die Interpretationskraft dieser Arbeit. Sie sollen deshalb fortfolgend kurz skizziert werden:

1. Die Konzeption einer imagebasierten Marketingplanung stellt per definitionem ausschließlich auf Wahrnehmungskonstrukte als Zielgrößen ab und versteht Positionierungsvorteile als die einzige Quelle (strategischer) Erfolgspotenziale. Andere außerökonomische Elemente der unternehmerischen Zielhierarchie (Bekanntheitsgrad, Kundenzufriedenheit etc.) und deren ökonomischen Bestandteile (Gewinn, Marktanteil u.a.) bleiben bei dieser Betrachtung vollends unberücksichtigt. Eine imagebasierte Marketingplanung kann daher lediglich als Ergänzung zu einer ganzheitlichen strategischen Marketingplanung gesehen werden.

2. Der Prozess der strategischen (imagebasierten) Marketingplanung wurde in der vorliegenden Untersuchung in ein sequenzielles Phasenschema zerlegt. In der Realität sind die diesem Prozess zugrunde liegenden Stufen der Situationsanalyse, Ziel- und Maßnahmenplanung jedoch durch vielfältige Interdependenzen und Rückkopplungen gekennzeichnet und eher simultan denn sequenziell abzuarbeiten. Dies trifft bspw. auf die Zielplanung zu, die in Anpassung an sich stetig verändernde Rahmenbedingungen kontinuierlich fortzuschreiben ist.

3. Die Auswahl der interessierenden Zielgrößen und relevanten Rahmenbedingungen wurde im Hinblick auf die Problemstellung bzw. Forschungspragmatik eingeschränkt und willkürlich vorgenommen. Insbesondere das Universum situativer Faktoren der externen Unternehmensumwelt kann niemals vollumfänglich abgebildet werden. Eine Beschränkung erscheint unter dieser Voraussetzung als notwendig und gerechtfertigt.

4. Unter Vernachlässigung des Standardisierungsgrades einer internationalen Marktbearbeitung basieren Auswahl und Ausgestaltung der marketingpolitischen Gestaltungsdimensionen ausschließlich auf dem Absatzmarktprogramm des IPM. Darüber hinaus ergibt sich jedoch eine Vielzahl weiterer Ansatzpunkte der Marktbearbeitung innerhalb der Anbahnung, des Abschlusses und der Realisierung einer Anbieter-Nachfrager-Transaktionsbeziehung.

5. Da sich die Ableitung eines allgemein gültigen Lösungsalgorithmus im Fall einer strategischen imagebasierten Marketingplanung als nicht gangbar erwies, wurde eine heuristische Problemlösungstechnik entwickelt (HIMP). Deren Aufgabe besteht primär in der Strukturierung der Entscheidungssituation und in der systematischen Einschränkung des Aktivitätenraumes. Die unter situativen Voraussetzungen zu treffende Entscheidung kann konsequenterweise nicht zwangsläufig als optimal, aber dennoch als adäquat und gut bezeichnet werden.

6. Die theoretische Modellkonzeption und empirische Modellvalidierung stützten sich auf die Gegebenheiten einer Firmen-Dachmarkenstrategie bzw. eines willkürlich ausgewählten Beispielfalles der Automobilindustrie. Die gewonnenen Erkenntnisse lassen sich folglich nicht ohne weiteres auf alternative Markenstrategien bzw. Unternehmen übertragen. Nichtsdestotrotz bietet das gewählte Vorgehen ein methologisches Raster für eine allgemein gültige Anwendung im Rahmen imagebasierter Fragestellungen.

7. Mit der Zugrundelegung einer Intra-Markenperspektive wurde von Wettbewerbseinflüssen soweit möglich abstrahiert. Da die Verbraucherurteile hinsichtlich der zu bewertenden Marken in relativer, d.h. vergleichender Form erhoben wurden, gingen sie dennoch implizit in die Operationalisierung der Modellbestandteile des IMI bzw. MIMP (Imagegrößen) ein. Im Sinne einer realitätsgetreuen Modellierung sollten diese allerdings im Rahmen der anzustellenden Kausalanalysen als separate Variablen explizit Berücksichtigung finden, da sie neben der Beeinflussung der Imagegrößen selbst vermutlich auch deren wechselseitige Beziehungen (Modellzusammenhänge) moderieren dürften.

8. Zur Operationalisierung der interessierenden Image-Zielgrößen und relevanten Rahmenbedingungen wurden die innerhalb der zur Verfügung stehenden Positionierungsstudien erhobenen Fragestellungen bzw. Merkmale herangezogen und in Variablen übersetzt. Insbesondere die Operationalisierung psychologischer Konstrukte verlangt nach geeigneten Indikatoren. Deren Auswahl obliegt - wie auch in vorliegender Untersuchung - dem Forscher und muss daher letztlich als willkürlich bezeichnet werden. Vor allem die faktorenanalytische Ableitung des (Dach-) Markenimages aus Produktimages und die einfaktorielle Messung des Unternehmensimages sind im Anwendungsfall als problematisch zu erachten.

9. Da jeder Proband lediglich ein Marke-1-Modell zu bewerten hatte, wurden seine hypothetischen Urteilswerte hinsichtlich sämtlicher anderen Marke-1-Modelle regressionsanalytisch geschätzt. Als erklärende Größen wurden die zur Verfügung stehenden Variablen herangezogen. Letztlich kann diese Schätzung die Realität allerdings nur statistisch approximieren, da die tatsächlichen Einflussgrößen im Einzelfall unbekannt und/oder nicht verfügbar waren.

Für die Unternehmenspraxis besitzt die vorliegende Arbeit eine besondere Relevanz: Erstens bringt sie die im Vergleich zu ökonomischen Zielgrößen wachsende Bedeutung kaufverhaltenssteuernder Imagekonstrukte für den Unternehmenserfolg zum Ausdruck. Zweitens erlauben die aus den erfüllten Zielsetzungen gewonnenen Erkenntnisse die Ableitung vielfältiger Implikationen für die Unternehmensstrategiewahl:

- Der Bedeutung verbraucherrelevanter Imagekonstrukte für den Unternehmenserfolg kann nur dadurch entsprochen werden, dass ausgesuchte Imagegrößen in den strategischen Marketing-Planungsprozess aufgenommen werden. Neben deren Integration in die unternehmerische Zielhierarchie verlangt dies die Auswahl geeigneter Gestaltungsdimensionen (Aktionsparameter) sowie die Berücksichtigung den Zielerreichungsgrad moderierender Rahmenbedingungen (Kontextvariablen). Auch wenn alle drei der genannten Ebenen im Einzelfall situativ auszuplanen sind, kann das entwickelte Modell imagebasierter Marketingplanung (MIMP) dabei eine wertvolle Unterstützung leisten.
- Ansatzpunkte für die marketingpolitische Strategiewahl liefert die entworfene Heuristik einer imagebasierten Marketingplanung (HIMP). Sie gibt das methodologische Vorgehen des Entscheidungsprozesses vor und systematisiert das Entscheidungsproblem nach den zu berücksichtigenden Entscheidungsdimensionen. Aus dem strukturierten Entscheidungsraum können dann Handlungsalternativen abgeleitet und deren Konsequenzen beurteilt werden. Im Gegensatz zu einer algorithmischen Problemlösungstechnik muss die Alternativenwahl allerdings vom Planer selbst vorgenommen werden.
- Insbesondere der empirisch-quantitative Nachweis (wechselseitiger) Imagetransfereffekte erfordert eine Anpassung gängiger Marketing-Planungsprozesse: Zum Einen müssen Positionierungsstrategien aus integrierter Perspektive beurteilt werden und als solche Transfereffekte auf mit dem Planungsobjekt verbundene Marken mit berücksichtigen. Zum Anderen sind diese in die Wirtschaftlichkeitsrechnung strategischer Geschäftsfelder mit einzubeziehen, da sie analog zu ökonomischen Zielgrößen als Erfolgsbeiträge zu verstehen sind.

Die zentrale Herausforderung zukünftiger Forschungsarbeiten, die sich mit imagebasierten Fragestellungen beschäftigen, besteht primär in der Integration der Komponenten einer imagebasierten Marketingplanung in den „klassischen" Marketing-Planungsprozess. Eine Ergänzung der vorliegenden Untersuchung sollte dahingehend vorgenommen werden, dass bei der theoretischen Modellierung und empirischen Validierung der imagebasierten Modellzusammenhänge Wettbewerbseinflüsse explizit berücksichtigt werden. Letztlich sollten die gewonnenen Erkenntnisse anhand eines Beispiels in der Form einer alternativen Markenstrategie mit abgeschwächter Markenidentität (z.B. Einzelmarkenstrategie) und/oder eines alternativen Praxisunternehmens überprüft werden.

Anhang

Abb. A-1: Neobehavioristisches Einstellungs-Image-Modell

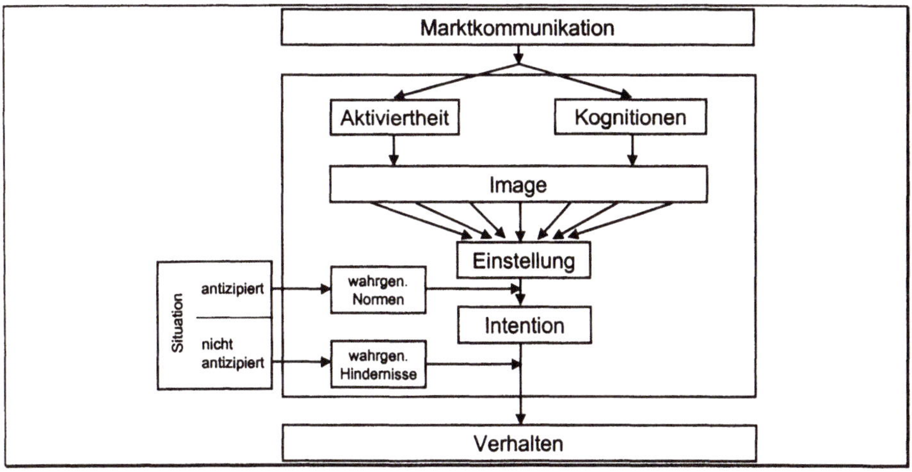

Quelle: Eigene Darstellung in Anlehnung an Trommsdorff (1975), S. 76.[1231]

Abb. A-2: Fiktives Beispiel einer eindimensionalen zweipoligen Ratingskala

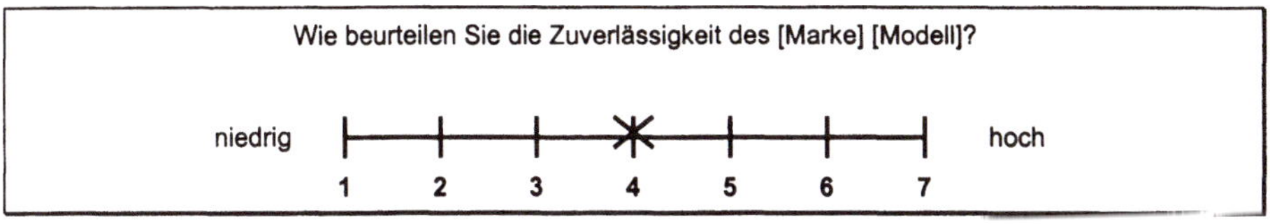

Quelle: Eigene Darstellung.

Bei der empirischen Erhebung mittels Skalen sind insbesondere folgende Aspekte zu berücksichtigen.

1. Insbesondere beim Vorliegen zweipoliger Skalen mit einer ungeraden Anzahl von Ausprägungsstufen tritt dann ein **Interpretationsproblem** auf, wenn der Proband wie im vorliegenden Fall den geografischen Mittelwert der Skala (Median) wählt: In diesem Fall ist nicht eindeutig zu schlussfolgern, ob der Proband indifferent oder ambivalent ist.[1232] Es ist deshalb zweckmäßig, um die genannte Problematik auszuschließen, nur solche Skalen zu verwenden, die jeweils nur einen Sachverhalt mit unterschiedlichen Intensitätsstufen (einpolig) und eine gerade Anzahl von Ausprägungen aufweisen.[1233]

[1231] Zu den moderierenden Einflüssen der antizipierten und nicht antizipierten Situation vgl. das Prozessmodell von Fazio, in: Fazio (1986), S. 204-243.

[1232] Vgl. Schreiner (1992), S. 84; Kroeber-Riel/Weinberg (1996), S. 194; Herzig (1991), S. 11; Gierl (1995), S. 45. Zu einer Kritik an der Verwendung von Ratingskalen in der Marketingwissenschaft vgl. bspw. Berekoven et al. (1991), S. 73.

[1233] Vgl. Kroeber-Riel/Weinberg (1996), S. 194.

2. Die den Skalen zugrunde liegenden Zahlen werden gemäß ihren mathematischen Eigenschaften unterschiedlichen **Skalenniveaus** zugeordnet. Im Fall der empirischen Einstellungs- bzw. Imageforschung handelt es sich dabei überwiegend um (zumindest) ordinal-skalierte Ausprägungen (Zahlen).[1234] Selbst wenn die Eigenschaften der metrischen Intervall- oder Ratio-Skala - dies gilt insbesondere für die identischen Intervalle zwischen den Ausprägungen - in den meisten Fällen nicht eindeutig zu belegen sind, werden auch diese Skalen in der empirischen Forschungspraxis zumeist wie metrische Skalen behandelt.[1235]

Abb. A-3: Darstellung eines fiktiven Profilverlaufs auf Basis aggregierter Daten

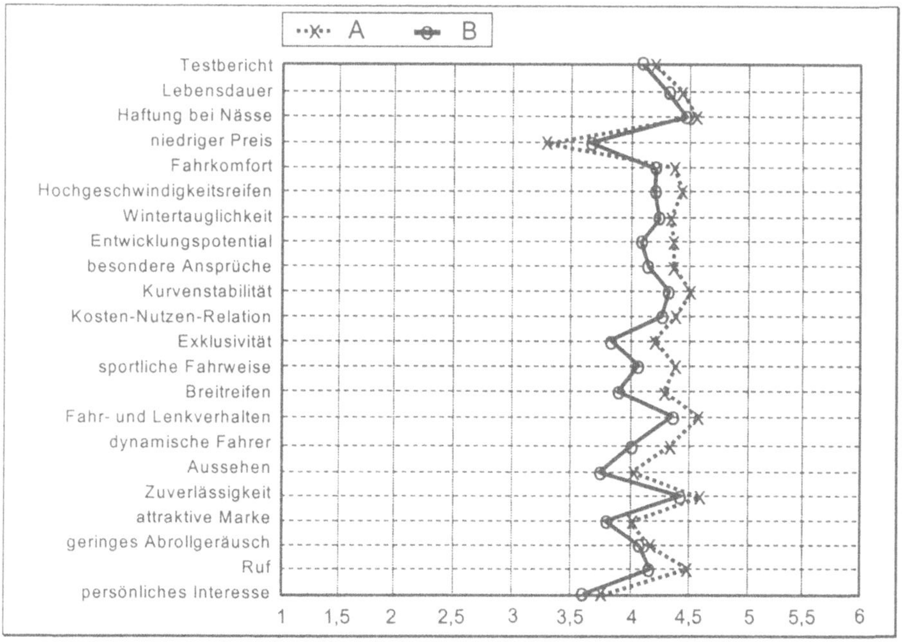

Quelle: Eigene Darstellung.

[1234] Vgl. Kroeber-Riel/Weinberg (1996), S. 192f.; Ahrens (1988), S. 446.

[1235] Vgl. Berekoven et al. (1991), S. 71; Herzig (1991), S. 10.

Tab. A-1: Erscheinungsformen der Marke

Idealtypische Klassifikation:	Erscheinungsformen:	Beispiele:
Anzahl der markierten Güter	Produktmarke Produktgruppenmarke Dachmarke	Odol Nivea, Tesa Siemens
Objekt der Markierung	Produktmarke Produktgruppenmarke Firmen(dach)marke	s.o. s.o. BMW
Verwendungszweck	Konsumgütermarken (Gebrauchs- und Verbrauchsgütermarken) Dienstleistungsmarken Investitionsmarken Komponentenmarken	Merci-Schokolade Sony ADAC, Bahn-Card HP Laser Jet TetraPak
Funktion des Markeneigners im Absatzkanal	Herstellermarken Handelsmarken Lieferantenmarken	Jacobs Krönung Albrecht-Kaffee Columbia Bohnen
Anzahl der Markeneigner	Individualmarken Kollektivmarken	Rosenthal Gruppe 21
Geografische Reichweite der Marken	Regionale Marken Nationale Marken Internationale Marken Weltmarken	Südmilch Ernte 23 EC-Karte CoCa-Cola
Positionierung auf dem Preis- Qualitäts- Kontinuum	a) Markenartikel „Klassische" Handelsmarken Gattungsmarken b) Erstmarke Zweitmarke Drittmarke	 Pril AS-Spülmittel No Name Henkel Trocken Carstens SC Rüttgers Club

Quelle: Eigene Darstellung in Anlehnung an Bruhn (1995), Sp. 1447.

Tab. A-2: Bewertung der Einzelmarkenstrategie

Vorteile:	**Nachteile:**
• Der Aufbau einer **eigenständigen und unverwechselbaren Markenpersönlichkeit** geht mit einem klar profilierten und individuellen Image der Marktleistung einher und grenzt diese von den restlichen Angeboten einer Unternehmung ab, so dass **keine oder lediglich geringe Ausstrahlungseffekte** und Substitutionsbeziehungen zwischen ihnen zu erwarten sind.[1236]	• Der **Profilierungsaufwand** für Einzelmarken nimmt angesichts einer steigenden Markenvielfalt und des damit verbundenen Markenwettbewerbs stetig zu. Aufgrund sich tendenziell verkürzender Produktlebenszyklen wird die **Amortisation** des Markenaufwandes erschwert; im Extremfall kann dieser Umstand für das betroffene Unternehmen existenzbedrohliche Ausmaße annehmen.[1238]
• Mit dieser Persönlichkeitstrennung unterschiedlicher Produkte bzw. Marken eines Herstellers **reduziert sich der marketingpolitische Koordinationsaufwand**, da die zu entwickelnden Marketing-Konzeptionen nicht aufeinander abzustimmen sind.[1237]	• Außerdem sind relativ hohe **Entwicklungs-, Kommunikations- und Hineinverkaufskosten** in den Handel zu nennen, die von der Einzelmarke alleine zu tragen sind. Auch stellen Einzelmarken häufig einen nur **begrenzten Wettbewerbsvorteil** dar, so dass die Leistung in relativ kurzer Zeit imitiert werden kann.[1239]
	• Die geschilderte Problematik führt dazu, dass die Einzelmarkenstrategie bei Neuprodukteinführungen **kaum mehr Verwendung** findet.[1240]

Quelle: Eigene Darstellung.

[1236] Vgl. Meffert (1994), S. 183; derselbe (1992), S. 138; o.V. (1989), S. 104.

[1237] Vgl. Meffert (1994), S. 183; derselbe (1992), S. 138.

[1238] Vgl. Becker (1994), S. 471; Meffert (1994), S. 183; derselbe (1992), S. 138f.

[1239] Vgl. Bunk (1991), S. 44.

[1240] Vgl. Meffert (1994), S. 183; derselbe (1992), S. 138f.

Tab. A-3: Bewertung der Markenfamilienstrategie

Vorteile:	**Nachteile:**
• Der wesentliche Vorteil der Markenfamilienstrategie besteht in einer relativ **kurzfristigen Akzeptanzschaffung** einer Neuprodukteinführung innerhalb einer bestehenden Familienmarke bei Handel und Verbrauchern, da der Goodwill der Stammmarke auf Folgeprodukte übertragen wird. Diese (kommunikativen) Synergien können die Kosten der (Mehr-) Markenbildung und -führung erheblich reduzieren.[1241]	• Allerdings verlangt dieser Wirkungszusammenhang zwischen den Elementen einer Markenfamilie deren **behutsame Betreuung** und den Schutz des Markenkerns (zentrales Nutzenversprechen). Dabei sind hochgradig heterogene Produkte, die zu Imageverwässerungen des Markenkerns führen können, rechtzeitig aufzudecken und aus der Familie zu eliminieren.[1242] • Eine weitere Gefahr der Markenfamilienstrategie ergibt sich aus den genannten Assoziationsübertragungen und dem damit verbundenen Auftreten eines sog. **Badwill-Transfers** zwischen Stamm- und Folgeprodukten in beide Richtungen. Diese Gefahr erfordert einen verstärkten **Abstimmungsaufwand** der marketingpolitischen Maßnahmen für die einzelnen Marktleistungen. • Entstammen mehrere Produkte einer Familie demselben Verwendungszusammenhang bzw. Sortimentsbereich, sind ferner **komplementäre**, aber auch **substitutionale Beziehungen** zwischen ihnen zu berücksichtigen.[1243] • Letztlich setzt der erfolgreiche Aufbau einer Familienmarke die Rückgriffsmöglichkeit auf eine bekannte **Pioniermarke** voraus.[1244]

Quelle: Eigene Darstellung.

1241 Vgl. Meffert (1994), S. 186; derselbe (1992), S. 142f.

1242 Vgl. Becker (1994), S. 474-476; Meffert (1992), S. 142f. Zu den Einflussgrößen des Absatzvolumens im Falle von Familienmarken vgl. bspw. Neuhaus/Taylor (1972), S. 419-422.

1243 Vgl. Meffert (1994), S. 186; derselbe (1992), S. 142f.

1244 Vgl. Becker (1994), S. 474-476; Meffert (1992), S. 142f.

Tab. A-4: Bewertung der Dachmarkenstrategie (Teil I)

Vorteile:	**Nachteile:**
• Steigende **Flopraten** bei Produktneueinführungen und die zur Lancierung einer neuen Marke erforderlichen **Werbeaufwendungen** haben zur Attraktivität der Dachmarkenstrategie beigetragen.[1245] • Mittels identischer Markierung wird die subjektive Wahrnehmung der Dachmarke (Dachmarkenimage) im Rahmen dieser Markenstrategie auf das gesamte Güterangebot übertragen. Durch den Rückgriff auf einen bekannten Markennamen wird eine **Senkung der Markteintrittsbarrieren** erreicht, da der zur Generierung von Präferenzen nötige immense Einsatz an **finanziellen und zeitlichen Ressourcen** - insbesondere vor dem Hintergrund des verstärkten Verdrängungswettbewerbs und einer zunehmenden Internationalisierung der Märkte - erheblich reduziert werden kann.[1246] • Eine Marke, die bereits (aus einem anderen Produktbereich) bekannt ist, wird eher wahrgenommen und besitzt gegenüber einer unbekannten Marke einen **Vertrauensvorschuss**.[1247] Somit kann sich die Einführungswerbung auf die Publizierung des neuen Produkt-Marken-Konzepts konzentrieren.[1248]	• Als nachteilig muss beurteilt werden, dass Dachmarken aufgrund ihrer großen Programmbreite und/oder Programmheterogenität **nicht so klar fokussiert** werden können wie eine typische Einzel- oder Monomarke.[1249] • Eine weitere Gefahr besteht in der **Verwässerung** des (Dach-) Markenkerns, sobald die Verbraucher den Kompetenzanspruch des Anbieters nicht mehr für sämtliche Produkte nachvollziehen können.[1250] • Nachteile erwachsen auch aus möglichen **Substitutionsbeziehungen** zwischen den dachmarkierten Gütern und dem mit ihrer Führung verbundenen erhöhten **Koordinationsaufwand.** • **Negative Transfereffekte**, z.B. verursacht durch Produkte mit unterschiedlichem Qualitätsniveau, stellen im Falle der Dachmarkenstrategie eine noch größere Gefahr dar als bei der Markenfamilienstrategie.[1251]

Quelle: Eigene Darstellung.

[1245] Vgl. Mayer/Mayer (1987), S. 28. Die Flopraten von Neuprodukteinführungen werden seit den 70er Jahren mit durchgängig 35 bis 45% beziffert. Vgl. Dahl et al. (1999), S. 18.

[1246] Vgl. Hätty (1989), S. 286-295.

[1247] Individuen neigen dazu, ihnen bekannten (Produkt-) Marken höhere Qualitäten zuzuschreiben als ihnen unbekannten Produkten. Vgl. ebenda, S. 291.

[1248] Vgl. Mayer/Mayer (1987), S. 28.

[1249] Vgl. Becker (1994), S. 472-473; Meffert (1992), S. 144f.

[1250] Vgl. Müller (1994), S. 147.

[1251] Vgl. Meffert (1994), S. 187; derselbe (1992), S. 144f. Die Abgrenzung zwischen einer Familien- und einer Dachmarke ist fließend. Vgl. Müller (1994), S. 143; Sattler (1997), S. 20. Einige Autoren setzen beide Begriffe gleich. Vgl. bspw. Mayerhofer (1995), S. 111.

Tab. A-5: Bewertung der Dachmarkenstrategie (Teil II)

Vorteile:	**Nachteile:**
• Damit einher geht eine **erhöhte Akzeptanz** bei Handelsbetrieben und Verbrauchern; letztlich reduziert dies die **Kosten der Einführung und Pflege** einer dachmarkierten Neuprodukteinführung.[1252] • Durch die mit der Neuprodukteinführung verbundene Marktausweitung der Dachmarke können **neue Zielgruppen** angesprochen werden. • Darüber hinaus bietet die enge Beziehung zwischen Marke und Hersteller im Falle der Dachmarkenstrategie im Gegensatz zur Markenfamilienstrategie die Möglichkeit, eine **unverwechselbare Unternehmensidentität** und ein differenziertes Unternehmensimage aufzubauen. • Dabei lässt sich das **Unternehmensimage** mittels einer innovativen Markenpolitik (stetig) **aktualisieren**.[1253] • Ein weiterer Vorteil der Dachmarkenstrategie liegt in der Existenz möglicher **Synergieeffekte** begründet, wenn die dachmarkierten Produkte einen identischen „Bedürfnisbereich" abdecken, eine „emotionale Kompatibilität" bieten und/oder das gleiche Preis-/Qualitätsniveau besitzen.[1254]	

Quelle: Eigene Darstellung.

[1252] Vgl. Meffert (1994), S. 187; derselbe (1992), S. 144f.; Müller (1994), S. 146f.

[1253] Vgl. Meffert (1994), S. 187; derselbe (1992), S. 144f.; Bunk (1991), S. 46f.

[1254] Vgl. Mayerhofer (1995), S. 111.

Tab. A-6: Bewertung der Transfermarkenstrategie (Teil I)

Vorteile:	**Nachteile:**
• Da dem Verbraucher der Markenname und seine Bedeutung bekannt sind, müssen sie nicht erlernt werden. Mit diesem Umstand einher geht eine **Senkung der notwendigen Kosten für den Aufbau und die Pflege eines Markenimages.**[1255] Im Vergleich zu einer Neumarkenstrategie, deren Aufwendungen auf bis zu $ 150 Mio. beziffert werden, wird im Falle einer Markentransferstrategie von lediglich ca. $ 50 Mio. ausgegangen.[1256] • Durch das gemeinsame Auftreten mehrerer Marken mit identischer Markierung können **Marketingsynergien** durch wechselseitige positive Ausstrahlungseffekte zwischen den Marken (**Imagetransfereffekte**) realisiert werden.[1257] Die mit diesen Ausstrahlungen verbundenen Spillovereffekte insbesondere kommunikationspolitischer Maßnahmen **verringern die Werbekosten** und/oder **erhöhen die Werbeeffizienz**.[1258]	• Negative Konsequenzen können sich für den Markeneigner aus der Auswahl imagemäßig unverträglicher Transferpartner ergeben (**denotative und/oder konnotative Unverträglichkeit der Transferpartner**).[1259] Im Einzelnen kann es sich dabei um eine Schädigung (***dilution***) des Markenimages oder um eine Verwässerung (***erosion***) der Markenpersönlichkeit handeln.[1260] • Ähnliche Konsequenzen können aus einer großen Anzahl oder zu schnellen Abfolge von Markentransfers erwachsen (**Überforderung der Tragfähigkeit des Markenimages: *wear out effect***).[1261] Empfindet der Verbraucher das Zeitintervall zwischen zwei aufeinander folgenden Markentransfers als zu kurz, kann er den Transfer nicht nachvollziehen und der gemeinsame Markenname wird als zufällig wahrgenommen.[1262]

Quelle: Eigene Darstellung.

1255 Vgl. Meffert (1994), S. 190; derselbe (1992), S. 147-149; Mayer/Mayer (1987), S. 28-30.

1256 Vgl. Leuthesser (1988), S. 16; Keller/Sood (1997), S. 3; Sullivan/DeGraba (1995), S. 230f.; Gürhan-Canli/Maheswaran (1998), S. 464; Keller/Aaker (1992b), S. 35; Aaker (1991), S. 208 und S. 213-215; Mayerhofer (1995), S. 107; Aaker/Keller (1990), S. 27.

1257 Vgl. Hätty (1989), S. 295-297.

1258 Vgl. Mayerhofer (1995), S. 107; Aaker/Keller (1990), S. 27; Mayer/Mayer (1987), S. 28-30. Zur Werbeeffizienz von Markentransfers (im Vergleich zu unabhängigen Neuprodukteinführungen) vgl. Devin (1993), S. 196-198; Smith (1992), S. 11-20; Aaker (1990 und 1991); Tauber (1988).

1259 Vgl. Mayer/Mayer (1987), S. 58-63; Sharp (1993), S. 12f.; Mayerhofer (1995), S. 109.

1260 Vgl. Sullivan/DeGraba (1995), S. 230; Loken/Roedder John (1993), S. 71; Aaker (1991), S. 221f.; Sattler (1997), S. 1f.; Mayerhofer (1995), S. 109; Meffert (1994), S. 190; derselbe (1992), S. 147-149.

1261 Vgl. Mayer/Mayer (1987), S. 63-69; Loken/Roedder John (1993), S. 71; Mayerhofer (1995), S. 108. Darüber hinaus ist bei mehreren aufeinander folgenden Markenausweitungen (sog. *Multiple Brand Extensions*) die Reihenfolge der Imagetransfers zu berücksichtigen. Vgl. hierzu bspw. Dawar/Anderson (1994), S. 119-129; Keller/Aaker (1992b), S. 35-50 und Sullivan/DeGraba (1995), S. 229-248.

1262 Vgl. Mayer/Mayer (1987), S. 69-75; Meffert (1994), S. 190; derselbe (1992), S. 147-149.

Tab. A-7: Bewertung der Transfermarkenstrategie (Teil II)

Vorteile:	Nachteile:
• Die Kenntnis einer etablierten (Dach-) Marke löst beim Nachfrager im Verhältnis zu einer gänzlich unbekannten Marke eine **gesteigerte Akzeptanz** und eine **bessere Gesamtbeurteilung** aus, da die Stammmarke als Qualitätsindikator (*quality cue*) herangezogen wird. Die positiven Erfahrungen mit der Stammmarke werden auf diese Weise auf die Transfermarke übertragen. In der Konsequenz **nimmt die (Probier-) Kaufwahrscheinlichkeit zu.**[1263] Letztlich wird dadurch *ceteris paribus* ein **höherer Marktanteil** als bei Individualmarken erreicht.[1264] • Wird auch die Transfermarke positiv beurteilt, rücküberträgt sich deren Image auf die verbleibenden Marken mit identischer Markierung und/oder auf die Stamm(dach)marke und trägt so auch zu deren Imageverbesserung und Marktanteilswachstum bei (**Feedback-Effects**).[1265] • **Niedrigere Markteintrittsbarrieren** aufgrund eines bekannten Markennamens sowie eines **reduzierten Ressourcenbedarfs** der Markenetablierung und -führung **vermindern das Floprisiko** einer Markeneinführung und erleichtern den Eintritt in völlig neue Leistungsbereiche.[1266]	• Mit einem Verlust der Markenidentität ist zu rechnen, wenn divergierende Zielgruppen durch die Transfermarken angesprochen werden (**Überforderung der Tragfähigkeit des Markenimages durch divergierende Zielgruppen**).[1267] Bspw. wird ein Antipathie-Verhältnis im Falle der Prestigemarke CARTIER unterstellt, welche gleichzeitig Zigaretten an „Animierdamen" und Uhren an die *Haute Volée* vertreibt.[1268] • Ein weiteres Risiko der Markentransferstrategie besteht, wenn die etablierte **Stammmarke zu eng mit einer Produktkategorie verknüpft** ist (*master brand*). In diesem Fall wird der Verbraucher u.U. den Kompetenzanspruch der Stammmarke nicht auf die Transfermarke übertragen und/oder den Transfer als zufällig oder ungeeignet empfinden.[1269] • **Reaktanzerscheinungen** („Bumerangeffekte") des Verbrauchers stellen sich dann ein, wenn der Konsument die Offensichtlichkeit eines Markentransfers erkennt und/oder sich selbst bei der Orientierung an Konnotationen (Pseudo-Wissen oder Wissensersatz) „ertappt". Letztlich kann dies zur **Ablehnung auch der Stammmarke** führen.[1270]

Quelle: Eigene Darstellung.

1263 Vgl. Keller/Sood (1997), S. 3; Gürhan-Canli/Maheswaran (1998), S. 464; Erdem (1998), S. 339; Aaker (1991), S. 212f.; Mayerhofer (1995), S. 108; Mayer/Mayer (1987), S. 28-30.

1264 Smith und Park weisen diesen Zusammenhang empirisch nach. Vgl. Mayerhofer (1995), S. 199.

1265 Vgl. Lane (1998), S. 75; De Chernatony (1996), S. 20; Sullivan/DeGraba (1995), S. 230; Erdem (1998), S. 339; Aaker (1991), S. 215; Mayerhofer (1995), S. 107f.

1266 Vgl. Mayerhofer (1995), S. 108; Aaker/Keller (1990), S. 27; Meffert (1994), S. 190; derselbe (1992), S. 147-149.

1267 Vgl. Mayer/Mayer (1987), S. 75-78.

1268 Vgl. Meffert (1994), S. 190; derselbe (1992), S. 147-149.

1269 Vgl. Mayerhofer (1995), S. 109. Zu Markenausweitungsstrategien von sog. *Master Brands* vgl. Farquhar et al. (1992), S. 32-43.

1270 Vgl. Huber (1990), S. 197-200; Heinemann (1993), S. 33-36.

Tab. A-8: Bewertung der Transfermarkenstrategie (Teil III)

Vorteile:	Nachteile:
• Da bereits gelernte und gefestigte Markenwertassoziationen übertragen werden, vollzieht sich der **Aufbau des Bekanntheitsgrades und des Images** einer Transfermarke **schneller** als bei einer unbekannten neuen Marke.[1271] • Da bei einer Transfermarke mit einer relativ hohen **Verbraucherakzeptanz** zu rechnen ist und ein etablierter Markenname der **Sortimentsprofilierung** und dem **Geschäftsstättenimage** dient, wird auch die **Aufnahmebereitschaft des Handels** erhöht.[1272] • Außerdem kann die Rückübertragung von Imagebestandteilen von der Transfer- auf die Stammmarke deren **Assoziationsfeld erweitern, aktualisieren** und damit letztlich **stärken**.[1273]	• Des Weiteren besteht die Gefahr des **Produktkannibalismus**, wenn die Produktleistungen Substitutionsmöglichkeiten in der Verwendung zulassen. Trifft dies zu, geht der Abverkauf des Transferprodukts zulasten bereits etablierter Produkte desselben Anbieters.[1274] Allerdings muss diese unternehmensinterne Konkurrenz nicht generell nachteilig sein, kann doch dadurch u.U. ein Marktanteilsverlust an Wettbewerber vermieden werden.[1275] • Darüber hinaus bietet eine Markenausweitung im Rahmen einer Transferstrategie ein breiteres Angriffsfeld für **Markenterrorismus** und **Erpressung**. Ein weit reichender Markenverbund erhöht das mit diesen verbundene Risiko und vervielfacht deren potenziellen Schaden.[1276] • Als nachteilig ist schließlich der **erhöhte Koordinationsaufwand** der Markentransferstrategie zu bewerten: Im Gegensatz zur Individualmarkenstrategie reicht hier eine vertikale Abstimmung der Marketingmaßnahmen nicht aus. Stattdessen muss darüber hinaus eine horizontale Abstimmung zwischen den Marketing-Konzepten der Stamm- und der Transfermarke erfolgen.[1277]

Quelle: Eigene Darstellung.

[1271] Vgl. Sattler (1997), S. 40; Mayer/Mayer (1987), S. 28-30. Aaker geht davon aus, dass der Bekanntheitsgrad in vielen Fällen bereits innerhalb eines Jahres erreicht werden kann. Vgl. Aaker (1991), S. 213.

[1272] Vgl. Keller/Sood (1997), S. 3; Mayerhofer (1995), S. 108; Aaker/Keller (1990), S. 27; Mayer/Mayer (1987), S. 28-30.

[1273] Vgl. Meffert (1994), S. 190; derselbe (1992), S. 147-149; Aaker (1991), S. 209-212; Mayer/Mayer (1987), S. 30. Zum Aktualisierungspotenzial von Transfermarken auf die Stammmarke i.S. einer gesteigerten Erkennungs- (*recognition*) und Erinnerungswirkung (*recall*) vgl. Morrin (1999), S. 517-525.

[1274] Vgl. Mayer/Mayer (1987), S. 78f.; Sharp (1993), S. 12; Leuthesser (1988), S. 16; Aaker (1991), S. 226; Mayerhofer (1995), S. 109.

[1275] Vgl. Huber (1990), S. 197-200; Heinemann (1993), S. 33-36.

[1276] Vgl. Mayer/Mayer (1987), S. 79f.

[1277] Vgl. Meffert (1994), S. 190; derselbe (1992), S. 147-149.

Tab. A-9: Funktionen der Marketingplanung[1278]

1.	**Steuerungsfunktion**: Diese Aufgabe besteht in der Formulierung übergeordneter und geschäftsfeldbezogener Sachziele sowie in deren Zuordnung zu Teilbereichen bzw. organisatorischen Einheiten einer Unternehmung in der Form von messbaren Zielvorgaben.
2.	**Koordinationsfunktion**: Diese Aufgabe meint die zielgerichtete Kombination der zur Verfügung stehenden Mittel in der Form von Produktionsfaktoren sowie deren Koordination.
3.	**Risikoreduktionsfunktion**: Diese Aufgabe hat zum Ziel, die unvollkommene Informationsgrundlage der relevanten Entscheidungsprobleme durch die Abschätzungen zukünftiger Umweltzustände und durch die Wirkungsprognose der eingesetzten Maßnahmen zu systematisieren.
4.	**Effizienzsteigerung**: Diese Aufgabe hat zum Gegenstand, den Zielerreichungsgrad der definierten Unternehmensziele bestmöglich dadurch zu steigern, dass Maßnahmen mit hohem Erfolgsbeitrag (starker Wirkung) solchen mit einem geringen Erfolgsbeitrag (schwacher Wirkung) vorgezogen werden. Die effizienteste Ziel-Mittel-Relation sollte demnach den Ausschlag für oder gegen den Einsatz einer Maßnahme geben.

Quelle: Eigene Darstellung.

Tab. A-10: Anforderungskriterien an die Abgrenzung strategischer Geschäftsfelder[1279]

1.	Das SGF muss eine **eigenständige Marktaufgabe** verfolgen (Marktprinzip), indem es eine eindeutig definierte Marktleistung in einem exakt abgegrenzten und einschätzbaren (Chancen/Risiken) Markt anbietet.
2.	Dabei muss es möglich sein, durch den zieladäquaten und integrativen Einsatz marketingpolitischer Gestaltungsparameter einen relativen und langfristigen **Wettbewerbsvorteil** zu etablieren und eine bedeutende und stabile **Marktstellung** zu sichern.
3.	Die SGF müssen eigenständig steuerbar und liquidierbar sein (**Führungsprinzip**), in der Form, dass geschäftsfeldspezifische Entscheidungen keinen Einfluss auf die Marktstellung anderer SGF haben (**Unabhängigkeit der Entscheidungen**)[1280]. In diesem Zusammenhang sollten SGF in sich möglichst homogen und untereinander möglichst heterogen sein (**Clusterprinzip**). Dennoch können grundlegende Synergien zwischen mehreren SGF im Rahmen einer Horizontalstrategie ausgenutzt werden (**Synergieprinzip**),[1281] wenn bspw. innerbetriebliche Leistungsverflechtungen (Fertigung, Beschaffung etc.) oder Marktinterdependenzen (SGF mit identischen Zielgruppen) vorliegen.[1282]

Quelle: Eigene Darstellung.

1278 Vgl. Diller (1998), S. 5.

1279 Vgl. hierzu Kreilkamp (1987), S. 319-323 und die dort angegebene Literatur sowie Mattmüller (2000), S. 139.

1280 Vgl. Kreikebaum (1987), S. 112; Kreilkamp (1987), S. 319-322 und die dort angegebene Literatur.

1281 Vgl. Porter (1986), S. 405-407.

1282 Vgl. Frese (1984), S. 190-198; Kreikebaum (1987), S. 112.

Tab. A-11: Funktionen von Marketingzielen[1283]

1. **Steuerungsfunktion**: Sämtliche Marketingaktivitäten sind auf die Erfüllung der vordefinierten Marketingziele auszurichten.
2. **Entscheidungsfunktion**: Die Marketingziele stellen als Sollzustände maßgebliche Entscheidungskriterien dar, anhand derer eine Alternativenbewertung und -auswahl vollzogen werden kann.
3. **Koordinationsfunktion**: Übergeordnete Marketingziele (Oberziele) und die aus ihnen abgeleiteten Funktionalziele (Unterziele) fließen als Vorgaben in sämtliche Entscheidungsprozesse des Marketings ein.
4. **Kontrollfunktion**: Von Anbeginn der Umsetzung der Zielerreichungsentscheidungen kann der Erfolg der gewählten Strategie, der eingesetzten Maßnahmen sowie der sie steuernden Organisationseinheiten mittels eines Soll/Ist-Vergleichs überprüft werden.

Quelle: Eigene Darstellung.

Abb. A-4: Systematik der Marketingziele

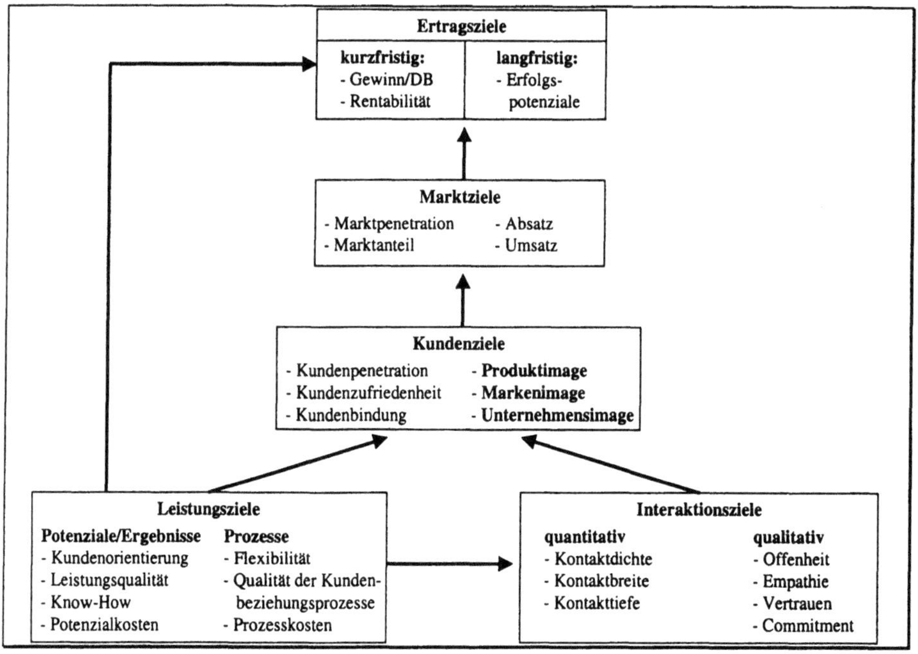

Quelle: Eigene Darstellung in Anlehnung an Diller (1998), S. 165.

[1283] Vgl. Diller (1998), S. 163f.; Graf (1974), S. 33f.

Tab. A-12: Eigenschaften marketing-strategischer Entscheidungsprobleme[1284]

1.	Da das Universum potenzieller Zustände und Effekte eines Marketingproblems nicht vollständig erfasst werden kann, ist auch die **Informationsgrundlage** als **unvollständig** zu bezeichnen. In der Konsequenz entscheidet der Planer grundsätzlich unter **Unsicherheit**.
2.	Sowohl die Ziel- als auch die Maßnahmenplanung bedürfen **Entscheidungskriterien**, um die Alternativenauswahl bewerten zu können. Die Festlegung dieser Kriterien unterliegt dabei der subjektiven **Einschätzung des Planers**, welcher selbst nur über eine **begrenzte Problemlösungskapazität** verfügt.
3.	Komplexe **Kombinations- und Koordinationsprobleme** entstehen bei der Auswahl und Ausgestaltung der Ziele und Maßnahmen. Beide weisen untereinander jeweils vielfältige sachliche **Interdependenzen** auf, d.h., sie bedingen sich gegenseitig, verstärken sich oder laufen sich zuwider. Verursacht durch verzögerte Reaktionen der Abnehmer, treten darüber hinaus Probleme bei der **zeitlichen Zuordnung** der Erfolge von Marketingaktivitäten auf.
4.	Außerdem ergeben sich dann Probleme, wenn mit der Wirkungsprognose des Maßnahmeneinsatzes auf die Marketing-Ziele **menschliche Verhaltensreaktionen** (ökonomischer wie psychologischer Art) vorherzusagen sind, die selbst bei Unterstellen rationalen Handelns der Akteure **niemals** als streng genommen **deterministisch** zu bezeichnen sind. Die **mangelnde Verfügbarkeit und Unsicherheit von Informationen** verstärkt diese „nicht hinreichende empirische Durchdringbarkeit der Marktreaktionsfunktionen". Darüber hinaus ist die **Aggregation individuell unterschiedlicher Reaktionen** zu einer einzigen „Marktreaktion" höchst schwierig und problembehaftet.
5.	Ziele und Maßnahmen können sowohl einen quantitativen als auch qualitativen Charakter besitzen. Große Schwierigkeiten treten insbesondere bei der **Messung psychologischer Konstrukte** (z.B. Images) auf, da sich diese einer direkten Erhebung entziehen.
6.	Externe **Einflüsse der Entscheidungsumwelt** wie bspw. Aktivitäten der Wettbewerber können die Wirkungen der Maßnahmen beeinflussen und so letztlich den Zielerreichungsgrad mit bestimmen.

Quelle: Eigene Darstellung.

[1284] Vgl. Borchers (1988), S. 121; Homburg (1998), S. 207; Lamperstorfer (1974), S. 56f.; Lilien et al. (1992), S. 4f.; Diller (1998), S. 19-23; Meffert/Steffenhagen (1977), S. 166-170; Becker (1988), S. 587-595; Nieschlag et al. (1988), S. 902; Hill/Rieser (1990), S. 452-455.

Tab. A-13: Historischer Abriss und Entwicklungsstufen des Marketings (Teil I)[1285]

Mit dem Beginn der industriellen Massenproduktion (Stichwort: Industrialisierung) im ausgehenden 19. Jahrhundert waren die Marktverhältnisse zunächst von einem Ungleichgewicht geprägt: Dieses war durch das Zusammentreffen begrenzter Produktionskapazitäten auf der Angebotsseite und einer übermächtigen Nachfrage auf der Verbraucherseite gekennzeichnet. Mit diesem Ungleichgewicht einher ging der Umstand, dass der Absatz der Marktleistungen weniger einen Engpass wirtschaftlichen Handelns darstellte als deren großumfängliche Produktion selbst. Diese Situation bescherte den Anbietern während jener Phase den Vorteil eines tendenziell elastischen Nachfragerverhaltens: Innerhalb relativ weit reichender Preistoleranzen konnten sie ihre Leistungen nahezu ohne Mengenbeschränkungen am Markt absetzen. Im Zusammenhang mit dieser Anbieterdominanz wird auch von einem **Verkäufermarkt** gesprochen. In der Konsequenz konnte sich das unternehmerische Handeln in erster Linie auf Effizienzsteigerungen innerhalb des Entwicklungs- und Herstellprozesses einerseits sowie auf die Beschaffung der notwendigen Produktionsfaktoren andererseits konzentrieren. Diese Fokussierung ließ eine systematische Auseinandersetzung mit absatzpolitischen Fragestellungen zur damaligen Zeit nicht vorrangig erscheinen.[1286]
1. Aufgrund des mit dem II. Weltkrieg verbundenen Konsumverzichts hat sich der dem Verkäufermarkt immanente Nachfrageüberhang in den 50er Jahren weiter vergrößert. Die zentrale Herausforderung für die Unternehmen der Nachkriegsphase bestand demzufolge in der (technisch) maximalen Steigerung der Ausbringungsmenge zur Befriedigung eines übermächtigen Nachfragesogs; Absatzschwierigkeiten existierten nicht.[1287] Neben dem Aufbau von Kapazitäten und der Massenproduktion betraf dies gleichermaßen die Erzielung von Größendegressionseffekten und die Effizienz des Herstellprozesses. Darüber hinaus standen die kostenminimale und versorgungsgerechte Beschaffung von Produktionsmitteln einerseits sowie die Sicherstellung der logistischen Verteilung der Marktleistungen andererseits im Mittelpunkt unternehmerischer Überlegungen. Entsprechend diesen anbieterseitigen Schwerpunkten wird diese Phase als **Produktions- und Distributionsorientierung** bezeichnet.[1288]
Die Entwicklungen insbesondere der 60er und 70er Jahre gingen mit einem Wandel von Verkäufer- zu **Käufermärkten** in Form eines Machtwechsels einher, der die Nachfrager in ihrer Marktstellung zulasten der Anbieter begünstigte: Durch den rasanten Anstieg des gesamtwirtschaftlichen Wohlstands im Allgemeinen und der verfügbaren Haushaltseinkommen im Speziellen konnten Verbraucher fortan Güter und Anbieter frei wählen. Da sich die Unternehmen gleichzeitig einem zunehmenden Wettbewerbsdruck konkurrierender Anbieter ausgesetzt sahen, bestand der Engpassfaktor nun in der Anpassung an ein geändertes Marktumfeld sowie in der Gestaltung marktlicher Absatzbeziehungen v.a. zu den Abnehmern. KUß und TOMCZAK bezeichnen diese phasenübergreifende primär externe Ausrichtung als Marketingorientierung.[1289]

Quelle: Eigene Darstellung.

1285 Zu den folgenden Ausführungen vgl. Bruhn (1990), S. 15f.; Mattmüller/Tunder (1997), S. 43f.; Meyer/Mattmüller (1999), S. 811f. und v.a. Mattmüller (2000), S. 18-28.

1286 Vgl. Kuß/Tomczak (1998), S. 1; Heinen (1972), S. 349f. Vgl. auch Mattmüller (2000), S. 21.

1287 Vgl. ebenda, S. 21 und Bruhn (1990), S. 15.

1288 Vgl. Mattmüller (2000), S. 21; Meyer/Mattmüller (1999), S. 811; Bruhn (1990), S. 15.

1289 Vgl. Kuß/Tomczak (1998), S. 1; Heinen (1972), S. 349f. Vgl. auch Mattmüller (2000), S. 21.

Tab. A-14: Historischer Abriss und Entwicklungsstufen des Marketings (Teil II)[1290]

2.	Eine erste Konkretisierung fand dieses Verständnis in der sich anschließenden Phase der **Verkaufsorientierung** (60er Jahre). Die dieser Periode zuzurechnenden Märkte waren neben einem generell verstärkten Wettbewerb auf Anbieterseite durch sich zunehmend ausbreitende Sättigungserscheinungen auf Nachfragerseite charakterisiert.[1291] Nicht mehr die Produktion, sondern vielmehr Endverbraucher und vor allem Handelsorganisationen wurden in dieser Phase zum Engpassfaktor unternehmerischen Handelns.[1292] Insbesondere die werbliche Kommunikation und die Verkaufsförderung traten in den Vordergrund.[1293]
3.	In der dritten Phase dieses historischen Prozesses (70er Jahre) stand die konkrete Marktleistung an sich im Zentrum marketingpolitischer Bemühungen (**Produktorientierung**).[1294] Dieser Ausrichtung am Versorgungsobjekt selbst lag die Erkenntnis zugrunde, dass die Beschaffenheit und Ausstattung einer Marktleistung die wesentlichen Erfolgsfaktoren erwerbswirtschaftlicher Aktivitäten darstellen.[1295] Produktgestaltung, -qualität, -differenzierung und -innovation entwickelten sich zu den hervorragenden Aufgaben des klassischen Produktmanagements.[1296]
4.	In der darauf folgenden Phase der **Kunden- bzw. Bedürfnisorientierung** (80er Jahre) erfolgte dann eine konsequente Ausrichtung an den materiellen wie immateriellen Belangen der Nachfrager. Die mit dieser marktgetriebenen Orientierung verbundenen Zielvorgaben der externen Unternehmensumwelt führten zwangsläufig zu einem Parallelverhalten auf Anbieterseite. Diese Entwicklung machte es letztlich zunehmend schwieriger, sich grundlegend von dem Leistungsangebot des Wettbewerbs abzusetzen und Konkurrenzvorteile zu erlangen. Neben einer konsequenten Orientierung an den Bedürfnissen der Verbraucher bestand ein zweiter wesentlicher Erfolgsfaktor mithin in der Profilierung gegenüber dem Wettbewerb (**Wettbewerbsorientierung**).[1297] Die zur Zeit der Kunden- bzw. Bedürfnisorientierung vorzufindende Dominanz verhaltenswissenschaftlicher Marketingansätze liefert einen Beleg für die erfolgskritische Bedeutung des Entscheidungs- und Kaufverhaltens von Individuen (Nachfragern).[1298]

Quelle: Eigene Darstellung.

[1290] Zu den folgenden Ausführungen vgl. Bruhn (1990), S. 15f.; Mattmüller/Tunder (1997), S. 43f.; Meyer/Mattmüller (1999), S. 811f. und v.a. Mattmüller (2000), S. 18-28.

[1291] Vgl. ebenda, S. 21; Mattmüller/Tunder (1997), S. 43.

[1292] Vgl. Bruhn (1990), S. 15.

[1293] Vgl. Mattmüller (2000), S. 21; Mattmüller/Tunder (1997), S. 43.

[1294] Vgl. Bruhn (1990), S. 15f. Vgl. auch Mattmüller (2000), S. 22 und Mattmüller/Tunder (1997).

[1295] Vgl. Mattmüller (2000), S. 22; Meyer/Mattmüller (1999), S. 811f.

[1296] Vgl. Mattmüller (2000), S. 22; Meyer/Mattmüller (1999), S. 811.

[1297] Vgl. Bruhn (1990), S. 15; Mattmüller (2000), S. 22f.

[1298] Vgl. Mattmüller/Tunder (1997), S. 44.

Abb. A-5: Dreidimensionales Positionierungsmodell im euklidischen Merkmalsraum

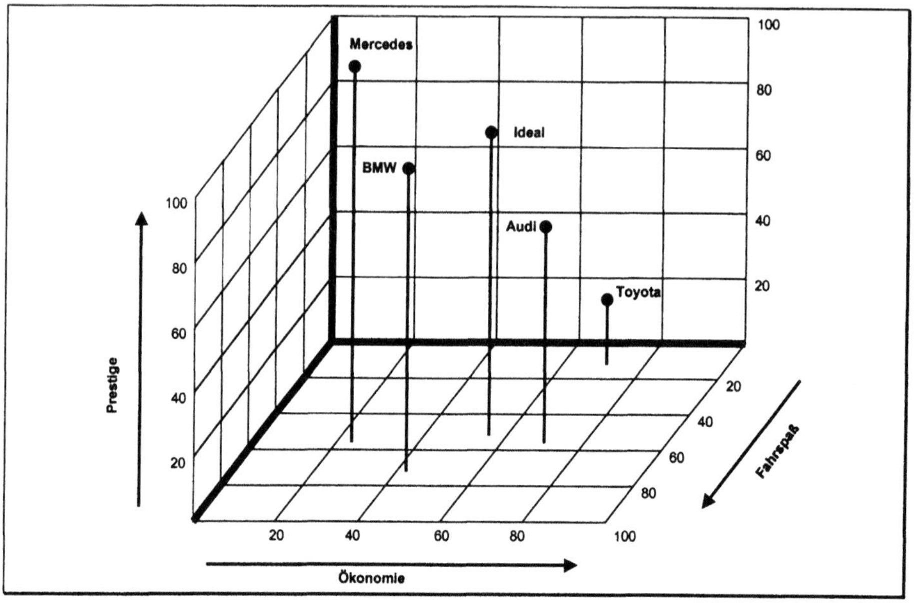

Quelle: Eigene Darstellung in Anlehnung an Trommsdorff/Zellerhoff (1994), S. 353.

Abb. A-6: Fiktiver dreidimensionaler Imageraum mit Real- und Idealmarke

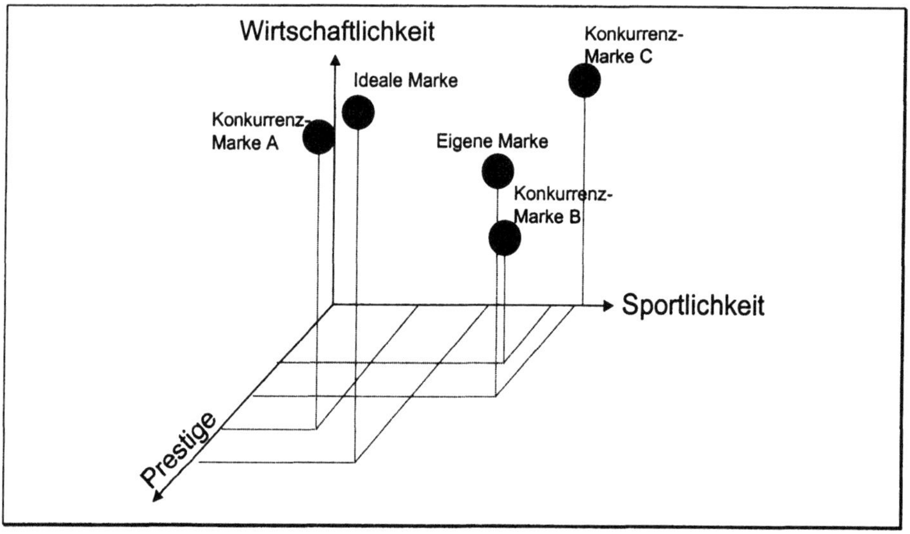

Quelle: Eigene Darstellung.

Tab. A-15: Anforderungen an die Wettbewerbs-Image-Struktur-Analyse (WISA)[1299]

1.	Weder die Positionierungsziele einer Unternehmung noch die Zugehörigkeit zu einem Markt per se definieren die Imageposition einer Organisation, einer Marke oder eines Produktes, sondern ausschließlich deren relative Verbraucherwahrnehmung im Vergleich mit Wettbewerber- und/oder Idealunternehmen, -marken und -produkten (**objektive Subjektivität**).
2.	Die ausschließliche Berücksichtigung von Imagegrößen vernachlässigt weitere Bestimmungsfaktoren des ganzheitlichen Wettbewerbs und gibt deshalb keinen Aufschluss über die Relevanz des Imagewettbewerbs selbst. Letztlich sollten schon deshalb weitere Bestimmungsgrößen des Wettbewerbs integriert werden (**Differenzierung**).
3.	Imagedimensionen sind nicht bei allen Wettbewerbern identisch, sondern werden differenziert für jeden Wettbewerber bestimmt. Alleinstellende Positionierungsmerkmale dürfen einem mit Wettbewerbern gemeinsamen Merkmalsraum nicht zugeordnet werden, da auf diesen Dimensionen per definitionem gar kein Wettbewerb besteht (***Positioning***).
4.	Die Bestimmung der Wettbewerbsintensität und -qualität sollte nicht - wie bislang - an „formalen Modellvorstellungen", sondern am tatsächlichen Käuferverhalten festgemacht werden. D.h., dass pauschale Distanzbetrachtungen dann bspw. nicht mehr angestellt werden können, wenn sich ein Unternehmen eine Alleinstellung auf einer neuen, nicht vom Wettbewerb bearbeiteten Dimension i.S. eines *Positioning* verschafft (**Wettbewerbsorientierung**).
5.	Unterstellt man, dass Verbraucherwahrnehmungen hinsichtlich eigener Marken und Produkte u.a. auch von Wettbewerberimages beeinflusst werden - und davon ist auszugehen, weil Verbraucher immer eine relative Beurteilung anstellen -, müssen diese „Querwirkungen" explizit berücksichtigt werden. Im Rahmen der WISA gilt es nicht nur den totalen Wettbewerb in der Form prädisponierter Verbraucherpräferenzen abzubilden, sondern auch und im Speziellen den differenzierten Wettbewerb entlang einzelner Leistungsmerkmale (**Querwirkungen**).
6.	Letztlich gilt es nicht nur aktuelle Wettbewerber und Imagepositionen in die Modellierung mit einzubeziehen, sondern auch zukünftige potenzielle Konkurrenten und strategische Potenziale des Imagewettbewerbs zu berücksichtigen (**Zukunftsorientierung**).

Quelle: Eigene Darstellung.

[1299] Vgl. Trommsdorff/Zellerhoff (1994), S. 370; Trommsdorff (1992a), S. 462.

Abb. A-7: Fiktives Beispiel einer Wettbewerbs-Image-Struktur-Analyse (WISA)

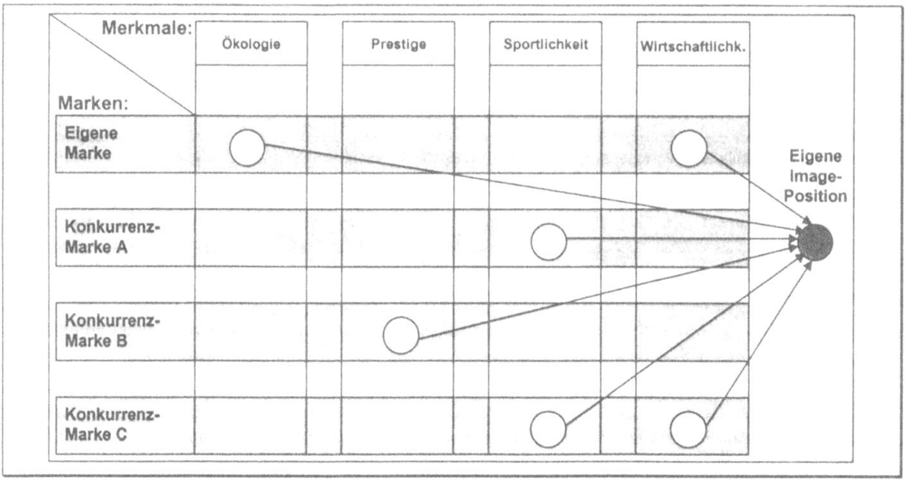

Quelle: Trommsdorff (1995), Sp. 2061f.

Abb. A-8: Schematische Darstellung des Marketing-Mix

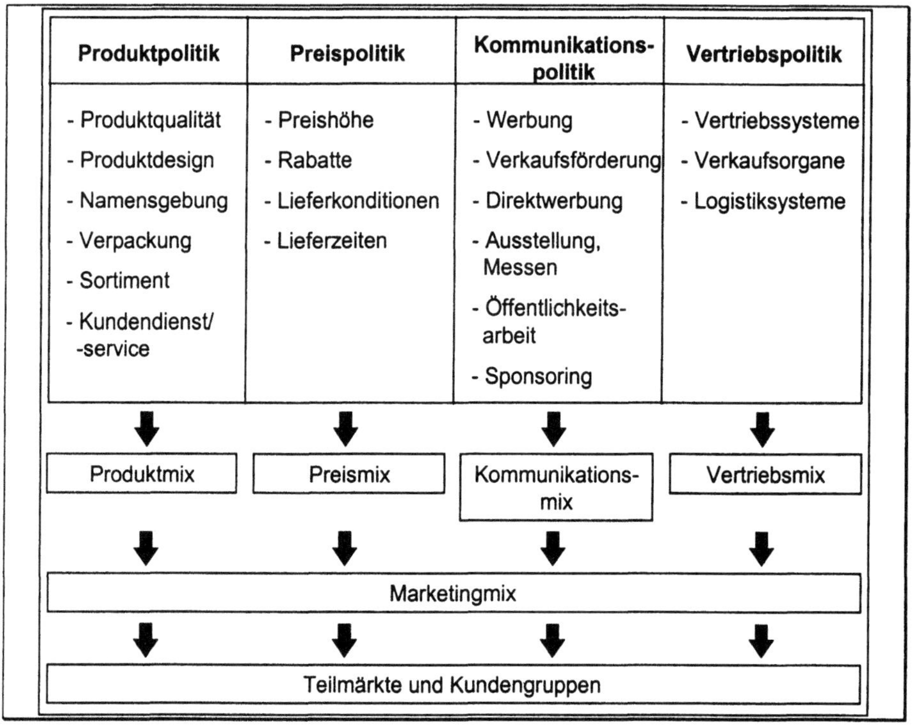

Quelle: Bruhn (1990), S. 28.

Abb. A-9: Prozesskonstrukte und Abläufe im Drei-Speicher-Modell

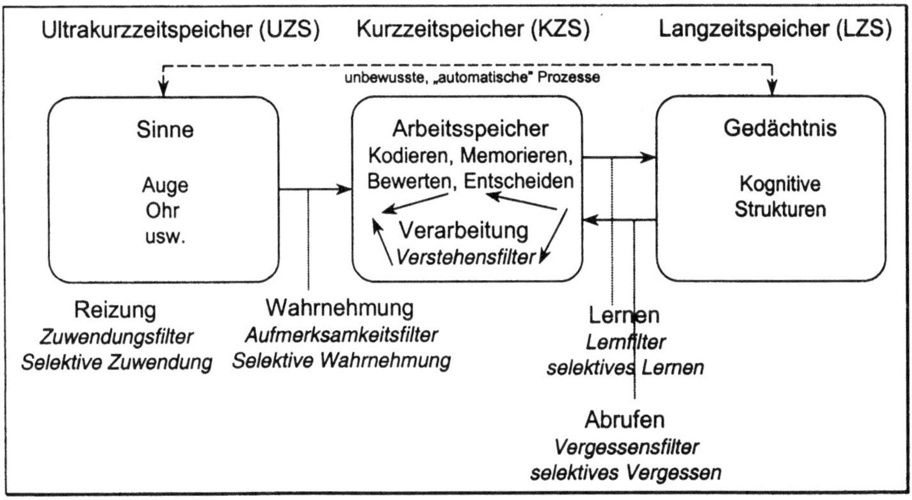

Quelle: Eigene Darstellung in Anlehnung an Trommsdorff (1998), S. 34.

Tab. A-16: Skalenniveaus der Untersuchungsvariablen

Skala:	Informationsgehalt:	Zulässige Transformation:	Untersuchungsvariablen:
(1) Nominal	gleich/ungleich	Symmetrische Transformation • Bildung von Häufigkeiten	STUDIE, LAND, JETZT-FAHRZEUG, MARKE, BESITZ, KAROSSERIETYP, GESCHLECHT, BERUF
(2) Ordinal	• gleich/ungleich, • größer/kleiner	Monotone Transformation • Median, Quantile	KLASSE, ALTER, EINKOMMEN
(3) Intervall	wie (2), jedoch • gleichgroße Abstände • willkürlicher Nullpunkt	Lineare Transformation • Subtraktion, Mittelwert	UI, MI, PI's, ALTER2
(4) Verhältnis	wie (2), jedoch • gleichgroße Abstände • natürlicher Nullpunkt	Ähnlichkeitstransformation • Addition, Division, Multipl.	

Quelle: Eigene Darstellung.

Abb. A-10: Absolute und relative Häufigkeiten der nicht-metrischen Variablen

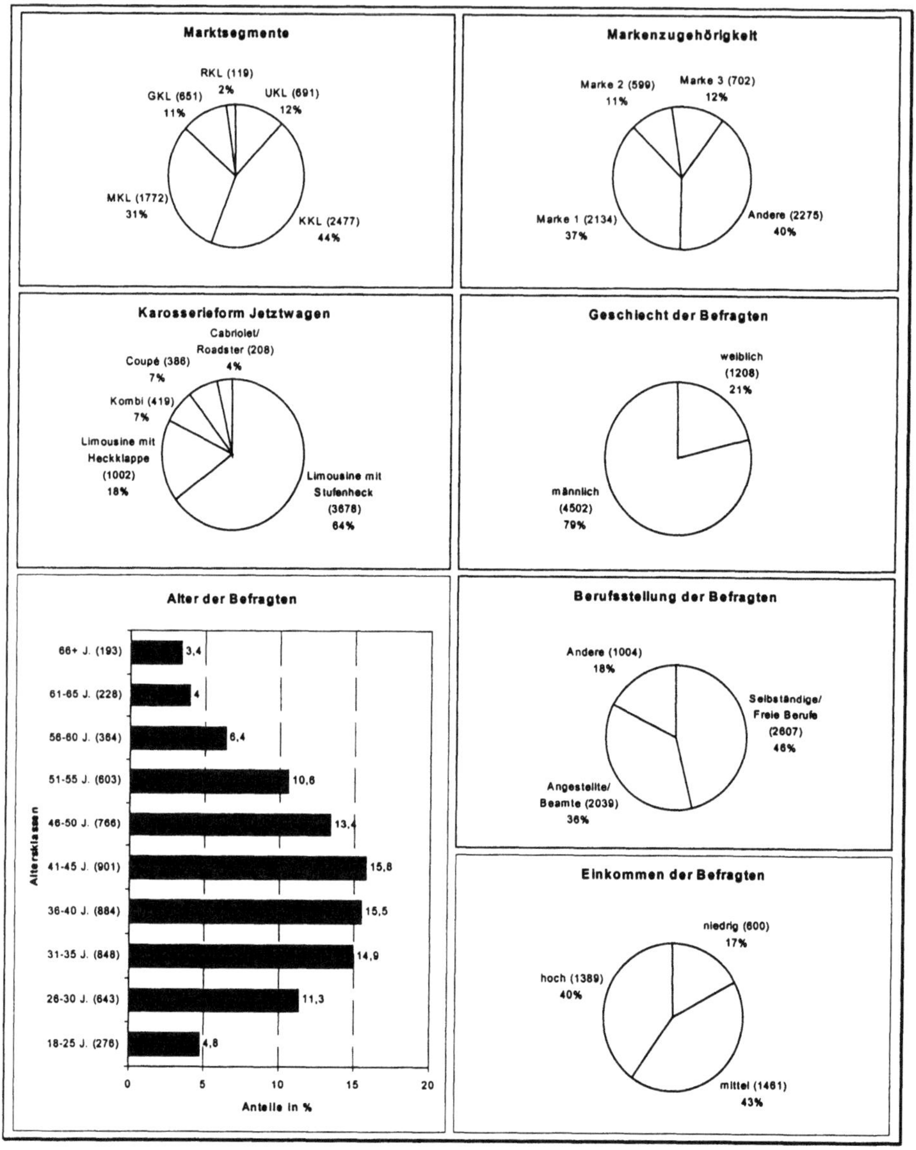

Quelle: Eigene Darstellung.

Tab. A-17: Stichprobenzusammensetzung nach Sozio-Demografika I

Angaben in %			Geschlecht			Alter											Beruf				Einkommen			
			m	w	ges.	18-25	26-30	31-35	36-40	41-45	46-50	51-55	56-60	61-65	66+	ges.	Selbständige/ Freie Berufe	Angestellte/ Beamte	Andere	ges.	niedrig	mittel	hoch	ges.
Studie	1992		83	17	100	5	12	15	15	17	13	10	6	4	3	100	50	30	20	100	23	43	34	100
	1997		74	26	100	5	10	15	16	15	13	11	7	4	4	100	42	42	16	100	7	41	52	100
Land	Deutschland		79	21	100	5	13	15	14	13	12	12	8	5	3	100	34	46	20	100	14	42	44	100
	Frankreich		71	29	100	3	10	15	17	18	14	9	6	4	4	100	44	40	16	100	10	50	40	100
	Spanien		86	14	100	6	12	14	15	17	16	11	5	2	2	100	48	42	10	100	46	14	40	100
	Italien		87	13	100	8	15	16	15	16	11	8	6	3	2	100	49	27	24	100	13	47	40	100
	Großbritannien		72	28	100	2	7	15	15	16	15	12	7	5	6	100	58	24	18	100	10	61	29	100
Studie/Land	Deutschland	1992	80	20	100	6	18	17	15	12	11	13	4	3	1	100	37	46	17	100	26	47	27	100
		1997	78	22	100	4	9	14	14	14	13	12	10	6	4	100	32	45	23	100	5	37	58	100
	Frankreich	1992	80	20	100	2	11	14	17	19	14	7	7	5	4	100	56	26	18	100	7	35	58	100
		1997	58	42	100	5	7	16	18	17	13	13	6	3	2	100	25	62	13	100	15	73	12	100
	Spanien	1992	91	9	100	7	10	13	15	17	18	11	6	2	1	100	57	33	10	100	80	19	1	100
		1997	80	20	100	5	14	15	16	16	14	10	5	2	3	100	36	54	10	100	3	7	90	100
	Italien	1992	89	11	100	9	16	15	14	18	10	8	5	3	2	100	42	25	33	100	13	47	40	100
		1997	84	16	100	6	14	17	18	14	11	8	7	3	2	100	59	29	12	100				0
	Großbritannien	1992	78	22	100	2	6	16	15	18	14	10	8	6	5	100	57	22	21	100	10	61	29	100
		1997	67	33	100	3	9	14	15	14	15	13	5	6	6	100	58	27	15	100				0
Marktsegment	UKL		67	33	100	9	18	16	13	10	10	9	5	5	5	100	27	50	23	100	14	50	36	100
	KKL		77	23	100	5	13	17	17	15	11	9	5	4	4	100	39	40	21	100	21	48	31	100
	MKL		82	18	100	3	8	13	16	18	16	12	7	4	3	100	53	33	14	100	17	39	44	100
	GKL		88	12	100	3	7	10	13	18	18	15	9	4	3	100	75	16	9	100	9	22	69	100
	RKL		78	22	100	8	14	23	13	14	11	12	2	1	2	100	56	36	8	100	0	47	53	100
Markenbesitz	Marke 1		79	21	100	4	11	15	16	16	14	10	6	4	4	100	51	35	14	100	11	40	49	100
	Marke 2		81	19	100	4	10	12	19	18	15	9	6	4	3	100	48	33	19	100	22	45	33	100
	Marke 3		83	17	100	3	6	13	15	16	14	14	9	6	4	100	59	24	17	100	16	35	49	100
	andere Marken		77	23	100	6	13	16	14	15	13	10	6	4	3	100	37	42	21	100	22	46	32	100
Marke 1	Besitzer		79	21	100	4	11	15	16	16	14	10	6	4	4	100	51	35	14	100	11	40	49	100
	Nicht-Besitzer		79	21	100	5	11	15	15	16	13	11	7	4	3	100	43	37	20	100	21	44	35	100
Karosserieform Jetztwagen	Limousine (Stufenheck)		81	19	100	4	9	14	16	17	15	11	7	4	3	100	49	34	17	100	19	41	40	100
	Limousine (Heckklappe)		70	30	100	9	15	15	14	11	11	10	5	5	5	100	30	47	23	100	20	47	33	100
	Kombi		80	20	100	3	11	18	19	17	12	8	7	2	3	100	47	34	19	100	8	46	46	100
	Coupé		83	17	100	7	15	16	16	14	10	11	6	3	2	100	54	31	15	100	20	38	42	100
	Cabriolet/ Roadster		71	29	100	7	15	21	12	17	15	10	1	0	2	100	55	37	8	100	4	43	53	100

Quelle: Eigene Darstellung.

Tab. A-18: Stichprobenzusammensetzung nach Sozio-Demografika II

Angaben in %			Geschlecht		Alter										Beruf			Einkommen		
			m	w	18-25	26-30	31-35	36-40	41-45	46-50	51-55	56-60	61-65	66+	Selbständige/ Freie Berufe	Angestellte/ Beamte	Andere	niedrig	mittel	hoch
Studie	1992		55	42	56	56	52	51	56	53	49	48	49	45	56	44	58	85	64	53
	1997		45	58	44	44	48	49	44	47	51	52	51	55	44	56	42	15	36	47
	ges.		100	100	100	100	100	100	100	100	100	100	100	100	100	100	100	100	100	100
Land	Deutschland		25	25	25	28	26	23	20	23	29	29	29	23	18	30	28	29	35	40
	Frankreich		16	24	11	15	17	20	20	18	15	17	19	18	17	20	16	13	28	24
	Spanien		20	12	23	19	17	18	19	22	18	15	9	11	19	22	10	41	5	15
	Italien		20	12	31	25	20	19	19	14	14	17	14	11	20	14	25	10	15	13
	Großbritannien		19	27	10	13	20	20	22	23	24	22	29	37	26	14	21	7	17	8
	ges.		100	100	100	100	100	100	100	100	100	100	100	100	100	100	100	100	100	100
Studie/Land	Deutschland	1992	11	10	13	16	12	10	8	9	13	6	8	4	8	12	9	23	17	10
		1997	14	15	12	11	14	13	12	14	16	22	21	19	10	18	19	6	18	30
	Frankreich	1992	11	10	5	10	9	12	13	11	7	11	14	13	13	8	11	6	12	21
		1997	5	14	7	5	8	9	8	7	9	7	5	5	4	12	5	8	16	3
	Spanien	1992	12	5	15	9	9	10	11	14	11	9	5	4	13	10	6	40	4	0
		1997	8	7	8	10	8	8	8	8	7	6	4	7	6	12	4	1	1	15
	Italien	1992	12	6	20	15	11	9	12	8	8	8	7	7	10	7	20	9	15	13
		1997	8	6	10	10	9	9	7	6	6	9	7	4	10	6	5	0	0	0
	Großbritannien	1992	10	11	3	6	11	10	12	12	10	14	15	17	13	7	12	7	17	8
		1997	9	16	7	8	9	10	9	11	13	8	14	20	13	8	9	0	0	0
	ges.		100	100	100	100	100	100	100	100	100	100	100	100	100	100	100	100	100	100
Marktsegment	UKL		10	19	23	19	13	10	7	9	11	10	15	17	7	17	16	8	12	9
	KKL (1)		42	47	48	51	50	47	42	35	37	37	40	46	36	48	52	56	51	35
	MKL (2)		33	26	20	20	27	32	36	38	34	36	32	25	36	28	25	30	29	35
	GKL (3)		13	6	6	7	7	9	13	16	16	16	13	11	18	5	6	6	6	19
	RKL (5)		2	2	3	3	3	2	2	2	2	1	0	1	3	2	1	0	2	2
	ges.		100	100	100	100	100	100	100	100	100	100	100	100	100	100	100	100	100	100
Markenbesitz	Marke 1		37	38	32	38	38	38	37	39	37	36	34	38	41	36	31	23	32	43
	Marke 2		11	9	8	10	9	13	12	11	9	9	9	10	11	10	11	14	12	9
	Marke 3		13	10	8	6	10	12	13	13	17	18	18	14	16	8	11	12	11	15
	andere Marke		39	43	52	46	43	37	38	37	37	37	39	38	32	46	47	51	45	33
	ges.		100	100	100	100	100	100	100	100	100	100	100	100	100	100	100	100	100	100
Marke 1	Besitzer		37	38	32	38	38	38	37	39	37	36	34	38	41	36	31	23	32	43
	Nicht-Besitzer		63	62	68	62	62	62	63	61	63	64	66	62	59	64	69	77	68	57
	ges.		100	100	100	100	100	100	100	100	100	100	100	100	100	100	100	100	100	100
Karosserieform Jetztwagen	Limousine (Stufenheck)		66	57	49	55	61	66	69	70	68	71	68	62	69	60	61	70	64	65
	Limousine (Heckklappe)		16	25	31	24	18	15	13	14	17	13	22	26	11	23	23	17	17	13
	Kombi		8	7	4	7	9	9	8	7	5	8	4	6	8	7	8	4	8	9
	Coupé		7	6	11	9	7	7	6	5	7	7	6	4	8	6	6	8	7	8
	Cabriolet/ Roadster		3	5	5	5	5	3	4	4	3	1	0	2	4	4	2	1	4	5
	ges.		100	100	100	100	100	100	100	100	100	100	100	100	100	100	100	100	100	100

Quelle: Eigene Darstellung.

Tab. A-19: Stichprobenzusammensetzung nach dem Fahrzeugbesitz

Angaben in %			Marktsegment						Markenbesitz					Marke 1			Karosserieform Jetztwagen					
			UKL	KKL	MKL	GKL	RKL	ges.	Marke1	Marke2	Marke3	andere	ges.	Besitzer (ja)	Nicht-Besitzer (nein)	ges.	Limousine (Stufenheck)	Limousine (Heckklappe)	Kombi	Coupé	Cabriolet/ Roadster	ges.
Studie	1992		51	0	34	15	0	100	33	12	14	41	100	33	67	100	75	9	6	8	2	100
	1997		35	25	28	8	4	100	42	9	11	38	100	42	58	100	53	27	9	5	6	100
Land	Deutschland		37	13	33	14	3	100	38	10	15	37	100	34	66	100	59	15	13	6	7	100
	Frankreich		46	12	31	8	3	100	34	11	12	43	100	38	62	100	67	16	4	9	4	100
	Spanien		50	14	29	7	0	100	37	12	12	39	100	36	64	100	67	20	1	12	0	100
	Italien		45	8	31	11	5	100	36	12	13	39	100	37	63	100	67	13	11	4	5	100
	Großbritannien		42	13	31	14	0	100	40	9	10	41	100	40	60	100	65	24	6	4	1	100
Studie/ Land	Deutschland	1992	50	0	33	17	0	100	33	11	15	41	100	33	67	100	70	9	6	10	5	100
		1997	28	22	32	13	5	100	43	8	14	35	100	43	57	100	52	19	18	3	8	100
	Frankreich	1992	52	0	35	13	0	100	31	12	13	44	100	31	69	100	80	5	5	8	2	100
		1997	38	29	25	0	8	100	38	10	11	41	100	38	62	100	49	32	2	10	7	100
	Spanien	1992	54	0	34	12	0	100	32	13	15	40	100	31	69	100	80	6	1	13	0	100
		1997	44	34	22	0	0	100	45	10	7	38	100	45	55	100	49	39	2	10	0	100
	Italien	1992	50	0	33	17	0	100	33	12	14	41	100	33	67	100	76	10	9	4	1	100
		1997	37	18	29	5	11	100	40	11	11	38	100	40	60	100	55	19	13	3	10	100
	Großbritannien	1992	51	0	33	16	0	100	37	10	13	40	100	37	63	100	70	15	8	5	2	100
		1997	32	27	28	13	0	100	43	7	8	42	100	43	57	100	59	32	4	4	1	100

Quelle: Eigene Darstellung.

Tab. A-20: Lage-, Streuungs-, Schiefe- und Wölbemaße der metrischen Variablen

Kennzahl / Variable	N	Rang	Mittelwert	Median	Modus	Standard-abweichung	Varianz	Schiefe	Kurtosis	Min.	Max.
P01: Verlässlichkeit	5578	5	5,09	5,00	6	1,01	1,02	-1,288	1,875	1	6
P02: Beschleunigung	5562	3	5,12	5,00	6	1,02	1,05	-1,268	1,587	1	6
P03: Sicherheit	5589	6	5,08	5,00	6	1,00	1,00	-1,184	1,519	1	6
P04: Hochwertigkeit	5583	9	5,02	5,00	6	1,02	1,05	-1,152	1,454	1	6
P05: Unverwechselbarkeit	5599	8	5,03	5,00	6	1,10	1,21	-1,254	1,445	1	6
P06: Fahrkomfort	5498	4	5,10	5,00	6	1,00	0,99	-1,258	1,802	1	6
P07: Gasgeben / Lenken	5502	2	5,17	5,00	6	0,98	0,95	-1,369	2,103	1	6
P08: Wiederverkaufswert	5496	11	4,67	5,00	5	1,17	1,37	-0,825	0,398	1	6
P09: Straßenlage	5529	10	5,00	5,00	6	1,05	1,11	-1,107	1,115	1	6
P10: Fortschrittliche Technik	5557	1	5,19	5,00	6	0,94	0,89	-1,383	2,404	1	6
P11: Sportliche Eleganz	5604	9	5,02	5,00	6	1,14	1,31	-1,305	1,479	1	6
P12: Leisten können	5595	7	5,05	5,00	6	1,20	1,44	-1,375	1,499	1	6
P13: Klassischer Stil	5582	13	4,43	5,00	5	1,27	1,61	-0,661	-0,066	1	6
P14: Selbstbewußtsein	5547	9	5,02	5,00	6	1,10	1,20	-1,268	1,575	1	6
P15: Familie	5599	12	4,55	5,00	6	1,37	1,89	-0,832	-0,017	1	6
Unternehmensimage	5689		80,58	85,00	90	18,89	356,83	-1,934	4,877	0	100

Quelle: Eigene Darstellung.

Abb. A-11: Grafische Darstellung und Rotationsprinzip der Faktorenanalyse

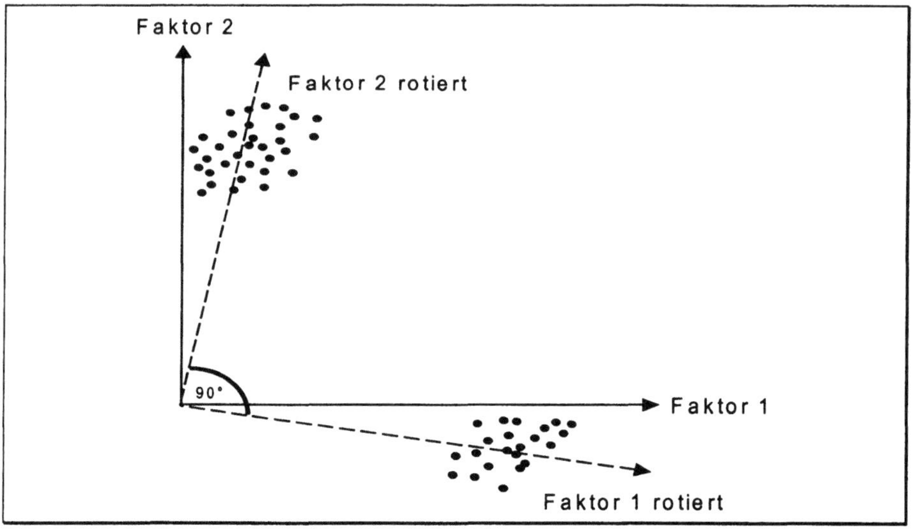

Quelle: Eigene Darstellung.

Tab. A-21: Inter-Ländervergleich des Marke-1-Modells der UKL

PI-UKL	Land:	D		F		E		I		G	
	Jahr:	1992	1997	1992	1997	1992	1997	1992	1997	1992	1997
Land:	Rang:		4.		5.		2.		1.		3.
D	Richtung										
	Stärke (FS)										
F	Richtung		=								
	Stärke (FS)										
E	Richtung		>		>						
	Stärke (FS)		0,20		0,27						
I	Richtung		>		>		>				
	Stärke (FS)		0,61		0,68		0,41				
G	Richtung		=		=		=		<		
	Stärke (FS)								0,52		

Quelle: Eigene Darstellung.

Abb. A-12: Inter-Ländervergleich UKL: Faktor I (Qualität)

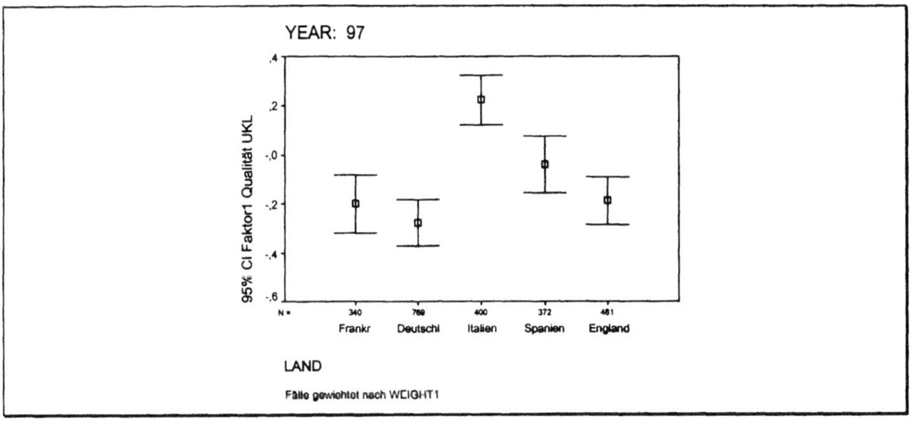

Quelle: Outputfile des Programmsystems SPSS® 9.0.

Analog der Beurteilung des Gesamtproduktimages des Marke-1-Modells der UKL wird auch der Faktor Qualität des Marke-1-Modells der UKL in Italien mit Abstand am besten bewertet. Es ergeben sich statistisch signifikante Unterschiede zu sämtlichen anderen Ländern; dabei ist der Abstand zu Deutschland am größten (0,50). Ein weiterer statistisch signifikanter Unterschied in geringerem Ausmaß ergibt sich im Ländervergleich Deutschland/Spanien (0,24). Alle anderen Länderkombinationen weisen keine signifikanten Unterschiede in der Verbraucherwahrnehmung auf.

Tab. A-22: Inter-Ländervergleich UKL: Faktor I (Qualität)

UKL-Qualität	Land:	D		F		E		I		G	
	Jahr:	1992	1997	1992	1997	1992	1997	1992	1997	1992	1997
Land:	Rang:		4.		5.		2.		1.		3.
D	Richtung										
	Stärke (FS)										
F	Richtung		=								
	Stärke (FS)										
E	Richtung		>		>						
	Stärke (FS)		0,24								
I	Richtung		>		>		>				
	Stärke (FS)		0,50		0,42		0,26				
G	Richtung		=		=		=		<		
	Stärke (FS)								0,41		

Quelle: Eigene Darstellung.

Abb. A-13: Inter-Ländervergleich UKL: Faktor II (Dynamik)

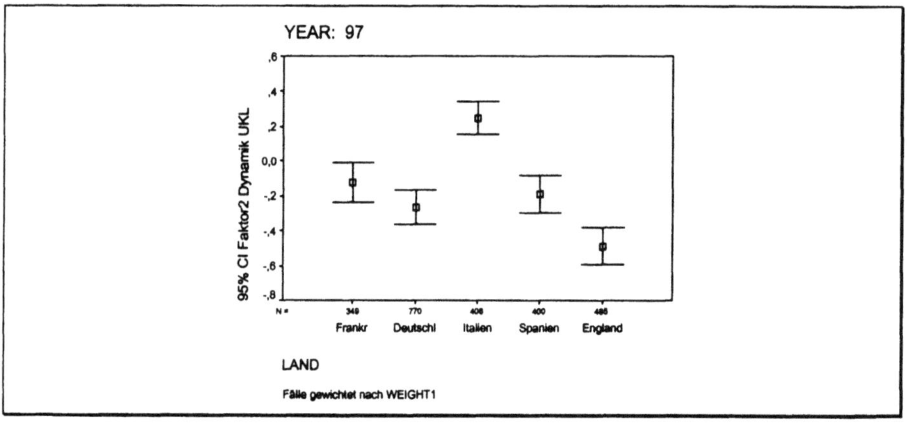

Quelle: Outputfile des Programmsystems SPSS® 9.0.

Analog der Beurteilung des Gesamtproduktimages des Marke-1-Modells der UKL wird auch der Faktor Dynamik in Italien mit Abstand am besten bewertet. Es ergeben sich statistisch signifikante Unterschiede zu sämtlichen anderen Ländern; dabei ist der Abstand zu Großbritannien am größten (0,74). Weitere statistisch signifikante Unterschiede in geringerem Ausmaß ergeben sich in den Ländervergleichen Frankreich/Großbritannien (0,36), Deutschland/Großbritannien (0,22) sowie Spanien/Großbritannien (0,30). Alle anderen Länderkombinationen weisen keine signifikanten Unterschiede in der Verbraucherwahrnehmung auf.

Tab. A-23: Inter-Ländervergleich UKL: Faktor II (Dynamik)

UKL-Dynamik	Land:	D		F		E		I		G	
	Jahr:	1992	1997	1992	1997	1992	1997	1992	1997	1992	1997
Land:	Rang:		4.		2.		3.		1.		5.
D	Richtung										
	Stärke (FS)										
F	Richtung		=								
	Stärke (FS)										
E	Richtung		=		=						
	Stärke (FS)										
I	Richtung		>		>		>				
	Stärke (FS)		0,51		0,37		0,44				
G	Richtung		<		<		<		<		
	Stärke (FS)		0,22		0,36		0,30		0,74		

Quelle: Eigene Darstellung.

Abb. A-14: Inter-Ländervergleich UKL: Faktor III (Design)

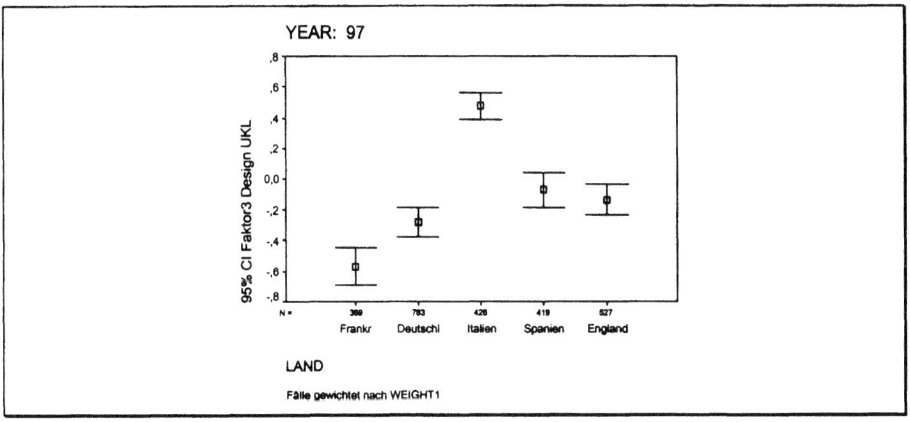

Quelle: Outputfile des Programmsystems SPSS® 9.0.

Wie der Faktor Dynamik des Marke-1-Modells der UKL wird auch der Faktor Design in Italien mit Abstand am besten bewertet. Es ergeben sich statistisch signifikante Unterschiede zu sämtlichen anderen Ländern; dabei ist der Abstand zu Frankreich am größten (1,04). Mit Ausnahme der Ländervergleiche Deutschland/Großbritannien und Spanien/Großbritannien weisen auch alle anderen Länderkombinationen statistisch signifikante Unterschiede auf.

Tab. A-24: Inter-Ländervergleich UKL: Faktor III (Design)

UKL-Design	Land:	D		F		E		I		G	
	Jahr:	1992	1997	1992	1997	1992	1997	1992	1997	1992	1997
Land:	Rang:		4.		5.		2.		1.		3.
D	Richtung										
	Stärke (FS)										
F	Richtung		<								
	Stärke (FS)		0,29								
E	Richtung		>		>						
	Stärke (FS)		0,21		0,50						
I	Richtung		>		>		>				
	Stärke (FS)		0,76		1,04		0,55				
G	Richtung		=		>		=		<		
	Stärke (FS)				0,43				0,61		

Quelle: Eigene Darstellung.

Abb. A-15: Inter-Ländervergleich UKL: Faktor IV (Raumangebot)

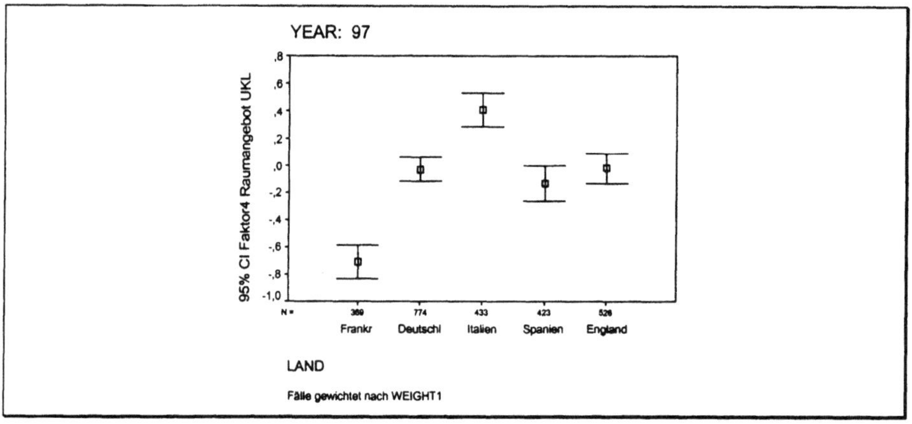

Quelle: Outputfile des Programmsystems SPSS® 9.0.

In identischer Weise wird auch der Faktor Raumangebot des Marke-1-Modells der UKL in Italien mit Abstand am besten bewertet. Es ergeben sich statistisch signifikante Unterschiede zu sämtlichen anderen Ländern; dabei ist - wie auch im Beispiel des Faktors III (Design) der Abstand zu Frankreich am größten (1,12). Mit Ausnahme der Ländervergleiche Deutschland/Großbritannien, Deutschland/Spanien und Spanien/Großbritannien weisen auch sämtliche anderen Länderkombinationen statistisch signifikante Unterschiede auf.

Tab. A-25: Inter-Ländervergleich UKL: Faktor IV (Raumangebot)

UKL-Raumangebot	Land:	D		F		E		I		G	
	Jahr:	1992	1997	1992	1997	1992	1997	1992	1997	1992	1997
Land:	Rang:		3.		5.		4.		1.		2.
D	Richtung										
	Stärke (FS)										
F	Richtung		<								
	Stärke (FS)		0,68								
E	Richtung		=		>						
	Stärke (FS)				0,58						
I	Richtung		>		>		>				
	Stärke (FS)		0,44		1,12		0,54				
G	Richtung		=		>		=		<		
	Stärke (FS)				0,69				0,43		

Quelle: Eigene Darstellung.

Abb. A-16: Inter-Ländervergleich UKL: Faktor V (Exklusivität)

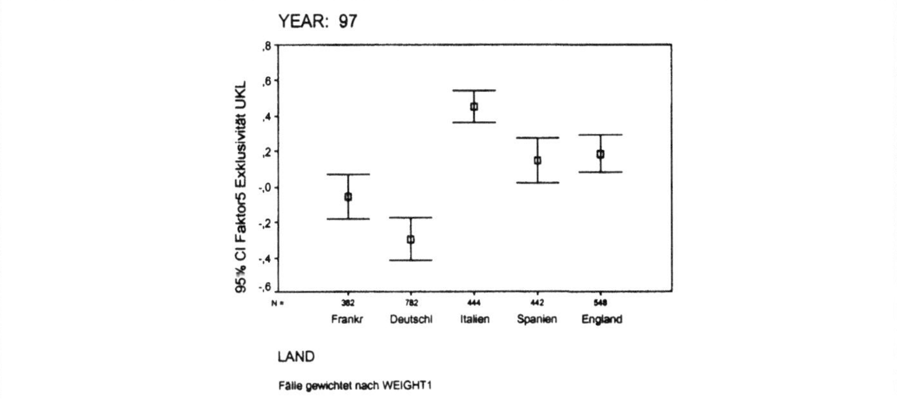

Quelle: Outputfile des Programmsystems SPSS® 9.0.

Analog aller bisherigen Untersuchungen zum Produktimage des Marke-1-Modells der UKL wird auch der Faktor Exklusivität dieses Produktes in Italien mit Abstand am besten bewertet. Es ergeben sich statistisch signifikante Unterschiede zu sämtlichen anderen Ländern; dabei ist - wie auch im Beispiel des Faktors I (Qualität) - der Abstand zu Deutschland am größten (0,75). Mit Ausnahme des Ländervergleiches Spanien/Großbritannien weisen auch sämtliche anderen Länderkombinationen statistisch signifikante Unterschiede auf.

Tab. A-26: Inter-Ländervergleich UKL: Faktor V (Exklusivität)

UKL-Exklusivität	Land:	D		F		E		I		G	
	Jahr:	1992	1997	1992	1997	1992	1997	1992	1997	1992	1997
Land:	Rang:		5.		4.		3.		1.		2.
D	Richtung										
	Stärke (FS)										
F	Richtung		>								
	Stärke (FS)		0,24								
E	Richtung		>		>						
	Stärke (FS)		0,44		0,20						
I	Richtung		>		>		>				
	Stärke (FS)		0,75		0,51		0,30				
G	Richtung		>		>		=		<		
	Stärke (FS)		0,48		0,24				0,27		

Quelle: Eigene Darstellung.

Abb. A-17: Inter-Ländervergleich UKL: Faktor VI (Wiederverkaufswert)

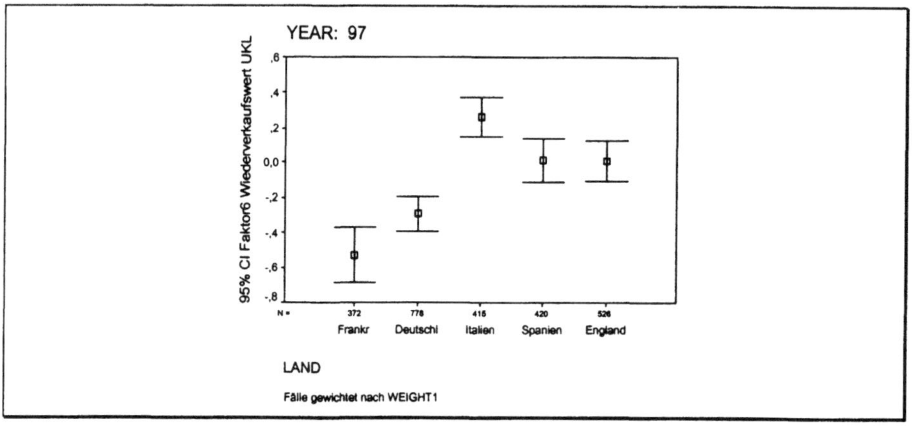

Quelle: Outputfile des Programmsystems SPSS® 9.0.

Durchgängig über alle Mittelwertvergleiche zeigt sich auch im Falle des Faktors Wiederverkaufswert eine überragende Beurteilung durch italienische Probanden. Im Vergleich zu Italien ergeben sich statistisch signifikante Unterschiede zu sämtlichen anderen Ländern; dabei ist - analog der Beurteilungsdimensionen Design und Raumangebot - der Abstand zu Frankreich am größten (0,79). Mit Ausnahme des Ländervergleiches Spanien/Großbritannien, der wie bei allen anderen Faktoren - außer Dynamik - auch hier keine kulturellen Differenzen offenbart, weisen auch sämtliche anderen Länderkombinationen statistisch signifikante Unterschiede auf.

Tab. A-27: Inter-Ländervergleich UKL: Faktor VI (Wiederverkaufswert)

UKL-Wiederverkaufswert	Land:	D		F		E		I		G	
	Jahr:	1992	1997	1992	1997	1992	1997	1992	1997	1992	1997
Land:	Rang:		4.		5.		2.		1.		3.
D	Richtung										
	Stärke (FS)										
F	Richtung		<								
	Stärke (FS)		0,23								
E	Richtung		>		>						
	Stärke (FS)		0,31		0,54						
I	Richtung		>		>		>				
	Stärke (FS)		0,56		0,79		0,25				
G	Richtung		>		>		=		<		
	Stärke (FS)		0,30		0,54				0,25		

Quelle: Eigene Darstellung.

Tab. A-28: Inter-Ländervergleich des Marke-1-Modells der KKL

PI-KKL	Land:	D		F		E		I		G	
	Jahr:	1992	1997	1992	1997	1992	1997	1992	1997	1992	1997
Land:	Rang:	2.	5.	3.	4.	4.	2.	1.	1.	5.	3.
D	Richtung										
	Stärke (FS)										
F	Richtung	<	=								
	Stärke (FS)	0,14									
E	Richtung	<	>	=	>						
	Stärke (FS)	0,23	0,22		0,22						
I	Richtung	>	>	>	>	>	>				
	Stärke (FS)	0,12	0,61	0,27	0,60	0,35	0,38				
G	Richtung	<	=	<	=	<	=	<	<		
	Stärke (FS)	0,45		0,31		0,23		0,58	0,51		

Quelle: Eigene Darstellung.

Abb. A-18: Inter-Ländervergleich KKL: Faktor I (Qualität)

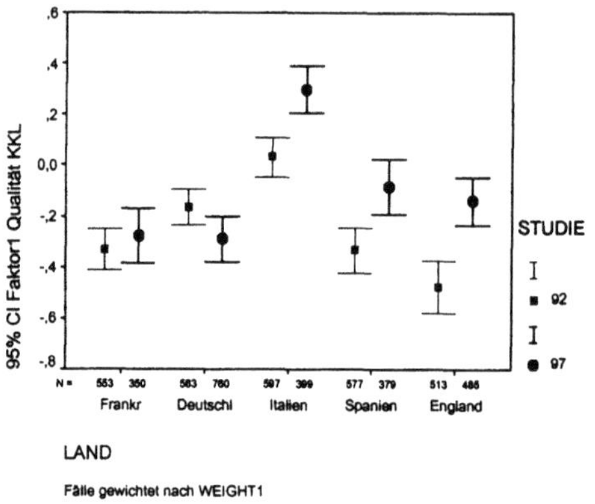

Quelle: Outputfile des Programmsystems SPSS® 9.0.

Die Beurteilung des Marke-1-Modells der KKL fiel **1992** auch hinsichtlich der wahrgenommenen Produktqualität in Italien mit Abstand am besten aus: Es ergeben sich statistisch signifikante Unterschiede zu sämtlichen anderen Ländern; dabei ist der Abstand zu Großbritannien am größten (0,51). Mit Ausnahme des Ländervergleiches Frankreich/Spanien weisen auch sämtliche anderen Länderkombinationen statistisch signifikante Unterschiede auf. Im Jahre **1997** weist Italien ein gesteigertes Mittelwertniveau auf und behauptet seine dominante Stellung der Produktimagebewertung im Ländervergleich. Statistisch signifikante Unterschiede ergeben sich zu allen anderen Ländern; mit einer Betragsdifferenz der gemittelten Faktorwerte von 0,59 ist der Abstand zu Deutschland am größten.

Da die Länderkombinationen Frankreich/Deutschland, Frankreich/Großbritannien, Deutschland/Großbritannien und Spanien/Großbritannien im zweiten Erhebungszeitraum keine statistisch signifikanten Mittelwertunterschiede aufzeigen, kann im Zeitvergleich auf eine bedeutend „kulturähnlichere" i.S. einer relativ homogenen Beurteilung des Marke-1-Modells der KKL geschlossen werden. Im Ergebnis stimmen die ermittelten Kulturunterschiede bez. der Qualitätsbeurteilung des Marke-1-Modells der KKL in Existenz und Stärke nahezu identisch mit den Wahrnehmungen des KKL-Produktes als Ganzes überein.

Tab. A-29: Inter-Ländervergleich KKL: Faktor I (Qualität)

KKL-Qualität	Land:	D		F		E		I		G	
	Jahr:	1992	1997	1992	1997	1992	1997	1992	1997	1992	1997
Land:	Rang:	2.	5.	3.	4.	4.	2.	1.	1.	5.	3.
D	Richtung										
	Stärke (FS)										
F	Richtung	<	=								
	Stärke (FS)	0,17									
E	Richtung	<	>	=	>						
	Stärke (FS)	0,17	0,21		0,19						
I	Richtung	>	>	>	>	>	>				
	Stärke (FS)	0,20	0,59	0,36	0,58	0,37	0,38				
G	Richtung	<	=	<	=	<	=	<	<		
	Stärke (FS)	0,31		0,15		0,14		0,51	0,44		

Quelle: Eigene Darstellung.

Abb. A-19: Inter-Ländervergleich KKL: Faktor II (Dynamik)

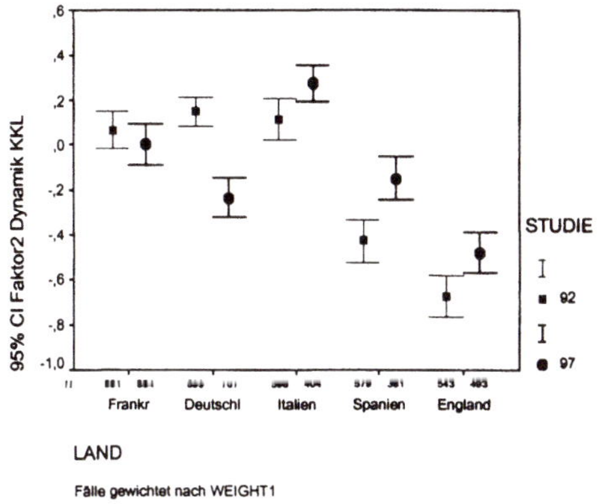

Quelle: Outputfile des Programmsystems SPSS® 9.0.

Die Dynamik des Marke-1-Modells der KKL wurde im Jahre **1992** nach dem Stichprobenmittelwert in Deutschland mit Abstand am besten bewertet. Die Unterschiede zu Italien (2. Rang) und Frankreich (3. Rang) fallen allerdings relativ gering aus und weisen keine statistische Signifikanz auf. Ebenso verhält es sich mit der Länderkombination Italien/Frankreich. Großbritannien wird das niedrigste gemittelte Faktorniveau zugeordnet. Abgesehen von den als nicht signifikant identifizierten Kombinationen der „Spitzengruppe" mit Deutschland, Italien und Frankreich erweisen sich sämtliche anderen Mittelwertvergleiche als statistisch signifikant. **1997** weist Italien das höchste Mittelwertniveau auf. Statistisch signifikante Unterschiede ergeben sich zu sämtlichen verbleibenden Ländern; mit einer Betragsdifferenz der gemittelten Faktorwerte von (0,76) ist der Abstand zu Großbritannien am größten. Außer der Länderkombination Deutschland/Spanien zeigen sämtliche Mittelwertvergleiche statistische Signifikanz auf. Damit scheinen sich die länderspezifischen Verbraucherwahrnehmungen bez. der Dynamik des Marke-1-Modells der KKL tendenziell auseinander bewegt zu haben.

Tab. A-30: Inter-Ländervergleich KKL: Faktor II (Dynamik)

KKL-Dynamik	Land:	D		F		E		I		G	
	Jahr:	1992	1997	1992	1997	1992	1997	1992	1997	1992	1997
Land:	Rang:	1.	4.	3.	2.	4.	3.	2.	1.	5.	5.
D	Richtung										
	Stärke (FS)										
F	Richtung	=	>								
	Stärke (FS)		0,24								
E	Richtung	<	=	<	<						
	Stärke (FS)	0,58		0,50	0,15						
I	Richtung	=	>	=	>	>	>				
	Stärke (FS)		0,51		0,27	0,55	0,42				
G	Richtung	<	<	<	<	<	<	<	<		
	Stärke (FS)	0,82	0,25	0,74	0,48	0,24	0,33	0,79	0,76		

Quelle: Eigene Darstellung.

Abb. A-20: Inter-Ländervergleich KKL: Faktor III (Design)

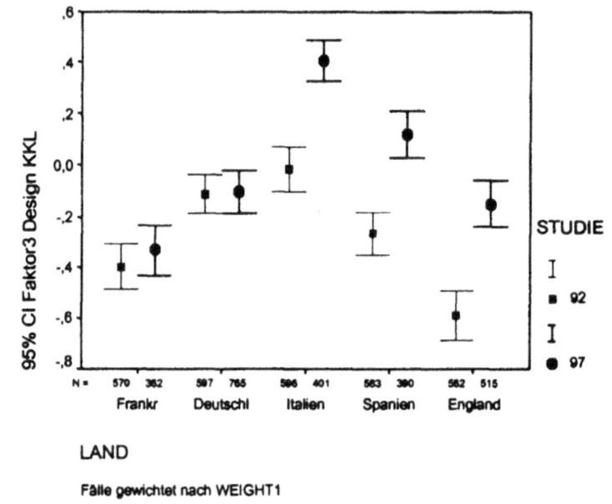

Quelle: Outputfile des Programmsystems SPSS® 9.0.

Die Beurteilung des Marke-1-Modells der KKL fiel **1992** hinsichtlich des wahrgenommenen Produktdesigns gemäß Stichprobenmittelwert in Italien am besten aus: Statistisch signifikante Unterschiede existieren zu Spanien (0,25), Frankreich (0,39) und Großbritannien (0,58). Die Beurteilung in Deutschland ist zwar nach dem Stichprobenmittelwert tendenziell leicht niedriger als in Italien (0,10), weist allerdings keine statistische Signifikanz auf. Sämtliche anderen Länderkombinationen liefern statistisch signifikante Unterschiede in geringerem Ausmaß. Auch **1997** weist Italien das höchste Mittelwertniveau der Produktimagebewertung im Ländervergleich auf. Statistisch signifikante Unterschiede ergeben sich zu sämtlichen anderen Ländern; mit einer Betragsdifferenz der gemittelten Faktorwerte von 0,74 ist der Abstand zu Frankreich am größten. Abgesehen von der varianzanalytischen Gegenüberstellung der Länderstichproben Deutschland und Großbritannien erzielen sämtliche anderen Mittelwertkombinationen statistisch signifikante Ergebnisse.

Zusammenfassend lässt sich eine im Vergleich zu den bislang untersuchten Produktimages und Produktimagedimensionen relativ heterogene Beurteilung des Faktors Design des KKL-Modells über die berücksichtigten fünf Länder und zwei Studienzeiträume feststellen; je Erhebungsintervall hatte sich lediglich eine von zehn Länderkombination als statistisch insignifikant erwiesen.

Tab. A-31: Inter-Ländervergleich KKL: Faktor III (Design)

KKL-Design	Land:	D		F		E		I		G	
	Jahr:	1992	1997	1992	1997	1992	1997	1992	1997	1992	1997
Land:	Rang:	2.	3.	4.	5.	3.	2.	1.	1.	5.	4.
D	Richtung										
	Stärke (FS)										
F	Richtung	<	<								
	Stärke (FS)	0,29	0,23								
E	Richtung	<	>	>	>						
	Stärke (FS)	0,15	0,22	0,14	0,45						
I	Richtung	=	>	>	>	>	>				
	Stärke (FS)		0,51	0,39	0,74	0,25	0,28				
G	Richtung	<	=	<	>	<	<	<	<		
	Stärke (FS)	0,48		0,19	0,18	0,33	0,27	0,58	0,55		

Quelle: Eigene Darstellung.

Abb. A-21: Inter-Ländervergleich KKL: Faktor IV (Raumangebot)

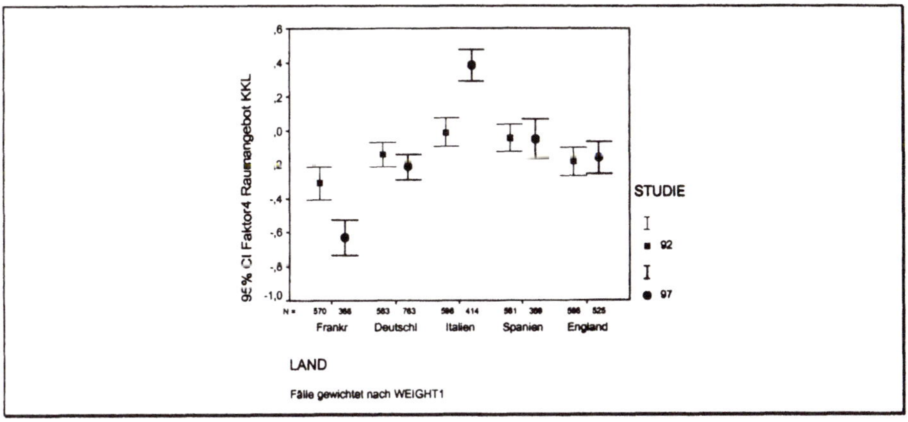

Quelle: Outputfile des Programmsystems SPSS® 9.0.

Das Raumangebot des Marke-1-Modells der KKL wurde in Italien **1992** zwar dem errechneten Stichprobenmittelwert nach am besten bewertet, statistisch insignifikante Ergebnisse der varianzanalytischen Ländervergleiche mit Spanien und Deutschland allerdings deuten auf gleiche Beurteilungsniveaus hin. Statistisch identische Werturteile konnten auch im Ländervergleich Deutschland/Großbritannien nachgewiesen werden. Die niedrigste durchschnittliche Einschätzung haben französische Probanden abgegeben. Die restlichen Länderkombinationen liefern statistisch signifikante Unterschiede in den Verbraucherwahrnehmungen. Auch **1997** haben italienische Befragte die durchschnittlich höchsten Bewertungen vorgenommen.

Statistisch signifikante Unterschiede existieren zu sämtlichen verbleibenden Ländern; die Diskrepanz zu Frankreich (1,01) erweist sich dabei als am größten. Mit Ausnahme der statistisch signifikanten Mittelwertvergleiche der Länder Deutschland/Italien und Italien/Spanien ergeben sich die selben Insignifikanzen wie 1992. Alle anderen Länderkombinationen zeigen kulturelle Unterschiede in der Form statistisch signifikanter Ergebnisse auf.

Tab. A-32: Inter-Ländervergleich KKL: Faktor IV (Raumangebot)

KKL-Raumangebot	Land:	D		F		E		I		G	
	Jahr:	1992	1997	1992	1997	1992	1997	1992	1997	1992	1997
Land:	Rang:	3.	4.	5.	5.	2.	2.	1.	1.	4.	3.
D	Richtung										
	Stärke (FS)										
F	Richtung	<	<								
	Stärke (FS)	0,17	0,41								
E	Richtung	=	=	>	>						
	Stärke (FS)			0,27	0,58						
I	Richtung	=	>	>	>	=	>				
	Stärke (FS)		0,60	0,30	1,01		0,43				
G	Richtung	=	=	>	>	=	=	<	<		
	Stärke (FS)			0,13	0,47			0,17	0,54		

Quelle: Eigene Darstellung.

Abb. A-22: Inter-Ländervergleich KKL: Faktor V (Exklusivität)

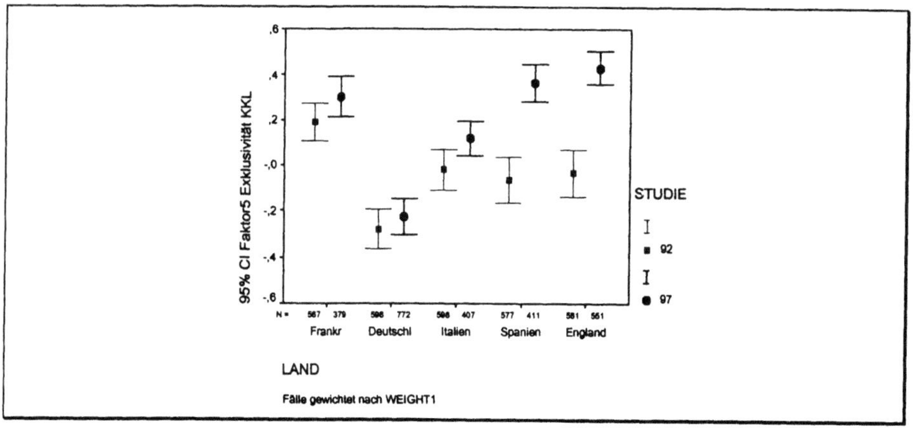

Quelle: Outputfile des Programmsystems SPSS® 9.0.

Analog der Untersuchung der Produktimagedimension Dynamik zeigt sich bei der Einschätzung der Exklusivität des Marke-1-Modells der KKL **1992** das höchste Mittelwertniveau bei den Franzosen. Zu sämtlichen Ländern bestehen signifikante Unterschiede; der Abstand zu Deutschland ist dabei am größten (0,47). Statistisch gleiche Ergebnisse stellen sich in den Mittelwertvergleichen Italien/Spanien, Italien/Großbritannien und Spanien/Großbritannien heraus. Die verbleibenden Länderkombinationen liefern kulturelle Unterschiede in Form statistischer Signifikanzen in Höhe von 0,21 bis 0,47.

Eine relativ starke Verbesserung der Verbrauchereinschätzungen englischer und spanischer Studienteilnehmer im Zeitraum von 1992 bis **1997** führt dazu, dass die Exklusivität des betrachteten PKW-Modells im zweiten Erhebungszeitraum in Großbritannien und Spanien am besten wahrgenommen wird. Zwischen beiden Ländern besteht auf hohem Niveau kein statistisch signifikanter Unterschied. Deutschland weist nach wie vor die schlechteste Beurteilung auf. Außer den Länderkombinationen Frankreich/Spanien, Frankreich/Großbritannien und Spanien/Großbritannien ergeben sich ausschließlich signifikante Diskrepanzen der Produktbeurteilung.

Tab. A-33: Inter-Ländervergleich KKL: Faktor V (Exklusivität)

KKL-Exklusivität	Land:	D		F		E		I		G	
	Jahr:	1992	1997	1992	1997	1992	1997	1992	1997	1992	1997
Land:	Rang:	5.	5.	1.	3.	4.	2.	2.	4.	3.	1.
D	Richtung										
	Stärke (FS)										
F	Richtung	>	>								
	Stärke (FS)	0,47	0,53								
E	Richtung	>	>	<	=						
	Stärke (FS)	0,22	0,59	0,25							
I	Richtung	>	>	<	<	=	<				
	Stärke (FS)	0,26	0,34	0,21	0,18		0,25				
G	Richtung	>	>	<	=	=	=	=	>		
	Stärke (FS)	0,25	0,66	0,22					0,31		

Quelle: Eigene Darstellung.

Abb. A-23: Inter-Ländervergleich KKL: Faktor VI (Wiederverkaufswert)

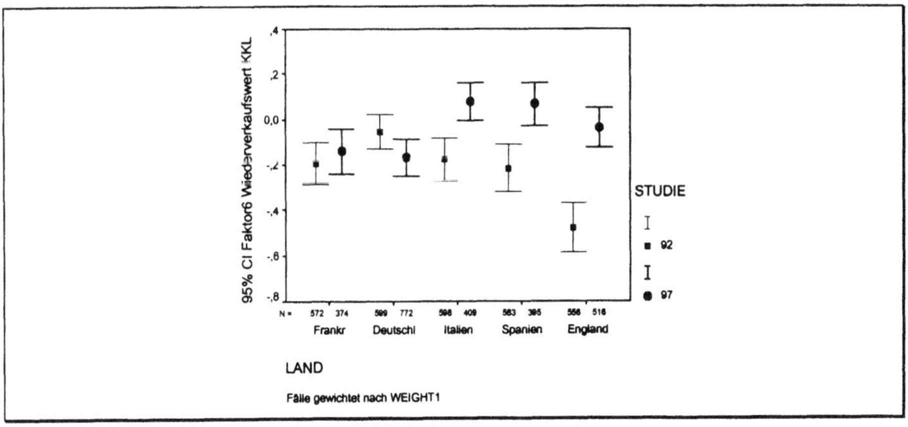

Quelle: Outputfile des Programmsystems SPSS® 9.0.

Wie auch die Dynamik des Marke-1-Modells der KKL wurde der Wiederverkaufswert dieses Fahrzeugs von deutschen Befragten **1992** nach dem Stichprobenmittelwert im Ländervergleich am besten beurteilt. Auf die Frage nach statistischer Signifikanz der angestellten Varianzanalysen allerdings ergeben sich für den betrachteten Erhebungszeitraum für sämtliche Mittelwertvergleiche der Länder Deutschland, Italien, Frankreich und Spanien vergleichbare Ergebnisse.

Lediglich Großbritannien weist statistisch signifikante Unterschiede zu sämtlichen anderen Ländern auf. Abgesehen von den Einschätzungen englischer Probanden ergibt sich damit ein relativ einheitliches Bild der Produktimagebeurteilung der KKL in Hinblick auf den Wiederverkaufswert: Sechs von zehn kombinatorisch möglichen Mittelwertvergleichen liefern keine statistisch signifikanten Unterschiede und deuten auf eine kulturunabhängige Bewertung des Wiederverkaufswertes des betrachteten PKWs hin. Auf höherem durchschnittlichen Mittelwertniveau stellt sich auch **1997** eine statistisch übereinstimmende Beurteilung des Wiederverkaufswertes der Länder Italien, Spanien und darüber hinaus Großbritannien ein. Auf niedrigerem Niveau bildet sich eine zweite Gruppe statistisch gleichwertiger Länder mit Frankreich und Deutschland. Statistisch signifikante Unterschiede ergeben sich ausschließlich zwischen Frankreich und Italien bzw. Frankreich und Spanien sowie zwischen Deutschland und Italien bzw. Deutschland und Spanien. Damit wird auch im zweiten Erhebungszeitraum die tendenziell ähnliche Einschätzung des Wiederverkaufswertes des Marke-1-Modells der KKL aufrechterhalten. Bis auf die Kombinationen Frankreich/Deutschland und Italien/Spanien allerdings haben sich statistisch signifikante in statistisch insignifikante Mittelwertvergleiche und umgekehrt transformiert.

Tab. A-34: Inter-Ländervergleich KKL: Faktor VI (Wiederverkaufswert)

KKL-Wiederverkaufswert	Land:	D		F		E		I		G	
	Jahr:	1992	1997	1992	1997	1992	1997	1992	1997	1992	1997
Land:	Rang:	1.	5.	3.	4.	4.	2.	2.	1.	5.	3.
D	Richtung										
	Stärke (FS)										
F	Richtung	=	=								
	Stärke (FS)										
E	Richtung	=	>	=	>						
	Stärke (FS)		0,23		0,21						
I	Richtung	=	>	=	>	=	=				
	Stärke (FS)		0,25		0,22						
G	Richtung	<	=	<	=	<	=	<	=		
	Stärke (FS)	0,42		0,28		0,26		0,30			

Quelle: Eigene Darstellung.

Tab. A-35: Inter-Ländervergleich des Marke-1-Modells der MKL

PI-MKL	Land:	D		F		E		I		G	
	Jahr:	1992	1997	1992	1997	1992	1997	1992	1997	1992	1997
Land:	Rang:	3.	5.	4.	4.	2.	2.	1.	1.	5.	3.
D	Richtung										
	Stärke (FS)										
F	Richtung	=	=								
	Stärke (FS)										
E	Richtung	=	>	=	>						
	Stärke (FS)		0,26		0,24						
I	Richtung	>	>	>	>	>	>				
	Stärke (FS)	0,18	0,62	0,26	0,61	0,06	0,37				
G	Richtung	<	=	<	=	<	=	<	<		
	Stärke (FS)	0,39		0,32		0,51		0,58	0,51		

Quelle: Eigene Darstellung.

Abb. A-24: Inter-Ländervergleich MKL: Faktor I (Qualität)

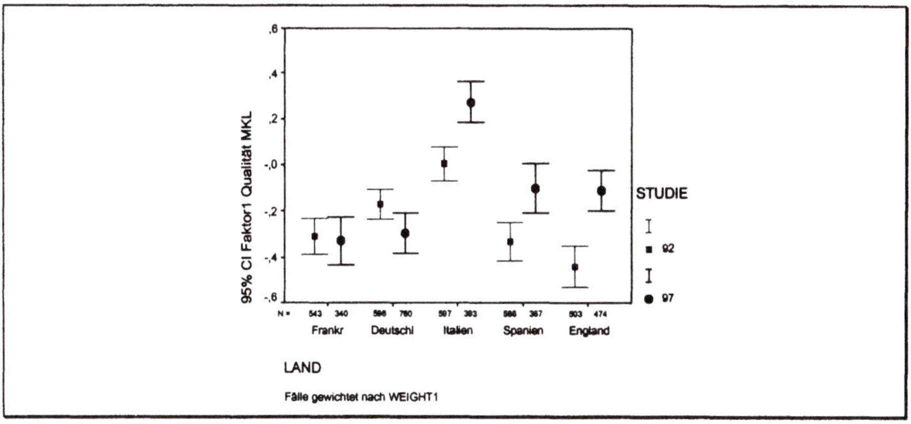

Quelle: Outputfile des Programmsystems SPSS® 9.0.

1992 ist die Bewertung der Produktimagedimension Qualität des Marke-1-Modells der MKL analog dem KKL-Produkt in Italien mit Abstand am besten ausgefallen. Es bestehen statistisch signifikante Unterschiede zu sämtlichen anderen Ländern. Die Differenz ist in diesem Zusammenhang zu Großbritannien am größten (0,45). Mit Ausnahme der Länderkombination Frankreich/Spanien bestehen durchgängig statistisch signifikante Unterschiede zwischen den Ländern. Im Ergebnis ist daher von einer relativ uneinheitlichen und kultur-heterogenen Verbraucherwahrnehmung bezüglich der Qualität des MKL-Modells auszugehen. Auch im Jahre **1997** haben italienische Probanden die zu beurteilende Fahrzeugdimension am besten eingeschätzt: Auch hier bestehen statistisch signifikante Diskrepanzen zu sämtlichen verbleibenden vier Ländern. Der Abstand zu Frankreich ist in diesem Beispiel am breitesten (0,60). Außer den Länderkombinationen Frankreich/Deutschland auf relativ niedrigem Niveau und Spanien/Großbritannien auf leicht erhobenem Niveau weisen sämtliche anderen Mittelwertvergleiche statistische Signifikanzen auf. Die Interpretation verhält sich analog der Ergebnisse der vorherigen Untersuchungswelle.

Tab. A-36: Inter-Ländervergleich MKL: Faktor I (Qualität)

MKL-Qualität	Land:	D		F		E		I		G	
	Jahr:	1992	1997	1992	1997	1992	1997	1992	1997	1992	1997
Land:	Rang:	2.	4.	3.	5.	4.	2.	1.	1.	5.	3.
D	Richtung										
	Stärke (FS)										
F	Richtung	<	=								
	Stärke (FS)	0,14									
E	Richtung	<	>	=	>						
	Stärke (FS)	0,16	0,19		0,23						
I	Richtung	>	>	>	>	>	>				
	Stärke (FS)	0,17	0,57	0,31	0,60	0,33	0,38				
G	Richtung	<	>	<	>	<	=	<	<		
	Stärke (FS)	0,27	0,19	0,13	0,22	0,11		0,45	0,38		

Quelle: Eigene Darstellung.

Abb. A-25: Inter-Ländervergleich MKL: Faktor II (Dynamik)

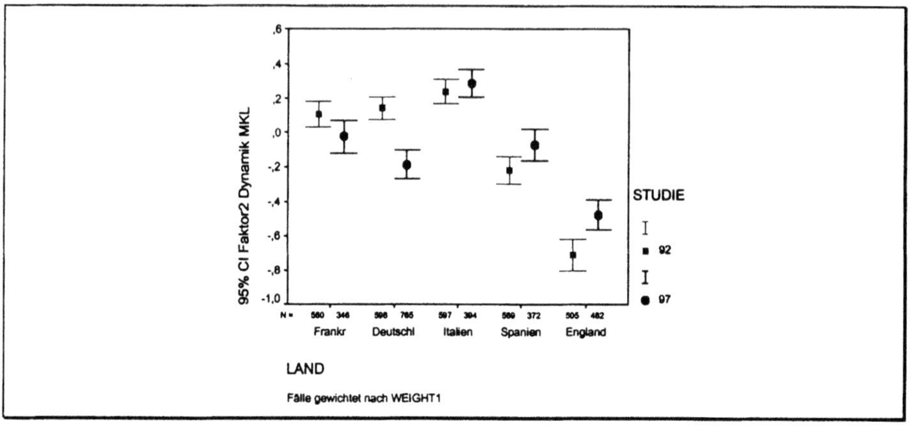

Quelle: Outputfile des Programmsystems SPSS® 9.0.

Im Jahr **1992** zeigt sich bezüglich der Mittelwerthierarchie ein identisches Bild der Dynamik-Beurteilung des Marke-1-Modells der MKL zur Qualitäts-Bewertung. Nach Maßstab statistischer Signifikanz weisen Italien und Deutschland gleiche Ergebnisse auf relativ höchstem Niveau auf. Die schlechteste Beurteilung wurde von englischen Probanden vorgenommen; der Abstand zu Italien beträgt nach Faktorwertdifferenz 0,95. Mit Ausnahme der Länderkombinationen Frankreich/Deutschland und Deutschland/Italien ergeben alle restlichen Mittelwertvergleiche statistisch signifikante Resultate. Auch **1997** nimmt Italien den ersten Rang nach Stichprobenmittelwert ein. Es bestehen statistisch signifikante Unterschiede zu sämtlichen anderen Ländern, die Differenz zu Deutschland, dessen Wertschätzung auch absolut zurückgegangen ist, ist hierbei am größten (0,47). Werden die Länderkombinationen Frankreich/Spanien und Deutschland/Spanien unberücksichtigt gelassen, ergeben sich für sämtliche der verbleibenden varianzanalytischen Mittelwertvergleiche statistisch signifikante Ergebnisse.

Tab. A-37: Inter-Ländervergleich MKL: Faktor II (Dynamik)

MKL-Dynamik	Land:	D		F		E		I		G	
	Jahr:	1992	1997	1992	1997	1992	1997	1992	1997	1992	1997
Land:	Rang:	2.	4.	3.	2.	4.	3.	1.	1.	5.	5.
D	Richtung										
	Stärke (FS)										
F	Richtung	=	>								
	Stärke (FS)		0,16								
E	Richtung	<	=	<	=						
	Stärke (FS)	0,36		0,33							
I	Richtung	=	>	>	>	>	>				
	Stärke (FS)		0,47	0,13	0,31	0,46	0,36				
G	Richtung	<	<	<	<	<	<	<	<		
	Stärke (FS)	0,85	0,29	0,82	0,46	0,49	0,41	0,95	0,77		

Quelle: Eigene Darstellung.

Abb. A-26: Inter-Ländervergleich MKL: Faktor III (Design)

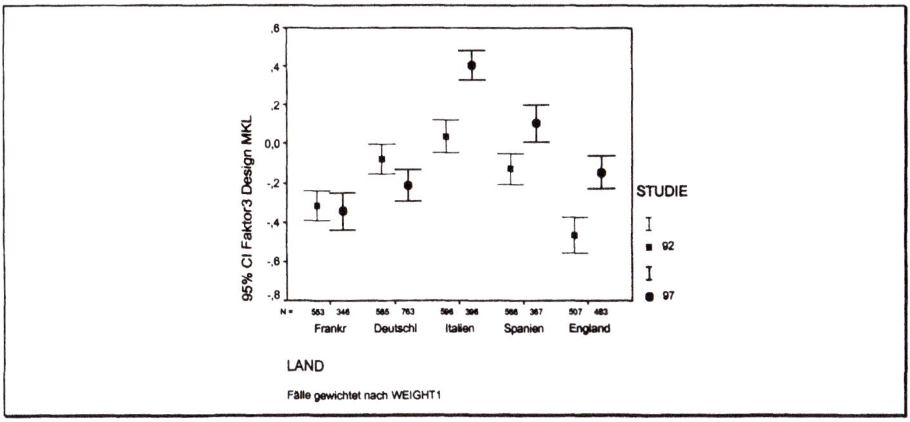

Quelle: Outputfile des Programmsystems SPSS® 9.0.

In puncto der Einschätzung des Fahrzeugdesigns des Marke-1-Modells der MKL im Zeitraum **1992** stellt sich auch die beste Beurteilung in Italien ein. Zu Deutschland, Spanien, Frankreich und Großbritannien ergeben sich statistisch signifikante Unterschiede mit zunehmender Größe; der Abstand zu letzterem beträgt nach Betragsdifferenz der Faktorwerte 0,50. Ausgenommen Deutschland/Spanien lassen sich für sämtliche anderen Länderkombinationen statistische Signifikanzen errechnen. Auch **1997** wurde das Design des betrachteten MKL Fahrzeugmodells von italienischen Probanden am besten beurteilt. Die schlechteste Bewertung wurde von französischen Studienteilnehmern abgegeben. Der Abstand zwischen beiden Länderstichprobenmittelwerten beträgt 0,75. Mit Ausnahme der Länderkombination Deutschland/Großbritannien haben alle anderen Länder im kombinatorischen Mittelwertvergleich statistisch signifikant voneinander unterschiedliche Beurteilungen vorgenommen. Mit jeweils lediglich einem Zehntel statistisch insignifikanter Ergebnisse der Inter-Ländervergleiche 1992 und 1997 stellt sich eine relativ starke kulturelle Diskrepanz der Verbraucherwahrnehmungen bezüglich des MKL-Designs heraus.

Tab. A-38: Inter-Ländervergleich MKL: Faktor III (Design)

MKL-Design	Land:	D		F		E		I		G	
	Jahr:	1992	1997	1992	1997	1992	1997	1992	1997	1992	1997
Land:	Rang:	2.	4.	4.	5.	3.	2.	1.	1.	5.	3.
D	Richtung										
	Stärke (FS)										
F	Richtung	<	<								
	Stärke (FS)	0,23	0,13								
E	Richtung	=	>	>	>						
	Stärke (FS)		0,32	0,19	0,45						
I	Richtung	>	>	>	>	>	>				
	Stärke (FS)	0,12	0,62	0,35	0,75	0,17	0,30				
G	Richtung	<	=	<	>	<	<	<	<		
	Stärke (FS)	0,39		0,15	0,20	0,34	0,25	0,50	0,55		

Quelle: Eigene Darstellung.

Abb. A-27: Inter-Ländervergleich MKL: Faktor IV (Raumangebot)

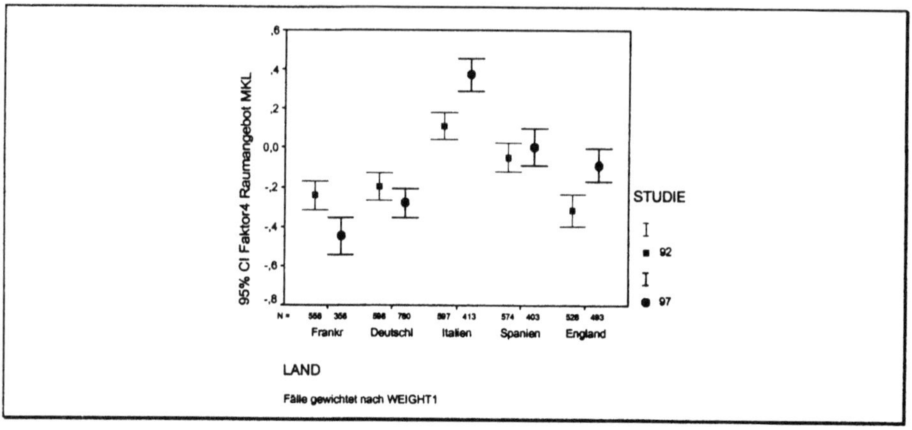

Quelle: Outputfile des Programmsystems SPSS® 9.0.

In den beiden Erhebungszeiträumen der Jahre **1992** und **1997** lässt sich der höchste Stichprobenmittelwert bezüglich der Beurteilung des Raumangebotes des Marke-1-Modells der MKL für Italien ableiten. Sowohl 1992 als auch 1997 weist Italien im Mittelwertvergleich mit sämtlichen anderen Ländern statistisch signifikante Unterschiede auf: Während der Abstand im Erhebungsintervall 1992 mit einer Betragsdifferenz der Faktorwerte von 0,42 zu England am größten ist, fällt dieser 1997 im Vergleich mit Frankreich am größten aus (0,82). Übereinstimmende Vorstellungen bezüglich des Raumangebotes des betrachteten PKW-Modells hatten 1992 französische, deutsche und englische, 1997 spanische und englische Studienteilnehmer. Alle anderen Länderkombinationen weisen statistisch signifikante Unterschiede auf. Im Ergebnis lässt sich feststellen, dass sich mit einer Reduktion von drei statistischen Insignifikanzen (1992) auf eine Gleichbeurteilung (1997) die Produkteinschätzung hinsichtlich des wahrgenommenen Raumangebotes tendenziell angeglichen hat.

Tab. A-39: Inter-Ländervergleich MKL: Faktor IV (Raumangebot)

MKL-Raumangebot	Land:	D		F		E		I		G	
	Jahr:	1992	1997	1992	1997	1992	1997	1992	1997	1992	1997
Land:	Rang:	3.	4.	4.	5.	2.	2.	1.	1.	5.	3.
D	Richtung										
	Stärke (FS)										
F	Richtung	=	<								
	Stärke (FS)		0,17								
E	Richtung	>	>	>	>						
	Stärke (FS)	0,15	0,28	0,19	0,45						
I	Richtung	>	>	>	>	>	>				
	Stärke (FS)	0,31	0,65	0,35	0,82	0,16	0,37				
G	Richtung	=	>	=	>	<	=	<	<		
	Stärke (FS)		0,19		0,36	0,26		0,42	0,46		

Quelle: Eigene Darstellung.

Abb. A-28: Inter-Ländervergleich MKL: Faktor V (Exklusivität)

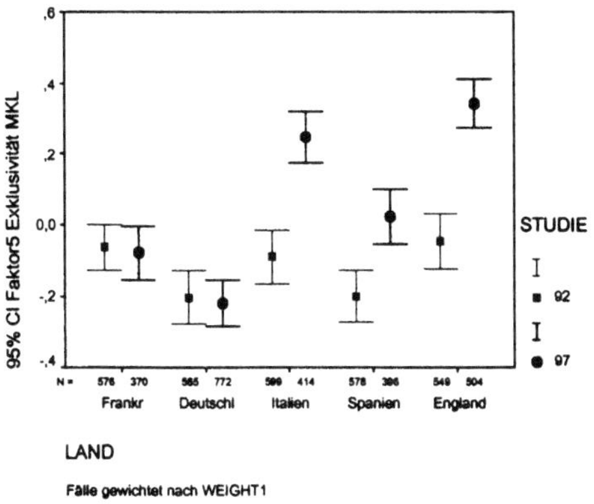

Quelle: Outputfile des Programmsystems SPSS® 9.0.

Die beste Einschätzung der wahrgenommenen Exklusivität des Marke-1-Modells der MKL weist in den Jahren 1992 und 1997 beidermaßen Großbritannien auf. **1992** geben gemäß statistischer Insignifikanz englische und italienische Verbraucher gleiche Werturteile ab. Der größte Abstand zeigt sich in diesem Jahr zwischen England und Spanien (0,16) bzw. England und Deutschland (0,16). Spanien und Deutschland liegen damit auf statistisch identischem relativ niedrigem Niveau der Produktbeurteilung. Weiterhin statistisch gleiche Bewertungen liefern die Ländervergleiche Frankreich/Italien, Frankreich/Spanien, Deutschland/Italien und Großbritannien/Italien. Frankreich/Deutschland, Frankreich/Großbritannien, Deutschland/Großbritannien und Spanien/ Großbritannien liefern statistisch signifikante Unterschiede geringeren Ausmaßes. Damit ergibt sich in Summe eine relativ einheitliche Beurteilung der Exklusivität des Marke-1-Modells der MKL im Erhebungszeitraum 1992.

Im Jahr **1997** stellt sich mit lediglich zwei statistisch insignifikanten Ländervergleichen ein deutlich homogeneres Bild der Produktbeurteilung hinsichtlich der Exklusivität des betrachteten PKW dar: Frankreich/Spanien auf relativ niedrigem und Italien/Großbritannien auf erhöhtem Niveau liefern jeweils statistisch gleiche Werturteile. Die schlechteste Einschätzung wurde - wie 1992 - von deutschen Probanden geäußert. Der Abstand zu Großbritannien beträgt in diesem Fall 0,56 und hat sich nach der Betragsdifferenz der Faktorwerte um 0,4 relativ stark vergrößert.

Tab. A-40: Inter-Ländervergleich MKL: Faktor V (Exklusivität)

MKL-Exklusivität	Land:	D		F		E		I		G	
	Jahr:	1992	1997	1992	1997	1992	1997	1992	1997	1992	1997
Land:	Rang:	5.	5.	2.	4.	4.	3.	3.	2.	1.	1.
D	Richtung										
	Stärke (FS)										
F	Richtung	>	>								
	Stärke (FS)	0,14	0,14								
E	Richtung	=	>	=	=						
	Stärke (FS)		0,24								
I	Richtung	=	>	=	>	=	>				
	Stärke (FS)		0,47		0,32		0,22				
G	Richtung	>	>	>	>	>	>	=	=		
	Stärke (FS)	0,16	0,56	0,02	0,42	0,16	0,32				

Quelle: Eigene Darstellung.

Abb. A-29: Inter-Ländervergleich MKL: Faktor VI (Wiederverkaufswert)

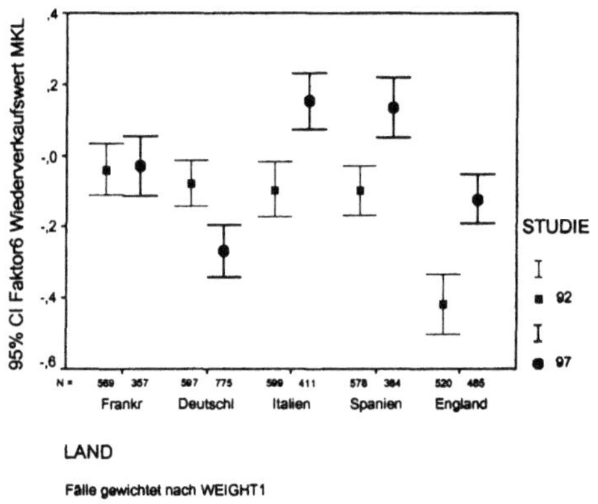

Quelle: Outputfile des Programmsystems SPSS® 9.0.

Obwohl **1992** nach dem errechneten Stichprobenmittelwert Frankreich tendenziell die beste Beurteilung aufweist, liegen mit Frankreich Deutschland, Italien und Spanien auf statistisch einheitlichem Niveau. Sie alle weisen zu Großbritannien, dem der schlechteste Mittelwert zugeordnet wurde, statistisch signifikante Unterschiede auf. Mit Ausnahme Englands ist 1992 die Beurteilung des Wiederverkaufswertes des Marke-1-Modells der MKL damit relativ homogen. **1997** hingegen zeigt sich mit lediglich zwei Insignifikanzen der angestellten zehn Ländervergleiche eine stärkere Abhängigkeit des wahrgenommenen Wiederverkaufswertes von kulturellen Eigenheiten. Außer Frankreich/Großbritannien auf relativ niedrigem Niveau und Italien/Spanien auf erhöhtem Niveau weisen sämtliche anderen Kombinationen statistisch signifikante Mittelwertunterschiede auf. Der Abstand zwischen Italien und Deutschland ist in diesem Zusammenhang am größten.

Tab. A-41: Inter-Ländervergleich MKL: Faktor VI (Wiederverkaufswert)

MKL-Wiederverkaufswert	Land:	D		F		E		I		G	
	Jahr:	1992	1997	1992	1997	1992	1997	1992	1997	1992	1997
Land:	Rang:	2.	5.	1.	3.	4.	2.	3.	1.	5.	4.
D	Richtung										
	Stärke (FS)										
F	Richtung	=	>								
	Stärke (FS)		0,24								
E	Richtung	=	>	=	>						
	Stärke (FS)		0,41		0,16						
I	Richtung	=	>	=	>	=	=				
	Stärke (FS)		0,42		0,18						
G	Richtung	<	>	<	=	<	<	<	<		
	Stärke (FS)	0,34	0,15	0,38		0,32	0,26	0,32	0,27		

Quelle: Eigene Darstellung.

Tab. A-42: Inter-Ländervergleich des Marke-1-Modells der GKL

PI-GKL	Land:	D		F		E		I		G	
	Jahr:	1992	1997	1992	1997	1992	1997	1992	1997	1992	1997
Land:	Rang:	2.	3.	3.		4.		3.	1.	5.	2
D	Richtung										
	Stärke (FS)										
F	Richtung	=									
	Stärke (FS)										
E	Richtung	<		<							
	Stärke (FS)	0,20		0,13							
I	Richtung	>	>	>		>					
	Stärke (FS)	0,14	0,55	0,20		0,33					
G	Richtung	<	=	<		<		<	<		
	Stärke (FS)	0,45		0,38		0,25		0,58	0,50		

Quelle: Eigene Darstellung.

Abb. A-30: Inter-Ländervergleich GKL: Faktor I (Qualität)

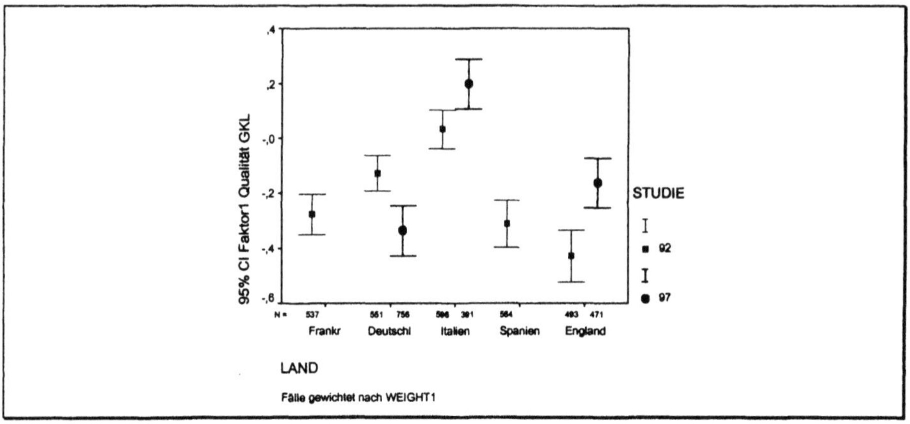

Quelle: Outputfile des Programmsystems SPSS® 9.0.

Im Inter-Ländervergleich **1992** bezüglich der wahrgenommenen Qualität des Marke-1-Modells der GKL ergibt sich eine relativ klare hierarchische Ordnung: Die beste Beurteilung wurde diesbezüglich von italienischen Probanden vorgenommen. Auf niedrigerem Niveau findet sich die durchschnittliche Bewertung durch deutsche Studienteilnehmer. Den dritten Rang teilen sich französische und spanische Befragte. Die schlechteste Beurteilung wurde von englischen Probanden vorgenommen. Der Abstand Großbritanniens von Italien beträgt 0,46. Entsprechend dieser hierarchischen Rangfolge ergeben sich statistisch signifikante Unterschiede sämtlicher Mittelwertvergleiche mit Ausnahme der Kombination Frankreich/Spanien. Damit liegt im Ergebnis eine in diesem Maße erstmalig identifizierte kulturelle Heterogenität bezüglich der Einschätzungen der wahrgenommenen Qualität des Marke-1-Modells der GKL der Verbraucher vor.

1997 zeigt sich ebenfalls eine deutliche Unterschiedlichkeit in puncto der Qualitätsbeurteilungen: Italien weist das höchste Mittelwertniveau auf und unterscheidet sich statistisch signifikant von Deutschland und Großbritannien. Diese beiden Länder haben ihre Stellung in der hierarchischen Rangfolge getauscht; demnach fällt die Beurteilung der englischen Probanden statistisch signifikant besser aus als die der deutschen. Mit der schlechtesten Einschätzung der wahrgenommenen Qualität bez. des betrachteten PKW ergibt sich eine Diskrepanz zwischen Deutschland und Italien von 0,54 im Gegensatz zu 0,16 im ersten Erhebungszeitraum.

Tab. A-43: Inter-Ländervergleich GKL: Faktor I (Qualität)

GKL-Qualität	Land:	D		F		E		I		G	
	Jahr:	1992	1997	1992	1997	1992	1997	1992	1997	1992	1997
Land:	Rang:	2.	3.	3.		4.		1.	1.	5.	2
D	Richtung										
	Stärke (FS)										
F	Richtung	<									
	Stärke (FS)	0,15									
E	Richtung	<		=							
	Stärke (FS)	0,19									
I	Richtung	>	>	>		>					
	Stärke (FS)	0,16	0,54	0,31		0,34					
G	Richtung	<	>	<		<		<	<		
	Stärke (FS)	0,30	0,17	0,15		0,12		0,46	0,36		

Quelle: Eigene Darstellung.

Abb. A-31: Inter-Ländervergleich GKL: Faktor II (Dynamik)

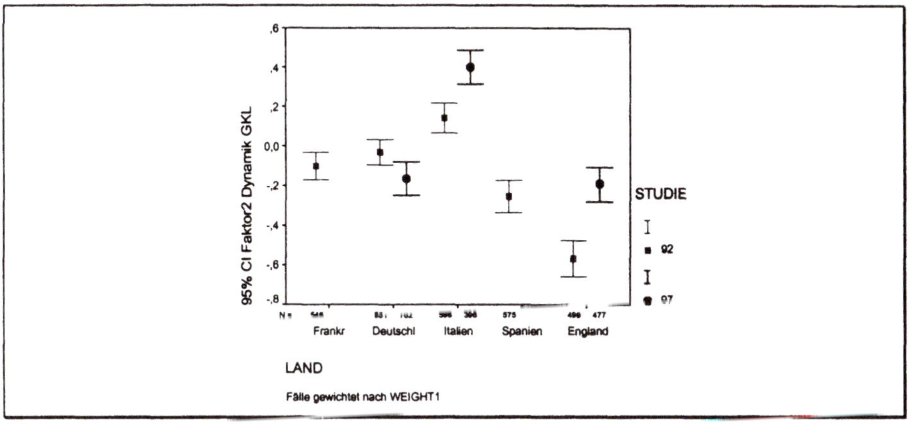

Quelle: Outputfile des Programmsystems SPSS® 9.0.

Die prädominante Stellung Italiens tritt auch im varianzanalytischen Mittelwertvergleich **1992** im Hinblick auf die wahrgenommene Dynamik des Marke-1-Modells der GKL zutage. Im Vergleich zu sämtlichen anderen Ländern ergeben sich statistisch signifikante Unterschiede, wobei die Diskrepanz zu England mit einer Betragsdifferenz der Faktorwerte von 0,71 am größten ausfällt. Auf niedrigerem Niveau folgt die Gruppe Frankreich/Deutschland, die sich nicht statistisch signifikant voneinander unterscheidet. Alle weiteren Kombinationen weisen statistische Insignifikanzen in Hinblick auf die zu untersuchende Verbrauchereinschätzung auf. Dies ist analog der Qualitätsanalyse des Marke-1-Modells der GKL als Indiz dafür anzusehen, dass kulturelle Eigenheiten keinen starken Einfluss auf die Beurteilung der Dynamik-Dimension des betrachteten Fahrzeugs ausüben. Die Mittelwertstruktur des Inter-Ländervergleiches **1997** entspricht der der Gesamt-GKL-Bewertung des Jahres 1997: Italien auf höchstem Niveau unterscheidet sich statistisch signifikant sowohl von Deutschland als auch von England; die beiden letztgenannten Länder zeigen sich in puncto der Dynamik-Beurteilung statistisch übereinstimmend.

Tab. A-44: Inter-Ländervergleich GKL: Faktor II (Dynamik)

GKL-Dynamik	Land:	D		F		E		I		G	
	Jahr:	1992	1997	1992	1997	1992	1997	1992	1997	1992	1997
Land:	Rang:	2.	2.	3.		4.		1.	1.	5.	3.
D	Richtung										
	Stärke (FS)										
F	Richtung	=									
	Stärke (FS)										
E	Richtung	<		<							
	Stärke (FS)	0,22		0,15							
I	Richtung	>	>	>		>					
	Stärke (FS)	0,17	0,56	0,24		0,40					
G	Richtung	<	=	<		<		<	<		
	Stärke (FS)	0,54		0,47		0,31		0,71	0,59		

Quelle: Eigene Darstellung.

Abb. A-32: Inter-Ländervergleich GKL: Faktor III (Design)

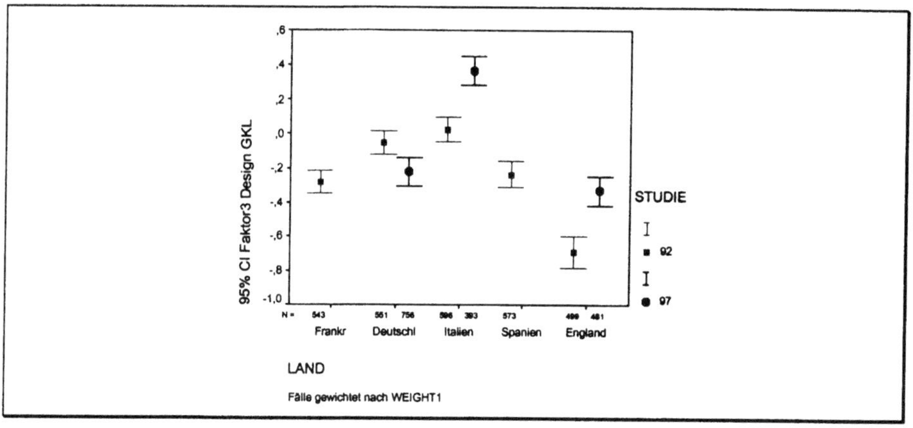

Quelle: Outputfile des Programmsystems SPSS® 9.0.

Der Inter-Ländervergleich **1992** der Design-Beurteilung des Marke-1-Modells der GKL weist eine Drei-Ebenen-Struktur auf: Auf höchstem Niveau befinden sich die Länder Italien und Deutschland, auf geringfügig niedrigerem Niveau die Länder Spanien und Frankreich. Beide Gruppen sind nach innen statistisch insignifikant, d.h. sie unterscheiden sich in statistischem Sinne nicht voneinander, nach außen hingegen ergeben sich zu den jeweils verbleibenden Ländern statistisch signifikante Unterschiede. Der größte Abstand nach dem Stichprobenmittelwert ergibt sich zwischen Italien und Großbritannien (0,72). Die Mittelwertstruktur des Inter-Ländervergleiches **1997** entspricht der der Gesamt-GKL-Bewertung sowie der Dynamik-Bewertung dieses Modells des gleichen Jahres: Italien auf höchstem Niveau unterscheidet sich statistisch signifikant sowohl von Deutschland als auch von England; die beiden letztgenannten Länder zeigen sich in puncto der Design-Beurteilung statistisch übereinstimmend.

Tab. A-45: Inter-Ländervergleich GKL: Faktor III (Design)

GKL-Design	Land:	D		F		E		I		G	
	Jahr:	1992	1997	1992	1997	1992	1997	1992	1997	1992	1997
Land:	Rang:	2.	2.	4.		3.		1.	1.	5.	3.
D	Richtung										
	Stärke (FS)										
F	Richtung	<									
	Stärke (FS)	0,23									
E	Richtung	<		=							
	Stärke (FS)	0,18									
I	Richtung	=	>	>		>					
	Stärke (FS)		0,58	0,30		0,26					
G	Richtung	<	=	<		<		<	<		
	Stärke (FS)	0,64		0,41		0,31		0,72	0,69		

Quelle: Eigene Darstellung.

Abb. A-33: Inter-Ländervergleich GKL: Faktor IV (Raumangebot)

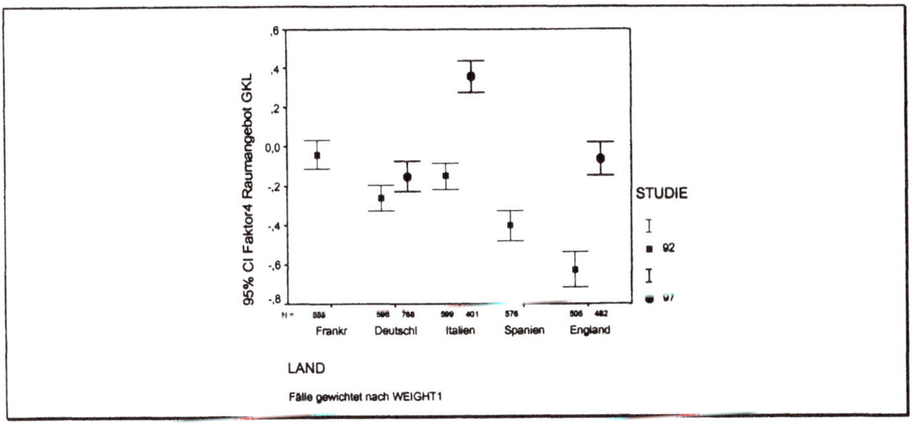

Quelle: Outputfile des Programmsystems SPSS® 9.0.

Faktor IV (Raumangebot) des Produktimages des Marke-1-Modells der GKL zeigt im Inter-Ländervergleich des Jahres **1992** eine klare hierarchische Struktur, bei der sich keine statistisch insignifikanten Unterschiede einstellen. Annäherungsweise kann bereits aus der grafischen Darstellung auf diesen Umstand geschlossen werden, da keine Überschneidungen der Konfidenzintervalle vorliegen. Mit abnehmenden, durchschnittlichen Beurteilungswerten besteht die Rangordnung der Produktimage-Bewertung des GKL-Raumangebotes aus den Ländern Frankreich, Italien, Deutschland, Spanien und England. Der Abstand zwischen Großbritannien und Frankreich beträgt 0,59. Die Mittelwertstruktur des Inter-Ländervergleiches **1997** entspricht der der Gesamt-GKL-Bewertung sowie der Einschätzung der Faktoren II (Dynamik) und III (Design) des betrachteten Modells des gleichen Jahres: Italien auf höchstem Niveau unterscheidet sich statistisch signifikant sowohl von Deutschland als auch von England; die beiden letztgenannten Länder zeigen sich in puncto der Dynamik-Beurteilung statistisch übereinstimmend.

Tab. A-46: Inter-Ländervergleich GKL: Faktor IV (Raumangebot)

GKL-Raumangebot	Land:	D		F		E		I		G	
	Jahr:	1992	1997	1992	1997	1992	1997	1992	1997	1992	1997
Land:	Rang:	3.	3.	1.		4.		2.	1.	5.	2.
D	Richtung										
	Stärke (FS)										
F	Richtung	>									
	Stärke (FS)	0,22									
E	Richtung	<		<							
	Stärke (FS)	0,14		0,36							
I	Richtung	>	>	<		>					
	Stärke (FS)	0,11	0,51	0,11		0,25					
G	Richtung	<	=	<		<		<	<		
	Stärke (FS)	0,36		0,59		0,22		0,47	0,42		

Quelle: Eigene Darstellung.

Abb. A-34: Inter-Ländervergleich GKL: Faktor V (Exklusivität)

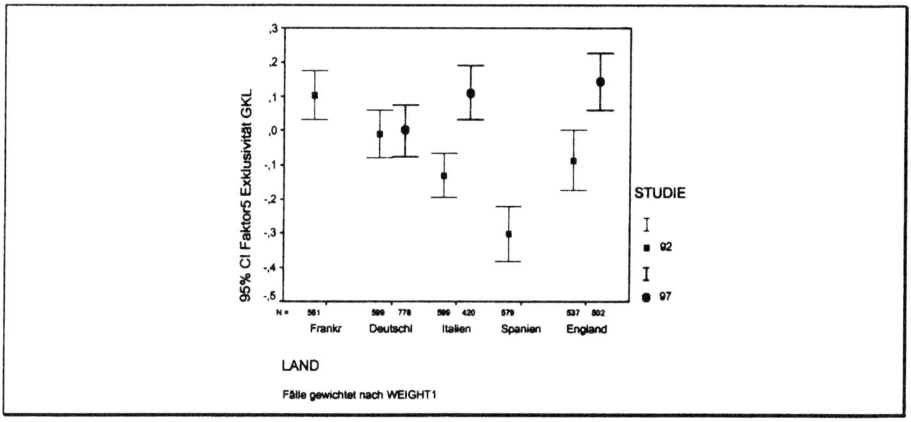

Quelle: Outputfile des Programmsystems SPSS® 9.0.

Der Inter-Ländervergleich für **1992** der Exklusivitäts-Beurteilung des Marke-1-Modells der GKL weist eine Drei-Ebenen-Struktur auf: Auf höchstem Niveau befindet sich Frankreich, auf geringfügig niedrigerem Niveau die Länder Deutschland, Großbritannien und Italien. Die Gruppe der drei letztgenannten Länder ist nach innen statistisch insignifikant, d.h. die Länderstichprobenmittelwerte unterscheiden sich in statistischem Sinne nicht voneinander, nach außen hingegen ergeben sich zu den jeweils verbleibenden Ländern statistisch signifikante Unterschiede. Der größte Abstand nach dem Stichprobenmittelwert ergibt sich zwischen Frankreich und Spanien (0,41).

Die Mittelwertstruktur des Inter-Ländervergleiches für **1997** belegt eine einheitliche Beurteilung der Länder Italien und Deutschland bzw. Großbritannien und Italien. Der einzige statistisch signifikante Unterschied besteht zwischen Großbritannien und Deutschland (0,14).

Tab. A-47: Inter-Ländervergleich GKL: Faktor V (Exklusivität)

GKL-Exklusivität	Land:	D		F		E		I		G	
	Jahr:	1992	1997	1992	1997	1992	1997	1992	1997	1992	1997
Land:	Rang:	2.	3.	1.		5.		4.	2.	3.	1.
D	Richtung										
	Stärke (FS)										
F	Richtung	>									
	Stärke (FS)	0,11									
E	Richtung	<		<							
	Stärke (FS)	0,29		0,41							
I	Richtung	=	=	<		>					
	Stärke (FS)			0,23		0,17					
G	Richtung	=	<	<		>					
	Stärke (FS)		0,14	0,19		0,22					

Quelle: Eigene Darstellung.

Abb. A-35: Inter-Ländervergleich GKL: Faktor VI (Wiederverkaufswert)

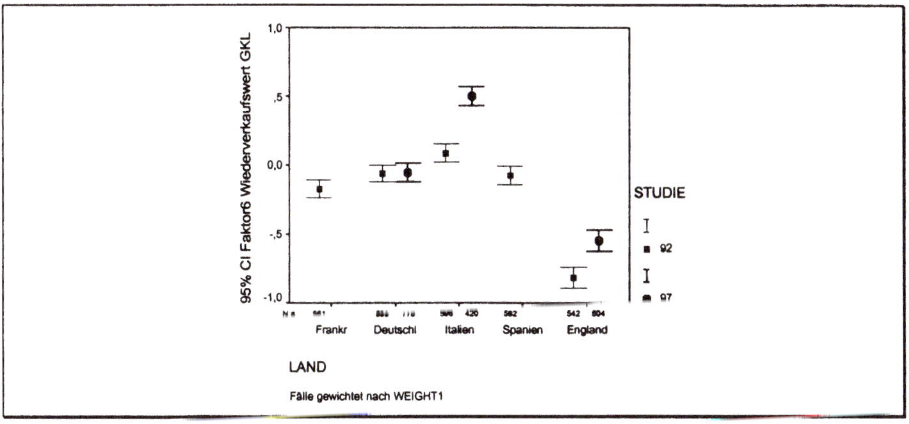

Quelle: Outputfile des Programmsystems SPSS® 9.0.

Auch der Inter-Ländervergleich **1992** der Wiederverkaufswert-Beurteilung des Marke-1-Modells der GKL weist eine Drei-Ebenen-Struktur auf: Auf höchstem Niveau findet sich Italien, auf geringfügig niedrigerem Niveau finden sich die Länder Deutschland, Spanien und Frankreich. Die Gruppe der drei letztgenannten Länder ist nach innen statistisch insignifikant, d.h. die Länderstichprobenmittelwerte unterscheiden sich in statistischem Sinne nicht voneinander, nach außen hingegen ergeben sich zu den jeweils verbleibenden Ländern statistisch signifikante Unterschiede. Der größte Abstand nach dem Stichprobenmittelwert ergibt sich zwischen Italien und Großbritannien (0,90). Die Mittelwertstruktur des Inter-Ländervergleiches **1997** weist eine klare statistisch signifikante Rangfolge der Wiederverkaufswert-Beurteilung auf: Italien auf höchstem Niveau unterscheidet sich statistisch signifikant von Deutschland und Großbritannien; dabei ist der Abstand zu England am größten (1,04). Auch Deutschland und Großbritannien unterscheiden sich signifikant hinsichtlich der Einschätzung des Wiederverkaufswerts des Marke-1-Modells der GKL.

Tab. A-48: Inter-Ländervergleich GKL: Faktor VI (Wiederverkaufswert)

GKL-Wiederverkaufswert	Land:	D		F		E		I		G	
	Jahr:	1992	1997	1992	1997	1992	1997	1992	1997	1992	1997
Land:	Rang:	2.	2.	4.		3.		1.	1.	5.	3.
D	Richtung										
	Stärke (FS)										
F	Richtung	=									
	Stärke (FS)										
E	Richtung	=		=							
	Stärke (FS)										
I	Richtung	>	>	>		>					
	Stärke (FS)	0,15	0,55	0,26		0,16					
G	Richtung	<	<	<		<		<	<		
	Stärke (FS)	0,75	0,49	0,64		0,74		0,90	1,04		

Quelle: Eigene Darstellung.

Tab. A-49: Inter-Ländervergleich des Marke-1-Modells der RKL

PI-RKL	Land:	D		F		E		I		G	
	Jahr:	1992	1997	1992	1997	1992	1997	1992	1997	1992	1997
Land:	Rang:		3.		2.				1.		
D	Richtung										
	Stärke (FS)										
F	Richtung		=								
	Stärke (FS)										
E	Richtung										
	Stärke (FS)										
I	Richtung		>		>						
	Stärke (FS)		0,61		0,58						
G	Richtung										
	Stärke (FS)										

Quelle: Eigene Darstellung.

Abb. A-36: Inter-Ländervergleich RKL: Faktor I (Qualität)

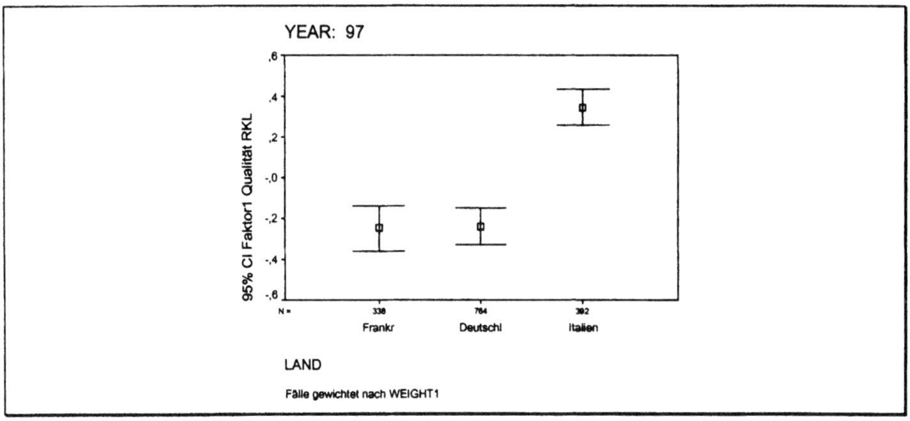

Quelle: Outputfile des Programmsystems SPSS® 9.0.

Der Inter-Ländervergleich des Faktors I (Qualität) des Marke-1-Modells der RKL bestätigt die Ergebnisse der Gesamt-RKL-Einschätzung: In Italien wurde die Qualitäts-Dimension des betrachteten PKW-Modells mit Abstand am besten beurteilt. Ein statistisch signifikanter Unterschied ist sowohl gegenüber Deutschland (0,58) als auch gegenüber Frankreich (0,59) gegeben. Französische wie deutsche Studienteilnehmer haben keine statistisch signifikant unterschiedlichen Beurteilungen abgegeben.

Tab. A-50: Inter-Ländervergleich RKL: Faktor I (Qualität)

RKL-Qualität	Land:	D		F		E		I		G	
	Jahr:	1992	1997	1992	1997	1992	1997	1992	1997	1992	1997
Land:	Rang:		2.		3.				1.		
D	Richtung										
	Stärke (FS)										
F	Richtung		=								
	Stärke (FS)										
E	Richtung										
	Stärke (FS)										
I	Richtung		>		>						
	Stärke (FS)		0,58		0,59						
G	Richtung										
	Stärke (FS)										

Quelle: Eigene Darstellung.

Abb. A-37: Inter-Ländervergleich RKL: Faktor II (Dynamik)

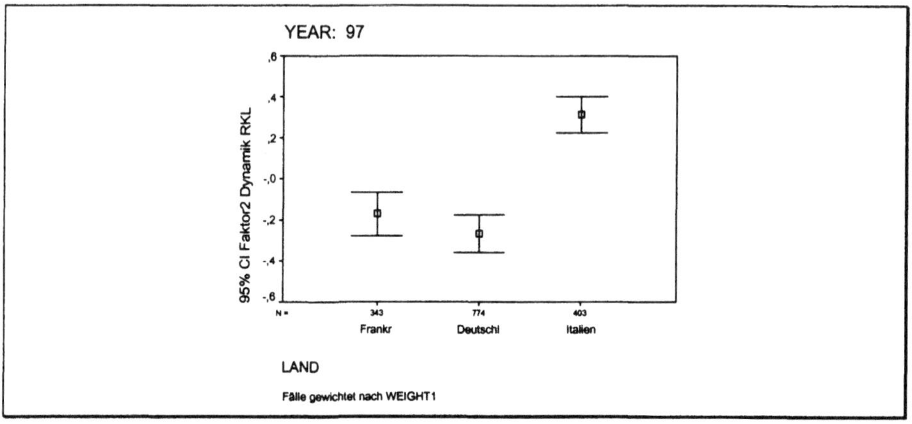

Quelle: Outputfile des Programmsystems SPSS® 9.0.

Der Inter-Ländervergleich des Faktors II (Dynamik) des Marke-1-Modells der RKL reproduziert die Ergebnisse der Gesamt-RKL-Einschätzung und Qualitäts-Bewertung des RKL-Produktes: In Italien wurde die Dynamik-Dimension des betrachteten PKW-Modells mit Abstand am besten beurteilt. Ein statistisch signifikanter Unterschied ist sowohl gegenüber Frankreich (0,48) als auch gegenüber Deutschland (0,58) gegeben. Französische und deutsche Studienteilnehmer haben keine statistisch signifikant unterschiedlichen Beurteilungen abgegeben.

Tab. A-51: Inter-Ländervergleich RKL: Faktor II (Dynamik)

RKL-Dynamik	Land:	D		F		E		I		G	
	Jahr:	1992	1997	1992	1997	1992	1997	1992	1997	1992	1997
Land:	Rang:		3.		2.				1.		
D	Richtung										
	Stärke (FS)										
F	Richtung		=								
	Stärke (FS)										
E	Richtung										
	Stärke (FS)										
I	Richtung		>		>						
	Stärke (FS)		0,58		0,48						
G	Richtung										
	Stärke (FS)										

Quelle: Eigene Darstellung.

Abb. A-38: Inter-Ländervergleich RKL: Faktor III (Design)

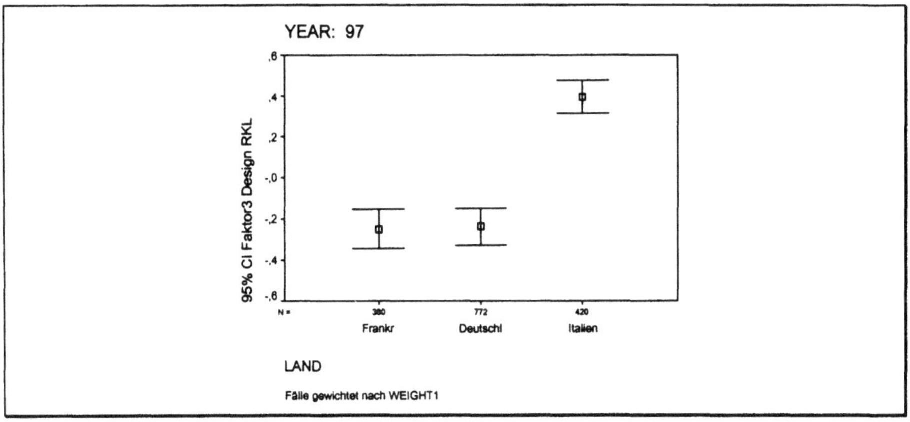

Quelle: Outputfile des Programmsystems SPSS® 9.0.

Auch der Inter-Ländervergleich des Faktors III (Design) des Marke-1-Modells der RKL liefert identische Ergebnisse: In Italien wurde das wahrgenommene Design des betrachteten PKW-Modells mit Abstand am besten beurteilt. Ein statistisch signifikanter Unterschied ist sowohl gegenüber Deutschland (0,63) als auch gegenüber Frankreich (0,65) gegeben. Französische und deutsche Studienteilnehmer haben keine statistisch signifikant unterschiedlichen Beurteilungen abgegeben.

Tab. A-52: Inter-Ländervergleich RKL: Faktor III (Design)

RKL-Design	Land:	D		F		E		I		G	
	Jahr:	1992	1997	1992	1997	1992	1997	1992	1997	1992	1997
Land:	Rang:		2.		3.				1.		
D	Richtung										
	Stärke (FS)										
F	Richtung		=								
	Stärke (FS)										
E	Richtung										
	Stärke (FS)										
I	Richtung		>		>						
	Stärke (FS)		0,63		0,65						
G	Richtung										
	Stärke (FS)										

Quelle: Eigene Darstellung.

Abb. A-39: Inter-Ländervergleich RKL: Faktor IV (Raumangebot)

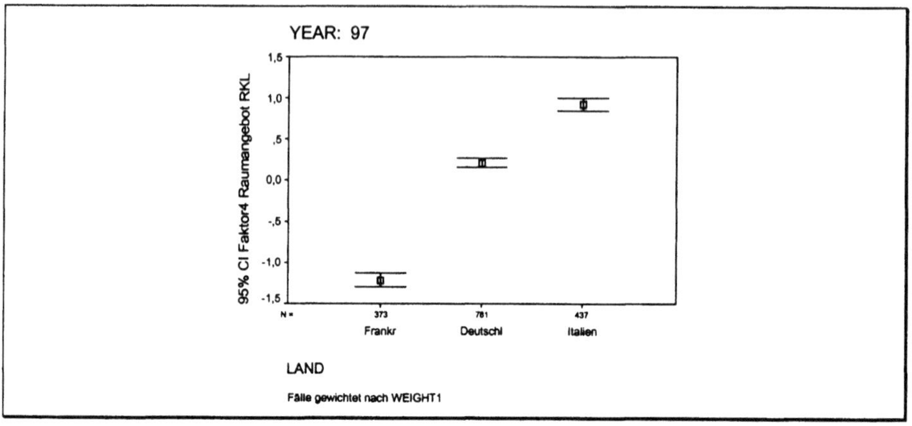

Quelle: Outputfile des Programmsystems SPSS® 9.0.

Ein Inter-Ländervergleich hinsichtlich des wahrgenommenen Raumangebotes des Marke-1-Modells der RKL liefert folgende Ergebnisse: In Italien wurde das Raumangebot des betrachteten PKW-Modells mit Abstand am besten beurteilt. Ein statistisch signifikanter Unterschied ist sowohl gegenüber Deutschland (0,71) als auch gegenüber Frankreich (2,14) gegeben. Während im Rahmen der Mittelwertvergleiche bezüglich des Gesamt-RKL-Images sowie der dem Marke-1-Modell zugeschriebenen Einschätzungen der Faktoren Qualität, Dynamik und Design kein statistisch signifikanter Unterschied zwischen den Ländern Deutschland und Frankreich besteht, ist dies am Beispiel der Beurteilung des Raumangebotes der Fall: Dabei weist Deutschland ein um 1,43 statistisch signifikant höheres Niveau als Frankreich auf.

Tab. A-53: Inter-Ländervergleich RKL: Faktor IV (Raumangebot)

RKL-Raumangebot	Land:	D		F		E		I		G	
	Jahr:	1992	1997	1992	1997	1992	1997	1992	1997	1992	1997
Land:	Rang:		2.		3.				1.		
D	Richtung										
	Stärke (FS)										
F	Richtung		<								
	Stärke (FS)		1,43								
E	Richtung										
	Stärke (FS)										
I	Richtung		>		>						
	Stärke (FS)		0,71		2,14						
G	Richtung										
	Stärke (FS)										

Quelle: Eigene Darstellung.

Abb. A-40: Inter-Ländervergleich RKL: Faktor V (Exklusivität)

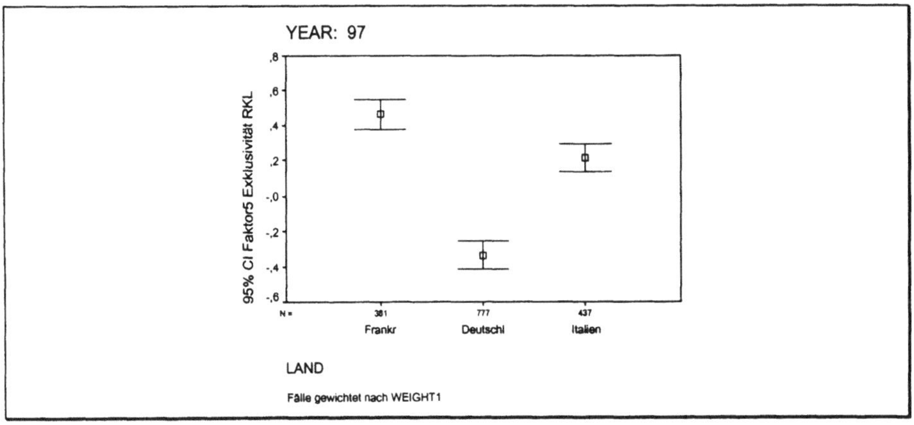

Quelle: Outputfile des Programmsystems SPSS® 9.0.

Im Vergleich zu allen bislang angestellten Varianzanalysen bezüglich des Marke-1-Produktimages der RKL, bei denen Italien den höchsten Stichprobenmittelwert aufweist, wurde die Exklusivität des betrachteten PKW-Modells in Frankreich mit Abstand am besten beurteilt. Ein statistisch signifikanter Unterschied ist gegenüber Italien (0,25) und Deutschland (0,80) feststellbar. Außerdem haben italienische Probanden die Exklusivitäts-Dimension des RKL-Produktes nach der Betragsdifferenz der Faktorwerte um 0,71 besser beurteilt als deutsche Studienteilnehmer.

Tab. A-54: Inter-Ländervergleich RKL: Faktor V (Exklusivität)

RKL-Exklusivität	Land:	D		F		E		I		G	
	Jahr:	1992	1997	1992	1997	1992	1997	1992	1997	1992	1997
Land:	Rang:		3.		1.				2.		
D	Richtung										
	Stärke (FS)										
F	Richtung		>								
	Stärke (FS)		0,80								
E	Richtung										
	Stärke (FS)										
I	Richtung		>		<						
	Stärke (FS)		0,55		0,25						
G	Richtung										
	Stärke (FS)										

Quelle: Eigene Darstellung.

Abb. A-41: Inter-Ländervergleich RKL: Faktor VI (Wiederverkaufswert)

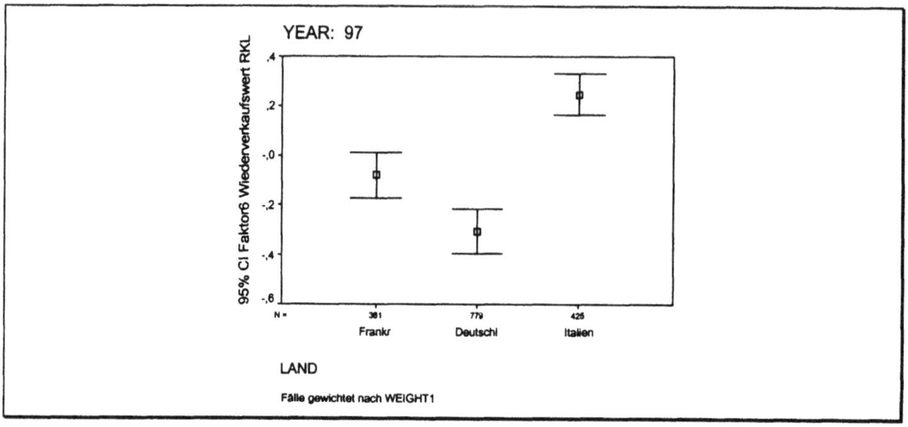

Quelle: Outputfile des Programmsystems SPSS® 9.0.

Der varianzanalytisch durchgeführte Inter-Ländervergleich im Hinblick auf den wahrgenommenen Wiederverkaufswert des Marke-1-Modells der RKL liefert folgende Ergebnisse: In Italien wurde der Wiederverkaufswert des betrachteten PKW-Modells mit Abstand am besten beurteilt. Ein statistisch signifikanter Unterschied ist sowohl gegenüber Frankreich (0,33) als auch gegenüber Deutschland (0,56) gegeben. Während im Rahmen der Mittelwertvergleiche bezüglich des Gesamt-RKL-Images sowie der dem Marke-1-Modell zugeschriebenen Einschätzungen der Faktoren Qualität, Dynamik und Design kein statistisch signifikanter Unterschied zwischen den Ländern Deutschland und Frankreich besteht, ist dies am Beispiel der Beurteilung des Wiederverkaufswertes der Fall: Dabei weist Frankreich ein um 0,23 statistisch signifikant höheres Niveau als Deutschland auf.

Tab. A-55: Inter-Ländervergleich RKL: Faktor VI (Wiederverkaufswert)

RKL-Wiederverkaufswert	Land:	D		F		E		I		G	
	Jahr:	1992	1997	1992	1997	1992	1997	1992	1997	1992	1997
Land:	Rang:		3.		2.				1.		
D	Richtung										
	Stärke (FS)										
F	Richtung		>								
	Stärke (FS)		0,23								
E	Richtung										
	Stärke (FS)										
I	Richtung		>		>						
	Stärke (FS)		0,56		0,33						
G	Richtung										
	Stärke (FS)										

Quelle: Eigene Darstellung.

Tab. A-56: Inter-Ländervergleich des Marke-1-Markenimages

MI	Land:	D		F		E		I		G	
	Jahr:	1992	1997	1992	1997	1992	1997	1992	1997	1992	1997
Land:	Rang:	2.	4.	3.	5.	4.	2.	1.	1.	5.	3.
D	Richtung										
	Stärke (FS)										
F	Richtung	=	=								
	Stärke (FS)										
E	Richtung	<	>	=	<						
	Stärke (FS)	0,18	0,22		0,23						
I	Richtung	>	>	>	>	>	>				
	Stärke (FS)	0,15	0,61	0,24	0,62	0,33	0,39				
G	Richtung	<	=	<	=	<	=	<	<		
	Stärke (FS)	0,43		0,34		0,25		0,58	0,52		

Quelle: Eigene Darstellung.

Abb. A-42: Inter-Ländervergleich des Markenwertes I (Qualität)

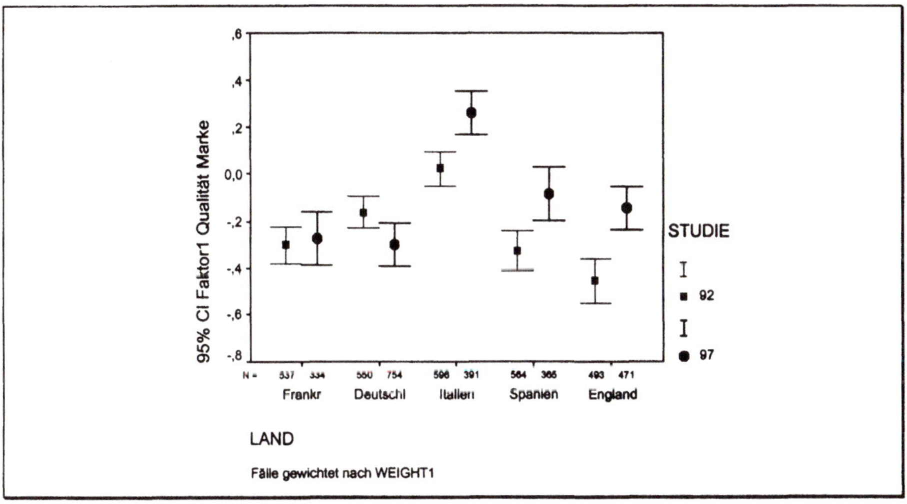

Quelle: Outputfile des Programmsystems SPSS® 9.0.

Die Beurteilung des Markenwertes Qualität fiel **1992** wiederum in Italien mit Abstand am besten aus: Es ergeben sich statistisch signifikante Unterschiede zu sämtlichen anderen Ländern; dabei ist der Abstand zu Großbritannien am größten (0,48). Mit Ausnahme des Ländervergleiches Frankreich/Spanien weisen analog der gesamthaften Markenimage-Analyse auch sämtliche anderen Länderkombinationen statistisch signifikante Unterschiede auf. Im Jahre **1997** weist Italien ein gesteigertes Mittelwertniveau auf und behauptet seine dominante Stellung der Markenimagebewertung im Ländervergleich. Statistisch signifikante Unterschiede ergeben sich zu sämtlichen anderen Ländern; mit einer Betragsdifferenz der gemittelten Faktorwerte von 0,56 ist der Abstand zu Deutschland am größten.

Da die Länderkombinationen Frankreich/Deutschland, Frankreich/Spanien, Deutschland/Großbritannien und Spanien/Großbritannien im zweiten Erhebungszeitraum keine statistisch signifikanten Mittelwertunterschiede aufzeigen, kann im Zeitvergleich auf eine bedeutend „kulturähnlichere“ i.S. einer relativ homogenen Beurteilung des Markenwertes Qualität geschlossen werden. Im Ergebnis stimmen die ermittelten Kulturunterschiede bezüglich der Qualitätsbeurteilung des Markenimages in Existenz und Stärke nahezu identisch mit den Wahrnehmungen der Dachmarke als ganze überein. Auch dies wird dann verständlich, wenn berücksichtigt wird, dass jeweils der erste Faktor überproportional zur faktorenanalytischen Produkt- bzw. Markengesamtdefinition beiträgt.

Tab. A-57: Inter-Ländervergleich des Markenwertes I (Qualität)

MI-Qualität	Land:	D		F		E		I		G	
	Jahr:	1992	1997	1992	1997	1992	1997	1992	1997	1992	1997
Land:	Rang:	2.	5.	3.	4.	4.	2.	1.	1.	5.	3.
D	Richtung										
	Stärke (FS)										
F	Richtung	<	=								
	Stärke (FS)	0,14									
E	Richtung	<	>	=	=						
	Stärke (FS)	0,17	0,22								
I	Richtung	>	>	>	>	>	>				
	Stärke (FS)	0,18	0,56	0,32	0,53	0,35	0,35				
G	Richtung	<	=	<	>	<	=	<	<		
	Stärke (FS)	0,30		0,16	0,13	0,13		0,48	0,41		

Quelle: Eigene Darstellung.

Abb. A-43: Inter-Ländervergleich des Markenwertes II (Dynamik)

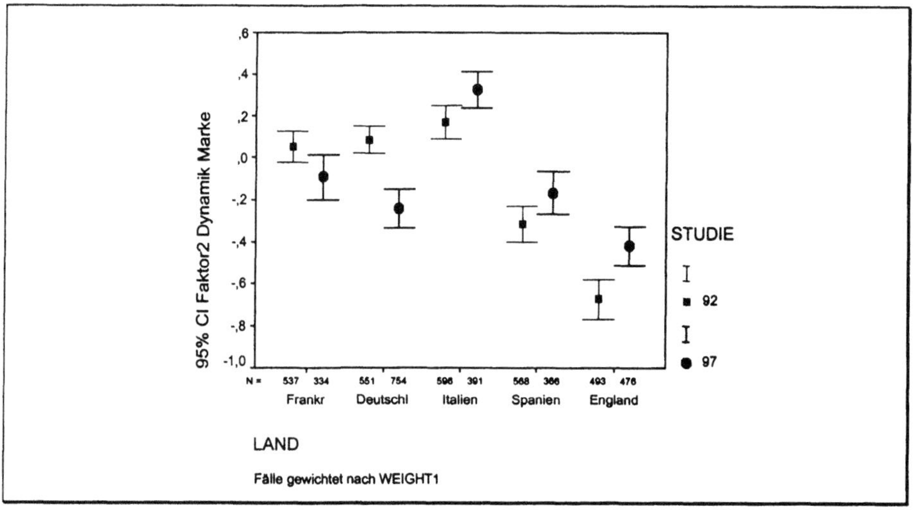

Quelle: Outputfile des Programmsystems SPSS® 9.0.

Die Dynamik der zu untersuchenden Dachmarke wurde im Jahre **1992** in Italien, Deutschland und Frankreich gleichermaßen auf höchstem Niveau bewertet: Zwischen diesen drei Ländern bestehen keine statistisch signifikanten Unterschiede. Sämtliche anderen Mittelwertvergleiche erweisen sich als statistisch signifikant. Die schlechteste Beurteilung bezüglich der Marke-1-Dynamik wurde von englischen Probanden vorgenommen.

1997 zeigt Italien das mit Abstand höchste Mittelwertniveau auf. Statistisch signifikante Unterschiede ergeben sich zu sämtlichen verbleibenden Ländern; mit einer Betragsdifferenz der gemittelten Faktorwerte von 0,75 ist der Abstand zu Großbritannien dabei am größten. Außer den Länderkombinationen Frankreich/Deutschland, Frankreich/Spanien und Deutschland/Spanien zeigen sämtliche Mittelwertvergleiche statistische Signifikanz auf. Damit scheinen sich die länderspezifischen Verbraucherwahrnehmungen bezüglich der Dynamik der Dachmarke tendenziell auseinander bewegt zu haben.

Tab. A-58: Inter-Ländervergleich des Markenwertes II (Dynamik)

MI-Dynamik	Land:	D		F		E		I		G	
	Jahr:	1992	1997	1992	1997	1992	1997	1992	1997	1992	1997
Land:	Rang:	2.	4.	3.	2.	4.	3.	1.	1.	5.	5.
D	Richtung										
	Stärke (FS)										
F	Richtung	=	=								
	Stärke (FS)										
E	Richtung	<	=	<	=						
	Stärke (FS)	0,40		0,37							
I	Richtung	=	>	=	>	>	>				
	Stärke (FS)		0,56		0,41	0,49	0,49				
G	Richtung	<	<	<	<	<	<	<	<		
	Stärke (FS)	0,76	0,18	0,73	0,33	0,36	0,26	0,85	0,75		

Quelle: Eigene Darstellung.

Abb. A-44: Inter-Ländervergleich des Markenwertes III (Design)

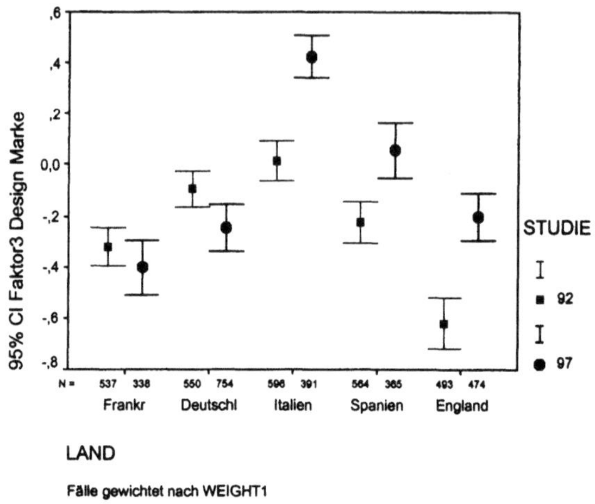

Quelle: Outputfile des Programmsystems SPSS® 9.0.

Die Beurteilung des Markenimages fiel **1992** hinsichtlich des wahrgenommenen Designs gemäß Stichprobenmittelwert in Italien am besten aus: Statistisch signifikante Unterschiede existieren zu Spanien (0,24), Frankreich (0,33) und Großbritannien (0,63). Die Beurteilung in Deutschland ist zwar nach dem Stichprobenmittelwert tendenziell leicht niedriger als in Italien (0,11), weist allerdings keine statistische Signifikanz auf. Sämtliche anderen Länderkombinationen liefern statistisch signifikante Unterschiede in geringerem Ausmaß.

Auch im Jahre **1997** weist Italien das höchste Mittelwertniveau der Markenimagebewertung im Ländervergleich auf. Statistisch signifikante Unterschiede ergeben sich zu sämtlichen anderen Ländern; mit einer Betragsdifferenz der gemittelten Faktorwerte von 0,83 ist der Abstand dabei zu Frankreich am größten. Abgesehen von der varianzanalytischen Gegenüberstellung der Länderstichproben Deutschland und Großbritannien erzielen sämtliche anderen Mittelwertkombinationen statistisch signifikante Ergebnisse.

Zusammenfassend lässt sich eine im Vergleich zu den bislang untersuchten Produktimages und Produktimagedimensionen relativ homogene Beurteilung des Faktors Design über die berücksichtigten fünf Länder und zwei Studienzeiträume feststellen; 1992 hatten sich lediglich zwei, 1997 lediglich eine von jeweils zehn Länderkombinationen als statistisch insignifikant erwiesen.

Tab. A-59: Inter-Ländervergleich des Markenwertes III (Design)

MI-Design	Land:	D		F		E		I		G	
	Jahr:	1992	1997	1992	1997	1992	1997	1992	1997	1992	1997
Land:	Rang:	2.	4.	4.	5.	3.	2.	1.	1.	5.	3.
D	Richtung										
	Stärke (FS)										
F	Richtung	<	<								
	Stärke (FS)	0,23	0,16								
E	Richtung	<	>	=	>						
	Stärke (FS)	0,13	0,30		0,46						
I	Richtung	=	>	>	>	>	>				
	Stärke (FS)		0,67	0,33	0,83	0,24	0,37				
G	Richtung	<	=	<	>	<	<	<	<		
	Stärke (FS)	0,53		0,30	0,20	0,40	0,26	0,63	0,63		

Quelle: Eigene Darstellung.

Abb. A-45: Inter-Ländervergleich des Markenwertes IV (Raumangebot)

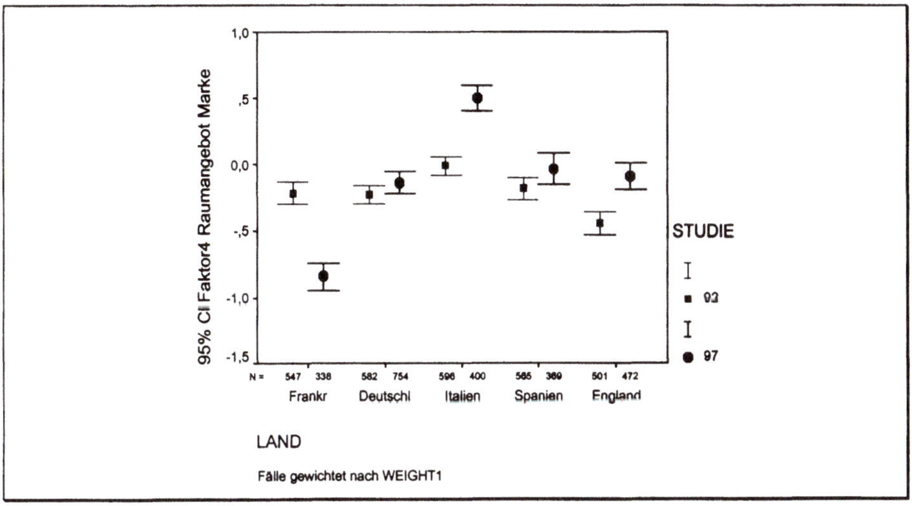

Quelle: Outputfile des Programmsystems SPSS® 9.0.

1992 ergibt sich im Ländervergleich bezüglich des wahrgenommenen Raumangebotes der Dachmarkierung-1 eine Drei-Ebenen-Struktur: In Italien wurde der betrachtete Markenwert mit Abstand am besten bewertet. Statistisch signifikante Unterschiede bestehen zu sämtlichen anderen Ländern; dabei ist der Abstand zu Großbritannien am größten (0,43). Die Länder Frankreich, Deutschland und Spanien liegen statistisch auf einem Niveau. England weist das im Ländervergleich niedrigste Mittelwertniveau auf und unterscheidet sich statistisch signifikant von allen anderen Absatzmärkten. Auch **1997** zeigt sich eine Drei-Gruppen-Teilung der untersuchten Länder: Mit weit überdurchschnittlichem Mittelwertniveau weist Italien statistisch signifikant bessere Einschätzungen der Dimension Raumangebot auf als alle anderen Absatzmärkte. Der Abstand zu Frankreich ist hierbei am eklatantesten (1,34).

Mit einer durchschnittlichen Bewertung finden sich die Länder Deutschland, Spanien und Großbritannien auf statistisch gleichem Niveau. Sowohl gegenüber Italien als auch im Vergleich mit Frankreich zeigen diese drei Länder 1997 statistisch signifikante Unterschiede bezüglich des wahrgenommenen Raumangebotes auf.

Tab. A-60: Inter-Ländervergleich des Markenwertes IV (Raumangebot)

MI-Raumangebot	Land:	D		F		E		I		G	
	Jahr:	1992	1997	1992	1997	1992	1997	1992	1997	1992	1997
Land:	Rang:	4.	4.	3.	5.	2.	2.	1.	1.	5.	3.
D	Richtung										
	Stärke (FS)										
F	Richtung	=	<								
	Stärke (FS)		0,70								
E	Richtung	=	=	=	>						
	Stärke (FS)				0,81						
I	Richtung	>	>	>	>	>	>				
	Stärke (FS)	0,22	0,64	0,20	1,34	0,17	0,53				
G	Richtung	<	=	<	>	<	=	<	<		
	Stärke (FS)	0,21		0,22	0,75	0,26		0,43	0,59		

Quelle: Eigene Darstellung.

Abb. A-46: Inter-Ländervergleich des Markenwertes V (Exklusivität)

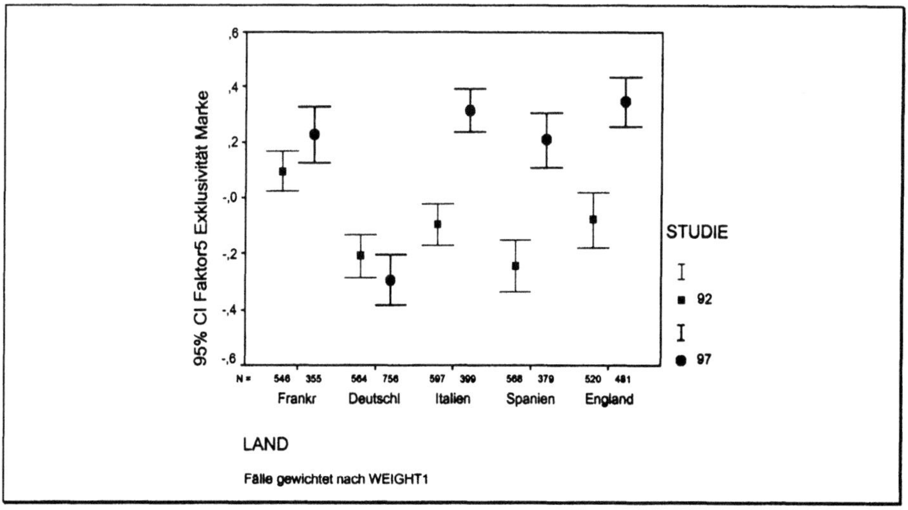

Quelle: Outputfile des Programmsystems SPSS® 9.0.

Bei der Einschätzung der Exklusivität der Dachmarke-1 zeigt sich **1992** das höchste Mittelwertniveau bei den Franzosen. Zu sämtlichen Ländern bestehen signifikante Unterschiede; der Abstand zu Spanien ist dabei am größten (0,34). Statistisch gleiche Ergebnisse stellen sich in den Mittelwertvergleichen Deutschland/Italien, Deutschland/Spanien, Deutschland/Großbritannien und Italien/Großbritannien heraus. Damit liegen Deutschland, Italien und England auf statistisch gleicher Mittelwerthöhe. Die Länderkombinationen Italien/Spanien und Spanien/Großbritannien liefern kulturelle Unterschiede in Form statistischer Signifikanzen in Höhe von 0,15 bzw. 0,17.

Im Jahr **1997** haben sich mit nur zwei Ausnahmen sämtliche statistische Signifikanzen des ersten Erhebungsintervalls in Insignifikanzen transformiert und umgekehrt: Im Ergebnis liegen die Länder Frankreich, Italien, Spanien und Großbritannien auf weit überdurchschnittlichem, statistisch gleichem Mittelwertniveau. Die Beurteilung der Markenexklusivität hat sich im Zeitraum von 1992 bis 1997 in diesen Ländern nicht nur verbessert, die Verbraucherwahrnehmungen dieser Absatzmärkte haben sich auch weitgehend angeglichen. Mit einer unterdurchschnittlichen Bewertung der Marke-1-Exklusivität findet sich Deutschland auf dem untersten Rangplatz der varianzanalytischen Mittelwertvergleiche.

Tab. A-61: Inter-Ländervergleich des Markenwertes V (Exklusivität)

MI-Exklusivität	Land:	D		F		E		I		G	
	Jahr:	1992	1997	1992	1997	1992	1997	1992	1997	1992	1997
Land:	Rang:	4.	5.	1.	3.	5.	4.	3.	2.	2.	1.
D	Richtung										
	Stärke (FS)										
F	Richtung	>	>								
	Stärke (FS)	0,30	0,52								
E	Richtung	=	>	<	=						
	Stärke (FS)		0,50	0,34							
I	Richtung	=	>	<	=	>	=				
	Stärke (FS)		0,61	0,19		0,15					
G	Richtung	=	>	<	=	>	=	=	=		
	Stärke (FS)		0,64	0,17		0,17					

Quelle: Eigene Darstellung.

Abb. A-47: Inter-Ländervergleich des Markenwertes VI (Wiederverkaufswert)

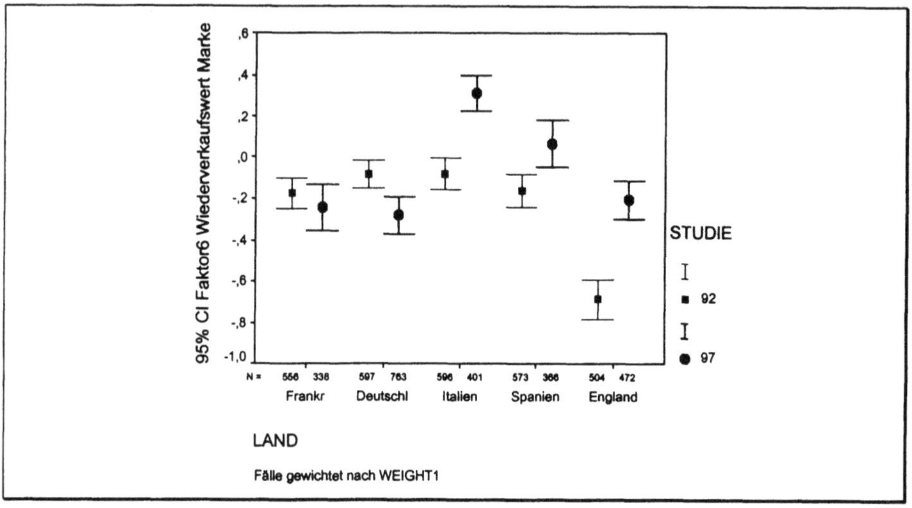

Quelle: Outputfile des Programmsystems SPSS® 9.0.

Der Wiederverkaufswert der zu untersuchenden Dachmarke-1 wurde von deutschen und italienischen Befragten **1992** nach dem Stichprobenmittelwert im Ländervergleich identisch und am besten beurteilt. Auf die Frage nach statistischer Signifikanz der angestellten Varianzanalysen allerdings ergeben sich für den betrachteten Erhebungszeitraum für sämtliche Mittelwertvergleiche der Länder Deutschland, Italien, Frankreich und Spanien vergleichbare Ergebnisse; lediglich Großbritannien weist statistisch signifikante Unterschiede zu sämtlichen anderen Ländern auf. Abgesehen von den Einschätzungen englischer Probanden ergibt sich damit ein vergleichsweise einheitliches Bild der Markenimagebewertung in Hinblick auf den Wiederverkaufswert: Sechs von zehn kombinatorisch möglichen Mittelwertvergleichen liefern keine statistisch signifikanten Unterschiede und deuten auf eine kulturunabhängige Bewertung des Wiederverkaufswertes der Dachmarke hin.

1997 zeigt Italien das mit Abstand höchste Mittelwertniveau auf. Es ergeben sich statistisch signifikante Unterschiede zu sämtlichen anderen Ländern. Auf geringfügig niedrigerem Niveau findet sich Spanien, das auch zu sämtlichen verbleibenden Absatzmärkten statistisch signifikante Differenzen aufweist. Die Länder Frankreich, Deutschland und Großbritannien liefern im Ergebnis keine statistisch signifikant unterschiedlichen Beurteilungswerte der Dimension Wiederverkaufswert der untersuchten Dachmarke.

Tab. A-62: Inter-Ländervergleich des Markenwertes VI (Wiederverkaufswert)

MI-Wiederverkaufswert	Land:	D		F		E		I		G	
	Jahr:	1992	1997	1992	1997	1992	1997	1992	1997	1992	1997
Land:	Rang:	2.	5.	4.	4.	3.	2.	1.	1.	5.	3.
D	Richtung										
	Stärke (FS)										
F	Richtung	=	=								
	Stärke (FS)										
E	Richtung	=	>	=	>						
	Stärke (FS)		0,35		0,31						
I	Richtung	=	>	=	>	=	>				
	Stärke (FS)		0,59		0,55		0,24				
G	Richtung	<	=	<	=	<	<	<	<		
	Stärke (FS)	0,08		0,04		0,52	0,27	0,61	0,52		

Quelle: Eigene Darstellung.

Tab. A-63: Inter-Ländervergleich des Marke-1-Unternehmensimages

UI	Land:	D		F		E		I		G	
	Jahr:	1992	1997	1992	1997	1992	1997	1992	1997	1992	1997
Land:	Rang:	1.	4.	5.	5.	2.	1.	3.	2.	4.	3.
D	Richtung										
	Stärke (%)										
F	Richtung	<	<								
	Stärke (%)	16,10	8,80								
E	Richtung	=	>	>	>						
	Stärke (%)		6,11	15,80	15,45						
I	Richtung	<	>	>	>	<	=				
	Stärke (%)	4,35	4,17	11,25	13,34	4,08					
G	Richtung	<	=	=	>	<	<	<	=		
	Stärke (%)	12,00			11,32	11,72	3,71	7,34			

Quelle: Eigene Darstellung.

Tab. A-64: Kausalanalytische Schätzergebnisse PM I 1992

Variablenbeziehungen	D	E	F	G	I
ui <------------ mi	0,682	0,879	*	0,443	0,888
mi <------------ ui	0,345	0,466	0,189	0,253	0,592

Quelle: Eigene Darstellung.

Tab. A-65: Kausalanalytische Schätzergebnisse PM I 1997

Variablenbeziehungen	D	E	F	G	I
ui <------------ mi	0,827	0,680	0,561	0,887	0,788
mi <------------ ui	0,358	0,453	0,379	0,296	0,379

Quelle: Eigene Darstellung.

Tab. A-66: Kausalanalytische Schätzergebnisse PM II 1992

Variablenbeziehungen	D	E	F	G	I
ui <----------- f1	*	-0,481	-0,328	-0,516	-0,179
f1 <----------- ui	0,983	1,173	1,071	1,185	0,985
ui <----------- f2	0,464	0,481	0,434	0,466	0,485
f2 <----------- ui	0,448	0,765	0,625	0,702	0,409
ui <----------- f3	*	0,184	0,177	*	*
f3 <----------- ui	0,932	0,926	0,885	0,920	0,876
ui <----------- f4	0,349	0,312	0,371	0,454	0,393
f4 <----------- ui	0,718	0,819	0,694	0,753	0,641
ui <----------- f5	0,168	0,295	0,203	0,246	0,176
f5 <----------- ui	0,639	0,697	0,575	0,700	0,518
ui <----------- f6	0,246	0,254	0,230	0,236	0,225
f6 <----------- ui	0,783	0,797	0,774	0,776	0,756

Quelle: Eigene Darstellung.

Tab. A-67: Kausalanalytische Schätzergebnisse PM II 1997

Variablenbeziehungen	D	E	F	G	I
ui <----------- f1	-0,274	*	0,769	-0,132	-0,444
f1 <----------- ui	1,035	0,962	0,645	0,987	1,105
ui <----------- f2	0,772	0,534	-0,33	0,628	0,739
f2 <----------- ui	0,771	*	1,039	0,452	0,623
ui <----------- f3	*	*	0,445	-0,233	0,169
f3 <----------- ui	0,989	0,965	0,86	1,005	0,948
ui <----------- f4	0,257	0,2	-0,104	0,288	0,237
f4 <----------- ui	0,684	0,672	0,81	0,802	0,578
ui <----------- f5	0,078	-0,014	0,164	0,117	0,13
f5 <----------- ui	0,824	0,738	0,691	0,732	0,791
ui <----------- f6	0,286	0,303	*	0,411	0,253
f6 <----------- ui	0,899	0,829	0,89	0,808	0,825

Quelle: Eigene Darstellung.

Tab. A-68: Kausalanalytische Schätzergebnisse PM III 1992

Variablenbeziehungen	D	E	F	G	I
ui <----------- pi_kkl	0,473	0,538	0,452	0,445	0,567
pi_kkl <----------- ui	0,497	0,486	0,504	0,475	0,481
ui <----------- pi_mkl	0,562	0,493	0,595	0,596	0,467
pi_mkl <----------- ui	0,987	0,981	0,985	0,987	0,976
ui <----------- pi_gkl	-0,033	-0,029	-0,045	-0,039	-0,031
pi_gkl <----------- ui	0,995	0,996	0,995	0,996	0,994

Quelle: Eigene Darstellung.

Tab. A-69: Kausalanalytische Schätzergebnisse PM III 1997

Variablenbeziehungen	D	E	F	G	I
ui <------------ pi ukl	0,394	0,571	0,572	-0,005	0,345
pi ukl <------------ ui	0,935	0,987	0,493	0,995	0,932
ui <------------ pi kkl	0,339	0,463	0,470	0,020	0,298
pi kkl <------------ ui	0,956	0,505	0,985	0,993	0,937
ui <------------ pi mkl	0,266	-0,032	-0,050	0,433	0,354
pi mkl <------------ ui	0,963	0,995	0,994	0,989	0,939
ui <------------ pi gkl	-0,010			0,554	-0,011
pi gkl <------------ ui	0,998			0,494	0,997
ui <------------ pi rkl	0,011		0,010		0,010
pi rkl <------------ ui	0,984		0,980		0,966

Quelle: Eigene Darstellung.

Tab. A-70: Kausalanalytische Schätzergebnisse PM IV 1992

Variablenbeziehungen	D	E	F	G	I
ui <------------ f1 kkl	0,489	0,476	0,642	0,478	0,470
f1 kkl <------------ ui	0,899	0,906	0,763	0,912	0,891
ui <------------ f2 kkl	0,248	0,268	0,329	0,223	0,215
f2 kkl <------------ ui	0,659	0,723	0,367	0,672	0,554
ui <------------ f3 kkl	0,124	0,151	0,186	0,104	0,156
f3 kkl <------------ ui	0,686	0,696	0,615	0,804	0,571
ui <------------ f4 kkl	0,065	0,047	0,084	0,055	0,067
f4 kkl <------------ ui	0,599	0,683	0,489	0,678	0,488
ui <------------ f5 kkl	0,030	*	0,068	*	0,026
f5 kkl <------------ ui	0,410	0,659	0,275	0,612	0,346
ui <------------ f6 kkl	0,043	0,033	*	0,029	0,048
f6 kkl <------------ ui	0,598	0,586	0,586	0,591	0,504
ui <------------ f1 mkl	0,532	0,480	*	0,464	0,514
f1 mkl <------------ ui	0,925	0,924	0,955	0,920	0,894
ui <------------ f2 mkl	0,199	0,251	*	0,185	0,210
f2 mkl <------------ ui	0,742	0,759	0,854	0,736	0,595
ui <------------ f3 mkl	0,091	0,155	*	0,106	0,119
f3 mkl <------------ ui	0,785	0,818	0,852	0,776	0,605
ui <------------ f4 mkl	0,058	0,037	*	0,055	0,031
f4 mkl <------------ ui	0,669	0,786	0,748	0,799	0,690
ui <------------ f5 mkl	0,039	0,023	0,017	0,032	0,036
f5 mkl <------------ ui	0,529	0,714	0,541	0,646	0,458
ui <------------ f6 mkl	0,024	0,027	*	*	0,016
f6 mkl <------------ ui	0,665	0,682	0,722	0,696	0,623
ui <------------ f1 gkl	-0,344	-0,121	*	-0,290	*
f1 gkl <------------ ui	1,021	0,997	0,981	1,020	0,992
ui <------------ f2 gkl	-0,309	-0,403	-0,148	-0,263	-0,325
f2 gkl <------------ ui	1,204	1,144	0,977	1,145	1,142
ui <------------ f3 gkl	-0,135	-0,372	*	-0,185	-0,245
f3 gkl <------------ ui	0,977	1,066	0,948	1,043	1,045
ui <------------ f4 gkl	*	0,095	*	0,070	*
f4 gkl <------------ ui	0,872	0,896	0,866	0,897	0,844
ui <------------ f5 gkl	*	-0,054	*	*	-0,037
f5 gkl <------------ ui	0,793	0,886	0,816	0,786	0,658
ui <------------ f6 gkl	-0,060	*	*	-0,019	-0,040
f6 gkl <------------ ui	0,842	0,829	0,671	0,760	0,760

Quelle: Eigene Darstellung.

Tab. A-71: Kausalanalytische Schätzergebnisse PM IV 1997

Variablenbeziehungen	D	E	F	G	I
ui <----------- f1 kkl	0,286	0,409	0,104	0,132	0,261
f1 kkl <----------- ui	0,952	0,931	0,957	0,965	0,936
ui <----------- f2 kkl	0,084	0,092	-0,027	0,036	0,115
f2 kkl <----------- ui	0,882	0,774	0,91	0,838	0,787
ui <----------- f3 kkl	0,016	0,121	-0,023	*	0,106
f3 kkl <----------- ui	0,901	0,854	0,848	0,865	0,772
ui <----------- f4 kkl	0,028	0,048	0,031	*	0,052
f4 kkl <----------- ui	0,703	0,643	0,531	0,807	0,616
ui <----------- f5 kkl	0,033	0,053	0,046	*	0,025
f5 kkl <----------- ui	0,524	0,202	0,494	0,575	0,389
ui <----------- f6 kkl	0,011	*	-0,041	0,043	-0,025
f6 kkl <----------- ui	0,822	0,67	0,746	0,648	0,628
ui <----------- f1 mkl	0,187	-0,383	-0,408	0,3	0,228
f1 mkl <----------- ui	0,965	1,036	1,04	0,938	0,949
ui <----------- f2 mkl	0,05	-0,27	-0,23	0,087	0,066
f2 mkl <----------- ui	0,913	1,138	1,038	0,854	0,816
ui <----------- f3 mkl	-0,006	-0,125	-0,113	0,028	0,075
f3 mkl <----------- ui	0,917	0,988	0,973	0,867	0,833
ui <----------- f4 mkl	0,014	-0,045	-0,033	0,019	0,044
f4 mkl <----------- ui	0,803	0,848	0,735	0,791	0,598
ui <----------- f5 mkl	0,025	-0,05	*	0,016	0,024
f5 mkl <----------- ui	0,577	0,851	0,69	0,508	0,545
ui <----------- f6 mkl	-0,011	*	*	0,046	-0,029
f6 mkl <----------- ui	0,813	0,856	0,833	0,703	0,675
ui <----------- f1 gkl	-0,514			0,563	-0,493
f1 gkl <----------- ui	1,076			0,914	1,033
ui <----------- f2 gkl	-0,224			0,283	-0,454
f2 gkl <----------- ui	1,055			0,738	1,206
ui <----------- f3 gkl	-0,194			0,188	-0,312
f3 gkl <----------- ui	1,04			0,723	1,046
ui <----------- f4 gkl	-0,029			0,051	-0,008
f4 gkl <----------- ui	0,956			0,786	0,941
ui <----------- f5 gkl	*			0,055	-0,033
f5 gkl <----------- ui	0,829			0,66	0,855
ui <----------- f6 gkl	-0,027			0,076	-0,085
f6 gkl <----------- ui	0,833			0,563	0,844
ui <----------- f1 ukl	0,454	0,687	0,731	-0,417	0,631
f1 ukl <----------- ui	0,926	0,892	0,888	1,05	0,891
ui <----------- f2 ukl	0,188	0,254	0,298	-0,196	0,29
f2 ukl <----------- ui	0,854	0,737	0,783	1,046	0,876
ui <----------- f3 ukl	0,083	0,151	0,167	-0,166	0,2
f3 ukl <----------- ui	0,858	0,781	0,692	1,036	0,766
ui <----------- f4 ukl	0,02	0,068	0,116	-0,031	0,065
f4 ukl <----------- ui	0,776	0,539	0,262	0,846	0,558
ui <----------- f5 ukl	0,04	0,057	0,07	-0,024	0,037
f5 ukl <----------- ui	0,548	0,367	0,322	0,664	0,472
ui <----------- f6 ukl	0,025	0,03	0,019	*	0,031
f6 ukl <----------- ui	0,739	0,734	0,616	0,775	0,683
ui <----------- f1 rkl	0,321		0,347		0,247
f1 rkl <----------- ui	0,905		0,898		0,883
ui <----------- f2 rkl	0,026		0,03		*
f2 rkl <----------- ui	0,952		0,92		0,911
ui <----------- f3 rkl	0,048		0,016		*
f3 rkl <----------- ui	0,892		0,797		0,855
ui <----------- f4 rkl	0,055		-0,023		0,033
f4 rkl <----------- ui	*		0,272		0,108
ui <----------- f5 rkl	0,063		0,049		0,044
f5 rkl <----------- ui	0,669		0,492		0,49
ui <----------- f6 rkl	0,061		*		0,015
f6 rkl <----------- ui	0,787		0,744		0,615

Quelle: Eigene Darstellung.

Tab. A-72: Validitäts- und Stabilitätsbeurteilung der Partialmodelle I bis IV

Partialmodell	Studie	Land	AGFI	SMC	Stability Index
PM I	1992	D	1,000	0,198	0,235
		E	1,000	0,108	0,409
		F	1,000	0,102	0,034
		G	1,000	0,079	0,112
		I	1,000	0,215	0,526
	1997	D	1,000	0,220	0,280
		E	1,000	0,220	0,309
		F	1,000	0,208	0,207
		G	1,000	0,201	0,277
		I	1,000	0,217	0,287
PM II	1992	D	1,000	0,148	0,628
		E	1,000	0,077	0,638
		F	1,000	0,052	0,628
		G	1,000	0,024	0,582
		I	1,000	0,167	0,555
	1997	D	1,000	0,180	0,730
		E	1,000	0,196	0,476
		F	1,000	0,134	0,621
		G	1,000	0,179	0,567
		I	1,000	0,162	0,577
PM III	1992	D	1,000	0,219	0,757
		E	1,000	0,238	0,717
		F	1,000	0,121	0,768
		G	1,000	0,281	0,761
		I	1,000	0,147	0,698
	1997	D	1,000	0,308	0,949
		E	1,000	0,311	0,765
		F	1,000	0,238	0,705
		G	1,000	0,380	0,717
		I	1,000	0,203	0,933
PM IV	1992	D	1,000	0,127	0,661
		E	1,000	0,090	0,668
		F	1,000	0,010	0,629
		G	1,000	0,033	0,718
		I	1,000	0,194	0,616
	1997	D	1,000	0,191	0,764
		E	1,000	0,178	0,700
		F	1,000	0,136	0,692
		G	1,000	0,200	0,743
		I	1,000	0,180	0,591

Quelle: Eigene Darstellung.

Tab. A-73: Interpretation und totale Effekte PM I 1992

Variablenbeziehungen	D	E	F	G	I
ui <----------- mi	0,892	1,489	*	0,499	1,872
mi <----------- ui	0,451	0,789	0,189	0,285	1,248
net effect MI	**1,98**	**1,89**		**1,75**	**1,50**

Quelle: Eigene Darstellung.

Tab. A-74: Interpretation und totale Effekte PM I 1997

Variablenbeziehungen	D	E	F	G	I
ui <----------- mi	1,175	0,983	0,712	1,203	1,124
mi <----------- ui	0,509	0,655	0,481	0,401	0,540
net effect MI	**2,31**	**1,50**	**1,48**	**3,00**	**2,08**

Quelle: Eigene Darstellung.

Tab. A-75: Interpretation und totale Effekte PM II 1992

Variablenbeziehungen	D	E	F	G	I
ui <----------- f1	*	-0,308	-0,243	-0,320	-0,152
f1 <----------- ui	0,983	0,750	0,793	0,735	0,837
net effect F1		**-0,41**	**-0,31**	**-0,44**	**-0,18**
ui <----------- f2	0,586	0,761	0,596	0,693	0,605
f2 <----------- ui	0,566	1,210	0,858	1,043	0,510
net effect F2	**1,04**	**0,63**	**0,69**	**0,66**	**1,19**
ui <----------- f3	*	0,222	0,210	*	*
f3 <----------- ui	0,932	1,116	1,049	0,920	0,876
net effect F3		**0,20**	**0,20**		
ui <----------- f4	0,466	0,419	0,500	0,690	0,525
f4 <----------- ui	0,958	1,100	0,935	1,144	0,857
net effect F4	**0,49**	**0,38**	**0,53**	**0,60**	**0,61**
ui <----------- f5	0,188	0,371	0,230	0,297	0,194
f5 <----------- ui	0,716	0,877	0,651	0,846	0,570
net effect F5	**0,26**	**0,42**	**0,35**	**0,35**	**0,34**
ui <----------- f6	0,305	0,318	0,280	0,289	0,271
f6 <----------- ui	0,970	0,999	0,942	0,950	0,911
net effect F6	**0,31**	**0,32**	**0,30**	**0,30**	**0,30**

Quelle: Eigene Darstellung.

Tab. A-76: Interpretation und totale Effekte PM II 1997

Variablenbeziehungen	D	E	F	G	I
ui <----------- f1	-0,213	*	1,526	-0,117	-0,298
f1 <----------- ui	0,806	0,962	1,280	0,873	0,741
net effect F1	**-0,26**		**1,19**	**-0,13**	**-0,40**
ui <----------- f2	1,907	0,534	-0,246	0,877	1,370
f2 <----------- ui	1,905	*	0,774	0,631	1,155
net effect F2	**1,00**		**-0,32**	**1,39**	**1,19**
ui <----------- f3	*	*	0,721	-0,189	0,201
f3 <----------- ui	0,989	0,965	1,393	0,814	1,129
net effect F3			**0,52**	**-0,23**	**0,18**
ui <----------- f4	0,312	0,231	-0,096	0,375	0,275
f4 <----------- ui	0,830	0,776	0,747	1,043	0,670
net effect F4	**0,38**	**0,30**	**-0,13**	**0,36**	**0,41**
ui <----------- f5	0,083	-0,014	0,185	0,128	0,145
f5 <----------- ui	0,881	0,730	0,779	0,801	0,882
net effect F5	**0,09**	**-0,02**	**0,24**	**0,16**	**0,16**
ui <----------- f6	0,385	0,405	*	0,615	0,320
f6 <----------- ui	1,210	1,107	0,89	1,210	1,043
net effect F6	**0,32**	**0,37**		**0,51**	**0,31**

Quelle: Eigene Darstellung.

Tab. A-77: Interpretation und totale Effekte PM III 1992

Variablenbeziehungen	D	E	F	G	I
ui <----------- pi_kkl	0,618	0,728	0,585	0,564	0,780
pi_kkl <----------- ui	0,650	0,658	0,653	0,602	0,661
net effect PI KKL	**0,95**	**1,11**	**0,90**	**0,94**	**1,18**
ui <----------- pi_mkl	1,262	0,955	1,437	1,447	0,858
pi_mkl <----------- ui	2,216	1,900	2,380	2,397	1,793
net effect PI MKL	**0,57**	**0,50**	**0,60**	**0,60**	**0,48**
ui <----------- pi_gkl	-0,032	-0,028	-0,043	-0,038	-0,030
pi_gkl <----------- ui	0,963	0,968	0,952	0,959	0,964
net effect PI GKL	**-0,03**	**-0,03**	**-0,05**	**-0,04**	**-0,03**

Quelle: Eigene Darstellung.

Tab. A-78: Interpretation und totale Effekte PM III 1997

Variablenbeziehungen	D	E	F	G	I
ui <----------- pi_ukl	0,624	1,308	0,797	-0,005	0,509
pi_ukl <----------- ui	1,480	2,262	0,687	0,990	1,374
net effect PI UKL	**0,42**	**0,58**	**1,16**	**-0,01**	**0,37**
ui <----------- pi_kkl	0,502	0,604	0,875	0,020	0,413
pi_kkl <----------- ui	1,414	0,659	1,834	1,013	1,300
net effect PI KKL	**0,35**	**0,92**	**0,48**	**0,02**	**0,32**
ui <----------- pi_mkl	0,358	-0,031	-0,048	0,757	0,530
pi_mkl <----------- ui	1,295	0,964	0,947	1,730	1,407
net effect PI MKL	**0,28**	**-0,03**	**-0,05**	**0,44**	**0,38**
ui <----------- pi_gkl	-0,010			0,763	-0,011
pi_gkl <----------- ui	0,000			0,680	0,986
net effect PI GKL	**-0,01**			**1,12**	**-0,01**
ui <----------- pi_rkl	0,011		0,010		0,010
pi_rkl <----------- ui	0,995		0,990		0,975
net effect PI RKL	**0,01**		**0,01**		**0,01**

Quelle: Eigene Darstellung.

Tab. A-79: Interpretation und totale Effekte PM IV 1992

Variablenbeziehungen	D	E	F	G	I
ui <----------- f1_kkl	0,873	0,837	1,258	0,847	0,809
f1_kkl <----------- ui	1,604	1,593	1,496	1,617	1,533
net effect f1_KKL	**0,54**	**0,53**	**0,84**	**0,52**	**0,53**
ui <----------- f2_kkl	0,296	0,332	0,374	0,262	0,244
f2_kkl <----------- ui	0,788	0,897	0,417	0,790	0,629
net effect f2_KKL	**0,38**	**0,37**	**0,90**	**0,33**	**0,39**
ui <----------- f3_kkl	0,136	0,169	0,210	0,113	0,171
f3_kkl <----------- ui	0,750	0,778	0,694	0,877	0,627
net effect f3_KKL	**0,18**	**0,22**	**0,30**	**0,13**	**0,27**
ui <----------- f4_kkl	0,068	0,049	0,088	0,057	0,069
f4_kkl <----------- ui	0,623	0,706	0,510	0,704	0,504
net effect f4_KKL	**0,11**	**0,07**	**0,17**	**0,08**	**0,14**
ui <----------- f5_kkl	0,030	*	0,069	*	0,026
f5_kkl <----------- ui	0,415	0,659	0,280	0,612	0,349
net effect f5_KKL	**0,07**		**0,25**		**0,08**
ui <----------- f6_kkl	0,044	0,034	*	0,030	0,049
f6_kkl <----------- ui	0,614	0,598	0,586	0,601	0,516
net effect f6_KKL	**0,07**	**0,06**		**0,05**	**0,10**
ui <----------- f1_mkl	1,047	0,863	*	0,810	0,951
f1_mkl <----------- ui	1,821	1,660	0,955	1,605	1,654
net effect f1_MKL	**0,58**	**0,52**		**0,50**	**0,57**
ui <----------- f2_mkl	0,233	0,310	*	0,214	0,240
f2_mkl <----------- ui	0,871	0,938	0,854	0,852	0,680
net effect f2_MKL	**0,27**	**0,33**		**0,25**	**0,35**
ui <----------- f3_mkl	0,098	0,178	*	0,116	0,128
f3_mkl <----------- ui	0,845	0,937	0,852	0,846	0,652
net effect f3_MKL	**0,12**	**0,19**		**0,14**	**0,20**
ui <----------- f4_mkl	0,060	0,038	*	0,058	0,032
f4_mkl <----------- ui	0,696	0,810	0,748	0,836	0,705
net effect f4_MKL	**0,09**	**0,05**		**0,07**	**0,04**
ui <----------- f5_mkl	0,040	0,023	0,017	0,033	0,037
f5_mkl <----------- ui	0,540	0,726	0,546	0,660	0,466
net effect f5_MKL	**0,07**	**0,03**	**0,03**	**0,05**	**0,08**
ui <----------- f6_mkl	0,024	0,028	*	*	0,016
f6_mkl <----------- ui	0,676	0,695	0,722	0,696	0,629
net effect f6_MKL	**0,04**	**0,04**			**0,03**
ui <----------- f1_gkl	-0,255	-0,108	*	-0,224	*
f1_gkl <----------- ui	0,756	0,890	0,981	0,787	0,992
net effect f1_GKL	**-0,34**	**-0,12**		**-0,28**	
ui <----------- f2_gkl	-0,225	-0,276	-0,129	-0,202	-0,237
f2_gkl <----------- ui	0,878	0,783	0,854	0,880	0,833
net effect f2_GKL	**-0,26**	**-0,35**	**-0,15**	**-0,23**	**-0,28**
ui <----------- f3_gkl	-0,119	-0,266	*	-0,155	-0,195
f3_gkl <----------- ui	0,863	0,763	0,948	0,874	0,832
net effect f3_GKL	**-0,14**	**-0,35**		**-0,18**	**-0,23**
ui <----------- f4_gkl	*	0,104	*	0,075	*
f4_gkl <----------- ui	0,872	0,979	0,866	0,957	0,844
net effect f4_GKL		**0,11**		**0,08**	
ui <----------- f5_gkl	*	-0,052	*	*	-0,036
f5_gkl <----------- ui	0,793	0,846	0,816	0,786	0,642
net effect f5_GKL		**-0,06**			**-0,06**
ui <----------- f6_gkl	-0,057	*	*	-0,019	-0,039
f6_gkl <----------- ui	0,802	0,829	0,671	0,749	0,738
net effect f6_GKL	**-0,07**			**-0,03**	**-0,05**

Quelle: Eigene Darstellung.

Tab. A-80: Interpretation und totale Effekte PM IV 1997 (KKL, MKL, GKL)

Variablenbeziehungen	D	E	F	G	I
ui <------------ f1 kkl	0,393	0,661	0,115	0,151	0,345
f1 kkl <------------ ui	1,308	1,504	1,063	1,106	1,239
net effect f1 KKL	**0,30**	**0,44**	**0,11**	**0,14**	**0,28**
ui <------------ f2 kkl	0,091	0,099	-0,026	0,037	0,126
f2 kkl <------------ ui	0,953	0,833	0,888	0,864	0,865
net effect f2 KKL	**0,10**	**0,12**	**-0,03**	**0,04**	**0,15**
ui <------------ f3 kkl	0,016	0,135	-0,023	*	0,115
f3 kkl <------------ ui	0,914	0,952	0,832	0,865	0,841
net effect f3 KKL	**0,02**	**0,14**	**-0,03**		**0,14**
ui <------------ f4 kkl	0,029	0,050	0,032	*	0,054
f4 kkl <------------ ui	0,717	0,663	0,540	0,807	0,636
net effect f4 KKL	**0,04**	**0,07**	**0,06**		**0,08**
ui <------------ f5 kkl	0,034	0,054	0,047	*	0,025
f5 kkl <------------ ui	0,533	0,204	0,505	0,575	0,393
net effect f5 KKL	**0,06**	**0,26**	**0,09**		**0,06**
ui <------------ f6 kkl	0,011	*	-0,040	0,044	-0,025
f6 kkl <------------ ui	0,830	0,67	0,724	0,667	0,618
net effect f6 KKL	**0,01**		**-0,05**	**0,07**	**-0,04**
ui <------------ f1 mkl	0,228	-0,274	-0,286	0,417	0,291
f1 mkl <------------ ui	1,177	0,742	0,730	1,305	1,211
net effect f1 MKL	**0,19**	**-0,37**	**-0,39**	**0,32**	**0,24**
ui <------------ f2 mkl	0,052	-0,207	-0,186	0,094	0,070
f2 mkl <------------ ui	0,957	0,871	0,838	0,923	0,862
net effect f2 MKL	**0,05**	**-0,24**	**-0,22**	**0,10**	**0,08**
ui <------------ f3 mkl	-0,006	-0,111	-0,102	0,029	0,080
f3 mkl <------------ ui	0,912	0,879	0,877	0,889	0,889
net effect f3 MKL	**-0,01**	**-0,13**	**-0,12**	**0,03**	**0,09**
ui <------------ f4 mkl	0,014	-0,043	-0,032	0,019	0,045
f4 mkl <------------ ui	0,812	0,817	0,718	0,803	0,614
net effect f4 MKL	**0,02**	**-0,05**	**-0,04**	**0,02**	**0,07**
ui <------------ f5 mkl	0,025	-0,048	*	0,016	0,024
f5 mkl <------------ ui	0,585	0,816	0,69	0,512	0,552
net effect f5 MKL	**0,04**	**-0,06**		**0,03**	**0,04**
ui <------------ f6 mkl	0,011	*	*	0,048	-0,028
f6 mkl <------------ ui	0,806	0,856	0,833	0,726	0,662
net effect f6 MKL	**-0,01**			**0,07**	**-0,04**
ui <------------ f1 gkl	-0,331			1,160	-0,327
f1 gkl <------------ ui	0,693			1,883	0,684
net effect f1 GKL	**-0,48**			**0,62**	**-0,48**
ui <------------ f2 gkl	-0,181			0,358	-0,293
f2 gkl <------------ ui	0,853			0,933	0,779
net effect f2 GKL	**-0,21**			**0,38**	**-0,38**
ui <------------ f3 gkl	-0,161			0,218	-0,235
f3 gkl <------------ ui	0,865			0,837	0,789
net effect f3 GKL	**-0,19**			**0,26**	**-0,30**
ui <------------ f4 gkl	-0,028			0,053	-0,008
f4 gkl <------------ ui	0,930			0,819	0,934
net effect f4 GKL	**-0,03**			**0,06**	**-0,01**
ui <------------ f5 gkl	*			0,057	-0,032
f5 gkl <------------ ui	0,829			0,685	0,832
net effect f5 GKL				**0,08**	**-0,04**
ui <------------ f6 gkl	-0,026			0,079	-0,079
f6 gkl <------------ ui	0,815			0,588	0,788
net effect f6 GKL	**-0,03**			**0,13**	**-0,10**

Quelle: Eigene Darstellung.

Tab. A-81: Interpretation und totale Effekte PM IV 1997 (UKL, RKL)

Variablenbeziehungen	D	E	F	G	I
ui <----------- f1 ukl	0,783	1,774	2,083	-0,290	1,441
f1 ukl <----------- ui	1,598	2,304	2,531	0,730	2,035
net effect f1_UKL	**0,49**	**0,77**	**0,82**	**-0,40**	**0,71**
ui <----------- f2 ukl	0,224	0,312	0,389	-0,163	0,389
f2 ukl <----------- ui	1,017	0,907	1,021	0,868	1,174
net effect f2_UKL	**0,22**	**0,34**	**0,38**	**-0,19**	**0,33**
ui <----------- f3 ukl	0,089	0,171	0,189	-0,142	0,236
f3 ukl <----------- ui	0,924	0,885	0,782	0,884	0,905
net effect f3_UKL	**0,10**	**0,19**	**0,24**	**-0,16**	**0,26**
ui <----------- f4 ukl	0,020	0,071	0,120	-0,030	0,067
f4 ukl <----------- ui	0,788	0,560	0,270	0,824	0,579
net effect f4_UKL	**0,03**	**0,13**	**0,44**	**-0,04**	**0,12**
ui <----------- f5 ukl	0,041	0,058	0,072	-0,024	0,038
f5 ukl <----------- ui	0,560	0,375	0,329	0,654	0,480
net effect f5_UKL	**0,07**	**0,16**	**0,22**	**-0,04**	**0,08**
ui <----------- f6 ukl	0,025	0,031	0,019	*	0,032
f6 ukl <----------- ui	0,753	0,751	0,623	0,775	0,698
net effect f6_UKL	**0,03**	**0,04**	**0,03**		**0,05**
ui <----------- f1 rkl	0,452		0,504		0,316
f1 rkl <----------- ui	1,276		1,304		1,129
net effect f1_RKL	**0,35**		**0,39**		**0,28**
ui <----------- f2 rkl	0,027		0,031		*
f2 rkl <----------- ui	0,976		0,946		0,911
net effect f2_RKL	**0,03**		**0,03**		
ui <----------- f3 rkl	0,050		0,016		*
f3 rkl <----------- ui	0,932		0,807		0,855
net effect f3_RKL	**0,05**		**0,02**		
ui <----------- f4 rkl	0,055		-0,023		0,033
f4 rkl <----------- ui	*		0,270		0,108
net effect f4_RKL			**-0,08**		**0,31**
ui <----------- f5 rkl	0,066		0,050		0,045
f5 rkl <----------- ui	0,698		0,504		0,501
net effect f5_RKL	**0,09**		**0,10**		**0,09**
ui <----------- f6 rkl	0,064		*		0,015
f6 rkl <----------- ui	0,827		0,744		0,621
net effect f6_RKL	**0,08**				**0,02**

Quelle: Eigene Darstellung.

Abb. A-48: Halo-Effekt PM IV ($F_{1...6}^{1...5}$ ← UI) PI_UKL nach Studie-Land-Kombinationen

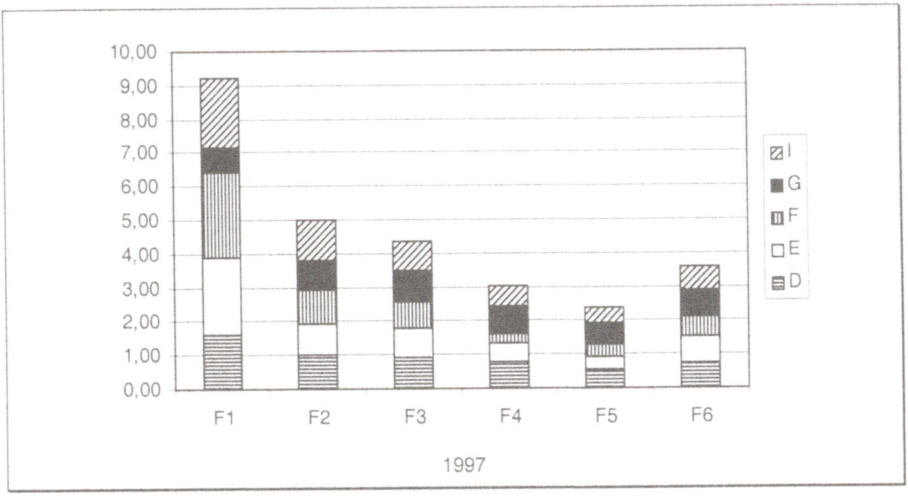

Quelle: Eigene Darstellung.

Abb. A-49: PD-Relevanz PM IV ($F_{1...6}^{1...5}$ → UI) PI_UKL nach Studie-Land-Kombinationen

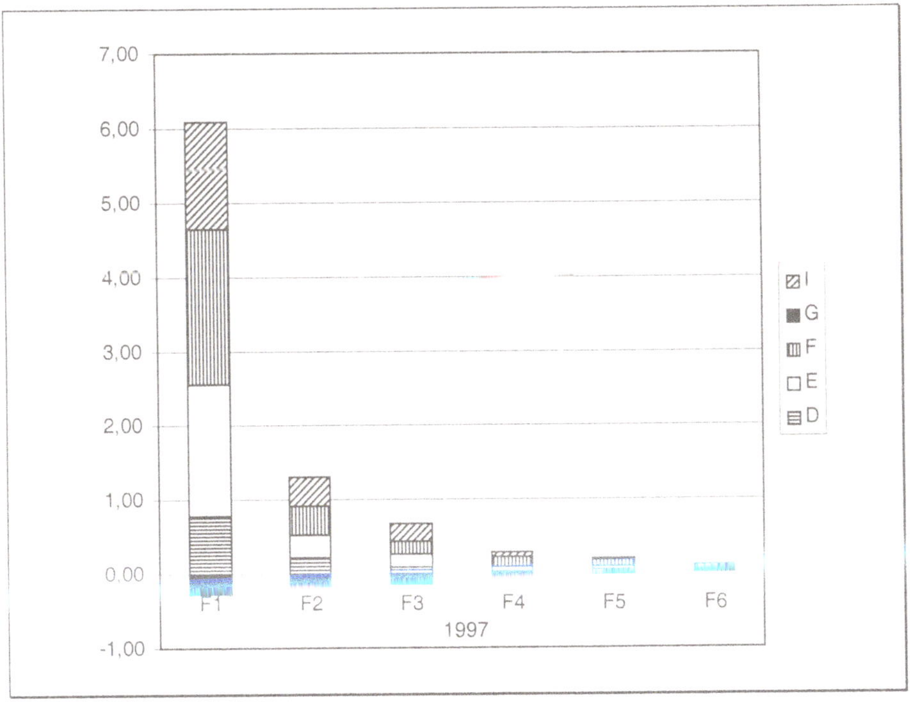

Quelle: Eigene Darstellung.

Abb. A-50: „*Net effect* $F_{1...6}^{1...5}$" PM IV PI_UKL nach Studie-Land-Kombinationen

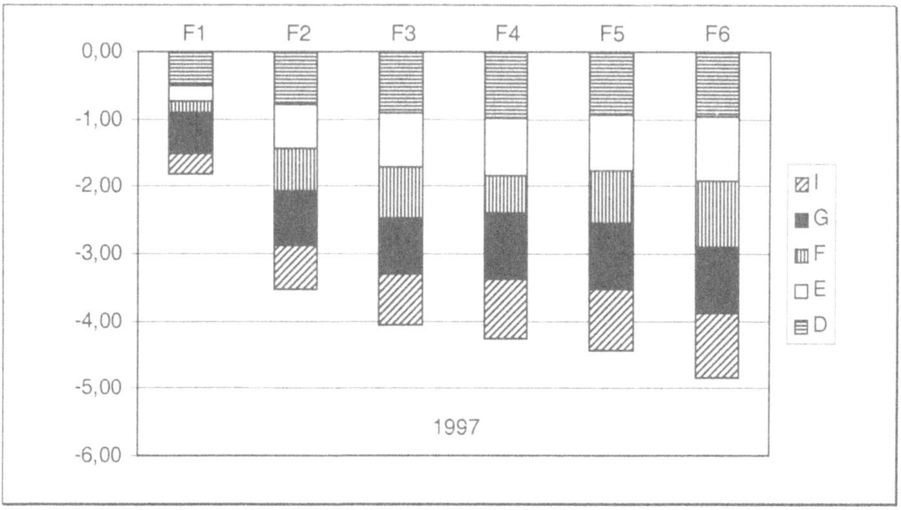

Quelle: Eigene Darstellung.

Abb. A-51: Halo-Effekt PM IV ($F_{1...6}^{1...5}$ ← UI) PI_KKL nach Studie-Land-Kombinationen

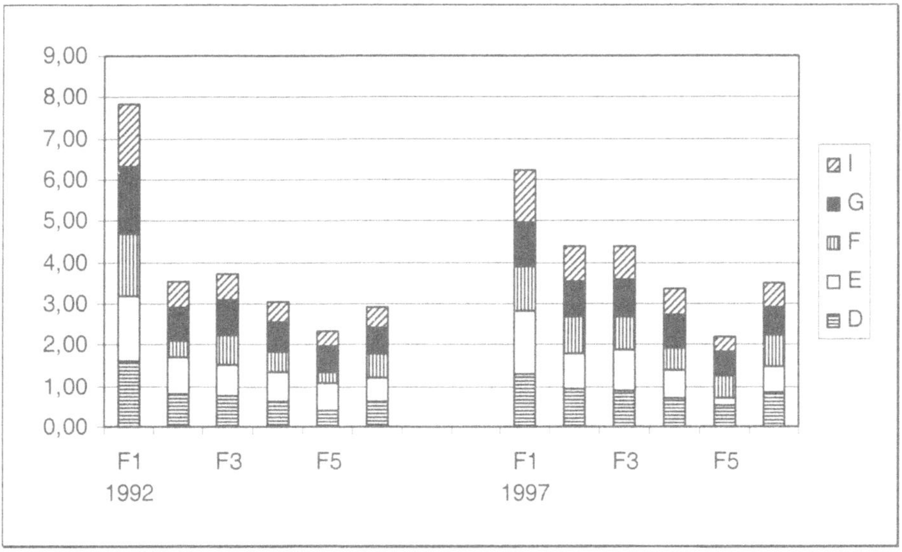

Quelle: Eigene Darstellung.

Abb. A-52: PD-Relevanz PM IV ($F_{1...6}^{1...5}$→UI) PI_KKL nach Studie-Land-Kombinationen

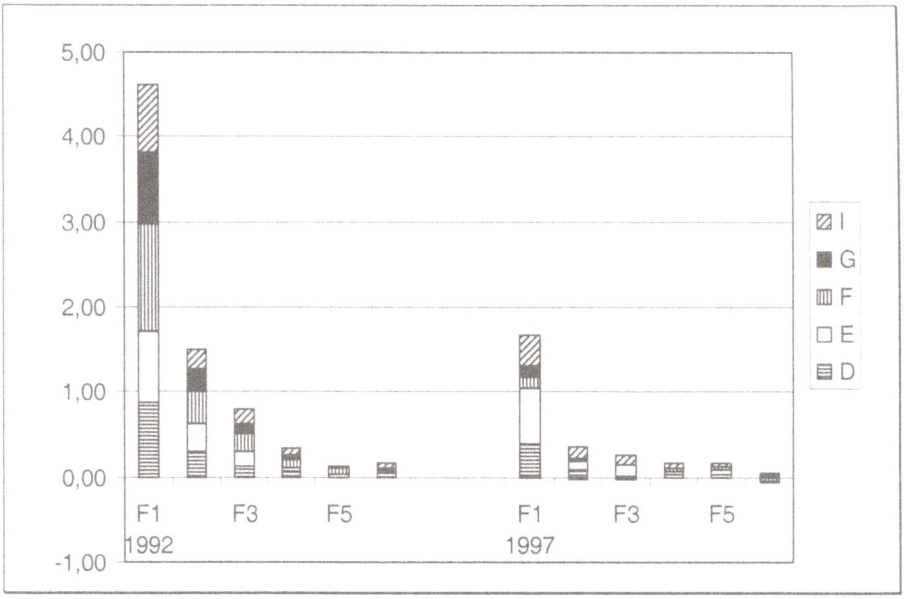

Quelle: Eigene Darstellung.

Abb. A-53: „*Net effect* $F_{1...6}^{1...5}$“ PM IV PI_KKL nach Studie-Land-Kombinationen

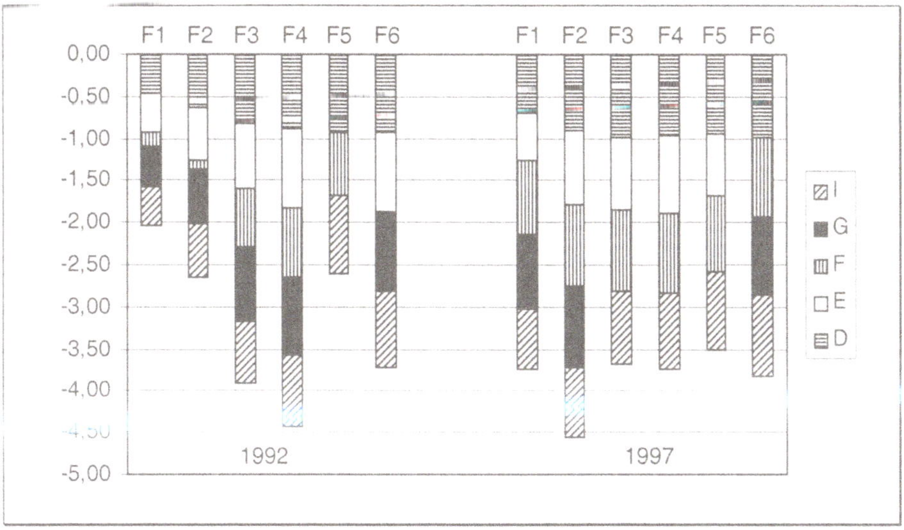

Quelle: Eigene Darstellung.

Abb. A-54: Halo-Effekt PM IV ($F_{1...6}^{1...5}$ ← UI) PI_MKL nach Studie-Land-Kombinationen

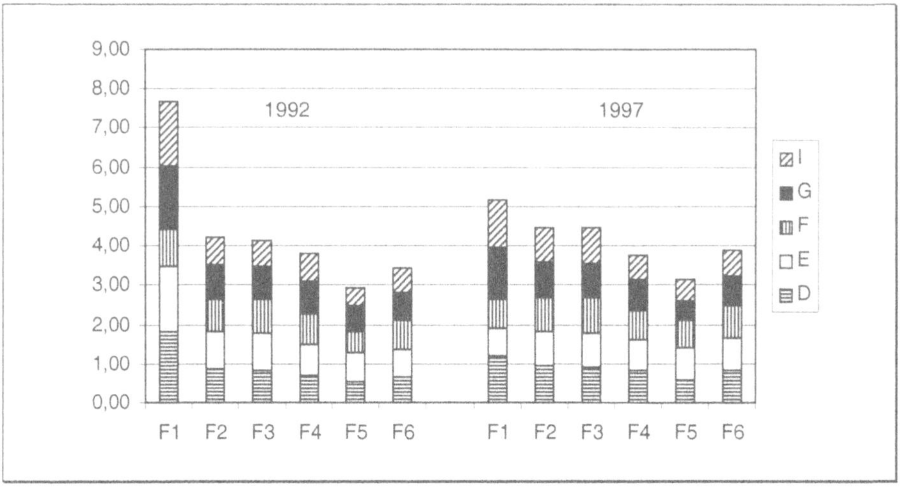

Quelle: Eigene Darstellung.

Abb. A-55: PD-Relevanz PM IV ($F_{1..6}^{1..5}$ → UI) PI_MKL nach Studie-Land-Kombinationen

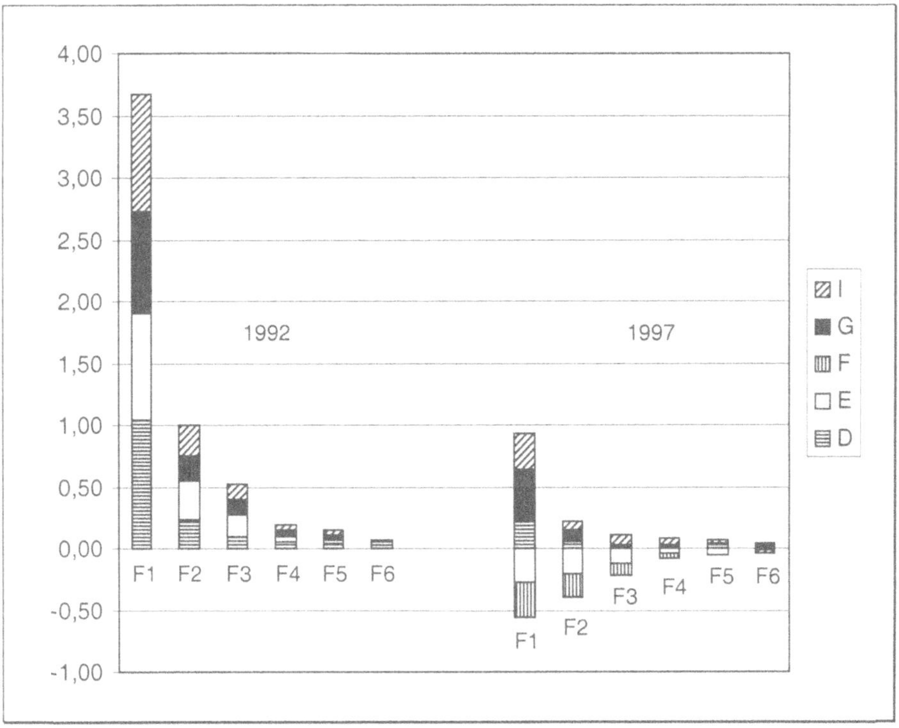

Quelle: Eigene Darstellung.

Abb. A-56: „*Net effect* $F_{1...6}^{1...5}$“ PM IV PI_MKL nach Studie-Land-Kombinationen

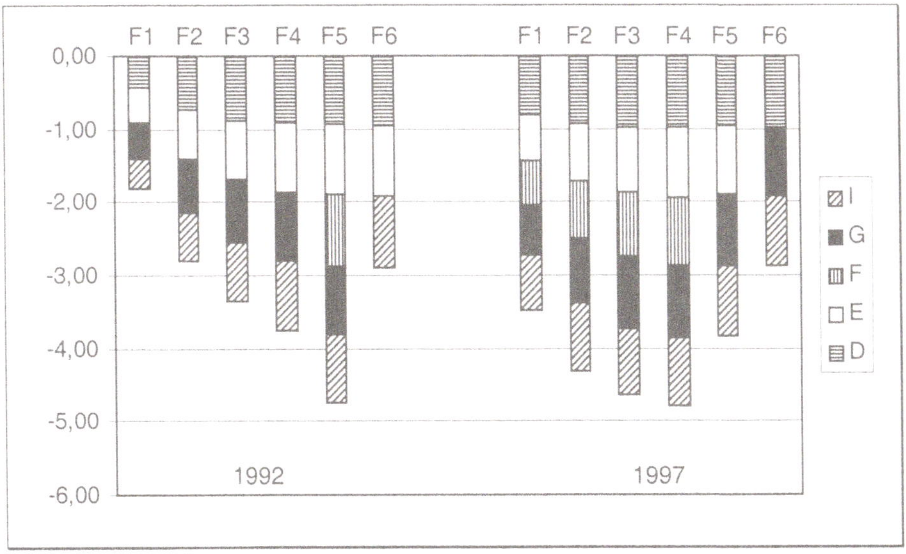

Quelle: Eigene Darstellung.

Abb. A-57: Halo-Effekt PM IV ($F_{1...6}^{1...5}$←UI) PI_GKL nach Studie-Land-Kombinationen

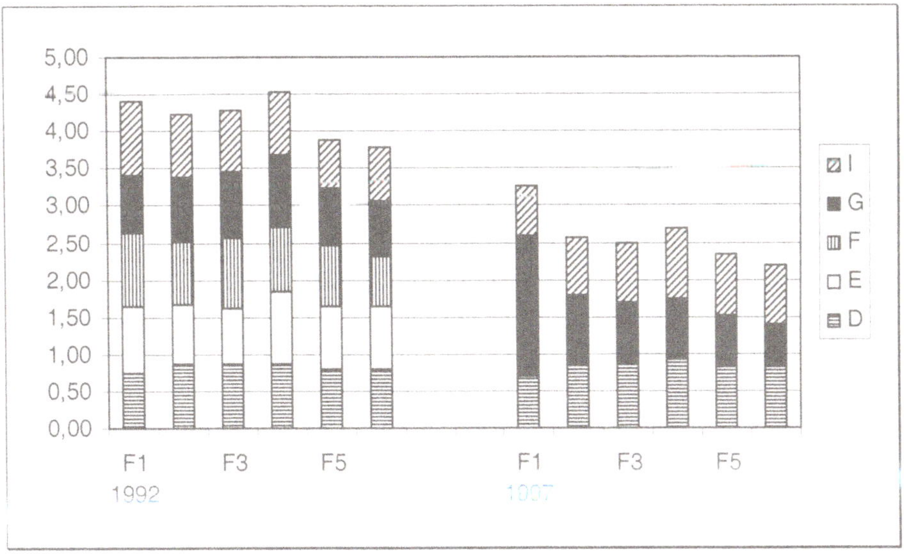

Quelle: Eigene Darstellung.

Abb. A-58: PD-Relevanz PM IV ($F_{1...6}^{1...5}$→UI) PI_GKL nach Studie-Land-Kombinationen

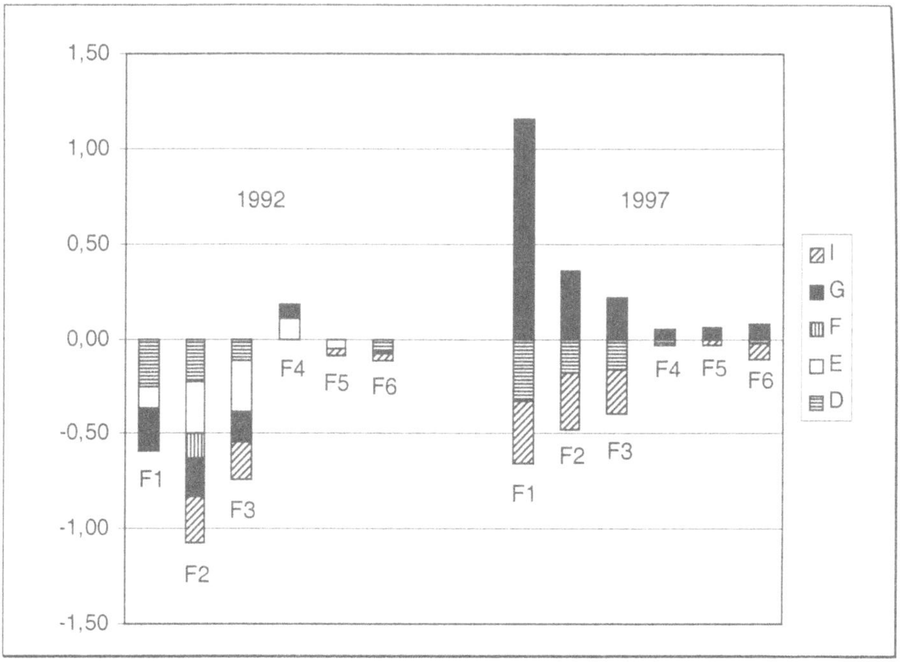

Quelle: Eigene Darstellung.

Abb. A-59: „*Net effect* $F_{1...6}^{1...5}$" PM IV PI_GKL nach Studie-Land-Kombinationen

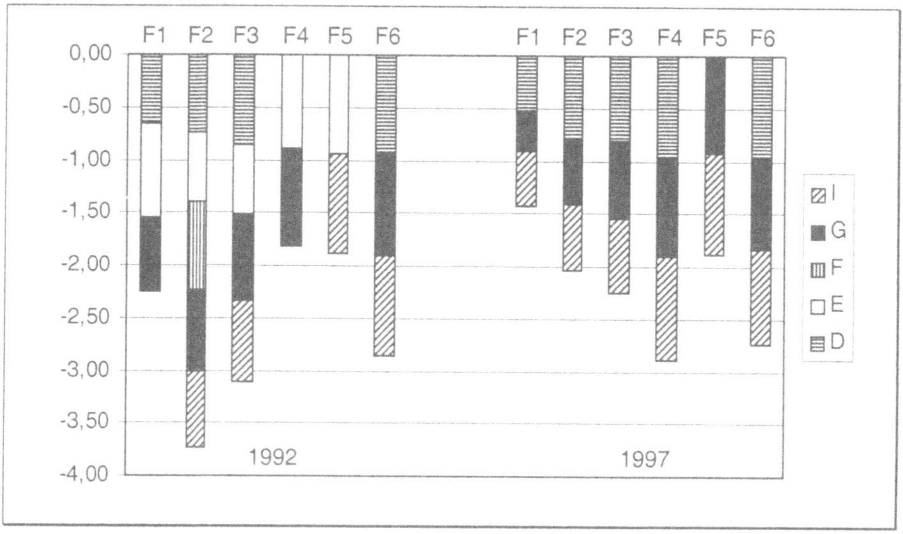

Quelle: Eigene Darstellung.

Abb. A-60: Halo-Effekt PM IV ($F_{1...6}^{1...5}$ ← UI) PI_RKL nach Studie-Land-Kombinationen

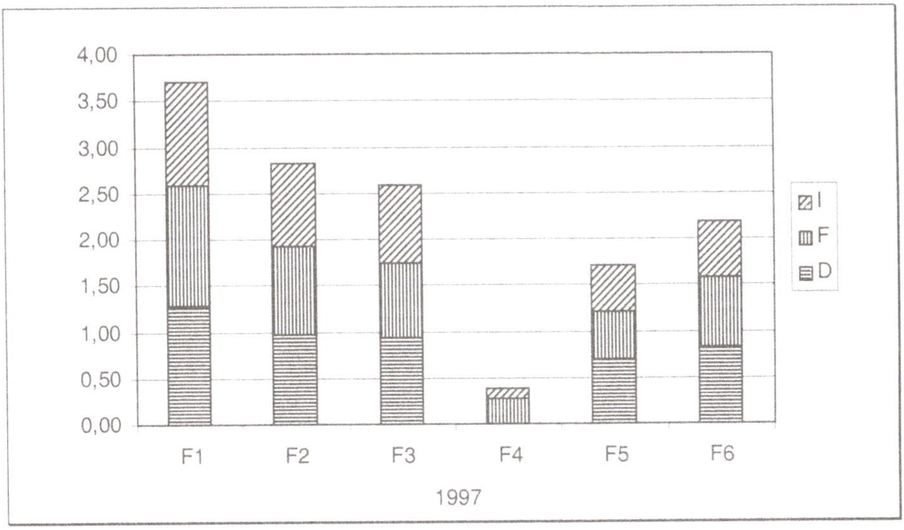

Quelle: Eigene Darstellung.

Abb. A-61: PD-Relevanz PM IV ($F_{1...6}^{1...5}$ → UI) PI_RKL nach Studie-Land-Kombinationen

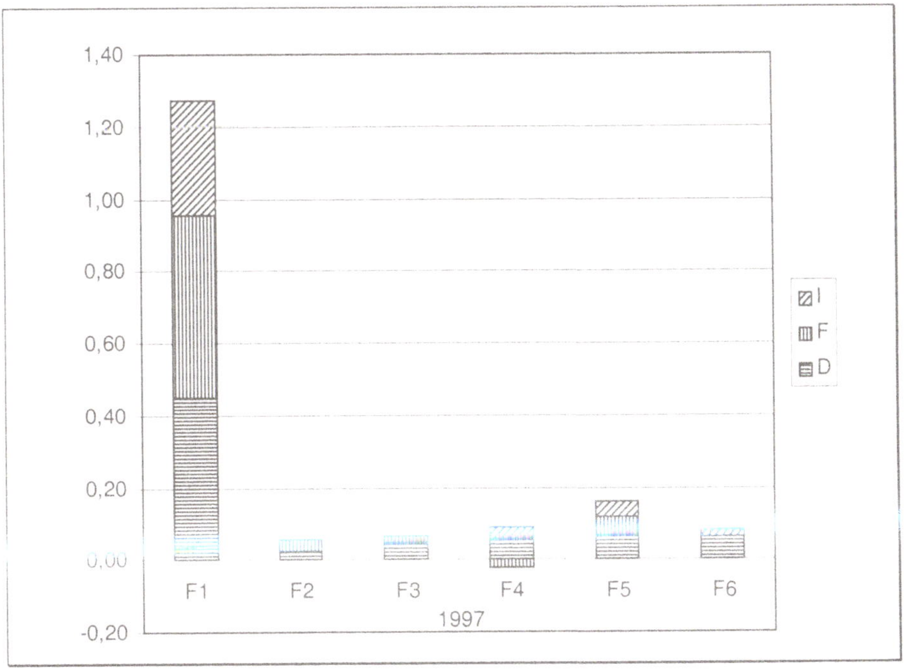

Quelle: Eigene Darstellung.

Abb. A-62: „*Net effect* $F_{1...6}^{1...5}$“ PM IV PI_RKL nach Studie-Land-Kombinationen

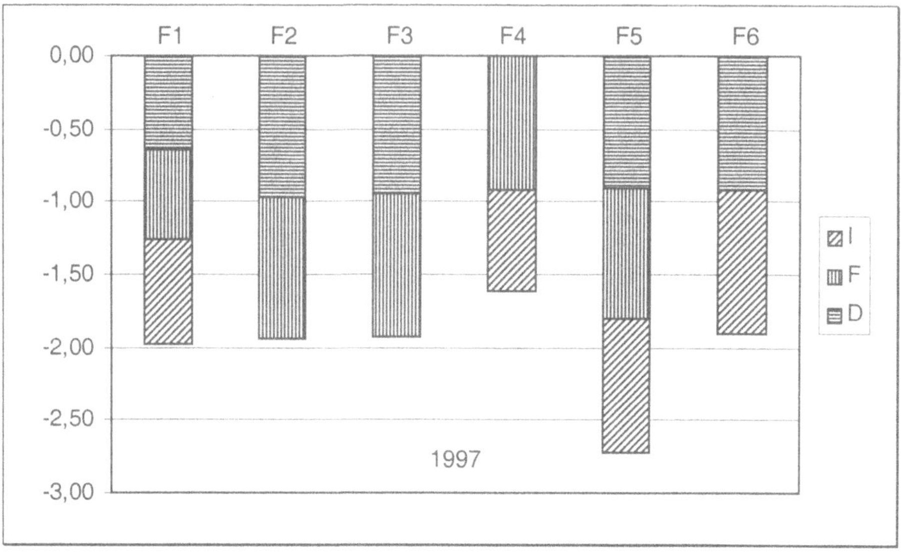

Quelle: Eigene Darstellung.

Tab. A-82: Heuristik einer imagebasierten Marketingplanung (Teil I)

HIMP		PI UKL							PI KKL						
		PI	F1	F2	F3	F4	F5	F6	PI	F1	F2	F3	F4	F5	F6
D	Inter-Studienvergleich								↘	↘	↘	→	→	→	→
D	Inter-Ländervergleich	3	1	2	3	2	4	3	3	3	3	3	2	3	2
D	Intra-Markenvergleich	**	****	**	*	****	**	**	***	***	***	*****	**	***	****
D	Imagetransfereffekt	0,42	0,49	0,22	0,10	0,03	0,07	0,03	0,35	0,30	0,10	0,02	0,04	0,06	0,01
F	Inter-Studienvergleich								→	→	→	→	↘	→	→
F	Inter-Ländervergleich	3	2,3	2	4	3	3	4	3	3	2	4	3	1	2
F	Intra-Markenvergleich	**	*****	***	**	***	***	**	****	***	*****	****	****	****	***
F	Imagetransfereffekt	1,16	0,82	0,38	0,24	0,44	0,22	0,03	0,48	0,11	-0,03	-0,03	0,06	0,09	-0,05
E	Inter-Studienvergleich								↗	↗	↗	↗	→	↗	↗
E	Inter-Ländervergleich	2	2	2	2	2	2	2	2	2	3	2	2	1	1
E	Intra-Markenvergleich	***	*****	***	***	***	****	***	****	****	****	*****	****	*****	****
E	Imagetransfereffekt	0,58	0,77	0,34	0,19	0,13	0,16	0,04	0,92	0,44	0,12	0,14	0,07	0,26	
I	Inter-Studienvergleich								↗	↗	↗	↗	↗	↗	↗
I	Inter-Ländervergleich	1	1	1	1	1	1	1	1	1	1	1	1	2	1
I	Intra-Markenvergleich	**	**	*	*****	****	*****	****	****	****	**	***	***	**	*
I	Imagetransfereffekt	0,37	0,71	0,33	0,26	0,12	0,08	0,05	0,32	0,28	0,15	0,14	0,08	0,06	-0,04
UK	Inter-Studienvergleich								↗	↗	↗	↗	→	↗	↗
UK	Inter-Ländervergleich	2,3	2,3	3	2,3	2	2	2	2,3	2,3	4	3	2	1	1
UK	Intra-Markenvergleich	***	**	**	*****	*****	***	*****	****	****	***	***	**	*****	****
UK	Imagetransfereffekt	-0,01	-0,40	-0,19	-0,16	-0,04	-0,04		0,02	0,14	0,04				0,07
Geschlecht		O							O						
Altersklasse		O							O						
Berufsstellung		O							X						
HH-Einkommen		O							X						
Besitzer/Nicht-Besitzer		X							X						
Karosserieform Jetztfzg.		X							X						
Programmstruktur															
Programmgestaltung															
Objektgestaltung															
ZG-Programmstruktur															
Zielgruppenbestimmung															
Standardisierungsgrad															

Quelle: Eigene Darstellung.

Tab. A-83: Heuristik einer imagebasierten Marketingplanung (Teil II)

HIMP		PI MKL							PI GKL						
		PI	F1	F2	F3	F4	F5	F6	PI	F1	F2	F3	F4	F5	F6
D	Inter-Studienvergleich	↘	↘	↘	↘	→	→	↘	↘	↘	↘	↘	↗	→	→
	Inter-Ländervergleich	3	3	2	3	3	3	3	2	3	2	2	2	2,3	2
	Intra-Markenvergleich	*	**	****	****	*	****	***	*****	*	*****	***	***	*****	*****
	Imagetransfereffekt	0,28	0,19	0,05	-0,01	0,02	0,04	-0,01	-0,01	-0,48	-0,21	-0,19	-0,03		-0,03
F	Inter-Studienvergleich	→	→	↘	→	↘	→	→							
	Inter-Ländervergleich	3	3	2	4	4	2	2							
	Intra-Markenvergleich	***	**	****	***	*****	**	*****							
	Imagetransfereffekt	-0,05	-0,39	-0,22	-0,12	-0,04									
E	Inter-Studienvergleich	↗	↗	↗	↗	→	↗	↗							
	Inter-Ländervergleich	2	2	2	2	2	2	1							
	Intra-Markenvergleich	*****	***	*****	****	*****	***	*****							
	Imagetransfereffekt	-0,03	-0,37	-0,24	-0,13	-0,05	-0,06								
I	Inter-Studienvergleich	↗	↗	→	↗	↗	↗	↗	↗	↗	↗	↗	↗	↗	↗
	Inter-Ländervergleich	1	1	1	1	1	1	1	1	1	1	1	1	1,2	1
	Intra-Markenvergleich	***	***	***	****	**	****	**	*	*	*****	*	*	*	*****
	Imagetransfereffekt	0,38	0,24	0,08	0,09	0,07	0,04	-0,04	-0,01	-0,48	-0,38	-0,30	-0,01	-0,04	-0,10
UK	Inter-Studienvergleich	↗	↗	↗	↗	↗	↗	↗	↗	↗	↗	↗	↗	↗	↗
	Inter-Ländervergleich	2,3	2	3	3	2	1	2	2	2	2	2	2	1	3
	Intra-Markenvergleich	*****	*****	****	****	***	****	***	**	***	*****	**	****	**	**
	Imagetransfereffekt	0,44	0,32	0,10	0,03	0,02	0,03	0,07	1,12	0,62	0,38	0,26	0,06	0,08	0,13
Geschlecht		O							O						
Altersklasse		O							O						
Berufsstellung		X							X						
HH-Einkommen		X							X						
Besitzer/Nicht-Besitzer		X							X						
Karosserieform Jetztfzg.		X							X						
Programmstruktur															
Programmgestaltung															
Objektgestaltung															
ZG-Programmstruktur															
Zielgruppenbestimmung															
Standardisierungsgrad															

Quelle: Eigene Darstellung.

Tab. A-84: Heuristik einer imagebasierten Marketingplanung (Teil III)

HIMP		PI RKL							MI							UI
		PI	F1	F2	F3	F4	F5	F6	MI	F1	F2	F3	F4	F5	F6	
D	Inter-Studienvergleich								↘	↘	↘	↘	→	↗	→	→
	Inter-Ländervergleich	2	2	2	2	2	3	3	3	4,5	2	3	2	2	3	3
	Intra-Markenvergleich	****	*****	*	**	*****	*	*								
	Imagetransfereffekt	0,01	0,35	0,03	0,05		0,09	0,08	2,31	-0,26	1,00		0,38	0,09	0,32	
F	Inter-Studienvergleich								→	→	↘	→	↘	↗	→	↗
	Inter-Ländervergleich	2	2	2	2	3	1	2	3	3,5	2	4	3	1	3	4
	Intra-Markenvergleich	*****	****	**	*****	**	*****	****								
	Imagetransfereffekt	0,01	0,39	0,03	0,02	-0,08	0,10		1,48	1,19	-0,32	0,52	-0,13	0,24		
E	Inter-Studienvergleich								↗	↗	↗	↗	↗	↗	↗	↗
	Inter-Ländervergleich								2	2,3	2	2	2	1	2	1
	Intra-Markenvergleich															
	Imagetransfereffekt								1,50				0,30	-0,02	0,37	
I	Inter-Studienvergleich								↗	↗	↗	↗	↗	↗	↗	↗
	Inter-Ländervergleich	1	1	1	1	1	2	1	1	1	1	1	1	1	1	1,2
	Intra-Markenvergleich	*****	*****	****	**	*****	***	***								
	Imagetransfereffekt	0,01	0,28			0,31	0,09	0,02	2,08	-0,40	1,19	0,18	0,41	0,16	0,31	
UK	Inter-Studienvergleich								↗	↗	↗	↗	↗	↗	↗	↗
	Inter-Ländervergleich								2,3	2,4	3	3	2	1	3	2,3
	Intra-Markenvergleich															
	Imagetransfereffekt								3,00	-0,13	1,39	-0,23	0,36	0,16	0,51	
Geschlecht		O							O							O
Altersklasse		O							O							O
Berufsstellung		O							X							O
HH-Einkommen		O							X							X
Besitzer/Nicht-Besitzer		X							X							X
Karosserieform Jetztfzg.		X							X							O
Programmstruktur																
Programmgestaltung																
Objektgestaltung																
ZG-Programmstruktur																
Zielgruppenbestimmung																
Standardisierungsgrad																

Quelle: Eigene Darstellung.

Literaturverzeichnis

Aaker, David A. (1971): Multivariate Analysis in Marketing: Theory and Application, Belmont.

Aaker, David A. (1981): Multivariate Analysis in Marketing, 2. Aufl., Palo Alto.

Aaker, David A. (1984): Strategic Market Management, New York.

Aaker, David A. (1988): Strategisches Markt-Management, Wiesbaden.

Aaker, David A. (1990): Brand Extensions: The Good, the Bad, and the Ugly, in: Sloan Management Review, 31. Jg., Nr. 4, S. 47-56.

Aaker, David A. (1991): Managing Brand Equity: Capitalizing on the Value of a Brand, New York.

Aaker, David A. (1992a): Management des Markenwerts (Managing Brand Equity. Deutsche Übersetzung von Friedrich Mader), Frankfurt am Main und New York.

Aaker, David A. (1992b): The Value of Brand Equity, in: The Journal of Business Strategy, 13. Jg., Nr. 4, S. 27-33.

Aaker, David A. (1995): Building Strong Brands, in: Brandweek vom 02.10., S. 28-34.

Aaker, David A. (1997): Should You Take Your Brand to Where the Action Is?, in: Harvard Business Review, 75. Jg., Nr. 5, S. 135-143.

Aaker, David A. (1998): Strategic Market Management, 5. Aufl., New York.

Aaker, David A./**Keller**, Kevin Lane (1990): Consumer Evaluations of Brand Extensions, in: Journal of Marketing, 54. Jg., Nr. 1, S. 27-41.

Aaker, David A./**Myers**, John G. (1982): Advertising Management, Englewood Cliffs.

Aaker, David A./**Shansby**, Gary J. (1982): Positioning Your Product, in: Business Horizons, 25. Jg., Nr. 3., S. 56-62.

Aaker, Jennifer L. (1997): Dimensions of Brand Personality, in: Journal of Marketing Research, 34. Jg., Nr. 8, S. 347-356.

Aaker, Jennifer L./**Maheswaran**, Durairaj (1997): The Effect of Cultural Orientation on Persuasion, in: Journal of Consumer Research, 24. Jg., Nr. 12, S. 315-328.

Abell, D.F. (1978): Strategic Windows, in: Journal of Marketing, 42. Jg., Nr. 3, S. 21-26.

Abell, D.F. (1980): Defining the Business. The Starting Point of Strategic Planning, Englewood Cliffs.

Abell, D.F./**Hammond**, J.S. (1979): Strategic Market Planning: Problems and Analytical Approaches, Englewood Cliffs.

Adam, D. (1996): Planung und Entscheidung: Modelle, Ziele, Methoden, 4. Aufl., Wiesbaden.

Agarwal, M.K./**Rao**, V.R. (1992): An Empirical Comparison of Consumer-Based Measures of Brand Strength, Arbeitspapier, Cornell University, New York.

Ahrens, Heinz J. (1977): Einführung in die Grundlagen der multidimensionalen Skalierung, in: Hartmann, K.D./Koeppler, K.F. [Hrsg.]: Fortschritte der Marktpsychologie, Bd. I, Frankfurt am Main, S. 113-143.

Ahrens, Heinz J. (1988): Messung und Skalierung, in: Asanger, R./Wenninger, G. [Hrsg.]: Handwörterbuch der Psychologie, München und Weinheim, S. 445-454.

Ahrens, Heinz J./**Läuter**, Jürgen (1981): Mehrdimensionale Varianzanalyse: Hypothesenprüfung, Dimensionserniedrigung, Diskrimination bei Multivariaten Beobachtungen, Berlin.

Alba, Joseph W./**Hutchinson**, Wesley J. (1987): Dimensions of Consumer Expertise, in: Journal of Consumer Research, 13. Jg., Nr. 4, S. 411-455.

Alba, Joseph W./**Hutchinson**, Wesley J./**Lynch**, John G. Jr. (1991): Memory and Decision Making, in: Robertson, Thomas S./Kassarjian, Harold H. [Hrsg.]: Handbook of Consumer Behavior, Englewood Cliffs, S. 1-49.

Albaum, Gerald/**Strandskov**, Jesper/**Duerr**, Dowd Laurence (1989): International Marketing and Export Management, Wokingham u.a.

Albion, Mark S. (1985): Consumer Perceptions of Related Products: A Taxonomy, Arbeitspapier, Harvard Business School, Harvard University, Cambridge.

Althans, Jürgen (1980): Standardisierung von Marketingkonzepten in internationalen Unternehmen aus der Sicht von Tochtergesellschaften, Arbeitspapier, Institut für Marketing, Universität Münster, Münster.

Althans, Jürgen (1982): Die Übertragbarkeit von Werbekonzeptionen auf internationale Märkte, Frankfurt/Main und Bern.

Ambler, Tim/**Barrow**, Simon (1996): The Employer Brand, in: The Journal of Brand Management, 4. Jg., Nr. 3, o.S.

Anderson, John R. (1976): Language, Memory and Thought, Hillsdale.

Anderson, John R. (1988): Kognitive Psychologie: Eine Einführung, Heidelberg.

Anderson, John R. (1993): Problem Solving and Learning, in: American Psychologist, 48. Jg., Nr. 1, S. 35-44.

Andersson, Gunnar (1991): Kritischer Rationalismus und Wissenschaftsgeschichte, in: Bouillon, Hardy/Andersson, Gunnar [Hrsg.]: Wissenschaftstheorie und Wissenschaften: Festschrift für Gerard Radnitzky aus Anlass seines 70. Geburtstages, Berlin, S. 21-30.

Andrae, M./**De Bodinat**, H. (1981): Moderne Methoden der strategischen Analyse, in: Harvard Manager, 3. Jg., Nr. 1, S. 20-31.

Andritzky, K. (1976): Die Operationalisierbarkeit von Theorien zum Konsumentenverhalten, Berlin.

Angehrn, Otto (1974): Markenpolitik, in: Tietz, Bruno [Hrsg.]: Handwörterbuch der Absatzwirtschaft, Stuttgart, Sp. 1227-1233.

Ansoff, H.I. (1966): Management-Strategie, München.

Ansoff, H.I. (1976): Managing Surprise and Discontinuity: Strategic Response to Weak Signals, in: Zeitschrift für betriebswirtschaftliche Forschung, 28. Jg., o.Nr., S. 129-152.

Antoni, M./**Riekhof**, H.C. (1989): Strategieentwicklung mittels Portfolio-Analyse, in: Riekhoff, H.C. [Hrsg.]: Strategieentwicklung: Konzepte und Erfahrungen, Stuttgart.

Arbuckle, James L. (1997): Amos User's Guide Version 3.6, Chicago.

Armbrecht, Wolfgang/**Avenarius**, Horst/**Zabel**, Ulf [Hrsg.] (1993): Image und PR, Opladen.

Arnold, Ulli (1995): Organisationsimage und Produktwahrnehmung, in: Marktforschung & Management, 39. Jg., Nr. 1, S. 10-13.

Arons, L. (1961): Does Television Viewing Influence Store Image and Shopping Frequency?, in: Journal of Retailing, 37. Jg., o.Nr., S. 1-13.

Asher, Herbert B. (1983): Causal Modeling, in: Sage University Paper Series on Quantitative Applications in the Social Sciences, Nr. 3, Beverly Hills und London.

Aspinwall, L.V. (1962): The Characteristics of Good Theory, in: Lazer, W./Kelly, E.J. [Hrsg.]: Managerial Management: Perspectives and Viewpoints, Homewood, S. 633-643.

Assael, H. (1993): Marketing Management, 2. Aufl., Boston.

Atkinson, Richard C./**Shiffrin**, Richard M. (1968): Human Memory: A Proposed System and its Control Processes, in: Spence, Kenneth W./Spence, Janet T. [Hrsg.]: The Psychology of Learning and Motivation: Advances in Research and Theory, 2. Jg., New York und London, S. 89-195.

Atkinson, Richard C./**Shiffrin**, Richard M. (1971): The Control of Short-Term Memory, in: Scientific American, 25. Jg., o.Nr., S. 82-90.

Atteslander, P. (1993): Methoden der empirischen Sozialforschung, 7. Aufl., Berlin.

Aulakh, Preet S./**Kotabe**, Masaaki (1993): An Assessment of Theoretical and Methodological Development in International Marketing: 1980-1990, in: Journal of International Marketing, 1. Jg., Nr. 2, S. 5-28.

Backhaus, Klaus/**Erichson**, Bernd/**Plinke**, Wulff/**Weiber**, Rolf (1996): Multivariate Analysemethoden: Eine anwendungsorientierte Einführung, 8., verb. Aufl., Berlin u.a.

Bagozzi, Richard P. (1980): Causal Models in Marketing, New York.

Bagozzi, Richard P./**Baumgartner**, Hans (1994): The Evaluation of Structural Equation Models and Hypothesis Testing, in: Bagozzi, Richard P. [Hrsg.]: Principles of Marketing Research, Cambridge, S. 386-422.

Bailey, Earl L. [Hrsg.] (1982): Product-Line Strategies, New York.

Balderjahn, Ingo (1986a): Das umweltbewußte Konsumentenverhalten: Eine empirische Studie, Diss., Berlin.

Balderjahn, Ingo (1986b): The Robustness of LISREL Unweighted Least Squares Estimation against Small Sample Size in Confirmatory Factor Analysis Models, in: Gaul, Wolfgang/-Schader, Martin [Hrsg.]: Classification as a Tool of Research, Amsterdam, S. 3-10.

Balderjahn, Ingo (1988): Die Kreuzvalidierung von Kausalmodellen, in: Marketing-Zeitschrift für Forschung und Praxis, 10. Jg., Nr. 1, S. 61-73.

Baltas, George/**Doyle**, Peter (1998): A flexible model for consumer choice in package goods markets, in: Journal of the Market Research Society, 40. Jg., Nr. 2, S. 141-153.

Bänsch, A. (1983): Käuferverhalten, München und Wien.

Bantleon, W./**Wendler**, E./**Wolff**, J. (1976): Absatzwirtschaft: Praxisorientierte Einführung in das Marketing, Opladen.

Barich, Howard/**Kotler**, Philip (1991): A Framework for Marketing Image Management, in: Sloan Management Review, 32. Jg., Nr. 9, S. 94-104.

Barich, Howard/**Srinivasan**, V. (1991): Prioritizing Marketing Image Goals In A Resource Constrained Environment, Arbeitspapier Nr. 1149, Graduate School of Business, Stanford University, Stanford.

Barsalou, Lawrence W. (1985): Ideals, Central Tendency, and Frequency of Instantiation as Determinants of Graded Structure in Categories, in: Journal of Experimental Psychology: Learning, Memory and Cognition, 11. Jg., Nr. 4, S. 629-654.

Barton, Geoff (1999): Niche sectors surge in '98, in: Automotive News Europe vom 01.02., S. 12.

Barwise, Patrick/**Robertson**, Thomas (1992): Brand Portfolios, in: European Management Journal, 10. Jg., Nr. 3, S. 277-285.

Bauer, E. (1989): Übersetzungsprobleme und Übersetzungsmethoden bei einer multinationalen Marketingforschung, in: Gesellschaft für Konsumforschung (GfK) Nürnberg [Hrsg.]: Jahrbuch der Absatz- und Verbrauchsforschung, 35. Jg., Nr. 2, S. 174-205.

Bauer, Hans H./**Dichtl**, Erwin/**Hermann**, Andreas (1996): Automobilmarktforschung: Nutzenorientierung von PKW-Herstellern, München.

Bauer, Hans H./**Huber**, Frank/**Betz**, Jürgen (1998): Erfolgsgrößen im Automobilhandel: Ergebnisse einer kausalanalytischen Studie, in: Zeitschrift für Betriebswirtschaft, 68. Jg., Nr. 9, S. 979-1008.

Bäuerle, P. (1989): Zur Problematik der Konstruktion praktikabler Entscheidungsmodelle, in: Zeitschrift für Betriebswirtschaft, 59. Jg., Nr. 2, S. 175-192.

Baumgartner, Hans/**Homburg**, Christian (1996): Applications of Structural Equation Modeling in Marketing and Consumer Research: A Review, in: International Journal of Research in Marketing, 13. Jg., o.Nr., S. 139-161.

Bea, Franz X. (1997): Globalisierung, in: Wirtschaftswissenschaftliches Studium, 26. Jg., Nr. 8, S. 419-421.

Bea, Franz Xaver/**Haas**, Jürgen (1995): Strategisches Management, Stuttgart und Jena.

Becker, Jochen (1988): Marketing-Konzeption: Grundlagen des strategischen Marketing-Managements, 2., verb. und erw. Aufl., München.

Becker, Jochen (1992): Markenartikel und Verbraucher, in: Dichtl, Erwin/Eggers, Walter [Hrsg.]: Marke und Markenartikel als Instrument des Wettbewerbs, Mannheim und München, S. 97-128.

Becker, Jochen (1993): Marketing-Konzeption: Grundlagen des strategischen Marketing-Managements, 5., verb. und erg. Aufl., München.

Becker, Jochen (1994): Typen von Markenstrategien, in: Bruhn, Manfred [Hrsg.]: Handbuch Markenartikel, Stuttgart, S. 463-498.

Beeskow, W. et al. (1983): Die Bewertung von Marketing-Aktivitäten, in: Irle, M. [Hrsg.]: Enzyklopädie der Psychologie, Bd. D III 5: Methoden und Anwendungen in der Marktpsychologie, Göttingen u.a., S. 483-674.

Beggan, James K. (1992): On the Social Nature of Nonsocial Perception: The Mere Ownership Effect, in: Journal of Personality and Social Psychology, 62. Jg., Nr. 2, S. 229-237.

Behrens, Gerold (1994): Verhaltenswissenschaftliche Erklärungsansätze der Markenpolitik, in: Bruhn, Manfred [Hrsg.]: Handbuch Markenartikel, Stuttgart, S. 199-217.

Belch, George E./**Belch**, Michael A. (1987): The Application of an Expectancy Value Operationalization of Function Theory to Examine Attitudes of Boycotters and Nonboycotters of a Consumer Product, in: Wallendorf, Melanie/Anderson, Paul F. [Hrsg.]: Advances in Consumer Research, 14. Jg., o.Nr., Provo, S. 232-236.

Bentler, Peter M. (1985): Theory and Implementation of EQS: A Structural Equations Program, Los Angeles.

Berekoven, Ludwig (1985): Internationales Marketing, 2., erw. und verb. Aufl., Herne und Berlin.

Berekoven, Ludwig (1992): Von der Markierung zur Marke, in: Dichtl, Erwin/Eggers, Walter [Hrsg.]: Marke und Markenartikel als Instrumente des Wettbewerbs, Mannheim und München, S. 25-46.

Berekoven, Ludwig/**Eckert**, W./**Ellenrieder**, P. (1991): Marktforschung: Methodische Grundlagen und praktische Anwendung, 5. Aufl., Wiesbaden.

Bergen, Mark/**Dutta**, Shantanu/**Shugan**, Steven M. (1996): Branded Variants: A Retail Perspective, in: Journal of Marketing Research, 33. Jg., Nr. 2, S. 9-19.

Berger, Reinhold (1974): Marketing-Mix, in: Marketing-Enzyklopädie, Bd. II, München, S. 595-614.

Berger, Reinhold (1978): Die Idee der Marketing-Optimierung: Das Marketing-Mix, in: Koinekke, J. [Hrsg.]: Handbuch Marketing, Gernsbach, S. 61-71.

Bergler, Reinhold (1963): Psychologie des Marken- und Firmenbildes, Göttingen.

Bergler, Reinhold (1966): Psychologie stereotyper Systeme: Ein Beitrag zur Sozial- und Entwicklungspsychologie, Bern u.a.

Bergler, Reinhold (1974): Marktforschung und Marktpsychologie, in: Behrens, K.C. [Hrsg.]: Handwörterbuch des Marketing, Wiesbaden, S. 73-90.

Bergler, Reinhold (1986): Länderimages, in: Österreichische Werbewissenschaftliche Gesellschaft [Hrsg.]: Image Österreichs: Wirklichkeit und Traum: Bericht der 33. Werbewirtschaftlichen Tagung, Wien, S. 117-121.

Berry, William D. (1984): Nonrecursive Causal Models, in: Sage University Paper Series on Quantitative Applications in the Social Sciences, Nr. 37, Beverly Hills und London.

Berth, R. (1959): Marktforschung zwischen Zahl und Psyche, Stuttgart.

Berth, R. (1960): Grundlagen der Marktfeld-Theorie, in: Der Markenartikel, 22. Jg., Nr. 11, S. 811-819.

Berth, R. (1963): Wähler- und Verbraucherbeeinflussung, Stuttgart.

Best, John B. (1999): Cognitive Psychology, 5. Aufl., Belmont und Bonn.

Bettman, James R./**Capon**, Noel/**Lutz**, Richard J. (1975): Cognitive Algebra in Multiattribute Attitude Models, in: Journal of Marketing Research, 12. Jg., Nr. 5, S. 151-164.

Beuttel, Wilfrid (1981): Produktbezogene Entscheidungen für Auslandsmärkte: Eine empirische Darstellung, München.

Bidlingmaier, Johannes (1973): Marketing 1, Reinbeck bei Hamburg.

Biehal, Gabriel J./**Sheinin**, Daniel A. (1998): Managing the brand in a corporate advertising environment: A decision-making framework for brand managers, in: Journal of Advertising, 27. Jg., Nr. 2, S. 99-110.

Bierley, Calvin/**McSweeney**, Frances K./**Vannieuwkerk**, Renée (1985): Classical Conditioning of Preferences for Stimuli, in: Journal of Consumer Research, 12. Jg., Nr. 3, S. 316-323.

Bilkey, W.J. (1978): An Attempted Integration of the Literature on the Export Behavior of Firms, in: Journal of International Business Studies, 9. Jg., Nr. 1, S. 33-38.

Birdwell, Al E. (1968): A Study of Influence of Image Congruence on Consumer Choice, in: Journal of Business, 41. Jg., Nr. 1, S. 76-88.

Blalock, H.M. Jr. (1962): Four-Variable Causal Models and Partial Correlations, in: Blalock, H.M. Jr. [Hrsg.] (1985): Causal Models in the Social Sciences, 2. Aufl., New York, S. 23-38.

Blalock, H.M. Jr. (1963): Making Causal Inferences for Unmeasured Variables from Covariances among Indicators, in: American Journal of Sociology, 69. Jg., Nr. 1, S. 53-62.

Bleymüller, Josef/**Gehlert**, Günther/**Gülicher**, Herbert (1985): Statistik für Wirtschaftswissenschaftler, 4. Aufl., München.

Bleymüller, Josef/**Gehlert**, Günther/**Gülicher**, Herbert (1992): Statistik für Wirtschaftswissenschaftler, 8. Aufl., München.

Bleymüller, Josef/**Gehlert**, Günther/**Gülicher**, Herbert (1998): Statistik für Wirtschaftswissenschaftler, 11., überarb. Aufl., München.

Bobrow, D.G./**Norman**, D.A. (1975): Some principles of memory schemata, in: Bobrow, D.G./-Collins, A. [Hrsg.]: Representation and understanding: Studies in cognitive science, New York.

Böcker, F./**Thomas**, L. (1981): Marketing, Stuttgart und New York.

Boddewyn, J.J./**Soehl**, R./**Picard**, J. (1986): Standardization in International Marketing: Is Ted Levitt in Fact Right?, in: Business Horizons, 29. Jg., Nr. 6, S. 69-75.

Böhler, Heymo (1977): Methoden und Modelle der Marktsegmentierung, Stuttgart.

Böhler, Heymo (1985): Marktforschung, Stuttgart.

Böhler, Heymo/Gottschlich, W. (1985): Strategisches Marketing und strategische Unternehmensführung, in: Das Wirtschaftsstudium, 14. Jg., Nr. 5, S. 247-252.

Böhler, Heymo/**Stölzel**, A. (1977): Faktorenanalytische Positionierungsmodelle: Eine Untersuchung zur Wahl der Auswertungsrichtung von mehrdimensionalen Matrizen, in: Der Markt, 16. Jg., Nr. 61, S. 21-28.

Bollen, Kenneth A. (1989): Structural Equations with Latent Variables, New York.

Bolz, J. (1992): Wettbewerbsorientierte Standardisierung der internationalen Marktbearbeitung: Eine empirische Analyse in europäischen Schlüsselmärkten, Diss., Darmstadt.

Boomsma, Anne (1983): On the Robustness of LISREL (Maximum Likelihood Estimation) against Small Sample Sizes and Non-Normality, Diss., Groningen.

Borchers, Uwe W. (1988): Strategische Marketingplanung in Matrixorganisationen: Abstimmungserfordernisse, -probleme und -mechanismen, Diss., Aachen.

Borden, Neil H. (1964): The Concept of the Marketing Mix, in: Journal of Advertising Research, 4. Jg., Nr. 2, S. 2-7.

Borden, Neil H. (1968): The Concept of the Marketing-Mix, in: Dirksen, C.J./Kroeger, A./Lockley, L.C. [Hrsg.]: Readings in Marketing, Homewood.

Borg, Ingwer (1974): Subjektiver Wert, Präferenz und Utilität: Einige offene und geschlossene Modelle und ein konstruktives Skalierungsverfahren, Diss., München.

Boulding, Kenneth E. (1956): The Image, Michigan.

Boush, David M. (1993): How Advertising Slogans Can Prime Evaluations of Brand Extensions, in: Psychology and Marketing, 10. Jg., Nr. 1, S. 67-78.

Boush, David M./**Loken**, Barbara (1991): A Process-Tracing Study of Brand Extension Evaluations, in: Journal of Marketing Research, 28. Jg., Nr. 2, S. 16-28.

Boush, David M./**Shipp**, Shannon/**Loken**, Barbara/**Gencturk**, Ezra/**Crockett**, Susan/**Kennedy**, Ellen/**Minshall**, Betty/**Misurell**, Dennis/**Rochford**, Linda/**Strobel**, Jon (1987): Affect Generalization to Similar and Dissimilar Brand Extensions, in: Psychology and Marketing, 4. Jg., Nr. 3, S. 225-237.

Boze, Betsy V./**Patton**, Charles R. (1995): The future of consumer branding as seen from the picture today, in: The Journal of Consumer Marketing, 12. Jg., Nr. 4, S. 20-41.

Brady, John/**Davis**, Ian (1993): Marketing's Mid-Life Crisis, in: The McKinsey Quarterly, Nr. 2, S. 27.

Bridges, Sheri (1989): A Shema Unification Model of Brand Extensions, Arbeitspapier, Graduate School of Business, Stanford University, Stanford.

Bridges, Sheri (1990): A Schema Unification Model of Brand Extensions, Diss., Graduate School of Business, Stanford University, Stanford.

Bridges, Sheri (1992): A Schema Unification Model of Brand Extensions, in: Marketing Science Institute, Arbeitspapier Nr. 92-123, Cambridge.

Brixle, Markus (1993): Konversion, in: Meyer, Paul W./Mattmüller, Roland [Hrsg.]: Strategische Marketingoptionen: Änderungsstrategien auf Geschäftsfeldebene, Stuttgart, S. 87-127.

Brixle, M./**Haag**, T. (1993): Strategische Früherkennung als ein Beitrag zur Erschließung neuer Märkte, in: Marktforschung & Management, 37. Jg., Nr. 1, S. 26-30.

Broniarczyk, Susan M./**Alba**, Joseph W. (1994): The Importance of the Brand in Brand Extensions, in: Journal of Marketing Research, 31. Jg., Nr. 5, S. 214-228.

Brosius, Gerhard/**Brosius**, Felix (1996): SPSS: Base System und Professional Statistics, 1., unveränd. Nachdruck, Bonn u.a.

Brown, Tom J./**Dacin**, Peter A. (1997): The Company and the Product: Corporate Associations and Consumer Product Responses, in: Journal of Marketing, 61. Jg., Nr. 1, S. 68-84.

Bruhn, Manfred (1990): Marketing: Grundlagen für Studium und Praxis, Wiesbaden.

Bruhn, Manfred (1995): Markenstrategien, in: Tietz, Bruno [Hrsg.]: Handwörterbuch des Marketing, 2., vollst. überarb. Aufl., Stuttgart, Sp. 1445-1460.

Buchanan, Lauranne/**Simmons**, Carolyn J./**Bickart**, Barbara A. (1999): Brand Equity Dilution: Retailer Display and Context Brand Effects, in: Journal of Marketing Research, 36. Jg., Nr. 8, S. 345 355.

Bultez, A. (1975): La firme en concurrence sur des marchés interdépendents, Diss., Université Catholique de Louvain, Louvain.

Bunk, Burkhardt (1991): Marken ohne Blickkontakt? Neue Sicht der Führung., in: Absatzwirtschaft, 34. Jg., Nr. 11, S. 44-58.

Burghold, Johannes A. (1996): Absatz-Realisierung, in: Meyer, Paul W. [Hrsg.]: Integrierte Marketingfunktionen, 4., verb. Aufl., Stuttgart u.a., S. 172-195.

Buzzell, Robert D. (1968): Can you standardize multinational marketing?, in: Harvard Business Review, 46. Jg., Nr. 6, S. 102-113.

Buzzell, Robert D. (1979): Note on Market Definition and Segmentation, Cambridge.

Carlson, Robert O. (1963): The Nature of Corporate Images, in: Riley, John W. Jr. [Hrsg.]: The Corporation and Its Publics, New York, S. 24-47.

Carpenter, Gregory S./**Glazer**, Rashi/**Nakamoto**, Kent (1994): Meaningful Brands From Meaningless Differentiation: The Dependence on Irrelevant Attributes, in: Journal of Marketing Research, 31. Jg., Nr. 8, S. 329-350.

Cateora, P.R. (1983): International Marketing, 5. Aufl., Homewood.

Chakravarthy, Balaji S./**Perlmutter**, Howard V. (1985): Strategic Planning for a Global Business, in: Columbia Journal of World Business, 20. Jg., o.Nr., S. 3-10.

Chakravarti, Dipankar/**MacInnis**, Deborah J./**Nakamoto**, Kent (1990): Product Category Perceptions, Elaborative Processing and Brand Name Extension Strategies, in: Goldberg, Marvin E./Gorn, Gerald/Pollay, Richard W. [Hrsg.]: Advances in Consumer Research, 17. Jg., o.Nr., Provo, S. 910-916.

Channon, D.F./**Jalland**, M. (1979): Multinational Strategic Planning, London.

Child, John (1972): Organization Structure and Strategies of Control: A Replication of the Aston Study, in: Administrative Science Quarterly, 17. Jg., Nr. 2, S. 163-177.

Child, John/**Mansfield**, Roger (1972): Technology, Size, and Organization Structure, in: Sociology, 6. Jg., Nr. 3, S. 369-393.

Churchill, Gilbert A. Jr. (1979): A Paradigm for Developing Better Measures of Marketing Constructs, in: Journal of Marketing Research, 16. Jg., Nr. 2, S. 64-73.

Cliff, Norman (1983): Some Cautions Concerning the Application of Causal Modeling Methods, in: Multivariate Behavioral Research, 18. Jg., o.Nr., S. 115-126.

Cohen, Joel B. (1982): The Role of Affect in Categorization: Towards a Reconsideration of the Concept of Attitude, in: Mitchell, Andrew A. [Hrsg.]: Advances in Consumer Research, 9. Jg., o.Nr., Ann Arbor, S. 94-100.

Cohen, Joel B./**Basu**, Kunal (1987): Alternative Models of Categorization: Toward a Contingent Processing Framework, in: Journal of Consumer Research, 13. Jg., Nr. 3, S. 455-472.

Cohen, Joel B./**Golden**, Ellen (1972): Informational Social Influence And Product Evaluation, in: Journal of Applied Psychology, 56. Jg., Nr. 1, S. 54-59.

Cohen, Louis (1967): The Differentiation Ration in Corporate Image Research, in: Journal of Advertising Research, 7. Jg., Nr. 3, S. 32-36.

Cohen, Morris A./**Eliashberg**, Jehoshua/**Ho**, Teck H. (1997): An Anatomy of a decision-support-system for developing and launching line extensions, in: Journal of Consumer Research, 23. Jg., Nr. 3, S. 455-472.

Cohen, Reuben (1963): The Measurement of Corporate Images, in: Riley, John W. Jr. [Hrsg.]: The Corporation and Its Publics, New York, S. 48-63.

Collins, A.M./**Quillian**, M.R. (1972): How to make a Language User, in: Tulving, E./Donaldson, W. [Hrsg.]: Organization of Memory, New York.

Copeland, T. (1924): Principles of Merchandising, Chicago und New York.

Cravens, D.W. (1982): Strategic Marketing, Homewood.

Crawford, Merle C. (1992): Neuprodukt-Management (New Products Management. Deutsche Übersetzung der 3., überarb. Auflage von Thorsten Schmidt), Frankfurt am Main und New York.

Culliton, J.W. (1948): The Management of Marketing Costs, Boston.

Dacin, Peter A./**Smith**, Daniel C. (1994): The Effect of Brand Portfolio Characteristics on Consumer Evaluations of Brand Extensions, in: Journal of Marketing Research, 31. Jg., Nr. 5, S. 229-242.

Dahl, Darren W./**Chattopadhyay**, Amitava/**Gorn**, Gerald J. (1999): The Use of Visual Mental Imagery in New Product Design, in: Journal of Marketing Research, 36. Jg., Nr. 2, S. 18-28.

Dahlhoff, Dieter H. (1994): Markenpolitik im Automobilmarkt, in: Bruhn, Manfred [Hrsg.]: Handbuch Markenartikel, Stuttgart, Sp. 1464-1472.

Dawar, Niraj (1993): Extendibility of Umbrella Brands, Arbeitspapier Nr. 93/48/MKT, INSEAD, Fontainebleau.

Dawar, Niraj/**Anderson**, Paul F. (1994): The Effects of Order and Direction of Multiple Brand Extensions, in: Journal of Business Research, 30. Jg., Nr. 2, S. 119-129.

Day, George S. (1972): Evaluating Models of Attitude Structure, in: Journal of Marketing Research, 9. Jg., Nr. 8, S. 279-286.

Day, George S. (1981): Strategic Market Analysis and Definition: An Integrated Approach, in: Strategic Management Journal, 2. Jg., Nr. 3, S. 281-299.

Day, George S. (1984): Strategic Market Planning: The Pursuit of Competitive Advantage, St. Paul u.a.

Day, George S./**Deutscher**, Terry (1982): Attitudinal Predictions of Choices of Major Appliance Brands, in: Journal of Marketing Research, 19. Jg., Nr. 5, S. 192-198.

De Chernatony, Leslie (1991): Formulating Brand Strategy, in: European Management Journal, 9. Jg., Nr. 2, S. 194-200.

De Chernatony, Leslie (1996): 2001: The Brand Management Odyssey, in: Journal of Management, 21. Jg., Nr. 4, S. 15-30.

De Chernatony, Leslie/**McWilliam**, Gil (1990): Appreciating Brands as Assets Through Using a Two-Dimensional Model, in: International Journal of Advertising, 9. Jg., Nr. 2, S. 111-119.

De Simone, Glenn (1998): Overcoming Obstacles to Global Branding, in: Medical Marketing and Media, 33. Jg., Nr. 12, S. 88-96.

Devin, Barbara (1993): Markenausweitung und Werbeeffizienz, in: Markenartikel, Nr. 5/1993, S. 196-198.

Dichtl, Erwin (1992): Grundidee, Varianten und Funktionen der Markierung von Waren und Dienstleistungen, in: Dichtl, Erwin/Eggers, Walter [Hrsg.]: Marke und Markenartikel als Instrument des Wettbewerbs, Mannheim und München, S. 1-24.

Diller, Hermann [Hrsg.] (1992): Vahlens großes Marketinglexikon, München.

Diller, Hermann [Hrsg.] (1998): Marketingplanung, 2., vollst. neubearb. und erg. Aufl., München.

Diller, Hermann/**Götz**, P. (1990): Die Kundenportfolio-Analyse, Arbeitspapier Nr. 1, Lehrstuhl für Marketing, Universität Erlangen-Nürnberg, Nürnberg.

Dobni, Dawn/**Zinkhan**, George M. (1990): In Search of Brand Image: A Foundation Analysis, in: Goldberg, Marvin E./Gorn, Gerald/Pollay, Richard W. [Hrsg.]: Advances in Consumer Research, 17. Jg., S. 110-119.

Douglas, S.P./**Craig**, S.C. (1986): Global Marketing Myopia, in: Journal of Marketing Management, 2. Jg., Nr. 2, S. 155-169.

Douglas, S.P./**Craig**, S.C. (1989): Evolution of Global Marketing Strategy: Scale, Scope and Synergy, in: Columbia Journal of World Business, 24. Jg., Nr. 3, S. 47-59.

Douglas, S.P./**Wind**, Y. (1987): The Myth of Globalization, in: Columbia Journal of World Business, 22. Jg., Nr. 4, S. 19-29.

Dowling, Grahame R. (1986): Managing Your Corporate Images, in: Industrial Marketing Management, 15. Jg., Nr. 2, S. 109-115.

Dülfer, Eberhard (1996): Internationales Management in unterschiedlichen Kulturbereichen, 4., überarb. Aufl., München und Wien.

Duncan, Otis D. (1975): Introduction to Structural Equation Models, New York.

DuPreez, J.P./**Diamantopoulos**, A./**Schlegelmilch**, B.B. (1995): Lessons for Pan-European Marketing? The Role of Consumer Preferences in Fine-Tuning the Product-Market Fit, in: International Marketing Review, 12. Jg., Nr. 2, S. 38-51.

Easton, A. (1966): Corporate Style versus Corporate Image, in: Journal of Marketing Research, 3. Jg., Nr. 5, S. 168-173.

Eberhard, Kurt (1987): Einführung in die Erkenntnis- und Wissenschaftstheorie: Geschichte und Praxis der konkurrierenden Erkenntniswege, Stuttgart u.a.

Ebers, Mark (1992): Situative Organisationstheorie, in: Frese, Erich [Hrsg.]: Handwörterbuch der Organisation, 3. Aufl., Stuttgart, Sp. 1817-1838.

Eliason, Scott R. (1993): Maximum Likelihood Estimation: Logic and Practice, in: Sage University Paper Series on Quantitative Applications in the Social Sciences, Nr. 96, Beverly Hills und London.

Elliott, Richard (1994): Exploring the Symbolic Meaning of Brands, in: British Journal of Management, 5. Jg., Sonderausgabe Juni, S. S13-S19.

Elliott, Richard/**Wattanasuwan**, Kritsadarat (1998): Brands as symbolic resources for the construction of identity, in: International Journal of Advertising, 17. Jg., Nr. 2, S. 131-144.

Ellis, Henry C./**Hunt**, Reed R. (1992): Fundamentals of Cognitive Psychology, 5. Aufl., Dubuque.

Engelhard, Johann/**Dähn**, Mathias (1997): Theorien der internationalen Unternehmenstätigkeit: Darstellung, Kritik und zukünftige Anforderungen, in: Macharzina, Klaus/Oesterle, Michael-Jörg [Hrsg.]: Handbuch Internationales Management: Grundlagen - Instrumente - Perspektiven, Wiesbaden, S. 23-44.

Erdem, Tülin (1998): An Empirical Analysis of Umbrella Branding, in: Journal of Marketing Research, 35. Jg., Nr. 8, S. 339-351.

Erickson, Gary M./**Johansson**, Johny K./**Chao**, Paul (1984): Image Variables in Multi-Attribute Product Evaluations: Country-of-Origin-Effects, in: Journal of Consumer Research, 11. Jg., Nr. 9, S. 694-699.

Evans, Joel R. [Hrsg.] (1983): Product Life Cycles In The Automobile, Food, And Proprietary Drug Industries: Evolution, Description, And Analysis, New York.

Eysenck, Michael W./**Keane**, Mark T. (1990): Cognitive Psychology: A Student's Handbook, Hillsdale.

Farquhar, Peter H. (1989): Managing Brand Equity, in: Marketing Research, 1. Jg., Nr. 9, S. 24-33.

Farquhar, Peter H. (1994): Strategic challenges for branding, in: Marketing Management, 3. Jg., Nr. 2, S. 8-14.

Farquhar, Peter H./**Han**, Julia Y./**Herr**, Paul M./**Ijiri**, Yuji (1992): Strategies for Leveraging Master Brands: How to Bypass the Risks of Direct Extensions, in: Marketing Research, 4. Jg., Nr. 3, S. 32-43.

Feigenbaum, E.A./**Feldman**, J. (1963): Computers and Thought: A Collection of Articles, New York u.a.

Feldman, Jack M./**Lynch**, John G. Jr. (1988): Self-Generated Validity and Other Effects of Measurement on Belief, Attitude, Intention and Behavior, in: Journal of Applied Psychology, 73. Jg., Nr. 3, S. 421-435.

Ferris, Paul/**Conley**, Frank/**Trap**, Nancy (1986): The CHEVROLET CORVETTE, Fallstudie-Nr. UVA-M-0320, Darden Graduate School of Business Administration, University of Virginia, Charlottesville.

Finsel, E./**Bach**, C. (1993): Autoclinic, in: Planung und Analyse, Nr. 4/1993, S. 54-57.

Fischer, Allbrecht J. (1964): Marketing als Instrument der Unternehmungsführung, in: Hessenmüller, Bruno/Schnaufer, Erich [Hrsg.]: Absatzwirtschaft, Baden-Baden.

Fishbein, Martin [Hrsg.] (1967): Readings in Attitude Theory and Measurement, New York u.a.

Fishbein, Martin (1970): The Relationships between Beliefs, Attitudes and Behavior, in: Kollat, D.T. et al. [Hrsg.]: Research in Consumer Behavior, New York, S. 216-235.

Fishbein, Martin/**Ajzen**, Icek (1975): Belief, Attitude, Intention and Behavior: An Introduction to Theory and Research, Reading u.a.

Fiske, Susan T. (1982): Schema-Triggered Affect: Applications to Social Perception, in: Clark, Margaret S./Fiske, Susan T. [Hrsg.]: Affect and Cognition: The 17th Annual Carnegie Symposium on Cognition, Hillsdale, S. 55-78.

Fiske, Susan T./**Pavelchak**, Mark A. (1986): Category-Based Versus Piecemeal-Based Affective Responses: Developments in Schema-Triggered Affect, in: Sorrentino, Richard M./Higgins, Tory E. [Hrsg.]: The Handbook of Motivation and Cognition: Foundations of Social Behavior, New York.

Floyd, Christiane (1997): Das Mögliche Ermöglichen: Zur Praxis der Realitätskonstruktion am Beispiel Softwareentwicklung, in: Müller, A./Müller, K. H./Stadler, F. [Hrsg.]: Konstruktivismus und Kognitionswissenschaft, Wien und New York, S. 107-124.

Foerster, Heinz von (1985a): Das Konstruieren einer Wirklichkeit, in: Watzlawick, Paul [Hrsg.]: Die erfundene Wirklichkeit. Wie wissen wir, was wir zu wissen glauben. Beiträge zum Konstruktivismus, München.

Foerster, Heinz von (1985b): Sicht und Einsicht: Versuche zu einer operativen Erkenntnistheorie, Braunschweig.

Foerster, Heinz von (1992): Einführung in den Konstruktivismus, München.

Foerster, Heinz von (1993): KybernEthik, Berlin.

Folkes, Valerie S. (1988): Recent Attribution Research in Consumer Behavior: A Review and New Directions, in: Journal of Consumer Research, 14. Jg., Nr. 3, S. 548-565.

Fombrun, Charles/**Shanley**, Mark (1990): What's in a Name? Reputation Building and Corpora-te Strategy, in: Academy of Management Journal, 33. Jg., Nr. 2, S. 233-258.

Fornell, Claes (1986): A Second Generation of Multivariate Analysis: Classification of Methods and Implications for Marketing Research, Arbeitspapier, University of Michigan, Ann Arbor.

Fornell, Claes/**Larcker**, David F. (1981): Evaluating Structural Equation Models with Unobservable Variables and Measurement Error, in: Journal of Marketing Research, 19. Jg., Nr. 2, S. 39-50.

Förster, Friedrich (1983): Moderne Verfahren der Kausalanalyse und ihre Bedeutung für Marketingwissenschaft und -praxis: Bericht der Forschungsgruppe Konsumenteninformation, Mannheim.

Franke, Dieter (1994): Image-Dimensionen neu vermessen, in: Absatzwirtschaft, 37. Jg., Nr. 1/-1994, S. 78-82.

Freitag, D. (1975): Skalierungsverfahren, in: Verlag Moderne Industrie [Hrsg.]: Marketing-Enzyklopädie: Das Marketingwissen unserer Zeit, Bd. III: Produktpolitik-Zugaben, München, S. 185-196.

Frese, E. (1984): Grundlagen der Organisation, 2. Aufl., Wiesbaden.

Freter, Hermann (1976): Mehrdimensionale Einstellungsmodelle im Marketing: Interpretation, Vergleich und Aussagewert, in: Meffert, Heribert [Hrsg.]: Arbeitspapier Nr. 12, Institut für Marketing, Universität Münster, Münster.

Freter, Hermann (1983): Marktsegmentierung, Stuttgart u.a.

Freter, Hermann/**Barzen**, D. (1988): Segmentierung im Automobilmarkt, in: Marktforschung und Management, o.Jg., Nr. 3/1988, S. 87-92.

Friedman, R. (1986): Psychological Meaning of Products: A Simplification of the Standardization vs. Adaptation Debate, in: Columbia Journal of World Business, 21. Jg., Nr. 2, S. 97-104.

Friedrichs, J. (1968): Werte über soziales Handeln: Ein Beitrag zur soziologischen Theorie, Tübingen.

Friedrichs, J. (1980): Methoden empirischer Sozialforschung, Opladen.

Fritschle, Brigitte/**Frey**, Thomas (1996): Der Spiegel der Unternehmenskultur, in: Gablers Magazin, o.Jg., Nr. 5/1996, S. 22-25.

Fritz, Wolfgang (1990): Marketing: Ein Schlüsselfaktor des Unternehmenserfolges?, in: Marketing-Zeitschrift für Forschung und Praxis, 12. Jg., Nr. 2, S. 91-110.

Fritz, Wolfgang (1992): Marktorientierte Unternehmensführung und Unternehmenserfolg: Grundlagen und Ergebnisse einer empirischen Untersuchung, Habil., Stuttgart 1992.

Fritz, Wolfgang/**Förster**, F./**Wiedmann**, K.-P./**Raffée**, H. (1988): Unternehmensziele und strategische Unternehmensführung, in: Die Betriebswirtschaft, 48. Jg., Nr. 5, S. 567-586.

Fröhlich, Friedrich Wilhelm (1974): Multinationale Unternehmen, Baden Baden.

Fröhlich, Werner D./**Becker**, Johannes (1972): Forschungsstatistik, 6. Aufl., Bonn.

Fry, Joseph N. (1967): Family branding and consumer brand choice, in: Journal of Marketing Research, 4. Jg., Nr. 8, S. 237-247.

Gäfgen, Gérard (1968): Theorie der wirtschaftlichen Entscheidung: Untersuchungen zur Logik und ökonomischen Bedeutung des rationalen Handelns, 2., durchges. und erw. Aufl., Tübingen.

Gaitanides, M. (1994): Prozeßmanagement, München.

Gälweiler, Aloys (1974): Unternehmensplanung: Grundlagen und Praxis, Frankfurt/Main.

Gälweiler, Aloys (1979): Strategische Geschäftseinheiten (SGE) und Aufbau-Organisation der Unternehmung, in: Zeitschrift für Organisation, o.Jg., Nr. 5/1979, S. 252-260.

Gälweiler, Aloys (1981): Strategische Unternehmensplanung, in: Steinmann, H. [Hrsg.]: Unternehmensführung I: Planung und Kontrolle: Probleme der strategischen Unternehmensführung, München, S. 85-101.

Gälweiler, Aloys (1986): Unternehmensplanung, Frankfurt am Main und New York.

Ganesh, Jaishankar/**Kumar**, V./**Subramaniam**, Velavan (1997): Learning Effect in Multinational Diffusion of Consumer Durables: An Exploratory Investigation, in: Journal of the Academy of Marketing Science, 25. Jg., Nr. 3, S. 214-228.

Gardner, Burleigh B./**Levy**, Sidney J. (1955): The Product and the Brand, in: Harvard Business Review, 33. Jg., Nr. 2, S. 33-39.

Garone, Stephen J. (1998): Managing Reputation With Image and Brands, in: The Conference Board, Report Nr. 1212-98-CH, New York.

Gassmann, Oliver /**Zedtwitz**, Maximilian von (1996): Internationales Innovationsmanagement: Gestaltung von Innovationsprozessen im globalen Wettbewerb, München

Gatignon, Hubert/**Eliashberg**, Jehoshua/**Robertson**, Thomas S. (1989): Modeling Multinational Diffusion Patterns: An Efficient Methodology, in: Marketing Science, 8. Jg., Nr. 3, S. 231-247.

Gatignon, Hubert/**Weitz**, Barton/**Bansal**, Pradeep (1990): Brand Introduction Strategies and Competitive Environments, in: Journal of Marketing Research, 27. Jg., Nr. 11, S. 390-401.

Gerybadze, Alexander/**Meyer-Krahmer**, Frieder/**Reger**, Guido (1997): Globales Management von Forschung und Innovation, in: Gerybadze, Alexander/Meyer-Krahmer, Frieder/Schrader, Stefan/Sommerlatte, Tom [Hrsg.]: Internationales Management und Innovation, Stuttgart.

Gierl, Heribert (1995): Marketing, Stuttgart.

Glasersfeld, Ernst von (1991a): Abschied von der Objektivität, in: Watzlawick, Paul/Krieg, Peter [Hrsg.]: Das Auge des Betrachters: Beiträge zum Konstruktivismus: Festschrift für Heinz von Foerster, München.

Glasersfeld, Ernst von (1991b): Einführung in den Radikalen Konstruktivismus, in: Watzlawick, Paul [Hrsg.]: Die erfundene Wirklichkeit, München, S. 16-38.

Glasersfeld, Ernst von (1995): Radikaler Konstruktivismus, Frankfurt am Main.

Gomez, P./**Hahn**, D./**Müller-Stewens**, G./**Wunderer**, R [Hrsg.] (1994): Unternehmerischer Wandel: Konzepte zur organisatorischen Erneuerung, Wiesbaden.

Grabatin, G. (1981): Effizienz von Organisationen, Berlin und New York.

Graf, Arnim (1974): Problematik der organisatorischen Strukturierung eines Planungssystems für die strategische Marketingplanung unter besonderer Berücksichtigung der Bedingungen des kollektiven unternehmerischen Entscheidungsprozesses, Diss., Berlin.

Granger, Charles H. (1964): The Hierarchy of Objectives, in: Harvard Business Review, 42. Jg., Nr. 3, S. 63-72.

Grassl, Wolfgang (1999): The Reality of Brands: Towards an Ontology of Marketing, in: The American Journal of Economics and Sociology, 58. Jg., Nr. 2, S. 313-359.

Grassy, Oliver (1993): Diversifikation, in: Meyer, Paul W./Mattmüller, Roland [Hrsg.]: Strategische Marketingoptionen: Änderungsstrategien auf Geschäftsfeldebene, Stuttgart, S. 30-73.

Graumann, Mathias (1993): Die Analyse der Innovationstätigkeit deutscher Automobilhersteller auf dem Markt für PKW 1975-1990, Diss., Frankfurt am Main u.a.

Green, P.E./**Rao**, V.R. (1972): Applied Multidimensional Scaling: A Comparison of Approaches and Algorithms, New York u.a.

Green, P.E./**Tull**, D.S. (1982): Methoden und Techniken der Marktforschung, 4. Aufl., Stuttgart.

Gregan-Paxton, Jennifer (o.J.): The Role of Abstract and Specific Knowledge in the Product Evaluation Process: An Analogical Learning Perspective, Arbeitspapier, University of Delaware, Newark.

Gregory, James R./**Wiechmann**, Jack G. (1991): Marketing corporate image: the company as your #1 product, 2. Aufl., Lincolnwood.

Gregory, James R./**Wiechmann**, Jack G. (1997): Leveraging the Corporate Brand, Lincolnwood.

Greyser, Stephen A./**Klein**, Norman (1990): MAZDA: Corporate Public Relations in the United States, Fallstudie Nr. 9-590-102, Graduate School of Business Administration, Harvard University, Cambridge.

Grochla, Erwin (1978): Einführung in die Organisationstheorie, Stuttgart.

Groh, Gisbert (1974): Marktsegmentierung, in: Tietz, Bruno [Hrsg.]: Handbuch der Absatzwirtschaft, Stuttgart, Sp. 1408-1420.

Gürhan-Canli, Zeynep/**Maheswaran**, Durairaj (1998): The Effects of Extensions on Brand Name Dilution and Enhancement, in: Journal of Marketing Research, 35. Jg., Nr. 11, S. 464-473.

Gutenberg, Erich (1955): Grundlagen der Betriebswirtschaftslehre, Bd. II: Der Absatz, 1. Aufl., Berlin u.a.

Gutenberg, Erich (1967): Grundlagen der Betriebswirtschaftslehre, Bd. II: Der Absatz, 10. Aufl., Berlin u.a.

Gutenberg, Erich (1975): Grundlagen der Betriebswirtschaftslehre, Bd. I: Die Produktion, 21. Aufl., Berlin u.a.

Gutenberg, Erich (1976): Grundlagen der Betriebswirtschaftslehre, Bd. II: Der Absatz, 15. Aufl., Berlin u.a.

Gutjahr, Gerd (1972): Markt- und Werbepsychologie, Heidelberg.

Haag, Toralf (1993): Entwicklung eines integrativen strategischen Früherkennungssystems, in: Zeitschrift für Planung, o.Jg., Nr. 3/1993, S. 261-274.

Haas, M.O. (1976): Planungskonzeptionen, in: Schriftenreihe des Instituts für betriebswirtschaftliche Forschung an der Universität Zürich, Bd. XVI, Bern.

Hadaschik, Michael (1979): Die Einsatzbedingungen organisierter langfristiger Unternehmensplanung, Diss., Berlin

Haedrich, Günther [Hrsg.] (1977): Operationale Entscheidungshilfen für die Marketingplanung, Berlin und New York.

Haedrich, Günther/**Berger**, R. (1982): Angebotspolitik, Berlin und New York.

Haedrich, Günther/**Gussek**, Frank/**Tomczak**, Torsten (1989): Differenzierte Marktbearbeitung und Markterfolg im Reiseveranstaltermarkt der Bundesrepublik Deutschland, in: Marketing-Zeitschrift für Forschung und Praxis, 11. Jg., Nr. 1, S. 11-18.

Haedrich, Günther/**Gussek**, Frank/**Tomczak**, Torsten (1990): Instrumentelle Strategiemodelle als Komponenten im Marketingplanungsprozeß, in: Die Betriebswirtschaft, 50. Jg., Nr. 2, S. 205-222.

Haedrich, Günther/**Tomczak**, Torsten (1990): Strategische Markenführung: Planung und Realisierung von Marketingstrategien für eingeführte Produkte, Bern und Stuttgart.

Hahn, Dietger (1986): Early-Warning Systems in Major German Companies, in: Witte, E./Zimmermann, H. [Hrsg.]: Empirical Research on Organizational Decision-Making, Amsterdam.

Hahn, Dietger/**Klausmann**, W. (1986): Frühwarnsysteme und strategische Unternehmensplanung, in: Hahn, Dietger/Taylor, B. [Hrsg.]: Strategische Unternehmensplanung, 4., veränd. und erw. Aufl., Würzburg und Wien, S. 264-280.

Hahn, P. (1993): Planung und Kontrolle, in: Wittmann, W. et al. [Hrsg.]: Handwörterbuch der Betriebswirtschaft, Teilband II, 5. Aufl., Stuttgart, S. 3185-3200.

Hammann, P./**Erichson**, B. (1978): Marktforschung, 1. Aufl., Stuttgart und New York.

Hammann, P./**Erichson**, B. (1990): Marktforschung, 2. Aufl., Stuttgart und New York.

Hammann, P./**Erichson**, B. (1994): Marktforschung, 3. Aufl., Stuttgart und New York.

Hammer, Richard M. (1982): Unternehmensplanung: Lehrbuch der Planung und strategischen Unternehmensführung, München.

Hammer, Richard M. (1988): Strategische Planung und Frühaufklärung, München und Wien.

Hammer, Richard M. (1998): Strategische Planung und Frühaufklärung, 3., unwes. veränd. Aufl., München und Wien.

Han, Jin K./**Schmitt**, Bernd H. (1997): Product-Category Dynamics and Corporate Identity in Brand Extensions: A Comparison of Hong Kong and US Consumers, in: Journal of International Marketing, 5. Jg., Nr. 1, S. 77-92.

Hansen, U. (1970): Der Markenartikel: Analyse seiner Entwicklung und Stellung im Rahmen des Markenwesens, Berlin.

Hanssmann, F. (1985): Was versteht die GSP unter strategischer Planung, in: Strategische Planung, 1. Jg., o.Nr., S. 151-157.

Hardy, Kenneth G. (1970): Whatever Happened to Image?, in: Business Quarterly, 35. Jg., Nr. 4, S. 70-76.

Hart, Susannah (1998): Developing New Brand Names, in: Hart, Susannah/Murphy, John M. [Hrsg.]: Brands: The New Wealth Creators, New York, S. 34-45.

Hart, Susannah/**Murphy**, John [Hrsg.] (1998): Brands: The New Wealth Creators, New York.

Hartman, Cathy L./**Price**, Linda L./**Duncan**, Calvin P. (1990): Consumer Evaluation of Franchise Extension Products: A Categorization Processing Perspective, in: Goldberg, Marvin E./Gorn, Gerald/Pollay, Richard W. [Hrsg.]: Advances in Consumer Research, 17. Jg., o. Nr., Provo, S. 120-127.

Hartmann, V. (1966): Markentechnik in der Konsumgüterindustrie, Freiburg im Breisgau.

Hartung, J./**Elpelt**, B. (1984): Multivariate Statistik, München und Wien.

Hasse, Raimund (1996): Organisierte Forschung: Arbeitsteilung, Wettbewerb und Networking in Wissenschaft und Technik, Berlin.

Hasselberg, F. (1989): Strategische Kontrolle im Rahmen strategischer Unternehmensführung, Frankfurt am Main.

Hätty, Holger (1989): Der Markentransfer, Heidelberg.

Hätty, Holger (1994): Markentransferstrategie, in: Bruhn, Manfred [Hrsg.]: Handbuch Markenartikel, Stuttgart, S. 561-582.

Hauschildt, Jürgen (1989): Informationsverhalten bei innovativen Problemstellungen, in: Zeitschrift für Betriebswirtschaft, 59. Jg., Nr. 9, S. 377-397.

Hauschildt, Jürgen (1997): Innovationsmanagement, 2. Aufl., München.

Hauschildt, Jürgen/**Petersen**, K. (1987): Phasen-Theorem und Organisation komplexer Entscheidungsverläufe, in: Zeitschrift für betriebswirtschaftliche Forschung, 39. Jg., Nr. 12, S. 1043-1062.

Hax, A./**Majluf**, N. (1988): Strategisches Management, Frankfurt am Main.

Hayduk, Leslie A. (1987): Structural Equation Modeling with LISREL, Baltimore.

Heald, G./**James**, M./**Harding**, S. (1981): Cross-national research of people's values: A new approach, in: Market Research Society Conference, o.Jg., Nr. 3, S. 229-233.

Hedley, B. (1977): Strategy and the „Business Portfolio“, in: Long Range Planning, 10. Jg., Nr. 1, S. 9-15.

Heeler, R.M./**Hustad**, T.P. (1980): Problems in Predicting New Product Growth for Consumer Durables, in: Management Science, 10. Jg., Nr. 10, S. 1007-1020.

Heemeyer, Hermann (1981): Psychologische Marktforschung im Einzelhandel, Wiesbaden.

Heidrich, Holger (1981): Konsumentenwissen und Wettbewerb: Marktprozesse bei dauerhaften Gütern am Beispiel neuer und gebrauchter Personenkraftwagen, Diss., Freiburg im Breisgau.

Heinemann, Gerrit (1993): Imagetransfer als Diversifikationsstrategie unter reduziertem Risiko, in: Thexis, o.Jg., Nr. 5./6.93, S. 32-37.

Heinen, Edmund (1971): Grundlagen betriebswirtschaftlicher Entscheidungen: Das Zielsystem der Unternehmung, 2. Aufl., Wiesbaden.

Heinen, Edmund (1972): Einführung in die Betriebswirtschaftslehre, Wiesbaden.

Heinen, Edmund (1985): Einführung in die Betriebswirtschaftslehre, 9. Aufl., Wiesbaden.

Hellmich, Reinhard (1970): Entwicklung eines Planungssystems für Unternehmungen: Versuch einer allgemeinen Grundlegung, Winterthur.

Helsen, K./**Jedidi**, K./**DeSarbo**, W.S. (1993): A New Approach to Country Segmentation Utilizing Multinational Diffusion Pattern, in: Journal of Marketing, 57. Jg., Nr. 10, S. 60-71.

Henry, H. (1985): Sinn und Unsinn des Global Marketing, in: Admap, o.Jg., Nr. 242, Juli/August, S. 31-35.

Henry, W.A. (1976): Cultural Values Do Correlate with Consumer Behavior, in: Journal of Marketing Research, 13. Jg., Nr. 5, S. 121-127.

Henseler, Reinhold (1977): Image- und Imagepolitik im Facheinzelhandel, Frankfurt am Main und Zürich.

Hentze, J./**Brose**, P. (1985): Unternehmensplanung, Bern und Stuttgart.

Herbig, Paul/**Milewicz**, John (1993): The Relationship of Reputation and Credibility to Brand Success, in: Journal of Consumer Marketing, 10. Jg., Nr. 3, S. 18-24.

Hermann, Dieter (1984): Ausgewählte Probleme bei der Anwendung der Pfadanalyse, Diss., Frankfurt am Main u.a.

Hermanns, Arnold (1978): Funktionen des Absatzmarketing: I. Absatzvorbereitung, in: Meyer, Paul W./Hermanns, Arnold [Hrsg.]: Integrierte Marketingfunktionen: Absatz, Beschaffung und Öffentlichkeitsarbeit, 1. Aufl., Stuttgart u.a., S. 32-56.

Hermanns, Arnold (1995): Aufgaben des internationalen Marketing-Managements, in: Hermanns, Arnold/Wißmeier, Urban Kilian [Hrsg.]: Internationales Marketing-Management: Grundlagen, Strategien, Instrumente, Kontrolle und Organisation, München, S. 23-68.

Hermanns, Arnold/**Meyer**, Anton (1984): Der integrierte Marketingansatz von P.W. Meyer, in: Hermanns, Arnold/Meyer, Anton [Hrsg.]: Zukunftsorientiertes Marketing. Festschrift zum sechzigsten Geburtstag von Paul W. Meyer, Berlin, S. 11-23.

Hermans, Arnold/**Wißmeier**, Urban Kilian (1997): Strategien der internationalen Marktbearbeitung, in: Macharzina, Klaus/Oesterle, Michael-Jörg [Hrsg.]: Handbuch Internationales Management: Grundlagen - Instrumente - Perspektiven, Wiesbaden, S. 268-286.

Herr, Paul M. (1986): Consequences of Priming: Judgment and Behavior, in: Journal of Personality and Social Psychology, 51. Jg., Nr. 6, S. 1106-1115.

Herr, Paul M./**Farquhar**, Peter H./**Fazio**, Russell H. (1990): Extending Brand Equity to New Categories, Arbeitspapier, Graduate School of Business, Indiana University, Bloomington.

Herr, Paul M./**Sherman**, Steven J./**Fazio**, Russell H. (1983): On the Consequences of Priming: Assimilation and Contrast Effects, in: Journal of Experimental Social Psychology, 19. Jg., o.Nr., S. 323-340.

Herzig, Oliver A. (1991): Markenbilder, Markenwelten: Neue Wege in der Imageforschung, in: Schweiger, Günter [Hrsg.]: Empirische Marketingforschung, Bd. IX, Wien.

Hildebrandt, Lutz (1983): Konfirmatorische Analysen von Modellen des Konsumentenverhaltens, Diss., Berlin.

Hildebrandt, Lutz (1984): Kausalanalytische Validierung in der Marketingforschung, in: Marketing-Zeitschrift für Forschung und Praxis, 6. Jg., Nr. 1, S. 41-51.

Hill, John S./**Still**, Richard R. (1984): Adapting products to LCD tastes, in: Harvard Business Review, 62. Jg., Nr. 2, S. 92-101.

Hill, W./**Fehlbaum**, R./**Ulrich**, P. (1974): Organisationslehre: Ziele, Instrumente und Bedingungen der Organisation sozialer Systeme, 2 Bände, Bern.

Hill, W./**Rieser**, I. (1990): Marketing-Management, Berlin und Stuttgart.

Hinterhuber, H.H. (1980): Strategische Unternehmensführung, 2. Aufl., Berlin und New York.

Hinterhuber, H.H. (1982): Wettbewerbsstrategie, Berlin und New York.

Hinterhuber, H.H. (1989): Strategische Unternehmungsführung, Bd. I: Strategisches Denken: Vision, Unternehmungspolitik, Strategie, 4., völlig neu bearb. Aufl., Berlin und New York.

Hirshman, E.C./**Greenberg**, B./**Robertson**, D.H. (1978): The Intermarket Reliability of Retail Image Research: An Empirical Examination, in: Journal of Retailing, 54. Jg., Nr. 1, S. 3-12.

Hoch, Stephen J./**Deighton**, John (1989): Managing What Consumers Learn from Experience, in: Journal of Marketing, 53. Jg., Nr. 4, S. 1-20.

Hodapp, Volker (1984): Analyse linearer Kausalmodelle, Bern u.a.

Hodgetts, Richard M./**Luthans**, Fred (1994): International Management, 2. Aufl., New York u.a.

Hofer, Michael (1991): Imagetransfer: Die Wirkung Österreichtypischer Exportwerbung für Investitionsgüter unter besonderer Berücksichtigung apparativer Verfahren, Diss., Wien.

Höfner, K./**Winterling**, K. (1982a): Strategisch planen mit Portfolios, Teil 1, in: Marketing-Journal, 15. Jg., Nr. 1, S. 45-48.

Höfner, K./**Winterling**, K. (1982b): Strategisch planen mit Portfolios, Teil 2, in: Marketing-Journal, 15. Jg., Nr. 3, S. 248-255.

Höfner, K./**Winterling**, K. (1982c): Strategisch planen mit Portfolios, Teil 3, in: Marketing-Journal, 15. Jg., Nr. 4, S. 337-341.

Hofstede, G. (1983): The Cultural Relativity of Organizational Practices and Theories, in: Journal of International Business Studies, o.Jg., Nr. 3, S. 75-89.

Höhl, J. (1982): Zweitmarken: Ein entscheidungsorientierter Ansatz aus Sicht des Markenartikelherstellers bei Gütern des täglichen Bedarfs, in: Betriebswirtschaftliche Schriften zur Unternehmensführung, Bd. XXXIX, Gelsenkirchen.

Hollensen, Svend (1998): Global marketing: A market-responsive approach, London u.a.

Homburg, Christian (1989): Exploratorische Ansätze der Kausalanalyse als Instrument der Marketingplanung, Diss., Frankfurt am Main u.a.

Homburg, Christian (1992a): Beispiele zur Kausalanalyse, in: Wirtschaftswissenschaftliches Studium, 21. Jg., Nr. 10, S. 541-544.

Homburg, Christian (1992b): Die Kausalanalyse: Eine Einführung, in: Wirtschaftswissenschaftliches Studium, 21. Jg., Nr. 10, S. 499-508.

Homburg, Christian (1998): Quantitative Betriebswirtschaftslehre: Entscheidungsunterstützung durch Modelle: Mit Beispielen, Übungsaufgaben und Lösungen., 2., überarb. und erw. Aufl., Wiesbaden.

Homburg, Christian/**Baumgartner**, Hans (1995a): Die Kausalanalyse als Instrument der Marketingforschung: Eine Bestandsaufnahme, in: Zeitschrift für Betriebswirtschaft, 65. Jg., Nr. 10, S. 1091-1108.

Homburg, Christian/**Baumgartner**, Hans (1995b): Beurteilung von Kausalmodellen: Bestandsaufnahme und Anwendungsempfehlungen, in: Marketing-Zeitschrift für Forschung und Praxis, 17. Jg., Nr. 3, S.166-171.

Homburg, Christian/**Giering**, Anette (1996): Konzeptualisierung und Operationalisierung komplexer Konstrukte: Ein Leitfaden für die Marketingforschung, in: Marketing-Zeitschrift für Forschung und Praxis, 18. Jg., Nr. 1, S. 5-24.

Homburg, Christian/**Simon**, Hermann (1995): Wettbewerbsstrategien, in: Tietz, B./Köhler, R./-Zentes, J. [Hrsg.]: Handwörterbuch des Marketing, 2., vollst. überarb. Aufl., Stuttgart, Sp. 2753-2762.

Homburg, Christian/**Sütterlin**, Stefan (1990): Kausalmodelle in der Marketingforschung: EQS als Alternative zu LISREL?, in: Marketing-Zeitschrift für Forschung und Praxis, 12. Jg., Nr. 3, S. 181-191.

Hooley, Graham J. (1980): Multidimensional Scaling of Consumer Perceptions and Preferences, in: European Journal of Marketing, 14. Jg., Nr. 7, S. 436-448.

Hoorens, V./**Nuttin**, J.M. Jr./**Herman**, I.E./**Pavakanun**, U. (1990): Mastery pleasure versus mere ownership: A quasi-experimental cross-cultural and cross-alphabetical test of the name letter effect, in: European Journal of Social Psychology, 20. Jg., o.Nr., S. 181-205.

Horton, Raymond L. (1984): Buyer Behavior: A Decision-Making Approach, Columbus.

Howard, John A. (1989): Consumer Behavior in Marketing Strategy, Englewood Cliffs.

Howard, John A./**Sheth**, J.N. (1969): The Theory of Buyer Behavior, New York u.a.

Hu, Li-Tze/**Bentler**, Peter M. (1995): Evaluating Model Fit, in: Hoyle, Rick H. [Hrsg.]: Structural Equation Modeling: Concepts, Issues, and Applications, Thousand Oaks u.a., S. 76-99.

Huber, Kurt (1990): Image: Global-Image, Corporate-Image, Marken-Image, Produkt-Image, 2. Aufl., Landsberg am Lech.

Huber, Wilfried R. (1988): Markenpolitische Strategien des Konsumgüterherstellers: Dargestellt an Gütern des täglichen Bedarfs, Diss., Frankfurt am Main u.a.

Huffman, Cynthia/**Houston**, Michael J. (1993): Goal-oriented Experiences and the Development of Knowledge, in: Journal of Consumer Research, 20. Jg., Nr. 9, S. 190-207.

Hüttner, Manfred (1989): Grundzüge der Marktforschung, 4., völlig neubearb. und erw. Aufl., Berlin.

Imboden, C./**Leibundgut**, A./**Siegenthaler**, P. (1978): Klassifikation heuristischer Prinzipien, in: Die Unternehmung, o.Jg., Nr. 3, S. 295-330.

Irmscher, Markus (1997): Markenwertmanagement: Aufbau und Erhalt von Markenwissen und -vertrauen im Wettbewerb: Eine informationsökonomische Analyse, Diss., Frankfurt am Main u.a.

Jain, A.K./**Etgar**, M. (1976): Measuring Store Image Through Multidimensional Scaling of Free Response Data, in: Journal of Retailing, 52. Jg., Nr. 4, S. 61-70.

Jain, Dipak C./**Maesincee**, Suvit (1995): Cultural Influences on Global Product Diffusion: Modeling and Empirical Analysis, Arbeitspapier, Kellogg Graduate School of Management, Northwestern University, Evanston.

Jain, Subhash C. (1989): Standardization of International Marketing Strategy: Some Research Hypotheses, in: Journal of Marketing, 53. Jg., Nr. 1, S. 70-79.

Jain, Subhash C. (1996): International Marketing Management, 5. Aufl., Cincinnati.

James, D.L./**Durand**, R.M./**Dreves**, R.A. (1976): The Use of a Multi-Attribute Attitude Model in a Store Image Study, in: Journal of Retailing, 52. Jg., Nr. 2, S. 23-32.

Jarrell, Gregg/**Peltzman**, Sam (1985): The Impact of Product Recalls on the Wealth of the Sellers, in: Journal of Political Economy, 93. Jg., Nr. 3, S. 512-536.

Joas, August (1996): Funktionen des Absatzmarketing, in: Meyer, Paul W. [Hrsg.]: Integrierte Marketingfunktionen, 4., verb. Aufl., Stuttgart u.a., S. 31-51.

Johannsen, Uwe (1968): Das Marken- und Firmen-Image: Theorie, Praxis, Methodik und Analysen (Beispiel: Nestlé), Diss., Braunschweig.

Johannsen, Uwe (1971): Das Marken- und Firmen-Image: Theorie, Methodik, Praxis, Berlin.

Johannsen, Uwe (1974): Image, in: Tietz, Bruno [Hrsg.]: Handwörterbuch der Absatzwirtschaft, Stuttgart, Sp. 809-825.

Johannson, Johny K. (1997): Global Marketing: Foreign Entry, Local Marketing, and Global Management, Chicago u.a.

Johnson, Madeline/**Zinkhan**, George M. (1990): Defining and Measuring Company Image, in: Dunlap, B.J. [Hrsg.]: Developments in Marketing Science, 13. Jg., o.Nr., Cullowhee, S. 346-350.

Johnson, Michael D. (1986): Consumer Similarity Judgments: A Test of the Contrast Model, in: Psychology and Marketing, 3. Jg., Nr. 1, S. 47-60.

Johnston, John (1972): Econometric Methods, 2. Aufl., New York u.a.

Joiner, Christopher (1998): Concept Mapping in Marketing: A Research Tool for Uncovering consumers' Knowledge Structure Associations, in: Consumer Research, 25. Jg, o.Nr., S. 311-317.

Jones, J.P. (1986): What's in a Name?, Lexington.

Jöreskog, Karl G./**Sörbom**, Dag (1989): LISREL 7: User's Reference Guide, 2. Aufl., Chicago.

Jöreskog, Karl G./**Sörbom**, Dag (1993): LISREL 8: Structural Equation Modeling with the SIMPLIS Command Language, 3. Aufl., Chicago.

Jöreskog, Karl G./**Sörbom**, Dag (1995): PRELIS: A Program for Multivariate Data Screening and Data Summarization, Chicago.

Jöreskog, Karl G./**Sörbom**, Dag (1998): LISREL 8: Structural Equation Modeling with the SIMPLIS Command Language, 8. Aufl., Chicago.

Kaas, Klaus Peter (1992): Marketing-Mix, in: Diller, H. [Hrsg.]: Vahlens Großes Marketing Lexikon, München, S. 682-686.

Kapferer, Jean-Noel (1995): Brand Confusion: Empirical Study of a Legal Concept, in: Psychology and Marketing, 12. Jg., Nr. 6, S. 551-568.

Kapferer, Jean-Noel (1998): Strategic Brand Management: Creating and Sustaining Brand Equity Long Term, 2. Aufl., London.

Kardes, Frank R./**Allen**, Chris T. (1991): Perceived Variability and Inferences about Brand Extensions, in: Holman, R.H./Solomon, M.R. [Hrsg.]: Advances in Consumer Research, 18. Jg., o.Nr., Provo, S. 392-398.

Keegan, Warren J. (1972): A Conceptual Framework for Multinational Marketing, in: Columbia Journal of World Business, 7. Jg., Nr. 6, S. 67-76.

Keegan, Warren J. (1995): Global Marketing Management, 5. Aufl., Englewood Cliffs.

Keller, E. von (1982): Management in fremden Kulturen: Ziele, Ergebnisse, methodische Probleme der Kulturvergleichenden Managementforschung, Bern und Stuttgart.

Keller, Kevin Lane (1993): Conceptualizing, Measuring, and Managing Customer-Based Brand Equity, in: Journal of Marketing, 57. Jg., Nr. 1, S. 1-22.

Keller, Kevin Lane (1998): Strategic Brand Management: Building, Measuring, and Managing Brand Equity, New Jersey.

Keller, Kevin Lane/**Aaker**, David A. (1992a): The Effects of Corporate Images and Branding Strategies on New Product Evaluations, in: Journal of Law and Economics, 30. Jg., Nr. 10, S. 265-309.

Keller, Kevin Lane/**Aaker**, David A. (1992b): The Effects of Sequential Introduction of Brand Extensions, in: Journal of Marketing Research, 29. Jg., Nr. 2, S. 35-50.

Keller, Kevin Lane/**Aaker**, David A. (1994): Managing the Corporate Brand: The Effects of Corporate Images and Corporate Brand Extensions, Arbeitspapier Nr. 1216, Graduate School of Business, Stanford University, Stanford.

Keller, Kevin Lane/**Heckler**, Susan E./**Houston**, Michael J. (1997): The Effects of Brand Name Suggestiveness on Advertising Recall, in: Marketing Science Institute, Arbeitspapier-Nr. 97-123, Cambridge.

Keller, Kevin Lane/**Sood**, Sanjay (1997): The Effects of Branding Strategies and Product Experience on Brand Equity, Arbeitspapier, Fukua School of Business, Duke University, Durham, und Haas School of Business, University of California, Berkeley.

Kelz, Andreas (1989): Die Weltmarke, Diss., Idstein.

Kennedy, Sherril H. (1977): Nurturing Corporate Images: Total Communication or Ego Trip?, in: European Journal of Marketing, 11. Jg., Nr. 3, S. 119-164.

Kenny, David A. (1979): Correlation and Causality, New York u.a.

Kent, R.A. (1986): Towards a Theory of Product Range Policy, in: European Journal of Marketing, 20. Jg., Nr. 10, S. 5-17.

Keon, John W. (1983): Product Positioning: TRINODAL Mapping of Brand Images, Ad Images, and Consumer Preference, in: Journal of Marketing Research, 20. Jg., Nr. 11, S. 380-392.

Keppel, Geoffrey (1991): Design and Analysis: A Researcher's Handbook, 3. Aufl., Englewood Cliffs.

Kerby, J.K. (1967): Semantic Generalization in the Formation of Consumer Attitudes, in: Journal of Marketing Research, 4. Jg., Nr. 8, S. 314-317.

Kieser, Alfred [Hrsg.] (1999): Organisationstheorien, 3., überarb. u. erw. Aufl., Stuttgart.

Kieser, Alfred/**Kubicek**, Herbert (1983): Organisation, 2., neu bearb. und erw. Aufl., Berlin und New York.

Kieser, Alfred/**Kubicek**, Herbert (1992): Organisation, 3., völlig neu bearb. Aufl., Berlin und New York.

Kieser, Alfred/**Segler**, Tilman (1981): Quasi-mechanistische Situative Ansätze, in: Kieser, Alfred [Hrsg.]: Organisationstheoretische Ansätze, München, S. 173-184.

Kim, Kunbae (1991): Consumer Evaluations of Brand Extensions: An Analogical Reasoning Perspective, Ann Arbor.

Kinast, Kurt (1995): Das Management von Produktinnovationen, Linz.

Kintsch, Walter (1988): The Role of Knowledge in Discourse Comprehension: A Construction-Integration Model, in: Psychological Review, 95. Jg., Nr. 2, S. 163-182.

Kirk, Roger E. (1982): Experimental Design: Procedures for the Behavioral Sciences, 2. Aufl., Belmont.

Kirmani, Amna/**Sood**, Sanjay/**Bridges**, Sheri (1997): The Ownership Effect in Consumer Responses to Brand Line Stretches, in: Marketing Science Institute, Report Nr. 97-128, Cambridge.

Kirmani, Amna/**Sood**, Sanjay/**Bridges**, Sheri (1999): The Ownership Effect in Consumer Responses to Brand Line Stretches, in: Journal of Marketing, 63. Jg., Nr. 1, S. 88-101.

Kirsch, Werner (1971): Entscheidungsprozesse, Bd. III: Entscheidungen in Organisationen, Wiesbaden.

Kirsch, Werner (1990): Unternehmenspolitik und Strategische Unternehmensführung, München.

Kitchener, A./**Rowland**, D. (1971): Models of a Consumer Product Market, in: Operational Research Quarterly, 22. Jg., o.Nr., S. 67-84.

Klage, Jan P. (1995): Vom Image zum Unternehmenserfolg, in: Markenartikel, 57. Jg., Nr. 2, S. 67f.

Klapprott, J. (1975): Die Anatomie von Einstellungen: Empirische Ergebnisse zur Feinstruktur von Einstellungen, Stuttgart.

Klein, Heinz Karl (1971): Heuristische Entscheidungsmodelle: Neue Techniken des Programmierens und Entscheidens für das Management, Diss., Wiesbaden.

Kleining, Gerhard (1969): Image, in: Bernsdorf, Wilhelm [Hrsg.]: Wörterbuch der Soziologie, Stuttgart.

Kline, R.B.(1998): Software programs for structural equation modeling: AMOS, EQS, and LISREL, in: Journal of Psychoeducational Assessment, 16. Jg., o.Nr., S. 343-364.

Kmenta, J. (1986): Elements of Econometrics, 2. Aufl., New York.

Knoblich, H. (1969): Betriebswirtschaftliche Warentypologie: Grundlagen und Anwendungen, Köln.

Koch, H. (1975): Die zentrale Globalplanung als Kernstück der integrierten Unternehmensplanung, in: Wild, J. [Hrsg.]: Unternehmensplanung, Reinbeck bei Hamburg, S. 145-153.

Köhler, Richard (1971a): Informationssysteme für die Unternehmensführung: Der allgemeine Bezugsrahmen und eine empirische Bestandsaufnahme, mit besonderer Berücksichtigung des Absatzsektors, in: Zeitschrift für Betriebswirtschaft, 41. Jg., o.Nr., S. 27-33.

Köhler, Richard (1971b): Operationale Marketingziele im Rahmen des „Management by Objectives", in: Neue Betriebswirtschaft und betriebswirtschaftliche Datenverarbeitung, 24. Jg., Nr. 2, S. 20-22.

Köhler, Richard (1988): Beiträge zum Marketing-Management: Planung, Organisation, Controlling, Stuttgart.

Koppelmann, Udo [Hrsg.] (1969): Die Ware in Wirtschaft und Technik, Berlin.

Koppelmann, Udo (1974): Marketing: Einführung in Entscheidungsprobleme des Absatzes, Düsseldorf.

Koppelmann, Udo (1994): Funktionenorientierter Erklärungsansatz der Markenpolitik, in: Bruhn, Manfred [Hrsg.]: Handbuch Markenartikel, Stuttgart, S. 219-237.

Koppelmann, Udo (1995): Marketing: Einführung in Entscheidungsprobleme des Absatzes und der Beschaffung, 4., neubearb. und erw. Aufl., Düsseldorf.

Kornadt, J. (1986): Internationales Marketing aus der Sicht kulturvergleichender Psychologie, in: Werbeforschung & Praxis, o.Jg., Nr. 3, S. 97-104.

Koschnick, Wolfgang J. (1987): Standard-Lexikon für Marketing, Marktkommunikation, Markt- und Mediaforschung, München.

Kotler, Philip (1982): Marketing-Management: Analyse, Planung und Kontrolle, 4., völlig neu bearb. Aufl., Stuttgart.

Kotler, Philip (1984): Marketing-Management: Analysis, Planning and Control, 5. Aufl., Englewood Cliffs.

Kotler, Philip (1991): Marketing-Management: Analysis, Planning, Implementation and Control, 7. Aufl., Englewood Cliffs.

Kotler, Philip (1995): Marketing-Management: Analyse, Planung und Kontrolle, 8., vollst. neu bearb. und erw. Aufl. , Stuttgart.

Kraft A. (1978): Markenrecht und Markenschutz, in: [o.Hrsg.]: Markenartikel heute: Marke, Markt und Marketing, S. 85-109.

Kraft, A. (1992): Das Markenrecht in Deutschland und in der Europäischen Gemeinschaft, in: Dichtl, Erwin/Eggers, Walter [Hrsg.]: Marke und Markenartikel als Instrument des Wettbewerbs, Mannheim und München, S. 247-268.

Kranz, Walther (1997): Die griechische Philosophie, Köln.

Kreikebaum, Hartmut (1987): Strategische Unternehmensplanung, 2., vollst. überarb. Aufl., Stuttgart u.a.

Kreikebaum, Hartmut (1989): Internationale Planung, in: Macharzina, Klaus/Welge, Martin K. [Hrsg.]: Handwörterbuch Export und Internationale Unternehmung, Stuttgart, Sp. 1650-1658

Kreilkamp, E. (1987): Strategisches Management und Marketing, Berlin und New York.

Kreutzer, Ralf (1985a): Global Marketing: Ansatzpunkte und Erfolgsbedingungen, in: Raffée, H./Wiedmann, K.-P. [Hrsg.]: Strategisches Marketing, Stuttgart, S. 518-551.

Kreutzer, Ralf (1985b): Reif für Global Marketing?, in: Absatzwirtschaft, 28. Jg., Sonderausgabe Nr. 10/1985, S. 144-157.

Kreutzer, Ralf (1989): Global Marketing: Konzeption eines länderübergreifenden Marketing: Erfolgsbedingungen, Analysekonzepte, Gestaltungs- und Implementierungsansätze, Diss., Wiesbaden.

Kroeber, A.L./**Kluckhohn**, C. (1952): Culture: A Critical Review of Concepts and Definitions, Harvard University Peabody Museum of American Archeology and Ethnology Papers, 47. Jg., Nr. 1, Cambridge.

Kroeber, A.L./**Kluckhohn**, C. (1963): Culture: A Critical Review of Concepts and Definitions, New York.

Kroeber-Riel, Werner (1980): Konsumentenverhalten, 2. Aufl., München.

Kroeber-Riel, Werner (1984): Konsumentenverhalten, 3. Aufl., München.

Kroeber-Riel, Werner (1990): Konsumentenverhalten, 4. Aufl., München.

Kroeber-Riel, Werner (1992): Konsumentenverhalten, 5. Aufl., München.

Kroeber-Riel, Werner/**Weinberg**, Peter (1996): Konsumentenverhalten, 6., völlig überarb. Aufl., München.

Kronz, H. (1985): Warenzeichen-Vokabular der Arten und Funktionen der Marke: Mit Anmerkungen zur Innovationsrelevanz der Marke, in: MdDp, o.Jg., Nr. 4, S. 125-143.

Krystek, U. (1981): Krisenbewältigungs-Management und Unternehmensplanung, Wiesbaden.

Krystek, U. (1990): Controlling und Frühaufklärung: Stand und Entwicklungstendenzen von Systemen der Frühaufklärung, in: Controlling, 2. Jg., o.Nr., S. 68-75.

Krystek, U./**Müller-Stewens**, G. (1990): Grundzüge einer strategischen Frühaufklärung, in: Hahn, Dietger/Taylor, B. [Hrsg.]: Strategische Unternehmensplanung - Strategische Unternehmensführung, 5. Aufl., Heidelberg, S. 337-364.

Krystek, U./**Müller-Stewens**, G. (1993): Frühaufklärung für Unternehmen, Stuttgart.

Kubicek, Herbert (1977): Heuristischer Bezugsrahmen und heuristisch angelegte Forschungsdesigns als Elemente einer Konstruktionsstrategie empirischer Forschung, in: Köhler, Richard [Hrsg.]: Empirische und handlungstheoretische Forschungskonzeptionen in der Betriebswirtschaftslehre, Stuttgart, S. 3-36.

Kühn, Richard (1979): Marketing-Mix, in: Poth, L.G. [Hrsg.]: Marketing, o.Jg., Nr. 3/1979, Neuwied, S. 1-46.

Kühn, Richard (1980): Frühwarnung im strategischen Bereich: Zweiter Teil und Schluss: Das praktische Vorgehen, in: Management Zeitschrift industrielle Organisation, 49. Jg., Nr. 12, S. 551-555.

Kühn, Richard (1984): Heuristische Methoden zur Bestimmung des Marketing-Mix, in: Mazanec, J./Scheuch, F. [Hrsg.]: Marktorientierte Unternehmensführung, Wien, S. 185-202.

Kühn, Richard (1993): Das Made-in-Image im internationalen Vergleich, in: Marketing-Zeitschrift für Forschung und Praxis, 15. Jg., Nr. 2, S. 115-127.

Kühn, Richard (1995): Marketing-Mix, in: Tietz, Bruno [Hrsg.]: Handwörterbuch des Marketing, Stuttgart, Sp. 1615-1628.

Kühn, Richard/**Fasnacht**, Roger (1992): Strategisches Audit im Marketing, in: Thexis, 9. Jg., Nr. 5, S. 4-10.

Kühn, Richard/**Fasnacht**, Roger (1998): Strategische Frühwarnung als Aufgabe des Marketingcontrolllings, in: Reinecke, Sven/Tomczak, Torsten/Dittrich, Sabine [Hrsg.]: Marketingcontrolling, St. Gallen, S. 22-32.

Kühn, Richard/**Walliser**, M. (1978): Problementdeckungssysteme mit Frühwarneigenschaften, in: Die Unternehmung, 32. Jg., Nr. 3, S. 223-246.

Kur, A. (1994): Internationale Aspekte des Schutzrechtsmanagements, in: Bruhn, Manfred [Hrsg.]: Handbuch Markenartikel: Anforderungen an die Markenpolitik aus Sicht von Wissenschaft und Praxis, Bd. III, Stuttgart, S. 1861-1889.

Kuß, Alfred/**Tomczak**, Torsten (1998): Marketingplanung: Einführung in die marktorientierte Unternehmens- und Geschäftsfeldplanung, Wiesbaden.

Kux, Barbara/**Rall**, Wilhelm (1990): Marketing im globalen Wettbewerb, in: Welge, Martin K. [Hrsg.]: Globales Management: Erfolgreiche Strategien für den Weltmarkt, Stuttgart.

Lambert, W.W./**Lambert**, W.E. (1973): Social Psychology, 2. Aufl., Englewood Cliffs.

Lambin, J.J. (1970): Modèles et Programmes de Marketing, Paris.

Lamperstorfer, Günther (1974): Die Ziele in der Marketingplanung, Diss., München.

Lancaster, K. (1966): A New Approach To Consumer Theory, in: Journal of Political Economy, 74. Jg., o.Nr., S. 132-157.

Landgrebe, Klaus Peter (1980): Imagewerbung und Firmenstil, Hamburg.

Lane, Vicki R. (1998): Brand Leverage Power: The Critical Role of Brand Balance, in: Business Horizons, 41. Jg., Nr. 1, S. 75-84.

Lane, Vicki R./**Jacobson**, R. (1995): Stock Market Reactions to Brand Extension Announcements: The Effects of Brand Attitude and Familiarity, in: Journal of Marketing, 59. Jg., Nr. 1, S. 63-77.

Latour, Susanne (1996): Namen machen Marken: Handbuch zur Entwicklung von Firmen- und Produktnamen, Frankfurt am Main und New York.

Laurent, Gilles/**Kapferer**, Jean-Noel/**Roussel**, Francoise (1995): The Underlying Structure Of Brand Awareness Scores, in: Marketing Science, 14. Jg., Nr. 3, S. G170-G179.

Lazer, W. (1965): Operations Research and Marketing Science, in: Schwartz, G. [Hrsg.]: Science in Marketing, New York u.a.

Lazer, W. (1971): Marketing Management, Homewood.

Leif, E. (1996): Der erste echte Roadster, in: Süddeutsche Zeitung vom 08.06., S. V3/1.

Leitherer, Eugen (1990): Globales versus marktspezifisches Produkt-Design, in: Welge, Martin K. [Hrsg.]: Globales Management: Erfolgreiche Strategien für den Weltmarkt, Stuttgart, S. 85-92.

Leuthesser, Lance (1988): Defining, measuring, and managing brand equity, in: Marketing Science Institute, Arbeitspapier Nr. 88-104, Cambridge.

Levitt, Theodore (1983): Globalization of Markets, in: Harvard Business Review, 61. Jg., Nr. 3, S. 92-102.

Lewin, Kurt (1961): Field Theory in Social Science, New York.

Lewin, Kurt/**Cartwright**, Dorwin [Hrsg.] (1963): Feldtheorie in den Sozialwissenschaften: Ausgewählte theoretische Schriften, Bern und Stuttgart.

Lienert, Gustav A. (1969): Testaufbau und Testanalyse, 3. Aufl., Weinheim u.a.

Likert, R. (1932): A Technique for the Measurement of Attitudes, in: Archives of Psychology, o. Jg., Nr. 140, S. 44-53.

Lilien, Gary L./**Kotler**, Philip/**Moorthy**, Sridhar K. (1992): Marketing Models, Englewood Cliffs.

Lilli, W. (1980): Zum Vorhersagewert von Einstellungen für das reale Verhalten, in: Marketing-Zeitschrift für Forschung und Praxis, 2. Jg., Nr. 3, S. 179-185

Lilli, W. (1983): Perzeption, Kognition, Image, in: Irle, M. [Hrsg.]: Enzyklopädie der Psychologie, Bd. IV: Marktpsychologie als Sozialwissenschaft, Göttingen u.a., S. 402-471.

Lindquist, Jay D. (1974): Meaning of Image: A Survey of Empirical and Hypothetical Evidence, in: Journal of Retailing, 50. Jg., Nr. 4, S. 29-38.

Lindsay, P.H./**Norman**, D.A. (1981): Einführung in die Psychologie: Informationsaufnahme und -verarbeitung beim Menschen (Human Information Processing. An Introduction to Psychology. Deutsche Übersetzung der zweiten Auflage), Berlin u.a.

Lindzey, Gardner/**Aronson**, Elliot [Hrsg.] (1985): Handbook of Social Psychology, Bd. II: Special Fields and Applications, 3. Aufl., New York.

Link, J. (1985): Organisation der Strategischen Planung, Heidelberg und Wien.

Linnert, Peter (1973): Die neuen Techniken des Marketing, Teil I: System und Aufgabe, 4. Aufl., München.

Linssen, H. (1975): Interdependenzen im absatzpolitischen Instrumentarium der Unternehmung, Berlin.

Lipski, Werner Hartung von (1993): Die Produktpolitik der internationalen Unternehmung: Eine empirische Untersuchung am Beispiel der Automobilindustrie, Diss., Gießen.

Lipson, H.A./**Darling**, J.R. (1971): Introduction to Marketing: An Administrative Approach, New York u.a.

Lipson, H.A./**Darling**, J.R./**Reynolds**, F.D. (1970): A Two-Phase Interaction Process for Marketing Model Construction, in: MSU Business Topics, 18. Jg., Nr. 3, S. 34-44.

Little, John D. (1970): Models and Managers: The Concept of a Decision Calculus, in: Management Science, 16. Jg., Nr. 8, S. B466-B485.

Little, John D. (1975): BRANDAID: A Marketing-Mix Model, in: Operations Research, 23. Jg., Nr. 4, S. 628-673.

Lohrer, Barbara (1994): Das Produkt-Image der Ford-Automobile aus Sicht der Mitarbeiter und der Kunden und die Zusammenhänge mit der Identifikation und dem Betriebsklima der Händlerbetriebe, Diss., München.

Loken, Barbara/**Roedder John**, Deborah (1993): Diluting Brand Beliefs: When Do Brand Extensions Have A Negative Impact?, in: Journal of Marketing, 57. Jg., Nr. 7, S. 71-84.

Loken, Barbara/**Ward**, James (1990): Alternative Approaches to Understanding the Determinants of Typicality, in: Journal of Consumer Research, 17. Jg., Nr. 9, S. 111-126.

Long, J. Scott (1983): Covariance Structure Models: An Introduction to LISREL, in: Sage University Paper Series on Quantitative Applications in the Social Sciences, Nr. 34, Beverly Hills und London.

Luck, D.J./**Ferrell**, O.C. (1985): Marketing Strategy and Plans, Englewood Cliffs.

Lücking, Joachim (1995): Marktaggressivität und Unternehmenserfolg: Theoretische Ansätze und empirische Untersuchung in Märkten für technische Gebrauchsgüter, Diss., Berlin.

Ludlow, Chris (1997): The global identity crisis in the airline industry, in: The Journal of Brand Management; 5. Jg., Nr. 2, S. 85-91.

Lüscher, Max (1992): Produktimage und Design, in: Verkauf & Marketing, o.Jg., Nr. 4, S. 8-11.

Macharzina, Klaus/**Oesterle**, Michael-Jörg (1997a): Das Konzept der Internationalisierung im Spannungsfeld zwischen praktischer Relevanz und theoretischer Unschärfe, in: Macharzina, Klaus/Oesterle, Michael-Jörg [Hrsg.]: Handbuch Internationales Management: Grundlagen - Instrumente - Perspektiven, Wiesbaden, S. 3-22.

Macharzina, Klaus/**Oesterle**, Michael-Jörg [Hrsg.] (1997b): Handbuch Internationales Management: Grundlagen - Instrumente - Perspektiven, Wiesbaden.

MacInnis, Deborah J./**Nakamoto**, Kent (1991): Examining Factors that Influence the Perceived Goodness of Brand Extensions, Arbeitspapier, Graduate School of Management, University of Arizona, Tucson.

MacKenzie, Scott B./**Spreng**, Richard A. (1992): How does Motivation Moderate the Impact of Central and Peripheral Processing on Brand Attitudes and Intentions?, in: Journal of Consumer Research, 18. Jg., Nr. 3, S. 519-529.

Magyar, K.M. (1969): Marktziele einer neuzeitlichen Unternehmungspolitik: Die Verwirklichung der Unternehmungszwecke und der obersten Zielsetzungen durch kurzfristige Handlungsziele, Diss., St. Gallen.

Majaro, Simon (1977): International Marketing, London.

Malholtra, Naresh K. (1994): Marketing Research: An Applied Orientation, Englewood Cliffs.

Malik, F. (1984): Strategie des Managements komplexer Systeme, Bern und Stuttgart.

Malik, F. (1991): Controlling und vernetztes Denken, strategische Früherkennung, in: Risak, J./Deyhle, A. [Hrsg.]: Controlling: State of the Art und Entwicklungstendenzen, Wiesbaden, S. 195-230.

Maoz, Eyal/**Tybout**, Alice M. (1998): The moderating role of involvement and differentiation in the evaluation of brand extensions, Arbeitspapier, Hebrew und Northwestern University.

Marconi, Joe (1996): Image Marketing: Using Public Perceptions to Attain Business Objectives, Lincolnwood.

Markovitz, H. (1969): Portfolio Selection, New York.

Marks, R.B. (1976): Operationalizing the Concept of Store Image, in: Journal of Retailing, 52. Jg., Nr. 3, S. 37-46.

Martin, Leonard L. (1986): Set/Reset: Use and Disuse of Concepts in Impression Formation, in: Journal of Personality and Social Psychology, 51. Jg., Nr. 3, S. 493-504.

Martineau, Pierre (1958): The Personality of the Retail Store, in: Harvard Business Review, 36. Jg., Nr. 1, S. 47-55.

Matt, D. von (1988): Markenpolitik in der schweizerischen Markenartikelindustrie, Bern u.a.

Mattmüller, Roland (1998): Marketingstrategien des Handels und staatliche Restriktionen: Geschäftsfeldsegmentierung, Wachstumsoptionen und rechtliche Rahmenbedingungen, 2., überarb. Aufl., München.

Mattmüller, Roland (2000): Integrativ-Prozessuales Marketing: Eine Einführung mit durchgehender Schwarzkopf & Henkel-Fallstudie, Wiesbaden.

Mattmüller, Roland/**Tunder**, Ralph (1997): Zur theoretischen Basis der Marketingwissenschaft: Die Verknüpfung der Neuen Institutionenökonomik mit dem Integrativ-Prozessualen Marketingansatz, Band 5 der Arbeitspapiere des Lehrstuhls für Marketing und Handel an der European Business School, Schloß Reichartshausen, Oestrich-Winkel.

Mattmüller, Roland/**Tunder**, Ralph (1998): Diversifikations-, Reduktions- und Konversionsstrategien von Dienstleistungs-Anbietern, in: Meyer, Anton [Hrsg.]: Handbuch Dienstleistungs-Marketing, Bd. I, Stuttgart, S. 589-606.

Mattmüller, Roland/**Tunder**, Ralph (1999): Das Prozessorientierte Marketingverständnis: Eine neoinstitutionenökonomische Begründung, in: Jahrbuch der Absatz- und Verbrauchsforschung, o.Jg., Nr. 4, S. 435-451.

Maturana, H.R. (1982): Erkennen: Die Organisation und Verkörperung von Wirklichkeit, Braunschweig und Wiesbaden.

Maturana, H.R. (1987): Kognition, in: Schmidt, Siegfried J. [Hrsg.]: Der Diskurs des Radikalen Konstruktivismus, Frankfurt am Main, S. 89-118.

Maturana, H.R./**Varela**, F.J. (1987): Der Baum der Erkenntnis: Die biologischen Wurzeln des menschlichen Erkennens, Bern und München.

May, E.G. (1974): Practical Applications of Recent Retail Image Research, in: Journal of Retailing, 50. Jg., Nr. 4, S. 15-20.

Mayer, Anneliese/**Mayer**, Ralf Ulrich (1986): Geplanter Transfer von Markenimages, in: Huber, K. [Hrsg.]: Image in der Praxis, München.

Mayer, Anneliese/**Mayer**, Ralf Ulrich (1987): Imagetransfer, Hamburg.

Mayer, Hans/**Illmann**, Tanja (1996): Dekorative Modelle: Auswirkungen auf das Produkt- und Firmen-Image, in: Jahrbuch der Absatz- und Verbrauchsforschung, 42. Jg., Nr. 3, S. 303-322.

Mayer, Rainer (1993): Strategien erfolgreicher Produktgestaltung: Individualisierung und Standardisierung, Diss., Wiesbaden.

Mayer, Ralf Ulrich (1984): Produktpositionierung, in: Koppelmann, Udo [Hrsg.]: Beiträge zum Produktmarketing, Bd. XII, Köln.

Mayerhofer, Wolfgang (1995): Imagetransfer: Die Nutzung von Erlebniswelten für die Positionierung von Ländern, Produktgruppen und Marken, Habil., Wien.

Mazanec, Josef A. (1973): Zur Problemlösungskapazität von Positionierungsmodellen, Teil I, in: Der Markt, 13. Jg., Nr. 46, S. 45-55.

Mazanec, Josef A. (1974): Zur Problemlösungskapazität von Positionierungsmodellen, Teil II: Bestätigungsfähigkeit, Bewährungsgrad und praktische Relevanz, in: Der Markt, 14. Jg., Nr. 49, S. 17-28.

Mazanec, Josef A. (1978): Strukturmodelle des Konsumentenverhaltens, Wien.

Mazanec, Josef A/**Porzer**, Peter/**Scheuch**, Fritz (1977): Multivariate Datentechnik in der demoskopischen Marktforschung: Eine empirische Studie zur Produktpositionierung, in: Hasenauer, Rainer [Hrsg.]: Modelle der computergestützten Marketingplanung: Ein Forschungsbericht über empirische Anwendungsstudien und Methodenvergleiche, Meisenheim am Glan, S. 1-259.

Mazanec, Josef A./**Porzer**, Peter/**Wiegele**, O. (1976): Mehrdimensionale Skalierungsmethoden in der Einstellungs- und Präferenzmessung, in: Jahrbuch der Absatz- und Verbrauchsforschung, 22. Jg., Nr. 4, S. 430-454.

Mazanec, Josef A./**Schweiger**, Günter C. (1981): Improved marketing efficiency through multiproduct brand names? An empirical investigation of image transfer, in: European Research, o.Jg., Nr. 1, S. 32-44.

Mazanec, Josef A./**Wiegele**, O. (1977): Zum praktischen Einsatz von Positionierungsmodellen in der Produktpolitik, in: Köhler, R./Zimmermann, H.-J. [Hrsg.]: Entscheidungshilfen im Marketing, Stuttgart, S. 46-60.

McCarthy, E.J. (1960): Basic Marketing, Homewood.

McDougall, W. (1923): Outline of Psychology, New York.

McSweeney, Frances K./**Bierley**, Calvin (1984): Recent Developments in Classical Conditioning, in: Journal of Consumer Research, 11. Jg., Nr. 9, S. 619-631.

Mead, Richard (1994): International Management: Cross-Cultural Dimensions, Cambridge und Oxford.

Medin, Douglas L./**Smith**, Edward E. (1984): Concepts and Concept Formation, in: Annual Review of Psychology, 35. Jg., o.Nr., S. 113-138.

Meffert, Heribert (1971): Unternehmensziele, in: Schöttle, K.M. [Hrsg.]: Jahrbuch des Marketing, Essen.

Meffert, Heribert (1977): Marktsegmentierung und Marktwahl im internationalen Marketing, in: Die Betriebswirtschaft, 37. Jg., o.Nr., S. 433-446.

Meffert, Heribert (1980a): Marktsegmentierung und Standardisierung als absatzpolitische Pro-bleme internationaler Unternehmen, in: Zeitschrift für Wirtschafts- und Sozialwissenschaften, 100. Jg., o.Nr., S. 383-407.

Meffert, Heribert (1980b): Strategische Planung in gesättigten, rezessiven Märkten, in: Absatzwirtschaft, 23. Jg., Nr. 6/1980, S. 89-97.

Meffert, Heribert (1984): Marketingstrategien in stagnierenden und schrumpfenden Märkten, in: Pack, L./Börner, D. [Hrsg.]: Betriebswirtschaftliche Entscheidungen bei Stagnation, Wiesbaden.

Meffert, Heribert (1986a): Marketing im Spannungsfeld von weltweitem Wettbewerb und nationalen Bedürfnissen, in: Zeitschrift für Betriebswirtschaft, 56. Jg., Nr. 8, S. 689-712.

Meffert, Heribert (1986b): Marketing: Grundlagen der Absatzpolitik, 7., überarb. und erw. Aufl., Wiesbaden.

Meffert, Heribert (1986c): Perspektiven des Marketing im Spannungsfeld zwischen Standardisierung und Differenzierung: Thesen zu den Herausforderungen der 90er Jahre, in: Markenartikel, 48. Jg., Nr. 10, S. 442.

Meffert, Heribert (1988): Strategische Unternehmensführung und Marketing: Beiträge zur marktorientierten Unternehmenspolitik, Wiesbaden.

Meffert, Heribert (1992): Strategien zur Profilierung von Marken, in: Dichtl, Erwin/Eggers, Walter [Hrsg.]: Marke und Markenartikel als Instrument des Wettbewerbs, Mannheim und München, S. 129-156.

Meffert, Heribert (1994): Entscheidungsorientierter Ansatz der Markenpolitik, in: Bruhn, Manfred [Hrsg.]: Handbuch Markenartikel, Stuttgart, S. 173-197.

Meffert, Heribert (1999): Marketingwissenschaft im Wandel: Anmerkungen zur Paradigmendiskussion, in: Meffert, Heribert [Hrsg.]: Marktorientierte Unternehmensführung im Wandel: Retrospektive und Perspektiven des Marketing, Wiesbaden, S. 36-66.

Meffert, Heribert/**Bolz**, J. (1992): Globalisierung des Marketing bei internationaler Unternehmenstätigkeit, in: Kumar, B./Haussmann, H. [Hrsg.]: Handwörterbuch der internationalen Unternehmenstätigkeit, München, S. 657-683.

Meffert, Heribert/**Bruhn**, Manfred (1984): Markenstrategien im Wettbewerb, Wiesbaden.

Meffert, Heribert/**Heinemann**, Gerrit (1990): Operationalisierung des Imagetransfers: Begrenzung des Transferrisikos durch Ähnlichkeitsmessung, in: Marketing-Zeitschrift für Forschung und Praxis, 12. Jg., Nr. 1, S. 5-10.

Meffert, Heribert/**Landwehr**, K./**Gass**, C. (1984): Internationales Management, Münster.

Meffert, Heribert/**Steffenhagen**, H. (1977): Marketing-Prognosemodelle, Stuttgart.

Meffert, Heribert/**Werle**, F. (1983): Strategische Unternehmensplanung, in: Harvard Manager, 5. Jg., Nr. 2, S. 50-60.

Meinefeld, W. (1988): Einstellung, in: Asanger, R./Wenninger, G. [Hrsg.]: Handwörterbuch der Psychologie, München und Weinheim, S. 120-126.

Meissner, Hans Günther (1980): Marketing rund um den Globus, in: Absatzwirtschaft, 23. Jg., Nr. 10, S. 98-106.

Meissner, Hans Günther (1987): Strategisches Internationales Marketing, Berlin und Heidelberg.

Meissner, Hans Günther (1988): Strategisches Internationales Marketing, Berlin und Heidelberg.

Meissner, Hans Günther (1994): Internationale Markenstrategien, in: Bruhn, Manfred [Hrsg.]: Handbuch Markenartikel, Stuttgart, S. 673-685.

Mellerowicz, Konrad (1970): Was ist Marketing-Mix?, in: Markenartikel, 32. Jg., Nr. 5, S. 205-216.

Meloan, Taylor W./**Graham**, John L. (1998): International and Global Marketing: Concepts and Cases, Boston u.a.

Menon, Anil/**Bharadwaj**, Sundar G./**Adidam**, Phanitej/**Edison**, Steven W. (1999): Antecedents and consequences of marketing strategy making: A model and a test, in: Journal of Marketing, 63. Jg., Nr. 4, S. 18-40.

Mertes, John E. (1971): The Genesis of the Corporate Image, in: MSU Business Topics, 19. Jg., Nr. 4, S. 35-46.

Mervis, Carolyn B./**Rosch**, Eleanor (1981): Categorization of Natural Objects, in: Rosenzweig, Mark R./Porter, Lyman W. [Hrsg.]: Annual Review of Psychology, 32. Jg., o.Nr., Palo Alto, S. 89-116.

Meyer, Anton (1996a): Das Absatzmarktprogramm, in: Meyer, Paul W. [Hrsg.]: Integrierte Marketingfunktionen, 4., verb. Aufl., Stuttgart u.a., S. 52-83.

Meyer, Anton/**Mattmüller**, Roland (1999): Marketing, in: Corsten, Hans/Reiß, Michael [Hrsg.]: Betriebswirtschaftslehre, 3., vollst. überarb. u. wesentl. erw. Aufl., München, S. 809-890.

Meyer, Carl W. (1978): Multi-Marketing: Eintopf oder nach Art des Landes, in: Absatzwirtschaft, 21. Jg., Nr. 9, S. 82-88.

Meyer, Carl W. (1980): Marketingprobleme multinationaler Unternehmen, in: Hamburger Jahrbuch für Wirtschafts- und Gesellschaftspolitik, 25. Jg., o.Nr., S. 197-209.

Meyer, Paul W. (1973): Die machbare Wirtschaft: Grundlagen des Marketing, Essen.

Meyer, Paul W. (1976): Versuch eines neuen wirtschaftswissenschaftlichen Ansatzes für das Marketing, in: Meyer, Paul W./Hermanns, Arnold [Hrsg.]: Praxisorientiertes Marketing, Ansätze und Perspektiven, Stuttgart u.a.

Meyer, Paul W. (1978): Die Marketingfunktionen im Rahmen des integrativen Marketing-Ansatzes, in: Meyer, Paul W./Hermanns, Arnold [Hrsg.]: Integrierte Marketingfunktionen, Absatz, Beschaffung und Öffentlichkeitsarbeit, 1. Aufl., Stuttgart u.a.

Meyer, Paul W. (1996b): Der integrative Marketingansatz und seine Konsequenzen für das Marketing, in: Meyer, Paul W. [Hrsg.]: Integrierte Marketingfunktionen, 4., verb. Aufl., Stuttgart u.a., S. 13-30.

Meyer, Paul W. [Hrsg.] (1996c): Integrierte Marketingfunktionen, 4., verb. Aufl., Stuttgart u.a.

Meyer, Paul W./**Mattmüller**, Roland (1993): Bedeutung und Problematik von Strategien im Marketing, in: Meyer, Paul W./Mattmüller, Roland [Hrsg.]: Strategische Marketingoptionen: Änderungsstrategien auf Geschäftsfeldebene, Stuttgart, S. 13-29.

Milberg, Sandra J./**Park**, Whan C./**McCarthy**, Michael S. (1997): Managing Negative Feedback Effects Associated with Brand Extensions: The Impact of Alternative Branding Strategies, in: Journal of Consumer Psychology, 6. Jg., o.Nr., S. 119-140.

Milling, Peter/**Maier**, Frank (1996): Invention, Innovation und Diffusion: Eine Simulationsanalyse des Managements neuer Produkte, Abhandlung aus dem Industrieseminar der Universität Mannheim, Nr. 48, S. 30-38.

Minnesota Consumer Behavior Seminar (1987): Affect Generalization to Similar and Dissimilar Brand Extensions, in: Psychology and Marketing, 4. Jg., Nr. 3, S. 225-237.

Mintzberg, Henry (1979): The Structuring of Organizations: A Synthesis of the Research, Englewood Cliffs.

Miracle, G.E. (1965): Product Characteristics and Marketing Strategy, in: Journal of Marketing, 29. Jg., Nr. 1, S. 18-24.

Möhlenbruch, Dirk (1995): Verbundeffekte, in: Tietz, Bruno [Hrsg.]: Handwörterbuch des Marketing, 2., vollst. überarb. Aufl., Stuttgart, Sp. 2545-2554.

Monroe, Kent B. (1976): The Influence of Price Differences and Brand Familiarity on Brand Preferences, in: Journal of Consumer Research, 3. Jg., Nr. 6, S. 42-49.

Monroe, Wilbur F. (1976b): The new Internationalism: Strategy and Initiatives for U.S. Foreign Economic Policy, Lexington.

Moore, J. (1993): Building Brands Across Markets: Cultural Differences in Brand Relationships within the European Community, in: Aaker, David A./Biel, Alexander L. [Hrsg.]: Brand Equity & Advertising. Advertising's Role in Building Strong Brands, Hillsdale u.a., S. 31-49.

Moorthy, Sridhar K. (1993): Theoretical Modeling in Marketing, in: Journal of Marketing, 57. Jg., Nr. 4, S. 92-106.

Morrin, Maureen (1999): The Impact of Brand Extensions on Parent Brand Memory Structures and Retrieval Processes, in: Journal of Marketing Research, 36. Jg., Nr. 11, S. 517-525.

Mottram, Simon (1998): Branding the Corporation, in: Hart, Susannah/Murphy, John [Hrsg.]: Brands: The New Wealth Creators, New York, S. 63-71.

Muchna, Claus (1989): Methodische Fundierung von Marketingstrategien durch Früherkennung, in: Marktforschung & Management, 33. Jg., o.Nr., S. 52-56.

Muchna, Claus (1990): Radarsystem für das Marketing, in: Absatzwirtschaft, 33. Jg., Nr. 5/-1990, S. 116-126.

Mühlbacher, Hans/**Beutelmeyer**, Werner (1984): Standardisierungsgrad der Marketingpolitik transnationaler Unternehmungen, in: Die Unternehmung, 38. Jg., Nr. 3, S. 245-257.

Muliak, Stanley A/**James**, Lawrence R. (1995): Objectivity and Reasoning in Science and Structural Equation Modeling, in: Hoyle, Rick H. [Hrsg.]: Structural Equation Modeling: Concepts, Issues, and Applications, Thousand Oaks u.a., S. 118-137.

Müller, G. (1971): Das Image des Markenartikels, Opladen.

Müller, G. (1981): Strategische Frühaufklärung, München.

Müller, Götz-Michael (1994): Dachmarkenstrategien, in: Markenartikel, 56. Jg., Nr. 4, S. 142-148.

Müller, Siegfried (1981): Die Rolle des Preises im Kaufentscheidungsprozeß, in: Jahrbuch der Absatz- und Verbrauchsforschung, 27. Jg., o.Nr., S. 42.

Müller, Siegfried/**Beeskow**, W. (1982): Einkaufsstättenimage und Einkaufsstättenwahl, in: Jahrbuch der Absatz- und Verbrauchsforschung, 28. Jg., Nr. 4, S. 401-426.

Müller-Hagedorn, L. (1986): Das Konsumentenverhalten: Grundlagen für die Marktforschung, Wiesbaden.

Müller-Heumann, G. (1972): Die Programmpolitik der internationalen Unternehmung, Meisenheim am Glan.

Müller-Merbach, H. (1963): Operations Research als Optimalplanung, in: Zeitschrift für betriebswirtschaftliche Forschung, 15. Jg., o.Nr., S. 191-206.

Müller-Merbach, H. (1977): Quantitative Entscheidungsvorbereitung: Erwartungen, Enttäuschungen, Chancen, in: Die Betriebswirtschaft, 37. Jg., o.Nr., S. 11-23.

Müller-Merbach, H. (1981): Heuristics and their Design: A Survey, in: European Journal of Operational Research, 8. Jg., o.Nr., S. 1-23.

Müller-Merbach, H. (1986): Operations Research als modellgestützte Entscheidungsvorbereitung, in: Gal, T. [Hrsg.]: Grundlagen des Operations Research, Bd. I, Berlin.

Müller-Merbach, H. (1990): Operations Research Applications, in: Grochla, E. et al. [Hrsg.]: Handbook of German Business Management, Stuttgart, S. 1550-1564.

Müller-Merbach, H. (1996): Operations Research und Controlling, in: Schulte, C. [Hrsg.]: Lexikon des Controlling, München, S. 544-546.

Müller-Stewens, G. (1990): Strategische Suchfeldanalyse, 2., durchges. Aufl., Wiesbaden.

Munson, J. Michael (1977): An Investigation of the Rokeach Value Survey for Applications to Cross Cultural Research, in: Stolen, J./Conway, J. [Hrsg.]: Proceedings of the American Institute for Decision Sciences, New York u.a.

Munson, J. Michael/**Spivey**, W. Austin (1981): Product and Brand User Stereotypes Among Social Classes, in: Monroe, Kent B. [Hrsg.]: Advances in Consumer Research, 8. Jg., o.Nr., Ann Arbor, S. 696-701.

Murphy, John M. (1998): What Is Branding?, in: Hart, Susannah/Murphy, John M. [Hrsg.]: Brands: The New Wealth Creators, New York, S. 1-12.

Murray, John (1998): Branding in the European Union, in: Hart, Susannah/Murphy, John M. [Hrsg.]: Brands: The New Wealth Creators, New York, S. 135-151.

Muser, Viktor (1996): Der Absatzabschluß, in: Meyer, Paul W. [Hrsg.]: Integrierte Marketingfunktionen, 4., verb. Aufl., Stuttgart u.a., S. 142-171.

Muthukrishnan, A.V./**Weitz**, Barton A. (1991): Role of Product Knowledge in Evaluation of Brand Extension, in: Holman, Rebecca H./Solomon, Michael R. [Hrsg.]: Advances in Consumer Research, 18. Jg., o.Nr., Provo, S. 407-413.

Myers, James H./**Shocker**, Allan D. (1981): The Nature Of Product-Related Attributes, in: International Journal of Research in Marketing, 5. Jg., o.Nr., S. 211-236.

Nakamoto, K./**MacInnis**, D.J./**Jung**, H.-S. (1993): Advertising Claims and Evidence as Bases for Brand Equity and Consumer Evaluations of Brand Extensions, in: Aaker, David A./-Biel, Alexander L. [Hrsg.]: Brand Equity & Advertising: Advertising's Role in Building Strong Brands, Hillsdale u.a., S. 281-297.

Nedungadi, Prakash/**Hutchinson**, Wesley (1985): The Prototypicality of Brands: Relationships with Brand Awareness, Preference, and Usage, in: Hirschman, Elizabeth /Holbrook, Morris B. [Hrsg.]: Advances in Consumer Research, 12. Jg., o.Nr., Provo, S. 498-503.

Neubauer, F.F. (1984): Das PIMS-Programm und Portfolio-Management, in: Hahn, D./Taylor, B. [Hrsg.]: Strategische Unternehmensplanung, 3. Aufl., Würzburg u.a., S. 165-192.

Neuhaus, Colin F./**Taylor**, James R. (1972): Variables Affecting Sales of Family-Branded Products, in: Journal of Marketing Research, 9. Jg., Nr. 11, S. 419-422.

Newman, Joseph W. (1957): Motivation Research and Marketing Management, Norwood.

Niemeyer, Hans-Georg (1993): Begründungsmuster von Konsumenten: Attributionstheoretische Grundlagen und Einflußmöglichkeiten im Marketing, Diss., Heidelberg.

Nieschlag, Robert/**Dichtl**, Erwin/**Hörschgen**, Hans (1988): Marketing, 15. Aufl., Berlin.

Nieschlag, Robert/**Dichtl**, Erwin/**Hörschgen**, Hans (1991): Marketing, 16., durchges. Aufl., Berlin.

Nijssen, E./**Uijl**, R./**Bucklin**, P. (1995): The Effect of Involvement on Brand Extensions, in: Proceedings of the 24th Annual Conference of the European Marketing Academy, S. 867-870.

Nolte, H. (1976): Die Markentreue im Konsumgüterbereich, Bochum.

Nommensen, J.N. (1990): Die Prägnanz von Markenbildern, Heidelberg.

Nowak, H. (1983): Die Rolle der Autokliniken bei der Produktgestaltung, in: Dichtl, E./Raffée, H./Potucek, V. [Hrsg.]: Marktforschung im Automobilsektor, Frankfurt am Main.

Numrich, J. (1979): Marketingmanagement, Marketinginstrumente und Marketing-Mix, Berlin.

Nüse, R./**Groeben**, N./**Freitag**, B./**Schreier**, M. (1991): Über die Erfindung/en des Radikalen Konstruktivismus: Kritische Gegenargumente aus psychologischer Sicht, Weinheim.

Nuttin, J.M. Jr. (1985): Narcissism beyond Gestalt and awareness: The name letter effect, in: European Journal of Social Psychology, 15. Jg., o.Nr., S. 353-361.

Nuttin, J.M. Jr. (1987): Affective consequences of mere ownership: The name letter effect in twelve European languages, in: European Journal of Social Psychology, 17. Jg., o.Nr., S. 381-402.

o.V. (1989): Dachmarke oder Einzelmarke? Wohin mit dem Produktneuling?, in: Absatzwirtschaft, 32. Jg., Nr. 4/1989, S. 100-105.

o.V. (1997): Spillover-Effekt, in: Gabler Wirtschafts-Lexikon, 14. Aufl., Wiesbaden. S. 3521.

Oakenfull, Gillian/**Gelb**, Betsy (1996): Research-Based Advertising to Preserve Brand Equity but Avoid 'Genericide', in: Journal of Advertising Research, 36. Jg., Nr. 5, S. 65-72.

Ohmae, K. (1985): Macht der Triade, Wiesbaden.

Opp, Karl-Dieter/**Schmidt**, Peter (1976): Einführung in die Mehrvariablenanalyse: Grundlagen der Formulierung und Prüfung komplexer sozialwissenschaftlicher Aussagen, Reinbeck bei Hamburg.

Osgood, Charles E./**Suci**, George J./**Tannenbaum**, Percy H. (1957): The Measurement Of Meaning, Urbana.

Owen, S. (1993): The Landor Image Power Survey: A Global Assessment of Brand Strength, in: Aaker, David A./Biel, Alexander L. [Hrsg.]: Brand Equity & Advertising: Advertising's Role in Building Strong Brands, Hillsdale u.a., S. 31-49.

Oxenfeldt, A.R. (1974): Developing a Favorable Price-Quality Image, in: Journal of Retailing, 50. Jg., Nr. 4, S. 8-14.

Papadopoulos, Nicolas/**Heslop**, Louise (1993): Product and Country Images: Impact and Role in International Marketing, New York.

Park, K.-K. (1983): Führungsverhalten in unterschiedlichen Kulturen, Mannheim.

Park, Whan C./**Jaworski**, Bernard J./**MacInnis**, Deborah J. (1986): Strategic Brand Concept-Image Management, in: Journal of Marketing, 50. Jg, Nr. 10, S. 135-145.

Park, Whan C./**Jun**, Sung Youl/**Shocker**, Allan D. (1996): Composite Branding Alliances: An Investigation of Extension and Feedback Effects, in: Journal of Marketing Research, 33. Jg., Nr. 11, S. 453-466.

Park, Whan C./**Lessig**, Parker V. (1981): Familiarity and Its Impact on Consumer Decision Biases and Heuristics, in: Journal of Consumer Research, 8. Jg., Nr. 9, S. 223-230.

Park, Whan C./**McCarthy**, Michael S./**Milberg**, Sandra J. (1993): The Effects of Direct and Associative Brand Extension Strategies on Consumer Response to Brand Extensions, in: McAlister, Leigh/Rothschild, Michael L. [Hrsg.]: Advances in Consumer Research, 20. Jg., o. Nr., Provo, S. 28-33.

Park, Whan C./**Milberg**, Sandra J./**Lawson**, Robert (1991): Evaluation of Brand Extensions: The Role of Product Feature Similarity and Brand Concept Consistency, in: Journal of Consumer Research, 18. Jg., Nr. 9, S. 185-193.

Park, Whan C./**Srinivasan**, V. (1994): A Survey-Based Method for Measuring and Understanding Brand Equity and its Extendibility, in: Journal of Marketing Research, 31. Jg., Nr. 5, S. 271-288.

Paul, Thomas (1998): Globales Management von Wertschöpfungsfunktionen, Diss., Wiesbaden.

Pausenberger, Ehrenfried (1982): Technologiepolitik internationaler Unternehmen, in: Zeitschrift für betriebswirtschaftliche Forschung, 34. Jg., o.Nr., S. 1025-1054.

Pausenberger, Ehrenfried/**Volkmann**, Bernhard (1978): Forschung und Entwicklung in internationalen Unternehmungen, in: RKW-Handbuch Forschung, Entwicklung, Konstruktion (F&E), Beitrag Nr. 8400, Berlin, S. 1-33.

Pearal, Judea (1997): On the Identification of Nonparametric Structural Models, in: Berkane, Maia [Hrsg.]: Latent Variable Modeling and Applications to Causality, New York, S. 25-43.

Pearce, Esmond (1970): Marketing and Higher Management, London.

Peckham, J.O. (1973): The Wheel of Marketing, Chicago.

Peddie, R. (1983): Produktpolitik: Zehn Arten und Weisen, wie man ein altes Produkt mit neuen Kniffen aufpolieren kann, in: Der Kontakter, o.Jg., Nr. 38/1983, S. 22-28.

Pennings, Johannes M. (1975): The Relevance of the Structural-Contingency Model for Organizational Effectiveness, in: Administrative Science Quarterly, 20. Jg., Nr. 3, S. 393-410.

Perlitz, Manfred (1993): Internationales Management: 29 Tabellen, Stuttgart und Jena.

Perlitz, Manfred (1995): Internationales Management, 2., neu bearb. und erw. Aufl., Stuttgart und Jena.

Perlitz, Manfred (2000): Internationales Management: 66 Tafeln, 4., bearb. Aufl., Stuttgart.

Perlmutter, Howard V. (1969): The Tortuous Evolution of the Multinational Corporation, in: Columbia Journal of World Business, 4. Jg., Nr. 1, S. 9-18.

Perlmutter, Howard V. (1973): The Tortuous Evolution of the Multinational Corporation, in: Kapoor, A./Grub, P.D. [Hrsg.]: The Multinational Enterprise in Transition, 2. Aufl., Princeton, S. 53-66.

Perlmutter, Howard V./**Heenan**, David A. (1986): Cooperate to Compete Globally, in: Harvard Business Review, 64. Jg., Nr. 2, S. 136-152.

Petroshius, Susan M./**Monroe**, Kent B. (1987): Effect of Product Line Pricing Characteristics on Product Evaluations, in: Journal of Consumer Research, 13. Jg., Nr. 3, S. 511-519.

Petty, Richard E./**Unnava**, Rao H./**Strathman**, Alan J. (1991): Theories of Attitude Change, in: Robertson, Thomas S./Kassarjian, Harold H. [Hrsg.]: Handbook of Consumer Behavior, Englewood Cliffs, S. 241-280.

Petzold, Peter (1992): Context Effects in Judgments of Attributes: An Information-Integration Approach, in: Geissler, Hans-Georg/Link, Stephen W./Townsend, James T. [Hrsg.]: Cognition, Information Processing, and Psychophysics: Basic Issues, Hillsdale, S. 175-206.

Pfeifer, Andreas/**Schmidt**, Peter (1987): LISREL: Die Analyse komplexer Strukturgleichungsmodelle, Stuttgart und New York.

Pfohl, Hans-Christian (1980): Problemlösungstechniken, in: Grochla, Erwin [Hrsg.]: Handwörterbuch der Organisation, 2., völlig neugestaltete Aufl., Stuttgart, Sp. 1917-1923.

Picot, Arnold (1972): Grundfragen experimenteller Organisationsforschung, Diss., München.

Picot, Arnold (1981): Strukturwandel und Unternehmensstrategie, Teil 1, in: Wirtschaftswissenschaftliches Studium, o.Jg., Nr. 11, S. 527-532.

Picot, Arnold (1991): Ökonomische Theorien der Organisation: Ein Überblick über neuere Ansätze und deren betriebswirtschaftliches Anwendungspotential, in: Ordelheide, Dieter/Rudolph, Bernd/Büsselmann, Elke [Hrsg.]: Betriebswirtschaftslehre und Ökonomische Theorie, Stuttgart, S. 143-170.

Pindyck, Robert S./**Rubinfeld**, Daniel L. (1998): Econometric Models and Economic Forecasts, 4. Aufl., New York u.a.

Pitts, R.E. (1977): Influence of Values on Preference-Segmentation Approach, Diss., University of South Carolina, Columbia.

Pitts, R.E./**Woodside**, A.G. (1983): Personal Value Influences on Consumer Product Class and Brand Preferences, in: The Journal of Social Psychology, 119. Jg., o.Nr., S. 37-53.

Pöhlmann, E. (1967): Grundlagen der Imageforschung, in: GFM-Mitteilungen zur Markt- und Absatzforschung, 13. Jg., Nr. 1, S. 3-7.

Popper, Karl R. (1973): Logik der Forschung, 5. Aufl., Tübingen.

Popper, Karl R. (1994): Die beiden Grundprobleme der Erkenntnistheorie, 2., verb. Aufl., Tübingen.

Porter, Michael E. (1980): Competitive Strategy: Techniques for Analyzing Industries and Competitors, New York.

Porter, Michael E. (1986): Wettbewerbsvorteile, Frankfurt am Main.

Porter, Michael E. (1990a): The Competitive Advantage of Nations, London.

Porter (1990b): Nationale Wettbewerbskraft: Woher kommt die?, in: Harvard Manager, 12. Jg., Nr. 4, S. 103-126.

Porter (1990c): The Competitive Advantage of Nations, in: Harvard Business Review, 68. Jg., Nr. 2, S. 73-95

Porter, Michael E. (1990d): Wettbewerbsstrategie: Methoden zur Analyse von Branchen und Konkurrenten, 6. Aufl., Frankfurt am Main.

Porter, Michael E. (1995): Wettbewerbsstrategie: Methoden zur Analyse von Branchen und Konkurrenten, 8. Aufl., Frankfurt am Main.

Prescott, J.E. (1986): Environments as Moderators of the Relationship between Strategy and Performance, in: Academy of Management Journal, 29. Jg., Nr. 2, S. 329-346.

Price-Williams, D.R. (1985): Cultural Psychology, in: Lindzey, G./Aronson, E. [Hrsg.]: Handbook of Social Psychology, Bd. II: Special Fields and Applications, 3. Aufl., New York, S. 993-1042.

Pümpin, Cuno Beat (1968): Langfristige Marketingplanung: Konzeption und Formalisierung, in: Schriftenreihe des Forschungsinstituts für Absatz und Handel, Hochschule St. Gallen, Bd. XIII, Bern und Stuttgart.

Pümpin, Cuno Beat (1970): Langfristige Marketingplanung: Konzeption und Formalisierung, Diss., 2. Aufl., Bern und Stuttgart.

Pümpin, Cuno Beat (1982): Management strategischer Erfolgspositionen, Bern und Stuttgart.

Punnett, Betty Jane/**Shenkar**, Oded [Hrsg.] (1996): Handbook for International Management Research, Cambridge und Oxford.

Quelch, J.A./**Hoff**, E.J. (1986): Customizing Global Marketing, in: Harvard Business Review, 64. Jg., Nr. 3, S. 59-68.

Raffée, Hans (1974): Grundprobleme der Betriebswirtschaftslehre, Göttingen.

Raffée, Hans (1989): Gegenstand, Methoden und Konzepte der Betriebswirtschaftslehre, in: Bitz, M. [Hrsg.]: Vahlens Kompendium der Betriebswirtschaftslehre, Bd. I, 2. Aufl., München.

Rangaswamy, Arvind/**Burke**, Raymond/**Oliver**, Terence A. (1989): Toward an equity based theory of brand extensions, Präsentation vor der Association of Consumer Research, New Orleans.

Rangaswamy, Arvind/**Burke**, Raymond/**Oliver**, Terence A. (1993): Brand Equity and the Extendibility of Brand Names, in: International Journal of Research in Marketing, 10. Jg., Nr. 3, S. 61-75.

Rao, Akshay R./**Monroe**, Kent B. (1988): The Moderating Effect of Prior Knowledge on Cue Utilization in Product Evaluations, in: Journal of Consumer Research, 15. Jg., Nr. 2, S. 253-264.

Rao, Akshay R./**Monroe**, Kent B. (1989): The Effect of Price, Brand Name, and Store Name on Buyers' Perceptions of Product Quality: An Integrative Review, in: Journal of Marketing Research, 26. Jg., Nr. 8, S. 351-357.

Reddy, S.K./**Holak**, S.L./**Bhat**, S. (1994): To Extend or Not to Extend: Success Determinants of Line Extensions, in: Journal of Marketing Research, 31. Jg., Nr. 5, S. 243-262.

Reibnitz, U. von (1992): Szenario-Technik, 2. Aufl., Wiesbaden.

Reiter, Gerhard (1991): Strategien des Imagetransfers, in: Jahrbuch der Absatz- und Verbrauchsforschung, 37. Jg., Nr. 3, S. 210-222.

Reitter, Robert N. (1969): Product Testing in Segmented Markets, in: Journal of Marketing Research, 6. Jg., Nr. 5, S. 179-183.

Reynolds, Thomas J./**Gutman**, Jonathan (1984): Advertising As Image Management, in: Journal of Advertising Research, 24. Jg., Nr. 1, S. 27-37.

Richards, John/**Glasersfeld**, Ernst von (1987): Die Kontrolle von Wahrnehmung und die Konstruktion von Realität: Erkenntnistheoretische Aspekte des Rückkopplungs-Kontroll-Systems, in: Schmidt, Siegfrid J. [Hrsg.]: Der Diskurs des Radikalen Konstruktivismus, Frankfurt am Main.

Richter, Rudolf/**Furubotn**, Eirik G. (1996): Neue Institutionenökonomik: Eine Einführung und kritische Würdigung (Institutions and Economic Theory: An Introduction to and Assessment of the New Institutional Economics. Deutsche Übersetzung von Monika Streissler), Tübingen.

Ricks, D. (1986): How to Avoid Business Blunders Abroad, in: Jain, S./Tucker, L. [Hrsg.]: International Marketing: Managerial Perspectives, Boston, S. 107-129.

Ries, Al/**Ries**, Laura (1998): The 22 Immutable Laws of Branding: How to Build a Product or Service into a World-Class Brand, New York.

Ries, Al/**Trout**, Jack (1986): Positioning: The Battle for Your Mind, New York u.a.

Ries, Al/**Trout**, Jack (1993): Die 22 unumstößlichen Gebote im Marketing, Düsseldorf u.a.

Rieser, I. (1989): Frühwarnsysteme aufbauen und bereithalten, in: Management Zeitschrift io, 58. Jg., o.Nr., S. 37-41.

Robbins, K.L. (1992): Does Standardization Work in International Marketing?, in: European Marketing Journal, 5. Jg., Nr. 4, S. 253-256.

Roedder John, Deborah/**Loken**, Barbara/**Joiner**, Christopher (1995): Spillover Effects of Brand Extensions: Can They Spread to a Firm's established Products, Arbeitspapier Nr. 9503, Center for Research in Marketing, Carlson School of Management, University of Minnesota, Minneapolis/St. Paul.

Roedder John, Deborah/**Loken**, Barbara/**Joiner**, Christopher (1998): The Negative Impact of Extensions: Can Flagship Products be Diluted?, in: Journal of Marketing, 62. Jg., Nr. 1, S. 19-32.

Rokeach, M. (1973): The Nature of Human Values, New York.

Romeo, Jean B. (1991): The Effect of Negative Information on the Evaluations of Brand Extensions and the Family Brand, in: Holman, Rebecca H./Solomon, Michael R. [Hrsg.]: Advances in Consumer Research, 18. Jg., o.Nr., Provo, S. 399-406.

Ronen, Simcha (1986): Comparative and Multinational Management, New York u.a.

Ronen, Simcha/**Shenkar**, Oded (1985): Clustering Countries on Attitudinal Dimensions: A Review and Synthesis, in: The Academy of Management Review, 10. Jg., Nr. 3, S. 435-454.

Room, Adrian (1998): The History of Branding, in: Hart, Susannah/Murphy, John M. [Hrsg.]: Brands: The New Wealth Creators, New York, S. 13-23.

Rosch, Eleanor (1978): Principles of Categorization, in: Rosch, Eleanor/Lloyd, Barbara [Hrsg.]: Cognition and Categorization, Hillsdale, S. 27-48.

Rosch, Eleanor/**Lloyd**, Barbara B. (1978) [Hrsg.]: Cognition and Categorization, Hillsdale.

Rosch, Eleanor/**Mervis**, Carolyn B. (1975): Family Resemblances: Studies in the Internal Structure of Categories, in: Cognitive Psychology, 7. Jg., o.Nr., S. 573-605.

Rosch, Eleanor/**Simpson**, Carol/**Miller**, Scott (1976): Structural Bases of Typicality Effects, in: Journal of Experimental Psychology: Human Perception and Performance, 2. Jg., Nr. 4, S. 491-502.

Rosenberg, Milton J. (1956): Cognitive Structure and Attitudinal Affect, in: Journal of Abnormal and Social Psychology, 53. Jg., o.Nr., S. 367-372.

Rosenberg, Milton J./**Hovland**, C.I. (1960): Cognitive, Affective and Behavioral Components of Attitude, in: Hovland, C.I./Rosenberg, M.J. [Hrsg.]: Attitude Organization and Change: An Analysis of Consistency among Attitude Components, New Haven, S. 1-14.

Rosenstiel, Lutz von/**Ewald**, Guntram (1979): Marktpsychologie, Bd. II: Psychologie der absatzpolitischen Instrumente, Stuttgart u.a.

Rosenstiel, Lutz von/**Neumann**, Peter (1991): Einführung in die Markt- und Werbepsychologie, 2. Aufl., Darmstadt.

Rosenzweig, Mark R./**Porter**, Lyman W. [Hrsg.] (1981): Annual Review of Psychology, Palo Alto.

Ross, Ivan (1971): Self-Concept and Brand Preference, in: Journal of Business of the University of Chicago, 44. Jg., o.Nr., S. 38-50.

Roth, E. (1967): Einstellung als Determination individuellen Verhaltens, Göttingen.

Roth, Gerhard (1987a): Autopoesie und Kognition: Die Theorie H.R. Maturanas und die Notwendigkeit ihrer Weiterentwicklung, in: Schmidt, Siegfried J. [Hrsg.]: Der Diskurs des Radikalen Konstruktivismus, Frankfurt am Main.

Roth, Gerhard (1987b): Erkenntnis und Realität: Das reale Gehirn und seine Wirklichkeit, in: Schmidt, Siegfried J. [Hrsg.]: Der Diskurs des Radikalen Konstruktivismus, Frankfurt am Main, S. 229-255.

Roth, Gerhard (1992a): Das konstruktive Gehirn: Neurobiologische Grundlagen von Wahrnehmung und Erkenntnis, in: Schmidt, Siegfried J. [Hrsg.]: Kognition und Gesellschaft: Der Diskurs des Radikalen Konstruktivismus II, Frankfurt am Main, S. 277-336.

Roth, Gerhard (1992b): Die Archive des Schweigens, Frankfurt am Main.

Roth, Gerhard (1992c): Kognition: Die Entstehung von Bedeutung im Gehirn, in: Krohn, Wolfgang/Küppers, Günter [Hrsg.]: Emergenz: Die Entstehung von Ordnung, Organisation und Bedeutung, Frankfurt am Main, S. 104-133.

Roth, Gerhard (1997): Das Gehirn und seine Wirklichkeit: Kognitive Neurobiologie und ihre philosophischen Konsequenzen, Frankfurt am Main.

Roth, Martin S. (1992): Depth versus Breadth Strategies for Global Brand Image Management, in: Journal of Advertising, 21. Jg., Nr. 2, S. 25-36.

Roth, Martin S. (1995): The Effects of Culture and Socioeconomics on the Performance of Global Brand Image Strategies, in: Journal of Marketing Research, 32. Jg., Nr. 5, S. 163-175.

Roth, Martin S./**Romeo**, Jean (1992): Matching Product Catgeory And Country Image Perceptions: A Framework For Managing Country-Of-Origin Effects, in: Journal of International Business Studies, 23. Jg., Nr. 3, S. 477-497.

Rother, Andreas/**Link**, Karl-Heinz (1994): Positionierung: Ausbruch aus drangvoller Enge, in: Absatzwirtschaft, 37. Jg., Nr. 6/1994, S. 62-67.

Rueß, Annette (1995): Exporte: Eigenes Profil, in: Wirtschaftswoche, 49. Jg., Nr. 26, S. 58-65.

Rüfenacht, Peter (1979): Operative Marketingplanung: Absatzwirtschaftliche Grundlagen und Voraussetzungen einer computergestützten Marketing-Mix-Planung dargestellt am Beispiel des Schweizer Marktes für Sprechfunkgeräte, Diss., St. Gallen.

Rühli, E. (1971): Beiträge zur Unternehmensführung und Unternehmenspolitik, in: Schriftenreihe des Instituts für betriebswirtschaftliche Forschung, Universität Zürich, Bd. I, Bern.

Rüschen, Gerhard (1994): Ziele und Funktionen des Markenartikels, in: Bruhn, Manfred [Hrsg.]: Handbuch Markenartikel: Anforderungen an die Markenpolitik aus Sicht von Wissenschaft und Praxis, Bd. I, Stuttgart, S. 122-134.

Sabel, H. (1990): Qualitäten, Preise und Mengen: Befunde auf dem Markt für Personenkraftwagen der Bundesrepublik Deutschland, in: Zeitschrift für Betriebswirtschaft, 60. Jg., Nr. 2, S. 745-758.

Sabisch, Helmut (1991): Produktinnovationen, Stuttgart.

Salcher, Ernst F. (1975): Durch Marktforschung zur Markterschließung: Neue Hilfen zur erfolgreichen Unternehmensführung, Bonn.

Salcher, Ernst F. (1978): Psychologische Marktforschung, Berlin und New York.

Samiee, Saeed (1994): Customer Evaluation of Products in a Global Market, in: Journal of International Business Studies, 25. Jg., Nr. 3, S. 579-604.

Samli, A. Coskun/**Sirgy**, M. Joseph (1981): A Multi-Dimensional Approach to Analyzing Store Loyalty: A Predective Model, in: Bernhardt, Ken/Kehoe, Bill [Hrsg.]: The Changing Marketing Environment: New Theories and Applications, Chicago, S. 113-116.

Sandler, Dennis M./**Shani**, David (1993): Brand Globally but Advertise Locally? An Empirical Investigation, in: Journal of Product & Brand Management, 2. Jg., Nr. 2, S. 59-71.

Saris, Willem E./**Stronkhorst**, Henk L. (1984): Causal Modeling in Nonexperimental Research, Amsterdam.

Sattler, Henrik (1997): Monetäre Bewertung von Markenstrategien für neue Produkte, Habil., Stuttgart.

Schadenhofer, Leopold (1982): Analyseinstrumente für die strategische Marketingplanung, Diss., Wien.

Schäfer, E. (1950): Aufgabe der Absatzwirtschaft, Köln.

Schäfer, E. (1966): Absatzwirtschaft, in: Hax, K./Wessel, Th. [Hrsg.]: Handbuch der Wirtschaftswissenschaft, Bd. I.: Betriebswirtschaft, 2. Aufl., Köln.

Schäfer, E. (1974): Absatzwirtschaft, in: Tietz, B. [Hrsg.]: Handwörterbuch der Absatzwirtschaft, Stuttgart.

Schäfer, E./**Knoblich**, H. (1978): Grundlagen der Marktforschung, 5. Aufl., Stuttgart.

Scharf, A. (1994): Marketing: Einführung in Theorie und Praxis, Ulm.

Schenk, H.O. (1970): Hersteller- und Handelsmarken im Wandel ihrer gegenseitigen Beziehungen, in: Markenartikel, 32. Jg., Nr. 2, S. 39-50.

Scheuch, Fritz (1977): Heuristische Entscheidungsprozesse in der Produktpolitik: Effizientes Entscheidungsverhalten für produktpolitische Aufgaben und experimentelle Prüfung von Problemlösungsstrategien, 1. Aufl., Berlin.

Scheuch, Fritz (1989): Marketing, 3. Aufl., München.

Schiemenz, Bernd/**Wurl**, Hans-Jürgen (1994): Internationales Management: Beiträge zur Zusammenarbeit, Wiesbaden.

Schineis, Michael (1996): Absatzwerbung und Öffentlichkeitsarbeit, in: Meyer, Paul W. [Hrsg.]: Integrierte Marketingfunktionen, 4., verb. Aufl., Stuttgart u.a., S. 108-141.

Schmidt, R. (1990): Early Warning Systems, in: Grochla, E. et al. [Hrsg.]: Handbook of German Business Management, Stuttgart u.a., Sp. 753-764.

Schmidt, Siegfried J. [Hrsg.] (1987): Der Diskurs des Radikalen Konstruktivismus, Frankfurt am Main.

Schmidt, Siegfried J. [Hrsg.] (1992a): Kognition und Gesellschaft, Frankfurt am Main.

Schmidt, Siegfried J. (1992b): Radikaler Konstruktivismus, in: Schmidt, Siegfried J. [Hrsg.]: Kognition und Gesellschaft: Der Diskurs des Radikalen Konstruktivismus II, Frankfurt am Main.

Schmidt, Siegfried J. (1995): (Radikaler) Konstruktivismus: Wie Wirklichkeit wirklich ist, in: Der Blaue Reiter 2, S. 30-33.

Schmidt-Sudhoff, Ulrich (1967): Unternehmerziele und unternehmerisches Zielsystem, in: Münstermann, Hans [Hrsg.]: Schriftenreihe Betriebswirtschaftliche Beiträge, Bd. X, Wiesbaden.

Schmitt, Bernd/**Pan**, Yigang (1994): Managing Corporate and Brand Identities in the Asia-Pacific Region, in: California Management Review, 36. Jg., Nr. 2, S. 32-48.

Schmitt, Bernd/**Simonson**, Alex (1997): Marketing Aesthetics: The Strategic Management of Brands, Identity and Image, New York u.a.

Schnedlitz, P. (1983): Image, in: Lück, W. [Hrsg.]: Lexikon der Betriebswirtschaft, Landsberg am Lech, S. 497.

Schnedlitz, P. (1985): Einstellungen und soziale Beeinflussung als Bedingungen von Kaufabsichten: Eine empirische Untersuchungsreihe, Frankfurt am Main.

Schneeweiß, C. (1984): Elemente einer Theorie betriebswirtschaftlicher Modellbildung, in: Zeitschrift für Betriebswirtschaft, 54. Jg., o.Nr., S. 480-504.

Schneeweiß, C. (1987): On a Formalization of the Process of Quantitative Model Building, in: European Journal of Operational Research, 29. Jg., o.Nr., S. 24-41.

Schneeweiß, Hans (1990): Ökonometrie, Heidelberg.

Schobert, R. (1979): WiSt-Fallstudie: „TV-AG": Ein Fallbeispiel zur Bestimmung von Präferenzwerten mit Hilfe von Idealproduktmodellen, in: Wirtschaftswissenschaftliches Studium, 8. Jg., Nr. 1, S. 40-45.

Schoonhoven, Claudia Bird (1981): Problems with Contingency Theory: Testing Assumptions Hidden within the Language of Contingency Theory, in: Administrative Science Quarterly, 26. Jg., o.Nr., S. 349-377.

Schreiner, Frank (1992): Entwicklung eines Image-Modells für den deutschen Zigarettenmarkt: Eine psychologische Marktstudie, Diss., Bayreuth.

Schreyögg, Georg/**Steinmann**, Horst (1980): Wissenschaftstheorie, in: Grochla, Erwin [Hrsg.]: Handwörterbuch der Organisation, 2., völlig neugest. Aufl., Stuttgart, Sp. 2394-2404.

Schreyögg, Georg/**Steinmann**, Horst (1985): Strategische Kontrolle, in: Zeitschrift für betriebswirtschaftliche Forschung, 37. Jg., Nr. 5, S. 391-410.

Schulmeister, Rolf (1996): Grundlagen hypermedialer Lernsysteme, München.

Schwarz, Jürg Ulrich (1979): Die Stellung und Bedeutung des Marketing-Audits im Prozess der langfristigen Marketingplanung, Diss., Zürich.

Schweiger, Günter (1982): Verwendung von gleichen Markennamen für unterschiedliche Produktgruppen (Imagetransfer), in: Werbewissenschaftliche Gesellschaft Information, 86. Jg., Nr. 2, S. 6-11.

Schweiger, Günter (1983a): Imagetransfer, in: Haase, H./Koeppler, K. [Hrsg.]: Fortschritte der Marktpsychologie, Bd. III, Frankfurt, S. 157-166.

Schweiger, Günter (1983b): Verwendung von gleichen Markennamen für unterschiedliche Produktgruppen, in: Planung und Analyse, 10. Jg., Nr. 6, S. 260-263.

Schweiger, Günter (1984): Ergebnisse einer Image-Transfer-Untersuchung, in: Österreichische Werbewissenschaftliche Gesellschaft [Hrsg.]: Die Zukunft der Werbung: Bericht der 25. Werbewirtschaftlichen Tagung, Wien, S. 129-138.

Schweiger, Günter (1987): Imagetransfer: Mut zu Österreich in der Exportwerbung, in: Österreichische Werbewissenschaftliche Gesellschaft [Hrsg.]: Bericht der 34. Werbewirtschaftlichen Tagung, Bregenz, S. 71-80.

Schweiger, Günter [Hrsg.] (1988): Österreichs Image im Ausland, Wien.

Schweiger, Günter (1995): Image und Imagetransfer, in: Tietz, Bruno [Hrsg.]: Handwörterbuch des Marketing, 2., vollst. überarb. Aufl., Stuttgart, Sp. 915-928.

Schweiger, Günter/**Friederes**, Gereon (1994): Markenaufbau in Osteuropa, in: Markenartikel, 56. Jg., Nr. 11, S. 512-515.

Scott, J.E./**Lamont**, L.M. (1974): Relating Consumer Values to Consumer Behavior: A Model and Method for Investigation, in: Greer, T.V. [Hrsg.]: 1973 Combined Proceedings, Chicago, S. 283-288.

Seebauer, Rolf (1977): Integration im Euro-marketing, in: Absatzwirtschaft, 20. Jg., Sonderausgabe, Nr. 10/1977, S. 8-12.

Segler, Kay (1986): Basisstrategien im internationalen Marketing, Diss., Frankfurt am Main und New York.

Seidel, Markus (1996): Zur Steigerung der Marktorientierung der Produktentwicklung, Diss., Bamberg.

Seifert, E. (1987): Fahrvergnügen pur: Roadster, in: Handelsblatt vom 05./06.06., S. 1-4.

Seitz, Peter (1993): Strategische Managementsysteme im internationalen Unternehmen, Diss., München.

Selame, Elinor/**Selame**, Joe (1988): The Company Image : Building Your Identity and Influence in the Marketplace, New York u.a.

Selnes, Fred (1993): An Examination of the Effect of Product Performance on Brand Reputation, Satisfaction and Loyalty, in: Journal of Product & Brand Management, 2. Jg., Nr. 4, S. 45-60.

Sengupta, Subroto (1990): Brand Positioning: Strategies for competitive advantage, New Delhi.

Shapiro, Benson P. (1977): Industrial Product Policy: Managing the Existing Product Line, in: Marketing Science Institute, Arbeitspapier-Nr. 77-110, Cambridge.

Sharp, Byron M. (1993): Managing Brand Extension, in: Journal of Consumer Marketing, 10. Jg., Nr. 3, S. 11-17.

Shimp, Terence A./**Bearden**, William O. (1982): Warranty and Other Extrinsic Cue Effects on Consumers' Risk Perceptions, in: Journal of Consumer Research, 9. Jg., Nr. 6, S. 38-46.

Shocker, Allan D./**Srinivasan**, V. (1979): Multiattribute Approaches for Product Concept Evaluation and Generation: A Critical Review, in: Journal of Marketing Research, 16. Jg., Nr. 5, S. 159-180.

Silberer, G. (1983): Einstellungen und Werthaltungen, in: Irle, M. [Hrsg.]: Enzyklopädie der Psychologie, Bd. IV: Marktpsychologie als Sozialwissenschaft, Göttingen u.a., S. 533-625.

Simmons, Harry (1959): Marketing: Neue Methoden der Geschäftsführung, Stuttgart.

Simon, Carol J./**Sullivan**, Mary W. (1993): The Measurement and Determinants of Brand Equity: A Financial Approach, in: Marketing Science, 12. Jg., Nr. 1, S. 28-52.

Simon, D. (1986): Schwache Signale: Die Früherkennung von strategischen Diskontinuitäten durch Erfassung von „weak signals", Wien.

Simon, Hermann (1985): Goodwill und Marketing-Strategie, Wiesbaden.

Simon, Hermann (1992): Preismanagement: Analyse - Strategie - Umsetzung, 2. Aufl., Wiesbaden.

Sirgy, M. Joseph (1979): Self-Concept in Consumer Behavior, Diss., Department of Psychology, University of Massachusetts, Amherst.

Sirgy, M. Joseph (1980): Self-Concept in Relation to Product Preference and Purchase Intention, in: Developments in Marketing Science, 3. Jg., o.Nr., S. 350-354.

Sirgy, M. Joseph (1981): Testing a Self-Concept Model Using a Tangible Product, in: Proceedings of the American Psychological Association, Consumer Psychology Division, 89. Jg., Nr. 17.

Sirgy, M. Joseph/**Danes**, Jeffery (1981): Self-Image/Product-Image Congruence Models: Testing Selected Mathematical Models, in: Mitchell, Andrew [Hrsg.]: Advances in Consumer Research, 9. Jg., o.Nr., Ann Arbor, S. 556-561.

Six, B. (1975): Die Relation von Einstellung und Verhalten, in: Zeitschrift für Sozialpsychologie, 6. Jg., Nr. 4, S. 270-296.

Sixtl, F. (1982): Meßmethoden der Psychologie: Theoretische Grundlagen und Probleme, 2. Aufl., Weinheim und Basel.

Smith, Colin (1988): Zur Identifikation von Marktsegmenten in der Automobilindustrie, Bonn.

Smith, Daniel C. (1992): Brand Extensions and Advertising Efficiency: What can and cannot be expected, in: Journal of Advertising Research, 32. Jg., Nr. 6, S. 11-20.

Smith, Daniel C./**Park**, Whan C. (1990): An Examination of the Effects of Shared Brand Names on Marketing Costs and Sales, Arbeitspapier, Graduate School of Business, University of Wisconsin, Madison.

Smith, Daniel C./**Park**, Whan C. (1992): The Effects of Brand Extensions on Market Share and Advertising Efficiency, in: Journal of Marketing Research, 29. Jg., Nr. 8, S. 296-313.

Smith, Edward E./**Medin**, Douglas L. (1981): Categories and Concepts, Cambridge.

Smith, Edward E./**Shoben**, Edward J./**Rips**, Lance J. (1974): Comparison Processes in Semantic Memory, in: Psychological Review, 81. Jg., o.Nr., S. 214-241.

Sobol, Marion G./**Farrelly**, Gail E./**Taper**, Jessica S. (1992): Shaping the Corporate Image, New York u.a.

Sorenson, Ralph Z./**Wiechmann**, Ulrich E. (1975): How Multinationals View Marketing Standardization, in: Harvard Business Review, 53. Jg., Nr. 3, S. 38-54.

Soutar, Geoffrey N. (1981): Measuring Image Using Perceptual Mapping Procedures, in: Economic Activity, 24. Jg., Nr. 1, S. 30-35.

Spiegel, Bernt (1961): Die Struktur der Meinungsverteilung im sozialen Feld: Das psychologische Marktmodell, Bern und Stuttgart.

Spiegel, Bernt/**Nowak**, H. (1974): Image und Image-Analyse, in: Verlag Moderner Industrie [Hrsg.]: Marketing Enzyklopädie: Das Marketingwissen unserer Zeit, Bd. I: Absatzkennzahlen - Investitionsgütermarketing, München, S. 965-977.

Staehle, Wolfgang H. (1971): Über den Realitätsbezug organisationstheoretischer Modelle, in: Zeitschrift für Organisation, o.Jg., o.Nr., S. 19-24 und S. 80-85.

Staehle, Wolfgang H. (1973): Organisation und Führung sozio-technischer Systeme: Grundlagen einer Situationstheorie, Stuttgart.

Staehle, Wolfgang H. (1976): Der situative Ansatz in der Betriebswirtschaftslehre, in: Ulrich, Hans [Hrsg.]: Zum Praxisbezug der Betriebswirtschaftslehre: In wissenschaftstheoretischer Sicht, Bern und Stuttgart, S. 33-50.

Staehle, Wolfgang H. (1979): Deutschsprachige situative Ansätze in der Managementlehre, in: Wirtschaftswissenschaftliches Studium, o.Jg., Nr. 5, S. 222.

Staehle, Wolfgang H. (1985): Management, 2. Aufl., München.

Staehle, Wolfgang H. (1988): Macht und Kontingenzforschung, in: Küpper, Willi/Ortmann, Günther [Hrsg.]: Mikropolitik: Rationalität, Macht und Spiele in Organisationen, Opladen, S. 155-163.

Staehle, Wolfgang H. (1989): Management, 4. Aufl., München.

Stahr, Gunter (1979a): Auslandsmarketing, Bd. I: Marktanalyse, Stuttgart u.a.

Stahr, Gunter (1979b): Auslandsmarketing, Bd. II: Marketingstrategie, Stuttgart u.a.

Stangl, U./**Küthe**, E. (1982): Analyse von Imagetransferprozessen in Abhängigkeit von der Zielgruppe: Dargestellt an Beispielen aus dem Fotobereich, in: Koppelmann, Udo [Hrsg.]: Materialien zum Produktmarketing, Bd. III, Köln.

Steffenhagen, Hartwig (1978): Wirkungen absatzpolitischer Instrumente: Theorie und Messung der Marktreaktion, Stuttgart.

Steffenhagen, Hartwig (1982): Der Strategiebegriff in der Marketingplanung: Ein literaturkritisch gestützer Vorschlag zur Verwendung des Ausdrucks 'Marketing-Strategie', in: Die Betriebswirtschaft, o.Jg., Nr. 82/03, Stuttgart.

Steffenhagen, Hartwig (1988): Marketing, Stuttgart u.a.

Steinmann, Horst/**Schreyögg**, Georg (1986): Zur organisatorischen Umsetzung der strategischen Kontrolle, in: Zeitschrift für betriebswirtschaftliche Forschung, 38. Jg., Nr. 9, S. 747-765.

Steinmann, Horst/**Schreyögg**, Georg (1991): Management, 2. Aufl., Wiesbaden.

Stern, Mark E. (1975): Marketing Planung: Eine System-Analyse (Marketing Planning. A Systems Approach. Deutsche Übersetzung der dritten Auflage von Edgar W. Uherek), Berlin.

Sternecker, Petra/**Wollsching-Strobel**, Peter (1996): Der Wettbewerbsvorteil Akzeptanz, in: Gablers Magazin, o.Jg., Nr. 5/1996, S. 16-19.

Stobart, Paul [Hrsg.] (1994): Brand Power, New York.

Strang, R. (1975): The Relationship between Advertising and Promotion in Brand Strategy, in: Marketing Science Institute, Report Nr. 75-119, Cambridge.

Strasser, Helge (1966): Zielbildung und Steuerung der Unternehmung, in: Münstermann, Hans [Hrsg.]: Schriftenreihe Betriebswirtschaftliche Beiträge, Bd. VIII, Wiesbaden.

Stroebe, W. (1980): Grundlagen der Sozialpsychologie, Stuttgart.

Strotz, Robert H./**Wold**, Hermann O.A. (1985): Recursive versus Nonrecursive Systems: An attempt at Synthesis, in: Blalock, H.M. Jr. [Hrsg.]: Causal Models in the Social Sciences, New York, S. 125-136.

Sujan, Mita (1985): Consumer Knowledge: Effects on Evaluation Strategies Mediating Consumer Judgments, in: Journal of Consumer Research, 12. Jg., Nr. 6, S. 31-46.

Sullivan, Mary W. (1990): Measuring Image Spillovers in Umbrella-Branded Products, in: Journal of Business, 63. Jg., Nr. 7, S. 309-329.

Sullivan, Mary W. (1992): Brand Extensions: When to Use Them, in: Management Science, 38. Jg., Nr. 6, S. 793-806.

Sullivan, Mary W. (1998): How Brand Names Affect the Demand for Twin Automobiles, in: Journal of Marketing Research, 35. Jg., Nr. 5, S. 154-165.

Sullivan, Mary W./**DeGraba**, Patrick (1995): Spillover effects cost savings, R&D and the use of brand extensions, in: International Journal of Industrial Organization, 13. Jg., o.Nr., S. 229-248.

Sultan, F./**Farley**, J.U./**Lehmann**, D.R. (1990): A Meta-Analysis of Applications of Diffusion Models, in: Journal of Marketing Research, 27. Jg., Nr. 1, S. 70-77.

Summers, G.F. [Hrsg.] (1970): Attitude Measurement, Chicago.

Sunde, L./**Brodie**, R.J. (1993): Consumer Evaluations of Brand Extensions: Further Empirical Results, in: International Journal of Research in Marketing, 10. Jg., Nr. 1, S. 47-53.

Takada, H./**Jain**, D. (1991): Cross-National Analysis of Diffusion of Consumer Durable Goods in Pacific Rim Countries, in: Journal of Marketing, 55. Jg., Nr. 2, S. 48-54.

Takeuchi, H./**Porter**, Michael E. (1986): Three Roles of International Marketing in Global Strategy, in: Porter, Michael E. [Hrsg.]: Competition in Global Industries, Boston, S. 111-146.

Takeuchi, H./**Porter**, Michael E. (1989): Die drei Aufgaben des internationalen Marketing im Rahmen einer globalen Unternehmensstrategie, in: Porter, Michael E. [Hrsg.]: Globaler Wettbewerb, Wiesbaden, S. 127-164.

Tauber, Edward M. (1981): Brand Franchise Extensions: New Products Benefit from Existing Brand Names, in: Business Horizons, 24. Jg., Nr. 2, S. 36-41.

Tauber, Edward M. (1988): Brand leverage: Strategy for growth in a cost-control world, in: Journal of Advertising Research, 28. Jg., Nr. 4, S. 26-30.

Tebbe, Klaus (1990): Die Organisation von Produktinnovationsprozessen, Stuttgart.

Terpstra, Vern (1983): International Marketing, 3. Aufl., Chicago u.a.

Terpstra, Vern/**Sarathy**, Ravi (1991): International Marketing, 5. Aufl., Fort Worth.

Tesser, A./**Conlee**, M.C. (1975): Some effects of time and thought on attitude polarization, in: Journal of Personality and Social Psychology, 31. Jg., o.Nr., S. 262-270.

Thomas, Roger (1993): The valuation of brands, in: Marketing and Research Today, 21. Jg., Nr. 2, S. 80-91.

Thommen, Jean-Paul (1983): Die Lehre der Unternehmungsführung, Bern.

Thummel, D. (1972): Entwicklung einer Konzeption zur Bestimmung des langfristig-strategischen Marketing-Mix, Diss., Bern und Stuttgart.

Thurmann, P. (1961): Grundformen des Markenartikels, in: Betriebswirtschaftliche Schriften, o. Jg., Nr. 7.

Thurstone, L.L. (1970): Attitudes can be Measured, in: Summers, F. [Hrsg.]: Attitude Measurement, Chicago, S. 127-141.

Tinnin, David B. (1982): Ford is on a Roll in Europe, in: Fortune, 106. Jg., Nr. 8, S. 182-191.

Titze, W. (1991): Marken-Macht, in: Manager-Magazin, 22. Jg., Nr. 5, S. 206-215.

Tomczak, Torsten (1989): Situative Marketingstrategien, Berlin und New York.

Topritzhofer, E. (1974): Marketing-Mix, in: Tietz, Bruno [Hrsg.]: Handwörterbuch der Absatzwirtschaft, Stuttgart, Sp. 1247-1264.

Tostmann, T. (1985): Die Globalisierung der Werbung, in: Harvard Manager, 7. Jg., Nr. 2, S. 54-60.

Tragos, William G. (1998): International Branding, in: Hart, Susannah/Murphy, John [Hrsg.]: Brands: The New Wealth Creators, New York, S. 123-134.

Trautmann, Michael (1993): Reduktion, in: Meyer, Paul W./Mattmüller, Roland [Hrsg.]: Strategische Marketingoptionen: Änderungsstrategien auf Geschäftsfeldebene, Stuttgart, S. 140-178.

Triandis, H.C. (1975): Einstellungen und Einstellungsänderungen, Weinheim und Basel.

Trommsdorff, Volker (1975): Die Messung von Produktimages für das Marketing: Grundlagen und Operationalisierung, Köln u.a.

Trommsdorff, Volker (1976): Image- und Einstellungsmessung in der Marktforschung: Theoretische und programmatische Argumente zur mehrdimensionalen Messung, in: Der Markt, 15. Jg., Nr. 37, S. 28-32.

Trommsdorff, Volker (1980): Image als Einstellung zum Angebot, in: Hoyos, C. et al. [Hrsg.]: Grundbegriffe der Wirtschaftspsychologie, München, S. 117-128.

Trommsdorff, Volker (1992a): Wettbewerbsorientierte Image-Positionierung, in: Markenartikel, o.Jg., Nr. 10/1992, S. 458-463.

Trommsdorff, Volker (1992b): Multivariate Imageforschung und Strategische Marketingplanung, in: Hermanns, Arnold/ Flegel, Volker [Hrsg.]: Handbuch des Electronic Marketing, München, S. 321-337.

Trommsdorff, Volker (1995): Positionierung, in: Tietz, Bruno [Hrsg.]: Handwörterbuch des Marketing, 2., vollst. überarb. Aufl., Stuttgart, Sp. 2055-2068.

Trommsdorff, Volker (1998): Konsumentenverhalten, 3., überarb. und erw. Aufl., Stuttgart u.a.

Trommsdorff, Volker/**Schuster**, H. (1981): Die Einstellungsforschung für die Werbung, in: Tietz, Bruno [Hrsg.]: Die Werbung: Handbuch der Kommunikations- und Werbewirtschaft, Bd. I: Rahmenbedingungen, Sachgebiete und Methoden der Kommunikation und Werbung, Landsberg am Lech, S. 717-765.

Trommsdorff, Volker/**Zellerhoff**, Claudia (1994): Produkt- und Markenpositionierung, in: Bruhn, Manfred [Hrsg.]: Handbuch Markenartikel, Stuttgart, S. 349-373.

Trout, Jack/**Ries**, Al (1972): The Positioning Era Cometh, in: Advertising Age vom 24.04., S. 35-38, vom 01.05., S. 51-54 und vom 08.05., S. 114-116.

Trux, W./**Müller**, G./**Kirsch**, W. (1984): Strategische Frühaufklärung und das Management von Diskontinuitäten und Innovationen, in: Trux, W./Müller, G./Kirsch, W. [Hrsg.]: Das Management Strategischer Programme, 1. Halbband, München, S. 318-393.

Tversky, Amos/**Gati**, Itamar (1978): Studies of Similarity, in: Rosch, Eleanor/Lloyd, Barbara B. [Hrsg.]: Cognition and Categorization, Hillsdale, S. 79-98.

Überla, Karl (1971): Faktorenanalyse: Eine systematische Einführung für Psychologen, Mediziner, Wirtschafts- und Sozialwissenschaftler, 2. Aufl., Berlin u.a.

Ulrich, H. (1968): Die Unternehmung als produktives soziales System: Grundlagen der allgemeinen Unternehmungslehre, in: Schriftenreihe „Unternehmung und Unternehmungsführung", Bd. I., Bern und Stuttgart.

Ulrich, H. (1987): Unternehmenspolitik, in: Schriftenreihe „Unternehmung und Unternehmensführung", Bd. VI, 2., durchges. Aufl., Bern und Stuttgart.

Ulrich, H. (1994): Reflexionen über Wandel und Management, in: Gomez, P./Hahn, D./Müller-Stewens, G./Wunderer, R [Hrsg.]: Unternehmerischer Wandel: Konzepte zur organisatorischen Erneuerung, Wiesbaden.

Utterback, James (1994): Mastering the Dynamics of Innovation: How Companies Can Seize Opportunities in The Face of Technological Change, Boston.

Varela, F.J. (1987): Autonomie und Autopoiese, in: Schmidt, S.J [Hrsg.]: Der Diskurs des Radikalen Konstruktivismus, Frankfurt am Main, S. 119-132.

Veit, Alex (1974): Strategische Marketingplanung und Budgetierung: Entscheidungstheoretische, organisatorische und sozialpsychologische Aspekte einer Theorie der Marketingplanung und Budgetierung, Diss., Mannheim.

Vershofen, W. (1940): Handbuch der Verbrauchsforschung, Bd. I, Berlin.

Vinson, D.E./**Munson**, J.M. (1977): Personal Values: An Approach to Market Segmentation, in: Bernhardt, K.L. [Hrsg.]: Marketing 1776-1976 and beyond, AMA Educators' Conference Proceedings, Chicago, S. 313-317.

Vinson, D.E./**Scott**, J.E./**Lamont**, L.M. (1977): The Role of Personal Values in Marketing and Consumer Behavior, in: Journal of Marketing, 41. Jg., Nr. 4, S. 44-50.

Viswanathan, Madhubalan/**Childers**, Terry L. (1999): Understanding How Product Attributes Influence Product Categorization: Development and Validation of Fuzzy Set-Based Measures of Gradedness in Product Categories, in: Journal of Marketing Research, 36. Jg., Nr. 2, S. 75-94.

Voß, Hartmut (1989): Internationale Wettbewerbsstrategien: Wettbewerbsstrategien international tätiger Unternehmen vor dem Hintergrund veränderter Umweltbedingungen, Diss., Bayreuth.

Wahlert, J. von (1994): Markenartikel und Kennzeichenschutz, in: Bruhn, Manfred [Hrsg.]: Handbuch Markenartikel: Anforderungen an die Markenpolitik aus Sicht von Wissenschaft und Praxis, Bd. III, Stuttgart, S. 1747-1786.

Walchli, Suzanne B. (1996): The Effects of Between Partner Congruity on Consumer Evaluation of Cobranded Products, Diss., Ann Harbor.

Walger, G. (1995): Unternehmensführung und Unternehmensberatung als Aufgaben der Betriebswirtschaftslehre, in: Wächter, H. [Hrsg.]: Selbstverständnis betriebswirtschaftlicher Forschung und Lehre, Wiesbaden.

Waltermann, Bernd (1989): Internationale Markenpolitik und Produktpositionierung: Markenpolitische Entscheidungen im europäischen Automobilmarkt, Diss., Wien.

Walters, M. (1984): Marktwiderstände und Marketingplanung, Wiesbaden.

Walters, P.G.P. (1986): International Marketing Policy: A Discussion of the Standardization Construct and its Relevance for Corporate Policy, in: Journal of International Business Studies, 17. Jg., Nr. 2, S. 55-69.

Wänke, Michaela/**Bless**, H./**Schwarz**, N. (1998): Context effects in product line extensions: Context is not destiny, in: Journal of Consumer Psychology, 7. Jg., o.Nr., S. 299-322.

Wansink, Brian (1989): The Impact of Source Reputation on Inferences About Unadvertised Attributes, in: Srull, Thomas K. [Hrsg.]: Advances in Consumer Research, 16. Jg., o.Nr., Provo, S. 399-406.

Watzlawick, Paul [Hrsg.] (1985): Die erfundene Wirklichkeit: Wie wissen wir, was wir zu wissen glauben? Beiträge zum Konstruktivismus, München.

Watzlawick, Paul (1991): Bausteine ideologischer Wirklichkeiten, in: Watzlawick, Paul [Hrsg.]: Die erfundene Wirklichkeit, München.

Watzlawick, Paul (1992): Vom Unsinn des Sinns oder vom Sinn des Unsinns: Vorträge im Wiener Rathaus am 17. Mai 1989 und am 5. November 1991, Wien.

Watzlawick, Paul/**Kreuzer**, Franz (1982): Die Unsicherheit unserer Wirklichkeit, München.

Weber, Reneé/**Crocker**, Jennifer (1983): Cognitive Processes in the Revision of Stereotypic Beliefs, in: Journal of Personality and Social Psychology, 45. Jg., Nr. 5, S. 961-977.

Weber, Ulrike (1991): Länderimages, in: Absatzwirtschaft, 34. Jg., Nr. 10/1991.

Wehrle, Friedrich (1981): Strategische Marketingplanung in Warenhäusern: Anwendung der Portfolio-Methode, Frankfurt am Main und Bern.

Wehrmann, Wolfgang (1988): Innovation quantitativ: Ein neuer Beitrag zur Quantifizierung der strukturellen und ökonomischen Optimierung industriell-innovativer Planungsmodelle, Wien.

Weilbacher, William M. (1993): Brand Marketing: Building Winning Brand Strategies that Deliver Value and Consumer Satisfaction, Lincolnwood.

Weinhold-Stünzi, Heinz (1964): Grundlagen wirtschaftlicher Absatzführung, Bern.

Weinhold-Stünzi, Heinz (1970): Marketing: Ein Lehrgang in 12 Lektionen, Zürich u.a.

Weinhold-Stünzi, Heinz (1988): Marketing in 20 Lektionen: Ein Lehrwerk für das Marketing an Hochschulen, höheren Lehranstalten, Seminaren für Marketingleiter, Verkaufsmanager und Werbeleiter sowie für das Selbststudium, 14. Aufl., St. Gallen.

Welge, Martin K. (1985): Unternehmungsführung, Bd. I: Planung, Stuttgart.

Welge, Martin K. [Hrsg.] (1990): Globales Management: Erfolgreiche Strategien für den Weltmarkt, Stuttgart.

Welge, Martin K. (1992): Strategien für den internationalen Wettbewerb zwischen Globalisierung und lokaler Anpassung, in: Kumar, Brij Nino/Haussmann, Helmut [Hrsg.]: Handbuch der Internationalen Unternehmenstätigkeit: Erfolgs- und Risikofaktoren, Märkte, Export-, Kooperations- und Niederlassungs-Management, München, S. 569-589.

Werner, J. (1982): Die Integration von Faktorenanalyse und multipler Diskriminanzanalyse bei der Produkt-Positionierung, in: Jahrbuch der Absatz- und Verbrauchsforschung, 28. Jg., Nr. 4, S. 386-399.

Werner, J. (1983): Ein Vorschlag zur Erfassung marketing-relevanter Veränderungen innerhalb von Verbraucherpopulationen durch periodisch wiederholte Einstellungsmessung, in: Jahrbuch der Absatz- und Verbrauchsforschung, 29. Jg., Nr. 3, S. 379-392.

Werner, J./**Alvensleben**, R. von (1982): Einstellungen als Bestimmungsgründe der Nachfrage: Eine Fallstudie für den Apfelmarkt, in: Agrarwirtschaft, 31. Jg., Nr. 2, S. 198-217.

Wettschureck, Gert (1974): Indikatoren und Skalen in der demoskopischen Marktforschung, in: Behrens, Karl C. [Hrsg.]: Handbuch der Marktforschung, Wiesbaden, S. 285-324.

Wiedmann, K.-P. (1984): Werte und Wertewandel, Arbeitspapier Nr. 29, Institut für Marketing, Universität Mannheim, Mannheim.

Wilde, K.D. (1989): Bewertung von Produkt-Markt-Strategien, Berlin.

Wind, Yoram J. (1973): A New Procedure for Concept Evaluation, in: Journal of Marketing, 37. Jg., Nr. 10, S. 2-11.

Wind, Yoram J. (1982): Product Policy: Concepts, Methods, and Strategy, Reading u.a.

Wind, Yoram J./**Douglas**, S.P./**Perlmutter**, Howard V. (1973): Guidelines for Developing International Marketing Strategies, in: Journal of Marketing, 37. Jg., Nr. 2, S. 14-23.

Wind, Yoram J./**Mahajan**, V. (1981): Market Share: Concepts, Findings and Directions for Future Research, in: Enis, B.M./Roering, K.J. [Hrsg.]: Review of Marketing, Chicago, S. 31-42.

Winkler, A. (1973): Kritische Überlegungen zur Tragfähigkeit des Imagebegriffes, in: Jahrbuch der Absatz- und Verbrauchsforschung, 19. Jg., Nr. 2, S. 147-155.

Wissenschaftlicher Rat der Dudenredaktion [Hrsg.] (1997): Duden: Das Fremwörterbuch, Bd. V., 6., auf der Grundlage der deutschen Rechtschreibung überarb. und erw. Aufl., Mannheim u.a.

Wißmeier, U.K. (1992): Strategien im internationalen Marketing: Ein entscheidungsorientierter Ansatz, Wiesbaden.

Wiswede, Günter (1978): Psychologie der Markenbildung, in: Markenartikel heute: Marken, Markt und Marketing, o.Jg., Nr. 8, S. 135-258.

Wiswede, Günter (1985): Soziologie: Ein Lehrbuch für den wirtschafts- und sozialwissenschaftlichen Bereich, Landsberg am Lech.

Wiswede, Günter (1992): Die Psychologie des Markenartikels, in: Dichtl, Erwin/Eggers, Walter [Hrsg.]: Marke und Markenartikel als Instrument des Wettbewerbs, Mannheim und München, S. 71-96.

Witt, Jürgen (1996): Produktinnovation: Entwicklung und Vermarktung neuer Produkte, München.

Wold, H. (1982): Systems under Indirect Observation using PLS, in: Fornell, Claes [Hrsg.]: A Second Generation of Multivariate Analysis, Bd. I, New York, S. 325-342.

Wolf, H.E. (1966): Die Beziehungen zwischen Vorurteil, Image und Gegenstandsbild: Methodische Hinweise, in: GFM-Mitteilungen zur Markt- und Absatzforschung, 12. Jg., Nr. 9, S. 9-13.

Wolf, Jakob (1981): Markt- und Imageforschung im Handel, Stuttgart.

Wottawa, Heinrich (1980): Grundriß der Testtheorie, München.

Zaltman, Gerald (1996): Metaphorically Speaking: New technique uses multidisciplinary ideas to improve qualitative research, in: Marketing Research, 8. Jg., Nr. 2, S. 13-20.

Zaltman, Gerald (1997): Rethinking Market Research: Putting People Back In, in: Journal of Marketing Research, 34. Jg., Nr. 11, S. 424-437.

Zaltman, Gerald/**Coulter**, Robin Higie (1995): Seeing the Voice of the Customer: Metaphor-Based Advertising Research, in: Journal of Advertising Research, 35. Jg., Nr. 4, S. 35-53.

Zaltman, Gerald/**Zaltman**, Ann/**Crameri**, Nicole/**Finkle**, Marion/**Randel**, Kathy (1995): The Dimension of Brand Equity for Nestle Crunch Bar, Arbeitspapier, Graduate School of Business Administration, Harvard University, Cambridge.

Zeithamel, V.A./**Varadarajan**, P.R./**Zeithamel**, C.P. (1988): The Contingency Approach: Its Foundations and Relevance to Theory Building and Research in Marketing, in: European Journal of Marketing, 22. Jg., Nr. 7, S. 37-63.

GPSR Compliance

The European Union's (EU) General Product Safety Regulation (GPSR) is a set of rules that requires consumer products to be safe and our obligations to ensure this.

If you have any concerns about our products, you can contact us on ProductSafety@springernature.com

In case Publisher is established outside the EU, the EU authorized representative is:

Springer Nature Customer Service Center GmbH
Europaplatz 3
69115 Heidelberg, Germany

Batch number: 10815964

Printed by Printforce, the Netherlands